U0241283

林葆研究员

中国植物营养与肥料学会思想库建设丛书

# 林葆论文选

## Lin Bao Proceedings

中国植物营养与肥料学会　主编

中国农业出版社

主　　编：白由路

编　　委：（以姓名笔画为序）

|  |  |  |  |  |
|---|---|---|---|---|
| 万连步 | 马　兵 | 王　旭 | 王立春 | 王敬国 |
| 王道龙 | 尹飞虎 | 石元亮 | 同延安 | 刘　强 |
| 许发挥 | 孙　波 | 杨少海 | 李　荣 | 李晓林 |
| 沈仁芳 | 沈其荣 | 张福锁 | 张藕珠 | 陆文龙 |
| 陈　防 | 陈　丽 | 陈同斌 | 陈明昌 | 周　卫 |
| 周志成 | 郑海春 | 宝德俊 | 赵同科 | 赵秉强 |
| 施卫明 | 姚一萍 | 栗铁申 | 徐芳森 | 徐明岗 |
| 徐能海 | 高祥照 | 唐华俊 | 涂仕华 | 黄建国 |
| 章永松 | 韩晓日 | 谢良商 | 漆智平 | 谭宏伟 |
| 谭金芳 | 樊小林 | 魏　丹 |  |  |

顾　　问：林　葆

资料整理：何　梦　张景丽　宋楠楠　宋震震

# 前　言

　　中国植物营养与肥料学会根据中国科学技术协会有关思想库建设的精神，对本学会有影响的科学家进行了成长历程、学术思想、论文论著等整理和出版工作。本书是"中国植物营养与肥料学会思想库建设丛书"的第一集，主要收集和整理了林葆先生的成长历程和部分论文。

　　林葆先生 1933 年 10 月出生于浙江省衢县。1955 年毕业于南京农学院农学系。1960 年毕业于苏联莫斯科季米里亚捷夫农学院研究生院，获农业科学副博士学位。同年回国，分配在中国农业科学院土壤肥料研究所工作，1986 年任研究员，1987 年 7 月至 1994 年 2 月任所长，1990 年被遴选为博士生导师，2004 年 7 月退休。

　　1966 年前，林葆先生主要从事种植制度的试验研究，对我国不同地区的种植制度进行调查，并在北京市和河北省新城县（高碑店）布置了定位试验，研究华北地区不同茬口对土壤肥力和后作的影响，着重豆科作物和绿肥在轮作中的安插。

　　1978 年后，主持全国化肥试验网的试验研究。1981—1983 年在全国组织了不同地区、不同作物施用氮磷钾化肥的肥效、用量和配合比例的田间试验 5086 个，实验结果经整理，并与 20 世纪 50 年代对比，分析了我国化肥肥效变化的原因和规律，提出了进一步提高化肥增产效益的途径，也为各地配方施肥和生产复（混）合肥提供了重要依据。到 1993 年，根据 63 个超过 10 年以上（含 10 年）的肥料长期定位试验结果，分析了我国耕地在多熟制、高强度利用下的作物产量和土壤肥力变化状况，提出了实现高产和保持土壤肥力的有机、无机配合施肥技术体系。在上述工作的基础上，完成了《中国化肥区划》，为化肥生产规划和化肥合理分配提供了依据。

　　林葆先生及其领导的课题组根据我国化肥生产和施用的特点，开展了一些当时很有针对性的研究工作。例如，他与原北京农业工程大学合作，解决了碳酸氢铵用机械施肥容易堵塞和架空的问题，大幅度提高了碳酸氢铵的利用率和肥效。又如针对我国发展联碱工业的副产品氯化铵作为氮肥的利用问题，研究提出了含氯化肥的安全、高效施用技术，为氯化铵打开了销路，提高了联碱工业的整体效益。再例如配合国产硝酸磷肥的生产，主持了北方 9 省、自治区、直辖市硝酸磷肥肥效和施用技术的研究，肯定了硝酸磷肥在北方是一种很有发展前景的肥料。并对硝态氮肥的一些错误认识进行了解释，使硝酸磷肥和其他含硝态氮肥在我国得以顺利发展。

考虑到中量营养元素将成为平衡施肥的新问题，他和研究生一道开展了作物硫、钙营养和有关肥料应用的研究，在蔬菜、果树上取得了明显的效果。

林葆还为我国化肥发展积极献计献策，他也是肥料研究国际合作的积极倡导者和参加者。

他和课题组同事们的科研成果获省、部级奖7项，国家奖4项，国际奖2项。1986年12月他被授予"国家级有突出贡献的中青年专家"称号，从1991年7月起享受政府特殊津贴。林葆曾任农业部第五届（1992—1995）科学技术委员会委员。

林葆先生是本学会第三、四届常务副理事长，第五届理事长和第六、七届名誉理事长。

本书内容主要包括两个部分，第一部分为图片，用65幅图片介绍林葆先生的成长历程，第二部分收集了林葆先生有代表性的论文76篇。在本书编写过程中，得到了林葆先生的大力协助，提供了全部的照片和论文。在此对林葆先生表示最诚挚的敬意与感谢！也对参与本书编辑的工作人员表示感谢。愿通过本书使林葆先生的学术思想得以传承，为我国植物营养与肥料事业的发展注入强劲的动力。

编　者

2015 年秋

# 目 录

前言

林葆传略

成长历程

学术成就

# 林 葆 传 略

  林葆，男，汉族，1933年10月20日出生于浙江省衢县玳堰头乡的桂坞，父亲经营一家以毛竹为原料的手工造纸厂，母亲从事家务劳动。他从衢县上方镇中心小学毕业后，到县城读书，先在衢县县立中学读初中，继而到省立衢州中学读高中，1951年夏考入南京金陵大学农艺系。1952年全国高等学校院系调整，金陵大学和南京大学两校的农学院合并成立南京农学院，他1955年毕业于该校农学系。学农是林葆的志愿和爱好，从入学开始，他学习就比较努力，1954年5月4日加入了青年团，在毕业前夕，被校领导选拔留学苏联。1955年9月到1956年10月他在北京俄语学院留苏预备部学习俄语，1956年11月赴苏联，被安排在莫斯科季米里业捷夫农学院研究牛院学习。1957年11月，毛主席率中国党政代表团访苏，在莫斯科大学礼堂接见留苏学生。林葆得以身临其境，聆听了"你们年青人朝气蓬勃，正在兴旺时期，好像早晨八、九点钟的太阳，希望寄托在你们身上"的教导，受到了极大的鼓舞。1957—1960年，他认真学习土壤学和耕作学，并在唐波夫州的黑钙土上，进行了3年不同耕作方法的比较试验，写成学位论文，于1960年6月通过答辩，获得农业科学副博士学位，同年9月回国。

  林葆回国后被分配在中国农业科学院土壤肥料研究所工作，当时所领导对新来科技人员的安排一般是下乡锻炼。他先后到北京市顺义县、河北省高碑店（新城县）、陕西省渭南县等地农村蹲点，直到"文化大革命"开始。这一段经历，使他对北方地区的农村情况和农业生产有了一定认识，对他以后的工作很有帮助。在科研工作上，他当时主要从事种植制度的试验研究，对我国不同地区的种植制度及其演变进行调查，并在北京市和河北省高碑店布置了定位试验，研究华北地区不同茬口对土壤肥力和后作的影响，着重对有养地作用的豆科作物和绿肥在轮作中进行安插。

  "文化大革命"开始后科研工作停顿，1970年整个中国农业科学院土壤肥料研究所下放山东，先在齐河县晏城农场劳动，后与德州地区农业科学研究所合并，1973年更名为山东省土壤肥料研究所，属山东省农业科学院领导。林葆当时在该所科研组工作，除不下乡了解情况外，主要做科研计划管理，试验研究结果汇总上报，争取研究经费等方面的工作，是所领导在科研工作上的助手和参谋。后在自己的要求下，于1976年回到科研第一线，被安排在肥料研究室工作。1978年他被山东省科委批准，晋升为副研究员。在全国科学大会后，经领导部门批准，该研究所于1979年11月迁回北京。

  1978年后，他主持全国化肥试验网工作，在1981—1983年的3年间，他为恢复化肥网的正常运转做了很大努力，同时组织全国各省、直辖市、自治区的土肥科技人员，并亲自参加在主要粮食作物和经济济作物上进行试验，基本搞清了当时不同地区和不同作物上的化肥施用效果、适宜用量和氮、磷、钾比例。他还布置了一批肥料长期试验，观察连续施用化肥的作物产量和土壤肥力变化，并以化肥施用的效果为主要指标，考虑种植业的发展和对化肥的需求，完成了《中国化肥区划》。

  林葆及其课题组根据我国化肥生产和施用的特点，研究解决了碳酸氢铵的机械深施问题，氯化铵的安全、高效施用技术问题。他为配合国产硝酸磷肥的投产，通过试验明确了它在我国北方施用的肥效和施用技术。他还指导了几位研究生开展作物硫、钙营养和施用含硫、钙肥料的研究，在果树和蔬菜上取得了一定效果。

林葆还为我国的化肥发展积极献计献策，一些建议得到了有关部门和领导的重视和采纳，他也是肥料研究国际合作的积极倡导者和参加者。

他 1986 年晋升为研究员，1987 年 7 月至 1994 年 2 月任中国农业科学院土壤肥料研究所所长，1990 年被遴选为博士生导师，培养硕士研究生 5 名，博士研究生 10 名。他发表论文 150 余篇，著作（包括合著）9 本（详见附件一）。他和课题组同事们的科研成果，获省、部级奖 7 项，国家科技进步奖 4 项，国际奖 2 项。1986 年 12 月他被国家科委和人事部授予"国家级有突出贡献的中青年专家"称号，从 1991 年 7 月起发给政府特殊津贴（详见附件二）。林葆曾兼任农业部科学技术委员会第五届委员（1992—1995），北京市人民政府科技顾问团第一至第六届顾问（1984—1996），是本学会第三、四届常务副理事长，第五届理事长和第七、八届名誉理事长，2004 年 7 月退休。

### 恢复化肥试验网，掌握全国化肥施用的情况和效果

化肥试验网是 1957 年由农业部发文组建的一个化肥施用协作研究组织，由中国农业科学院领导，由土壤肥料研究所具体负责，各省、自治区、直辖市的农业科学院土壤肥料研究所，中国农业科学院有关专业所和部分农业院校参加，根据不同时期化肥施用和生产中带有全局性的问题，确定研究内容，制定统一的研究计划和试验方案，并组织实施。自 1958 年以来它的中心工作是确定不同地区、不同作物上氮、磷、钾化肥的肥效（即农学效应）以及如何提高肥效的措施，为化肥的产、销、用提供了一些有用的数据，可惜在"文化大革命"中中断了。

1978 年后，林葆和李家康主持全国化肥试验网的试验研究。他们为院、所具体筹办了 1980 年 9 月在北京召开的"文化大革命"后的第一次化肥网工作会议，向农业部申请了专项经费，每两年召开一次工作会议，使化肥网工作得到恢复，逐步走向正规。当时我国化肥用量增加很快，但普遍反映肥效下降，氮、磷、钾比例失调，同时还担心连年施用化肥，能否持续增产，土壤肥力是否下降等问题。因此，化肥网全国会议确定两项主要内容：一是氮、磷、钾化肥肥效，适宜用量和比例试验，二是氮、磷、钾化肥配合，化肥与有机肥配合的长期定位试验。第一项研究内容，在 1981—1983 的 3 年中，在全国 15 种作物上共布置田间试验 5000 多个，结果表明，当时反映化肥肥效普遍下降的说法不很确切。氮肥肥效确有下降，不同地区、不同作物下降程度不一。磷肥肥效在南方水稻上下降，在北方小麦、玉米上反而有所上升。钾肥肥效在南方趋于明显，而在北方大部分地区和粮食作物上仍未显效。总的来看，近 40 年来，我国氮肥肥效大于磷肥，磷肥肥效又大钾肥的这一总趋势没有改变。还根据试验结果，分析了化肥肥效变化的原因，并从作物产量和施肥的经济效益，确定了主要作物上氮、磷、钾化肥的大致适宜用量和比例。针对第二项研究内容，从 20 世纪 80 年代初开始，在全国布置长期定位试验 100 多个，到 1993 年进行阶段总结时，有 10 年以上（含 10 年）完整产量的试验 70 个，按相同的种植制度（双季稻、水旱两熟、旱作两熟、旱作一熟）进行了汇总。试验结果表明，虽然氮肥的增产效果最为明显，但连年单施氮肥，作物产量和氮肥肥效明显下降，要保持作物高产稳产，必须氮磷钾化肥按适当比例配合施用。施有机肥可明显提高土壤有机质和养分，氮磷钾化肥配合施用也能提高土壤有机质和养分，尤其以提高土壤磷素为明显。长期单施氮肥，土壤肥力下降。以有机—无机肥料配合施用的增产、培肥效果最好。同期，化肥试验网还组织了氮磷两元复合肥、氮磷钾三元复合肥与单质化肥混配的对比试验 200 多个，在养分相同、用

量相等的情况下，增产效果并无明显差异，得出复合肥与混配肥"等量等效"的结论。但是，复合肥的浓度高，物理性状好，储存、运输、施用方便，因土因作物配方生产的复合肥，还具有较高的技术含量，有很好的发展前景。在上述多年多点试验的基础上，根据不同地区化肥施用现状和肥效特点，参考今后种植业发展方向和对化肥的需求，并在山东省化肥区划试点的基础上，完成了《中国化肥区划》。以上这些试验研究资料和结果，不仅从宏观上为化肥发展规划和合理分配提供了依据，也为当时不同地区生产复混肥提供了配方，为在农业上推广平衡施肥提供了重要参考。林葆和他的课题组成员，不仅组织项目的实施和资料的汇总，而且亲自在山东、河北等省布置了大量试验，例如，他在河北省辛集市马兰农场的肥料定位试验长达 20 余年，从中取得了肥料应用的丰富感性认识。

### 根据我国化肥生产和施用特点，解决当前生产上的问题

碳酸氢铵曾经是国产的主要氮肥，由于它含氮量低，化学性质不稳定，物理性质差，施用不便，其利用率和肥效较低。在化工部支持下，林葆与北京农业工程大学合作，研制出了"搅刀拨轮式的排肥装置"，解决了碳酸氢铵机施容易堵塞和架空的问题。1984—1986 年在小麦、玉米上做的 170 多个追肥对比试验，机深施与地表撒施比较，可提高肥效一倍，得到大面积推广应用。又如针对我国发展联碱工业的副产品氯化铵日益增加，农民对施用氯化铵还存在疑虑和问题，林葆参加了主持我国不同土壤含氯状况，不同作物耐氯极限，施用氯化铵对土壤和作物产量、品质影响的研究项目，经协作组 8 年（1988—1995）的共同努力，提出了氯化铵的安全、高效施用技术，为氯化铵打开了销路，提高了联碱工业的效益，也让氯化铵在农业增产中发挥了作用。再例如配合国产硝酸磷肥的投产，林葆主持了北方 9 省、直辖市、自治区硝酸磷肥肥效和施用技术的研究，经 3 年在小麦、玉米上 500 余次的田间试验和部分盆钵试验，确定硝酸磷肥的适宜用量和施用方法，肯定了它是适合北方施用的一种很好的氮磷复合肥。

作物的硫、钙营养及含硫、含钙肥料在我国研究比较薄弱，随着生产的发展，它们将成为平衡施肥中的新问题，林葆安排了几位研究生做这方面的工作。他们在土壤硫的分组、有机硫的矿化、有效硫的评价方法和有效指标等方面做了很好的工作，但是，田间的硫肥肥效试验结果不很稳定。考虑到土壤的含钙量比较丰富，研究了花生、苹果、蔬菜等需钙量大和容易缺钙作物对钙的吸收、运转及其调控，田间施用钙肥对提高蔬菜、水果的产量和品质有较好效果。

### 对我国化肥的发展提出了若干宏观的见解

在多年肥料应用的实践中，林葆提出了对肥料，特别是化肥的一些宏观见解，反对对化肥的一些误解和误导。他认为不应把化肥和农药混淆起来，在谈到农药对食物和环境的污染时，总要把化肥捆绑在一起；更不应把有机肥和化肥对立起来，好像有机肥一切都好，化肥一切都坏。用化肥能不能生产安全的食品，用化肥会不会降低土壤肥力，施用化肥在什么情况下会污染环境，针对这些问题，他邀请有关专家撰稿，主编了《化肥与无公害农业》一书，从正面进行引导。

林葆对如何正确看待我国化肥的单位面积用量问题，化肥的氮磷钾适宜比例问题，复混（合）肥料、缓控释肥料发展问题，以及近 30 年来种植业结构的调整对化肥施用的影响等，都写过一些文章，阐述自己的观点。特别是在"生产绿色食品不能施用硝态氮肥"这一问题上，他力排众议，以土壤和植物营养的基本知识，肥料的试验研究结果，国内外硝态氮肥的生产、施用情况，说明一些"行业标准"和一些地方的红头文件中禁止施用硝态氮肥是没有道理的，我国国产硝态氮肥不是多了，而是少了，硝态氮肥的施用前景看好。这些观点和呼

声，在我国化肥的发展中，起了一定纠偏作用。

## 为我国化肥发展献计献策

林葆等人 1980 年就在《人民日报》上指出我国化肥使用中的氮、磷、钾比例失调问题及其可能产生的不良后果，引起了有关部门的重视。1987 年他参加了中国国际工程公司组织的"2000 年化肥发展战略研究"。他多次参加国家科委组织的"中国农业科技政策"论证会，在 1996 年的会议上，他提供了"关于化肥生产和施用中的若干技术政策"的背景材料，并起草了"化肥生产和使用"技术政策。1996 年他作为常务副理事长，代表中国植物营养与肥料学会与中国化工学会联合召开了"提高肥料养分利用率学术研讨会"，会议记要经国务院领导批示发给各地。同年他还参加了中国科学院生物学部组织的"我国农业持续发展中的肥料问题和对策"咨询组，参加起草了中国科学院给国务院的"我国化肥面临的突出问题和建议"的报告。1997—1998 年他参加了化工部经济技术委员会确定的"提高我国化肥利用率的研究报告"课题，完成了相应的报告。1995 年 12 月和 1996 年 12 月，他两次参加国务院领导召开的农业科技专家座谈会，在会上提出了"必须十分重视用好化肥"的建议。

## 积极开展国际合作研究

在农业部和中国农业科学院领导的支持下，他促成了"加拿大钾磷研究所北京办事处"的建立，协助组建了北方 14 省的钾肥研究协作网，领导组建了"中加合作土壤植物分析实验室"，和同事们一起引进了"养分系统研究法"，经改进后用于测土配方施肥。他还开展了与国际水稻研究所、美国硫研究所等单位，以及挪威海德鲁公司、加拿大硫磺公司等厂商的肥料合作研究，较早向国外介绍我国高产水稻施用钾肥的经验，并引进大颗粒尿素（USG）和硫包尿素（SCU）等改性肥料在我国稻田首先试用。他和同事们组织过多次肥料国际会议，其中 1988 年他作为两主席之一组织召开的"国际平衡施肥学术讨论会"，有力地推动了平衡施肥的发展，被誉为中国平衡施肥发展的"里程碑"。他被聘为"国际水稻土壤肥力和肥料评价网"（INSFFER）的中方协调人和顾问、中加钾肥农学项目指导委员会成员，在 1996 年和 1997 年分别获得北美钾磷研究所和国际肥料协会的奖励。

## 简历

1933 年 10 月 20 日　出生于浙江省衢县玳堰头乡桂坞。

1951 年 9 月至 1952 年 8 月　在南京金陵大学农学院农艺系学习。

1952 年 9 月至 1955 年 8 月　在南京农学院农学系学习。

1955 年 9 月至 1956 年 10 月　在北京俄语学院留苏预备部学习。

1955 年 11 月至 1960 年 9 月　在莫斯科农学院研究生院学习，获农业科学副博士学位。

1960 年 10 月至 1970 年 11 月　在中国农业科学院土壤肥料研究所工作，任研究实习员、助理研究员。

1970 年 12 月至 1979 年 10 月　在山东德州地区农业科学研究所、山东省土壤肥料研究所工作，任助理研究员、副研究员、科研组成员。

1979 年 12 月至 1986 年 11 月　在中国农业科学院土壤肥料研究所工作，任副研究员、化肥研究室主任、副所长。

1986 年 12 月至 1994 年 2 月　在中国农业科学院土壤肥料研究所工作，1986 年 12 月任研究员，1987 年 7 月至 1994 年 2 月任所长，1990 年遴选为博士生导师。

2004 年 7 月退休。

成长历程

南京农学院毕业照（1955.9.2）

五十年后重相聚（2005）

莫斯科季米里亚捷夫农学院（1956.11—1960.9）

莫斯科红场（1958.10）

故地重游（1991.6）

# 温馨家庭

全家福（2013.8）

国际水稻土壤肥力与氮肥效应研讨会（澳大利亚，1986.5）

国际平衡施肥学术讨论会（北京1988.11）

1983年首访国际水稻研究所（IRRI）

1986年9月组织"国际水稻土壤肥力和肥料评价网（INSFFER）"在我国的考察和讨论会

1988年12月访问阿根廷

1991年6月访问苏联

1994年12月访问英国洛桑试验站(上图为始于1842年的肥料长期定位试验)

畢業證書

學生林 葆 係浙江省衢縣 人現

年貳拾壹歲在本院農學系

肄業肆年期滿成績及格准予畢

業此證

南京農學院院 長金善寶

副院長

教務長 羅清生

副教務長 樊慶笙

系主任 馬育華

一九五五年七月 日

南農(五五)字 353 號

Министерство высшего
и среднего специального образования
СССР

Высшая Аттестационная
Комиссия

ДИПЛОМ

КАНДИДАТА НАУК

— ★ —

МСХ № 000378

Москва 19 ноября 1960 г.

Решением
Совета Московской ордена Ленина сельскохозяйственной
академии им. К. А. Тимирязева
от 27 июня 1960 (протокол № 6 )

Линь Бао

ПРИСУЖДЕНА УЧЕНАЯ СТЕПЕНЬ КАНДИДАТА
СЕЛЬСКОХОЗЯЙСТВЕННЫХ НАУК

Председатель
Совета

Ученый Секретарь
Совета          Н.Панов

前苏联副博士学位证书

为表彰在促进科学技术
进步工作中做出重大贡献，
特颁发此证书，以资鼓励。

奖励日期：　一九八七年七月

证书号：　农-2-011-02

获奖项目：我国氮磷钾化肥的肥效演变和提
　　　　　高增产效益的主要途径
获奖者：　林葆
奖励等级：　二等

国家科学技术进步奖
评审委员会

为表彰在促进科学技术
进步工作中做出重大贡献，
特颁发此证书，以资鼓励。

奖励日期：　一九八九年七月

证书号：　农-3-001-01

获奖项目：旱作碳酸氢铵深施机具及提高肥
　　　　　效技术措施的研究
获奖者：　林葆
奖励等级：　三等

国家科学技术进步奖
评审委员会

科技进步奖
证书

为表彰在促进科学技术进步工作中做出重大
贡献者，特颁发国家科技进步奖证书，以资鼓励。

获奖项目：　土壤养分综合系统评价法与平衡施
　　　　　肥技术
获奖者：　林葆
奖励等级：　三等奖
奖励日期：　一九九九年十二月
证书号：

国家科学技术进步奖
证书

为表彰国家科学技术进步奖获得者，
特颁发此证书。

项目名称：主要作物硫钙营养特性、机制与
　　　　　肥料高效施用技术研究
奖励等级：二等
获奖者：　林葆

证书号：2005-J-201-2-12-R03

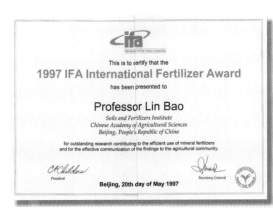

**1997 IFA International Fertilizer Award**

has been presented to

**Professor Lin Bao**

*Soils and Fertilizers Institute*
*Chinese Academy of Agricultural Sciences*
*Beijing, People's Republic of China*

for outstanding research contributing to the efficient use of mineral fertilizers
and for the effective communication of the findings to the agricultural community.

President　　　　　　　　　　　Secretary General

**Beijing, 20th day of May 1997**

中 青 年
有突出贡献专家
证 书

中华人民共和国
人 事 部

中华人民共和国人事部

中华人民共和国
人 事 部

姓 名 林 葆

性 别 男

出生年月 一九三三年十月

工作单位 中国农业科学院

专业技术职务
或职称 研究员

## 证 书

林葆 同志：

为了表彰您为发展我国 科学研究 事业做出的突出贡献，特决定从 九一 年 七 月起发给政府特殊津贴并颁发证书。

政府特殊津贴第（91）326291 号

一九九一年十月一日

经国家科委批准授予 林葆 同志国家级有

突出贡献中青年专家的称号。

农牧渔业部

一九八六年三月二日

学 术 成 就

# 1 全国肥料试验网与全国施肥

# 我国化肥的肥效及其提高的途径

## ——全国化肥试验网的主要结果

林葆　李家康

（中国农业科学院土壤肥料研究所）

**摘要**　本文简述了全国化肥试验网的由来、性质和任务，并对化肥网建立30多年来的试验研究按时间顺序进行了综述：大致是20世纪50年代以氮肥、60年代以磷肥、70年代以钾肥、80年代以氮磷钾配合与复合肥为重点，开展了肥效和施用技术试验，为我国化肥生产、分配和使用提供了科学依据。

本文还提及化肥网目前的工作重点，总结了经验和不足，展望了未来的工作。

我国使用化肥并开展研究工作可追溯到20世纪初。1910年清直隶保定农事试验场发表了化肥试验报告。1914年伪满公主岭农事试验场开始进行氮、磷、钾三要素试验。1935—1940年，前中央农业实验所在全国14个省开展了氮、磷、钾需要程度的试验，称为地力测定。当时化肥的进口和生产数量十分有限，唯一的氮肥品种硫酸铵仅在沿海各省有少量使用[1]。

新中国成立后，国务院和有关领导部门预见到我国化肥的生产和使用将有一个大发展，于1957年指示，要在全国有组织地进行肥料试验和示范工作，以便找出不同地区、不同土壤、不同作物需要什么肥料、什么品种和最有效的施用技术，作为国家计划生产、合理分配和科学施用的依据。根据这一指示精神，1957年8月中国农业科学院召开了全国肥料试验工作会议，同年11月农业部发出文件，建立全国化学肥料试验网（以下简称化肥网），由中国农业科学院土壤肥料研究所具体负责组织工作，各省、自治区、直辖市的农科院（所）土壤肥料研究所（室）、中国农业科学院有关专业所和部分农业院校参加协作。30多年来化肥网虽几经周折，但在协作单位的共同努力下，一直为实现国家提出的任务而努力工作，取得了不少研究结果和成果，对指导我国化肥生产、分配和使用起到了应有的作用。

化肥网是化肥使用协作研究的一种组织形式，在国家提出的化肥网的总任务下，根据国民经济发展的各个时期农业生产和化肥生产上提出的问题，确定研究内容，制订统一的研究计划和试验方案，并组织实施。化肥网承担的工作，一般是要通过较大范围，甚至全国范围的联合试验，才能搞清楚一些面上的问题。它的中心工作是研究氮、磷、钾化肥的肥效以及如何提高肥效的技术措施。按时间顺序大体进行了以下工作。1958—1962年在十余种主要

注：此文发表于《土壤学报》，1989年8月，第26卷第31期。为尊重历史，如实反映本书所收编的林葆先生各个时期公开发表的论文及著作，我们对文章基本未做修改，原文引用，特此说明。

作物上，进行了氮、磷、钾化肥的肥效试验，进行了氮肥和磷肥品种的比较试验和氮肥在几种主要作物上的适宜施用时期和方法的研究，60 年代在磷肥的合理施用上作了较多的工作，明确了磷肥肥效与土壤条件、作物种类、施用技术的关系，提出了一套施用磷肥的措施。70 年代在 20 几个省、自治区和直辖市开展了中低品位磷矿粉直接施用的试验和示范，进行了氮肥深施提高肥效的研究和示范推广，并以南方 14 个省、自治区和直辖市为主，开展了钾肥在提高作物产量和改善产品质量方面的试验。70 年代后期，随着化肥用量的迅速增加，各地普遍反映肥效下降，化肥的氮、磷、钾比例失调，1981—1983 年化肥网又组织了全国的氮、磷、钾化肥肥效，适宜用量和比例试验，并且在此基础上完成了全国化肥区划。同时，为配合复合肥料的发展，进行了复合肥肥效及品种的对比试验。从 80 年代初开始，在全国布置了肥料（包括有机肥在内）的长期定位试验 100 多个。这些试验研究与示范推广有较为紧密的联系，与全国同期各有关单位完成的为数众多的化肥使用方面的基础研究和应用技术的研究是相辅相成的。现将取得的结果分述如下。

**1. 20 世纪 50 年代末、60 年代初的氮磷钾肥试验，明确了氮肥的增产作用最为显著，是我国最为迫切需要的化肥。** 我国农民有施用有机肥的传统，除沿海少数地区外，直到新中国成立从未用过化肥。1957 年我国化肥用量平均每亩①只有 1 千克（养分）。因此，要发展化肥工业和发挥化肥在农业生产上的作用，首先要搞清化肥的肥效和施用技术。1958 年在 25 个省、自治区和直辖市共进行氮、磷、钾化肥肥效试验 120 个，1959—1962 年又按不同作物继续进行肥效试验。50 年代末到 60 年代初主要作物上的化肥肥效如下（表 1）。

**表 1　氮、磷、钾化肥的肥效**

（1958—1962）

| 作　物 | 每千克养分增产（千克） | | |
| --- | --- | --- | --- |
| | N | $P_2O_5$ | $K_2O$ |
| 水稻 | 15～20 | 8～12 | 2～4 |
| 小麦 | 10～15 | 5～10 | 多数试验不增产 |
| 玉米 | 20～30 | 5～10 | 2～4 |
| 棉花（籽棉） | 8～10 | — | — |
| 油菜（菜籽） | 5～6 | 5～8 | — |
| 薯类（薯块） | 40～60 | — | — |

注：氮磷钾化肥的用量以营养成分计算，一般为每亩 3～4 千克。

试验结果首先肯定了氮肥的增产作用最为显著，不仅对表中所列的粮、棉、油、薯类作物增产明显，对其他经济作物、果树和蔬菜的增产幅度也较大。磷肥肥效除在油菜上稍高于氮肥外，在其他作物上均低于氮肥。唯钾肥的肥效很差。

在此期间还对比了氮肥不同品种的肥效，看出硝态氮肥在水田的肥效不如铵态氮肥。碳酸氢铵在小麦、棉花、玉米等旱作上施用，增产效果不如硫酸铵。另外，还研究了一些主要作物的吸肥规律，初步明确了它们施氮肥效果最为明显的时期。例如水稻在幼穗分化期；北方旱地小麦用氮肥作基肥或种肥，水浇地在起身、拔节期；棉花在现蕾到始花期；玉米在抽

---

① 亩为非法定计量单位，1 亩＝1/15 公顷≈667 米²。

雄前；油菜在抽苔初期施用氮肥，都能以较少的用量，获得较大的增产效果。这些技术已在生产上推广应用。

**2. 20世纪60年代对磷肥施用技术的研究取得了较大进展。**60年代初发现我国南方某些低产稻田施氮肥稻苗发生的"坐秋"、"僵苗"是一种严重的缺磷症，氮磷化肥配合使水稻大幅度增产。此后大量试验结果证实，磷肥肥效和土壤速效磷含量密切相关。例如土壤速效磷（Olsen法）含量＜5ppm[①]为缺，施磷肥增产显著；5～10ppm为中度缺磷，配合施用氮肥也有增产效果；＞10ppm施磷一般增产不显著或不增产。北方施有机肥少的离村远地，新开垦的盐碱荒地，南方的低产稻田和丘陵红壤等，土壤速效磷含量低，施用磷肥效果较好。试验还总结出作物种类与施磷肥的关系，在豆科作物（包括绿肥）、油菜施磷效果最为突出，冬小麦施磷效果也较好，夏玉米和水稻施磷效果比前几种作物稍差。同时，总结出低产田施磷，豆科作物以磷增氮，禾本科作物氮磷配合以及磷肥做基肥或种肥集中施，水稻蘸秧根等一套经济有效的施用技术，磷肥由南往北迅速推广使用。

**3. 20世纪70年代的磷矿粉肥的肥效试验取得了进一步的结果，明确了磷矿粉的施用技术。**磷矿粉肥的肥效研究在我国开始较早[2]。70年代前期化肥网为配合化工部在全国推广中低品位磷矿粉直接应用于农田，又在24个省、自治区、直辖市安排了1000多个田间试验，并参考以往的结果，对磷矿粉的直接施用问题研究得比较清楚。磷矿粉直接施用的效果，首先和磷矿性质有关，特别是它的结晶性质，在电子显微镜下结晶细小，结构疏松的磷矿（如广西的溶洞型磷矿、进口的摩洛哥磷矿），枸溶性磷占总磷量的比例高（占15％或更高），直接施用肥效较大；反之，结晶良好棱角清晰，结构致密，枸溶性磷占总磷量低的磷矿（如海州磷矿），直接施用当季效果都不明显。其次，与土壤有机质有关，凡是酸性土壤，pH越低，施用磷矿粉的效果越好。如广东、广西的咸酸田，pH5左右，是适宜施用磷矿粉的土壤。一般pH 5.5以下的缺磷土壤施用磷矿粉大多有效；反之，在石灰性土壤上施用磷矿粉的肥效尚有争论。最后，不同作物对磷矿粉中磷的吸收能力有很大差异。试验证实，肥田萝卜、荞麦、油菜、豌豆等吸磷能力强；紫云英、田菁、花生、大豆等次之；小麦、水稻、谷子等吸磷能力较弱。另外，磷矿粉有后效，连续施用或在多年生木本植物上一次高量施用，都可看出多年的后效。因此，只要磷矿选择适当，施用在酸性缺磷土壤上，种植吸磷能力强的作物，并采用适当的施用方法，一些不适合于工业加工的中低品位磷矿粉是可以直接施用的[3]。

**4. 20世纪70年代到80年代的氮肥深施试验和示范推广，大幅度提高了氮肥肥效。**70年代初化肥网曾组织过全国范围的氮肥深施试验。所谓深施，做底肥时不超过耕作层，作追肥时深度为6～10厘米。从南到北各种深施都明显提高了氮肥的肥效。例如福建省推广的碳酸氢铵加黏土等压球深施，广东等地的液体氮肥深度深施，上海、江苏、浙江、湖北的稻田全耕层（一次）深施，北方地区的底肥深施，犁沟溜施、追肥沟、穴施等，一般比表施提高肥效10％～20％，因地制宜在全国进行了大面积推广[4]。

直到80年代，为解决碳酸氢铵的深追肥问题，农机与农艺相结合，设计制造了用于粉状碳酸氢铵（不造粒）追肥的专用机器，解决了碳酸氢铵在机施中的阻塞和架空问题，排肥均匀，深度达6厘米以上。根据1984—1986年在黄淮海平原的76个小麦和34个夏玉米田

---

[①] ppm为非法定计量单位，1ppm＝1毫克/千克，为反映原文的历史风貌，特保留不做修改，下同。

间试验，碳酸氢铵深施比表施肥效提高近一倍。两次田间微区模拟机深施和表施的氮肥利用率和损失情况的测定（$^{15}$N 标记）表明：碳酸氢铵深施比表施的氮素利用率提高 20％左右[5~6]，这项工作既是 70 年代氮肥深施研究的继续，又解决了我国特有的碳酸氢铵深施（追肥）的难题。

**5. 20 世纪 70 年代到 80 年代的钾肥肥效试验，明确了钾肥在我国南方的肥效。**自 50 年代以来的化肥肥效试验，明显反映出钾肥由无效到有效，由肥效低到肥效逐步提高的过程。大致在 60 年代中到 70 年代初，钾肥开始在长江以南显效，到 70 年代中期以后，施用钾肥的增产幅度增长。根据 70 年代广东、浙江、湖南等省的试验和 1982—1984 年化肥网南方钾肥协作组共计 2000 余次的田间试验结果，明确了钾肥在南方的 16 种作物上不仅有增产效果，而且可增强作物的抗病抗逆能力，提高产品质量。同时，在北方发现了一些局部缺钾的地区。

从大量试验结果可以看出钾肥的有效施用条件。钾肥对当季作物肥效的高低，主要取决于土壤中速效钾的含量，同时也受土壤缓效钾含量及其释放程度的影响（表 2）。氮肥的施用水平和氮、磷、钾的合理搭配以及是否施用有机肥料，也是影响钾肥肥效的主要因素。单施钾肥往往不增产，随着氮肥用量的增加，钾肥的肥效也有逐步提高的趋势。而且，钾肥在施氮、磷的基础上，比单施氮的基础上增产幅度大。施用含钾量高的有机肥后，钾肥的肥效往往下降。此外，对于高产矮秆品种和杂交种施用钾肥的效应也较为明显。

**表 2　南方各省主要土壤钾素含量和钾肥肥效**

| 速效钾含量（ppm） | 缓效钾含量（ppm） | 土壤钾素丰缺状况 | 水稻施钾效果 |
| --- | --- | --- | --- |
| ＜40 | ＜160 | 极缺 | 增产极显著 |
| 40～80 | 160～240 | 缺 | 增产显著（10％～20％以上） |
| 80～120 | 240～320 | 施钾有效 | 有效（增产 10％左右） |
| ＞120 | ＞320 | 不缺 | 不增产 |

**6. 80 年代进行了全国规模的氮、磷、钾肥肥效，适宜用量和比例试验，分析了钾肥演变的原因，完成了全国化肥区划。**70 年代我国化肥工业发展很快，化肥产量在 10 年间翻了两番，加上每年进口大量化肥，化肥的用量迅速增加，在农业增产中发挥了重要作用。但是，也普遍反映化肥的氮、磷、钾比例严重失调，化肥肥效下降。为了搞清目前我国化肥肥效的现状和今后对化肥的需求，我们于 1981—1983 年有组织地完成了氮、磷、钾化肥肥效、适宜用量和比例的试验 5000 余个，15 种作物的肥效结果列于表 3。

试验结果表明，目前反映化肥肥效普遍下降的说法不很确切。氮肥肥效确有下降，不同地区、不同作物的程度不一。磷肥肥效在南方水稻上下降，而在北方的小麦、玉米上则有所上升。钾肥的肥效在南方趋于明显，但在北方大部分地区和粮食作物上仍为显效。总的来看，四十年来我国氮肥肥效大于磷肥，而磷肥肥效又大于钾肥这个总的趋势没有改变。

1981—1983 年的试验结果，每千克氮肥（N）增产稻谷 9.1 千克，玉米 13.4 千克，棉花（皮棉）1.2 千克，仅为 50 年代末至 60 年代初的一半左右；每千克氮肥增产小麦 10 千克，油菜籽 4 千克，与 20 年前相比下降幅度较小。氮肥肥效下降的原因主要是今年来氮肥用量增加很快，分配不均衡，有些地区用量偏高。同时，南方钾肥、北方磷肥不足，也影响了氮肥肥效的发挥。

### 表3 不同作物的 N、P、K 肥效现状

| 作物 | N（NP-P） | | | P₂O₅（NP-N） | | | K₂O（NPK-NP） | | |
|---|---|---|---|---|---|---|---|---|---|
| | 试验个数（个） | 亩用量（千克） | 千克肥增产（千克） | 试验个数（个） | 亩用量（千克） | 千克肥增产（千克） | 试验个数（个） | 亩用量（千克） | 千克肥增产（千克） |
| 水稻 | 896 | 8.4 | 9.1±0.20 | 921 | 3.9 | 4.7±0.15 | 875 | 5.8 | 4.9±0.16 |
| 小麦 | 1462 | 7.9 | 10.0±0.17 | 1851 | 5.4 | 8.1±0.16 | 678 | 5.7 | 2.1±0.23 |
| 玉米 | 728 | 8.3 | 13.4±0.41 | 1040 | 5.6 | 9.7±0.30 | 314 | 6.5 | 1.6±0.67 |
| 高粱 | 106 | 7.6 | 8.4±0.39 | 129 | 6.1 | 6.4±0.25 | 11 | 6.2 | 2.9±0.45 |
| 谷子 | 39 | 5.6 | 5.7±0.16 | 48 | 4.0 | 4.3±0.14 | 45 | 5.0 | 1.0±0.10 |
| 青稞 | 26 | 4.5 | 9.4±1.40 | 33 | 3.0 | 4.7±0.76 | 6 | 1.5 | 1.4±0.7 |
| 皮棉 | 45 | 11.3 | 1.2±0.12 | 97 | 6.6 | 0.68±0.05 | 57 | 9.0 | 0.95±0.08 |
| 大豆 | 87 | 7.8 | 4.3±0.42 | 134 | 6.3 | 2.7±0.69 | 64 | 8.0 | 1.5±0.07 |
| 油菜籽 | 68 | 10.6 | 4.0±0.45 | 97 | 4.4 | 6.3±0.83 | 39 | 5.9 | 0.63±0.08 |
| 花生 | 15 | 5.7 | 6.3±0.91 | 21 | 7.3 | 2.5±0.35 | 25 | 8.5 | 2.3±0.43 |
| 甜菜 | 36 | 7.4 | 41.5±0.8 | 51 | 6.3 | 47.7±5.8 | 6 | 6.5 | 17.9±2.7 |
| 胡麻 | 17 | 4.2 | 2.1±0.2 | 63 | 4.2 | 1.9±0.16 | — | — | — |
| 茶叶 | 15 | 12.5 | 8.3±1.03 | 9 | 8.0 | 5.3±1.3 | 6 | 7.5 | 5.8±1.4 |
| 马铃薯 | 16 | 4.2 | 58.1±15 | 44 | 8.0 | 33.2±6.9 | 3 | 6.0 | 10.3±5 |
| 甘蔗（茎） | 17 | 7.0 | 150～160 | 46 | 3.0 | 75～85 | 156 | 6.0 | 90～95 |
| 合计 | 3573 | — | — | 4584 | | | 2285 | | |

目前在我国南方，每千克磷肥（P₂O₅）增产稻谷 4.7 千克，也只有 20 年前的一半。但是在北方每千克磷肥可增产小麦 8.1 千克，玉米 9.7 千克，略高于 20 年前的肥效。磷肥肥效出现"南降"和"北升"的情况是由于近 20 年来南方磷肥用量较高，土壤中磷素有了一定的积累，而北方磷肥用量较少，土壤缺磷有所加剧的缘故。

钾肥在水稻上的肥效与 20 年前相比有了明显提高，每千克钾肥（K₂O）增产稻谷 4.9 千克，在广东、广西达 6.6 千克超过了磷肥肥效。但是在北方小麦、玉米上钾肥的增产效果大多数不明显。这是由于南方和北方的土壤类型不同，土壤中钾素含量和供钾能力高低有很大差别所致。

同期进行的 200 余个高浓度复合肥与等养分量的单元化肥混合的肥效对比结果说明，不论是氮、磷二元复合肥还是氮、磷、钾三元复合肥，与等养分的单元化肥混合施用比较，基本上是等量等效。

我们进行了三年化肥不同用量和比例的试验，大量结果可反映我国目前一个概况（表4）。

根据三年的试验结果，在水稻上获得最高纯收益的化肥用量（我们作为适宜用量）为每

亩 12.2 千克（纯养分）氮、磷、钾比例为 1∶0.34∶0.35。小麦上的适宜化肥用量为每亩
11.4 千克，氮、磷比例为 1∶0.63。玉米上的适宜化肥用量为每亩 11.3 千克。氮、磷比例
1∶0.55。上述三种主要粮食作物的适宜氮肥（N）用量均为每亩 7～7.5 千克。在适宜的
氮、磷或氮、磷、钾配比下每千克纯养分可增产粮食 10 千克左右。

**表4 不同作物适宜的 N、P、K 用量和比例**

| 作物 | 试验个数（个） | 对照产量（千克/亩） | 纯收益最高 | | | |
| --- | --- | --- | --- | --- | --- | --- |
| | | | 产量（千克/亩） | 化肥用量（千克/亩） | N∶P₂O₅∶K₂O | 千克肥增产（千克） |
| 水稻 | 829 | 277.8 | 391.2 | 12.2 | 1∶0.34∶0.35 | 9.3 |
| 小麦 | 1260 | 194.3 | 304.3 | 11.4 | 1∶0.63 | 9.6 |
| 玉米 | 629 | 285.6 | 417.6 | 11.3 | 1∶0.55 | 11.6 |
| 高粱 | 51 | 304.5 | 399.2 | 10.9 | 1∶0.66 | 8.7 |
| 谷子 | 51 | 162.4 | 231.9 | 8.2 | 1∶0.96 | 8.5 |
| 青稞 | 20 | 179.8 | 234.1 | 6.0 | 1∶0.59 | 9.1 |
| 皮棉 | 62 | 43.8 | 65.1 | 17.3 | 1∶0.54∶0.36 | 1.2 |
| 大豆 | 115 | 121.2 | 142.9 | 6.0 | 1∶1.5 | 3.6 |
| 油菜籽 | 64 | 84.5 | 138.9 | 11.0 | 1∶0.67∶0.22 | 4.9 |

以 1981—1983 年化肥网的结果为基础，进行了分区整理，并收集了有关有价肥料、土
壤养分状况、作物分布和产量的资料，参考了部分省、自治区、直辖市的化肥区划，于
1986 年完成了《中国化肥区划》。因已有专著，不在此赘述。

化肥网目前的工作重点是经济作物施肥和肥料长期定位试验。

## 结 束 语

30 多年的经验证明，化肥网作为全国化肥使用研究的一种组织形式是可取的。化肥网
的试验研究内容应当面向经济建设，不断进行调整。在农业、化工、商业等部门的关心和支
持下，化肥网虽然也取得了一些成绩，但本身也存在一些问题。例如有些肥料试验的土壤、
气候资料不全，影响了应用效果。多数试验仍然布置在城镇附近和交通沿线，边远地区较
少。在北方的一些单位，在水浇地上做试验较多，在旱地少。肥料试验针对粮、棉、油是对
的，但经济作物、果树、蔬菜上试验做得不够。进入 80 年代才得以考虑肥料长期定位试验
的问题，目前已初步形成一个肥料长期试验的网络，但坚持下去困难很大。化肥网今后应当
引进或开发适合我国条件的土壤植株样品大量、快速、准确的测试技术和设备；在电子计算
机上建立化肥试验结果及其他有关材料的数据库。化肥网在今后工作中，对上要能为国家解
决化肥发展中的关键问题，进行决策服务；对下为县级单位建立化肥产、销、用相结合的体
系，为指导农民进行优化配方施肥服务。

# 参 考 文 献

［1］郭金如，林葆．1985．中国肥料研究史料．农史研究第六辑，农业出版社．

［2］蒋柏藩．1988．中国磷矿农业利用的研究．中国农业科学，第 21 卷 4 期，62-74．

［3］山东省土壤肥料研究所．1975．磷矿粉肥的肥效试验．土壤肥料，第 5 期，21-26．

［4］山东省土壤肥料研究所．1976．氮肥深施技术试验概况．土壤肥料，第 3 期，25-27．

［5］林葆，刘立新，等．1988．旱作土壤机深施碳酸氢铵提高肥效的研究．土壤肥料，第 4 期，1-4．

［6］李光锐，陈培森，等．1988．模拟机具追施碳酸氢铵对旱作土壤中氮肥去向的影响．土壤肥料，第 2 期，15-18．

［7］中国农业科学院土壤肥料研究所化肥网组．1986．我国氮磷钾肥化肥的肥效演变和提高增产效益的主要途径——全国化肥试验网 1981—1983 年试验总结．土壤肥料，第 1，2 期．

# 全国化肥试验网协作研究三十二年

林葆　李家康　林继雄　吴祖坤

（中国农业科学院土壤肥料研究所）

全国化肥试验网是在中央领导同志和有关部门直接关怀下建立起来的。1957 年国务院副总理李富春同志指示，要在全国有组织地进行肥料试验和示范工作，以便找出不同地区、不同土壤、不同作物需要什么肥料、什么品种和最有效的施用技术，作为国家计划生产和合理施用的依据。根据这一指示，1957 年 8 月中国农业科学院召开了全国肥料工作会议，同年 11 月农业部发出了文件，正式建立了全国化肥试验网。三十二年来，在农业部、化工部、商业部直接关怀和支持下，进行了一系列的化肥试验和示范工作，取得了大量试验资料，为科学施肥提供了依据和技术措施，对促进我国化肥工业的发展，化肥的合理分配和施用起到了重要作用。本文着重介绍我国化肥网的性质和任务，概述三十多年来协作研究取得的主要成就及经验。

## 一、性质和任务

全国化肥试验网是开展地区间化肥协作研究的一种组织形式。它的基本任务是在全国有组织地进行化肥试验和示范工作，以便找出不同地区、不同土壤、不同作物适宜施用的化肥种类、用量、养分配比和有效施用技术，结合对国内外化肥生产、消费和研究动向的分析，为国家规划和发展化肥生产、进口、分配和施用提供科学依据。同时通过地区化肥网的试验和示范，直接指导农民经济有效施用化肥。在此总任务下，全国化肥试验网将根据不同时期国内工农业生产发展的要求，提出每个阶段的具体任务，制订统一的研究计划、试验方案、试验设计和观察记载标准，并组织实施。

全国化肥试验网由中国农业科学院领导，全国（除台湾省外）各省（直辖市、自治区）农业科学院土壤肥料研究所、中国农业科学院有关经济作物研究所和部分高等农业院校参加。中国农业科学院土壤肥料研究所负责组织实施。

全国化肥试验网已坚持了三十二年长期协作研究，其队伍逐渐扩大，现已有 36 个单位参加。绝大多数省、直辖市、自治区和中国农业科学院有关经济作物研究所组成了本省和有关经济作物化肥网。全国化肥试验网在长期协作过程中积累了丰富的工作经验，并逐步完善了管理体制和条例，已经成为一个全国性科研协作组织。

---

注：本文发表于《土壤肥料》，1989 年第 5 期。

# 二、主要成就

全国化肥试验网在促进我国化肥由单一氮肥逐步向氮磷或氮磷钾配合与平衡施肥的发展中，发挥了重要作用。大体分为两个时期加以总结。

**1. 20 世纪 80 年代前取得的主要成果。**我国农民长期以来习惯于施用有机肥料，50 年代前除沿海少数地区外，从未施用过化肥，直至 1957 年中国耕地的平均化肥施用量，每亩还不足 1 千克养分，许多农民对化肥的作用不认识，也不知道如何使用。所以，在这个时期全国化肥试验网的工作着重于研究和找出不同地区、不同土壤、不同作物上氮磷钾化肥的肥效和合理施用化肥的技术，为推广应用氮磷钾化肥服务。在此期间，先后组织了三次全国或地区性化肥协作试验，即 1958—1962 年全国氮磷钾化肥肥效协作试验，70 年代氮肥深施技术和南方钾肥肥效协作试验。

首先于 50 年代末肯定了氮肥的肥效，氮肥在各种土壤和作物上施用一般都能增产，同时明确了不同氮肥品种适宜的土壤条件，主要作物的需肥规律和适宜的施肥时期。氮肥迅速得到推广，促进了我国氮肥工业的发展，使我国氮肥生产出现二次增长高峰，即由 1957 年的 13 万吨（N）增加到 1966 年的 146 万吨（N）；由 1976 年的 382 万吨（N）增加到 1979 年的 882 万吨（N）。氮肥品种由单一的硫酸铵，发展到包括碳酸氢铵、尿素、硝酸铵、氯化铵以及氨水等多种，保证了农业持续增产。并根据我国氮肥品种的特点，改氮肥表施为深施，创造了多种氮肥深施方法，从 50 年代开沟深施、穴施，发展到 70 年代的球（粒）肥深施、全耕层深施，有效地减少了氮肥挥发损失，提高肥效 20%～30%。

60 年代全国化肥试验网在磷肥试验和示范方面取得很大成就。由于氮肥用量的增加和作物产量的提高，一些地区土壤缺磷矛盾开始突出。首先在我国南方的一些低产稻田发现单施氮肥稻苗易发生"坐秋"、"发僵"，经试验证明，这是一种缺磷症，在氮磷化肥配合施用下可使水稻获得显著增产。研究还表明，磷肥肥效与土壤速效磷含量密切相关，一般在土壤速效磷（Olsen 法，$P_2O_5$）含量<10ppm 为极缺磷；10～20ppm 为中度缺磷，>20ppm 时，施用磷肥一般增产效果不显著。同时，总结出低产田施磷，豆科作物以磷增氮，禾本科作物氮磷配合，以及磷肥做基肥或种肥集中施、水稻的蘸秧根等一套施用技术，大面积推广后，很快改变了 60 年代初期磷肥积压的状况，磷肥被农民称为低产缺磷地区的"翻身肥"，高产地区的"稳产肥"。尽管这一时期磷肥的产量由 1962 年的 12.6 万吨（$P_2O_5$），发展到 1966 年的 94.6 万吨（$P_2O_5$），但不少地区仍供不应求。

70 年代对钾肥的研究取得了进展。首先在广东发现作物缺钾症状，随后在广西、湖南、浙江等省（自治区）的部分土壤上也表现施用钾肥有效。这一时期由南方各省协作进行的两千多个钾肥肥效试验结果表明，施用钾肥可提高稻、麦、棉、油料、烟、麻的产量 10%～30%，并能改善作物产品品质和提高作物抗逆、抗病能力。还初步明确了钾肥有效施用条件，如土壤速效钾（$1NNH_4Ac$ 浸提，$K_2O$）<100ppm、缓速钾（$1NHNO_3$ 煮沸 15 分钟、$K_2O$）<300ppm，施用钾肥对各种作物都有一定的增产效果，如土壤速效钾>150ppm，缓效钾>400ppm，施钾一般不增产；施用钾肥以豆科绿肥作物增产幅度最大，其次为糖料、油料、薯类、麻类和大、小麦，再次为水稻、玉米、棉花等；从水稻品种来说，矮秆高产水稻良种及粳稻比籼稻对钾的效应高，杂交水稻施钾的效果最好；钾肥在不同轮作制中分配，在三熟制地区季季施用优于集中一次施用，在双季稻地区晚稻施钾好于早稻。钾施用量以每亩施氯化钾 5～10 千克的产量较好，经济效益最高。

上述研究成果，为我国 80 年代大力推广应用钾肥和合理施用钾肥提供了重要依据。

**2. 80 年代的主要成果。**进入 80 年代，我国化肥使用已由补充单一营养元素转入 NPK 化肥配合使用阶段。同时，随着化肥量的增加，农民也迫切要求知道需要用多少和什么营养元素配合施用，以取得更好的经济效益。为此，全国化肥试验网于 1981—1983 年连续进行了三年的氮磷钾化肥肥效、适宜用量和配合比例试验，研究和编写了中国化肥区划，设置了一批肥料长期定位试验，以便为国家化肥生产和分配的宏观决策提供依据，同时指导农民科学施肥。

（1）初步明确了 80 年代初我国主要作物上氮磷钾化肥的肥效、适宜用量和配合比例。1981—1983 年的三年中，在 18 种作物上共完成田间试验 5086 个。根据试验资料，大体上可以得出如下结果：

我国化肥肥效仍然是氮肥＞磷肥＞钾肥。

南方稻田氮磷肥肥效普遍下降，1981—1983 年的试验结果，每千克 N 增产稻谷 9.1 千克，每千克 $P_2O_5$ 增产稻谷 4.7 千克，只有 60 年代的一半左右，而钾肥肥效显著上升，每千克 $K_2O$ 平均增产稻谷 4.9 千克，在广东和广西两者达到 6.6 千克，超过了磷肥肥效，长江以南其他省、市的钾肥肥效也几乎与磷肥肥效相当。

北方氮肥肥效比较稳定，每千克 N 可增产小麦 10 千克，玉米 13.4 千克，与 60 年代相当。磷肥的肥效略有上升，每千克 $P_2O_5$ 可增产小麦 8.1 千克，玉米 9.7 千克，接近氮肥肥效。钾肥在多数地区的粮食作物上仍无明显增产效果。试验结果还表明，化肥肥效下降主要是由于用量的增加和较普遍存在的养分比例失调，如南方氮肥比失调，北方氮磷比失调。

根据试验数据统计，水稻上化肥适宜用量为每亩 12.2 千克，N：$P_2O_5$：$K_2O$ 为 1：0.34：0.35；小麦的化肥适宜用量为每亩 11.4 千克，N：$P_2O_5$ 为 1：0.63；玉米的适宜化肥用量为每亩 11.2 千克，N：$P_2O_5$ 为 1：0.55；棉花、油菜的适宜化肥用量分别为每亩 17.3 千克和 11 千克，N：$P_2O_5$：$K_2O$ 分别为 1：0.54：0.36 和 1：0.67：0.22。

根据上述试验结果，可以初步认为，我国使用化肥中的氮磷钾养分比例确实失调，但是，我国氮肥肥效一直高于磷、钾化肥，应当在继续发展氮肥的基础上调整氮磷钾比例。据初步预测，我国到 2000 年的化肥需求量大致为 3000 万～3200 万吨纯养分，氮磷钾比例需调整到 1：0.4～0.5：0.2～0.3，南方以调整氮钾比为主，北方以调整氮磷比为主。

（2）进行了复合肥肥效和施用技术的研究。从 1978—1983 年共取得田间试验结果 248 个，其中磷酸二铵二元复肥的试验 61 个，三元复肥的试验 187 个。初步肯定了复肥的增产效果，在其他条件一致情况下，无论是氮磷二元复肥，还是氮磷钾三元复肥，与单质化肥配合施用比较，只要养分种类、形态、用量和配比相同，则肥效相当。通过试验研究，还提出了施用复合肥料要因土因作物确定肥料种类，养分形态，用量和配比以及复合肥宜作基肥施用等技术。

（3）编写了中国化肥区划。全国化肥区划突出化肥的肥效规律，从提高经济效益出发，综合地考虑土壤、作物及其他自然和经济因素，进行分区划片，提出不同地区氮磷钾化肥适宜的品种、数量、比例以及合理使用化肥的方向和途径，为国家有计划地安排化肥生产、分配和施用提供科学依据。化肥区划分区的依据和基本原则是：

①土壤地理分布和土壤速效养分含量的相对一致性；

②化肥施用量、施用比例和肥效的相对一致性；

③尽可能同土地利用方向和种植区划相适应；

④尽量照顾行政区划的完整性，一级区照顾省界，二级区保持县界，以利国家合理分配化肥。

全国化肥区划分八个一级区，三十一个二级区（亚区）。一级区反映不同地区化肥施用的现状和肥效特点；二级区根据化肥使用现状和今后农业发展方向，提出对化肥合理施用的要求。一级区按地名＋主要土类＋氮肥用量＋磷钾肥肥效相结合的命名法。氮肥用量按每年每季作物每亩平均施 N 量，划分为高量区（7.5 千克以上）、中量区（5～7.5 千克）、低量区（2.5～5 千克），极低量区（2.5 千克以下），磷肥肥效按每千克 $P_2O_5$ 增产粮食千克数，划分为高效区（4 千克以上），中效区（2～4 千克）、低效或未显效区（2 千克以下）。钾肥肥效划分等级和标准与磷肥相同。二级区（亚区）按地名地貌＋作物布局＋化肥需求特点的命名法，对今后氮磷钾化肥的需求，分为增量区（需较大幅度增加用量）、补量区（需少量增加用量）、稳量区（基本保持现有用量）、减量区（降低现有用量）。

（4）初步形成了全国肥料长期定位试验网络，自 1980 年开始，先后在全国 23 个省、直辖市、自治区设置了肥料定位试验 101 个。研究内容以有机肥与化肥配合、氮磷钾化肥配合为主，也有部分磷、钾化肥在种植制度中的分配和磷肥后效试验，近年又布置了一些化肥品种定位试验等。根据对部分试验结果进行分析，大体上可以看出如下一些趋势：

施用有机肥一般都有增产效果，增产幅度因有机肥的数量和质量不同而变化较大。连续施用有机肥有明显后效，其增产效果有逐步增加的趋势。

有机肥与化肥配合施用，比单施等量有机肥或化肥增产，但多数试验不表现正的交互作用。有机肥与氮肥配合施用，少施或不施磷钾化肥时也可获得较高产量。

施用磷肥有较长后效，累加利用率高。磷肥在轮作制中的分配不同，对产量有较大影响，等量磷肥一次性贮备施用比每年施用或隔年施用的作物产量较低。水旱轮作制下，在旱作上施用磷肥比在水稻上施用增产幅度大。我国南方双季稻产区，磷肥施在早稻上，钾肥施在晚稻上效果好。

施肥能提高作物籽粒和秸秆的含氮量，但有机肥的作用不如氮素化肥明显。

多数定位试验的结果表明，增施有机肥不仅增加土壤有机质和全氮，并能保持和提高土壤速效磷、钾含量。尤其是施用猪粪对补充土壤磷素，施用秸秆对补充土壤钾素的作用明显。

施用磷肥在土壤中有明显的积累，其积累速度，积累的磷素形态及其作物的有效性，尚需进一步探讨。

在全国化肥网主持下，我国将继续保持这批肥料定位试验，以进一步研究施肥与土壤肥力、施肥与产品品质、施肥制度以及主要营养元素的循环与平衡等问题。

目前，全国化肥试验网正在开展的工作还有：

我国主要经济作物的营养特点和施肥技术（包括专用肥配方技术）研究；

复合肥料作用机理和提高肥效的施用技术研究；

应用电子计算机进行推荐施肥技术研究等。

# 三、基本经验

三十二年来，全国化肥试验网坚持长期协作研究，为国家有关部门宏观决策提出了一些好的建议，为指导农民科学施肥，促进农业生产的发展发挥了积极作用，因而取得了一批重大科研成果和巨大经济效益，70 年代研究提出的"合理施用化肥及提高利用率的研究"荣获 1987 年全国科技大会重大科技成果奖，在"六五"期间研究提出的"我国氮磷钾化肥的肥效演变和提高增产效益的主要途径"获 1985 年原农牧渔业部科技进步一等奖和 1987 年国家科技进步二等奖，"中国化肥区划"获 1987 年农业部科技进步二等奖，另据不完全统计，各省、直辖市、自治区和中国农业科学院有关专业所通过各自组织的化肥网协作研究，取得的部，省级奖励的成果 30 余项。这些成果为有关生产部门采用，取得了巨大的经济效益，仅在"六五"期间应用氮磷钾化肥适宜用量和配比试验结果，进行示范推广的面积达 2 亿亩以上，增产粮食 50 亿千克，增收 10 亿元左右。

我国幅员辽阔，气候、土壤条件的差别大，作物种类多，耕作制度与生产条件不一，要研究和提出我国不同地区、不同土壤、不同作物上的化肥肥效规律和合理的施用技术，必须有统一的试验计划、方案、设计和观察记载标准，并统一布置大量的田间试验，三十二年来的实践证明，全国化肥试验网是组织和开展这类化肥协作研究和示范的一种很好的组织形式。

总结全国化肥试验网三十二年来协作研究的基本经验有四个方面：

（1）紧密结合每个历史时期的国家任务和农业生产发展，确定研究目标和任务；

（2）依据国内外化肥研究的发展水平，制订统一试验研究方案和实施计划；

（3）充分应用研究成果，积极争取国家有关部门的支持，开辟稳定的经费来源；

（4）在全国分级形成完整的网络和组织一支稳定的研究队伍。

我们将继续发扬这些成功经验，为进一步巩固和发展全国化肥试验网的协作研究而努力。

# 我国氮磷钾化肥的肥效演变和
# 提高增产效益的主要途径

## ——全国化肥试验网 1981—1983 年试验总结（上）

（中国农业科学院土壤肥料研究所化肥网组）

实践证明，增施化学肥料是提高单位面积产量、改善产品品质的一项十分重要的措施。据联合国粮农组织 1961—1977 年在 40 个国家的 10 万多个示范和试验结果，最好的施肥处理平均增产 67%，产投比为 4.8[1]。根据我国 20 世纪 80 年代的大量试验结果，化肥施用得当，增产效果也十分可观。小麦施用氮磷化肥比不施的增产 56.6%，玉米增产 46.1%；水稻施氮钾化肥或氮磷钾化肥，比不施的增产 40.8%，棉花施用化肥增产 48.6%。施肥还可以明显地提高农产品的品质。新中国成立以来我国粮食和棉花产量的增长和化肥施用量的增加紧密相关。1951—1980 年三十年的化肥总用量与粮食总产量的相关系数为 0.964，化肥每亩施用量与粮食每亩产量的相关系数为 0.98，均达到极显著水平；三十年的化肥总施用量与棉花总产量的相关系数为 0.788，化肥每亩施用量与棉花每亩产量的相关系数为 0.86，均达到显著水平。

据有关资料记载，我国从 1905 年开始进口化肥[2]，最早的化肥肥效试验报告见于 1910 年（清宣统二年）[3]，至今已有七十多年的历史。新中国成立以前我国只有两座规模不大的氮肥厂和两个回收氨的车间，化肥产品只有硫酸铵一种，最高年产量（1941 年）达到 4.77 万吨（纯氮，下同），1949 年的产量只有 0.6 万吨。新中国成立前我国氮肥的累计总产量不到 12 万吨，累计进口量不超过 60 万吨（以硫酸铵为主），主要在沿海的广东、福建、浙江、江苏、山东等省使用。新中国成立后我国化肥工业得到迅速发展，1953 年的产量超过历史最高水平，从 1973 年起我国的氮肥产量超过日本，从 1978 年以来，我国化肥总产量居世界第三位，仅次于苏联和美国。1983 年我国化肥总产量为 1378.9 万吨，其中氮肥（按 N 计，下同）1109.4 万吨，磷肥（按 $P_2O_5$ 计，下同）266.6 万吨，钾肥（以 $K_2O$ 计，下同）2.9 万吨[4]。同时，我国每年还进口大量化肥。1983 年我国化肥的总施用量达到 1659.8 万吨，平均每亩耕地 11.25 千克。化肥已成为我国一项重要的农用物资，在农业增产中发挥着重大的作用。

## 一、氮磷钾化肥肥效的演变和现状

化肥的生产和使用推动了合理施肥的研究，搞清我国的化肥肥效是一项基本工作。从我国施用化肥以来共进行过三次全国规模的化肥肥效试验，每次相距二十年左右。从三次结果来分析我国化肥肥效的演变，搞清我国化肥肥效的现状，从中可得到许多启发

注：此文发表于《土壤肥料》，1986 年第 1 期。

和教益。

### （一）第一次试验到第二次试验肥效的变化

第一次全国性的化肥肥效试验是由前中央农业实验所组织的，当时称为地力测定。试验从 1936 年开始，先在江苏、安徽、山东、山西、河北、河南、湖北、湖南、江西等省进行，以后又增加了云南、贵州、四川、广西、陕西等省。氮、磷、钾化肥的用量以营养成分计算为每亩 8 斤[①]。1936—1940 年在上述 14 省 68 个点的水稻、小麦、油菜、棉花、玉米、谷子等作物上做了 156 个试验。1941 年张乃凤以《地力之测定》一文作为总结发表[5]。

在该文中，作者将施用氮、磷、钾化肥增产的试验点或试验数占试验总点数或试验总个数的百分数称为三要素需要程度，结果见表 1。当时氮的需要程度约为 80%，磷的需要程度约为 40%，钾的需要程度仅为 10%。作者认为无论哪一省土壤中氮素养分一般极为缺乏，磷素养分仅在长江流域或长江以南各省缺乏，钾素在土壤中俱丰富。

表 1　氮磷钾三要素的需要程度

（1936—1940）

| 化肥种类 | 试验地点 | 增　产 | | 试验个数 | 增　产 | |
|---|---|---|---|---|---|---|
| | | 点数 | % | | 试验数 | % |
| 氮 | 68 | 57 | 83.8 | 152 | 115 | 75.7 |
| 磷 | 68 | 31 | 45.6 | 146 | 55 | 37.7 |
| 钾 | 68 | 11 | 16.2 | 142 | 11 | 7.7 |

作者还分析了三要素需要程度和土壤区域和作物种类的关系。至于施用肥料能增加生产的数量和经济价值当时未进行计算和讨论。这些试验结果至今仍有重要参考价值。

新中国成立以后，1957 年国务院领导同志指示，要在全国有组织地进行肥料试验和示范工作，以便找出不同地区，不同土壤、不同作物需要什么肥料、什么品种和最有效的施用技术，作为国家计划生产和合理施用的依据。根据这一指示精神，农业部组织了全国化肥试验网，由中国农业科学院领导，土壤肥料研究所具体负责，于 1958—1962 年进行了第二次全国规模的化肥试验。1958 年参加试验的有 25 个省、直辖市、自治区有关农业单位，共有试验点 157 个。试验包括三要素肥效、氮肥品种比较、磷肥品种比较和氮肥施用量、施用期等四项内容。1958 年完成田间试验 351 个，其中包括在水稻、小麦、玉米、棉花上进行的氮磷钾肥效试验 122 个。氮磷钾化肥的用量以营养成分计算，一般为亩用 6~8 斤。1958 年后三要素的肥效试验由粮食作物和棉花扩大到油料作物、烟草、果树、蔬菜上。以上试验均由中国农业科学院土壤肥料研究所汇编成册[6~7]。

根据 1958 年的试验资料和以后各地的试验报告，当时氮、磷、钾化肥的增产幅度如表 2。第一和第二两次全国性的化肥肥效试验相隔二十年之久，社会制度发生了根本变化，农业生产条件开始有了改善，耕作管理水平有了提高，但是，土壤肥力在此期间还没有较大变化，农民基本施用有机肥料，产量水平较低。因此，化肥肥效与二十年前相比，有其共同的特点。氮肥的增产作用依然是列于首位，在不同土壤、不同作物上施用氮肥普遍有效。磷肥增产效果次之。根据 30 年代后期的试验，认为磷肥只在长江流域及其以南各省有一定效果，长江以北的效果不明显。在第二次全国化肥肥效试验中，南方水稻产区，特别是低产稻田施用磷肥的效

---

① 斤为非法定计量单位，1 斤=0.5 千克，为反映原文的历史风貌，特保留不做修改，下同。

果已十分明显，在豆科绿肥和油菜上也有很好的增产效果。在北方地区磷肥已开始显出效果，以小麦和豆类作物效果较好。而钾肥的效果较差，多数试验未见增产作用。

### 表2 氮磷钾化肥的增产效果

(1958—1962)

| 作物 | 每斤养分增产效果* (斤) | | |
|---|---|---|---|
| | N | $P_2O_5$ | $K_2O$ |
| 水稻 | 15~20 | 8~12 | 2~4 |
| 小麦 | 10~15 | 5~10 | 多数试验不增产 |
| 玉米 | 20~30 | 5~10 | 2~4 |
| 棉花（籽棉） | 8~10 | — | — |
| 油菜（菜籽） | 5~6 | 5~8 | — |
| 薯类（薯块） | 40~60 | — | — |

注：* 氮磷钾化肥的用量以营养成分计算，一般为每亩6~8斤。

### （二）第二次试验到第三次试验肥效的变化和现状

1962年以后，我国化肥迅速发展，化肥用量增加很快，但是，近年来普遍反映化肥肥效明显下降，化肥的氮磷钾比例严重失调，最近化肥调价后又出现了一些品种的积压和滞销，化肥的生产、销售和使用，面临新的情况和问题。第三次全国性的化肥肥效试验显得十分必要。

第三次全国化肥试验仍由全国化肥试验网组织，内容包括氮磷钾化肥肥效、适宜用量和配合比例，复合肥料施用技术和肥料长期定位试验等项内容。试验有统一的技术规程、试验设计和试验报表。氮磷钾化肥肥效、不同用量和配比试验中，氮磷两因素一般采用氮肥四个用量和磷肥三个用量相互配合的因子设计，共12个处理。或者采用氮肥用量固定，磷肥用量分五个等级的所谓"以氮定磷"的设计，加对照共6个处理；或者相反，即磷肥用量固定，氮肥用量分五个等级的"以磷定氮"的设计，也有6个处理。氮磷钾三个因素的，一般在高氮高磷处理的基础上加钾。氮肥的用量为每亩0~24斤（N），磷、钾肥的用量为每亩0~16斤（$P_2O_5$ 或 $K_2O$），试验设三次重复。复合肥试验均为复合肥与等养分量的单元化肥配合的肥效对比。到1983年底除长期试验外，其他的两项内容已基本结束。1981—1983年三年中，我们收到的田间试验结果来自全国除台湾以外的29个省、直辖市、自治区，试验的作物包括水稻、小麦、玉米、谷子、高粱、青稞、糜子、棉花、油菜、大豆、花生、胡麻、甜菜、甘蔗、马铃薯、苹果、茶叶、蔬菜（番茄、甘蓝、大白菜）等十八种。完成氮磷钾化肥肥效、用量和配比试验共5086个，复合肥与单元化肥配合的比较试验248个。这些试验绝大部分在农民的田块中进行，具有相当广泛的代表性。我们将5334个试验中的4943个（其中有391个试验因各种原因未采用）按作物种类、分布地区、肥力高低和施肥数量进行了整理。

从4000多个试验的结果来看，近年各地反映的化肥增产效果普遍下降的说法不很确切。总的来看：四十年来我国氮肥肥效大于磷肥、磷肥肥效大于钾肥，这个总的趋势没有改变。氮肥效果确有下降，但不同地区、不同作物下降的程度不一。磷肥的效果在南方水稻上下降，而在北方小麦、玉米上不仅没有下降，而且还有所上升。钾肥的效果在南方趋于明显，而在北方的大部分地区和粮食作物上仍未显效。

**1. 氮肥增产效果的变化及原因分析。** 从 1981—1883 年三年的试验结果计算得出：在施用磷肥的基础上每亩施氮肥（N）8~24 斤（一般为 16 斤左右），每斤氮素增产稻谷 9.1 斤，小麦 10.0 斤，玉米 13.4 斤，高粱 8.4 斤，谷子 5.7 斤，青稞 9.4 斤，棉花（皮棉）1.2 斤，大豆 4.3 斤，油菜籽 4.0 斤，花生 6.3 斤，甜菜（块根）41.5 斤，胡麻 2.1 斤（表3）。这一结果与 20 世纪 50 年代末 60 年代初的试验结果比较，氮肥效果在水稻、玉米、棉花上下降较多，增产量仅为二十年前的一半。而小麦、油菜施用氮肥的增产效果虽有下降，但幅度较小。其他作物因 1958—1962 年的试验结果较少，难以对比。由于氮肥在水稻上的效果下降幅度大，在小麦上下降幅度小，因此，氮肥在主要粮食作物上的增产效果由五六十年代的玉米＞水稻＞小麦，变为玉米＞小麦＞水稻。在北方一季稻区，氮肥在水稻上的增产效果仍然大于小麦。

**表3　不同作物的 NPK 肥效现状**

（1981—1983）　　　　　　　　　　　　　　　　　（单位：斤）

| 作物 | N（NP-P） | | | $P_2O_5$（NP-N） | | | $K_2O$（NPK-NP） | | |
|---|---|---|---|---|---|---|---|---|---|
| | 试验个数 | 亩用量 | 斤肥增产 | 试验个数 | 亩用量 | 斤肥增产 | 试验个数 | 亩用量 | 斤肥增产 |
| 水稻 | 896 | 16.8 | 9.1±0.20 | 921 | 7.7 | 4.7±0.15 | 875 | 11.6 | 4.9±0.16 |
| 小麦 | 1462 | 15.7 | 10.0±0.17 | 1851 | 10.7 | 8.1±0.16 | 678 | 11.4 | 2.1±0.23 |
| 玉米 | 728 | 16.9 | 13.4±0.41 | 1040 | 11.1 | 9.7±0.30 | 314 | 13.0 | 1.6±0.67 |
| 高粱 | 106 | 15.1 | 8.4±0.39 | 129 | 12.1 | 6.4±0.25 | 11 | 12.3 | 2.9±0.45 |
| 谷子 | 39 | 11.2 | 5.7±0.16 | 48 | 8.0 | 4.3±0.14 | 45 | 10.0 | 1.0±0.10 |
| 青稞 | 26 | 9.0 | 9.4±1.40 | 33 | 6.0 | 4.7±0.76 | 6 | 3 | 1.4±1.7 |
| 皮棉 | 45 | 22.5 | 1.2±0.12 | 97 | 13.2 | 0.68±0.05 | 57 | 18.0 | 0.95±0.08 |
| 大豆 | 87 | 15.6 | 4.3±0.42 | 134 | 12.5 | 2.7±0.69 | 64 | 16.0 | 1.5±0.07 |
| 油菜籽 | 68 | 21.1 | 4.0±0.45 | 97 | 8.8 | 6.3±0.83 | 39 | 11.8 | 0.63±0.08 |
| 花生 | 15 | 11.4 | 6.3±0.91 | 21 | 14.5 | 2.5±0.35 | 25 | 17.0 | 2.3±0.43 |
| 甜菜 | 36 | 14.8 | 41.5±0.8 | 51 | 12.6 | 47.7±5.8 | 6 | 13.0 | 17.9±2.7 |
| 胡麻 | 17 | 8.4 | 2.1±0.2 | 63 | 8.4 | 1.9±0.16 | — | — | — |
| 茶叶 | 15 | 25 | 8.3±1.03 | 9 | 16 | 5.3±1.3 | 6 | 15 | 5.8±1.4 |
| 马铃薯 | 16 | 8.3 | 58.1±15 | 44 | 7.9 | 33.2±6.9 | 3 | 12 | 10.3±5 |
| 甘蔗（茎） | 17 | 14 | 150~160 | 46 | 6 | 75~85 | 156 | 12 | 90~95 |
| 合计 | 3573 | — | — | 4584 | — | — | 2285 | — | — |

氮肥效果的变化因不同地区又有差别。在整理试验结果时，我们按气候、地形、土壤、作物的特点，并参考"中国综合农业区划"将全国划分为八个区，即东北区、黄淮海区、北部高原区、西北干旱区、长江中下游区、华南区、西南区和青藏高原区（表4），来分析不同地区的化肥肥效。例如水稻上的氮肥肥效，西南区每斤氮素增产稻谷 11.7 斤，华南区为 10.4 斤，长江中下游 8.2 斤，以长江中下游区为低。小麦上每斤氮素的增产效果，西南区 14.2 斤，西北区、黄淮海区均为 10 斤左右，东北区为 9.2 斤，长江中下游为 8.8 斤，也以长江中下游区较低（表5）这可能和长江中下游的土壤肥力和施氮肥水平（包括有机肥、绿肥）较高有关（表5）。玉米上施氮肥的效果以东北区的春玉米为高。

### 表 4 各大区土壤氮素状况及氮素肥料施用情况

| 地区 | 包括省<br>（市、自治区） | 主要<br>土类 | 有机质<br>（％） | 碱解氮<br>（ppm） | 化肥 N（斤/亩耕地） | | | | 绿肥面积（万亩） | | | |
|---|---|---|---|---|---|---|---|---|---|---|---|---|
| | | | | | 1957 年 | 1975 年 | 1980 年 | 1983 年 | 1957 年 | 1975 年 | 1980 年 | 1983 年 |
| 东北 | 黑龙江,吉林,辽宁,内蒙古呼盟 | 黑土、草甸土、棕壤 | 1.5～6.5 | 80～350 | 0.16 | 4.21 | 7.01 | 7.66 | 3.0 | 159.1 | 188.8 | 205.1 |
| 北部高原 | 山西,陕西,宁夏,甘肃和内蒙古的大部,河北的承德和张家口地区,青海的西宁市和海东地区 | 褐土、绵土、娄土 | 0.7～1.4 | 35～100 | 0.12 | 3.69 | 5.30 | 5.43 | 56.8 | 241.5 | 266.5 | 130.8 |
| 黄淮海 | 河南,山东,北京,天津,皖北,苏北,河北大部 | 潮土、褐土 | 0.8～1.5 | 40～120 | 0.39 | 5.68 | 14.82 | 21.14 | 231.7 | 1735.1 | 1381.8 | 221.3 |
| 长江中下游 | 上海,湖南,江西,浙江,福建,江苏和安徽大部 | 水稻土、红壤 | 1～3.5 | 80～200 | 0.59 | 7.27 | 22.30 | 25.86 | 4094.9 | 10670.3 | 8501.5 | 7202.2 |
| 华南 | 广东,广西 | 水稻土、赤红壤 | 1.5～4.0 | 资料少 | 1.30 | 6.29 | 19.15 | 25.36 | 223.5 | 1516.0 | 567.6 | 251.2 |
| 西南 | 云南,贵州,四川 | 水稻土、紫色土、黄、红壤 | 0.7～3.5 | 70～150 | 0.12 | 4.01 | 13.08 | 17.25 | 516.2 | 588.1 | 331.2 | 304.6 |
| 青藏 | 西藏,青海的大部,甘肃的甘南州 | 草甸土 | 0.6～2.5 | 30～70 | 0 | 1.32 | 1.73 | 3.19 | — | — | 0.7 | 10.0 |
| 西北干旱 | 新疆,甘肃的武威,张掖,酒泉地区及嘉峪关市,内蒙古的阿盟,青海的海西州 | 灌淤土、草甸土 | 0.5～2.0 | 20～50 | 0.06 | 0.90 | 4.15 | 5.98 | 3.6 | 12.3 | 65.1 | 195.3 |
| 合计 | | | | | 0.36 | 5.01 | 12.67 | 16.17 | 5129.7 | 14922.4 | 11303.2 | 8520.5 |

注：根据各省（直辖市、自治区）化肥区划的资料统计汇总。

### 表5 不同地区的 NPK 肥效现状

(1981—1983)  (单位：斤)

| 化肥 | N (NP-P) | | | P₂O₅ (NP-N) | | | K₂O (NPK-NP) | | |
|---|---|---|---|---|---|---|---|---|---|
| 作物 | 水稻 | 小麦 | 玉米 | 水稻 | 小麦 | 玉米 | 水稻 | 小麦 | 玉米 |
| 点数 | 1281 | 2086 | 1041 | 1316 | 2896 | 1486 | 1118 | 760 | 343 |
| 东北区 亩用量 | 19.9 | 18.4 | 19.2 | 10.4 | 16.5 | 11.1 | 12.2 | | 24.0 |
| 斤肥增产 | 11.8±0.96 | 9.2±0.53 | 15.7±0.68 | 7.6±0.75 | 2.2±0.48 | 13.1±0.51 | 2.8±0.57 | | 1.6±0.36 |
| 黄淮海区 亩用量 | | 14.5 | 16.8 | | 10.8 | 11.6 | | 14.4 | 13.5 |
| 斤肥增产 | | 9.8±0.33 | 10.0±0.75 | | 9.1±0.25 | 6.9±0.45 | | 1.1±0.46 | 1.3±1.19 |
| 长江中下游区 亩用量 | 17.0 | 18.6 | 24.5 | 9.3 | 10.5 | 12.0 | 12.7 | 14.0 | 15.1 |
| 斤肥增产 | 8.2±0.26 | 8.8±0.97 | 8.0±2.03 | 5.5±0.33 | 10.1±0.49 | 5.7±1.0 | 4.4±0.22 | 2.0±1.32 | 3.8±0.85 |
| 西北干旱区 亩用量 | | 14.0 | 15.0 | | 10.2 | 11.3 | | 13.0 | |
| 斤肥增产 | | 10.7±0.64 | 10.2±1.75 | | 8.3±0.4 | 7.5±1.03 | | −0.7±0.53 | |
| 西南区 亩用量 | 16.1 | 16.0 | 18.0 | 8.2 | 7.1 | 11.7 | 8.3 | 8.0 | |
| 斤肥增产 | 11.7±0.78 | 14.2±0.45 | 8.1±2.21 | 5.5±0.55 | 9.9±0.55 | 3.1±2.23 | 4.5±0.43 | 4.8±0.50 | |
| 华南区 亩用量 | 15.5 | | | 6.0 | | | 11.3 | | |
| 斤肥增产 | 10.4±0.31 | | | 3.4±0.26 | | | 6.6±0.27 | | |
| 北部高原区 亩用量 | | 17.4 | 11.0 | | 12.3 | 9.9 | | | |
| 斤肥增产 | | 7.3±0.35 | 12.6±0.81 | | 6.5±0.29 | 6.8±0.69 | | | |
| 青藏区 亩用量 | | 13.5 | | | 9.3 | | | | |
| 斤肥增产 | | 13.9±0.84 | | | 6.4±1.02 | | | | |

　　氮肥肥效和土壤肥力高低也有密切关系。我们以试验中无肥区的产量水平作为土壤肥力高低的综合指标，看出中低产地块每斤氮肥增产的粮食斤数大于高产地块，每斤氮肥多增产稻谷 4.0 斤，小麦 5.0 斤，玉米 5.5 斤，增产幅度高出 50％到一倍（表6）。

　　根据试验结果分析，氮肥肥效下降的重要原因，是近年氮肥施用量增加很快，其他生产条件往往未能相应跟上，北方磷肥、南方钾肥不足，作物养分供应不均衡，影响了氮肥肥效的发挥，因此，增施氮肥的报酬递减现象明显。从试验结果可以看出，单施氮肥的增产效果，都不如在磷肥基础上增施氮肥的增产效果高，加外，随着氮肥用量的增加，每斤氮肥的增产量逐步减少。我们将氮肥用量按＜8斤，8～12斤，12～16斤，16～20斤，20～24斤和＞24斤的等级划分，则每斤氮肥增产的稻谷相应为 11.9 斤，11.2 斤，10.2 斤，8.1 斤，6.6 斤和 4.8 斤，小麦为 13.2 斤，11.6 斤，11.3 斤，9.5 斤，5.8 斤和 4.5 斤，玉米为 18.3 斤，17.8 斤，14.3 斤，11.8 斤，8.9 斤和 9.0 斤（表7）。在目前的生产条件下，每亩施用氮肥低于 16 斤，仍有较好的增产效果，施氮量进一步增加，则增产效果显著下降。每斤氮肥的增产效果因用量不同，可相差一倍以上。

**表 6　不同产量水平的 NPK 肥效现状**

（1981—1983）　　　　　　　　　　（单位：斤）

| 化肥 | 作物 | 试验个数 | 对照区<300 | 300~500 | 500~700 | >700 |
|---|---|---|---|---|---|---|
| | | | 斤肥增产 | 斤肥增产 | 斤肥增产 | 斤肥增产 |
| N<br>(NP-P) | 水稻 | 896 | 8.6 | 10.9 | 8.6 | 6.9 |
| | 小麦 | 1462 | 10.5 | 10.6 | 9.3 | 5.6 |
| | 玉米 | 728 | 16.2 | 13.8 | 13.5 | 10.7 |
| | 高粱 | 106 | 6.6 | 10.4 | 8.9 | 7.3 |
| | 谷子 | 39 | 5.6 | 6.2 | 2.8 | — |
| P$_2$O$_5$<br>(NP-N) | 水稻 | 921 | 7.4 | 4.8 | 4.1 | 3.4 |
| | 小麦 | 1851 | 9.1 | 8.8 | 6.4 | 4.8 |
| | 玉米 | 1040 | 11.2 | 11.9 | 9.4 | 6.4 |
| | 高粱 | 129 | 8.4 | 7.8 | 5.1 | 6.2 |
| | 谷子 | 48 | 4.2 | 4.5 | 3.7 | — |
| K$_2$O<br>(NPK-NP) | 水稻 | 875 | 5.0 | 5.4 | 4.7 | 3.4 |
| | 小麦 | 678 | 2.4 | 2.8 | 0.6 | −1.0 |
| | 玉米 | 314 | 0.04 | 2.2 | 2.7 | 1.5 |
| | 高粱 | 11 | −2.2 | — | 4.2 | 6.0 |
| | 谷了 | 45 | 0.9 | 0.7 | 1.4 | — |

**表 7　不同化肥用量的 NP 肥效现状**

（1981—1983）　　　　　　　　　　（单位：斤）

| 化肥 | 作物 | 试验个数 | 亩用量<8 | 8~12 | 12~16 | 16~20 | 20~24 | >24 |
|---|---|---|---|---|---|---|---|---|
| | | | 斤肥增产 | 斤肥增产 | 斤肥增产 | 斤肥增产 | 斤肥增产 | 斤肥增产 |
| N<br>(NP-P) | 水稻 | 829 | 11.9 | 11.2 | 10.2 | 8.1 | 6.6 | 4.8 |
| | 小麦 | 1260 | 13.2 | 11.6 | 11.3 | 9.5 | 5.8 | 4.5 |
| | 玉米 | 629 | 18.3 | 17.8 | 14.3 | 11.8 | 8.9 | 9.0 |
| | 高粱 | 51 | 4.4 | 11.5 | 9.9 | 6.6 | | |
| | 谷子 | 51 | 18.0 | 5.9 | 4.1 | | | |
| | | | 亩用量<6 | 6~9 | 9~12 | 12~15 | 15~18 | >18 |
| P$_2$O$_5$<br>(NP-N) | 水稻 | 829 | 5.1 | 5.4 | 3.1 | | | |
| | 小麦 | 1260 | 11.4 | 9.3 | 7.3 | 5.9 | 5.5 | 4.3 |
| | 玉米 | 629 | 17.3 | 10.2 | 9.8 | 6.4 | 6.6 | 4.3 |
| | 谷子 | 51 | 6.1 | 8.5 | 3.9 | 3.6 | | |

**2. 磷肥增产效果的变化及原因分析。** 根据 1981—1983 年的试验结果，在施用氮肥或氮钾肥的基础上，每亩增施磷肥（以 P$_2$O$_5$ 计）6~18 斤（一般为每亩 12 斤），平均每斤磷肥增产稻谷 4.7 斤，小麦 8.1 斤，玉米 9.7 斤，高粱 6.4 斤，谷子 4.3 斤，青稞 4.7 斤，棉花（皮棉）0.68 斤，大豆 2.7 斤，油菜籽 6.3 斤，花生 2.5 斤，甜菜 47.7 斤，胡麻 1.9 斤。以

上结果与第二次化肥肥效试验结果相比，水稻上的磷肥肥效普遍下降。当时亩施磷肥（$P_2O_5$）4～8 斤，每斤磷肥可增产稻谷 8～12 斤，约为现在的一倍。而小麦、玉米施磷的增产效果高于五六十年代。磷肥在主要粮食作物上的肥效由二十年前的水稻＞小麦、玉米，变为目前的小麦、玉米＞水稻。油菜上施磷的增产效果一直十分突出。

水稻上施磷肥的效果下降，不同地区又有差别。东北区每斤磷肥增产稻谷 7.6 斤，长江中下游和西南区均为 5.5 斤，华南区最低为 3.4 斤。小麦上施磷的增产效果在黄淮海区、长江中下游区和西南区均为 10 斤左右，西北区 8.3 斤，北部高原区和青藏区 6.5 斤左右，东北区仅 2.2 斤（因磷肥用量大，每亩 $P_2O_5$ 18 斤）。玉米以东北的春玉米施磷效果好，每斤磷肥增产 13.1 斤，而黄海淮及其他地区的夏玉米施磷肥效果仅及东北区的二分之一。

从不同土壤肥力看，磷肥以施用在低产地区的增产效果较大（见表 6）。随着用量的增加，每斤磷肥的增产量也迅速下降，在玉米上施磷的"报酬递减"现象比施氮更为明显（见表 7）。

磷肥肥效变化的原因是由于磷素养分投入和产出情况的改变引起的。过去在单纯施用有机肥的情况下，作物产量较低，有机肥和土壤提供的磷钾基本可以满足作物的需要。随着氮肥用量的增加和产量的提高，磷的供应首先显得不足，在 50 年代末和 60 年代初，南方一些稻田表现出严重缺磷，随之 60 年代中后期北方广大地区施用磷肥也表现出明显效果。但是我国大型磷矿集中分布在云、贵、川、湘、鄂诸省，由于开采、加工、运输等方面的问题，南方和北方增施磷肥的情况差异很大。根据原农业部土地利用局的统计资料在 1965—1976 年的十余年内，长江以南十三省、直辖市、自治区（缺台湾省）磷的销售量占全国总销售量的 80％左右，氮磷比（$N:P_2O_5$）超过 1:0.6，其中，云、贵、川、桂、湘、赣等省大多数年份达到 1:0.7 以上。尤其是这些省、自治区的平原地区，几乎年年季季都施用磷肥，从广东、广西的化肥试验网点的土壤分析结果看，速效磷含量都比较高，因而磷肥的效果下降。但在这些省的丘陵山区施用磷肥较少，目前磷肥仍有较好的增产效果。而东北、西北、华北的十五个省、市、自治区（缺西藏资料）磷肥的销售量只占全国总量的 20％左右，氮磷比低于 1:0.2。由于土壤磷素补充得少，随着氮肥用量的增加，土壤缺磷程度（速效磷含量和缺磷面积）有所加重，磷肥肥效逐渐上升。

**3. 钾肥增产效果的变化及原因分析。**根据 1981—1983 年的多点试验结果，在施用氮磷化肥的基础上，每亩施钾肥（以 $K_2O$ 计）5～20 斤，每斤钾肥增产稻谷 4.9 斤，小麦 2.1 斤，玉米 1.6 斤，高粱 2.9 斤，谷子 1.0 斤，棉花（皮棉）0.95 斤，大豆 1.5 斤，油菜籽 0.63 斤，花生 2.3 斤，甜菜（块根）17.9 斤。除水稻外其他粮食作物施用钾肥增产不大，按目前的粮肥比价不能增加收益。棉花、大豆、花生等施用钾肥的增产量虽不高，但由于产品价格高，施用钾肥仍有一定纯收益可得。

从不同地区的增产效果看，在长江中下游地区和西南区，水稻施用钾肥已开始显效，每斤钾肥增产稻谷 4.5 斤左右，但肥效还不及磷肥。华南区三年试验结果，每斤钾肥增产稻谷 6.6 斤，同时由于该区磷肥效果下降，化肥的增产顺序已由过去的 N＞P＞K，变为 N＞K＞P。钾肥的需要程度在该地区已上升到第二位。

近年来钾肥肥效在长江以南的水稻产区日益明显的原因，主要是由于推广水稻高产耐肥品种和杂交种，增加复种指数，提高氮磷化肥用量，水稻产量大幅度提高，从土壤中带走了大量的钾。有机肥提供的钾已不能满足水稻高产的需要，而钾素化肥的用量很少，土壤中的钾得不到相应的补充[8]。在华南地区水稻施用钾肥效果更为突出的原因，还和土壤条件有密切关系。广东、广西由于气温高、雨量大，成土母质和土壤风化、淋溶强烈，红壤、赤红壤和砖红壤等主要土壤类型，土壤供钾能力较低。其中在浅海沉积物上和石灰岩上发育的红壤，是我国含钾最低的土壤。在此类土壤上作物表现严重缺钾，水稻、经济作物、水果等施用钾肥不仅提高产量，而且能改善品质[9~10]。

而东北区、西北区和黄淮海区的小麦、玉米施用钾肥，一般都不显增产效果，这和土壤含钾丰富有关。例如西北的褐土、绵土和娄土，黄淮海的潮土，都是由黄土母质或河流冲积物发育而成，土壤黏粒中富含水化云母等含钾次生矿物，土壤含钾量在 2％左右，缓效钾 900~1000ppm，速效钾 120~250ppm，施用钾肥一般无效[9]。在以上地区钾肥只在一些局部的土壤含钾量低，农业生产水平高的地区才表现出增产效果。如山东的胶东半岛和辽宁的辽东半岛，土壤以棕壤为主，含钾量不高，使用氮磷化肥时间较长，用量大，作物产量高，因而近年钾肥效果也很明显[11~12]。另外，北方地区的一些经济作物。如烟草、瓜果等施用钾肥，往往可以使品质得到改善[13~14]。城市郊区多年来施用人粪尿等含氮丰富的有机肥，施用钾肥对蔬菜（特别是茄果类）有增产作用[15]。

### （三）复合肥与单元化肥配合施用的效果比较

高浓、复合是世界化肥发展的方向。世界发达国家不仅化肥有效成分含量高（一般为 36％~37％），而且复合肥料的比重也大，氮肥有 40％~50％为复合肥，磷钾肥基本为复合肥。

为了作物的高产、稳产、并保证其产品的优良品质，需要多种养分的均衡供应。我国的肥料已从由单纯使用有机肥，发展为有机肥与氮肥配合，进而发展到有机肥与多种营养元素的化肥配合的阶段。目前我国复合肥的产量很少。复合肥研制、生产和合理使用，是我们面临的迫切任务。

70 年代末我们和一些农业科研单位协作，承担了原农业部下达的复合肥使用技术的研究课题。1981 年起我们又把复合肥施用技术纳入化肥网的协作研究，几年来在复合肥与等养分单元化肥的肥效比较，复合肥的有效施用技术等方面取得了一些试验结果。现将肥效比较部分的结果整理如下：

**1. 磷酸二铵与等养分单元氮磷化肥的肥效比较。**从 1978—1983 年共进行磷酸二铵的试验 61 个，供试作物有水稻、小麦、玉米、甜菜、茶叶等，结果见表 8。

施用磷酸二铵与等养分单元化肥配合比较，有增产的，也有减产的，但增减产的幅度都不大，经差异显著性测定，均未达到显著程度。

**2. 三元复合肥与等养分单元氮、磷、钾化肥的肥效比较。**1978—1983 年共进行田间试验 187 个。三元复肥有意大利进口的（15—15—12）、日本进口的（16—3—16）、（14—14—14）和西德进口的（14—9—20）数种，与等养分的单元化肥配合施用对比，产量基本相当（表 9）。其中只有广东省土壤肥料研究所做的 10 个花生试验，复合肥减产显著。他们认为花生施用复合肥的增产效果不如单元化肥配合，是由于土壤缺钙，而单元化肥中有过磷酸钙的缘故。

由以上结果可以初步认为，不论是氮磷二元复合肥还是氮磷钾三元复合肥，与等养分的单元化肥配合施用比较，基本上是等量等效。上海化工研究院在 70 年代也曾负责组织过硝酸磷肥与等养分量的单元化肥配合的肥效比较试验，曾在十余种作物上做了三百多个试验，结果也没有明显的差异[16]。但是，复合肥具有养分含量高，物理性状好，施用方便的优点，可节省大量储存、运输和施用的费用和劳力。我国农村正在向商品化生产转化，高浓复合肥对促进农业增产，提高经济效益有重要作用，在调整我国化肥品种结构中，应当大力发展高浓复合肥。

**表8 磷酸二铵与等养分单质化肥肥效比较**

(1981—1983)

| 作物 | 试验数 | 磷酸二铵产量（斤/亩） | N+P产量（斤/亩） | 磷酸二铵增产（%） | 吨（产量差异） | 试验单位（省土壤肥料研究所） | 备注 |
|---|---|---|---|---|---|---|---|
| 水稻 | 14 | 623.6 | 625.0 | −0.22 | −0.161 | 广东、福建 | 本表有少数试验是 |
| 小麦 | 20 | 597.6 | 592.5 | 0.86 | 0.546 | 甘肃、河北、新疆 | 1978—1980 年做的 |
| 玉米 | 16 | 765.9 | 768.0 | −0.27 | −1.494 | 吉林、甘肃 | |
| 谷子 | 1 | 428 | 422 | 1.42 | — | 甘肃 | |
| 甜菜 | 6 | 3700.6 | 3772.6 | −1.91 | −0.670 | 中国农业科学院甜菜研究所 | |
| 茶叶 | 3 | 1456.3 | 1441.8 | 1.01 | 0.148 | 中国农业科学院茶叶研究所 | |

# 我国氮磷钾化肥的肥效演变和提高增产效益的主要途径

## ——全国化肥试验网 1981—1983 年试验总结（下）

（中国农业科学院土壤肥料研究所化肥网组）

## 二、目前化肥的适宜用量和氮磷钾比例

化肥的适宜用量和氮磷钾比例因条件不同而变化。土壤类型和肥力高低，作物种类和品种、灌溉条件和保证程度、年度间天气的变化等等，都是重要的影响因素。虽然以往在一些局部地区对化肥适宜用量和氮磷钾比例做过少数的试验，但还不能对我国各种条件下需求情况作出估计。我们通过全国化肥试验网，进行了三年化肥不同用量和比例的试验，取得的大量试验结果，大致可以反映我国目前的一个概况和总的趋势。

我们把最高纯收益的施肥量和氮磷钾比例作为适宜的用量和比例，根据化肥网 1981—1983 年的试验结果，按当时化肥和农产品的价格，计算了 12 种作物的化肥适宜用量和氮磷钾比例（表9）。根据水稻829 个试验结果计算，最高纯收益的化肥用量为每亩 24.4 斤，氮磷钾比例为 1：0.34：0.35，即每亩用 N14.4 斤，$P_2O_5$4.9 斤，$K_2O$5.1 斤，平均亩产稻谷 782.4 斤，每斤养分增产稻谷 9.3 斤，每亩纯收益 14.79 元。在两广和湖南、江西、福建、浙江的部分缺钾土壤上，氮钾比应当高些（1：0.5～0.6），而在四川、湖北、安徽、江苏、上海氮钾比可以低些（1：0.2～0.3）。根据试验结果计算得出水稻最高产量的化肥用量为每亩 36.9 斤，磷钾比例明显提高，平均亩产稻谷 808.3 斤。后者比前者多施肥 12.5 斤（纯养分），只增产稻谷 25.9 斤，显然从经济上考虑是不合算的。

根据 1260 个小麦试验结果计算，最高纯收益的化肥用量为每亩 22.8 斤，氮磷比例为 1：0.63，即每亩施氮 14.0 斤，施 $P_2O_5$8.8 斤，每斤养分增产小麦 9.6 斤，每亩纯收益 22.44 元。根据 629 个玉米试验结果，最高纯收益的化肥用量为每亩 22.5 斤，氮磷的比例为 1：0.55，即每亩施 N14.5 斤，施 $P_2O_5$8 斤，每斤养分增产 11.7 斤，每亩纯收益 14.82 元。从不同地区看，东北区、北部高原区、黄淮海区和西北区小麦适宜的氮磷比均为 1：0.7，玉米为 1：0.6～0.7（东北区较低）。长江中下游区和西南区小麦、玉米上磷的适宜比例较低，并要考虑增施钾肥的问题（表10）。

由水稻、小麦、玉米三种作物连续三年的试验结果看，在目前的生产条件下，以亩施氮肥（N）14 斤左右经济收益最高。北方应注重调整氮磷比例，南方应注重调整氮钾比例或氮磷钾比例。按 1983 年化肥的销售量计算，北方 15 个省、直辖市、自治区（未包括西藏）的氮磷比为 1：0.35，南方 13 个省、直辖市、自治区的氮钾比为 1：0.042。说明目前北方

---

注：此文发表于《土壤肥料》，1986 年第 2 期。

磷肥、南方钾肥的供应，确实不能满足作物高产的需要。至于连年施用磷肥后适宜的氮磷比例如何变化，是一个很值得研究和探讨的问题。

此外，棉花适宜的化肥用量为每亩 34.7 斤，氮磷钾的比例为 1：0.54：0.36，亩产皮棉 130.2 斤，每斤化肥增产皮棉 1.2 斤。油菜适宜的化肥用量为 22 斤，氮磷钾比例为 1：0.67：0.22，每斤化肥增产油菜籽 4.9 斤。大豆适宜的化肥用量较低，为每亩 11.9 斤，氮磷比为 1：1.5，磷的比重宜大。每斤化肥增产大豆 3.6 斤。其他作物的试验数较少，但也可看出氮磷钾化肥适宜用量和比例一个大致的趋势。

**表 9　不同作物适宜的 NPK 用量和比例**

（1981—1983）　　　　　　　　　　　　　　　　　　　　　（单位：斤、元）

| 作物 | 试验个数 | 对照产量（斤/亩） | 纯收益最高* | | | | | 产量最高 | | | | |
| | | | 产量（斤/亩） | 化肥用量（斤/亩） | N：P$_2$O$_5$ 或 N：P$_2$O$_5$：K$_2$O | 斤肥增产（斤） | 纯收益（元/亩） | 产量（斤/亩） | 化肥用量（斤/亩） | N：P$_2$O$_5$ 或 N：P$_2$O$_5$：K$_2$O | 斤肥增产（斤） | 纯收益（元/亩） |
| 水稻 | 829 | 555.6 | 782.4 | 24.4 | 1：0.34：0.35 | 9.3 | 14.79 | 808.3 | 36.9 | 1：0.50：0.66 | 6.9 | 12.31 |
| 小麦 | 1260 | 388.6 | 608.6 | 22.8 | 1：0.63 | 9.6 | 22.44 | 625.2 | 31.7 | 1：0.73 | 7.5 | 19.59 |
| 玉米 | 629 | 571.1 | 834.1 | 22.5 | 1：0.55 | 11.7 | 14.82 | 853.8 | 29.8 | 1：0.68 | 9.5 | 12.32 |
| 高粱 | 51 | 609.0 | 798.4 | 21.7 | 1：0.66 | 8.7 | 5.71 | 816.7 | 28.8 | 1：0.79 | 7.3 | 3.27 |
| 谷子 | 51 | 324.7 | 463.8 | 16.3 | 1：0.96 | 8.6 | 7.91 | 489.4 | 30.3 | 1：0.94 | 5.5 | 2.54 |
| 青稞 | 20 | 359.6 | 468.1 | 11.9 | 1：0.59 | 9.1 | 3.64 | 473.9 | 15.1 | 1：0.88 | 7.5 | 2.06 |
| 皮棉 | 62 | 87.6 | 130.2 | 34.7 | 1：0.54：0.36 | 1.2 | 43.38 | 133.0 | 45.3 | 1：0.68：0.42 | 1.0 | 41.59 |
| 大豆 | 115 | 242.4 | 285.7 | 11.9 | 1：1.5 | 3.6 | 7.33 | 291.4 | 17.5 | 1：1.3 | 2.8 | 5.80 |
| 油菜籽 | 64 | 168.9 | 277.7 | 22.0 | 1：0.67：0.22 | 4.9 | 26.15 | 287.3 | 31.1 | 1：0.61：0.19 | 3.8 | 24.36 |
| 花生 | 11 | 382.3 | 500.7 | 27.8 | 1：1.2：1.2 | 4.3 | 21.41 | 510.1 | 36.7 | 1：1.5：1.4 | 3.5 | 19.60 |
| 甜菜 | 18 | 3712 | 5353 | 26.3 | 1：0.68：0.39 | 62.4 | 67.64 | 5378 | 29.4 | 1：0.79：0.54 | 58.7 | 67.47 |
| 胡麻 | 20 | 88.4 | 127.7 | 9.8 | 1：0.51 | 4.0 | 9.04 | 133.8 | 16.7 | 1：0.58 | 2.7 | 7.15 |

注：*最高纯收益系指增施化肥时每斤纯养分增产产品的价值略大于化肥的投资。如化肥 N 每斤按 0.55 元，农产品小麦 0.16 元，玉米 0.108 元，稻谷 0.122 元，棉花 1.46 元，大豆、油菜籽 0.35 元。根据上述价格计算，规定增施 1 斤纯 N 至少增产小麦 3.5 斤，玉米、稻谷 5 斤；棉花 0.5 斤，大豆、油菜籽 2 斤。

**表 10　不同地区适宜的 NPK 用量和比例**

（1981—1983）　　　　　　　　　　　　　　　　　　　　　　　（单位：斤）

| 作物 | 地区 | 试验个数 | 对照产量（斤/亩） | 纯收益最高 | | | | 产量最高 | | | |
| | | | | 产量（斤/亩） | 化肥用量（斤/亩） | N：P$_2$O$_5$ 或 N：P$_2$O$_5$：K$_2$O | 斤肥增产（斤） | 产量（斤/亩） | 化肥用量（斤/亩） | N：P$_2$O$_5$ 或 N：P$_2$O$_5$：K$_2$O | 斤肥增产（斤） |
| 水稻 | 东北 | 161 | 546.2 | 848.6 | 29.0 | 1：0.40：0.31 | 10.4 | 869.7 | 34.3 | 1：0.43：0.48 | 9.4 |
| | 西南 | 143 | 712.6 | 944.2 | 20.6 | 1：0.36：0.27 | 11.3 | 973.7 | 32.4 | 1：0.60：0.47 | 8.1 |
| | 长江 | 294 | 533.0 | 756.9 | 26.5 | 1：0.35：0.38 | 8.5 | 780.6 | 39.5 | 1：0.53：0.72 | 6.3 |
| | 华南 | 331 | 509.5 | 723.0 | 24.0 | 1：0.32：0.39 | 8.9 | 750.4 | 37.6 | 1：0.34：0.72 | 6.4 |

（续）

| 作物 | 地区 | 试验个数 | 对照产量（斤/亩） | 纯收益最高 | | | | 产量最高 | | | |
|---|---|---|---|---|---|---|---|---|---|---|---|
| | | | | 产量（斤/亩） | 化肥用量（斤/亩） | $N:P_2O_5$ 或 $N:P_2O_5:K_2O$ | 斤肥增产（斤） | 产量（斤/亩） | 化肥用量（斤/亩） | $N:P_2O_5$ 或 $N:P_2O_5:K_2O$ | 斤肥增产（斤） |
| 小麦 | 东北 | 103 | 338.6 | 459.0 | 14.8 | 1:0.79 | 8.1 | 470.6 | 21.6 | 1:0.95 | 6.1 |
| | 西北 | 178 | 457.7 | 686.2 | 23.3 | 1:0.69 | 9.8 | 690.3 | 25.9 | 1:0.72 | 9.0 |
| | 北高原 | 343 | 372.2 | 561.3 | 21.5 | 1:0.69 | 8.8 | 592.6 | 34.9 | 1:0.87 | 6.3 |
| | 黄淮海 | 355 | 450.6 | 672.7 | 22.1 | 1:0.67 | 10.1 | 696.9 | 31.7 | 1:0.77 | 7.8 |
| | 长江 | 56 | 334.1 | 535.8 | 23.3 | 1:0.53 | 8.7 | 550.8 | 28.0 | 1:0.81 | 7.7 |
| | 西南 | 195 | 263.2 | 571.4 | 32.6 | 1:0.40:0.28 | 9.5 | 581.4 | 37.5 | 1:0.48:0.31 | 8.5 |
| | 青藏 | 30 | 571.0 | 774.8 | 20.2 | 1:0.43 | 12.8 | 787.0 | 21.5 | 1:0.46 | 10.6 |
| 玉米 | 东北 | 317 | 569.9 | 889.4 | 24.6 | 1:0.48 | 13.0 | 901.8 | 29.9 | 1:0.55 | 11.2 |
| | 西北 | 141 | 698.1 | 914.5 | 20.1 | 1:0.70 | 10.8 | 926.7 | 27.6 | 1:0.74 | 8.3 |
| | 北高原 | 107 | 549.5 | 770.7 | 19.2 | 1:0.62 | 11.5 | 789.0 | 26.4 | 1:0.86 | 9.1 |
| | 黄淮海 | 140 | 582.3 | 776.2 | 19.4 | 1:0.65 | 10.0 | 804.2 | 32.6 | 1:0.72 | 6.8 |
| | 长江 | 11 | 452.4 | 665.3 | 27.1 | 1:0.49 | 7.9 | 668.7 | 29.0 | 1:0.50 | 7.5 |
| | 西南 | 13 | 326.2 | 663.5 | 23.6 | 1:0.60:0.28 | 10.3 | 672.5 | 39.7 | 1:0.73:0.38 | 8.7 |

# 三、提高化肥增产效益的几点主要途径

在过去的数十年中，我国对合理施用化肥进行了大量的试验研究工作，取得了很大成绩，但大多侧重在一些技术措施，如施肥量、施肥期、施肥方法，氮的挥发和淋失，磷的固定和转化，钾的吸附和释放等等。较少从宏观上来研究问题，从产、销、用的全局上来研究问题。因此，虽有好的方法，往往因全局问题不得解决而不能付诸实施。

当前，我国化肥生产正面临调整氮磷钾比例和产品结构的阶段，化肥的分配办法正在逐步改革，化肥价格正在调整，化肥的施用面临建立一整套肥料服务体系和向农户进行施肥推荐服务。这些问题互相联系，涉及化肥生产、分配、销售和使用的各个方面，在此，我们根据全国化肥试验网最近几年试验结果，对提高我国化肥的增产效益的战略性措施，进行初步的探讨。

## （一）对化肥在我国农业增产中作用的评价

从 1949—1983 年的三十五年中，全国累计生产了氮肥（以 N 计）9023.3 万吨，磷肥（以 $P_2O_5$ 计）2827.1 万吨，钾肥（以 $K_2O$ 计）25.9 万吨，产值超过 1000 亿元[4]。将这些化肥用于农业生产，以 1 斤化肥（营养成分）增产 10 斤粮食的粗略计算，产值又翻了一番多，超过 2000 亿元。1983 年我国共施用化肥 1659.8 万吨，按播种面积计算，为每亩 15.4 斤。这些化肥有多少用于粮食作物，有多少用于经济作物和其他作物，从现有的统计资料中无法加以区分。按粮食作物播种面积占总播种面积的比例推算，约有 1314.6 万吨用于粮食作物，可增产粮食 2629.2 亿斤，占我国 1983 年粮食总产 7745.5 亿斤的 33.9% 可见化肥在我国农业增产中具有举足轻重的作用。

近年来随着化肥用量的增加，对化肥的作用也产生了一些不同的看法。例如随着化肥用量增加，肥效下降，加以化肥价格的提高，农民施肥的纯收益减少了，因而有人对继续增施化肥的前景产生怀疑。就我国目前每斤化肥增产的农产品数量看，与世界各国相比并不算低。例如苏联每斤化肥（纯养分）只增产粮食 5 斤左右[17]这可能与苏联的水、热等条件较差有关。库克（G. W. Cook）引用了联合国粮农组织安排的大量肥料试验结果，每一斤养分（$N+P_2O_5+K_2O$）约生产 10 斤左右粮食。具体到各种作物，每斤养分增产小麦 7.3 斤，稻谷 8.6 斤，玉米 8.8 斤，高粱 8.2 斤，大豆 5.5 斤，花生 5.7 斤，棉花 2.7 斤[18]。

一些化肥用量高，粮食产量也高的国家，化肥的肥效都不高，例如，1979 年荷兰每亩耕地使用化肥（有效成分）107.3 斤，粮食亩产 722 斤；西德每亩耕地使用化肥 63.8 斤，粮食亩产 583 斤；日本每亩耕地使用化肥 63.7 斤，粮食亩产 760 斤。只不过这些国家粮食和化肥的比价有利于农民大量施肥罢了。那种认为国外化肥的增产幅度大，我国施用化肥的肥效低的说法是没有根据的。但是，我们更应当看到我国化肥产、销、用中还存在许多问题，从化肥网的试验结果可以清楚看出，提高现有化肥的增产效益有很大的潜力。

我们强调化肥作用，并不是忽视了有机肥料。我国农民有施有机肥的优良传统和习惯，应当保持和发扬。我国土壤有机质普遍较低，磷、钾化肥供应不足，有机肥更有着重要的作用。但是，有机肥料中的养分，基本上取自土壤，归还土壤是一种封闭式的循环。要大幅度提高单位面积产量，还必须投入新的物质和能量，在有机肥的基础上，增施化肥是十分必要的。农作物产量提高了，也为积造更多的有机肥创造了条件。

**（二）调整化肥的氮磷钾比例和品种构成，为提高化肥肥效创造条件**

**1. 在继续发展氮肥的情况下，调整化肥的氮磷钾比例。** 从化肥试验网 1981—1983 年完成的 3130 个氮磷钾化肥适宜用量和比例的试验看，目前我国化肥氮磷钾比例失调的情况确实存在。试验结果表明，目前我国小麦、玉米适宜的氮磷比（$N：P_2O_5$）为 1：0.55～0.63，水稻适宜的氮钾比（$N：K_2O$）为 1：0.35。而近年来我国实际的施肥中，磷钾的比例都远远低于试验结果。由于磷钾供应不足，明显降低了氮肥的肥效。那么，目前我们应当在不再发展氮肥的情况下调整氮磷钾比例，还是在继续发展氮肥的情况下调整氮磷钾比例？

我国四十年的化肥肥效试验结果，氮肥的肥效一直遥遥领先，充分说明我国土壤中氮素最为缺乏。土壤中氮素的 99％ 左右存在于有机质中，我国土壤有机质含量普遍较低，是土壤供氮不足的主要原因。另外，氮肥施入土壤后当季损失大，被作物吸收利用的也较多，因而残效短而小，一般每季都要施用。1983 年我国施用氮肥数量最多的一年，为 1192.5 万吨，按播种面积计算，每亩为 11 斤，数量是不高的。我国目前不是氮肥过多，而是与之配合施用的磷钾数量不足。三十几年来我国首先大力发展氮肥是完全正确的，今后还应当继续发展。但是从施用氮肥要继续取得较高的经济效益考虑，以发展到多少数量为宜？

根据 1981—1983 年的试验，在目前的生产条件下，粮食作物（水稻、小麦、玉米）以每亩施用 14～15 斤氮肥（斤）经济纯收益最高。在氮钾不足的情况下，单施氮肥，平均每斤氮素也能增产粮食 8 斤左右。按氮肥不同用量的增产量看，每亩施氮肥 16 斤以下，肥效尚无明显下降现象，在棉花等经济作物上，氮肥的适宜用量可高于此数。按每亩平均施用氮肥14～16斤计算，21.59亿亩（播种面积）大田作物就需要氮肥1500万～1700万吨。此外，考虑到我国尚有3000万亩果园，2000多万亩经济林木（茶、桑、橡胶等）需要施肥，草原、草地、苗圃、速生林木和水产尚未包括在内。因此，我国氮肥数量发展到1600万～1800万吨，只要分配和施用得当，肥效不致于大幅度下降。

**2. 调整化肥的氮磷钾比例，目前的关键是调整好氮磷比例。** 世界许多国家，尤其是欧美各国的氮磷比例明显高于我国，这有生产条件的原因，也有化肥发展历史的渊源。欧美各国化肥的生产和使用，从磷肥开始（1843年），继而生产和使用钾肥（1861年），到1913年才建成第一个氮肥（合成氨）工厂。因而在相当长的一个时期内，磷钾肥的用量大于氮肥，直到20世纪40年代末，氮肥产量才超过钾肥，到五十年代后期才超过磷肥。以后氮肥发展迅速，磷钾的比重逐步下降。世界化肥消费量中氮磷钾的比例（$N：P_2O_5：K_2O$）1950年为1：1.41：1.04，1960年为1：0.95：0.79，1970年为1：0.62：0.52，1980年为1：0.54：0.41。美国化肥氮磷钾比例的变化也是一样，1950年为1：2.1：1.1，1980年为1：0.47：0.54。我国的情况与此相反，首先生产和使用氮肥，续而使用磷、钾肥。近年我国氮肥发展快，磷钾的比重小，今后的趋势是要逐步增加磷钾比重。这两个相反的变化趋势，很难取其某一阶段进行相互比较。

从国内外的肥料长期定位试验结果可以看出，磷肥在土壤中移动性小，几乎没有什么损失，当季被作物吸收利用的百分率不高，但有相当长的后效，累加的利用率是相当高的[19]。

我们在黄淮海平原的磷肥定位试验也观察到了这种情况，施用一次磷肥（每亩48和96斤$P_2O_5$），在第十茬作物还有明显的效果。我国南方磷肥肥效的演变也给了我们同样的启示。南方水稻区在60年代初发现缺磷，在不到二十年的时间内在南方的许多省保持了1：0.6的氮磷比例，近年来磷肥肥效已经明显下降，目前在一些经常施磷的平原区只要保持1：0.3～0.4的氮磷比，即可满足作物生长的需要。我国北方以含碳酸钙的微碱性土壤为主，对肥料中的磷的"固定"，应当比南方酸性土壤弱。根据上述情况，可以初步设想我国北方在目前作物磷饥饿严重的情况下，在施磷的"黄金时期"，应当将氮磷比调到1：0.6左右，维持5～10年的时间，既有利当前增产，也可缓和今后土壤磷素不足的矛盾。目前南方适宜的氮磷比为1：0.3～0.4，边远地区和山区磷的比例应高于此数。因此，从全国来看，氮磷比例应调到1：0.5。经5～10年后，逐步稳定在1：0.4～0.5。

钾肥近期内主要依靠进口，要认真做好分配工作，把有限的钾肥（包括氯化钾、硫酸钾和含钾量高的复合肥料），用在严重缺钾的土壤和需钾量高的作物上，以发挥最大的增产效益。我国东北、西北、华北的广大地区，成土母质含钾丰富，在近年内我们还不得不利用这些土壤中的钾素资源。同时要充分利用有机肥料和秸秆中的钾素。秸秆作为燃料烧掉后，氮素全部损失，而钾素则保留在草木灰中。我们要把它作为一项钾肥资源，好好收集、利用，以缓和我国目前钾肥不足的矛盾。

**3. 发展高浓、复合化肥，逐步改变我国化肥的品种结构。** 我国化肥除了氮磷钾比例失调外，还有浓度低，质量差的问题。1983年的氮肥总产量中，有58%是碳酸氢铵，磷肥总产量中有98.8%是过磷酸钙和钙镁磷肥，高浓复合肥不到我国化肥总产量的1%。这种情况应当在调整比例的过程中逐步加以解决。提高化肥养分浓度要以增加高浓磷肥和氮磷复合肥为主攻方向，逐步改变我国化肥的品种结构。从目前我国已有的几百个复合肥与单元化肥配合的肥效对比试验看，养分数量相同，肥效基本相等。因此，低浓混合肥料一不增加浓度，二不增加肥效，三不减少运输量，即不增加社会财富。但是，经过加工后，提高了化肥的价格，增加了农民的负担，实不足取。高浓复合肥应当以解决大范围内的氮磷钾营养的不平衡为目标，北方以氮磷复合肥，南方以氮钾复合肥为主。在配方施肥的工作尚未普及之前，复合肥的品种、规格不宜过多。具体地块的需肥情况不同，在施用中可以用单元肥料进行合理调整。

### （三）改革化肥分配制度，做到合理投放

我国化肥的分配制度相当复杂。国内货源以地方自产自用为主（约占 80%），中央调拨只占 20% 左右。每年还进口大量化肥。据有关资料介绍，掌握化肥分配权的在中央一级就有 16 个部、委、局[20]。用于粮、棉、油、肉、糖等农产吕及多种经营的奖售换购化肥占有相当大的比重，在前几年农副产品紧缺时，化肥几乎成了"第二货币"。化肥分配在全国、全省乃至一个县内，极不均衡，总的趋向是向高产区集中，造成有些地方化肥十分短缺，而有的地方用量过大，肥效不高。例如，广东省是我国施用化肥历史较久，用量较高的省分，但化肥主要集中在珠江和韩江两个三角洲平原。1980 年每亩每季平均用肥 20.5 斤。而雷州半岛和海南岛用量很低，每亩每季平均只有 2.83 斤。又如四川省的磷肥产量在全国名列前茅，但是在 1980 年还有 16 个县未见有销售磷肥的统计资料。而这些县大多处于边远山区，由于山高、坡陡、土薄、旱、寒灾害频繁，很需要施用磷肥促进根系生长，增强作物抗寒抗旱能力，提早开花结实。

党的十一届三中全会以后，农村形势很好，农产品大为丰富，为化肥分配方法的改革创造了有利条件。从化肥试验网的资料看，在化肥的分配和投放上，至少有以下几点可以大幅度增加化肥的增产效益：

**1.** 增加中低产地区的化肥投放量。根据化肥试验网的结果，同样是 1 斤化肥，投放在中低产地区，比投放在高产区可以多增产 4～5 斤粮食，肥效比高产区提高 50% 到一倍。化肥的均衡投放，可避免报酬递减现象的发生和加剧。除了有严重干旱、盐碱等农业生产障碍因子的地区外，都可以这样做。农牧渔业部农业局近年来在化肥分配中设置了开发中低产地区的专项用肥，已收到了很好的效果。

**2.** 把磷钾肥投放在土壤缺磷或缺钾的高效区。根据各省、直辖市、自治区化肥区划资料的统计，目前我国 15 亿亩耕地中，土壤速效磷含量 <8ppm 的有 1.5 亿亩左右，施用磷肥增产效果极显著；8～5ppm 的有 4.4 亿亩左右，施用磷肥也有显著增产效果。这两类缺磷的土壤面积总共 5.9 亿亩，主要分布在黄淮海平原区和北部高原区，是目前急需施用磷肥的土壤。还有 5 亿亩耕地的土壤含磷量为 5～10ppm。在氮肥或氮钾肥的配合下，施用磷肥也有增产效果，但按目前的粮肥比价往往增产不增收。其余 4 亿亩左右耕地的土壤速效磷含量较高，施用磷肥一般当季不增产（表 11）。我国严重缺钾的土壤（速效钾 <50ppm）约有 1.4 亿亩，分布在华南的大部分地区、湖南、浙江、江西和福建的部分地区，另外，山东省的胶东半岛，辽宁省的辽东半岛等也有少量分布，施用钾肥有显著增产效果。此外有 2 亿亩左右耕地土壤速效钾（K）含量为 50～70ppm，在氮磷肥的基础上施钾肥也有效。我们应当根据土壤普查和化肥试验网的试验结果，划定我国磷、钾肥的高效区，特别是钾肥的高效区，有目标地投肥，将可以把磷钾肥的效果，大大提高一步。

**3.** 在当前发展商品经济的情况下，把化肥投放在经济价值高的作物上以增加收益，把高浓复合化肥优先投放在边远地区和丘陵山区，以节省运输费用都是十分重要的。

### 表 11  我国土壤速效磷（P）、钾（K）含量

（单位：ppm）

| 地区 | 各区面积（万亩） | 速效磷各类级别占有面积（万亩） | | | | | 速效钾各类级别占有面积（万亩） | | | | | |
|---|---|---|---|---|---|---|---|---|---|---|---|---|
| | | <3 | 3~5 | 5~10 | 10~20 | >20 | <30 | 30~50 | 50~70 | 70~100 | 100~150 | 150~200 | >200 |
| 西南区 | 17018.1 | 1337.8 | 2961.8 | 7400.5 | 4046 | 1272 | 850.8 | 2376.9 | 6006.2 | 3736 | 2725.7 | 1295.5 | |
| 华南区 | 8750.5 | 1063.5 | 2155.7 | 4024.4 | 1000.9 | 506 | 2263 | 2294.3 | 1842.1 | 960.5 | 891.6 | 432.9 | 66.1 |
| 长江中下游区 | 26489.5 | 1391.4 | 4603.3 | 10281.8 | 7755.1 | 2457.9 | 1057.1 | 3300.9 | 7092.3 | 8500 | 4907.3 | 1631.9 | |
| 北部高原区 | 27110.47 | 3525.3 | 8067.3 | 8702.32 | 5059.1 | 1756.45 | | | 834.7 | 1219.6 | 14314.4 | 9083.4 | 1658.37 |
| 东北区 | 25274.25 | 1323 | 5267 | 7161 | 7701.25 | 3822 | | 402 | 1311 | 5495 | 7355 | 8792.25 | 1919 |
| 黄淮海平原区 | 37767.81 | 6304.3 | 19059.3 | 10155.9 | 2036 | 212.31 | | 1056 | 3376 | 11829.6 | 15285.6 | 4207.51 | 2013 |
| 青藏高原区 | 764.74 | 62.8 | 195.8 | 276.8 | 152.9 | 76.44 | | | 23.7 | 34.4 | 403.8 | 256.2 | 46.64 |
| 西北干旱区 | 5782.46 | 474.2 | 1480.3 | 2093.3 | 1156.5 | 578.16 | | | 179.3 | 439.5 | 3053.1 | 1937.1 | 173.46 |
| 全国 | 148957.8 | 15482.3 | 43790.5 | 50096.02 | 28907.75 | 10681.26 | 4170.9 | 9430.1 | 20665.3 | 32241.6 | 48936.5 | 27636.80 | 5876.54 |

### （四）调整好农产品与肥料的比价，鼓励农民施用化肥的积极性

联合国粮农组织根据世界各国施肥的情况，认为施肥增加的农产品的产值与投肥成本的比值应大于 2（VCR>2），即每 1 元钱的肥料投资，最少应当赚回 2 元钱的收益，才能考虑施用化肥。我国化肥的肥效并不比其他国家低，已如前述，但施肥后增产的农产品产值与投肥成本之比值往往较低。我们认为是农产品与化肥比价的问题，总的趋势是目前我国的农产品价格偏低（特别是粮食价格）。

一些工业发达国家采取扶持农业的政策，农产品的收购价格较高，肥料的价格比较便宜，一斤粮食的钱可以兑换一斤甚至几斤的化肥（指纯养分）。例如根据 1978 年的材料，在日本，每千克糙米 350 日元，每千克小麦 250 日元，而硫酸铵每千克氮是 145 日元，尿素每千克氮是 124 日元，过磷酸钙每千克磷酸（$P_2O_5$）是 114 日元，亦即一千克糙米可换回 6 千克尿素或 12 千克硫酸铵，或换回 18 千克过磷酸钙[21]。化肥投资仅为粮食生产成本的 8%。而我国则相反，一斤化肥的钱可以买几斤粮食，化肥投资占粮食生产成本三分之一以上。

在我国，为了保证人民生活的需要，粮食一直是政府统购统销，控制价格的一种商品，历来价格背离价值。1983 年化肥调价后，各类化肥的出厂价和销售价都显著提高，而粮食的价格却没有相应调整。目前氮肥的销售价为每斤氮素 0.55 元，相当于 5 斤稻谷的价格，每斤氮素一般可以增产粮食 10 斤左右，农民仍然有利可得。四级过磷酸钙的销售价在许多省每吨超过 190 元，每斤 $P_2O_5$ 为 0.79 元，即每斤 $P_2O_5$ 要增产稻谷 7 斤以上，或小麦 5 斤以上，农民才有经济收益。而我国南方的一些地区近年来磷肥肥效下降，按全国化肥试验网 1316 个点的试验，每斤 $P_2O_5$ 只增产稻谷 4.7 斤，其产值还不到投肥的成本费，这是过磷酸钙目前在一些地方积压的主要原因之一。另外，肥料本身的质量有好有次，不按质定价也是造成某些化肥品种滞销的原因之一，例如，磷酸二铵含 N18%，含 $P_2O_5$ 46%，目前销价

700 元，而四级过磷酸钙仅含 $P_2O_5$ 12％，销售 190 元，按等养分比较，磷酸二铵要便宜得多，而且使用方便。这些问题如不解决，农民投肥的积极性将受到严重影响，也不利于我国化肥工业的健康发展和工农业生产的不断提高。

### （五）建立施肥服务体系，指导农民因土因作物施肥

从化肥肥效的演变过程已经清楚地看出，我国不同地区作物已经由补充单一营养元素（N），发展为需要补充多种营养元素（N、P、K、微量元素）因土壤、因作物、因化肥种类不同，向农民提出合理的施肥建议，达到最佳施肥效果，显得更为重要了。因土因作物施肥的口号早已提出，但过去过分强调了农民看天、看地、看庄稼的施肥经验，轻视科学技术的指导作用，更没有相应的机构来进行这项工作，把施肥技术随同肥料一起下乡，服务到农户的具体地块。我们认为各级土肥站在完成土壤普查任务的基础上，应当充分利用原有的人力和设备，把这项工作承担起来，使产、销、用三个环节更加紧密结合，必将使我国化肥的增产效益大大提高。科研部门应加强对推荐施肥技术的研究，由粗到细，逐步建立应用电子计算机指导施肥的技术体系。

### （六）加强化肥的长期定位试验，对我国不同地区的需肥前景进行预测预报

我国不同年代的化肥肥效试验，基本上都比较客观地反映了当时的情况，对化肥的生产、分配和施用提出了有价值的资料。但是，我们的预见性不足。

国外，经典性的肥料长期定位试验，长的已进行一百多年，短的也有几十年的历史，取得了丰富的资料，为阐明土壤、作物、肥料三者的关系作出了历史性的贡献。我们今天没有必要去步其后尘，但是，为了解决我国的具体问题，有针对性地在气候、土壤和农业生产有代表性的地区布置若干长期定位的肥料试验，很有必要。由于多方面的原因，我们很少能拿出连续十年的试验资料，因此，对一些根本性的问题只能是猜测。如果有了这样一批长期定位试验，就可以对我国不同条件下土壤养分的循环和平衡，土壤肥力和肥效的变化以及需肥的前景等方面的问题，进行研究并做出预报。这是土壤肥料研究的一项"基本建设"，应当引起足够的重视。全国化肥试验网从 1980 年开始，已经在全国布置 100 个左右的长期定位试验，今后还要继续和加强这方面的工作。

## 参 考 资 料

[1] FAO. 1978. Fertilizers and their use.

[2] 农业生产资料教材湖北选编组 . 1963. 肥料商品学 . 中国财政出版社 .

[3] 直隶保定农事试验场报告 ［清］宣统二年十二月 .

[4] 化工部 . 1984. 当代中国的化学工业第一章 . 化肥工业 .

[5] 张乃凤 . 1941. 地力之测定 . 土壤季刊第 2 卷第 1 期 .

[6] 中国农业科学院土壤肥料研究所 . 1958. 全国肥料试验网试验总结 .

[7] 中国农业科学院土壤肥料研究所 . 1963. 土壤肥料科学研究资料汇编 . 第 2 号 .（1963 年 8 月全国化肥试验网工作会议资料）.

[8] 湖南省土壤肥料研究所化肥室 . 1982. 我省钾肥肥效研究概况（1960—1982）（油印稿）.

[9] 中国科学院南京土壤研究所主编 . 1980. 中国土壤 . 科学出版社 . 392-404.

[10] 广东、浙江、湖南农科院 . 1980. 钾肥在发展我国南方农业生产中的作用 .

[11] 山东烟台地区农业科学研究所 . 1978、1979 年试验研究资料选编（土壤肥料）.

［12］山东省掖县农技站 . 1983. 实验与推广资料选编（1982 年秋收作物）.

［13］山东省土壤肥料研究所 . 1974. 科学实验年报 .

［14］山东省土壤肥料研究所 . 1975. 科学实验年报 .

［15］北京市农业科学院土壤肥料研究所 . 1981. 北京市蔬菜氮磷钾三要素试验总结（油印稿）.

［16］上海化工研究院 . 冷冻法硝酸磷肥的农业评价（1976—1980 年）.

［17］山西省农业科学院农业情报研究室 . 徐永强 . 苏联的农业化学 . 1980.

［18］G. W. Cook. 1982. Fertilizing for maximum yield Third edition.

［19］沈善敏 . 1984. 论我国磷肥生产与应用对策 .

［20］郭金如 . 林葆 . 1983. 我国化肥问题探论 . 土壤通报 . 第 2 期 .

［21］中国农学会土壤肥料科学技术交流团访日报告 . 中国农学会土壤肥料研究会 . 1983 年 11 月 5 日 .

# 长期施肥的作物产量和土壤肥力变化

林葆　　林继雄　李家康

（中国农业科学院土壤肥料研究所　　100081）

**摘要**　本文是全国化肥试验网 1981 年以来进行的 70 个长期肥料试验的总结。主要研究在不同种植制中长期施用化肥或有机肥或两者配合施用条件下作物的产量、肥料效应和土壤肥力变化。结果表明，化肥只有氮磷钾配合时，才能获得高产、稳产；化肥与有机肥配合可进一步提高产量。氮肥肥效普遍较高，磷钾肥肥效因地区和作物有较大差异和变化；有机肥有叠加效应，肥效逐年上升。从土壤理、化和生物性状测定结果看出，有机肥能明显提高土壤肥力，氮磷钾化肥配合也能提高土壤肥力。根据养分平衡及产量、肥力的变化，提出了合理的肥料结构。

**关键词**　肥料长期试验；化肥；有机肥；作物产量；土壤肥力

国外的肥料长期试验已经有 150 年的历史。19 世纪后半叶在欧洲布置的一批长期试验，是为了解决当时植物营养学说之间的纷争和农业发展中存在的问题。其结果肯定了长期使用化肥的作用和某些作物长期单一种植的可行性，对发达国家的农业发展产生了重大的影响。国外的经验可供借鉴，但不是步其后尘。为此，1980 年以来全国化肥试验网在全国进行的短期氮、磷、钾化肥肥效、用量和比例试验的同时，布置一批肥料长期试验。主要是为了搞清我国耕地资源高度利用情况下，土壤生产能力和作物产量的变化，对生态环境的影响，为发展我国的持续农业服务。

# 一、材料与方法

## （一）试验内容和设计

采用大田长期定位试验的方法，主要研究在不同种植制中氮、磷、钾化肥配合，化肥与有机肥配合施用时作物的产量、肥料效应和土壤肥力变化。试验采用两种设计：一种以化肥为主，采用析因设计，氮、磷、钾三因素两水平（施与不施），共 8 个处理：CK，N，P，K，NP，NK，PK，NPK。有的试验还增加了有机肥（M）和氮磷钾化肥与有机肥配合（MNPK），为 10 个处理。在双季稻上主要采用了这一设计。另一种为有机肥与化肥配合试验，采用裂区设计，即主处理：不施有机肥和施有机肥；副处理：氮、磷、钾化肥配合，设 CK，N，NP，NPK4 个处理。双季稻以外的地区采用这种设计。

注：本文发表于《植物营养与肥料学报》，1994 年 9 月试刊第一期。

小区面积 30～90 米², 3 次重复。

## （二）试验数量和分布

试验分布在全国 22 个省（直辖市、自治区），见图 1。主要土壤有黑土、草甸土、栗钙土、黄绵土、塿土、灌漠土、潮土、潮褐土、褐土、红壤、紫色土以及不同母质、不同水分状况下发育的水稻土（黄泥田、红泥田、青泥田、青紫泥、沙泥田）等十多个土类和亚类，有广泛的代表性。为了能使试验长期进行下去，大部分试验布置在农业科研单位的试验场、站，也有一部分试验考虑到土壤的代表性等问题，布置在农民的生产田中，长期租用。在稻田，为了防止串灌和养分向邻近小区移动，设置了永久性的田埂或水泥田埂。

**全国定位试验分布示意图**

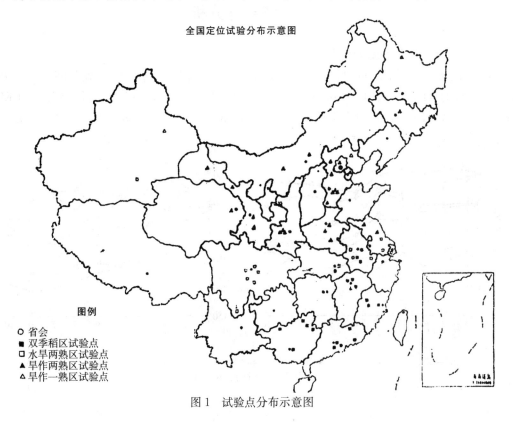

图例

○ 省会
■ 双季稻区试验点
□ 水旱两熟区试验点
▲ 旱作两熟区试验点
△ 旱作一熟区试验点

图 1　试验点分布示意图

## （三）肥料和作物

试验用化肥以尿素，普通过磷酸钙和氯化钾为主。一般每亩每季作物施氮肥（N）10千克，磷肥（$P_2O_5$）5 千克，钾肥（$K_2O$）7.5 千克左右。有机肥的情况比较复杂，北方以施用堆肥为主，每亩 2000～5000 千克，大多每年只施一次。南方以施用猪厩肥为主，每亩施猪粪 1000～1500 千克，或稻草 300～400 千克，大多每年施用两次。一般在施肥前取样测定水分和养分含量。磷、钾肥和有机肥做底肥，氮肥按当地习惯分次施用。

种植方式长江以南为双季稻，冬季休闲；长江流域为一季中稻，冬季种小麦或油菜或大麦；华北地区为冬小麦和夏玉米，一年两熟；东北和西北作物种类较多，主要有春小麦、春玉米、大豆，还有马铃薯、蚕豆等，一年一熟。试验均为当地的主栽品种。

## （四）采样和分析

每个试验划定小区后，均按小区取了基础土样（耕层），有的试验挖了土壤剖面，按发育层次取了土样。试验开始后每年定期取土样一次，并在收获前取植株和子粒样本。土壤样品分析均为常规方法。植株、子粒中的氮磷钾含量，在样品消化后分别用蒸馏、比色和火焰光度计测定。子粒氨基酸含量在盐酸水解后，用氨基酸仪测定。

**（五）资料整理**

产量均按试验逐一整理，计算了不同处理产量差异的显著性。然后，按双季稻区、水旱两熟区、旱作两熟区、旱作一熟区进行了资料的归并。由于土壤养分的测定值年度间波动大，因此采用试验开始前的基础样测定值与第 10 年的样品测定值进行比较。

# 二、结果与分析

## （一）作物产量与肥料效应变化

**1. 产量变化。** 历年产量的波动受天气的影响较大，但是，不同施肥处理间的差异仍旧是非常明显的（图 2、3、4、5 和表 1）。对照（无肥区）的产量一般都是低，呈逐年下降的趋势。无氮区（PK）的产量也很低，其变化趋势和 10 年的平均产量与无肥区基本一致。但

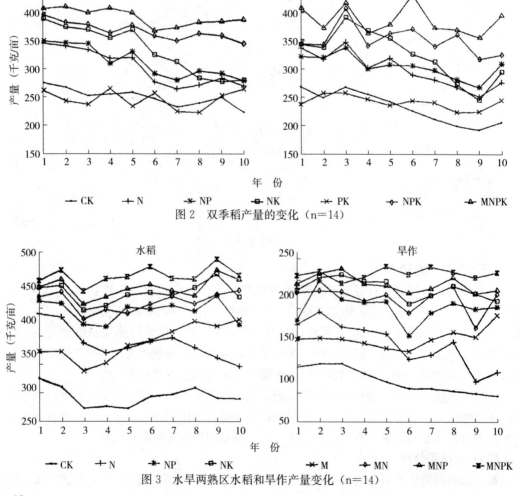

图 2　双季稻产量的变化（n＝14）

图 3　水旱两熟区水稻和旱作产量变化（n＝14）

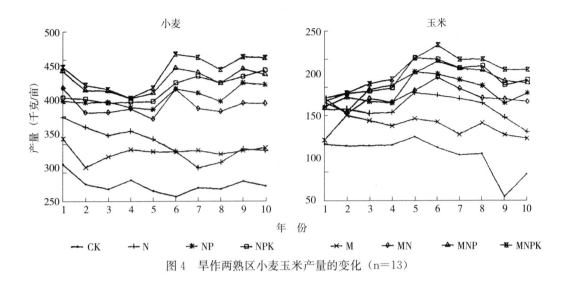

图4 旱作两熟区小麦玉米产量的变化（n＝13）

是单施氮肥在试验开始的产量较高，连年施用氮肥产量下降。第10年单施氮肥的产量与第一年比较，下降了15％～35％，以旱作下降较快，水稻下降较慢。试验说明氮素是土壤养分的主要限制因子，在作物增产中有十分重要的作用。但不能连年单施氮肥，必须有其他养分配合施用。

不同地区、不同作物氮、磷、钾化肥配合施用的产量变化有较大差异。在试验开始时，双季稻区氮钾（NK）配合的产量和旱作两熟区氮磷（NP）配合的产量都与氮磷钾（NPK）配合相近，说明前者土壤富磷缺钾，后者土壤富钾缺磷，但连年不施磷、钾肥，产量就开始下降。说明在上述农作区必须有

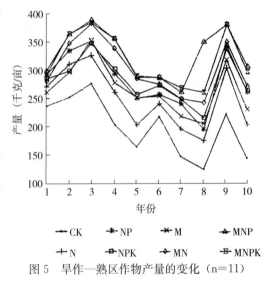

图5 旱作一熟区作物产量的变化（n＝11）

氮磷钾化肥的配合作物才能高产稳产。在水旱两熟区磷肥的肥效高于钾肥。而在旱作一熟区的10年试验，钾肥暂不显效。氮磷配合施用与氮磷钾配合施用效果基本一致。

**2. 肥效变化。**肥效以施用每千克化肥（N，$P_2O_5$，$K_2O$）增产的主产品千克数表示。有机肥因种类不同，以施肥后（每亩约2000千克）每亩的增产量表示。

氮肥肥效在各农区均较高。但单施氮肥产量逐年下降，而对照区（CK）产量下降较缓慢，因此肥效一般不超过10千克。而氮磷钾配合后的氮肥肥效（NPK-PK）一般在10千克以上。

磷、钾肥肥效在各农区差异较大。双季稻区在试验开始的5年磷肥肥效很低，以后逐年上升，而钾肥肥效高于磷肥，在旱作两熟区则相反，在试验开始的5年左右钾肥肥效很低，以后呈上升趋势，而磷肥肥效很高，在小麦上可超过氮肥。水旱两熟区也以磷肥肥效高于钾肥。旱作一熟区磷肥肥效也较高，钾肥尚未显效。

**表 1　长期施肥的 10 年平均产量**（千克/亩）

| 处理 | 双季稻区 | | | | 水旱两熟区 | | | | 旱作两熟区 | | | | 旱作一熟区 | |
|---|---|---|---|---|---|---|---|---|---|---|---|---|---|---|
| | 早稻 | | 晚稻 | | 水稻 | | 旱作 | | 小麦 | | 玉米 | | 旱作 | |
| | 千克/亩 | CV（%） | 千克/亩 | CV（%） | 千克/亩 | CV（%） | 千克/亩 | CV（%） | 千克/亩 | CV（%） | 千克/亩 | CV（%） | 千克/亩 | CV（%） |
| CK | 250 | 6.4 | 231 | 12.3 | 286 | 5.2 | 199 | 14.4 | 131 | 13.6 | 207 | 20.4 | 198 | 26.2 |
| N | 302 | 10.6 | 298 | 10.3 | 365 | 6.9 | 143 | 19.1 | 217 | 15.2 | 315 | 8.2 | 249 | 21.8 |
| NP | 312 | 8.9 | 304 | 5.6 | 412 | 4.3 | 188 | 8.6 | 312 | 6.3 | 355 | 8.7 | 282 | 17.9 |
| NK | 333 | 1.3 | 324 | 13.5 | | | | | | | | | | |
| PK | 244 | 6.6 | 240 | 4.1 | | | | | | | | | | |
| NPK | 367 | 4.4 | 353 | 6.7 | 440 | 3.5 | 208 | 5.8 | 329 | 8.1 | 386 | 9.3 | 283 | 14.3 |
| M | | | | | 366 | 7.1 | 149 | 7.8 | 199 | 7.5 | 270 | 7.8 | 267 | 17.8 |
| MN | | | | | 427 | 3.4 | 196 | 7.7 | 294 | 7.2 | 343 | 6.7 | 303 | 16.1 |
| MNP | | | | | 448 | 3.3 | 214 | 4.3 | 346 | 6.8 | 377 | 10.0 | 318 | 15.8 |
| MNPK | 391 | 3.8 | 385 | 6.5 | 466 | 2.7 | 226 | 2.8 | 365 | 10.4 | 403 | 10.1 | 318 | 14.9 |

有机肥单施的肥效（M-CK）高于有机肥与化肥配合施用（MNPK-NPK），并且呈逐年上升趋势，说明施用有机肥有叠加效应（表 2）。

**表 2　10 年平均氮磷钾化肥和有机肥肥效**

| 肥料种类 | | 双季稻区 | | | | 水旱两熟区 | | | | 旱作两熟区 | | | | 旱作一熟区 | |
|---|---|---|---|---|---|---|---|---|---|---|---|---|---|---|---|
| | | 早稻 | | 晚稻 | | 水稻 | | 旱作 | | 小麦 | | 玉米 | | 旱作 | |
| | | 千克/亩 | CV（%） | 千克/亩 | CV（%） | 千克/亩 | CV（%） | 千克/亩 | CV（%） | 千克/亩 | CV（%） | 千克/亩 | CV（%） | 千克/亩 | CV（%） |
| 氮肥 | N-CK | 5.8 | 37.9 | 7.0 | 13.7 | 8.8 | 25.9 | 5.9 | 35.9 | 9.5 | 22.5 | 8.5 | 28.7 | 7.3 | 24.1 |
| | NPK-PK | 13.4 | 18.8 | 11.7 | 18.9 | | | | | | | | | | |
| 磷肥 | NP-N | 2.3 | 67.3 | 1.4 | 141.7 | 8.7 | 41.6 | 8.2 | 40.2 | 13.8 | 40.5 | 5.3 | 39.6 | 6.5 | 41.0 |
| | NPK-NK | 8.0 | 91.9 | 6.6 | 121.8 | | | | | | | | | | |
| 钾肥 | NK-N | 4.1 | 61.8 | 3.2 | 83.6 | 4.2 | 22.2 | 2.9 | 52.3 | 2.7 | 67.2 | 3.3 | 29.8 | 1.3 | 167.2 |
| | NPK-NP | 7.3 | 23.9 | 6.1 | 38.7 | | | | | | | | | | |
| 有机肥 | M-CK | | | | | 60.5 | 34.2 | 49.6 | 39.7 | 67.2 | 25.9 | 63.5 | 55.7 | 68.5 | 35.3 |
| | MNPK-NPK | 25.0 | 46.3 | 32.6 | 58.7 | 25.8 | 36.8 | 18.6 | 58.7 | 36.8 | 46.8 | 18.2 | 66.2 | 35.5 | 50.9 |

　　**3. 施肥与品质。**从多年的测定结果看出，施肥对作物植株（子粒和秸秆）中的氮、磷、钾含量有影响。施用氮肥明显增加植株中的含氮量，并有降低含磷量的趋势，但对含钾量影响不大；施用磷肥增加植株中的含磷量，且有增加含氮量的趋势，对含钾量的影响也不大；施钾肥水稻秸秆的钾稍有增加，对其他影响不大。据河北辛集 6 年（1980—1991）测定结果平均，对照和施氮肥比较，小麦子粒含氮量分别为 1.56% 和 2.13%，秸秆含氮量为 0.30%

和 0.42%，施氮肥都是明显增加的；而含磷（P）量子粒为 0.320% 和 0.271%，秸秆为 0.033% 和 0.026% 均为下降。施氮和施氮磷肥的子粒含磷（P）量为 0.271% 和 0.309%，秸秆含磷量为 0.026 和 0.039%，施氮磷的都明显增加。施氮磷和氮磷钾肥比较，子粒和秸秆含钾（K）量相应为 0.40% 和 0.43% 以及 1.38% 和 1.41%，变化不大。

施肥对子粒品质也有影响。多年各点的试验结果，施用氮肥能明显提高子粒中氨基酸总量、粗蛋白和面筋（小麦）的含量，对淀粉含量影响不大。施用磷、钾肥在施用有机肥和缺磷缺钾不严重的地块，对子粒品质影响不大。安徽合肥 5 年试验的水稻、大麦粗蛋白含量测定结果看出，凡施用氮肥的处理都能明显提高粗蛋白含量，单施氮肥（N-CK）提高水稻粗蛋白 1.92%，大麦粗蛋白 4.17%。施有机肥有提高籽粒粗蛋白的趋势。

**4. 肥料对产量的贡献。**一般把无肥区的产量视为土壤（地力）对产量的贡献，按下式可计算出在某一生产条件下肥料的增产作用（肥料对产量的贡献）：

$$肥料对产量的贡献（\%）=\frac{施肥的最高产量-不施肥的产量}{施肥的最高产量}\times100\%$$

从表 3 看出，肥料对产量的贡献是逐年上升的。全国平均，肥料对产量的贡献由试验开始时的 40% 左右，上升到 10 年后的 50% 左右，平均约为 45%。不同农作区，肥料对产量贡献的趋势是：旱作两熟区＞水旱两熟区＞双季稻区＞旱作一熟区；同一农区的不同作物，其趋势是：小麦＞玉米，旱作＞水稻。10 年平均肥料对冬小麦和其他越冬作物（油菜、大麦等）产量的贡献约为 60%，对夏玉米约为 50%，对水稻约为 40%，对一年一熟区的旱作约为 35%。

表 3　肥料对历年产量的贡献（%）

| 种植方式 | 土壤 | 试验数 | 作物 | 年　份 | | | | | | | | | | 平均 | CV（%） |
| --- | --- | --- | --- | --- | --- | --- | --- | --- | --- | --- | --- | --- | --- | --- | --- |
| | | | | 1 | 2 | 3 | 4 | 5 | 6 | 7 | 8 | 9 | 10 | | |
| 双季稻 | 水稻土 | 22 | 早稻 | 31.5 | 37.3 | 40.5 | 45.6 | 39.3 | 39.5 | 38.9 | 41.4 | 38.8 | 44.8 | 39.8 | 6.5 |
| | | | 晚稻 | 32.0 | 34.8 | 36.6 | 37.5 | 42.6 | 43.1 | 43.9 | 43.5 | 44.0 | 42.8 | 40.1 | 7.4 |
| 水旱二熟 | 黄棕壤紫色土 | 14 | 水稻 | 32.5 | 36.8 | 36.4 | 41.2 | 40.9 | 40.4 | 37.9 | 36.2 | 38.4 | 38.1 | 37.9 | 4.2 |
| | | | 旱作 | 47.6 | 55.0 | 60.5 | 55.6 | 63.5 | 61.5 | 63.5 | 65.5 | 68.6 | 57.7 | 59.9 | 15.2 |
| 旱作二熟 | 潮土褐土 | 15 | 小麦 | 50.3 | 58.9 | 61.6 | 58.7 | 65.1 | 70.2 | 66.2 | 64.8 | 61.8 | 68.7 | 62.7 | 15.7 |
| | | | 玉米 | 37.7 | 46.0 | 40.6 | 45.4 | 49.1 | 52.6 | 55.4 | 54.7 | 52.7 | 58.6 | 49.3 | 13.3 |
| 旱作一熟 | 灌漠土黑土 | 12 | 旱作 | 24.5 | 29.1 | 27.2 | 38.2 | 39.0 | 30.3 | 37.1 | 38.4 | 37.5 | 44.7 | 34.6 | 9.5 |
| 平均 | | | | 36.6 | 42.6 | 43.5 | 46.0 | 48.5 | 48.3 | 49.0 | 49.2 | 48.7 | 50.8 | 46.3 | 8.0 |
| 肥料对产量贡献相对变化（%） | | | | 100 | 116.4 | 118.9 | 125.7 | 132.5 | 132.0 | 133.9 | 134.4 | 133.1 | 138.8 | 126.5 | 8.0 |

## （二）土壤肥力变化

**1. 氮磷钾投入产出平衡。**通过 10 年 20 季作物产量（包括子粒和秸秆）及养分含量和施入各种肥料的养分量，计算了农田养分投入产出的大致平衡状况。结果看出，南北方不同农作区的养分平衡状况十分相似，即在试验的施肥量下，氮、磷一般有盈余，而钾为亏缺（表 4、5）。河南郑州的试验在省农科院的试验场进行，两季作物的产量均较高，每亩每季施 8 千克氮肥（N），在没有考虑到各种途径损失的情况下，NP 和 NPK 处理勉强达到平衡，说明氮肥应加大用量，至少达 10 千克。在广州石牌的试验，每亩每季施磷肥（$P_2O_5$）2.65 千克，NP 和 NPK 两个施磷处理磷素仍旧亏缺，说明磷肥用量不足，应提高到 3 千克以上。由于作物吸收钾的量大，有机肥中的钾远不能满足作物的需要，而钾肥用量很低，因而两个试验中钾均严重亏缺。

**表 4 氮磷钾养分投入产出平衡状况**（千克/亩）

（河南郑州，1981—1990，20 季作物）

| 处理 | 总投入 | | | 总产出 | | | 盈亏 | | |
|---|---|---|---|---|---|---|---|---|---|
| | N | $P_2O_5$ | $K_2O$ | N | $P_2O_5$ | $K_2O$ | N | $P_2O_5$ | $K_2O$ |
| CK | 0 | 0 | 0 | 55.9 | 35.4 | 77.0 | −55.9 | −35.4 | −77.0 |
| N | 160 | 0 | 0 | 141.0 | 58.2 | 139.0 | 19.0 | −58.2 | −139.0 |
| NP | 160 | 80 | 0 | 150.6 | 73.9 | 165.4 | 9.4 | 6.1 | −165.4 |
| NPK | 160 | 80 | 80 | 159.1 | 75.7 | 190.6 | 0.9 | 4.3 | −110.6 |
| M | 49.1 | 44 | 56 | 80.4 | 49.5 | 111.3 | −31.3 | −5.5 | −55.3 |
| MN | 209.1 | 44 | 56 | 159.2 | 78.5 | 167.0 | 49.9 | −34.5 | −111.0 |
| MNP | 209.1 | 124 | 56 | 169.0 | 86.8 | 183.4 | 40.1 | 37.2 | −127.4 |
| MNPK | 209.1 | 124 | 136 | 169.6 | 84.7 | 217.3 | 39.5 | 39.3 | −81.3 |

注：化肥用量（每季千克/亩）：N 8，$P_2O_5$ 4，$K_2O$ 4。

有机肥用量（每季千克/亩）：N 2.05，$P_2O_5$ 2.2，$K_2O$ 2.8。

**表 5 氮磷钾养分投入产出平衡状况**（千克/亩）

（广东广州，1983—1992，20 季作物）

| 处理 | 总投入 | | | 总产出 | | | 盈亏 | | |
|---|---|---|---|---|---|---|---|---|---|
| | N | $P_2O_5$ | $K_2O$ | N | $P_2O_5$ | $K_2O$ | N | $P_2O_5$ | $K_2O$ |
| CK | 0 | 0 | 0 | 69.0 | 33.8 | 81.3 | −69.0 | −33.8 | −81.3 |
| N | 160 | 0 | 0 | 121.4 | 42.9 | 98.7 | 38.6 | −42.9 | −98.7 |
| P | 0 | 53 | 0 | 79.6 | 45.5 | 93.7 | −79.6 | 7.5 | −93.7 |
| K | 0 | 0 | 53 | 74.4 | 37.2 | 104.7 | −74.4 | −37.2 | −51.7 |
| NP | 160 | 53 | 0 | 138.1 | 62.3 | 106.8 | 21.9 | −9.3 | −106.8 |
| PK | 0 | 53 | 53 | 80.6 | 48.4 | 108.2 | −80.6 | 4.6 | −55.2 |
| NK | 160 | 0 | 53 | 123.3 | 42.0 | 127.1 | 36.7 | −42.0 | −74.1 |
| NPK | 160 | 53 | 53 | 144.7 | 62.3 | 138.2 | 15.3 | −9.3 | −85.2 |
| M | 79 | 90 | 69 | 106.4 | 57.8 | 132.6 | −27.4 | 32.2 | −63.6 |
| MNPK | 239 | 143 | 122 | 171.1 | 81.9 | 173.6 | 67.9 | 61.1 | −51.6 |

注：化肥用量（每季千克/亩）：N 8，$P_2O_5$ 2.65，$K_2O$ 2.65。

有机肥用量（每季千克/亩）：N 3.95，$P_2O_5$ 4.5，$K_2O$ 3.45。

对氮磷钾养分的投入和产出，用差值法计算出肥料的叠加利用率。从 4 个农作区的 7 个试验 10 年结果看出，氮磷钾化肥配合施用，氮肥的利用率为 40％左右，与表现利用率接近或稍高，说明氮肥基本无后效；磷肥的利用率为 20％～40％，明显高于表观利用率，说明施用磷肥有叠加效应；钾肥利用率在缺钾土壤上为 60％左右。单施有机肥，其叠加利用率与化肥相近。肥料利用率的高低，与肥效、用量以及肥料间的配合施用有关。

**2. 土壤速效养分变化。** 土壤速效氮（碱解 N）未能反应出不同施肥处理的年度间的变化。

在有机肥和磷肥都不施用的情况下，各处理土壤速效磷（Olsen-P）下降很快，由试验开始时的 10～15 毫克/千克下降到 10 年后的 5 毫克/千克左右，平均每年下降 1～1.5 毫克/千克。而每亩施磷肥（$P_2O_5$）3～5 千克的处理，土壤速效磷在水旱两熟区保持了试验开始时的水平，在旱作两熟区或旱作一熟区有明显提高，在双季稻区比试验前提高一倍左右。速效磷每年提高约 1 毫克/千克。施用有机肥后对土壤速效磷有明显影响，单施有机肥土壤速效磷维持在试验开始时的水平；配合施用磷肥（用量同上）后，每年增加 2 毫克/千克左右（表 6）。

**表 6　土壤中速效磷钾的变化**（毫克/千克）

| 养分 | 种植方式 | 测定时间 | 处 理 | | | | | | | | |
|---|---|---|---|---|---|---|---|---|---|---|---|
| | | | CK | N | NP | NK | NPK | M | MN | MNP | MNPK |
| 速效磷 | 双季稻区<br>(n＝8) | 基础样 | 11.2 | 11.2 | 11.2 | 11.2 | 11.2 | | | | 11.2 |
| | | 第 10 年 | 5.8 | 4.0 | 24.8 | 4.1 | 22.4 | | | | 46.0 |
| | 水旱两熟区<br>(n＝7) | 基础样 | 11.2 | 11.2 | 11.2 | | 11.2 | 11.2 | 11.2 | 11.2 | 11.2 |
| | | 第 10 年 | 4.3 | 2.9 | 11.7 | | 11.6 | 19.4 | 17.8 | 30.1 | 28.6 |
| | 旱作两熟区<br>(n＝8) | 基础样 | 16.0 | 15.0 | 15.0 | | 15.0 | 19.0 | 18.0 | 16.0 | 18.0 |
| | | 第 10 年 | 6.0 | 5.0 | 22.0 | | 21.0 | 22.0 | 15.0 | 41.0 | 38.0 |
| | 旱作一熟区<br>(n＝6) | 基础样 | 13.7 | 12.7 | 13.7 | | 17.3 | 16.2 | 20.1 | 20.0 | 22.1 |
| | | 第 10 年 | 5.4 | 5.4 | 26.2 | | 15.9 | 11.5 | 14.2 | 41.8 | 28.3 |
| 速效钾 | 双季稻区<br>(n＝8) | 基础样 | 56 | 56 | 56 | 56 | 56 | | | | 56 |
| | | 第 10 年 | 48 | 39 | 45 | 81 | 59 | | | | 85 |
| | 水旱两熟区<br>(n＝7) | 基础样 | 95 | 95 | 95 | | 95 | 95 | 95 | 95 | 95 |
| | | 第 10 年 | 74 | 69 | 66 | | 91 | 73 | 73 | 73 | 95 |
| | 旱作两熟区<br>(n＝8) | 基础样 | 121 | 121 | 121 | | 120 | 115 | 114 | 113 | 114 |
| | | 第 10 年 | 120 | 110 | 115 | | 132 | 137 | 125 | 123 | 157 |
| | 旱作一熟区<br>(n＝6) | 基础样 | 177 | 195 | 164 | | 189 | 192 | 181 | 186 | 194 |
| | | 第 10 年 | 136 | 129 | 113 | | 162 | 165 | 172 | 148 | 214 |

在不施有机肥的情况下，不施钾肥的处理 10 年后土壤速效钾都下降。每亩每季施钾肥（$K_2O$）4～8 千克后大致保持试验开始时的水平；钾肥和有机肥配合施用土壤速效钾增加（表 6）。但是，速效钾、缓效钾和全钾处于动态平衡中，湖南望城的试验测定了土壤中这三种形态钾的含量（表 7）。结果表明，土壤速效钾经 10 年后有增有减，凡施钾肥或有机肥加钾肥的处理都增加；而缓效钾只有 PK 一个处理增加；全钾则所有处理都明显下降。可见单用速效钾变化来判断钾素状况是不够的。

**表 7　不同施肥处理土壤速效钾、缓效钾和全钾的变化**

（湖南望城）

| | 处理 | 速效钾（毫克/千克） | 缓效钾（毫克/千克） | 全钾（％） |
|---|---|---|---|---|
| | 基础样 | 62.3 | 231.9 | 1.41 |
| | CK | 58.3 | 158.5 | 1.25 |
| | PK | 177.6 | 256.0 | 1.33 |
| | NP | 61.1 | 172.3 | 1.25 |
| | NK | 99.9 | 200.2 | 1.33 |
| 第 10 年 | NPK | 72.2 | 169.5 | 1.33 |
| | NPKCa | 86.0 | 164.1 | 1.33 |
| | NK＋猪粪 | 83.3 | 158.4 | 1.33 |
| | NP＋稻草 | 63.8 | 169.5 | 1.33 |
| | NPK＋稻草 | 105.4 | 194.7 | 1.25 |

注：化肥用量（每季千克/亩）：N 11，$P_2O_5$ 6，$K_2O$ 8。
　　早稻施猪粪 500 千克/亩：N 15，$P_2O_5$ 2.3，$K_2O$ 0.9。
　　晚稻施稻草 175 千克亩：N1.2，$P_2O_5$ 0.45，$K_2O$ 4.4。
　　施石灰（钙）：早稻 75 千克/亩，晚稻 60 千克/亩。

**3. 土壤有机质和全 N 变化。**据 4 个农作区 23 个试验资料综合于表 8。从表 8 可以看出，经 10 年的时间，无肥区（CK）的土壤有机质是下降的，降低 0.08％～0.14％；单施氮区的土壤有机质除旱作两熟区外，也是下降的；氮磷、氮磷钾化肥配合则大多是增加的。施用有机肥或有机无机配合，土壤有机质增加比较明显。有机质含量低的土壤增加幅度较大。土壤全氮的变化（除双季稻区外）与有机质的变化基本一致。

**4. 土壤全磷和全钾变化。**据甘肃天水、张掖，青海湟中，陕西杨陵，天津，河南郑州，江苏徐州，湖北武昌，上海青浦，江西进贤，湖南望城，广东惠阳、广州等 13 个点的 10 年试验，结果表明，凡不施有机肥，不施磷肥的处理土壤全磷都下降。CK 区平均下降了 0.006％，单施氮肥区下降了 0.007％；而每亩每季施用磷肥（$P_2O_5$）3～5 千克的，土壤全磷都有增加，NP 和 NPK 两个处理平均上升了 0.009％。但磷肥用量仅为 2.65 千克（广州、青浦）和 2 千克（杨陵）的 3 个试验，土壤全磷却没有增加，或略有下降。说明为维持土壤磷素的平衡，每亩每季应施磷肥 3 千克以上。有机肥在补充土壤磷方面起着重要作用，其作用大小和有机肥用量及其含磷量有关。多数试验单施有机肥就可维持土壤的磷素含量，甚至有所上升。有机肥与磷肥配合施用，使土壤磷素明显增加。广州试验施猪粪配合氮磷钾化肥，9 年耕层土壤全磷由 0.036％上升到 0.067％；江西进贤绿肥（早稻施）和猪粪（晚稻施）配合氮磷钾化肥，10 年土壤全磷由 0.048％上升到 0.089％；湖南望城用稻草配合氮磷钾化肥，10 年土壤全磷由 0.066％增加到 0.122％。说明磷素在土壤中易于积累，有积肥和磷肥配合，能较快地改善土壤磷素状况。

**表8　土壤有机质和全氮的变化**

| 项目 | 种植方式 | 测定时间 | 处理 | | | | | | | | |
|---|---|---|---|---|---|---|---|---|---|---|---|
| | | | CK | N | NP | NK | NPK | M | MN | MNP | MNPK |
| 有机质 | 双季稻区<br>（n＝4） | 基础样 | 2.64 | 2.64 | 2.64 | 2.64 | 2.64 | | | | 2.64 |
| | | 第10年 | 2.50 | 2.34 | 2.49 | 2.53 | 2.63 | | | | 3.11 |
| | 水旱两熟区<br>（n＝7） | 基础样 | 2.25 | 2.25 | 2.25 | | 2.25 | 2.25 | 2.25 | 2.25 | 2.25 |
| | | 第10年 | 2.13 | 2.23 | 2.27 | | 2.33 | 2.38 | 2.42 | 2.48 | 2.43 |
| | 旱作两熟区<br>（n＝7） | 基础样 | 1.41 | 1.38 | 1.38 | | 1.38 | 1.26 | 1.23 | 1.25 | 1.27 |
| | | 第10年 | 1.32 | 1.41 | 1.48 | | 1.49 | 1.45 | 1.46 | 1.47 | 1.46 |
| | 旱作一熟区<br>（n＝5） | 基础样 | 1.92 | 1.97 | 1.91 | | 1.93 | 1.85 | 2.04 | 2.15 | 2.14 |
| | | 第10年 | 1.84 | 1.84 | 1.97 | | 1.99 | 2.04 | 2.35 | 2.34 | 2.13 |
| 全氮 | 双季稻区<br>（n＝4） | 基础样 | 0.139 | 0.139 | 0.139 | 0.139 | 0.139 | | | | 0.139 |
| | | 第10年 | 0.147 | 0.135 | 0.156 | 0.161 | 0.165 | | | | 0.183 |
| | 水旱两熟区<br>（n＝7） | 基础样 | 0.153 | 0.153 | 0.153 | | 0.153 | 0.153 | 0.153 | 0.153 | 0.153 |
| | | 第10年 | 0.146 | 0.150 | 0.155 | | 0.157 | 0.168 | 0.169 | 0.174 | 0.171 |
| | 旱作两熟区<br>（n＝7） | 基础样 | 0.081 | 0.082 | 0.083 | | 0.083 | 0.078 | 0.078 | 0.078 | 0.078 |
| | | 第10年 | 0.079 | 0.083 | 0.085 | | 0.087 | 0.091 | 0.093 | 0.092 | 0.094 |
| | 旱作一熟区<br>（n＝5） | 基础样 | 0.102 | 0.116 | 0.115 | | 0.106 | 0.116 | 0.120 | 0.117 | 0.124 |
| | | 第10年 | 0.103 | 0.102 | 0.106 | | 0.133 | 0.114 | 0.122 | 0.122 | 0.124 |

　　土壤全钾的变化与全磷不同，据陕西杨陵，湖北武昌，上海青浦，江西进贤，湖南望城广东惠阳、广州7个10年试验的测定结果看出，不施钾肥，单施钾肥或有机肥和有机肥与钾肥配合的在多数试验中都呈下降趋势，只有青浦和进贤两个试验中的若干处理略有上升。单氮和氮磷处理平均下降了0.17％。有机肥是补充钾素的重要来源。陕西杨陵的11年长期试验，不施有机肥土壤全钾下降0.23％～0.28％，每亩施有机肥（土粪）5000千克下降0.09％～0.16％；每亩施有机肥10000千克可使土壤全钾保持原有水平或略有下降。但是在生产中要施如此高量的有机肥是不现实的。

　　**5. 土壤微量营养元素的变化。**在长期施用氮磷钾化肥的情况下，发现土壤某些有效态的微量营养元素有下降趋势，如不注意可能成为新的养分限制因子。施用有机肥可使微量营养元素得到补充，可维持原有水平或有明显提高。从陕西杨陵娄土上的长期试验看出，土壤有效锌、铁、铜都和施用有机肥密切有关（表9）。其中有效锌因施用有机肥数量不同，形成了三个不同的水平，即不施有机肥土壤有效锌含量低于临界值（0.20～0.22毫克/千克），施5000千克有机肥在临界值附近（0.60～0.74毫克/千克），10000千克有机肥明显高于临界值（1.12～1.60毫克/千克），河北辛集、江苏徐州、苏州和广东广州的试验都有类似的结果。

　　**6. 土壤某些物理性状的变化。**在旱地，据河北辛集13年试验，测定了土壤容重、孔隙度和田间最大持水量结果见表10。与基础样比较，长期不施肥的对照区容重稍有增加，孔隙度略有下降。施氮肥的4个处理与不施氮肥的4个处理相比，容重均有降低的趋势。而凡是施用有机肥的则明显降低了土壤容重，增加了总孔隙度、毛管孔隙度和田间最大持水量。天津、江苏徐州、盐城经连续10年施肥后的测定结果，对照和单施氮肥的土壤容重稍高于氮磷钾配合，氮磷钾配合的土壤容重又稍高于有机肥与化肥配合。在水田，据上海青浦1983 年布置的试验，在 1987 年和 1990 年两次测定土壤容重和孔隙度，8 个施化肥的处理（含无肥区）间无明显差异，前后两次测定结果对比，容重有降低趋势。江西进贤的试验采用了 9 年（1981—1989）的平均值与基础样比，结果施化肥的各处理土壤容重增加了 0.04～0.09 克/厘米³，总孔隙度减少 1.4%～2.9%，同时水稳性团聚体和微团聚体略有下降；而氮磷钾化肥与有机肥配合（MNPK），土壤容重下降 0.04 克/厘米³，总孔隙度增加 1.1%。因此，认为连续施用化肥有使土壤紧实，耕性变差的趋势，以上结果说明，无论在旱地还是水田，施用有机肥可改善土壤某些物理性状，而施用化肥各地所得结果不完全一致，氮磷钾配合有改善土壤物理性状的趋势，但变幅较小。

### 表 9 土壤中有效态微量元素的变化（毫克/千克）
（陕西杨陵）

| 处理 | 1985 年 | | | | 1992 年 | | | |
| --- | --- | --- | --- | --- | --- | --- | --- | --- |
| | Zn | Mn | Fe | Cu | Zn | Mn | Fe | Cu |
| CK（不施肥） | 0.39 | 9.32 | 5.40 | 1.44 | 0.20 | 2.50 | 5.32 | 1.14 |
| $N_5P_2$ | 0.57 | 9.50 | 5.70 | 1.43 | 0.22 | 2.28 | 5.80 | 1.14 |
| $N_5P_4$ | 0.42 | 13.87 | 5.83 | 1.40 | 0.20 | 2.32 | 5.94 | 1.14 |
| $M_1$ | 0.73 | 14.41 | 7.34 | 1.51 | 0.66 | 2.12 | 6.36 | 1.24 |
| $M_1+N_5P_2$ | 0.75 | 12.99 | 8.22 | 1.52 | 0.74 | 2.34 | 7.26 | 1.26 |
| $M_1+N_5P_4$ | 0.80 | 12.77 | 7.42 | 1.55 | 0.60 | 1.82 | 7.20 | 1.14 |
| $M_2$ | 0.91 | 13.04 | 8.30 | 1.60 | 1.60 | 2.06 | 8.72 | 1.34 |
| $M_2+N_5P_2$ | 0.81 | 12.59 | 8.06 | 1.51 | 1.12 | 2.12 | 8.74 | 1.28 |
| $M_2+N_5P_4$ | 1.10 | 17.62 | 9.14 | 1.66 | 1.12 | 2.20 | 8.42 | 1.28 |

注：试验开始于 1981 年，$M_1$ 为亩施 5000 千克堆肥，$M_2$ 为 10000 千克。

### 表 10 施肥对某些土壤物理性状的影响
（河北辛集）

| 处理 | 容重（克/厘米³） | 总孔隙度（%） | 毛管孔隙（%） | 非毛管孔隙（%） | 田间持水量（%） |
| --- | --- | --- | --- | --- | --- |
| 试验前 1978 | 1.37 | 48.4 | 38.4 | 10.0 | — |
| 试验后 1991 | | | | | |
| CK | 1.40 | 47.3 | 37.2 | 10.1 | 25.9 |
| P | 1.39 | 47.8 | 38.8 | 9.0 | 25.5 |
| $PM_1$ | 1.28 | 51.7 | 44.2 | 7.5 | 29.3 |
| $PM_2$ | 1.20 | 54.7 | 47.2 | 7.6 | 33.0 |
| N | 1.37 | 48.5 | 38.2 | 10.3 | 27.9 |
| NP | 1.33 | 50.0 | 42.0 | 8.0 | 28.9 |
| $NPM_1$ | 1.23 | 53.6 | 46.7 | 6.9 | 30.5 |
| $NPM_2$ | 1.13 | 57.2 | 48.7 | 8.5 | 32.0 |

注：P＝隔年亩施 $P_2O_5$ 10 千克；

N＝每季亩施 N12 千克；

$M_1$＝每年施推肥 5000 千克；

$M_2$＝每年施推肥 10000 千克。

**7. 土壤某些生物状况的变化。** 在河北辛集的试验中连续 4 年调查了土壤中蚯蚓的情况，结果说明，随着有机肥作量增加，蚯蚓不仅数量增多，重量也大。这又从另一个侧面说明了有机肥的培肥土壤的作用。在试验进行 10 年后，连续两年测定了土壤中的真菌，放线菌和固氮菌，两年结果相似。除对照区真菌数量较低外，施用化肥或化肥与有机肥配合均有增加，但处理间差异不大。放线菌在施有机肥处理呈增长趋势。固氮菌在无肥区、化肥区和低量有机肥区数量较多，在高量有机肥与化肥配合区反而数量减少。陕西杨陵试验测定的土壤微生物区系结果与上述试验趋势相似。连续 25 天测定土壤 $CO_2$ 排放量（呼吸强度），不同施肥处理有较大差异。施氮磷化肥区较无肥区增加 $12.6\% \sim 18.0\%$，单施有机肥区较无肥区增加 $38.7\% \sim 55.8\%$，氮磷化肥与有机肥配合区较无肥区增加 $46.5\% \sim 115.3\%$，可见呼吸强度受施用有机肥的影响比较明显。

# 三、讨论与结论

**1. 土壤的主要养分限制因子是氮，粮食作物要获得高产必须施用氮肥。** 但是，单施氮肥（N）或氮磷（NP）、氮钾（NK）化肥配合，在一些地区和作物上，短期内可获得较高产量，随后产量明显下降。在土壤高强度利用下，必须有氮磷钾化肥的配合，才能获得高产稳产。

氮肥的肥效普遍较高，磷肥的肥效北方高于南方，钾肥的肥效南高于北方。这种相同和差异反映了我国目前的土壤肥力状况。但是这种情况是发展变化的，在长期试验中可观察到双季稻区磷肥肥效上升，旱作两熟区钾肥肥效上升的情况。

单肥有机肥有叠加效应，产量和肥效均逐年上升。有机肥与氮肥配合施用，改变了单施氮肥产量逐年下降的情况；与氮磷钾化肥配合施用，使产量进一步提高，年度间波动较小。

**2. 长期施用有机肥在提高土壤全量和速效养分（包括微量元素），改善土壤物理、生物性状等方面有良好的作用。** 氮磷钾化肥配合施用也能保持和提高土壤有机质、全氮、全磷等肥力指标，在低肥力土壤上更为明显。只有不合理地单施氮肥，有导致土壤养分失调，有机质下降等不良后果。

**3.** 从土壤养分投入产出平衡状况和土壤全量、速效养分变化等可以看出，为了达到每亩每季 $350 \sim 400$ 千克的粮食产量，并保持和提高土壤肥力，合理的肥料结构应当是每季每亩施氮肥（N）$10 \sim 12$ 千克，磷肥（$P_2O_5$）$3 \sim 5$ 千克，有机肥 2000 千克左右。目前国产钾肥远不能满足农业生产的需要。除了充分循环利用农产品中的钾，并进中部分钾肥外，某些土壤中丰富的钾素也是一种可利用的资源。不能单纯为了钾素投入产出的平衡，向施钾还没有显效的地区和作物施用钾肥，而应当监测这些地区土壤钾素和钾肥肥效的变化，同时，把有限的钾肥用在最能发挥作用的地区和作物上。

# 参 考 文 献

[1] 沈善敏.1984.国外的长期肥料试验（一）、（二）、（三）.土壤通报 15 卷，2～4 期.

[2] Влияние длительного применения удобрений на продородие почвы и продуктивность севооборотов Выпуск I，Издательство министельства С. X. СССР，Москва，1960，Выпуск Ⅱ，Издательство《Konoc》，

Москва，1964.

[3] Annales agronomiques-Very long term fertilizer experiments，International. Gonference. Grignon，6～8 July，1976，27：5-6.

[4] Transactions，Vol. Ⅵ，14th International Congress of soil Scieuce. Kyoto，Japan，August，1990：1-40，361-413.

# 复（混）合肥料肥效和施用技术的研究

中国农业科学院土壤肥料研究所化肥网组

复合肥是指同时含有氮磷钾三要素中的两种以上成分的肥料。"复合"两字来自英文compound，它的词义为复合的、化合的、混合的。因此复合肥应包括化学合成和机械混合的两类。

近十年来，世界上工业发达国家生产和施用高浓复（混）合肥料迅速发展，约占化肥生产总量的 60％以上[1~2]，并取得较好的社会经济效果。我国研究复合肥料起步不晚，但步子不大，1979 年施用量约 100 多万吨，仅占全国化肥总量的 1.8％，而且注意靠进口。

复（混）合肥料具有养分含量高、施用方便，大量节省贮、运、施的成本及劳力等优点。因此，发展复合肥料生产和施用复肥，对促进农业增产、减轻交通压力、提高社会经济效益等方面都有重要意义。全国化肥试验网和上海化工研究院肥效组，于 1976—1982 年，在全国进行了复合肥料与等养分单质化肥的肥效比较试验及复合肥料有效施用技术的研究。

## 一、材料和方法

供试肥料：三元混合复肥选用意大利的 1 种（N 15％，$P_2O_5$ 15％，$K_2O$ 12％），日本的 2 种（N 14％，$P_2O_5$ 14％，$K_2O$ 20％；N 16％，$P_2O_5$ 3％，$K_2O$ 16％）和西德的 1 种（N 14％，$P_2O_5$ 9％，$K_2O$ 20％）；二元复合肥料采用国产的磷酸二铵（N 18％，$P_2O_5$ 46％）和硝酸磷肥（N 20％，$P_2O_5$ 20％）2 种。复合肥料中磷的水溶率均占 50％以上。单质化肥有尿素、硝酸铵、硫酸铵、过磷酸钙、重过磷酸钙、氯化钾、硫酸钾。

施肥量按当地水平。复（混）合肥和单质化肥的施肥方法相同，或全作基肥；或一半以上做基肥，余下的做追肥；或复合肥做基肥，各加等量的氮肥做追肥。

## 二、结果分析

### （一）复合肥与等养分单质化肥的肥效比较

根据全国 591 个复合肥料的试验结果统计，粮食作物和经济作物施用复合肥料与等养分的单质化肥配合施用相比，一般情况下增产效果相当。

**1. 硝酸磷肥与等养分单质氮、磷肥料的效果比较。**硝酸磷肥共进行 343 个试验，在每亩施用 8 斤 $P_2O_5$ 条件下，硝酸磷肥与等养分的单质氮、磷肥料的效果比较，经统计分析，除油菜产量达到显著差异外，其他作物的产量差异都不明显[3~4]（表1）。

---

注：本文发表于《中国农业科学》，1983 年第 6 期。

## 表1 硝酸磷肥与等养分单质化肥的肥效比较

（上海化工研究院肥效组，1976—1980）

| 作物 | 试验数 | 施硝酸磷肥产量<br>（斤/亩） | N＋P产量<br>（斤/亩） | 硝酸磷肥增产<br>（%） | 吨<br>（产量差异） |
|---|---|---|---|---|---|
| 水 稻 | 83 | 745.8 | 738.8 | 0.95 | 1.645 |
| 玉 米 | 100 | 723.1 | 726.2 | −0.43 | −0.264 |
| 小 麦 | 83 | 546.9 | 542.6 | 0.79 | 1.315 |
| 谷 子 | 10 | 424 | 418.5 | 1.30 | 0.037 |
| 高 粱 | 2 | 484.5 | 539.5 | −10.2 | −0.592 |
| 甘 薯 | 12 | 5066.9 | 5091.9 | −4.9 | −0.202 |
| 马铃薯 | 3 | 2304.2 | 2207.1 | 4.4 | 1.422 |
| 棉 花 | 12 | 142.8 | 136.0 | 4.7 | 2.196 |
| 花 生 | 15 | 560.9 | 549.4 | 2.1 | 1.625 |
| 油 菜 | 15 | 241.5 | 230.2 | 4.9 | 2.118* |
| 黄 瓜 | 2 | 6769.6 | 6790 | −0.30 | −0.212 |
| 甘 蓝 | 2 | 6636.1 | 6511.5 | 1.4 | 1.096 |
| 番 茄 | 2 | 11540.3 | 11634.5 | −0.81 | −1.010 |
| 烟 草 | 2 | 357.7 | 356.4 | 0.36 | 0.098 |

注：* P＜0.05差异显著。

**2. 磷酸二铵与等养分单质氮、磷化肥的肥效比较。**磷酸二铵共有61个试验。水稻、小麦、玉米、甜菜、茶叶等作物施用磷酸二铵与等养分单质化肥比较，其中有增产的，也有减产的，一般都不超过5%，经方差分析差异不显著（表2）。

## 表2 磷酸二铵与等养分单质化肥肥效比较

| 作物 | 试验数 | 磷酸二铵产量<br>（斤/亩） | N＋P产量<br>（斤/亩） | 磷酸二铵增产<br>（%） | T<br>（产量差异） | 试验单位<br>（省土壤肥料研究所） |
|---|---|---|---|---|---|---|
| 水稻 | 14 | 623.6 | 625.0 | −0.22 | −0.161 | 广东、福建 |
| 小麦 | 20 | 597.6 | 592.5 | 0.86 | 0.516 | 甘肃、河北、新疆 |
| 玉米 | 16 | 765.9 | 768.0 | −0.27 | −1.494 | 吉林、甘肃 |
| 谷子 | 1 | 428 | 422 | 1.42 | — | 甘肃 |
| 糜子 | 1 | 202 | 218 | −7.34 | — | 甘肃 |
| 甜菜 | 6 | 3700.6 | 3772.6 | −1.91 | −0.670 | 本院甜菜所 |
| 茶叶 | 3 | 1156.3 | 1141.8 | 1.01 | 0.148 | 本院茶叶所 |

注：其中有部分试验用罗马尼亚进口的二元复肥，含N 20%，$P_2O_5$ 20%。

**3. 三元混合复肥与等养分单质化肥肥效比较。**三元复合肥共有187个试验点，其肥效与等养分的单质氮、磷、钾配合施用相当，多数作物平均增（减）产都不超过5%。经方差分析，除花生P＜0.05差异显著外，其他作物的产量差异都不明显。广东省土壤肥料研究所认为，花生施用复合肥的增产效果不如单质化肥配合施用，是由于土壤缺钙，而单质化肥中含有较多的钙质。苹果是8年产量（从产果开始）的总和，其中只有732号（N：$P_2O_5$：$K_2O$为1：0.7：0.7）复肥的增产效果优于配合施用，731号（1：1：1.3）和733号（1：0.55：0.3）的复肥增产效果反而不如配合施用（表3）。

<h3 align="center">表3 三元混合复肥与等养分单质化肥肥效比较</h3>

| 作物 | 试验数 | 三元混肥产量<br>（斤/亩） | N+P+K产量<br>（斤/亩） | 三元混肥增产<br>（%） | 吨<br>（产量差异） | 试验单位<br>（省土壤肥料研究所） |
|---|---|---|---|---|---|---|
| 水稻 | 81 | 764.0 | 754.4 | 1.27 | 1.697 | 湖南、四川、广东等 |
| 小麦 | 57 | 505.1 | 592.5 | 0.44 | 0.868 | 四川、河北等 |
| 玉米 | 10 | 1009.1 | 987.3 | 2.21 | 0.732 | 辽宁等 |
| 花生 | 10 | 377.9 | 392.2 | −3.65 | −2.987 | 广东 |
| 甜菜 | 6 | 3827.5（块根） | 3778.9 | 1.29 | 1.362 | 本院甜菜所 |
| 茶叶 | 15 | 1182.4 | 1174.6 | 0.66 | 0.534 | 本院茶叶所 |
| 苹果 | 8 | 460.0（斤/株） | 532.9 | −12 | −2.121 | 本院果树所 |

## （二）复合肥有效施用条件

复合肥有效施用条件与单质化肥配合施用一样，要根据不同地区、不同土壤和不同作物的需肥特点，采取不同的施肥技术，才能得到更好的增产效果。

**1. 复合肥的用量和比例。** 生产和施用适宜比例的复合肥，需要有大量单质化肥配合施用的肥效试验作为科学依据。目前南方土壤缺钾面积不断增大，北方多数地区磷肥肥效继续上升，钾肥效果仍不显著。如山西省土壤肥料研究所54点玉米试验统计结果，要取得较好的经济收益，化肥的用量和比例如下：当土壤速效磷（$P_2O_5$）小于10ppm时，亩均施肥15斤（纯），$N:P_2O_5:$ 为1:1为宜；10~20ppm时，亩均施肥17斤，$N:P_2O_5$ 为1:0.66为宜；大于20ppm时，亩均施肥19斤，$N:P_2O_5$ 为1:0.45为宜（表4）。54个试验点土壤速效钾（$K_2O$）含量平均为186ppm，是富钾土壤，施钾和不施钾效果比较，有10个试验点增产5％以上；9个试验点减产5％以上；其余平产。总的来看施钾不表现增产。又如广东省土壤肥料研究所8个点水稻试验，土壤速效磷（$P_2O_5$）平均25ppm，速效钾（$K_2O$）平均35.6ppm，是富磷缺钾的土壤。亩施NPK复肥（按纯养分）41.6斤，$N:P_2O_5:K_2O$ 为1:0.6:0.48，平均亩产749斤；亩施NP复肥32斤，$N:P_2O_5$ 为1:0.6，平均亩产660.2斤；亩施NK复肥29.6斤，$N:K_2O$ 为1:0.48，平均亩产716斤。NK复肥与NPK复肥的增产效果差异不大，磷素增产作用很小，施用NK为主的复合肥经济效益大。茶园中复合肥一般 $N:P_2O_5:K_2O$ 为1:0.5:0.5或1:0.3:0.3较适宜。浙江、安徽和湖南等省红黄壤地区，氮磷钾的施用比例大多为1:0.3:0.3，其余地区要适当增加钾和磷的比重。就茶类来说，红茶产区要多施些磷肥，绿茶产区要多施些氮肥[5]。苹果不同生育期适宜的复肥氮磷钾比例，在育苗期和幼龄树期为1:2:1，已结果树全年一次施肥为1:0.5:1。

<h3 align="center">表4 化肥不同用量和比例的肥效比较</h3>

（山西省农业科学院土壤肥料研究所，1981）

| 试验点 | 土壤速效磷<br>（$P_2O_5$，ppm） | 化肥用量和比例 | | 不施肥区产量<br>（斤/亩） | 施肥区产量<br>（斤/亩） | 增产/纯化肥<br>（斤/斤） |
|---|---|---|---|---|---|---|
| | | 斤（沌） | $N:P_2O_5$ | | | |
| 23 | <10 | 20 | 1:1 | 458.6 | 596.5 | 6.9 |
| | | 30 | 1:0.5 | | 612.6 | 5.1 |
| | | 40 | 1:1 | | 645.9 | 4.7 |
| | | 15 | 1:1* | | 612.2 | 10.2 |

（续）

| 试验点 | 土壤速效磷 ($P_2O_5$，ppm) | 化肥用量和比例 | | 不施肥区产量（斤/亩） | 施肥区产量（斤/亩） | 增产/纯化肥（斤/斤） |
|---|---|---|---|---|---|---|
| | | 斤（沌） | N：$P_2O_5$ | | | |
| 14 | 10～20 | 20 | 1：1 | 776.8 | 896.1 | 6.0 |
| | | 30 | 1：0.5 | | 940.3 | 5.5 |
| | | 40 | 1：1 | | 946.3 | 4.2 |
| | | 17 | 1：0.66* | | 958.4 | 10.4 |
| 17 | ＞20 | 20 | 1：1 | 777.0 | 886.6 | 5.6 |
| | | 30 | 1：0.5 | | 938.5 | 5.4 |
| | | 40 | 1：1 | | 961.9 | 4.6 |
| | | 19 | 1：0.15* | | 961.7 | 9.9 |

＊用每个试验点比较经济的化肥用量，计算出经济收益较好的化肥用量和比例的平均值。

总之，不同作物产量，不同地力需要的化肥用量和比例也不同。北方大致以 NP 复肥为主，在磷肥高校区，N：$P_2O_5$ 以 1：1～3 为宜；磷肥中低效区，以 1：0.5～1 为宜；南方和经济作物以 NPK 复肥为主，在钾肥高效区，N：$P_2O_5$：$K_2O$ 以 1：0.6：0.5～1 为宜；钾肥中低效区，以 1：0.6～1：0.5 为宜。根据国内的经验，不同养分比例的复合肥只能考虑到土壤养分供应的大致情况，然后根据不同作物的产量水平和具体地块养分状况，再补充单质化肥来调节 NPK 的比例（包括用单质氮素作追肥）。

**2. 复合肥的施用期。** 颗粒状复合肥比单质化肥分解缓慢，因此一般用作基肥或面肥较好[6]。或者一半以上作基肥（种肥），余下的作追肥增产效果也显著。

四川等省土壤肥料研究所水稻 11 个点试验结果，复合肥全作基肥时平均亩产 866.3 斤，基、追肥各一半时平均亩产 865.2 斤，增产效果一样。甘肃省和四川省土壤肥料研究所小麦 45 个点试验结果，复合肥全作基肥时平均亩产 616.5 斤，基、追肥各一半时平均亩产 615.8 斤，增产效果也一样。甘肃省土壤肥料研究所玉米 9 个点试验结果，复合肥全作种肥时平均亩产 787.9 斤，种、追肥各一半时平均亩产 857.6 斤，后者比前者增产 8.8%。

复合肥作追肥虽然能供给作物生育后期对氮素的需求，但复合肥中的磷钾往往不如早施时肥效好。所以对于水浇条件好和生育期较长的高产作物，用复合肥作基肥，再以单质氮素化肥作追肥经济效益更好（亩追 15～20 斤硝酸铵或 10～15 斤尿素）。如吉林省土壤肥料研究所玉米 9 个点试验结果，用复合肥作基肥，用硝酸铵作追肥，与复合肥和硝酸铵全作基肥相比，除 2 个点平产外，其余 7 个点增产幅度为 4%～12.5%。不施基肥或基肥不足的间套种作物，需要追施磷钾肥，可以早追施复合肥每亩 15～30 斤。用复合肥追施水稻，小麦蘖肥，晚玉米追施攻秆肥，棉花追施蕾肥，豆类在开花前追苗肥，都有较好的效果。对茶园，复合肥一般最好在茶树生长前期作追肥施用。如果在干旱季节，还应该配合灌溉，以充分发挥复合肥的作用。

**3. 不同形态复肥的施用技术。** 不同形态的复合肥各有优缺点，有的对不同地区、土壤和作物适应性大些，有的适应性小些，只要施用合理，都有较好的增产效果。

（1）铵态型和硝态型的复合肥。铵态型复合肥和等养分硝态型复合肥在多数作物上肥效相当[3~4]（表 5）。硝态型复合肥在稻田上氮素易流失，但复合肥多数是粒状或球状的，溶解较慢，流失有限，所以在稻田上铵态和硝态复肥的肥效差异也不大。茶园多在丘陵地区，一般年降雨量也较多，硝态氮较易流失，铵态型复合肥均比硝态型的复合肥效果好；一般多增产 5%～24%。苹果树的幼苗及幼龄树，铵态型复合肥效果较好；在成龄和结果期以后，硝态型复合肥更有利于果树的吸收和运转。

表5 铵态氮（磷酸铵）和硝态氮（硝酸磷肥）肥效比较

| 作物 | 试验点 | 硝态氮复肥产量（斤/亩） | 铵态氮复肥产量（斤/亩） | 硝态氮复肥增产（%） | 吨（产量差异） | 试验单位（土壤肥料研究所） |
|---|---|---|---|---|---|---|
| 水稻 | 43 | 735.8 | 743.8 | −1.08 | −1.179 | 湖南、上海等 |
| 小麦 | 43 | 527.2 | 523.6 | 0.68 | 0.762 | 上海、山西、陕西 |
| 玉米 | 20 | 799.7 | 777.2 | 2.90 | 2.018 | 吉林、河南、山东 |
| 谷子 | 5 | 471.4 | 461.0 | 2.25 | 0.636 | 山西 |
| 甘薯 | 11 | 4940.9 | 4787.7 | 3.20 | 1.025 | 福建 |
| 油菜 | 14 | 240.0 | 239.7 | 0.14 | 0.457 | 湖北、上海 |
| 棉花 | 5 | 175.6 | 172.8 | 1.64 | 0.938 | 江苏、上海 |
| 茶叶 | 6 | 1223.4 | 1340.1 | −8.71 | −4.968** | 四川．湖南 |

注：铵态和硝态复肥是等养分，不足的部分用硝酸铵或硫酸铵补充。

**P<0.01极显著。

（2）含氯化钾和硫酸钾的复合肥。中国农业科学院祁阳站在质地黏重的水稻田上，4个点田间试验结果，对照区平均亩产467.2斤，施含氧化钾复肥平均亩产592.8斤，施等养分的含硫酸钾复肥平均亩产561.1斤，含硫酸钾复肥比含氧化钾复肥少增产31.7斤。福建省土壤肥料研究所在水稻田间试验中也得出类似结果[4]。可能与硫酸根累积对水稻根系生长不利有关。因此，在进口的硫酸钾价格比氯化钾高得多的情况下，在水稻田中施用含氯化钾复合肥经济效益大。但烟草等忌氯作物和盐碱地则宜施用含硫酸钾的复肥。

（3）不同粒度的复合肥。吉林省土壤肥料研究所对玉米进行不同粒度复肥试验，6个点统计结果，小粒（0.2克）平均亩产913.9斤，中粒（0.8克）平均亩产916.6斤，大粒（6克）平均亩产843.1斤。试验结果表明，不同粒度的复合肥对玉米的增产效果差异不大，但粒度过大反而减产。粒状或球状比粉状复合肥便于机械施用，在水稻田中溶解缓慢，养分流失较少，化肥利用率高，肥效稳长。但是由于前期肥效较缓，有时影响水稻返青、分蘖。所以在生育前期配合施用速效性单质氮肥，可以防止水稻迟发。

（4）磷素水溶率不等的复合肥。据陕西省土壤肥料研究所盆栽试验结果，复合肥中磷的水溶率超过50%时，当季作物的增产效果明显，但后茬作物差异不大（表6）。

表6 不同水溶率的硝酸磷肥当季效果及残效

（陕西省土壤肥料研究所）

| 磷的水溶率（%） | 当季小麦 | | 后茬谷子 | |
|---|---|---|---|---|
| | 产量（克/盆） | % | 产量（克/盆） | % |
| 不施肥区 | 11.8±0.6 | 100 | 29.2±2.5 | 100 |
| 14 | 38.7±0.5 | 329.6 | 37.2±1.6 | 127.3 |
| 28 | 48.7±1.5 | 414.5 | 37.1±1.9 | 126.9 |
| 52 | 51.7±1.1 | 439.8 | 40.2±0.5 | 137.6 |
| 81 | 56.2±1.2 | 478.7 | 40.9±1.7 | 139.8 |
| 100 | 56.3±1.9 | 479.1 | 40.8±3.2 | 139.6 |

# 三、几点看法

1. 根据不同作物的 591 个复（混）合肥料试验结果，复（混）合肥的增产效果与等养分单质肥料配合施用相当。复合肥养分含量高，施用方便，有大量节省贮、运、施的成本及劳力等优点。因此，从长远考虑，发展高浓度化肥（包括单质和复合的）应是我国今后化肥工业的方向。

2. 化学合成的复合肥料含养分和比例是固定不变的，我国农业施肥不同于外国，国外多为一次性施肥，我国人均占有耕地少，主要靠精耕细作，提高单产，按作物不同生育阶段对养分的需要，进行分期施肥，这是我国施肥的优点。一般情况下复合肥宜作基肥，从我国施肥制度来看，必须有一定数量的单质化肥（特别是氮肥）作为追肥。

3. 目前国外比较重视发展混合肥料，把配制混合肥料的二次加工厂作为联系化肥生产和施用之间的纽带，向农户推荐施用[2]。但是用来加工混合复肥的单质化肥，由于比重和粒度不同，往往需要再造粒才能保持养分分布的均匀性，一般要提高成本 20％左右。养分含量越低，增加成本的百分数越大，而肥效、重量及养分含量跟混合前差不多。加上我国产、供、需体制脱节，诊断施肥的技术尚不成熟。所以，我国要发展混合肥料，首先要对现有的单质化肥进行质量改造，提高浓度，改善物理性状；同时进一步研究解决诊断施肥的方法和改革化肥分配体制，进行"产、供、需"一条龙的试验。目前农民可因土因作物就地配合施用，灵活掌握，经济效益更好点。另外混合肥料比混合前的单质化肥易吸潮，要注意保存。

4. 化合复肥养分含量高可以大量节省贮、运、施的成本和劳力，在复肥与等养分单质化肥的外贸价格相等或略高的情况下，可以增加复肥的进口量。北方以进口氮磷复合肥为主，南方以进口氮钾复合肥为主，以缓和我国目前北方氮磷和南方氮钾比例失调的问题。

## 参 考 文 献

［1］FAO. 1980. Fertilizer Yearbook. 75-113.

［2］韩绍英译 . 1979. 综合肥料的农业化学 . 农业出版社 .

［3］化工部上海化工研究院肥效研究室 . 1982. 冷冻法制硝酸磷肥在我国农田中的肥效 . 化肥工业（1）：14-19.

［4］林辉 . 1981. 混合肥料与复合肥料的肥效比较 . 土壤肥料（1）：26-27.

［5］吴洵等 . 1981. 对茶园施用复合肥料的几点认识 . 土壤肥料（1）：28-30.

［6］陈尚瑾 . 1982. 复合肥料的性质和施用 . 土壤肥料（3）：24-25.

# 有机肥与化肥配合施用的定位试验研究

林葆[1]　林继雄[1]　艾卫[2]

（[1] 中国农业科学院土壤肥料研究所；[2] 河北辛集市农业局）

近年来，我国化肥工业迅速发展，化肥的用量增加很快，在农业增产中发挥了重要作用。但是，我国大部分土壤有机质含量较低，加上磷、钾化肥工业发展比较缓慢，在今后相当长的时期内，施用有机肥将是补充土壤有机质、磷、钾不足，调节作物氮、磷、钾营养平衡的一项措施。1979—1995 年，我们在河北辛集市进行有机肥、化肥配合施用的定位试验。下面是 17 年的定位试验结果。

## 一、试验设计与土壤条件

试验设以下 12 个处理：

CK　N　P　NP　$M_1$NP　$M_2$NP　$M_3$NP　$M_4$NP　$M_1$P　$M_2$P　$M_3$P　$M_4$P

小麦化肥亩用量 N＝12 千克，$P_2O_5$ 隔年亩施 10 千克。

有机肥（M）亩用量 $M_1$＝2.5 吨，$M_2$＝5 吨、$M_3$＝7.5 吨、$M_4$＝10 吨。每年秋播小麦时，均按以上试验方案施肥。夏播作物不施有机肥和磷肥，所有小区均按每亩 8 千克氮素追肥。小区面积 0.2 亩，不设重复，顺序排列。

辛集市供试的试验地 0～30 厘米为壤土，30～80 厘米为胶泥（黏土），80 厘米以下为砂土，为浅位厚层夹黏轻壤质潮土。试验地块耕层土壤含有机质 1.12%，全氮 0.069%，速效 P5 毫克/千克，速效 K87 毫克/千克，pH7.8。根据以往肥料试验结果，施氮肥增产效果明显，施磷肥也有增产效果，施钾肥暂不显效。当地评定该地块为中上等肥力，具有良好的耕性和保水保肥性能。

作物供试品种：前 8 年小麦为"津丰一号"，玉米为"鲁原单四号"，谷子为"青到老"；后 9 年小麦改为"冀麦 26"，玉米为"新黄单 851"。供试化肥品种为尿素和普钙，有机肥含水 50%，风干后含有机质 12%，全 N 0.5%，速效 P110 毫克/千克，速效 K 600 毫克/千克。每年浇水：小麦 4～5 次，玉米 2～3 次。小麦播种期在 10 月上旬，收获期 6 月 10 日左右；夏茬作物 6 月中旬播种，约 9 月 20 日收获。两季作物均按小区单收单打。土壤测试均在每年 9 月底秋粮收获后取土。

---

注：本文发表于《中国化肥使用研究》。

# 二、试验结果

**1. 有机肥和化肥对产量的影响。** 17 年的小麦和 16 年的秋粮产量如表 1、表 2。

（1）有机肥的增产效果。试验所用的有机肥，以麦秸为主要原料，先进猪圈并加足水和部分土，多头大猪踩 15～20 天，起出来后堆二个月使其腐熟，是一种麦秸堆肥。有机肥的增产效果见表 3。为了便于比较，有机肥的增产效果用每吨有机肥亩增的小麦数量表示。连续施用有机肥 17 年平均每亩每吨增产小麦 6.1～26.4 千克，有机肥用量越大，单位有机肥增产越小。

**表 1　冬小麦产量**

（单位：千克/亩）

| 年份 | CK | N | P | NP | $M_1NP$ | $M_2NP$ | $M_3NP$ | $M_4NP$ | $M_1P$ | $M_2P$ | $M_3P$ | $M_4P$ |
|---|---|---|---|---|---|---|---|---|---|---|---|---|
| 1979 | 159 | 363 | 235 | 395 | 400 | 404 | 389 | 393 | 240 | 248 | 226 | 244 |
| 1980 | 112 | 248 | 112 | 248 | 282 | 326 | 347 | 332 | 123 | 162 | 155 | 158 |
| 1981 | 136 | 263 | 139 | 373 | 412 | 435 | 466 | 471 | 156 | 185 | 205 | 228 |
| 1982 | 141 | 217 | 167 | 308 | 351 | 385 | 412 | 408 | 158 | 215 | 224 | 266 |
| 1983 | 129 | 250 | 180 | 338 | 328 | 358 | 353 | 312 | 227 | 323 | 336 | 319 |
| 1984 | 151 | 175 | 194 | 248 | 326 | 346 | 347 | 373 | 265 | 319 | 297 | 326 |
| 1985 | 147 | 161 | 249 | 343 | 379 | 406 | 419 | 403 | 251 | 343 | 361 | 347 |
| 1986 | 168 | 170 | 220 | 309 | 424 | 473 | 484 | 479 | 308 | 385 | 435 | 437 |
| 1987 | 231 | 196 | 321 | 354 | 316 | 361 | 366 | 314 | 361 | 351 | 389 | 356 |
| 1988 | 150 | 151 | 240 | 272 | 350 | 367 | 368 | 358 | 282 | 347 | 380 | 398 |
| 1989 | 195 | 212 | 260 | 393 | 408 | 363 | 343 | 328 | 353 | 415 | 440 | 423 |
| 1990 | 127 | 134 | 170 | 321 | 455 | 437 | 437 | 416 | 295 | 358 | 377 | 398 |
| 1991 | 183 | 138 | 217 | 416 | 397 | 414 | 424 | 326 | 361 | 390 | 438 | 436 |
| 1992 | 164 | 140 | 230 | 311 | 399 | 434 | 438 | 438 | 313 | 421 | 450 | 450 |
| 1993 | 119 | 101 | 232 | 290 | 266 | 328 | 376 | 367 | 352 | 393 | 390 | 379 |
| 1994 | 128 | 98 | 153 | 234 | 359 | 427 | 462 | 483 | 285 | 375 | 458 | 445 |
| 1995 | 124 | 132 | 185 | 385 | 419 | 411 | 409 | 376 | 287 | 407 | 471 | 473 |
| 平均 | 151 | 185 | 206 | 326 | 369 | 393 | 402 | 387 | 272 | 332 | 355 | 358 |

不施氮肥的情况下，每吨有机肥在前 6 年，中 6 年和后 5 年，分别每亩平均增产小麦 10.4、21.5 和 35.1 千克，增产效果显逐年上升；施氮肥的情况下，有机肥增产分别为 9.9、12.8 和 12.8 千克，后几年的增产较平稳，17 年平均肥效 11.7 千克仅为不施氮肥区的 54%。无论是否施用氮肥，前 6 年有机肥增产效果均不高，但后几年距离逐渐加大。

不施氮肥（MP）的小麦产量，尤其在头几年明显低于施氮肥（MNP）的处理。这和田间观察和调查是一致的。头几年未配合氮肥处理（MP）的小麦叶色明显发黄，植株矮小，分蘖少，成穗率低。穗粒数少，连续施用后，这种现象减轻，产量增加。因此，判断有机肥效果，必须连续施用。在氮肥的基础上，有机肥的效果大多明显提高，但长期施用较多的有机肥，加上每亩12千克的氮肥，小麦长势过猛，成熟晚，千粒重低，造成倒伏减产。有机肥用量越大，倒伏越严重（表3）。

### 表2 秋作物（夏谷、夏玉米）产量

（单位：千克/亩）

| 年份 | CK | N | P | NP | $M_1NP$ | $MN_2P$ | $M_3NP$ | $M_4NP$ | $M_1P$ | $M_2P$ | $M_3P$ | $M_4P$ |
|------|-----|-----|-----|-----|------|------|------|------|------|------|------|------|
| 1980 | 98 | 109 | 98 | 140 | 117 | 139 | 151 | 151 | 137 | 152 | 152 | 142 |
| 1981 | 172 | 113 | 124 | 155 | 143 | 160 | 160 | 122 | 166 | 154 | 189 | 149 |
| 1982 | 232 | 170 | 217 | 177 | 207 | 222 | 285 | 277 | 192 | 185 | 262 | 245 |
| 1983 | 305 | 327 | 305 | 327 | 357 | 343 | 414 | 326 | 301 | 307 | 340 | 313 |
| 1984 | 360 | 331 | 365 | 433 | 425 | 446 | 394 | 415 | 424 | 475 | 450 | 439 |
| 1985 | 339 | 307 | 325 | 356 | 392 | 396 | 405 | 433 | 347 | 407 | 424 | 420 |
| 1986 | 184 | 112 | 170 | 128 | 120 | 168 | 195 | 199 | 202 | 232 | 234 | 231 |
| 1987 | 245 | 218 | 293 | 206 | 301 | 276 | 332 | 338 | 347 | 318 | 345 | 318 |
| 1988 | 120 | 107 | 110 | 96 | 104 | 104 | 115 | 115 | 105 | 125 | 120 | 138 |
| 1989 | 193 | 173 | 210 | 222 | 205 | 279 | 313 | 331 | 250 | 293 | 288 | 348 |
| 1990 | 58 | 64 | 84 | 87 | 109 | 128 | 172 | 186 | 88 | 122 | 159 | 146 |
| 1991 | 64 | 122 | 260 | 168 | 240 | 268 | 203 | 249 | 191 | 275 | 257 | 261 |
| 1992 | 386 | 293 | 477 | 414 | 411 | 396 | 542 | 570 | 421 | 521 | 561 | 559 |
| 1993 | 284 | 259 | 405 | 381 | 388 | 462 | 439 | 522 | 426 | 468 | 473 | 451 |
| 1994 | 252 | 210 | 323 | 305 | 309 | 335 | 383 | 388 | 335 | 402 | 380 | 382 |
| 1995 | 162 | 205 | 318 | 350 | 328 | 394 | 378 | 407 | 306 | 348 | 397 | 409 |
| 平均 | 216 | 195 | 255 | 247 | 260 | 282 | 305 | 314 | 265 | 299 | 314 | 309 |

注：1980、1981、1982年为谷子，1988、1990、1991年制种玉米产量均偏低。

### 表3 小麦连续施用不同量有机肥增产效果

（单位：千克/亩、吨）

| 处理 | | 1979—1984（前6年） | 1985—1990（中6年） | 1991—1995（后5年） | 17年平均 |
|------|------|------|------|------|------|
| 不施氮肥 | $M_1P$ | 9.5 | 26.0 | 46.5 | 26.4 |
| | $M_2P$ | 14.2 | 24.6 | 38.8 | 25.2 |
| | $M_3P$ | 9.2 | 20.5 | 31.7 | 19.8 |
| | $M_4P$ | 8.6 | 15.0 | 23.3 | 15.2 |
| | 平均 | 10.4 | 21.5 | 35.1 | 21.7 |
| 施氮肥 | $M_1NP$ | 12.6 | 22.7 | 16.3 | 17.2 |
| | $M_2NP$ | 11.5 | 13.8 | 15.1 | 13.4 |
| | $M_3NP$ | 9.0 | 9.4 | 12.6 | 10.2 |
| | $M_4NP$ | 6.3 | 5.1 | 7.1 | 6.1 |
| | 平均 | 9.9 | 12.8 | 12.8 | 11.7 |

注：有机肥（M）增产效果＝MP－P或MNP－NP。

从产量结果看，在施氮肥的基础上有机肥的用量，头几年亩施2.5～5吨，后期以2.5

吨左右为宜。小麦施用有机肥在秋粮上可以看出后效，其平均增产粮食的数量约为施 N 区小麦的 59%，未施 N 区小麦的 31%。

（2）氮肥的增产效果。氮肥在小麦上与不同肥料配合的增产效果见表 4。

第一，氮肥与不同肥料配合情况下，肥效差异很大，每千克氮肥（N）17 年平均增产小麦 2.9～10.0 千克，其中单施 N 时为 2.9 千克，NP 配合时为 10.0 千克，MNP 配合时为 4.9 千克。MNP 处理小麦产量高于 NP 处理，但增施有机肥没有提高氮肥的肥效。

第二，在施用不同数量有机肥和磷肥的情况下，氮肥肥效较高，每千克在前 6 年平均增产小麦 10.4～12.9 千克，单施氮肥也达到 9.6 千克，可见，试验地块缺氮是最主要的养分限制因素。

**表 4　氮肥在小麦上与不同肥料配合的效果**

（单位：千克/千克 N）

| 处理 | 1979—1984（前 6 年） | 1985—1990（中 6 年） | 1991—1995（后 5 年） | 17 年平均 |
|---|---|---|---|---|
| $M_1NP$ | 12.9 | 6.7 | 4.0 | 8.1 |
| $M_2NP$ | 11.1 | 2.9 | 0.4 | 5.1 |
| $M_3NP$ | 12.1 | 0.5 | −1.6 | 3.9 |
| $M_4NP$ | 10.4 | −0.8 | −3.2 | 2.4 |
| MNP（平均） | 11.6 | 2.3 | −0.1 | 4.9 |
| NP（平均） | 12.3 | 7.4 | 10.3 | 10.0 |
| N | 9.6 | 0.1 | −1.8 | 2.9 |

注：氮肥肥效＝MNP−MP，或 NP−P，或 N−CK。

第三，连续施用有机肥后，后几年氮肥的肥效下降，这主要是土壤的养分供应能力逐年提高的结果。有机肥用量越大，氮肥肥效下降越明显，在田间可以观察到小麦大片倒伏减产。

小麦施用氮肥对秋作物的后效不显著。

**2. 有机肥和化肥对产品品质的影响。** 我们 5 年取 8 个处理的小麦籽粒和秸秆分析氮、磷、钾含量，结果见表 5。施氮肥籽粒中的全氮含量增加，磷素全量下降。施氮肥的小麦籽粒中全氮含量约 2.1%（粗蛋白 13.1%），比不施氮肥的 1.7%（粗蛋白 10.6%）左右，高出 23.5%；施氮肥籽粒中的全磷含量约 0.28%，比不施氮肥的 0.34% 左右，下降 17.5%；籽粒中全钾含量变化不显著。施氮肥对秸秆中的磷、钾全量影响与籽粒的趋势一致，但施氮肥秸秆中全氮含量反而下降，与籽粒的情况相反。施氮肥能增加籽粒中的粗蛋白含量，从籽粒外观也可以观察到，施过氮肥的呈玻璃质，不施氮肥的呈粉质，好像两个不同的小麦品种。

**表 5　施肥对小麦 N、P、K 含量的影响**

| 处理 | | 籽粒（%） | | | 秸秆（%） | | | 经济系数（%） |
|---|---|---|---|---|---|---|---|---|
| | | N | P | K | N | P | K | |
| 不施氮肥 | CK | 1.587 | 0.341 | 0.409 | 0.314 | 0.0341 | 1.26 | 40 |
| | P | 1.754 | 0.350 | 0.345 | 0.355 | 0.0315 | 1.34 | 43 |
| | PM1 | 1.881 | 0.334 | 0.456 | 0.316 | 0.0359 | 1.22 | 39 |
| | PM2 | 1.692 | 0.345 | 0.434 | 0.314 | 0.0376 | 1.35 | 35 |
| | 平均 | 1.729 | 0.343 | 0.411 | 0.332 | 0.0348 | 1.29 | |

（续）

| 处理 | | 籽粒（%） | | | 秸秆（%） | | | 经济系数 |
|---|---|---|---|---|---|---|---|---|
| | | N | P | K | N | P | K | （%） |
| 施氮肥 | N | 2.132 | 0.247 | 0.405 | 0.485 | 0.0268 | 1.38 | 46 |
| | NP | 2.154 | 0.270 | 0.418 | 0.491 | 0.0278 | 1.38 | 37 |
| | NPM1 | 2.126 | 0.299 | 0.386 | 0.576 | 0.0317 | 1.37 | 40 |
| | NPM2 | 2.086 | 0.315 | 0.422 | 0.523 | 0.0313 | 1.45 | 32 |
| | 平均 | 2.125 | 0.283 | 0.408 | 0.519 | 0.0294 | 1.39 | |

注：1980、1981、1982、1985、1991 年五年平均。

M1=亩施 5 吨有机肥，M2=亩施 10 吨有机肥，第一年小麦平均经济系数为 39%（1∶1.56）。

为了了解施氮后籽粒中增加的氮素是否增加了小麦的营养价值，我们取了 1981 年 6 个处理的小麦籽粒样品，进行了氨基酸分析。样品用盐酸水解，用 Beckman121MB 型氨基酸分析仪测定，结果见表 6。从测定结果看，施用氮肥后氨基酸含量明显提高，与施氮肥处理的平均数（13.1%）比较接近。施用有机肥的小麦籽粒中的总氨基酸的含量与无肥区相近，为 8.5% 左右。16 种氨基酸（其中胱氨酸未检出）的含量，施氮肥区比未施氮肥区均明显提高，其中以谷氨酸含量最高，施氮后增加 50% 左右，人体必需的赖氨酸等也相应增加。

**表 6　不同肥料对小麦籽粒中氨基酸含量的影响**

（单位：%）

| 氨基酸 | CK | $M_1P$ | $M_2P$ | N | $M_1NP$ | $M_2NP$ |
|---|---|---|---|---|---|---|
| 天门冬氨酸 | 0.57 | 0.58 | 0.56 | 0.73 | 0.68 | 0.69 |
| 苏氨酸 | 0.26 | 0.26 | 0.25 | 0.35 | 0.32 | 0.32 |
| 丝氨酸 | 0.38 | 0.38 | 0.38 | 0.59 | 0.50 | 0.50 |
| 谷氨酸 | 2.56 | 2.62 | 2.58 | 4.28 | 3.74 | 3.86 |
| 晡氨酸 | 0.90 | 0.96 | 0.94 | 1.52 | 1.35 | 1.44 |
| 甘氨酸 | 0.39 | 0.41 | 0.39 | 0.55 | 0.49 | 0.59 |
| 丙氨酸 | 0.27 | 0.37 | 0.35 | 0.39 | 0.43 | 0.44 |
| 胱氨酸 | — | — | — | — | — | — |
| 缬氨酸 | 0.44 | 0.53 | 0.47 | 0.18 | 0.61 | 0.62 |
| 蛋氨酸 | 0.33 | 0.12 | 0.16 | 0.20 | 0.16 | 0.20 |
| 异亮氨酸 | 0.21 | 0.35 | 0.34 | 0.33 | 0.49 | 0.47 |
| 亮氨酸 | 0.60 | 0.64 | 0.62 | 0.93 | 0.83 | 0.84 |
| 酪氨酸 | 0.28 | 0.28 | 0.27 | 0.42 | 0.36 | 0.38 |
| 苯丙氨酸 | 0.32 | 0.35 | 0.34 | 0.55 | 0.50 | 0.50 |
| 赖氨酸 | 0.29 | 0.30 | 0.28 | 0.37 | 0.34 | 0.34 |
| 组氨酸 | 0.21 | 0.23 | 0.22 | 0.32 | 0.29 | 0.30 |
| 精氨酸 | 0.48 | 0.48 | 0.46 | 0.66 | 0.59 | 0.60 |
| 总量 | 8.49 | 8.86 | 8.61 | 12.37 | 11.68 | 12.0 |

注：（1）各处理有机肥（M）与施肥（N）的用量分别为每亩吨和千克。

（2）胱氨酸未检出。

施用有机肥能提高小麦籽粒的容重。1982、1984、1985 年对 10 个处理取样，用"61-71 型容重器"测定结果，三年平均如表 7。不同用量有机肥的小麦容重均达到 770 克二级以上的收购标准，比不施有机肥的小麦容重增加 1%～3%。

表 7　不同肥料对小麦籽粒容量的影响

（单位：克/升）

| 处理 | 容重 | 处理 | 容重 |
|---|---|---|---|
| CK | 769 | N | 758 |
| $M_1P$ | 779 | $M_1NP$ | 775 |
| $M_2P$ | 779 | $M_2NP$ | 763 |
| $M_3P$ | 786 | $M_3NP$ | 779 |
| $M_4P$ | 779 | $M_4NP$ | 775 |

**3. 有机肥和化肥对土壤肥力的影响。** 通过 1993 年与试验前的 1979 年基础土样比较，结果表明（表 8）：长期施用有机肥区土壤有机质含量平均提高 1.66%（绝对值），有机肥用量越大，提高的幅度也越大；不施有机肥区土壤有机质变化不显著。有机肥和磷肥长期配合施用，土壤速效 P 含量平均提高 21.2 毫克/千克；施磷肥而不施有机肥，土壤速效 P 含量只提高 0.1～5.5 毫克/千克；单施氮肥或无肥区，土壤速效 P 含量下降 3.7 毫克/千克。在不施钾肥的情况下，连年亩施有机肥 7.5 吨以上，土壤速效钾含量才有提高，其他处理大多下降。

表 8　连续施用不同肥料和用量对土壤养分的影响

| 处理 | 有机质（%） | | | 速效 P（毫克/千克） | | | 速效 K（毫克/千克） | | |
|---|---|---|---|---|---|---|---|---|---|
| | 1979 年 10 月 | 1993 年 10 月 | ± | 1979 年 10 月 | 1993 年 10 月 | ± | 1979 年 10 月 | 1993 年 10 月 | ± |
| CK | 1.11 | 1.19 | 0.08 | 5 | 1.3 | −3.7 | 87 | 78 | −9 |
| N | 1.15 | 1.32 | 0.17 | 5 | 1.3 | −3.7 | 87 | 79 | −8 |
| P | 0.92 | 1.27 | 0.35 | 4 | 4.1 | 0.1 | 82 | 73 | −9 |
| NP | 1.01 | 1.28 | 0.27 | 5 | 10.5 | 5.5 | 82 | 72 | −10 |
| $M_1NP$ | 0.94 | 1.67 | 0.73 | 2 | 9.2 | 7.2 | 74 | 67 | −7 |
| $M_2NP$ | 0.95 | 1.93 | 0.98 | 7 | 21.8 | 14.8 | 78 | 77 | −7 |
| $M_3NP$ | 1.19 | 3.19 | 2.00 | 4 | 22.0 | 18.0 | 91 | 103 | 12 |
| $M_4NP$ | 1.22 | 4.08 | 2.86 | 5 | 42.7 | 37.7 | 90 | 188 | 98 |
| $M_1P$ | 0.92 | 1.53 | 0.61 | 4 | 13.2 | 9.2 | 70 | 73 | 3 |
| $M_2P$ | 0.82 | 2.02 | 1.20 | 5 | 25.2 | 20.2 | 85 | 88 | 3 |
| $M_3P$ | 1.16 | 3.18 | 2.02 | 3 | 30.0 | 27.0 | 95 | 140 | 35 |
| $M_4P$ | 0.95 | 3.81 | 2.86 | 11 | 46.5 | 35.5 | 96 | 188 | 92 |

表 9 结果表明，长期施用有机肥对土壤物理性状影响较为显著。如果将不施有机肥的土壤各项物理性状定为 100%，那么，施有机肥的土壤容重和非毛细管孔隙度，分别下降 11% 和 10%，总孔隙度、毛细管孔隙度和最大持水量分别提高 11%、27% 和 15%。长期施氮肥

比不施氮肥，土壤容重略有下降，而总孔隙度和毛细管孔隙度略有增加。

**表 9　施肥对土壤物理性状影响**

(1991 年 9 月)

| 项目＼处理 | 土壤容量（克/厘米$^3$） | 总孔隙度（%） | 毛细管孔隙度（%） | 非毛细管孔隙度（%） | 最大持水量（%） |
|---|---|---|---|---|---|
| 基础土样 | 1.37 | 48.4 | 38.4 | 10.0 | — |
| ①不施氮肥　CK | 1.40 | 47.3 | 37.2 | 10.1 | 25.9 |
| ①不施氮肥　P | 1.39 | 47.8 | 38.8 | 9.0 | 25.5 |
| ①不施氮肥　PM1 | 1.28 | 51.7 | 44.2 | 7.5 | 29.3 |
| ①不施氮肥　PM2 | 1.20 | 54.7 | 47.2 | 7.6 | 33.0 |
| ②施氮肥　N | 1.37 | 48.5 | 38.2 | 10.3 | 27.9 |
| ②施氮肥　NP | 1.33 | 50.0 | 42.0 | 8.0 | 28.9 |
| ②施氮肥　NPM1 | 1.23 | 53.6 | 46.7 | 6.9 | 30.5 |
| ②施氮肥　NPM2 | 1.13 | 57.2 | 48.7 | 8.5 | 32.0 |
| ②/①100% | 94～98 | 103～105 | 103～108 | 89～112 | 97～113 |

有机肥对土壤中蚯蚓数量的影响显著。土壤中的有益动物蚯蚓的数量，被认为是土壤肥力高低和培肥程度的一个重要指标。我们在用土钻多点取土时发现，有机肥用量多的各区，取出的土中往往带有蚯蚓，而未施有机肥的各区则很少发现蚯蚓的踪迹。我们从 1980 年秋收后多年挖掘耕作层的土壤，调查蚯蚓的数量和重量。虽然年度间因土壤干湿程度及调查地温等条件不同，数量有一些变化，但不同处理的趋势完全一致。结果见表 10。因此，我们认为蚯蚓可以作为土壤肥力的一个生物指标，有机肥用量越多，蚯蚓数量和重量也增加。

**表 10　不同有机肥用量蚯蚓对数量的影响**

| 项目 | 年份 | 不施 M | M$_1$ | M$_2$ | M$_3$ | M$_4$ |
|---|---|---|---|---|---|---|
| 数量（条） | 1980 | 22 | 46 | 66 | 90 | 100 |
| 数量（条） | 1981 | 22 | 26 | 38 | 46 | 76 |
| 数量（条） | 1982 | 24 | 30 | 36 | 56 | 108 |
| 数量（条） | 1985 | 3 | 17 | 56 | 86 | 85 |
| 数量（条） | 平均 | 18 | 30 | 49 | 70 | 92 |
| 重量（克） | 1980 | 3.4 | 8.4 | 12.2 | 10.8 | 18.8 |
| 重量（克） | 1981 | 2.0 | 3.2 | 4.8 | 5.4 | 5.3 |
| 重量（克） | 1982 | 3.0 | 4.0 | 7.6 | 8.0 | 18.0 |
| 重量（克） | 1985 | 1.0 | 2.6 | 3.6 | 9.3 | 13.2 |
| 重量（克） | 平均 | 2.4 | 4.6 | 7.1 | 8.4 | 13.8 |

注：为 1 平方米面积从地表到厘米深的耕层土壤的蚯蚓。

施肥对土壤微生物也有影响。土壤微生物的变化是土壤培肥程度的一个重要指标。真菌是好气性微生物能分解土壤中有机质，可作为土壤通气状况的指标；放线菌分解有机质更强烈，与土壤肥力关系密切；固氮菌具有固氮能力，其数量受土壤中有效磷和有机质含量等因素影响。

表 11 测试结果：增施氮肥能促进土壤中真菌的繁殖；增施氮磷化肥和有机肥，土壤肥力高，有利于土壤中放线菌的生长；如果长期施用大量有机肥和氮磷化肥，造成地力太肥反而有抑制固氮菌的生长趋势。

### 表 11　不同施肥对土壤微生物影响

（单位：菌数/千克土）

| 时间 | 微生物 | CK | N | NP | $M_1$ NP | $M_2$ NP | $M_4$ NP |
|---|---|---|---|---|---|---|---|
| 1988 年 11 月 | 真菌（$10^3$） | 10 | 41 | 39 | 34 | 24 | 51 |
| | 放线菌（$10^4$） | 300 | 326 | 547 | 495 | 458 | 424 |
| | 固氮菌（$10^2$） | 8.7 | 6.0 | 36.0 | 8.5 | 1.1 | 2.0 |
| 1989 年 11 月 | 真菌（$10^3$） | 11 | 12 | 16 | 20 | 16 | 12 |
| | 放线菌（$10^4$） | 118 | 101 | 127 | 160 | 240 | 192 |
| | 固氮菌（$10^2$） | 31.0 | 21.5 | 29.3 | 13.8 | 17.5 | 12.5 |

# 三、小　结

1. 有机肥增产效果逐年增加，17 年平均每吨增产小麦 6.1～26.4 千克，有机肥用量越大单位有机肥增产越小。

2. 在氮肥的基础上，有机肥的适宜用量头几年亩施 2.5～5 吨，往后约为 2.5 吨；长期施用较多的有机肥和氮肥，会造成冬小麦倒伏减产。

3. 氮肥肥效较高，与有机肥和磷肥配合时，每千克 N 在前 6 年平均增产小麦 10.4～12.9 千克，单施氮肥也达到 9.6 千克，但随着有机肥对土壤培肥作用增强，氮肥肥效逐渐下降。

4. 施氮肥能明显提高籽粒中的粗蛋白和人体必需的谷氨酸、赖氨酸等；施有机肥能提高小麦容重等级。

5. 长期施用有机肥土壤有机质含量平均提高 1.66%（绝对值），土壤速效磷含量也明显提高，还能降低土壤容重，提高持水量，增加有益动物蚯蚓及其他微生物的数量。

# 氮磷钾化肥定位试验结果

林继雄[1]　林葆[1]　艾卫[2]

(¹ 中国农业科学院土壤肥料研究所；² 辛集市农业局)

氮、磷、钾化肥和有机肥施用效果受气候、土壤、作物及肥料特点等多种因素影响、所以单季的肥料试验只能反映当时条件下的结果，局限性较大。连续施肥试验结果受年度间气候变化等影响小，也能更深入反映肥料对作物产量和土壤肥力的作用。此外，我国土壤缺钾面积从南方向北方不断扩大，北方土壤施钾的增产效果究竟如何。为解答这些问题，我们从1980—1995年在河北辛集市小麦—玉米（或谷子）两熟制的轮作上，布置了有机肥和氮磷钾化肥的定位试验，以下是16年32季作物的试验结果。

## 一、试验设计与土壤条件

试验设8个处理：①CK；②N；③NP；④NPK；⑤M；⑥MN；⑦MNP；⑧MNPK。

小区面积0.12亩，3次重复，顺序排列。试验是采用一年二熟，冬小麦—夏玉米轮作制。化肥亩用量N=10千克，$P_2O_5$=10千克，$K_2O$=10千克；有机肥（M）亩用量=2500千克（鲜重），其中含水50%，风干后含有机质12%，全N 0.5%，速效P 110毫克/千克，速效K 500毫克/千克。

每年秋播小麦时，各处理均按以上试验设计进行，有机肥和磷肥以及40%的氮肥作基肥，秋耕前均匀撒施，翻入土中，余下的60%氮肥作小麦起身追肥。夏播作物各处理除亩施氮肥（N）8千克作追肥外，不施磷肥和其他肥料，氮肥70%追玉米拔节肥，30%在大喇叭口追。

供试土壤为潮土，质地为轻壤，耕层基础土样含有机质1.12%、速效P 4毫克/千克、速效K 87毫克/千克、全P 0.053%、全K 2.0%，pH 7.8。供试土壤根据以往肥料试验结果，施氮磷肥料增产效果显著，施钾肥暂不显著。作物供试品种：前6年小麦为"津丰一号"，玉米为"鲁原单四号"，谷子为"青到老"；后10年小麦改为"冀麦26"，玉米为"新黄单851"。供试化肥为尿素、普钙和氯化钾。两季作物均按小区单收单打，土壤测试均在每年9月底秋粮收获后取土。

## 二、试验结果与讨论

**1. 长期施肥的产量变化。**16年连续施肥酌作物产量见表1和表2，将历年产量分为三

---

注：本文收录于《中国化肥使用研究》。

个阶段：前 5 年（1980—1984 年），中 5 年（1985—1989 年），后 6 年（1990—1995 年），见表 3。冬小麦：16 年平均亩产的顺序（最高单产定为 100%）MNP、MNPK（100%）＞NPK、NP（96%）＞MN（64%）＞M（47%）＞N（42%）＞CK（33%）；MNP 和MNPK 处理单产高且相近，逐年均显上升趋势，NP 和 NPK 处理除单产略低于 MNP 和MNPK 处理外，其他方面变化相似；MN 处理单产不高，年度间变化也较平稳；M 处理单产偏低，但逐年显上升趋势；CK 和 N 处理单产低，逐年显下降趋势。

表 1 中历年冬小麦产量结果表明：MNP、MNPK、NP、NPK 的处理，经 LSD$_{0.05}$测验，处理之间绝大多数年份产量差异不显著，与其他处理比较均达到极显著差异。N 与 CK 比较，头几年单 N 处理的单产比 CK 高，差异显著，往后差异不显著。

**表 1　冬小麦产量**

（单位：千克/亩）

| 年份 | CK | N | NP | NPN | M | M+N | M+NP | M+NPK | LSD | |
|---|---|---|---|---|---|---|---|---|---|---|
| | | | | | | | | | 0.05 | 0.01 |
| 1980 | 137 | 244 | 359 | 346 | 161 | 272 | 346 | 331 | 35 | 49 |
| 1981 | 134 | 236 | 404 | 394 | 136 | 314 | 420 | 408 | 15 | 21 |
| 1982 | 149 | 204 | 388 | 386 | 147 | 254 | 380 | 374 | 40 | 55 |
| 1983 | 144 | 226 | 354 | 342 | 158 | 321 | 377 | 362 | 52 | 72 |
| 1984 | 128 | 134 | 274 | 277 | 185 | 177 | 309 | 320 | 69 | 95 |
| 1985 | 124 | 155 | 351 | 349 | 174 | 250 | 357 | 360 | 55 | 76 |
| 1986 | 155 | 140 | 386 | 405 | 174 | 196 | 415 | 413 | 35 | 48 |
| 1987 | 156 | 174 | 420 | 427 | 223 | 273 | 444 | 437 | 82 | 113 |
| 1988 | 140 | 162 | 418 | 402 | 177 | 225 | 430 | 437 | 66 | 92 |
| 1989 | 169 | 218 | 454 | 447 | 237 | 298 | 477 | 479 | 79 | 110 |
| 1980 | 123 | 152 | 410 | 406 | 168 | 201 | 414 | 399 | 84 | 117 |
| 1981 | 156 | 159 | 401 | 423 | 227 | 287 | 403 | 410 | 92 | 127 |
| 1982 | 146 | 151 | 448 | 459 | 309 | 373 | 483 | 494 | 42 | 58 |
| 1993 | 104 | 105 | 358 | 378 | 198 | 246 | 390 | 393 | 87 | 121 |
| 1994 | 108 | 140 | 429 | 429 | 205 | 263 | 461 | 470 | 44 | 62 |
| 1995 | 141 | 163 | 451 | 452 | 214 | 273 | 503 | 506 | 63 | 87 |
| 平均 | 138 | 173 | 394 | 395 | 193 | 264 | 413 | 412 | | |

施肥对构成冬小麦产量因素影响较大（表 3）。施磷肥能明显提高亩穗数和千粒重，不施有机肥情况下更加明显，15 年平均亩穗数增加 0.7～1.4 倍，千粒重提高 7.1%～12.7%。在不施磷肥的情况下，增施有机肥可增加亩穗数。施肥对穗粒数的影响较小。

历年夏玉米（或谷子）产量结果表明（表 4）：各处理因历年均施等量氮肥，不施其他肥料，除 CK、单 N 处理外，其他处理间大多年份产量差异不显著。但前茬冬小麦施用磷肥或有机肥的处理，因后效作用，秋作物单产稍高。磷肥对秋作物后效 16 年平均：NP 和MNP 比单 N 和 MN 处理分别提高产量 16.4% 和 6%。有机肥后效 16 年平均提高秋作物产量 13.9%～28.2%。

**2. 长期施肥的肥效变化。**不同肥料在冬小麦上的肥效变化，见表 5。

（1）氮肥肥效。每千克氮肥（N）16 年平均增产冬小麦 3.5～7.1 千克，前 5 年为 7.1～11.1 千克，以后土壤缺素加剧，肥效逐年下降。试验表明，在不施磷肥的情况下，氮肥肥效较低，如果增施有机肥能明显提高氮肥肥效约 1 倍，还可缓解氮肥肥效逐年下降的速度。

（2）磷肥肥效。每千克磷肥（$P_2O_5$）16 年平均增产冬小麦 14.9～22.1 千克，前 5 年较低仅为 9.8～14.7 千克，以后肥效明显上升，稳定在较高的水平。在增施有机肥的情况下，磷肥肥效显下降的趋势，这与有机肥中含有较多的磷素有关。

**表 2　秋季作物换（夏谷、夏玉米）产量**

（单位：千克/亩）

| 年份 | CK | N | NP | NPK | M | M+N | M+NP | M+NPK | LSD 0.05 | LSD 0.01 |
|------|-----|-----|-----|-----|-----|-----|-----|-----|------|------|
| 1980 | 121 | 135 | 123 | 133 | 130 | 141 | 147 | 141 | 24 | 33 |
| 1981 | 144 | 169 | 175 | 169 | 167 | 166 | 193 | 145 | 40 | 56 |
| 1982 | 152 | 151 | 130 | 135 | 189 | 175 | 173 | 189 | 39 | 54 |
| 1983 | 271 | 238 | 262 | 258 | 318 | 356 | 373 | 323 | 42 | 59 |
| 1984 | 368 | 350 | 432 | 457 | 379 | 355 | 423 | 423 | 43 | 60 |
| 1985 | 282 | 265 | 335 | 323 | 330 | 337 | 376 | 368 | 29 | 40 |
| 1986 | 108 | 105 | 98 | 131 | 101 | 148 | 152 | 192 | — | — |
| 1987 | 234 | 222 | 268 | 306 | 295 | 260 | 310 | 339 | 30 | 41 |
| 1988 | 162 | 153 | 73 | 134 | 141 | 165 | 87 | 142 | 25 | 34 |
| 1989 | 158 | 172 | 135 | 163 | 198 | 191 | 161 | 183 | 34 | 47 |
| 1990 | 23 | 30 | 28 | 42 | 37 | 38 | 57 | 79 | 18 | 25 |
| 1991 | 105 | 98 | 108 | 130 | 107 | 111 | 153 | 123 | 44 | 62 |
| 1992 | 343 | 344 | 492 | 492 | 509 | 470 | 478 | 562 | 63 | 88 |
| 1993 | 324 | 256 | 373 | 390 | 442 | 430 | 423 | 450 | 68 | 95 |
| 1994 | 209 | 187 | 268 | 300 | 316 | 322 | 353 | 379 | 48 | 67 |
| 1995 | 242 | 251 | 324 | 348 | 349 | 335 | 377 | 409 | 45 | 63 |
| 平均 | 203 | 195 | 227 | 244 | 251 | 250 | 265 | 278 | | |

注：1980、1981、1982 年为夏谷子，其余为夏玉米。

1988—1990 年制种玉米产量偏低。

**表 3　不同时期作物产量**

（单位：千克/亩）

| 处理 | | CK | N | NP | NPK | M | MN | MNP | MNPK |
|------|------|-----|-----|-----|-----|-----|-----|-----|-----|
| 冬小麦 | 前 5 年 | 138 | 209 | 356 | 349 | 157 | 268 | 366 | 359 |
| | 中 5 年 | 149 | 170 | 406 | 406 | 197 | 248 | 424 | 425 |
| | 后 6 年 | 130 | 145 | 416 | 425 | 220 | 274 | 442 | 445 |
| | 16 年平均 | 138 | 173 | 394 | 395 | 193 | 264 | 413 | 412 |

（续）

| 处理 | | CK | N | NP | NPK | M | MN | MNP | MNPK |
|---|---|---|---|---|---|---|---|---|---|
| 秋作物 | 前5年 | 211 | 209 | 224 | 230 | 237 | 239 | 262 | 244 |
| | 中5年 | 189 | 183 | 182 | 211 | 213 | 220 | 217 | 245 |
| | 后6年 | 208 | 194 | 266 | 284 | 293 | 284 | 307 | 334 |
| | 16年平均 | 203 | 195 | 227 | 244 | 251 | 250 | 265 | 278 |

（3）有机肥肥效。每吨有机肥16年平均增产冬小麦6.8～36.8千克，肥效呈逐年上升的趋势，有机肥与不同肥料配合施用，肥效差异很大，单施有机肥或仅与氮肥配合施用，肥效高，单产偏低；有机肥与NP或NPK化肥配合，肥效下降，单产高。

（4）钾肥肥效。连续16年施用钾肥，在冬小麦上暂不显效，而秋作物上的后效逐年上升，后6年施钾肥平均增产（后效）玉米6.8％～8.8％。如果把钾肥直接施在秋作物上，增产效果会进一步提高。

**表4　冬小麦产量因素构成**

| 因素<br>处理 | | 亩穗数（万） | 穗粒数（个） | 千粒重（克） |
|---|---|---|---|---|
| 不施有机肥 | CK | 19.2 | 26.0 | 36.4 |
| | N | 20.5 | 28.1 | 33.9 |
| | NP | 48.8 | 27.4 | 38.2 |
| | KPK | 44.5 | 27.6 | 38.5 |
| 施有机肥 | M | 22.5 | 27.5 | 37.3 |
| | MN | 28.0 | 30.2 | 36.4 |
| | MNP | 47.9 | 27.5 | 39.0 |
| | MNPK | 47.0 | 27.6 | 39.2 |

注：1980—1994年的平均数。

**表5　不同肥料在小麦上的肥效变化**

（单位：千克/千克）

| 项目 | 不施 M | | | 施 M | | | 每吨 M 增产 | | | |
|---|---|---|---|---|---|---|---|---|---|---|
| | N | $P_2O_5$ | $K_2O$ | N | $P_2O_5$ | $K_2O$ | M | MN | MNP | MNPK |
| 前5年 | 7.1 | 14.7 | -0.7 | 11.1 | 9.8 | -0.7 | 7.6 | 23.6 | 4.0 | 4.0 |
| 中5年 | 2.1 | 23.6 | 0 | 5.1 | 17.6 | 0.1 | 19.2 | 31.2 | 7.2 | 7.6 |
| 后6年 | 1.5 | 27.1 | 0.9 | 5.4 | 16.8 | 0.3 | 36.0 | 51.6 | 10.4 | 8.0 |
| 平均 | 3.5 | 22.1 | 0.1 | 7.1 | 14.9 | -0.1 | 22.0 | 36.8 | 7.6 | 6.8 |

**3. 长期施肥的土壤肥力变化。** 1993年与试验前的1980年基础土样比较，结果表明（表6）：①土壤有机质，施用有机肥能明显提高土壤有机质含量，绝对值增加0.25％～0.40％，不施有机肥除NPK处理的土壤有机质含量略有增加外，其余变化不大。②土壤速效P，施磷肥处理的土壤速效P含量增加15～16毫克/千克，再配施有机肥可提高到20毫克/千克。

③土壤速效 K，不施钾肥处理的土壤速效 K 含量下降 12～21 毫克/千克，增施钾肥处理的变化不大。

表6    连续施肥对土壤养分的影响

| 处理 | | 有机质（%） | | | 速效 P（毫克/千克） | | | 速效 K（毫克/千克） | | |
|---|---|---|---|---|---|---|---|---|---|---|
| | | 1980 年 10 月 | 1993 年 10 月 | ± | 1980 年 10 月 | 1993 年 10 月 | ± | 1980 年 10 月 | 1993 年 10 月 | ± |
| 不施有机肥 | CK | 1.21 | 1.28 | 0.07 | 5 | 3 | −2 | 87 | 68 | −19 |
| | N | 1.16 | 1.19 | 0.03 | 4 | 1 | −3 | 87 | 68 | −19 |
| | NP | 1.22 | 1.32 | 0.10 | 2 | 18 | 16 | 87 | 66 | −21 |
| | NPK | 1.30 | 1.49 | 0.19 | 2 | 17 | 15 | 87 | 90 | 3 |
| 施有机肥 | M | 1.21 | 1.52 | 0.31 | 4 | 6 | 2 | 87 | 70 | −17 |
| | MN | 1.07 | 1.43 | 0.36 | 3 | 5 | 2 | 87 | 72 | −15 |
| | MNP | 1.19 | 1.59 | 0.40 | 3 | 23 | 20 | 87 | 75 | −12 |
| | MNPK | 1.33 | 1.58 | 0.25 | 4 | 19 | 15 | 87 | 88 | 1 |

表7 结果表明，长期施用有机肥对土壤物理性状有良好的影响。如果将不施有机肥的土壤物理性状定为 100%，施有机肥的土壤容重和非毛细管孔隙度分别下降为 84%～99% 和 63%～92%，总孔隙度和毛细管孔隙度均有不同程度的提高。

表7    施肥对土壤物理性状影响

（1991 年 9 月）

| 处理 \ 项目 | | 土壤容重（克/厘米³） | 总孔隙度（%） | 毛细管孔隙度（%） | 非毛细管隙孔度（%） |
|---|---|---|---|---|---|
| ①不施有机肥 | CK | 1.62 | 38.8 | 27.0 | 11.8 |
| | N | 1.52 | 42.6 | 35.7 | 6.9 |
| | NP | 1.43 | 45.9 | 40.0 | 5.9 |
| | NPK | 1.46 | 44.8 | 39.7 | 5.1 |
| ②施有机肥 | M | 1.36 | 48.8 | 41.3 | 7.5 |
| | MN | 1.42 | 46.3 | 41.3 | 5.0 |
| | MNP | 1.41 | 46.9 | 40.5 | 5.4 |
| | MNPK | 1.42 | 46.6 | 43.4 | 3.2 |
| ②/①100% | | 84～99 | 102～126 | 101～153 | 63～92 |

**4. 养分投入与产出的盈亏状况。** 有机肥和磷肥后效长，通过肥料长期定位试验能更好说明养分投入与产出的盈亏状况；已知每年每亩施化肥 N18 千克，$P_2O_5$ 10 千克，$K_2O$ 10 千克和有机肥 2500 千克，可以算出养分的总投入；根据作物产量和表8 结果，可以得出作物带走的总养分。16 年 32 季作物养分盈亏情况见表9：在未计算肥料利用率的情况下，钾素（K）每亩亏缺 131～326 千克；施磷肥处理每亩磷素（P）盈余 35.5～37.8 千克，不施磷肥处理每亩亏缺 14.9～7.5 千克；氮素的盈亏情况比较复杂，氮肥与有机肥配合施用，或

单施 N 或单施有机肥（产量低）氮素略有盈余，其他处理均亏缺，如果计算氮肥利用率，氮素亏缺还会增大。

**表8  施肥对作物 N、P、K 含量的影响**

（单位：%）

| 处理 | | 籽粒 | | | 秸秆 | | | 经济系数 |
|---|---|---|---|---|---|---|---|---|
| | | N | P | K | N | P | K | |
| 冬小麦 | CK | 1.56 | 0.320 | 0.42 | 0.30 | 0.033 | 1.22 | 37 |
| | N（不施有机肥） | 2.13 | 0.271 | 0.40 | 0.42 | 0.026 | 1.44 | 34 |
| | KP | 1.92 | 0.309 | 0.40 | 0.49 | 0.039 | 1.38 | 41 |
| | NPK | 1.84 | 0.326 | 0.43 | 0.42 | 0.039 | 1.41 | 41 |
| | M | 1.68 | 0.338 | 0.45 | 0.30 | 0.039 | 1.32 | 39 |
| | MN（施有机肥） | 2.12 | 0.268 | 0.41 | 0.39 | 0.025 | 1.41 | 38 |
| | MNP | 2.04 | 0.315 | 0.41 | 0.40 | 0.038 | 1.38 | 38 |
| | MNPK | 1.96 | 0.317 | 0.40 | 0.39 | 0.042 | 1.44 | 38 |
| 夏玉米 | CK | 1.54 | 0.104 | 0.36 | 0.82 | 0.042 | 0.92 | 32.6 |
| | N（不施有机肥） | 1.41 | 0.092 | 0.42 | 0.81 | 0.031 | 0.72 | 40.0 |
| | NP | 1.26 | 0.117 | 0.39 | 0.84 | 0.040 | 0.73 | 35.7 |
| | NPK | 1.41 | 0.132 | 0.50 | 0.72 | 0.032 | 0.89 | 40.0 |
| | M | 1.32 | 0.112 | 0.33 | 0.81 | 0.035 | 1.05 | 42.3 |
| | MN（施有机肥） | 1.38 | 0.099 | 0.38 | 0.87 | 0.037 | 0.82 | 43.2 |
| | MNP | 1.49 | 0.114 | 0.37 | 0.87 | 0.037 | 0.66 | 43.0 |
| | MNPK | 1.48 | 0.129 | 0.40 | 0.84 | 0.045 | 1.15 | 48.0 |
| 夏谷平均 | | 1.76 | 0.340 | 0.41 | 0.42 | 0.039 | 1.79 | 45.0 |

注：小麦为1980、1981、1982、1985、1987、1991年六年平均。
　　玉米为1985、1986、1987年三年平均。

**表9  16年32季作物养分投入与产出的盈亏状况**

（单位：千克/亩）

| 处理 | | 总投入（化肥有机肥） | | | 总产出（作物带走） | | | 盈亏（未计肥料利用率） | | |
|---|---|---|---|---|---|---|---|---|---|---|
| | | N | P | K | N | P | K | N | P | K |
| 不施有机肥 | CK | 128 | 0 | 0 | 184 | 16.6 | 185 | −56 | −16.6 | −185 |
| | N | 288 | 0 | 0 | 200 | 14.9 | 198 | 88 | −14.9 | −198 |
| | NP | 288 | 69.6 | 0 | 328 | 33.8 | 326 | −40 | 35.8 | −326 |
| | NPK | 288 | 69.6 | 133 | 306 | 31.8 | 351 | −18 | 37.8 | −218 |
| 施有机肥 | M | 227 | 4.0 | 100 | 206 | 21.3 | 231 | 21 | −17.3 | −131 |
| | MN | 387 | 4.0 | 100 | 269 | 21.5 | 265 | 118 | −17.5 | −165 |
| | MNP | 387 | 73.6 | 100 | 353 | 35.9 | 348 | 34 | 37.7 | −248 |
| | MNPK | 387 | 73.6 | 233 | 340 | 38.1 | 400 | 47 | 35.5 | −167 |

# 三、试验小结

1. 供试土壤的主要养分限制因子是氮和磷，NP 配合施用单产较高，且显逐年上升趋势，再配合施用有机肥，单产可进一步提高 5％左右。单施氮肥单产低，并逐年下降。

2. 氮肥与有机肥或磷肥配合施用，可改变单施氮肥肥效显逐年下降的情况。磷胆肥效显著，逐年显上升趋势，每千克 $P_2O_5$ 16 年平均增产小麦 14.9～22.1 千克。钾肥在冬小麦上暂不显效，在秋作物上肥效显上升趋势。

3. 长期施用有机肥能提高土壤有机质 0.25％～0.40％（绝对值），还能降低土壤容重，改善物理性状；长期施用磷肥，土壤速效 P 含量提高 15～16 毫克/千克。

4. 经 16 年 32 季作物施肥试验，钾素（K）亏缺严重，每亩为 131～326 千克；长期施磷，磷素有较大的盈余。

# 磷肥后效与利用率的定位试验

林继雄[1]    林葆[1]    艾卫[2]

([1] 中国农业科学院土壤肥料研究所；[2] 辛集市农业局)

**摘要**    华北平原是我国土壤缺磷的重点地区，合理增施磷肥是作物稳产高产的关键措施。我们在河北省辛集市小麦—玉米轮作中，连续进行 12 年 24 季磷肥定位试验，结果表明：一次性亩施 $P_2O_5$ 24～48 千克，后效至少保持 12 年 24 季作物，其累计增产是首季肥效的 11 倍以上；磷肥累计利用率为 46.8％～26.7％是首季利用率的 12 倍以上；磷肥每年或隔年分次施用比一次性施用肥效高，更有利于土壤培肥，即贮备施磷经济效益低。

**关键词**    后效；利用率；差减法；贮备施磷；首季肥效；经济效益

磷肥的农化特点是土壤对磷素的化学固定强，在土壤中移动性差，当季肥效和利用率低。据试验在粮食作物施肥较合理的情况下，磷肥的当季利用率一般为 10％～15％，每千克 $P_2O_5$ 增产粮食 6～8 千克。那么，大量残留在土壤中的磷肥后效有多大，累计利用率多少，以及等量磷肥不同分配方式对土壤速效磷含量和肥效会有什么影响。针对这些问题，我们在河北辛集市马兰农场进行 12 年 24 季作物的磷肥定位试验。

# 一、试验设计与土壤条件

试验设七个处理如表 1，小区面积 0.14 亩，重复 3 次。试验是采用一年二熟，冬小麦—夏玉米（1980—1982 年为夏谷子）轮作制。每年秋播小麦时，各处理均在亩施有机肥 2500 千克，氮肥（N）10 千克的基础上进行，有机肥和磷肥以及 40％的氮肥作基肥，秋耕前均匀撒施，翻入土中。余下的 60％氮肥作小麦起身追肥。夏播作物各处理除亩施氮肥（N）8 千克作追肥外，不施磷肥和其他肥料，氮肥 70％追玉米拔节肥，30％在大喇叭口追。试验设计 6 年为一个周期，前 6 年的试验结果已在《土壤肥料》1988 年第 2 期发表，本文不再重复。

表 1    试验设计

（单位：千克/亩，磷肥用量）

| 处理 | 1 | 2 | 3 | 4 | 5 | 6 | 7 |
|---|---|---|---|---|---|---|---|
| 前 6 年 | 每年 $P_6$ | 每年 $P_6$ | 隔年 $P_4$ | 隔年 $P_{16}$ | 一次 $P_{24}$ | 一次 $P_{43}$ | $P_6$ |
| 后 6 年 | $P_6$ | $P_6$ | 每年 $P_4$ | 每年 $P_6$ | | | |
| 共施 $P_2O_5$ | 24 | 48 | 48 | 96 | 24 | 48 | 0 |

注：本文发表于《土壤肥料》，1995 年第 6 期。

供试土壤为潮土，质地为轻壤，耕层基础土样含有机质1.10%、全N0.066%、速效N41毫克/千克、速效P3毫克/千克、速效K76毫克/千克、pH7.8，当地群众评定该地块为中上等肥力，具有良好的耕性和保水保肥性能。供试土壤根据以往肥料试验结果，施氮磷肥料增产效果显著，施钾肥暂不显著。

作物供试品种：前6年小麦为"津丰一号"，玉米为"鲁原单四号"，谷子为"青到老"；后6年小麦改为"冀麦26"，玉米为"新黄单851"。供试化肥品种为尿素和普钙，有机肥含水50%，风干后含有机质12%，全N0.5%，速效P110毫克/千克，速效K500毫克/千克。每年浇水：小麦4～5次，玉米2～3次。小麦播种期在10月上旬，收获期6月10日左右；夏茬作物6月中旬播种，约9月20日收获。两季作物均按小区单收单打。土壤测试均在每年9月底秋粮收获后取土。

# 二、试验结果与讨论

**1. 磷肥后效。**历年的小麦和秋粮的产量如表2和表3。磷肥后放大：在当地土壤条件下处理5和处理6一次性亩施磷肥（$P_2O_5$）24千克和48千克，以后12年不施磷肥，每千克$P_2O_5$累计增产粮食28.8千克和16.8千克，分别为首季小麦肥效（2.6千克和1.2千克）的11倍和14倍。磷肥分次施用也有很大的后效，例如处理3和处理4每年平均亩施磷肥（$P_2O_5$）4千克和8千克，每千克$P_2O_5$累计增产粮食33.7千克和18.3千克，分别为首季小麦肥效（7.6千克和2.6千克）的4.4倍和7倍。处理4和处理3磷肥分配方式一样，处理4因施磷量大，累计肥效就小。

表2　历年冬小麦产量

（单位：千克/亩）

| 处理 | 1 | 2 | 3 | 4 | 5 | 6 | 7 | LSD | |
| --- | --- | --- | --- | --- | --- | --- | --- | --- | --- |
| | | | | | | | | 0.05 | 0.01 |
| 1980 | 336 | 344 | 351 | 332 | 353 | 347 | 290 | 27 | 38 |
| 1981 | 407 | 444 | 406 | 410 | 417 | 432 | 336 | 36 | 50 |
| 1982 | 384 | 409 | 405 | 409 | 404 | 385 | 328 | 53 | 75 |
| 1983 | 376 | 371 | 371 | 352 | 342 | 358 | 318 | 32 | 45 |
| 1984 | 298 | 307 | 301 | 312 | 266 | 287 | 207 | 31 | 43 |
| 1985 | 354 | 358 | 343 | 361 | 296 | 330 | 263 | 19 | 27 |
| 1986 | 366 | 401 | 345 | 407 | 330 | 368 | 296 | 41 | 57 |
| 1987 | 373 | 404 | 408 | 436 | 312 | 319 | 284 | 47 | 66 |
| 1988 | 290 | 374 | 402 | 428 | 272 | 292 | 233 | 47 | 66 |
| 1989 | 320 | 461 | 472 | 481 | 317 | 323 | 279 | 79 | 101 |
| 1990 | 284 | 323 | 390 | 395 | 208 | 230 | 173 | 70 | 93 |
| 1991 | 239 | 296 | 387 | 419 | 246 | 219 | 217 | 53 | 74 |
| 平均 | 336 | 374 | 382 | 395 | 314 | 324 | 269 | 43 | 57 |
| CV（%） | 14.9 | 13.9 | 11.4 | 12.1 | 19.6 | 18.9 | 19.1 | — | — |
| 均施肥 1992 | 406 | 416 | 438 | 455 | 422 | 399 | 402 | 24 | 34 |
| 1993 | 424 | 428 | 431 | 423 | 387 | 415 | 418 | 69 | 97 |

### 表 3　历年秋作物产量

（单位：千克/亩）

| 处理 | 1 | 2 | 3 | 4 | 5 | 6 | 7 |
|---|---|---|---|---|---|---|---|
| 1980 | 137 | 138 | 137 | 135 | 132 | 128 | 129 |
| 1981 | 127 | 126 | 133 | 131 | 128 | 132 | 119 |
| 1982 | 144 | 139 | 129 | 134 | 116 | 122 | 122 |
| 1983 | 502 | 513 | 504 | 502 | 504 | 471 | 490 |
| 1984 | 428 | 422 | 435 | 449 | 434 | 450 | 398 |
| 1985 | 390 | 391 | 393 | 422 | 366 | 371 | 356 |
| 1986 | 194 | 191 | 205 | 184 | 199 | 200 | 186 |
| 1987 | 312 | 342 | 329 | 326 | 313 | 299 | 281 |
| 1988 | 143 | 129 | 136 | 106 | 148 | 158 | 142 |
| 1989 | 241 | 207 | 245 | 223 | 214 | 217 | 218 |
| 1990 | 96 | 110 | 108 | 104 | 110 | 108 | 71 |
| 1991 | 155 | 174 | 152 | 186 | 145 | 135 | 151 |
| 平均 | 239 | 240 | 242 | 242 | 234 | 233 | 222 |

注：1980、1981、1982 年为谷子，1988、1990 年制种玉米产量均偏低。

磷肥后效持久：一次性亩施 $P_2O_5$ 24 千克和 48 千克，往后每年产量（尤其小麦）仍大于对照区，表明一次性施磷肥 24 千克和 48 千克至少保持 12 年 24 季作物仍有后效。一次性施磷 48 千克往后几年产量仍大于 24 千克处理，说明磷肥用量越大，后效越持久。秋粮夏播时气温高，土壤速效磷易于释放，对磷肥的依赖性不如小麦，后效小，规律性也差。将 12 年磷肥累计增产定为 100%，其中小麦占 78%～86%，秋粮利用后效仅占 14%～22%，磷肥的增产主要表现在小麦上。

**2. 磷肥利用率。**本文磷肥的利用率计算用差减法。从表 5 施磷对植株 N、P、K 含量的影响和作物产量，可得出表 4 的磷肥利用率。

### 表 4　磷肥后效与利用率

| 处理 | | | 1 | 2 | 3 | 4 | 5 | 6 |
|---|---|---|---|---|---|---|---|---|
| 12 年共施 $P_2O_5$（千克/亩） | | | 24 | 48 | 48 | 96 | 24 | 48 |
| 每千克 $P_2O_5$ 增产（千克） | 12 年累计 | 小麦 | 33.5 | 26.5 | 28.3 | 15.8 | 22.5 | 14.0 |
| | | 秋粮 | 8.8 | 4.6 | 5.3 | 2.5 | 6.3 | 2.8 |
| | | 合计 | 42.3 | 31.1 | 33.6 | 18.3 | 28.8 | 16.8 |
| | 首季小麦 | | 11.5 | 6.8 | 7.6 | 2.6 | 2.6 | 1.2 |
| 磷肥利用率（%） | 12 年累计 | 小麦 | 37.4 | 26.8 | 33.8 | 19.4 | 34.5 | 18.1 |
| | | 秋粮 | 29.0 | 16.7 | 13.0 | 9.4 | 12.3 | 8.6 |
| | | 合计 | 66.4 | 43.5 | 46.8 | 28.8 | 46.8 | 26.7 |
| | 首季小麦 | | 12.2 | 8.2 | 7.0 | 2.9 | 3.6 | 2.1 |

注：秋粮的磷肥效应均为后效。

### 表5　施磷对植株 N、P、K 含量的影响

（单位：%）

| 处理 | 冬小麦 | | | | | | 夏作物 | |
| | 籽粒 | | | 秸秆 | | | 籽粒 | 秸秆 |
| | N | P | K | N | P | K | P | P |
|---|---|---|---|---|---|---|---|---|
| 1 | 1.921 | 0.307 | 0.312 | 0.417 | 0.026 | 1.042 | 0.270 | 0.051 |
| 4 | 1.860 | 0.330 | 0.321 | 0.408 | 0.036 | 1.178 | 0.250 | 0.083 |
| 5 | 2.085 | 0.320 | 0.316 | 0.455 | 0.028 | 1.252 | 0.220 | 0.048 |
| 2 | 1.898 | 0.309 | 0.318 | 0.422 | 0.032 | 1.084 | 0.240 | 0.081 |
| 3 | 1.905 | 0.326 | 0.331 | 0.451 | 0.033 | 1.252 | 0.230 | 0.068 |
| 6 | 1.952 | 0.312 | 0.294 | 0.439 | 0.029 | 1.094 | 0.210 | 0.068 |
| 7 | 2.181 | 0.275 | 0.311 | 0.346 | 0.023 | 1.084 | 0.200 | 0.039 |
| 经济系数（平均）：42%（1∶1.38） | | | | | | | 40.3%（1∶1.48） | |

注：1982、1985、1991 年三年平均；均施有机肥情况下，处理间经济系数差异不大。

磷肥利用率首季小，累计利用率大。不同用量的磷肥经 12 年 24 季作物后累计利用率（%）为 26.7～66.4，是首季小麦利用率（2.1～12.2）的 12.7～5.4 倍。但磷肥的不同分配方式对累计利用率有很大影响：处理 2、3、6，12 年累计施磷肥（$P_2O_5$）均为 48 千克。处理 6 一次性施磷 48 千克，以后 12 年不施磷，累计利用率为 26.7%；处理 2 前 6 年年均施磷 8 千克，后 6 年不施，累计利用率为 43.5%；处理 3 前 6 年隔年施磷 8 千克，后 6 年每年施磷 4 千克，累计利用率为 46.8%。同样，处理 1、5，12 年累计施磷相等，均为 24 千克。处理 5 为一次性施磷，累计利用率为 46.8%；处理 1 前 6 年每年施磷 4 千克，后 6 年不施，累计利用率为 66.4%（表5）。

可见在磷肥用量相等的情况下，每年施或隔年施比一次施的利用率高。在分配方式相同的情况下，磷肥用量越小，累计利用率越大。冬小麦对磷肥的依赖性大于秋粮，如果把磷肥累计利用率定为 100%，其中小麦占 56%～74%，秋粮利用后效仅占 26%～44%。以上结果均与磷肥后效相一致。

**3. 磷肥对土壤速效磷含量的影响。** 磷肥不同用量和分配方式对土壤速效磷（Olsen 法测定）含量有明显的影响（表6）。处理 7 不施磷肥，后几年的土壤速效磷含量均在 2～5 毫克/千克之间变动，与基础土样（3 毫克/千克）较接近，这与产量较低和每年施有机肥补充磷素有关；施磷肥处理，后几年的土壤速效磷含量在 4～14 毫克/千克之间，比基础土样明显提高。从 1980—1990 年的平均数来看，施磷的土壤速效磷含量是不施磷处理的 136%～251%。

磷肥分配方式相同而施磷量不等，如处理 1 与 2，处理 3 与 4，处理 5 与 6，土壤速效磷含量除头 2 年差异不大外，其余年份凡是施磷肥多，土壤速效磷含量也高。

### 表6　历年土壤速效 P 含量变化

（单位：毫克/千克）

| 处理 | 共施 $P_2O_5$（千克/亩） | 1980 | 1981 | 1982 | 1983 | 1984 | 1985 | 1986 | 1987 | 1990 | 平均 |
|---|---|---|---|---|---|---|---|---|---|---|---|
| 1 | 24 | 3 | 5 | 7 | 6 | 4 | 6 | 8 | 5 | 4 | 5.3 |
| 2 | 48 | 3 | 5 | 6 | 21 | 7 | 7 | 8 | 10 | 6 | 8.1 |

（续）

| 处理 | 共施 $P_2O_5$（千克/亩） | 1980 | 1981 | 1982 | 1983 | 1984 | 1985 | 1986 | 1987 | 1990 | 平均 |
|------|------|------|------|------|------|------|------|------|------|------|------|
| 3 | 48 | 3 | 11 | 4 | 15 | 7 | 5 | 12 | 5 | 9 | 7.9 |
| 4 | 96 | 3 | 7 | 4 | 14 | 8 | 11 | 14 | 10 | 14 | 9.4 |
| 5 | 24 | 3 | 9 | 6 | 12 | 4 | 3 | 5 | 4 | 5 | 5.7 |
| 6 | 48 | 4 | 15 | 14 | 17 | 8 | 7 | 11 | 6 | 6 | 9.8 |
| 7 | 0 | 3 | 4 | 6 | 6 | 2 | 3 | 2 | 4 | 5 | 3.9 |

　　磷肥分配方式不同而施磷总量相等，如处理 2、3、6 均共施 $P_2O_5$ 48 千克，土壤速效磷含量处理 6（一次性）在头几年较高，后几年处理 3 较高，说明磷肥每年或隔年施用对土壤速效磷的积累更为有利（图 1）。

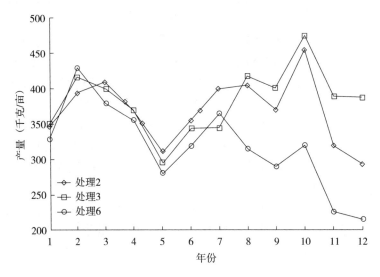

图 1　12 年小麦亩产变化

　　各处理年施用有机肥和氮素化肥的情况下，与基础土样比较（表 7）；不同处理土壤有机质和速效 N 含量 11 年平均分别提高 0.11％～0.14％和 18％～29％，土壤速效 K 大多数处理略有下降。各处理间比较：土壤有机质，速效 N、速效 K 含量的年平均数差异不大，但从后几年的测试结果看，一次性施磷或不施磷的土壤速效 K 含量略高于其他处理。

表 7　1980—1990 年土壤养分平均含量

（单位：毫克/千克）

| 处理 | 1 | 2 | 3 | 4 | 5 | 6 | 7 | 基础土样 |
|------|------|------|------|------|------|------|------|------|
| 有机质（％） | 1.21 | 1.21 | 1.25 | 1.22 | 1.22 | 1.23 | 1.23 | 1.10 |
| 速效 N | 60 | 64 | 68 | 63 | 64 | 61 | 59 | 41 |
| 速效 K | 73 | 74 | 76 | 77 | 75 | 80 | 78 | 76 |

**4. 贮备施磷经济效益评价。**贮备施磷指一次性施用较多的磷肥，如处理 5、6，以后较长时间不再施磷肥，作物利用残留在土壤中的磷素。

处理 2、3、6 在 12 年中共施 $P_2O_5$ 均为 48 千克，处理 6 采用一次性贮备施磷方式，处理 3 采用每年或隔年施磷，处理 2 前 6 年每年施磷而后 6 年不施。处理 3、2、6 的小麦年均亩产分别为 384 千克、374 千克和 324 千克。处理 3 的分次施磷比处理 6 的贮备施磷多增产小麦 18.5%，后期土壤速效 P 含量也高 2～3 毫克/千克。从图中可看出，贮备施磷比分次施磷头几年产量差别不大，而后几年明显下降，大多年份达到显著的差异。尽管贮备施磷能节省劳力，对作物生长也没有发现异常现象，但总的来看经济效益较低。处理 2 后 6 年不施磷其产量同样下降，也不经济。我国磷肥资源不足，采用每年或隔年施用适量磷肥更适宜。秋粮因均施等量 N 素而利用磷肥后效，各处理产量差别不大。

1992—1993 年各处理均施等量磷肥和其他肥料，原 12 年不施磷肥和贮备施磷处理的产量迅速提高，说明缺素土壤增施肥料后，土壤生产能力就能很快恢复。

# 三、试验小结

1. 磷肥后效大而持久：一次性亩施 $P_2O_5$ 24～48 千克，后效至少可保持 12 年 24 季作物，每千克 $P_2O_5$ 累计增产粮食 28.8～16.8 千克，是首季肥效的 11.1～14.0 倍；磷肥分次施用的累计效应更大，每千克 $P_2O_5$ 增产粮食 42.3～31.1 千克。

2. 磷肥利用率与后效一致。一次性亩施 $P_2O_5$ 24～48 千克经 12 年 24 季作物累计利用率为 46.8%～26.7%，是首季小麦利用率的 13.0～12.7 倍；分次施磷的累计利用率更大，为 43.5%～66.4%；施磷量越高的处理，利用率越低。

3. 本试验磷肥对小麦的作用大于秋粮。在 12 年磷肥累计增产中，小麦和秋粮分别占 78%～86% 和 14%～22%；累计利用率分别占 56%～74% 和 26%～44%。

4. 在施用有机肥的条件下，年均亩施 $P_2O_5$ 4～6 千克，10 年后比试验前的土壤速效 P 含量提高 3～11 毫克/千克；在 12 年中每亩共施 $P_2O_5$ 48 千克的情况下，贮备施磷比分次施磷产量低 18.5%，土壤速效 P 含量少 2～3 毫克/千克。

5. 各处理每年配施有机肥和氮肥的情况下，土壤肥力有所提高，有机质和速效 N 含量 11 年平均比试验前分别提高 0.11%～0.14% 和 18～29 毫克/千克。

# 2 化肥区划和平衡施肥

# 山东省化肥区划

山东省农业厅　中国农业科学院土壤肥料研究所
山东省农业科学院土壤肥料研究所

**编者按**　化肥区划是国家下达的一项科研任务。通过此项研究，可为今后化肥的生产、分配和使用的规划与计划提供科学依据。1980年，中国农业科学院土壤肥料研究所与山东省农业厅等单位协作，进行了山东省化肥区划研究的试点，完成了该省粗线条的化肥区划，并初步做了工作方法的总结。为促进此项研究工作的更好开展，特刊登以下两篇稿件，供参考。化肥区划是一项新的研究工作，没有成熟的经验可以依循，我们欢迎广大读者提出意见，展开讨论，衷心希望大家也能提供这方面的材料和经验，共同努力，把这项研究做好一些。

山东省近年来化肥生产发展很快，1979年全省共施用化肥600万吨，总用量在全国各省、市、自治区中居第一位，平均每亩耕地施用110斤，亩用量在全国居第八位。由于化肥用量增加，原有以有机肥为主的肥料结构发生了重大变化，化肥的投资在农业生产投资总额中所占的比重越来越大，如何提高化肥肥效和经济效益，已成为关系农业增产增收的一件大事。

提高化肥肥效应当从两方面进行工作：一方面是按作物养分供需平衡，调整化肥生产、分配和施用的数量和比例；另一方面是改进施肥技术，因土因作物施肥。前者具有战略意义。化肥区划的目的在于找出不同地区化肥肥效的规律性，进行分区划片，提出各类地区氮、磷、钾肥适宜的品种、数量、比例和施用上应当考虑的共同性问题以及主要微量元素肥料的有效地区，为有计划按比例发展化肥生产、合理分配和施用化肥提供科学依据，使化肥发挥更大的增产作用和经济效益。

# 一、山东省化肥区划的依据

化肥区划的主要根据是作物需肥规律、土壤供肥能力和施用化肥的效果三个方面。其中又以化肥肥效为主。

## （一）山东省氮、磷、钾养分的供需平衡状况

小麦、玉米、地瓜、棉花、花生是山东省的主要作物，烟、麻、果、菜也占有重要位置。全省作物需肥和施肥之间总的平衡状况，我们用1979年的产量、需肥量和施肥量进行了概算（表1）。

从表1看出，作物养分供需平衡的状况是，氮素的施入量大于作物吸收量，而磷、钾不

---

注：本文发表于《土壤肥料》，1982年第1期。

足。如果进一步考虑到肥料的利用率问题，氮以利用50％左右计算（包括后效），则还不能满足作物需要，磷钾的亏缺更大，要依靠消耗土壤中的贮备。从作物需肥和施肥的氮磷钾比例看，作物吸收为1∶0.43∶1，施肥为1∶0.22∶0.2。由此可见，目前山东省依靠施肥提供的养分不仅数量不足（以磷钾为甚），而且比例也不协调。为了进行化肥区划，还应了解地区间的差异，为避免重复，这将在以后详细讨论。

**表 1　山东省作物需肥和施肥之间的平衡情况**

（单位：万吨）

| 作物 | 产量 | 需肥量 | | | 作物 | 产量 | 需肥量 | | | 肥料种类 | 施肥量 | | |
|------|------|------|------|------|------|------|------|------|------|------|------|------|------|
| | | N | P₂O₅ | K₂O | | | N | P₂O₅ | K₂O | | N | P₂O₅ | K₂O |
| 粮食 | 2472 | 74.2 | 32.1 | 74.2 | 蔬菜 | 607 | 2.0 | 1.0 | 2.5 | 有机肥 | 34.6 | 12.4 | 23.3 |
| 棉花 | 16.7 | 2.5 | 0.9 | 2.0 | 烟草 | 16.4 | 0.7 | 0.1 | 0.2 | 绿肥 | 0.9 | 0.2 | 0.8 |
| 油料 | 109.1 | 2.0* | 1.1 | 3.2 | 果类 | 177.2 | 0.9 | 0.4 | 1.1 | 化肥 | 95.1 | 16.6 | 2.0 |
| 麻 | 16.9 | 1.4 | 0.4 | 0.8 | | | | | | | | | |
| 合计 | | 83.7　36.0　84.0 | | | | | | | | | 130.6 | 29.2 | 26.1 |
| 比例 | | 1∶0.43∶1 | | | | | | | | | 1∶0.22∶0.2 | | |
| 余缺 | | | | | | | | | | | +46.9 | −6.8 | 57.9 |

＊　花生为主，以吸收氮素总量的1/3计算。

## （二）土壤养分状况

全省的土壤养分状况过去已经积累了不少研究资料，但是不够全面和系统。有的项目因分析方法不统一，结果难于相互比较。我们征集了全省123个县、市、区2000多个有代表性的土样，分析了有机质、碱解氮、速效磷、速效钾和速效锌，绘制了相应的图幅。样品的分析方法和养分分级标准均按全国第二次土壤普查操作规程执行。综合我们的分析结果和山东省已有的资料，省内几个主要土壤类型的养分状况大致是：鲁中山麓平原褐土区是土壤比较肥沃的地区，有机质、全氮、水解氮和速效磷都比较高，速效钾也不低。鲁西北黄泛平原潮土区的有机质、全氮、水解氮、速效磷都比较低，但钾素丰富。鲁东棕壤区的水解氮、速效磷较高，但速效钾较低。全省的情况可概况为有机质和水解氮含量较低，速效磷严重缺乏，钾和锌在局部地区不足。

**1. 有机质和碱解氮。** 全省2038个土样分析结果，有机质平均含量1.03％，高于2％的47个土样，低于0.5％的71个土样，绝大部分土壤的有机质在1％左右。以鲁西北的德、惠、聊、菏四个地区有机质较低，大多在1％以下，鲁中和鲁中南地区均稍高于1％。以淄博市周围和鲁南沂、沭河下游的临、郯、苍平原以及部分城市郊区较高，在1.2％以上。碱解氮的含量也以鲁西北地区较低，而以鲁东地区稍高。土壤有机质和碱解氮的分析结果说明，土壤的供氮能力是较差的。

**2. 速效磷（P）。** 全省土壤速效磷含量平均4.8ppm，其中＜3ppm的占42.0％，＜10ppm的占88％，属严重缺磷和缺磷的土壤。速效磷含量受施肥、耕作的影响较大。例如，胶东半岛北部和城市周围，有机肥和化肥的用量比较高、耕作较精细，土壤速效磷含量明显高于其他地区。而鲁西北四区和昌潍地区的寿光、潍县、昌邑是全省土壤速效磷含量较低的地区。

**3. 速效钾（K）。** 全省土壤速效钾的分布有明显的区域性，即由东往西，由南往北，含量明显增加。胶东半岛和鲁东南沿海土壤速效钾含量较低，鲁中南含量中等，鲁西北含量较高。速效钾含量与成土母质、土壤类型有密切关系。如山地丘陵的坡积、残积物及在其上发育而成的石渣土、岭砂土（棕壤类型）含钾较低；山丘下部和山前平原洪积、冲积物上发育的黄土（褐土类型）含钾中等；黄泛平原的潮土含钾量高。同一土壤类型中，速效钾含量与质地有关，黏重的土壤含钾量高，反之则低。东南沿海有 13 个县(市)土壤速效钾（K）含量30～50ppm，胶东半岛和鲁中南山区土壤速效钾含量 50～70ppm。是全省土壤供钾能力最低的地区。

**4. 速效锌。** 全省土壤速效锌含量的分布与土壤速效钾正好相反，以鲁西北黄泛平原的潮土含量较低，以胶东半岛的棕壤含量较高。全省土壤速效锌含量低（平均值＜0.6ppm）的共有 19 个县，其中 12 个县分布在黄河沿岸。

### （三）化肥肥效

山东省施用化肥已有近五十年的历史。现就新中国成立以来 500 多个化肥肥效田间试验结果，按不同地区和主要作物，分析 20 世纪50、60、70 年代氮、磷、钾肥肥效和目前锌肥肥效如下。

**1. 氮肥肥效。** 氮肥曾一直是全省增产效果最好的化肥，但是，近年来随着用量的迅速增加，磷、钾化肥未能相应跟上，氮肥肥效在全省大部分地区正在下降（表2）。氮肥肥效的变化和现状在地区之间有明显差异。例如在烟台和昌潍两地区，60 年代初每斤氮素可增产粮食（小麦，夏玉米）15～22 斤，而 70 年代只能增产 9～14 斤。而鲁西北山区由于生产条件较差，60 年代氮肥肥效不高，近年来随着水浇面积扩大，栽培技术改进，到 70 年代氮肥肥效仍然是上升的趋势。

#### 表2 山东省各地区化肥肥效

（单位：斤/斤）

| 地区 | 作物 | 年代 | N | $P_2O_5$ | $K_2O$ | 地区 | 作物 | 年代 | N | $P_2O_5$ | $K_2O$ |
|---|---|---|---|---|---|---|---|---|---|---|---|
| 烟台 | 小麦 | 60 年代初 | 23.0 | 12.1 | 3.6 | 泰安 | 小麦 | 60 年代初 | — | 6.2 | 0 |
| | | 70 年代 | 13.0 | 16.8 | 3.7 | | | 70 年代 | 12.8 | 13.5 | 2.2 |
| | 夏玉米 | 60 年代初 | 21.0 | 8.3 | 2.0 | 济宁 | 夏玉米 | 60 年代初 | 13.5 | 6.7 | 3.7 |
| | | 70 年代 | 14.6 | 15.1 | 5.8 | | | 70 年代 | — | 6.3 | 4.0 |
| | 地瓜 | 60 年代初 | — | — | — | 西北四区 | 小麦 | 60 年代初 | 0.4 | 3.9 | 0 |
| | | 70 年代 | 22.6 | 29.9 | 36.6 | | | 70 年代 | 14.5 | 15.5 | 3.4 |
| 昌潍 | 小麦 | 60 年代初 | 12.6 | 12.9 | 0 | | 夏玉米 | 60 年代初 | 12.7 | 6.3 | — |
| | | 70 年代 | 8.8 | 15.0 | 0.3 | | | 70 年代 | 10.3 | 14.3 | 0.5 |
| | 夏玉米 | 60 年代初 | 14.2 | 6.9 | 0.4 | | 籽棉 | 60 年代初 | 5.2 | 1.4 | 0 |
| | | 70 年代 | 8.4 | 10.3 | 3.0 | | | 70 年代 | — | 2.0 | — |

**2. 磷肥肥效。** 根据 20 世纪 50 年代试验结果，认为磷肥对各种作物均有一定增产作用，但效果不稳定。60 年代磷肥效果得到进一步肯定。磷肥的增产作用以花生、大豆、小麦较稳定，幅度也较大，夏玉米、棉花稍差。70 年代以来，由于全省氮磷比例失调日趋严重，磷肥效果继续上升，磷肥的增产效果已超过了氮肥（表2）。土壤速效磷低于 3～5ppm，施用磷肥一般都有显著的增产效果。在氮肥用量大，作物产量高的情况下，土壤速效磷在10ppm 左右或 10ppm 以上，磷肥也有增产作用。

**3. 氮磷比例。** 氮磷肥配合一般有正的联应效果。从为数不多的试验可以看出，适宜的配比因土壤、作物等条件而异。1975—1976 年聊城地区在小麦上的多点试验说明，在缺磷土壤上以亩施 N8 斤，$P_2O_5$ 8 斤（1：1）的产量最高。1979—1980 年中国农业科学院土壤肥料研究所在济宁县小麦上试验，在亩施 N20 斤的基础上，施不同用量的磷肥，结果在施磷增产显著的地块，氮磷比以 1：1 产量最高，而在施磷增产幅度不大的地块，氮磷比以 1：0.5 产量最高。夏玉米对氮反应敏感，对磷反应较差，因此，氮肥比例宜大。

**4. 钾肥肥效。**钾肥在粮食作物上的增产效果，直到 70 年代在土壤速效钾含量较低、氮磷用量和作物产量较高的烟台地区和青岛市（胶南等县）才趋于明显。据烟台地区农业科学所 1975—1977 年组织化肥三要素多点试验，在夏玉米（共 50 处）和地瓜（41 处）上肯定了钾肥肥效。在地瓜上钾的增产效果超过了磷肥和氮肥。

钾肥肥效试验结果和土壤速效钾的分析结果相一致。土壤供钾能力低（<70ppm）和极低（<50ppm）的土壤施钾效果明显。土壤供钾能力中等偏低的土壤（70～100ppm）、喜钾作物或高产小麦、夏玉米施钾肥尚有增加产量和改善品质的效果。而鲁西北和鲁西南的黄泛平原土壤供钾能力偏高，钾肥一般无效。据德州地区农科所 1979 年的三处地瓜施钾试验，结果无一增产。

**5. 锌肥肥效。**近年来，中国农业科学院土壤肥料研究所等单位对山东土壤速效锌的分布和肥效的研究表明，当土壤速效锌含量 <0.6ppm 施用锌肥对玉米、小麦有增产效果，<1ppm 施锌对水稻有效，在黄河沿岸地区和涝洼黑土地区应注意缺锌问题。

# 二、山东省化肥区划的分区

化肥区划的分区要反映各地化肥施用现状和特点，指出各区今后对化肥的需求，并考虑到与土壤区划、作物种植区划和综合农业区划的尽可能一致。分区的主要根据是，土壤养分含量分布大体相似，化肥用量和效果大体一致，并照顾以县为单位的行政区划的完整性。

一级区按地理位置、化肥用量和肥效相结合的二段命名法。氮肥划分为高量区（每年亩施氮素 20 斤以上）、中量区（每年亩施氮素 10～20 斤）、低量区（每年亩施氮素 10 斤以下）。磷肥划分为高效区（每斤 $P_2O_5$ 增产粮食 12 斤以上）、中效区（每斤 $P_2O_5$ 增产粮食 6～12 斤）、低效区（每斤 $P_2O_5$ 增产粮食 6 斤以下）。钾肥划分为有效区（主要作物施用钾肥有稳定的增产效果）、无效区（主要作物施用钾肥效果不明显）。

二级区用包括地理位置、作物布局和化肥需求特点的三段命名法。全省共分 5 个一级区，11 个二级区（见图），现分述如下。

**Ⅰ. 鲁东氮肥高量、磷肥高效、钾肥有效区**　此区分两个二级区：

Ⅰ-1. 陆地粮、油、果增磷增钾亚区：本区分布在胶莱河谷以东的半岛丘陵地区，包括烟台地区和青岛市共 23 个县，耕地面积 1763 万亩，占全省耕地的 16.3%。本区三面环海，是全省的多雨中心，年降雨量 700～900 毫米，土壤为棕壤，一般呈微酸性。由于耕作精细，施肥较多，土壤肥力较高，有机质 1%～1.2%，全氮 0.8% 左右，碱解氮 60～90ppm，速效磷 8ppm 左右，速效钾较低，仅 50ppm 左右，是山东省的重点缺钾区。常年亩施有机肥（以含 N0.2% 计，下同）4000 斤以上。1979 年平均亩施化肥折合 N27.1 斤，$P_2O_5$5.5 斤，$K_2O$0.5 斤，氮磷钾比例为 1：0.2：0.02。加上有机肥中的养分，平均亩施 N35.1 斤，$P_2O_5$11.5 斤，$K_2O$12.5 斤。本区氮肥用量属高量区。土壤速效磷含量从全省看是较高的，但由于氮肥用量和产量较高，土壤磷素供应仍感不足，从施磷增产效果看（表2）属磷肥高效区。主要作物有小麦、玉米、甘薯、花生，果树在全省占重要位置。1979 年粮食平均亩产 936 斤，需 N28.12 斤，$P_2O_5$12.2 斤，$K_2O$28.1 斤。从土壤供肥、作物需肥、施用化肥和有机肥的情况来看，氮素供应较高，磷、钾不足，今后应在氮肥供应量稍有增加的情况下，着重增加磷肥、钾肥。设想到 1990 年调整氮磷钾比例到 1：0.5：0.4，该区施肥量见表3。主要是根据全省 1990 年粮食总产达到 600 亿斤，亩产 780 斤的生产指标，落实到各区的产量。参照目前产量下的养分平衡状况和化肥肥效进行调整的。

**表3　一级区化肥用量和调整参考方案**

（单位：斤/亩）

| 项目 | N | $P_2O_5$ | $K_2O$ | 合计 | N：$P_2O_5$：$K_2O$ | N | $P_2O_5$ | $K_2O$ | 合计 | N：$P_2O_5$：$K_2O$ |
|---|---|---|---|---|---|---|---|---|---|---|
| | | | 1979 年化肥用量 | | | | | | 1990 年化肥调整参考方案 | | |
| Ⅰ | 27.1 | 5.5 | 0.5 | 33.1 | 1：0.20：0.02 | 28.0 | 14.0 | 11.2 | 53.2 | 1：0.50：0.4 |
| Ⅱ | 20.1 | 4.8 | 1.0 | 25.9 | 1：0.24：0.05 | 23.2 | 10.1 | 3.0 | 36.3 | 1：0.44：0.13 |
| Ⅲ | 14.7 | 1.3 | 0.3 | 16.3 | 1：0.09：0.02 | 23.6 | 11.8 | 4.1 | 39.5 | 1：0.50：0.17 |
| Ⅳ | 25.2 | 3.1 | 0.2 | 28.5 | 1：0.12：0.01 | 31.5 | 15.8 | 6.3 | 53.6 | 1：0.50：0.2 |
| Ⅴ | 8.2 | 2.0 | 0.2 | 10.4 | 1：0.19：0.02 | 15.0 | 7.3 | — | 22.3 | 1：0.48 |
| 平均 | 17.5 | 3.1 | 0.4 | 21.0 | 1：0.18：0.02 | 21.9 | 10.5 | 3.7 | 36.1 | 1：0.48：0.17 |

Ⅰ-2. 海洋养殖需氮亚区：本区为环绕山东半岛的黄、渤海域，主要生产海带、对虾和贝类。其中海带养殖面积 11 万亩，对虾养殖 8 万亩，海带平均亩施硫酸铵（简称硫铵，下同）400 斤，对虾亩施尿素 150 斤，共需硫酸铵两万多吨，尿素约 6000 吨。是否需要其他肥料尚待研究。近年来海产养殖事业发展很快。海中施肥和长期大量施用化肥对海水污染等问题值得研究和注意。

**Ⅱ. 鲁中氮肥高量、磷肥中效区**　本区主要分布的胶济铁路沿线，小清河以南，鲁山以北，东起平度，西至长清，包括昌潍地区（除五莲县外）、惠民地区的广饶、邹平、桓台和淄溥、济南两市，共 22 个县，耕地面积 2010 万亩，占全省总耕地面积的 18.7%。本区大部分是山前平原，土壤大多是发育在石灰岩或黄土母质上的褐土，质地多为砂壤或壤质，呈中性或微碱性，肥力较高，有机质 1% 以上，全氮 0.06%～0.08%，碱解氮 60～90ppm，速效磷 5ppm 左右，速效钾 70～100ppm。本区年降雨量 800 毫米左右。主要农作物有小麦、玉米、地瓜、大豆、黄烟。1979 年平均亩施有机肥 2000～3000 斤。化肥折合 N20.1 斤，$P_2O_5$4.8 斤、$K_2O$1.04 斤，氮磷钾比例为 1：0.24：0.05。加上有机肥中的养分全年平均亩施 N26 斤，$P_2O_5$8.9 斤、$K_2O$9.1 斤。由表2、表3看，该区属氮肥高量磷肥中效区。钾在黄烟等喜钾经济作物上有效，在粮食作物上效果不明显。1979 年粮食亩产 716 斤，共吸收 N21.5 斤，$P_2O_5$9.3 斤，$K_2O$21.5 斤。氮磷基本平衡，钾不足。本区是山东省主要粮烟、粮菜产区，今后应适量增施氮肥，补充磷钾肥料。到 1990 年氮磷钾比例设想调整到 1：0.44：0.13。本区分三个二级区：

Ⅱ-1. 胶莱河沿岸粮棉增补磷钾亚区：包括平度、高密、昌邑，耕地 515 万亩，有棉花 25 万亩。因缺少钾肥，常年棉花后期早衰。应在氮磷基础上，适当增施钾肥。

Ⅱ-2. 昌潍粮烟增钾亚区：包括安丘、潍县、潍坊市、临朐、昌乐、益都、寿光七县市，耕地面积 740 万亩，粮食亩产 733 斤。本区是山东省黄烟的主要产区，共 50 余万亩。此外，尚有潍县萝卜、益都银瓜等喜钾名特产作物，应适当供应硫酸钾。

Ⅱ-3. 城郊粮、菜、果高氮亚区：包括胜利油田、淄博市、济南市的 12 个县（区），耕地面积 890 万亩，城市郊区有蔬菜 40 余万亩，果树面积也较大。粮食亩产 717 斤。今后除适当施磷钾外，还应提高氮肥用量。

**Ⅲ. 鲁南氮肥中量、磷肥高效、钾肥有效区**　包括泰沂山区大部及枣庄市一部共 22 个县（区），总耕地 1787 万亩，占全省总耕地面积 16.4%。境内山岭纵横，地形复杂，在低山丘陵中间又有河谷平原，水土流失严重，广泛分布着砂质、壤质和黏质的褐土、淋溶褐土、褐潮土和砂姜黑土，呈中性和微碱性。土壤肥力中等，有机质含量 1% 左右，碱解氮 45～75ppm，速效磷 3～5ppm，速效钾 50～70ppm，年降雨量 800～900 毫米。主要农作物有小麦、玉米、地瓜、花生、水稻。1979 年平均亩施有机肥 3000 斤左右，化肥 N14.7 斤，$P_2O_5$ 1.3 斤，$K_2O$ 0.3 斤，氮磷钾比例 1：0.09：0.02，磷钾用量大大低于全省平均水平。本区氮肥平均用量属中量区。由于土壤中速效磷、钾含量低，磷、钾肥用量在化肥中占的比例小，故一般地块磷肥效果显著，钾肥有一定增产作用，属磷肥高效和钾肥有效区。1979 年全区粮食平均亩产 637 斤，低于全省平均产量。目前本区增施氮、磷、钾均有一定增产效果。到 1990 年氮磷钾比例设想调整到 1：0.5：0.17。全区分两个二级区：

Ⅲ-1. 沂沭河上游粮、油氮磷钾俱增亚区：包括沂沭河上游的 13 个县，山地和丘陵面积大，土壤肥力较低，氮素不足，严重缺磷，含钾量也较低。主要作物小麦、甘薯、高粱、花生等，是山东省发展中的新烟区。该区随着水土流失的治理和灌溉面积的扩大，应增施氮肥，调整磷钾肥的比重，特别是增施磷肥将使粮、油产量大幅度增长。

Ⅲ-2. 临郯苍商品粮高氮增磷亚区：本区分布在沂沭河河谷平原及河谷洼地上，是全省生产条件较好，增产潜力大的地区。主要作物有小麦、玉米、水稻，粮食亩产 588 斤。该区应增加氮磷化肥用量，提高磷肥比重，以提高粮食商品率。该区稻田要注意缺锌。

**Ⅳ. 湖东氮肥高量、磷肥中效区**　本区分布在泰山以南，南四湖、东平湖以东的京沪铁路两侧共 15 个县，耕地面积 1226 万亩，占全省总耕地面积的 11.2%。年降雨量 700～800 毫米。土壤以褐土为主，洼地分布砂姜黑土，丘陵为坡积、洪积褐土，土质较好，自然肥力较高，土壤中性或微碱性，有机质稍高于 1%，碱解氮 60～90ppm，速效磷 3～10ppm，速效钾 60～100ppm。主要作物有小麦、玉米、甘薯、大豆、大麻、黄烟。1979 年亩施有机肥 3000 斤左右，化肥 N25.2 斤，$P_2O_5$ 3.1 斤，$K_2O$ 0.16 斤，氮磷钾比例 1：0.12：0.01。根据表 2 和表 3，属氮肥高量磷肥中效区。该区磷肥施用比例低于全省平均水平，但土壤保肥供肥能力较好，有较大的增产潜力。应在增施氮磷肥时，注意调整氮磷比例，适当补施钾肥。1990 年氮磷钾比例设想调整到 1：0.5：0.2（表 3）。

Ⅳ-1. 泰莱肥宁增氮磷补钾亚区：包括东平湖以东泰莱肥宁平原，耕地面积 544 万亩，是山东省产量较高，尚有较大增产潜力的地区。1979 年粮食亩产 819 斤。今后应增加氮磷肥用量，该区东部土壤含钾不高（速效钾 50～70ppm），应在大麻集中产区供应钾肥。

Ⅳ-2. 南四湖商品粮增磷亚区：本区分布在峄山脚下，包括南四湖畔的 9 个县、市，耕地面积 682 万亩，砂姜黑土面积占 25%，稻田面积占 20% 左右。经济作物有黄烟、甜菜。因砂姜黑土速效磷一般低于 3ppm，严重缺磷，应增加磷肥用量。黄烟、甜菜应供应硫酸钾。稻田忌用硝酸铵。

**V. 鲁西北氮肥低量、磷肥高效、钾肥无效区** 本区包括鲁西北四区（除惠民地区的广饶、邹平、桓台）和济宁地区的嘉祥、金乡两县，耕地 4076 万亩，占全省总耕地的 37.4%。全区每人平均占有耕地较多，耕作粗放，旱洪灾害频繁。土壤类型多为潮土、褐土化潮土盐化潮土，肥力较低，有机质 0.8% 左右，碱解氮 30～60ppm，速效磷 2～5ppm，唯速效钾含量高，为 100～150ppm。1979 年亩施有机肥 2000 斤左右，化肥折合 N8.2 斤，$P_2O_5$ 2.0 斤，$K_2O$ 0.2 斤，氮磷钾比例为 1:0.19:0.02。氮肥属低量区，磷肥属高效区，钾肥目前为无效区。该区主要作物有小麦、玉米、大豆、地瓜、杂粮、棉花。1979 年粮食亩产 435 斤，从土壤中吸收 N13.1 斤，$P_2O_5$ 5.7 斤，$K_2O$ 13.1 斤，而该区每年施入土壤中的养分量（化肥加有机肥）为 N12.2 斤，$P_2O_5$ 5.0 斤，$K_2O$ 6.2 斤，氮磷钾均处于入不敷出的情况，是该区农作物产量低的重要原因。1990 年设想氮磷比例调整到 1:0.48。因土壤含钾丰富，近期内可不施钾肥。

　　**V-1. 滨海农牧氮磷低量亚区：**包括无棣、沾化、利津、垦利四县，总耕地 324 万亩。年降雨量不足 650 毫米，是全省雨量最少的地区。地下水矿化度大于 20 克/升，地表盐分积聚，形成大片盐碱荒地。1979 年粮食亩产 269 斤。部分盐碱地形成天然草场，为发展畜牧业创造了良好条件。本区土壤中富钾而氮磷不足，应随水利等条件的改善和盐土逐步得到改良，加大氮磷化肥用量，才能收到较好的经济效果。

　　**V-2. 鲁西北粮棉增氮增磷亚区：**包括惠民地区西部、德州、聊城、菏泽三个地区全部和济宁地区的嘉祥、金乡，耕地面积 3751 万亩，其中棉花 640 万亩，占全省棉田 80% 左右，是一个集中产棉区。粮食作物主要有小麦、玉米、杂粮、甘薯，大豆等。1979 年粮食亩产 450 斤左右。该区土地辽阔，粮棉产量较低，是一个很有潜力的地区。今后应逐步增加氮、磷化肥用量，提高磷肥比重。要注意监测老棉田的棉株有无缺钾症状。在增施磷肥的情况下，应进行锌肥试验，注意可能缺锌的问题（图 1）。

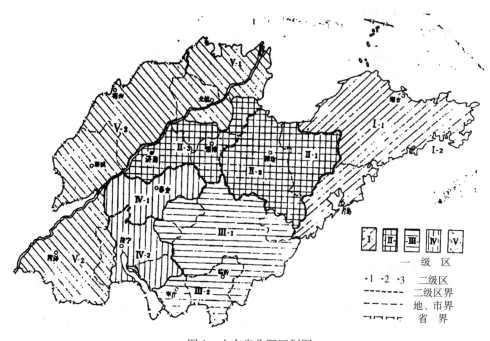

图 1　山东省化肥区划图

# 三、几点建议

通过山东省化肥区划研究，我们有以下几点粗浅认识：

**1. 大力发展磷肥，稳步增长氮肥。** 山东省过去若干年中高速发展氮肥生产是完全正确的。但是，磷肥未能相应跟上，近年来氮磷比例失调的问题日趋明显和突出，磷肥在山东省的增产效果已经超过氮肥，其中尤以烟台高产区和鲁西北低产区的效果为突出。当前，应充分利用本地资源生产磷肥，也可考虑进口一些三料过磷酸钙、磷酸二铵等高浓度磷肥和复合肥，上级化工部门应在大型磷矿区兴建高浓度磷肥厂，逐步改变目前磷肥供应不足和长途调运矿石的状况。

山东省氮肥不是过多，而是氮磷比例失调。为了促进农业继续增产，在大力发展磷肥的同时，氮肥生产应稳步增长。若近年内能把山东省的化肥氮磷施用比例由 1∶0.18 调整到 1∶0.3，即大致生产标准氮肥 500 万吨，标准磷肥 190 万吨，也就是说在氮肥增加不多或基本不增加的情况下，把磷肥生产和供应搞上去，使氮磷比例比较合理，将可使农作物获得较大、幅度增产。

**2. 合理分配和施用化肥。** 要做到这一点，必须逐步改革现有的化肥分配方法和渠道，根据作物产量、土壤养分状况和化肥肥效等条件合理分配，优先保证高效地区、商品粮基地和经济作物集中产区，但也要避免用量过大，造成增产不增收的情况。

山东省尚不生产钾肥，进口数量有限，要充分利用本省鲁西北四区和鲁中山麓平原土壤钾素比较丰富的有利条件，钾肥可优先供应经济作物（如黄烟）集中产区和烟台地区、青岛市的高产区。其他地区可暂缓供应。

磷肥首先应供应胶东、鲁西北、鲁中南等高效区。枸溶性的脱氟磷肥等品种，在胶东的微酸性土壤上效果高于过磷酸钙，而在鲁西北的碱性土壤上效果稍差于水溶性磷肥。因此，在分配上应注意这一情况。

碳酸氢铵和氨水占本省氮肥的半数以上，在水稻上，可做底肥深施，或全层深施，在小麦上可做底肥深施，而把尿素等留作追肥，可发挥氮肥较大的增产效果。

**3. 改善有机质的再循环，增加土壤有机质和营养元素。** 山东省 1979 年化肥用量，氮素达每亩 17.45 斤，磷素（$P_2O_5$）达每亩 3.05 斤，均已超过有机肥中的氮磷含量（6.35 斤和 2.28 斤）。但是，有机肥、绿肥和化肥三者必须相互结合，相互促进。像鲁西北地区、鲁中南地区发展绿肥尚有很大潜力。在豆科作物上施磷肥，是成功经验，应当推广。

秸秆是目前农村的主要能源。有条件的地区应当发展沼气，因地制宜推广各种方式的秸秆还田。此外，人畜粪尿的损失很大，据省农业厅调查，粪约损失 30%，尿约损失 70%。如果能在以上几个方面开源节流，那么，我们通过有机肥施到每亩耕地中的氮素将不是 6 斤左右，而是 10 斤以上，同时，施入土壤中的有机质数量也会相应增加。

**4. 重视和加强肥料研究工作。** 要健全化肥试验网，运用土壤普查成果，进一步摸清不同土壤、不同作物产量所需要的氮、磷、钾数量和比例，有步骤地开展主要微量营养元素的分布和肥效试验。同时在有代表性的地区和土壤上设立长期定位试验，监测土壤、肥料、作物三者的相互关系及其变化，以便进一步充实和完善全省化肥区划的内容，指导生产实践。

# 关于开展化肥区划研究的几点认识

李家康　林葆　林继雄　沈育芝

化肥区划是国家"农业自然资源和农业区划研究计划"的一项重要内容。关于如何开展化肥区划的研究，当前还没有成熟的经验，需要大家共同努力，边实践、边研究、边提高。现就我们参加研究"山东省化肥区划"的体会。谈几点看法，供讨论。

## 一、化肥区划的目的和任务

根据国家农委 1980 年召开的全国农业资源调查和区划工作第二次会议及有关材料的精神，化肥区划的基本任务是为化肥生产、分配和使用提供科学依据，指明发展方向。它不同于规划和计划，不侧重于发展指标和达到这些指标采取的措施。化肥区划也不同于指导具体地块合理施肥的大比例尺农化图。我们体会化肥区划的主要任务是：

**1. 查清土壤养分含量分布状况和研究其地域分异规律，并找出各个地区存在的主要问题。**化肥肥效与土壤养分密切相关。一般来说，补充土壤比较缺乏的营养元素都能收到较好的效果，如以山东省来说，当土壤速效磷（$P_2O_5$）低于 10ppm 时，氮磷配合，磷肥肥效十分显著；在高产地区土壤速效钾低于 70ppm（$K_2O$）时，施用钾肥对大多数作物都有不同程度增产效果。由此可知，土壤养分是合理施肥的主要依据，也是化肥区划的主要依据。而且由于各地土壤类型、作物布局、施用化肥的年代和施肥习惯的不同，土壤养分含量地域间差异是客观存在的。在化肥区划中应该充分搜集土壤养分含量有关资料，包括第二次土壤普查结果，画出土壤农化现状图，作为分区的依据，并结合化肥肥效试验结果，找出各类地区土壤中影响化肥肥效和限制作物产量的主要营养缺素，提出科学施肥的合理意见，指导农业生产。

**2. 认真总结新中国成立以来化肥试验结果，研究和找出不同地区、不同土壤、不同作物和不同化肥品种的肥效规律。**新中国成立以来，我国化肥工业发展很快，化肥用量也不断增加，化肥肥效就有一个演变过程。以山东省为例说明，该省 20 世纪 50 年代推广氮肥增产效果很好，60 年代又进一步肯定了磷肥肥效。70 年代高产地区由于氮肥施用量增长很快，氮磷肥比例开始失调，氮肥肥效逐步下降，低产地区则因管理水平提高，水浇地面积扩大、选用良种等，氮肥肥效仍有上升趋势，而磷肥肥效普遍继续提高。70 年代后期在土壤钾素含量较低的高产地区施用钾肥也开始有效。系统总结新中国成立以来肥料试验资料，掌握化肥肥效演变过程，分析演变的原因，就有可能科学地评价化肥生产和使用的发展前景与方向。同时通过对这些资料的分析和综合，进一步找出不同土壤、不同作物和不同化肥品种的肥效规律，为因地制宜合理施用化肥提供科学依据。

**3. 根据土壤养分和化肥肥效分布现状。**分区提出氮磷钾化肥适宜施用量和施用比例。

---

注：本文发表于《土壤肥料》，1982 年第 1 期。

目前在化肥生产方面氮肥发展很快，磷肥发展较慢，钾肥刚刚提上日程。在化肥分配方面，大量化肥是通过奖售、换购等渠道分配下去的，形成了一种我国特有的供肥体系，农业部门的土壤调查和肥料试验工作也跟不上。因此，在相当程度上是生产或供应什么化肥就施什么化肥。在氮磷钾化肥用量、比例和因土因作物施用上都存在很大盲目性。所以，在拟定化肥区划时应当会同有关部门查清化肥施用现状，包括氮磷钾化肥施用量和施用比例，找出存在的问题，并根据土壤养分状况和化肥肥效结果，结合作物产量指标，对氮磷钾化吧的数量和比例作出科学的、切合实际的区划方案。

# 二、化肥区划的分区原则和命名

分区的主要根据是：土壤养分（氮磷钾）含量分布的相似性，化肥用量和肥效的一致性，并照顾以县为单位的行政区划的完整性。这里着重讨论以下三个问题。

**1. 化肥区划与综合农业区划的关系。** 综合农业区划是在综合分析各地自然条件、社会经济条件和农业生产特点的地区差异的基础上，划分综合农业区。它可以作为化肥区划分区的基础。而化肥区划应突出反映化肥肥效，所以必须在综合农业区划分区的基础上，根据化肥区划自身的特点。加以适当调整。如山东省鲁西北地区，该区北部地广人稀，有丰富的草地资源，渤海沿岸，滩涂广阔，适宜于发展畜牧和海产养殖业。而本区的中部和南部地区则是全省棉花生产的主要基地。根据鲁西北地区的自然特点和农业生产发展方向，山东省综合农业区划（初稿）将本区划分为鲁西北滨海农牧渔区和鲁西北农林区两个一级区，每个一级区又划分出五个二级区。但从化肥区别的角度，考虑到鲁西北地区的土壤以潮土为主，其全区土壤养分含量、化肥施用水平和肥效基本一致的情况，在化肥区划中将它列为氮肥低量、磷肥高效、钾肥无效区一个一级区，下分滨海农牧氮磷低量亚区和鲁西北粮棉增氮增磷亚区两个二级区。我们认为，这样划区既与综合农业区划统一起来，又保持了化肥区划的独立性，便于实际应用。

**2. 化肥区划与行政区划的关系。** 农业区划所划分的各级农业区，仅仅是在农业生产上具有共同性的，可以作为分类规划，分类指导农业生产的地域单元，它所拟定的各项方案和建议，必须通过行政区有组织有领导地加以贯彻、实现。化肥区划划分的各类区域仅为有关部门提供化肥生产、分配和施用的依据。而这些也都是以行政区划为基础的。因此化肥区划尽可能地照顾行政区划的完整性则更具有实际意义。

我们认为，在北方地区只要掌握好土壤取样的代表性，在搞清养分分布和肥效的基础上，按行政界线进行分区划片，能大体上反映出各地的肥力状况。而南方一些地形变化较大的地区，其肥效差异甚大，化肥区划要求行政区划完整性与自然区界的矛盾就比较突出，此类问题尚待研究。

**3. 化肥区划的命名。** 化肥区划与综合农业区划、种植区划和土壤区划等其他农业区划，既有联系，又有区别，其命名应反映自己的特点，同时还应力求简明扼要，为群众所习用。省、市、自治区化肥区划大致可分两级，一级区反映氮磷钾化肥用量和比例现状，二级区反映氮磷钾化肥和微肥发展的方向。一级区按地理位置、化肥用量或肥效相结合的二段命名法，二级区采用包括地理位置、作物布局和化肥需求特点的三段命名法。如山东省鲁南地区，氮肥施用水平在省内居中，土壤缺磷、缺钾，施用磷肥增产效果高，钾肥有不同程度的增产作用。根据一级区命名原则，命名为鲁南氮肥中量、磷肥高效、钾肥有效区。同样，根据二级区命名原则将该区划出的两个二级区，分别命名为沂沭河上游粮油氮磷钾俱增亚区和临郯苍商品粮高氮增磷亚区。

## 三、如何估算氮磷钾化肥需要量

计算化肥用量要考虑的因子很多，是一个比较复杂的问题。国内外常用的一种计算公式是 $N=(N_1-N_2-N_3)\div N_E$。N 表示氮肥施用量；$N_1$ 表示作物需氮量；$N_2$ 表示土壤供氮量；$N_3$ 表示有机肥供氮量；$N_E$ 表示氮肥利用率。在氮肥用量决定后，再根据需要的氮磷钾比例，作出磷、钾肥的需要量。但目前我国不少地方对土壤供氮能力和化肥利用率等问题研究尚不够，找不出它们的参数，应用上述公式计算需肥量有一定的困难。在此种情况下，我们认为也可根据大田肥效试验的结果进行推算。例如某一地区粮食全年单产 1980 年为 500 斤，计划到 1990 年为 700 斤。该地区近几年氮肥肥效试验结果，每斤氮素可增产粮食 15 斤，那么增加 200 斤产量，就需要增加氮素 13.3 斤。这里没有考虑肥料报酬递减率的问题，是否合适，可以讨论。总之，这些计算方法都不成熟，必须在实践过程加以验证和进一步研究提高。

## 四、化肥区划如何为农业生产服务

首先，在化肥区划的基础上调整化肥生产布局、化肥生产的数量及其比例，并逐步改革以奖售、换购为主要分配渠道的方法，根据作物产量、土壤养分状况，化肥肥效做到按需分配。例如在当前钾肥供应不足的情况下，把钾肥重点投放在长江以南各省、市、自治区缺钾的区域，北方除一些喜钾的经济作物外，着重解决氮磷比例失调的问题。在氮肥分配和施用上，我国目前碳酸氢铵等挥发性氮肥比重较大，若能改变现有的分配办法，将尿素与碳酸氢铵实际生产的比率层层下达分配，南方将碳酸氢铵等挥发性氮肥用作稻田全层深施，北方用于春作物和冬小麦犁底肥施用，而将尿素等留作追肥，这样就能充分发挥我国化肥工业的特点，大大提高氮肥利用率。

其次，化肥区划必须与化肥网的工作紧密结合起来，对化肥区划中发现的一些主要问题要抓紧开展试验研究，不断充实和完善化肥区划。要在几种主要土类上建立长期定位试验，包括有机无机肥料配合施用、氮磷或氮磷钾化肥用量和比例试验等，监测土壤、肥料和作物三者的变化及其相互关系，以便及时地科学地为我国化肥生产和施用指明方向。

另外，在进行化肥区划的同时，还应该开展化肥区划的方法如对分区的原则和分区的方法及其相应的理论等方面的研究。

中国化肥区划（regionalization of chemical fertilizer in China） 以不同地区作物布局、土壤类型、养分状况和化肥肥效的规律为主要依据，分区划片，提出不同地区氮、磷、钾化肥适宜的种类、数量、比例以及合理使用化肥的方向和途径的一种宏观规划。可为国家有计划地安排化肥生产、进口、分配和使用提供科学依据；为不同地区指出化肥产、销、用的方向和战略原则。

化肥区划的主要依据是：①农田土壤类型及养分状况。根据土壤普查的结果，对不同地区、不同土壤氮、磷、钾养分的丰缺状况进行研究，找出不同地区的特点、异同，归类区分；②化肥肥效反应规律。根据多年多点的田间肥料试验结果，明确磷或钾肥的高效区、低效区或不显效区；③土壤肥力平衡所需的化肥数量。根据不同地区有机肥、化肥的投入量和农产品中养分的携出量，计算土壤养分平衡和达到目标产量所需的化肥量；④种植业布局。

化肥区划可以在一个地区、一个省或全国进行分区。以中国化肥区划为例，其分区原则是土壤分布和养分含量的相对一致性；化肥用量和肥效的相对一致性；近期土地利用现状和种植业发展方向兼顾，尽可能保持现有省、县行政区划界线。全国区划分为两级：第一级反映化肥施用的现状和肥效特点，采用地名＋主要土壤类型＋氮肥用量＋磷、钾肥肥效的命名法。全国划分为 8 个一级区。例如主要是黄淮海潮土、褐土，长江中下游是水稻土、红壤、黄棕壤。氮肥的用量分高、中、低、极低四级，磷、钾肥肥效分高、中、低或未显效三级，均有全国统一的划分标准。依此 8 个一级区是：Ⅰ. 东北黑土、草甸土、棕壤，氮肥低量、磷肥中效，钾肥未显效区；Ⅱ. 黄淮海潮土、褐土、氮肥中量、磷肥高效、钾肥局部显效区；Ⅲ. 长江中下游水稻土、红壤、黄棕壤，氮肥中量、磷钾肥中效区；Ⅳ. 华南赤红壤、水稻土，氮肥中量、磷肥低效、钾肥高效区；Ⅴ. 北部高原栗钙土、黄绵土、黑垆土，氮肥低量、磷肥高效、钾肥未显效区；Ⅵ. 西南水稻土、紫色土、黄壤、红壤，氮肥中量、磷钾肥中效区；Ⅶ. 西北灌漠土、潮土，氮肥低量、磷肥高效、钾肥未显效区；Ⅷ. 青藏潮土、栗钙土、氮肥极低量、磷肥高效，钾肥未显效区。第二级根据农业的发展方向和今后化肥的需求状况。采用地名、地貌＋主要作物＋化肥需求状况的命名法，全国共划分有 31 个二级区。如上述黄淮海一级区又划分为四个二级区（亚区）：Ⅱ₁ 燕山、太行山山麓平原麦、棉、果补氮补磷亚区；Ⅱ₂ 黄淮海平原麦、棉增氮增磷亚区；Ⅱ₃ 山东丘陵粮、果、花生稳氮增磷补钾亚区；Ⅱ₄ 豫西南丘陵盆地麦、烟、油增氮增磷补钾亚区（图 1）。在全国 31 个二级区中，增量区指要大幅度增加用量，补量区需少量增加用量，稳量区基本保持现有用量，减量区降低现有用量。了解不同地区化肥的使用现状和今后的需求，可以减少或避免化肥生产、采购、分配和使用的盲目性。保证化肥的有效供给，在增加农作物产量和改良土壤发挥化肥应有的作用。

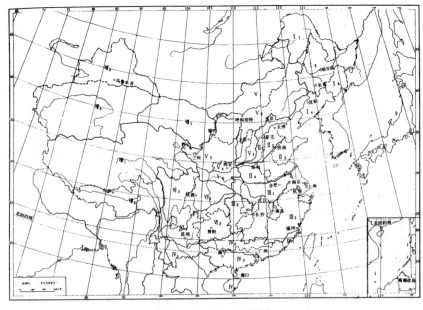

图 1　中国化肥区划图

# 参 考 文 献

中国农业科学院土壤肥料研究所. 中国化肥区划. 中国农业科学技术出版社，1986.

注：Ⅰ　东北黑土、草甸土、棕壤，氮肥低量、磷肥中效、钾肥未显效区

　　Ⅰ₁　兴安岭及山前台地春麦、大豆、薯类补氮补磷亚区

　　Ⅰ₂　松嫩三江平原玉米、大豆、甜菜增氮补磷亚区

　　Ⅰ₃　长白山地玉米、水稻、土特产增氮增磷亚区

　　Ⅰ₄　辽宁平原丘陵玉米、豆、稻、果氮磷钾俱补亚区

　　Ⅱ　黄淮海潮土、褐土，氮肥中量、磷肥高效、钾肥局部显效区

　　Ⅱ₁　燕山、大行山山麓平原麦、棉、果补氮补磷亚区

　　Ⅱ₂　黄淮海平原麦、棉增氮增磷亚区

　　Ⅱ₃　山东丘陵粮、果、花生稳氮增磷补钾亚区

　　Ⅱ₄　豫西南丘陵盆地麦、烟、油增氮增磷补钾亚区

　　Ⅲ　长江中下游水稻土、红壤、黄棕壤，氮肥中量、磷钾肥中效区

　　Ⅲ₁　长江两岸平原丘陵稻、棉、油、麻、桑、茶稳氮增磷补钾亚区

　　Ⅲ₂　江南丘陵双季稻、茶、柑橘增氮稳磷增钾亚区

　　Ⅲ₃　湘鄂西部丘陵山地粮、油、烟、果增氮增磷补钾亚区

　　Ⅳ　华南赤红壤、水稻土，氮肥中量、磷肥低效、钾肥高效区

　　Ⅳ₁　闽东南丘陵双季稻、甘蔗、果稳氮补磷增钾亚区

　　Ⅳ₂　粤桂北部山地丘陵双季稻、甘蔗增氮补磷增钾亚区

　　Ⅳ₃　粤桂南部平原丘陵双季稻、甘蔗、果补氮补磷增钾亚区

　　Ⅳ₄　琼雷海南岛丘陵台地双季稻、热作氮磷钾俱增亚区

　　Ⅴ　北部高原栗钙土、黄绵土、黑垆土，氮肥低量、磷肥高效、钾肥未显效区

　　Ⅴ₁　内蒙古北部高原牧业、小杂粮补氮亚区

　　Ⅴ₂　长城沿线及内蒙古南部高原小杂粮、甜菜补氮补磷亚区

　　Ⅴ₃　晋东丘陵小麦、玉米、小杂粮增氮补磷亚区

　　Ⅴ₄　汾渭盆地粮、棉补氮增磷亚区

　　Ⅴ₅　黄土高原粮、油增氮增磷亚区

　　Ⅴ₆　秦巴山地丘陵稻、麦、土特产增氮增磷补钾亚区

　　Ⅵ　西南水稻土、紫色土、黄壤、红壤，氮肥中量、磷钾肥中效区

　　Ⅵ₁　四川盆地稻、麦、油、柑橘、桑增氮补磷增钾亚区

　　Ⅵ₂　贵州高原水稻、旱粮、烟增氮增磷亚区

　　Ⅵ₃　川西高原山地牧业、旱粮增氮补磷亚区

　　Ⅵ₄　滇北原水稻、旱粮、烟、甘蔗增氮补磷补钾亚区

　　Ⅵ₅　滇南中山宽谷水稻、旱粮、热作增氮补磷增钾亚区

　　Ⅶ　西北灌漠土、潮土，氮肥低量、磷肥高效、钾肥未显效区

　　Ⅶ₁　河西走廊麦、油、瓜、果增氮增磷亚区

　　Ⅶ₂　北疆盆地麦、油、甜菜增氮增磷亚区

　　Ⅶ₃　南疆盆地麦、棉、葡萄、瓜、果增氮增磷补钾亚区

　　Ⅷ　青藏潮土、栗钙土，氮肥极低量、磷肥高效、钾肥未显效区

　　Ⅷ₁　青藏高原牧业、麦类、油菜增氮增磷亚区

　　Ⅷ₂　藏东南高山峡谷牧业、麦类、杂粮增氮增磷亚区

# 五十年来中国化肥肥效的演变和平衡施肥

林葆　　李家康

（中国农业科学院土壤肥料研究所）

**摘要**　本文叙述了中国化肥生产和使用的简况。

以三次全国规模的化肥肥效试验结果为主要依据，把中国化肥的肥效演变和平衡施肥划分为三个阶段，即 20 世纪 60 年代前的有机肥与氮肥配合使用阶段，60 年代的有机肥与氮磷化肥配合使用阶段和 70 年代中期以后的有机肥与氮磷钾微量元素配合使用阶段。

讨论了这三个阶段化肥肥效演变的原因，估算了 20 世纪末我国化肥的需要量和适宜的氮磷钾比例。

我国化肥使用的研究可追溯到 20 世纪初。1910 年清直隶保定农事试验场发表了第一篇化肥试验报告[1]。1914 年伪满公主岭农事试验场开始进行氮磷钾三要素试验[2]。1935—1940 年前中央农业实验所在全国 14 个省开展氮磷钾需要程度的试验，称为地力测定[3]。从 30 年代的第一次全国性化肥肥效试验至今，已经有半个世纪。本文以几次全国规模的试验资料为主，并引用各地若干典型的试验结果，分析我国化肥肥效的演变和平衡施肥问题。

## 一、中国化肥生产和使用简况

我国自 20 世纪初开始进口化肥[4]，由于受经济能力的限制，到新中国成立（1949 年），总量不超过 300 万吨（实物），主要品种是硫酸铵。1935 年和 1937 年中国先后在大连和南京建成两座氮肥厂，此外，还有鞍山和抚顺两个回收氨的车间，产品只有硫酸铵一种，1949 年前全国总产量不到 60 万吨。这些氮肥当时主要用于广东、福建、浙江、辽宁等沿海省份[5]。

新中国成立以后，由于党和政府的重视，我国化肥工业得到迅速发展。1978 年以来，我国化肥产量仅次于苏联和美国，居世界第三位。我国化肥的产量情况见表 1。化肥的品种构成见表 2。

我国化肥生产以 70 年代发展最快，从 1971 年到 1980 年的 10 年间，产量由 299.4 万吨（养分）增加到 1232.1 万吨，翻了两番。其中氮肥发展较快，1973 年超过日本居世界第三位，1983 年超过美国居世界第二位。但是磷肥的发展速度较慢，钾肥由于资源不足，未能相应发展。因此，70 年代以来，氮磷钾的比例很不协调。同时，由于我国化肥厂的建设贯

---

注：本文收录于《国际平衡施肥学术讨论会论文集》，1988 年。

彻大、中、小并举的方针，小型的氮肥厂（年产合成氨 4.5 万吨以下）和小型磷肥厂（年产实物 20 万吨以下）占有很大比重。产品以含单一营养元素和低浓度化肥为主。例如，1985年碳酸氢铵占氮肥总量的 54.8%，普通过磷酸钙和钙镁磷肥占磷肥总量的 98.1%。

**表 1　中国化肥产量**

（1950—1985）　　　　　　　　　　　　　　　　　　（单位：万吨）

| 年份 | 合计 | 氮肥（N） | 磷肥（$P_2O_5$） | 钾肥（$K_2O$） | N：$P_2O_5$：$K_2O$ |
|------|------|-----------|-----------|-----------|-----------|
| 1950 | 1.5 | 1.5 | — | — | |
| 1955 | 7.9 | 7.8 | 0.1 | — | |
| 1960 | 40.5 | 19.6 | 19.3 | 1.6 | 1：0.98：0.082 |
| 1965 | 172.6 | 103.7 | 68.8 | 0.1 | 1：0.66：0.001 |
| 1970 | 243.5 | 152.3 | 90.7 | 0.5 | 1：0.60：0.003 |
| 1975 | 524.7 | 370.9 | 153.1 | 0.7 | 1：0.41：0.002 |
| 1980 | 1232.1 | 999.3 | 230.8 | 2.0 | 1：0.23：0.002 |
| 1985 | 1322.1 | 1143.9 | 175.8 | 2.4 | 1：0.15：0.002 |

**表 2　中国生产化肥的品种构成**

（1985）

| 氮肥（N） | | | 磷肥（$P_2O_5$） | | | 钾肥（$K_2O$） | |
|------|------|------|------|------|------|------|------|
| 品种 | 产量 | | 品种 | 产量 | | 品种 | 产量 |
| | 万吨 | % | | 万吨 | % | | 万吨 |
| 硫酸铵 | 11.3 | 1.0 | 普通过磷酸钙 | 134.5 | 76.5 | — | 2.4 |
| 硝酸铵 | 65.4 | 5.7 | 钙镁磷肥 | 38.0 | 21.6 | — | |
| 碳酸氢铵 | 626.4 | 54.8 | 其他 | 3.3 | 1.9 | — | |
| 氯化铵 | 20.4 | 1.8 | — | — | — | — | |
| 尿素 | 406.5 | 35.5 | — | — | — | — | |
| 氨水 | 12.4 | 1.1 | — | — | — | — | |
| 其他 | 1.5 | 0.1 | — | — | — | — | |
| 合计 | 1143.9 | 100.0 | 合计 | 175.8 | 100.0 | 合计 | 2.4 |

另外，中国每年都进口化肥，进口数量逐年增加。从 1967 年起超过 100 万吨（养分），1980 年起超过 200 万吨，近年进口量约占我国化肥使用量的 15%。品种以尿素，多元复合肥和钾肥为主。1985 年我国化肥总使用量为 1775.8 万吨，平均每亩耕地使用量为阝 12 千克[6]。按单位面积使用量已高于一些发展中国家，及耕地复种指数较低的美国（7 千克）和苏联（6.6 千克），但明显低于欧洲一些发达国家，也低于日本和朝鲜和韩国[7]。

尽管中国是一个有施用有机肥料传统的国家，但由于人口多，人均耕地面积少，可垦荒地资源不多，提高农作物总产的途径需主要靠提高单位面积产量，单纯施用有机肥料已经不能满足农业生产发展的需要，而增施化肥在农业增产中发挥了重大作用。1981—1983 年 829个水稻试验结果，施氮钾化肥或氮磷钾化肥，比不施者增产 40.8%；1260 个小麦试验结果，施氮磷化肥比不施者增产 56.6%；629 个玉米试验增产 46.1%；62 个棉花试验增产48.6%；64 个油菜试验增产菜籽 64.4%；115 个大豆试验增产 17.9%。1949 年以后，中国粮食和棉花产量的增长与化肥用量的增加密切相关。1951—1980 年 30 年的化肥总用量与粮食总产量的相关系数为 0.964，化肥亩用量与粮食亩产量的相关系数为 0.98，均达到极显著水平。30 年的化肥总用量与棉花总产量的相关系数为 0.778，化肥亩用量与棉花亩产量的相关系数为 0.86，都达到显著水平[8]。1985 年中国使用的化肥如以 80% 用于粮食作物计算，约可增产粮食 1.42 亿吨，为当年粮食总产的 37.5%。

# 二、中国化肥肥效演变趋势和平衡施肥

50 年来，中国化肥肥效的演变和平衡施肥的发展，大致经历了三个阶段。这就是 60 年代以前的有机肥与氮肥配合施用阶段，60 年代的有机肥与氮、磷肥配合施用阶段和 70 年代中期以后的有机肥与氮、磷、钾、微量元素配合施用阶段。这种划分是大体上的，南北方又有区别，例如，磷肥和钾肥都是先在南方开始显效，并率先在生产上广泛使用的。

**1. 有机肥与氮化肥配合施用阶段。**1960 年以前，中国化肥用量较少，主要依靠施用有机肥料以提高产量和保持地力。由于土壤和有机肥料中氮素含量较低，磷、钾较为丰富，作物的平均产量水平不高。因此，施用磷肥效果较差，施用钾肥基本无效。而增施少量氮肥，即能提高作物的氮营养水平，改善其营养平衡状况，起到明显的增产作用。

前中央农业实验所在 68 个点上进行的氮磷钾三要素需要程度试验充分证明了这一点。此次试验在 14 个省 7 个土区的 6 种作物上共完成氮磷钾肥料田间试验 156 个，得出了全国地力的概况。1941 年张乃凤教授以 "地力之测定" 一文作为此次试验的总结发表[3]。作者把施用氮、磷、钾化肥增产的试验点数或试验个数占总点数或总个数的百分数称为三要素的需要程度，结果见表 3。

**表 3　氮磷钾三要素的需要程度**

(1935—1940)

| 化肥种类 | 试验点数 | 增产 | | 试验个数 | 增产 | |
| --- | --- | --- | --- | --- | --- | --- |
| | | 点数 | % | | 个数 | % |
| 氮 | 68 | 57 | 83.8 | 152 | 115 | 75.7 |
| 磷 | 68 | 31 | 45.6 | 146 | 55 | 37.7 |
| 钾 | 68 | 11 | 16.2 | 142 | 11 | 7.7 |

从表 3 看，氮肥的需要程度为 80% 左右，磷肥为 40% 左右，钾肥仅为 10% 左右。作者得出结论认为，无论哪一省，土壤中氮素养分都极为缺乏，磷素养分仅在长江流域或长江以南各省缺乏，钾素在土壤中俱丰富。作者还分析了三要素需要程度和作物、土壤的关系。

此外，丁颖教授的水稻施肥研究（1933—1936），王教授对华北地区土壤和小麦、玉米施肥的研究（20~30 年代），彭家元教授对广东省土壤的研究（1933）等，均表明这些地区土壤腐殖质和氮素缺乏，而磷钾含量较丰富，有机肥配合施用氮肥，在当时的产量水平，就能达到土壤供肥和作物需肥基本平衡[4]。

**2. 有机肥与氮磷化肥配合施用阶段。**新中国成立以后，为了有组织地进行肥料试验，以便找出不同地区、不同土壤、不同作物需要什么肥料和最有效的施肥技术，作为国家生产和合理施用的依据，1957 年农业部组织了全国化肥试验网，于 1958—1962 年进行了第二次全国规模的化肥肥效试验。1958 年在 25 个省、自治区、直辖市的 157 个点上，以粮、棉为主做了 351 个田间试验，其中氮、磷、钾肥效试验 122 个[9]。1958 年后试验扩大到油料、烟草、蔬菜、果树等作物上。根据 1958—1962 年的试验资料[10]，氮、钾肥的肥效与 20 年前大致相同，即氮肥在不同土壤、不同作物上施用普遍有效，增产作用列于首位，而钾肥的肥效仍很低。但是磷肥的肥效较 20 年前有了提高（表 4）。

**表 4　氮磷钾化肥的肥效**

(1958—1962)

| 作物 | 每千克养分增产（千克） | | |
|---|---|---|---|
| | N | $P_2O_5$ | $K_2O$ |
| 水稻 | 15～20 | 8～12 | 2～4 |
| 小麦 | 10～15 | 5～10 | 多数试验不增产 |
| 玉米 | 20～30 | 5～10 | 2～4 |
| 棉花（籽棉） | 8～10 | — | — |
| 油菜籽 | 5～6 | 5～8 | — |
| 薯类（薯块） | 40～60 | — | — |

60 年代初中国南方一些低产水稻田，如冷浸田、鸭屎泥田、锈水田等因土壤严重缺磷，稻苗早期生长缓慢，形成"坐秋"或"稻缩苗"，施用磷肥有很好的效果。以后缺磷的面积逐渐扩大，磷肥便首先在南方得到推广应用。同时，北方一些施用有机肥少的低产地、离村远地、盐碱地、新垦荒地施用磷肥也有明显效果。随着氮肥用量增加和作物产量的进一步提高，有些土壤缺磷已成为限制因素，单施氮肥的肥效明显降低，而氮磷肥配合可以大幅度增产，故迫切需要补充磷肥。我国肥料施用便进入有机肥与氮磷化肥配合的阶段。下面引用陕西省农业科学院土壤肥料研究所的一个试验结果（表 5）[11]。

表 5 中试验地I是一块低肥力土壤，速效磷（P）含量只有 1.2ppm，单施氮肥在小麦上不增产，在夏玉米上有一定增产作用。而单施磷肥在小麦、夏玉米上均有一定增产作用，但幅度不大。当配合施用磷肥后，氮肥的增产效果相当显著。而II号试验地是一块肥力较高的耕地，速效磷为 11.5ppm，不论是否施磷，氮肥都表现出良好的效果，而施用磷肥的增产作用较小或不增产。

**表 5　氮磷肥配施在小麦和玉米上的产量效应**

(陕西杨陵)

| 作物 | N 用量（千克/亩） | 试验地I（1963—1967，四年平均） | | | 试验地II（1963—1966，三年平均） | | |
|---|---|---|---|---|---|---|---|
| | | $P_2O_5$ 用量（千克/亩） | | | $P_2O_5$ 用量（千克/亩） | | |
| | | 0 | 2.5 | 5.0 | 0 | 2.5 | 5.0 |
| 小麦 | 0 | 89.6 | 119.7 | 130.6 | 131.5 | 137.5 | 142.0 |
| | 2.5 | 92.3 | 156.3 | 165.4 | 183.0 | 180.0 | 182.5 |
| | 5.0 | 92.3 | 177.8 | 196.5 | 224.5 | 223.0 | 223.5 |
| | 7.5 | 95.1 | 188.4 | 212.1 | 228.5 | 246.0 | 256.0 |
| | 10.0 | 87.9 | 192.3 | 227.3 | 240.0 | 257.5 | 267.5 |
| 夏玉米 | 0 | 119.3 | 139.1 | 148.1 | 191.1 | 183.7 | 180.1 |
| | 2.5 | 174.9 | 200.5 | 200.0 | 232.5 | 235.7 | 241.2 |
| | 5.0 | 185.7 | 239.7 | 247.8 | 290.8 | 306.0 | 292.2 |
| | 7.5 | 194.2 | 275.3 | 303.5 | 321.4 | 331.8 | 318.4 |
| | 10.0 | 175.7 | 282.1 | 315.8 | 315.5 | 307.8 | 314.3 |

**3. 有机肥和氮磷钾微量元素配合施用阶段。**作物表现缺钾和施用钾肥是从南方开始的。在 60 年代中期，广东省的局部地区就发现水稻大面积缺钾[12]，进入 70 年代后，在广东、湖南等省和广西壮族自治区，缺钾成为一个普遍问题。据湖南省农业科学院土壤肥料研究所的统计，钾肥的增产效果是逐步趋于明显的（表 6）。其主要原因有以下几点：

**表 6　钾肥在水稻上的增产效果**

（湖南省）

| 试验年份 | 试验次数 | 施 $K_2O$ 量<br>（千克/亩） | 对照产量<br>（千克/亩） | 施钾增产 | | 每千克 $K_2O$ 增产稻谷<br>（千克/亩） |
|---|---|---|---|---|---|---|
| | | | | 千克/亩 | % | |
| 1960—1969 | 7 | 6.6 | 297.7 | 20.5 | 6.9 | 3.1 |
| 1970—1977 | 113 | 5.1 | 328.5 | 29.5 | 9.0 | 5.8 |
| 1978—1982 | 408 | 5.2 | 329.6 | 35.5 | 10.8 | 6.8 |

扩种吸钾量高的矮秆水稻新品种和杂交稻；增加复种指数，作物从土壤中吸收的钾和其他养分量增加；继续增施氮磷化肥，钾的补充很少[13]。

广东、湖南、浙江三省 70 年代的试验结果表明，这些地区氮磷钾肥必须配合施用，钾肥才能有较好的效果，单施钾肥一般增产不显著；反之，单施氮肥或氮磷肥配合，不施钾肥，氮磷肥的效果也不能充分发挥。且钾肥的效果也随氮肥的提高而提高（表 7）。

**表 7　氮肥水平对钾肥肥效的影响**

（1980 年汇总）

| 省别 | 试验处理 | 稻谷产量<br>（千克/亩） | 施钾增产 | | 氮肥提高钾肥的增产效果<br>（％） |
|---|---|---|---|---|---|
| | | | 千克/亩 | % | |
| 浙江 | N4 K0 | 224.7 | — | — | — |
| | N4 K3.75 | 322.3 | 97.6 | 43.4 | 100 |
| | N4 K7.5 | 348.4 | 123.7 | 55.1 | 100 |
| | N8 K0 | 201.4 | — | — | — |
| | N8 K3.75 | 332.4 | 131.0 | 65.0 | 134 |
| | N8 K7.5 | 373.2 | 171.8 | 85.3 | 139 |
| 广东 | N2 K0 | 271.0 | — | — | — |
| | N2 K3.75 | 312.5 | 41.5 | 15.3 | 100 |
| | N2 K7.5 | 311.0 | 40.0 | 14.8 | 100 |
| | N4 K0 | 298.5 | — | — | — |
| | N4 K3.75 | 346.5 | 48.0 | 16.1 | 116 |
| | N5 K7.5 | 346.5 | 48.0 | 16.1 | 120 |
| | N6 K0 | 303.5 | — | — | — |
| | N6 K3.75 | 349.0 | 45.5 | 15.0 | 110 |
| | N6 K7.5 | 363.0 | 59.5 | 19.6 | 149 |

注：N2、N4——为每亩施氮 2 千克、4 千克；K3.75、K7.5——为每亩施 $K_2O$ 3.75 千克、7.5 千克。

钾肥还必须与磷肥配施，广东、浙江、湖南三省在水稻上的试验结果，钾肥在氮磷肥基础上施用，比单施氮肥基础上施用，效果可进一步提高（表8）[12]。因此，70年代中期以后，中国长江以南的广大地区，进入了有机肥与氮磷钾化肥配合施用的阶段。

**表8 钾肥与氮磷肥配合施用的效果**

（1980年汇总）

| 省别 | 试验处理 | 稻谷产量 (千克/亩) | 钾肥增产 | |
|------|---------|----------|---------|------|
| | | | 千克/亩 | % |
| 湖南 | N | 335.8 | — | — |
| | NK | 354.9 | 19.1 | 5.7 |
| | NP | 348.3 | — | — |
| | NPK | 378.6 | 30.3 | 8.7 |
| 广东 | N | 251.2 | — | — |
| | NK | 279.7 | 28.5 | 11.3 |
| | NP | 257.4 | — | — |
| | NPK | 304.4 | 47.0 | 18.3 |
| 浙江 | N | 283.2 | — | — |
| | NK | 305.0 | 21.8 | 7.7 |
| | NP | 294.6 | — | — |
| | NPK | 337.8 | 43.2 | 14.7 |

1981—1983年全国化肥试验网的大量结果，也可以清楚地看出这一阶段化肥肥效变化的趋势（表9、表10）[14]。

**表9 不同作物施用氮磷钾化肥的肥效**

（1981—1983）　　　　　　　　　　　　　　（单位：千克）

| 作物 | N | | | $P_2O_5$ | | | $K_2O$ | | |
|------|------|------|------|------|------|------|------|------|------|
| | 试验数 | 亩用量 | 每千克养分增产 | 试验数 | 亩用量 | 每千克养分增产 | 试验数 | 亩用量 | 每千克养分增产 |
| 水稻 | 896 | 16.8 | 9.1 | 912 | 7.7 | 4.7 | 875 | 11.6 | 4.9 |
| 小麦 | 1462 | 15.7 | 10.0 | 1851 | 10.7 | 8.1 | 678 | 11.4 | 2.1 |
| 玉米 | 728 | 16.6 | 13.4 | 1040 | 11.1 | 9.7 | 314 | 13.0 | 1.6 |
| 棉花（籽棉） | 45 | 22.5 | 3.6 | 97 | 13.2 | 2.0 | 57 | 18.0 | 2.9 |
| 油菜籽 | 68 | 21.1 | 4.0 | 97 | 8.8 | 6.3 | 39 | 11.8 | 0.6 |
| 马铃薯 | 16 | 8.3 | 58.1 | 44 | 7.9 | 33.2 | 3 | 12.0 | 10.3 |

**表10 不同地区的钾肥肥效**

（1981—1983）　　　　　　　　　　　　　　（单位：千克）

| 地区 | 水稻 | 小麦 | 玉米 |
|------|------|------|------|
| 华南区 | 6.6 | | |
| 长江中下游区 | 4.4 | 2.0 | 3.8 |
| 西南区 | 4.5 | 4.8 | — |
| 西北区 | — | −0.7 | |
| 黄淮海区 | — | 1.1 | 1.3 |
| 东北区 | 2.8 | — | 1.6 |

从表9、表10反映的全国状况看，仍然是氮肥肥效＞磷肥肥效＞钾肥肥效。但与60年代初相比，氮肥肥效有普遍下降的趋势，磷肥肥效在南方水稻上下降，在北方小麦、玉米上反而有所上升。钾肥的肥效在华南地区（广东、广西）已明显上升，超过了磷肥，在长江中下游和西南地区也开始有效；但在北方的粮食作物上的效果尚不明显，只在局部地区和一些经济作物、蔬菜上施用钾肥有增加产量和改善品质的作用[15～17]。

此外，还必须指出，随着氮磷钾化肥用量的增加，一些地区大量营养元素和微量营养元素之间的平衡又成为一个重要的问题。如水稻、玉米上的磷锌配合，油菜上的磷硼、氮硼配合，棉花上的钾硼配合，都显示出有正的交互作用[18]。因而，在氮磷钾化肥的基础上，还要因地制宜施用微量元素肥料。

# 三、结论和问题讨论

1. 半个世纪以来，中国化肥的数量、品种有了很大发展，但是，由于中国农业生产固有的一些特点（如人均耕地面积少，土壤肥力低，复种指数高，主要依靠提高单位面积产量以增加粮食总产等），对肥料有很强的依赖性。目前，中国化肥的数量还远不能满足农业生产发展的需要。至今我们的注意力基本上还是放在农田施肥，对草地、苗圃、林木、水产等如何施用化肥，还有待开发。据我所的估计，到2000年我国化肥的总需求量应达到3000万～3200万吨养分。

2. 中国化肥肥效的演变过程，是农业生产发展过程中，不断通过施肥措施调节土壤供肥与作物需肥之间平衡的一种表现。

我国耕地开垦的历史悠久，大部分耕地位于暖温带季风气候区，雨热同季有利于作物生长，也有利于土壤有机质分解，加之种植豆科作物和牧草少，畜牧业不发达，森林覆盖面积小，都不利于氮素在土壤中的积累和农业生产中副产有机物的循环利用。因此，除个别土类外，土壤有机质和氮素不足始终是一个主要问题。随着补充化肥氮，20世纪60年代出现磷的供应不平衡；在磷肥还没有得到充分供应的情况下，70年代后相继出现了钾的不平衡和部分地区的微量营养元素不足。因此，自那时以来，中国已经进入需要各种养分配合施用的平衡施肥阶段。

按照我所在1983年的估算，目前我国农业中氮、磷养分的投入（包括化肥和有机肥）与作物产出量已经基本达到平衡。但对我国2/3的缺磷耕地，需要补充更多磷素，才能提高供磷能力，否则缺磷面积难以缩小。钾素每年的亏缺量较大，预计缺钾的面积将进一步发展。中国化肥的氮磷钾比例，期望能调整到1∶0.4～0.5∶0.2～0.3。北方主要应调节好氮磷比，南方应调节好氮钾比或氮磷钾比。同时，有针对性地施用微量元素肥料。

3. 有机肥在我国仍是不可忽视的肥源。它提供了肥料中（有机肥＋化肥）80％以上的钾，40％左右的磷和30％的氮[8]。我们要更加重视我国在施肥上的这一优良传统，充分、合理地利用有机肥料，发挥它在平衡施肥中的作用。

4. 在过去的半个世纪中，我国的农业科技工作者在化肥使用研究方面做了许多重要工作，积累了丰富资料和宝贵经验，今后要进一步加强。

我们要从宏观和微观上研究如何提高化肥利用率的问题，建立和健全肥料的示范、推广系统，实行推荐施肥。

我国化肥使用研究要在继续重视粮食作物的同时，充分重视对经济作物、果树、蔬菜、林木、草场的施肥研究。

我们要配合化工部门，对化肥新品种开发和合理使用进行试验研究，为化肥工业布局与新品种的发展贡献力量。

我们对肥料使用中可能出现的问题要有预见性，为此，要建立和巩固一批长期定位试验点，进行土壤肥力、肥料效应和施肥对环境影响等方面的系统研究。

# 参 考 文 献

[1] 直隶保定农业试验场报告. 宣统二年十二月二十日印成，1910.

[2] 吉林省农业科学院土壤肥料研究所. 吉林省肥料三要素试验资料. 土壤肥料科学资料汇编，第二号，1963：25-38.

[3] 张乃凤. 地力之测定. 土壤季刊，1941，二卷，一期.

[4] 郭金如，林葆. 中国化肥研究史料. 农史研究，1985，第六辑，68-74.

[5] 杨光启，陶涛. 当代中国化学工业. 中国社会科学出版社，1986.

[6] A brief introduction of China's agriculture. Ministry of Agriculture, animal husbandry and fishery. 1986.

[7] FAO. Fertilizer yearbook. 1985.

[8] 中国农业科学院土壤肥料研究所. 中国化肥区划. 中国农业科学技术出版社，1986：8，31.

[9] 中国农业科学院土壤肥料研究所. 1958年全国肥料试验网试验总结，1959.

[10] 中国农业科学院土壤肥料研究所. 土壤肥料科学研究资料汇编第二号（一九六三年三月全国化肥试验网工作会议资料），1963.

[11] 陕西省农林科学院. 作物、土壤、肥料的氮磷平衡与磷肥肥效的关系（1953—1973）. 土壤肥料科学研究资料汇编，1974：12-34.

[12] 南方钾肥考察组科研组. 钾肥在发展我国南方农业生产中的作用，1982.

[13] 湖南省土壤肥料研究所化肥室. 我省钾肥肥效研究概况（油印本），1982.

[14] 中国农业科学院土壤肥料研究所化肥网组. 我国氮磷钾化肥的肥效演变和提高增产效益的主要途经. 土壤肥料，1986，1、2期.

[15] 山东烟台地区农科所. 1978年试验研究资料选编（土壤肥料部分），1979.

[16] 山东省土壤肥料研究所. 科学实验年报，1974、1975.

[17] 北京市农林科学院土壤肥料研究所. 北京市蔬菜氮磷钾三要素试验总结（油印稿），1981.

[18] 全国微肥科研协作组. 几种主要作物锌，硼肥施用技术规范的研究（油印稿），1987.

# 肥料在发展中国粮食生产中的作用

## ——历史的回顾与展望

林葆　金继运

（中国农业科学院土壤肥料研究所）

新中国成立的四十年，农业生产得到迅速的发展，以世界 7% 的耕地，养活世界 22% 的人口，取得了举世瞩目的成就。1990 年我国粮食又取得了总产创历史纪录的大丰收，但是以人中平均，比 1984 年还减少了 25 千克，可见农业和粮食问题是一个需要长期重视和解决的问题。中国人多耕地少，可垦荒地资源不多，农业的发展必须走提高单位面积产量的道路，"肥料是植物的粮食"，在提高单产中有极其重要的作用。

## 一、我国施用有机肥的历史和作用

中国是一个有施用有机肥料传统的国家。根据史料的记载，在农业中普遍施用有机肥料，并讲究施肥技术，大约奠基于战国、秦汉时期（公元前 475—220），已有 2000 年左右的历史。距今 1700 多年的西晋已有在稻田种植绿肥的记载。我国农民在长期的实践中，在积、制、保、施有机肥料方面积累了丰富的经验。普遍施用有机肥料是我国传统农业的一个组成部分，也是我国施肥的特点。长期施用有机肥料对保持土壤肥力，为作物均衡、持久地提供各种养分均有显著作用。只有施肥和管理得当，作物产量可长期稳定，并逐步有所提高。2000 年来我国小麦和水稻的单位面积产量就说明了这一点（表 1）。

从这一产量表至少可以看出以下两点：

### 表1　中国历代小麦、水稻产量

（单位：千克/亩）

| | 小麦 | 水稻 |
|---|---|---|
| 秦代（公元前 221—206） | 54.9 | — |
| 西汉（公元前 206—25） | 60.3 | 40.2 |
| 魏晋（220—317） | 59.3 | 59.3 |
| 南北朝（420—589） | 51.5 | 83.3 |
| 隋唐（581—907） | 56.8 | 85.2 |
| 宋（960—1279） | 52.0 | 104.0 |
| 元（1271—1368） | 72.3 | 144.5 |
| 明清（1368—1911） | 97.7 | 195.3 |

资料来源：刘更另，1989。

注：本文收录于《中国平衡施肥研讨会论文集》，1991 年。

1. 依靠农业内部的物质循环，保持地力，稳定单位面积产量是可能的。我国农民以施用有机肥为主的一套土壤管理办法，使 2000 年来地力不仅没有耗竭，产量还略有提高；

2. 依靠农业内部的物质循环，地力和产量的提高是一个极其缓慢的过程。小麦产量的增加尤为缓慢，单产在 2000 年的漫长过程中只增加了近一倍。水稻单产的增加比小麦快，由每亩 40.2 千克增加到 195.3 千克历时 1731 年，每增加 1 千克产量平均要 11 年。这种增长速度难以满足人口迅速增加和生活改善的需要。

因此，要使作物单产有较大幅度的提高，必须在农业内部的物质循环中投入新的物质和能量。李比希（J. Liebig）的植物矿质营养理论的及随之发展起来的化学肥料，无凝是人类在农业生产中的历史性重大突破。

## 二、我国施用化肥的历史和作用

从 1842 年英国人劳斯（G. Laws）制造过磷酸钙算起，国外使用化学肥料（manufac-tured-fertilizer）已有将近 150 年的历史。我国从 1905 年开始进口化肥，从 20 世纪 30 年代开始建化肥厂，距今也有 80 多年和 50 多年的历史，但是，中国化肥工业的建立和发展，化肥用量的迅速增加是在新中国成立以后，特别是在 20 世纪 60 年代以后。在有机肥料的基础上，化肥的投入及其数量的增加，（当然还有水利、良种、植保等措施的配合），对农业增产起了重要的作用。下面是若干年份的化肥总用量和粮食总产量（表 2）。

**表 2　我国的化肥用量和粮食总产量**

（单位：万吨）

| 年份 | 化肥用量 | 粮食总产量 |
| --- | --- | --- |
| 1952 | 7.8 | 16392 |
| 1957 | 37.3 | 19505 |
| 1965 | 194.2 | 19953 |
| 1970 | 351.2 | 23996 |
| 1975 | 489.0 | 28452 |
| 1980 | 1269.4 | 32065 |
| 1982 | 1513.4 | 35450 |
| 1984 | 1739.8 | 40731 |
| 1986 | 1930.6 | 39151 |
| 1987 | 1999.3 | 40473 |
| 1990 | 2590.3 | 44624 |

经计算 1951—1980 年的 30 年化肥总用量和粮食总产量的相关系数为 0.96，化肥每亩用量和粮食亩产量的相关系数为 0.98，均达到极显著水平。我国 1989 年生产粮食 40754.9 万吨，使用化肥（养分）2357.1 万吨，以 80% 用于粮食作物计算，则用于粮食作物的化肥有 1885.7 万吨，以每千克化肥（养分）增产粮食 8 千克计算，共计增产粮食 15085.6 万吨，为去年粮食总产的 37%。由此也可见化肥在粮食生产中的作用。

最近 40 年来，我国化肥使用的发展，大致经历了三个阶段：即 20 世纪 60 年代前的施用氮肥阶段，60年代的氮、磷肥配合施用阶段和70年代中期以后的氮、磷、钾、微量元素配合的平衡施肥阶段。

**1. 1960年以前中国化肥用量较低，主要施用有机肥料。**由于有机肥中氮素含量较低而磷、钾较为丰富（这和中国有机肥的积制原料和方法有关），在当时作物产量不高的情况下，土壤养分的"限制因子"是氮。施用钾肥基本无效，施用磷肥有一定增产效果，而增施适量氮肥，有明显的增产作用。1958—1962年我国化学肥料试验网的结果，可以反映这一情况（表3）。

**表3　氮磷钾化肥的增产效果**

（1958—1962）

| 作物 | 每千克养分增产* （千克） | | |
|---|---|---|---|
| | N | $P_2O_5$ | $K_2O$ |
| 水稻 | 15～20 | 8～12 | 2～4 |
| 小麦 | 10～5 | 5～10 | 多数试验不增产 |
| 玉米 | 20～30 | 5～10 | 2～4 |
| 棉花（籽棉） | 8～10 | — | — |
| 油菜籽 | 5～6 | 5～8 | — |
| 薯类（薯块） | 40～60 | — | — |

\* 氮磷钾化肥的用量以营养成分计算，一般为每亩3～4千克。

**2. 60年代初在南方的一些低产稻田，施用氮肥稻苗生长停滞或生长缓慢，农民称为"坐秋"或"稻缩苗"。**施用磷肥有很好的效果，原来是严重的缺磷症。以后，缺磷的耕地面积逐步扩大，磷肥便首先在南方得到推广应用。同时，北方一些施用有机肥少的低产地、盐碱地、新垦荒地施用磷肥也有明显的效果。随着氮肥用量和作物产量的进一步提高，有些地块磷素营养成为"限制因子"，单施氮肥的肥效明显下降，而氮、磷肥配合可以大幅度增产。下面是陕西省农业科学院土壤肥料研究所连续四年的试验结果（表4）。

**表4　氮磷肥配合施用在小麦和玉米上的产量效应**

（陕西杨陵，1963—1967年四年平均）　　　　　　　　　（单位：千克/亩）

| 作物 | N用量（千克/亩） | $P_2O_5$用量（千克/亩） | | |
|---|---|---|---|---|
| | | 0 | 2.5 | 5.0 |
| 小麦 | 0 | 89.6 | 119.7 | 130.6 |
| | 2.5 | 92.3 | 156.3 | 165.4 |
| | 5.0 | 92.3 | 177.8 | 196.5 |
| | 7.5 | 95.1 | 188.4 | 212.1 |
| | 10.0 | 87.9 | 192.3 | 2277.3 |
| 夏玉米 | 0 | 119.3 | 139.1 | 148.1 |
| | 2.5 | 174.9 | 200.5 | 200.0 |
| | 50 | 185.7 | 239.7 | 247.8 |
| | 7.5 | 194.2 | 275.3 | 303.5 |
| | 10.0 | 175.7 | 282.1 | 315.8 |

该试验地是一块低肥力土壤，速效磷（P 只有 1.2ppm。单施氮肥小麦不增产，夏玉米有一定增产作用；而单施磷肥小麦，夏玉米都增产，但增产幅度不大。氮磷肥配合增产效果十分显著。

**3. 氮、磷、钾、微量元素配合施用的平衡施肥阶段。**作物表现缺钾和施用钾肥是从南方开始的。早在 20 世纪 60 年代中期，广东省局部地区就发现水稻大面积缺钾。进入 70 年代后，在广东、湖南等省和广西壮族自治区，缺钾成为一个普遍问题。根据湖南省土肥年的统计，钾肥的增产效果是逐步趋于明显的（表5）。

**表5　钾肥在水稻上的增产效果**

（湖南省）

| 试验年份 | 试验次数 | 增产次数所占比例（%） | 施钾增产 | | 每千克 $K_{12}O$ 增产稻谷（千克） |
| --- | --- | --- | --- | --- | --- |
| | | | 千克/亩 | % | |
| 1952—1963 | 31 | 29 | 13.8 | 6.0 | 3.9 |
| 1964—1969 | 20 | 80 | 33.0 | 12.3 | 6.6 |
| 1970 | 734 | 93.7 | 39.6 | 13.3 | 7.9 |
| 1981—1984 | 434 | 95.0 | 39.8 | 11.5 | 6.9 |

其主要原因有以下几点：

增加复种面积，由一年两熟改为三熟，作物从土壤中吸收的钾及其他养分增加；

扩种吸钾量高的矮秆水稻品种和杂交稻；

继续增施氮磷化肥，而钾肥的补充很少。

根据全国化肥试验网在 80 年代初期的试验结果，氮肥的增产效果普遍下降；磷肥的增产效果在南方水稻上下降，在北方小麦、玉米上稍有上升；而钾肥的效果趋于明显，尤其是在长江以南各省（表6）。

**表6　氮、磷、钾化肥的增产效果**

（1981—1983）

| 作物 | 每千克养分增产（千克） | | |
| --- | --- | --- | --- |
| | N | $P_2O_5$ | $K_2O$ |
| 水稻 | 9.1 | 4.7 | 4.9（华南6.6千克） |
| 小麦 | 10.0 | 8.1 | 2.1 |
| 玉米 | 13.4 | 9.1 | 1.6 |
| 棉花（籽棉） | 3.6 | 2.0 | 2.9 |
| 油菜籽 | 4.0 | 6.3 | 0.6 |
| 马铃薯 | 58.1 | 33.2 | 10.3 |

湖南、广东、浙江三省在水稻上的试验结果，在氮磷肥的基础上施用钾肥，比单施氮肥的基础上施用钾肥，效果可进一步提高（表7）。某些地区和作物，如再配合施用微量元素（Zn、B、Mn、Mo 等）或中量元素（S、Ca、Mg）肥料，也有增产效果。因此，70 年代中期以后中国进入了氮、磷、钾、微量元素肥料配合施用的平衡施肥阶段。

**表 7　钾肥与氮磷肥配合施用的效果**

（1980 年汇总材料）

| 省份 | 试验处理 | 稻谷产量（千克/亩） | 钾肥增产 | |
|---|---|---|---|---|
| | | | 千克/亩 | % |
| 湖南 | N | 335.8 | — | |
| | NK | 354.9 | 19.1 | 5.7 |
| | NP | 348.3 | — | — |
| | NPK | 378.6 | 30.3 | 8.7 |
| 广东 | N | 251.2 | — | |
| | NK | 279.7 | 28.5 | 11.3 |
| | NP | 257.4 | — | — |
| | NPK | 304.4 | 47.0 | 18.3 |
| 浙江 | N | 283.2 | — | — |
| | NK | 305.0 | 21.8 | 7.7 |
| | NP | 294.6 | — | — |
| | NPK | 337.8 | 43.2 | 14.7 |

　　进入 80 年代后，我国土壤缺钾的程度加剧，缺钾的面积进一步扩大。长江以北一些区原来认为不缺钾的地区，近年施用钾肥也有明显的效果。在某些土壤钾素含量不高，氮、磷肥用量大的高产区（如山东半岛）和一些产量高、需钾量大的作物（如玉米、蔬菜等）；首先表现缺钾。近年我为在北方的一些试验点，采取了统一的试验设计，进行了连续几年的施用钾肥的试验，下面计用其中两个试验点的结果。

　　山东莱阳潭格庄点，土壤类型为棕壤，质地为壤砂土，代换性钾（K）的含量 50.4ppm。产量结果见表 8。

**表 8　作物施用钾肥的产量效应**

（山东莱阳）

| 年份 | 作物 | 处理 | 产量 | | 增产 | |
|---|---|---|---|---|---|---|
| | | | 千克/亩 | % | 千克/亩 | 千克/千克 $K_2O$ |
| 1987 | 春花生 | NP | 170.6 | 1000 | — | — |
| | | NPK | 181.9 | 106.0 | 11.3* | 1.82 |
| | | NPM | 175.0 | 100.0 | — | — |
| | | NPKM | 188.8 | 107.9 | 13.8* | 2.22 |
| 1987—1988 | 冬小麦 | NP | 350.0 | 100.0 | — | — |
| | | NPK | 409.5 | 1170 | 59.5 | 9.5 |
| | | NPM | 352.0 | 100.0 | — | — |
| | | NPKM | 440.5 | 125.1 | 88.5* | 14.21 |
| 1988 | 夏玉米 | N | 363.3 | 1000.0 | — | — |
| | | NPK | 623.6 | 171.7 | 260.3** | 41.82 |
| | | NPM | 491.9 | 100.0 | — | — |
| | | NPKM | 6660.1 | 134.2 | 168.2** | 27.02 |

注：钾肥用量每亩 6.23 千克 $K_2O$；有机肥（M）种及数量因各地条件而异，但同一试验中用量一致。

　　**0.05 差异显著，*0.01 差异显著。

从以上试验可看出，在莱阳高产区，以夏玉米施钾的增产幅度最大，冬小麦次之，春花生增产幅度较小。

吉林公主岭杨大城子点为黑土，质地偏砂，代换性钾（K）52ppm，一年种一季春玉米，产量结果见表9。

表9　春玉米施用钾肥的产量效应
（吉林公主岭）

| 年份 | 处理 | 产量 | | 增产 | |
|---|---|---|---|---|---|
| | | 千克/亩 | % | 千克/亩 | 千克/千克 K |
| 1987 | N | 690.1 | 100 | — | |
| | NPK | 739.0 | 107.1 | 48.9* | 7.86 |
| | NPM | 696.6 | 100 | — | |
| | NPKM | 765.5 | 109.9 | 68.9* | 11.07 |
| 1988 | NP | 493.3 | 100 | — | |
| | NPK | 552.1 | 111.9 | 58.8** | 9.45 |
| | NPM | 516.9 | 100 | — | |
| | NPKM | 587.9 | 113.7 | 71.0** | 11.41 |
| 1989 | N | 384.2 | 100 | — | |
| | NP | 443.2 | 115.4 | 59.2** | 9.50 |
| | PM | 439.2 | 100 | — | |
| | NPKM | 540.4 | 123.0 | 101.2** | 16.24 |

注：钾肥用量每亩 6.23 千克 K；有机肥（M）种及数量因各地条件而异，但同一试验中用量一致。

**0.05 差异显著，*0.01 差异显著。

三年的试验钾肥在当地春玉米上均有极显著的增产效果。

从以上结果可以看出，北方地区在高产施肥中钾有不可忽视的作用，已经开始表现出增产效果。因此，对我国北方地区主要土壤的供钾能力，不同作物施用钾肥的效应以及需钾前景预测的研究，是中国钾肥研究中的一处重要问题。

# 三、我国肥料发展的展望

**1.** 我国有施用有机肥料的优良传统，但是近年来有机肥的收集和使用没有得到足够的重视，绿肥的面积也比 20 世纪 70 年代后期下降了许多。有机肥不仅在补充和更新我国相当贫瘠的土壤中的有机质，调节肥料中磷钾元素的平衡有重要作用，而且农业和城市有机废物作为肥料合理利用，是物质和能量循环的最好方式，不仅有巨大的经济效益，而且有利于生态环境的改善。因此，必须从政策方面和技术方面保证有机肥料的稳步发展。同时，要尽快建立和完善我国主要农区不同种植制度中的有机——无机肥料配合施用体系，以保证农田土壤肥力的提高和农业的持续发展。

**2.** 我国化肥的增产潜力还有待进一步发挥。必须把用好化肥和增加化肥的用量（包括增加生产和进口）放在同等重要的位置来对待。要发挥化肥的增产潜力，从宏观上要有一个适宜的氮磷钾比例，并进行合理、及时的分配。从局部看，要根据土壤养分状况和作物需肥特点，进行平衡施肥。例如在严重缺磷的土壤上增施氮肥，只有造成氮的浪费。同时，要改进施肥技术，例如，碳酸氢铵深施（离土表 8～10 厘米）可提高肥效将近一倍（表 10）。以上所述要求有一套科学的管理办法和相应的技术措施，并为领导和农民所接受。

**表 10　氮肥不同追施方法的增产效果**

（1984—1986 年华北五省份）

| 处理 | 小麦（n=76）（千克/千克 N） | 玉米（n=34）（千克/千克 N） |
|---|---|---|
| 碳酸氢铵表施 | 6.61 | 7.60 |
| 碳酸氢铵深施 | 12.80 | 13.13 |
| 尿素表施 | 4.55 | 10.30 |
| 尿素深施 | 12.60 | 13.73 |

**3. 增加我国化肥中磷钾肥的比重十分重要。** 1987 年我国生产化肥 1693.4 万吨，使用化肥 1999.3 万吨，$N:P_2O_5:K_2O$ 比例分别为 $1:0.23:0.003$ 和 $1:0.31:0.09$。我国氮肥的总用量占世界第一位，而磷、钾肥的比例过低。目前我国北方缺磷、南方缺钾的面积相当大，增施磷、钾肥不仅本身有明显的增产效果，而且可以提高氮肥的肥效。

1988 年和 1989 年我国进口化肥数量和品种如下（表 11）。如果考虑到我国国产化肥以氮肥为主而磷钾不足的情况，则进口化肥中磷、钾的比重应当提高，而现在进口的化肥的仍然以氮肥为主。

**表 11　我国近年进口的化肥种类和数量**

（单位：万吨）

| 种类 | 数量 | |
|---|---|---|
| | 1988 年 | 1989 年 |
| 尿素 | 793.21 | 706.38 |
| DAP | 257.22 | 273.54 |
| NPK 三元复合肥 | 85.98 | 159.95 |
| TSP | 10.27 | 14.82 |
| $K_2SO_4$ | 30.42 | 31.87 |
| KCL | 186.59 | 136.85 |
| 合计 | 1363.69 | 1323.41 |
| N | 430.04 | 399.01 |
| $P_2O_5$ | 139.42 | 155.35 |
| $K_2O$ | 141.50 | 117.71 |
| 合计 | 710.96 | 672.07 |

资料来源：武希彦。

**4. 施肥对环境的影响、施肥对产品质量的影响是产后必须加强的研究课题。** 根据国外的资料，施肥氮肥增加地下水中的硝态氮和空气中的 $N_2O$，从而造成对环境的污染。我国在这方面的研究很少。另外，施肥不仅增加产量；对产品质量也有重要影响，从而影响其经济价值；对经济作物和瓜果尤为重要。

最后，祝肥料研究和示范推广方面的国际合作取得新进展，祝会议园满成功！

# 我国平衡施肥中的中量和微量营养元素问题

林 葆

（中国农业科学院土壤肥料研究所）

在我国的平衡施肥中，继氮、磷、钾之后，中、微量营养元素是一个值得十分注意的问题。在我国已经举办过多次中微量营养元素的讨论会。例如，1993 年 4 月在四川省成都市，由四川省农业科学院土壤肥料研究所、加拿大钾磷研究所（PPIC）和美国硫研究所（TSI）等单位共同组织过一次硫、镁和微量元素在作物营养平衡中的作用国际学术讨论会。自1993 年以来，在我国也曾召开过多次硫资源和硫肥需求的国际学术讨论会。这些会议对推动我国中微量营养元素的研究和应用起了重要的作用。在此，我根据近来的资料和我们自己所做的工作，作一简要介绍。

我国对微量营养元素和施用微肥的工作，始于 20 世纪 50 年代，经 60 年代的发展，70～80 年代已进入高潮。在农业生产上，解决了油菜、棉花、小麦缺硼和水稻、玉米缺锌等重大问题，引起了人们对微量营养元素的重视。但是，中量营养元素的研究和使用滞后于微量营养元素。20 世纪 60 年代在闽北、赣南等地开始施用硫肥，70 年代对硫的研究增多，并由南方向北方发展。钙营养和钙肥的研究还处于初始阶段。虽然在我国南方酸性土壤上施用石灰很普遍，但主要作为土壤改良剂，很少考虑作物钙、镁营养问题。近年来微量和中量营养元素缺乏的面积和严重程度有加剧的趋势，主要原因是：

①作物复种指数增加，单位面积产量进一步提高，随同籽粒、秸秆从土壤中移走的中、微量营养元素增加，而没有得到相应补充；

②高浓度化肥用量增加，含中、微量营养元素的肥料（如硫酸铵、普通过磷酸钙）减少；

③有机肥用量减少，大量焚烧秸秆，损失了其中的碳、氮和大部分硫；

④工业废气排放的监控，如从 2000 年 9 月 1 日起实施"大气污染防治法"；

⑤含硫、铜的农药逐步被其他有机农药代替。

目前，中国的种植业结构正在进行调整，粮食的种植面积有所减少，蔬菜、水果的面积增加很快，但是产品质量不高。我国水果出口的数量很少，而进口水果的种类和数量越来越多。我国面临年内加入 WTO 的形势，农产品在国际市场有没有竞争能力，主要取决于质量和价格。提高蔬菜、水果的品质要采取综合措施，施肥是一个重要方面，而施用中微量元素肥料，对提高蔬菜、水果的品质有重要作用。

---

注：本文为 2001 年中国平衡施肥报告会发言稿。

# 一、微量元素

我国微量营养元素缺乏的面积很大，根据全国第二次土壤普查（1979—1994 年）的 129 265 个土样的测定结果，不同地区耕地土壤各种微量营养元素的缺乏比例列于表1。

硼：我国耕地缺硼（用沸水浸提，姜黄素比色测定的有效硼≤0.5 毫克/千克）的面积最大，占 68.1%，主要分布在两片：一片分布在东部和东南部，包括砖红壤、赤红壤、红壤、黄壤和黄潮土；另一片为黄土母质和黄河冲积物发育的土壤。黑龙江的草甸土、白浆土也往往缺硼。对缺硼敏感的作物有油菜、棉花、小麦、柑橘等。

钼：缺钼（草酸—草酸铵溶液提取，催化极谱法测定，临界值为 0.15 毫克/千克）的耕地占 59.8%，也有两大片：一片为北方黄土母质发育的黄绵土、填土、褐土等，原因为母质含钼量低；另一片为南方的砖红壤、赤红壤和红壤地区，土壤全钼含量高，因土壤酸性，有效钼含量低。豆科作物（如紫云英、苕子、苜蓿、大豆、花生等）对缺钼敏感。

**表 1　我国耕地微量营养元素缺乏的比例**

（单位：%）

| 区域 | 耕地面积（百万公顷） | 有效 B ≤0.5 毫克/千克 | 有效 Mo ≤0.15 毫克/千克 | 有效 Zn ≤0.5 毫克/千克 | 有效 Fe ≤4.5 毫克/千克 | 有效 Mn ≤5 毫克/千克 | 有效 Cu ≤0.2 毫克/千克 |
|---|---|---|---|---|---|---|---|
| 华北 | 26.1 | 93.4 | 100.0 | 73.7 | 23.3 | 26.8 | 1.2 |
| 东北 | 22.0 | 79.4 | 33.8 | 56.0 | 14.6 | 10.3 | 1.9 |
| 长江中下游 | 25.9 | 74.7 | 19.8 | 18.2 | 1.5 | 3.1 | 18.1 |
| 华南 | 8.0 | 67.5 | 59.7 | 27.6 | 1.6 | 10.5 | 12.7 |
| 西南 | 20.6 | 48.5 | 38.8 | 1.0 | 2.0 | 0.7 | 0.3 |
| 黄土高原 | 18.3 | 47.0 | 83.0 | 75.1 | 46.4 | 24.5 | 2.2 |
| 青藏高原 | 1.7 | 0.1 | 37.2 | 20.9 | — | 1.0 | — |
| 西北 | 15.1 | 56.7 | 82.2 | 67.6 | 24.0 | 37.6 | 7.5 |
| 合计 | 137.7 | 68.1 | 59.8 | 45.7 | 16.2 | 15.4 | 5.8 |

锌：缺锌（用 DTPA 溶液浸提，原子吸收分光光度计测定，≤0.5 毫克/千克）的耕地面积占 45.7%，我国有效锌含量低的土壤主要是石灰性土壤，如栗钙土、黄绵土、壤土、褐土、潮土、石灰性紫色土等，在水稻土地区主要是石灰性和中性水稻土。对缺锌敏感的作物有玉米、水稻等粮食作物和苹果、梨等果树。

耕地缺铁、锰、铜的面积比较小。缺铁、缺锰的土壤主要分布在北方石灰性土壤上，南方酸性土壤一般不缺铁、锰。一些落叶果树（桃、苹果、山楂等）在高温多雨季节新生叶片缺铁失绿现象十分明显。麦类作物（小麦、大麦、燕麦）和甜菜对缺锰敏感。我国多数土壤含铜比较丰富，不存在大面积连片的缺铜地区。瘠薄的山坡地、风沙土、冷浸田和新开垦的沼泽地、泥炭土容易缺铜。

由以上材料可知，我国缺硼、钼的土壤主要分布在东部，南、北均有。而缺锌、锰、铁的土壤主要为北方的石灰性土壤。从总体上看，微量营养元素的缺乏，以北方较为普遍。施用微量元素肥料增产的效果，已有大量报道，不在此赘述。我国施用微肥的面积没有精确的统计。各地作物上微量元素缺乏的症状较为普遍，说明增施微肥还有很大增产潜力。同时，在缺乏地区施用微量元素肥料，还能明显提高氮、磷、钾化肥的肥效。

# 二、中量元素

## （一）硫素

根据近年我国 29 个省份的 10712 个土壤样品的有效硫测定结果，南方 18 个省份 10041 个土样有 3081 个缺硫（用 $Ca(H_2PO_4)_2$ 溶液提取，比浊法或 ICP 测定，临界值为 12 毫克/千克），占 30.7％；北方 11 个省份的 671 个土样有 203 个缺硫（ASI 法，有效硫≤12 毫克/升），占 30.3％。根据我们与有关省农业科学院土壤肥料研究所合作，由各省取样后送我所（1997—1999）统一测定黑龙江、河南、陕西和江西的 412 个土样结果，上述省份低于临界值的土样分别占 30.3％，24.0％，39.1％和 44.2％，南方的土壤比北方缺硫严重。从以上数据可粗略估计，我国耕地缺硫的面积约为 30％。但土壤硫素变化很大，缺硫土壤分布的规律性有待进一步研究。近年在多种作物上做过施用硫肥的效果试验，粮食作物增产 5％～10％，大豆、油菜较高，可达 15％左右（表 2），但增产效果不稳定。

**表 2　硫肥在中国主要作物的增产效果**

（1994—1996，TSI 咨助项目）

| 作物 | 试验数 | 增产（％） | |
| --- | --- | --- | --- |
| | | 平均 | 变幅 |
| 水稻 | 40 | 9.1 | −8.4～＋30 |
| 玉米 | 20 | 12 | ＋4.7～＋55 |
| 小麦 | 5 | 10 | −19～＋25 |
| 大豆 | 7 | 18 | ＋8.5～＋58 |
| 花生 | 5 | 10 | ＋5.0～＋14 |
| 油菜 | 20 | 16 | ＋2.3～＋38 |
| 棉花 | 1 | 5.9 | 5.9 |
| 茶叶 | 7 | 6.6 | 0～＋15 |
| 甘蔗 | 3 | 9 | ＋8.0～＋10 |
| 甜菜 | 2 | 7.5 | ＋7.2～＋7.8 |
| 木薯 | 1 | 11 | 11 |
| 马铃薯 | 1 | 55 | 55 |
| 合计 | 112 | 14 | −19～＋55 |

作物对硫的吸收量与磷相近，但作物缺硫不普遍，这和硫的大量投入有关。据化工、环保和农业部门的材料，我国每年随同普通过磷酸钙施入农田的硫超过 300 万吨，随有机肥投入农田的硫约为 144 万吨，随同雨水降到农田的硫 70 余万吨。仅此三项，每年农田硫的投入量超过 500 万吨，每公顷耕地达 40 千克左右。随着今后高浓度不含硫肥料用量的增加，大气污染进一步得到控制，我国农田硫的问题将会逐步突出。

## （二）钙素

除南方的砖红壤、赤红壤、红壤和黄壤地区外，我国土壤含钙丰富，尤其是北方石灰性土壤均为盐基饱和土壤，其中 75％～90％是钙离子，土壤交换性钙和土壤溶液中的钙（两者均为有效钙）都很丰富。但是，即使在北方地区，作物常有缺钙的症状，尤其以水果、蔬菜为明显。如苹果的苦痘病、水心病，大白菜的干烧心，番茄的脐腐病等。其主要原因往往不是土壤缺钙，而是作物吸收后运输和分配的原因。蒸腾旺盛，生长素产生多的部位对钙的竞争力强。例如果树的新梢蒸腾强度和生长素的产生量远远高于果实，因而果实得不到充足的钙。大白菜的心叶也因蒸腾作用得而得不到足够的钙。而且钙在植物体内一旦淀积下来，就难以再分配到其他部位。

1992—1994 年我们在华北地区曾在蔬菜上进行过 37 个土施硝酸钙和 14 个喷施硝酸钙的田间试验（表 3）。结果显示，土施硝酸钙与施用等氮量的硝酸铵或尿素相比，平均增产 9.1％～24.1％。叶面或果面喷施硝酸钙与等氮量的硝酸铵、尿素水溶液或清水比较，增产 4.2％～27.7％。还可改善蔬菜品质。减轻大白菜干烧心和番茄脐腐病的发病率。土施的增产幅度一般大于喷施。土施硝酸钙的产投比（VCR）为 20 左右，喷施可达 30 左右。1993 年以来我们在北京、安徽、陕西等省、市桃和苹果上进行的喷施钙肥（硝酸钙、氯化钙）试验，提高了苹果的硬度和耐贮藏性，减轻了苹果的苦痘病，增加了产量，改善了品质（表 4）。当前种植业调整为蔬菜、果树施用钙肥展示了良好的前景。

### 表 3 施用硝酸钙对蔬菜产量的影响

（1992—1994）

| 施用方法 | 供试蔬菜 | 试验数 | 平均增产率（％） | 增产幅度（％） | 平均产投比 |
|---|---|---|---|---|---|
| 土施 | 大白菜 | 10（7） | 14.0 | 3.5～29.8 | 20 |
|  | 番茄 | 7（7） | 21.1 | 13.1～30.8 | 23 |
|  | 芹菜 | 8（7） | 16.2 | 7.9～36.7 | 18 |
|  | 黄瓜 | 2（2） | 24.1 | 10.6～37.6 | — |
|  | 青椒 | 1（1） | 14.4 |  |  |
|  | 生菜 | 4（1） | 9.1 | 3.3～22.1 | — |
|  | 辣椒 | 1（1） | 15.2 |  | — |
|  | 甘蓝 | 2（2） | 9.1 | 8.0～10.2 | — |
|  | 韭菜 | 1（1） | 23.2 |  | — |
|  | 大葱 | 1（1） | 23.0 |  |  |
| 喷施 | 大白菜 | 6（4） | 11.0 | 7.1～16.4 | 38 |
|  | 番茄 | 3（3） | 10.4 | 6.8～14.5 | 36 |
|  | 芹菜 | 3（3） | 13.4 | 10.1～17.5 | 29 |
|  | 菠菜 | 1（1） | 27.7 | 24.0～31.4 |  |
|  | 青椒 | 1（0） | 4.2 |  | — |

注：括号中的数字为增产显著的试验数。

**表 4　不同时期喷施硝酸钙对苹果（富士）产量和品质的影响**

（1993）

| 处理 | 果实钙含量 | 花朵坐果率 | 产量 | | 可溶性固形物 | 总糖 | 总酸 |
|---|---|---|---|---|---|---|---|
| | ％ | | 千克/亩 | ％ | ％ | | |
| 对照，喷清水 | 1.825c | 14.9 | 1290d | 100.0 | 13.0 | 11.2 | 0.37 |
| 前期喷钙 2 次 | 2.461a | 24.5 | 1654a | 128.2 | 14.6 | 11.6 | 0.38 |
| 后期喷钙 2 次 | 2.154b | 17.2 | 1462c | 113.3 | 14.3 | 11.5 | 0.39 |
| 前后期各喷钙 1 次 | 2.063b | 17.4 | 1569b | 121.5 | 14.4 | 11.5 | 0.38 |

### （三）镁素

我国缺镁的土壤主要是砖红壤、赤红壤和部分红壤，北方的土壤很少缺镁。根据我所衡阳红壤试验站和湖南、广西农业科学院土壤肥料研究所分析当地 1262 个土样结果，平均有效镁含量为 39.7 毫克/千克（用醋酸铵溶液浸提，火焰光度计测定，≤40 毫克/千克为缺镁），其中砖红壤 16.9 毫克/千克，赤红壤 25.6 毫克/千克，红壤 26.7 毫克/千克，均为缺镁土壤，水稻土 69.6 毫克/千克，棕色石灰土 79.1 毫克/千克，石灰性紫色土 98.5 毫克/千克，含镁比较丰富。同一土壤类型中，砂质土壤含镁较低，黏质土壤含镁较高。236 个田间试验结果，甘蔗、花生、大豆、油菜、木薯、红麻等作物施用镁肥增产幅度较高，达 10.1％～39.1％，而粮食作物（水稻、玉米等）施用镁肥增产幅度较低，为 4.6％～11.4％，不同蔬菜对施用镁肥的反应不一。根据以往的研究，甘蔗、橡胶树等对缺镁比较敏感。

## 三、解决问题的办法

1. 加强中微量营养元素，尤其是中量营养元素的试验研究工作，根据土壤和作物，推广应用中微量元素肥料。

2. 含有钙、镁、硫的普通过磷酸钙和钙镁磷肥是国产磷肥的主要品种，在发展高浓度磷复肥的同时，应保留、提高和适当发展。

3. 增施有机肥料。在有条件的地方，建立有机肥料加工企业，使有机肥料向产业化、商品化发展。生产各种秸秆粉碎机械，推广秸秆直接还田，减少并逐步杜绝焚烧秸秆。

## 主 要 参 考 文 献

[1] 全国土壤普查办公室. 中国土壤普查数据. 北京：中国农业出版社，1997：20-21.

[2] 美国硫研究所，中国硫酸工业协会等. 中国硫肥的需求和发展国际学术讨论会论文集. 北京，1995：3-10，11-20.

[3] 美国硫研究所. 硫肥对中国农业发展的重要作用——关于中国农业硫肥研究和使用的综合报告. 1999：19.

[4] 林葆，周卫，张文才. 桃果实缝合线部位软化发生与防止研究. 土壤肥料，1996（6）：19-21.

[5] 林葆，朱海舟，周卫. 硝酸钙对蔬菜产量与品质的影响. 土壤肥料，2000（2）：20-22.

# 3 肥料宏观认识

# 充分发挥我国肥料的增产效果

林　葆

（中国农业科学院土壤肥料研究所）

我国耕地面积逐年减少及人口不断增加的趋势至今未能得到遏制。要在有限的耕地上，产出越来越多的农产品，唯一的途径是提高单位面积产量。而施肥，特别是充分发挥肥料的增产效用是提高单产的一项关键措施。

## 一、我国的肥料数量及其增产效果

### （一）我国有机肥、化肥用量及养分投入与产出平衡概况

我国是一个有施用有机肥传统的国家。有机肥的种类很多，但其最初来源均以农作物的秸秆为主。因此，随着农业生产的发展和人口的增加，我国有机肥总量逐年增长，1990 年与 1949 年比较，增长了 2.6 倍。新中国成立后化肥工业发展迅速，1960—1978年由于大、中、小型氮肥厂同步并进，是氮肥的大发展时期。磷肥产量也有大幅度增加。1971—1980 年的 10 年间，我国化肥产量由 299.4 万吨猛增到 1232.1 万吨，翻了两番，发展速度为世界罕见。与此同时，我国化肥用量也有了明显增长。表 1 列出了新中国成立后部分年份的肥料投入量和农产品的养分产出量及其平衡概况。1990 年我国使用化肥量达 2607.0 万吨，其 N：$P_2O_5$：$K_2O$ 为 1：0.35：0.1。施用有机肥折算成 N、$P_2O_5$、$K_2O$ 为 1556.6 万吨，比例为 1：0.52：1.25。肥料总投入量为 4163.6 万吨，N：$P_2O_5$：$K_2O$ 为 1：0.39：0.38（表 1）。

**表 1　我国农田养分投入和产出平衡概况**

（单位：万吨）

| 年份 | | | 1949 | 1957 | 1965 | 1975 | 1980 | 1985 | 1990 |
|---|---|---|---|---|---|---|---|---|---|
| 投入 | 有机肥 | N | 161.6 | 249.0 | 292.7 | 409.9 | 415.9 | 503.3 | 561.5 |
| | | $P_2O_5$ | 79.0 | 122.6 | 138.2 | 193.8 | 206.4 | 256.2 | 292.5 |
| | | $K_2O$ | 187.3 | 286.4 | 306.0 | 461.6 | 508.5 | 621.2 | 702.6 |
| | | 小计 | 427.9 | 658.0 | 736.9 | 1065.3 | 1130.8 | 1380.7 | 1556.6 |
| | 化肥 | N | 0.6 | 31.6 | 120.6 | 364.0 | 943.3 | 1740.9 | 1792.9 |
| | | $P_2O_5$ | — | 5.2 | 55.1 | 160.9 | 287.0 | 646.8 | 631.1 |
| | | $K_2O$ | — | — | 0.3 | 13.0 | 39.2 | 202.6 | 183.0 |
| | | 小计 | 0.6 | 36.8 | 176.0 | 537.9 | 1269.5 | 2590.3 | 2607.0 |

注：本文收录于《中国土壤科学的现状与展望》，江苏科学技术出版社，1991，29～36。

（续）

| 年份 | | 1949 | 1957 | 1965 | 1975 | 1980 | 1985 | 1990 |
|---|---|---|---|---|---|---|---|---|
| 投入 | 合计 | | | | | | | |
| | N | 162.2 | 280.6 | 413.3 | 773.9 | 1359.2 | 1762.1 | 2354.4 |
| | $P_2O_5$ | 79.0 | 127.8 | 193.3 | 354.7 | 493.4 | 664.1 | 923.6 |
| | $K_2O$ | 187.3 | 286.4 | 306.3 | 474.6 | 547.4 | 730.3 | 885.6 |
| | 总计 | 428.5 | 694.8 | 912.9 | 1603.2 | 2400.3 | 3156.5 | 4163.6 |
| | 产出 N | 291.2 | 511.0 | 521.8 | 749.1 | 867.0 | 1114.0 | 1279.1 |
| | $P_2O_5$ | 138.0 | 235.8 | 237.0 | 333.9 | 378.3 | 478.7 | 552.3 |
| | $K_2O$ | 306.3 | 562.1 | 559.8 | 813.2 | 933.5 | 1207.7 | 1375.7 |
| | 总计 | 735.5 | 1308.9 | 1318.6 | 1896.2 | 2178.8 | 2800.4 | 3207.1 |
| | 平衡 *N | −129.3 | −246.2 | −168.8 | −157.2 | 20.6 | 18.7 | 178.9 |
| | $P_2O_5$ | −59.0 | −108.0 | −43.7 | 21.0 | 115.1 | 185.4 | 371.3 |
| | $K_2O$ | −119.0 | −275.7 | −253.5 | −338.6 | −385.8 | −477.4 | −490.1 |

\* 投入的化肥氮以利用率 50% 计算（包括后效）。

　　由于化肥用量增长速度快，有机肥用量增长慢，因此，有机肥在肥料总量中的比重迅速下降（表 2），到 20 世纪 80 年代初，以养分计算，有机肥与无机肥各占一半，以后化肥超过了有机肥。1990 年，有机肥占肥料总投入量的 37.4%，其中 N、$P_2O_5$ 分别占 23.8% 和 31.7%，而 $K_2O$ 则以有机肥为主，占 79.3%。由此可见，我国有机肥在肥料总投入量中仍占有一定的比重，它在调节肥料的氮磷钾比例中起重要作用。

表2　1949—1990 年我国农田养分投入中有机肥和化肥结构的变化

| 年份 | 肥料总投入量（万吨） | 其中有机肥料比重（%） | | | |
|---|---|---|---|---|---|
| | | 总量 | N | $P_2O_5$ | $K_2O$ |
| 1949 | 428.5 | 99.9 | 99.6 | 100 | 100 |
| 1957 | 694.8 | 91.0 | 88.7 | 96.0 | 100 |
| 1965 | 912.9 | 80.7 | 70.8 | 71.5 | 99.9 |
| 1975 | 1063.2 | 66.4 | 53.0 | 54.6 | 97.3 |
| 1980 | 2400.3 | 47.1 | 30.6 | 41.8 | 92.8 |
| 1985 | 3156.5 | 43.7 | 28.6 | 38.6 | 85.1 |
| 1990 | 4163.6 | 37.4 | 23.8 | 31.7 | 79.3 |

　　从投入产出的平衡概况看，磷素从 20 世纪 70 年代中期即基本达到平衡，这意味着我国土壤磷素状况出现了一个转折，随着磷素投入量的增加，缺磷土壤的面积和严重程度将会得到逐步改善。钾素化肥的用量近年虽有增加，但钾的总投入量与产出量比较，每年均为亏缺，近年亏缺量高达 500 万吨左右。从目前情况看，我们还不能把作物从土壤中摄取的钾素全部归还给土壤，适当利用土壤中的钾资源是必要的。但是，我们也必须看到，近期内耕地土壤严重缺钾的状况将继续发展。氮素的情况比较复杂。在我国不同条件下，施用的氮肥的去向问题正在研究之中。对农田中氮素化合物的其他来源（如降水、灌溉水，自生固氮等）也缺乏足够资料。我们暂以施入化肥氮的利用率为 50% 计算（包括后效），则 80 年代以来氮素的投入和产出大致趋于平衡，1990 年由于氮肥的投入量剧增，故氮已有盈余。这一粗略计算与全国化肥试验网的氮磷钾肥效试验结果和近年各地土壤测试结果、肥效变化是大体

上一致的。

## （二）我国化肥总产量及总消费量

我国化肥总产量和总消费量在世界已占有重要的位置（表3）。与美、苏二国比较，我国化肥总产量居世界第三位，总消费量居第二位，而氮肥消费量居第一位。我国磷、钾化肥的产量和消费量明显低于美、苏（其中磷肥消费量已超过美国）。

**表3  1988—1989年中美苏三国化肥产量和消费量比较**

（单位：万吨）

| 化肥种类 | 中国 | | 美国 | | 苏联 | |
|---|---|---|---|---|---|---|
| | 产量 | 消费量 | 产量 | 消费量 | 产量 | 消费量 |
| N | 1395.4 | 1851.4 | 1269.1 | 964.6 | 1560.4 | 1158.7 |
| $P_2O_5$ | 376.6 | 516.2 | 952.0 | 374.2 | 915.5 | 855.6 |
| $K_2O$ | 5.4 | 164.6 | 111.3 | 438.4 | 1130.0 | 704.4 |
| 合计 | 1777.4 | 2532.2 | 2332.4 | 1777.2 | 3605.9 | 2718.7 |

资料来源：FAO肥料年鉴39卷（1989）。

此资料与我国的统计有一些小的差异，为便于比较，此表全部用肥料年鉴数据。

以每公顷耕地（包括多年生作物）的化肥施用量和人均占有量看，近年来我国也有很大提高（表4）。1978年我国单位面积耕地的施用量已超过世界平均水平，到1988年已是世界平均水平的2.5倍，超过了欧洲的平均水平。但按播种面积计算，每公顷只有130～135千克，约高出世界平均用量的1/3，也高于美国和苏联；按人均占有量，1978年不到世界人均占有量的一半，1988年虽有很大提高，但仍低于世界人均占有量，但高于日本、印度和印尼。

**表4  世界化肥消费水平**

| 地区 | A* | 1978 | 1988 | B** | 1978 | 1988 |
|---|---|---|---|---|---|---|
| 世界平均 | | 75.2 | 98.7 | | 25.3 | 28.5 |
| 亚洲平均 | | 57.1 | 114.8 | | 10.3 | 17.3 |
| 中国 | | 108.1 | 262.1 | | 11.2 | 23.0 |
| 印度 | | 30.4 | 65.2 | | 7.8 | 13.5 |
| 印尼 | | 39.3 | 112.8 | | 5.3 | 13.7 |
| 日本 | | 449.6 | 415.1 | | 19.3 | 15.8 |
| 朝鲜（北） | | 345.4 | 338.1 | | 44.8 | 37.1 |
| 欧洲平均 | | 223.6 | 229.3 | | 66.3 | 64.9 |
| 苏联 | | 79.4 | 117.0 | | 70.5 | 95.1 |
| 法国 | | 296.0 | 311.6 | | 105.2 | 107.3 |
| 荷兰 | | 735.9 | 649.8 | | 45.3 | 41.0 |
| 美国 | | 107.4 | 93.6 | | 92.0 | 72.2 |

\*   A：千克（N＋$P_2O_5$＋$K_2O$）/公顷（耕地＋多年生作物）。

\*\*  B：千克（N＋$P_2O_5$＋$K_2O$）/人。

### （三）我国肥料的增产效果

**1. 有机肥的增产效果。** 依靠有机肥料的投入及改进耕作技术，使我国在长达2000多年内保持小麦和水稻的单位面积产量的基本稳定，并有缓慢的提高。世界其他国家农业发展的经验和肥料长期定位试验的结果也证实了有机肥在提高作物产量，培肥地力等方面的重要作用。从我国的试验结果看，除秸秆直接还田有时当季不增产外，施用各种有机肥都有一定增产效用。我们对1980年以来全国135个5年以上的定位试验进行了总结，结果列于表5。

表5　有机肥增产效果的定位试验

| 试验区域 | 主要土类 | 试验数 | 轮作作物 | 历年施用有机肥的增产量（千克/亩） | | | | | | CV（%） |
|---|---|---|---|---|---|---|---|---|---|---|
| | | | | 第1年 | 2 | 3 | 4 | 5 | 平均 | |
| 长江以南各省 | 水稻土 | 37 | 早稻 | 13 | 28 | 28 | 39 | 33 | 28 | 30.5 |
| | | | 晚稻 | 14 | 24 | 29 | 33 | 39 | 28 | 30.5 |
| 西南区 | 紫色土 | 38 | 小麦 | 31 | 42 | 41 | 39 | 26 | 36 | 17.4 |
| | | | 中稻 | 32 | 43 | 48 | 50 | 59 | 46 | 19.1 |
| 华北及西北区 | 潮土 褐土 | 23 | 小麦 | 33 | 51 | 42 | 48 | 55 | 46 | 16.8 |
| | | | 玉米 | 38 | 47 | 65 | 63 | 61 | 55 | 19.2 |
| 东北及西北区 | 黑土 灌漠土 | 37 | 谷物 | 16 | 22 | 32 | 27 | 53 | 30 | 42.2 |
| 平均 | | 135 | 谷物 | 24 | 35 | 39 | 41 | 45 | 37 | 19.5 |
| 比不施有机肥的增产率（%） | | | | 7.7 | 12.2 | 12.5 | 15.5 | 16.3 | 12.8 | |

　　试验中供试有机肥主要有厩肥、堆肥、绿肥、土粪等，历年增产量变幅较大，但从大量的结果看，连续施用有机肥其肥效有积累，在试验的最初的5年内，增产效果有逐年增加的趋势，但增产幅度不大（与化肥比）。从不同地区不同种植制度看，施用有机肥的增产效果以华北、西北地区的小麦、夏玉米一年两熟制＞西南地区的稻、麦一年两熟制＞东北、西北地区的一年一熟制＞长江以南双季稻种植制。

　　有机肥用量对增产有显著影响。根据我所与河北省辛集市农业局合作进行的12年定位试验，历年均施用垫过猪圈的麦秸堆肥，施肥量由每亩2.5吨逐步增加到10吨，小麦亩产量也是逐步增加的，但每吨有机肥的增产量下降。在当地条件下每亩施用有机肥5吨以下，每吨有机肥可增产小麦20千克左右。

**2. 化肥的增产效果。** 我国化肥试验网1981—1983年在全国进行的大量试验结果表明：水稻、小麦、玉米、棉花、油菜5种作物施用化肥（NP、NK或NPK），分别比不施化肥增产40.8%、56.6%、46.1%、48.6%和64.4%，其增产幅度高于有机肥。由于化肥在提高单位面积产量中的巨大作用，我国化肥用量的增长对粮、棉产量的增长起着重要的作用。1951—1990年的40年间，化肥总用量与粮、棉总产量的相关系数，化肥每亩用量与粮、棉亩产量的相关系数均达到显著或极显著水平。若以化肥总用量的80%用于粮食作物、每千克化肥（养分）增产粮食8千克计算，则最近5年（1986—1990）粮食总产中有35%左右是施用化肥的结果。

　　近50年来，我国共进行过3次全国规模的化肥肥效试验，对此已有专文总结，这里不再赘述。从最近的一次试验结果看（表 6），仍旧以氮肥的肥效最高，磷肥次之，钾肥又次之。从作物看，近年在水稻上除钾肥肥效上升，并超过磷肥外，氮、磷肥肥效下降幅度较大。而在北方地区，小麦、玉米施用氮、磷肥仍有较高的肥效。

联合国粮农组织主持的"肥料计划"，在 1960—1986 年在亚、非、拉发展中国家进行的田间试验和示范已超过 10 万个，其最近的总结列于表 7。

**表 6　不同作物施用氮磷钾化肥的肥效**

（1981—1983）　　　　　　　　　　　　　　　　　　　　（单位：千克）

| 作物 | N | | | P$_2$O$_5$ | | | K$_2$O | | |
|---|---|---|---|---|---|---|---|---|---|
| | 试验数 | 亩用量 | 每千克养分增产量 | 试验数 | 亩用量 | 每千克养分增产量 | 试验数 | 亩用量 | 每千克养分增产量 |
| 水稻 | 896 | 8.4 | 9.1 | 921 | 3.9 | 4.7 | 875 | 5.8 | 4.9 |
| 小麦 | 1462 | 7.9 | 10.0 | 1851 | 5.4 | 8.1 | 678 | 5.7 | 2.1 |
| 玉米 | 728 | 8.2 | 13.4 | 1040 | 5.6 | 9.7 | 314 | 6.5 | 1.6 |
| 棉花（籽棉） | 45 | 11.3 | 3.6 | 97 | 6.6 | 2.0 | 57 | 9.0 | 2.9 |
| 大豆 | 87 | 7.8 | 4.3 | 134 | 6.3 | 2.7 | 64 | 8.0 | 1.5 |
| 油菜 | 68 | 10.6 | 4.0 | 97 | 4.4 | 6.3 | 39 | 5.9 | 0.6 |
| 甜菜 | 36 | 7.4 | 41.5 | 51 | 6.3 | 47.7 | 6 | 6.5 | 17.9 |
| 马铃薯 | 16 | 4.2 | 58.1 | 44 | 4.0 | 33.2 | 3 | 6.0 | 10.3 |

**表 7　联合国粮农组织主持的"肥料计划"试验示范的平均肥效**

（1961—1986）　　　　　　　　　　　　　　　　　　　　（单位：千克）

| 作物 | 试验示范数 | 肥效经常出现的范围 |
|---|---|---|
| 小麦 | 12500 | 4～8 |
| 水稻 | 22800 | 8～12 |
| 玉米 | 24700 | 8～12 |
| 黍稷 | 3400 | 4～8 |
| 高粱 | 5600 | 6～8 |
| 所有粮食作物 | 69000 | 8～12 |
| 块根块茎作物 | 7000 | 32～48 |
| 豆类 | 5400 | 2～5 |
| 油料作物 | 11000 | 4～8 |
| 棉花 | 7600 | 3～6 |

从表 7 可以看出，试验所得结果与我国的试验结果基本一致。但应当指出的是，我国化肥用量普遍高于发展中国家，在这个基础上，仍能取得较高的增产效果是不易的。要进一步提高化肥增产效果也是比较困难的。

## 二、充分发挥我国肥料增产效果的途径

提高肥料的增产效果还有很大的潜力，这也是世界各国的研究重点。我国$^{15}$N 的研究表明，氮肥利用率（当季作物地上部）仅为 1/3 左右，并在土壤中有 15％～30％的残留。以差值法计算的氮肥利用率稍高，但不同试验间变幅很大，说明提高氮肥利用率还有很大的潜力。若按利用率提高 5％～10％和全国每年施用氮肥 1800 万吨计算，即相当于多施用 90 万～180 万吨氮肥（另一种意见认为，氮肥的利用率只有 30％左右，提高利用率 5％～10％，即相当于多施用 300 万～600 万吨氮肥）。从化肥的肥效看，若每千克化肥（养分）在现有基础上再多增产 1～2 千克粮食，则目前我国施用 2607 万吨化肥，以 80％用于粮食作物计算，可多生产粮食 2000 万～4000 万吨。实现这一增产目标的可能性是完全存在的。但是，提高肥料的增产效用是一项复杂的、综合性的工作，必须从以下几个方面着手：

**1. 宏观控制肥源总量及其构成。** 随着农业和畜牧业的发展，人口的增加，作为有机肥肥源的数量无疑是增加的。但随着农村工副业发展和农民商品意识增强，有机肥积、制、保、施技术必须加以改变，要以简便、省工为目标，并加强积肥、施肥的机械化。同时从政策上引导（如农产用地的相对稳定，实行积肥施肥的经济补贴等）。这样，才能促进有机肥的积、制、保、施有一个新的发展，增大有机肥的用量。至于有机肥与化肥应各占多大比例为宜，目前尚无定论。

化肥则应在增加用量的同时，继续调整氮磷钾比例和品种结构。化肥在总量上不足，氮磷钾比例失调，很难在局部地区和具体地块上做到用量合理，比例恰当。近年，由于化肥产量的增加和进口量的增大，磷肥不足问题已经有了明显缓解。但钾肥不足仍旧显得十分突出。按照全国化肥试验网的结果和《中国化肥区划》中关于我国氮磷钾化肥需求量的预测，1990 年化肥总量应比 1980 年增长 40％，达到 2335 万吨，其中 N1500 万吨；$P_2O_5$ 675 万吨；$K_2O$ 160 万吨，比例为 1∶0.45∶0.1。而 1990 年我国实际化肥用量为 2607 万吨，其中 N 1792.9 万吨；$P_2O_5$ 631.1 万吨；$K_2O$ 183 万吨，比例为 1∶0.35∶0.10。这一情况与预测大致接近。据有关部门提供的资料，1990 年全国化肥用量为 2607 万吨。这个数字可能略有偏高。到 2000 年，预测农田和其他多年生作物等需要化肥的总量为 3000 万～3200 万吨，N∶$P_2O_5$∶$K_2O$ 为 1∶0.4∶0.2，即 N 1875 万～2000 万吨；$P_2O_5$ 750 万～800 万吨；$K_2O$ 375 万～400 万吨。另外，还要有足够数量的微量营养元素和中量营养元素肥料的供应。我们认为，这一预测基本上是符合实际的，从目前情况看，氮肥用量届时还可能有所突破。在化肥品种构成方面，宜增加高浓度肥料（尿素、重钙）和复合肥料（磷酸铵、硝酸磷肥）的比重，以减少化肥的贮运费用，便于施用，并使之在施肥技术上符合农艺的要求。

**2. 实行合理分配和及时供应。** 我国目前实行的统配化肥与粮、粮棉以及和其他农产品挂钩（多的时候达数十种）的办法在化肥紧缺的情况下对促进粮、棉等作物的生产起到一定作用。但是这种办法使化肥流向高产区，而低产缺肥区更加缺肥，不利充分发挥化肥的肥效。根据化肥网的试验结果，在其他条件相对一致的情况下，每千克化肥的增产效用是随着用量增加而递减的。化肥在一些地区过分集中，其增产效果必然下降。我们的试验结果还表明，在中低产地块施肥，如果没有其他特殊的障碍因素，其肥效较高产地块高出 50％到 1 倍。在一些交通不便的边远地区，由于生产水平低，化肥用量少，施用化肥往往有较高的肥

效。如能增加这些地区的化肥投放量，对解决当地温饱问题和脱贫致富都有重要作用。

由于化肥生产地点高度集中，使用地点高度分散；生产时间全年均衡进行，施用时间却有很强的季节性。这些特点给供销造成一定困难。因此，如何使农民能够在需要化肥的时候能及时购到，也是提高化肥增产效用的一个大问题。

**3. 注意种学施肥。**这是充分发挥肥料增产效用的一个重要方面，也是农业科技人员的责任所在。

（1）进行土壤测试指导施肥。在作物产量处于较低或一般水平时，采用适宜的土壤测试（或植株分析）技术，并通过盆栽和田间试验，确定土壤中养分的限制因子，进行平衡施肥，均衡供应作物必需的各种营养元素，可以充分发挥化肥的增产效果。

我们在黄淮海平原进行的许多试验表明，在一些土壤的既缺氮又严重缺磷的低肥力地块，单施氮肥的增产效用和氮肥利用率都很低，单施磷肥有一定增产效果，但幅度不大。若在施用一定量磷肥基础上再施用氮肥，作物产量和氮肥利用率都成倍增长。在南方，特别是华南的一些地区，由于土壤钾素供应不足，水稻因此而染上胡麻叶斑病而减产。在氮磷肥的基础上增施钾肥，稻谷产量大幅度提高。近年发现，在吉林、黑龙江的一些地区，由于连年施用高浓度复合肥，导致土壤中硫的缺乏，施用含硫的肥料后水稻、玉米的产量明显增加。有些地方由于土壤中某种微量营养元素成为"最小养分"而限制了其他肥料充分发挥效用的例子也是常见的。

（2）氮磷钾配合施用，充分发挥其正交互作用。在高产的条件下，要进一步发挥肥料的增产效用，其潜力主要来自交互作用。因为在高产条件下，土壤中养分的限制因子往往不很突出，利用养分与养分间，养分与作物品种间，养分与栽培措施间的正交互作用，是高产施肥的关键。广东、湖南、浙江等省的试验表明，在氮肥用量低的情况下，钾肥的增产效用不大；在提高氮肥用量后，施钾有明显的增产效用，氮钾间有明显的正交互作用。肥料效用因作物密度而有很大变化，近年栽培叶片直立的紧凑型玉米，肥料效用明显提高，只增加施肥量而不提高种植密度，不可能充分发挥肥料的增产效果；反之，不增施肥料只提高密度，也不可能获得高产。加强对近年来我国选育出的一批水稻、玉米等作物的杂交种和高产新品种的需肥规律的研究，以满足其遗传特性的要求，可以获得高额产量，同时也充分发挥了肥料的效果。因此，在种植制度中注意鉴别和区分这些交互作用，并设法对其充分利用，是发挥肥料增产效用的一个重要方面，它将为肥料的高投入、高产出、高效益开辟新的途径。

（3）改进施肥技术。氮肥深施可以提高肥料的利用率和增产效果即是一例。为解决碳酸氢铵的深施问题，在农机部门与农艺部门的相互配合下，农机部门设计出碳酸氢铵深施机，1984—1986年在华北4省1市做了100多个田间对比试验，证实碳酸氢铵深施（小麦、玉米）比撒施后浇水提高肥效近1倍。尿素深施比撒施肥效提高30％。但碳酸氢铵与尿素均深施时，二者肥效基本相同。深施使每千克碳酸氢铵（以氮计算）多增产粮食5～6千克，每千克尿素（也以氮计算）多增产粮食3千克。两年的小麦田间微区试验结果表明：碳酸氢铵深施其氮的利用率可提高20％以上，损失率减少；尿素深施其氮的利用率可提高10％左右。两种氮肥深施后，氮的利用率都可达到50％以上。

氮肥各种深施方法在稻田上都取得了明显的效果，其中大颗粒尿素深施的结果较为系统、完整。

（4）结合不同的种植制度，研究相应的施肥措施。我国四川盆地是以中稻-冬作物（小麦、油菜、胡豆）为主的一年两熟制地区。在冬作物上施用磷肥有很高的肥效。其后作水稻又需淹水，对土壤磷素又有活化作用。因此，在冬作物上重施磷肥，较为合理。此外，长江以南的双季稻区有早磷晚钾（早稻上重施磷肥，晚稻上重施钾肥）的经验；华北、西北的小麦-夏玉米一年两熟制中，小麦重施磷肥，夏玉米适量增施钾肥，都可以充分发挥磷、钾肥的增产效果。

其他如改变肥料的"剂型"（如造粒、包衣）；在肥料中加入各种添加剂（如土壤酶抑制剂、离子吸附剂）等，在一定的条件下也可提高肥效。通过改变土壤条件，如改善土壤水分状况，调节酸碱度等，也是发挥肥料效用的重要措施。

**4. 建立农化服务体系和开发专用复混肥料。** 提高肥料的增产效果，涉及科研、生产、流通、施用等环节，各有关部门的紧密配合和建立产、销、用一体化的农化服务体系，是实施科学施肥，充分发挥肥料增产效果的重要措施。我国农村在实行以家庭联产承包为主的责任制后，迫切需要各种社会化的服务，建立和发展农业化学服务体系的目的在于把肥料和施肥技术同时送到农民手中。近年在湖北等一些地方，根据作物的营养特点，同时考虑到土壤养分状况，研制和开发了各种类型的专用复混肥，农民使用方便，增产效用显著，是一条成功的经验，可以从经济作物上开始，逐步扩大应用范围。

# 三、讨论和建议

（1）我国的肥料总产量和消费量虽已与一些发达国家不相上下。但目前仍感肥料不足，在继续发展化肥生产，增加化肥进口的同时，要做好"开源"与"节流"工作，两者不可偏废。

有机肥料在我国的肥料构成中占有重要的位置。它是农业生产中营养元素循环必不可少的环节，在保持和提高土壤肥力、弥补磷、钾肥不足等方面都有重要作用，应当通过政策和普及与推广新的积肥、用肥技术，鼓励农户多积多用有机肥。

（2）国家应当建立跨部门的权威性的领导机构，协调肥料产、销、用各方的责、权、利。并就化肥的生产、进口、销售和施用等问题及时向国家提出决策性的建议和意见；责成有关部门尽快制定肥料法规，确保肥料质量，保护农民利益。

县级要成立领导小组，发挥产、销、用各方特长，协调各方利益，为农民服务。

（3）农业科技工作者应当积极参加农业化学服务工作，将已有的科技成果尽快转化为生产力。

注意加强土壤肥力、植物营养和施肥方面的基础研究，开展不同学科之间的合作与联合攻关，为充分发挥肥料的增产效果开辟新的途径，提出新的技术措施。

（4）本文只涉及肥料的增产效果问题，有关施肥的经济学问题，施肥与环境问题留待以后继续讨论。

# 参 考 文 献

[1] 中国农业科学院土壤肥料研究所化肥网组 . 1986. 我国氮磷钾化肥的肥效演变和提高增产效益的主要途径 . 土壤肥料，1，2 期 .

［2］中国农业科学院土壤肥料研究所.1986.中国化肥区划.中国农业科学技术出版社.

［3］李光锐，郭毓德，等，1985. 低肥力壤质潮土中磷肥对尿素氮利用率的影响.土壤肥料，1 期.

［4］林葆，刘立新，等，1988. 旱作土壤机深施碳酸氢铵提高肥效的研究.土壤肥料，4 期.

［5］粮农组织.1989.肥料年鉴.第 39 期.

［6］ Zhu Zhao-Liang .1987. [15]N balance studies of fertilizer nitrogen applied to flooded rice fields in China. Efficiency of Nltrogen Fertilizers for Rice IRRI，163-167.

［7］FAO Fertilizcr Programme. 1989. Fertilizer and Food Production FAO of the UN Rome.

［8］Tisdale S. L. Nelson W. L. Beaton J. D. 1985. Soil Fertility and Fertilizers（Fourth Edition）Macmilan Publishing Co. New York Chapter 17，720-732.

［9］Savant N. K. Stangel P. J. 1990. Deep placement of urea supergranules in trasplanted rice：principles and practices Fertilizer Research vol. 25 Kluwer Academic Publishers.

# 当前我国化肥的若干问题和对策

林葆　李家康

（中国农业科学院土壤肥料研究所　北京　100081）

**摘要**　分析自 1980 年以来我国化肥产量和用量增加很快，而粮、棉等主要农作物产量增长较慢的原因，提出今后我国化肥工作，必须既抓"开源"，又抓"节流"。论述我国化肥的品种结构、氮磷钾比例有待进一步调整；以及在科学施肥方面尚应进行的工作。并提出应建立符合国情的农化服务体系，推广科学施肥技术。

**关键词**　化肥；产量；施肥；发展；对策

近年来化肥问题再次引起有关部门和领导的关注。究其原因，自 1980 年以来我国化肥的产量、进口量和用量增加很快，而粮、棉等主要农作物产量增加较慢，人们对化肥的去向，施用的效果和今后对化肥的需求产生了一些疑问。为此，仅 1996 年就举行过数次有关的研讨会和咨询活动，对其中的一些主要问题取得了共识。在此，我们作一粗略的概括。

## （一）近年化肥用量增加很快，粮、棉产量未能相应提高

自 1980 年到 1995 年的 15 年中，我国化肥用量由 1269 万吨（均以 N、$P_2O_5$、$K_2O$ 养分计算，下同）增加到 3595 万吨，增加了 183.2%，平均每年增加 155 万吨，是我国化肥用量增加最快的时期；而同期粮食产量只增加了 14444 万吨，增加了 45.1%，棉花产量增加了 179.3 万吨，增加了 66.2%。自 1984 年粮、棉产量达到一个新高峰后，粮食产量出现了 5 年的徘徊，此后才有回升，而棉花产量至今没有恢复到 1984 年的水平（表1）。这一结果完全不同于新中国成立以来到 20 世纪 80 年代初期粮、棉增长与化肥用量增加密切相关的情况。其主要原因有两点：一是随着市场经济的发展，种植业结构发生了明显变化。1984—1994 年的 10 年中，粮、棉种植面积有所减少，而水果、瓜菜等的面积增加很多（表2）。在果、菜作物上投肥的效益高，农民愿意施用较多的肥料。因此，粮、棉等作物上用肥量未能随化肥总用量增加而相应增加；二是在粮、棉等作物上施肥的效果已明显下降，估计由每千克化肥（养分）平均增产粮食 8 千克左右，下降到了 6~7 千克，但尚无确切的数据。

**表 1　我国历年化肥总用量和粮、棉总产量**

（单位：万吨）

| 年　份 | 化　肥 | 粮　食 | 棉　花 |
|---|---|---|---|
| 1949 | 0.6 | 11318 | 44.4 |

---

注：本文发表于《磷肥与复肥》，1997 第 2 期，1~5 页。

（续）

| 年　份 | 化　肥 | 粮　食 | 棉　花 |
|---|---|---|---|
| 1952 | 7.8 | 16392 | 130.4 |
| 1957 | 37.3 | 19505 | 164.0 |
| 1962 | 63.0 | 16000 | 75.0 |
| 1965 | 194.2 | 19453 | 209.8 |
| 1970 | 351.2 | 23996 | 227.7 |
| 1975 | 536.9 | 28452 | 238.1 |
| 1980 | 1269.4 | 32056 | 270.7 |
| 1981 | 1334.9 | 32502 | 296.8 |
| 1982 | 1513.4 | 35450 | 359.8 |
| 1983 | 1659.8 | 38728 | 463.7 |
| 1984 | 1739.8 | 40731 | 625.8 |
| 1985 | 1775.8 | 37911 | 414.7 |
| 1986 | 1930.6 | 39151 | 354.0 |
| 1987 | 1999.3 | 40473 | 424.5 |
| 1988 | 2141.5 | 39408 | 414.9 |
| 1989 | 2357.1 | 40755 | 378.8 |
| 1990 | 2590.3 | 44624 | 450.8 |
| 1991 | 2805.1 | 43529 | 567.5 |
| 1992 | 2930.2 | 44266 | 450.8 |
| 1993 | 3151.9 | 45649 | 373.9 |
| 1994 | 3318.0 | 44450 | 425.0 |
| 1995 | 3595.0 | 46500 | 450.0 |

**（二）化肥总产量和总用量处于世界前列，单位面积用量属于中等水平，化肥使用的范围已远远超出大田作物，化肥总用量仍须增加**

按照联合国粮农组织（FAO）的统计资料，世界化肥产量和消费量在1988—1989年化肥年度达到一个高峰，此后开始下降。目前，我国氮肥总产量居世界第一位，因磷、钾肥产量较低，化肥总产量居世界第二位，仅次于美国，而化肥总用量居世界第一位。我国化肥总产量占世界的16.6%，总用量占世界的27.5%（表3）。如果按我国耕地14.26亿亩计算，则耕地平均化肥用量达到23.27千克/亩，远远超过世界平均水平。按人口计算每人占有28.3千克，达到了世界平均水平。实际上我国耕地面积为20亿亩，还有156%的复种指数，因此，我国的播种面积有31.20亿亩。按此计算我国每亩（播种面积）的化肥用量只有10.6千克，远远低于欧洲发达国家，只达到中等水平的用量（表4）。而且，国外在计算化肥的耕地面积平均用量时，包括了多年生作物和短期的草地，而我国的果园、茶园、桑园、橡胶园等均未包括在耕地面积内。近年，经济林木、速生林木、苗圃、畜牧和水产业的某些方面，都开始使用化肥。农田灌溉面积和复种指数还要进一步提高。由此看来，我国化肥总用量还应进一步增加。

### 表2 我国种植业结构的变化状况

（单位：万亩）

| 作物 | 1984 | 1994 | 增减 |
|---|---|---|---|
| 粮食 | 169326 | 164316 | −5010 |
| 棉花 | 10385 | 8292 | −2093 |
| 油料 | 13016 | 18122 | 5106 |
| 麻类 | 729 | 558 | −171 |
| 糖料 | 1845 | 2633 | 788 |
| 烟叶 | 1346 | 2235 | 889 |
| 瓜菜 | 7399 | 15063 | 7664 |
| 桑园 | 619 | 1261 | 642 |
| 茶园 | 1616 | 1756 | 140 |
| 果园 | 3328 | 9648 | 6320 |
| 橡胶园 | 741 | 903 | 162 |
| 总计 | 210350 | 224787 | 14437 |

注：桑园、茶园、果园、橡胶园的种植面积为1993年的统计数。

### 表3 世界和中国化肥生产量和使用量

（单位：万吨）

| | | 世界（1993/1994） | 中国（1994） | 中国占世界总量（%） |
|---|---|---|---|---|
| 生产量 | N | 7947.1 | 1671.0 | 21.0 |
| | $P_2O_5$ | 3168.9 | 497.0 | 15.7 |
| | $K_2O$ | 2037.9 | 20.0 | 0.01 |
| | 合计 | 13153.9 | 2188.0 | 16.6 |
| | $N：P_2O_5：K_2O$ | 1：0.40：0.26 | 1：0.30：0.01 | |
| 使用量 | N | 7276.1 | 2062.0 | 28.3 |
| | $P_2O_5$ | 2881.3 | 925.0 | 32.1 |
| | $K_2O$ | 1909.8 | 376.0 | 19.7 |
| | 合计 | 12067.2 | 3318.0 | 27.5 |
| | $N：P_2O_5：K_2O$ | 1：0.40：0.26 | 1：0.45：0.18 | |

### 表4 我国化肥单位面积用量和人均占有量与世界若干地区和国家的比较

| 年份 | 地区和国家 | 按耕地面积计算（千克/亩） | 按人口计算（千克/人） |
|---|---|---|---|
| 1988/1989* | 全世界 | 6.58 | 28.5 |
| | 北美和中美洲 | 5.58 | 54.9 |
| | 亚洲 | 7.65 | 17.3 |
| | 欧洲 | 15.29 | 64.9 |
| | 所有发达国家 | 8.31 | 88.1 |
| | 所有发展中国家 | 5.12 | 15.9 |
| | 中国 | 17.47 | 23.0 |
| | 美国 | 6.24 | 72.2 |
| | 苏联 | 7.80 | 95.1 |
| | 印度 | 4.35 | 13.5 |
| | 日本 | 27.67 | 15.8 |
| | 法国 | 20.77 | 107.3 |
| | 东德 | 24.44 | 108.3 |
| | 西德 | 27.42 | 50.0 |
| | 荷兰 | 43.31 | 41.0 |
| | 英国 | 23.05 | 42.2 |

（续）

| 年份 | 地区和国家 | 按耕地面积计算（千克/亩） | 按人口计算（千克/人） |
|---|---|---|---|
| 1994** | 中国[1] | 23.27 | 28.3 |
| | 中国[2] | 16.59 | |
| | 中国[3] | 14.91 | |
| | 中国[4] | 10.60 | |

[1] 按 1994 年 14.26 亿亩耕地计算。

[2] 按全国 20 亿亩耕地计算。

[3] 按（1）×156%（复种指数）=22.25 亿亩（播种面积）计算。

[4] 按（2）×156%=31.20 亿亩计算。

\* FAO统计资料，\*\* 我国统计资料。

## （三）今后的化肥工作，必须既抓"开源"，又抓"节流"

增加化肥的生产和进口，确保化肥有效供应量的增加，同时，要用好化肥，提高化肥的利用率和肥效，两者不可偏废。我国化肥的用量已达到相当高的水平，已如前述，因此，不可能、也不必要长期高速增长。这主要受资金、资源等因素的制约，同时也要考虑化肥用量过高可能产生的报酬递减现象和引起的环境问题。按化工部门的计算，每增加 1 吨化肥（养分）的生产能力，要投资 1.5 万元左右，因原料和化肥品种而不同（表5）。因此，到 2000 年要增加 500 万吨的化肥生产能力，国家要投资 750 亿元左右。目前我国进口化肥数量已经很大，1995 年达到 1080 万吨，消耗外汇 37 亿多美元。同时，农民在化肥上的投入也十分可观，以 1995 年的化肥用量 3595 万吨框算，农民用于购买化肥的资金在 1300 亿元以上。长此下去，则从生产、进口和使用三方面都难以承受。其次，发展化肥还受资源条件的限制。我国磷矿贮量丰富，但以中低品位为主，因磷矿特性，选矿有相当难度，且大矿、富矿主要分布在西南边陲，运输不便。钾矿除察尔汉盐湖外，尚未发现大的钾盐矿藏。第三，大量使用化肥，尤其是使用不当，对环境有不良影响。同时，目前我国的化肥利用率不高，损失很大。据中国科学院南京土壤研究所统计全国 782 个试验的结果，氮肥的利用率平均仅为 28%～41%，故一般认为利用率为 35% 左右是有根据的。同时，损失平均高达 45%，水田高于旱地。可见，提高化肥利用率的工作有很大潜力。

**表5  新建化肥厂投资估计**

| 化肥品种 | 养分含量（%） | 能力(万吨/年) | 原料 | 总投资（亿元） | 每吨纯养分投资（元） |
|---|---|---|---|---|---|
| 尿素 | N46 | 52 | 天然气 | 24 | 10000 |
| | | | 渣油 | 32 | 13500 |
| | | | 煤 | 42 | 17500 |
| 重钙 GTSP | $P_2O_5$46 | 80 | 磷矿 硫铁矿 | 55 | 15000 |
| 氯化钾 | $K_2O$60 | 80 | 卤水 | 48 | 10000 |
| 磷酸二铵 DAP | N18 $P_2O_5$46 | 24 | 磷矿 硫铁矿 氨 | 27 | 17500 |

注：①磷肥和复合肥料中均包括原料磷矿、硫铁矿和氨的投资。1 吨 $P_2O_5$ 需要 3.5 吨磷矿和 3 吨硫铁矿。

②总投资中未包括进口设备材料的关税和增值税。

### （四）化肥的品种结构和氮磷钾比例有了改善，但仍然有待进一步调整

**1. 关于品种结构。** 国产化肥历来以低浓、单元为主的局面正在改变。1995 年国产氮肥中碳酸氢铵仍占 48%，但尿素比重已上升到 43%；国产磷肥中过磷酸钙和钙镁磷肥仍占 84%，但磷酸铵、硝酸磷肥等的比重呈上升趋势。我国化肥的平均浓度为 27%，到 2000 年计划达到 32%，离世界平均浓度 40% 还有差距。因此，发展高浓度复合肥，仍然是我国化肥发展的方向。同时，专家们认为过磷酸钙和钙镁磷肥是应当保留的两个品种。它们都具有生产工艺简单的特点。过磷酸钙不仅是磷肥，还含有中量营养元素硫和钙。根据化工部门的资料，1990—1994 年的 5 年中，我国共生产过磷酸钙（折 $P_2O_5$）1510.5 万吨，生产每吨过磷酸钙消耗硫酸（以 100% 浓度计算）2.47 吨，总共消耗硫酸 3731 万吨。在这 5 年间，我国过磷酸钙平均含 $P_2O_5$ 13.77%，总共生产过磷酸钙（实物）1.1 亿吨，其中含硫（S）平均为 11.1%。每年通过过磷酸钙施入土壤的硫为 244 万吨。以 20 亿亩耕地计算，每年达到 1.2 千克/亩，接近硫肥的适宜用量（1.3～2.0 千克/亩）。因此，过磷酸钙的大量施用是我国近年土壤缺硫不很突出的一个重要原因。生产钙镁磷肥的最大优点是可以利用占我国贮量 70% 以上的中低品位磷矿，并且不需消耗硫酸。用含磷（$P_2O_5$）低到 18%、三氧化物杂质达到 5% 的磷矿，仍可生产出合格的钙镁磷肥。它在南方酸性土壤上当季肥效与水溶性磷肥接近，后效往往超过，并且是我国南方农田镁和钙的一个重要来源（表 6）。

**表 6　随过磷酸钙和钙镁磷肥施入农田的硫、镁、钙数量**

| 肥料种类 | 年产量 $P_2O_5$（万吨） | 含 $P_2O_5$（%） | 年产量（实物）（万吨） | 中量元素 含量（%） | 中量元素 用量（万吨） |
|---|---|---|---|---|---|
| 过磷酸钙 | 302.1* | 13.77 | 2193.9 | S11.1 | 243.5 |
| 过磷酸钙 | 302.1* | 13.77 | 2193.9 | CaO 23.0 | 504.6 |
| 钙镁磷肥 | 85.0** | 16.06 | 529.3 | MgO 15.0 | 79.4 |
| 钙镁磷肥 | 85.0** | 16.06 | 529.3 | CaO 27.0 | 142.9 |

\*　1990—1994 年平均，\*\*1986—1990 年平均。

钾肥将以进口为主，包括到周边国家合作开矿、办厂，主要生产氯化钾。为了满足某些特种作物的需要，也应进口和生产适量的硫酸钾和硝酸钾。

复混肥是当今化肥发展的方向。北欧和西欧以生产料浆法团粒型复合肥为主，其优点是每个颗粒的养分均匀一致，但难以小批量改变配方。北美主要发展散装掺混肥，配方可以随时调整，但要求有颗粒和比重基本一致的原料肥。我国在发展高浓度复合肥（如磷酸铵、硝酸磷肥）的同时，目前采用二次加工生产的团粒型或挤压型复混肥，是根据我国目前的化肥生产工艺水平和肥料品种决定的，适宜的氮磷钾配比对实现平衡施肥也有重要作用。

氮肥的改性和添加硝化抑制剂、脲酶抑制剂等还在继续研究中。

**2. 关于氮磷钾比例。** 在 20 世纪 70 年代末到 80 年代初，不少单位认为我国适宜的氮磷比应在 1∶0.5 以上，经近年研究，认为以 1∶（0.40～0.45）为宜。国外化肥的磷、钾比重一直较大，原因是他们的化肥生产从磷肥开始，继而发展钾肥，最后发展氮肥。同时，西欧各国豆科牧草面积较大，增施磷、钾肥就有很好的增产效果。但以后随着农业的发展，磷、钾肥的比重下降，近年已下降到 1∶0.40∶0.26（表 7）。我国情况不同，首先发展氮肥，而且有很好的肥效；继而发展磷肥，钾肥因资源所限，至今产量不大，因此磷、钾肥比重较

小。但近年国产和进口磷肥都有增加，氮磷比达到 1∶0.4 左右，各地反映土壤磷素状况有所改善，土壤速效磷呈上升趋势。另外，从肥料长期定位试验的结果看，每季每亩施氮肥（N）10～12 千克，配合施用磷肥（$P_2O_5$）3～5 千克，经过 10 年左右时间，土壤全磷有所增加，耕层的速效磷提高了 10 毫克/千克左右。故一般认为 1∶0.4 的氮磷比即可保持土壤磷素的平衡，1∶0.45 更有利于减少目前缺磷的耕地面积，并使土壤磷素有所积累。据各有关单位估算，到 2000 年我国化肥需求量为 4000 万～4200 万吨，氮磷钾的比例以 1∶（0.40～0.45）∶（0.25～0.30）为宜。按 4000 万吨计算，我国需氮肥 2285 万～2424 万吨，磷肥 970 万～1028 万吨，钾肥 606 万～686 万吨；按 4200 万吨计算，需氮肥 2400 万～2545 万吨，磷肥 1018 万～1080 万吨，钾肥 636 万～720 万吨。到 2010 年化肥需求量将达到 5000 万吨左右，并逐步趋于稳定。

表7　世界化肥用量及氮磷钾比例的演变

（单位：万吨）

| 年　度 | N | $P_2O_5$ | $K_2O$ | 合计 | N∶$P_2O_5$∶$K_2O$ |
|---|---|---|---|---|---|
| 1913 | 51 | 214 | 127 | 392 | 1∶4.20∶2.49 |
| 1938 | 240 | 350 | 250 | 840 | 1∶1.46∶1.04 |
| 1949 | 360 | 540 | 360 | 1260 | 1∶1.50∶1.00 |
| 1962/63 | 1150 | 1040 | 930 | 3120 | 1∶0.90∶0.81 |
| 1969/70 | 2850 | 1850 | 1580 | 6280 | 1∶0.65∶0.55 |
| 1972/73 | 3605 | 2259 | 1875 | 7739 | 1∶0.62∶0.52 |
| 1973/74 | 3866 | 2426 | 2069 | 8361 | 1∶0.62∶0.54 |
| 1976/77 | 4509 | 2639 | 2306 | 9454 | 1∶0.59∶0.51 |
| 1977/78 | 4776.8 | 2827.9 | 2331.3 | 9936.0 | 1∶0.59∶0.49 |
| 1980/81 | 6069.0 | 3155.7 | 2422.6 | 11647.3 | 1∶0.52∶0.40 |
| 1991/92 | 7505.8 | 3541.8 | 2350.2 | 13397.8 | 1∶0.47∶0.31 |
| 1993/94 | 7276.1 | 2881.3 | 1909.8 | 12067.2 | 1∶0.40∶0.26 |

**（五）要做到化肥的合理分配和及时供应，还要下很大气力**

我国在较长一个时期实行化肥分配与粮、棉等农产品交售数量挂钩的政策，在一定程度上促进了生产的发展，但也使化肥向高产区集中。目前我国沿海各省、城市周围、交通沿线用肥量较高，而边远地区化肥用量偏低。1994 年平均每亩化肥用量超过 35 千克的省份有福建、上海、江苏、湖北和浙江，不足 10 千克的有黑龙江、甘肃、内蒙古、青海和西藏。但南方各省按播种面积计算，也不到 20 千克。在讨论中大家都认为化肥应当向高效区流动，而不应过分向高产区集中。另外，使农民能在需要的时候，买到对路的化肥品种，也是充分发挥化肥效用的一个关键。

**（六）科学施肥已经做了许多工作，但仍然存在巨大潜力**

**1. 平衡施肥仍是提高肥料利用率和肥效的重要措施。**我国耕地普遍缺氮。根据全国土壤普查和农业部技术推广服务中心的资料，缺磷的面积占 67%，缺钾的面积达 7 亿亩，微量营养元素中缺锌、硼、钼的面积很大，局部地区缺锰、铁、铜和缺硫、镁等中量营养元素，而施用微量元素肥料的面积很小（表8）。因此，应用快捷而较准确的办法，测定土壤中各种营养元素的缺乏程度，确定大、中、微量元素肥料的用量和比例，进行平衡施肥，克服养分的最小限制因子，发挥养分之间的交互作用，对增加作物产量有十分重要的作用。

表8　我国微量营养元素缺乏面积和施用面积

| 营养元素 | 缺素临界值（毫克/千克） | 低于临界值面积 | | 施用面积（1993年）（亿亩） |
|---|---|---|---|---|
| | | 亿亩 | 占耕地（%） | |
| Zn | ≤0.5 | 7.29 | 51.1 | 1.454 |
| B | ≤0.5 | 4.92 | 34.5 | 0.890 |
| Mo | ≤0.15 | 6.68 | 46.8 | 0.146 |
| Mn | ≤5.0 | 3.04 | 21.3 | 0.048 |
| Cu | ≤0.2 | 0.98 | 6.9 | — |
| Fe | ≤4.5 | 0.71 | 5.0 | — |
| 其他 | — | — | — | 0.079 |
| 合计 | | 23.62 | — | 2.617 |

**2. 适宜的施肥时期和方法。**在这方面我们做过不少研究，也有一些有效的技术措施，如氮肥深施技术等。根据近来国外介绍的经验看，我们有些工作还不够深入，如种肥、基肥和追肥的比例，肥料撒施与条施的结合，深施肥中肥料离种子的位置（尤其是磷肥），以及结合灌溉、少耕免耕、地膜覆盖等耕作栽培管理措施的高效施肥技术等。

**3. 高产、优质、高效、低耗的施肥技术问题。**近年国外提倡的最高产量研究和最经济产量研究，主张在高产条件下，研究肥料与其他农业技术措施之间的关系，例如施肥与品种、种植密度、灌溉等措施相结合，发挥这些措施之间的交互作用，在保护地力和环境的条件下，获得最大的利润。这些研究和我国的肥水交互作用研究，良种良法结合形成配套技术，达到高产、优质、高效、低耗的设想和做法很一致，是在克服养分最小因子后，进一步提高产量的新思路和新方法。

**4. 专家们还认为要搞好今后的肥料使用工作，必须建立包括土壤肥力和肥料产、供、用在内的肥料信息系统。**定期进行全国规模的肥效试验，坚持已经初步形成的肥料长期定位试验和肥力监测网络。有了这些资料，才能为国家从宏观上对化肥的产、供、用进行调控提供依据。

**（七）建立符合国情的农化服务体系，对科学施肥技术进行有效的示范推广**

目前我国农业是以农户为单位的小规模生产，同时，化肥产、供、用相互脱节，使一些成熟的科学施肥技术难以大面积推广应用。讨论中多数意见认为，应当在县一级形成政、技、物相结合，产、供、用一条龙的农化服务体系，把化肥和科学施肥技术，同时送到农民手中。

**（八）施肥对环境的影响问题值得重视，应当加强研究**

施肥对环境的影响主要包括施肥后某些温室气体（$N_2O$、$CH_4$、$CO_2$等）的排放；施肥后硝态氮和磷酸盐向地下水和湖泊等水体的迁移，引起地下水中硝态氮含量超过饮用水标准和湖泊的富营养化问题；以及施肥后引起农产品中（主要是蔬菜等）硝酸盐的积累三个方面。另外，施用含镉量高的磷肥可能引起镉等有害金属在土壤中的积累。我国的磷矿和磷肥含镉量很低，施肥引起的环境问题大多是由于施肥不当引起的，对其严重程度看法不一。一种看法认为施肥不当对环境有危害，但目前的温室气体、地下水污染和湖泊富营养化中，肥料占的份额不大，不是主要原因。而另一种看法则认为我国的氮肥用量很大，在局部地区引起地下水被污染已是事实，一旦地下水被硝酸盐污染，很难消除，是一个严重的问题。

### （九）尽快进行肥料立法

应当借鉴国外先进经验，尽早制定适合我国国情的肥料法规，用以规范化肥产、供、用各方的行为，使我国的肥料工作尽快走上法制的轨道。

# 必须十分重视用好肥料

林葆　金继运　葛诚

（北京中国农业科学院土壤肥料研究所　北京　100081）

**摘要**　对如何用好肥料，提出应推广平衡施肥（测土配方施肥）技术；研究和推广行之有效的施肥技术。为了掌握我国肥料去向、肥效和土壤肥力演变的情况，为国家宏观决策提供依据，提出四点建议。

**关键词**　化肥；平衡施肥；施肥技术

我国是一个有施用有机肥优良传统的国家。新中国成立以后，化肥的生产和使用发展很快，目前化肥总产量已居世界第二位，总用量居世界第一位。按使用的养分计算，有机肥在肥料总用量中约占 1/3。肥料已成为农业生产中最大的一项直接投资，施肥不仅关系到作物产量和产品质量，影响农民收入，并且对土壤肥力和生态环境产生重要的影响，成为农业可持续发展中的一个主要环节。在今后我国的农业发展中，肥料问题将受到普遍关注。

## （一）肥料数量不足，增施肥料将会继续发挥其增产作用

1994 年和 1995 年美国世界观察研究所所长莱斯特·布朗两次发表所谓的"醒世呼唤"《谁将养活中国?》后，有关记者和学者曾对他进行采访。他对使用化肥提高作物产量发表了两个明确的观点：第一，他认为"利用农业技术增加产量也是有一定限度的，特别是依靠化肥增产已经到了极限。……我预计化肥在中国的使用量不久将会减少。"第二，他说："美国也好，西欧也好，用再多的化肥和先进技术，也不能再增加粮食的单位面积产量了。"意指中国也不例外。我们认为，这两个观点不符合中国实际情况。

**1. 我国化肥的单位面积用量仍须提高，总用量还将有一个较大幅度的增长。**按照联合国粮农组织（FAO）的统计资料，世界化肥的产量和消费量在 1988—1989 年化肥年度达到一个高峰，此后开始下降，其原因主要是前苏联和东欧地区经济不景气和西欧发达国家为了保护环境，在不要求进一步增产甚至不惜减产的前提下，控制化肥用量的结果，而发展中国家的化肥用量一直是上升的。目前我国氮肥总产量居世界第一位，因磷、钾肥产量较低，化肥总产量居世界第二位，占世界总产量的 16.6%，仅次于美国；而化肥总用量居世界第一位，占世界总用量的 27.5%，但是，我国化肥的单位面积用量不到西欧发达国家的一半，属于中等水平，主要有以下几个方面的原因：

（1）我国耕地总面积实际为 20 亿亩（最近一说 22 亿亩），比原先的统计数高出 40%。

---

注：本文发表于《磷肥与复肥》，1997 年第 3 期，1～4。

（2）全国平均复种指数为 156%，还将有所提高。

（3）有 1 亿亩果园、1700 多万亩茶园、1200 多万亩桑园和将近 1000 万亩橡胶园未统计在耕地面积内，但施用了大量化肥。

（4）林业、畜牧业、水产都开始使用化肥，虽然目前用量还不大。

（5）发展山地农业、草地农业、庭院农业也需增施肥料。

如果只按 14.26 亿亩耕地计算，我国每亩化肥用量达到 23.27 千克，已是欧洲发达国家水平。如果按 31.20 亿亩播种面积（20×1.56）计算，每亩用量就只有 10.60 千克，再如果考虑到果园、茶园等用肥，则每亩用量在 10 千克以下。而西欧各国和日本的化肥用量每亩都在 25 千克左右，最高的达到每亩 43.31 千克。

按全国化肥试验网在各地 60 多个长达 10 年以上的试验结果，每亩每季粮食作物要达到 350～400 千克的水平，并保持和提高地力，每亩要施氮肥（以 N 计算）10～12 千克，磷肥（以 $P_2O_5$ 计算）3～5 千克，并根据土壤钾素状况，施用适量钾肥，每亩化肥用量应在 18～20 千克。由于我国目前约 60% 的耕地为旱地和"望天田"（无灌溉条件），适宜的用肥量要低些。但也有大面积的瓜菜和经济作物，用肥量要比粮食作物高。综合多方面的因素估算，我国化肥用量在现在的 3500 万吨左右的基础上再增加近 1/2，达到 5000 万吨左右可能是适宜的。化肥用量的增长速度近 10 年会放慢一些。

**2. 增施化肥将进一步提高作物产量。** 从 1984 年到 1994 年的 10 年中，我国化肥用量由 1739.8 万吨发展到 3318 万吨，增加了 1578.2 万吨，即增加了 90.7%；而粮食产量由 40731 万吨增加到 44450 万吨，只增加了 3719 万吨，即增加了 9.1%。棉花产量至今没有恢复到 1984 年的水平。从这一现象看似乎布朗先生说对了，增加化肥用量不能再增加粮食产量了。其实不然，在这 10 年中我国粮、棉的面积有所减少，而水果、瓜菜的面积增加很多，在这些作物上投肥的经济效益高，农民愿意施用较多的肥料。因此，粮、棉等作物的用肥量未能随化肥总量增加而相应增加。同时，我们也应当清醒地意识到，在粮、棉等作物上施肥的效果确有下降，估计由每千克化肥（养分）平均增产粮食 8 千克左右，下降到 6～7 千克，但由于全国规模的肥效试验已经停了 10 多年，没有确切的数据。如何在增加化肥用量的同时，有较高的增产效果和利用率，这正是我们要探讨的关键问题。我们认为可从以下三个方面考虑。

（1）通过生产和进口，调整化肥的氮磷钾比例和品种结构。我国化肥生产以氮肥发展最快，磷肥次之，钾肥因资源所限，发展缓慢。因此磷、钾肥的比例明显偏低，1985 年前后氮磷钾比例（N：$P_2O_5$：$K_2O$）为 1：0.2：0.002 左右。经 10 年努力，1994 年氮磷钾比例已调整到 1：0.3：0.012（见表 1）。加上近年进口化肥中注意提高磷、钾肥比重（表 2），所以，1995 年我国使用的化肥氮磷钾比例已达到 1：0.45：0.169（表 3），但钾的比重依然偏低。

国产化肥历来以低浓、单元为主，贮存、运输和使用不便，有些品种像碳酸氢铵在常温、常压下容易分解，贮运和使用不当氮素损失很大。1995 年国产氮肥中碳酸氢铵仍占 48%，但尿素比重已上升到 43%；过磷酸钙和钙镁磷肥仍占 84%，但磷酸铵和硝酸磷肥比重呈上升趋势。我国化肥平均浓度为 27%，离世界平均浓度 40% 还有较大差距。因此，发展高浓、复合化肥，仍然是我国化肥品种结构调整的方向。

**表 1　近年化肥生产量**

（单位：万吨）

| 年份 | 总量 | N | $P_2O_5$ | $K_2O$ | 比例 N＝1 | 年份 | 总量 | N | $P_2O_5$ | $K_2O$ | 比例 N＝1 |
|---|---|---|---|---|---|---|---|---|---|---|---|
| 1980 | 1232.1 | 999.3 | 230.8 | 2.0 | 0.23：0.002 | 1988 | 1726.8 | 1360.8 | 360.7 | 5.3 | 0.23：0.004 |
| 1981 | 1239.0 | 985.7 | 250.8 | 2.6 | 0.25：0.003 | 1989 | 1793.5 | 1424.0 | 366.3 | 3.2 | 0.26：0.002 |
| 1982 | 1278.1 | 1021.9 | 253.7 | 2.5 | 0.25：0.003 | 1990 | 1879.9 | 1463.7 | 411.6 | 4.6 | 0.28：0.003 |
| 1983 | 1378.9 | 1109.4 | 266.6 | 2.9 | 0.24：0.003 | 1991 | 1979.5 | 1510.1 | 459.7 | 9.7 | 0.30：0.006 |
| 1984 | 1460.2 | 1221.1 | 236.0 | 3.1 | 0.19：0.003 | 1992 | 2047.9 | 1570.5 | 462.2 | 15.2 | 0.29：0.010 |
| 1985 | 1322.1 | 1144.0 | 175.8 | 2.4 | 0.15：0.002 | 1993 | 1956.3 | 1525.6 | 419.0 | 11.7 | 0.27：0.008 |
| 1986 | 1393.7 | 1158.8 | 232.5 | 2.5 | 0.20：0.002 | 1994 | 2188 | 1671 | 497 | 20 | 0.30：0.012 |
| 1987 | 1670.1 | 1342.2 | 323.9 | 4.0 | 0.24：0.003 | 1995 | 2587 | — | — | — | — |

**表 2　近年化肥进口量**

（单位：万吨）

| 年份 | 总量 | N | $P_2O_5$ | $K_2O$ | 比例 N＝1 |
|---|---|---|---|---|---|
| 1980 | 229.0 | — | — | — | — |
| 1981 | 256.3 | 145.6 | 43.6 | 67.1 | 0.30：0.46 |
| 1982 | 291.9 | 179.8 | 63.2 | 48.9 | 0.35：0.27 |
| 1983 | 402.8 | 236.4 | 102.9 | 63.5 | 0.44：0.27 |
| 1984 | 494.5 | 284.8 | 134.2 | 75.5 | 0.47：0.27 |
| 1985 | 312.0 | 205.6 | 90.0 | 16.4 | 0.44：0.08 |
| 1986 | 252.8 | 159.9 | 47.9 | 45.0 | 0.30：0.28 |
| 1987 | 526.7 | 287.3 | 116.6 | 122.8 | 0.41：0.43 |
| 1988 | 711.0 | 430.1 | 139.4 | 141.5 | 0.32：0.33 |
| 1989 | 672.1 | 399.0 | 155.4 | 117.7 | 0.39：0.29 |
| 1990 | 774.8 | 445.3 | 155.1 | 174.4 | 0.35：0.39 |
| 1991 | 936.9 | 461.2 | 283.8 | 191.9 | 0.62：0.42 |
| 1992 | 891.8P | 469.6 | 223.0 | 199.2 | 0.47：0.42 |
| 1993 | 510.2 | 228.2 | 127.9 | 154.1 | 0.56：0.68 |
| 1994 | 695.4 | 263.0 | 222.9 | 209.5 | 0.85：0.80 |
| 1995 | 1058.1 | — | — | — | — |

**表 3　近年我国化肥使用量**

（单位：万吨）

| 年份 | 总量 | N | $P_2O_5$ | $K_2O$ | 比例 N＝1 |
|---|---|---|---|---|---|
| 1980 | 1269 | 942 | 288 | 39 | 0.31：0.041 |
| 1981 | 1335 | 959 | 326 | 50 | 0.34：0.052 |
| 1982 | 1514 | 1064 | 382 | 68 | 0.36：0.064 |

（续）

| 年份 | 总量 | N | $P_2O_5$ | $K_2O$ | 比例 N=1 |
|------|------|------|------|------|------|
| 1983 | 1660 | 1190 | 398 | 72 | 0.33：0.061 |
| 1984 | 1740 | 1253 | 397 | 90 | 0.32：0.072 |
| 1985 | 1776 | 1259 | 308 | 109 | 0.24：0.087 |
| 1986 | 1930 | 1367 | 457 | 106 | 0.33：0.078 |
| 1987 | 1996 | 1389 | 484 | 123 | 0.35：0.089 |
| 1988 | 2142 | 1490 | 512 | 140 | 0.34：0.094 |
| 1989 | 2357 | 1620 | 570 | 167 | 0.35：0.103 |
| 1990 | 2590 | 1740 | 647 | 203 | 0.37：0.117 |
| 1991 | 2806 | 1848 | 719 | 239 | 0.39：0.129 |
| 1992 | 2930 | 1895 | 765 | 270 | 0.40：0.142 |
| 1993 | 3152 | 1994 | 861 | 297 | 0.43：0.149 |
| 1994 | 3318 | 2062 | 925 | 331 | 0.45：0.161 |
| 1995 | 3595 | 2224 | 995 | 376 | 0.45：0.169 |

（2）通过政策和经济杠杆的作用，使化肥逐步做到合理分配和及时供应。我国在较长一段时间内，实行化肥供应与粮、棉、油等农产品交售数量挂钩的政策，在一定程度上促进了农业生产的发展，但也使化肥向高产区集中。目前我国沿海各省、城镇周围、交通沿线用肥量较高，而边远地区用肥量偏低。1994年平均每亩化肥用量超过35千克的省份有福建、上海、江苏、湖北和浙江，不足10千克的省份有黑龙江、甘肃、内蒙古、青海和西藏。但南方各省按播种面积计算，一般也不超过20千克。合理分配的原则应当是使化肥向高效区流动，而不应过分向高产区集中。另外，使农民能在需要的时候，及时买到品种对路的化肥，也是充分发挥化肥效用的一个关键。

（3）科学施肥仍然存在巨大的潜力，是今后发挥肥效和提高利用率的主攻方向。根据我国的大量试验结果，我国化肥利用率不高，损失严重。以用量最大的氮肥为例，中国科学院南京土壤研究所曾经用差值法计算了我国782个田间试验的氮肥利用率，按作物和氮肥品种平均计算，利用率为28%～41%，全部试验计算利用率为33.70%（表4），明显低于美国和前苏联。用同位素标记测定氮肥施用后的损失结果表明，稻田损失高达50%，旱地的损失为30%～40%，平均损失率为45%左右。以我国目前施用氮肥2000万吨计算，则损失900万吨左右，相当于损失尿素1900多万吨。因此，今后的化肥工作，必须既抓"开源"，又抓"节流"，在增加化肥生产和进口、确保化肥有效供应量增加的同时，要在提高化肥的肥效和利用率方面采取措施，使之物尽其用。近15年来，我国的化肥用量以每年155万吨的高速增加，长期下去，不仅要受资金、资源等因素的制约，同时也要考虑部分地区用量过高可能产生的报酬递减现象和环境污染问题。目前，要用好化肥，已经成为不同部门和行业的共识。

#### 表4　主要作物对化肥氮的利用率
（田间试验，差值法）

| 作物 | 氮肥 | 试验数 | 试验地点 | 氮肥利用率（%） | |
|---|---|---|---|---|---|
| | | | | 平均值 | 变幅 |
| 水稻 | 硫酸铵 | 385 | 江苏 | 34 | 30～70 |
| | 碳酸氢铵 | 18 | 上海、江苏、宁夏 | 33 | 22～39 |
| | 尿素 | 125 | 宁夏、河南、江苏、浙江、江西、安徽、上海、广西 | 38 | 22～62 |
| 小麦、大麦、元麦 | 硫酸铵 | 168 | 江苏 | 28 | 23～31 |
| | 碳酸氢铵 | 28 | 宁夏、山西、山东、江苏、上海 | 30 | 16～38 |
| | 尿素 | 58 | 甘肃、宁夏、河南、北京、山东、江苏、浙江、上海、四川 | 41 | 9～72 |

### （二）必须在用好肥料上下工夫

我国已经在科学施肥方面做了大量工作，取得了一批成果，积累了许多经验，因此，今后应当在推广现有技术的同时，不断研究创新，提高我国科学施肥的总体水平。

在化肥施用方面主要应当抓好以下两方面的工作：

**1. 继续推广平衡施肥（测土配方施肥）技术，并进一步深化和提高。**经验证明平衡施肥是提高肥效和肥料利用率的一项根本性的有效措施。国外根据不同地区的土壤条件和作物需肥特点，提出肥料配方，由工厂生产各种类型的复混肥；或者产、销、用相结合，建立配肥站，为农户测土，提供配方，供应肥料，甚至可以代为施肥，使农民增产增收。我国曾利用两次全国土壤普查的结果和1981—1983年全国化肥试验网的资料，推广平衡施肥，一般比农民习惯施肥增产10%～15%，效果也十分明显。但是，十多年过去了，我国的施肥水平、土壤肥力状况、种植业结构、作物品种和产量水平都有了较大变化，过去的资料大多已不适用。目前我国缺少不同地区、不同土壤、不同作物上施用不同肥料的增产效果的资料。同时，我国农户的耕地面积小而分散，农民文化科技水平不高，化肥的产销用脱节，农技推广服务系统不够健全，因此，实施平衡施肥存在较大的盲目性。当务之急是应当组织一次全国规模的肥效试验，搞清全国几个"不同"条件下的肥料效应，上为国家的宏观决策、下为指导平衡施肥和开发各种类型的专用肥提供依据。

**2. 推广和研究行之有效的施肥技术。**农艺与农机相结合，推行各种方法的氮肥深施技术，继续研究适合旱地和水田进行深追肥的机械和农艺措施，扩大应用面积。研制缓效、控制释放肥料，筛选新型的硝化抑制剂和脲酶抑制剂，开发稻田水面单分子成膜物质等，以减少氮肥的氨挥发损失和反硝化损失。研究简便、正确确定粮食作物适宜施氮量的方法，避免过量施用氮肥。在大豆、花生等作物上扩大根瘤菌接种的面积，减少氮肥用量。我国花生、大豆的种植面积每年在1.5亿亩以上，接种根瘤菌剂的面积仅为1%左右。若能将使用面积扩大到国外一般水平，达到30%，则每年可节省氮肥（N）10万吨以上。此项行之有效的技术尚待进一步推广。

在有机肥方面应当抓好以下两方面的工作：

（1）扩大秸秆还田的面积。焚烧秸秆损失了其中宝贵的碳和氮，还引起大气污染，极不科学。秸秆过腹还田，将其中一部分人们不能利用的碳水化合物和含氮物质转化为各种畜产品，用家畜粪尿还田，是经济合理的，但数量有限。秸秆直接还田应当是一种较为普遍的方式，但根据以往的经验，需要进一步研究解决"碎"和"烂"的问题。即在还田过程中要根据不同秸秆和条件，粉碎到一定程度，入土后不影响以后的田间作业和作物生长。应尽快组织农艺和农机部门的科技人员联合攻关。同时，还要研究利用微生物技术，加速秸秆在土壤中的腐解，使之尽快发挥改土培肥和增加作物养分的作用。

（2）要研究解决规模化的畜、禽养殖场的粪便处理问题。有的地方已有大规模沼气池发酵的经验，但尚不普遍，应推广应用。同时，要研究畜禽粪便的干燥、除臭技术，添加化肥或微生物制剂，制成有机-无机复合商品肥料，是园艺作物的优质肥源。

为了掌握我国肥料去向、肥效和土壤肥力演变的情况，为国家宏观决策提供依据，我们建议：

（1）进行一次肥料去向的全国性调查。目前我国的统计资料只有按地区的用量，缺乏按部门（如种植业、畜牧业、林业等）、按作物（如粮食作物、经济作物、果树等）的用量，搞不清肥料的去向，也搞不清分配是否合理。调查结果可以了解肥料在不同部门和不同作物上的分配和需求，作为调整肥料流向和需求总量预测的依据。

（2）进行一次全国规模的化肥肥效试验（已如前述）。

（3）加强土壤肥力和肥效演变趋势的监测研究。全国已经连续进行 10 年以上的肥料定位试验，在"八五"末有 60 多个；"七五"期间由国家计委投资在主要农区又建立了 9 个土壤肥力和肥料效应监测基地，对掌握我国的肥效和土壤肥力变化，以及施肥对生态环境的影响，均有重要意义，应当继续予以支持，保证正常运转。

（4）建立土壤肥力和肥料信息系统。新中国成立 40 多年来，在土壤肥力状况和肥料的产、销、用和应用效果方面积累了丰富资料，但分散在各有关部门，未能充分收集、汇总和应用。为此，建议成立国家土壤肥力和肥料信息中心，应用计算机技术，建立信息库和信息网络系统，加强土壤肥力和肥料信息的收集、分析、整理和交流，供科研、教学和宏观决策使用。

# 关于化肥生产和施用中的若干技术政策问题

林葆 李家康

人类在农业生产中施用肥料已经有 3000 多年的历史，但是植物矿质营养理论的建立只有 160 多年。在这一理论的指导下，人们开始生产和施用化肥，建立化肥工业，使农作物产量有了大幅度的提高。据联合国粮农组织的资料，施用化肥可提高粮食作物单产 55%～57%，提高总产 30%～31%。美国著名的作物育种家、诺贝尔和平奖获得者 Norman E. Borlaug 在分析了 20 世纪农业生产发展各种因素后，于 1994 年断言："20 世纪全世界作物产量增加的一半来自施用化肥"。根据我国全国化肥试验网的大量试验结果，施用化肥可提高水稻、玉米、棉花单产 40%～50%，小麦、油菜等越冬作物单产 50%～60%，大豆单产近 20%。根据全国化肥试验网的结果推算，1986—1990 年，全国粮食总产中有 35% 左右是施用化肥的作用。为了保证今后农业生产发展目标的实现，增施化肥是一项十分重要的措施。

## 一、我国化肥生产和施用技术的成就和现状

**1. 化肥生产。**我国化肥生产是从 20 世纪 30 年代开始的，当时在大连和南京各有一个氮肥厂，在鞍山和抚顺各有一个氨回收车间，生产硫酸铵肥料。由于生产断断续续，到 1949 年，累计生产量不到 60 万吨。新中国成立后，党和政府十分重视发展化肥工业，氮肥从中型工厂起步，1963 年小氮肥碳酸氢铵在技术和经济上过关，全国遍地开花，建有小氮肥厂 1000 多个，生产能力占总生产能力的一半以上。1973 年开始引进 13 套年产 30 万吨合成氨，48 万～52 万吨尿素装置，先后建成投产，使我国氮肥的生产能力居于世界首位。我国磷肥的发展酸法、热法并举，由生产普通过磷酸钙开始，此后用高炉法生产钙镁磷肥成功，成为世界上生产钙镁磷肥最多的国家，我国磷肥产量跃居世界第三位，仅次于美国和俄罗斯。近年来我国自行开发料浆法生产磷酸铵成功，并引进了几套大型设备，生产磷酸铵和硝酸磷肥，开始发展高浓复合肥。而钾肥生产由于资源等原因，至今没有得到大的发展。新中国成立 40 多年来，我国化肥产量以每年 20% 左右速度增长，化肥的总产量已居世界第二位，加上每年进口大量化肥，化肥的消费量（使用量）居世界第一位。

**2. 化肥施用技术。**我国大规模的化肥施用技术的试验始于 30 年代。前中央农业实验所于 1936—1940 年在全国 14 个省的 68 个点上做了 156 个氮、磷、钾化肥的肥效试验，当时称为"地力测定"，得出了土壤氮素养分一般极为缺乏，磷素养分仅在长江流域或长江以南各省缺乏，钾素在土壤中俱丰富的结论。此后，50 年代农业科技工作者集中力量研究有机

注：本文收录于《中国农业科学技术政策（背景资料）》，中国农业出版社，1997，12～15。

肥和化学氮肥，如各种作物的适宜施用期、施用量和施用方法，并研究出多种氮肥深施技术。60年代由南往北开始研究磷肥的科学施用技术，得出了不同土壤和作物施用磷肥的规律性，总结出低产田施磷，豆科作物以磷增氮，禾本科作物氮磷配合，以及磷肥做基肥或种肥集中施，水稻用磷肥蘸秧根等一套施用技术，研究提出了土壤磷素丰缺指标，使磷肥很快得到推广。70年代中期在南方高产稻田发现大面积缺钾，并出现由南往北扩展的趋势，同时，一些地方和作物上出现了缺乏微量营养元素的问题，全国又掀起了一个研究施用钾肥和微肥的热潮，摸清了钾肥和几种主要微量营养元素的有效施用条件。此外，根据我国化肥生产特点，农业科技人员还开展了碳酸氢铵农化性质及施用技术，含氯化肥科学施肥和机理的研究等。1957年在国务院领导同志的倡议下，组织了全国化肥试验网，先后进行过两次全国规模的化肥肥效试验，布置了一批肥料长期定位试验。"七五"期间在国家计委的支持下，在全国不同的气候土壤带建立了9个土壤肥力监测基地。以上两项工作，形成了覆盖全国的化肥肥效和土壤肥力监测网络。其中，化肥网的协作研究工作在促进我国化肥生产和施用中起到了重要作用，处于国际领先地位。

**3. 化肥分配和销售。**新中国成立以来形成的由农资部门承担的化肥调运、分配、销售系统，作为化肥的流通环节，对保证农民按合理的价格购得化肥起到了重要的作用。

# 二、存在问题和国内外对比

**1. 关于我国化肥数量的分析。**世界化肥产量在1988/1989化肥年度达最高峰15825.5万吨后，产量逐年下降，1993/1994化肥年度产量为13153.9万吨，下降了2671.6万吨，下降了16.9%。同期，世界化肥消费量也由14563.0万吨下降到12067.2万吨，下降了19.1%。而我国化肥的产量和消费量一直是上升的。1994年我国化肥总产量达到2188万吨，占世界总产量的16.6%，居世界第二位；总消费量达到3318万吨，占世界总消费量的27.5%，居世界第一位。农民每年用于购买化肥的支出，粗略估计在1200亿元以上。

对我国化肥的单位面积用量要做一些具体分析：如果按全国14.26亿亩耕地计算，1994年每亩化肥用量达到23.27千克，已经与欧洲发达国家接近，人均占有量也达到了世界平均水平。其实我国耕地面积按土壤普查结果为20.6亿亩，还有156%的复种指数，我国的播种面积实际在32.14亿亩左右，若按此计算，每亩化肥用量只有10.32千克，在世界上属于中等水平。另外，我国耕地开垦年代久远，土壤肥力（有机质和全氮含量）较低。畜牧业不发达，耕地中很少种植有恢复地力作用的牧草，绿肥面积比五六十年代也减少了很多。近年来果园、桑园面积增加很快（下面还有叙述），苗圃、速生林木、渔业、畜牧业上都开始使用化肥。这些消费在计算化肥亩用量时都没有考虑。所以，实际上我国化肥的单位面积平均用量并不算高。

**2. 化肥品种单一，以低浓度单元化肥为主，磷、钾比例偏低。**从1993年国产化肥的品种构成看：氮肥中低浓度的碳酸氢铵仍占50.8%，高浓度的尿素占39.8%；磷肥中，低浓度的普钙和钙镁磷肥占90.7%，高浓度的重钙仅占1.3%，磷酸铵只占5.8%。目前我国化肥的养分平均含量为26.5%，而国外平均为40%左右，有一定差距。按化工部门的预测，到20世纪末希望达到32%。

国外化肥的发展是从磷肥开始的（1842年），继而发展钾肥（1861年），最后发展氮肥

（1913 年），长期以来由豆科牧草补充土壤中的氮素，施用磷、钾肥有较好的增产效果，磷、钾肥的用量高于氮肥。到 50 年代初氮肥用量赶上并超过钾肥，60 年代初赶上并超过磷肥。此后磷、钾的比重呈下降趋势。到 1993/1994 年氮磷钾比例为 1：0.40：0.26。我国化肥的发展从氮肥开始（30 年代），然后发展磷肥（50 年代），钾肥因资源限制等原因，还处于起步阶段，所以 80 年代国产化肥的 $N：P_2O$，为 1：0.25 左右，进入 90 年代有所提高。近年进口大量磷、钾肥，使我国化肥消费的 $N：P_2O$，提高到 1：0.4 左右，$N：K_2O$ 也提高到 1：0.1～0.2。但磷、钾比例尤其是钾的比例依然偏低。由于缺磷、少钾，施用的养分不平衡，影响了氮肥肥效的发挥，同时缺钾耕地的面积也呈扩大的趋势。

**3. 化肥的分配和销售，不是使化肥流向迫切需肥的高效区，而是流向高产区。** 我国化肥的分配，历来不均。化肥向沿海地区、城市郊区和交通沿线集中的趋势一直没有改变，使一些地区用肥量偏高，施肥的效益下降。而内陆地区、边远地区和中低产区肥料明显不足，虽然施肥有较高效益，却得不到足够的肥料，影响了产量的提高。据统计，1994 年每亩平均化肥用量超过 35 千克的省、直辖市有广东、福建、浙江、上海、江苏和湖北，其中福建用量高达每亩 55.9 千克。而西藏、内蒙古、青海、甘肃等省、自治区用量每亩平均不足 10 千克。城市郊区菜地氮肥每亩用量在 50～100 千克，个别菜地用量超过每亩 300 千克。据中国农业科学院土壤肥料研究所在京津唐地区 69 个乡镇地下水、饮用水取样分析，硝酸盐含量超过饮用水最高允许量的有半数以上。这不仅造成资源浪费，也严重污染了地下水源。

在一些发达国家化肥的产、销、用结合较好。多年形成的法律或法规，规范了三方的责、权、利和活动方式，质量检验、监督制度完善，防上了假冒伪劣产品。化肥厂一般通过零售商把化肥买给农民。零售商有自己的经营设施和业务范围，在销售化肥时为农户测土，提供配方和肥料，甚至包括租赁施肥机具等项服务。国家对施肥量和有机肥运往田间的允许时间都有具体规定，以免引起肥料对环境的污染。

**4. 化肥施用不当，随着用量的增加，肥效明显下降。** 根据联合国粮农组织（FAO）的"肥料计划"10 余万个田间试验和示范对比的结果，每千克化肥（养分）平均增产谷物 8～12 千克，薯类 32～48 千克，豆类 2～5 千克，油料 4～8 千克，棉花（籽棉）3～6 千克。

在我国，50 年代施用氮肥，60 年代氮磷化肥配合，70 年代中期以后因地因作物施用氮磷钾和微量元素肥料，都可以大幅度增产。50 年代末到 60 年代初化肥试验网的资料，每千克氮肥（N）可增产稻谷 15～20 千克，小麦 10～15 千克，玉米 20～30 千克。1981—1983 年化肥网的大量试验结果，每千克化肥（养分）增产谷物 8～12 千克，油料 4～5 千克，大豆 3.6 千克，皮棉 1.2 千克，甜菜 62 千克。这一结果与 FAO 的试验结果相一致。但是我国的两次试验结果比较，氮肥肥效已明显下降，每千克氮肥（N）只增产稻谷 9.1 千克，小麦 10.0 千克，玉米 13.4 千克。磷肥肥效在南方水稻上也明显下降，在北方小麦上反而略有上升，钾肥肥效趋于明显。近年因化肥网经费所限，已无法进行大规模的全国性试验。但从全国投肥总量和粮、棉增产总量的宏观趋势看，化肥肥效又有了下降。从 1984 年到 1994 年的 10 年中，我国化肥用量由 1739.8 万吨增加到 3318 万吨，增加了 1578.2 万吨，即增长 90.7％；而同期粮食产量由 40731 万吨增加到 44450 万吨，只增加了 3719 万吨，即增长 9.1％。棉花自 1984 年达到 625.8 万吨后，产量是下降的。出现这现象的原因是多方面的，从技术方面考虑，肥料的流向发生丁新的变化，不合理的施肥无疑也是重要原因。化肥用量增加很快，其他生产条件如品种、灌溉条件、管理技术等并没有相应改善，必然要出现施肥的报酬递减现象。另外，由于农户经营规模小，地块分散，测土配方施肥，化肥机械深施等技术都难以实施。

关于化肥利用率的问题，因条件不同变化很大。我国大量试验结果，氮肥的当季利用率为30%～35%，旱地高于水田。一般认为，发达国家的化肥质量较好，施用的氮磷钾比例较为适宜，氮肥的当季利用率高于我国10～15个百分点。

**5. 科研工作深入系统不够，技术推广工作有待加强。** 我国在化肥的使用方面做了大量研究工作，已为前述。但是，与国内农业发展对提高化肥利用率和肥效的要求，与国外发展的先进水平比较，都存在一定差距。例如在应用技术研究方面，我们较注意施肥对提高产量的作用，对施肥提高产量品质，以及施肥对环境的影响研究不够；我们较注意研究单个作物的施肥技术，对与种植制度相结合的施肥制度研究不够；我们较注意不同条件下的土壤养分限制因子和平衡施肥技术的研究，对施肥与其地农业技术措施的关系和形成配套技术研究不多。80年代初在全国布置的一批肥料长期试验已进行15年之久，现在因经费困难面临夭折。"七五"由国家计委资助建成的分布在不同气候土壤带的9个土壤肥力和肥料效应监测基地缺乏运转和研究经费。在应用基础研究方面，我们对肥料施用后各种养分的转化，作物的吸收利用过程及损失的途径和机理，进行深入的探讨不多，因而，难以提出进一步提高肥料利用率的措施。对如何充分利用作物本身特性，进一步挖掘其利用土壤养分潜力，开展植物营养遗传的研究工作还刚刚起步。为了实现我国"九五"计划中农业生产的各项指标，充分发挥化肥的增产作用，加强研究工作是必不可少的。

我国多年来建立的农业技术推广系统，近年来因经费困难，有一部分已经是"网破、线断、人散"。有的虽有组织形式，人员转向经商，技术推广力量的恢复和加强，也是当务之急。

# 三、有关技术政策

**1. 必须像抓化肥的有效供给（生产和进口）一样，来抓化肥的合理施用问题。** 近十年来，我国化肥用量每年以150万吨（养分）的速度增加，而施肥的效果却在下降。如果最近的5～15年化肥用量的增长仍要保持这一速度，则不论从生产或进口来看，都是无法承受的。我国已经有了大量的化肥，今后在适当增加用量，调整品种结构的同时，必须下决心、下大力气抓好化肥的施用工作。应当看到，今后的出路不是无止境地增加用量，而是科学施肥。要把化肥的"开源"和"节流"放在同等重要的位置来考虑。这是一个认识的转变。认识有了转变，还要有措施。建议每销售1吨化肥（实物），提取1角钱的技术改进费（由谁出还可商榷），由国家计委农资领导小组掌握使用，主要用于科学施肥的研究和推广工作。

**2. 抓好农田养分再循环利用工作。** 即使在化肥用量增加如此迅速，施用数量如此巨大的今天，有机肥在养分的总投入量中仍占有36.7%，其中氮占23.2%，磷占30.2%，钾占77.9%。有机肥在供应农田养分，尤其在补充磷、钾方面起了十分重要的作用，还补充了大量的有机质。因此，抓好有机肥、秸秆还田、城镇生活废弃物的利用等，其实质是搞好了农田养分的再循环利用。在此基础上，再考虑合理的施肥技术和制度，将可节省大量化肥，对农业的持续发展也有重要意义。然而，目前越是经济发达地区，对有机物料的还田越不重视。因此，要有必要的政策导向和经济措施，同时，发展相应的机械作业，以减轻农民的劳动强度。

3. 由国家计委组织农、工、商、地矿、财政、交通等各有关部门，根据农业生产发展的目标，国家资源、财力、技术的可能，全国耕地土壤养分状况和肥料试验结果等项基本情况，计划 2000 年和 2010 年全国化肥的需求量和氮磷钾比例。本着氮肥基本自给，磷肥大部自给，钾肥主要依靠进口的方针，安排我国化肥生产和进口。

4. 增加化肥产量，调整化肥品种结构，发展高浓度化肥和复合肥。继续调整我国化肥生产以低浓度、单一营养元素为主，磷、钾比重偏低的局面。到 2000 年尿素、磷酸铵等高浓度肥料和复合肥料的比例要提高到国产化肥的 65% 以上，氮磷钾比例要调整到 1：0.33：0.025。继续进行现有化肥的改性工作，开发包膜、缓释等新型肥料品种，增加锌、硼、锰、钼和硫等微量和中量元素肥料的生产。

5. 继续发挥农业生产资料经营系统在化肥流通领域的主渠道作用，合理进行化肥分配和销售。利用经济杠杆的作用，逐步改变化肥分配过分集中在沿海、大城市周围和高产区，形成较为均匀的分配布局和向施肥高效区流动的机制。增加一些地区化肥的仓储和转运能力。努力减少流通环节，避免层层转手加价。

6. 建立产、销、用相结合的农化服务体系，把化肥和施肥技术同时送到农民手中。目前工厂、农资、农业各部门都有开展测土施肥，加工各种专用肥，建立配肥站或农化服务中心的经验，各地可根据具体情况，以一家为主，三方优势互补，形成县一级的化肥产、销、用一体化的运行机制，建立县一级的农化服务中心和网络，既供应肥料，又指导农民科学施肥。

7. 大力推广行之有效的施肥技术。在目前还没有建立农化服务体系的地方，农业技术推广部门要根据不同土壤的养分状况和不同作物的需肥规律，确定肥料的种类和用量。目前在南方和经济作物上，特别要重视增施钾肥，在北方和越冬作物（如冬小麦）上，特别要重视增施磷肥，还要根据土壤状况，补充不同的微量元素肥料。在施肥技术上，要注意基肥和追肥的比例，提倡化肥深施。根据已有经验，编写出表格式的、农民容易看懂的施肥手册，并逐步向智能型的计算机推荐施肥发展。

8. 增加对科技的资金投入。建议把提高化肥利用率和肥效的研究列入国家"九五"重点科研项目。已经建成的全国化肥试验网和土壤肥力和肥料效应监测基地，覆盖全国，对掌握我国化肥肥效和土壤肥力演变有重要作用，但目前处于瘫痪状态，建议国家予以支持，使之能继续运转。并于近年内投资再进行一次全国性的化肥肥效试验（此项工作已间断近 15 年时间），以了解目前各地的土壤供肥和化肥肥效确切情况，为化肥生产、分配和使用提供依据。

9. 制定适合我国国情的肥料法规。把化肥的生产、销售、施用各环节的质量监控和规范化活动纳入法制轨道，明确化肥产、销、用各方的职责，严防假冒伪劣产品流入市场，保护农民利益。

# 我国肥料结构和肥效的演变、存在问题及对策

我国的肥源主要分有机肥和化肥两大部分。我国施用有机肥的优良传统和经验得到世界的公认，数千年来得以使地力不衰。直至新中国成立，我国主要依靠施用有机肥料保持地力。历史经验表明，长期施用有机肥料，依靠农业内部的物质循环，保持地力并稳定产量是可能的。根据史料的记载，由秦、汉到明、清的两千年左右的漫长过程中，小麦产量由每公顷 793.5 千克增加到1465.5千克，增加了将近 1 倍；稻谷产量由每公顷 603 千克增加到2179.5千克，增加了 2.6 倍(刘更另，1989)。但是这种增长速度，显然难以满足人口迅速增长和生活改善的需要。而施用化肥在农业生产中投入了新的物质和能量，使产量得以迅速提高。

从 1949 年新中国成立到 1995 年，我国粮食总产量由11218万吨增加到46661.8万吨，粮食单位面积产量由1035千克/公顷提高到4239.7千克/公顷，产量的增长速度，非昔日可比。成绩的取得既有社会进步的因素，也有经济和科学技术发展的因素，对此国内外有较多评论。从农业生产条件的改善和物质的投入方面，诺贝尔和平奖获得者，被称为"绿色革命之父"的作物育种家鲍劳格博士（Dr. N. E. Borlaug）做了如下的分析：中国已经成为世界上最大的粮食生产国，她独特的农业进步是由于多种因素。发展高产品种和改进灌溉体系确实起了主要作用。但是可能更为重要的是改进和保持土壤肥力方面的努力。中国长期以来是世界上循环利用有机物和厩肥最好的国家。在 20 世纪 60 年代初，中国意识到不能仅仅依靠有机肥恢复和保持土壤肥力，来提高作物产量和食物生产，建立了大量小型化肥厂，并从国外引进了大型合成氨和尿素生产装置，生产、进口和使用了大量化肥，在这方面的投资，实现了食物的自给(Borlaug，1994)。他的分析肯定了品种改良和灌溉，更突出了土壤肥力和肥料的作用。

世界范围的经验证明，施肥，尤其是施用化肥，在不同地区和国家，都是最快、最有效、最重要的增产措施。我国有限的耕地和众多的人口，决定了农业可持续发展的特殊性和艰巨性。化肥作为重要的农业生产投入，在其中已经发挥，并将继续发挥重要作用。用好化肥将有利于提高土地产出率，提高土壤肥力，保持和改善农业生态环境；反之，也可能产生某些不良的后果。知道过去，才能了解现在；知道过去和现在，才能更好了解未来。在此，对我国肥料结构和肥效的演变作一粗略的分析。

## 一、我国肥料结构的演变

新中国成立以来，我国肥料用量有了很大增长，肥料的结构有了很大变化。这些变化主要表现在有机肥数量及其在肥料总量中所占的比例，化肥的数量、品种、氮磷钾比例与农田养分的投入、产出平衡状况等几个方面。

---

注：本文收录于《中国农业持续发展中的肥料问题》，李庄遫、朱兆良、于天仁主编，1985 年 5 月。

### （一）有机肥和化肥施用数量及比例变化

我国若干有代表性年份的有机肥和化肥的施用数量（以养分计算）列于表1。

**表1 我国有机肥和化肥的施用数量**

| 肥料种类 | 年份 | 1949 | 1957 | 1965 | 1975 | 1980 | 1985 | 1990 | 1995 | 2000 |
|---|---|---|---|---|---|---|---|---|---|---|
| 有机肥<br>（万吨） | N | 163.7 | 253.3 | 301.2 | 424.6 | 428.0 | 511.8 | 531.6 | 611.0 | 651.9 |
| | $P_2O_5$ | 82.8 | 130.2 | 153.3 | 220.0 | 227.9 | 271.4 | 289.1 | 330.0 | 344.6 |
| | $K_2O$ | 196.7 | 305.5 | 343.9 | 527.3 | 562.3 | 659.2 | 716.1 | 760.0 | 831.5 |
| | 合计 | 443.2 | 689.0 | 798.4 | 1171.9 | 1218.2 | 1442.4 | 1536.8 | 1701.0 | 1828.0 |
| 化肥<br>（万吨） | N | 0.6 | 31.6 | 120.6 | 364.0 | 943.3 | 1258.8 | 1740.9 | 2224.0 | 2470.6 |
| | $P_2O_5$ | — | 5.2 | 55.1 | 160.9 | 287.0 | 467.9 | 646.8 | 994.0 | 1111.8 |
| | $K_2O$ | — | — | 0.3 | 23.0 | 39.2 | 109.1 | 202.6 | 376.9 | 617.6 |
| | 合计 | 0.6 | 36.8 | 176.0 | 537.9 | 1269.5 | 1775.8 | 2590.3 | 3594.0 | 4200.0 |

我国的科技人员早在20世纪50年代就对人畜的排泄量及粪尿中的氮、磷、钾含量进行过测定。作物秸秆和绿肥中的养分含量也有不少数据（中国农业科学院土壤肥料研究所，1962）。但是，要比较精确地计算有机肥的数量仍旧比较困难。因为可以作为肥料的有机物不是全部能回到农田的，例如牧区的牲口粪尿基本不能被收集并用于农田，农作物收获后的秸秆只有一部分能返回农田中。这里有一个"收集率"或"利用率"的问题。另外，还要避免重复计算，例如计算了家畜粪尿和秸秆，又计算了堆肥，因为前者是后者的原料。我们基本采用《中国化肥区划》（1986）一书中的估算方法。化肥用量虽历年有统计资料，但复合肥数量中氮、磷、钾各占多大比例，统计资料没有标明，我们参考了化肥进口和销售的部分资料进行划分。

有机肥是农业生产和人类活动中产生的废料，随着人畜数量增加，作物产量的提高，近30年来增加了近3倍。到2000年"收集率"可能会有所下降，但绝对数量仍然是增长的。化肥数量自20世纪70年代以来增加很快，进入80年代初已超过有机肥用量。从2000年主要农作物预期增长的目标和相应的需肥量计算，或者从近年化肥增加的速度推算，到20世纪末我国化肥用量将达到4200万吨。由于在肥料总用量中，有机肥数量增长慢，化肥数量增长快，有机胆和化肥的结构发生了重大变化（表2）。

**表2 我国农田养分投入中有机肥和化肥结构的变化**

| 年份 | 肥料总投入量<br>（万吨） | 其中有机肥料比重（%） | | | |
|---|---|---|---|---|---|
| | | 总量 | N | $P_2O_5$ | $K_2O$ |
| 1949 | 443.8 | 99.9 | 99.6 | 100 | 100 |
| 1957 | 725.8 | 94.9 | 88.9 | 96.2 | 100 |
| 1965 | 974.4 | 81.9 | 71.4 | 73.2 | 99.9 |
| 1975 | 1709.8 | 68.6 | 53.8 | 57.8 | 97.6 |
| 1980 | 2487.7 | 49.0 | 31.2 | 44.3 | 93.5 |
| 1985 | 3218.2 | 44.8 | 28.9 | 40.0 | 85.8 |
| 1990 | 4127.1 | 37.2 | 23.4 | 30.9 | 77.9 |
| 1995 | 5295.0 | 32.1 | 21.6 | 24.9 | 66.9 |
| 2000 | 6028.0 | 30.3 | 20.9 | 23.7 | 57.4 |

在肥料总施用量中，有机肥的比例下降很快，到 1995 年只占总量的 1/3。其中氮、磷、钾状况各不相同，氮、磷所占比例较低，接近 1/4；而有机肥中的钾，仍占施用钾肥总量的 2/3，可见有机肥在补充我国农田钾素方面有重要作用。预计到 20 世纪末，有机肥数量虽有所增加，但在肥料总量中所占比例仍将继续缓慢下降。

## （二）有机肥种类构成和氮磷钾比例

表 3 列出了 1990 年我国有机肥料的数量和构成。

**表 3　我国有机肥料的数量和构成**

（1990）

| 种类 | 来源 | 养分数量（万吨） | | | | 占有机肥总量（%） |
|------|------|------|------|------|------|------|
| | | N | $P_2O_5$ | $K_2O$ | 合计 | |
| 人粪尿 | 成年人口 79800 万人 | 63.8 | 23.9 | 23.9 | 111.8 | 7.3 |
| 猪粪尿 | 猪 35761 万只 | 153.8 | 100.1 | 207.4 | 461.3 | 30.0 |
| 羊粪尿 | 羊 21083 万只 | 29.5 | 20.7 | 16.2 | 66.4 | 4.3 |
| 大牲畜粪尿 | 大牲畜 12913 万只 | 182.1 | 94.3 | 131.7 | 408.1 | 26.6 |
| 作物秸秆 | | 71.4 | 20.7 | 174.0 | 265.5 | 17.3 |
| 秸秆灰 | | — | 20.7 | 139.7 | 160.4 | 10.4 |
| 绿肥 | 面积 429.8 万公顷 | 31.0 | 9.3 | 23.2 | 63.5 | 4.1 |
| 有机肥总量 | | 531.6 | 289.7 | 716.1 | 1536.8 | 100.0 |
| | $N : P_2O_5 : K_2O$ | | 1 : 0.54 : 1.35 | | | |

各类有机肥源中，猪粪尿、大牲畜粪尿和秸秆（含秸秆灰）约各占 30%。绿肥面积在 1976 年达最高峰，为 1220 万公顷，此后逐年下降。1990 年的面积为 429.8 万公顷。以每公顷鲜草产量和氮、磷、钾含量计算，则总共含养分 63.5 万吨，在有机肥的总投入量中仅占 4.1%。禽粪和饼肥在局部地区和某些作物上施用量较大，但在全国有机肥总量中可忽略不计。有机肥中氮、磷、钾养分含量的特点是氮较低，而磷、钾丰富，因而在平衡肥料总量中的氮、磷、钾比例有重要作用。其中的各种有机物是土壤微生物活动的主要能源，也是改良土壤的重要物料。

## （三）国产化肥的数量、品种和氮磷钾比例变化

我国使用的化肥由国产和进口两部分组成。近年国产化肥的数量和氮磷钾比例列于表 4。

**表 4　近 16 年我国化肥生产量**

| 年份 | 总量（万吨） | 其中 N、$P_2O_5$、$K_2O$ 量（万吨） | | | $P_2O_5 : K_2O$（N=1） |
|------|------|------|------|------|------|
| | | N | $P_2O_5$ | $K_2O$ | |
| 1980 | 1232.1 | 999.3 | 300.8 | 2.0 | 0.23 : 0.002 |
| 1981 | 1239.0 | 985.7 | 250.8 | 2.6 | 0.25 : 0.003 |
| 1982 | 1278.1 | 1021.9 | 253.7 | 2.5 | 0.25 : 0.003 |
| 1983 | 1378.9 | 1109.4 | 266.6 | 3.1 | 0.19 : 0.003 |
| 1984 | 1460.2 | 1221.1 | 236.0 | 2.4 | 0.15 : 0.002 |
| 1985 | 1322.1 | 1144.0 | 175.8 | 2.4 | 0.15 : 0.002 |

（续）

| 年份 | 总量（万吨） | 其中 N、$P_2O_5$、$K_2O$ 量（万吨） | | | $P_2O_5$：$K_2O$（N=1） |
|---|---|---|---|---|---|
| | | N | $P_2O_5$ | $K_2O$ | |
| 1986 | 1393.7 | 1158.8 | 232.5 | 2.5 | 0.20：0.002 |
| 1987 | 1670.1 | 1342.1 | 323.9 | 4.0 | 0.24：0.003 |
| 1988 | 1740.2 | 1365.3 | 369.2 | 5.7 | 0.27：0.004 |
| 1989 | 1802.5 | 1424.1 | 372.8 | 5.6 | 0.26：0.004 |
| 1990 | 1879.9 | 1463.7 | 411.6 | 4.6 | 0.28：0.003 |
| 1991 | 1979.5 | 1510.1 | 459.7 | 9.7 | 0.30：0.006 |
| 1992 | 2047.9 | 1570.5 | 462.2 | 15.2 | 0.29：0.010 |
| 1993 | 1956.3 | 1525.6 | 419.0 | 11.7 | 0.29：0.008 |
| 1994 | 272.8 | 1736.3 | 504.4 | 32.1 | 0.29：0.018 |
| 1995 | 2556.2 | 1859.4 | 670.5 | 26.3 | 0.36：0.014 |

60 年代我国化肥产量只有 100 多万吨。60 年代中期开始发展小化肥。1973 年开始从国外引进 13 套，每套年产 30 万吨合成氨（48 万～52 万吨尿素）的设备，1979 年全部建成投产。因此，70 年代是我国化肥生产迅速发展的时期，到 1979 年总产量已超过 1000 万吨。其特点是氮肥发展快，磷肥发展较慢，钾肥没有发展起来。因此，与氮肥比较，磷肥的比重明显下降，1985 年下降到最低点，为 1：0.15。从 1981—1995 年的 15 年间，化肥产量又翻了一番，接近 2500 万吨，氮磷比也由 80 年代的 1：0.25，提高到 1：0.36。国产钾肥在化肥总产中的比例一直很低。

国产化肥的品种构成，以低浓度、单一营养元素的化肥为主。氮肥中，低浓度的碳酸氢铵占 50％以上，近年来由于高浓度尿素的发展，1995 年下降到 48％，尿素上升到 43％，成为国产的两个主要氮肥品种。磷肥中，低浓度的普钙和钙镁磷肥一直占国产磷肥的 90％以上，近年由于磷酸铵等高浓复肥的发展，1995 年下降到 84％（表 5、表 6）。

表 5　1995 年我国氮肥品种及产量

| 品种 | 产量（万吨 N） | 占（％） | 品种 | 产量（万吨 N） | 占（％） |
|---|---|---|---|---|---|
| 碳酸氢铵 | 899.7 | 48.44 | 硝酸磷肥 | 14.5 | 0.78 |
| 尿素 | 805.7 | 43.38 | 硫酸铵 | 11.1 | 0.60 |
| 氯化铵 | 51.8 | 2.79 | 氨水 | 4.5 | 0.25 |
| 硝酸铵 | 47.5 | 2.56 | 其他 | 4.1 | 0.22 |
| 磷酸铵 | 17.9 | 0.96 | | | |

表 6　1995 年我国磷肥品种及产量

| 品种 | 产量（万吨 $P_2O_5$） | 占（％） | 品种 | 产量（万吨 $P_2O_5$） | 占（％） |
|---|---|---|---|---|---|
| 晋钙 | 387.2 | 64.38 | 重钙 | 9.9 | 1.66 |
| 钙镁磷肥 | 120.5 | 20.03 | 硝酸磷肥 | 6.1 | 1.02 |
| 磷酸铵 | 54.9 | 9.13 | 其他 | 22.7 | 3.78 |

1995 年国产化肥的养分含量平均为 27%（其中氮肥含 N 为 30%，磷肥含 P 为 17%），与国外化肥养分平均 40% 还有较大差距。"九五"期间新建或改造的化肥厂以生产尿素和磷酸铵为主。到 20 世纪末，我国生产的化肥平均养分含量可望达到 32%，其中氮肥预期达到 34%，磷肥达到 24%。高浓度化肥（养分含量＞30%）将由现在的 40% 增加到 50%（曾宪坤，1995）。

### （四）进口化肥的数量、品种构成和氮磷钾比例变化

近 16 年我国进口的化肥数量和氮磷钾比例列于表 7。

表 7　近 16 年我国化肥进口量

| 年份 | 总量（万吨） | 其中 N、$P_2O_5$、$K_2O$ 量（万吨） | | | $P_2O_5$：$K_2O$ |
| | | N | $P_2O_5$ | $K_2O$ | （N＝1） |
| --- | --- | --- | --- | --- | --- |
| 1980 | 229.0 | 153.0 | 36.7 | 39.3 | 0.24：0.26 |
| 1981 | 256.3 | 145.6 | 43.6 | 67.1 | 0.30：0.46 |
| 1982 | 291.9 | 179.8 | 63.2 | 48.9 | 0.35：0.27 |
| 1983 | 402.8 | 236.4 | 102.9 | 63.5 | 0.44：0.27 |
| 1984 | 494.5 | 284.8 | 134.2 | 75.5 | 0.47：0.27 |
| 1985 | 312.0 | 205.6 | 90.0 | 16.4 | 0.44：0.08 |
| 1986 | 252.8 | 159.9 | 47.9 | 45.0 | 0.30：0.28 |
| 1987 | 526.7 | 287.3 | 116.6 | 122.8 | 0.41：0.43 |
| 1988 | 711.0 | 430.1 | 139.4 | 141.5 | 0.32：0.33 |
| 1989 | 672.1 | 399.0 | 155.4 | 117.7 | 0.39：0.29 |
| 1990 | 774.8 | 445.3 | 155.1 | 174.4 | 0.35：0.39 |
| 1991 | 936.9 | 461.2 | 283.8 | 191.9 | 0.62：0.42 |
| 1992 | 891.8 | 469.6 | 223.0 | 199.2 | 0.47：0.42 |
| 1993 | 510.2 | 282.2 | 127.9 | 154.1 | 0.56：0.68 |
| 1994 | 695.4 | 263.0 | 222.9 | 209.5 | 0.85：0.80 |
| 1995 | 1080.0 | 509.0 | 284.0 | 287.0 | 0.56：0.56 |

新中国成立后每年我国都进口化肥。进口数量虽然有些波动，但是呈逐年增长的趋势。1980 年前主要是进口氮肥（尿素）及少量磷肥、钾肥和复合肥。1980 年后，我国在进口大量氮肥的同时，磷肥（主要是磷酸铵）、钾肥（主要是氯化钾）和复合肥（以三元为主）的进口数量增加也很快，进口化肥中磷、钾的比例明显提高。这对弥补国产磷、钾肥的不足，提高我国使用化肥中的磷、钾比例起到了一定作用。1991—1995 年的 5 年中，我国共生产化肥10812.7万吨，进口化肥4092.4万吨，进口化肥占我国化肥总资源（国产＋进口）的27.5%。近年我国是世界最大的化肥进口国。1995 年进口化肥（纯养分）超过1000万吨，价值 37.6 亿美元，均创历史最高纪录。大量进口化肥对我国乃至国际化肥市场也产生重大的影响。

### （五）化肥使用量和氮磷钾比例变化

近 16 年我国化肥使用量和氮磷钾比例列于表 8 和表 9。

### 表8 近16年我国化肥使用量

| 年份 | 化肥总量 (N+P₂O₅+K₂O) (万吨) | 氮肥 (N) (万吨) | 磷肥 (P₂O₅) (万吨) | 钾肥 (K₂O) (万吨) | 复合肥（万吨） | | | | N：P₂O₅：K₂O N=1 |
|---|---|---|---|---|---|---|---|---|---|
| | | | | | 总量 | 其中* | | | |
| | | | | | | N | P₂O₅ | K₂O | |
| 1980 | 1269.4 | 934.2 | 273.3 | 34.6 | 27.3 | 8.3 | 14.9 | 4.1 | 0.31：0.041 |
| 1981 | 1334.9 | 942.0 | 295.6 | 40.7 | 56.6 | 17.3 | 30.7 | 8.6 | 0.34：0.051 |
| 1982 | 1513.4 | 1043.3 | 344.8 | 56.8 | 68.5 | 20.5 | 40.4 | 7.6 | 0.36：0.051 |
| 1983 | 1659.8 | 1163.8 | 351.4 | 58.4 | 86.2 | 25.6 | 51.8 | 8.8 | 0.34：0.056 |
| 1984 | 1739.8 | 1215.3 | 328.6 | 69.4 | 126.5 | 37.2 | 79.3 | 10.0 | 0.33：0.063 |
| 1985 | 1775.8 | 1204.9 | 310.9 | 80.4 | 179.6 | 53.3 | 107.8 | 18.5 | 0.33：0.079 |
| 1986 | 1930.6 | 1312.6 | 359.8 | 77.4 | 180.8 | 55.1 | 108.7 | 17.0 | 0.34：0.069 |
| 1987 | 1999.3 | 1326.8 | 371.9 | 91.9 | 208.7 | 63.8 | 124.2 | 20.7 | 0.36：0.081 |
| 1988 | 2141.6 | 1417.1 | 382.1 | 101.2 | 241.2 | 71.3 | 152.6 | 17.3 | 0.36：0.080 |
| 1989 | 2357.1 | 1536.8 | 418.9 | 120.5 | 280.9 | 84.0 | 174.1 | 22.8 | 0.37：0.088 |
| 1990 | 2590.3 | 1638.4 | 462.9 | 147.9 | 341.6 | 102.8 | 206.7 | 32.1 | 0.38：0.103 |
| 1991 | 2805.1 | 1726.1 | 499.6 | 173.9 | 405.5 | 124.5 | 251.4 | 29.6 | 0.41：0.110 |
| 1992 | 2930.2 | 1756.1 | 515.7 | 196.0 | 462.4 | 150.8 | 264.0 | 47.6 | 0.41：0.128 |
| 1993 | 3151.9 | 1835.1 | 575.1 | 212.3 | 529.4 | 174.2 | 327.1 | 28.1 | 0.45：0.120 |
| 1994 | 3318.1 | 1882.0 | 600.7 | 234.8 | 600.6 | 184.4 | 299.4 | 16.8 | 0.48：0.122 |
| 1995 | 3593.6 | 2021.9 | 632.4 | 268.5 | 670.8 | 200.6 | 445.4 | 24.8 | 0.48：0.132 |

\* 按各年进口和国产复合肥中 N、P₂O₅、K₂O 所占的百分比计算得出。1993 年后的国产复合肥中可能包含了部分二次加工的复混肥，使计算所得的磷肥（P₂O₅）比例偏高。

### 表9 近16年我国化肥氮磷钾比例*

| 年份 | 复合肥中氮磷钾所占的% | | | 化肥总量中的氮磷钾（含复合肥）（万吨） | | |
|---|---|---|---|---|---|---|
| | N | P₂O₅ | K₂O | N | P₂O₅ | K₂O |
| 1980 | 30.4 | 54.4 | 15.2 | 942.5 | 288.2 | 38.7 |
| 1981 | 30.5 | 54.3 | 15.2 | 959.3 | 326.2 | 49.3 |
| 1982 | 29.9 | 59.0 | 11.2 | 1063.8 | 385.2 | 64.4 |
| 1983 | 29.7 | 60.1 | 10.2 | 1189.4 | 403.2 | 67.2 |
| 1984 | 29.4 | 62.7 | 7.9 | 1252.5 | 407.9 | 79.4 |
| 1985 | 29.7 | 60.0 | 10.3 | 1258.2 | 418.7 | 98.9 |
| 1986 | 30.5 | 60.1 | 9.4 | 1367.7 | 468.5 | 94.4 |
| 1987 | 30.6 | 59.5 | 9.9 | 1390.6 | 496.1 | 112.6 |
| 1988 | 29.6 | 63.3 | 7.2 | 1488.4 | 534.7 | 118.5 |
| 1989 | 29.9 | 62.0 | 8.1 | 1620.8 | 593.0 | 143.3 |
| 1990 | 30.1 | 60.5 | 9.4 | 1741.2 | 669.1 | 180.0 |
| 1991 | 30.7 | 62.0 | 7.3 | 1850.6 | 751.0 | 203.5 |
| 1992 | 32.6 | 57.1 | 10.3 | 1906.9 | 779.7 | 243.6 |
| 1993 | 32.9 | 61.8 | 5.3 | 2009.3 | 902.2 | 240.4 |
| 1994 | 30.7 | 66.5 | 2.8 | 2066.4 | 1000.1 | 251.6 |
| 1995 | 29.9 | 66.4 | 3.7 | 2222.5 | 1077.8 | 293.3 |

\* 仅供计算复合肥中 N、P₂O₅、K₂O 数量用。

由于化肥生产量和进口量的增加,我国近年化肥使用量增加很快。由 1980 年的1269万吨增加到 1995 年的3594万吨,增加2325万吨,增加了 183%,平均年增加 155 万吨,年增长率 12.2%。世界化肥总产量和总消费量(使用量)在 1988—1989 年度达到一个高峰后,连续 5 年下降,到 1994—1995 年才略有回升。中国作为一个发展中国家,在此期间的化肥产量和用量大幅度增长,显得十分突出。在此 16 年间,我国使用的化肥氮磷比由 1∶0.35 左右,调整到 1∶0.4 以上,已基本趋于合理。氮钾比虽有明显提高,但只达到 1∶0.17,依然偏低。

### (六)农田养分投入、产出的平衡状况

自 1949 年以来,随肥料投入农田的氮、磷、钾养分量不断增加,同时,随农作物(地上部分)产出的养分量也相应提高。从表 10 可以看出,氮、磷养分的投入量的增加,大于产出量的增加,因而农田氮、磷的状况由亏缺到平衡,由平衡到盈余。氮素在计算肥料氮损失的情况下,进入 80 年代不再亏缺,进入 90 年代后盈余量加大。磷素在未计算损失的情况下,自 70 年代中期即有盈余,进入 80 年代后盈余量明显增加。以上情况说明,我国农田氮、磷养分状况在逐年改善,表现在土壤氮、磷养分的积累,耕地缺乏氮、磷的面积在减少,同时也可能导致氮、磷肥肥效的下降。这一点在近年各地的土壤测定和肥料试验结果上已经反映出来,尤其以磷为明显。钾因投入不足,即使在未计算损失的情况下,仍为亏缺,并有逐年增加的趋势,到1990 年亏缺量超过 450 万吨。从而消耗了部分土壤钾素,使我国农田缺钾的面积扩大,施用钾肥的效果趋于明显。以上是指全国的总趋势,各地情况会有一些差别,也会有当地的特殊规律性。

**表 10 我国农田养分投入和产出平衡概况\***

(单位:万吨)

| 盈亏 | | 1949 | 1957 | 1965 | 1975 | 1980 | 1985 | 1990 | 1995 | 2000 |
|------|------|------|------|------|------|------|------|------|------|------|
| 投入 | N | 164.3 | 284.9 | 421.8 | 788.6 | 1371.3 | 1770.6 | 2272.5 | 2835.0 | 3122.5 |
| | $P_2O_5$ | 82.8 | 135.4 | 208.4 | 380.9 | 514.9 | 679.3 | 935.9 | 1324.0 | 1456.4 |
| | $K_2O$ | 196.7 | 305.5 | 344.2 | 540.3 | 601.5 | 768.3 | 918.7 | 1136.0 | 1449.1 |
| 产出 | N | 291.2 | 511.0 | 521.8 | 749.1 | 867.0 | 1114.0 | 1307.0 | 1373.0 | 1662.4 |
| | $P_2O_5$ | 138.0 | 235.8 | 237.0 | 333.9 | 378.3 | 478.7 | 559.0 | 577.0 | 664.4 |
| | $K_2O$ | 306.3 | 562.1 | 559.8 | 813.2 | 933.5 | 1207.7 | 1386.0 | 1455.0 | 1739.4 |
| 平衡 | N | −151.8 | −278.3 | −199.4 | −188.0 | 15.6 | 13.4 | 102.4 | 369.6 | 250.6 |
| | $P_2O_5$ | −55.2 | −100.4 | −28.6 | 47.0 | 136.6 | 200.6 | 376.9 | 747.0 | 792.0 |
| | $K_2O$ | −109.6 | −256.6 | −215.6 | −272.9 | −332.0 | −439.4 | −467.3 | −319.0 | −287.3 |

\* 化肥氮按损失 45%,有机肥氮按损失 15%计算。

# 二、我国化肥肥效的演变

化肥肥效系指在一定条件下,化肥单位养分施用量所能获得的作物增产量(用相同条件下的施肥产量与不施肥产量相减,除以施肥量求得)。化肥肥效的高低,受多种因素的影响,主要有气候(如降水量)、土壤养分状况、作物种类、农业栽培管理措施、肥料种类和施用

量、施用期、施用方法等。所以，要说明某一时期、某一地区、某一作物上施用化肥的肥效，并分析肥效的演变，必须要有大量的试验结果为依据，否则难以得出可靠的结论。我国共进行过全国规模的化肥肥效试验 3 次，从中可总结出一些月巴效演变的规律，对从宏观上指导我国化肥的生产、分配和施用有实际意义。

### （一）第一次氮、磷、钾化肥试验

1935—1940 年前中央农业实验所在江苏、安徽、山东、河北、河南、云南、贵州、四川等 14 个省 68 个点上做了水稻、小麦、油菜、棉花、玉米、谷子等 9 种作物氮、磷、钾三因素两水平（施与不施）的试验 156 个，这是第一次全国规模的化肥肥效试验。1941 年张乃凤先生以"地力之测定"一文发表。在该文中，作者把施用氮、磷、钾化肥增产的试验点数或试验个数占总数的百分数，称为三要素需要程度，结果见表 11。当时氮肥的需要程度为 80％，磷肥的需要程度为 40％，钾肥的需要程度为 10％。张乃凤认为，无论哪一省土壤中氮素养分一般极为缺乏，磷素养分仅在长江流域和长江以南各省缺乏，钾素在土壤中都丰富。而且进一步分析了三要素需要程度与土壤及作物种类的关系：认为栗钙土和黄河流域的石灰性冲积土地力较高，红壤和黄壤地力较低；水稻、油菜、玉米、谷子需要氮素肥料较棉花、小麦多，种油菜应特别注意施用磷肥。至于施用化肥增加农产晶的数量和经济价值，当时未进行计算和讨论。

#### 表 11 氮磷钾三要素的需要程度

（1935—1940）

| 化肥种类 | 试验点数 | 增产 | | 试验个数 | 增产 | |
|---|---|---|---|---|---|---|
| | | 点数 | ％ | | 点数 | ％ |
| 氮 | 68 | 57 | 83.8 | 152 | 115 | 57.7 |
| 磷 | 68 | 31 | 45.6 | 146 | 55 | 37.7 |
| 钾 | 68 | 11 | 16.2 | 142 | 11 | 7.7 |

### （二）第二次氮、磷、钾化肥试验

新中国成立以后，1957 年国务院领导同志指示，要在全国有组织地进行肥料试验和示范工作，以便找出不同地区、不同土壤、不同作物需要什么肥料、什么品种和最有效的施用技术，作为国家生产和合理施用的依据。根据这一指示精神，农业部组织了全国化肥试验网，于 1958—1962 年进行了第二次全国规模的化肥试验。1958 年共有 25 个省（自治区、直辖市）参加，试验包括三要素肥效、氮肥品种比较、磷肥品种比较和氮肥施用量、施用期等 4 项内容。1958 年完成试验 351 个，其中包括在水稻、小麦、玉米、棉花等作物上进行的氮、磷、钾肥效试验 122 个。1958 年后，三要素试验由粮食作物和棉花扩大到油料作物、烟草、蔬菜和果树上。1963 年进行了总结，几种主要作物施用氮、磷、钾化肥的肥效概括为表 12。

#### 表 12 我国氮磷钾化肥的增产效果

（1958—1962）

| 作物 | 每千克养分增产（千克）* | | |
|---|---|---|---|
| | N | $P_2O_5$ | $K_2O$ |
| 水稻 | 15～20 | 8～12 | 2～4 |

（续）

| 作物 | 每千克养分增产（千克）* | | |
| --- | --- | --- | --- |
| | N | $P_2O_5$ | $K_2O$ |
| 小麦 | 10～15 | 5～10 | 多数试验不增产 |
| 玉米 | 20～30 | 5～10 | 2～4 |
| 棉花（籽棉） | 8～10 | — | — |
| 油菜籽 | 5～6 | 5～8 | — |
| 薯类（薯块） | 40～60 | — | — |

\* 氮磷钾化肥的用量以养分计算，为每公顷 45～60 千克。

这次试验结果与 20 年前比较，氮肥和钾肥的肥效与 20 年前大致相同，即氮肥在不同土壤、不同作物上施用普遍有效，增产作用列于首位，而钾肥的肥效仍旧较低。但是，磷肥肥效较 20 年前有了明显提高，不仅在南方水田效果明显，尤其在解决低产田的"稻缩苗"问题上起了重要作用，而且在北方旱地上也显出了效果。从试验结果还总结出土壤速效磷含量低的离村远地、盐碱地、新开荒地等施用磷肥效果明显，豆科作物和豆科绿肥、油菜、冬小麦等施用磷肥增产幅度大。提出豆科作物"以磷增氮"，禾本科作物"氮磷配合"等因土因作物施用磷肥的技术。还总结出磷肥做基肥和种肥集中施，稻苗蘸秧根等高效施用磷肥的方法。这些试验结果促进了磷肥施用和磷肥工业的发展[1][2]。

### （三）第三次氮、磷、钾化肥试验

进入 70 年代以后，我国化肥用量增加很快，普遍反映化肥氮、磷、钾比例失调，肥效下降。当时，化肥调价后还出现了滞销、积压等问题，化肥产、销、用各部门都希望进一步搞清化肥施用中的一些问题。在"文革"期间一度中断的化肥网工作于 1973 年恢复。1974—1978 年进行了氮肥增效剂（硝化抑制剂）和氮肥深施试验。并对 70 年代在广东、广西、湖南、浙江等地进行的2000多个钾肥肥效试验进行了总结（中国农业科学院土壤肥料研究所，1974）。于 1981—1983 年组织了第三次全国规模的化肥试验，包括氮磷钾化肥肥效、适宜用量和比例、复合肥与单元化肥配合的肥效对比及肥料长期定位试验等内容。到 1983 年年底，除肥料长期定位试验外，其他两项研究内容已经结束。29 个省（自治区、直辖市）在水稻、大麦、甘蔗、马铃薯、苹果、茶叶、番茄、甘蓝等 18 种作物上完成氮、磷、钾化肥肥效、用量和配比试验5086个，复合肥与单元化肥配合的比较试验 248 个。试验结果按作物种类、分布地区、肥力高低和肥料用量进行了整理。表 13 是一个高度概括的结果。从试验结果看，当时各地反映的化肥肥效普遍下降的说法不很确切。总的来看，40 年来我国氮肥肥效大于磷肥，磷肥肥效又大于钾肥，这个总的趋势没有改变。氮肥肥效确有下降，但不同地区、不同作物下降程度不一。例如，在水稻、玉米、棉花上下降幅度较大，肥效仅为 20 年前的一半；而在小麦、油菜上下降幅度较小。磷肥肥效不同地区、不同作物下降程度不一。例如在水稻、玉米、棉花上下降幅度较大，肥效仅为 20 年前的一半；而在小麦、油菜上下降幅度较小。磷肥的肥效在南方水稻上明显下降，而在北方小麦、玉米上反而有所上

---

① 中国农业科学院土壤肥料研究所，1959 年，1958 年全国化肥试验网总结。

② 中国农业科学院土壤肥料研究所，1963 年，土壤肥料科学研究资料汇编（2）（1963 年 3 月全国化肥试验网工作会议资料）。

升。在氮、磷肥用量增加，作物高产品种和杂交种面积扩大，复种指数和单产提高的情况下，长江以南地区作物缺钾日益普遍，钾肥效果趋于明显。因地制宜施用钾肥，可提高粮、棉、油、烟、麻产量 10%～30%，并可改善产品品质，提高作物抗逆能力。但是，在北方部分地区的粮食作物上施用钾肥，增产幅度依然不大。

根据试验结果还分析了不同产量水平（以无肥区产量为标准）的肥效变化，在中、低产条件下氮、磷肥的肥效，要比高产条件下高出 50%～100%（表 14）。在生产条件相同或相近的条件下，随着用量的增加，氮、磷肥肥效明显下降（林葆，1989）。

**表 13　我国氮磷钾化肥的增产效果**

（1981—1983）

| 作物 | 每千克养分增产（千克）* | | |
|---|---|---|---|
| | N | $P_2O_5$ | $K_2O$ |
| 水稻 | 9.1 | 4.7 | 4.9（华南 6.6） |
| 小麦 | 10.0 | 8.1 | 2.1 |
| 玉米 | 13.4 | 9.1 | 1.6 |
| 棉花（籽棉） | 3.6 | 2.0 | 2.9 |
| 油菜籽 | 4.0 | 6.3 | 0.6 |
| 马铃薯 | 58.1 | 33.2 | 10.3 |

\* 化肥用量约为 1/15 公顷用量。

**表 14　我国不同产量水平的氮磷钾肥肥效**

（1981—1983）

| 化肥 | 作物 | 试验个数 | 无肥区产量（千克/公顷） | | | |
|---|---|---|---|---|---|---|
| | | | ＜2250 | 2250～3750 | 3750～5250 | ＞5250 |
| N（NP-P） | 水稻 | 896 | 8.6 | 10.9 | 8.6 | 6.9 |
| | 小麦 | 1462 | 10.5 | 10.6 | 9.3 | 5.6 |
| | 玉米 | 728 | 16.2 | 13.8 | 13.5 | 10.7 |
| $P_2O_5$（NP-N） | 水稻 | 921 | 7.4 | 4.8 | 4.1 | 3.4 |
| | 小麦 | 1851 | 9.1 | 8.8 | 6.4 | 4.8 |
| | 玉米 | 1040 | 11.2 | 11.9 | 9.4 | 6.4 |
| $K_2O$（NPK-NP） | 水稻 | 875 | 5.0 | 5.4 | 4.7 | 3.4 |
| | 小麦 | 678 | 2.4 | 2.8 | 0.6 | −1.0 |
| | 玉米 | 314 | 0.04 | 2.2 | 2.7 | 1.5 |

### （四）氮、磷、钾化肥肥效演变的原因

半个世纪以来，我国氮、磷、钾化肥肥效的演变，是符合李比西的"最小养分律"的。我国耕地开垦历史悠久，大部分耕地位于暖温带季风气候区，雨热同季有利于作物生长，也有利于土壤有机质分解。加上我国农民精耕细作的习惯，更促进了有机质的分解过程。因此，我国农田土壤的有机质和全氮普遍较低。由于我国畜牧业不发达，农田轮种多年生豆科牧草的面积很小，短期豆科绿肥面积逐年减少，靠大豆、花生等豆科作物固氮量有限；森林

覆盖率低，农民缺少燃料，利用了大量作物秸秆作燃料，损失了其中宝贵的氮素和碳素；农民长期施用含氮量较低，而磷、钾较为丰富的有机肥，加之土壤本身钾素含量较高等原因。因此，半个世纪以来，我国施用氮肥的效果一直在磷、钾肥之上。从氮肥肥效本身变化看，从第二次试验到第三次试验肥效确有下降，在水稻上以氮肥用量较高的长江中下游及华南地区下降较明显，而在小麦上氮肥肥效下降较少。这主要是肥料用量增加，其他生产条件未能相应改善而出现的"报酬递减现象"。氮肥肥效由第二次试验的玉米＞水稻＞小麦，变为第三次试验的玉米＞小麦＞水稻。

我国的磷肥肥效一般低于氮肥。但在严重缺磷的土壤上不仅可高于氮肥，而且缺磷还可影响氮肥肥效的发挥，磷、氮之间有明显的交互作用。在以往单纯施用有机肥的情况下，作物产量较低，土壤和有机肥提供的磷、钾基本可满足作物的需要，而氮素不足是养分的限制因子（最小养分）。随着氮肥用量的增加和产量的提高，磷的供应显得不足，在 50 年代末、60 年代初南方一些稻田出现严重缺磷，随之 60 年代中、后期北方广大地区施用磷肥也表现出明显效果。但是，将表 13 与表 12 相比较，即可看出，80 年代初磷肥肥效在水稻上明显下降，而在小麦、玉米上高于 50 年代和 60 年代。磷肥肥效由水稻＞小麦、玉米，变为小麦、玉米＞水稻。油菜上施用磷肥的增产效果一直十分突出。究其原因，和不同地区施用磷肥的状况有关。我国大型磷矿集中分布在云、贵、川、湘、鄂诸省，由于开采、运输、加工等方面的原因，南方和北方施用磷肥的情况差异很大。据农业部原土地利用局的统计资料，在 1965—1976 年的 11 年内，长江沿岸及其以南的 13 个省（直辖市、自治区，缺台湾省资料）磷肥的销售量占全国总量的 80％ 左右，氮磷比（N∶P）超过 1∶0.6，其中一些省份达到 1∶0.7。尤其是在平原地区，几乎季季施用磷肥。从广东、广西的化肥试验网点的土壤分析结果看，速效磷含量比较高，而且磷肥肥效下降。而东北、西北、华北的 15 个省（市、自治区，缺西藏资料）磷肥的销售量只占全国总量的 20％ 左右，氮磷比低于 1∶0.2。由于磷肥施用量少，随着氮肥用量增加，土壤缺磷程度加重，磷肥肥效上升。从农田磷素投入、产出的情况看，近年土壤中磷素总体上是积累的，耕地缺磷的面积和磷肥肥效均呈下降的趋势。

自 70 年代初以来，我国耕地缺钾面积扩大，钾肥肥效上升。其主要原因，一方面是氮、磷肥用量增加很快，钾肥用量增加慢；另一方面推广高产品种、杂交种，增加了复种指数，产量大幅度提高，作物从土壤中带走了大量的钾。钾肥肥效的高低与土壤类型密切相关，也和作物种类有密切联系。

# 三、问题和对策

## （一）农田养分再循环利用的潜力没有充分发挥

作物收获后的秸秆、人畜的排泄物等含有大量作物必需的养分，这些养分主要来自农田，以有机肥的形式返回土壤之中，是最好的循环利用方式。随着农业生产的发展，人口的增加，这些有机物料的数量是不断递增的。但是，近年来随着市场经济的发展，上述有机物料的收集利用的程度反而下降了，粗略估算只利用了 1/3～1/2。例如焚烧秸秆的情况有增无减，大型养殖场的畜禽粪便成为严重的污染源。秸秆过腹还田是一种经济合理的利用方式，但数量有限。秸秆直接还田应当是一种较为普遍的方式。根据以往的经验，仍要进一步研究解决"碎"和"烂"的问题。农艺与农机部门的科技人员应相互合作，在收获过程中应将秸秆粉碎到不影响以后的田间作业和作物生长的程度,同时,研究利用微生物技术,加速秸秆在土壤中的腐解,使之尽快发挥改土培肥和增加作物养分的作用。规模化畜禽养殖场的粪便处理,虽有大型沼气池发酵的经验,但尚不普遍。研究畜禽粪便的干燥、除臭技术,添加部分化肥或微生物制剂,制成有机-无机复合商品肥料,是经济作物的优质肥源。我国充分利用农业生产和人们生活中的有机物料的方法和经验,应当在新的条件下发展和提高。并利用政策导向,鼓励农民施用有机肥的积极性,实行有机肥与化肥配合施用,这对平衡肥料中的氮磷钾比例,培养地力都有重要作用。

### (二)化肥数量仍然不足

世界化肥的总产量和总用量在 1988—1989 年肥料年度(从前一年 7 月 1 日到第二年 6 月 30 日)达到15825.5和14563.0万吨后,连续 5 年下降,1994—1995 肥料年度虽略有回升,达到13643.1和12325.1万吨,仍未恢复到最高水平。而在此期间我国化肥的总产量和总用量增加很快。1995 年我国化肥总产量占世界总量的 18.7%,接近美国,居世界第二位;总用量占世界总量的 29.2%,居第一位。但是人均占有量和单位面积用量在世界上仅为中等水平(表15)。

表15 我国化肥的单位面积用量和人均占有量与世界若干地区和国家比较

| 年份 | 地区和国家 | 按耕地面积计算(千克/公顷) | 按人口计算(千克/公顷) |
|---|---|---|---|
| | 全世界 | 98.7 | 28.5 |
| | 北美和中美洲 | 83.7 | 54.9 |
| | 亚洲 | 114.8 | 17.3 |
| | 欧洲 | 229.4 | 64.9 |
| | 所有发达国家 | 124.7 | 88.1 |
| | 所有发展中国家 | 76.8 | 15.9 |
| 1988—1989 * | 美国 | 93.6 | 95.1 |
| | 前苏联 | 117.0 | 95.1 |
| | 印度 | 65.3 | 13.5 |
| | 日本 | 415.1 | 15.8 |
| | 法国 | 311.6 | 107.3 |
| | 前东德 | 366.6 | 108.3 |
| | 前西德 | 411.3 | 50.0 |
| | 荷兰 | 649.7 | 41.0 |
| | 英国 | 345.8 | 42.2 |
| 1995** | 中国(1) | 378.5 | 29.7 |
| | 中国(2) | 269.6 | |
| | 中国(3) | 170.9 | |

\* FAO统计资料,为世界最高年用量。

\*\* 我国统计资料。

(1) 按 1995 年 9497.1 万公顷耕地计算。

(2) 按全国详查结果 1333.3 万公顷地计算。

(3) 按(2)×157.8%=21039.9万公顷(播种面积)计算。

1995 年我国化肥总用量达到3593.7万吨，按当年全国耕地9497.09万公顷计算，则每公顷用量为378.5 千克，接近世界平均用量的 3 倍，超过了欧洲的平均用量。人均占有量也达到了世界平均水平。其实这里有许多情况应当做进一步的分析：首先，我国耕地面积实际为13333万公顷（20 亿亩，见《人民日报》1996 年 6 月 24 日第 10 版），比统计数多出 40%。按此实际面积计算，则每公顷用量为 269.6 千克。另外，我国农田还有 157.8% 的复种指数（1995 年），则实际播种面积为21039.7万公顷，每公顷化肥用量为 170.9 千克，远远低于法国、英国、德国、荷兰等欧洲国家，也低于日本，属中等水平。其次，国外在计算单位面积用肥量时，包括耕地和多年生作物（Arable Land and Permanent Crops）用地，其中包括果树、短期牧草等，而我国只计算了大田作物用地。实际上自 1980 年以来，我国粮食播种面积缩小，其他经济作物面积一般均有不同程度的增加（表 16）。其中以果园面积增加最快，1995 年达到 809.11 万公顷，是 15 年前的 4.5 倍。

### 表 16　我国种植业结构变化状况

（单位：万公顷）

| 作物 | 1980 | 1995 | 增减 |
|---|---|---|---|
| 粮食 | 14561.78 | 11006.04 | −3555.74 |
| 棉花 | 492.01 | 542.16 | 50.13 |
| 油料 | 792.85 | 1310.14 | 517.26 |
| 麻类 | 31.41 | 37.60 | 6.19 |
| 糖料 | 92.23 | 181.99 | 89.76 |
| 烟叶 | 39.67 | 147.00 | 107.33 |
| 瓜菜 | 392.57 | 1061.60 | 669.03 |
| 瓜园 | 28.70 | 84.07 | 55.37 |
| 茶园 | 104.08 | 111.53 | 7.45 |
| 果园 | 178.27 | 809.11 | 630.84 |
| 橡胶园 | 49.4 | 59.18 | 9.78 |
| 总计 | 16762.77 | 15350.42 | |

注：1980 年瓜菜面积为 1981 年数，橡胶园为 1984 年数；1995 年桑园面积为 1994 年数。

此外，还有桑园、茶园和橡胶园等，由于经济效益较高，也施用了大量化肥。如果把这些多年生作物的面积也计算在耕地内，则我国耕地的单位面积施肥量还要下降许多。另外，瓜、菜的面积也增加了 1 倍多，虽然它们的面积已计算在耕地内，但用肥量往往高出大田作物数倍。第三，化肥的用途正在进一步扩大，例如，苗圃、速生林木、海藻（如海带）养殖、鱼塘等施用化肥，都有明显效果，虽然某些条件下施肥的利弊得失（如引起水体富营养化）尚待研究。又如反刍动物（牛等）的饲料中添加尿素，以补充饲料中蛋白质不足，也已开始采用。

按照我国"国民经济和社会发展'九五'计划和 2010 年远景目标纲要"的要求，到 2000 年粮食总产量要达到 4.9 亿~5 亿吨，比 1995 年增加2500万~3500万吨，到 2010 年农业现代化建设要登上一个新台阶，农业的各个方面必须有一个大的发展。在充分利用有机肥的基础上，化肥数量肯定要有进一步增长。我们根据最近 15 年我国化肥用量的增长速度

（平均每年增加 155 万吨）推测，同时，按照实现 2000 年主要农产晶的目标和各种经济作物的需肥量计算，到 20 世纪末我国的化肥需求量要达到4200万吨，到 2010 年要达到5000万吨以上。近年我国化肥的用量与产量相比较，每年有 800 万～1000万吨的缺口，因而不得不大量进口化肥。今后应本着氮肥基本自给，磷肥大部分自给，钾肥以进口为主的方针，安排化肥生产和进口。这也是近两年来各有关部门取得的初步共识。

### （三）化肥氮、磷、钾的比例和品种结构要进一步调整

为了保证作物高产、优质，不仅要施用足够数量的肥料，而且氮、磷、钾养分要有一个适宜的比例。这个适宜的比例主要受作物吸收养分的特性、土壤供应养分的能力和肥料的农化性质决定。已如上述，我国化肥的氮、磷、钾比例正逐步趋向合理。但是，我国使用化肥的氮磷钾比例以多大为宜，是近年来有关方面共同关心的问题之一。在 60～70 年代，由于受当时世界上化肥磷钾比例较高的影响，国内一些部门和单位认为氮磷比至少要达到 1：0.5，甚至更高；氮钾比也应在 1：0.4 以上。现在看来值得进一步商榷。

世界上生产化肥是从普钙开始的（1842 年），然后开采钾盐矿生产钾肥（1860 年），而氮肥生产发展较晚，不论用电弧法生产硝酸钙，用电石（碳化钙）生产石灰氮（氰氨化钙）或者生产合成氨，都是本世纪初的事。由于欧洲各国豆科牧草的面积较大，利用生物固氮，施用磷、钾肥就有很好的效果。加以磷、钾肥发展早，生产工艺较为简单，所以长期以来，磷、钾肥的用量高于氮肥。直到 60～70 年代，磷、钾肥的比例依然很高，尤其是一些发达国家更是如此。因此，在一定程度上给我们造成了一种错觉，似乎发达的农业必须要有较高的磷、钾比例。其实，自 80 年代以后，世界上化肥的磷、钾比例已迅速下降，1994—1995 年度世界化肥使用的氮磷钾比例为 1：0.40：0.27（表17）。

#### 表17　世界化肥用量及氮磷钾比例的演变

（单位：万吨）

| 年度 | N | $P_2O_5$ | $K_2O$ | 合计 | N：$P_2O_5$：$K_2O$ |
|---|---|---|---|---|---|
| 1913 | 51 | 214 | 127 | 392 | 1：4.20：2.49 |
| 1938 | 240 | 350 | 250 | 840 | 1：1.46：1.04 |
| 1949 | 360 | 540 | 360 | 1260 | 1：1.50：1.00 |
| 1962—1963 | 1150 | 1040 | 930 | 3120 | 1：0.90：0.81 |
| 1969—1970 | 2850 | 1850 | 1580 | 6280 | 1：0.65：0.55 |
| 1972—1973 | 3605 | 2259 | 1875 | 7739 | 1：0.62：0.55 |
| 1993—1974 | 3866 | 2426 | 2069 | 8361 | 1：0.62：0.52 |
| 1976—1977 | 4509 | 2639 | 2306 | 9454 | 1：0.59：0.51 |
| 1977—1978 | 4776.8 | 2827.9 | 2331.3 | 9936.0 | 1：0.59：0.49 |
| 1980—1981 | 6069.0 | 355.7 | 2422.6 | 11646.3 | 1：0.52：0.40 |
| 1991—1992 | 7505.9 | 3541.8 | 2350.2 | 13397.8 | 1：9.47：0.31 |
| 1993—1994 | 7276.1 | 2881.3 | 1909.8 | 12067.2 | 1：0.40：0.26 |
| 1994—1995 | 7359.9 | 2965.8 | 1999.4 | 12325.1 | 1：0.40：0.27 |

通过 30 多年的实践，我们逐步认识到，我国土壤的磷素和钾素营养状况在向着两个不

同的方向发展。自 60 年代开始大量施用磷肥以来，加上有机肥料中投入的磷，土壤磷素状况是逐步改善的。70 年代中期投入量与产出量已达到平衡，并开始有盈余。因此，土壤磷素开始积累，这和各地反映土壤速效磷含量增加，缺磷和严重缺磷的耕地面积减少，一些施用磷肥较多的地区和田块（尤其是稻田）磷肥肥效下降是一致的。从全国化肥试验网的一些肥料长期定位试验结果看，每公顷每季作物施用氮肥（N）150 千克左右，同时施用 45～75 千克磷肥（P），土壤有效磷和全磷都是上升的。而近年我国化肥用量的氮磷比为 1：0.4 以上。可见在施用有机肥的基础上，我国化肥使用的氮磷比达到 1：0.40～0.45 是适宜的，而不必要求达到 1：0.5 或更高。

而土壤钾素状况与磷素相反，由于每年施用大量的氮、磷化肥，产量不断提高，单靠有机肥中提供的钾是不够的，而施用的化学钾肥数量较少。因此，钾素投入少，产出多，全国每年钾（$K_2O$）的亏缺达到 450 万吨以上，土壤钾素呈下降趋势，缺钾的耕地面积扩大。根据一些肥料长期定位试验结果，不仅不施钾肥的处理土壤速效钾和全钾下降，有些施用钾肥的处理因数量不足，土壤钾素也是下降的（林葆等，1996）。

目前我国使用化肥中的氮钾比为 1：0.16，显然是偏低的。当前应搞好秸秆还田，增加钾肥进口，到 2000 年应将氮钾比调整到 1：0.25。并把钾肥重点投放在土壤缺钾较严重的长江以南地区和施钾效益较好的经济作物如瓜、果、菜上。

我国化肥品种正在向高浓、复合的方向发展，尿素和磷酸铵是两个主要的发展品种。但是，我们认为普钙和钙镁磷肥是适合我国国情的两个低浓度磷肥品种。因为这两种磷肥还含有大量的硫、钙、镁等中量营养元素，它们不仅是磷肥，也可看作是中量元素肥料，例如施用普钙，是我国农田硫素的主要来源。而且生产钙镁磷肥的最大优点是可以利用中低晶位的磷矿，并且不需要硫酸。因此，这两个品种在今后磷肥发展中应当保留，在工艺上应有所提高。

### （四）化肥肥效有待进一步提高

我国化肥肥效的演变状况已如前述。从 1981—1983 年的试验结果看，施用 1 千克氮肥（N）可增产粮食 10 千克左右，施用 1 千克磷肥（P）可增产粮食 6～8 千克，施用 1 千克钾肥（$K_2O$）在南方可增产稻谷约 5 千克。这一结果与世界上发展中国家的试验结果相近。联合国粮农组织（FAO）的肥料计划（Fertilizer Program）自 1961 年到 1986 年在非洲、亚洲和拉丁美洲共进行肥料试验和示范 60356 次，收集各国试验结果 42300 次，把施用每千克肥料（养分）增加的产量（千克/公顷）称为"生产指数"（Productivity Index，简称 PI），即等同于我们所述的"肥效"。表 18 列出了几种主要作物施用化肥的平均生产指数（未分氮、磷、钾）。

表 18　FAO 肥料计划（1961—1986 年）中几种主要作物的平均生产指数

| 作物 | 试验、示范数 | 平均生产指数 |
| --- | --- | --- |
| 小麦 | 12500 | 60～120 |
| 水稻 | 22800 | 120～180 |
| 玉米 | 24700 | 120～180 |
| 谷子 | 3400 | 60～120 |

（续）

| 作物 | 试验、示范数 | 平均生产指数 |
|---|---|---|
| 高粱 | 5600 | 90～120 |
| 块根块茎 | 7000 | 480～720 |
| 豆类 | 5400 | 30～75 |
| 油料作物 | 11000 | 60～120 |
| 棉花 | 7600 | 45～90 |

我们在讨论提高化肥肥效时，对氮肥应当特别予以重视，这不仅因为它的用量最大，利用率低、损失严重，而且近年肥效有较明显的下降趋势。在一般情况下，肥料利用率的高低与肥效高低是一致的，但也有不一致的情况。例如，偏施或过量施用氮肥，引起作物徒长或倒伏，作物虽然也吸收了不少的氮，但籽粒产量不高。我国氮肥的利用率不高，仅为30%～35%（朱兆良等，1992），说明提高肥料利用率和肥效还有很大潜力。要提高化肥的利用率和肥效，在我国目前情况下，必须十分重视用好化肥。一方面要抓"开源"，即增加生产和适量进口，增加化肥有效供应；另一方面要抓"节流"，即合理施用，减少损失，提高利用率，两者不可偏废。

# 参 考 文 献

[1] 刘更另.1989.中国粮食生产和平衡施肥.国际平衡施肥学术讨论会论文集，农业出版社：16-21.

[2] Borlaug, N. E and Dowswell, C. R. 1994. Feeding a human population that increasingly crowds a fragile planet, Keynotdecture, 15th World Congress of Soil Sci. July 10～16, 1994, Acapulco. Mexico.

[3] 中国农业科学院土壤肥料研究所.1962.中国肥料概论.上海科学技术出版社：46-68，84-130，164-167.

[4] 中国农业科学院土壤肥料研究所.1986.中国化肥区划.中国农业科学技术出版社：28-31.

[5] 曾宪坤.1996.中国化肥工业的现状和展望.国际肥料与农业发展学术讨论会论文集（出版中）.

[6] 冯元琦.1992.中国化肥手册.化工部科技情报所、南京化工（集团）公司.473-491.

[7] 张乃凤.1941.地力之测定.土壤（季刊），2（1）：96-112.

[8] 中国农业科学院土壤肥料研究所.1974.钾肥的肥效.土壤肥料，1：21-32.

[9] 林葆.1989.中国化肥使用研究.北京科学技术出版社.

[10] 林葆，李家康.1989.五十年来中国化肥肥效的演变与平衡施肥.国际平衡施肥学术讨论会论文集.农业出版社：43-51.

[11] 林葆，林继雄，李家康.1996.长期施肥的作物产量和土壤肥力变化.中国农业科学技术出版社.

[12] 朱兆良，文启孝.1992.中国土壤氮素.江苏科学技术出版社：228.

[13] 国家统计局.1988—1996中国统计年鉴.中国统计出版社.

[14] 国家统计局.1981—1986中国农业年鉴.农业出版社.

[15] FAO. 1989. Fertilizers and Food Production（Summary Renew of Trial and Demanstration Results 1961—1986，Rome.

[16] FAO. Fertilizer Yearbook. 1980—1995，Rome.

# 西欧发达国家提高化肥利用率的途径

张维理　林葆　李家康

（中国农业科学院土壤肥料研究所　北京　100081）

**摘要**　西欧发达国家自1980年以来化肥用量不断下降，与此同期粮食总产和单产分别增加了57％和80％。化肥用量下降而产量提高的原因之一是自20世纪50年代以来化肥的持续施用使土壤肥力和土壤氮、磷、钾有效养分含量提高。而80年代末期以来西欧发达国家推行的一系列生态农业政策则促进了氮肥利用率的提高和氮肥用量的下降。这些政策的主要目的是通过提高农业资源利用率和科技水平，促进高产水平下物质投入在生产系统内部的良性循环，减缓化肥、农药的施用对环境的不良影响。我国近年来化肥用量增加，化肥利用率下降，在北方某些农业高度集约化的地区，氮肥的不当施用已引起了较严重的地下水硝酸盐污染，在南方经济发达地区，氮、磷肥的过度施用则已成为水域污染的重要原因之一。为此，在吸收国外先进经验的基础上发展适合我国国情的化肥政策和施肥技术是保证我国农业持续发展的关键。

**关键词**　西欧；化肥利用率；持续农业

## 一、前　　言

与中国相似，西欧发达国家人口十分密集，人均土地及可耕地资源匮乏。因而农田的物质投入如化肥用量水平较高。近年来，西欧发达国家化肥用量逐年下降，而粮食作物产量却在逐年上升，肥料利用率和耕地产出率均保持上升的趋势。在我国，近年来，随着产量水平的不断提高、化肥用量的不断增加，化肥利用率特别是氮肥利用率不断下降。在北方某些农业高度集约化的地区氮肥的不当施用已引起了较严重的地下水硝酸盐污染，在南方经济发达地区，氮、磷肥的过度施用则已成为水域污染的重要原因之一。为此同时提高耕地产出率与化肥利用率对保证我国农业的持续发展至关重要。他山之石，可以攻玉，分析西欧发达国家在提高肥料利用率上采取的主要途径，了解那些可供我国借鉴的经验和做法，将有助于改进我国现行的肥料政策和技术，促进农业的持续发展。

## 二、西欧发达国家化肥用量与产量变化

西欧发达国家近年来化肥应用的发展可划分为两个时期：20世纪80年代之前为增长发

---

注：本文发表于《土壤肥料》，1998年第5期。

展时期，80 年代之后则为持平至逐步减少时期（图1、图2）。第二次世界大战后，欧洲发达国家百废待兴，农业生产及化肥用量发展迅速。以德国为例，1950—1979 年的 29 年中，氮、磷、钾化肥用量分别增加了 5.09，2.92 和 2.45 倍，29 年中每年平均递增分别为 5.8%，3.8% 和 3.1%。氮、磷、钾化肥的平均用量 1950 年为 N 23 千克/公顷，$P_2O_5$ 24 千克/公顷和 $K_2O$ 38 千克/公顷，1961 年为 N 72 千克/公顷，$P_2O_5$ 70 千克/公顷和 $K_2O$ 127 千克/公顷，1979 年为 N 185 千克/公顷，$P_2O_5$ 110 千克/公顷和 $K_2O$ 146 千克/公顷[1]。仅 1961—1979 年 19 年中粮食作物总产和单产分别增

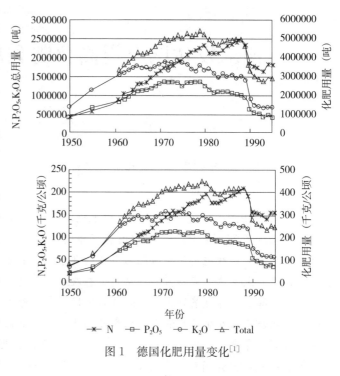

图 1　德国化肥用量变化[1]

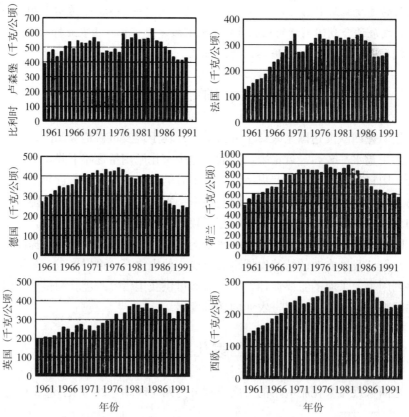

图 2　西欧发达国家化肥用量变化[1]

加了 84％和 70％。单产由 60 年代初期的 2768 千克/公顷（为 1961—1963 年三年的平均值）提高到 70 年代末的 4166 千克/公顷（为 1978—1980 年三年的平均值，图 3）。

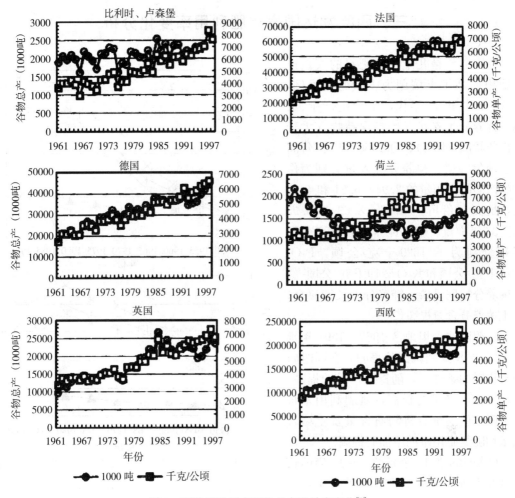

图 3　西欧发达国家谷物总产及单产变化[1]

而自 80 年代初开始，化肥用量出现持平至逐年下降趋势。自 1980—1995 年，氮、磷、钾化肥用量分别下降了 20％，63％和 60％，16 年中每年平均递减 1.4％，6.0％和 5.5％。氮、磷、钾化肥的平均用量由 80 年代初的 N 179 千克/公顷，$P_2O_5$ 94 千克/公顷和 $K_2O$ 134 千克/公顷（1980—1982 年三年的平均值）降低至目前的 N 146 千克/公顷，$P_2O_5$ 36 千克/公顷和 $K_2O$ 56 千克/公顷（1993—1995 年三年的平均值）。这一时期粮食总产和单产仍保持稳定增加，从 1980—1997 年 18 年中粮食作物总产和单产分别增加了 57％和 80％。单产由 80 年代初期的 4319 千克/公顷（为 1980—1982 年三年的平均值）提高到目前的 6284 千克/公顷（为 1995—1997 年三年的平均值）。其他欧洲国家如英国、法国、比利时与此相似，自 80 年代以来，化肥使用相继进入用量持平及下降时期，而粮食总产和单产则在化肥使用下降 17.3％的同时分别增加了 13.8％和 80.7％（图 2、图 3）。

那么在 80 年代之后引起欧洲发达国家化肥用量普遍下降的原因何在？尽管，随着化肥用量的提高，肥效的下降，一个国家或地区的化肥用量变化通常会符合于 MICHERLICHER

的效益递减率的变化趋势，在高速增长之后，一般会出现持平乃至下降的现象，那么这些国家又何以能在化肥用量持续下降的 10 余年中仍能保持粮食总产和单产的稳定增加？

## 三、西欧发达国家化肥利用率变化分析

原因之一是几十年间肥料的大量连续施用提高了土壤肥力。以德国为例，自 50 年代至 80 年代，作物生产中氮、磷、钾养分收支状况始终保持投入大于支出的状况（图 4）。自 1950—1986 年间每公顷氮、磷、钾养分投入量分别为作物生产实际需用量的 2.94，6.21 和 4.82 倍，最高年份可达 4.06，8.63 和 5.93 倍。37 年中氮、磷、钾养分收支赢余量累积分别为 N 1629 千克/公顷，$P_2O_5$ 1877千克/公顷和$K_2O$ 5219千克/公顷[3]。土壤养分特别是磷、钾养分的长期赢余，使土壤养分含量提高。

在德国波士坦地区 1967—1994 年延续 28 年的长期肥料试验表明，在同时施用有机肥的条件下，随氮肥用量的提高，什物干物质产量的提高，氮肥利用率将会下降，但土壤有机物质含量及土壤含氮量均随氮肥用量的增加而提高。

Orlovius 在 13 个延续 5～10 年的长期试验上证实，在施钾肥的处理中，土壤交换性钾含量较不施钾的处理高（表1），这种土壤交换性钾含量提高的趋势随年份的增加更加明显[4]。1958—1972年在德国 Schoeppenstedt、Stader Geest 及 Emmerthmal 地区甜菜产区每年9000个的土壤样本测定结果显示，土壤乳酸溶态的磷（DL-方法）每年平均增加 $P_2O_5$ 0.5～1.0 毫克/100 克。土壤乳酸溶态钾含量（DL-方法）每年平均增加 $K_2O$ 0.5 毫克/100 克[3]。有趣的是，15个长期试验上的研究还表明当施磷量与

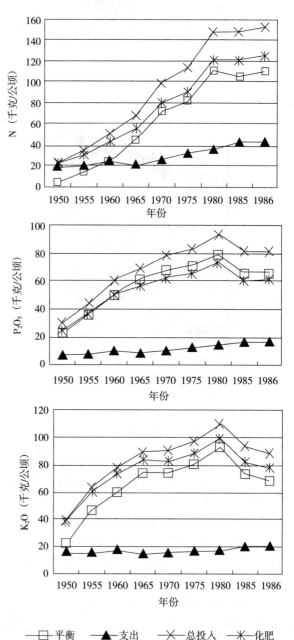

图 4　1950—1984 年德国 NPK 养分收支平衡状况[3]

作物生产带走的磷量相近时（磷养分收支平衡每年为 $P_2O_5$ ±10 千克/公顷，17 年累计为 $P_2O_5$ −80～+160 千克/公顷），17 年后土壤有效磷含量无明显变化[5]。

**表 1 巴伐利亚州 1974—1994 年间 13 个长期肥料试验中钾肥对土壤有效钾含量的影响[4]**

| 地点 | 试验年数 | 土壤有效钾含量（$K_2O$ 毫克/100 克，CAL-方法） | | | |
|---|---|---|---|---|---|
| | | 试验进行前 | 试验结束最后三年的平均值 | | |
| | | | $K_0$ | Kne | Kopt |
| Sullach | 7 | 22 | 15 | 20 | 32 |
| Aurachtal | 10 | 27 | 16 | 20 | 25 |
| Ramertshofem | 7 | 29 | 16 | 26 | 25 |
| Geroldhausen | 8 | 27 | 19 | 22 | 24 |
| Auemhofen | 7 | 30 | 19 | 19 | 25 |
| Sachsenheim 1 | 7 | 13 | 6 | 13 | 12 |
| Schaidham | 9 | 16 | 12 | 15 | 17 |
| Sachsenheim 2 | 8 | 22 | 17 | 20 | 17 |
| Teilheim | 7 | 22 | 16 | 18 | 16 |
| Kosching | 7 | 23 | 16 | 19 | 22 |
| Oberpleichfeld | 6 | 17 | 9 | 11 | 9 |
| Niederaichbach | 5 | 21 | 21 | 17 | 21 |
| Auchsesheim | 7 | 23 | 12 | 14 | 25 |
| 13 个试验的平均值 | | 22 | 15 | 18 | 21 |

注：$K_0$：不施钾，Kne：以作物生产带走的钾量为施钾量，Kopt：根据作物对钾肥的产量曲线导出的最佳施钾量，在 13 个试验中各不相同，13 个试验的平均值为 $K_2O$ 189 千克/公顷，平均为作物生产带走的钾量的 1.8 倍。

由于磷、钾化肥连续多年的大量使用使德国及其他欧洲国家土壤累积了大量的磷、钾，因而磷、钾肥效下降。所以磷、钾肥用量开始下降。自 1980 年以来至 1995 年，15 年中德国磷、钾化肥的用量分别减少了 63％和 59％，西欧磷、钾化肥的用量分别减少了 33％和 23％[1]。而土壤磷、钾养分库存水平的大大增加，又保证了在磷、钾化肥的用量减少的条件下产量水平的稳定提高。而根据 MICHERLICHER 定律，化肥的用量较低时，肥效较高。目前德国磷、钾化肥的平均施用量分别为 $P_2O_5$ 34 千克/公顷及 $K_2O$ 55 千克/公顷，西欧国家平均为 $P_2O_5$ 47 千克/公顷及 $K_2O$ 56 千克/公顷[1]。这一用量连同用于作物生产的畜牧业产生的有机肥料中的磷素和钾素，仍远大于土壤为作物生产支付的磷、钾总量。为此专家预测，欧洲国家磷、钾化肥的施用量在中期内将不太可能增加。

与磷钾化肥不同，西欧国家氮化肥用量下降较晚，如德国氮化肥用量下降始于 80 年代木期（图 1），自 1988—1995 年，8 年中氮化肥总量及平均用量分别减少了 27％和 26％。平均用量从 N 202 千克/公顷减少至 N 149 千克/公顷[1]。在德国西部氮化肥平均用量已降至 121 千克/公顷。这主要与欧洲 80 年代末以来的生态农业政策有关。80 年代中期，研究发现过量施用氮肥引起地下水、饮用水硝酸盐污染的问题。80 年代末，这一问题逐渐得到社会各阶层的关注，也引起和促成了西欧各国农业及环境政策的相应变化。如德国政府近年来用于影响生态农业政策的补贴每年达 70 余亿马克，占农业投资总额的 18％。农民从事氮肥用量减少 20％～50％的生态农业及综合农业经营方式，每公顷可得到 80～1500 马克的补贴（表 2），这笔资助主要用于进行土壤矿质氮的分析，补偿为提高肥效，少用或不用农药，采用的一定轮作类型的耗工。一方面由于欧盟对减少农药、化肥用量的生态农业、控制性的综合农业的优惠政策；另一方面由于公众环保意识的提高，生态农业产品市场看好，因而，自80年代中后期以来这一地区生态农业发展较快。1978年德国从事基本生态农业的农户还只有几百户，1996年超过6000户。1978年种植业中生态农业面积尚不足1000公顷，至1996年已超过30万公顷，占到种植业面积的2%。由于少施氮肥，基本不施化学氮肥，生态农业产量较低，但在消费市场上，标有生态农业产品标签的农产品价格较常规农产品高50%～300%，农户有利可图，在一些欧盟国家，生态农业面积已占到5%～10%。研究结果显示，在很多生态农业农场上氮素平衡为支出大于收入，这使得氮肥利用率有较大的增加。不过在从事多年生态农业经营后，土壤氮素水平和产量会有一定的下降。欧盟一些专家认为发展生态农业有利于欧盟的农业、经济的持续稳定发展，提倡继续鼓励发展生态农业。

**表 2 德国撒克森州对有利环境农业的优惠政策**

| | 优惠类型 | 资助额（马克/公顷） | 所需条件 |
|---|---|---|---|
| 1a | 综合农业援助<br>（基本援助） | 80 | 病虫害防治根据预测模型、N肥施用按照撒克森州农业咨询项目的规定。 |
| 1b | 无环境污染措施援助<br>（基本援助外的额外援助） | 120～240 | 在履行1年的规定的基础上N肥用量至少减少20%。不用生长刺激素，不用农药。 |
| 1c | 改善土壤的措施援助<br>（基本援助外的额外援助） | 80～130 | 在履行1年的规定的基础上采用间作以避免冬季的农田裸露。播种时采用地表覆盖等其他措施。 |
| | 控制性的综合农业<br>（蔬菜种植） | 500 | 按照德国联邦政府对综合农业蔬菜种植的各项规定。 |
| | 控制性的综合农业<br>（果树种植） | 900 | 按照撒克森州政府对综合农业果树种植的各项规定。 |
| | 控制性的综合农业<br>（酿葡萄酒用葡萄种植） | 900 | 按量撒克森州政府对综合农业葡萄酒用葡萄种植的各项规定。 |
| 2 | 生态农业<br>（一般农田） | 450～550 | 加入国家认可的生态农业协会，并履行协会的各项规定。 |
| | 生态农业<br>（蔬菜种植） | 700～800 | 加入国家认可的生态农业协会，并履行生态农业协会关于蔬菜种植的各项规定。 |
| | 生态农业<br>（果树及葡萄种植） | 1300～1500 | 加入国家认可的生态农业协会，并履行生态农业协会关于果树及葡萄种植的各项规定。 |

此外，在欧洲发达国家大农产对小农产的兼并使农业规模化、专业化、集约化水平不断提高，农民有条件广泛采用包括信息技术在内的各种现代先进技术，在提高劳动生产力的同时也不断提高农业生产中对资源、生产资料如土地、能源、肥料、农药的利用效率。以德国为例，50年代农产数为350万，80年代初为84万，1994年仅为55万。而每一农户的纯收入由80年代初的3.17万马克增至1994年的4.62万马克。据有关专家预计，今后欧洲的农业仍将重视可持续发展、环境保护、提高资源利用率和科技水平。在施肥方面为维持高产水平下投入的物质在生产系统内部的良性循环，则重视有机肥的利用和化肥的合理使用。因而，在中长期内化肥用量将较为稳定，而侧重提高化肥利用率。

# 四、结 束 语

进入21世纪，我国面临的主要问题将是在有限的耕地资源上满足日益增长的人口对农产品的需求，为此必须在有限的耕地上不断增加包括肥料在内的投入，以不断提高产量。与此同时又要考虑到生产水平的提高应对生态环境无害。近年来我国在发展化肥生产、增加化肥进口上投入很大，但对土壤肥料的研究工作投入较低，使土壤肥力和科学施肥的研究工作滞后，许多影响施肥效益和肥料利用率的基本问题没有进行充分的研究，影响了科学施肥的实现和化肥经济效益的充分发挥。近 10 年来我国化肥用量增加很快，从 1984 年到 1994 年10 年中，我国化肥用量增加了 90.7%；而粮食产量只增加了 9.1%。棉花产量略有下降。大量施用氮素化肥而氮肥利用率不断下降使得由于土壤硝酸盐的淋溶污染地下水的潜在危胁日益加大[6]。由于人口的增加，耕地面积的不断下降，我国在过去和将来都不得不通过单产的提高来满足不断增长的人口对粮食的进一步需求。预计化肥用量在今后的 30 年中将继续保持增长的趋势。因而重视在吸收国外先进经验的基础上发展适合我国国情的化肥政策和施肥技术，将成为保证中国农业持续发展的关键。

# 参 考 文 献

[1] FAO Statistics：http：/www. fao. org/waicent/faostat.

[2] Fritz A. Ergebnisse aus ein em langjaehrigen Dauerfeldoversuch zur organisch-mineralischen Duengung auf Tieflehm-Fahlerde. Arch. Acker-Pfl. Boden. ，1995，39：359-367.

[3] Koester，W. K. Severin，D. Moehring & H. D. Eiebell Stick-stoff，Phosphor-und Kaliumbilan zen land wirtschaftlich gen utzter Boeden der Bundesrepublik Deuschland von 1950—1986. Landwirts ch aftskammer Hannover，Ham eln. 1988.

[4] Orlovius K. Langjaehrige Versuchsergebnisse zur Ermit-tlung der optimalen Kali-Dueng ungshoehe und optimaler K-Gehalte im Boden in Bayern. Agribiol. Res. 1996，49（1）：83-96.

[5] Kerschberger，K & D. Richter：Einfluss der P-Duengung nach Pflanzenzentzug auf den DL-loeslichen P-Gehalt des Bodens inlangjarhrigen Duengung sversuchen auf Acker-land. A gribiolgical Research. 1992，45（2）：103-111.

[6] 张维理等. 我国北方农用氮肥造成地下水硝酸盐污染的调查. 植物营养与肥料学报，1995，1（2）：80-87.

# 论提高我国化肥利用率

伍宏业[1]　曾宪坤[1]　黄景梁[1]　林葆[2]　李家康[2]　金继运[2]

（[1] 原化工部经济技术委员会　北京　100723；
[2] 中国农业科学院土壤肥料研究所　北京　100081）

**摘要**　对比世界各国人均耕地、人均施肥量、人均谷物产量及消费量等农业基础数据，认为：我国人多地少，人均耕地 0.114 公顷（与英、德国家相近）；土壤总体肥力较低，必须靠增施化肥来提高单产，因而化肥需求量将持续增长；但增加化肥产量近期受投资及能源产量的制约、远期受二氧化碳排放量及水体污染的制约；我国化肥施用总量占世界第一位，但在销售、供应和施用方面还存在不少问题。指出应把研究提高化肥利用率作为降低农业生产成本的一项长期的主要措施，最后对开源节流提高我国化肥利用率提出若干建议。

**关键词**　人均耕地；施肥量；谷物产量；化肥利用率；投资；能源

江泽民总书记在党的十五大报告中提出了"要坚持把农业放在经济工作的首位，要多渠道增加投入，大力推广科教兴农、发展高产、优质、高效农业。推进农业向商品化、专业化、现代化转变。"还提出了"我国是人口众多、资源相对不足的国家，在现代化建设中必须实施可持续发展战略。资源开发和节约并举，把节约放在首位，提高资源利用效率"。

肥料是粮食的粮食，据联合国粮农组织（FAO）统计，化肥对粮食生产的贡献率占40％左右。中国能以占世界 7％ 的耕地养活占世界 22％ 的人口，这一举世瞩目成就的取得，应该说一半归功于化肥的作用。我国 1996 年化肥产量已达 2719 万吨（纯养分，下同），占世界总产量的 19％，居世界第一位。

化肥在农业生产成本（物资费用加人工费用）中占 25％ 以上，占全部物资费用（种子、肥料、机械作业、排灌等费用）的 50％ 左右，国家、地方和农民都为此付出了很大的代价。

- 农民每年为购买化肥要支付 1400 亿元。
- 国家和地方每年为进口化肥支付 35 亿美元外汇（表1）。
- 全国为增加化肥生产能力，每年投入 160 亿元。
- 每年为生产化肥消耗能源 6545 万吨标煤，占全国能源生产总量的 5％。

可见生产化肥消耗了大量能源和资金，进口化肥动用了大量外汇，农民用于购买化肥的资金，是农业生产物资中最大的一项，但是化肥未能物尽其用，其中用量最大的氮肥当季利

---

注：本文发表于《磷肥与复肥》，1999 年第 1 期，6～12，和 1999 年第 2 期，9～11。

用率只有 30%～35%，化肥的增产效果在一些地区出现了明显下降的趋势。这种低效高耗的情况将难以为继。因此，提高化肥利用率的问题，受到普遍关注。化肥必须"开源"和"节流"并重，在增加生产和进口，提高化肥有效供应量的同时，注意用好化肥，提高化肥的利用率。这是一项系统工程，它涉及化肥产、销、用各个环节，不仅关系到农业的增产增收，而且是提高地力，保护环境，实现农业可持续发展的一项重要措施。

**表 1 我国化肥年实际施用量、年产量、年进口量、外汇用量基础数据表**

| 年份 | 化肥年实际施肥量（万吨） | 当年国内化肥产量（万吨） | 化肥实际施用年递增量（万吨） | 化肥年需缺口数量（万吨） | 化肥年进口量（万吨） | 化肥年进口耗外汇（亿美元） | 化肥缺口占化肥实际施用量（%） |
|---|---|---|---|---|---|---|---|
| 1979 | 1086 | 1065.4 | 202 | 20.6 | 176.2 | | 1.9 |
| 1980 | 1269 | 1232.1 | 183 | 36.9 | 210.3 | | 2.9 |
| 1981 | 1335 | 1239.0 | 66 | 96.0 | 195.4 | 10.92 | 7.2 |
| 1982 | 1513 | 1278.1 | 178 | 234.9 | 231.0 | 10.33 | 15.5 |
| 1983 | 1659 | 1378.9 | 146 | 280.1 | 344.8 | 11.99 | 15.3 |
| 1984 | 1739 | 1460.2 | 80 | 278.8 | 385.5 | 16.89 | 15.0 |
| 1985 | 1775 | 1322.1 | 36 | 452.9 | 331.1 | 11.89 | 25.5 |
| 1986 | 1930 | 1393.7 | 155 | 536.3 | 252.7 | 6.31 | 27.8 |
| 1987 | 1999 | 1670.8 | 69 | 328.2 | 527.1 | 12.82 | 16.4 |
| 1988 | 2141 | 1726.8 | 142 | 414.2 | 706.5 | 20.74 | 19.4 |
| 1989 | 2357 | 1793.5 | 216 | 563.5 | 661.9 | 21.77 | 23.9 |
| 1990 | 2590 | 1880.0 | 233 | 710.0 | 761.5 | 23.62 | 27.4 |
| 1991 | 2808 | 1975.0 | 218 | 833.0 | 945.7 | 33.44 | 29.7 |
| 1992 | 2930 | 2039.0 | 122 | 891.0 | 892.3 | 28.68 | 30.4 |
| 1993 | 3151 | 1957.0 | 221 | 1194.0 | 500.1 | 15.24 | 37.9 |
| 1994 | 3318 | 2187.0 | 166 | 1037.0 | 695.5 | 21.22 | 34.1 |
| 1995 | 3570 | 2497.0 | 252 | 1072.0 | 1080.0 | 37.61 | 30.0 |
| 1996 | 3829 | 2718.6 | 259 | 1110.0 | 961.2 | 35.64 | 29.0 |
| 1997 | 3980 | 2853.0 | 151 | 1127.0 | 902.0 | 29.9 | 28.3 |

**（一）从可持续发展战略看，提高我国化肥利用率的必要性及迫切性**

**1. 我国人均耕地、施肥量、谷物产量、消费量等基本国情及我国农业生产的定位。** 根据联合国粮农组织生产年鉴及中国农业年鉴等资料，统计了 1994 年下述四种情况的各 10 个国家：①人口在 1 亿以上；②农业总产值最高；③谷物总产量最高；④谷物单位面积产量最高，合计为 23 个国家。分别计算了人均耕地、单位播种面积谷物产量，单位谷物播种面积施肥量等各项指标，以供比较，详见表 2 及其说明。从中可以看出以下几点：

（1）作为农业生产基础的人均耕地，我国与英国和德国接近，而与美国、俄罗斯等国相距甚远，故我国应将农业生产的各项指标及投入，定位在英国、德国型国家，比较符合国情，详见表 2。

**表 2　我国与英、德等国农业基础数据**

(1994 年)

| 国别 | 人均耕地（公顷） | 平均谷物播种面积产量（千克/公顷） | 平均谷物播种面积施肥量（千克/公顷） | 平均全部耕地施肥量（千克/公顷） | 每千克化肥生产谷物量*（千克） | 人均谷物产量（吨/年） | 人均总施肥量（千克） |
|---|---|---|---|---|---|---|---|
| 英国 | 0.104 | 6451 | 275.5 | 339 | 23.4 | 0.337 | 35.3 |
| 德国 | 0.144 | 5721 | 197.2 | 248 | 29 | 0.447 | 35.7 |
| 中国 | 0.114 | 3087 | 154 | 154 | 20.2 | 0.326 | 27.4 |
| 美国 | 0.713 | 5572 | 170.3 | 104 | 32.7 | 1.371 | 74 |
| 法国 | 0.316 | 6554 | 305.4 | 280 | 21.5 | 0.929 | 88.6 |
| 俄罗斯 | 0.879 | 1449 | 29.5 | 20 | 49.1 | 0.534 | 17.2 |

\*　包括耕地肥力的贡献在内。

（2）与英国、德国比较，我国单位播种面积谷物产量，只有其 1/2 左右。

（3）我国单位谷物播种面积施肥仅为英国的 56%，德国的 78%，甚至比美国、法国还少。人均总施肥量仅为英、德的 77%，远低于美、法等国。

我国目前各种有关农业的统计出版物中化肥消费量的统计，一般只有总量而没有按作物分配数量，近 10 年来，我国农业种植结构发生很大变化，粮田面积减少，各种经济作物面积扩大，其化肥用量已迅速增加到占总量的 40% 左右。已考虑到此，推算出用于谷物（或粮食＝谷物＋豆类、薯类，下同）的化肥用量，并根据第二次土壤普查后耕地 0.95 亿公顷增加到 1.38 亿公顷的实际情况，来计算耕地施肥面积及谷物产量，采用这些修正后的数据，比较符合实际。

**2. 我国土壤总体肥力较低。** 施肥的目的在于补充土壤中某些养分的不足，以满足作物的需要，提高作物的产量和产品质量，并保持和提高地力，不污染环境，使耕地可持续利用。

我国大部分耕地开垦年代久远，新中国成立后才开始大量施用化肥，施肥量不足，畜牧业不发达，有养地作用的豆科牧草等的种植面积很小，复种指数较高，因此，土壤肥力较低。一般认为土壤有机质和全氮含量是可以代表肥力高低的比较稳定的指标。根据全国的资料，除东北黑土外，旱地土壤有机质只有 1.0%～1.5%，华北、西北农区部分土壤低于1%；水田土壤的有机质含量高于旱地，也只有 2% 左右。土壤全氮仅为 0.07%～0.10%。而美国和俄罗斯等国，土壤有机质一般在 3%～5%，全氮在 0.2%～0.4%。德国土壤的有机质和全氮含量也明显高于我国，因此我国土壤普遍缺氮（表 3）。我国土壤磷、钾全量虽然较高，但有效性较低。根据第二次全国土壤普查的资料，我国严重缺磷［土壤速效磷（P）＜5 毫克/千克］的耕地面积占 50.5%，缺磷（P＜10 毫克/千克）的耕地面积占81.4%。严重缺钾［土壤速效钾（K）＜30 毫克/千克］的耕地面积占 3.4%，缺钾（K＜100 毫克/千克）的耕地面积占 47.1%。第二次土壤普查工作已结束 12 年，我国土壤肥力状况和产量水平都发生了很大变化，原来确定的缺磷钾指标偏低，需要重新研究修正。我国近年缺磷的面积有所减少，缺钾的面积增加。欧洲的英、德等国，施用磷肥和钾肥已经有一个世纪以上，土壤中积累了大量的由化肥施入的磷、钾。据报道，英国土壤中的磷素，约有1/3 是施入的磷肥。因此，欧洲各国把土壤缺磷的标准定得较高，英国认为土壤速效磷（P）＞20 毫克/千克，丹麦认为应＞30 毫克/千克，土壤才算不缺磷，可采用维持施磷的方法。

因此，近年化肥的用量，特别是磷、钾肥的用量已明显减少，而作物产量不仅未减，还有提高。就我国土壤总体而言，肥力较低，目前施肥水平还不高，要获得高产，需要施用更多化肥。即便在这种状况，英、德等国在谷物上施用的化肥量仍然高于我国。

**表3　我国耕地土壤有机质和全氮含量与世界其他国家对比**

| 国别 | 地区或土壤 | 有机质（%） | 全氮（%） | 资料来源 |
|---|---|---|---|---|
| 中国 | 东北地区 | 2.5～5.0 | 0.15～0.35 | 侯光炯、高惠民：《中国农业土壤概论》，农业出版社，1982年，第24页 |
| | 西北地区 | 0.7～1.5 | 0.06～0.13 | |
| | 华北地区 | 0.8～1.5 | 0.06～0.15 | |
| | 长江中下游地区 | 1.0～2.5 | 0.08～0.20 | |
| | 江南华南地区 | 1.0～2.5 | 0.08～0.15 | |
| | 西南地区 | 1.0～2.5 | 0.06～0.15 | |
| 美国 | 佛吉尼亚州 | 0.74～15.1 | 0.044～0.54 | 布雷蒂：《土壤的本性与特征》，麦克米伦出版公司，纽约，1974年 |
| | 宾西法尼亚州 | 1.70～9.9 | — | |
| | 堪萨斯州 | 0.11～3.62 | 0.017～0.28 | |
| | 内布拉斯加州 | 2.43～5.29 | 0.125～0.25 | |
| | 明尼苏达州 | 3.45～7.41 | 0.170～0.35 | |
| | 南方大平原 | 1.16～2.16 | 0.041～0.14 | |
| | 犹他州 | 1.54～4.93 | 0.088～0.26 | |
| 俄罗斯* | 生草灰化土 | 2～4 | 0.05～0.20 | 雅戈金：《农业化学》，"谷穗"出版社，1989年，莫斯科，第106页 |
| | 灰色森林灰化土 | 4～6 | 0.20～0.35 | |
| | 淋溶黑钙土 | 7～8 | 0.30～0.45 | |
| | 厚黑钙土 | 10～12 | 0.40～0.50 | |
| | 普通黑钙土 | 6～8 | 0.25～0.45 | |
| | 暗栗钙土 | 3～4 | — | |
| | 灰钙土 | 1～2 | 0.10～0.20 | |
| 德国 | 粉沙土 | 1.65 | 0.14～0.23 | 门格尔：《植物营养代谢》，古斯塔夫-佛土出版社，斯图加特，1984 |
| | 黏粉土 | 2.65 | 0.17 | |
| | 沙壤土 | 2.30 | 0.13～0.17 | |
| | 壤土 | 2.85 | — | |
| | 粉土 | 3.25 | — | |

\*　俄罗斯的土壤有机质的含量为腐殖质含量，如换算成有机质应除以0.8。

**3. 我国对化肥的需求将持续增长。** 1994年，我国化肥施用量平均每公顷（播种面积）为154千克，属于中等水平。

从各种趋势分析，今后我国化肥用量仍将持续增长。

（1）从化肥的增产效果来看，20世纪50年代初，每千克纯养分可增产粮食15千克，70年代时降到8～10千克，目前已降到6.5千克，耕地复种指数高达156%，根据"报酬递减定律"，随着施肥量增加，作物产量也随之增加，但增产率将是递减趋势。

（2）有一种意见认为，增产谷物及其他农作物，主要得依靠高产优质品种的培养，殊不知现有的高产品种的基因决定了必须多吸收养分才能达到高产，它离不开物质基础，即离不开增施化肥。例如高产的小麦良种比常规品种要多吸收 1～1.8 倍的养分，使单产提高 1.1～1.7 倍。所以"科教兴农"应包括多施化肥及科学施肥。

（3）谷物的播种面积已由 1984 年的 67％ 降到 1994 年的 59％，所用化肥只占总量的 2/3。其他经济作物、水产、速生林木的用肥比重将进一步增长，某些作物单位面积用肥量为粮食的 120％～200％。

（4）果园（0.08 亿公顷）、桑园（80 万公顷）、茶园（113 万公顷）和橡胶园等木本经济作物的面积，由 1980 年的 360 万公顷，发展到 1995 年的 1064 万公顷，但均未计算在耕地面积内。

（5）近 20 年来，我国平均每年化肥施用量增加 150 万吨以上。"八五"期间，平均每年增加 200 万吨，年递增速度为 6.8％，农业部门也认为"九五"期间，仅粮棉增产部分，每年需增施化肥 160 万吨。

有关部门预测的化肥需求量（未包括林业、草地、水产养殖等）见表 4。根据今后我国人口增长，粮食增产的发展趋势见表 5。

**表 4　有关部门预测的化肥需求量**

| 年份 | 需求量（万吨） | $m$（N）：$m$（$P_2O_5$）：$m$（$K_2O$） |
| --- | --- | --- |
| 2000 | 3750 | 1：0.38：0.20 |
| 2005 | 4370 | 1：0.39：0.23 |
| 2010 | 5000 | 1：0.40：0.25 |

**表 5　我国粮食增产的趋势**

| 年份 | 人口（亿人） | 粮食产量（亿吨） |
| --- | --- | --- |
| 1995 | 12 | 4.66 |
| 2000 | 13 | 5.0 |
| 2010 | 14 | 5.6 |
| 21 世纪中叶 | 15～16 | 7.2 |

加上其他方面的需要，我国对化肥的需求，必将保持一个持续稳定增长的势头。我们预测 2000 年对化肥的需求量不会低于 4200 万吨，2010 年可能要超过 5000 万吨。

**4. 制约我国化肥增产的投资因素及能源因素。**如前所述，我国谷物单位播种面积施肥量及土壤肥力远比英、德为低，需依靠大量增施化肥来增产谷物及农产品，每建设 1 万吨化肥生产能力，约需投资 1 亿元，今后每一个五年计划约需增加化肥能力 800 万～1000 万吨，即需 800 亿～1000 亿元，平均每年 160 亿～200 亿元。如果不自行建设改为依靠进口解决，按每万吨化肥平均外汇 350 万元计，每年新增的 160 万～200 万吨化肥，共需新增外汇支出 5.6 亿～7 亿美元，且要承担国际市场化肥涨价的风险。国家和地方能否提供这样巨大的资金，这是制约化肥大量增产的投资因素。

化肥工业是一个重化学工业，消耗能源巨大，特别是氮肥工业，占化肥工业能耗的 90％。1995 年全国化肥工业耗能源 6153 万吨标煤；1996 年上升为 6545 万吨标煤，占全国能源生产总量的 5%。详见表 6。

**表 6　全国能源产量及化肥能源消耗量一览表**

| 年份 | 全国能源产量标煤（万吨） | 全国化肥工业耗能源量标煤（万吨） | 全国化肥产量（纯养分）（万吨） | 全国化肥实际施用量（纯养分）（万吨） | 每吨化肥平均耗标煤（吨） | 国产化肥缺口（%） |
|------|------|------|------|------|------|------|
| 1985 | 85546 | 4335 | 1322 | 1775 | 3.27 | 25.5 |
| 1990 | 103922 | 5275 | 1880 | 2590 | 2.81 | 27.4 |
| 1995 | 129034 | 6153 | 2497 | 3594 | 2.46 | 30.0 |
| 1996 | 131557 | 6545 | 2719 | 3829 | 2.41 | 29.0 |
| 2000 | 145100 | 6975～7200 | 3100～3200 | 4200 | 2.25 | 26.2～23.8 |

注：2000 年我国能源总产量取自 PRC's "Guidelines for the Ninth Five-year Plan and 2010 Long-Range Objectives for the Economic and Social Development of China" Oct, 1997 RMI.

"八五"末（1995 年）我国生产化肥 2497 万吨，耗用 6153 万吨标煤，到"九五"末（2000 年）我国预期生产 3100 万～3200 万吨化肥，较"八五"末产量增加 24.1%～28.1%，相应能源消耗增加 13.4%～17%，而同期我国的能源产量，仅增加了 12.7%，而且我国是一个人均能源产量及消费量很低的国家（表 7），这是制约我国化肥增产的能源因素。

**表 7　世界主要国家能源生产及消费构成表**

10<sup>6</sup> 吨标准燃料（煤）

| 国家 | 年份 | 总计数量 | 固体燃料 数量 | 固体燃料 (%) | 液体燃料 数量 | 液体燃料 (%) | 气体燃料 数量 | 气体燃料 (%) | 电力(水电、核电) 数量 | 电力(水电、核电) (%) | 人均比值（吨） | 人口总数（万人） |
|------|------|------|------|------|------|------|------|------|------|------|------|------|
| 主要国家能源生产构成 | | | | | | | | | | | | |
| 世界总计 | 1993 | 11516.4 | 3130.5 | 27.2 | 4574.2 | 39.7 | 2666.4 | 23.2 | 1145.3 | 9.9 | 2.07 | 557200 |
| 中　国 | 1994 | 1140.1 | 885.6 | 77.7 | 208.6 | 18.3 | 22.8 | 2.0 | 22.8 | 2.0 | 0.94 | 120880 |
| 美　国 | 1993 | 2236.5 | 689.8 | 30.8 | 579.8 | 25.9 | 682.7 | 30.5 | 284.2 | 12.7 | 8.66 | 25812 |
| 日　本 | 1993 | 118.2 | 6.3 | 5.3 | 1.1 | 0.9 | 3.1 | 2.6 | 107.7 | 91.1 | 0.95 | 12467 |
| 德　国 | 1993 | 210.8 | 125.4 | 59.5 | 4.4 | 2.1 | 21.3 | 10.1 | 59.7 | 28.3 | 2.60 | 8119 |
| 英　国 | 1993 | 329.7 | 65.6 | 19.9 | 143.7 | 43.6 | 86.6 | 26.3 | 33.9 | 10.3 | 5.67 | 5819 |
| 法　国 | 1993 | 161.9 | 9.0 | 5.6 | 4.6 | 2.8 | 3.2 | 2.0 | 145.1 | 89.6 | 2.81 | 5766 |
| 意大利 | 1993 | 41.8 | 0.4 | 1.0 | 6.6 | 15.8 | 24.9 | 59.6 | 10.0 | 23.9 | 0.73 | 5707 |
| 加拿大 | 1993 | 450.2 | 53.6 | 11.9 | 142.0 | 31.5 | 179.6 | 39.9 | 75.0 | 16.7 | 15.56 | 2894 |
| 俄罗斯 | 1993 | 1485.9 | 215.2 | 14.5 | 505.5 | 34.0 | 699.4 | 47.1 | 65.8 | 4.4 | 10.01 | 14852 |
| 印　度 | 1993 | 275.9 | 209.5 | 75.9 | 39.5 | 14.3 | 15.7 | 5.7 | 11.2 | 4.1 | 0.31 | 88391 |
| 主要国家能源消费构成 | | | | | | | | | | | | |
| 世界总计 | 1993 | 11084.9 | 3206.7 | 28.9 | 4074.2 | 36.8 | 2658.7 | 24.0 | 1145.2 | 10.3 | 1.99 | 557200 |
| 中　国 | 1994 | 1180.9 | 921.1 | 78.0 | 213.7 | 18.1 | 23.6 | 2.0 | 22.4 | 1.9 | 0.98 | 120880 |
| 美　国 | 1993 | 2789.3 | 643.6 | 23.1 | 1095.0 | 39.3 | 763.0 | 27.3 | 287.7 | 10.3 | 10.81 | 25812 |
| 日　本 | 1993 | 597.3 | 121.0 | 20.3 | 292.7 | 49.0 | 75.9 | 12.7 | 107.7 | 18.0 | 4.79 | 12467 |

（续）

| 国家 | 年份 | 总计数量 | 固体燃料 | | 液体燃料 | | 气体燃料 | | 电力（水电、核电） | | 人均比值（吨） | 人口总数（万人） |
|------|------|----------|------|------|------|------|------|------|------|------|------|------|
| | | | 数量 | （%） | 数量 | （%） | 数量 | （%） | 数量 | （%） | | |
| 德 国 | 1993 | 468.3 | 140.4 | 30.0 | 176.0 | 37.6 | 92.1 | 19.7 | 59.8 | 12.8 | 5.77 | 8119 |
| 英 国 | 1993 | 324.8 | 84.1 | 25.9 | 112.8 | 34.7 | 91.9 | 28.3 | 36.0 | 11.1 | 5.58 | 5819 |
| 法 国 | 1993 | 312.3 | 20.8 | 6.7 | 109.3 | 35.0 | 44.6 | 14.3 | 137.6 | 44.1 | 5.42 | 5766 |
| 意大利 | 1993 | 230.3 | 15.4 | 6.7 | 133.5 | 58.0 | 66.6 | 28.9 | 14.8 | 6.4 | 4.04 | 5707 |
| 加拿大 | 1993 | 313.8 | 34.4 | 11.0 | 109.4 | 34.9 | 98.4 | 31.4 | 71.6 | 22.8 | 10.84 | 2894 |
| 俄罗斯 | 1993 | 1025.0 | 226.4 | 22.1 | 232.1 | 22.6 | 503.1 | 49.1 | 63.4 | 6.2 | 6.90 | 14852 |
| 印 度 | 1993 | 318.6 | 214.3 | 67.3 | 77.2 | 24.2 | 15.7 | 4.9 | 11.4 | 3.6 | 0.36 | 88391 |

注：资料取自世界经济年鉴，1996年版，674～677页。

**5. 二氧化碳排放量及水体污染是我国增加化肥产量及用量的远期制约因素**。1997年冬，日本京都世界环保会议上经过激烈争论，对发达国家均作出了降低二氧化碳排放量规定，到2008—2012年要较1990年降低5%～8%，经过我国（以及印度）以人均排放量很低，据理力争虽对发展中国家未规定具体数字，但要求中国自行规定今后降低二氧化碳排放量的压力十分巨大。

地球只有一个，当前世界环保的中心议题是气候变暖，1995年全球二氧化碳排放总量为220亿吨，各国的排放量见表8。

我国的能源生产及消费均以煤为主，约占78%，且人均能源的生产及消费，不到世界平均值的1/2，远低于英、德等国。我国氮肥工业的主要原料，合成氨生产以煤为原料占64%，而其生产过程中，将工艺生产中多余的及动力系统排出的二氧化碳合计，即以国内能耗最低的水煤浆气化（德士古法）工艺为例，每吨氨排出3.4吨二氧化碳；而以天然气为原料制合成氨，最先进的节能工艺，每吨氨仅排出0.66吨二氧化碳，比前者高出5倍（均按配产尿素计）。估计我国化肥生产中排出的二氧化碳总量约1亿吨（1997年我国生产合成氨3073万吨，占世界第一位），约占我国二氧化碳总排放量的1/30。

**表8　各国二氧化碳排放量及国内生产总值比较表**

| 国别 | 二氧化碳排放量（亿吨） | 国内生产总值（亿美元） | 比值（千克/美元） |
|------|------------------------|------------------------|---------------------|
| 美 国 | 52.3（占23.7%） | 69520 | 0.75 |
| 中 国 | 30.0（占13.6%） | 6976 | 4.3 |
| 俄罗斯 | 15.5（占7.0%） | 3447 | 4.5 |
| 日 本 | 11.5（占5.2%） | 51085 | 0.23 |
| 德 国 | 8.8（占4.0%） | 24158 | 0.36 |
| 印 度 | 8.0（占3.6%） | 3241 | 2.47 |

注：①各国二氧化碳排放量见1997年11月20日参考消息第二版；
②国内生产总值见1998年3月3日人民日报第二版。

从表8看出，我国生产总值仅比印度高1倍，但二氧化碳排放量高出约4倍，说明我国的能源利用率远比印度落后。我国目前大力投资对电力工业进行改造，如大力发展核电及水力发电，关闭1086万千瓦小发电厂，引进天然气及液化天然气发电等等，这些措施均可大

表9　我国各省市单位面积施肥量及粮食产量一览表（1996年）

| 地区 | 耕地面积（万公顷）1996年末原统计数据 | 二次普查数据 | 1996年耕地复种指数（%） | 1996年原统计粮食播种面积（万公顷） | 1996年农作物播种面积（万公顷）(5/8) | 二次普查后修正粮食播种面积（万公顷）(3×4×8) | 粮食占农作物播种面积（%） | 粮食年产量（万吨） | 化肥施用量（万吨） | 粮食年施用化肥量（万吨）(10×8) | 按1996年耕地及粮食年施用量计算单位耕地面积施肥量（千克/公顷）(11/2) | 按二次普查耕地及粮食年施用量计算单位播种面积施肥量（千克/公顷）(11/7) | 按1996年原统计粮食播种面积计算粮食单产（千克/公顷） | 按二次普查播种面积计算粮食单产（千克/公顷）(9/7) |
|---|---|---|---|---|---|---|---|---|---|---|---|---|---|---|
| 1 | 2 | 3 | 4 | 5 | 6 | 7 | 8 | 9 | 10 | 11 | 12b | 13b | 14b | 15b |
| 全国 | 9547 | 13787 | 159.68 | 11254.7 | 15244.3 | 16253.2 | 73.83 | 50452.8 | 3829.0 | 2827.0 | 295.5 | 173.9 | 4350 | 3104.2 |
| 北京 | 39.6 | 45.6 | 135.97 | 42.7 | 53.8 | 49.1 | 79.32 | 237.4 | 18.9 | 15.0 | 378.9 | 305.3 | 5565 | 4831.1 |
| 天津 | 42.6 | 57.7 | 134.67 | 45.2 | 57.4 | 61.2 | 78.73 | 207.0 | 13.7 | 10.8 | 253.6 | 176.4 | 4590 | 3381.6 |
| 河北 | 649.9 | 756.6 | 136.52 | 713.7 | 887.2 | 830.9 | 80.45 | 2789.3 | 259.3 | 208.6 | 321.0 | 251.0 | 3915 | 3357.1 |
| 山西 | 362.4 | 521.4 | 108.90 | 324.3 | 394.7 | 466.5 | 82.17 | 1077.1 | 81.5 | 67.0 | 184.9 | 143.6 | 3315 | 2308.7 |
| 内蒙古 | 592.4 | 729.0 | 89.32 | 442.5 | 529.1 | 544.5 | 83.62 | 1535.3 | 61.9 | 51.8 | 87.4 | 95.1 | 3465 | 2819.8 |
| 辽宁 | 338.4 | 515.2 | 107.21 | 307.3 | 362.8 | 467.9 | 84.71 | 1660.1 | 110.7 | 93.8 | 277.2 | 200.5 | 5400 | 3548.2 |
| 吉林 | 395.9 | 540.1 | 102.64 | 362.5 | 406.3 | 494.5 | 89.21 | 2326.6 | 107.1 | 95.5 | 241.3 | 193.1 | 6420 | 4704.5 |
| 黑龙江 | 917.5 | 1154.5 | 96.83 | 777.9 | 888.4 | 978.8 | 87.56 | 3046.5 | 115.1 | 100.8 | 109.9 | 103.0 | 3915 | 3112.4 |
| 上海 | 28.7 | 38.8 | 189.94 | 35.7 | 54.6 | 48.2 | 65.49 | 226.3 | 21.8 | 14.3 | 497.7 | 296.6 | 6330 | 4694.4 |
| 江苏 | 443.5 | 556.3 | 178.43 | 587.7 | 791.5 | 737.1 | 74.26 | 3476.4 | 306.7 | 227.8 | 513.6 | 309.0 | 5910 | 4716.1 |
| 浙江 | 161.4 | 270.4 | 245.63 | 287.7 | 396.4 | 482.2 | 72.59 | 1516.8 | 98.4 | 71.4 | 442.4 | 148.1 | 5265 | 3145.9 |
| 安徽 | 428.0 | 615.6 | 195.35 | 602.9 | 836.2 | 867.1 | 72.10 | 2674.1 | 249.6 | 180.0 | 420.5 | 207.6 | 4440 | 3084.1 |
| 福建 | 119.6 | 141.2 | 247.85 | 203.2 | 296.5 | 239.8 | 68.53 | 952.2 | 111.0 | 76.1 | 636.2 | 317.4 | 4680 | 3971.5 |
| 江西 | 230.2 | 349.9 | 261.34 | 357.1 | 601.5 | 542.8 | 59.36 | 1766.3 | 112.8 | 67.0 | 291.1 | 123.4 | 4950 | 3254.1 |
| 山东 | 667.9 | 853.7 | 164.33 | 823.7 | 1097.6 | 1052.8 | 75.05 | 4332.7 | 373.3 | 280.2 | 419.5 | 266.1 | 5265 | 4115.4 |
| 河南 | 678.6 | 898.4 | 180.62 | 896.5 | 1225.8 | 1186.9 | 73.14 | 3839.9 | 345.3 | 252.6 | 372.2 | 212.8 | 4290 | 3235.3 |
| 湖北 | 334.9 | 401.0 | 226.29 | 488.0 | 757.9 | 584.3 | 64.39 | 2484.4 | 240.0 | 154.5 | 461.3 | 264.4 | 5085 | 4252.3 |
| 湖南 | 323.9 | 361.1 | 244.72 | 513.4 | 792.8 | 572.3 | 64.76 | 2701.5 | 167.1 | 108.2 | 334.0 | 189.1 | 5265 | 4720.2 |
| 广东 | 230.4 | 284.4 | 235.96 | 352.5 | 543.8 | 435.0 | 64.82 | 1839.2 | 187.9 | 121.8 | 528.6 | 280.0 | 5220 | 4228.4 |
| 广西 | 263.2 | 256.4 | 228.34 | 370.8 | 601.1 | 361.2 | 61.69 | 1509.3 | 135.0 | 83.3 | 316.4 | 230.6 | 4065 | 4178.9 |
| 海南 | 42.9 | 118.7 | 207.47 | 57.2 | 89.1 | 158.0 | 64.17 | 197.7 | 18.6 | 11.9 | 277.2 | 75.3 | 3465 | 1251.0 |
| 四川 | 616.5 | 1114.1 | 210.64 | 1002.8 | 1298.1 | 1811.9 | 77.21 | 4495.7 | 258.4 | 199.5 | 323.6 | 110.1 | 4485 | 2481.3 |
| 贵州 | 183.9 | 484.6 | 235.06 | 289.0 | 432.4 | 761.4 | 66.84 | 1012.6 | 60.9 | 40.7 | 221.3 | 53.5 | 3510 | 1329.8 |
| 云南 | 288.9 | 462.7 | 176.68 | 369.8 | 510.5 | 592.3 | 72.44 | 1246.3 | 97.2 | 70.4 | 243.6 | 118.9 | 3375 | 2104.3 |
| 西藏 | 22.8 | 45.2 | 98.73 | 19.2 | 22.5 | 38.1 | 85.29 | 77.0 | 2.9 | 2.5 | 109.7 | 65.6 | 4020 | 2021.7 |
| 陕西 | 335.9 | 561.0 | 142.23 | 405.3 | 477.7 | 676.9 | 84.84 | 1217.3 | 115.5 | 98.0 | 291.8 | 144.8 | 3000 | 1798.4 |
| 甘肃 | 348.6 | 750.2 | 107.95 | 292.6 | 376.4 | 629.5 | 77.73 | 820.6 | 57.0 | 44.3 | 127.1 | 70.4 | 2805 | 1303.6 |
| 青海 | 59.0 | 121.0 | 95.67 | 39.5 | 56.4 | 80.9 | 69.95 | 123.8 | 6.5 | 4.5 | 76.3 | 55.6 | 3135 | 1529.4 |
| 宁夏 | 81.4 | 186.3 | 120.21 | 78.2 | 97.8 | 179.0 | 79.96 | 257.9 | 18.0 | 14.4 | 177.0 | 80.4 | 3300 | 1440.4 |
| 新疆 | 317.6 | 595.7 | 97.02 | 166.1 | 308.1 | 311.5 | 53.90 | 805.3 | 77.0 | 41.5 | 130.7 | 133.2 | 4845 | 2585.3 |

大减少二氧化碳排放量。尚未注意到化肥工业的排放量，印度能源结构与我国相似，但氮肥厂很少用煤为原料（印度1993年消耗合成氨925.3万吨，居世界第三位，仅5.4%系用煤为原料生产的）。一旦我国的二氧化碳排放量被提上议事日程，则会成为我国化肥工业增产的远期制约因素。

增施化肥如不注意提高利用率，也会对地表水和地下水等水体造成污染。

**6. 我国化肥销售及施用不尽合理。** 我国在较长一个时期实行化肥销售与交售粮、棉等农产品产量挂钩的政策，在一定程度上促进了农业生产的发展，但也使化肥向高产区集中，至今化肥仍旧是专营物资，中央对各省实行配额管理。目前在经济比较发达的沿海各省、市周围、铁路沿线用肥量较高，而边远地区用量偏低。按全国第二次土壤普查面积及1996年各省市复种指数计，1996年平均每公顷播种面积化肥用量超过250千克的省（直辖市）依次为福建、江苏、北京、上海、广东、山东、湖北和河北，而用量不到95千克的有贵州、青海、西藏、甘肃、宁夏（表9）。根据有关资料，东北和西北的中低产地区每千克氮所增产的谷物，是东南沿海高产区的1.5～2倍，磷肥的肥效也有类似趋势。

平衡施肥（配方施肥）仍然是在化肥施用方面提高利用率的核心措施。近年化肥厂建立的农化服务中心，农资部门建立的庄稼医院，农业技术推广部门建立的配肥站，凭借各自优势，都在推广平衡施肥技术方面发挥一定作用。但是，如何结合国情开展平衡施肥工作，还缺乏成熟的经验。产、销、用三方也没能形成合力。

**7. 我国科学施肥研究工作相对落后。** 从1984年到1994年，我国化肥的总施用量增加了90.7%，化肥施用范围扩大，谷物施用的化肥数量已下降到占总施用量的59%（暂按谷物播种面积占总播种面积额推算）。面对化肥用量增加及化肥施用范围的迅速扩大，我国对土壤肥料的研究工作投入则较少，使土壤肥力和科学施肥的研究工作滞后，许多影响施肥效益和肥料利用率以及化肥经济技术的基本问题均没有进行充分的系统研究，影响了科学施肥的实现和化肥经济效益的充分发挥。又如，全国第二次土壤普查工作在1986年即已完成，概查了全国耕地面积，从原有的0.95亿公顷增加到1.38亿公顷，增加了44%，这么大的耕地面积变化，并未及时对农业部门的各项统计数字进行调整，易对农业生产造成误导。各省市各种作物施用各种化肥数量的统计数字也十分欠缺，难以进行准确的施肥经济效益分析，此外，我国已多年未进行全国规模的化肥肥效试验，致使氮磷钾化肥肥效的现状不清，施肥存在一定盲目性，施肥技术也较为落后，加上化肥销售上的不尽合理，使化肥的增产效果大幅度下降。

综上所述，对比世界各国情况，我国人多地少农业生产定位在英、德型，但我国土壤就总体而言，肥力较低，必须靠增施化肥来提高单产，因而化肥需求量将继续增长，但增加化肥产量近期受投资及能源产量的制约，远期受二氧化碳排放量及水体污染的制约，化肥施用总量占世界第一位，但在销售、供应和施用方面还存在不少问题。化肥是一种特殊商品，建设期长，投资巨大，而其使用者又为文化程度较低的分散小农户，与世界各国比较，我国农业生产的优势并不多，当前又面临着申请加入世贸组织，受要求开放农产品市场的压力，因化肥投入占农业全部物资费用的50%，故应将研究提高化肥利用率作为降低农业生产成本的一项长期的主要措施，迅速及早筹划，才不会影响国民经济的可持续发展。

**（二）开源节流　提高我国化肥利用率的几点建议**

当前，我国化肥的现状，一是数量不足，1/4以上靠进口解决；二是价格昂贵，每千克低养分的零售价在 3~4 元之间；三是增加产量受到资金、能源供应的制约；四是科学施肥还未普及，化肥利用率不高，损失浪费现象严重。根据中国科学院南京土壤研究所汇总全国782 个田间试验的资料，氮肥的当季利用率平均为 33.3%。比发达国家大约要低 10~15 个百分点。磷肥的利用率当季只有 10%~20%，但是有较长后效。钾肥的当季利用率约为35%~50%。减少化肥损失，提高利用率，存在很大潜力。

现将如何提高化肥利用率，提出以下八点建议：

**1. 加强宏观调控，建立提高化肥利用率工作的组织措施。**这次政府体制改革，重点是加强国家宏观调控的职能。而提高化肥利用率是一项系统工程，必须从源头抓起，对各种优质复混肥、专用肥，将生产、科研、销售、示范推广等方面的组织工作，一抓到底。过去条块分割，各方面工作不能配合，化肥利用率不高的问题是因长期没有人总抓。为加强宏观调控，建议请一位副总理分管，具体由国家宏观控制部门为主，组织科技、农业、销售、贸易、化工等部门力量，定出提高化肥利用率的行动计划。

**2. 将提高化肥利用率列入"科教兴农"规划，并在南北方各建立一个国家级的化肥肥效研究试验中心，作为全国提高化肥利用率的技术指导。**农业增产，首先依靠优良作物品种，同时需供给足量配套的化肥，它是农业增产的物质基础，且其费用占农业生产全部物资费用的 50% 左右，应在"科教兴农"中将提高化肥利用率列入主要规划。因我国幅员辽阔，气候、土壤类型和作物种类繁多，而我国近年来，科学施肥研究工作，远远落后于化肥用量的增长速度。建议在现有科研单位中，南北各选一个建成为国家级化肥肥效研究试验中心。在各地区已有土壤普查和肥料试验资料的基础上，经过类似于最大产量研究（MYR），求得各地区最经济产量（MEY）的施肥量，以指导各地区平衡施肥；收集国内的土壤肥力和肥料资料，建立土壤肥料信息系统；深入研究肥料用后的去向及损失途径，组织全国的土壤肥力、肥料效应试验网络，定期发布我国土壤肥力和肥料效应变化的报告，供有关部门参考；提出适合我国国情的平衡施肥技术和推广措施等。

**3. 化肥生产要调整结构，实现养分平衡供应。**作物必需的营养元素有 16 种，相互不能替代，必须保证平衡供应，否则供应量不足的养分将成为作物增产的限制因素，这就是李比希提出的"最小养分律"。

首先是氮、磷、钾三大营养元素，农业部要求的比例为 $1:0.4~0.45:0.25~0.5$，而我国 1996 年生产的化肥中，比例为 $1:0.27:0.01$。少磷缺钾，要加快磷、钾肥的发展，特别是我国具有发展磷肥的丰富资源——磷矿。不足部分通过进口加以调剂。

中量营养元素硫、钙、镁也已出现缺乏，必须引起重视。过磷酸钙中含有硫（10%~16%）、钙（$CaO 17\%~28\%$），钙、镁、磷肥中含有钙（$CaO 25\%~35\%$）、镁（$MgO 8\%~16\%$）、硅（$SiO_2 20\%~30\%$）等营养元素，每年由这两个磷肥品种带入土壤中的硫约300 万吨，CaO 约 720 万吨，MgO 约 80 万吨，所以对过磷酸钙、钙镁磷肥不仅应作为磷肥，也是中量营养元素肥料，不能因它们是低浓度磷肥而片面地要加以淘汰。要汲取国外因大量生产高浓度磷肥后，出现土壤缺硫、缺钙的教训，必须保留其适当比例。

缺微量元素铁、铜、锰、钼、硼、锌的耕地分别占总耕地的 5%、6.9%、21.3%、46.8%、34.5%、51.1%，要在这些耕地中适当增加相应的微量元素肥料。

此外，水稻对硅的需要量仅次于氮、磷、钾，在一些喜硅作物和缺硅土壤上施入硅肥可增产 10%~25%。

**4. 提供能提高肥料利用率的各种化肥品种。**

（1）增加复混肥料的比重，改变我国多年来施用单一肥的习惯。

氮、磷、钾等多种养分配合施用，可以产生协同效应，相互促进养分被作物的吸收利用，一般可提高肥效 10%～30%。因此，在发达国家，60% 的氮肥，80%～90% 的磷肥和钾肥均被加工成复混（或掺混）肥施用。复混肥料的比重高达 70%～80%，而我国仅 10%，因此，应加快复混肥的发展。

散装掺混肥料（BB 肥）在美国比团粒型复混肥成本低 8%，但在我国尚未发展起来，主要是原料（粒状尿素和氯化钾）要依靠进口。应加强设备国产化进程，安排部分新建尿素厂生产粒状尿素，以加快掺混肥的发展步伐。

在尚不具备测土施肥的地区，可根据各种作物营养特点和当地土壤情况，生产系列专用肥，供农民直接施用。

（2）根据气候、土壤等条件使用不同品种的肥料，现在新建的氮肥厂几乎都是单一的尿素品种，但在烟草、菜地和北方寒冷的旱地，施用硝酸铵的效果要比尿素好。

（3）生产大颗粒尿素，配合深施，可以提高肥效 10% 左右。

（4）加强缓效氮肥的研究、开发、示范、推广工作，以便早日形成商业化品种。

氮肥施入土壤后，容易随水土流失，现在一般采用两种方法来制成缓释氮肥。一是涂层法，即在颗粒表面包上硫磺、磷矿物、钙镁磷肥、磷石膏、油类、有机物等，使其缓慢溶解，可提高氮肥利用率 6%～8%。二是将氮肥与聚合物反应生成难溶于水的混合物，或转化成各种难溶的衍生物，若缓释肥料的养分释放速率可人为控制，则称为控制释放肥料（Controlled Release Fertilizer，CRF），这种肥料可提高氮肥利用率 10%～20%。

在美国，因为大量采用液氨直接施肥及液体混合肥料，缓效氮肥的销售量只占氮肥厂总销量的 1%，尚未推广到大田作物。我国中科院石家庄农业现代化研究所与广州、沧州氮肥厂已先后实现涂层尿素的工业化生产并已推广了 133 万多公顷。郑州工业大学乐喜施磷复肥技术研究推广中心研制的钙镁磷肥包裹尿素（CCF）、磷矿部分酸化包裹尿素（PACF）、二价金属磷酸铵（$MeNH_4PO_4xH_2O$）或钾盐包裹尿素（Luxecote）业已实现小规模工业化生产并出口，取得了较好的效果。但还要进一步作示范推广，解决好经济、农化方面的问题，以便能推广到大田作物上。

（5）中国科学院沈阳应用生态研究所开发的长效碳酸氢铵，采用起氨稳定作用的添加剂，其添加量不同于作硝化抑制剂的用量。因此，成本大大降低，可将碳酸氢铵的氮利用率从 25% 提高到 35%，包装储存损失由 20% 降至 2%～5%，现已推广 133 万多公顷。

总之，随着农业的集约化经营，科学种田，精耕细作，化肥品种也要从大品种、单一化、粗放型向多品种（国外复混肥可生产 400 多个品种，我国只有几十种）、复合化、专用型方向发展，以提高化肥的应用效果。

**5. 大力推广科学施肥。**平衡施肥（配方施肥）可使化肥利用率由 30% 提高到 45%，仍然是在化肥施用方面提高利用率的核心措施。当前，开展配方施肥工作的困难，一是没有足够的经费，二是要摸索出一套卓有成效的服务模式，进行推广。如果 1000 多个化肥厂，2000 多个县市的农资、农技推广部门组织成一个土壤肥料技术推广网，必将使科学施肥工作出现一个崭新的局面。

**6. 农艺上要研究和采取提高化肥利用率的措施。**要根据不同土壤、气候条件，确定各种作物的最佳组合和轮作周期，实现合理种植，利用不同作物吸收养分的特点，使土壤和肥料中的养分，得到充分利用。

对施肥方法（施肥时间、施肥空间）、施肥水平（施肥量及养分配比）进行优化。如碳酸氢铵、尿素用作水稻基肥，表施时氮利用率分别为 17％和 28％，氮的逸散及流失高达47％～70％，采用深施或与有机肥混施，氮利用率可提高到 26％～38％，损失减至 38％～51％。又如水旱轮作时，磷肥应按"旱重水轻"、"先旱后水"的原则施用。有机肥（含秸秆等有机物料）是重要的养分资源，对培肥土壤，提高土壤肥力有重要作用。要加强有机肥料应用技术研究，重视化肥和有机肥的配合施用。

**7. 大力改进化肥销售供应工作。**要坚决改变原计划经济体制下形成的化肥专营体制，只要想一想农作物中需要的营养元素有 16 种，氮、磷、钾为三大营养元素，硫、钙、镁为中量营养元素，还有其他微量元素，由于各地土壤，农作物多样化，要靠化肥专营是绝对做不到按作物养分平衡原则来配置化肥的销售供应工作的，只有放开化肥经营和流通渠道，才能满足各地对化肥数量、品种多样化的需要。国家只要严格控制进口，认真打击假冒伪劣化肥，调节供应总量。做到在化肥自由流通条件下，由市场调节价格，施肥淡季时肥价低，旺季时肥价高，用市场机制解决化肥淡季贮备问题。

应当逐步形成化肥向中低产田流动的机制，而不应过分向高产区集中，以免降低利用率和肥效。另外，使农民在需要的时候，能及时买到适宜的、配套的各种化肥，也是充分发挥化肥效果的一个关键。

有专家曾经估算，如化肥重点流向占耕地面积 70％的中低产田，仅此一项就可解决我国的谷物增产问题。但这受农民购肥能力、水利、气候等多种因素制约，并不能一蹴而成，但说明这方面的潜力很大，应该研究。

**8. 经费来源及预期的效益。**提高化肥利用率这项工作，可以降低国家与农民对化肥的投入，有很好的经济效益。但为推动此项工作，必须有经费支持，建议从化肥销售费用中提取一部分费用，专款专用，用来支持上述两个化肥肥效研究试验中心及全国的土壤肥料示范推广工作，及有关的信息收集、交流，出版图文并茂的科学施肥、提高肥效的科教影片、电视片、科普小册子、挂图说明等，发送到广大农村中去。

我们确信，如能实施这些建议，到 2010 年我国的氮肥当季利用率暂按现有基础上提高10％计算，其预期的经济及社会效益是巨大的。以 1996 年我国生产化肥 2719 万吨，其中生产氮肥 2123.6 万吨，按提高当季肥料利用率 10％计算，即相当于多产 212 万吨氮肥，折合尿素为 461 万吨，约相当于新建 9 个年产 52 万吨大型尿素工厂，为国家节省投资 212 亿元，以每吨尿素售到农民手中为 1300 元计，农民每年少支出 60 亿元，且可减少环境污染，可见提高化肥利用率的经济效益及社会效益是十分巨大的。

# 我国磷肥施用量与氮磷比例问题

林葆 李家康

（中国农业科学院土壤肥料研究所 北京 100081）

　　我国国产磷肥以低浓度的单一磷肥普通过磷酸钙和钙镁磷肥为主，近年来高浓度磷肥和磷复肥发展很快，磷肥的自给率已达 70％左右。加上每年进口大量氮磷二元复合肥（磷酸铵）和三元复混肥，磷肥用量又有增加，氮磷比例逐渐趋于合理，农田磷的投入（包括有机肥中的磷）大于产出。从全国各地土壤磷素的测定看，有积累的趋势，土壤速效磷含量逐年提高，农田磷素的循环和平衡，总体上处于良性状况。但是，磷肥的施用量和氮磷比例不确切，这是须要搞清的问题。同时，在此基础上随着氮、钾肥用量的增加，磷肥的需求量和适宜的氮磷比例也是一个值得重视的问题。本文以我国 1980—1999 年的化肥生产、进口和施用量的统计资料为依据，参考国内外的有关资料，对我国磷肥用量和氮磷比例问题进行初步分析。

## 一、我国磷肥生产、进口和施用量以及氮磷比例

　　**1. 磷肥的生产量和氮磷比例。**自 1980 年以来，我国化肥的产量一直是增加的（表 1），其中氮肥增长的趋势比较稳定，磷肥也是迅速增长的，但年度间常有一些波动。据了解，磷肥产量波动的原因是受进口量和销售量的影响。我国磷肥小厂较多，容易受这种影响而波及产量。我国磷肥产量在 20 世纪 80 年代为 250 万～300 万吨，到 90 年代后期增长到 600 万吨左右，产量增加了一倍多，氮磷比例也由 1∶0.20～0.25 上升到 1∶0.25～0.30。但是，磷肥数量依然不足，磷肥的比例偏低。

表 1　我国化肥生产量

（单位：万吨）

| 年份 | 总量 | 其　中 | | | N∶$P_2O_5$∶$K_2O$ (N=1) |
| | | N | $P_2O_5$ | $K_2O$ | |
| --- | --- | --- | --- | --- | --- |
| 1980 | 1232.1 | 999.3 | 230.8 | 2.0 | 0.23∶0.002 |
| 1981 | 1239.0 | 985.7 | 250.8 | 2.6 | 0.25∶0.003 |
| 1982 | 127.81 | 1021.9 | 253.7 | 2.5 | 0.25∶0.003 |
| 1983 | 1378.9 | 1109.4 | 266.6 | 3.1 | 0.19∶0.003 |
| 1984 | 1460.2 | 1221.1 | 236.0 | 2.4 | 0.19∶0.002 |
| 1985 | 1322.1 | 1144.0 | 175.8 | 2.4 | 0.15∶0.002 |
| 1986 | 1393.7 | 1158.8 | 232.5 | 2.5 | 0.20∶0.002 |

　　注：本文收录于《中国磷肥应用研究现状与展望学术研讨会论文集》，中国农业出版社，2005 年。

· 178 ·

（续）

| 年份 | 总量 | 其　中 | | | $N : P_2O_5 : K_2O$ |
| | | N | $P_2O_5$ | $K_2O$ | （N=1） |
|---|---|---|---|---|---|
| 1987 | 1670.1 | 1342.2 | 323.9 | 4.0 | 0.24 : 0.003 |
| 1988 | 1726.8 | 1360.8 | 360.7 | 5.3 | 0.27 : 0.004 |
| 1989 | 1802.5 | 1424.1 | 372.8 | 5.6 | 0.26 : 0.004 |
| 1990 | 1879.9 | 1463.7 | 411.6 | 4.6 | 0.28 : 0.003 |
| 1991 | 1979.5 | 1510.1 | 459.7 | 9.7 | 0.30 : 0.006 |
| 1992 | 2047.9 | 1570.5 | 462.2 | 15.2 | 0.29 : 0.010 |
| 1993 | 1956.3 | 1525.6 | 419.0 | 11.7 | 0.29 : 0.008 |
| 1994 | 2187.5 | 1671.3 | 497.8 | 19.4 | 0.30 : 0.012 |
| 1995 | 2497.1 | 1858.1 | 618.6 | 22.4 | 0.33 : 0.012 |
| 1996 | 2718.7 | 2123.6 | 575.1 | 20.0 | 0.27 : 0.009 |
| 1997 | 2632.1 | 2043.9 | 559.6 | 28.6 | 0.27 : 0.014 |
| 1998 | 2871.9 | 2175.2 | 662.9 | 33.8 | 0.30 : 0.016 |
| 1999 | 3001.3 | 2323.9 | 636.1 | 41.3 | 0.27 : 0.018 |
| 合计 | 382735.7 | 30033.2 | 8006.2 | 239.1 | 0.27 : 0.008 |

（引自《中国化肥手册》及《中国化工年鉴》）

**2. 磷肥的进口量和氮磷比例。** 1980 年以来我国化肥进口量也是逐年增加的，但是，年度间有较大波动。近年进口的化肥种类有很大变化（表2）。80 年代以进口氮肥为主，数量超过了磷、钾肥之和。从 1991 年开始，进口磷、钾肥的比例明显增加。从 1997 年起，我国以进口磷、钾肥为主，氮肥主要是复合肥中的氮和少量尿素。这对增加我国磷、钾化肥用量，调整氮磷钾比例起到了重要作用。

**表 2　我国化肥进口量**

（单位：万吨）

| 年份 | 总量 | 其　中 | | | $N : P_2O_5 : K_2O$ |
| | | N | $P_2O_5$ | $K_2O$ | （N=1） |
|---|---|---|---|---|---|
| 1980 | 229.0 | 153.0 | 36.7 | 39.3 | 0.24 : 0.26 |
| 1981 | 256.3 | 145.6 | 43.6 | 67.1 | 0.30 : 0.46 |
| 1982 | 291.9 | 179.8 | 63.2 | 48.9 | 0.35 : 0.27 |
| 1983 | 402.8 | 236.4 | 102.9 | 63.5 | 0.44 : 0.27 |
| 1984 | 494.5 | 284.8 | 134.2 | 75.5 | 0.47 : 0.27 |
| 1985 | 321.0 | 205.6 | 90.0 | 16.4 | 0.44 : 0.08 |
| 1986 | 252.8 | 159.9 | 47.9 | 45.0 | 0.30 : 0.28 |
| 1987 | 526.7 | 287.3 | 116.6 | 122.8 | 0.41 : 0.43 |
| 1988 | 711.0 | 430.1 | 139.4 | 141.5 | 0.32 : 0.33 |
| 1989 | 672.1 | 399.0 | 155.4 | 177.7 | 0.39 : 0.29 |
| 1990 | 774.8 | 445.3 | 155.1 | 174.4 | 0.35 : 0.39 |

（续）

| 年份 | 总量 | 其　中 | | | N：$P_2O_5$：$K_2O$ (N＝1) |
| --- | --- | --- | --- | --- | --- |
| | | N | $P_2O_5$ | $K_2O$ | |
| 1991 | 936.9 | 461.2 | 283.8 | 191.9 | 0.62：0.42 |
| 1992 | 891.8 | 469.6 | 223.0 | 199.2 | 0.47：0.42 |
| 1993 | 510.2 | 228.2 | 127.9 | 154.1 | 0.56：0.68 |
| 1994 | 695.4 | 263.0 | 222.9 | 209.5 | 0.85：0.80 |
| 1995 | 1080.0 | 509.0 | 284.0 | 287.0 | 0.56：0.56 |
| 1996 | 961.2 | 442.5 | 256.5 | 262.2 | 0.58：0.59 |
| 1997 | 902.4 | 297.4 | 259.8 | 345.2 | 0.87：1.16 |
| 1998 | 802.5 | 143.2 | 290.5 | 368.8 | 2.03：2.58 |
| 1999 | 781.9 | 136.6 | 288.3 | 357.0 | 2.11：2.61 |
| 合计 | 12486.2 | 5877.5 | 3321.7 | 3287.1 | 0.57：0.56 |

（引自《中国农业持续发展中的肥料问题》及《中国化工年鉴》）

**3. 化肥的施用量。**由于化肥生产量和进口量的增加，化肥的施用量增长很快，由 1980 年的 1269.4 万吨，增加到 1999 年的 4124.5 万吨，19 年增加了 2855.1 万吨，增长率为 224.9%，平均年增加 150.3 万吨，年平均增长率为 11.8%（表 3）。从不同肥料的增长率看，钾肥增加了近 10 倍，复混肥增加了 31 倍，远远超过了氮肥和磷肥，说明了目前化肥施用发展的趋势。但是，在化肥施用量的统计资料中，对日益增长的复混肥中到底有多少氮、磷、钾，没有加以区分。因此，从这一统计资料中，不能直接了解我国氮、磷、钾化肥的施用量。

**表 3　我国化肥施用量**

（单位：万吨）

| 年份 | 总量 | 其　中 | | | 复合肥和复混肥 |
| --- | --- | --- | --- | --- | --- |
| | | N | $P_2O_5$ | $K_2O$ | |
| 1980 | 1269.4 | 934.2 | 273.3 | 34.6 | 27.3 |
| 1981 | 1334.9 | 942.0 | 295.6 | 40.7 | 56.6 |
| 1982 | 1513.4 | 1043.3 | 344.8 | 56.8 | 68.5 |
| 1983 | 1659.8 | 1163.8 | 351.4 | 58.4 | 86.2 |
| 1984 | 1739.8 | 1215.3 | 328.6 | 69.4 | 126.5 |
| 1985 | 1775.8 | 1204.9 | 310.9 | 80.4 | 179.6 |
| 1986 | 1930.6 | 1312.6 | 359.8 | 77.4 | 180.8 |
| 1987 | 1997.6 | 1326.8 | 371.8 | 89.7 | 208.7 |
| 1988 | 2141.5 | 1417.1 | 382.1 | 101.2 | 241.2 |
| 1989 | 2357.4 | 1536.1 | 418.9 | 122.1 | 280.3 |
| 1990 | 2590.3 | 1637.7 | 462.4 | 147.9 | 341.6 |
| 1991 | 2805.1 | 1726.1 | 499.6 | 173.9 | 405.5 |
| 1992 | 2930.2 | 1756.1 | 515.7 | 196.0 | 462.4 |

(续)

| 年份 | 总量 | 其中 | | | 复合肥和复混肥 |
| --- | --- | --- | --- | --- | --- |
| | | N | P$_2$O$_5$ | K$_2$O | |
| 1993 | 3150.1 | 1834.3 | 574.7 | 212.3 | 528.8 |
| 1994 | 3318.1 | 1882.0 | 600.7 | 234.8 | 600.6 |
| 1995 | 3593.7 | 2021.9 | 632.4 | 268.5 | 670.8 |
| 1996 | 3827.9 | 2145.3 | 658.4 | 289.6 | 734.7 |
| 1997 | 3980.7 | 2171.7 | 689.1 | 322.0 | 797.9 |
| 1998 | 4085.4 | 2233.5 | 684.1 | 345.9 | 822.0 |
| 1999 | 4124.5 | 2180.9 | 697.0 | 366.3 | 880.3 |
| 合计 | 52125.6 | 31685.6 | 9451.3 | 3287.9 | 7700.3 |

（引自《中国农业年鉴》）

# 二、我国磷肥用量和氮磷比例分析

如何利用这3张表，对我国磷肥的施用量和氮磷比例进行分析，是本文讨论的重点。

**1. 我国拥有的化肥资源。**我国化肥基本上只进不出，直到20世纪末才有少量出口，可以认为我国是一个化肥的纯进口国。因此，国产化肥加上进口化肥，即为我国实际拥有的化肥资源。假设每年化肥的库存为一稳定数量，每年滚动忽略不计，则化肥的生产量加进口量，也就是我国化肥的表观消费量（施用量）（表4）。到20世纪末，我国化肥的表观消量达到每年3600万吨左右，其中氮肥的表观消费量达到每年2400万吨左右，磷肥达到900万吨左右，N：P$_2$O$_5$约为1：0.37。由于进口量年度间有波动，我们以每5年生产量加进口量之和进行比较，则氮肥由第1个5年（1980—1984）的6337.0万吨，增加到第4个5年（1995—1999）的12053.4万吨，增加了90.2%；磷肥在同期中1618.5万吨，增加到4431.4万吨，增加了173.8%。氮磷比也由1：0.26上升到1：0.37。

**表4　我国化肥资源量**（生产量十进口量）**及氮磷钾比例**

（单位：万吨）

| 年份 | 总量 | 其中 | | | N：P$_2$O$_5$：K$_2$O (N=1) |
| --- | --- | --- | --- | --- | --- |
| | | N | P$_2$O$_5$ | K$_2$O | |
| 1980 | 1461.1 | 1152.3 | 267.5 | 41.3 | 0.23：0.034 |
| 1981 | 1495.3 | 1131.3 | 294.4 | 69.7 | 0.26：0.061 |
| 1982 | 1570.0 | 1201.7 | 316.9 | 51.4 | 0.26：0.042 |
| 1983 | 1781.7 | 1345.8 | 369.5 | 66.6 | 0.27：0.049 |
| 1984 | 1954.7 | 1505.9 | 370.2 | 77.9 | 0.25：0.052 |
| 1985 | 1634.1 | 1349.6 | 265.8 | 18.8 | 0.20：0.014 |
| 1986 | 1646.5 | 1318.7 | 280.4 | 47.5 | 0.21：0.036 |
| 1987 | 2196.8 | 1629.5 | 440.5 | 126.8 | 0.27：0.079 |
| 1988 | 2437.8 | 1790.9 | 500.1 | 146.8 | 0.28：0.082 |
| 1989 | 2474.6 | 1823.1 | 528.2 | 123.3 | 0.29：0.067 |

（续）

| 年份 | 总量 | 其 中 | | | N∶P₂O₅∶K₂O |
|---|---|---|---|---|---|
| | | N | P₂O₅ | K₂O | （N=1） |
| 1990 | 2654.7 | 1909.0 | 566.7 | 179.0 | 0.30∶0.093 |
| 1991 | 2916.4 | 1971.3 | 743.5 | 201.6 | 0.38∶0.102 |
| 1992 | 2939.7 | 2040.1 | 685.2 | 214.4 | 0.34∶0.105 |
| 1993 | 2466.5 | 1753.8 | 546.9 | 165.8 | 0.31∶0.095 |
| 1994 | 2883.2 | 1934.3 | 720.0 | 228.9 | 0.37∶0.118 |
| 1995 | 3577.1 | 2367.1 | 902.6 | 309.4 | 0.38∶0.131 |
| 1996 | 3679.9 | 2566.1 | 831.6 | 282.2 | 0.32∶0.110 |
| 1997 | 3534.5 | 2341.3 | 819.4 | 373.8 | 0.35∶0.160 |
| 1998 | 3674.4 | 2318.4 | 953.4 | 402.6 | 0.41∶0.174 |
| 1999 | 3783.2 | 2460.5 | 924.4 | 398.3 | 0.38∶0.162 |
| 1980—1984 | 8262.8 | 6337.0 | 2015.0 | 463.2 | 0.26∶0.048 |
| 1985—1989 | 10389.8 | 7911.8 | 2015.0 | 463.2 | 0.26∶0.048 |
| 1990—1994 | 13860.5 | 9608.5 | 3262.3 | 989.7 | 0.34∶0.103 |
| 1995—1999 | 18249.1 | 12053.4 | 4431.4 | 1766.3 | 0.37∶0.147 |
| 1980—1999 | 50762.2 | 35910.7 | 11327.2 | 3526.1 | 0.32∶0.098 |

**2. 我国的化肥施用量与表观消费量比较。**为了两者可以相互比较和分析，应当把施用量中的"复合肥"（按《肥料和土壤调理剂术语》国家标准，应当是复合肥和复混肥）分解为氮（N），磷（P₂O₅）和钾（K₂O）。施用的复合肥和复混肥可分两部分来计算其中的氮、磷、钾。一部分是进口的二元复合肥（主要是磷酸二铵）、三元复混肥和国产的二元复合肥（磷酸一铵、磷酸二铵和硝酸磷肥），这一部分可以根据有关统计资料，逐一计算出氮、磷、钾的数量。由于进口的磷酸二铵比重很大，历年计算的结果，这部分的复合肥和复混肥的氮磷钾比例大致为3∶6∶1（1∶2∶0.33）。另一部分是国产的复混肥料，包括各种三元和二元的复混肥，其中有相当一部分是以单一化肥经二次加工而成的。其氮磷钾的比例五花八门，但是根据国家化肥质量检验中心（北京）从各地抽样检验的结果，大致为1∶0.8∶0.8。根据这一思路，我们对施用的"复合肥"进行分解，加上施用的单一氮、磷、钾化肥后，汇成表5。现将表5与表4进行比较。

表5　我国化肥施用量及氮磷钾比例

（单位：万吨）

| 年份 | 总量 | 其 中 | | | N∶P₂O₅∶K₂O |
|---|---|---|---|---|---|
| | | N | P₂O₅ | K₂O | （N=1） |
| 1980 | 1269.4 | 942.4 | 289.4 | 37.3 | 0.31∶0.040 |
| 1981 | 1334.9 | 959.0 | 329.6 | 46.2 | 0.34∶0.048 |
| 1982 | 1513.4 | 1063.9 | 385.9 | 63.7 | 0.36∶0.060 |
| 1983 | 1659.8 | 1189.7 | 403.1 | 67.0 | 0.34∶0.056 |
| 1984 | 1739.8 | 1253.2 | 404.5 | 82.1 | 0.32∶0.066 |

（续）

| 年份 | 总量 | 其　　中 | | | N∶$P_2O_5$∶$K_2O$ |
|---|---|---|---|---|---|
| | | N | $P_2O_5$ | $K_2O$ | （N=1） |
| 1985 | 1775.8 | 1262.1 | 407.2 | 106.5 | 0.32∶0.084 |
| 1986 | 1930.6 | 1375.9 | 437.2 | 117.6 | 0.32∶0.085 |
| 1987 | 1997.1 | 1390.9 | 492.1 | 114.1 | 0.35∶0.082 |
| 1988 | 2141.6 | 1491.5 | 519.7 | 130.3 | 0.35∶0.087 |
| 1989 | 2357.1 | 1623.3 | 577.7 | 157.3 | 0.36∶0.097 |
| 1990 | 2590.3 | 1746.7 | 644.1 | 198.7 | 0.37∶0.114 |
| 1991 | 2805.1 | 1847.8 | 742.9 | 264.5 | 0.40∶0.116 |
| 1992 | 2930.2 | 1903.7 | 762.4 | 264.1 | 0.40∶0.139 |
| 1993 | 3150.1 | 2018.6 | 804.3 | 327.7 | 0.40∶0.162 |
| 1994 | 3318.1 | 2080.2 | 898.8 | 339.1 | 0.43∶0.163 |
| 1995 | 3593.6 | 2234.7 | 995.0 | 364.0 | 0.45∶0.163 |
| 1996 | 3828.0 | 2380.8 | 1047.1 | 400.1 | 0.45∶0.185 |
| 1997 | 3980.6 | 2430.3 | 1101.3 | 449.0 | 0.45∶0.185 |
| 1998 | 4085.5 | 2500.8 | 1106.0 | 478.7 | 0.44∶0.191 |
| 1999 | 4124.5 | 2481.1 | 1100.4 | 543.0 | 0.44∶0.219 |
| 1980—1984 | 7517.3 | 5408.2 | 1812.8 | 296.4 | 0.34∶0.055 |
| 1985—1989 | 10202.2 | 7143.7 | 2433.7 | 625.8 | 0.34∶0.140 |
| 1990—1994 | 14793.8 | 9597.0 | 3852.5 | 1344.1 | 0.40∶0.140 |
| 1995—1999 | 19612.2 | 12027.7 | 5349.8 | 2234.8 | 0.44∶0.186 |
| 1980—1999 | 52125.6 | 34176.6 | 13448.8 | 4501.1 | 0.39∶0.132 |

（1）施用总量与表观消费总量比较。从道理上说，20年的施用量与表观消费量应当是一致的。20年的化肥施用总量为52125.6万吨，而同期的表观消费量为50762.2万吨，施用量高出1363.4万吨，高出2.7%。可以认为两者基本一致，尤其是前15年，施用量为32513.3万吨，表观消费量为32513.1万吨，两者完全一致。施用量高出表观消费量产生在1995—1999年的5年中。

（2）施用的氮、磷、钾量与表观消费的氮、磷、钾量比较。20年施用氮肥34176.6万吨，比表观消费氮肥量35910.7万吨低1734.1万吨，低5.1%。施用量低于表观消费量主要产生在1980—1989年的10年中。20年的磷肥施用量为13448.8万吨，明显高于表观消费量11327.2万吨，高出2121.6万吨，高18.3%。在20年中，磷肥的每年施用量均高于表观消费量，尤其是后10年高出较多。钾肥除第一个5年外，也是施用量高于表观消费量。20年共高出975.0万吨，高27.7%。

**3. 磷肥用量和氮磷比的分析和讨论。** 从表4、表5中可以看出以下几点：

（1）化肥的施用量和表观消费量的多年数据应当是一致的。20年的结果比较，施用量高于表观消费量主要在1995—1999年，可能的原因是20世纪90年代以来，二次加工的复混肥有了较大发展，在施用量的统计中，有无重复计算的情况，是一个值得注意的问题。

（2）20 年中我国实际拥有的磷肥资源（生产＋进口）应当是比较可靠的，到 20 世纪 90 年代接近 900 万吨，而施用量的数据则为 1000 万～1100 万吨，要高出 100 万～200 万吨，可能偏高。

（3）磷肥施用量偏高的可能原因，一是施用的"复合肥"统计量偏大，二是在分解这一部分的肥料氮、磷、钾时，磷、钾的比例偏高。

（4）可以初步认为，到 20 世纪末，我国磷肥的施用量为 900 万吨左右，氮磷（N：$P_2O_5$）比约为 1：0.37。

# 三、近期我国磷肥的需求量和氮磷肥料比例

20 世纪 80 年代的一些材料，在讨论我国适宜的化肥氮磷比例时，对磷的比例提得过高，是对我国磷肥需求量提得偏高的一个重要原因。

**1. 适宜的氮磷比例（N：$P_2O_5$）问题。**世界化肥的发展是从磷肥开始的，继而开发钾肥。用合成氨的办法生产氮肥，比生产磷肥要晚半个多世纪。同时，欧洲各国畜牧业比较发达，采用有豆科牧草的轮作制，使作物的氮素营养得到一定补充，施用磷、钾肥有很好的效果。长期以来，化肥中的磷、钾肥比例一直高于氮肥（表 6）。直到进入 60 年代，氮肥用量才超过磷、钾肥。此后氮肥发展很快，磷、钾肥的比例急剧下降。

表 6　世界化肥消费量及氮磷钾比例

（单位：万吨）

| 年份 | 总量 | 其中 | | | N：$P_2O_5$：$K_2O$ (N=1) |
| --- | --- | --- | --- | --- | --- |
| | | N | $P_2O_5$ | $K_2O$ | |
| 1934/1935 | 684.7 | 159.2 | 297.4 | 228.1 | 1.087：1.43 |
| 1945/1946 | 750.0 | 202.5 | 337.5 | 210.0 | 1.67：1.04 |
| 1954/1955 | 2026.0 | 623.0 | 758.0 | 645.0 | 1.22：1.04 |
| 1964/1965 | 3791.1 | 1533.0 | 1339.1 | 1099.0 | 0.87：0.72 |
| 1974/1975 | 8178.5 | 3906.5 | 2305.2 | 1966.8 | 0.59：0.50 |
| 1984/1985 | 13056.5 | 7064.7 | 3402.2 | 2589.6 | 0.48：0.36 |
| 1994/1995 | 12160.2 | 7224.7 | 2927.1 | 2008.4 | 0.41：0.28 |
| 1995/1996 | 12958.4 | 7798.6 | 3090.8 | 2069.0 | 0.40：0.27 |
| 1996/1997 | 13512.1 | 8301.7 | 3142.9 | 2067.5 | 0.38：0.25 |
| 1997/1998 | 13725.3 | 8117.6 | 3346.5 | 2261.2 | 0.41：0.28 |

到 20 世纪末，世界化肥的消费量中 N：$P_2O_5$ 比约为 1：0.40。根据 FAO《肥料年鉴》的资料，20 世纪末美国消费的化肥 N：$P_2O_5$ 为 1：0.38，德国和英国由于有长期施用磷肥的历史，化肥的 N：$P_2O_5$ 已降到 1：0.30 或更低。而我国的情况与这些发达国家不同，是先发展氮肥，后发展磷肥，钾肥至今仍主要依靠进口。因此，化肥中磷肥的比例是一个逐步提高的过程。磷的比例一个下降，一个提高，异途同归，最后达到一个交汇点，这就是 1：0.40 左右。

**2. 我国近期的磷肥需求量问题。**我国化肥的施用量还在增加，氮、磷、钾的比例和品种结构在不断调整。随着种植业结构的变化，化肥施用的作物种类也愈加广泛。由于施肥对

农产品质量、环境和食物安全问题日益引起人们的关注，同时，随着我国加入 WTO，某些农产品进口还会增加。我国化肥施用量的增加速度将会放慢。当 2010 年前后，我国化肥用量达到5000万吨时，$N : P_2O_5 : K_2O$ 为 $1 : 0.40 : 0.25$，即氮肥3000万吨左右，磷肥1200万吨左右，钾肥 750 万吨左右可能是适宜的。按照化工部门的规划，2010 年国产磷肥将达到950 万～1050万吨，届时磷肥仍将有 200 万吨左右的缺口。

# 参 考 文 献

［1］李庆逵，朱兆良，于天仁 . 中国农业持续发展中的肥料问题 . 南昌：江西科学技术出版社，1985.
［2］郭克礼，曹珍元，冯元琦等 . 中国化肥手册 . 化工部科技情报所，南化工业（集团）公司，1992.
［3］中国化学工业年鉴编辑部 . 中国化学工业年鉴 . 中国化工信息中心，1998.
［4］中国农业年鉴编辑委员会 . 中国农业年鉴 . 北京：中国农业出版社，1981—2000.

# 我国复（混）肥料应用和研究的进展概况

李家康　林葆　吴祖坤　林继雄

（中国农业科学院土壤肥料研究所）

我国复（混）肥料的生产和应用起步较晚，但工业和农业研究部门预见到生产和施用复（混）肥料是发展方向，从 1960 年前后就开始研究复（混）肥生产工艺、肥效和应用技术，为现在和将来发展复（混）肥料打下了良好基础。

## 一、我国复（混）肥生产和应用的发展及现状

世界上高浓度复（混）肥料的加工工艺一般可分为两类。一类是磷酸铵系肥料生产工艺；另一类是硝酸磷肥系生产工艺。我国在 1962 年即完成了磷酸二铵的中试，1967 年南京化学工业公司建成一个年产 3 万吨磷酸二铵车间，正式投产。50 年代后期着手开发硝酸磷肥的生产工艺，上海化工院对碳化法、混酸法、冷冻法和溶剂萃取法等流程都进行过广泛的研究。1963—1965 年与南京磷肥厂合作完成了碳化法的中间试验，生产了一批肥料供农田试验，1968 年前后又进行混酸法（硝酸—硫酸—硫酸盐法）中间试验，生产了一批用于黄烟的共 8 种型号的三元混配复肥进行田间试验。由于上述两种流程的肥料养分浓度以及水溶性磷素不高，上海化工院又于 1972—1975 年进行了直接冷冻法流程的中试研究，并组织了大规模农田效应评价试验。在此期间还研制了棉、麻、茶、果等作物的专用肥，如 731（14-13.7-18.3）、732（14-9.7-9.4）、733（14-7.7-3.9）等，进行了田间试验。此后，又建立了间冷法模拟装置，为各种磷矿进行冷冻法工艺的评价和基础研究提供了条件。

进入 20 世纪 80 年代，我国化肥施用发展到氮磷钾配合的阶段，加速发展复肥工业引起了党和政府的日益重视。化工部门从"六五"计划开始，在中央领导同志的支持和关怀下，积极着手组织高浓复肥的研制和生产。"六五"期间，采用混酸法生产硝酸磷肥在河南开封化肥厂获得成功，"七五"期间四川银山磷肥厂和成都科技大学合作开发的"中和料浆浓缩法"制固体磷酸铵复合肥料的科研成果，已在全国因地制宜地组织推广，加上引进装置的建设和投产，使得我国复肥工业呈现了新的局面。目前，已建成并试生产的大、中型企业有山西潞城化肥厂，年产硝酸磷肥 90 万吨；开封化肥厂，年产硝酸磷肥 16.5 万吨。计划"七五"期间建成投产的有秦皇岛市，年产磷酸铵 48 万吨或 NPK 复混肥 60 万吨，南化公司年产磷酸铵 24 万吨，大连化学公司年产磷酸铵 24 万吨，安徽铜官山年产磷酸铵 15.3 万吨，济南化肥厂年产硝酸磷肥 15 万吨。50 套小磷酸铵的建设计划已经落实。全国混配复肥的生

注：本文发表于《土壤肥料》，1989 年第 5 期。

产发展迅速，第一批获证企业的审核工作已于 1988 年 9 月初结束，有 408 个企业取得了混、配复肥的生产许可证，年总生产能力为 495.4 万吨。经过"六五"和"七五"期间的努力，混配复肥的生产技术也渐趋完善，采用了包括料浆型造粒、干粉团粒型和挤压型造粒等工艺，并根据我国化肥资源的特点，开辟了多种配料体系，如尿素磷酸铵系、尿素普钙系、尿素钙镁磷肥系，氯化铵磷酸铵系（简称氯磷铵系）、硫酸铵磷酸铵系（简称硫磷铵系），等等。

我国复（混）肥施用，根据农业部的统计资料始于 1959 年，这一年为 5 万吨（养分、下同）。1959—1970 年的 12 年间为 15.8 万吨，1971—1980 年的 10 年间为 348.7 万吨，1981—1987 年为 889 万吨。大致是 1983 年前每年复肥的施用量，少的仅几万吨，多的也只有几十万吨（除 1979 年为 108.9 万吨），主要用于烟草、茶叶、果树等经济作物。1984 年起连续突破百万吨（不包括混配复肥，下同），近三、四年有更大发展，每年有 200 万吨左右，按每亩施用量为 10 千克养分框算，目前我国每年施用复肥的农作物面积约在 2 亿亩以上，施用的范围已逐渐扩大到粮食作物。

综上所述，尽管我国复（混）肥料的发展落后于发达国家二十多年，但前景是光明的。

# 二、我国复（混）肥料应用研究的主要进展

我国自六十年代初期以来，一直进行着有关复肥品种、肥效和应用技术的研究。其中，相当规模的全国性试验就有四次，第一次于 1963—1965 年由全国化肥试验网组织 21 个省、市、自治区农口部门，在 18 种作物上进行了磷酸铵的肥效试验，取得了 364 个试验结果；第二次于 1976—1980 年由上海化工院组织全国 15 个省（直辖市、自治区）农业科学院及部分中央、地方专业所，联合开展了冷冻法硝酸磷肥的农业评价试验，取得近 600 个试验结果；第三次于 1980—1983 年由全国化肥试验网组织农业研究部门进一步开展了复肥肥效和施用技术的研究，取得了近 400 个试验结果；第四次于 1983—1986 年由国家科委下达，中国农业科学院土壤肥料研究所和上海化工院主持，开展了高浓度复混合肥料的品种、应用技术和二次加工技术的研究，共取得田间试验结果 295 个，盆栽试验结果 26 个，同位素示踪试验结果 17 个，布置了一批复（混）肥品种定位试验。此外，上海化工院 1971—1972 年在四川、吉林等地进行过碳化法流程硝酸磷肥和混酸法流程硝酸磷肥的肥效试验，1968—1974 年还先后进行了烟、茶、果、棉、麻等作物的专用肥试验等。以上研究结果极大多数已在国内有关杂志刊登。目前正在开展的有"七五"国家攻关课题"掺合肥料施用技术研究"，以及各种作物专用肥料的研制和开发。主要研究内容和进展如下：

（一）复（混）肥料的增产效果

**1. 复（混）肥与单质化肥的肥效比较试验。** 1963—1965 年全国化肥网在 18 种作物上的 74 次试验结果表明，在谷类作物上施用磷酸铵的肥效高于等养分单质化肥，而在经济作物上相当或略低于等养分单质化肥。1976—1983 年由上海化工院和全国化吧试验网先后组织的两次全国性协作研究，对 591 个试验结果统计得出，除油菜施用硝酸磷肥比等养分硝酸铵加普钙增产 4.9%，T 检验差异达到（P<0.05）显著水准外，供试的其余 17 种作物，不论是施用硝酸磷肥与硝酸铵（或硫酸铵）加普钙，或是磷酸铵与尿素加普钙，或三元复肥与单质 NPK 化肥相比较，均为等养分等效。1983—1986 年由全国复肥攻关协作组的试验结果表明，三元复肥供试的水稻、小麦、春玉米、夏玉米、甘薯、花生、棉花、甘蔗等 8 种作物，

除了棉花减产 8%（差异不显著）外，其他作物的增减产值均不超过 5%；二元复肥供试的 9 种作物，除春小麦、谷子、油菜的增减产超过 5%（其中春小麦达到显著差异水准）外，其他 6 种作物基本平产。由此可知，施用复（混）肥料和单质化肥，只要两者养分形态、用量比例和其他管理措施一致，其肥效基本相当。

**2. 不同养分形态的复肥品种增产效果比较试验。** 1965 年我国首先完成碳化法制取硝酸磷肥的中间试验，产品含 N18%～19%，含磷（$P_2O_5$，均为枸溶性磷）12.5%。1968 年完成混酸法流程中间试验，产品含 N13%～14%，含磷（$P_2O_5$）12%～13%，水溶性磷占 30%～50%。对这两个品种，经上海化工院在四川、吉林和黑龙江省等地进行田间肥效鉴定结果，认为碳化法硝酸磷肥对豆科作物的效果不佳，对绿肥的效果在大多数点不仅低于过磷酸钙，甚至低于不施肥处理。在土壤缺磷但不缺氮的黑龙江新垦黑土上大面积对比结果，对春小麦的效果仅与施用等量普钙相当。而混酸法硝酸磷肥比碳化法增产效果显著，特别在四川的低肥力的黄泥土和紫色土上效果更好。

1976—1980 年上海化工院开展了冷冻法硝酸磷肥与磷酸铵的肥效比较试验，根据试验数据分析，对水稻、玉米、小麦、油菜、谷子、棉花、甘薯等 7 种作物，两者的增产效果基本相当。而在茶园的 6 处试验，硝酸磷肥的肥效均不如磷酸铵为好，前者比后者要减产 5%～24%，可能与茶园地处丘陵山坡，冲涮淋溶损失较多有关。有些地区还发现，将硝酸磷肥施用于稻田，水稻苗期长势不如施用磷酸铵，表现叶色淡黄、分蘖减少等情况，但到生长中、后期，长势明显好转，最终两者产量差异不明显。而在盆栽试验中硝酸磷肥的产量只有磷酸铵的 69%～81%（上海青紫泥水稻土）和 78%～85%（金华红壤性水稻土）。

1983—1986 年由全国复肥攻关协作组研究表明，尿素磷酸铵系、氯磷酸铵系、硝酸磷肥系、尿素重钙系、尿素普钙系等类型复（混）肥料，对各种作物都有明显的增产效果，一般比对照（不施化肥）增产 30% 以上。在等养分前提下，比较不同养分形态复（混）肥品种的肥效结果，以尿素磷酸铵系的肥效最为稳定，在我国南北方水旱田的各种作物上均适宜施用。而硝酸磷肥系和氯磷酸铵系复（混）肥在不同土壤作物上的当季肥效有一定差异。

认为硝酸磷肥的当季肥效在很大程度上决定于土壤速效磷含量。例如陕西农业科学院在石灰性土壤（塿土、黄土性土），对小麦、玉米、棉花 3 种作物做的 12 次试验结果表明，在含磷中等和富磷的土壤上（含 P>9ppm）施用硝酸磷肥系复肥与水溶性磷组成的复肥，两者肥效相当，而在缺磷的土壤上（含 P<6.7ppm）施用硝酸磷肥系复肥减收的幅度达 10%～20%。经相关分析表明，硝酸磷肥系的肥效与土壤速效磷的含量呈极显著相关，$r=0.8089$（$r_{0.01}=0.7348$）。从三种作物施用硝酸磷肥系复肥的肥效差异来看，若以水溶性磷组成的复肥的产量为 100%，则小麦施用硝酸磷肥系复肥的产量为 91.8%，棉花为 94.8%，玉米为 96%，其肥效下降的顺序为小麦>棉花>玉米。这可能与作物在其磷素营养临界期所处的低温有关。凡作物苗期处于低温条件，对缺磷的反应更为敏感。硝酸磷肥系复肥当季肥效还受土壤 pH 和水分状况（水旱田）的影响，对此，将在下一节肥效机理中加以讨论。

氯磷酸铵系的肥效，则与土壤酸碱度有关。一般在酸性土壤上要低于尿素磷酸铵系的肥效，而在中性和石灰性土壤上，两者肥效基本相当。如广东农业科学院土壤肥料研究所在酸性（pH4.6～6）土壤上做的试验结果，氯磷酸铵钾与尿素磷酸铵钾相比较，14 个水稻试验平均每亩减收 16.5 千克，差异极显著，6 个甘蔗试验平均每亩减收 443 千克，差异显著。而沈阳农业大学在辽宁的中性和石灰性土壤上对水稻、玉米、大豆、谷子、棉花、花生、白菜、青椒等 8 种作物做的试验结果，施用氯磷酸铵系的肥效相当或略高于尿素磷酸铵系，其中 9 个水稻试验，平均每亩增收 41.1 千克，增产幅度 8.9％，差异极显著；4 个玉米试验，平均每亩增收 39.9 千克，增产幅度 6.1％，差异显著；1 个白菜试验，每亩增收 635 千克，增产幅度 14.6％，差异极显著。陕西农科院和西南农业大学的盆栽试验结果同样表明，在石灰性土壤上氯磷酸铵系的肥效不亚于尿素磷酸铵系、尿素重钙系、尿素普钙系。因此，氮磷酸铵系复肥适宜于中性和石灰性土壤施用，在酸性土壤上施用，最好配施石灰或其他碱性肥料，以提高其肥效。

**3. 粉状和粒状，造粒型和掺合型复混肥的肥效比较试验。**该项研究主要由全国复肥攻关协作组于 1983—1986 年进行的。据中国农业科学院土壤肥料研究所在湖北黄棕壤和山东潮土、棕壤上做的 48 次试验结果，小麦、玉米、油菜、棉花等 4 种作物施用粉状尿素磷酸铵和粒状尿素磷酸铵，两者增产效果的差异均在 5％以内。陕西农业科学院土壤肥料研究所在盆栽试验中比较了尿素普钙系、尿素重钙系、尿素一铵系、尿素二铵系、氮磷酸铵系等 5 种复混肥品种粉状和粒状形态之间的肥效，结果表明，两者产量相当。

在此期间，"六五"复肥攻关协作组还研究表明，造粒型复混肥和掺合型（施用前临时混合）复混肥两者之间的产量差异也不显著。例如陕西农科院土肥所用粒状尿素磷一铵和尿素加磷一铵临时混合施用，对玉米、棉花和小麦三种作物比较结果，产量差异均未超过 5％。广东农业科学院土壤肥料研究所用粒状尿素磷酸铵钾和尿素＋磷酸铵＋氯化钾临时掺混施用，以及粒状硝酸铵钾和硝酸铵＋氯化钾临时掺混施用的比较结果，两者也基本上平产。以上结果初步说明，对于生产复混肥不管采用什么加工路线，是不会影响农田应用效果的。

## （二）复（混）肥料肥效机理的研究

首先，中国科学院南京土壤所于 70 年代测定了早稻对硝酸磷肥中的氮素利用率，供试验土壤为红壤性水稻土（金华）和石灰性水稻土（江苏淮安）。结果表明，水稻对硝酸磷肥中的硝态氮利用率远远低于铵态氮。在红壤上低 20 倍，在石灰性土上低 5 倍。1979 年，上海化工院也采用金华的红壤进行同类试验。结果表明，水稻（早稻）对含氮磷比为 2：1 型硝酸磷肥和 1：1 型硝酸磷肥中铵态氮的利用率分别为 73％和 82％，硝态氮的利用率分别为 8％和 10％，铵态氮的利用率高于硝态氮的 8～9 倍。说明在淹水条件下硝酸磷肥中硝态氮利用率与单体硝酸铵相近似，并不因为硝酸磷肥是复肥而例外。

"六五"期间，全国复肥攻关协作组应用 $^{15}N$ 和 $^{32}P$ 测定比较了作物对尿素磷酸铵和单质化肥尿素加普钙两者中氮磷利用率以及不同复肥品种间的氮磷利用率，供试作物为水稻和小麦，1983—1986 年共进行了 15 次试验，其结果是：尿素磷酸铵中氮素利用率为 30％～60％，平均为 41.9％；尿素＋普钙中氮素利用率为 30％～65％，平均 43.1％。平均氮素损失尿素磷酸铵为 29.3％，尿素＋普钙为 28.5％。两种作物的磷素利用率，对尿素磷酸铵为 12％～38.4％，平均 19.4％，尿素＋普钙为 17.4％。由此表明，水稻和小麦对尿素磷酸铵复肥和单质化肥尿素加普钙两者中氮磷养分的利用率差异不显著。

不同复肥品种的氮磷养分利用率，据西南农业大学在中性灰棕紫泥和钙质红棕紫泥上做的水稻试验结果，尿素磷酸铵的氮素利用率分别为 50.5％和 40.3％，氯磷酸铵分别为 51.0％和 42.4％，氯磷酸铵略高于尿素磷酸铵。中国农业科学院原子能所在石灰性草甸土上做的水稻试验，尿素磷酸铵的氮素利用率为 42.9％，氯磷酸铵为 45.2％，硝酸磷肥为 36.4％，亦以氯磷酸铵为最高，而氮素损失以硝酸磷肥（49.6％）＞尿素磷酸铵（42.5％）

＞氯磷酸铵（37％）。北京农业大学在潮土上做的试验结果，春小麦对不同形态氮素的利用率，以铵态氮为最高，其次是酰胺态氮，硝态氮最低。但尿素磷酸铵和硝酸磷肥的总氮利用率，两者无明显差异。

不同复肥品种的磷素利用率，据中国农业科学院原子能所和沈阳农业大学在草甸土做的水稻试验结果，尿素磷酸铵的利用率为 $21.1％\sim22.8％$，氯磷酸铵为 $22.4％\sim24.5％$，硝酸磷肥为 $22.5％$，三者相当。

以上结果说明，在中性和石灰性土壤上，氮磷养分的利用率，氯磷酸铵与尿素磷酸铵基本相当。稻田中硝酸磷肥的磷素利用率不低于氯磷酸铵和尿素磷酸铵，而氮的利用率明显低于这两个品种。因此稻田施用硝酸磷肥应注意硝态氮的损失。

### 1. 复（混）肥中氯离子对作物和土壤的作用

随着氯化钾用量的增加和联碱工业的发展，农田应用的含氯化肥将不断增多，日益引起农业和工业部门的关注。"六五"和"七五"期间各地农业研究单位积极开展了含氯化肥作用机理和应用技术的研究，取得了较大进展。

中国农业科学院原子能所应用[36]Cl 示踪对春小麦研究表明，作物从幼苗开始至成熟期能大量吸收[35]Cl。至成熟期，作物对氯总吸收量为施入量的 $26.7％$。由中国农业科学院土壤肥料研究所，上海、湖北、福建农业科学院土壤肥料研究所，沈阳、西南、浙江、华中农业大学等单位研究表明，作物体内的含氯量是随施氯量增加而提高，两者呈极显著的正相关，但在正常用量的情况下，对一般大田作物，包括谷类作物、糖料、油料、豆科、蔬菜等作物的氮磷钾养分的吸收量以及产量品质，均未发现有不良影响，并在有些情况下还有促进作用。例如沈阳农业大学采用新鲜植株养分离子测定方法，研究水稻、玉米和蔬菜（甘蓝、菠菜）等作物的结果，$Cl^-$ 对作物吸收 $NO_3^-$ 有一定的抑制作用，尤其对蔬菜，高氯处理的植株内 $NO_3^-$ 含量比尿素磷酸铵和尿素加普钙处理的几乎要低一倍，说明 $Cl^-$ 与 $NO_3^-$ 间存在一定的拮抗作用。因此，施用含氯复混肥对降低蔬菜体内硝酸的含量，改进品质有良好作用。$Cl^-$ 对 $H_2PO_4^-$ 离子吸收的影响因作物种类不同而有差异。水稻在土壤氯小于 $0.070％$ 时（低、中水平氯处理）无抑制作用。唯当土壤氯量达到 $0.090％$，稻株含氯量达到 4800ppm（高水平 $Cl^-$ 处理）时，才抑制水稻对 $H_2PO_4^-$ 的吸收。蔬菜在正常用量情况下，$Cl^-$ 对 $H_2OP_4^-$ 吸收无不良影响，但在中、高氯处理时，$H_2PO_4^-$ 吸收减少。

对水稻，玉米，小麦植株养分全量的测定结果，同样看出，在一般施氯量下，$Cl^-$ 对作物体内氮磷钾养分含量（％）无不良影响，籽粒中蛋白质、淀粉含量均未降低。

研究还表明，对于薯类、茶叶等忌氯作物，也并非是不能施用含氯化肥，关键是要控制好施用量。例如，浙江农业大学的试验结果，对马铃薯亩施氯离子 9.5 千克，其产量还高于无氯处理，薯块含水量没有增加，淀粉含量也未降低。甘薯亩施氯离子 13 千克条件下，对薯块的出丝率、淀粉含量也无不良影响。沈阳农业大学通过盆栽试验研究表明，马铃薯在施氯量<400ppm 时，比无氯处理略有增产，施氯量为 100ppm 时对淀粉含量无影响，达到400ppm 时则较对照低 5.4％。对茶树，据中国农业科学院茶叶研究所的试验结果，成龄茶园全年亩施 $K_2O$ 为 10 千克的氯化钾，连续施用三年，其产量与硫酸钾处理相仿，也无毒害现象。但当每亩一次施入氯化钾折合 $K_2O$ 20 千克以上时，施肥后 8 天左右个别植株出现症状，其氯害程度随时间的延长和用量的增加而加剧。另据中国农业科学院柑橘研究所研究认为，柑橘施用氯化铵，在每株不超过 0.5 千克时，陈果皮增厚外，能提高果汁含量，降低含

酸量，提高含糖量和可溶性固形物含量等。

长期施用含氯化肥是否会引起土壤中氯根的积累？这是人们所关注的问题。根据各地的定位试验结果，初步可以看出，氯根的积累与年降雨量、土壤质地和种植制度的关系最为密切。在南方多雨地区（重庆）实行稻麦一年两熟制，即使每季每亩施氯 20～30 千克，五年后土壤中的氯根无明显增加。在年降雨量为 650 毫米地区（沈阳）的黏质棕壤上，在旱作一年一熟条件下，平均每季每亩施用 20.9 千克氯，经五年在 0～40 厘米土层中的残留量为 14.2 千克，占投入总氯量的 13.6％，平均每年增加 9ppm，略有积累。在作物生育期降雨量为 100～230 毫米的兰州和平凉地区种植春小麦，施用低量氯（每亩 5 千克氮化铵 N）和高量氯（亩施 10 千克氯化铵 N）的处理，当季 60 厘米土层的氯积累量分别为施氯量的 88.1％～54.1％和 46％～35.1％，积累十分显著。对此问题，需进一步定位监测研究。

**2. 硝酸磷肥中磷素适宜水溶率的研究。**20 世纪 70 年代，上海化工院进行过较为系统的研究。根据试验结果，认为不同磷素水溶率的硝酸磷肥的肥效在富磷土壤上差异不大。但在缺磷土壤上作物产量随肥料中 $P_2O_5$ 水溶率的提高而上升，在肥料的 $P_2O_5$ 水溶率低于 50％时，随 $P_2O_5$ 水溶率提高作物产量上升幅度较大，高于 50％时，上升幅度较小，而且在酸性土壤上作物产量上升幅度不如在石灰性土壤为大，同样为小麦，在酸性土壤上产量与磷素水溶率呈指数相关，而在石灰性土壤上呈直线相关。

"七五"期间，由中国农业科学院土壤肥料研究所、湖北和陕西农科院土壤肥料研究所、北京农业大学等单位的研究结果同样表明，在富磷（含 $P_2O_5$>20ppm，Olsen 法）土壤上种植水稻、小麦、蔬菜类等作物，不同磷素水溶率之间的产量无明显差异。在严重缺磷（含 $P_2O_5$<10ppm）的土壤上，不论是石灰性土壤还是酸性土壤，也不论是水稻或是旱作物，其产量表现为随硝酸磷肥中 $P_2O_5$ 水溶率提高而增加的明显趋势。研究还表明，不同作物对肥料中 $P_2O_5$ 水溶率的要求也有差异，以作物相对产量表示对磷素水溶率的反应程度，则以油菜（作为蔬菜食用）＞小麦＞水稻＞胡萝卜。说明水稻和胡萝卜对磷素水溶率的要求较低，而油菜和小麦则要求较高。

综合以上试验结果可以初步认为，在富磷土壤上可以不考虑肥料中 $P_2O_5$ 水溶率，而在缺磷土壤上，对石灰性土壤 $P_2O_5$ 水溶率应大于 50％，对于酸性土壤和吸磷能力强的作物可采用 50％以下的水溶率，以节省硝酸，降低生产成本。

### （三）复（混）肥料应用技术的研究

我国对复混肥料应用技术的研究，大致是围绕四个方面内容进行的。一是因土因作物选用复肥品种（指养分形态），这在前面各节中已加以叙述。二是因土因作物确定复肥用量和养分比例，据各地研究结果，大致与施用单质化肥的原则类同。三是施用期。四是施用方式。本文着重介绍施用期和施用方式的研究进展情况。

**1. 复肥施用期。**20 世纪 70 年代上海化工院组织全国有关省、市农口研究单位，对硝酸磷肥的施用期进行过广泛的研究。根据试验结果认为硝酸磷肥以基施或基、追各半的增产效果最好。如陕西渭南地区的 5 个冬小麦试验，在亩施硝酸磷肥 20 千克情况下，用作基肥或种肥比年前追肥的产量平均每亩高出 23.5 千克。福建农业科学院的 4 个小麦试验，每亩施用 21 千克硝酸磷肥，以基肥和追肥分半施用产量最高，次之为全基肥处理，全部作追肥的产量最低。上海南汇县的小麦试验每亩用 25 千克硝酸磷肥，一半作基肥，另一半作腊肥的产量最高，全部作基肥的次之，全部作腊肥的最差。吉林省农业科学院的玉米试验结果，薄地做口肥一次施用，中等肥力地，口肥、追肥各半两次施用效果较好。山西农业科学院的试验结果，对小麦、棉花、水稻、谷子、胡麻等作物作底肥一次施用较好，对玉米则以底、追各半施用为较好。

根据全国化肥试验网1980—1983年的试验结果，认为复肥基施或基施与追施各半的差异不大。如四川省农业科学院的11个水稻试验结果，复肥作全基肥的平均亩产433.2千克，基、追肥各半时平均亩产432.6千克；甘肃省和四川省农业科学院的45个小麦试验，复肥作全基肥的平均亩产308.3千克，基、追肥各半的平均亩产307.9千克；甘肃省农科院的9个玉米试验，复肥全作种肥时平均亩产393.9千克，种、追肥各半时平均亩产428.8千克，后者比前者增产8.8%。

1983—1986年全国复肥攻关协作组的研究结果表明，在作物生育期附加单质氮肥作追肥的情况下，多数作物施用复肥以基施为好，基追各半明显减产，减产的幅度大多在6%以上，处理间的差异达到显著和极显著水平。在作物生育期不附加单质氮肥作追肥时，则以复肥基施75%追施25%或基、追肥各半的处理产量最高，一般比全基施增产5%以上，但一次性全耕层基施也可取得较好的效果。由此认为，一般复肥宜作基肥，在生育期再以适量氮肥作追肥，作物表现不缺肥的也可以不追施氮肥。

**2. 复肥施用方式。**20世纪70年代，湖南省农业科学院土壤肥料研究所曾在水稻上进行过硝酸磷肥施用技术的多点试验，据6个试验点材料统计，硝酸磷肥用于耕田深施和做成球肥深施的效果差异不大，但都显著优于用作追肥。80年代广东省农业科学院土壤肥料研究所对复肥作水稻基肥施用以面施还是深施为好，比较结果，12个试验平均亩产面施403.7千克，深施408.9千克，两者无明显差异。

中国农业科学院土壤肥料研究所在山东潮土和棕壤上，对玉米和小麦比较了复肥全层深施、条施和穴施（在小麦为浅施）的增产效果。结果表明，不同施用方式的增产效果与土壤肥力有关。在肥力较高的土壤（棕壤）上，并在施用有机肥（每亩2500~4000千克）的情况下，不同施用方式之间的产量差异不大，而在中、低产田（潮土）又不施用有机肥的情况下，复肥以条施作种肥的增产效果最好，比全耕层深施增产小麦6.3%，玉米6.5%，作种肥条施必须将种籽和肥料隔开，否则会严重影响出苗率而减产。根据试验结果，肥料对小麦和玉米发芽率的影响程度以氯磷酸铵＞硝酸磷肥＞尿素＞尿素磷酸铵。距种籽4厘米处施肥对发芽率无影响。陕西农科院土壤肥料研究所和沈阳农业大学的研究结果认为，对小麦和玉米，将肥料施于种籽下10~12厘米处产量最高。

# 三、对发展复（混）肥料的几点建议

发展复合肥料是我国化肥发展的方向，中央领导同志已有多次指示，问题是如何结合国情，使刚刚起步的复肥工业迅速走上健康发展的道路。现就农业使用的角度，提几点建议：

**1. 坚持发展高浓复肥的方向。**生产和施用复合肥料在提高经济效益和社会效益方面有两大作用：其一，可以节省贮、运、施的费用；其二，做到肥料合理配方，使科学技术投入与物质投入结合，可以保证增产效果。因此，从某种意义上来说，浓度愈高，其社会效益愈大。为此，从长远利益考虑，应该坚持发展高浓复合肥的方向，逐步建立我国独立的高浓复肥生产体系。在目前NP肥不足情况下，不宜大力发展混配肥料，一般经济作物产投比高于粮食作物3～5倍，发展混配肥料宜从经济作物专用肥入手，然后根据条件逐步开发应用范围。

**2. 研究表明，施用复（混）肥料。**只要养分种类，用量相等，则肥效相当，与肥料生产工艺无关。因此，复合肥料应以养分含量高，造价低廉、贮存、运输、施用方便为原则进行生产。

**3. 复（混）肥的品种结构和布局。**研究表明，尿素磷酸铵系，尿素重钙系，尿素普钙系等类型复（混）合肥料的肥效最为稳定，在我国南北方水旱田的各种作物上均适合施用，应作为复（混）肥重点发展的品种，而且从国内磷矿资源来说也容易办到，较适合我国国情。

硝酸磷肥在我国北方旱田土壤施用较之南方稻田更为适宜，重点应放在北方建厂。

氯磷酸铵系在中性和石灰性土壤上施用其肥效不亚于尿素磷酸铵系，但在酸性土壤上使用效果稍差些。氯磷酸铵中氮为氯化铵，氯化铵是联碱工业副产品，其布局应与联碱工业同步考虑。

在北方旱田土壤上长期施用氯磷酸铵，尤其是施用氯磷酸铵钾，是否会引起土壤对氯根离子的积累，并对作物的产量和品质产生不良影响，还不十分清楚。因此，我国氯化铵肥料生产应控制在多大范围，有待今后研究解决。

**4. 发展混配肥料必须与推荐施肥密切结合。**生产混配肥料是当今世界化肥工业发展的一大趋势，它的优点是可以根据土壤、作物的需要，配制不同比例二元或三元肥料，保证增产效果，因此，从某种意义上来说，生产和使用混配肥料是科学技术发展的一个重要标志。我国幅员辽阔，土壤和作物种类繁多，大量试验结果表明，不同土壤和作物对肥料用量和养分比例要求不一，生产混配肥料必须与推荐施肥相结合才能发挥其优点。

我国当前农业经营规模小，土地分散，土壤测试手段落后，难以做到按地块测土指导施肥，在这种情况下，可以运用土壤普查的成果，并结合田间肥料效应，以县（或相似土壤、气候区域）为单位，进行分区划片确定各种作物的肥料配方，用以指导复（混）肥料生产和农民科学施肥，是行之有效的措施。

**5. 发展复（混）肥要与化肥产、供、用体制改革相结合。**当前我国化肥产、销、用脱节，影响我国复合肥生产和使用的发展，国外有些发达国家化肥产、销、用的结合是通过肥料公司和为数众多的化肥零售商进行的。他们兼营农化服务工作，基本上满足了一定地区农业生产的要求。应该借鉴国外的经验，发展混配肥料应该工业、商业、农业结合，三者缺一不可。在目前情况下，从宏观控制上应该建立化肥产、销、用高级协调机构，对我国化肥和复肥的发展做出全面的规划和安排。为了解决具体问题，应该若干个县或若干个经济作物的集中产区，建立产、销、用一条龙的联合体试点，摸索发展复合肥料的经验。

**6. 建立、完善化肥和复合肥的质量鉴测制度。**由于目前我国化肥管理的法规不健全，因此，以假乱真，以次充好，坑骗农民的情况时有发生。要严格执行质量标准，分期分批地建立质量监测网。复合肥料必须标明生产工厂和养分含量，并经严格的质量监测，才能在市场上销售，也只有这样才能使复合肥料真正做到质量合格、价格合理，逐步树立国产复肥的荣誉，保证我国复肥工业的健康发展。

可以相信，通过发展高浓复合肥料，必将使我国化肥产、销、用提高到一个新的水平，从而使化肥在农业增产中发挥更大的作用。

# 对我国复混（合）肥料发展的几点认识

林葆　李家康

（中国农业科学院农业资源与农业区划研究所　北京　100081）

自 20 世纪 80 年代以来，我国复（混）合肥料的消费量增加很快，到 2005 年已占化肥消费总量的 27.4%（表 1），并且是继续发展的趋势。其中复（混）合肥料消费比例比较高的省份如山东、吉林、海南等省，已达到化肥消费总量的 37.5%、44.0% 和 47.2%。

**表 1　我国复混（合）肥料的消费量**

（单位：万吨，养分）

| 年份 | 化肥消费总量 | 复混（合）肥消费量 | 占总量的% |
|---|---|---|---|
| 1980 | 1269.4 | 27.3 | 2.2 |
| 1985 | 1775.8 | 179.6 | 10.1 |
| 1990 | 2590.3 | 341.6 | 13.2 |
| 1995 | 3593.7 | 670.8 | 18.7 |
| 2000 | 4146.3 | 917.7 | 22.1 |
| 2005 | 4766.2 | 1303.6 | 27.4 |

注：引自《中国农业年鉴》；《中国农业统计资料》。

在复（混）合肥料的消费量中，国产的比例越来越大，生产方法多种多样，产品已经能基本满足不同地区和不同作物的需要。农民对复（混）合肥料的认识也逐步提高，认为施用方便，效果明显。这些都为我国复（混）合肥料的发展打下了较好的基础。今后我国复（混）合肥料发展的主要问题，是根据国情，充分利用我国资源，降低生产成本，生产高效的复（混）合肥料，同时，做好农化服务工作，科学施肥，进一步发挥复（混）合肥料在我国农业生产中的作用。

现就复（混）合肥料中用化学方法合成的复合肥料、用化学和物理方法，经二次加工配成的粒状复混肥料和仅用物理方法混成的掺混肥料（通称 BB 肥）谈谈我们的几点认识。

**1. 复合肥料品种过于单一，硫资源供应不足。** 复合肥料指化学合成的两元复合肥，主要有氮磷两元的磷酸铵（DAP 和 MAP）、硝酸磷肥，氮钾两元的硝酸钾等。从国际上发展氮磷两元复合肥料的路子看，一条是用硫酸萃取磷酸，加铵中和，生产磷酸二铵和磷酸一铵；另一条是用硝酸分解磷矿粉，生产硝酸磷肥。我国对这两条工艺路线的研究和开发都做过大量工作。四川大学根据国情研发的料浆法生产磷酸铵的工艺曾获得国家科技进步一等奖。在 20 世纪 60～70 年代，上海化工研究院对硝酸磷肥的工艺和肥效也做过不少试验研究。但是，从 20 世纪 80 年代山西化肥厂（现扩大为天脊煤化工集团公司）生产硝酸磷肥以来，一直没有再建新厂。原来开封、济南两个中型的硝酸磷肥厂也没有看到新近的报道。而磷酸铵工厂如雨后春笋，得到了迅速发展。表2是我国近年磷酸铵和硝酸磷肥的产量。

**表 2　我国磷酸铵（DAP＋MAP）和硝酸磷肥的产量**

（单位：万吨，养分：N＋P$_2$O$_5$）

| 年份 | 磷酸铵 | 硝酸磷肥 |
|------|--------|----------|
| 1980 | 5.6 | |
| 1985 | 5.6 | |
| 1990 | 18.3 | 9.2 |
| 1995 | 74.5 | 18.5 |
| 2000 | 194.8 | 27.7 |
| 2004 | 528.8 | 27.1 |

资料来源：中国石油和化学工业规划院。

磷酸铵是一种优质复合肥料，养分含量高，养分水溶率高，几乎适用于所有的土壤和作物。尤其是在20世纪90年代以前，我国耕地土壤有效磷严重缺乏，施用磷酸铵有十分明显的效果。因此，磷酸铵是我国长期进口的主要化肥品种。磷酸铵的问题是磷的比例高于氮的2.5～5倍，与作物的吸收比例相去甚远，因此，只适宜做作物的基肥施用，或用作加工复混肥的原料。而且生产中产生大量磷石膏难于处理。随着我国磷复肥工业的迅猛发展，国产磷酸铵逐步顶替了进口的产品，但是也出现了一些问题。从当前来看是硫资源不足，大量进口硫磺导致价格大幅度上涨，使磷酸铵生产的成本增加。从中、长期来看，将会出现生产磷酸铵所需的高品位磷矿资源不足的问题。

我国是一个硫资源不富裕的国家。生产磷酸铵要用大量的硫酸来萃取磷酸。因此，进口硫磺制酸和直接进口硫酸成为生产磷酸铵的关键。硫磺本来是石油和天然气工业的副产品，价格比较低廉。但近年我国进口量大增，又缺乏统一对外的采购机制，硫磺的价格上升很快。根据有关资料，"2000年我国进口硫磺273.3万吨，2005年进口830万吨，年均递增24.4％，每年净增100万吨以上，硫磺进口量已占世界硫磺贸易总量的30％左右。2000年我国进口硫酸36.8万吨，2005年进口硫酸193万吨，年均递增39.7％。"进口硫磺主要用于制酸，硫酸的70％左右用于生产化肥。2004年我国硫酸的产量为3994.6万吨，消费量为4179.5万吨，均超过美国居世界第一位，产量和消费量均占世界总量的22％左右。"从全国硫酸表观消费量计算耗硫总量，我国硫资源的对外依存度已超过50％[1]"。因此，近年我国磷酸铵的进口量减少了，而硫的进口量大大增加了。"预计今年全国硫磺进口将在900万～1000万吨，数量巨大，而国内企业的分散采购模式，更促使了硫磺价格猛涨。根据海关统计数字，今年1月的到岸价为72美元，目前已上胀到220美元[2]"。因此，大大增加了磷酸铵的生产成本。在这种情况下使我们又想起了硝酸磷肥。我们从报刊上也看到，国内的磷复肥生产的主导企业也有同样的看法。贵州宏福实业开发总公司的一位领导写道："对硫酸法萃取磷矿工艺的过分依赖，使我国磷复肥业成本受制于硫磺垄断寡头。……硝酸法萃取磷矿工艺虽有其技术的局限性，但由于我国硫素资源的秉赋并不丰富，且与磷素资源分布地区差异较大，过度依赖硫酸法萃取工艺，不但不划算，同时产生数量巨大的磷石膏问题。如果硝酸法萃取磷矿工艺生产硝酸磷肥，使用硫酸铵固钙，可获得优质的硝态氮二元复合肥，综合效益好于传统的磷酸二铵，缓解对硫磺的过分依赖"[3]。

硝酸磷肥的工艺是 20 世纪 30 年代在欧洲开发的，直到 50 年代初由于硫磺的短缺，才引起广泛注意，并开发了若干加工的方法。随后在 60～70 年代，硫磺价格下跌，能源和合成氨原料价格上升（影响硝酸的生产成本），人们再次倾向于硫酸路线。1990 年硝酸磷肥的生产达到一个高峰，为 433 万吨，占全球肥料中 $P_2O_5$ 的 10.5%，主要在欧洲和前苏联[4]。欧洲各国的复合肥料以生产硝酸磷肥为主，有以下原因：

（1）在小市场范围内可以销售大吨位的肥料，所以养分浓度的高低不是主要影响因素；（2）普遍喜欢将硝酸铵作为氮源；（3）不要求产品中水溶性磷的百分数很高；（4）生产硫酸缺乏甚至没有国产原料；（5）喜欢直接使用复合肥料[5]。

我国在硝酸磷肥的生产和使用方面的试验研究证明，用冷冻法生产的硝酸磷肥在我国使用的效果良好，不论是硝酸磷肥与等养分量的单一化肥比较，或者硝态氮肥与铵态氮肥比较，肥效都没有明显差异。表 3 和表 4 是上海化工研究院在 20 世纪 70 年代后期的试验结果。

**表 3　硝酸磷肥与等养分单一化肥的肥效比较**

（上海化工研究院肥效组，1976—1980）

| 作物 | 试验数 | 硝酸磷肥（千克/公顷） | N+P（千克/公顷） | 硝酸磷肥增减产（%） | 吨（产量差异） |
|---|---|---|---|---|---|
| 水稻 | 83 | 5594 | 5541 | 0.95 | 1.645 |
| 玉米 | 100 | 5424 | 5447 | −0.43 | −0.264 |
| 小麦 | 83 | 4103 | 4070 | 0.79 | 1.315 |
| 谷子 | 10 | 3180 | 3140 | 1.30 | 0.673 |
| 高粱 | 2 | 3635 | 4047 | −10.20 | −0.592 |
| 甘薯 | 12 | 38003 | 38189 | −4.90 | −0.202 |
| 马铃薯 | 3 | 17282 | 16554 | 4.40 | 1.422 |
| 棉花 | 12 | 1071 | 1020 | 4.70 | 2.196 |
| 花生 | 15 | 4208 | 4121 | 2.10 | 1.625 |
| 油菜 | 15 | 1812 | 1727 | 4.90 | 2.148* |
| 黄瓜 | 2 | 50772 | 50925 | −0.30 | −0.212 |
| 甘蓝 | 2 | 49727 | 49085 | 1.40 | 1.096 |
| 番茄 | 2 | 86553 | 87260 | −0.81 | −1.010 |
| 烟草 | 2 | 2684 | 2673 | 0.39 | 0.098 |

\*　$P<0.05$ 差异显著。

**表 4　硝态氮（硝酸磷肥）和铵态氮（磷酸铵）肥效比较**

（上海化工研究院肥效室，1976—1980）

| 作物 | 试验数 | 硝态氮复肥产量（千克/公顷） | 铵态氮复肥产量（千克/公顷） | 硝态氮复肥增减产（%） | 吨（产量差异） | 试验单位（土壤肥料研究所） |
|---|---|---|---|---|---|---|
| 水稻 | 43 | 5518 | 5578 | −1.08 | −1.179 | 湖南、上海 |
| 小麦 | 43 | 3949 | 3927 | 0.68 | 0.726 | 上海、山西、陕西 |
| 玉米 | 20 | 5998 | 5829 | 2.09 | 2.018 | 吉林、河南、山东 |
| 谷子 | 5 | 3535 | 3457 | 2.25 | 0.636 | 山西 |

（续）

| 作物 | 试验数 | 硝态氮复肥产量（千克/公顷） | 铵态氮复肥产量（千克/公顷） | 硝态氮复肥增减产（%） | 吨（产量差异） | 试验单位（土壤肥料研究所） |
|------|--------|--------|--------|--------|--------|--------|
| 甘薯 | 11 | 37057 | 35908 | 3.20 | 1.025 | 福建 |
| 油菜 | 14 | 1800 | 1798 | 0.14 | 0.457 | 湖北、上海 |
| 棉花 | 5 | 1309 | 1296 | 1.64 | 0.933 | 江苏、上海 |
| 茶叶 | 6 | 9175 | 10051 | −8.71 | −4.968** | 四川、湖南 |

注：硝态和铵态复肥是等养分，不足的部分用硝酸铵或硫酸铵补充。

** P<0.01差异极显著。

从表 3 看，在粮、棉、油、薯类、烟叶和蔬菜等 14 种作物的 343 个试验结果，只有 2 个高粱试验硝酸磷肥减产 10.2%，其余产量增减均在 5% 以下。油菜的 15 个试验平均，硝酸磷肥增产 4.9%，达到显著水平。从表 4 看，在 8 种作物上进行的硝酸磷肥与磷酸铵肥效比较的 147 个试验，只有茶叶的 6 个试验硝态氮复肥比铵态氮复肥减产 8.71%，差异极显著，其余作物上两者肥效相当[6]。在茶叶上硝酸磷肥减产的原因，认为是茶园多在丘陵地区，且雨量充沛，易引起硝态氮流失，同时，与茶树是喜铵态氮作物也有关。

另外，为配合山西化肥厂的硝酸磷肥投产，由当时国家计委和农业部下达任务，1987—1989 年再次进行硝酸磷肥的肥效和施用方法的试验。试验由中国农业科学院土壤肥料研究所和北京农业大学植物营养系共同主持，在东北、华北和西北的 9 个省（自治区）的小麦和玉米上进行了 3 年试验和示范。其中硝酸磷肥与尿素磷酸铵、尿素重钙等氮磷量的肥效对比试验在小麦上有 80 个，在玉米上有 121 个。结果显示，在小麦上硝酸磷肥与尿素磷酸铵的肥效相当，略高于尿素重钙。在玉米上 3 种肥料的肥效也基本一致。在有些省硝酸磷肥比其他复（混）合肥料增产效果好。例如辽宁省在春玉米上的 9 个试验，分别比尿素磷酸铵和尿素重钙平均增产 11.1% 和 9.7%，其中分别有 8 个和 5 个试验差异达到显著水平[7]。同时，我们还进行过不同水溶率的硝酸磷肥肥效对比，粉状、粒状硝酸磷肥的肥效对比，因文章篇幅所限，不在此一一叙述。再加上天脊煤化工集团公司近 20 年的生产和销售硝酸磷肥的经验，应该说，在目前情况下，为摆脱硫酸不足的困境，在我国发展部分硝酸磷肥的条件是成熟的。

**2. 如何提高复混肥料的肥效，是应当研究的重点。**由复合肥料和单一肥料混配，或由氮、磷、钾单一肥料混配，经二次加工生产的粒状复混肥料，是我国目前和和今后较长一段时期内，达到区域平衡施肥的主要物化手段，因此，也将是我国复（混）合肥料的主体。复合肥料和复混肥料与单一肥料（等养分）比较能否提高肥效，是一个国际和国内都存在不同看法的问题。

在国际上，以西欧一些国家为代表，主张复混肥料的每一个颗粒都必须氮磷钾养分均匀一致，这一样才能同时满足作物的需要，否定单一养分肥料的物理掺混[8]。前苏联的资料中也有相似的观点[9]。而北美（美国和加拿大）则在生产实践中大量施用单一肥料掺混的 BB 肥，认为含有不同养分的肥料粒子只要控制在一定的离析范围内，并不影响肥效。

在我国，认为复（混）合肥料比单一肥料混配施用肥效高的观点长期存在。目前在一些复（混）合肥料企业的宣传中，仍然认为优质的造粒复混肥可提高肥效 20%～30%。但是，农业部门先后 5 次，做了数千个田间试验，得出的结论是：只要养分形态基本相同，在等量养分下，复合肥和复混肥与单一化肥配合施用的肥效相当，或相一致。即我们通常所说的"等量等效"。因此，生产和施用复（混）合肥料的优点在于施用方便（尤其适合机械施用）和节省贮存、运输和施用的成本，而不是提高肥效。以下是全国化肥试验网 1981—1983 年做的两元复合肥和三元复混肥与单一化肥的肥效比较试验结果（表 5、表 6）。

**表 5　磷酸二铵与等养分单一化肥的肥效比较**

（全国化肥试验网，1980—1983）

| 作物 | 试验数 | 磷酸二铵产量<br>（千克/公顷） | N+P 产量<br>（千克/公顷） | 磷酸二铵<br>增减产（%） | 吨（产量差异） | 试验单位<br>（省土壤肥料研究所） |
|---|---|---|---|---|---|---|
| 水稻 | 14 | 4677 | 4687 | −0.002 | −0.161 | 广东、福建 |
| 小麦 | 20 | 4482 | 4443 | 0.87 | 0.546 | 甘肃、河北、新疆 |
| 玉米 | 16 | 5743 | 5760 | −0.27 | −1.494 | 吉林、甘肃 |
| 甜菜 | 6 | 27754 | 28294 | −1.91 | −0.670 | 中农甜菜所 |
| 茶叶 | 3 | 10923 | 10813 | 1.01 | 0.148 | 中农茶叶所 |

　　表 5 是复合肥磷酸二铵与等氮磷量单一肥料比较结果，各种作物产量互有高低，差异均不显著。从表 6 看，三元复混肥与等养分氮、磷、钾单一化肥比较，只有广东的 10 个花生试验复混肥减产显著，其余作物产量均无显著差异。试验报告认为，花生施用复混肥的产量不如单一化肥配合施用，是由于当地土壤缺钙，而单一磷肥普钙中含有较多钙的缘故[10]。

**表 6　三元复混肥料与等养分单一化肥肥效比较**

（全国化肥试验网，1980—1983）

| 作物 | 试验数 | 复混肥产量<br>（千克/公顷） | N+P+K 产量<br>（千克/公顷） | 吨（产量差异） | 试验单位<br>（省土壤肥料研究所） |
|---|---|---|---|---|---|
| 水稻 | 81 | 5730 | 5658 | 1.697 | 湖南、四川、广东 |
| 小麦 | 57 | 4464 | 4444 | 0.868 | 四川、河北 |
| 玉米 | 10 | 7569 | 7405 | 0.732 | 辽宁 |
| 花生 | 10 | 2833 | 2941 | −2.987* | 广东 |
| 甜菜 | 6 | 28707 | 28342 | 1.362 | 中农甜菜所 |
| 茶叶 | 15 | 8868 | 8809 | 0.534 | 中农茶叶所 |
| 苹果 | 8 | 230.0 | 266.5 | −2.121 | 中农果树所 |

　　在此后的"高浓度复混肥料攻关"（1983—1986）协作研究和"含氯化肥攻关"（1988—1994）协作研究中，都曾多点、多年对比过复（混）合肥料与单一化肥的肥效，其结果一再征实了"等量等效"的结论。因此，复（混）合肥料颗粒外观的改进，可以改善"卖相"，甚至起到防伪的作用，但是，要由此来提高肥效的可能性不大。要生产高效的复混肥料并提高其肥效，主要应当从以下几个方面考虑：

　　第一，合理的氮、磷、钾配比是基础。在目前还不能做到服务到农产和地块的情况下，主要是根据区域的土壤养分状况和不同作物类型的需肥规律，两者必须通盘考虑。不同作物的吸肥量是确定配方中氮磷钾高低，配制专用肥的重要依据。例如禾本科的粮食作物水稻、小麦、玉米等需氮多，越冬作物油菜、小麦等对磷敏感，豆科作物可由根瘤供应部分氮素营养，补充磷钾显得比较重要，薯类、糖料、纤维作物需钾量大，等等。这些特点在配制专用肥时必须考虑。同时，还应当考虑该地区的土壤供肥能力。例如粮食作物吸收 N、$P_2O_5$、$K_2O$ 的比例一般为 $1:0.3:1$。北方土壤的钾素比较丰富，我们如果按"完全归还"的方式来配制复混肥料，钾的用量就超过了，不能起到增产作用，还造成浪费。另外，不同的生长季节、不同的田间管理，对专用复混肥的配方也有影响。例如夏季气温、地温较高，有利土壤磷素活化，而春季气温、地温较低，土壤磷的有效性较差，因此，夏玉米和春玉米复混肥的氮磷比不同。又例如稻田淹水有促进土壤磷素释放的作用，宜用含磷较低的复混肥；而同一田块种植旱作时，宜用含磷较高的复混肥。作物种类繁多，土壤条件和田间管理各有差别，因此，专用肥要因作物、因土壤而不同，但在一个地区配方也不能太多，配方相近的专用复混肥要进行归类，"一专多能。"有人提出基肥型复混肥，加上追肥，形成"施肥套餐"的想法和做法是很好的[11]。我们认为工厂生产的复混肥配方，是一个工艺配方，一般用作基肥，还要施用种肥和追肥，以形成完整的农艺配方。这里还有各种肥料的合理施用技术，才能充分发挥它们的作用。

第二，要注意养分的形态。在确定了某种复混肥料的氮、磷、钾用量和比例后，养分的形态对肥效也有重要的影响。例如氮素养分有硝态氮、铵态氮和尿素态氮，要根据某种专用肥施用的对象，选择适宜形态的氮素。例如蔬菜专用肥，应当有 $50\%$ 以上的氮素为硝态氮，因为硝态氮肥效快，蔬菜是一类喜硝态氮作物，而且在大棚中硝态氮没有铵挥发的问题。又例如水稻、茶叶专用肥应当选用铵态氮为氮源，因为水稻（尤其在生长前期）和茶树是喜铵态氮作物，同时，铵态氮的淋溶和反硝化损失比硝态氮少。可惜我国氮肥的发展走上了只发展尿素的道路，含硝态氮的肥料太少，选择的余地不大。在复混肥料中磷的选择主要是水溶磷和枸溶磷的问题。如果复混肥料的原料选用硝酸磷肥或钙镁磷肥，应当予以注意。在酸性土壤或稻田枸溶磷的比例可大些，在北方石灰性的缺磷土壤上如果枸溶磷的比例大了，作物苗期生长不好。关于复混肥料中钾肥的选用，问题不在钾素本身，而在与钾离子化合的阴离子氯根和硫酸根。其实在粮食作物、多数经济作物、油料作物上都可以选用氯化钾作为复混肥料的原料。多数瓜果、蔬菜（露地栽培）也可施用含氯化钾的复混肥。只有烟草等少数作物和盐碱地、大棚等条件下不宜施用含氯的复混肥料。但是，要特别注意用氯化铵和氯化钾生产的"双氯"复混肥料，它往往会造成果树、蔬菜上的氯害。

第三，有针对性地添加微量和中量营养元素。我国平衡施肥的发展已经进入到大量、中量和微量营养元素全面施用的阶段。复（混）合肥料只考虑氮、磷、钾三个大量营养元素的平衡已经显得不够，有时中、微量营养元素也会成为"最小养分"而对产量造成重大影响。但是，添加微量和中量营养元素要因土壤、因作物有针对性地进行。例如石灰性土壤上水稻、玉米专用肥加锌，棉花、蔬菜专用肥加硼，豆科作物专用肥加钼等。中量营养元素往往随原料肥即可带入，如用硫酸钾或硫酸铵作复混肥料的原料可带入硫，用硫酸钾镁肥可带入硫和镁，用钙镁磷肥和过磷酸钙可带入镁和钙等。但切忌盲目添加微量、中量营养元素，既增加成本，又不能起增产作用。

第四，合理的施肥技术。优质的复混肥料还必须有合理的施肥技术相配套，主要有施肥量、施肥期和施肥方法。这些看来是"老生常谈"，其实有些工作我们做得还很不够。例如施肥的位置问题，国外有很多研究，认为是提高肥效的重要措施。我国由于施肥机械不普及，对此注意不够。现在我们有了优质的复（混）合肥料，在有些地区已经大面积用机械施肥，这类问题应当提上日程。

关于利用调节肥料养分的释放速率，来提高肥料利用率和肥效，这是缓控释肥料研究的问题，是当前肥料研究中的一个热点，在此暂不讨论。

**3. 散装掺混肥是服务到农户和地块的一类复混肥。**散装掺混肥料（Bulk Blending Fertilizer）在我国简称为 BB 肥，是复混肥料的一类。它由不同的单一肥料和/或复合肥料，按农产要求的氮、磷、钾养分配比，掺混而成。目前主要用高浓度的颗粒肥料干混，已很少采用粉状肥料混合。掺混肥料主要在美国和加拿大施用，占固体复混肥的 70%。目前全世界掺混肥的总用量约 3000 万吨，美国和加拿大占 2000 余万吨。近年我国掺混肥有发展的趋势，但速度并不象当初估计的那样迅速。

根据近年赴美国和加拿大考考察的报告，有以下特点是值得注意的：（1）由位于原料产地的大型企业生产原料肥，运往全国各个农区，由肥料零售商进行掺混和销售。这是掺混肥料生产和销售的基本模式。目前美国约有肥料零售商 5000 家（一说 8000 家），服务半径 25～40 公里，每家的销售量 3000～5000 吨。（2）零售商开展测土、配方、掺混和施肥一系列服务。据统计有 80% 的农产要求提供测土服务，根据土壤养分测定结果确定配方；20% 农户根据自己的实践经验，向零售商提出配方。零售商按配方把肥料掺混好后，大多在当天就施到地里。所以掺混肥是根据土壤、作物情况，直接服务到农户和地块的一类复混肥料。（3）掺混肥以散装为主。他们已经形成了化肥散装运输、贮存、加工、施用的一整套机具，就地加工，随混随用，掺混后很少积压过夜。这样就减少了包装费用、成品的贮存和运输费用，并减少了不同肥料颗粒的分层、离析和潮解、结块等问题。据介绍掺混肥的 85%～90% 为散装，少量包装是在潮湿多雨地区和用于庭院、草坪等场合[11]。

对比我国的情况，近年来虽然在原料肥方面有很大的改善，但是，以小农户为经营单位的情况短期内不会有大的改变，与国外的差距主要在农化服务。目前我国掺混肥是按复混肥料的方式在运作的，只能服务到地区和作物，而不能服务到农产和地块。因此，想在短期内使掺混肥成为我国的复（混）合肥料的主导类型是不现实的。我们可以根据掺混肥加工方法简便，配方灵活，容易生产高浓度和高氮含量肥料的特点，加工一次性施用的高氮掺混肥料，和作为追肥用的氮钾掺混肥等，可具有一定特色。并首先与粮食种植大户、经济作物生产专业户、农场中的承包户等结合，推广应用掺混肥，同时，在以小农户为主的地区，如何找准切入点，探索掺混肥的发展道路。另外，在我国目前掺混肥长途运输、贮存的情况下，不仅要考虑原料肥的物理相容性（颗粒大小、形状、比重），还应考虑原料肥的化学相容性（吸潮、结块、氨挥发、水溶磷退化）问题。在南方多雨潮湿地区和北方的雨季，散装操作也是不适宜的。

# 参 考 文 献

[1]《磷肥与复肥》编辑部.磷复肥与硫酸信息.2006 年第 5 期，第 10、11 期.

[2] 高志."十字路口"的中国磷复肥产业.中华合作时报农资专刊，2007 年 8 月 9 日.

[3] 王江平.循环经济对磷化工业的价值与陷阱.见汤建伟主编.首届全国磷复肥技术创新（新宏大）论坛论文集.郑州.2007.6：15-19.

[4] UNIDO，IFDC. Fertilizer Manual. Kluwer Academic Publishers. 1998：385-399.

［5］ 联合国工业发展组织. 化肥手册. 北京：中国对外翻译出版公司. 1984：290-302.

［6］ 化工部上海化工研究院肥效研究室. 冷冻法制硝酸磷肥在我国农田中的肥效. 化肥工业，1982（1）：14-19.

［7］ 中国农业科学院土壤肥料研究所，挪威海德鲁公司农业公司. 国际硝酸磷肥学术讨论会论文集. 北京：中国农业科学技术出版社，1994.

［8］ HYDRO. 维京船牌复合肥料（宣传材料）.

［9］ ［苏］A. B. 别切尔布尔格斯基. 综合肥料的农业化学. 北京：农业出版社，1979：72-101.

［10］ 中国农业科学院土壤肥料研究所化肥网组. 复（混）合肥料肥效和施用技术的研究. 中国农业科学，193（6）：11-17.

［11］ 王兴仁，张福锁，刘全清，孙爱文，陈新平. 我国复混肥发展的农业视角. 见：汤建伟主编. 首届全国磷复肥技术创新（新宏大）论坛论文集. 郑州. 2007. 6：71-76.

［12］ 王寿延，李家康. 赴美农化服务考察报告. 磷肥与复肥，1999（6）：64-66.

# 对我国化肥使用前景的剖析

李家康　林葆　梁国庆　沈桂芹

（中国农业科学院土壤肥料研究所　北京　100081）

**摘要**　近20年来，随着国内市场经济的发展，种植业结构的调整，我国化肥使用的投向也发生了明显的变化。在经济作物上化肥投入的比重呈逐年上升的趋势，其施肥面积已由1980年的22.0%提高到1998年的31.8%，施肥量占43.0%，这还不包括林业、草业和养殖业施肥。根据这一发展趋势，有必要对我国化肥使用的前景进行重新评价。提出如果2030年我国人口能控制在16亿左右，则化肥需求量上限在7000万吨。

**关键词**　化肥；使用；前景；剖析

## 一、我国化肥使用现状

我国化肥使用发展很快，1980年化肥施用量为1269万吨（养分，下同），1998年达到了4085万吨，增长了2.2倍。从1980年到1998年的18年期间，年平均增加化肥用量为156万吨（表1）。按13000万公顷（19.5亿亩）耕地和20280万公顷播种面积（复种指数1.56）计算，1998年我国化肥施用量平均每公顷分别达到了314.3千克和201.4千克。但我国化肥使用中仍存在很多问题。

**表1　我国近年化肥消费量**

| 年份 | 消费量（万吨） | | | | | | $m$ (N)：$m$ ($P_2O_5$)：$m$ ($K_2O$) |
| --- | --- | --- | --- | --- | --- | --- | --- |
| | 总量 | 氮（N） | 磷（$P_2O_5$） | 钾（$K_2O$） | 复合肥 | 混配肥 | |
| 1980 | 1269.4 | 934.2 | 273.3 | 34.6 | 27.3 | — | 1：0.31：0.040 |
| 1985 | 1775.8 | 1204.9 | 310.9 | 80.4 | 140.3 | 39.3 | 1：0.32：0.084 |
| 1986 | 1930.6 | 1312.6 | 359.8 | 77.4 | 74.3 | 106.5 | 1：0.32：0.085 |
| 1987 | 1999.3 | 1326.8 | 371.9 | 91.9 | 191.6 | 17.1 | 1：0.35：0.084 |
| 1988 | 2141.6 | 1417.1 | 382.1 | 101.2 | 217.0 | 24.2 | 1：0.35：0.083 |
| 1989 | 2357.1 | 1536.8 | 418.9 | 120.5 | 246.6 | 34.3 | 1：0.36：0.093 |
| 1990 | 2590.3 | 1638.4 | 462.4 | 147.9 | 261.9 | 79.2 | 1：0.37：0.113 |
| 1991 | 2805.1 | 1726.1 | 499.6 | 173.9 | 405.5 | — | 1：0.40：0.116 |
| 1992 | 2930.2 | 1756.1 | 515.7 | 196.0 | 357.1 | 105.3 | 1：0.39：0.137 |
| 1993 | 3151.9 | 1835.1 | 575.1 | 212.3 | 228.4 | 301.0 | 1：0.40：0.156 |
| 1994 | 3318.1 | 1882.0 | 600.7 | 234.8 | 387.6 | 213.0 | 1：0.44：0.149 |

注：本文发表于《磷肥与复肥》，2001年3月，第16卷第2期，1～5。

（续）

| 年份 | 消费量（万吨） | | | | | | $m(N):m(P_2O_5):m(K_2O)$ |
| --- | --- | --- | --- | --- | --- | --- | --- |
| | 总量 | 氮（N） | 磷($P_2O_5$) | 钾（$K_2O$） | 复合肥 | 混配肥 | |
| 1995 | 3593.6 | 2021.9 | 632.4 | 268.5 | 534.1 | 136.7 | 1:0.46:0.150 |
| 1996 | 3828.0 | 2145.3 | 658.4 | 289.6 | 556.3 | 178.4 | 1:0.44:0.160 |
| 1997 | 3980.5 | 2171.3 | 689.4 | 322.0 | 570.4 | 227.4 | 1:0.46:0.175 |
| 1998 | 4085.4 | 2233.5 | 684.0 | 345.9 | 578.2 | 243.8 | 1:0.45:0.182 |

注：1980—1997 年化肥消费量引自《中国农业年鉴》，1998 年化肥消费量引自《中国农业统计资料》。复合肥中 N、$P_2O_5$、$K_2O$ 数量按历年进口和国产复合肥的实际养分量计算，混配肥中的 N、$P_2O_5$、$K_2O$ 养分比按 1:0.8:0.8 计算。

**1. 化肥投入数量仍然不足。** 1998 年，我国的单位耕地面积施肥量为 314.3 千克/公顷，高于世界平均水平，甚至高于美国和前苏联等发达国家的施肥水平（表 2）。但这要做进一步分析，首先是很多发达国家如前苏联、美国等国家人少地多，每年都有一部分耕地休耕或种植牧草，一般农作物播种面积小于耕地面积。所以，在计算单位面积施肥量时，这些国家的数值偏低。而我国耕地复种指数在 156% 左右，若把复种指数考虑在内，1998 年我国耕地施肥水平只有 201.4 千克/公顷，大大低于日本和欧洲等国家的施肥水平。其次，国外在计算单位面积施肥量时，还包括了多年生作物，如果树、牧草等，而我国只计算了大田作物耕地面积，并未包括 1000 多万公顷的果、茶、桑及热作的种植面积，如果把这些因素考虑在内，我国的施肥水平还会下降许多。还有化肥的用途进一步扩大，如苗圃，速生林木、牧草、水产养殖等施用化肥越来越普遍，所以，我国农作物的施肥水平实际上要比统计数字低得多。

表2　我国化肥单位面积用量与世界若干地区和国家的比较

| 地区和国家 | 按耕地面积施肥量（千克/公顷） | | | 人均耕地面积（公顷） |
| --- | --- | --- | --- | --- |
| | 1989 | 1994 | 1997 | |
| 全世界 | 98.7 | 90 | 97.1 | 0.239 |
| 北美和中美洲 | 83.7 | 97 | 97.1 | 0.589 |
| 亚洲 | 114.8 | 129 | 141.1 | 0.129 |
| 欧洲 | 229.4 | 163 | 85.1 | 0.242 |
| 所有发达国家 | 124.6 | — | 86.0 | — |
| 所有发展中国家 | 76.8 | — | 111.0 | — |
| 美国 | 93.6 | 104 | 108.8 | 0.713 |
| 前苏联（俄罗斯）* | 117.0 | 20 | 14.1 | 0.879 |
| 印度 | 65.2 | 124 | 88.0 | 0.181 |
| 日本 | 415.0 | 442 | 396.3 | 0.032 |
| 法国 | 311.5 | 280 | 277.0 | 0.316 |
| 民主德国（德国）** | 366.6 | 248 | 238.2 | 0.144 |
| 联邦德国（德国）** | 411.3 | 248 | 238.2 | 0.144 |
| 荷兰 | 649.6 | 587 | 569.5 | 0.059 |
| 英国 | 345.7 | 339 | 364.7 | 0.104 |
| 中国（1） | | | 314.3 | 0.114 |
| 中国（2） | | | 201.4 | |

注：（1）按全国 13000 万公顷耕地计算；（2）按（1）×156%=20280 万公顷计算。均为 1998 年的施肥水平。

\* 　1989 年为前苏联施肥水平，1994 年和 1997 年为现俄罗斯施肥水平。

\*\* 　1989 年为德国统一前施肥水平，1994 年和 1997 年为德国统一后施肥水平。

从表 2 还可看出，世界各国单位面积施肥量的高低与经济发展水平和人均占有耕地有关。一般而言，经济发达国家的施肥水平要高于经济欠发达国家，而人均耕地占有量少的国家的施肥水平又往往高于耕地占有量多的国家。目前我国化肥施用量已经高于发达国家平均水平，但与我国人均占有耕地面积相近的德国、英国等发达国家比较仍然偏低。

另外我国土壤肥力较低。据全国土壤普查资料，除东北的黑土外，我国旱地土壤有机质只有 1.0%～1.5%，华北、西北相当部分地区低于 1%，水田有机质含量只有 2.3% 左右，而美国和俄罗斯等国家土壤有机质含量一般在 3%～5%。所以，考虑土壤肥力基础，我国农作物要获得高产需要更多的化肥投入。

根据世界粮农组织综合不同类型国家农业生产情况得出的结论：施肥水平在每公顷 200 千克以下，施肥对粮食增加的效果十分显著，而每公顷 200～400 千克的水平下，也有明显的增产效果。所以，在我国增施化肥仍有很大的增产潜力。

**2. 地区分配不均衡。**由于经济、交通等原因，我国各地单位面积施肥量存在着很大差异。以 1998 年统计数字为例（表 3），施肥量最高的省份为福建省，单位面积施肥量为 836.4 千克/公顷，最低的为青海省，仅为 57.0 千克/公顷。单位面积施肥量超过 400 千克/公顷的有 10 个省、直辖市、自治区，它们分别是福建、湖北、广西、江苏、广东、湖南、山东、河南、北京和安徽，这 10 个地区平均施肥量达到 554.9 千克/公顷。施肥量不足 100 千克/公顷有 3 个省、自治区，它们分别是青海、甘肃和内蒙古，平均施肥水平仅为 80.4 千克/公顷。化肥投入的区域不均衡，导致了我国化肥资源得不到合理利用，施肥量过高的地区会出现肥料报酬递减，化肥用量低的地区土地生产潜力得不到充分发挥。

表 3　1998 年我国各省市自治区的化肥用量及施肥水平

| 地区 | 耕地面积** （万公顷） | 化肥用量（万吨） | 单位面积施肥量（千克/公顷） | 排名 |
|---|---|---|---|---|
| 福建 | 141.2 | 118.1 | 836.4 | 1 |
| 湖北 | 401.0 | 270.6 | 674.8 | 2 |
| 广西 | 256.4 | 155.5 | 606.5 | 3 |
| 江苏 | 556.3 | 333.3 | 599.1 | 4 |
| 广东 | 284.4 | 169.5 | 596.0 | 5 |
| 湖南 | 361.1 | 179.9 | 498.2 | 6 |
| 山东 | 853.7 | 406.5 | 476.2 | 7 |
| 河南 | 898.4 | 382.8 | 426.1 | 8 |
| 北京 | 45.6 | 19.3 | 423.2 | 9 |
| 安徽 | 615.6 | 253.8 | 412.2 | 10 |
| 上海 | 38.8 | 14.8 | 381.4 | 11 |
| 河北 | 756.6 | 270.2 | 357.1 | 12 |
| 浙江 | 270.4 | 90.8 | 335.8 | 13 |
| 江西 | 350.0 | 113.1 | 323.1 | 14 |
| 天津 | 57.7 | 15.3 | 265.2 | 15 |
| 四川* | 1114.1 | 276.5 | 248.2 | 16 |
| 云南 | 462.7 | 105.1 | 227.1 | 17 |
| 辽宁 | 515.2 | 114.1 | 221.5 | 18 |
| 陕西 | 561.0 | 124.0 | 221.0 | 19 |

（续）

| 地区 | 耕地面积** （万公顷） | 化肥用量（万吨） | 单位面积施肥量（千克/公顷） | 排名 |
|------|------|------|------|------|
| 吉林 | 540.1 | 112.5 | 208.3 | 20 |
| 海南 | 118.7 | 22.4 | 188.7 | 21 |
| 山西 | 521.4 | 86.1 | 165.1 | 22 |
| 宁夏 | 186.3 | 28.8 | 154.6 | 23 |
| 新疆 | 595.7 | 85.6 | 143.7 | 24 |
| 贵州 | 484.6 | 63.5 | 131.0 | 25 |
| 黑龙江 | 1158.1 | 125.9 | 108.7 | 26 |
| 西藏 | 45.2 | 4.6 | 101.8 | 27 |
| 内蒙古 | 729.0 | 72.8 | 99.9 | 28 |
| 甘肃 | 750.2 | 63.2 | 84.2 | 29 |
| 青海 | 121.0 | 6.9 | 57.0 | 30 |

注：资料引自《中国农业年鉴》。* 四川指四川省和重庆市；**耕地面积按第二次全国普查数据。

**3. 氮磷钾比例不协调。**为了保证作物高产、优质，不仅要施用足够的肥料，而且氮磷钾养分要有适当的比例。世界上，化肥生产是从过磷酸钙（1842 年）开始的，然后是开采钾盐矿生产钾肥（1860 年），而氮肥的生产是 20 世纪初才开始，所以，20 世纪初至中叶，世界化肥消费中磷钾所占的比例较高，氮磷钾比例为 1∶1.5∶1 左右，此后磷钾的比例逐渐降低，20 世纪 60~80 年代，3 种养分的比例为 1∶0.6∶0.5，到 90 年代，为 1∶0.4∶0.3 左右。新中国成立以来，我国化肥施用的氮磷钾比例逐步得到改善，特别是 80 年代开始大量施用磷肥，磷比例得到提高，1994 年以来，我国化肥的氮磷比例一直稳定在 1∶0.45 左右的水平，已基本趋于合理。但是，由于资源匮乏等原因，我国钾肥用最明显偏低，1998 年我国化肥消费中氮钾比仅为 1∶0.19，远低于世界平均水平。养分比例不合理，尤其是钾肥投入不足已成为影响肥效发挥的重要因素。

**4. 品种结构尚不合理。**我国化肥生产中，仍以低浓度、单一营养元素的化肥为主。氮肥中，90 年代以前，低浓度的碳酸氢铵一直占我国氮肥产量的 50％以上，近些年来尿素的生产得到较快发展，但直至 1998 年碳酸氢铵的产量仍占氮肥总产量的 35.3％。磷肥中，低浓度的过磷酸钙和钙镁磷肥目前仍占国产磷肥的 76.6％。国产化肥的平均养分浓度约为 27％，距离国际平均水平 40％养分含量还相差甚远。另外，我国目前化肥的复合化率还很低，氮肥的复合化率不到 10％，磷肥也只有 25％被加工成复合肥或复混肥。高浓度复合肥是当今世界化肥发展方向，据 IFA 1997 年的统计资料，1997 年世界化肥产量中，复（混）合肥的比重已达 30％，其中氮肥 15％，磷肥 66％，钾肥 30％被加工成复合肥使用（表 4）。

**表 4　一些国家和地区化肥的复合化率**

（单位:％）

| 国家和地区 | 氮肥 | 磷肥 | 钾肥 |
|------|------|------|------|
| 美国 | 19 | 94 | 33 |
| 西欧地区 | 28 | 87 | 69 |
| 印度 | 13 | 83 | 31 |
| 中国 | 10 | 25 | — |
| 世界平均 | 14.5 | 65.8 | 30 |

注：引自《对"十五"和 2015 年化肥行业规划发展的几点意见》，化工部规划院，1999。

# 二、我国化肥使用的发展趋势

**1. 种植业施肥与发展趋势。**

（1）近20年我国施肥结构的变化。随着国内市场经济的发展，种植业结构的调整，以及茶树、果树、桑园、热带经济林木等面积扩大和施肥的普及，我国的施肥结构也发生了很大的变化。根据中国农业年鉴的统计资料，1980年到1998年的18年期间，粮食作物播种面积一直保持在11000万公顷左右，粮食总产的增长主要是通过增施肥料、提高单产的途径来实现的。而同期，经济作物种植面积迅速扩大，其中瓜菜增加246倍，果树增加3.79倍，烟草增加243倍，其他如油料增加63%，糖料增加115%。各类作物总施肥面积由1980年的14931.5万公顷，增加到1998年的16683.9万公顷。粮食作物施肥面积占总施肥面积的比例则由1980年的78.0%，下降到1998年的68.2%（表5）。而且，粮食作物单位面积施肥量，又往往不如经济作物高。根据中国农业科学院土壤肥料研究所对我国的吉林、山东、陕西、四川、湖北、广西、江苏等7省、自治区1958个农户调查的结果（表6），1996年在粮食作物上的化肥用量为每公顷273千克，而经济作物为每公顷441千克经济作物的化肥用量要高于粮食作物61.5%。如果按中国农业年鉴统计的各种作物种植面积和上述施肥量调查资料进行计算（表5、表6），则1998年我国化肥施用量中约有40%用于经济作物（表7），尽管按调查数据计算出来的化肥施用总量（5445万吨）高于实际施肥量（4085.4万吨）的33.3%，但大致反映了我国近20年来施肥结构的变化情况。

另据调查，1985个农户1996年的施肥量与1994年比较，在经济作物上每公顷增加了53千克，而在粮食作物上仅增加了13千克（表8），两者相差4倍。这表明在经济作物上化肥投入的比重还将进一步提高，这也是近20年我国粮食产量未能与化肥同步增长的主要原因。

**表5　近20年我国种植业结构的变化**

（单位：万公顷）

| 作物种类 | 1980年 | 1985年 | 1990年 | 1995年 | 1998年 | 1998年比1980年增减 |
|---|---|---|---|---|---|---|
| 粮食作物 | 11647.2 | 10884.5 | 11346.7 | 11006.1 | 11378.8 | −268.4 |
| 棉花 | 492.0 | 514.0 | 558.8 | 542.1 | 445.9 | −46.1 |
| 油料 | 792.9 | 1180.0 | 1090.0 | 131.1 | 1291.9 | 499.0 |
| 麻类 | 31.4 | 123.1 | 49.5 | 37.6 | 22.5 | −8.5 |
| 糖料 | 92.2 | 152.2 | 167.9 | 182.0 | 198.4 | 106.2 |
| 烟草 | 39.7 | 131.3 | 159.3 | 147.0 | 136.1 | 96.4 |
| 瓜菜 | 402.1 | 567.3 | 705.9 | 1061.6 | 1389.9 | 987.8 |
| 其他 | 1064.2 | 809.7 | 758.3 | 710.3 | 707.1 | −357.1 |
| 茶树 | 104.1 | 104.5 | 106.1 | 111.5 | 105.6 | 1.5 |
| 果树 | 178.3 | 273.6 | 517.9 | 809.8 | 853.5 | 675.2 |
| 桑树 | 28.7 | 41.3 | 48.4 | 84.1 | 84.1 | 55.4 |

（续）

| 作物种类 | 1980 年 | 1985 年 | 1990 年 | 1995 年 | 1998 年 | 1998 年比 1980 年增减 |
|---|---|---|---|---|---|---|
| 热带作物 | 58.8 | 58.8 | 69.8 | 66.8 | 70.1 | 11.3 |
| 合计 | 14931.5 | 14840.7 | 15578.5 | 16060.1 | 16683.9 | 1752.7 |
| 其中粮食（%） | 78.0 | 73.3 | 72.8 | 68.5 | 68.2 | −9.8 |
| 大田经济作物（%） | 12.4 | 18.0 | 17.5 | 20.4 | 20.9 | 8.5 |
| 果树（%） | 1.2 | 1.8 | 3.3 | 5.0 | 5.1 | 3.9 |

注：引自《中国农业年鉴》。其中缺 1995、1997、1998 年桑树面积，用 1992 年数据。热作缺 1980 年数据，用 1985 年数据。

**表 6　1958 个农户 1996 年在不同作物上的化肥施用量**

| 作物种类 | $m$（N）（千克/公顷） | $m$（$P_2O_5$）（千克/公顷） | $m$（$K_2O$）（千克/公顷） | 总量（千克/公顷） | 施肥面积（公顷） |
|---|---|---|---|---|---|
| 麦类 | 177 | 80 | 20 | 277 | 318.2 |
| 玉米 | 203 | 70 | 27 | 300 | 411.7 |
| 水稻 | 196 | 51 | 55 | 302 | 364.5 |
| 薯类 | 104 | 36 | 15 | 155 | 63.8 |
| 豆类 | 34 | 28 | 21 | 83 | 76.7 |
| 其他 | 132 | 38 | 7 | 177 | 15.1 |
| 粮食作物平均 | 177 | 64 | 32 | 273 | 1250 |
| 瓜、菜 | 263 | 237 | 121 | 721 | 51.6 |
| 棉花 | 215 | 79 | 57 | 351 | 50.1 |
| 麻类 | 159 | 55 | 84 | 298 | 22 |
| 糖料 | 304 | 112 | 208 | 624 | 21.1 |
| 油料 | 114 | 56 | 27 | 197 | 76.1 |
| 烟草 | 119 | 91 | 71 | 281 | 11.7 |
| 果树 | 326 | 197 | 73 | 596 | 57.9 |
| 茶树 | 448 | 19 | 12 | 479 | 2.2 |
| 桑树 | 251 | 21 | 14 | 286 | 3.3 |
| 其他 | 145 | 65 | 38 | 248 | 9.3 |
| 经济作物平均 | 240 | 126 | 75 | 441 | 285.5 |

注：引自中国农业科学院土壤肥料研究所调查材料。

**表 7　1998 年我国经济作物化肥施用量占有率**

| 化肥施用总量（万吨） | 粮食作物 | | | 经济作物 | | |
|---|---|---|---|---|---|---|
| | 面积（万公顷） | 施肥量（万吨） | 占总施肥量（%） | 面积（万公顷） | 施肥量（万吨） | 占总施肥量（%） |
| 5445 | 11378.8 | 3106 | 57.0 | 5305.1 | 2339 | 43 |

注：（1）化肥施用量按调查数据，即粮食作物为 273 千克/公顷，经济作物为 441 千克/公顷。

（2）1998 年我国实际化肥施用量为 4085.4 万吨。

### 表8　1985个农户1994年和1996年化肥用量比较

（单位：千克/公顷）

| 作物种型 | 1994年 | | | 总量 | 1996年 | | | 总量 | 变化 |
|---|---|---|---|---|---|---|---|---|---|
| | $m$ (N) | $m$ ($P_2O_5$) | $m$ ($K_2O$) | | $m$ (N) | $m$ ($P_2O_5$) | $m$ ($K_2O$) | | |
| 粮食作物 | 172 | 62 | 26 | 260 | 177 | 64 | 32 | 273 | 13 |
| 经济作物 | 216 | 112 | 60 | 388 | 240 | 126 | 75 | 441 | 53 |

注：引自中国农业科学院土壤肥料研究所调查材料。

（2）主要作物化肥的适宜用量与氮磷钾比例。化肥的适宜用量和氮磷钾比例因条件不同而变化。土壤类型与肥力的高低、作物种类与品种、灌溉条件、气象条件的变化等都是重要的影响因素，因而化肥的适宜用量和氮磷钾比例不是一个固定不变的数值。

①粮食作物化肥的适宜用量与氮磷钾比例。1981—1983年全国化肥网的试验结果表明：粮食作物除水稻外，普遍不需施用钾肥，氮肥的适宜用量每公顷约为100千克，磷肥为65千克左右，氮磷比例约为1∶0.65（表9）。

另据全国化肥试验网80年代初布置的29个10年以上的肥料定位试验结果，要达到每公顷4500～6000千克的粮食产量，并保持和提高土壤肥力，合理的肥料结构应当是每季每公顷施氮（N）150～180千克，施磷（$P_2O_5$）45～75千克，施钾（$K_2O$）60～90千克，施有要肥30000千克左右。

### 表9　我国主要粮食作物适宜氮磷钾用量与比例

（1981—1983）

| 作物 | $m$ (N)<br>（千克/公顷） | $m$ ($P_2O_5$)<br>（千克/公顷） | $m$ ($K_2O$)<br>（千克/公顷） | 总量<br>（千克/公顷） | 每千克养分增产<br>（千克） | $m$(N)∶$m$($P_2O_5$)∶<br>$m$($K_2O$) |
|---|---|---|---|---|---|---|
| 水稻 | 108.3 | 36.8 | 37.9 | 183 | 9.3 | 1∶0.34∶0.35 |
| 小麦 | 104.9 | 66.1 | 0 | 171 | 9.6 | 1∶0.63∶0 |
| 玉米 | 108.4 | 68.3 | 0 | 168 | 11.7 | 1∶0.55∶0 |
| 高粱 | 97.6 | 64.4 | 0 | 162 | 8.7 | 1∶0.66∶0 |
| 谷子 | 62.0 | 59.5 | 0 | 121.5 | 8.6 | 1∶0.96∶0 |
| 大豆 | 35.4 | 53.1 | 0 | 88.5 | 3.6 | 1∶1.5∶0 |

注：引自《中国化肥区划》。

②经济作物的化肥适宜用量与氮磷钾比例。表10统计了我国主要经济作物化肥的适宜用量和氮磷钾三要素的比例。结果表明，大多数经济作物的施肥量明显高于粮食作物，而且在经济作物上普遍施用钾肥。

### 表10　我国主要经济作物的施肥推荐

| 作物种类 | 试验个数 | 推荐施肥量（千克/公顷） | | | | $m$ (N)∶$m$ ($P_2O_5$)∶<br>$m$ ($K_2O$) | 试验地点 |
|---|---|---|---|---|---|---|---|
| | | $m$ (N) | $m$ ($P_2O_5$) | $m$ ($K_2O$) | 总量 | | |
| 棉花 | 44 | 122.8 | 59.2 | 74.3 | 256.3 | 1∶0.5∶0.6 | 河南、河北、江苏、安徽 |
| 花生 | 22 | 60.0 | 180.0 | 90.0 | 330.0 | 1∶3.0∶1.5 | 河北 |
| 油菜 | 2 | 150.0 | 58.5 | 96.0 | 304.5 | 1∶0.4∶0.6 | 安徽 |
| 胡麻 | 1 | 116.1 | 53.4 | 72.0 | 241.5 | 1∶0.5∶0.6 | 内蒙古 |
| 向日葵 | 43 | 133.0 | 128.0 | 140.0 | 401.0 | 1∶1∶1 | 吉林 |

（续）

| 作物种类 | 试验个数 | 推荐施肥量（千克/公顷） | | | | $m(N)：m(P_2O_5)：$ $m(K_2O)$ | 试验地点 |
|---|---|---|---|---|---|---|---|
| | | $m(N)$ | $m(P_2O_5)$ | $m(K_2O)$ | 总量 | | |
| 芝麻 | 20 | 52.5 | 41.3 | 0 | 93.8 | 1：0.8：0 | — |
| 苎麻 | 12 | 257.0 | 92.0 | 250.0 | 599.0 | 1：0.4：1 | 江西、湖南 |
| 红麻 | 3 | 262.0 | 139.0 | 225.0 | 626.0 | 1：0.5：0.9 | 浙江 |
| 甘蔗 | 37 | 306.5 | 98.5 | 293.0 | 698.0 | 1：0.3：1 | 广东、广西 |
| 甜菜 | 12 | 94.5 | 64.3 | 36.8 | 195.6 | 1：0.7：0.4 | 黑龙江 |
| 烟叶 | 10 | 75.0 | 75.0 | 225.0 | 375.0 | 1：1：3 | 烟草所 |
| 茶叶 | 15 | 180.0 | 90.0 | 180.0 | 450.0 | 1：0.5：1 | 茶叶所 |

注：引自全国化肥网数据。

③蔬菜的化肥用量与氮磷钾比例。我国的蔬菜种植面积发展很快，1980 年种植面积仅为 402.1 万公顷，1998 年发展到 1389.9 万公顷。蔬菜的需肥量较大，表 11 收集了主要蔬菜作物的施肥情况。从中可以看出，虽然不同的蔬菜作物施肥量有差异，但就平均而言，施肥量近 700 千克/公顷，远远高于其他作物。另外，蔬菜对磷钾肥需求也较高，氮磷钾比例约 1：0.5：0.7。

④果树适宜施肥量与氮磷钾比例。1998 年，我国果树面积达 853.5 万公顷。我国主要果树苹果、柑橘和梨的肥料用量都较高，为 600～700 千克/公顷，香蕉的施肥量高达 3034 千克/公顷（表 12）。果树对氮磷钾的需求比例大约为 1：0.8：0.9。

**表 11  我国主要蔬菜作物的推荐施肥量**

| 蔬菜种类 | 试验个数 | 推荐施肥量（千克/公顷） | | | | $m(N)：m(P_2O_5)：$ $m(K_2O)$ | 试验地点 |
|---|---|---|---|---|---|---|---|
| | | $m(N)$ | $m(P_2O_5)$ | $m(K_2O)$ | 总量 | | |
| 大白菜 | 5 | 472.5 | 142.5 | 142.5 | 757.5 | 1：0.3：0.3 | 北京、天津 |
| 甘蓝 | 4 | 300.0 | 180.0 | 180.0 | 798.0 | 1：0.6：0.6 | 上海 |
| 花菜 | 5 | 366.0 | 222.0 | 276.0 | 864.0 | 1：0.6：0.6 | 上海、四川 |
| 甜椒 | 3 | 255.0 | 180.0 | 180.0 | 615.0 | 1：0.7：0.7 | 上海 |
| 尖椒 | 1 | 112.5 | 112.5 | 285.0 | 510.0 | 1：1：2.5 | 四川 |
| 番茄 | 12 | 294.0 | 105.0 | 216.0 | 615.0 | 1：0.4：0.7 | 四川、天津、上海、辽宁、新疆 |
| 黄瓜 | 7 | 457.5 | 150.0 | 621.0 | 1228.5 | 1：0.3：1.4 | 四川、北京、辽宁 |
| 芹菜 | 1 | 600.0 | 300.0 | 150.0 | 1050.0 | 1：0.5：0.3 | |
| 豇豆 | 1 | 150.0 | 150.0 | 75.0 | 375.0 | 1：1：5 | |
| 马铃薯 | 2 | 180.0 | 150.0 | 75.0 | 405.0 | 1：0.8：0.4 | |
| 西瓜 | 11 | 202.4 | 101.2 | 202.4 | 506.0 | 1：0.5：1 | 北京、山东、河北、天津 |
| 平均 | | 308.2 | 163.0 | 218.4 | 689.0 | 1：0.5：0.7 | |

注：引自全国化肥网数据。

表 12　我国主要果树的推荐施肥量

| 果树种类 | 试验个数 | 推荐施肥量（千克/公顷） | | | | $m$ (N)：$m$ ($P_2O_5$)：$m$ ($K_2O$) | 试验地点 |
| --- | --- | --- | --- | --- | --- | --- | --- |
| | | $m$ (N) | $m$ ($P_2O_5$) | $m$ ($K_2O$) | 总量 | | |
| 苹果 | 6 | 225.6 | 99.4 | 257.9 | 582.9 | 1：0.4：1.1 | 辽宁、安徽、河北、山东 |
| 梨 | 4 | 180.0 | 275.0 | 168.0 | 623.0 | 1：1.5：0.9 | 山东、河北 |
| 桃 | 5 | 204.5 | 127.2 | 160.9 | 492.6 | 1：0.6：0.8 | 辽宁、甘肃、河北、山东 |
| 李 | 2 | 288.8 | 288.8 | 288.8 | 866.4 | 1：1：1 | 甘肃、陕西 |
| 香蕉 | 3 | 948.1 | 189.6 | 1896.2 | 3034.0 | 1：0.2：2 | 广东、广西、贵州 |
| 柑橘 | 17 | 300.0 | 180 | 240.0 | 720.0 | 1：0.6：0.8 | 四川、广东、广西、江苏、浙江 |

**2. 林业施肥及其发展趋势。**我国是世界上人工林面积最大的国家，据全国第四次森林资源清查资料，截至 1993 年，人工林面积达到 3425.6 万公顷。最近，由国家计委和财政部联合发布的"关于开展 2000 年长江上游、黄河上中游退耕还林（草）试点示范工作的通知"指出，2000 年将采取"退耕还林，封山绿化，以粮代赈，个体承包"的方针，在中国西部13 个省（自治区）的 174 个县退耕还林（草）34.3 万公顷。所以，我国人工林的面积还会逐年增加。但我国人工林的质量较差，每公顷平均积蓄只有 33.31 立方米，远低于世界发达国家水平，如日本人工林每公顷平均积蓄为 197 立方米，是我国的 5.9 倍，因此通过科学施肥，提高我国人工林单位面积的产量具有很大潜力。

国外人工林施肥从 70 年代迅速发展，到 1980 年施肥面积达 1600 万公顷，以后每年大约以 120 万～150 万公顷的速度递增，由于人工林商业价值高，欧美等国家和地区逐渐形成了专门的商业施肥机构。我国从 70 年代开始才进行林木施肥试验和小规模的生产性施肥。为适应国民经济的发展需要，"八五"攻关明确了短周期用材林培育的研究方向，设立了"主要工业用材林施肥技术及维护的研究"专题，使我国林木施肥研究进入一个新阶段。相信随着市场经济的发展，林木施肥的面积将迅速增加。

虽然就目前而言，我国人工林的施肥并不普遍，但是速生丰产林、经济林、毛竹和苗圃一般都应施用化肥。速生丰产林的面积未曾进行过调查，国务院在 1989 年批准 2000 年建设800 万公顷的速生丰产林。我国的经济林木和毛竹发展很快，从 1979 年到 1993 年 14 年间栽种面积分别增加了 89.0％和 18.5％，1993 年的栽种面积分别达到 1183.0 和 379.1 万公顷（表 13）。

表 13　我国人工林面积变化

（单位：万公顷）

| 普查年份 | 速生林* | 经济林** | 毛竹 | 苗圃 |
| --- | --- | --- | --- | --- |
| 1979—1981 | — | 625.9 | 320.0 | — |
| 1984—1988 | — | 872.2 | 354.6 | 18.45 |
| 1989—1993 | 800 | 1183.0 | 379.1 | 11.49 |

\*　速生林为 2000 年数据。

\*\*　经济林是指以生产干果、油料、调料、工业原料和药材等为目的的林木，不包括农业年鉴中的果园、茶园、桑园等。

注：本文发表于《磷肥与复肥》，2001 年 5 月，第 16 卷第 3 期，4～8。

近年来，我国在林业施肥方面已进行了很多研究，收集的部分研究结果见表 14。速生林木主要包括杉木、湿地松、马尾松、杨树和桉树等树种，它们对化肥需求量并不很多，但对磷养分反映敏感，氮磷比一般为 1∶1，对钾肥的施用尚不紧迫。经济林木和毛竹的需肥量较多，一般都在 250～450 千克/公顷以上，而且磷钾用量也较大。

**表 14  林木施肥**

(1989—1997)

| 种类 | 试验数 | 施肥量（千克/公顷） | | | 试验地点 |
|---|---|---|---|---|---|
| | | $m$（N） | $m$（$P_2O_5$） | $m$（$K_2O$） | |
| 速生林 | | | | | |
| 杉木 | 12 | 53 (7) | 61 (11) | 31 (5) | 江西、福建、云南、广西、广东、江苏、浙江、湖南 |
| 马尾松 | 7 | 94 (5) | 119 (7) | 54 (4) | 广西、贵州、四川、湖南、安徽 |
| 湿地松 | 7 | 39 (4) | 67 (6) | 14 (2) | 江西、湖南、安徽、广东 |
| 其他松木 | 7 | 76 (6) | 51 (5) | 21 (2) | 广东、辽宁、福建、黑龙江 |
| 桉树 | 6 | 50 (5) | 84 (6) | 53 (4) | 广东、广西、福建、云南 |
| 杨树 | 10 | 126 (10) | 72 (9) | 14 (4) | 山东、河北、湖南、甘肃 |
| 经济林木 | | | | | |
| 枣树 | 5 | 116 (5) | 75 (4) | 34 (2) | 山东、河北 |
| 板栗 | 5 | 264 (5) | 110 (5) | 30 (1) | 浙江、辽宁、河南、河北 |
| 弥猴桃 | 1 | 150 | 100 | 120 | |
| 柿树 | 1 | 200 | 150 | 150 | |
| 山楂 | 1 | 150 | 150 | 150 | 辽宁 |
| 山核桃 | 1 | 207 | 67.5 | 67.5 | 浙江 |
| 腰果 | 1 | 160 | 40 | 70 | 海南 |
| 胡椒 | 1 | 570 | 304 | 375 | 海南 |
| 油桐 | 1 | 120 | 71 | 78 | 浙江 |
| 毛竹 | 11 | 212 (11) | 77 (9) | 68 (8) | 浙江、四川、贵州、安徽 |

注：施肥量为试验数的平均值，括号内表示推荐施肥的个数。

**3. 草地施肥及其发展趋势。**我国现有草地近 4 亿公顷，是耕地面积的 4 倍多，与澳大利亚（4.55 亿公顷），前苏联（3.72 亿公顷）、美国（3.7 亿公顷）的草地面积相当，是世界四大草地国家之一。我国的草地中，北方有 3.13 亿公顷，为天然草地的主体，南方约有 6666.7 万公顷。南方水、温度条件好，发展前景广阔，沿海滩涂（1333.3 万公顷）和农区零星草地（666.7 万公顷）面积虽小，却是农牧综合发展的适宜区域。

我国草地资源虽然丰富，但长期以来主要靠天养畜，投入很少，生产能力差。据1987—1989 年统计，我国牧区每公顷草地年生产肉 4.44 千克，毛 0.5 千克，奶 4.78 千克，共折合 50 个畜产品单位，不及美国同类草地产出率的 1/20，澳大利亚的 1/10。

20 世纪 80 年代以来，我国政府对草地的开发利用越来越重视。1984 年全国草地建设面积为 438.1 万公顷，1994 年达到 608.8 万公顷，10 年间人工草地保留面积增加了 39%。最近，农业部对我国未来 50 年的草地生态建设作出了明确规划，计划到 2050 年，人工种草面积在现有基础上再增加 1330 万公顷，其中 2000—2005 年、2006—2015 年、2016—2050 年分别增加 140 万、400 万、790 万公顷。另外，有关优良牧草品种的选育、不同牧草化肥用量及养分比例等研究越来越多，这些研究为我国草地的利用开发、发展畜牧业奠定了基础。表 15 收集了牧草化肥用量及养分比例的部分研究结果。综合各地部分试验结果，禾本科牧草和混播牧草以施用氮磷化肥为主，豆科牧草以施用磷肥为主。各类牧草施肥量以禾本科牧草最高，每公顷化肥施用量约在 300 千克左右，其次为混播牧草 200 千克左右，豆科牧草仅在 100 千克左右。南方红壤地区牧草的推荐施肥量要低于上述试验结果（表 16）。

**表 15　牧草施肥**

| 牧草类型 | 年份 | 试验地点 | 供试品种 | 施肥推荐（千克/公顷） | | | |
|---|---|---|---|---|---|---|---|
| | | | | $m$（N） | $m$（$P_2O_5$） | $m$（$K_2O$） | 总量 |
| 禾本科 | 1991 | 云南 | 非洲狗尾草 | 161 | 92 | 53 | 306 |
| | 1991 | 江苏 | 扁穗牛鞭草 | 375 | 32 | 45 | 452 |
| | 1994 | 甘肃 | 燕麦 | 100 | 150 | 120 | 370 |
| | 1995 | 福建 | 宽叶雀稗 | 207 | 54 | — | 261 |
| 豆科 | 1995 | 甘肃 | 鹰嘴紫云英 | 16.5 | 16.5 | — | 33 |
| | 1992 | 陕西 | 苜蓿 | 69.0 | 52.5 | — | 121 |
| | 1994 | 江西 | 白三叶 | — | 63.0 | 62.0 | 125 |
| | 1994 | 宁夏 | 紫花苜蓿 | | 180 | — | 180 |
| | 1992 | 云南 | 白三叶 | — | 70 | 40～55 | 120 |
| 混播 | 1994 | 贵州 | 白三叶、黑麦草 | 138 | 135 | — | 273 |
| | 1996 | 四川 | 红三叶鸭茅 | 138 | 42 | — | 180 |
| | 1992 | 云南 | 白三叶、非洲狗尾草 | — | 35 | 25 | 60 |

**表 16　南方红壤地区牧草推荐施肥量**

（单位：千克/公顷）

| 牧草类型 | $m$（N） | $m$（$P_2O_5$） | $m$（$K_2O$） | 总量 |
|---|---|---|---|---|
| 禾本科 | 100～120 | 40～60 | 40～50 | 180～230 |
| 豆科 | — | 40～50 | 30～40 | 70～90 |
| 混播 | 30～40 | 40～50 | 35～40 | 105～130 |

注：引自《红壤丘陵区牧草栽培与利用》，中国农业科学技术出版社，1998。

**4. 水产养殖施肥及其发展趋势。**我国具有丰富的水产养殖资源。据统计资料，1998 年我国海水养殖面积 100.4 万公顷，淡水养殖面积为 508.1 万公顷。水产养殖中，池塘养鱼和海水养殖发展很快，1998 年与 1981 年相比，养殖面积分别增加 1 倍多和 5 倍多。我国传统淡水养鱼主要施用畜禽粪肥，但由于肥源不足，操作不便等因素的影响，致使我国淡水养殖的单产普遍较低，水库和湖泊的单产水平目前还只有 700～900 千克/公顷，其生产潜力未能得到充分发挥。

化肥养鱼在国外淡水养殖中应用很广。化肥养鱼与有机肥养鱼都是通过增加水体中浮游生物的数量，为滤食性鱼类（鲢、鳙等）提供饵料，但与施用有机肥相比，化肥能直接被浮游生物吸收利用，具有肥效快，操作方便等特点，在我国淡水养殖业中有着广阔前景。

池塘养鱼的施肥量较大，平均达到近 600 千克/公顷，远远高于一般农作物的施肥量。水库和湖泊由于水深面广，不易进行施肥操作，并易造成肥料损失，所以目前在中小型水库和湖泊中，化肥平均施用量较低，分别只有 211 千克/公顷和 57 千克/公顷。水产养殖中主要是施用氮磷肥，一般不施用钾肥。

# 三、对我国化肥需求的评价

我国人口在不断增长，到 2030 年将达到 16 亿。我国耕地后备资源不足，要依赖提高单位面积产量，来实现农产品总量的增长。我国原有的以粮食作物为主体的种植业结构还需进一步调整，林业、草业和养殖业施肥落后，这些都是我国的基本国情。

我国以往进行化肥预测时，多偏重于种植业，尤其是粮、油、棉，很少考虑其他。因此，所作的化肥需求预测，往往低于实际施用量，本次预测除种植业外，还考虑林业、草业和养殖业等对化肥的需求。

在具体预测时，粮食作物以化肥肥效为依据，林业、草业和养殖业目前的施肥面积究竟有多少，国内没有统计资料，大致按增加施肥面积进行匡算。

**1. 粮食作物化肥需求预测。**

（1）人口增长预测。1996 年，人口统计局对我国今后 30～50 年内的人口增长趋势提出了 3 种预测方案（表 17）。最近国家对我国人口增长作出了进一步明确的规划，提出了 2005、2010 年人口分别为 13.25 亿和 13.8 亿的人口控制目标。并明确提出 2010—2030 年，我国人口的年平均自然增长率必须控制在 0.8% 以内，按此次计算，2015 和 2030 年我国人口将分别达到 14.4 亿和 16 亿左右。

表 17　2000—2050 年我国总人口增长趋势

（单位：亿人）

| 年份 | 高方案 | 中方案 | 低方案 |
| --- | --- | --- | --- |
| 2000 | 13.04 | 12.72 | 12.57 |
| 2010 | 14.28 | 13.65 | 13.26 |
| 2020 | 15.47 | 14.43 | 13.77 |
| 2030 | 16.35 | 14.76 | 13.71 |
| 2040 | 16.82 | 14.68 | 13.25 |
| 2050 | 17.03 | 14.21 | 12.34 |

注：引自《中国人口统计年鉴》，1996。

（2）粮食作物化肥需求预测。目前，我国粮食作物播种面积约占种植业（包括果树、茶、桑、热带作物等）的 70%，粮食作物的化肥用量约占化肥总消费量的 60%。在粮食作物上的化肥需求状况仍然是影响我国化肥需求总量的主导因子。对于粮食作物化肥需求预测的方法，有采用养分平衡法，但采用这种方法需要很多参数，包括土壤肥力参数、作物养分吸收参数、化肥利用率参数等。我国迄今还没有足够的调查与研究数据可作为建立这些参数的依据。本预测采用的化肥肥效法，即根据大量田间肥效试验结果和农作物目标产量（粮食需求目标），求出化肥需求量这一计算方法，得到国内许多专家的认可。

根据农业统计年鉴资料，近 20 年来，我国粮食作物的种植面积一直稳定在 11000 万公顷左右。按 13000 万公顷耕地、20280 万公顷播种面积计算，粮食作物实际播种面积应为 14196 万公顷。预计未来的几十年里，粮食作物的种植面积不会发生大的变化。换言之，要满足不断增加的人口对粮食的需求，将主要依靠增加化肥投入、提高作物单产来实现。目前我国粮食总产量约为 50000 万吨，按人均保持粮食 400 千克，2005、2010、2015 和 2030 年我国人口为 13.35 亿、13.8 亿、14.4 亿和 16.0 亿计算，则需增加粮食分别为 3000 万、5200 万、7600 万和 14000 万吨。根据全国化肥网 1981—1983 年取得的 5000 多个田间试验结果，按每千克化肥可增加粮食 8～10 千克计算，则分别需增加化肥 300 万～375 万、520 万～650 万、760 万～950 万和 1400 万～1750 万吨（表 18 中方案 1）。

按粮食作物化肥用量占化肥总消费量的 60% 计算，则 1998 年粮食作物的化肥总用量约为 2451 万吨，到 2030 年，粮食作物的化肥总用量将达到 3851 万～4201 万吨，每公顷化肥用量为 271～296 千克。根据全国化肥试验网 50 个肥料长期定位试验的结果（1980—1993年），在每公顷施用 30000 千克有机肥的基础上，增施化肥氮（N）150～180 千克磷（$P_2O_5$）45～60 千克、钾（$K_2O$）60～90 千克，总量约为 300 千克，即可获得每公顷 5250～6000 千克的粮食产量，并可保持和提高土壤肥力。而我国 2030 年粮食单产达到每公顷 4508 千克时，即可实现粮食总产 64000 万吨的目标。因此，长期定位试验的结果表明，采用表 18 中方案 1 的预测数是可行的。

**表 18　粮食作物化肥增加量预测**

| 年份 | 基础数据 | | | 方案 1 | | | 方案 2 | | |
| --- | --- | --- | --- | --- | --- | --- | --- | --- | --- |
| | 播种面积（万公顷） | 粮食总产（万吨） | 粮食单产（千克/公顷） | 化肥增加量（万吨） | 化肥总用量（万吨） | 化肥用量（千克/公顷） | 化肥增加量（万吨） | 化肥总用量（万吨） | 化肥用量（千克/公顷） |
| 1998 | 14196 | 50000 | 3522 | — | 2451 | 173 | — | 2451 | 173 |
| 2005 | 14196 | 53000 | 3733 | 300～375 | 2751～2826 | 192～199 | 375～500 | 2826～2951 | 199～208 |
| 2010 | 14196 | 55200 | 3888 | 520～650 | 2971～3101 | 209～218 | 650～867 | 3101～3318 | 218～234 |
| 2015 | 14196 | 57600 | 4057 | 760～950 | 3211～3401 | 226～240 | 950～1267 | 3401～3718 | 240～262 |
| 2030 | 14196 | 64000 | 4508 | 1400～1750 | 3851～4201 | 271～296 | 1750～2333 | 4201～4784 | 296～337 |

注：①1998 年粮食作物化肥总用量按占化肥总消费量 4085 万吨的 60% 计算，其他各年度粮食作物化肥总用量在 1998 年的基础上，加上化肥增加量而得。②方案 1 按每千克化肥增产粮食 8～10 千克计算；方案 2 按每千克化肥增产粮食 6～8 千克计算。

国内一些专家认为，按每千克化肥增产粮食 8～10 千克计算，肥效值偏高，建议以每千克化肥增产粮食 6～8 千克为宜，如按此建议进行匡算（表 18 中方案 2），到 2030 年在粮食作物上化肥施用量将达到 4201 万～4784 万吨，远远超出我国目前化肥总消费量（4085 万吨），单位面积施肥量将达到 296～337 千克/公顷，与定位试验的结果比较，也明显偏高。

**2. 经济作物化肥需求预测。**1998 年，我国农作物实际播种面积为 20280 万公顷，经济作物占 27%，经济作物的播种面积为 5476 万公顷。经济作物除蔬菜、糖料外，其他作物的播种面积已基本稳定。多年生经济作物当年的种植面积为 1089 万公顷。考虑到我国果树业的发展，今后我国多年生经济作物的种植面积将增加到 1189 万公顷。上述两项合计总面积为 6665 万公顷。在今后一段时期内，这些经济作物的化肥用量还会逐步提高。若按 2005、

2010、2015 和 2030 年经济作物上每公顷化肥用量分别提高 30、50、70 和 100 千克计算，则在经济作物上需多投入化肥 200.0 万、333.3 万、466.6 万和 666.5 万吨。

**3. 林业化肥需求预测。**

（1）速生林。速生林面积目前为 800 万公顷，轮伐周期一般为 15～20 年，每个轮伐周期一般施肥 3～4 次，按表 14 的施肥推荐，每公顷大约施氮 70 千克、$P_2O_5$ 70 千克、$K_2O$ 30 千克，若按轮伐周期为 20 年，每一轮伐周期施肥 3 次计算，则每年需增加化肥约 20 万吨。

（2）经济林。目前我国拥有经济林、毛竹、苗圃面积共有 1573.88 万公顷。按每公顷施肥量 400 千克，2005、2010、2015、2030 年新增施肥面积分别为总面积的 20％、30％、40％和 50％计算，则各时期施肥面积分别为 314.78 万、472.16 万、629.55 万和 786.94 万公顷，需要增加化肥投入分别为 125.9 万、188.9 万、251.8 万和 314.8 万吨。速生林和经济林合计，预期到 2005、2010、2015、2030 年在林业方面分别需增加化肥投入为 145.9 万、208.9 万、271.8 万和 334.8 万吨。

**4. 草业化肥需求预测。**1994 年农业部畜牧兽医司统计，我国人工草保留面积为 608.7 万公顷。根据农业部的规划，我国人工种草的面积还会增加。2000—2005 年、2006—2015 年和 2016—2050 年分别增加 140、400 和 790 万公顷。若按新增人工种草面积的 40％能保留下来，则 2005、2010、2015 和 2030 年的人工草地保留面积将分别达到 664.7 万、744.7 万、824.7 万和 1000 万公顷。由于人工种植草地多分布在西北干旱地区，施肥面积不可能增加很快，施肥量也不可能很大。拟按各时期新增施肥面积为总面积的 10％、20％、30％和 40％，每公顷施肥 200 千克计算，则草业方面分别需增加化肥投入 13.3 万、29.8 万、49.5 万和 80.0 万吨。

**5. 渔业化肥需求预测。**目前我国约有池塘养殖面积 208.6 万公顷，水库河沟养殖面积 197.3 万公顷，湖泊面积 88.1 万公顷。根据施肥推荐，池塘养鱼施肥量约为 586 千克/公顷，水库河沟养鱼施肥量为 211 千克/公顷，湖泊养鱼施肥量为 57 千克/公顷，按 2005、2010、2015、2030 年养鱼施肥新增面积 20％、30％、40％、50％计算，则需增加化肥投入分别为 33.7 万、50.7 万、67.5 万和 84.4 万吨。

根据以上分析，预计在 2005、2010、2015 和 2030 年，包括粮食作物、经济作物、林业、草业和渔业等需肥行业在内，需新增化肥分别为 693 万～768 万、1143 万～1273 万、1615 万～1805 万、2566 万～2917 万吨（表 19）。

**表 19　各需肥行业新增化肥量概况**

（单位：万吨）

| 年份 | 粮食作物 | 经济作物 | 林业 | 草业 | 渔业 | 合计 |
|---|---|---|---|---|---|---|
| 2005 | 300～375 | 200.0 | 145.9 | 13.3 | 33.7 | 693～768 |
| 2010 | 520～650 | 333.3 | 208.9 | 29.8 | 50.7 | 1143～1273 |
| 2015 | 760～950 | 466.6 | 271.8 | 49.5 | 67.5 | 1615～1805 |
| 2030 | 1400～1750 | 666.5 | 334.8 | 80.0 | 84.4 | 2566～2917 |

我国 1998 年化肥总用量为 4085 万吨，加上新增化肥用量，预计 2005、2010、2015、2030 年我国化肥需求量为 4778 万～4853 万、5228 万～5358 万、5700 万～5890 万和 6651 万～7002 万吨（表 20）。即到 2030 年，化肥消费总量在现有的基础上，再增加 70％左右。按我国实际播种面积 20280 万公顷计算，则每公顷化肥施用量将达到 328～345 千克，这一

施肥水平大致与目前英国的施肥水平相当。

表 20　不同年份化肥需求预测

| 年　份 | 化肥需求量（万吨） | $m$（N）：$m$（$P_2O_5$）：$m$（$K_2O$） |
|---|---|---|
| 2005 | 4778～4853 | 1：0.45：0.2 |
| 2010 | 5228～5358 | 1：0.40：0.25 |
| 2015 | 5700～5890 | 1：0.40：0.30 |
| 2030 | 6651～7002 | 1：0.4：0.30 |

综上所述，我国化肥需求总量的上限为7000万吨左右，如果2030年我国的人口数量能控制在16亿左右，则随着科学技术的发展，农业生产条件的改善，我国化肥用量控制在7000万吨以内，是有可能实现的。

# 四、对策与建议

（1）农业上对化肥需求的预测主要是根据农林、牧业的发展，为达到目标产量，估算需要的化肥投入量。在此，没有考虑要达到这一投肥量所需的资源、资金、技术等的可能性，也没有考虑农民的经济回报问题。而在市场经济条件下，农民是否愿意投肥，向什么作物投肥，主要取决于经济效益。因此，国家需要根据农业发展过程中农、副产品的需求状况，制定相应的政策，加以调节与引导。

（2）要加速建设和完善农业生产条件，尤其是扩大农田灌溉面积。据统计资料，我国农田的有效灌溉面积约为54%，旱地农业的面积很大，尤其在我国北方，其中无灌溉条件的旱地约有2300万公顷（3.5亿亩）。有无灌溉条件及降水量的多少，尤其是在干旱和半干旱地区，是制约肥料用量的主要因素。因此，随着化肥用量的增加，要不断改善农田灌溉条件，扩大灌溉面积，大力推广节水灌溉技术，否则，增施化肥难以达到增产，至少会影响肥效的发挥。

（3）在增加化肥数量的同时，着重调整产品结构和氮钾比例。目前，化肥已由卖方市场转为买方市场。在品种结构上，要提高尿素、磷酸铵、高浓度复混肥的比重，适当减少碳酸氢铵、过磷酸钙等低浓度肥料的产量。同时，要继续调整氮钾施用比例。目前，我国氮磷施用比例大约为1：0.45左右，已基本趋于合理，今后随着土壤磷素水平的提高，可逐步下调至1：0.4左右，而氮钾施用比例虽在近年有所改善，但仍处在1：0.2以下的水平，土壤缺钾已成为我国农业持续发展的养分限制因子。按照氮肥基本自给，磷肥大部自给，钾肥以进口为主的方针，今后我国化肥调整的方向，应当是发展高浓、复混肥料，继续提高磷、钾比重。在化肥进口上，要大幅度压缩尿素进口量，逐步减小磷肥的进口量，较大幅度增加钾肥进口量。

（4）要增加科研投入的强度。继续鼓励科技人员研究与探索提高化肥利用率的新途径、新方法。大力支持科研单位和企业研制开发新型肥料品种，要注意引导施肥与环境、施肥与农产品品质的研究。

（5）做好农田养分的再循环利用。近年随着化肥用量的增加和市场经济的发展，有机肥的收集和利用比例下降了。这不仅是农田养分的损失，还造成了环境污染。这种情况不能任其发展下去，否则后患无穷。为此，在近期内应着重解决好秸秆和大型养殖场（养猪、养鸡为主）的粪便处理问题，并逐步解决大、中城市的生活垃圾及污水、污泥处理问题。我们不可能再走"有机农业"的低投入低产出，以牺牲产量来保护环境的路子，但也不应该走"石油农业"，以牺牲环境为代价的路子，应当坚持有机、无机肥料配合施用的科学施肥方针。

# 对肥料含义、分类和应用中几个问题的认识

林　葆

（中国农业科学院农业资源与农业区划研究所　北京　100081）

**摘要**　主张把肥料定义为"直接为植物提供养分的物料"，土壤调理剂、植物生长调节剂、肥料增效剂对植物养分的供给起间接作用，可合称"一肥三剂"。以此含义讨论了菌剂、稀土元素等在肥料中的位置。简述了目前肥料应用中的若干误解和误导。

**关键词**　肥料；含义；分类；应用

我国农民施用有机肥料已经有几千年的历史，得以使地力不衰，实现了耕地的可持续利用。自 20 世纪 60 年代以来大量增施化肥，是农业增产的重要原因之一。目前，我国化肥总产量约占世界的 1/4，总用量约占世界的 1/3，均居世界第一。国产氮肥和磷肥实现了自给或自给有余[1]，钾肥主要依靠进口。根据 2001 年参加 WTO 的承诺，自 2006 年 12 月 11 日开始，我国的化肥批发和零售市场已经向世界全面开放，并必将与世界化肥市场融为一体。但是，至今在肥料的名称和分类方面，在肥料的作用和施用方面，还存在一些不同的甚至是不正确的认识，影响到肥料的应用和市场管理。这里就近年来笔者所接触到的，谈一些不成熟的看法，和大家共同讨论。

## （一）肥料的含义

近年我国已经制订了一些肥料的国家标准和行业标准，对肥料的含义和分类起到了一定的规范作用，但是，有些问题依然长期存在。近年随着肥料市场的激烈竞争，在肥料名称上五花八门的炒作，造成了认识上的混乱。其核心问题是分清什么是肥料，什么不是肥料。其实肥料的含义和分类是有章可循的，这就是植物营养学、土壤肥力学和肥料学。遵循这些学科的基本原理及其应用，是确定肥料含义、分类的主要依据。并随着学科和应用的发展而发展。这里既要考虑到我国国情，又要与国际接轨。另外，还要考虑到目前肥料生产、营销和使用的现状和发展。

在我国，肥料的含义有广义和狭义之分。如农业部的"肥料登记指南"中，肥料是指"用于提供、保持或改善植物营养和土壤物理、化学性能以及生物活性，能提高农产品产量，或改善农产品品质，或增强植物抗逆的有机、无机、微生物及其混合物[2]。"可以认为这是一个肥料的广义含义。它包括了为植物提供养分的肥料和改良土壤理化、生物性状的调理剂。肥料的作用是提高产量、改善产品质量、增强植物抗逆性，包括有机、无机、微生物三

注：本文发表于《中国土壤与肥料》，2008 年第 3 期，1～4。

大类及其混合物。这个含义是比较全面和完整的，也是目前肥料登记中所采用的。但是也存在一些问题，例如肥料对提供和改善植物养分起直接作用，土壤调理剂本身并不提供养分，而是改善土壤理化、生物性状，对提供养分起间接作用。那么对改善植物营养起间接作用的，就远不止只有土壤调理剂了。而目前肥料登记中的海藻酸类、壳聚糖类物质，本身不含植物需要的养分，也不是土壤调理剂，但是对改善植物营养起作用，这是上述肥料所包含不了的。

另外，在国家标准中，把肥料定义为"以提供植物养分为其主要功效的物料[3]。"可以认为这是狭义的肥料含义。这里讲的肥料主要是讲养分问题，能提供养分的物料是肥料，否则就不是，为肥料和非肥料划清了界线。但除主要功效外，次要功效未加说明。近来有人提出"肥料是一些能够直接向植物提供营养元素的有机或无机物质，……"[4]。这里"直接"两字很重要，是对上述含义的进一步明确和补充。同时也说明除了直接提供养分的物料外，还有一些对植物养分供给起间接作用的物料。从目前情况看，主要有 3 类：

（1）土壤调理剂：是指"加入土壤中用于改善土壤的物理和（或）化学性质，及（或）其生物活性的物料[3]。"很清楚，这类物料是施入土壤发挥作用的，目前大致可以分为土壤酸碱度（pH）调节剂、土壤结构改良剂、土壤保水剂等。

（2）植物生长调节剂：主要用于植物体（地上、地下部），以促进或抑制其生长为主要功能，并对肥料的功效产生一定的影响。现在已知植物本身能够产生的内源激素有生长素、赤霉素、细胞分裂素、脱落酸和乙烯 5 大类，近来也有人认为芸苔素是第六类天然植物激素。另外，还有大量的人工合成的植物生长调节剂，如吲哚乙酸（IAA）、萘乙酸（NAA）、2，4-二氯苯氧乙酸（2，4-D）、矮壮素等[5]。

（3）肥料增效剂：是指添加于肥料之中，用以促进和改善植物对肥料的吸收、利用，提高肥效的物料。如速效氮肥中添加硝化抑制剂或（和）脲酶抑制剂，以延长其肥效；磷肥中加活化剂以降低磷在土壤中的退化和抗固定能力等[6~7]。

这就是"一肥三剂"的肥料概念。肥料是直接提供植物养分的物料，"三剂"是通过土壤、植物、肥料对养分的供应进行调节的物料。

是广义的肥料含义，还是狭义的肥料概念更有利于肥料的生产、销售和应用，尚有待实践的检验。笔者认为，狭义的肥料含义容易区分某一物料是否肥料，能够直接向植物提供营养元素的有机或无机物质是肥料，对养分起间接作用的是"三剂"。既不能直接提供养分，也不能对养分的供应、吸收起间接作用的，则是与肥料无关的一些物料了。广义的肥料含义把对植物养分供应起不同作用的物料都归到肥料之中，容易扩大肥料的内含，难以区分某些物料的作用及其是否肥料。

在国外的肥料法规和管理条例中，对肥料的理解基本一致，其核心内容表达为：肥料是提供、补充、保持植物养分，或促进养分利用的物料。这是一个广义的含义，对促进养分利用也没有进一步分析和阐述。但与我国也有些不同，例如加拿大、澳大利亚的某些州把动物排泄物和植物残体，甚至堆肥、厩肥等都称为改良剂或添加物（amendment，supplement），认为它们的作用主要是改良土壤。在这里改良剂、添加物和土壤调理剂有相似之处[8]。又例如日本，为充分利用其资源，减轻废弃物的处理，农林水产省法定对下水道污泥等 8 种肥料进行检验、登记。同时，对肥料中养分的含量要求不高，如熔成硅酸磷肥含枸溶性磷酸的最小含量为 6.0%，加工矿渣磷酸肥料的最小枸溶性磷酸含量为 3.0%，使一些废料得到利用[9]。但查阅到的一些肥料管理条例或法规中，都没有单独列出微生物肥料。

### （二）肥料分类中几个问题的讨论

**1. 我国的肥料，结合国情，应分为有机肥料和化学肥料两大类为宜。** 有机肥料指来源于植物、动物和人类的废弃物，施于土壤以提供植物养分和改善土壤理化、生物性状为主要功效的有机物料。我国农民有施用有机肥料的传统和习惯，长期以来有机肥料是我国的主要肥源，因此，把有机肥料列为肥料中的一大类应当是没有争议的，而不是像国外有时称为"改良剂"或"添加物"。但是，有机肥料种类繁多，成分复杂，有效成分含量低，体积大，以农民自积自用为主。登记上市的商品有机肥，目前农业行业标准检测的技术指标是有机质、总养分（$N+P_2O_5+K_2O$）、水分和酸碱度[10]。

化学肥料是以化学方法为主生产的，或天然含有养分的无机物料，施于土壤以提供植物养分为其主要功效的物料。化学肥料的分类，目前公认的是以所含的养分分为大量养分（元素）肥料、中量养分（元素）肥料和微量养分（元素）肥料3类。大量养分肥料中，单一肥料分氮、磷、钾肥，复混肥料分复合肥料、掺混肥料、复混肥料（混配肥料）和有机—无机复混肥料。中量养分肥料分硫、钙、镁肥。微量养分肥料分硼、锰、锌、钼、铜、铁肥。但是，现在有的以化肥的应用方法命名，如叶面肥、冲施肥、滴灌肥等；有的以化肥的性质命名，如缓/控释肥、螯合肥、全水溶性肥；有的以掺混到化肥中的某些物料命名，如腐殖酸肥料、氨基酸肥料、海藻酸肥料等。这些情况目前相当普遍，它从一个方面反映了肥料的性质、用途或含有某种生长调节剂或肥料增效剂。笔者认为，化肥中的养分含量是其基本属性，含有某种养分的化肥是一个基本名词，再把性质用途或添加物作为一个附加语进一步定性，如控释氮肥、螯合铁肥、微量元素叶面肥料、含氨基酸叶面肥料。但其前提必须是肥料，而且含有何种营养元素标明得越清楚越好。至于这些肥料的性质、用途或所含特定功能物质的附加语如何添加更为简单明确，尚待进一步讨论。某些含糊不清的名词应当不用，如"激活肥"、"动力肥"、"高能肥"等。

**2. 微生物肥料问题。** 关于微生物肥料的问题，按1994年农业部发布的行业标准，"微生物肥料"是指"有益微生物制成的，能改善作物营养条件（又有刺激作用）的活体微生物肥料制品[11]。"并于2000年发布了根瘤菌肥料、固氮菌肥料、磷细菌肥料和硅酸盐细菌肥料等4个农业行业标准，其主要技术指标是活菌数[12]。2004年又发布了复合微生物肥料（特定微生物与氮磷钾养分复合而成）和生物有机肥（特定功能微生物与有机肥料复合而成）两个标准[13]。由于微生物肥料本身不起直接提供养分的作用，活菌数的测定与施用效果也没有直接联系，建议列入土壤调理剂中，称为菌剂。由特定微生物与化肥或（和）有机肥复合的物料，则可称为含某种微生物的肥料。

**3. 植物生长调节剂问题。** 在农业部1989年9月发布的《中华人民共和国农业部关于肥料、土壤调理剂及植物生长调节剂检验登记的暂行规定》中，植物生长调节剂和肥料、土壤调理剂是作为一个整体一同登记的，简称"一肥两剂"。在1997年国务院发布的《中华人民共和国农药管理条例》中，把"调节植物、昆虫生长的"物质归为农药的一类[14]。笔者认为把调节昆虫活动的蜕皮激素、昆虫性引诱激素等归为农药是无可争议的，但上面提及的植物内源激素和人工合成的植物生长调节剂，在肥料方面的应用也很广泛，它们不是农药与肥料的混合物（药肥），而是通过对植物生长的调节，促进养分的吸收利用。因此，不能认为植物生长调节剂已经归到农药之中，在肥料中就不能出现。事实上在农业部的肥料登记中，肥料的分类基本上是清楚的：只含大量、中量或微量营养元素的物料，直接称为肥料。含某种生长调节剂的，则称为"含某种生长调节剂肥料"，如"含腐殖酸可溶性肥料"、"含海藻酸可溶性肥料"等[2]。

**4. 肥料增效剂问题。** 肥料发展到今天，已经出现了一些添加到肥料之中，以促进植物对养分吸收的物质，虽然它本身不含养分，另列一类肥料增效剂是合适的。详细情况已在上一节中叙述。

**5. 稀土"肥料"问题。** 我国稀土资源丰富，它是元素周期表中ⅢB族的一组元素，包括钪（Sc）、钇（Y）和镧系的15个元素，共17个元素。试验证实，它有促进种子萌发和植株、根系生长，提高叶绿素含量，增加产量和改善产品质量的作用[15]。但是，从是否植物必需的营养元素的三个条件检验，它不是植物必需的养分。也从未发现植物缺乏稀土而引发的生理病害（缺素症状），也没有找出土壤或植株中稀土的丰缺指标。因此，稀土及其化合物不属于肥料之列，是否可列为新的一类"有益元素"？还可进一步讨论。当前关键是进一步研究清楚它的作用机理和有效应用的条件。

**6. 物理因素问题。** 某些物理因素，如光、声、磁、电等不起提供植物养分的作用，虽然植物有磁场效应，光还是植物生长的必要条件，但都不能归到肥料中去。例如前些时候有"磁肥"的名称，这是不对的。因为磁是一种物理性质，而不是营养元素。如果能够充分证实肥料中添加带有磁性的物质可以给肥料增效，则可称为"含有磁性物质的肥料"。

**7. 几个其他问题。** 在肥料的生产和应用中还有许多涉及是不是肥料和肥料名称的问题，有的暂时还难做出确切的解答。例如有些工业的废料都含有一定量的植物养分，有的可算肥料，有的不算。前者如含磷的钢碴，后者如含硫、钙的石膏。至于复（混）合肥料中的硫、钙、镁为什么不能加到氮、磷、钾一道算养分含量，这是由于复混肥料是有特定含义的，它是指氮、磷、钾3种大量养分（元素）中，至少有两种养分标明量的肥料，不包括中、微量营养元素，这在国内外已成惯例。还有前面提到的以肥料按性质、用途命名的问题，等等。这些情况目前还相当普遍，有些尚值得进一步研讨。

### （三）肥料应用中的若干误解和误导

**1. 不要把有机肥料和化学肥料对立起来。** 从本质上看，施用有机肥料是农业内部物质（养分）和能量的循环。把人、畜不能直接利用的废弃物以有机肥料的形式又回到农业之中，经微生物分解成矿物质后供植物利用，又形成有机物，这是一种很好的循环利用方式，也避免了这些废弃物对环境的污染。但是，这种循环基本上是农业内部封闭式的小循环，数千年来虽然得以保持土壤肥力，但产量不高，且增加很慢[16]。以植物矿质营养理论为基础，以及随后发展起来的化肥及其施用，是在农业内部的循环中投入了新的物质和能量，得以使产量迅速提高。所以，有机肥料是农业生态系统中养分和能量循环必不可少的环节，化肥的投入大大加强了该系统循环的强度，两者是相互联系，不可分割的。不要把两者对立起来，好像有机肥一切都好，化肥一切都坏。其实不管施用哪一类肥料，植物吸收利用的主要是无机养分。

**2. 不要把化肥和农药混淆起来。** 这是两类性质不同的两类农用化学品：化肥是浓缩的植物养分，是植物生长所必需的营养物质。虽然化肥是人工合成的，但是它的成分在自然界本来就存在的，对人、畜是无毒、无害的。农药是杀虫、杀菌剂，是用来防治农、林业的病、虫、草、鼠害的。大多由人工合成，有些成分在自然界不存在的，对人、畜也是有毒、有害的。当然，目前农药也在向高效、低毒发展。所以，不能一提对环境和农产品的污染，就把化肥、农药捆绑在一起，相提并论，把化肥和农药看成一个东西。

**3. 化肥的"三大罪状"是不合理施肥造成的。** 施用化肥降低农产品质量，造成果不甜、瓜不香、菜无味；施用化肥破坏了土壤，造成土壤板结，pH 下降，有机质减少；施用化肥造成了环境污染，地下水硝酸盐含量超标，地表水富营养化。化肥的这"三大罪状"是过量、不合理施用化肥的结果。与此相反，合理施用化肥，可以改善农产品质量，提高土壤肥力，并且避免对环境造成不良影响。笔者在主编的《化肥与无公害农业》一书中已有较详细的阐述，不在这里——讨论了[17]。

据估算，我国来自农业和人们生活中的有机废弃物每年约有 40 多亿吨，其中的氮、磷、钾养分约有 5300 万吨，目前有效利用的只有 1800 万吨左右，占 34%[18]。2005 年我国化肥的用量以养分计算达到 4766.2 万吨，其中氮肥占一半以上。但是，氮肥的当季利用率只有 30%～35%。这两个 1/3 如何提高，是解决我国肥料问题的关键所在。

# 参 考 文 献

[1] 陈一训．中国成为氮磷肥净出口国——是喜还是忧 [N]．农资导报，2007-11-13，A5 版．

[2] 农业部肥政药政管理办公室．肥料登记指南 [M]．北京：中国农业出版社，2002．

[3] 中华人民共和国国家标准．肥料和土壤调理剂术语 [S]．GB/T6274—1997．

[4] 高祥照．大力发展 BB 肥时机已成熟 [N]．中华合作时报．2005-6-30，B2 版．

[5] 荀辉民．植物生理学 [M]．北京：北京农业大学出版社，1994；144-170．

[6] 综合信息．广谱型肥料增效剂 [J]．磷复肥与硫酸信息，2006，14：4．

[7] 廖宗文，刘可星，毛小云，等．磷资源短缺与高效利用技术的探索 [C]．首届全国磷复肥技术创新（新宏大）论坛论文集，2007，6：16-173．

[8] 张红宇，金继运．中国肥料产业研究报告．分报告五：中外肥料管理体制及立法比较研究 [M]．北京：中国财政经济出版社，2003；196-233．

[9] 肥料年鉴（日本）．记述篇：第三章、关于法定标准的修改（2001 年度）．

[10] 中华人民共和国农业行业标准．有机肥料 [S]．NY525—2002．

[11] 中华人民共和国农业行业标准．微生物肥料 [S]．NY227—94．

[12] 中华人民共和国农业行业标准．根瘤菌肥料．NY410—2000；固氮菌肥料．NY411—2000；磷细菌肥料．NY412—2000；硅酸盐细菌肥料．NY413—2000．

[13] 中华人民共和国农业行业标准．复合微生物肥料．NY/T798—2004；生物有机肥．NY884—2004．

[14] 中华人民共和国农药管理条例 [M]．北京：法律出版社，1997．

[15] 徐本生，陈宝珠，张慎举．稀土农用的理论与技术 [M]．郑州：河南科学技术出版社，1993．

[16] 刘更另．营养元素循环和农业的发展 [J]．土壤学报，1992（3）：251-256．

[17] 林葆．化肥与无公害农业 [M]．北京：中国农业出版社，2003．

[18] 黄鸿翔，李书田，李向林，等．我国有机肥的现状与发展前景分析 [J]．土壤肥料，2006（1）：3-8．

# 我国化肥施用的现状和展望

林葆 李家康

化肥有生产、营销和施用三个相互联系环节。我们是农业部门搞肥料施用的科技人员，现就我国近 30 年（1980—2010）的统计数据和资料，对化肥生产和施用的现状做一粗略的分析，并和大家探讨当前和今后农业发展对化肥需求的若干问题。

## （一）化肥产量迅速增加，产品结构明显变化

我国化肥产量从 1980 年的 1232.3 万吨，增加到 2010 年的 5727.0 万吨，增加了364.7%。氮肥和磷肥实现了自给有余，钾肥的自给率接近 50%。化肥产量和用量的增加，为农业增产提供了重要的物质基础，有力地促进了农业生产的发展和粮食生产的 8 年连续增产。在化肥产量增加的同时，产品结构也发生了明显变化，见表 1、表 2 和表 3。

**表 1 我国近 30 年化肥产量**

（单位：万吨）

| 年份 | 总量 | N | $P_2O_5$ | $K_2O$ | N：$P_2O_5$：$K_2O$ |
|---|---|---|---|---|---|
| 1980 | 1232.3 | 999.3 | 231 | 2.0 | 1：0.231：0.002 |
| 1985 | 1322.4 | 1144.0 | 236* | 2.4 | 1：0.206：0.002 |
| 1990 | 1873.7 | 1464.0 | 405 | 3.7 | 1：0.277：0.002 |
| 1995 | 2469.8 | 1858.1 | 595 | 16.7 | 1：0.320：0.009 |
| 2000 | 3007.0 | 2314.0 | 663 | 30.3 | 1：0.287：0.013 |
| 2005 | 4559.0 | 3200.7 | 1125 | 233 | 1：0.351：0.073 |
| 2010 | 5727.0 | 3748.0 | 1582 | 397 | 1：0.422：0.106 |

数据来源：2005 年前由中国石油和化学工业规划院提供，2005 年起由中国氮肥工业协会和中国磷肥工业协会提供。

\* 为 1984 年产量。

**表 2 我国近 30 年氮肥产量与品种结构**

（单位：万吨）

| 年份 | 合计 | 尿素 | 硝酸铵 | 碳酸氢铵 | 氯化铵 | 其他 | 尿素占（%） | 其他占（%） |
|---|---|---|---|---|---|---|---|---|
| 1980 | 999.3 | 299.4 | 64.2 | 513.8 | 13.7 | 108.2 | 30.0 | 10.8 |
| 1985 | 1144.0 | 406.5 | 65.4 | 626.4 | 20.4 | 25.4 | 35.5 | 3.1 |
| 1990 | 1464.0 | 488.6 | 57.9 | 848.0 | 38.8 | 30.7 | 33.4 | 2.3 |
| 1995 | 1858.1 | 782.8 | 47.6 | 893.5 | 52.8 | 81.4 | 42.1 | 4.4 |
| 2000 | 2314.0 | 1412.3 | 46.7 | 633.0 | 75.9 | 146.1 | 61.0 | 6.3 |
| 2005 | 3200.7 | 1920.0 | 125.3 | 681.4 | 144.0 | 329.9 | 60.0 | 10.3 |
| 2010 | 3748.0 | 2423.0 | 141.0 | 421.0 | 239.0 | 524.0 | 64.1 | 14.0 |

注：数据来源同表 1；其他氮肥 2000 年后主要为磷酸铵和复合肥中的氮。

注：本文为 2013 年 6 月 18 日在 YARA（原 HYDRO）进入中国市场百年庆典上的发言。

### 表 3　我国近 30 年磷肥产量与品种结构

（单位：万吨）

| 年份 | 合计 | 磷酸二铵 | 磷酸一铵 | 普钙 | 钙镁磷肥 | 重钙 | 硝酸磷肥 | NPK |
|---|---|---|---|---|---|---|---|---|
| 1980 | 231 | 4 | — | 165 | 62 | — | — | — |
| 1985 | 176 | 4 | — | 134 | 38 | — | — | — |
| 1990 | 405 | 6 | 8 | 290 | 98 | — | 3 | — |
| 1995 | 595 | 23 | 34 | 391 | 120 | 10 | 6 | 11 |
| 2000 | 663 | 69 | 79 | 364 | 64 | 19 | 9 | 59 |
| 2005 | 1125 | 233 | 255 | 447 | | 48 | 7 | 135 |
| 2010 | 1582 | 537 | 526 | 280 | | 78 | 6 | 155 |

注：数据来源同上；2005 和 2010 年普钙栏数值包括钙镁磷肥。

随着化肥产量增加，品种结构变化有以下三个特点：

第一，氮、磷、钾的比例得到明显改善。30 年中化肥产量增幅最大的时段是 2000—2010 年。在这 10 年内，氮肥增加了 1434 万吨，磷肥增加了 919 万吨，钾肥增加了 367 万吨，总量增加了 2720 万吨，都超过了前 20 年，增幅分别为前 20 年的 109.0％、186.4％、1296.8％和 153.3％，磷、钾肥产量的增速高于氮肥，使国产磷、钾肥比例明显偏低的状况得到了改善，由 1：0.231：0.002 提高到 1：0.422：0.016，钾肥的比例仍然偏低。

第二，化肥的浓度（养分含量）明显提高。30 年来品种结构变化的共同特点是高浓度化肥（尿素、磷酸一铵、磷酸二铵、重钙）的比例明显增加，而中低浓度化肥（碳酸氢铵、普钙、钙镁磷肥）的比例明显下降。例如，尿素由 1980 年占氮肥总量的 30.0％，上升到 2010 年占 64。6％；与此相反，碳酸氢铵由 1980 年占氮肥总量的 51.4％，下降到 2010 年的 11.2％。磷肥也是如此，高浓度的磷酸铵、重钙增加了，低浓度的普钙、钙镁磷肥减少了。因此，国产化肥的养分含量由 1980 年的 20％，上升到 2010 年的 40.8％。化肥浓度的提高节省了包装、贮存、运输的大量费用，施用也更为方便了。

第三，化肥的复合率明显提高。磷酸铵、高浓度 NPK 复合肥从无到有，2010 年磷肥的复合率达到 77.4％。

但是，硝酸铵的发展不大，在氮肥中的比例是下降的。硝酸磷肥只有个别厂家生产，始终没有发展起来。在这种情况下，也存在一些问题，主要是化肥品种单一。

第一，氮肥以尿素为主，硝基氮肥不足，给施用造成一定困难。例如蔬菜和某些经济作物（烟草等）需要硝基氮肥，在灌溉施肥、追施速效氮肥等情况下，硝基氮肥也有其优越性。

第二，氮、磷两元复合肥几乎全部为磷酸铵，生产中需要大量硫酸，而我国硫资源不足，50％以上依赖进口，因而受国际市场硫磺价格波动的影响很大（例如，由 2007 年 1 月每吨 100 美元上升到 2008 年 8 月最高到岸价每吨 800 美元，后又迅速下降到 60～70 美元/吨）。同时，大量的副产品磷石膏难于处理。生产磷酸铵要用高品位磷矿，我国贮量丰富、选矿困难的中低品位磷矿未能充分利用。

国产氮、磷肥近年已有部分用于出口，还有部分用做工业原料（如尿素），但主要是满足国内农业生产的需要。

## （二）化肥施用量迅速增加，种植业结构变化对化肥施用产生重要影响

现将近 30 年我国化肥使用量和不同时段（每 5 年）的增幅列于表 4 和表 5。

### 表 4 我国近 30 年化肥施用量

（单位：万吨）

| 年份 | 总量 | N | $P_2O_5$ | $K_2O$ | 复合肥 | 复合率（%） |
|------|------|------|------|------|------|------|
| 1980 | 1269.4 | 934.2 | 273.3 | 34.6 | 27.3 | 2.2 |
| 1985 | 1775.8 | 1204.9 | 310.6 | 80.4 | 179.6 | 10.1 |
| 1990 | 2590.3 | 1638.4 | 462.4 | 147.9 | 341.6 | 13.2 |
| 1995 | 3593.7 | 2021.9 | 632.4 | 268.5 | 670.8 | 18.7 |
| 2000 | 4146.3 | 2161.6 | 690.5 | 376.6 | 917.7 | 22.1 |
| 2005 | 4766.2 | 2229.7 | 743.8 | 489.8 | 1303.6 | 27.4 |
| 2010 | 5561.7 | 2353.7 | 805.6 | 586.4 | 1798.5 | 32.3 |

注：引自《中国农业年鉴》和《中国农业统计资料》。

### 表 5 我国近 30 年化肥使用量不同时段（每 5 年）增幅变化

（单位：万吨）

| 年份 | N | $P_2O_5$ | $K_2O$ | 复合肥 | 总量 | 平均年增量 |
|------|------|------|------|------|------|------|
| 1980 | — | — | — | — | — | — |
| 1985 | 270.7 | 37.3 | 45.8 | 125.3 | 506.4 | 101.3 |
| 1990 | 433.5 | 151.8 | 67.5 | 162.0 | 814.5 | 162.9 |
| 1995 | 383.5 | 170.0 | 120.6 | 329.2 | 1003.4 | 200.7 |
| 2000 | 139.7 | 58.1 | 108.1 | 246.9 | 552.6 | 110.5 |
| 2005 | 68.1 | 53.3 | 113.2 | 385.9 | 619.9 | 124.0 |
| 2010 | 124.0 | 61.8 | 96.6 | 494.9 | 795.5 | 159.1 |

随着化肥生产的品种调整，并进口了部分化肥（主要是钾肥和复合肥），我国化肥施用的氮磷钾比例渐趋合理，化肥复合率也得到提高，2010 年施用的氮磷钾化肥总的复合率达到 32.3%。从不同时段看，以 1985—1995 年化肥施用量增长最快。但是进入 21 世纪后，化肥施用量的增长速度并没有慢下来，2005—2010 年的 5 年中，平均每年用量增长 150 万吨以上。2010 年我国共施用化肥 5561.7 万吨，占 2009/2010 肥料年度世界化肥消费量（163.5 百万吨）的 34.0%，即我国化肥总用量占世界的三分之一。

根据国内的一些调查和统计资料，种植结构的变化，对近年化肥的施用有很大的影响。在 30 年中，各种作物的种植面积均有波动，总的来看，粮食作物的面积是逐渐减少的，经济作物除麻类外，都是增加的，其中尤以瓜菜和果树的面积增加最快。还有药材、花卉等以往种植较少的作物，近年也有较大发展，详见表 6 和表 7。

**表 6 近 30 年我国种植业结构的变化**

（单位：万公顷）

| 作物 | 1980 | 1985 | 1990 | 1995 | 2000 | 2005 | 2010 | 变化（%） |
|---|---|---|---|---|---|---|---|---|
| 粮食 | 11647 | 10855 | 11347 | 11006 | 10846 | 9941 | 10988 | 94.3 |
| 棉花 | 492 | 514 | 559 | 542 | 404 | 506 | 484 | 98.2 |
| 油料 | 793 | 1180 | 1090 | 1310 | 1540 | 1432 | 1389 | 175 |
| 麻类 | 31 | 123 | 50 | 38 | 26 | 34 | 13.3 | 42.9 |
| 糖料 | 92 | 153 | 168 | 182 | 151 | 166 | 191 | 208 |
| 烟叶 | 40 | 131 | 159 | 147 | 144 | 127 | 135 | 338 |
| 瓜菜 | 316 | 567 | 706 | 1063 | 1728 | 2031 | 2139 | 677 |
| 果树 | 178 | 274 | 518 | 810 | 893 | 944 | 1154 | 648 |
| 茶叶 | 104 | 104 | 106 | 112 | 109 | 135 | 197 | 189 |
| 热作 | (58.8) | 58.8 | 69.5 | 66.8 | 72.5 | 83.7 | (109.4) | 188 |
| 药材 | (10) | 25.9 | 15.3 | 27.9 | 67.6 | 124.8 | 124.2 | 1242 |
| 花卉 | | | | (8.6) | 14.8 | 81 | 91.8 | 1067 |
| 其他 | 1148 | 919 | 859 | 701 | 735 | 809 | 605 | 52.7 |
| 合计 | 14910 | 14935 | 15647 | 16013 | 16731 | 16415 | 17621 | 118.2 |

注：引自《中国农业年鉴》和《中国农业统计资料》，其中药材缺 1980 年、热作缺 1980 至 1984 年和 2010 年、花卉缺 1980 至 1997 年统计数。表中加括号的数值，药材为 1981 年、热作分别为 1985 年和 2009 年、花卉为 1998 年的统计数。其他以饲料作物为主。

**表 7 近 30 年我国粮食和经济作物施肥面积的变化**

| 项目 | 1980 | 1985 | 1990 | 1995 | 2000 | 2005 | 2010 | 增减（%） |
|---|---|---|---|---|---|---|---|---|
| 粮食作物（%） | 78.1 | 72.9 | 72.5 | 68.7 | 64.8 | 60.6 | 62.4 | −15.7 |
| 经济作物（%） | 21.9 | 27.1 | 27.5 | 31.3 | 35.2 | 39.4 | 37.6 | 15.7 |
| 其中瓜菜果（%） | 3.3 | 5.6 | 7.8 | 11.7 | 15.7 | 18.1 | 18.7 | 15.4 |

注：施肥面积未包括经济林木（如毛竹、桉树、桑园）、苗圃和人工草场等。

表 6 中各种作物的种植面积就是实际的施肥面积。近 30 年总面积由 14910 万公顷增加到 17612 万公顷，增加了 18.2%。从表 7 看粮食作物和经济作物面积各占比例的变化。粮食作物面积由 1980 年的 78.1% 下降到 2010 年的 62.4%，降幅为 15.7%；与此相反，经济作物占比由 1980 年的 21.9% 上升到 2010 年的 37.6%，增幅也是 15.7%。而其中瓜菜果增幅占 15.4%，由此可见，经济作物种植面积的增加，几乎全部来自瓜菜果面积的增长。这种情况各省又有不同，在广东、山东等沿海省份更为明显。根据国家统计资料，广东省的粮食作物面积由 1980 年的 532.0 万公顷下降到 2010 年的 253.2 万公顷，仅为 1980 年的 47.6%。山东省的蔬菜面积由 1980 年的 29.0 万公顷发展到 2010 年的 177.1 万公顷，为 1980 年的 610.7%。而河南、吉林这样的产粮大省，粮食面积变化不大。

种植结构的变化对施肥产生了以下几个方面的影响：

第一，有机肥大多施在了经济作物上，甚至像北京这样有机肥资源十分丰富的大城市郊区，粮食作物已经很少施用有机肥，几乎全靠施用化肥。我们在山东省一些地方的调查，粮食作物除了秸秆还田外，也不施用别的有机肥，全部施用化肥。这一现象在一些地方相当普遍，可能还会长期存在。

第二，化肥在经济作物上，尤其在蔬菜、果树上的施用量，大大超过了粮食作物。我国一直没有各种作物施肥量的统计资料，只有一些调查数据。例如中国农业科学院原土壤肥料研究所1996年在吉林、山东、陕西、四川、湖北、广西和江苏7个省（自治区）1958个农户的调查数据汇总成表8。

由这一调查结果可以看出，经济作物的施肥量要高出粮食作物约50%，而瓜菜和果树的施肥量超过粮食作物一倍以上。由此推算，2010年占施肥面积62.4%的粮食作物总共用肥3001.8万吨，占总量的50.7%；而占施肥面积37.6%的经济作物总共用肥2921.8万吨，占总量的49.3%，与粮食作物相接近。同时，也出现了果树和瓜菜上盲目追求经济效益，往往过量施肥的问题。尤其在蔬菜大棚的特殊小气候条件下，造成了明显的土壤盐化、酸化和病、虫的大量发生和环境污染等问题。

**表8　我国7省（区）1958个农户1996年在不同作物上的施肥量**

（单位：千克/公顷）

| 作物种类 | N | $P_2O_5$ | $K_2O$ | NPK合计 | 以粮食作物为100% |
|---|---|---|---|---|---|
| 粮食作物 | 177 | 64 | 32 | 273 | 100.0 |
| 经济作物 | 240 | 126 | 75 | 441 | 161.5 |
| 其中：果树 | 326 | 197 | 73 | 596 | 218.3 |
| 瓜菜 | 263 | 237 | 121 | 721 | 264.1 |

注：资料来源：林葆主编，化肥与无公害农业，181~183，中国农业出版社，2003，2。

第三，由于经济作物，尤其是蔬菜、果树的营养特点，也对化肥生产、销售和施用产生了一些新的要求。例如：

（1）蔬菜是喜硝态氮作物，化肥中硝态氮的比例大，蔬菜生长好，一般硝态氮要达到50%以上，如果铵态氮超过30%，对蔬菜的生长就有一定的不良影响。烟草也要施用硝态氮肥，以利提高烟叶的品质。

（2）蔬菜是需钙量很高的作物，萝卜、甘蓝的吸钙量分别是小麦的10倍和25倍。果树即使种植在含钙量较高的土壤上，因植株吸收和运输的问题，仍可引起果实缺钙的生理病害。因此，蔬菜和果树要注意施用水溶性钙肥。蔬菜的含硼量高，其含量一般为禾谷类作物的数倍到数十倍，应注意土壤有效硼状况，及时施用硼肥。

（3）蔬菜需钾多，其吸钾量高于氮。一些蔬菜产区的调查、测定结果，往往氮、磷肥施用过量，而钾肥施用不足。施用足够的钾肥，对提高果树的抗性和果品品质也有很好的作用。在瓜、果、菜上施用钾肥，一般以硫酸钾和硝酸钾为宜。

**（三）农业发展对化肥需求的展望**

**1. 化肥用量还将继续增加。**近30年来我国化肥用量快速增长是符合国情的。我国耕地在减少，人口在增加，对粮食和各种农产品的需求在增长，而提高总产主要靠提高单产。根据"国家粮食安全中长期规划纲要（2008—2020年）"的要求，从2008年到2020年，我国还要新增 500 亿千克粮食生产能力，全国粮食单产水平要从 2008 年的每亩 330 千克提高到 350 千克左右，这就要有更多的肥料。同时由于以下原因，更加剧了增施肥料的迫切性：

耕地土壤肥力基础薄弱。我国耕地大多开垦年代久远，以种植业为主，利用强度高，养地措施少，地力消耗大。土壤普遍缺氮，缺磷和缺钾的面积大。作物的养分供应对肥料有很强的依赖性。

国家、集体建设和个人建房占用了大量耕地，尤其是城镇的发展占用了大量高产农田和菜地，而新增的耕地大多质量不高。

种植业结构的调整，增加了施肥量高的蔬菜、果树等作物，这在上面已经提到了。而且化肥的施用对象还在扩大，如苗圃、经济林木，甚至像有些水产（如海带）都在施肥。

我国单位面积的施肥量应当如何计算，也存在一些问题。我国的耕地面积为12171.59万公顷（国家统计局，2008 年），按单位耕地面积计算，每公顷用量为 470.52 千克（31.67 千克/亩），用量确实较大。但是，这样简单地按耕地面积平均，也有许多问题：首先，施肥是按播种面积操作的，我国粮食作物有 150% 左右的复种指数。另外，各国的耕地概念不同，我国没有把果园、茶园等计算在耕地面积中，而每年都施用大量的肥料。我们把 2010 年各种作物的播种面积相加，为17621万公顷。按此面积计算，则每公顷的化肥用量为 325.0 千克（21.67 千克/亩），仅为按耕地面积计算的用量的 69%。我们也按播种面积计算了一些省份的施肥水平，列于表 9。

表 9　2010 年全国和一些省份的施肥水平

| 省份 | NPK 用量 | | N 用量 | | N：P$_2$O$_5$：K$_2$O |
| --- | --- | --- | --- | --- | --- |
| | 千克/公顷 | 千克/亩 | 千克/公顷 | 千克/亩 | |
| 全国 | 315.6 | 21.0 | 180.0 | 12.0 | 1：0.43：0.31 |
| 黑龙江 | 176.3 | 11.8 | 85.6 | 5.7 | 1：0.64：0.42 |
| 吉林 | 346.2 | 23.1 | 210.2 | 14.0 | 1：0.34：0.31 |
| 辽宁 | 316.4 | 21.1 | 203.7 | 13.6 | 1：0.30：0.26 |
| 河北 | 330.1 | 22.0 | 201.0 | 13.4 | 1：0.40：0.25 |
| 山东 | 416.3 | 27.8 | 228.6 | 15.2 | 1：0.46：0.37 |
| 河南 | 443.6 | 29.6 | 236.4 | 15.8 | 1：0.39：0.33 |
| 湖北 | 408.9 | 27.2 | 234.1 | 15.6 | 1：0.48：0.26 |
| 湖南 | 268.2 | 17.9 | 155.3 | 10.4 | 1：0.33：0.39 |
| 江西 | 233.7 | 15.8 | 90.0 | 6.0 | 1：0.72：0.62 |

注：施肥面积包括了茶园、果园、药材、饲料作物，未包括苗圃、经济林木等。

由上表可以看出，全国每亩的化肥用量为 21 千克，其中氮肥的用量为 12 千克。黑、吉、辽 3 省代表东北地区，冀、鲁、豫 3 省代表华北地区，鄂、湘、赣代表长江中下游。其中河南和山东是全国施肥总量最高的两个省，其施肥量每亩接近 30 千克，施氮量每亩 15 千克。考虑到这两个省蔬菜和果树都有较大的面积，用肥量较高，因此，在粮食作物上的施氮量也就是 12 千克左右，应当是在合理的用量范围。像黑龙江、江西这样的产粮大省，化肥的用量还是不够的。由此看出，在粮食作物上化肥的施用水平总体上并没有超量，但各省之间不平衡，各种作物之间不平衡。可以减少化肥用量的，只是一些明显超量用肥的果树和蔬菜等。

**2. 化肥的污染要引起重视。** 我国化肥利用率较低，损失的化肥进入环境造成污染，这是没有争议的事实。但是，化肥的污染程度，也就是化肥在农业面源污染中所占的份额（比重）并不太清楚。

化肥的污染主要由氮肥和磷肥造成。根据中国科学院南京土壤研究所的研究，氮肥施用后的去向大致如下：作物回收 35%，氨挥发 11%，表观硝化—反硝化 34%，淋洗 2%，径流 5%，未知 13%。可见氮肥施用后损失的途径主要是氨挥发和硝化—反硝化产生的氮的氧化物进入大气的气态损失，径流和淋洗进入水体的量不大。磷肥施用后一般没有挥发损失，在土壤中的移动性很小，随径流损失是其主要损失途径。进入大气后的氮化合物的跟踪研究较少，进入水体后的氮、磷化物主要引起浅层地下水的硝态氮污染和地表水（湖泊、水库、港湾）的富营养化。

在 20 世纪 90 年代初，我所曾有人对京、津、唐（唐山）及其附近地区 69 个点的井水硝酸盐含量进行了调查，发现半数以上的井水硝酸盐超过饮用水的硝酸盐最大允许含量（50 毫克/升），给地下水的污染敲起了警钟。但在这一人口密集地区把井水的硝酸盐污染主要归结为施用氮肥，似有失偏颇。因为生活用水和养殖业的排污也是对地下水造成污染的重要原因。

2010 年国家环保部、统计局和农业部联合发布了 2007 年度的《第一次全国污染源公报》，是一个权威性的材料。它把进入环境水体的污染物排放量分成工业源、农业源和生活源三部分，农业源是一个污染大户，它的 COD、总氮、总磷的排放量都占了总量的一半左右。农业主要污染物的排放量列于表 10。

**表 10　我国农业主要污染物排放（流失）量**

| 项目 | 总量（万吨） | 其中 | | | | | |
| --- | --- | --- | --- | --- | --- | --- | --- |
| | | 种植业 | | 畜禽养殖业 | | 水产养殖业 | |
| | | 万吨 | % | 万吨 | % | 万吨 | % |
| COD | 1324.09 | — | — | 1268.26 | 95.8 | 55.83 | 4.2 |
| 总氮 | 270.46 | 159.78 | 59.1 | 102.48 | 37.9 | 8.21 | 3.0 |
| 总磷 | 28.47 | 10.87 | 38.2 | 16.04 | 56.3 | 1.56 | 5.5 |

从表 10 看，畜禽养殖业的污染物排放量中 COD 和总磷两项都大大超过种植业。种植业的总氮、总磷与化肥污染直接有关，但未能把来自有机肥、化肥和基础流失量（往年积累氮、磷的流失量）三者分开，对防治肥料对水体的污染显得不足，还应进一步调查研究。

对防治化肥的污染，从总体上讲，应当是控制用量和提高利用率，有时改进施肥技术也有明显的效果。

**3. 化肥的品种结构有待进一步调整。** 在此讲稿的第一部分对我国化肥的产品结构变化及其存在问题已经触及，在此结合新型肥料的开发，作进一步探讨。

近 30 年我国化肥品种结构有了明显变化，可归结为浓度提高、复合率增加、氮磷钾比例改善，但是，品种单一，还不能适应当前和今后农业发展的需要。今后调整的方向大致如下：基础肥料（即原料肥，相对于二次加工的肥料而言）中，氮肥应适当发展硝酸铵类氮肥，复合肥（complex fertilizer）要增加硝酸磷肥一类肥料。二次加工的肥料，应大力发展复混肥（compound fertilizer）和散装掺混肥（BB 肥）。

我国国产的氮肥中，2010 年硝酸铵只有 141.0 万吨，占氮肥总产量的 3.8%。在复合肥中 2010 年磷酸铵（一铵、二铵）的产量高达1063万吨，（以 $P_2O_5$ 计算），而硝酸磷肥只有 6 万吨。所以要发展硝基类的氮肥和复合肥是显而易见的。

我国氮磷钾化肥的总体复合率不高，由施用量看，为 32.3%，有很大的发展潜力。再加工生产的各类复混肥（企业都称之为复合肥）适应性广，施用得当可明显提高利用率和利用效率（肥效）。当前可以大力发展的品种有以下几大类：

（1）水溶性肥料。在我国今后农业发展中，缺水比缺肥更为严重。水肥耦合（水肥一体化）两者相互促进，水是肥料的增效剂，肥料又是水的增效剂。在发展水肥一体化中适用的肥料前景广阔。这一大类肥料又可分为几类：

①冲施肥：大多在蔬菜大棚施用，近年也发展到露地蔬菜和果树，一般将肥料用水冲施，或兑水浇施，速溶速效，蔬菜可早收获、早上市，又可缩短收获的间隔时间，产量和收益都得到提高。

②全水溶性滴灌肥：在干旱地区使用，水肥的利用率和利用效率都较高，是现代农业的发展方向，但是要有相应的设备投入和较高的施用技术。

③叶面肥：以微量营养元素肥料为主，也是一类利用率较高的肥料。我国微量元素缺乏的面积很大，根据第二次土壤普查的结果，缺锌的耕地面积占 45.7%，缺硼的占 68.1%，缺钼的占 59.8%，缺铁的占 16.2%。微量元素缺乏有明显的地区性，例如锌和铁的缺乏主要发生在华北、西北和黄土高原的石灰性土壤上，在西南、华南和长江中下游的酸性土壤上很少缺锌和缺铁。同时，不同作物对微量元素缺乏的敏感性不一样。这些情况都告诉我们，微量元素肥料的施用要有针对性。

（2）可用作一次性基施（或追施）的复混肥。目前一次性施肥有扩展的趋势，东北的春玉米、华北的冬小麦、夏玉米、西南的冬水田一季中稻都有一次施肥的。按目前复混肥的生产工艺要解决这个问题有困难，核心是氮。氮肥比例过大，导致作物前期生长过旺；氮肥少了，生长期长的作物，像北方的冬小麦难免后期脱肥。东北春玉米上有一次施用高氮 BB 肥的情况，如施肥位置不当，容易发生烧种、烧苗。我们认为解决的办法是开发缓释肥与速效肥相结合的 BB 肥，即用普通 NPK 化肥或复混肥与缓释氮肥掺混生产 BB 肥施用，可降低生产成本，又可一次施用，可以推行。一次性施肥，一般要有相应的施肥机械，把肥料施在适宜的位置。

（3）价格比较低的缓释肥料。缓控释肥料的发展已经有半个多世纪，但其用量尚不到化肥总用量的 1%，究其原因，还是价格较高，除少数国家外，没有能进入大田。缓控释肥料的关键是氮，减缓氮肥的释放，提高其利用率，是行之有效的办法。根据我们 2006—2010 年的 5 年间，由黑龙江到海南 12 个省（自治区）以水稻、小麦、玉米为主的粮食作物上组织的 233 个田间试验结果看，硫磺加树脂双层包膜的缓释尿素，或掺混有此种尿素颗粒的 BB 肥，与等养分量的普通化肥比较，可提高氮肥的利用率 10%～15%（绝对值），增产幅度在 10% 左右，减少化肥用量 20%～30% 不减产（包括 6 个 3～4 年的定位试验）。多数情况下可一次底施。有增效、节肥、省工、环保的效果，应当肯定。但是，要做到控释尚有一定困难，因为肥料在恒温水中的释放和田间土中的释放条件完全不同。因此，在用控释肥做底肥的情况下，必要时（如冬小麦返青—拔节期，水稻插秧后的返青期）可一次追少量氮肥。当务之急是开发出技术过关，成本较低的缓释氮肥，并尽快实现产业化。

（4）因作物因土开发专用肥。专用肥是对通用肥而言的，它必须以作物营养特点为主要依据，同时考虑到施用地区的土壤养分状况。一般来说，氮肥是普遍要施用的，关键是磷、钾肥的比例要根据作物的需肥特点进行调节。不同区域的土壤养分状况有差别，也要加以考虑。不同作物、不同生长季节对养分形态还有其要求，如氮肥用铵态还是硝态，钾肥用硫酸钾还是氯化钾等等。开发专用肥是一个系统工程，要对诸多环节进行综合考虑，才能形成有较强针对性的专用肥，实现节肥增产的目的。

（5）有机—无机复混肥。应用畜禽养殖场的排泄物生产有机—无机复混肥，用于绿色食品生产或高产值的经济作物生产。如果把这个问题解决好，对于环境治理有重大意义，国家应在政策上予以扶植。

此外，还有添加各种肥料增效剂的功能性肥料等，不在此一一叙述。我们认为开发各种新型肥料，要能够真正站住脚，还须要注意以下几点：

（1）开发一种新型肥料要有明确的针对性，而不是要普遍适用。新型肥料的开发都是针对普通化肥的某些不足之处进行的肥料再加工，它有很强的针对性和专一性，不是要"遍地开花"。

（2）要开发一种定型的新型肥料，必须进行多年多点的、规范的田间试验，目前这方面做得很不够。田间试验和示范主要是检验使用效果（肥效），同时，还可以为产品的改进反馈宝贵的意见，提出配套的施肥技术，对农民和管理干部进行宣传。

（3）好肥料还要有好的配套施用机具和施用方法。

**4. 科学施肥要进一步加强。**科学施肥涉及千家万户。在农户经营规模小、土地经营分散的情况下，普及科学施肥知识困难较大。今年中央一号文件提出，在稳定农村土地承包关系的基础上，将采取奖励等多种办法，扶持联户经营、专业大户、家庭农场，大力支持发展农民合作社。这将为科学施肥的推广提供极为有利的条件。

近年农业科技推广部门在测土配方施肥等方面做了许多工作，成效显著。我们希望能够将这些成果编印成不同地区的"施肥推荐手册"，供农民使用。对现在施肥量很高的蔬菜、果树等能够编写有关规程，让农民施肥有据可依。

企业的营销人员也是科学施肥的一支大军，在农化服务方面的工作应当继续做好，并不断提高和发展。

# 4　化肥与无公害农业

# 《化肥与无公害农业》序言

施用化肥在农业增产中的作用是无可争议的事实。近年来随着我国化肥用量的迅速增加，局部地区和某些作物上出现了过量和不合理施用化肥，产生了一些负面影响，这是不可忽视的，也为化肥的施用提出了新的研究方向和课题。长期以来困扰我国农业的问题是产品数量不足。因此，农业生产的目标在增加产量，施肥也不例外。自从党的十一届三中全会以来，农村实行联产承包责任制，调动了亿万农民的积极性，解放和发展了生产力。各级政府及时在农业生产上给予有力扶持。我国农产品已经实现了由长期短缺到供需基本平衡，丰年有余的历史性转变，全国农村总体上由温饱进入了小康的新阶段。在这一新形势下，施用化肥在提高产量的同时，应当更加注重提高农产品质量，增加农民收入，同时，要改善生态环境，注重农产品的安全，保障人民健康。在这方面的工作我们还刚刚开始，而社会上却出现了一些对施用化肥的负面影响的宣传。这些宣传存在相当大的片面性，有的甚至是没有根据的商业性炒作。从而对我国的化肥生产、化肥施用产生不良影响，起了误导的作用。这些片面和不正确的宣传主要集中在化肥与绿色食品、化肥与土壤肥力和化肥与生态环境三个方面。

一

何谓肥料？肥料是"以提供植物养分为其主要功效的物料"，简言之，肥料是植物的粮食。这一术语为什么是肥料，什么不是肥料划定了界线。根据国家标准中的这一术语，植物激素类（如生长素、赤霉素、细胞分裂素等）和人工合成的植物生长调节剂（如萘乙酸、2,4D、矮壮素等）不属于肥料之列，虽然使用生长调节剂与施肥有关，有时两者可配合使用。声、光、电、磁等物理因素也不是肥料，如磁肥的名称是不正确的。这些物理因素对植物的生长、发育有影响，尤其是光，是植物生长、发育必需的外界条件之一，但不属于肥料之列。肥料通常有三大类，即有机肥料、化学肥料（矿质肥料）和微生物肥料（菌肥或菌剂）。从农业生产中养分的循环来看，三者之间性质是有不同的。有机肥料是人们最早开始施用的肥料，有机肥料的历史，几乎与农业中的种植业同样久远。农民把人、畜不能利用的有机废弃物，以有机肥料的形式归还于土壤，是农业生产中物质和能量循环利用的最好方式。否则，不仅会造成很大的浪费，还会引起环境的污染。有机肥中含有大量有机的碳、氮等物质，同时有肥料和土壤调理剂（"用于保持和改善植物营养和土壤物理化学性质以及生物活性的各种物料"）的作用。但是，施用有机肥料，本质上是农业生产内部物质和能量的循环利用。历史资料证实，只施有机肥料，可以维持土壤肥力和产量，但难以大幅度提高产量。化学肥料的施用虽然只有 160 年的历史（不包括施用天然的矿质肥料），但是，施用化肥是在农业本身养分和能量的循环中，投入了外界新的养分和能量，使作物产量得以迅速地、大

注：本文收录于《化肥与无公害农业》，林葆主编，中国农业出版社，2003 年。

幅度地提高。因此，化肥的生产量和使用量增加很快。在我国肥料使用的总量中，以养分计算约占三分之二，其中氮素养分占80%，磷素养分占75%，只有钾素养分，仍以有机肥中的钾为主。微生物肥料是有益微生物的活体制品，施用后由于有益微生物的作用，或有益微生物以及与之共生的作物相互作用，起改善植物营养条件，或兼有刺激植物生长的作用。由于起作用的是微生物活体，这类肥料的作用往往与施用的土壤条件有十分密切的关系，即该条件下，这些有益微生物要能够生长、繁殖，并发挥作用。其中以生物固氮类的微生物（共生或自生的）及其制剂受到普通重视。

# 二

化学肥料的生产和使用，是以德国农业化学家李比希（J. V. Liebig）提出的植物矿质营养理论为基础的。绿色植物生长、发育需要光、热、水分、养分和空气。植物到底从周围环境中吸取了一些什么养分（养料），这是从17世纪以来，人们就开始通过试验进行探索的问题。自18世纪后期以来有过多次争论，有人认为植物仅仅以水为营养，也有人认为植物以土壤中的腐殖质为营养。直到1840年德国化学家李比希发表了"化学在农业和植物生理学上的应用"的论文，提出植物吸收矿物质为营养的论断，并为实践证实。同期，法国学者布森高（J. V. D. Biussingault）于1843年建立了第一个农业试验站，对各种轮作制中产量的成分进行了较为精确的分析。根据试验结果，他指出，作物中的碳来自空气中的二氧化碳，而不是土壤腐殖质。轮作中有豆科作物时，收获物中的总氮量常超出肥料中的氮，发现了豆科作物有增加收获物中氮素的能力。正是李比西的植物矿质营养理论和布森高的植物碳、氮营养学说，为肥料科学的发展奠定了基础。1886—1888年德国学者赫尔里格尔（H. Hellriegel）在砂培条件下证明，豆科作物只有形成根瘤才能固定空气中的氮。1888年荷兰学者贝叶林克（M. W. Beiierinck）分离出了根瘤菌。这是微生物肥料方面的突破。一百多年来世界各国在植物营养研究方面取得了长足的进步。先后肯定了植物必需的16种大量、中量和微量营养元素，搞清了它们的来源和植物主要吸收、利用的形态和途径，以及植物从土壤中吸收矿质养分后，与空气和水中的碳、氢、氧如何通过光合作用，合成糖、蛋白质和脂肪等等。在正确科学理论的指导下，化肥生产和使用的发展，如火如荼。1842年在英国开始用硫酸分解骨粉（或磷矿石粉），生产出过磷酸钙。1860年前后德国人从钾盐矿中提炼出钾肥。20世纪初，相继有用电弧法生产硝酸，制成硝酸钙；用电炉法生产碳化钙（电石），制成氰铵化钙（石灰氮）；用合成氨法生产硫酸铵。这些是早期的氮肥。此后随着生产工艺的发展，化肥的浓度（养分含量）逐渐提高，养分由单一向复合发展。自1950年到1980年的30年中，世界化肥的产量以每10年翻一番的速度增长，以后增长速度开始放慢。1998年世界化肥总产达到1.47亿吨（$N+P_2O_5+K_2O$，下同）。我国自20世纪的30年代开始生产化肥，化肥工业的体系是新中国成立后建立起来的。进入20世纪70年代化肥产量增加很快，加上每年进口大量化肥。2000年我国化肥产量达到3185.73万吨，使用量达到4146.34万吨，约占世界总量的20%和30%，均居世界第一位。化肥在农业生产中发挥了十分重要的作用。根据联合国粮农组织的资料，发展中国家施肥可提高粮食单位面积产量55%～57%，提高总产30%～31%。根据我国全国化肥试验网1981—1983年的大量试验结果，施用化肥，比不施可提高水稻、玉米、棉花单位面积产量40%～50%，提高小麦、油菜等越冬作物单位面积产量 50%～60%，提高大豆单位面积产量 20%。粗略地说，施用化肥比不施可提高单产 50%，作物总产中有三分之一是施用化肥的贡献。

从以上概况可以清楚看出，植物营养理论上的突破和化肥工业的兴起，在农业生产上所起的巨大作用。直到今天，作为化肥生产和使用的理论基础——矿质营养理论并没有过时，更没有被推翻。施用有机肥后，植物吸收的主要不是有机物，而是被微生物分解后的矿物质。这些矿质养分和化肥中的矿质养分是一样的。正是基于植物矿质营养理论，用化肥生产出的农产品，其营养价值和安全性也是不存在问题的。由于化肥是"浓缩"的养分，合理施用化肥不会对生产的食品造成污染。而且化肥比起现在的许多有机肥，如城镇垃圾堆肥、工厂化养殖场的畜、禽粪尿，从对食品和环境的污染来看，要清洁得多。因此，在绿色食品生产中，把有机肥和化肥对立起来，认为只能使用有机肥，不能使用化肥的说法，不论从科学道理上，还是从生产实践上都是站不住脚的。他们是国外有机农业的影响，对我国肥料使用的误导。其实我国才是有机农业的发祥地和"老祖宗"。关于这个问题留待以后再进行论述。

# 三

施化肥会不会破坏土壤，降低土壤肥力？其实这是一个从理论到实践上已经解决的问题。但是，在我国还是经常有文字材料见诸书本和报端，说施用化肥是破坏土壤的。在口头上就把施用化肥可能产生的负面作用说得更为严重。可见在部分人心理并没有解决这个问题。一方面觉得离不开化肥，不用化肥产量上不去；另一方面又对施用化肥存在疑虑，甚至有恐惧心理。其实从化肥诞生起，人们就开始比较化肥与有机肥的作用。最早的试验可追溯到 1842 年在英国洛桑试验站（Rothamsted Experimental Station）布置的肥料长期定位试验，施用化肥的小麦产量和施用有机肥是一致的。我国有不少人去过这个位于伦敦不远的试验站，并亲眼目睹了这一事实。1976 年在法国的 Grignon 举行了一次长期试验的国际会议，出示的资料都是 50 年以上的。这样的试验全世界大约有 30 多个。结果证实，在施入养分（氮、磷、钾）数量基本相同的情况下，施化肥的产量一般高于施有机肥的产量。在有机肥的养分量高于化肥的情况下，在试验的初期作物产量仍旧以施用化肥高，以后施用有机肥的产量与施用化肥相当，或超过施用化肥的产量。在对土壤肥力的影响方面，由于有机肥中有大量含碳的有机成分，对增加土壤有机质的作用明显高于化肥，因而对土壤的某些物理性状有改善的作用。但是，在氮、磷、钾化肥配合施用的情况下，由于作物生长茂盛，根系等有机物残留较多，土壤有机质也是缓慢增加的。至于土壤中的养分是否增加，主要取决于各种养分投入与产出的平衡状况。不论是施用有机肥或化肥，如果投入大于产出（包括各种途径的损失），养分有盈余，土壤中养分表现为积累（增加）的趋势；反之养分有亏缺，则土壤中养分表现为消耗（减少）的趋势。其中以磷素养分表现最为明显。从世界各地大量的试验看，也有某些特殊的情况。例如新开垦的多年生草地或砍伐后的林地用于种植一年生作物，或质地疏松的砂土，不论施用有机肥或化肥，都很难保持试验开始时的土壤肥力。

我国的肥料长期试验也不少，只是时间没有国外长，有的也已经坚持了 20 年以上。1992 年我们曾经对 52 个连续 10 年以上的试验进行了阶段性总结，有关资料已经在《长期施肥的作物产量和土壤肥力变化》（中国农业科学技术出版社，1996）一书中发表。不论从施用化肥还是施用有机肥，对作物产量和土壤肥力的影响看，其结果与国外是一致的。但从中也可以看出，我国耕地的土壤肥力是比较低的：与无肥区相比，施肥的增产幅度比较大；单施氮肥在试验开始时产量较高，但由于对土壤中磷、钾养分的消耗，产量很快大幅度下降。所有试验，都得出有机肥与化肥配合施用，对产量和土壤肥力的提高最为有利的结论。

## 四

近年来我国的生态环境状况局部有所改善，总体趋向恶化，全球的情况也不例外。在我国生态环境遭到污染的过程中，化肥起了多大的作用，是一个值得探讨的问题。根据现有资料，过量和不合理施用化肥作为面源污染的因素之一，影响是多方面的，主要有大气、地表水和浅层地下水三个方面。

在讨论化肥可能引起的面源污染前，我们首先应当看到施用化肥在环境方面所起的正效法，例如对大气中的温室气体的影响。有资料认为，在全球变暖中，$CO_2$ 所起的作用最大。工业化社会中大量消耗石油、煤炭、天然气等是 $CO_2$ 增加的主要原因。但是在生物圈中，人和各种动物，还有一些微生物，也是消耗氧气，排放 $CO_2$ 的。而绿色植物正好相反，是同化 $CO_2$ 释放氧气的。施用化肥在增加绿色植物的生物量方面，也就是同化 $CO_2$，释放氧气，清洁空气方面有重要的作用。同时，施用化肥，促使植物茂盛生长，地上部覆盖良好，地下部根系增加，可以减轻地表径流和土壤中矿质营养的下渗，从而减轻地表水和地下水可能因肥料引起的污染。

近年我国一些湖泊的富营养化发展迅速，太湖、巢湖、滇池的水质恶化严重。根据近年在太湖流域的研究，水体中的氮素主要来源于人、畜排泄物和生活废弃物，甚至有些水面淡水养殖的饲料中养分的投入量，也超过农田的流失量。而磷素的来源也以人、畜排泄物和淡水养殖为主。因此，单纯减少化肥用量是否就能有效防治湖泊的面源污染，值得考虑。而浅层地下水中的硝酸盐超过饮用水的标准，已有试验证实和过量施用氮肥的关系比较密切，尤其是在保护地的蔬菜种植区为明显。看来化肥引起的面源污染问题还应当进一步研究。

## 五

正是根据以上三个方面的问题，在这本小册子中我们组织了三个方面的文章：第一是针对施用化肥与农产品质量和安全方面的，第二是针对施用化肥与土壤肥力方面的，第三是施用化肥与生态环境方面的。上海市农业科学院土壤肥料研究所奚振邦研究员以其对上述问题的敏感性，较早指出了目前对化肥施用方面的一些片面认识，他的文章涉及到上述三个方面的问题。在施肥与环境方面，请中国科学院南京土壤研究所曹志洪研究员结合自己的研究工作，进行了综述。鉴于硝态氮问题是目前讨论的一个热点，我们请西北农林科技大学资源与环境科学系李生秀教授撰写了"土壤和植物中的铵、硝态氮"一文，对土壤——植物系统中的铵态氮和硝态氮作了一个全面的论述。关于硝酸盐与人体健康是一个相当复杂的问题，由于我们不从事这方面的工作，今后只有仰仗医学方面的专家来进一步阐明了。同时，我们讨论化肥问题，也离不开有机肥。我们请中国农业科学院土壤肥料研究所张夫道研究员撰文，特别对当今有机肥的状况以及施用不当，也完全可能造成环境污染进行了阐述。另外，对21世纪化肥的作用和使用前景由中国农业科学院土壤肥料研究所李家康研究员等撰文进行了剖析。全书由我们进行了统稿和编排。各篇文章的篇幅和撰写的格调不尽一致，我们尊重作者意见，未作大的删改。编写本书的目的，在于使广大读者对化肥有一个比较全面的认识，以利在新世纪的开端，在化肥的生产和使用的导向上有所帮助。由于我们的知识水平有限，书中不妥和错误之处难免，欢迎读者提出宝贵意见。

# 化肥与土壤肥力

林葆　金继运

（中国农业科学院土壤肥料研究所　北京　100081）

在我国，化肥的用量越来越大，施用化肥的作物种类越来越多，化肥对提高作物产量的作用得到了公认，同时，又有人担心施用化肥会不会破坏土壤，降低土壤肥力。最典型的一种说法是："土地施化肥，好比抽大烟（鸦片）"，有人甚至说好比吸海洛因。这些人给施用化肥描绘了一幅可怕的图画：土地只要施了化肥，就离不开化肥，越施越多，最后毁了土地。事实是这样吗？人们开始生产和施用化肥已经有160年的历史（不包括施用天然的矿质肥料），国外的有识之士几乎在开始生产和施用化肥的同时，就布置了肥料的长期试验，其中一个很重要的内容就是比较施用有机肥和化肥对作物产量和土壤肥力的影响。我们自己布置的肥料长期试验，也已经连续进行了20多年。实践证明，合理施用化肥，既提高了作物产量和品质，又提高了土壤肥力，把施化肥比作抽大烟是完全不正确的，其根本原因是对化肥的错误认识，化肥对土壤、对植物都是无毒的，它是植物的"粮食"，是植物必需的养分。施用化肥是补充土壤中某些养分的不足，化肥不是耗竭土壤养分的"兴奋剂"，更不是毒品。

**1. 在讨论化肥对土壤肥力的影响之前，我们必须明确：**何谓土壤肥力？关于这方面的论述是很多的，大致可归纳为以下几点：肥力是土壤的基本属性，正是因为有了肥力，在土壤上才能生长植物，并使土壤得以区别于没有肥力的成土母质。它在一定的气候条件下，决定植物的生命活动和农作物的产量和质量。具有肥力的土壤是农业生产的基本生产资料。

肥力的概念，有狭义和广义之分，狭义的肥力概念，是指土壤供给植物所必需养分和水分的能力，以及与养分供给能力有关的各种土壤性质和状态。这一概念以养分为中心，如养分的含量，存在形态，对植物的有效性，以及影响养分供给的因素等。而广义的肥力概念是把养分、水分、土壤中的空气和热量（温度）等诸多因素一并考虑在内，是在综合观点基础上认识土壤肥力的概念，内容广泛，几乎涉及土壤学的各个分支领域。我们在本文中讨论的主要是狭义的概念——土壤养分，也涉及与养分有关的土壤有机质、pH 等。

土壤肥力的形成，受母质、气候、植被、成土年龄等自然因素的影响，在开垦以后，又受人为措施的影响。所以农田土壤肥力的高低，是自然和人为两方面综合影响的结果。根据全国第二次土壤普查的资料，我国耕地土壤中，低肥力土壤约占一半左右。我国人多地少，耕地后备资源不足，耕地作为宝贵的资源，土壤的肥力应当逐步提高，而不是逐步下降。这是关系到我国农业的可持续发展和十几亿人口的吃、穿、用的重大问题。因此，施用化肥对土壤肥力的影响也必然引起大家的关注。

---

注：本文收录于《化肥与无公害农业》中国农业出版社，2003 年。

**2. 长期施用化肥能保持作物高产吗?** 这是一个很实际的问题。在一定的气候、农业技术措施下,无肥区作物产量的高低,往往反映了土壤肥力的状况。如果土壤肥力已经衰退,土壤本身因施用化肥已经遭到破坏,要获得作物高产是不可能的。这里我们先看现象,然后进一步探讨原因。

无肥区能生长作物,并获得一定的产量,这是地力(土壤肥力)的贡献。也就是说作物在无肥区吸收的养分,主要是从土壤中来的,一般能代表土壤肥力的高低。根据上海市的资料,粮食作物在无肥区的产量,20 世纪的 50 年代初(1950—1951)是每公顷 1.5 吨左右,60 年代为 2.25~3 吨,70 年代约为 4.5 吨,近年达到 6 吨左右。这是由于不断施肥,培肥土壤的结果,说明上海郊区的土壤肥力不是下降,而是明显上升了。但是,这是施用了有机肥加化肥的结果。如果只施化肥结果又会怎样呢?在生产实践中只施化肥,不用有机肥的情况很少。而我国已进行的肥料长期试验中有只施化肥的处理可以说明这个问题。

从 20 个世纪的 80 年代初,在全国化肥试验网的组织下,我国曾经布置了一批肥料长期定位试验,并在 1992 年进行了阶段性总结。当时取得有连续 10 年产量的试验 52 个,并按双季水稻、水旱两熟、旱作两熟和旱作一熟四种种植方式进行了归并和计算。下面是水旱两熟制下 10 年水稻产量的变化(图 1)和旱作两熟制下 10 年小麦产量的变化(图 2)。

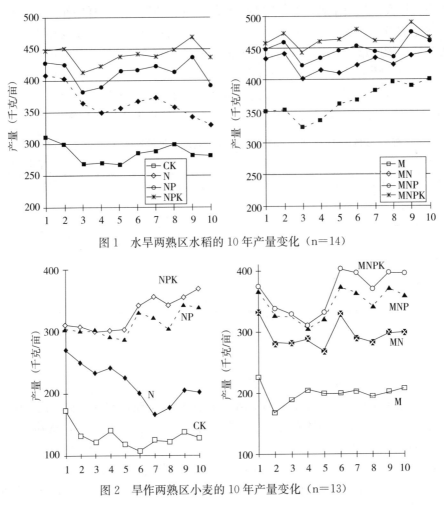

图 1　水旱两熟区水稻的 10 年产量变化(n=14)

图 2　旱作两熟区小麦的 10 年产量变化(n=13)

从这两张图可以清楚看出：①完全不施肥的对照（CK）产量最低，10 年中呈缓慢下降趋势。②只施氮肥（N），试验开始时产量较高，10 年中产量逐年下降，这主要是由于土壤中磷、钾的消耗，氮、磷、钾养分供应的不平衡引起的。③单施有机肥（M）产量虽然较低，但呈逐年上升的趋势。④氮肥和有机肥配合（MN）改变了单施氮肥（N）产量下降的情况，主要是有机肥起了补充磷、钾营养的作用，使氮磷钾趋于平衡。⑤特别值得注意的是氮、磷、钾化肥配合施用，水稻产量高而稳定，小麦产量有上升的趋势。⑥在施用氮、磷、钾化肥的同时，再施用有机肥，产量可进一步提高。由我国连续 10 年的多点试验（水稻 14 个试验、小麦 13 个试验）的结果看，只有单施氮肥产量下降，氮、磷、钾化肥配合，产量高而稳。同时，试验结果支持化肥与有机肥配合施用。

国外肥料长期试验的时间就更长，试验数也更多。根据有关资料报道，延续了 50 年以上的试验就有 30~40 个，大部分分布在欧洲，其中首推英国洛桑试验站开始于 1843 年的肥料试验，并一直延续至今，已经有 150 多年的历史。布置这些试验费时、费工，但意义重大，其主要目的就是研究不同营养元素对植物的相对重要性，以及保持土壤肥力必需补充的营养元素；研究施肥的增产效果，比较厩肥与化学肥料的作用，以及可否用化学肥料代替厩肥，或者更具体说，是比较厩肥与化学肥料的肥效和对土壤肥力的影响。通过如此长期的试验，已经完全证实，施用化肥，对作物产量和品质具有和有机肥同样的作用。这些试验，在确定欧洲农业的格局（如在有机肥基础上大量施用化肥）方面发挥了重要作用。应当说这些试验作为验证作物产量和土壤肥力变化方面的使命已经完成，虽然，其中还有不少信息有待进一步开发。而继续进行这些试验的目的已经逐步向环境和生态学方面转移。一百多年来施肥，尤其是施用化肥对产量的影响又是怎样的呢？例如英国洛桑试验站 1843 年布置的 Broadbalk 小麦连作试验，其中 127 年（1852—1978）的小麦产量经整理后到于下表（表 1）。

**表 1　1852—1978 年 Broadbal K 连作小麦肥料试验产量**（每 10 年平均）

（单位：吨/公顷）

| 肥料处理 | 1852—1861 | 1862—1871 | 1872—1881 | 1882—1891 | 1892—1901 | 1902—1911 | 1912—1921 | 1922—1925 | 1926—1934 | 1935—1944 | 1945—1954 | 1955—1964 | 1965—1967 | 1969—1978 | 平均 |
|---|---|---|---|---|---|---|---|---|---|---|---|---|---|---|---|
| | 小麦连作 | | | | | | | 过渡 | | 每 5 年休耕一年 | | | | | |
| 无肥 | 1.12 | 1.03 | 0.72 | 0.86 | 0.89 | 0.80 | 0.66 | 0.39 | 1.02 | 1.30 | 1.36 | 1.58 | 1.63 | 1.80 | 1.08 |
| 厩肥 | 2.41 | 2.67 | 2.05 | 2.66 | 2.85 | 2.62 | 2.10 | 1.64 | 2.06 | 2.61 | 2.96 | 2.97 | 3.39 | 5.5 | 2.75 |
| $N_3PK$ | 2.52 | 2.92 | 2.23 | 2.71 | 2.79 | 2.76 | 2.07 | 1.62 | 2.18 | 2.61 | 2.85 | 2.85 | 3.34 | 5.0 | 2.75 |

注：（1）厩肥 35 吨/公顷，N3PK 为 N144、P35、K90 千克/公顷。

（2）1852—1967 产量资料引自 H. V. Garner 和 G. V. Dyke（1968），1969—1978 产量引自 Rothamsted Guide Book（1981）。

从表 1 看出，在试验的前 40 年，施用化肥（$N_3PK$）的产量高于厩肥，此后两者的产量互有高低，大约经历了 80 年后，施厩肥的小麦产量稍高于施化肥的产量。而 127 年的平均产量两者完全相同，这不是偶然的巧合。有机肥与化肥比较的长期试验，按其中所含的养分计算，一般有两种情况，一种是两者所含的氮、磷、钾养分大致是相等的，另一种是不相等的。英国洛桑试验站的小麦连作试验，厩肥中含有的养分高于化肥。但在试验前期厩肥中的养分能被作物吸收利用的比例较低，所以产量还是低于化肥。经几十年后由于厩肥的逐步分解和后效的积累，其增产效果超过了化肥。同时，厩肥中含有的中、微量营养元素也可能产生了一定的作用。而有机肥中的有机物质对土壤理化、生物性状的改善也是不可忽视的。这一点我们在下一节还要讨论。在一些有机肥和化肥施用养分被设计成相等的长期试验，如设在日本鸿巢（Konosu）中央农业试验站的水稻试验，丹麦 Askov 试验站的谷物、块根和牧草轮作试验，奥地利维也纳农业大学试验场的大麦、黑麦试验，都一致证实，施用化肥的产量略高于有机肥，或与有机肥基本一致。例如日本中央农业试验站 50 年（1926—1975）的水稻平均产量；对照（无肥）是 2022 千克/公顷（100%），NPK 化肥是 3367 千克/公顷（167%），有机肥是 3400 千克/公顷（168%），绿肥（紫云英）是 3340 千克/公顷（165%）。三个施肥处理的水稻产量基本是一致的。

在丹麦 Askov 试验站从 1894 年开始的一个肥料长期试验中，不仅测定了不同施肥处理的作物产量变化，还于 1964 年、1968 年、1971 年测定了小麦、大麦籽粒中的 17 种氨基酸含量。结果证实，连续施有机肥（厩肥）或氮磷钾化肥，70 多年后，小麦、大麦籽粒中不同种类氨基酸含量和总氨基酸含量都没有显著差异。这从另一个方面证实，施用有机肥或化肥对麦类作物籽粒食用品质也没有不同的影响。

但是在生产实践中，农民还是常常感觉到，给土地"喂"化肥，地越吃越馋。在原来的化肥用量基础上要达到相同的效果，就要施用更多的化肥。一些农业科技人员也感到，现在施用化肥的肥效下降了。原来用 1 千克尿素，可增产 4～5 千克粮食，现在只能增产 2～3 千克粮食。这又作何解释？这里可能主要有两个原因：第一，近年国内化肥用量增加很快，尤其是氮肥。磷、钾肥未能相应跟上，化肥施用中偏重氮肥而忽视了磷、钾肥的情况相当普遍。也就是说施肥中的氮、磷、钾养分不平衡。由于磷、钾养分供应的不足，影响了氮肥肥效的发挥。第二，在当前、当地的生产条件下，化肥是有一个适宜用量的，并不是越多越好。大家知道，在相对固定的条件下，化肥用量与作物产量并非直线关系，而是抛物线的关系，即肥料用量超过了一定限度，每增加一个单位的化肥用量，所增加的产量成下降的趋势。这就是施肥上的报酬递减现象。如果用量继续增加，还可能引起减产和一些其他负效应。根据全国化肥试验网的多年资料，粮食作物要达到 5.25～6.0 吨/公顷的水平，在磷、钾养分供应充足的情况下，只要施 150～180 千克/公顷的氮肥（N）就够了。超过这一用量氮肥的效果明显下降。当然，除了以上两点，还可能与作物品种等因素有关。有的高产品种是"大肚汉"，很能吃，需肥多，而对肥料的利用并不经济。

**3. 长期使用化肥能保持和提高土壤肥力吗？** 从上百年连续施用化肥的作物反应，应当说已经解决了这个问题。如果说土壤已经被化肥破坏了，还能获得和施用有机肥相同的产量吗？这里，我们还是要引用一些土壤肥力变化的资料。

一般说，土壤中养分是增加还是减少，主要取决于投入和产出的平衡情况。投入大于产出（包括损失），土壤中的养分就有积累，反之，则逐渐耗竭。氮、磷、钾三个元素的情况，在我国土壤中的变化各不相同。而土壤有机质，通常又被看作是肥力高低的综合指标。我们还是先从国内的一些结果看起。

根据我们的计算，在 20 世纪 70 年代中期以前，我国农田氮、磷、钾养分的产出量大于投入量，因此，是处于消耗土壤肥力的阶段。在这种情况下要想大幅度增加产量是难以实现的。此后主要是化肥用量的迅速增加，进入 80 年代以后氮、磷养分都有了盈余，尤其是磷素养分。而钾素虽然是有机肥中的主要营养元素，但由于我国化学钾肥用量较少，在农田养分平衡中一直是亏缺的，最大亏缺量曾达到每年 450 万吨左右。近年随着钾肥用量的增加，亏缺的数量才有所减少（表2）。

表 2　我国农田养分投入和产出平衡概况

（单位：万吨）

| 盈亏 | | 1965 | 1975 | 1985 | 1995 | 2000 |
|---|---|---|---|---|---|---|
| | N | 421.8 | 788.6 | 1770.6 | 2835.0 | 3166.0 |
| 投入 | P$_2$O$_5$ | 208.4 | 380.9 | 679.3 | 1324.0 | 1317.0 |
| | K$_2$O | 344.2 | 540.3 | 768.3 | 1136.0 | 1491.0 |
| | N | 521.8 | 749.1 | 1114.0 | 1373.0 | 1662.4 |
| 产出 | P$_2$O$_5$ | 237.0 | 333.9 | 478.7 | 577.0 | 664.4 |
| | K$_2$O | 559.8 | 813.2 | 1207.7 | 1455.0 | 1739.4 |
| | N | −199.4 | −188.0 | 13.4 | 369.6 | 525.9 |
| 平衡 | P$_2$O$_5$ | −28.6 | 47.0 | 200.6 | 747.0 | 652.6 |
| | K$_2$O | −215.6 | −272.9 | −439.4 | −319.0 | −248.4 |

注：化肥氮按损失 45%，有机肥氮按损失 15% 计算。

这一总的情况决定了我国土壤肥力近年变化的总趋势：即土壤氮素、磷素养分上升，缺氮、缺磷的耕地面积有所减少，或严重程度有所缓和，但缺钾的面积和严重程度增加。这是土壤养分状况变化的一个总趋势。但是，单施氮肥或氮磷钾化肥配合对土壤肥力的影响，还得从肥料长期定位试验的结果进行比较。

从20世纪80～90年代的全国肥料长期定位试验的氮、磷、钾养分投入量和产出量分析，一季作物施用氮肥(N)150～180千克/公顷，磷肥(P$_2$O$_5$)45～75千克/公顷，钾肥(K$_2$O)60～120千克/公顷，一般氮、磷有盈余而钾亏缺。这与我国的总趋势一致。其结果是土壤有机质和全氮含量在氮磷钾化肥配合的处理能保持在10年前试验开始时的水平，或略有增加，而氮磷钾化肥与有机肥配合的处理增加较为明显。只有无肥区或单施氮肥区有机质和全氮略有下降(表3)。

表 3　土壤有机质和全氮的变化

| 项口 | 种植方式 | 测定时叫 | 处　理 | | | | |
|---|---|---|---|---|---|---|---|
| | | | CK | N | NPK | M | MNPK |
| | 双季稻区 | 基础样 | 2.64 | 2.64 | 2.64 | — | 2.64 |
| | （n=4） | 第 10 年 | 2.50 | 2.34 | 2.63 | — | 3.11 |
| | 旱作两熟区 | 基础样 | 2.25 | 2.25 | 2.25 | 2.25 | 2.25 |
| 有机质 | （n=7） | 第 10 年 | 2.13 | 2.23 | 2.33 | 2.38 | 2.43 |
| | 旱作两熟区 | 基础杆 | 1.41 | 1.38 | 1.38 | 1.26 | 1.27 |
| | （n=7） | 第 10 年 | 1.32 | 1.41 | 1.49 | 1.45 | 1.46 |
| | 旱作一熟区 | 基础样 | 1.92 | 1.97 | 1.93 | 1.85 | 2.14 |
| | （n=5） | 第 10 年 | 1.84 | 1.84 | 1.99 | 2.04 | 2.13 |
| | 双季稻区 | 基础样 | 0.139 | 0.139 | 0.139 | — | 0.139 |
| | （n=4） | 第 10 年 | 0.147 | 0.135 | 0.165 | — | 0.183 |
| | 水旱两熟区 | 基础样 | 0.153 | 0.153 | 0.153 | 0.153 | 0.153 |
| | （n=7） | 第 10 年 | 0.146 | 0.150 | 0.157 | 0.168 | 0.171 |
| 全氮 | 旱作两熟区 | 基础样 | 0.081 | 0.082 | 0.083 | 0.078 | 0.078 |
| | （n=7） | 第 10 年 | 0.079 | 0.083 | 0.087 | 0.091 | 0.094 |
| | 旱作一熟区 | 基础样 | 0.102 | 0.116 | 0.106 | 0.116 | 0.124 |
| | （n=5） | 第 10 年 | 0.103 | 0.102 | 0.133 | 0.114 | 0.124 |

　　土壤速效磷（01sen-P）和全磷在施用磷肥（$P_2O_5$ 45～75 千克/公顷）的情况下都有增加，速效磷每年约可加 1 毫克/千克，全磷也有增加趋势。磷肥配合有机肥施用，土壤速效磷每年可增加 2 毫克/千克左右，全磷增加明显。反之，在不施磷肥和不施有机肥的情况下，土壤速效磷下降很快，10 年时间可由 10～15 毫克/千克下降到 5 毫克/千克左右。土壤速效钾（醋酸铵浸提，火焰光度计测定）在施钾肥（$K_2O$）60～120 毫克/公顷的情况下保持在试验开始时的水平，钾肥加有机肥处理土壤速效钾是上升趋势。但在有的试验中同时测定缓效钾和全钾，结果都有下降趋势。

　　某些土壤物理性状的测定结果：在多数试验中施用氮磷钾化肥的处理土壤容重和试验前比较无明显变化，而施有机肥或化肥加有机肥的处理土壤容重有下降，而土壤孔隙度和田间最大持水量相应增加。

　　另外，长期施用一些生理酸性氮肥，如 $(NH_4)_2SO_4$、$NH_4Cl$ 等，由于作物吸收其中两种离子的差异，往往在土壤中残留下酸根（$SO_4^{2-}$、$Cl^-$），在酸性土壤上会引起 pH 的进一步下降，是一个值得注意的问题。而施用无酸根残留的氮肥，如尿素、碳酸氢铵，一般不会引起土壤酸化问题。但在保护地栽培（如塑料大棚）中，由于大量施用氮肥及精细有机肥（如饼肥、禽类等），土壤中积累了大量氮素，在旱地上因氧化成 $NO_3^-$，也可引起土壤 pH 的下降。

　　国外在长期施肥，包括长期施用化肥引起土壤肥力的变化方面，积累了较多的资料。在比较不同施肥处理的土壤肥力变化时有两种情况：一种是与试验开始时的原始土样此，看经过十几年、几十年甚至上百年后的历史变化，可称为纵向比较。另一种情况是在施用不同肥料若干年后，同时取不同施肥处理的土样比较，看不同处理间的差异，称为横向比较。其实第一种比较，也包括了第二种在内。只是国外的长期试验，在一开始也很少有土壤肥力的详细测定结果和记载，只是在试验进行一段时间后才开始做较为详细的测定工作。以下是英国洛桑试验站肥料试验百年后的土壤肥力变化的横向比较资料（表4），以及洛桑试验店和丹麦 Askov 试验站的两个土壤氮委和腐殖质变化的纵向比较资料（表5、表6）。

**表4　Rothamsted 试验站肥料试验百年后土壤肥力变化**

| 试验地 | 理处 | 有机 C（％） | 全 N（％） | 全 P（毫克/千克） | 0.5 摩尔/升 $NaHCO_3$ 溶 P（毫克/千克） | 代换 K（毫克/千克） |
|---|---|---|---|---|---|---|
| Broad balk 小麦* 连年 101 年后（1843—1944） | 无肥 | 1.09 | 0.106 | 580 | 8 | 102 |
| | 厩肥 | 2.58 | 0.236 | 1214 | 87 | 655 |
| | $N_3PK$ | 1.19 | 0.123 | 1119 | 81 | 295 |
| Hoosfield 大麦 连作 113 年（1852—1965）** | 无肥 | 0.81 | 0.101 | — | 5 | 87 |
| | 厩肥 | 3.37 | 0.304 | — | 102 | 758 |
| | NPK | 0.96 | 0.108 | — | 119 | 406 |

*　资料来源：G. W. Cook（1976）。

**　资料来源：R. G. Warren & A，E. Johnsto（1966）。

#### 表5 Broadbalk 小麦连作肥料试验表土（0～23厘米）含N百分率

（Johuston A. E.，1968）

| 处理 | 1865年 | 1881年 | 1893年 | 1914年 | 1936年 | 1944年 | 1966年 | 平均 |
|---|---|---|---|---|---|---|---|---|
| 无肥 | 0.105 | 0.101 | 0.099 | 0.093 | 0.103 | 0.106 | 0.099 | 0.101 |
| 厩肥 | 0.175 | 0.184 | 0.221 | 0.252 | 0.226 | 0.236 | 0.251 | 0.221 |
| $N_3PKNaMg$ | — | 0.126 | 0.119 | 0.129 | — | 0.123 | 0.118 | 0.123 |

#### 表6 Askov 轮作肥料试验土壤养分含量变化

（A. Dam KOfoed, O. Nemming, 1976） （单位:%）

| 年份 | 壤 土 | | | | | | 砂 土 | | | | | |
|---|---|---|---|---|---|---|---|---|---|---|---|---|
| | N（%） | | | 腐殖质（%） | | | N（%） | | | 腐殖质（%） | | |
| | 无肥 | NPK | 厩肥 | 无肥 | NPK | 厩肥 | 无肥 | NPK | 厩肥 | 无肥 | NPK | 厩肥 |
| 1949 | 0.106 | 0.124 | 0.146 | 2.25 | 2.51 | 2.89 | 0.064 | 0.076 | 0.088 | 1.34 | 1.51 | 1.77 |
| 1953 | 0.106 | 0.121 | 0.143 | 2.18 | 2.51 | 2.86 | 0.064 | 0.072 | 0.081 | 131 | 1.51 | 1.69 |
| 1957 | 0.104 | 0.123 | 0.144 | 2.20 | 2.56 | 2.84 | 0.062 | 0.066 | 0.080 | 1.24 | 1.46 | 1.70 |
| 1961 | 0.106 | 0.124 | 0,145 | 2.10 | 2.49 | 2.82 | 0.059 | 0.063 | 0.077 | 1.19 | 1.39 | 1.69 |
| 1965 | 0.105 | 0.119 | 0.138 | 2.18 | 2.41 | 2.86 | 0.054 | 0.065 | 0.071 | 1.14 | 1.36 | 1.51 |
| 1969 | 0.106 | 0.121 | 0.137 | 2.15 | 2.37 | 2.72 | 0.052 | 0.066 | 0.072 | 1.17 | 1.39 | 1.53 |
| 1972 | 0.108 | 0.123 | 0.140 | 2.17 | 2.41 | 2.71 | 0.053 | 0.066 | 0.073 | 1.12 | 1.36 | 1.46 |
| 平均 | 0.106 | 0.122 | 0.142 | 2.16 | 2.48 | 2.82 | 0.058 | 0.068 | 0.077 | 1.22 | 1.43 | 1.62 |

注：（1）试验开始于1894年，四区轮作；冬谷物—块根作物—夏谷物—牧草（三叶草）。

（2）厩肥每四年施用一次于块根作物，用量约40吨/公顷，相当于280千克N。

（3）N肥平均用量70千克/公顷，主要用于块根作物，其次为谷物。

从以上3张表中的数据至少可以看出以下几点：①土壤有机质（或腐殖质）、全量氮、磷、钾的变化是相当缓慢的，而速效磷和代换性钾的变化则相对要快一点。②有机肥（厩肥）在增加土壤C和全量N、P和速效P，K方面有明显的作用。而氮、磷、钾化肥在增加土壤C、N方面也有一定作用，但比有机肥的作用要小。施用磷、钾化肥，能明显增加土壤全磷和速效磷、钾含量。③有机肥和化肥在提高土壤肥力方面的作用与用量及土壤条件有关。英国洛桑试验站的试验施用厩肥达35吨/公顷，其养分投入量超过氮磷钾化肥，提高土壤肥力的作用明显。而Askov试验中实行四区轮作，四年只施一次厩肥（40吨/公顷），平均每年只施10吨/公顷，而且化肥的用量也比较低，土壤腐殖质和全氮含量都是缓慢下降的，尤其在砂土地上下降较为明显。

从以上有的长达百年的试验结果看，有机肥和化肥在提高土壤肥力方面的作用是一致的，虽然在增加某些肥力指标的数量上有差异，更得不出化肥消耗地力，破坏土壤的结论。国内、外的试验时间长短虽有不同，但基本趋势一致。

以上从国内外肥料长期试验的资料，分析了有机肥和化肥对作物产量、品质和某些肥力指标的影响。这些资料是几代人努力的结果，由于试验量大、面广，时间长，是完全可靠的。在今天化肥用量增加很快的情况下，我们更应当科学、合理使用，使之发挥更大的作用。对使用化肥对土壤肥力的影响，应当言之有据，言之有理，而不是主观的臆断和推测。

# 参 考 文 献

［1］全国土壤普查办公室．中国土壤普查数据．北京：中国农业出版社，1997：132-134.

［2］沈善敏．中国土壤肥力．北京：中国农业出版社，1998：1-2。

［3］沈善敏．国外的长期肥料试验（一）～（三）．土壤通报，1984：15，2-4。

［4］林葆，林继雄，李家康．长期施肥的作物产量和土壤肥力变化．北京：中国农业出版社，1996：1-12.

［5］陈一训．对化肥在农业生产中作用的再认识．——访上海农科院土壤肥料研究所研究员奚振邦（一），中国化工报，2002 年 3 月 8 日，农用化学品周刊，3 版．

［6］Istiut National De La Recherche Agronomique. annales agronomiques. （Very Long-term fertilizer experiments，International conference，6-7-8th，July，1976）1976，vol. 27，No 5-6，593-595.

# 化肥与无公害食品

（中国农业科学院土壤肥料研究所　北京　100081）

人们吃饱以后要求吃好，是事物发展的必然趋势，是社会的进步。所谓吃好，要求食物营养丰富，色、香、味俱佳外，更主要的是安全，即无污染、无公害。近年蔬菜、水果的农药残留超标，猪肉中含有"瘦肉精"，牛奶中含有抗生素等，时有发生。大家对何时能吃上"放心菜"、"放心肉"极为关注，也引起了政府有关部门的高度重视。无公害食品正是在这种情况下应运而生的。

目前，国内外按食品的质量和安全性，常把食品分为无公害食品、绿色食品和有机食品。无公害食品强调不含对人体有害物质，即无污染的食品。这应当是对各类食品都应当达到的共同的，起码的要求。目前国家在制订标准时，已经基本采用无公害这一名称。绿色食品是在无公害基础上的进一步要求，其有害物质的控制量应该更为严格，对质量要求应该更高，要求生产环境（土壤、水、空气）清洁，对生产过程中的各项管理措施也有严格的要求。按照我国的农业行业标准，把绿色食品分为 AA 级（一级）和 A 级（二级）。在肥料使用方面，生产 A 级绿色食品，允许限量使用部分化学肥料，如尿素、磷酸二铵等，但禁止使用硝态氮肥。生产 AA 级绿色食品，不准使用任何人工合成的肥料，只能使用有机肥料和某些天然矿质肥料。这与国际上生产所谓的有机食品要求相同。只是有机食品的生产，更要求在生产条件和管理措施上回归自然，返朴归真。

其实化肥只和植物类食品（粮食、蔬菜，水果等）有直接关系，而和动物类食品（肉、蛋、奶等）没有直接关系。化肥施用得当，对农作物的产量和品质都有好的影响，更不会引起食物的污染和安全问题。目前在这方面的宣传存在较为严重的片面性，甚至产生了一些误导，使人们对使用化肥及食用施了化肥的农产品产生了恐惧心里。这些问题是应当予以澄清的，大致说有以下几个方面的问题。

## 一、把化学肥料与化学农药等同

化肥与农药虽然通常都统称为农用化学品，但是它们是性质绝然不同的两类物质。简言之，化肥是高浓度的植物养分，是植物需要的"粮食"。施用化肥的目的是补充土壤中养分的不足，促进作物的生长与发育，其作用是"促生"。化肥本身也不是对人、畜的有害物质，由于其纯度高，其他杂质含量也比较低，尤其是对植物或人、畜的有害物质（如重金属等）是有

---

注：本文发表于《中国食物与营养》，2003 年第 4 期。

限量标准的。一般说，使用化肥不存在有害物质的残留问题。而化学农药是人工合成的用于预防、消灭或者控制农业、林业的病、虫、草和其他有害生物（线虫、螨虫、鼠等）的化学物质，使用农药的目的是杀灭这些有害生物，保护农作物或树木等，其作用是"杀生"。农药一般都是有毒品。另外，化肥遇水后解离成的各种离子（如 $NH_4^+$、$NO_3^-$、$H_2PO_4^-$、$K^+$、$SO_4^{2-}$ 等）；还有某些化肥中存在的副成分，如普通过磷酸钙中的石膏（$CaSO_4$）、钙镁磷肥中的氧化钙（$CaO$）、氧化镁（$MgO$）等都是土壤中和有机肥料中本身就存在的物质，对人、畜是没有毒性的，也是没有危害的。而农药中的某些物质，在土壤和植物体内本来是不存在的，摄入超过一定量可以使人、畜致死，有的在人体内或畜、禽体内会积累，有的有致畸、致癌作用。因此，一些农药在我国已明令禁止使用，如六六六、滴滴涕（DDT）、二溴氯丙烷、杀虫脒等。在无公害蔬菜，水果的国家和农业行业标准中，对一些常用农药的残留量都有严格的控制指标。目前，农药也正朝着高效、低毒、低残留、与环境相容的方向发展。

# 二、把化学肥料与有机肥料对立

我国农业行业标准《绿色食品肥料使用准则》（NY/394—2000）中规定，AA 级（一级）绿色食品生产，除了对生产地点的环境质量有严格要求外，生产过程中禁止使用化肥，但可使用秸秆、绿肥，腐熟的沼气液、残渣。腐熟的人粪尿。饼肥和微生物肥料，也可以使用煅烧的磷酸盐和硫酸钾。其实这些规定，主要是引自"有机农业运动国际联盟"的有关施用肥料的规定。根据 1972 年成立于欧洲，有一定影响的民间组织"有机农业运动国际联盟"的资料，在肥料使用方面大致可看出以下几点：①在一个封闭的系统中进行生产，不给环境和土壤造成污染，做到农业和自然的协调；②尽可考虑有机物的循环利用，避免使用化学合成肥料和农药；③无机肥料，如低氯的钾盐、碱性矿渣和磷矿粉等是允许使用的，应被看作营养物质循环的补充物，而不是替代物。在这些观点中有的是可取的，例如农业生产中的有机物要尽可能循环利用，不给土壤和环境造成污染等。但是在市场经济的今天，封闭式的农业生产是不可取得，也是难以办到的。农产品也是商品，要上市，要流通，任何一个农业生产单位怎么可能在封闭式的条件下进行生产呢？其实中国是有机农业的发祥地，根据史料记载，使用有机肥料有 2000 年左右的历史。从生产普通过磷酸钙开始，化肥生产只有 160 年的历史。在此之前国外实行的也是有机农业。国内外的经验都证明，依靠农业内部物质循环利用的有机农业，农作物产量无法大幅度迅速提高，难以满足人口增长和生活改善的需要。正是植物矿质营养理论的提出和化学肥料的生产，在理论和实践上取得了重大的突破。

自从 17 世纪以来，人们对植物生长发育到底从土壤中吸取了什么营养物质，施肥到底起什么作用，进行了试验和探讨。直到 1840 年德国农业化学家李比希提出的植物矿质营养理论，认为植物从土壤中吸收的营养主要是无机态的矿物质。同期，法国学者布森高通过试验，认为植物吸收的碳来自空气中的二氧化碳，而不是土壤的腐殖质：吸收的氮可由豆科作物从空气中固定。这就是植物的碳、氮营养学说。这两者相结合，为植物营养和肥料科学的发展奠定了基础。植物矿质营养理论已为此后经历百年以上的肥料长期定位试验所证实。根据植物矿质营养理论，绿色植物从土壤中吸收的氮素主要是铵离子（$NH_4^+$）和硝酸根离子（$NO_3^-$），吸收的磷素是磷酸根（$H_2PO_4^-$，$HPO_4^{2-}$），吸收的钾素是钾离子（$K^+$），与从二氧化碳和水中获得的碳、氢、氧通过光合作用，形成糖、脂肪和蛋白质等有机化合物。这一理论并没有过时。化肥提供的大多是植物可直接吸收的养分。有机肥中的各种有机组分，植物一般不能直接吸收利用，必须经微生物分解成矿质养分后才能被植物利用。植物在吸收某种矿质养分时，例如吸收 $NH_4^+$，它不能辨别哪个 $NH_4^+$ 是从有机肥中来的，哪个是从化肥中来的，只要是 $NH_4^+$，哪一个首先到达根表，哪一个就先被吸收。直到今天，植物可以在用几种化肥配成的营养液中生长良好，甚至获得很高的产量。而植物根本不能在用有机物配成的营养物中生长，如果这些有机物经过灭菌，不被微生物分解成无机营养的话。现在也有人在搞有机固态肥的无土栽培，并取得成功。这在上面已经讲到，作物并非吸收有机肥，而是吸收矿化后的无机营养。这种做法只是迎合有人认为生产绿色食品必须用有机肥的心理。

其实施用了化肥（无机肥），农作物产量增加了，有机肥的"原料"也增加了，有机肥数量也多了。这就是有些人说的肥料"无中生有"。我国长期以来在肥料方面推行的"有机、无机相结合"的方针，在绿色食品、无公害食品生产方面同样是正确的，而把两者对立起来，从理论和实践上都是完全站不住脚的。

# 三、把硝态氮和铵态氮、尿素态氮对立

**（一）通常按氮肥中氮素的形态，将氮肥分为铵态氮肥、硝态氮肥、尿素态（酰胺态）氮肥和氰氨态氮肥**

单一的硝态氮肥有硝酸钠和硝酸钙，产量和用量不大。含有硝态氮的肥料有硝酸铵、硝酸磷肥和硝酸磷钾肥（用硝酸磷肥生产的三元复混肥料）等。在尿素作为氮肥主要品种的今天，硝酸铵在世界氮肥生产中仍占有较大的比重。根据联合国粮农组织（FAO）1999 年的肥料年鉴，硝酸铵在一些国家和我国氮肥总产中所占的比例如表 1。

**表 1  1998—1999 年一些国家生产硝酸铵占氮肥总产的比例**

| 项目 | 加拿大 | 美国 | 巴西 | 中国 | 法国 | 英国 | 乌克兰 | 俄罗斯 | 白俄罗斯 | 波兰 | 罗马尼亚 |
|---|---|---|---|---|---|---|---|---|---|---|---|
| 氮肥总产（吨） | 3733979 | 14127831 | 728048 | 23238100 | 1463600 | 965000 | 1725000 | 4135000 | 443200 | 1673500 | 313200 |
| 硝酸铵产量（吨） | 320944 | 1325428 | 102773 | 424500 | 580000 | 386000 | 459700 | 1421000 | 79900 | 538100 | 120500 |
| 硝酸铵占（%） | 8.6 | 9.4 | 14.1 | 1.8 | 39.6 | 40.0 | 26.6 | 34.4 | 18.00 | 32.2 | 38.5 |

从表 1 可以看出，在美洲一些国家硝酸铵约占氮肥总产量的 10%，在欧洲一些国家硝酸铵约占氮肥总产量的 30%，而我国只占 1.8%。生产硝酸磷肥，是世界上生产复合（混）肥的一种重要工艺。根据联合国工业发展组织（UNIDO）的资料，1975 年世界硝酸磷肥的产量就达到了 2300 万吨（实物）。而我国目前只有山西潞城和河南开封两家工厂生产，年产量只有 100 万吨左右。我国 1999 年生产的硝酸磷肥中含氮 24.64 万吨，只占氮肥总产的 1.1%。

目前，我国一方面要禁止硝酸铵生产（主要由于治安原因，要对硝酸铵进行改性），同时 2002 年 1 月至 6 月又进口硝酸铵 34.5 万吨。我国每年都从国外进口数百万吨的氮、磷、钾三元复混肥，其中相当一部分是用硝酸磷肥生产的，氮素中约有一半是硝态氮，下面是我们从市场上取的样品，委托国家化肥质检中心（北京）分析的结果（表 2）。

**表2　3种进口复混肥中硝态氮和铵态含量**

| 生产公司 | 牌号 | 硝态氮（%） | 铵态氮（%） | 其中硝态氮占（%） |
|---|---|---|---|---|
| 挪威海德鲁 | 船牌 | 6.52 | 8.89 | 43.1 |
| 芬兰凯米拉 | 天王星 | 6.98 | 7.06 | 49.7 |
| 德国巴斯夫 | 狮马 | 6.48 | 8.16 | 44.3 |

目前国内有些单位正式以文件的形式禁止使用硝酸铵和硝酸磷肥，其结果是打击了国内的产品，而国外的同类产品却通行无阻。这种不正常的现象希望引起有关领导部门的重视。

**（二）硝态氮和铵态氮一样，是植物容易吸收、利用的两种氮素形态，在生产绿色食品中禁止使用硝态氮肥是完全没有道理的**

首先，在土壤中硝态氮和铵态氮是同时存在的，尤其是旱地土壤，其中无机态氮往往以硝态氮为主。所以不管是否施用硝态氮肥，土壤中本身存在硝态氮。第二，尿素或铵态氮肥施入土壤后，只要温度、水分等条件合适，尿素在脲酶作用下会很快水解为铵态氮，再经亚硝化细菌和硝化细菌作用，氧化为硝态氮。第三，有些作物是喜硝态氮作物，如蔬菜、烟草等。在氮素营养以硝态氮为主的条件下，生长明显好于以铵态氮为主的情况。这是在植物营养和蔬菜栽培教科书中都一再列举的事实。有些进口化肥用于蔬菜生产很受农民欢迎，其中一条"秘密'就是含有硝态氮。第四，有人反对在蔬菜等作物上使用硝态氮肥，是担心蔬菜中硝酸盐含量过高。有资料认为，人体摄入的硝态氮有80%左右来自蔬菜。其实蔬菜中硝酸盐含量的高低，受多种因素影响。在施肥方面，单一施用氮肥，用量过高，采收期离追肥时间太近，都会引起蔬菜中硝酸盐含量增加。不同的氮肥品种有一定影响。甚至有机肥施用过量，也会使蔬菜中硝酸盐含量超标。

**（三）有人几乎到了"谈硝色变"的程度，主要是认为硝态氮是一种对人体有害的物质**

从20世纪40年代后期开始讨论这一问题，1962年世界卫生组织（WHO）和联合国粮农组织（FAO）提出了人体每日允许摄入的硝态氮量，同年美国确定了饮用水的硝态氮含量标准，1997年欧共体（EU）提出了蔬菜中硝态氮最高含量的规定，前后经历了50年。有关资料认为硝态氮主要对人体可能产生两大危害。第一，硝酸盐容易还原成亚硝酸盐，亚硝酸钴可将人体血液中的低铁血红蛋白氧化为高铁血红蛋白，使之失去输氧的能力，使人体缺氧，在婴儿中较为常见，国外称为"蓝婴症"。第二、亚硝酸盐与某些有机物（如酰胺）结合，形成亚硝胺，是一种致癌的化学物质。但是，医学界对此有较大的争论。有人认为"蓝婴症"是由于饮用了被细菌污染的不洁井水，随着饮水条件的改善，在欧洲和美国，婴儿的这种病症已大为减少。而把硝态氮作为业硝胺的前体，把两者直接联系起来，更是把问题看得过分简单。2001年11月在法国出版的专著《硝态氮与人—有毒的，无害的还是有益的?》以大量资料提出了不同的意见，甚至认为硝态氮与人体健康的关系是50多年世界范围的科学错误，应当予以纠正。这些新的动向必将对食物和饮水中的硝态氮含量问题，乃至含硝态氮肥料的施甩问题产生重大的影响，是我们应当密切注意的。

# 《硝酸盐与人类健康》中译本序言（二）

目前在我国存在两类"恐硝症"，一类是农业上限止或禁止使用含硝态氮的化肥，认为使用了含硝态氮化肥的农产品就不是绿色食品。另一类是限止食物中的硝酸盐含量，认为硝酸盐在人体中会形成亚硝酸盐和亚硝胺，前者可引起婴儿的高铁血红蛋白症，后者对人类是一种致癌物质。这两类"恐硝症"是相互联系的。有人反对在农作物上使用含硝态氮肥料，是担心会因此提高农产品中的硝酸盐含量，从而对人体健康产生有害的影响。

我们是几位从事土壤肥料研究的农业科学工作者，凭我们的有限专业知识，只能说清楚第一个问题。土壤中的氮素形态是因条件不同而不断转化的。通过肥料施入土壤中的铵态氮、酰胺态氮、氰氨态氮和有机肥中的更为复杂的氮素化合物，只要条件适宜，都可以分解和转化成硝态氮，所以，想禁止使用含硝态氮肥料是禁止不了的。铵态氮和硝态氮是植物吸收利用的两种主要氮素形态。不同植物对这两种形态的无机氮又各有其"爱好"。含硝态氮的化肥，是一类主要的氮肥，有的国家占其氮肥总产量的50％以上（如俄罗斯），而我国只占氮肥总产量的3％～4％。施用含氮的肥料增加植物体中的硝态氮主要是指植物的幼嫩组织，成熟的种子中是不含硝态氮的。因为在植物生长中、后期，体内的无机态氮都转化为有机态的蛋白质、核酸等而贮存于种子之中。所以，耽心施用含硝态氮肥料增加植物体内的硝酸盐，主要是指蔬菜这一类食用幼嫩组织的作物，而有的地方要生产绿色小麦、绿色向日葵而禁止使用含硝态氮肥料是完全没有道理的。

关于蔬菜中的硝态氮问题国内外已经有大量研究和报道。目前公认蔬菜是人体摄入硝酸盐的主要来源，占摄入总量的80％左右。其余20％来自饮用水和其他食物。蔬菜中硝酸盐含量的高低，首先和蔬菜本身的种类和品种有关。凡食用营养器官（叶、茎、根）的蔬菜，如菠菜、芹菜、白菜、萝卜、莴苣等硝酸盐含量都比较高；而食用繁殖器官（花、果实、种子）的蔬菜，如黄瓜、茄子、青椒、豆荚等的硝酸盐含量都比较低。同一种蔬菜，例如菠菜的不同品种，在相同的栽培条件下，硝酸盐含量也有较大差异。这种现象是植物自身的一种生物学特性。在植物的生长前期（营养生长期）吸收和积累养分，供后期开花、结果之用。硝态氮在植物体内易于积累，对植物无毒、无害，是一种可以暂时贮存的氮素养分。不仅是蔬菜，小麦、玉米苗期的硝态氮含量也比较高，其含量可用于诊断植株生长前期的氮素营养状况，以确定是否需要追施氮肥。尽管人们采用各种办法，想控制蔬菜中的硝酸盐含量，但是，要把叶菜和根茎类蔬菜的硝酸盐含量降到象茄果类、瓜类和豆类一样低是困难的。而在外界条件中，土壤肥力和施肥是影响蔬菜硝酸盐含量的重要因素。土壤氮素养分高，肥料（不论是化肥或有机肥）的氮素供应过量，氮素养分与磷、钾及其他养分不平衡，是引起蔬菜中硝酸盐大量积累的外因。施用硝态氮肥料是否比其他氮肥更多增加蔬菜中的硝酸盐，则与当时的土壤条件有关，如果条件适宜氮素形态的转化，就难以测出不同氮肥对植株硝酸盐含量的影响。此外，施肥到收获的时间长短，外界的光照、温度、水分等都对蔬菜中的硝酸

---

注：本文收录于《硝酸盐与人类健康》，中国农业出版社，2005年。

盐含量有影响。把这样一个复杂的问题，归结到施用含硝态氮肥料上，十分片面，容易引起化肥生产和使用上的误导。事实上在蔬菜的专用肥中加入适量硝态氮，更有利于这类喜硝作物的生长。这些问题我们已经在去年出版的《化肥与无公害农业》一书（林葆主编，中国农业出版社出版）中有详细的阐述。

我国多数人口以植物性食物（素食）为主，蔬菜在食物中占有重要的位置。根据 2002 年的《中国农业统计资料》（中国农业出版社，2003 年 8 月），我国蔬菜播种总面积达 1735.33 万公顷，总产达 52908.87 万吨，均居世界第一位。按全国 12.52 亿人口计算，每人占有量高达 422.5 千克。如果硝酸盐是一种对人体有害的物质，而且主要来自蔬菜，我们是否要尽量减少蔬菜的食用量？而公认的保健知识又告诉我们，为了预防"三高"（高血压、高血脂、高血糖）和癌症，多吃新鲜蔬菜和水果是有益的。这与蔬菜中硝酸盐的有害作用是否矛盾？我们陷入了迷茫之中。

正是我们无所适从的时候，一个偶然机会我们看到了这本书的英译本。JeanL′herondel 和 Jean-LouisL′hirondel 父子两人以其毕生精力完成此书。他们不仅仅是查阅了当今世界上有关这一问题的 600 多篇文献，进行了综述，他们自己是医生，书中有不少他们自己的实践经验和真知灼见。他们是真理的追求者，他们希望有关部门严肃认真重新考虑食物中硝酸盐的限量标准，以免为此而在人们思想上引起不必要的忧虑和为此而付出的巨大经济代价。他们还坚信，硝酸盐对人类健康无害的事实，一定会得到越来越多人的认同。

在我们粗读了这本书之后，第一个感觉是硝酸盐对人类健康是否有害，在世界上存在着两种绝然不同的认识和观点，而我国只在宣传对人类健康有害的观点，并由此引发了一系列问题。在我们决定将此事翻译出版时，遇到了两个问题：一个是我们想干的是一件虽有必要，但又不内行的事，另一个是出版的经费问题。在此书即将付印之际，我要感谢我的两位年青同事梁国庆、李书田博士，他们虽然有本专业坚实而广博的知识和一定的英语翻译水平，但不懂医学知识，为翻译此书付出了辛勤劳动。我要感谢著名的预防医学科学专家丁宗一教授为此书把关，核阅译稿并提出了很好的修改意见。我还要感谢天脊煤化工集团李中华董事长和王光彪总经理在得知出版经费有困难时，慷慨资助。我想信此书在翻译上仍然存在缺点和错误，希望读者批评指正。我希望广大读者能够喜欢这本书，尤其是一些中老年朋友在看完这本书后，能够从硝酸盐有各种各样害处的宣传中解脱出来，生活得更加轻松愉快。

# 5　有关硝酸磷肥的文章

# 硝酸磷肥的农业评价

吴荣贵　林葆

（中国农业科学院土壤肥料研究所）

**摘要**　本文回顾了硝酸磷肥的发展概况，阐述了该肥料的生产工艺，讨论了硝酸磷肥中水溶磷含量与肥效、硝态氮与肥效等的关系，以及不同土壤、作物的反映等。并展望了硝酸磷肥的发展趋势。

硝酸磷肥是一种既含铵态氮和硝态氮，又含水溶磷和枸溶磷的高浓复肥，目前在国际上已成为一种重要的复合肥料。生产硝酸磷肥不需要硫酸（混酸法除外），适合硫矿资源缺乏的国家或地区。然而对硝酸磷肥的农业评价在我国研究得还不够，这就很有必要了解硝酸磷肥的发展及国外施用概况，进而研究它在我国的应用和发展。

## 一、硝酸磷肥发展概况

用硝酸分解磷矿的可能性1908年由俄国农业化学家普扬尼什尼柯夫和化学家布利茨盖首先提出[1]，但当时合成氨工业刚刚问世，技术尚不发达，故这项建议没有引起化学工业的重视。到20世纪20年代末，英国帝国化学工业有限公司（ICI）开始研究用硝酸代替硫酸分解磷矿[2]，挪威、瑞典等国也推出Odda.法和硫酸盐法硝酸磷肥的生产工艺[3]，但产品吸湿性很强，直到40年代末，把产品制成粒状才使其物理性能大大改善。在此期间，德国、法国、荷兰、捷克、瑞士等国陆续进行了硝酸磷肥的中间试验，或建起试验工厂。50年代初，硫资源供应紧张[4]，只用单质普钙不能满足世界农业对磷肥的需求，加之运输，包装等成本问题，更加促进了硝酸磷肥工业的发展。1956—1964年，硝酸磷肥的产量明显增加[3]，特别是以进口硫矿而生产硫酸持一些欧洲国家更是如此[5]。亚洲的印度、巴基斯坦等国也建起硝酸磷肥生产工厂。全世界硝酸磷肥工厂从50年代的50家增加到93家（1978年统计），生产能力达到3000万吨（实物）。现在东欧（包括苏联）以硝酸磷肥为基础生产的复肥就占复肥总产量的35%[6]。

我国50年代后期着手开发硝酸磷肥的研究工作，1964年南化工业公司磷肥厂建成了年产3000吨硝酸磷肥（碳化法）的中试车间，1978年又采用间接冷冻法进行硝酸磷肥生产的中间试验。在此期间，上海化工院进行了直接冷冻法生产硝酸磷肥的研究，生产出一批产品，并进行了田间肥料试验[7,1]。目前年产90万吨（实物）的硝酸磷肥厂——山西化肥厂已

注：本文发表于《土壤学进展》，1990年第2期，7～15。

于 1987 年年底建成投产。另外，年产 15 万吨的开封硝酸磷肥厂也已建成，济南等地也正在建厂，这将对我国复肥生产结构产生巨大影响，因此，硝酸磷肥在我国不同土壤，不同作物上的施用效果和施用技术的研究犀得更加迫切，更加重要。

## 二、硝酸磷肥生产工艺简述

硝酸磷肥是用硝酸分解磷矿而制成的二元复肥，化学反应式如下：

$$Ca_{10}F_2(PO_4)_6 + 20HNO_3 \longrightarrow 6H_3PO_4 + 10Ca(NO_3)_2 + 2HF$$

反应中形成的硝酸钙会增加产品的吸湿性，且结块现象严重，因此，不同生产厂家，采用各种技术，尽量把硝酸钙除去，或减少它的形成，或使之转为吸湿性较低的化合物。虽然采用各种方法减少产品中硝酸钙的含量，但母液中仍有一定含量。用氨中和含硝酸钙的母液则生产出硝酸磷肥（含磷酸一铵、磷酸二钙、硝酸铵的混合物）。反应式如下：

$$6H_3PO_4 + 4Ca(NO_3)_2 + 2HF + 11NH_3 \longrightarrow 3CaHPO_4 + 3NH_4H_2PO_4 + 8NH_4NO_3 + CaF_2$$

不难看出，硝酸在硝酸磷肥中起着双重作用，一方面把磷矿中的磷分解成能被植物吸收利用的形态，另一方面使产品中增加了氮素营养。

硝酸磷肥中水溶磷（WSP，以下同）的含量由生产过程中所采用的除钙方法而决定。工艺不同，WSP 含量亦不同，现将国内外目前采用的主要生产工艺简述如下：

1. Odda 法，也称冷冻法，是 E. Johnson 1928 年在挪威首先提出的[3]。他发现，磷酸分解磷矿产生的大部分硝酸钙，可以通过冷却方法除去，在 25℃ 以下，硝酸钙以四面晶体结晶出来，经离心或过滤可与母液分离，母液如冷却到 12℃，产品中的 WSP 能达 60%，如冷却到 5℃，则 WSP 达 80% 以上。

2. Liljcnroth 法，该方法由 Liljenroth 于 1927 年在瑞典发明的（也称硫酸盐法），与 Odda 工艺基本一致，只是除钙方法不同。该法是将硫酸铵加到硝酸与磷矿反应生成的母液中，形成石膏沉淀，从而把大部分钙除去。采用此法可将产品中的 WSP 提高到 95%。

3. PEC 法，也称碳化法。它是将反应生成的硝酸钙转成不溶态，母液中的硝酸钙与二氧化碳反应生成不溶化合物：

$$12Ca(NO_3)_2 + 6H_3PO_4 + 1.6HF + 2HX + 4.2CO_2 + 4.2H_2O + 24NH_3 \longrightarrow$$
$$6CaHPO_4 + 0.8CaF_2 + CaX_3 + 4.2CaCO_3 + 24NH_4NO_3$$

碳化法生产的硝酸磷胞，WSP 很低，几乎全为枸溶磷。

另外，还涉及到许多 Odda 法的改良流程，混酸法等[8]，本文不再赘述。

## 三、硝酸磷肥的农业评价

**1. 硝酸磷肥中 WSP 含量与肥效。**小麦大田[9]、盆栽[10~11]试验都说明，在中、碱性土壤上一般随硝酸磷肥中 WSP 含量的增加其肥效亦随之增加（表 1）。

Sharma（1974）[12]报道，在软土（石灰性冲积土）上，随硝酸磷肥中 WSP 含量的增加，小麦（盆栽）干物重、吸磷量有下降的趋势。这可能是由于 WSP 含量低的硝酸磷肥与土壤接触后产生固定的部分少，因此在小麦整个生长期内供磷较稳定；相反，WSP 含量高的硝酸磷肥在小麦前期供磷充足，但被土壤固定的部分较多，所以生长后期显得供磷不足。

**表 1　不同 WSP 含量的硝酸磷肥对小麦产量，吸收养分情况的影响**

（印度农研所农场，1968 年）

| 处理 | 籽粒产量<br>（吨/公顷） | 吸收的 N<br>（千克/公顷） | 吸收的 P₂O₅<br>（千克/公顷） |
|---|---|---|---|
| NP-25 | 4.16 | 118.6 | 36.5 |
| NP-50 | 4.15 | 127.4 | 37.2 |
| NP-75 | 4.25 | 125.3 | 39.2 |
| NP-100 | 4.30 | 138.6 | 41.7 |
| SSp＋AN | 3.50 | 104.7 | 35.8 |

注：①NP 后面的数字为硝酸磷肥中 WSP 含量。

②SSP＋AN 为过磷酸钙（普钙）＋硝酸铵。

③试验地土壤为冲积土，pH7.6。

小麦—水稻轮作试验中[13]，硝酸磷肥在第一茬小麦上的肥效表现为：WSP 含量低于 60％时，随 WSP 含量的增加，肥效亦增加，而超过 60％后，肥效差别不大。WSP 含量从 30％～90％之间对水稻后效没有差别。

印度的水稻大田试验表明[14]，在中性土壤上，水稻产量和吸收的总磷量，随硝酸磷肥中 WSP 含量的增加而增加。而水稻盆栽试验[15]却表明，在碱性土壤上，随硝酸磷肥中 WSP 含量的增加，水稻千物重及吸磷量亦随之增加，然而，WSP 含量超过 70％时，干物重和吸磷量反而下降，但统计未达到显著标准。在酸性土壤上，WSP 含量超过 30％后，随硝酸磷肥中 WSP 含量的增加，水稻千物重和磷素利用率逐渐下降，施用量越大，下降趋势越明显。

Hundal 等人（1977）在印度中性黏壤上做的水稻—小麦轮作试验中[16]，WSP 含量分别为 30％、50％、70％的硝酸磷肥，在第一季水稻上的产量分别是尿磷酸铵的 58％、71％、81％，这也说明硝酸磷肥中 WSP 含量不同，肥效也不同。孟加拉的水稻试验[17]也表现为：高 WSP 含量的硝酸磷肥肥效＞中 WSP 含量的硝酸磷肥＞低 WSP 含量的硝酸磷肥。

Rishi（1974）在黑土、石灰性土、酸性土、冲积土上做的玉米盆栽试验表明[18]，硝酸磷肥的增产作用随其 WSP 含量的增加而提高。WSP 含量为 58％与 78％二种硝酸磷肥处理之间肥效差异不显著，在酸性土和冲积土上，WSP 含量超过 43％的硝酸磷肥之间，肥效差异不显著。

Van Burg（1963）[19]在马铃薯、燕麦、黑麦草上做的硝酸磷肥试验表明，作物产量、吸磷量与硝酸磷肥中 WSP 含量成正比。但在牧草上，硝酸磷肥中 WSP 含量超过 54％后肥效不变，并与普钙＋等量氮素等效。在微酸性土壤上[20]，WSP 含量为 2％的硝酸磷肥在黑麦草上的反应比 WSP 含量为 25％、53％的硝酸磷肥效果还好。

上述试验表明，硝酸磷肥中 WSP 含量不同，在不同土壤，不同作物上肥效变化较大。牧草、黑麦草上施用低 WSP 含量的硝酸磷肥比较经济，中性、碱性土壤上施用，WSP 含量一般应在 50％以上，酸性土壤上施用，WSP 含量可适当低些。

**2. 硝态氮与肥效。**印度农业研究所用[15]N 在中性冲积土上研究不同比例硝态氮、铵态氮的硝酸磷肥对水稻吸收氮素的影响[21]，发现，水稻吸收的总氮量，氮素利用率随硝态氮含量的增加而减小。另据 Menhi 等人[22]报道，水稻吸收的氮素也与硝酸磷肥中硝态氮含量有关。并认为，含铵态氮高的硝酸磷肥，氮素损失少，吸收的氮素较多。

但是，Dhua（1970）认为，尽管水稻在不同发育阶段对铵态氮和硝态氮的同化有些不同，但在印度东部农业气候条件下，施用铵态氮和硝态氮对水稻吸收利用氮素的情况基本一致。而 Raychoudhuri（1973）却认为适合水稻生长的硝态氮与铵态氮之比以 3.2：1 较好。

总之，多数试验证明，就氮素利用率而言，在水稻上施用铵态氮含量高的硝酸磷肥效果较好，因为在嫌气条件下，硝态氮易发生反硝化，且易淋失，造成氮素损失。在旱田条件下，硝酸磷肥中铵态氮与硝态氮的比例大小，对肥效影响不大。

**3. 颗粒大小与肥效。** Starostka 总结了荷兰 1939—1957 年的试验后指出[23]，降低硝酸磷肥的粒度，可提高其肥效。Fuller 等人[24]也报道了类似的结果，并指出，粉状硝酸磷肥肥效高的原因是该肥料与土壤接触的面积大，易被作物吸收，而粒状硝酸磷肥中磷离子从颗粒中扩散出来的速度慢，因此肥效较低，但在增加施用量后，这种差别不明显。

Byckowski 报道[25]，在粗质含铁的砂土、酸性土、中性黏土及含钙较多的草炭土上，粉状硝酸磷肥的肥效与普钙＋硝酸铵相当，而粒状硝酸磷的效果较差，特别是在钙含量、铁含量较高的土壤上更甚。

Van Burg[19]详细报道了硝酸磷肥中 WSP 含量与颗粒大小的关系，在酸性土壤上，低 WSP 含量的硝酸磷肥，随颗粒的增大而肥效下降；高 WSP 含量（如 98％）的硝酸磷肥，随颗粒的增大。肥效亦随之增加，颗粒直径超过 5 毫米后，如再增大粒度，肥效反而下降。石灰性土壤上不论 WSP 含量的高低，硝酸磷肥的肥效都随颗粒的增大而降低（表 2）。

**表 2　硝酸磷肥粒度对燕麦干物重、吸磷量的影响**

（荷兰，1960—1961 年）

| 颗粒直径（毫米） | 颗粒数（个/盆） | 干物重（克/盆） | 吸磷量（毫克/盆） |
| --- | --- | --- | --- |
| 1.0～1.4 | 7190 | 11.13 | 47.8 |
| 2.0～2.4 | 1123 | 10.13 | 41.6 |
| 4.0～4.3 | 125 | 9.73 | 40.6 |
| 6.3～8.0 | 26 | 8.70 | 38.3 |

由此可知，低 WSP 的硝酸磷肥，降低粒度，尽营磷素的固定部分增加，但因增加了颗粒表面积即大大增加了与作物根系的接触面，故效果较好，颗粒直径一般不得超过 3 毫米，宜在 2 毫米以下；相反，高 WSP 含量的硝酸磷肥（如大于 85％），应尽量避免与土壤接触面过大，减少磷的固定，颗粒应适当大些，直径以 3～5 毫米为宜。

**4. 不同土壤对肥效的影响。** Roscrs[28]总结了美国 1948—1949 年的 10 个农业试验站上进行的硝酸磷肥试验结果，认为，硝酸磷肥与重钙＋等养分氮肥相比，在美国南部的酸性土上施用，对玉米、棉花和小粒作物的效果相同，而在碱性土壤上施用，共效果略低于重钙＋等养分氮肥。

Mulder（1953）[27]，Cookc（1956）[28]都指出，碱性土壤上施用硝酸磷肥的当季效果和后效均小于在轻度酸性土上施用。

Cooke 等人（1958）[29]又在酸性土壤上比较了硝酸磷肥（WSP 含量为 7％～20％）与重钙＋硫酸铵、磷酸二钙＋硫酸铵对羽衣甘蓝的肥效，结果表明，硝酸磷肥肥效＞重钙＋硫酸铵或磷酸二钙＋硫酸铵。

苏联 1958—1960 年在非黑土地带、低肥力的灰黑土、乌克兰的森林灰化土上使用 WSP

含量为 50％的硝酸磷肥，效果都很好；在酸性土壤上硝酸磷肥的肥效和普钙＋等养分氮处理相当；碱性土壤上施用，其当季肥效和后效都不及在酸性土壤上明显。

在轻度生草灰化土壤上，（等养分条件下）硝酸磷肥比硝磷酸钾、普钙的效果好[30]，这一结论在燕麦盆栽试验上也得到了证实[31]。

偏碱性土壤上的水稻大田试验和盆栽试验都表明[32]，硝酸磷肥处理的水稻产量和吸收的总磷量均比普钙＋硝酸铵处理高，但差异不显著。

上述试验说明：硝酸磷肥因含有一部分枸溶磷，因此在酸性土壤上施用比在碱性土壤上施用效果好。

**5. 硝酸磷肥在不同作物上的反应。**美国 11 个州 130 个大田、盆栽试验表明[23]，硝酸磷肥在具有代表性土壤上施用，对棉花、玉米、小粒作物的反应与等养分混肥或重钙的效果一样。并指出，硝酸磷肥中 WSP 的含量在蔬菜作物上占举足轻重的地位，一般不得小于30％，硝酸磷肥在红三叶草、苜蓿等豆科作物上[33]的后效与重钙＋硝酸铵处理相同。

英国 1950—1952 年进行的 71 个硝酸磷肥试验表明[34]，硝酸磷肥（WSP 为 10％～15％）与普钙＋硝酸铵（或硫酸铵）相比，在牧草上的效果，前者较好；在大麦、芜菁甘蓝上的反应二者等效；而在马铃薯上的肥效后者较好（表 3）。1957 年 22 个（8 个马铃薯、10个牧草、4 个芜菁甘蓝）硝酸磷肥试验[29]也得出了类似的结果。

**表 3　硝酸磷肥的肥效**

| 作物 | 硝酸磷肥 | 普钙＋硝酸铵 | 不施磷 |
|---|---|---|---|
| 牧草（干物重） | 5.81 | 5.63 | 5.21 |
| 芜菁甘蓝 | 16.70 | 16.70 | 10.00 |
| 大麦（籽粒） | 2.60 | 2.62 | 2.41 |
| 马铃薯 | 7.8 | 8.9 | 5.2 |

注：单位：吨/英亩，1951 年平均产量。

表 4 说明了巴基斯坦 1967—1971 年硝酸磷肥试验中硝酸磷肥对不同作物的增产作用[1]。

印度、孟加拉的水稻试验[17,32]表明，在中性、偏碱性土壤上 WSP80％的硝酸磷肥与普钙＋硝酸铵的效果等效。

硝酸磷肥对水稻的生产发育也有较好的作用[35]，高 WSP 含量的硝酸磷肥、尿磷酸铵对水稻的有效分蘖数、净同化率、株高、叶面积指数、干物重均有较好的影响。

从上举结果不难看出，硝酸磷肥在牧草、豆科作物、水稻上的效果较好，在马铃薯、蔬菜上的肥效较差。

**表 4　硝酸磷肥的肥效比较**

（巴基斯坦，1967—1971）

| 肥料 | 肥料比较（％） | | |
|---|---|---|---|
| | 水稻 | 玉米 | 小麦 |
| 尿素＋重钙 | 100 | 100 | 100 |
| 硝酸钙＋磷酸二钙 | 86 | 80 | 90 |
| 硝酸磷肥 WSP30％ | 88 | 91 | 94 |
| 硝酸磷肥 WSP85％ | 104 | 109 | 116 |

**6. 适宜的施用方法。** 英国 1952—1954 年进行的硝酸磷肥不同施用方法比较试验表明[36]，硝酸磷肥在大麦、春小麦上条施比撒施增产 9.2%，硝酸磷肥与普钙＋尿素相比，撒施时前者效果较差，条施时差别不大。

硝酸磷肥在冬小麦上施用时，以带状条施或施于种子下面比撒施的效果好[37]。在水稻上深施效果较好[38]。在烟草上施用，条施也优于撒施[39]。

显而易见，硝酸磷肥条施（即集中施）的效果在各种作物上都能得到较满意的结果。

## 四、硝酸磷肥的发展展望

根据硝酸磷肥的特点，合理施用，将取得较好的结果。硝态氮不被土壤吸附，易被作物吸收利用，所以把硝酸磷肥施在旱地作物上效果较好；在石灰性缺磷土壤上应选择 WSP 含量较高的硝酸磷肥，相反在酸性土壤上，由于铁、铝化合物含量高，易引起磷的固定，因此宜施用 WSP 含量较低的硝酸磷肥；硝酸磷肥应首先施在吸磷能力较强的豆科作物上；蔬菜作物应施用 WSP 含量较高的硝酸磷肥；硝酸磷肥的粒度不宜过大，低 WSP 含量的硝酸磷肥在中性和碱性土壤上以颗粒较细时效果较好。

美国由于硫资源丰富，硝酸磷肥的发展在某种程度上受到一定限制，而欧洲国家硫矿缺乏，靠进口硫矿生产磷肥远远不能满足农业对磷肥的需求，因此，硝酸磷肥在欧洲，特别在西欧，占有较大比例。

我国缺硫少电，能源不足，经济还不发达，利用价格低廉的硝酸生产硝酸磷肥必将成为我国发展高浓度复肥的一条可取途径。

目前，磷肥施用量在逐年增加，当土壤具有一定水平的速效磷素后，硝酸磷肥将成为一种较理想的高浓复肥。

## 参 考 文 献

[1] 李绍唐. 硝酸磷肥的肥效. 化工部上海化工研究院资料，1986，3：17.

[2] Editor of Chem. Indust. Nitro-phosphate fertilizer. Chem. Indust April 7，265，(1951).

[3] Jennekens，M. H. Nitrophosphate fertilizers，ICARDA and IFDC Training Program on Research on Effective Use of Fertilizer，Jan. 10-28，1988，Aleppo，Syria pp7 (1988).

[4] Dee，T. P.，Alternative phosphate fertilizers，Chem. Indust. August. 16，801-803 (1952).

[5] Nam D. Le Fertilizer production in the international market，part I. ICARDA and IFDC Training Program on Research on Effective Use of Fertilizer，Jan. 10-28，1988，Aleppo，Syria，pp23 (1988).

[6] Ostmo，L. H.，The use of Norsk Hydro's nitrophosphate process in East European countries，Paris，France，International Fertilizer Industry Ass'n.，Ltd.，IFA Publication，Context of Sulfur Rcquirements (1984).

[7] 当代中国的化学工业. 中国社会科学出版社，1986：76-77.

[8] 上海化工研究院磷肥室. 我国发展硝酸磷肥生产的分析. 化肥工业，1983，3：56-66.

[9] Datta，N. P. et al，Evaluation of nitrophosphates of different water-soluble P and superphosphste using $^{32}$P as a tracer，Indian J. Agric. Sci. 42 (5)，366-377 (1972).

[10] Hundal，H. S. et al，Effect of granule size on the efficiency of suaperphosphate and nitric phosphates applied to wheat in an alkaline soil，Indian J. Agric. Chem.，15 (1)，91-98 (1982).

[11] Rishi A. K. and Goswami, N. N., Efficiency of nitrophosphates of varying water aolubility in regard to uptake and utilization of phosphorus by wheat, J. lndian Soc Soil Sci., 25 (4), 370-73 (1977).

[12] Sharma, P. D. and Singh, T. A., Water solubility and particle size effects of nitric phosphates on the growth and yield of wheat, Acta Agronomica Academiae Scitiarum Hungaricae, 23, 173-78 (1974).

[13] Mishra, B. et al, Optimal level of water soluble phosphorus in nitrophosphate fertilizer, Fertil. Agric. 91, 23-25 (1986).

[14] Hundal, H. S, and Sekhon, G. S., Evaluation of nitric phosphates as a source of fertilizer phosphorus to rice, Indian J. Agric. Sci, 45 (8), 344-47 (1975).

[15] Joshi, R. L. et al, Relative efficiency of differeat citrate and water soluble nitrophosphates tagged with $^{32}$P on Bihar sorls and paddy as a test crop. Proc. Use of Radiations and Radioisotopes in Study es of Plant Productivity held at G. B. Pant Univ. Agric. Tech., Pantnagar, April 12-14, 479-89, (1974).

[16] Hundal, H. S. et al, Evaluation of some Sources of fertilizer phosphorus in two cycles of a paddywheat croppingsequence, J. Agric. Sci., 88, 625-30, (1977).

[17] Mandal, S. R. and Datta, N. P., Evaluation of nitrophosphates of different water soluble phosphorus and superphosphate under submerged seil conditions using $^{32}$P as a tracer, J. Nuclear . Agric. Biol., 7 (4) 138-39, (1978).

[18] Rishi, A. K. and Goswami, N. N., Efficiency of nitrophosphates of varying water solubilities on the yield and uptake and utilization of phosphorus by maize, J. Indian Soc. Scil Sci., 22 (4), 365-70 (1974).

[19] Van Burg, P. F. J., The agricultural evaluation of nitrophosphates with particular reference to direct and cumulative phosphate effects, and to interaction between water solubility and granule size, Proc. Fertil. Soc., 75, pp. 64 (1963).

[20] Mattingly, G. E. G. aud Penny, A., Evaluation of phosphate fertilizers, J. Agric. Sci., 70, 131-56 (1968).

[21] Mandal, S. R. and Datta, N. P., Evaluation of different water soluble phosphate grades of., nitrophosphate as N-fertilizer to submerged rice crop Using $^{15}$N, as a tracer, J. Nuclear Agric. Biol., 10, 15-17 (1981).

[22] Menhi Lal et al, Effect. of phosphate, carriers varyieg in water soluble and citrate soluble P contents on uptake of major nutrients (N, P, K) by rice. Ⅱ Riso, 24 (1), 49-58 (1975).

[23] Starostka, R. W., Norland, M. A., and MacBRIDE, J. E., Nutritive value of nitric phosphates produced from Florida Leached-Zone and Land-Pebble phosphates determined in greenhouse culture, J. Agrlc. and Food Chem., 3 (12), 1022-25 (1955).

[24] Fuller, W. H., Fred Riley, W. and Donald Seamands, Solubility characteristics of nitric phosphate fertilizers in calcareous soils, and comparative effectiveness in greenhouse pot cultures, J. Agrlc. and Food Chem., 5 (12), 938-40 (1957).

[25] Byckowski, A. and Ostromecka, M., Roczniki Nauk Rolniczychi Lesnvch, 66 (4), 5-28 (1953).

[26] Rice Williams, D. Sc., Alternative phosphate fertilizers, chem. Iudust. August 16, 798-801 (1952).

[27] Mulder, E. G., Investigations on the agricultural value of nitrophosphate and anhydrous ammonla, Proc. Fertil. Soc., 25, pp. 50 (1953).

[28] Cooke, G. W. et al, Field experiments on phosphate fertilizers, J. Agrie. Sci., 43 (1), 74-103 (1956).

[29] Cooke, G. W. ct al, The value of nitrophosphate fertilizers, J, Agric. Sci., 50 (3), 253-59 (1958).

[30] Pastnikov, A. V., Row application of, granular compound fertilizers under winter wheat. Docl. S.-kh. Akad. Timiryazeva, 70, 11-14, (1961).

[31] Peterburyskii, A. V. and Kalinin, K. V., Use of. nitrophoska and nitrophos as row fertilizers

Dpkl. S. —kh. Akad. Timiryazeva, 41, 19-23 (1959).

[32] Dhua, S. P. and Chowdhury, B., Studies, on the relative efficicncies of nitrophosphate and other nitrogenous and phosphatic fertillzer combinations, Technology, 3 (2), 73-86 (1966).

[33] Thorne, D, W., Johnson, P. E. and Seatz, L. F., Grop responge to phosphorus nitric phosphate, J. Agric. and Food Chem., 3 (2), 136-40 (1955).

[34] Lewis, A. H., Field experiments with nitrophosphates, J. Agric. Sci, 46 (2), 287-91 (1955).

[35] Mcnhi Lal and Mahapatra, I. C., Growth analysis, of transplanted rice in relation to water solubility of phosphatic fertilizers, Ⅱ Riso 25 (1), 43-54 (1976).

[36] Cooke, G. W. and Widdowson, F. W., The value of nitrophosphate for spring-sown cereals, J. Agrlc. Sci., 47 (1), 112-16 (1956).

[37] Sharma, J. P. and Mahendra Singh, Studies on the effect of different levels of nitrophosphate (ODDA and PEC) on wheat, Indian J. Agron, 12, 327-31 (1967).

[38] Sharma, J. P. and Mahendra Singh, Response of paddy to increasing rates and different methods of nitrophosphate application, Indian, J, Agron., 12, 46-50 (1967).

[39] Ahmed, Nisar. et al, Efficacy of differeet types of fertilizers for niswari tobacco, J. Agric. Res. (Lahore), 10 (4), 319-21 (1975).

# 粉状与粒状硝酸磷肥的肥效比较

吴荣贵 林葆 李家康 荣向农

（中国农科院土壤肥料研究所）

中国对硝酸磷肥的生产和施用的研究，和欧美相比，起步较晚。硝酸磷肥是用硝酸分解磷矿生产出的一种高浓复合肥料，其化学组成较复杂，既含水溶磷和枸溶磷，又含铵态氮和硝态氮，产品中水溶磷和枸溶磷的比例，因生产工艺和生产条件的不同而改变。国内对不同方法研制的硝酸磷肥肥效、硝酸磷肥中氮、磷比例研究的较多，而对硝酸磷肥中的颗粒大小与肥料中的水溶磷含量（WSPC）的关系尚未进行系统的研究，为此，我们将不同 WSPC 的粒状（直径 3～4 毫米）硝酸磷肥压碎，制成直径小于 1 毫米的粉状硝酸磷肥，用盆钵培养的方法进行不同 WSPC 的粉状与粒状硝酸磷肥的比较试验。

## （一）材料和方法

供试土壤：①红壤取自江西省进贤县，土壤母质为第四纪红色黏土，速效磷，（P）含量为 2.2 毫克/千克，pH5.5。前作花生，亩产 100～125 千克。②潮土取自河北省辛集市，土壤母质为冲积物，速效磷（P）含量为 2.1 毫克/千克，pH8.1。前作小麦，亩产 100～150 千克。

供试作物：水稻（中花八号）。

试验设计：本试验设置 7 个处理：CK，NPL，NPM，NPH，NGL，NGM，NGH（表1），重复 4 次。除对照（CK）不施磷外，其余处理的氮、磷、钾用量相等。每千克烘干土施氮 0.2 克、$P_2O_5$ 0.067 克、$K_2O$ 0.1 克；氮肥作底肥和追肥，其用量各为 1/2，磷肥、钾肥全部作底肥；用硝酸铵调节各处理间的氮素平衡。每盆装烘干土 7.5 千克。

表1 试验处理

| 处理 | 试验用肥 |
| --- | --- |
| CK | 硝酸铵＋硫酸钾 |
| NPL | 硝酸铵＋硫酸钾＋粉状低 WSPC（30%）硝酸磷肥 |
| NPM | 硝酸铵＋硫酸钾＋粉状中 WSPC（55%）硝酸磷肥 |
| NPH | 硝酸铵＋硫酸钾＋粉状高 WSPC（89%）硝酸磷肥 |
| NGL | 硝酸铵＋硫酸钾＋粒状低 WSPC（30%）硝酸磷肥 |
| NGM | 硝酸铵＋硫酸钾＋粒状中 WSPC（55%）硝酸磷肥 |
| NGH | 硝酸铵＋硫酸钾＋粒状高 WSPC（83%）硝酸磷肥 |

1988 年 5 月 27 日插秧，同年 10 月 6 日收获，每盆 5 穴稻秧，每穴 2 株。分蘖期调查不

注：本文发表于《土壤肥料》，1992 年第 4 期，25～27。

同处理的分蘖情况。收获后考种，称重。

**（二）结果和讨论**

**1. 粉状与粒状硝酸磷肥对水稻分蘖数、产量等因素的影响。**水稻分蘖期，收获期的调查结果和产量数据列于表2、表3。表2说明，在江西红壤上，粉状硝酸磷肥和粒状磷肥对水稻的籽粒产量、生物产量具有不同的影响。粉状硝酸磷肥随其WSPC的增加；籽粒产量、生物产量变化不大，或略有下降；而粒状硝酸磷肥随其WSPC的增加，水稻的籽粒产量、生物产量逐渐增加。NGM和NGH两处理明显优于NGL处理。每盆穗数、穗粒数，不同WSPC的硝酸磷肥之间变化不大。同WSPC的硝酸磷肥，粉状与粒状两者相比，WSPC低时，粉状（NPL）明显优于粒状（NGL），从籽粒产量看，两者差异极显著；而WSPC高时，则粒状（NGH）处理优于粉状（NPH）处理，但差异不显著。水稻千粒重也以粉状处理较好。

**表2 不同处理在水稻上的肥效比较**

| 项目 | CK | NPL | NPM | NPH | NGL | NGM | NGH | LSD | |
| --- | --- | --- | --- | --- | --- | --- | --- | --- | --- |
| | | | | | | | | 0.05 | 0.01 |
| 分蘖数（个/盆） | 30.3 | 49.5 | 53.8 | 54.5 | 56.5 | 50.5 | 54.5 | 10.6 | 14.4 |
| 籽粒产量（克/盆） | 30.2 | 57.8 | 50.0 | 55.8 | 46.9 | 57.4 | 59.7 | 8.7 | 11.8 |
| 生物产量（克/盆） | 73.3 | 108.0 | 99.9 | 108.9 | 96.6 | 111.7 | 111.5 | 16.9 | 23.1 |
| 穗数（个/盆） | 19.8 | 25.8 | 27.3 | 28.3 | 27.5 | 27.0 | 28.0 | 5.1 | 6.9 |
| 穗粒数（个） | 71.3 | 90.7 | 76.3 | 80.8 | 77.2 | 89.3 | 88.5 | — | — |
| 千粒重（克） | 21.4 | 24.7 | 24.0 | 24.4 | 22.1 | 23.8 | 24.1 | — | — |
| 株高（厘米） | 91.3 | 96.8 | 96.0 | 95.3 | 93.5 | 97.5 | 99.6 | 3.9 | 5.3 |

注：表中数据为4个重复的平均值，为江西红壤。

**表3 粉状与粒状硝酸磷肥在水稻上的肥效比较**

| 处理 | CK | NPL | NPM | NPH | NGL | NGM | NGH | LSD | |
| --- | --- | --- | --- | --- | --- | --- | --- | --- | --- |
| | | | | | | | | 0.05 | 0.01 |
| 分蘖数（个/盆） | 10 | 46.3 | 46.3 | 52.3 | 41.5 | 47.0 | 48.8 | 7.0 | 9.5 |
| 籽粒产量（克/盆） | 2.1 | 61.6 | 59.5 | 56.2 | 44.7 | 56.5 | 60.5 | 5.9 | 8.0 |
| 生物产量（克/盆） | 15.3 | 166.4 | 116.1 | 109.9 | 95.6 | 109.5 | 116.6 | 7.6 | 10.3 |
| 穗数（个/盆） | 5.0 | 27.3 | 28.3 | 27.3 | 25.5 | 28.3 | 28.3 | 2.6 | 3.5 |
| 穗位数（个） | 42.4 | 96.0 | 86.5 | 89.1 | 79.3 | 85.0 | 89.4 | — | — |
| 千粒重（克） | 9.9 | 23.5 | 24.3 | 23.1 | 22.1 | 23.5 | 23.9 | — | — |
| 株高（厘米） | 55.2 | 101.0 | 101.0 | 101.6 | 97.3 | 99.6 | 99.9 | 4.3 | 5.8 |

注：①4次重复平均值；②河北潮土。

表3中的数据表明，在河北潮土上，硝酸磷肥可明显提高水稻分蘖数，籽粒产量、千粒重等。粉状硝酸磷肥随其WSPC的增加，籽粒产量、生物产量有下降的趋势，而粒状硝酸磷肥的肥效随其WSPC的增加，分蘖数、籽粒产量、生物产量及产量构成诸因素，逐渐递增。同WSPC的硝酸磷肥相比，与在江西红壤上的反应相同。

硝酸磷肥中WSPC低时，如以粉状施入土壤，则与土壤和根系接触面积大、易被作物吸收利用。相反，以粒状施入则与土壤和根系接触面积小，而且磷从肥料颗粒中扩散出来的速度较慢，所以肥效显得较低。高WSPC的硝酸磷肥，如以粉状施入，当土壤水分多时，便很快溶于土壤溶液中，这样，磷固定的速率和固定的数量亦较多，因此，硝酸磷肥中

WSPC 高时，粉状的效果比粒状差。

**2. 粉状、粒状硝酸磷肥对水稻吸收养分的影响。** 水稻收获后，分别对稻秆、籽粒进行了 N、P、K 含量的分析，现将分析结果列于表 4。由表 4 可知，两种土壤上，硝酸磷肥中 WSPC 低时，粉状与粒状处理相比不但可提高水稻对磷素的吸收，而且还可促进水稻氮、钾的吸收利用。随硝酸磷肥中 WSPC 的提高，粉状与粒状之间的差别逐渐变小。总而言之，就水稻吸收的养分而言，粉状处理受硝酸溉肥中 WSPC 变化的影响较小，而粒状处理则直接与 WSPC 的高低有关。

表 4　不同处理对水稻吸收养分的影响

| 处理 | | CK | NPL | NPM | NPH | NGL | NGM | NGH | LSD | |
| --- | --- | --- | --- | --- | --- | --- | --- | --- | --- | --- |
| | | | | | | | | | 0.05 | 0.01 |
| 江西红壤 | N | 503.9 | 794.0 | 710.8 | 875.4 | 675.0 | 780.1 | 779.6 | 144.5 | 195.4 |
| | P | 74.0 | 139.8 | 124.7 | 135.8 | 118.0 | 144.7 | 149.9 | 26.2 | 35.4 |
| | K | 516.1 | 684.0 | 599.1 | 701.1 | 544.4 | 610.2 | 664.5 | 122.8 | 166.1 |
| 河北潮土 | N | 263.1 | 895.8 | 883.8 | 914.7 | 674.5 | 752.2 | 879.5 | 80.2 | 108.5 |
| | P | 16.5 | 145.5 | 145.9 | 146.0 | 103.0 | 124.1 | 143.5 | 10.9 | 14.7 |
| | K | 158.1 | 748.7 | 738.2 | 646.9 | 651.8 | 731.1 | 756.3 | 94.8 | 128.2 |

注：①表中数据为秸秆＋籽粒中的养分总量（毫克/盆）。②4 个重复的平均值。

## （三）结论

通过比较粉状与粒状硝酸磷肥的肥效，可以看出，硝酸磷肥中 WSPC 低时，粉状处理在水稻上的当季效果明显优于粒状，而 WSPC 高时，则粒状处理的肥效稍好。这就表明，造粒（粒径 3~4 毫米），对 WSPC 高的硝酸磷肥不但可改善其物理性状，也可提高其当季肥效。而生产低 WSPC 的硝酸磷肥时，粉状对提高肥效有利。

# 不同水溶磷含量的硝酸磷肥肥效研究

吴荣贵　林葆　李家康　荣向农

（中国农业科学院土壤肥料研究所）

**摘要**　试验采用盆钵培养方法，在等养分条件下研究三种不同水溶磷含量（WSPC）硝酸磷肥、重过磷酸钙在两种缺磷土壤和一种中度缺磷土壤上对冬小麦、水稻的不同反应。试验表明，硝酸磷肥中 WSPC 不同，在不同土壤或同一土壤不同作物上的施用效果亦不同，尤其与供试土壤中速效磷含量密切相关。在极缺磷土壤上应施用高 WSPC 的硝酸磷肥；同一土壤旱作时应选用高 WSPC 的硝酸磷肥，而水作时 WSPC 可适当低些。中度缺磷土壤，低 WSPC 的硝酸磷肥已可满足冬小麦生长发育的需求。

**关键词**　硝酸磷肥　水溶磷含量　肥效

高浓复合肥料是当今世界化肥发展的总趋势，也是目前我国化肥发展的方向。然而由于我国硫资源不足、能源紧张、用湿法生产磷肥和热法生产黄磷，进而生产高浓复肥受到一定限制，如采用硝酸分解磷矿生产硝酸磷肥则有利于缓和我国缺硫及能源不足的现状，为此我国分别在山西、河南、山东等地建起年产几十万吨的硝酸磷肥厂，明显改变了我国化肥生产结构。在我国，硝酸磷肥适宜的施用条件，水溶磷含量（WSPC）与肥效的关系之研究较少，为此我们委托上海化工研究院，生产出不同 WSPC 的硝酸磷肥小样，研究在缺磷土壤上 WSPC 与肥效的关系，为硝酸磷肥的生产和施用提供依据。

# 一、材料和方法

试验采用盆钵培养方法，在等氮、等有效磷、等钾条件下研究三种不同 WSPC 硝酸磷肥、重过磷酸钙在两种缺磷土壤和一种中度缺磷土壤上对冬小麦（丰抗 8 号）、水稻（中花 8 号）的不同反应，以探讨缺磷土壤上施用硝酸磷肥的适宜 WSPC。

供试土壤基本农化性状列于表1。试验共 5 个处理，①CK—不施磷；②GL；③GM；④GH，分别为 WSPC30％，55％，83％的粒状硝酸磷肥；⑤TC—粒状重过磷酸钙。重复 4 次。

小麦试验每盆用烘干土 8.25 千克，在红壤和褐土上进行，施肥量为每千克烘干土 0.2 克 N，0.1 克 $P_2O_5$，0.2 克 $K_2O$。水稻试验每盆用烘干土 7.5 千克，在红壤和潮土上进行，施肥量为每千克烘干土 0.2 克 N，0.067 克 $P_2O_5$，0.1 克 $K_2O$。两个试验中，氮肥的 1/2 作

注：本文发表于《土壤肥料》，1994 年第 1 期，22～26。

底肥，1/2 作追肥，磷、钾肥全作底肥。

全部试验于 1987—1988 年完成。

**表 1　供试土壤基本农化性状**

| 地点 | 土类 | 有机质（%） | 速效磷 P（毫克/千克） | 磷的分级（P 毫克/千克） | | | | pH | 质地 |
|---|---|---|---|---|---|---|---|---|---|
| | | | | Al—P | Fe—P | Ca—P | O—P | | |
| 江西 | 红壤 | 1.55 | 2.20 | 27.6 | 65.3 | 55.2 | 133.9 | 5.5 | 黏土 |
| 山东 | 褐土 | 1.01 | 7.11 | 23.0 | 32.7 | 246.3 | 83.8 | 7.7 | 黏壤 |
| 河北 | 潮土 | 1.09 | 2.09 | 8.4 | 2.6 | 406.4 | 66.9 | 8.1 | 黏壤 |

注：测磷时，红壤用 $NH_4F—HCl$ 浸提，褐土、潮土用 $NaHCO_3$ 浸提。

# 二、结果和讨论

## （一）硝酸磷肥中 WSPC 与肥效

试验得出，硝酸磷肥中 WSPC 不同，在不同土壤，或同一土壤不同作物上的施用效果亦不同，尤其与供试土壤中速效磷含量密切相关。

**1. WSPC 对分蘖数和干物重的影响。** 现将小麦冬前（播后第 50 天）分蘖和拔节期取样测定干物重结果列于表 2。从表 2 可知，小麦施磷后可明显增加分蘖数和干物重，差异极显著。江西红壤，由于速效磷含量低，硝酸磷肥中 WSPC 对小麦冬前分蘖数的影响就很明显，高 WSPC 的 GH 处理比中 WSPC 的 GM 处理和低 WSPC 的 GL 处理小麦分蘖数分别增加 27.4% 和 52.3%，达显著和极显著差异。山东褐土，属中度缺磷土壤，不同 WSPC 的硝酸磷肥处理对小麦冬前分蘖数影响不大。

**表 2　硝酸磷肥中 WSPC 对小麦分蘖数，干物重的影响**

| | 处理 | CK | GL | GM | GH | TG | LSD | |
|---|---|---|---|---|---|---|---|---|
| | | | | | | | 0.05 | 0.01 |
| 红壤 | 冬前分蘖（个/盆） | 15.0 | 22.0 | 26.3 | 33.5 | 28.5 | 6.3 | 8.8 |
| | 干物重（克/5 株） | 0.5 | 1.8 | 2.1 | 2.2 | 2.1 | 0.3 | 0.4 |
| 褐土 | 冬前分蘖（个/盆） | 43.8 | 52.5 | 51.3 | 54.5 | 50.8 | 6.3 | 8.8 |
| | 干物重（克/5 株） | 2.0 | 3.7 | 3.9 | 4.1 | 3.8 | 0.3 | 0.5 |

注：此表及下列各表数据均为 4 个重复的平均值。

拔节期，每盆取 5 株植株样品，烘干称重，结果表明，两种土壤上，GH 处理均比 GL 处理的小麦干物重明显增加。GH 比 GM 处理的干物重略有增加，但差异不显著。

不同 WSPC 的硝酸磷肥对水稻分蘖数，干物重的影响列于表 3。河北潮土，江西红壤均属严重缺磷土壤，故水稻施磷后，效果极显著，分蘖数、干物重明显增加，但两种土壤对硝酸磷肥中 WSPC 有不同反应。江西红壤 Fe-P，Al-P 含量较潮土高，闭蓄态磷（O-P）也是潮土的两倍，加之土壤 pH 低，所以在淹水条件下，pH 升高，部分 Fe-P，Al-P 溶解，而且在淹水情况下，土壤氧化还原电位低，三价铁还原成两价铁，闭蓄态磷外面的氧化铁薄膜破裂，使磷得以释放，所以土壤缺磷情况有所缓和，因此，水稻分蘖数、干物重除不施磷的 CK 处理明显低于其他处理外，不同 WSPC 的硝酸磷肥对水稻的分蘖数、干物重的影响基本相似。而在河北潮土上，GL 处理的水稻分蘖数、干物重明显低于 GM 和 GH 处理，但 GM

和 GH 处理间没有显著差异。

**表 3 不同处理对水稻分蘖数、干物重的影响**

| 处理 | | CK | GL | GM | GH | TG | LSD | |
|---|---|---|---|---|---|---|---|---|
| | | | | | | | 0.05 | 0.01 |
| 潮土 | 分蘖数（个/盆） | 10.0 | 41.5 | 47.0 | 48.8 | 44.8 | 7.2 | 10.1 |
| | 干物重（克/穴） | 0.2 | 3.2 | 4.2 | 4.5 | 3.2 | 0.9 | 1.3 |
| 红壤 | 分蘖数（个/盆） | 30.3 | 56.5 | 50.5 | 54.5 | 57.0 | 6.7 | 9.4 |
| | 干物重（个/穴） | 2.5 | 4.8 | 4.6 | 5.3 | 3.9 | 1.6 | 2.3 |

**2. WSPC 与作物产量的关系。**小麦盆栽试验结果列于表 4，表中数据表明，在酸性缺磷的江西红壤上，随硝酸磷肥中 WSPC 的增加，小麦产量亦随之增加。GH 处理比 GM、GL 处理每盆平均增加籽粒 2.3 克和 2.7 克，增产 13.8％和 16.6％，均达到 5％的显著差异。不同 WSPC 的硝酸磷肥对小麦生物产量的影响与对籽粒的影响基本一致，但 GM 和 GH 处理之间未能达到显著差异。

**表 4 硝酸磷肥中 WSPC 对小麦产量的影响**

（单位：克/盆）

| 处理 | | CK | GL | GM | GH | TG | LSD | |
|---|---|---|---|---|---|---|---|---|
| | | | | | | | 0.05 | 0.01 |
| 红壤 | 籽粒 | 1.5 | 16.3 | 16.7 | 19.0 | 18.6 | 2.3 | 3.4 |
| | 生物产量 | 5.3 | 38.8 | 42.1 | 44.7 | 44.5 | 3.7 | 5.2 |
| 褐土 | 籽粒 | 15.2 | 15.6 | 15.6 | 15.2 | 14.7 | 4.1 | 5.7 |
| | 生物产量 | 31.6 | 43.1 | 43.0 | 42.2 | 44.5 | 4.0 | 5.7 |

在中度缺磷的山东褐土上，无论小麦籽粒产量还是总产量，不同 WSPC 的 GL、GM，GH 三处理间没有明显差异。

水稻的产量列子表 5。表中数据表明，两种土壤上，水稻籽粒产量、总产量都随粒状硝酸磷肥中 WSPC 的增加而递增。GH、GM 两个处理均比 GL 处理增产 20％以上，差异达极显著水平，GH 比 GM 处理的籽粒产量略有增加，但差异不显著，这表明在 pH 较低的江西红壤上，施用粒状硝酸磷肥时，WSPC 超过 55％后，对水稻的籽粒产量及干物质积累影响不大；而且，与旱作相比，水作的磷肥效果有下降的趋势。

**表 5 不同处理对水稻产量的影响**

（单位：克/盆）

| 处理 | | CK | GL | GM | GH | TG | LSD | |
|---|---|---|---|---|---|---|---|---|
| | | | | | | | 0.05 | 0.01 |
| 潮土 | 籽粒 | 2.1 | 44.7 | 56.5 | 60.5 | 65.5 | 4.4 | 6.1 |
| | 生物产量 | 15.3 | 95.6 | 109.5 | 116.6 | 124.0 | 7.5 | 10.5 |
| 红壤 | 籽粒 | 30.2 | 46.9 | 57.4 | 59.7 | 60.3 | 7.5 | 10.6 |
| | 生物产量 | 73.3 | 96.6 | 111.7 | 111.5 | 115.2 | 13.8 | 19.4 |

对小麦、水稻考种后发现，高 WSPC 的硝酸磷肥处理产量较高，在小麦上主要是由于前期生长健壮，分蘖数和成穗率较高，每盆有效穗数较多所致。在水稻上则因每盆穗数、穗粒数、千粒重的增加而增加。

**3. WSPC 对养分吸收的影响。**在小麦生长前期，施用不同 WSPC 的硝酸磷肥不但直接影响小麦对磷素的吸收，而且还影响对氮、钾的吸收利用，这种影响在缺磷的土壤上较明显。江西红壤上，从小麦含磷量来看，GL 处理含磷（P）为 0.41%，明显低于 GM（0.47%）和 GH（0.50%）两个处理，差异极显著。从每株小麦平均吸收的磷（P）来看，也以 GL 处理最低，见表 6（因篇幅所限只列出作物吸收的磷素）。山东褐土、尽管属中度缺磷土壤，但拔节期小麦的含磷量和每 5 株小麦吸收的磷素也随硝酸磷肥中 WSPC 的增加而递增，处理间都达到极显著差异。

**表 6　小麦不同时期对磷素（P）的吸收**

| 处理 | | CK | GL | GM | GH | TG | LSD | |
| | | | | | | | 0.05 | 0.01 |
|---|---|---|---|---|---|---|---|---|
| 红壤 | 拔节期（毫克/5 株） | 0.6 | 7.4 | 9.9 | 11.2 | 10.6 | 1.5 | 2.1 |
| | 收获期（毫克/盆） | 10.6 | 73.6 | 93.5 | 101.5 | 108.2 | 15.4 | 21.7 |
| 褐土 | 拔节期（毫克/5 株） | 4.3 | 14.3 | 17.7 | 20.3 | 18.8 | 2.0 | 2.9 |
| | 收获期（毫克/盆） | 66.6 | 110.1 | 112.5 | 118.0 | 118.4 | 11.8 | 16.6 |

小麦收获后，分别对秸秆和籽粒中的磷（P）含量进行测定，发现江西红壤上 GH 处理小麦吸收的总磷（P）量高于 GM 处理，GM 处理又高于 GL 处理，而在山东褐土上，不同 WSPC 的硝酸磷肥在小麦生长前期对小麦吸收的磷（P）影响较大，而收获时对吸收的磷总量影响较小，其原因有待进一步研究。

水稻拔节期取样的分析结果列于表 7，结果表明，在河北潮土上，三种不同 WSPC 的硝酸磷肥之间，随其 WSPC 的增加，每穴水稻平均吸收的磷（P）量增加幅度较大，GL、GM、GH 三处理间差异显著。江西红壤上，不同 WSPC 的硝酸磷肥之间，每穴水稻平均吸收的磷（P）量差别不大，其原因是由于土壤淹水后，土壤中的有效磷含量增加，使得淹水后的一段时间内，土壤供磷状况得到改善，所以在施用等量磷素后，不同 WSPC 的硝酸磷肥处理之间差异不大。

**表 7　水稻不同时期对磷（P）素的吸收**

| 处理 | | CK | GL | GM | GH | TG | LSD | |
| | | | | | | | 0.05 | 0.01 |
|---|---|---|---|---|---|---|---|---|
| 潮土 | 拔节期（毫克/5 株） | 0.2 | 6.1 | 9.4 | 12.2 | 8.2 | 2.1 | 3.1 |
| | 收获期（毫克/盆） | 16.5 | 103.0 | 124.1 | 143.5 | 160.5 | 9.8 | 13.8 |
| 红壤 | 拔节期（毫克/5 株） | 4.2 | 11.0 | 10.5 | 12.8 | 10.2 | 4.6 | 6.7 |
| | 收获期（毫克/盆） | 74.0 | 118.0 | 144.7 | 149.9 | 148.6 | 19.6 | 27.5 |

水稻收获后对秸秆和籽粒中磷含量分析表明，河北潮土，三种不同 WSPC 的硝酸磷肥之间，水稻吸收的总磷量差异极显著。江西红壤上，GH 和 GM 处理之间，水稻吸收的总磷

量没有差异，但均比 GL 处理吸收的磷量多。

## （二）磷肥中 WSPC 与作物产量、吸磷量间的相关性

在不同土壤上，作物产量与施入等量磷肥中的 WSPC 具有不同的相关性。以磷肥（包括重过磷酸钙）中 WSPC 为 $X$ 参数（磷肥 $X$ 取 4 个变量，即 WSPC 分别为 30，55，83，100），用回归方法求得与作物籽粒产量或收获期吸收的总磷量（$Y$）之间的相关分析简述如下：

**1. WSPC 与作物籽粒产量的相关性。**山东褐土，属中度缺磷土壤，施用不同 WSPC 的磷肥后，小麦籽粒产量与磷肥中 WSPC 之间不存在相关性。

河北潮土，土壤速效磷含量低，施用不同 WSPC 的粒状磷肥后，水稻籽粒产量呈直线上升，回归方程为：$\hat{y}=38.08+0.28X$，$r=0.921>r_{0.01}$（$n=16$）。

江西红壤，小麦、水稻的籽粒产量与磷肥中 WSPC 都具有显著的曲线相关。在小麦上的回归方程为：$\hat{y}=10.32X^{0.13}$，$r=0.545>r_{0.05}$（$n=16$），在水稻上的回归方程为：$\hat{y}=9.77+11.26\lg X$，$r=0.74>r_{0.05}$（$n=16$）。

**2. WSPC 与作物吸磷量之间的相关性。**山东褐土上，小麦收获期吸收的磷（P）量与磷肥中 WSPC 之间的关系是随 WSPC 的增加，吸收的磷逐渐增加，但二者之间的相关性未达 0.05 显著标准。

河北潮土，水稻吸收的磷量与磷肥中 WSPC 之间的回归方程呈直线型，回归方程为：
$$\hat{y}=79.06+0.802X,\ r=0.971>r_{0.01}\ (n=16)$$

江西红壤上的小麦、水稻试验表明：二种作物吸收的磷量均与磷肥中 WSPC 呈曲线相关，在小麦上：$\hat{y}=25.3X^{0.32}$，$r=0.826>r_{0.01}$（$n=16$）；在水稻上：$\hat{y}=61.38X^{0.20}$，$r=0.687>r_{0.01}$（$n=16$）

从上述分析表明，无论是北方土壤，还是南方土壤，土壤速效磷含量低时，则作物的籽粒产量和吸磷量与粒状磷肥中 WSPC 呈正相关。

## （三）重过磷酸钙与硝酸磷肥的肥效比较

由小麦、水稻的籽粒产量、吸磷总量而知（表 4 至表 7），在中度缺磷的褐土上，重过磷酸钙和不同 WSPC 的硝酸磷肥相比，肥效基本相当；而在严重缺磷的河北潮土、江西红壤上，重过磷酸钙的肥效高于或等于高 WSPC 的硝酸磷肥，明显高于中 WSPC 和低 WSPC 的硝酸磷肥，而且差异显著。

# 三、结　论

1. 三种不同 WSPC 的硝酸磷肥在小麦、水稻生长前期，对增加分蘖数、提高干物重均有一定的促进作用。高 WSPC 的粒状硝酸磷肥肥效明显高于低 WSPC 的硝酸磷肥。

2. 不同作物在不同土壤上对硝酸磷肥中 WSPC 的反应不同。在极缺磷的江西红壤、河北潮土上，高 WSPC 的硝酸磷肥效果较好，因此，江西红壤上种植小麦，应施用高 WSPC（83%）的硝酸磷肥；种植水稻选用中 WSPC（55%）的硝酸磷肥即可。在河北潮土上，即使种植水稻也应施用高 WSPC（83%）的粒状硝酸磷肥。中度缺磷的山东褐土，施用低 WSPC（30%）的硝酸磷肥已可满足小麦生长发育的需求。

# 硝酸磷肥肥效和施用技术

（农业部农业司　中国农业科学院土壤肥料研究所　北京农业大学植物营养系）

1987—1989 年分别在河北（正定）、河南（驻马店）、山东（泗水）、山西（运城等）、陕西（宝鸡）、黑龙江（巴彦）、吉林（公主岭）、辽宁（辽阳）、内蒙古（赤峰）等七个土类和不同土壤肥力上，对硝酸磷肥肥效、用量、施用方法等进行了田间小区和盆栽试验，以及大量的室内化学分析。三年来共完成 247 次小麦和 283 次玉米大田试验，取得了大量可靠数据。供试地块土类见表 1。

**表 1　供试土类及养分含量**

| 地点 项目 土类 | 黑龙江 | 吉林 | 辽宁 | 内蒙古 | 山西 | 山东 | 河北 | 河南 | 陕西 | 平均 |
|---|---|---|---|---|---|---|---|---|---|---|
| | 黑土 | 黑土 | 草甸土，棕壤 | 褐土 | 褐土 | 棕壤 | 潮土 | 砂姜黑土 | 塿土 | — |
| 速 N (ppm) | 247±44 | 108±18 | — | 57±16 | 52±16 | 44±7 | 54±9 | 67±12 | 76±16 | 88±17 |
| 速 $P_2O_5$ (ppm) | 52±22 | 41±32 | 35±17 | 7.8±4.7 | 23±10 | 13.7±5.3 | 13.4±4.8 | 34±13 | 44±16 | 29±14 |
| 速 $K_2O$ (ppm) | 191±37 | 169±35 | 115±46 | 132±28 | 121±68 | 88±12 | 241±22 | 206±26 | 186±18 | 161±32 |
| 有机质 (%) | 3.48±0.56 | 2.20±0.62 | 2.13±0.32 | 1.30±0.31 | 1.60±0.42 | 1.10±0.02 | 1.42±0.04 | 1.24±0.26 | 1.43±0.45 | 1.77±0.33 |
| pH | 6.7±0.3 | 6.7±0.5 | 7.2±0.3 | 8.0±0.1 | 8.3±0.2 | 7.0±0.1 | 7.0±0.2 | 6.7±0.2 | 8.2±0.3 | 7.3±0.2 |

# 一、试验内容与方案

**1. 肥效比较试验。**硝酸磷肥与其他复混肥在等氮磷量基础上的肥效对比，设四个处理：①硝酸磷肥；②尿素（或硝酸铵）＋磷酸二铵；③尿素（或硝酸铵）＋重钙（或普钙）；④对照（不施化肥）。

硝酸磷肥含 N 27%、$P_2O_5$ 13.5% 和含 N 26.7%、$P_2O_5$ 12.9% 二种，前者主要用于小麦上，后者用在玉米上。小麦和春玉米亩施硝酸磷肥 37.5 千克（纯养分分别为 15.19 和 14.85 千克）。旱地夏玉米亩施硝酸磷肥 18.75 千克（纯养分 7.4 千克）。各施肥处理均做底肥。无水浇条件的中低产地块不再追肥，高产地块的小麦在起身期，玉米在喇叭口期对四个处理均追施等量的氮素化肥。

**2. 施肥量试验。**设以下五个处理：①对照（不施化肥）；②硝酸磷肥 25 千克/亩；③硝酸磷肥 37.5 千克/亩；④硝酸磷肥 50 千克/亩；⑤硝酸磷肥 62.5 千克/亩。硝酸磷肥做底肥一次施入，不再追肥。

---

注：本文收录于《国际硝酸磷肥学术讨论会论文集》，1994 年。

**3. 施肥方法试验。**设以下 4 个处理：①全部做底肥；②全部做追吧（玉米分二次追）；③底肥 2/3＋追肥 1/3；④对照（不施化肥）。硝酸磷肥亩用量 37.5 千克。小麦追肥在起身期，玉米追肥在苗期和喇叭期。

**4. 添加水溶性磷肥试验。**供试硝酸磷肥中，水浴性磷和枸溶性磷约各占一半，枸溶磷在北方缺磷地区肥效不稳定，有必要试验添加少量水溶性磷肥，观察对硝酸磷肥肥效的影响。设以下 5 个处理：

①对照（不施化肥）；②硝酸磷肥（37.5 千克/亩）；③尿素＋磷二铵；④处理②＋重钙（亩施 $P_2O_5$ 2.5 千克）；⑤处理③＋重钙（亩施 $P_2O_5$ 2.5 千克）。处理②和③为等 NP 量。

以上每个试验设重复 3～4 次，小区面积小麦 0.03～0.05 亩（20～33 米²），玉米 0.05～0.10 亩（33～66 米²）。试验地当季不施有机肥。

# 二、小麦试验结果与分析

## （一）硝酸磷肥肥效比较试验

**1. 硝酸磷肥与等养分复混肥肥效比较。**三年 80 个田间试验结果如表 2。硝酸磷肥、尿素＋磷二铵、尿素＋重钙和对照区各处理平均亩产分别为 288、289、279 和 187 千克。硝酸磷肥与尿素＋磷二铵几乎相等，尿素＋重钙则稍低于前二个处理。其中，陕西、河北省共有 8 个试验点差异达显著水平，占试验次数 10%，其余地区达显著差异的试验次数更少。总的来说，施肥处理间平均产量差异低于 3.2%，生物统计不显著，基本上是等养分等效，不同省份的三年试验，结果十分近似。硝酸磷肥与对照比较达极显著差异，每千克养分增产小麦 4.4～9.9 千克，平均为 6.6 千克。

**表 2　硝酸磷肥肥效比较**

（小麦，n＝80）　　　　　　　　　　　　　　　　（单位：千克/亩）

| 地区<br>处理 | 河北 | 河南 | 山东 | 山西 | 陕西 | 总平均 | | 显著性 | |
|---|---|---|---|---|---|---|---|---|---|
| | | | | | | 亩产 | 增% | 0.05 | 0.01 |
| 硝酸磷肥 | 330 | 315 | 242 | 279 | 272 | 288 | 54.0 | a | A |
| 尿素＋磷二铵 | 327 | 316 | 249 | 278 | 273 | 289 | 54.5 | a | A |
| 尿素＋重钙 | 316 | 309 | 241 | 269 | 262 | 279 | 49.2 | a | A |
| 对照 | 263 | 165 | 142 | 177 | 187 | 187 | — | b | B |
| 硝酸磷肥（养分） | 4.4 | 9.9 | 6.6 | 6.7 | 5.6 | 6.6 | | — | — |

盆栽和坑栽试验结果（表 3），与田间试验结果相一致，同样是尿素＋重钙稍低于硝酸磷肥和尿素＋磷二铵，但生物统计差异不显著。由此进一步证明了硝酸磷肥与其他复混肥相比是等养分等效。

山西省化肥厂生产的硝酸磷肥含 N 26%、$P_2O_5$ 13%，与罗马尼亚进口的供试肥料差异不大。由河北、山东等省在小麦上进行 18 次肥效对比试验，国产和进口的硝酸磷肥平均亩产，分别为 359 和 356 千克，产量相差不到 1%，肥效是一致的。

**2. 硝酸磷肥肥效与土壤肥力的关系。**从表 2 看出 5 个省亩施硝酸磷肥 37.5 千克，增产 25%～91%，每千克养分增产小麦 4.4～9.9 千克，平均为 6.6 千克，河南的砂姜黑土增效果较高，河北的潮土较低，这与各类土壤的肥力水平关系密切。无肥区的基础产量是土壤肥力的综合反应，若以无肥区基础产量与每千克硝酸磷肥（养分）增产效果（表4、图1）进行相关分析，达极显著水平（r＝－0.78**）。

**表3　（盆栽）硝酸磷肥肥效比较**

（单位：克/盆）

| 地区<br>处理 | 北京农业大学（n=2） | | | 河北（n=3） | | | 河南（n=1） | | | 总平均（n=6） | | |
|---|---|---|---|---|---|---|---|---|---|---|---|---|
| | 产量 | 显著性 | | 产量 | 显著性 | | 产量 | 显著性 | | 产量 | 显著性 | |
| | | 0.05 | 0.01 | | 0.05 | 0.01 | | 0.05 | 0.01 | | 0.05 | 0.01 |
| 硝酸磷肥 | 19.6 | a | A | 46.5 | a | A | 12.1 | a | A | 22.6 | a | A |
| 尿素＋磷二铵 | 19.6 | a | A | 48.6 | a | A | 13.3 | a | A | 23.7 | a | A |
| 尿素＋重钙 | 19.2 | a | A | 45.6 | a | A | 13.2 | a | A | 21.7 | a | A |
| 对照 | 9.4 | b | B | 34.5 | b | B | 8.2 | b | B | 15.5 | b | B |

**表4　土壤肥力（基础产量）与硝酸磷肥肥效的关系**

| 基础产量（千克/亩） | 每千克养分增产（千克） |
|---|---|
| ＜100 | 13.59 |
| 101～150 | 10.22 |
| 151～200 | 7.83 |
| 201～250 | 5.98 |
| 251～300 | 5.38 |

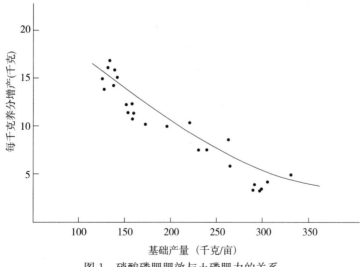

图1　硝酸磷肥肥效与土磷肥力的关系

各地供试土壤平均化学性状见表5。土壤肥力中的速效氮、速效磷含量是影响硝酸磷肥肥效的重要因素。如山东省试验资料分析：土壤速效氮含量越低，硝酸磷肥增产率越高，相关系数 r＝－0.919 4，呈极显著；土壤速效磷含量与硝酸磷肥肥效也是显负相关，r＝－0.902 9，极显著。

### 表5 供试土壤化学性状

| 项目 / 试验地点 | 土壤类型 | 代换量（厘摩尔/千克土） | $CaCO_2$ | 有机质 | 全N | 全$P_2O_5$ | 碱解氮 | 速效$P_2O_5$ | 速效$K_2O$ | pH |
|---|---|---|---|---|---|---|---|---|---|---|
| | | | | （%） | | | （ppm） | | | |
| 平均 | — | 6.6～16.41 | 0.48～11.84 | 0.86～1.78 | 0.070～0.132 | 0.062～0.181 | 32.0～1.37 | 7.0～34.9 | 60～206 | 6.2～8.29 |
| 河北 | 潮土 | 8.2±1.4 | 1.50±0.6 | 1.56±0.19 | 0.069±0.029 | 0.124±0.02 | 48.8±12.1 | 26.2±14.4 | 79.9±16.1 | 8.20±0.2 |
| 河南 | 砂姜黑土 | 12.56±2.98 | 0.52±0.04 | 1.11±0.15 | 0.078±0.008 | 0.076±0.014 | 66.6±11.0 | 16.4±9.4 | 133.4±28.11 | 6.30±0.3 |
| 山东 | 棕壤 | 11.73±2.78 | — | 1.06±0.125 | 0.069±0.008 | 0.183±0.055 | 45.8±12.9 | 13.6±6.9 | 72.09±20.0 | 6.90±0.22 |
| 山西 | 褐土 | 12.66±4.16 | 8.93±2.92 | 1.28±0.48 | 0.079±0.032 | 0.146±0.032 | 51.43±25.9 | 22.53±17.1 | 152.3±54.4 | 8.25±0.35 |
| 陕西 | 堘土 | 15.22±1.19 | 6.28±1.35 | 1.35±0.12 | 0.114±0.018 | 0.147±0.034 | 99.7±37.70 | 1.66±9.5 | — | 8.00±0.13 |

**3. 硝酸磷肥肥效与水分的关系。** 在一些缺乏灌溉条件的干旱地区，雨量多少及均匀程度直接制约硝酸磷肥的增产效果。如山西省试验区1989与1988年降雨量相近，年增产率分别为55.6%和54.2%，每千克养分增产小麦分别为5.49和5.34千克，差异不大。而1989—1990年麦季期间，尤其在小麦越冬返青拔节期，雨量较多且均匀，硝酸磷肥增产率也明显提高为89.1%，每千克养分增产小麦9.5千克，比前两年多增产25%。又如河南省试验区1987与1989年小麦生育期（8个月）降雨量分别为357和358毫米，而1988年为297毫米，前者每千克养分增产小麦10.9和10.4千克，后者为8.8千克。

山东试验在干旱丘陵地泗水进行，小麦生育期间三年平均降水量为152毫米（表6），仅为其他省份的44%～89%。山东供试土壤肥力低于河南，但由于水分不足，气温低，每千克养分的硝酸磷肥平均增产6.6千克，反而不如河南的9.9千克。

### 表6 小麦全生育期气象资料（3年月平均）

| 试验省区 | 降水（毫米）和气温（℃） | 10 | 11 | 12 | 1 | 2 | 3 | 4 | 5 | 合计或平均 |
|---|---|---|---|---|---|---|---|---|---|---|
| | | | | 月份 | | | | | | |
| 河南 | 降水 | 75.1 | 21.7 | 8.3 | 31.2 | 41.7 | 47.3 | 32.6 | 87.7 | 346 |
| | 气温 | 16.2 | 9.3 | 4.9 | 2.5 | 3.4 | 8.1 | 15.8 | 21.0 | 10.2 |
| 山东 | 降水 | 33.2 | 7.8 | 7.5 | 17.6 | 6.0 | 26.3 | 11.0 | 42.9 | 152 |
| | 气温 | 14.2 | 6.7 | 0.3 | 0.2 | 1.3 | 6.2 | 15.3 | 20.9 | 8.1 |
| 陕西 | 降水 | 69.8 | 17.5 | 2.1 | 4.8 | 21.7 | 45.6 | 53.9 | 82.0 | 297 |
| | 气温 | 18.4 | 6.5 | 1.4 | 1.0 | 2.0 | 6.1 | 13.2 | 18.1 | 7.7 |
| 山西 | 降水 | 47.6 | 9.0 | 3.0 | 9.3 | 8.2 | 21.1 | 24.9 | 47.2 | 170 |

### （二）硝酸磷肥用量试验

三年累计共完成硝酸磷肥用量试验70个，亩施硝酸磷肥37.5～50千克较为适宜，每千克养分肥料能增产粮食5.5～5.9千克。但各省试验区因土壤肥力、气候、产量水平等差异，硝酸磷肥的适宜用量还是有区别，陕西、河南、河北试验区约亩施37.5千克，山东、山西试验区约亩施50千克经济效益更好（表7、表8）。

按基础产量（综合地力）分析，随着土壤肥力水平的提高，也就是空白区产量的提高，肥效方程一次项系数逐渐降低（6.0～3.2～2.7），即地力水平的提高，施肥效果下降，反之效果明显（图2）。基础亩产小于150千克、150～250千克、大于250千克，硝酸磷肥适宜的亩用量约分别为37.5千克、50千克、25千克，每千克养分增产小麦分别为9.0千克、5.9千克、5.1千克。所以，适当增加中低产地区硝酸磷肥的用量增产效果好，高产地区应控制用量。

### 表7 硝酸磷肥施用量试验结果

（单位：千克/亩）

| 分类 | | 施肥量 CK | 25 | 37.5 | 50 | 62.5 |
|---|---|---|---|---|---|---|
| 按地区 | 河北　n=11 | 233 | 309 | 329 | 336 | 330 |
| | 河南　n=9 | 210 | 313 | 341 | 338 | 325 |
| | 山东　n=5 | 135 | 212 | 242 | 256 | 241 |
| | 山西　n=41 | 193 | 239 | 270 | 306 | 299 |
| | 陕西　n=4 | 252 | 316 | 331 | 325 | 331 |
| 按基础产量 | <150　　n=15 | 105 | 201 | 242 | 262 | 226 |
| | 150~250　n=36 | 200 | 252 | 286 | 320 | 302 |
| | >250　　n=19 | 278 | 330 | 337 | 338 | 334 |
| | 平均　　n=70 | 201 | 262 | 290 | 312 | 305 |

### 表8 硝酸磷肥不同用量增产效果

（单位：千克/千克养分）

| 基础产量 | | 施肥量（养分） 25 (10.13) | 37.5 (15.19) | 50 (20.25) | 62.5 (25.31) |
|---|---|---|---|---|---|
| <150 | n=15 | 9.5 | 9.0 | 7.8 | 4.8 |
| 150~250 | n=36 | 5.1 | 5.7 | 5.9 | 4.0 |
| >250 | n=19 | 5.1 | 3.9 | 3.0 | 2.2 |
| 平均 | n=70 | 6.0 | 5.9 | 5.5 | 4.1 |

注：n为试验数。

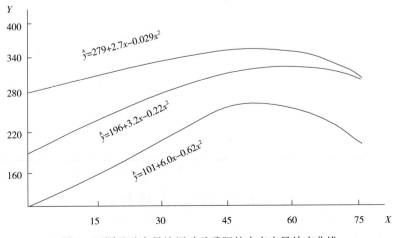

图2 不同基础产量施用硝酸磷肥的小麦产量效应曲线

### （三）硝酸磷肥的施用方法试验

三年共完成 47 个不同施用方法试验。表 9 结果表明，硝酸磷肥做底肥施用产量最高，较对照增产 57.8%，其次是底追结合增产 52.9%，而全部做追肥施用表现较差，仅增产 38.7%。经 LSR 法检验，全部底施和底追结合施用相比差异不显著，与全部追肥相比差异达到显著水平。三个施肥处理与对照相比达到极显著水平。

**表 9　不同施肥方法试验结果**

（n＝47）　　　　　　　　　　　　　　　　　（单位：千克/亩）

| 处理 | 河北 | 河南 | 山东 | 山西 | 陕西 | 平均 | 增产（%） | LSR | |
|---|---|---|---|---|---|---|---|---|---|
| | | | | | | | | 0.05 | 0.01 |
| 全底 | 302 | 324 | 274 | 329 | 381 | 322 | 57.8 | a | A |
| 全追 | 286 | 290 | 211 | 275 | 351 | 283 | 38.7 | b | A |
| 底＋追 | 307 | 313 | 256 | 308 | 376 | 312 | 52.9 | a | A |
| CK | 250 | 164 | 130 | 194 | 282 | 204 | — | c | B |

不同土壤条件硝酸磷肥的施用方法也有差异，如河南省淮北平原砂姜黑土，养分含量低，在 7 个施肥方法试验中有 6 个全底效果好，只有 1 个底追结合施用产量最高；而河北中部潮土区中高产麦田的 9 个试验中有 55% 表现底追结合施用效果好。另外山东供试的棕壤土肥力低又干旱，硝酸磷肥全部底施效果最好，底追结合稍次，两者比全部追施分别增产 29.8% 和 21.2%。

### （四）添加水溶性磷肥试验

三年共完成 43 个田间试验，表 10 结果表明，硝酸磷肥、尿素＋磷二铵处理比对照分别增产 60.1%、57.5%，达到差异极显著水平。在此基础上分别添加 2.5 千克水溶性磷肥（$P_2O_5$）与不添加比较略有增产，经 LSR 检验均达到差异显著水平。但在土壤速效磷（$P_2O_5$）含量低于 8ppm，或秋播小麦时气温较低（山东供试区和山西部分试验），添加水溶性磷肥增产 8.7%～9.4%。河北供试区土壤速效磷（$P_2O_5$）含量较高，多在 15ppm 以上，或无水浇条件的旱地，则不必要再增加水溶性磷肥投入。

**表 10　添加水溶性磷肥效果试验结果**

（n＝43）　　　　　　　　　　　　　　　　　（单位：千克/亩）

| 处理 | 河北 | 河南 | 山东 | 山西 | 陕西 | 平均 | 增产（%） | LSR | |
|---|---|---|---|---|---|---|---|---|---|
| | | | | | | | | 0.05 | 0.01 |
| ①CK | 315 | 109 | 133 | 163 | 245 | 193 | — | b | B |
| ②硝酸磷肥 | 372 | 345 | 232 | 265 | 329 | 309 | 60.1 | a | A |
| ③尿素＋磷二铵 | 368 | 331 | 237 | 263 | 323 | 304 | 57.5 | a | A |
| ④②＋重钙 | 382 | 351 | 255 | 288 | 336 | 322 | 66.8 | a | A |
| ⑤③＋重钙 | 371 | 342 | 253 | 282 | 338 | 317 | 64.2 | a | A |

## 三、玉米试验结果与分析

硝酸磷肥在玉米上的肥效比较和施用方法，与小麦试验结果趋势一致。

## （一）硝酸磷肥肥效比较试验

三年 121 个田间玉米试验结果如表 11。硝酸磷肥、尿素＋磷二铵、尿素＋重钙和对照区各处理春玉米平均亩产分别为 517、502、493 和 339 千克。总的来说，施肥处理间平均产量差异低于 4.8％，生物统计不显著，基本上是等养分等效。但有些地区硝酸磷肥比其他复混肥增产效果好，如辽宁省 9 个试验平均结果：硝酸磷肥比尿素＋磷二铵、尿素＋重钙分别增产 11.1％、9.7％达到差异显著的试验数分别为 8 个和 5 个。硝酸磷肥与对照比达到极显著差异，每千克养分平均增产春玉米 7.9～15.9 千克，平均为 12.0 千克。

夏玉米与春玉米的试验结果趋势相同。除陕西、河南一部分试验点硝酸磷肥略优于其他复混肥，绝大部分肥效差异不显著。硝酸磷肥与对照比达到极显著差异，每千克养分平均增产夏玉米 6.8～20.7 千克，平均 11.1 千克，平均增产效果低于春玉米。

吉林和辽宁在春玉米上进行 7 次国产（山西化肥厂）与进口（罗马尼亚）的硝酸磷肥肥效比较试验，在等养分的情况下平均亩产分别为 486 和 487 千克，二者差异不显著（表 12）。

**表 11　硝酸磷肥肥效比较**

| 处理＼地区 | 春玉米 n＝99 | | | | | | | LSD | | 夏玉米 n＝22 | | | | | | LSD | |
| --- | --- | --- | --- | --- | --- | --- | --- | --- | --- | --- | --- | --- | --- | --- | --- | --- | --- |
| | 吉林 | 内蒙古 | 黑龙江 | 辽宁 | 山西 | 平均 | 增％ | 0.05 | 0.01 | 陕西 | 河北 | 山东 | 河南 | 平均 | 增％ | 0.05 | 0.01 |
| 硝酸磷肥 | 564 | 501 | 494 | 521 | 503 | 517 | 52.5 | a | A | 353 | 440 | 391 | 590 | 444 | 43.7 | a | A |
| 尿素＋磷二铵 | 565 | 477 | 489 | 469 | 510 | 502 | 48.1 | a | A | 352 | 437 | 409 | 565 | 441 | 42.7 | a | A |
| 尿素＋重钙 | 564 | 476 | 473 | 475 | 479 | 493 | 45.4 | a | A | 324 | 437 | 397 | 547 | 426 | 37.7 | a | A |
| 对照 | 383 | 268 | 377 | 328 | 338 | 339 | — | b | B | 241 | 390 | 323 | 283 | 309 | — | b | B |
| 硝酸磷肥增产（千克/千克养分） | 12.2 | 15.9 | 7.9 | 13.0 | 11.1 | 12.0 | | | | 7.5 | 6.8 | 9.2 | 20.7 | 11.1 | | | |

**表 12　进口与国产硝酸磷肥肥效比较**

（单位：千克/亩）

| 处理 | 吉林 n＝4 | 辽宁 n＝3 | 平均 n＝7 |
| --- | --- | --- | --- |
| 进口 | 434 | 557 | 486 |
| 国产 | 418 | 579 | 487 |

## （二）硝酸磷肥用量试验

三年累计共完成硝酸磷肥用量试验 76 个，其中，春玉米 61 个，夏玉米 15 个。硝酸磷肥在春玉米上亩施 25～37.5 千克，夏玉米为 25 千克左右较为适宜，每千克养分肥料增产玉米 10.3～12.2 千克（表 13）。各试验区因土壤、气候、产量水平等的差异，硝酸磷肥的适宜用量有差别，山西、辽宁试验区约亩施 37.5 千克，吉林、内蒙古以及夏玉米试验区约亩施 25 千克经济效益更好。

春玉米按基础产量（综合地力）分析（表 14），随着土壤肥力水平的提高（空白区产量的提高），硝酸磷肥肥效效应函数的系数逐渐降低（8.6～7.4～5.1），即地力水平的提高，施肥效果下降。春玉米基础亩产小于 300 千克，300～400 千克，大于 400 千克，硝酸磷肥适宜的亩用量约分别为 25～37.5、37.5、25 千克，每千克养分肥料增产春玉米分别为14.2～

17.0、12.0、9.2千克。此外，在硝酸磷肥用量相近的情况下，春玉米肥效高于夏玉米。

**表 13　硝酸磷肥用量试验结果**

| 地区 | | | 施肥量 | CK | 25 | 37.5 | 50 | 62.5 |
|------|---|---|------|----|----|------|----|------|
| 按地区 | 春玉米 | 吉林 | n=18 | 364 | 518 | 538 | 543 | 535 |
| | | 山西 | n=21 | 301 | 410 | 465 | 495 | 485 |
| | | 内蒙古 | n=16 | 301 | 478 | 504 | 504 | 501 |
| | | 辽宁 | n=6 | 339 | 442 | 514 | 508 | 501 |
| | 夏玉米 | 陕西 | n=6 | 253 | 301 | 312 | 325 | 331 |
| | | 河北 | n=8 | 400 | 446 | 449 | 450 | 462 |
| | | 河南 | n=1 | 228 | 314 | 318 | 323 | 314 |
| 平均 | | | n=76 | 325 | 446 | 479 | 489 | 485 |
| 按基础产量 | 春玉米 | <300 | n=23 | 233 | 401 | 444 | 463 | 462 |
| | | 300~400 | n=26 | 340 | 476 | 520 | 520 | 516 |
| | | >400 | n=12 | 461 | 552 | 573 | 592 | 568 |
| 平均 | | | n=61 | 323 | 463 | 502 | 513 | 506 |

**表 14　（春玉米）硝酸磷肥不同用量增产效果**

（单位：千克/千克养分）

| 基础产量<br>（千克/亩） | 施用量<br>（养分） | 25<br>(9.9) | 37.5<br>(14.9) | 50<br>(19.8) | 62.5<br>(24.8) | 效果函数 |
|------|------|------|------|------|------|------|
| <300 | n=23 | 17.0 | 14.2 | 11.6 | 9.2 | $y=234+8.63x-0.079\,9x^2$ |
| 300~400 | n=26 | 13.7 | 12.0 | 9.1 | 7.1 | $y=339+7.42x-0.074\,0x^2$ |
| >400 | n=12 | 9.2 | 7.5 | 6.6 | 4.3 | $y=460+5.11x-0.052\,8x^2$ |
| 平均 | n=61 | 14.1 | 12.0 | 9.0 | 7.4 | |

注：n 为试验数。

### （三）硝酸磷肥的施用方法试验

表 15 试验结果表明，硝酸磷肥作全底、全追、底＋追分别比对照增产 47.1％、44.3％、49.5％，底＋追增产趋势稍好于其他施肥方法，但差异不显著。三个施肥处理与对照相比达到极显著差异水平。

内蒙古试验区土壤养分含量低，在 10 个施肥方法试验中有 8 个试验底＋追效果好，其中 5 个试验达到差异显著。

**表 15　不同施肥方法试验结果**

（单位：千克/亩）

| 处理 | 春玉米 | | 夏玉米 | | 平均<br>（n=28） | 增产<br>％ |
|------|------|------|------|------|------|------|
| | 内蒙古<br>（n=10） | 山西<br>（n=10） | 陕西<br>（n=5） | 河北<br>（n=3） | | |
| 全底 | 431 | 479 | 341 | 368 | 425 | 47.1 |
| 全追 | 435 | 464 | 336 | 366 | 417 | 44.3 |
| 底＋追 | 466 | 475 | 325 | 357 | 432 | 49.5 |
| CK | 251 | 334 | 260 | 314 | 289 | — |

#### （四）添加水溶性磷肥试验

吉林、内蒙古、山西的春玉米和陕西的夏玉米在亩施 37.5 千克的硝酸磷肥，或等 NP 的尿素＋磷酸铵的情况下，再添加水溶性磷肥（重钙），与对照比较增产 48.4%～49.0%（表16），但各施肥处理之间产量非常接近，差异均不显著。这可能是玉米生长季节温度高，有利土壤中磷素活化。硝酸磷肥在北方玉米上能发挥良好的增产作用，再增加水溶性磷对玉米的产量影响不大。

**表16　添加水溶性肥效果试验**

| 处理 | 吉林<br>（n=19） | 内蒙古<br>（n=10） | 山西<br>（n=4） | 陕西<br>（n=6） | 平均<br>（n=38） | 增产<br>（%） |
|---|---|---|---|---|---|---|
| ① CK | 378 | 289 | 382 | 295 | 343 | — |
| ② 硝酸磷肥 | 566 | 476 | 520 | 391 | 511 | 49.0 |
| ③ 尿素＋磷酸二铵 | 562 | 477 | 533 | 380 | 509 | 48.4 |
| ④ ②＋重钙 | 555 | 485 | 564 | 391 | 513 | 49.6 |
| ⑤ ③＋重钙 | 559 | 479 | 544 | 375 | 509 | 49.0 |

## 四、硝酸磷肥示范情况

三年来在北方 9 省 43 个县，小麦、玉米、谷子、棉花等作物上进行了硝酸磷肥的示范，累计面积达 349.7 万亩，其中，小麦 188.6 万亩，玉米 87.5 万亩，其他作物 73.6 万亩。另外，三年来共设示范对比田块 494 块，其中，小麦 225 块，玉米 269 块。

494 个示范对比田及大量田间调查结果表明：亩施硝酸磷肥 40 千克左右，比对照增产 17.2%～78.8%，加权平均为 60.3%，每千克养分硝酸磷肥约增产粮食 9.6 千克；硝酸磷肥与等养分的氮磷复混肥比较，多增产 0.3%～17.0%，平均为 4.5%，每千克养分硝酸磷肥约多增产粮食 1.1 千克。

硝酸磷肥在示范对比田中，玉米增产效果略好于小麦。硝酸磷肥在玉米和小麦上施用，比对照分别平均增产 69.7% 和 50.9%，每千克养分硝酸磷肥分别平均增产玉米 12.2 千克和小麦 7.0 千克。

硝酸磷肥示范对比与大田试验结果近似。每千克养分硝酸磷肥约增产粮食 9～10 千克；按目前粮肥比价，投入与产出比约为 1：2。

## 五、总　　结

1. 硝酸磷肥每千克养分增产小麦 4.4～9.9 千克，平均为 6.6 千克；增产春玉米 7.9～15.9 千克，平均为 12.0 千克；增产夏玉米 6.8～20.7 千克，平均为 11.1 千克。在雨量均匀充足的情况下，肥力越低，硝酸磷肥肥效越高。

2. 硝酸磷肥与其他等养分复混肥比较，小麦产量平均数之间相差低于 3%，玉米低于 4.8%，肥效差异不显著。

3. 硝酸磷肥按小麦亩基础产量小于 150 千克、150～250 千克，大于 250 千克，约分别施用37.5千克、50千克、25千克较为适宜，每千克养分分别增产小麦9千克、5.9千克、5.1千克。

4. 硝酸磷肥按春玉米亩基础产量小于300千克、300～400千克、大于400千克，约分别施用25～37.5千克、37.5千克、25千克较为适宜，每千克养分肥料分别增产春玉米14.2～17.0千克、12.0千克、9.2千克。

5. 硝酸磷肥在北方旱地麦田的肥效，一般全部底施＞底追结合＞全部追施。但土壤养分含量低硝酸磷肥应全部底施，中高肥力应底追施结合肥效更好。

6. 硝酸磷肥在北方玉米上作全底、全追、底追结合，产量差异不明显。

7. 硝酸磷肥在北方石灰性土壤中一般不需要再增施水溶性磷肥，但在土壤速效 $P_2O_5$ 低于8ppm，或秋播低温时，增施水溶性磷肥有较好增产作用。

8. 在等养分情况下，国产和进口的硝酸磷肥肥效一样。示范对比与大田试验结果一致，每千克养分硝酸磷肥约增产粮食9～10千克，投入与产出比约为1：2。

# 6 提高化肥肥效及利用率

# 旱作土壤机深施碳酸氢铵提高肥效的研究

林葆　刘立新　林继雄　陈培森　杨铮

（中国农业科学院土壤肥料研究所）

**摘要**　1984—1986 年在京、冀、鲁、豫、皖五省市 11 县的潮土、褐土和砂姜黑土上进行了多点大面积机深施碳酸氢铵试验，结论如下：（1）应用 2FT-1 型机的追肥技术和适用范围：小麦、玉米的追施深度≥6 厘米，亩追纯氮 5～7 千克；可追碳酸氢铵、尿素等化肥；凡平作的中耕和密植作物均可应用，还可播种玉米大豆和棉花。（2）应用这一技术显著地提高了氮肥肥效（粮千克/N 千克）：当碳酸氢铵表施时，小麦和玉米的肥效分别为 6.61 和 7.60 千克，机深施时分别提高到 12.80 和 13.13 千克；尿素表施时小麦和玉米肥效分别为 9.55 和 10.30 千克，机深施时分别提高到 12.60 和 13.73 千克，可见此二种肥都须深施，肥效相当。（3）协作组 151 台样机到 1986 年底作业 6.7 万亩，平均亩纯收益 13.8 元，累计收益达 6116 万元，该机还可播种，一机多用。

碳酸氢铵（简称碳铵—下同）占我国氮肥总产量的一半以上，是一个不可忽视的氮肥品种[1~4]。为减少在旱作土壤上碳酸氢铵的挥发损失，研制适于旱作土壤的追肥机具，提出提高碳酸氢铵肥效的合理技术措施，中国农业科学院土壤肥料研究所和北京农业工程大学共同承担和主持了化工部下达的这一科研项目，现将研究结果汇总如下。

## 一、材料与方法

本研究以碳酸氢铵、尿素不同施用方法的肥效对比试验为主体，并作了碳酸氢铵与其他氮肥品种的肥效对比，有关试验设计，试验地点列于表 1。

**表 1　碳酸氢铵和其他氮肥品种大田肥效对比试验设计总表**

| 处理项目<br>试验 | 对照(不追氮) | 碳酸氢铵 | | 尿素 | | 硫酸铵 | | 硝酸铵<br>表施 | 处理数<br>（合计） | 试验地点 |
|---|---|---|---|---|---|---|---|---|---|---|
| | | 表施 | 机深施 | 表施 | 机深施 | 表施 | 机深施 | | | |
| Ⅰ. 碳酸氢铵、尿素肥效对比 | √ | √ | √ | √ | √ | | | | （5） | 京、冀、鲁、豫、皖各点 |
| Ⅱ. 四个氮肥品种肥效对比 | √ | √ | √ | √ | √ | √ | √ | √ | （8） | 中国农业科学院农场 |

注：本文发表于《土壤肥料》，1998 年第 11 期，1～4。

（续）

| 处理项目<br>试验 | 对照(不追氮) | 碳酸氢铵 | | 尿素 | | 硫酸铵 | | 硝酸铵<br>表施 | 处理数<br>（合计） | 试验地点 |
|---|---|---|---|---|---|---|---|---|---|---|
| | | 表施 | 机深施 | 表施 | 机深施 | 表施 | 机深施 | | | |
| Ⅲ. 碳酸氢铵、硫酸铵肥效对比 | √ | √ | √ | | | √ | √ | | （5） | 芦台农场 |
| Ⅳ. 三个氮肥品种肥效对比 | √ | √ | √ | √ | √ | √ | √ | | （7） | 山东陵县 |

注：表内打√表示本设计中有该处理。

表施按当地习惯，机深施为机追≥6厘米，硝酸铵为撒施。

每个试验中各氮肥品种要求等氮量，三次重复，随机排列，小区面积 0.05～0.1 亩，在小麦、玉米、棉花、谷子和旱稻等作物上进行，选用当地优良品种，记载生育性状，收获产量、考种，追肥前取基础土样进行土壤测试。

# 二、试验结果及分析

1984—1986 年累计完成田间试验 179 个，其中小麦试验 121 个，玉米试验 44 个，谷子 6 个，旱稻 1 个，棉花 7 个。179 个试验中有 40 个 F 检验不显著，占 22.3%，本文试就 F 检验显著、极显著的粮食作物的试验结果汇总如下：

这些试验主要分布在京、冀、鲁、豫、皖五省（直辖市）11 个县，主要土类有砂姜黑土、潮土、褐土等。土壤黏粒、碳酸钙和全氮含量变幅分别为 14%～57%、0.0～8.8% 和 0.05%～0.151%，土壤速效磷（$P_2O_5$）和速效钾（K）的变幅分别为 6.7～177.5ppm 和 56.0～370ppm，具有广泛的代表性。

**1. 增产效应。**碳酸氢铵机深施的增产效应优于碳酸氢铵表施，优于尿素表施，和尿素机深施增产效应没有差异。

对小麦、玉米等试验进行区域汇总，各处理产量的总平均代表不同年份、不同土壤、不同肥力水平下，施等氮量的碳酸氢铵、尿素在表施和机深施两种不同追肥方法下的总效应。

76 个小麦追氮肥试验中对照处理平均亩产 205.0 千克，碳酸氢铵表施、机深施、尿素表施和机深施各处理，比对照分别增产 43.6、82.1、62.4 和 82.1 千克，增产率分别为 21.3%、40.0%、30.4% 和 49.0%；同时，等氮量的碳酸氢铵机深施比表施增产 15.5%，等氮量的尿素机深施比表施增产 7.4%，上述差异均达到了统计上极显著差异标准（>$LSD_{0.01}$）；而两种氮肥机深施时产量几乎没有差异（平均亩产仅差 0.01 千克）。

34 个玉米追氮肥试验的产量结果，具有相同趋势；对照处理平均亩产 271.0 千克，碳酸氢铵表施、机深施、尿素表施和机深施均比对照分别增产 52.8、86.1、70.5 和 94.5 千克，增产率分别为 19.5%、31.8%、26.0% 和 34.9；碳酸氢铵机深施比表施增产 10.3%；尿素机深施比表施增产 7.0%，统计上均达到了显著和极显著标准（>$LSD_{0.05}$ 或 $LSD_{0.01}$）；两种氮肥机深施的增产效应没有明显差异。

夏谷、旱稻等作物追氮肥的增产效应趋势与小麦、玉米试验结果一致（表2）。

**表 2　不同追施方法对碳酸氢铵等氮肥肥效的影响**

（小麦、玉米，1984—1986 年）

（单位：千克/亩）

| 试验地点 | 亩施 N（千克） | 对照 | 碳酸氢铵 | | 尿素 | | 硫酸铵 | | 硝酸铵 表施 | LSD | |
|---|---|---|---|---|---|---|---|---|---|---|---|
| | | | 表施 | 机深施 | 表施 | 机深施 | 表施 | 机深施 | | 0.05 | 0.01 |
| Ⅰ 全协作组小麦* | 6.58 | 205.0 | 248.6 | 287.1 | 267.4 | 287.1 | — | — | — | 6.9 | 9.1 |
| Ⅰ 全协作组玉米* | 6.56 | 271.0 | 323.8 | 357.1 | 341.5 | 365.5 | — | — | — | 14.3 | 18.7 |
| Ⅱ 1986 年北京小麦 | 7.50 | 300.3 | 410.5 | 443.5 | 426.7 | 457.1 | 424.4 | 437.3 | 410.1 | 37.1 | — |
| Ⅲ 1986 年芦台小麦 | 6.80 | 134.8 | 176.7 | 194.3 | — | — | 181.5 | 174.2 | | 26.4 | 38.4 |
| Ⅳ 1985 年陵县小麦 | 7.50 | 257.8 | 305.5 | 329.2 | 305.7 | 312.8 | 298.9 | 330.7 | | 26.6 | 36.4 |

\*　1984—1986 年全协作组 F 检验显著的试验，小麦 76 个，玉米 34 个。

**2. 肥效表明。**碳酸氢铵机深的肥效优于碳酸氢铵表施，优于尿素表施，同尿素机深施的肥效没有显著差异。

为便于不同地块、不同氮肥品种、不同施肥量间能进行比较，采用每千克纯氮增产粮食千克数（简称肥效—下同）进行两两对比分析，现将三年来有关小麦、玉米等作物的平均肥效变化简述如下：

（1）碳酸氢铵表施的肥效很差，小麦为 6.61 千克，玉米为 7.60 千克。尿素表施的肥效明显地高于碳酸氢铵表施的肥效，小麦、玉米的尿素肥效分别为 9.56 千克和 10.30 千克。这两种氮肥表施的肥效差异达极显著水平；这也是人们喜欢用尿素撒施作追肥的主要原因之一。

（2）把碳酸氢铵表施改为用 2FT-1 型追肥机深施（≥6 厘米）后，小麦的肥效比表施增加 6.19 千克，肥效提高 93.6%；玉米的肥效增加 5.53 千克，肥效提高 72.8%，t 检验均达极显著标准。

（3）碳酸氢铵机深施的肥效优于尿素表施，前者较后者小麦肥效高 3.25 千克，提高 34%；玉米肥效高 2.83 千克，提高 27.5%，t 检验均达极显著水平。

（4）碳酸氢铵和尿素都机深施时肥效无明显差异。在小麦上的肥效仅差 0.2 千克，在玉米上仅差 0.6 千克，t 检验没有差异。

（5）尿素由表施改为机深施，小麦肥效增加 3.05 千克，肥效提高 31.9%；玉米肥效增加 3.43 千克，提高 33.3%，t 检验均达显著标准。这一结论说明，追施尿素也不宜用撒施方法，也应采用机深施追肥为好。

将小麦、玉米的试验结果按年份、按地区、按追氮量，以及按某些地区常用的楼、穴施为对照进行分组分析，仍具有上述趋势：两种氮肥机深施肥效都没有明显差异，都分别比各自表施的肥有效有显著提高，而且碳酸氢铵机深施的肥效显著地高于尿素表施的肥效，参见表 2。

其中值得指出的是，安徽的试验没有水浇条件，均采取抢墒追肥，只要把碳酸氢铵、尿素施在湿土层内，肥效均比表施极显著提高。其他各县个别试验、示范田块也有偶尔因浇不上水的，亦都表现出用追肥机抢墒追肥增加产量、提高肥效的作用。夏谷、旱稻具有相同趋势。

可见，用 2FT-1 型追肥机深施肥，是提高氮肥肥效十分有效、切实可行的技术措施。

**3. 相关分析表明。**氮肥肥效与土壤碳酸钙含量呈负相关，最适追氮量与土壤全氮呈负相关，各施肥深度的肥效变化与土壤类型和质地无明显关系。

三年来所取得肥效结果与土壤理化性质进行相关分析,得出:在本试验范围内,玉米试验的碳酸氢铵、尿素机深施和尿素表施的肥效变化均与土壤碳酸钙含量呈负相关,相关系数分别为 0.421*、0.623** 和 0.605**,它表明,随土壤碳酸钙含量的提高,上述处理的肥效下降。

在小麦追施碳酸氢铵用量试验中,最佳追氮量与土壤全氮含量呈高度负相关,R＝0.923**,它表明随土壤全氮量的提高,最佳的追氮肥量下降;最高产量追肥量与土壤全氮关系具有相同趋势,R＝0.798**。

在小麦追施碳酸氢铵尝试试验中,各施肥深度肥效的变化与土壤理化性状没有明显的相关关系,表明在本试验范围内,最适追肥深度 6 厘米,不因土类、土壤黏粒、碳酸钙、土壤全氮、速效磷、钾之变化而呈显著变化,亦即可以认为机深追 6 厘米是普遍适用的。

**4. 社会、经济效益。**由于追肥机数量的限制,仅有 151 台样机用于示范,三年来累计追施面积 6.7 万亩,共获得经济效益 92.36 万元,平均每台样机追肥 444 亩,获经济效益 6116.56 元,平均每亩 13.8 元。该机还曾用于播种棉花、玉米,累计面积 4.25 万亩,做到了一机多用。

使用 2FT-1 型追肥机可节省大量劳力:以山东德州市追碳酸氢铵为例,用畜力拉着当地的"独脚耧"开沟追肥,需要 8 个劳力一组,一天作业 15 亩左右,改用 2FT-1 型追肥机,仅需 3 个中等劳力(妇女亦可),一天作业 20 亩(均指小麦追肥),节省 5 个壮劳力。有利于促进农业劳力的转化,具有广泛的社会意义。

# 三、讨  论

1. 用 2FT-1 型追肥机追肥的技术和适用范围:追肥深度 ≥6 厘米,目前条件下小麦每亩追纯氮 5～7.5 千克较好,追肥时期因作物而异:一般情况下,小麦在起身、拔节期,玉米在拔节或大喇叭口前期。适用范围:用于追施碳酸氢铵、硫酸铵和尿素等粉状和小颗粒状化肥,在有或无水浇条件下、对中耕作物和密植作物追肥均可使用,在无水浇条件时应抢墒追肥,但必须将肥料施于湿土层。

2. 从肥效评价看,在机深施条件下,等氮量的碳酸氢铵、尿素肥效相当,可见施肥方法的重要性,因此,必须从农化性状和合理施用方法做出客观的评价。

3. 从宏观经济评价看,若为制造 2FT-1 型追肥机供应平价钢材,并使碳酸氢铵和尿素的比价、化肥与粮食的比价合理,或采取补贴或组织施肥专业户等有力措施,农民生产粮食和投入化肥的积极性提高,2FT-1 型追肥机可望迅速普及,我国氮肥投入的总效益将能进一步提高。

# 参 考 文 献

[1] 中国农业科学院土壤肥料研究所肥料室.应用 $^{15}$N 研究提高氮肥利用率的试验结果.土壤肥料,第 4 期,1978:28-29.

[2] 奚振邦.碳酸氢铵的科学施用.化学工业出版社,1984 年 7 月.

[3] 奚振邦,等.试论碳酸氢铵的农业性质.土壤学报,1985,22 (3):223-232.

[4] 朱兆良.我国土壤供氮和化肥氮去向研究的进展.土壤,1985,17 (1):2-9.

# 化肥的农化性质研究与提高化肥利用率

林 葆

（中国农业科学院土壤肥料研究所）

研究化肥施入土壤后与土壤各组分相互作用的性质和表现，如氮肥入土后的挥发、淋溶、吸附、硝化和反硝化，以及与土壤中其他养分的关系，对了解肥料的去向，采取相应的有效措施，提高肥料利用率有重要意义。

## 一、问题的提出

1. 根据有关统计资料，我国化肥的生产和消费已居世界前列[1~2]。从中、美、苏三国化肥生产和消费情况看（表1），1987年我国化肥总产量居世界第三位，总消费量超过美国，居世界第二位，而氮肥的消费超过苏联，居世界第一位。我国磷钾化肥的生产和消费明显低于美、苏两国。

**表1 中、美、苏三国化肥产量和消费量比较**

（单位：万吨）

| 化肥种类 | 中 1987 | | 美 1986/1987 | | 苏 1986/1987 | |
| --- | --- | --- | --- | --- | --- | --- |
| | 产量 | 消费量* | 产量 | 消费量 | 产量 | 消费量 |
| N | 1336.6 | 1396.4 | 954.9 | 938.9 | 1499.6 | 1147.5 |
| $P_2O_5$ | 303.6 | 476.2 | 813.3 | 364.1 | 847.7 | 835.4 |
| $K_2O$ | 3.2 | 126.7 | 121.2 | 440.2 | 1022.8 | 667.7 |
| 合计 | 1643.4 | 1999.3 | 1889.4 | 1743.2 | 3370.1 | 2650.6 |

\* 其中复合肥料208.7万吨（养分），以氮、磷、钾比例2：3：1计算后并入各类化肥中。

由于我国人多耕地少，人口还在继续增加，耕地还在进一步减少，耕地利用强度将进一步提高，由于我国大部分耕地开垦利用的年代久远，土壤肥力较低，由于我国畜牧业尚不发达，森林覆盖率低，不利有机物和营养元素的循环利用。因此，我国农业生产的发展对肥料有很强的依赖性。化肥用量将进一步增长。

2. 根据有关资料，在石灰性土壤上，水稻对尿素、硫酸铵的当季利用率只有三分之一左右，碳酸氢铵的利用率不到20％；在酸性土壤上，氮肥的利用率稍高，尿素为50％左右，碳酸氢铵也只有30％左右（表2）[3]。全国大量肥料试验的结果表明，20世纪80年代初，

---

注：本文收录于《土壤圈物质循环研究导向会论文集》，中国科学院南京土壤研究所、土壤圈物质循环开放研究实验室编，1989年，92~96。

在水稻、棉花上施用氮肥的肥效，大约只有 60 年代初的一半。氮肥在其他作物上的肥效也明显下降[4]。因此，我们必须努力克服这种一方面大力发展化肥生产和进口化肥，一方面在使用中损失严重，肥效不高的状况，把化肥的"开源"和"节流"放在同等重要的位置来考虑。

**表 2　我国水稻田施用氮肥的回收和损失情况**（[15]N 标记）

| 施肥方法 | 去向 | 石灰性土壤 | | | 酸性土壤 | | |
|---|---|---|---|---|---|---|---|
| | | 硫酸铵 | 尿素 | 碳酸氢铵 | 硫酸铵 | 尿素 | 碳酸氢铵 |
| 插秧或分蘖期撒施 | 回收（%） | 23～28 | 22～25 | 17 | 50～69 | 27～40 | 24～34 |
| | 损失（%） | 42～52 | 47～48 | 70 | 13～40 | 44～54 | 51～57 |
| | 残留（%） | 20～26 | 28～30 | 13 | 12～28 | 16～19 | 15～19 |
| 插秧期深施 | 回收（%） | 39～75 | 26～55 | — | 59～60 | 38～75 | — |
| | 损失（%） | 3～30 | 21～51 | — | 18～20 | 5～43 | — |
| | 残留（%） | 22～31 | 23～24 | — | 20～22 | 12～31 | — |

3. 研究肥料施入土壤后的去向，以及营养成分之间的平衡，探索提高化肥利用率的途径，有十分重要的作用（以下举例说明）。反之，采取的一些措施就难以奏效。例如，前一时期在铵态氮肥中加硝化抑制剂的措施，对不同的气候、土壤、作物条件考虑不够。在北方旱地抑制铵态氮的转化似不必要。同样道理，在热带、亚热带稻田上撒施尿素后经脲酶作用迅速水解，提高了稻田水层中铵离子的浓度，导致铵的挥发损失，因而，考虑在尿素中添加脲酶抑制剂[5]。那么在温带或寒温带的旱作地区，在尿素中添加脲酶抑制剂的必要性就值得考虑了。

# 二、大幅度提高氮肥利用率的两个例子

我们已经有了提高化肥利用率的非常成功的实例，这些措施是基于对化肥农化性质研究的基础上的。

**1. 氮肥深施，尤其是碳酸氢铵的深施。**对碳酸氢铵的农化性质国内已经有了比较系统的研究，并采取了一些防止氮的损失，提高利用率的措施[6～8]。但由于碳酸氢铵的物理性状不良等原因，作为追肥深施，尤其是用机械深追肥的问题，一直未获解决。

从 1983 年开始，我们和北京农业工程大学合作，根据农业要求，研制成了 2FT-1 型多用途碳酸氢铵追肥机。该机械有以下特点：

- 其核心部件搅刀拨轮式排肥装置专为排施碳酸氢铵设计，不堵塞，不架空，排肥均匀；
- 凿式开沟器入土深 6～8 厘米；
- 一次完成开沟、排肥、覆土、镇压四道工序。

经华北地区连续三年多点试验结果，碳酸氢铵用该机器深施，与撒施（立即浇水）比较，在小麦、玉米上提高肥效将近 1 倍（表 3、表 4）：

在小麦上，每千克氮素增产量由 6.61 千克提高到 12.60 千克（n＝76）。

在夏玉米上，每千克氮素增产量由 7.60 千克提高到 13.73 千克（n＝34）。

碳酸氢铵深施与尿素深施的肥效一致，经济效益比撒施提高了 1 倍以上[9]，已推广使用120 多万亩。

两年的田间微区试验（小麦）结果说明，深施提高了 3 种氮肥的利用率，减少了损失率，其中以碳酸氢铵的变化幅度最大（表 5）。碳酸氢铵表施利用率 26.76％～33.66％，深施为 58.20％～65.69％，提高近 1 倍；而损失则由 20.83％～45.27％下降到 4.80％～9.97％。值得注意的是，其他 2 种通常称为"非挥发性"氮肥的尿素和硫酸铵，深施比表施的利用率也有了大幅度提高[10]。

**2. 平衡施肥。**从我国化肥肥效的演变来看，我国已经由在有机肥基础上施用单一氮肥，发展到根据土壤、作物条件，施用多种营养元素肥料的平衡施肥阶段[11]。在一些地区的农

**表 3　1984—1986 年小麦追施碳酸氢铵增产效果**（n=76）

| 处理 | 平均亩产（千克） | 平均增产（千克/亩） | 平均肥效（千克/千克 N） | 追肥经济效益（元/亩） |
|---|---|---|---|---|
| （1）对照 | 205.0 | — | — | — |
| （2）碳酸氢铵表施 | 248.6 | 43.6 | 6.61 | 13.67 |
| （3）碳酸氢铵深施 | 287.1 | 82.1 | 12.80 | 32.82 |
| （4）尿素表施 | 267.4 | 62.4 | 9.55 | 23.11 |
| （5）尿素深施 | 287.1 | 82.1 | 12.60 | 32.96 |
| LSD　0.05 | 6.9 | — | — | — |
| 　　　0.01 | 9.1 | — | — | — |

**表 4　1984—1986 年玉米追施碳酸氢铵增产效果**（n=34）

| 处理 | 平均亩产（千克） | 平均增产（千克/亩） | 平均肥效（千克/千克 N） | 追肥经济效益（元/亩） |
|---|---|---|---|---|
| （1）对照 | 271.0 | — | — | — |
| （2）碳酸氢铵表施 | 323.8 | 52.8 | 7.60 | 14.59 |
| （3）碳酸氢铵深施 | 357.1 | 86.1 | 13.13 | 29.24 |
| （4）尿素表施 | 341.5 | 70.5 | 10.30 | 22.52 |
| （5）尿素深施 | 365.6 | 94.5 | 13.73 | 33.08 |
| LSD　0.05 | 14.3 | — | — | — |
| 　　　0.01 | 18.7 | — | — | — |

注：经济效益按以下价格计算：小麦 0.5 元/千克，玉米 0.44 元/千克，碳酸氢铵 0.21 元/千克，尿素 0.568 元/千克。

**表 5　不同追肥方法 $^{15}$N 肥料的去向**（大田微区试验）

| $^{15}$N 肥料的去向 | 碳酸氢铵 | | 尿素 | | 硫酸铵 | |
|---|---|---|---|---|---|---|
| | 表施 | 深施 | 表施 | 深施 | 表施 | 深施 |
| 1983—1984 | | | | | | |
| 小麦地上部利用（％） | 26.76 | 58.02 | 37.93 | 50.62 | 29.96 | 48.89 |
| 土壤残留（％） | 25.32 | 28.83 | 31.16 | 22.82 | 24.79 | 26.90 |
| 损失（％） | 45.27 | 9.97 | 27.52 | 23.32 | 42.63 | 20.29 |
| 1985—1986 | | | | | | |
| 小麦地上部利用（％） | 33.66 | 65.69 | 48.18 | 57.66 | 33.05 | 58.48 |
| 土壤残留（％） | 45.51 | 29.51 | 36.05 | 18.39 | 37.07 | 12.73 |
| 损失（％） | 20.83 | 4.80 | 15.77 | 23.95 | 29.88 | 28.79 |

田中，往往不止缺乏一种养分。例如，北方一些农田，既缺氮又缺磷；南方一些农田，既缺氮、缺钾，又缺乏某些微量营养元素。因此，通过合理施肥，调节营养元素的平衡，往往是提高化肥利用率和增加作物产量重要手段。

我所的试验表明，在华北地区一些既缺氮又缺磷的贫瘠土壤上（一般有机质<1%；速效磷<5ppm），单施氮肥的利用率是很低的，并随着氮肥用量的增加，利用率明显下降。而在亩施磷肥（$P_2O_5$）7.5千克的基础上施用氮肥，则氮肥的利用率成倍提高，并不因施氮量增加而很快下降，只是在氮肥用量增加到亩施 N 20 千克以上，其利用率才开始下降（表6）[12]。

从盆栽或田间的产量结果看（表7、表8），单施氮肥不增产或增产不显著，而在磷肥基础上增施氮肥则产量成倍增加。

**表6 冬小麦（第一茬）和夏玉米（第二茬）对尿素氮的利用率**

| 处理 | 冬小麦 | 夏玉米 | 处理 | 冬小麦 | 夏玉米 |
|---|---|---|---|---|---|
| N5 | 26.8 | 4.6 | N5P | 33.4 | 2.8 |
| N10 | 20.2 | 6.3 | N10 P | 40.6 | 2.3 |
| N15 | 14.9 | 8.4 | N15P | 46.8 | 2.1 |
| N20 | 10.1 | 9.7 | N20 P | 39.5 | 5.7 |
| N25 | 9.7 | 6.4 | N25P | 37.7 | 6.0 |

**表7 不同 N、P 肥处理对作物产量的影响（盆栽）**

| 处理 | 小麦（第一茬） | | | | | | 夏玉米（第二茬） | |
|---|---|---|---|---|---|---|---|---|
| | 籽粒 | | | 秸秆 | | | 籽粒 | 秸秆 |
| | 克/盆 | 比对照增产（%） | 比单磷增产（%） | 克/盆 | 比对照增产（%） | 比单磷增产（%） | 克/盆 | 克/盆 |
| CK | 5.9 | — | | 8.1 | — | | 1.4 | 13.4 |
| N5 | 6.5 | 10.2 | — | 8.4 | 3.7 | — | 4.7 | 15.6 |
| N10 | 6.7 | 13.6 | | 9.3 | 14.8 | | 2.8 | 11.0 |
| N15 | 6.5 | 10.2 | | 8.6 | 6.2 | | 2.9 | 15.0 |
| N20 | 5.2 | −11.9 | | 6.5 | −19.8 | | 3.0 | 17.4 |
| N25 | 5.6 | −5.1 | | 7.8 | −3.7 | | 1.3 | 10.1 |
| P | 6.6 | 11.9 | | 11.8 | 45.7 | | 1.3 | 15.1 |
| N5P | 14.9 | 152.5 | 121.2 | 24.5 | 202.5 | 107.6 | 13.9 | 29.2 |
| N10P | 19.4 | 228.8 | 156.1 | 29.3 | 261.7 | 148.3 | 15.9 | 27.9 |
| N15P | 20.6 | 249.2 | 212.1 | 29.8 | 267.9 | 152.8 | 14.8 | 27.0 |
| N20P | 20.1 | 240.7 | 204.5 | 31.0 | 282.7 | 162.7 | 21.9 | 36.3 |
| N25P | 21.8 | 268.0 | 230.3 | 31.5 | 288.9 | 166.9 | 23.5 | 35.3 |
| LSD 0.05 | 1.1 | — | — | 1.9 | | | 4.7 | 5.5 |
| LSD 0.01 | 1.5 | | | 2.5 | | | 6.4 | 7.4 |

### 表 8　不同 NP 肥处理对小麦产量和收益的影响（大田）

| 处理 | | 每亩平均籽粒产量（千克） | 比对照增产（%） | 比单施磷增产（%） | 每亩纯收益*（元） |
|---|---|---|---|---|---|
| CK | | 89.3 | — | — | — |
| N5 | | 89.6 | 0.3 | — | −4.90 |
| N10 | | 86.7 | −2.9 | — | −10.86 |
| N15 | | 96.6 | 8.2 | — | −12.59 |
| N20 | | 96.1 | 7.6 | — | −17.76 |
| N25 | | 109.4 | 22.5 | — | −18.38 |
| P | | 140.7 | 57.6 | — | 11.10 |
| N5P | | 231.5 | 159.2 | 64.5 | 36.03 |
| N10P | | 257.7 | 188.6 | 83.2 | 39.99 |
| N15P | | 261.6 | 192.9 | 85.9 | 35.96 |
| N20P | | 283.2 | 217.7 | 101.3 | 38.07 |
| N25P | | 254.2 | 184.7 | 80.7 | 23.51 |
| LSD | 5% | 37.9 | — | — | — |
| | 1% | 53.1 | — | — | — |

\* 根据当时国家牌价，按小麦每百千克 32.96 元，尿素 N 每千克 1.0 元，普钙 $P_2O_5$ 每千克 0.778 元计算。

# 三、结 束 语

以上两个例子就足以说明，在提高化肥利用率和肥效方面确实存在巨大的潜力，为此，我们寄希望于对肥料农化性质和土壤养分平衡研究取得新进展和新突破，并建议把农田养分的去向和平衡施肥作为我们实验室的重要研究方向之一，为用好我们现有的 2000 万吨氮、磷、钾化肥（纯养分计算）提出新的途径和措施。

# 参 考 文 献

[1] FAO. 1987. Yearbook：Fertilizer. Voi. 37.

[2] 国家统计局 . 1988. 中国统计年鉴，232.

[3] Zhu Zhao-liang. 1987. [15] N balance studies of fertilizer nitrogen applied to flooded rice fields in China. Efficiency of nitrogen fertilizers for rice. IRRI. 163-167.

[4] 中国农业科学院土壤肥料研究所化肥四组 . 1986. 我国氮磷钾化肥的肥效演变和提高增产效益的主要途径 . 土壤肥料，一期，1-8，二期，1-8.

[5] De Datta S. K. 1987. Advances in soil fertility research and nitroger fertilizer management for lowland rice. Efficiency of nitrogen fertilizer for rice. IRRI. 27-41.

[6] 中国农业科学院土壤肥料研究所肥料室 . 1978. 应用 [15] N 研究提高氮肥利用率的试验结果 . 土壤肥料，9 期，28-29.

[7] 周德超 . 1986. 碳酸氢铵施入土壤后挥发特性的进一步观察 . 北京师范大学学报，第一期，72-77.

[8] 奚振邦，施秀珠，刘明英，曹一平，吴洵，菇国敏，1985. 试论碳酸氢铵的农业化学性质 . 土壤学报，

第 22 卷，3 期，223-231.

[9] 林葆，刘立新，林继雄，陈培森，杨铮. 1988. 旱作土壤机深施碳酸氢铵提高肥效的研究. 四期，1-4.

[10] 李光锐，陈培森，郭毓德，张夏. 1988. 模拟机具追施碳酸氢铵对旱作土壤中氮肥去向的影响. 土壤肥料，二期，15-18.

[11] 林葆，李家康. 1989. 五十年来中国化肥肥效的演变和平衡施肥. 国际平衡施肥学术讨论会文集（刊印中）.

[12] 李光锐，郭毓德，陈培森，李家康，吴祖坤，张夏. 1985. 低肥力壤质潮土中磷肥对尿素氮利用率的影响. 土壤肥料，一期，1-6.

# 关于合理施用磷肥的几个问题

林葆　林继雄　李家康

（中国农业科学院土壤肥料研究所）

**摘要**　作者根据全国化肥试验网的资料，对我国与磷肥合理施用有关的土壤速效磷的含量、磷肥肥效、磷肥在轮作中的分配数量及施肥方法等问题作了分析，并提出了相应的建议。

1981—1983 年全国化肥试验网在我国不同地区的 18 种作物上，共进行了5000多个肥料田间试验。从这些试验结果可以看出，在水稻上，每千克 $P_2O_5$ 只增产稻谷 4.7 千克，肥效只有 20 世纪 60 年代初期的一半；而在小麦、玉米上，分别增产 8.1 和 9.7 千克，与 60 年代初相比，肥效有所上升；在油菜上增产 6.3 千克菜籽，依然保持较高的肥效[1]。导致肥效变化的原因很多，但主要与各地区磷肥的投入和作物产出的平衡状况不同有关。在 1965—1976 年的 10 年中，长江以南 13 个省、自治区、直辖市（缺台湾省）磷肥的销售量占全国总销售量的 80% 左右，氮磷比（$N：P_2O_5$，下同）超过 1：0.6，土壤中磷素有较多积累，因此磷肥肥效下降。而东北、西北、华北的 15 个省、自治区、直辖市（缺西藏资料），磷肥的销售量只占全国总销售量的 20% 左右，氮磷比低于 1：0.2，由于土壤磷素长期入不敷出，缺磷程度加重，磷肥肥效上升[2]。所以，当前我国耕地土壤速效磷含量北方低于南方，特别是黄淮海地区缺磷面积很大，是我国今后相当长一段时间内磷肥的重点投放区。本文拟从最近获得的一些肥料定位试验结果，讨论一下有关合理施用磷肥的若干问题。

## 一、土壤速效磷的丰缺与磷肥肥效的关系

在这方面各地已进行了速效磷测定方法的相关研究，普遍认为 Olsen 法在我国有广泛的适用性，并通过田间校验，确定了相应的丰缺指标。但是从肥料的定位试验中也看出了另外的一个问题，即在速效磷含量较高正常年景施用磷肥无效地块，在天气条件不好的年景施用磷肥却又可能显出效果。例如，河北省土壤肥料研究所在保定的试验表明[3]，在土壤速效磷（P）为 13 毫克/千克的地块，从 1974 年秋播开始已连续两年施磷无效，但 1976 年冬到1977 年春，在小麦越冬期间天气严寒，且少雨雪，单施氮肥的小麦越冬死苗严重，成穗率低，较常年大幅度减产，而增施磷肥或磷钾肥的小麦死苗轻，成穗率高，比不施磷肥处理的产量差异极显著，其后几年内连续施用磷肥，其增产又不显著（表 1）。可见，通常确定的

注：本文发表于《土壤》，1992 年第 2 期，57~60。

土壤速效磷丰缺指标是对正常年份而言的。但是在一些旱涝年份，即使在土壤速效磷含量较高，通常认为不缺磷或施磷无效的地块，由于增施磷肥能提高作物的抗逆能力，从而保证了在不正常年景仍能高产稳产。

**表 1　N、P、K 化肥定位试验的小麦产量**

（单位：千克/亩）

| 处理 | 1975 | 1976 | 1977 | 1978 | 1979 |
|------|------|------|------|------|------|
| N | 368 | 363 | 203 | 384 | 329 |
| NP | 390 | 360 | 265 | 376 | 331 |
| NK | 395 | 355 | 207 | 369 | 323 |
| NPK | 403 | 358 | 297 | 383 | 333 |

注：试验地点在河北省保定。

## 二、磷肥在轮作制度中的分配问题

不同作物对磷肥的反应不同。以南方的稻田为例，水稻和冬种的旱作，乃至双季稻中早稻和晚稻对磷肥的反应都不一样。四川省土壤肥料研究所肥料定位试验表明，等量的磷肥施在小春上（或小春，大春各半），比施在大春作物上多增产粮食 5％左右（表 2）[①]。

**表 2　磷肥在种植制度中的分配对产量的影响**

（1981—1984 年 11 个定位试验平均，四川）

| 磷肥分配（千克/亩） | 水稻（千克/亩） | 小麦（千克/亩） | 合计 | |
|---|---|---|---|---|
| | | | （千克/亩） | ％ |
| 水稻 8，小麦 0 | 467 | 225 | 692 | 100.0 |
| 水稻 0，小麦 8 | 464 | 263 | 727 | 105.1 |
| 水稻 4，小麦 4 | 469 | 254 | 723 | 104.5 |

在双季稻区，越冬作物上应重施磷肥。据湖南省土壤肥料研究所的研究结果[②]，在早稻上施用磷肥，每千克 $P_2O_5$ 增产稻谷 5.3 千克，而在晚稻上施用相同数量的磷肥，每千克 $P_2O_5$ 只增产稻谷 1.2 千克。

在北方的小麦—夏玉米一年两熟种植制度中，也有不少试验结果表明，在小麦上施用磷肥的肥效，高于在夏玉米上施用磷肥。因此，磷肥也应当在小麦上重施。

以上这些现象，主要是与不同温度条件下磷肥的活性以及不同温度和淹水条件下磷的释放有关[③]。

可见磷肥在种植制度中如何分配，以及如何与有机肥，氮、钾化肥相配合，从而形成一个合理的施肥制度，是磷肥施用中一个值得注意的问题。

---

① 四川省农业科学院土壤肥料研究所：肥料长期定位试验总结报告（资料），1987。
② 湖南省土壤肥料研究所：湖南省化肥区划（资料），1984。
③ 蒋柏藩：与磷施用有关的几个问题，磷肥技术论文汇编，347～352，1990。

## 三、高量磷肥的一次集中施用问题

国外有将供几年施用的磷肥，一次集中施入土壤中的报道[4]。这种方法在我国缺磷的土壤上是否可以采用？为此，我们曾在河北省辛集进行了试验。即将两个磷肥用量每亩24千克和48千克（$P_2O_5$），在6年中，按下列3种方式施入土壤：①每年每亩4千克和8千克；②6年中隔年施8千克和16千克；③在试验的第1年1次施24千克和48千克。从1979年秋播开始，到1985年秋收结束[5]，至试验的第7年对所有处理进行磷肥后效的观察。试验期间各年的小麦产量列于表3。

表3　试验期间磷肥施用量及其分配方式对小麦产量的影响
（河北省辛集）　　　　　　　　　　（单位：千克/亩）

| 试验处理 | 1980 | 1981 | 1982 | 1983 | 1984 | 1985 | 1986 | 平均 |
|---|---|---|---|---|---|---|---|---|
| CK（$P_0$） | 295 | 336 | 328 | 318 | 207 | 263 | 296 | 292 |
| $P_4$ 每年 | 342 | 407 | 384 | 376 | 298 | 354 | 366 | 361 |
| $P_8$ 隔年 | 356 | 441 | 405 | 371 | 301 | 343 | 345 | 366 |
| $P_{24}$一次 | 358 | 417 | 404 | 342 | 266 | 297 | 330 | 345 |
| $P_8$ 每年 | 349 | 444 | 409 | 371 | 307 | 358 | 402 | 377 |
| $P_{16}$隔年 | 337 | 410 | 409 | 352 | 312 | 361 | 407 | 370 |
| $P_{48}$一次 | 352 | 432 | 385 | 359 | 287 | 330 | 368 | 359 |
| $LSD_{0.10}$ | 22.8 | 29.5 | 43.9 | 25.8 | 25.3 | 16.0 | 33.1 | 22.6 |
| $LSD_{0.05}$ | 27.9 | 36.0 | 53.7 | 31.5 | 30.9 | 19.5 | 40.5 | 27.4 |

从表3看，在第1年1次高量磷肥的处理，产量稍高于分次施，但以后各年产量虽高于对照（不施磷肥），但低于分次施用的处理。小麦7年累计的增产量，以每年施为100%，6年1次施只77%～79%。从7年的肥效看（包括秋粮的后效），以每年施为100%，而6年1次施的为80%左右。7年累加的磷肥利用率与肥效一致，1次亩施$P_2O_5$48千克和24千克，7年累加利用率分别达到18.7%和28.6%；每年亩施$P_2O_5$8千克和4千克，7年累加利用率可达到22.9%和35.3%，比1次性施磷提高22.4%～23.4%。

磷肥虽有较长的后效，但由于我国磷肥资源并不充裕，从经济合理施用磷肥的原则出发，以每年或隔年施用适量的磷肥为宜，1次施用数年的磷肥用量似不可取。

## 四、有机肥对补充磷钾的作用问题

我国磷钾化肥不足，而有机肥中的磷钾含量比较丰富。充分利用这些本来是来自土壤的磷钾资源，对我国的平衡施肥有重要作用。根据我们在河北省辛集的定位试验[6]，连续4年施用由猪厩肥和秸秆堆沤的有机肥，土壤速效磷（P）含量增加4～9毫克/千克。速效钾的含量也有明显的增加。在单施氮肥的情况下，产量较低，如配合施用有机肥，由于起了补充部分磷素的作用（当地土壤钾含量较丰富），使产量明显提高（表4）。但在氮磷化肥配施基础上，增施有机肥料，产量差异不显著。说明在麦季每亩施用12千克$P_2O_5$的条件下（秋粮不施磷肥），已能满足小麦对磷素的需要。

### 表 4　有机肥与化肥配合施用的小麦产量

（单位：千克/亩）

| 处理 | 1980 | 1981 | 1982 | 1983 | 1984 | 1985 | 1986 | 1987 | 1988 | 1989 | 1990 | 平均 |
|---|---|---|---|---|---|---|---|---|---|---|---|---|
| 不施肥 | 137 | 134 | 149 | 144 | 128 | 124 | 155 | 156 | 139 | 168 | 123 | 142 |
| N | 244 | 235 | 204 | 226 | 133 | 156 | 140 | 171 | 162 | 216 | 152 | 186 |
| NP | 359 | 404 | 387 | 354 | 273 | 351 | 386 | 420 | 417 | 454 | 410 | 383 |
| 有机肥 | 160 | 136 | 146 | 158 | 168 | 174 | 174 | 223 | 177 | 236 | 167 | 174 |
| 有机肥＋N | 271 | 313 | 253 | 320 | 177 | 250 | 196 | 272 | 225 | 298 | 200 | 252 |
| 有机肥＋NP | 345 | 419 | 379 | 377 | 309 | 360 | 415 | 443 | 430 | 476 | 414 | 397 |

注：①每年麦季施氮（N）12千克，$P_2O_5$ 12千克，有机肥0.25万千克。
②平均数多重比较 $LSD_{0.05}=28.6$ 千克/亩，$LSD_{0.01}=38.1$ 千克/亩。
③试验地点：河北省辛集。

## 五、磷肥的适宜施用量问题

"六五"期间进行的有关磷肥适宜用量的试验结果表明，谷类作物在亩产 300～400 千克时，磷肥（$P_2O_5$）适宜用量水稻为每亩 2.5 千克；小麦、玉米、高粱为每亩 4 千克左右；青棵为 2.2 千克[1]。我们初步整理了全国化肥试验网的肥料定位试验前 5 年的结果①。从这些结果中可以看出，无论施用或不施用有机肥，每季每亩施入的 $P_2O_5$ 小于 3 千克时，在 28 个试验中，5 年后土壤速效磷含量上升的有 15 个；持平的有 3 个；下降的有 10 个。每季每亩施入 $P_2O_5$ 在 3.1～5 千克时，在 37 个试验中，土壤速效磷含量上升的持平的有 31 个；下降的有 6 个。每季每亩施入 $P_2O_5$ 大于 5 千克时，5 年后没有一个试验的土壤速效磷含量下降。可见，只要土壤每季每亩连续施入 $P_2O_5$ 3 千克以上，大多数地块的土壤速效磷含量呈提高趋势。

从历年的产量变化情况也可以看出，每季每亩施入 $P_2O_5$ 3～5 千克时，各类作物的产量能基本上稳定在 300 千克以上的水平（表 5）。

### 表 5　连续施用磷肥对产量的影响

（全国化肥网，1981—1988 年）

| 试验区域 | 试验点数 | 轮作作物 | 第1年（千克/亩） | 历年产量变化（%） | | | |
|---|---|---|---|---|---|---|---|
| | | | | 第2年 | 第3年 | 第4年 | 第5年 |
| 长江中下游和华南地区 | 36 | 早稻 | 381 | 99 | 91 | 89 | 90 |
| | | 晚稻 | 333 | 95 | 105 | 88 | 98 |
| 西南地区 | 20 | 小麦 | 283 | 86 | 92 | 92 | 86 |
| | | 中稻 | 417 | 107 | 99 | 91 | 87 |
| 华北和西北地区 | 26 | 小麦 | 327 | 106 | 104 | 91 | 96 |
| | | 玉米 | 338 | 89 | 110 | 101 | 114 |
| 东北地区 | 25 | 谷物 | 331 | 107 | 118 | 104 | 98 |
| 平均 | — | — | 345 | 99 | 103 | 92 | 97 |

注：每亩施氮 5～10 千克，$P_2O_5$ 3～5 千克，$K_2O$ 5～10 千克。第 2 至第 5 年为第 1 年产量相对百分数。

---

① 中国农业科学院土壤肥料研究所：我国肥料定位试验结果的初步分析（资料），1987。

# 六、讨　　论

1. 自 30 年代以来，我国磷肥肥效呈上升趋势，这与磷的投入少，土壤磷素长期处于亏缺状态有关。根据投入、产出的计算，进入 80 年代，我国农业中磷素的收支已趋于平衡，土壤缺磷状况已趋和缓。但是，为了进一步减少缺磷土壤的面积，增加磷肥投入仍然十分必要。

2. 目前各地区土壤间磷的收支状况差异较大。施用磷肥的重点应是严重缺磷，而磷肥肥效又较高的北方地区，尤其是黄淮海平原地区。南方的平原地区和交通沿线土壤磷素虽有积累趋势，磷肥肥效下降，但是继续投入适量磷肥对保持高产稳产是必需的。南方的一些边远地区和交通不便的丘陵山区，土壤磷和磷肥肥效状况不明，值得注意和研究。

3. 从肥料长期定位的试验结果看，磷肥对作物的高产稳产有明显的作用。磷肥在种植制度中的合理分配及建立相应的施肥制度，是磷肥施用技术中的一个重要问题，应进行深入研究。

## 参 考 文 献

[1] 中国农业科学院土壤肥料研究所化肥网组 . 我国氮磷钾化肥的肥效演变和提高增产效益的主要途径 . 土壤肥料，第 1、2 期，1986.

[2] 中国农业科学院土壤肥料研究所化肥网组 . 我国磷肥肥效演变及调整 NPK 养分比例 . 化肥工业，第 1 期，1984.

[3] 刘宗衡，罗亦云 . 氮磷钾化肥长期定位试验研究初报 . 土壤肥料，第 2 期，1981.

[4] 沈善敏 . 国外的长期肥料试验 . 土壤通报，2～4 期，1984.

[5] 林葆，林继雄 . 磷肥不同分配方式与后效 . 土壤肥料，第 2 期，1988.

[6] 林葆，林继雄 . 有机肥与化肥配合施用的定位试验研究 . 土壤肥料，第 5 期，1985.

# 7 从农业的角度谈化肥发展的若干文章

# 我国磷肥的需求现状及磷酸一铵
# 磷酸二铵的农化性质

林 葆

（中国农业科学院土壤肥料研究所）

发展高浓复混肥料是世界化肥生产发展的趋向。我国是世界化肥生产、进口和消费大国，目前也正在改变以低浓、单一化肥为主的状况，以生产磷酸铵和销酸磷肥等高浓复合肥的一批大、中、小型工厂的崛起就是证明。但是，这些化肥厂也遇到了销路不畅、效益不高等问题，新建成的工厂有些又陷入了困境。在市场经济的条件下，产品能否打开销路，能否取得较好的经济效益，是一个复杂的问题。在此，我只想就目前我国磷肥是否供大于求、农业上磷肥是否已经饱和、磷酸一铵和磷酸二铵的农化性质以及与合理施用磷酸铵有关的问题，讲一点看法。

## （一）我国农业对磷肥的需求没有饱和，大面积的耕地需要施用磷肥

我国市场的自我调节能力薄弱，在近年大量进口磷酸二铵和其他化肥的情况下，又逢国内与化肥生产有关的原材料调价，今年磷肥生产又遇到困难，国产磷肥积压数量较大。在这种情部优下，有人认为农业部门对磷肥的需求估计失误，磷肥已经是供大于求。但是，我们从农业生产的角度看，认为磷肥并没有饱和。

我们从 1981—1983 年全国化肥试验网的结果中已经看出，磷肥的增产效果与 20 年前相比，在南方稻田已经明显下降，但在北方旱地反而上升。1986 年我们在《中国化肥区划》一书中框算了我国到 20 世纪末的化肥需求量为 3000 万～3200 万吨（养分，下同），N：$P_2O_2$：$K_2O$ 为 1：0.4：0.2，即需要氮肥（N）1875 万～2000 万吨，磷肥（$P_2O_5$）750 万～800 万吨，钾肥（$K_2O$）375 万～400 万吨。以后有关部门对这一结果虽有一些不同看法和修正，但改变不大。当时我们提出的磷肥的比例是所有发表的材料中最低的。同时，我们还清楚地看到，从农田养分的投入、产出平衡状况，从 70 年低中期开始，磷素已经不再亏缺，并稍有积余（包括有机肥中磷的投入）。这是一个重要的转折，即从 70 年代中期以后，我国农田磷素状况从总体上说，已不再继续恶化，而是逐步好转。但是，我国仍有大约 10 亿亩耕缺磷或严重缺磷。北方缺磷的程度较严重。而目前我国生产磷肥（$P_2O_5$）的总量为 400 余万吨，加上进口，使用量在 600 余万吨，N：$P_2O_5$ 为 1：0.35 左右。这些指标都还没有达到我们框算的数量和比例。应当看到，目前一些地方土壤缺磷是相当严重的，而农民却在盲目增加氮肥的用量，结果氮肥因缺磷而不能发挥作用，造成了很大的浪费。最近我们在山东陵县、河北辛集等地小麦上的试验，就明显看出这一状况。

---

注：本文发表于《磷肥与复肥》，1993 年第 3 期，23～25。

### （二）磷酸一铵（以下用 MAP 表示）和磷酸二铵（以下用 DAP 表示）的农化性质

**1. MAP 和 DAP 的养分含量和化学性质。** MAP 和 DAP 都是磷酸与氨的化合物，是高浓度的氮磷复合肥。磷酸是三元酸，因中和时溶液的 pH 不同，可以生成三种不同的磷酸盐：

磷酸一铵　　$NH_4H_2PO_4$

磷酸二铵　　$(NH_4)_2HPO_4$

磷酸三铵　　$(NH_4)_3PO_4$

在弱酸性溶液中（pH＝4.5），$H_2PO_4^-$ 稳定存在；$HPO_4^{2-}$ 则在碱性溶液中（pH＝9.5）稳定存在；而 $PO_4^{3-}$ 则必须在强碱性溶液中（pH＝12.5）才稳定存在。MAP 和 DAP 是稳定的化合物，磷酸三铵在常温常压下不稳定，易分解。

纯的 MAP

含 N　12.17％，含 $P_2P_5$ 61.71％

纯的 DAP

含 N　21.19％，含 $P_2O_5$ 53.76％

用杂质含量中等的湿法磷酸制成的 DAP 的养分含量为 18—46—0，MAP 的养分含量为 11—55—0。作为肥料用的商品磷酸铵往往是 DAP 和 MAP 的混合物，因而氮磷含量有多种变化，如 13—52—0，16—48—0 等。但其养分总含量一般在 60％以上。根据我国的实际情况，磷酸铵的国家标准（GB10205—10212—88）：

DAP

含 N　13％～18％，含 $P_2O_5$ 38％～48％

MAP

含 N　10％～11％，含 $P_2O_5$ 46％～52％

料浆法生产的 MAP

含 N　10％～11％，含 $P_2O_5$ 40％～44％

由以上情况我们可以得出这样的认识，MAP 和 DAP 都是以含磷为主的高浓度氮磷复合肥，这两种产品的氮磷养分总量相接近，只是 MAP 为一代磷酸盐，氮含量较 DAP 低；但磷的含量则相反，以 MAP 高于 DAP。这两种肥料都易溶于水，但 MAP 的水溶液为酸性（饱和水溶液的 pH＝3.47），DAP 的水溶液为碱性（饱和水溶液的 pH＝7.98）。其余化学、物理性状不在此一一赘述。

**2. MAP 和 DAP 的农业化学性质。** 肥料的农业化学性质（简称农化性质）系与肥料的化学性质相对而言的，指肥料入土后与土壤之间发生的一系列相互作用过程中表现出的性质（例如氮肥施用后的挥发、淋溶、硝化、反硝化、磷肥的"固定"，钾肥的吸附等），以及由引而产生的不同肥料对作物的有效性问题。

（1）$H_2PO_4^-$ 和 $HPO_4^{2-}$ 被作物吸收利用的情况。前人的研究已证明，作物吸收磷素养分的形态主要是正磷酸盐，也能吸收偏磷酸和焦磷酸盐。因为磷酸是三价的酸根，因 pH 不同产生三种离子，已如上述。其中 $H_2PO_4^-$ 最易被作物吸收，$HPO_4^{2-}$ 次之，$PO_4^{3-}$ 则较难被作物吸收。从这点看 MAP 应优于 DAP。此外，MAP 在溶解过程中的酸性反应，会降低磷的固定，尤其在石灰性土壤上，由于降低 pH 值，使土壤溶液中的磷含量较高，肥效较好。

（2）MAP 和 DAP 中磷的转化。当 MAP 和 DAP 入土后，很快溶解，因溶液的 pH 不同，$H_2PO_4^-$ 和 $HPO_4^{2-}$ 之间产生质子化和去质子化作用：$HPO_4^{2-}+H^+ \rightleftharpoons H_2PO_4^-$。当 pH

值大于 7 时，反应向左进行，$H_2PO_4^-$ 去质子化，形成 $HPO_4^{2-}$。当 pH 小于 7 时，反应向右进行，$HPO_4^{2-}$ 质子化，形成 $H_2PO_4^-$。在土壤的 pH6～7 的条件下，磷酸根以 $H_2PO_4^-$ 和 $HPO_4^{2-}$ 为主，所以在微酸性——中性条件下磷素有利于作物吸收。在出现了上述两个过程以后，MAP 和 DAP 中磷素的转化大致相同。如土壤中有 $Ca^{2+}$ 存在，则产生二水磷酸二钙（$CaHPO_4 \cdot 2H_2O$）和无水磷酸二钙（$CaHPO_4$）沉淀，这是水溶磷降低的主要原因。如土壤中 $Ca^{2+}$ 浓度高，$H^+$ 浓度低，有利于生成磷酸三钙（$Ca_3(PO_4)_2$）。据研究虽然磷酸三钙的溶解度低，但由于作物根系分泌有机酸，仍能部分被作物吸收利用。这些返应的过程大致如下：

$$H_2PO_4^- + Ca^{2+} \rightarrow CaHPO_4 + H^+$$
$$HPO_4^{2-} + Ca^{2+} \rightarrow CaHPO_4$$
$$CaHPO_4 + CaHPO_4 + Ca^{2+} \rightarrow Ca_3(PO_4)_2 + 2H^+$$

如磷酸三钙进一步生成磷灰石（$Ca_5(PO_4)_5 \cdot OH$）后，对作物就无效了。不过这具备一定的条件，而且是一个缓慢的过程。

**3. MAP 和 DAP 中氨的挥发。** 由于 DAP 为碱性，施入石灰性土壤后必然会引起氨的挥发，而 MAP 为酸性，开始与土壤接触时，可使局部 pH<7.5，从面延缓氨的挥发。李书田等人在含 $CaCO_3$ 2.33%，pH＝7.9 的土壤上施用 MAP 和 DAP、得出如下的结果（表 1）。

**表 1  MAP 和 DAP 的氮素挥发累积百分率**

| 磷酸铵种类 | 用量（克） | 2 小时 | 4 小时 | 8 小时 | 16 小时 | 32 小时 |
|---|---|---|---|---|---|---|
| MAP | 0.5 | 0 | 0 | 0.0065 | 0.0670 | 0.250 |
| | 1.0 | 0 | 0 | 0.0046 | 0.0210 | 0.063 |
| | 2.0 | 0.0008 | 0.0017 | 0.0041 | 0.013 |
| DAP | 0.5 | 0.30 | 0.83 | 1.62 | 5.11 | 7.40 |
| | 1.0 | 0.30 | 0.69 | 1.34 | 3.76 | 5.94 |
| | 2.0 | 0.23 | 0.59 | 1.20 | 3.78 | 5.88 |

结果说明，在石灰性土壤上 DAP 的氨挥发量比 MAP 要高得多。研究还证实，DAP 中氨的挥发与磷的固定成正相关。从这一点看，MAP 也比 DAP 为优。同时也说明，为减少或避免氨挥发的损失，MAP 和 DAP 都应当深施。

**4. 从肥效看，MAP 也优于 DAP。** 从作物（甜椒）对 N、P、K 的吸吸收总量看，也以施 MAP 明显高于施 DAP（表 2）。

但是，我国在 MAP 和 DAP 的农化性质和肥效方面的研究工作做得较少，以上是一些初步的结果，有待今后进一步加强和验证。

**表 2  施用 MAP 和 DAP 的作物产量（甜椒）**

（单位：克/盆，干重）

| 土壤 | 对照 | MAP | | DAP | |
|---|---|---|---|---|---|
| | 0 | 0.5 | 1.0 | 0.5 | 1.0 |
| Ⅰ | 1.20 | 3.07 | 3.75 | 2.94 | 2.87 |
| Ⅱ | 0.48 | 1.90 | 2.56 | 1.20 | 1.20 |

注：土壤Ⅰ：含有机质 1.22%，全氮 0.038，速效磷 8.8ppm，pH8.0；土壤Ⅱ：含有机质 0.32% 全氮 0.014，速效磷 5.7ppm，pH8.2。肥料用量为每盆 $P_2O_5$：0.5，1.0 克。

### （三）MAP 与 DAP 的价格比较

按磷酸铵在青岛的价格：美国磷酸二铵1380元/吨，含 N18％，$P_2O_5$46％，总养分64％，每10千克养分价格21.56元；莱西磷肥厂磷酸二铵1240元/吨，含 N14％（13％～15％），$P_2O_5$45.5％（44％～47％），总养分59.5％，每10千克养分价格20.84元。

虽然国产二铵的养分比美国二铵低4％～5％，但价格低140元/吨，按养分计算国产二铵价格较为便宜。

### （四）建议

首先要确保国产磷酸铵的质量，这是确立国产磷酸铵信誉的关键。在我国磷酸铵的国家标准中，优等品与合格品之间的养分差距很大，我们不能满足于合格品，要逐步确立按质论价的销售办法。同时，要加强生产管理，降低成本。象有的发展中国家生产的磷酸二铵，要比进口同类产品每吨贵52美元，生产肯定是难以发展的。

第二要加强对国产磷酸铵的宣专推广工作。这项工作需要化工、农业、商业部门的三结合。要进行试验、示范，把试验做给农民看，把道理讲给农民听，使用户对国磷酸一铵有正确的认识。

第三要用磷酸铵作原料，与尿素、氮化钾等氮、钾肥和微量元素肥料配合，生产高浓度的作物专肥。磷酸铵是高磷低氮的复合肥，单独施用有一定的局限性。目前我国已进入氮、磷、钾和微量元素肥料相配合的平衡施肥阶段，而农民的文化、科技知识水平不高，难以自己购买多种肥料，又搭配合理，因此，以推广各种专用肥作为农化服务的一项措施是适宜的。有了磷酸铵使配制高浓复肥成为可能，宜从产值较高的经济作物和果树、蔬菜上着手。

第四要讲究施肥技术。就拿磷酸铵来说，首先要施在缺磷的土壤上，集中做种肥或基肥（条施），用量低，效果好，但肥料不要与种子直接接触。在北方应注意与氮肥配合，在南方应注意与氮、钾肥配合。在水旱轮种或一年两熟，一水一旱的种植制度下，应掌握旱重（旱作多施磷酸铵）水轻（稻田可适当少施）的原则。

国产磷酸一铵是一种很好的高浓度氮磷复合肥，只要保证质量，保持合理的价格，加强宣传推广，前景是光明的。

## 参 考 文 献

[1] 中国农业科学院土壤肥料研究所.1986.中国化肥区划.中国农业科学技术出版社.
[2] 林葆.充分发挥我国肥料的增产效果.中国土壤科学的现状与展望，江苏科学技术出版社，1991，29-36.
[3] 联合国工业发展组织.化肥手册.中国对处翻译出版公司，1984.
[4] 中国化肥手册编辑组.中国化肥手册.化工部科技情报所，南化工业（集团）公司，1992.
[5] 蒋柏藩.磷肥合理施用的理论基础.磷肥与复肥，1988，4期，1989，1期.
[6] 李书田.磷酸一铵与磷酸二铵在石灰性土壤上的行为，1992（手稿）.

# 国产磷复肥与进口的一样好

林乐[1]　林葆[2]

([1] 中国磷肥工业协会　北京　100011；
[2] 中国农业科学院土壤肥料研究所　北京　100081)

**搞要**　回顾我国 50 年来磷复肥工业发展情况。根据大量农田对比试验结果及施肥成本比较，说明国产磷复肥比进口磷复肥具有许多优势。国产磷复肥完全可以代替进口磷复肥。当前的关键是要扩大宣传国产磷复肥的优点，搞好售后服务。

**关键词**　国产；高浓度磷肥；复合肥；进口

新中国成立以前，旧中国只有南京、大连两家氮肥厂。新中国建立后，在积极发展氮肥的同时，20 世纪 50 年代着手创建磷肥工业，生产过磷酸钙。60 年代，独创了用高炉法生产钙镁磷肥。80 年代以后，开始大力发展复混肥料和钾肥工业。经过 50 年的努力，我国化肥产量达 3000 万吨（其中氮肥 2300 万吨 N，磷肥 650 万吨 $P_2O_5$，钾肥 50 万吨 $K_2O$)，占世界化肥产量的 20%，居世界第一位，对支持我国农业发展，稳定国际化肥市场价格发挥了重要作用。

农作物生长需要 16 种营养元素，按需要量的多少一般分为大量营养元素（氮、磷、钾），中量营养元素（钙、镁、硫）和微量营养元素（铁、锰、锌、铜、钼、硼、氯），缺乏其中任何一种元素时，作物都不能正常生长发育，而且其生理功能不能用其他元素来代替。此外，某些作物生长还需要一些有益元素，如水稻喜硅，油菜和甜菜需要硼等。因此，应根据土壤、作物对各种营养元素的需要量，有针对性、按比例地施用肥料，也就是做到常说的"平衡施肥"，才能使化肥资源获得有效的利用，实现投入少，产出高，增产又增收的经济效果。鉴于肥料之间能否互相匹配，需要具有一定的科学知识，为了便于施肥，从 50 年代起，国际上开始采用各种方法在工厂生产复混肥料（包括复合肥料、混配肥料、掺混肥料）。目前，在世界化肥产量中，复混肥料已占 30%，而发达国家高达 50%~80%，各种比例配方的复混肥商品多达几百种。

我国从 50 年代即着手研究复合肥料的生产技术，并从 60 年代开始进口和施用复合肥料。但是由于各种原因，直到 80 年代才开始大力发展复混肥料的生产。近 20 年来，国家和地方已累计投入了约 500 亿元，建设磷矿、硫铁矿等原料基地，并先后从美国、英国、法国、德国、比利时、西班牙、挪威、日本、罗马尼亚等国引进技术和设备，建设了 15 个大中型高浓度磷复肥厂。同时，结合我国磷矿资源和国情，开发了"料浆法"磷酸铵、硫基氮磷钾、磷石膏制硫酸等工艺，并采用这些技术，由国家先后安排建设了 80 多个高浓度磷复肥厂。此外，各地还建成了一大批采用"团粒混配法"和"掺混法"生产的中小型复混肥厂。据统计，到 1999

注：本文发表于《磷肥与复肥》，2001 年 1 月，第 16 卷第 1 期，5~7。

年年底，全国采用化学合成方法生产的高浓度磷复肥实物能力已达 1238 万吨，其中磷酸一铵（MAP）308 万吨，磷酸二铵（DAP）189 万吨，氮磷钾三元复肥（NPK）503 万吨，重过磷酸钙（TSP）138 万吨，硝酸磷肥（NP）100 万吨。但是由于进口量过多（1999 年进口磷酸二铵 528 万吨、氮磷钾复肥 236 万吨），市场供过于求，国产高浓度磷复肥生产能力只发挥了 50% 左右，实际只生产了 683 万吨，其中 MAP191 万吨，DAP102 万吨，NPK239 万吨，TSP60 万吨，NP91 万吨。另外，采用物理混配方法生产的复混肥料能力已有 1000 万吨左右，但实际发挥能力也只有 1/2 左右。因此，国内磷复肥企业增产的潜力很大。目前，一些高浓度磷复肥厂正在采取依靠技术进步，挖潜改造，低成本扩张的发展战略，进一步扩大产能，降低成本，以便在我国加入世贸组织（WTO）后，具有更强的竞争能力。同时争取将我国复混肥料在化肥中的比重，由目前的 15% 提高到 30% 以上。

关于高浓度复混肥的肥效和合理施肥问题，早在 70 年代和 80 年代，我国农业科研部门就开展了对进口二元（氮磷）、三元（氮磷钾）复合肥与单元肥料混配的对比试验，全国数百个试验结果表明，只要养分数量相等，不论是采用复合、混配或掺混方法生产的产品，其肥效均基本相同。

随后，又进一步在全国各地不同土壤、不同作物上做了许多国产磷复肥与进口同类产品的肥效比较试验。尤其是近年来随着化肥营销体制的改革和一些厂家农化服务体系的建立，国产磷复肥的肥效问题倍受重视。我们收集了近几年来全国各地部分肥效和对比试验报告 47 篇，大量的试验结果表明，在施用的氮磷钾养分数量相同的情况下，国产磷酸铵和进口磷酸铵、国产三元复混肥和进口三元复合肥的增产效果基本一致，从而澄清了进口复合肥比国产复混肥肥效高的不正确认识。而且在投肥资金相同的情况下，施用国产磷复肥的经济效益较高。因此，国产磷复肥完全可以代替进口的磷复肥。当前关键是要扩大宣传，保证质量，增加品种，降低成本，搞好售后服务。

大量对比试验结果还表明，国产磷复肥比进口磷复肥在以下几方面具有优势：

（1）同等养分的国产磷酸铵与国外同类产品比较，不仅肥效相同，而且有时增产效果还更好一些。究其原因是由于国产磷酸铵含有一定量的中、微量营养元素，在某些土壤、作物上发挥了增产作用（表 1 至表 4）。

**表 1　湖北黄麦岭牌磷酸二铵与美国磷酸二铵相比增产及增收分析表**

（东北地区试验点）

| 地区 | 作物 | 对比试验点数 | 平均增产量（千克/公顷） | 平均增产率（%） | 平均施肥增收（元/公顷） |
|------|------|------|------|------|------|
| 辽宁省 | 玉米 | 15 | 225.45 | 1.31 | 278.25 |
| | 水稻 | 10 | 195.15 | 1.29 | 296.85 |
| | 大豆 | 3 | 128.55 | 3.06 | 286.05 |
| | 高粱 | 5 | 198 | 1.4 | 290.4 |
| 吉林省 | 玉米 | 14 | 126 | 1.3 | 169.05 |
| | 水稻 | 5 | 276.3 | 3.36 | 365.4 |
| 黑龙江 | 玉米 | 1 | 210 | 1.6 | 285 |
| | 水稻 | 1 | 364.5 | 3.36 | 497.4 |
| | 大豆 | 2 | 230.85 | 8.65 | 483.75 |
| 东北三省 | 玉米 | 30 | 186.9 | 1.40 | 244.05 |
| | 水稻 | 16 | 278.7 | 2.56 | 386.55 |
| | 大豆 | 5 | 179.4 | 5.86 | 384.90 |
| | 高粱 | 5 | 198 | 1.4 | 290.4 |

**表2　铜化磷酸二铵和美国磷酸二铵主要营养成分**　　　　（单位：%）

| 肥料产地 | $w$（$P_2O_5$） | $w$（N） | $w$（MgO） | $w$（CaO） | $w$（S） |
|---|---|---|---|---|---|
| 铜化 | 42.54 | 14.76 | 2.46 | 1.72 | 3.42 |
| 美国 | 45.76 | 17.32 | 0.58 | 0.96 | 0.75 |

**表3　不同土壤各供试点玉米产量结果**

| 试区 | 土壤类型 | 处理 | 小区产量（千克） | 折每公顷产量（千克） | 比CK增产 千克/公顷 | 比CK增产 % |
|---|---|---|---|---|---|---|
| 宿县 | 砂姜 | 铜化磷酸铵处理 | 20.69 | 6207 | 156 | 2.58 |
|  | 黑土 | 美国磷酸铵CK | 20.17 | 6051 | — | — |
| 阜阳 | 砂姜 | 铜化磷酸铵处理 | 17.90 | 5370 | 210 | 4.07 |
|  | 黑土 | 美国磷酸铵CK | 17.20 | 5160 | — | — |
| 合肥 | 黄棕壤 | 铜化磷酸铵处理 | 13.05 | 3915 | 397 | 11.28 |
|  |  | 美国磷酸铵CK | 11.72 | 3518 | — | — |

**表4　不同土壤各供试点玉米经济效益分析**　　　　（单位：元/公顷）

| 试区 | 处理 | 投入比较 磷酸铵 | 投入比较 补尿素 | 投入比较 合计 | 投入比较 比CK节约 | 产品增产效益 增收 | 产品增产效益 比CK增效 |
|---|---|---|---|---|---|---|---|
| 宿县 | 铜化磷酸铵处理 | 810×2.00=1620 | 131.4×1.5=198.1 | 1817.1 | 3.7 | 156×1.08=168.5 | 164.8 |
|  | 美国磷酸铵CK | 750×2.20=1650 | 108.9×1.5=163.4 | 1813.4 | — |  |  |
| 阜阳 | 铜化磷酸铵处理 | 1620 | 197.1 | 1817.1 | 3.7 | 210×1.08=226.8 | 223.1 |
|  | 美国磷酸铵CK | 1650 | 163.4 | 1813.4 | — |  |  |
| 合肥 | 铜化磷酸铵处理 | 1620 | 197.1 | 1817.1 | 3.7 | 397×1.08=428.8 | 419.1 |
|  | 美国磷酸铵CK | 1650 | 163.4 | 1813.4 | — |  |  |

（2）在世界磷酸铵产量中，DAP占70%，MAP占30%左右。我国一般不进口MAP。但在国产MAP的肥效试验中发现，在我国北方偏碱性的土壤上施用磷酸一铵，由于肥料为酸性，可减少磷的固定和氨的挥发损失，肥效比施用磷酸二铵（肥料为碱性）稍好，而同养分含量的价格，MAP仅为DAP的90%（表5、表6）。

**表5　1999年度金化磷酸二铵与进口磷酸二铵田间试验报告**

| 试验地点 | 供试作物（品种） | 试验示范面积（米²） | 试验小区化肥产量（千克/公顷）金化磷酸二铵 | 试验小区化肥产量（千克/公顷）美国磷酸二铵 | 对比试验产量（千克/公顷）金化磷酸二铵 | 对比试验产量（千克/公顷）美国磷酸二铵 | 金化磷酸二铵比美国磷酸二铵增产（%） |
|---|---|---|---|---|---|---|---|
| 定西县馋口乡赵家铺村 | 小麦92鉴46 | 1000 | 187.5 | 187.5 | 4.88 | 4629 | 5.6 |
| 定西县馋口乡赵家铺村 | 胡麻定亚18号 | 567 | 150 | 150 | 2541 | 2418 | 5.1 |
| 乌鲁木齐县青格达湖乡青湖村张学礼 | 水稻沈农129 | 333 | 300 | 300 | 8080.5 | 7614 | 6.1 |
| 平罗县周城乡大兴墩村四社高吉胜 | 小麦永良4号 | 220 | 262.5 | 262.5 | 6420 | 6075 | 5.7 |

（续）

| 试验地点 | 供试作物（品种） | 试验示范面积（米²） | 试验小区化肥产量（千克/公顷） | | 对比试验不量（千克/公顷） | | 金化磷酸二铵比美国磷酸二铵增产（％） |
|---|---|---|---|---|---|---|---|
| | | | 金化磷酸二铵 | 美国磷酸二铵 | 金化磷酸二铵 | 美国磷酸二铵 | |
| 平罗县良种繁殖场马建山 | 胡麻 | 500 | 225 | 225 | 3949.5 | 3699 | 6.7 |
| 大通县长宁乡王家村 | 小麦 | 667 | 153 | 153 | 5352 | 5278.5 | 1.4 |
| 大通县药草乡王庄村 | 洋芋 | 667 | 220.5 | 220.5 | 24120 | 23925 | 1.0 |
| 大通县逊让乡逊布村 | 蚕豆 | 667 | 120 | 120 | 3075 | 3045 | 1.0 |
| 门源县泉沟台 | 青稞北青3号 | 667 | 225 | 225 | 3900 | 3795 | 2.7 |
| 杭锦后旗头道桥乡联丰六社 | 小麦永良4号/玉米掖单19号 | 200 | 375 | 375 | 7357.5 | 6900 | 6.6 |
| 杭锦后旗头道桥乡联丰六社 | 永良4号小麦/葵花 | 67 | 375 | 375 | 6847.5 | 6300 | 8.6 |
| 杭锦后旗头道桥乡联丰六社 | 小麦/甜菜 | 67 | 375 | 375 | 8047.5 | 7500 | 7.3 |
| 磴口县补隆淖镇科技示范园 | 密瓜华莱士 | 47 | 375 | 375 | 34395 | 33150 | 3.8 |
| 磴口县补隆淖镇科技示范园 | 罐装番茄 | 47 | 375 | 375 | 86640 | 84795 | 2.2 |

**表6 以磷酸一铵为磷源配合不同氮肥对玉米的肥效试验结果**

| 序号 | 处理 | 平均产量（千克/公顷） | | | 3年平均产量（千克/公顷） |
|---|---|---|---|---|---|
| | | 1993 | 1994 | 1995 | |
| 1 | 磷酸一铵掺尿素 | 6942.0 | 6546.0 | 7338.0 | 6942.0 |
| 2 | 磷酸一铵掺硝酸铵 | 6327.0 | 6030.0 | 6534.0 | 6298.0 |
| 3 | 磷酸一铵掺硫酸铵 | 6240.0 | 6006.0 | 6534.0 | 6259.0 |
| 4 | 磷酸一铵掺氯化铵 | 5967.0 | 5946.0 | 6501.0 | 6141.0 |
| 5 | 磷酸一铵掺碳酸氢铵 | 5305.0 | 5188.5 | 5502.0 | 5331.8 |
| 6 | 钙镁磷肥＋碳酸氢铵（辅助对照） | 4368.0 | 4332.0 | 4582.5 | 4417.5 |
| 7 | 空白对照 | 3120.0 | 2985.0 | 3390.0 | 3165.0 |

（3）国产三元复混肥与进口产品比较，由于进口产品以通用型（如15—15—15）为主，而国产三元复混肥可根据销售地区的土壤养分状况和作物吸收养分的特点，因地、因作物制宜，生产出不同配方的专用型肥料。因此，有更好的增产效果和经济效益。

（4）目前市场上的销售价格，进口磷复肥比国产同等养分的同类产品销售价格高，如进口磷酸二铵一般每吨比国产的高200元左右，进口的氮磷钾三元肥一般每吨比国产的高500～600元，因而施用国产肥的成本低，收益高。

（5）根据中国科学院南京土壤研究所的分析，我国磷矿中重金属镉（Cd）的含量比美国、摩洛哥等国的低，长期施用由国产磷矿生产的磷复肥，不会引起土壤中镉的积累。目前欧洲各国已开始对磷肥中镉含量严格加以限制。

（6）随着作物从土壤中不断带走中量营养元素，部分地区已开始出现钙、镁、硫缺乏的现象。过磷酸钙和钙镁磷肥虽然都是含 $P_2O_5$ 12％～18％的低浓度磷肥，但过磷酸钙中还含有10％～16％的硫（S），17％～28％的钙（CaO）；钙镁磷肥中还含有8％～20％的镁

（MgO），25%～40%的钙（CaO），20%～35%的硅（$SiO_2$）。在目前我国使用的各种化肥中，尚无其他肥料品种可以提供这些养分。在国外，肥料中的硫和镁已经开始按养分计价。因此，要全面评价过磷酸钙和钙镁磷肥的养分价值，不要把它们看成是一种单一的低浓度磷肥。而且过磷酸钙、钙镁磷肥中单位 $P_2O_5$ 的价格，一般只相当于复混肥料的 80%左右，是一种经济实惠的好肥料。

在推广施用国产磷复肥的过程中，各企业要以品种、质量、价格、服务的竞争优势，建立自己的品牌信誉，扩大市场的份额。在质量方面，一是养分含量要保证足额达标；二是要根据用户要求，提供相应的产品。如用于烟草、蔬菜时，应提供硝态氮；用于忌氯作物时，应提供硫基 NPK；在还不具备进行测土施肥条件的地区，可根据当地农技部门的推荐，生产适合于各种作物施用的不同配比的专用肥，以提高肥料的效益。

我国的大中型磷复肥企业，大都是经过国家批准建设、技术成熟、设备先进、质量可靠的企业。用户从这些企业中选购高浓度磷复肥，可以避免误购假冒伪劣产品。俗话说得好："不怕不识货，只怕货比货"，我们希望广大用户对国产磷复肥与进口磷复肥进行性能与价格的比较，通过亲身实践，作出客观的判断和经济的选择。

# 国产磷复肥与进口产品的肥效
# 对比试验结果及其剖析

林 葆

（中国农业科学院土壤肥料研究所）

自 1980 年以来，我国高浓度磷复肥的进口数量急剧增加。1980—1997 年的 18 年中，我国共进口磷酸二铵（DAP）4716.9 万吨（实物），平均每年进口 262 万吨，其中有两年超过 500 万吨。同期共进口氮磷钾三元复合肥 2109.5 万吨（实物），平均每年进口 117 万吨，其中有三年超过 200 万吨。近年进口数量略有下降。自 90 年代以来，国产高浓度磷复肥有较快的发展，但兴建的一些生产装置未能充分发挥作用。到 1999 年年底，国内高浓度磷复肥的生产能力已经达到 1238 万吨（实物），而同年只生产了 683 万吨，只达到生产能力的 55.17%。原因是多方面的，但对国产高浓磷复肥的使用效果是否与进口同类产品一样好，还存在疑虑，是一个重要的影响因素。在此，对国内进行过的磷复肥肥效试验结果进行简要的回顾，并对其结果进行剖析，希望能从中得到一些启发。

## （一）等量等效

为了发展国产的高浓度磷复肥，早在 20 世纪 70～80 年代国家有关领导部门就给农业科研机构下达过任务，对磷复肥的肥效进行试验研究。按时间顺序，先后进行过 5 批试验。

1976—1982 年的多点试验；1983—1984 年的多点试验；1987—1989 年的硝酸磷肥多点试验；1987—1992 年的定位试验；近年厂方组织的多点试验。

这些试验包括以下内容：①复（混）合肥与等养分单元化肥混配施用的肥效对比；②不同养分形态的复（混）合肥肥效对比；③国内产品与进口同类产品的肥效对比。试验分为两种类型：多点试验和定位试验。前者试验点数较多，是为了了解不同土壤、不同作物的施肥效果，以掌握面上的情况；后者是为了在同一地点，了解连年施肥的效果，掌握肥效的变化和对土壤理化性状的影响。定位试验的点数不如多点试验多，但也不只是一、两个。这样就从时间和空间两个方面，全面试验研究了复（混）合肥的肥效情况。

从多次、多点、多年的试验结果得出一个重要的结论，即等量等效。也就是说，不论国产或进口的复（混）合肥，与等养分量的单元化肥混配比较，或与等养分量的不同复（混）合肥比较，只要施用的养分数量相等，肥效基本相同。这里说的养分，是指肥料中可以被作物吸收利用的有效养分。

**1. 多点试验的结果。**70～80 年代国产高浓度磷复肥的产量很少。国内新开发的磷复肥，急于想知道它的施用效果；国外进口的复（混）全肥，则有化合比混配效果好的说法。为了

---

注：本文发表于《农资科技》，2001 年第 6 期，11～14。

澄清这些问题，1976—1982 年全国共进行过 591 个二元和三元复（混）合肥与等养分量的单元化肥配合施用效果比较试验；197 个磷酸铵与硝酸磷肥的肥效比较试验。其中，上海化工院在 1976—1980 年在粮食作物、薯类、棉花、油料作物、蔬菜和烟草等 14 种作物上做了 343 个硝酸磷肥与等氮磷量单元化肥混配的比较试验，其结果只有油菜上的 15 个试验平均，比氮磷肥混配增产 4.9%，产量差异达到统计上显著的程度。在其余 13 种作物上产量均无显著差异。特别值得一提的是在水稻上的 83 个试验，硝酸磷肥的增产效果也与单元氮磷肥配合一致。说明这种含硝态氮的肥料在水田也可以使用。在 7 种作物上进行的磷酸二铵与等氮磷量单元化肥混配的 61 个比较试验，其中有增产的，也有减产的，一般不超过 5%，统计上不显著。在 8 种作物上 147 个磷酸铵（氨态氮）与硝酸磷（部分硝态氮）的养分比较，7 种作物产量无差异。只有在茶叶上硝酸磷肥减产显著，认为是种在坡地的茶叶，施用的硝态氮易于流失的缘故。187 个三元复（混）合肥与等养分量单元肥混配的比较试验，只有 10 个花生试验单元化肥混配增产，主要原因是该试验在广东进行，单元化肥中的磷肥为过磷酸钙，弥补了土壤中钙的不足。其余试验均无显著差异。

1983—1984 年国家高浓度复（混）合肥料课题攻关协作组又在粮食作物、花生、甘蔗、棉花等作物上进行了 104 个二元复合肥、三元复合肥与等养分量的单元化肥混配的肥效试验，结果两者均无显著差异。为了给发展国产复（混）合肥提供依据，该协作组还进行了 44 个不同复（混）合肥品种的比较试验，包括尿素＋磷酸铵、氯化铵＋磷酸铵、硫酸铵＋磷酸铵、硝酸磷肥等两元复（混）合肥料，和在此基础上混配氯化钾的三元复（混）合肥料，与对照（无肥）相比，所有的施肥处理都增产极显著，但在施肥量（指养分）相等的情况下，各肥料品种之间的增产效果没有明显不同。

为配合年产 90 万吨硝酸磷肥的山西化肥厂投产，1987—1989 年国家计委、农业部、化工部曾资助过北方 9 省（自治区）和南方广东、广西、海南的硝酸磷肥与尿素＋磷酸铵、尿素＋重钙的等氮磷养分的肥效对比试验，供试作物主要是小麦、玉米和水稻。在小麦上的 80 个对比试验和玉米上的 121 个对比试验，三种肥料之间没有显著差异。同期，还在玉米上进行过国产硝酸磷肥与进口产品的肥效对比，共 7 个试验，产量相同。在广东的水稻上（4 个试验），早稻施用不同肥料，差异并不显著，晚稻上硝酸磷肥比其他两种肥料减产 7%，达到显著程度。

近年国产的高浓度磷复肥产量增加，一些肥料生产厂也对国产的磷酸二铵、磷酸一铵、硝酸磷肥等氮磷两元复合肥和国产氮磷钾三元复（混）合肥与进口同类产品进行了比较试验，在养分用量相同的情况下，肥效也基本一致；在投肥资金相同的情况下，国产磷复肥优于进口产品。在下面将逐一进行分析。

**2. 定位试验的结果。** 为了了解在同一地块连续若干年施用不同复（混）合肥料在不同年份的效果和累积效应，并观测施肥对产品质量和土壤肥力的影响，我们曾在南、北方的若干点上，进行了 6 年（北方：1987—1992 年；南方：1985—1990 年）10～12 季作物的定位试验。结果说明，在河南、河北的小麦—水稻、小麦—玉米上，尿素＋普钙＋氯化钾、尿素＋磷酸铵＋氯化钾、氯化铵＋磷酸铵＋氯化钾、硝酸磷肥＋氯化钾在养分用量相等的情况下，肥效基本相当，在小麦、玉米、水稻上各年的产量和 6 年的平均产量均无显著差异。氮、磷、钾化肥配合，没有引起土壤肥力衰退。与不施肥比较，明显提高了谷物籽粒中的蛋白质含量，但施用不同肥料差异不明显。唯氯化铵加氯化钾的处理，6 年后土壤 pH 有下降趋势，在酸性土壤上应注意用含氯化肥可能引起土壤的进一步酸化问题。

在广东 5 年 11 季水稻的试验结果，进口的用硝酸磷肥生产的三元复肥，与等养分量的尿素、普钙、氯化钾混配比较，前者有 1 季减产，2 季增产，11 季平均两者产量一致。

### （二）存在的优势

"等量等效"是一个总的结论，从众多的试验中可以看出，国产高浓度磷复肥可能在以下几个方面有优势。

**1. 中、微量营养元素和重金属。**由于国产磷矿的特点和加工工艺的不同，国产高浓度磷复肥中含有一定量的钙、镁、硫和锌、锰等营养元素，在某些土壤和作物上可发挥增产作用。但是，土壤中、微量元素的缺乏，不像大量元素那样普遍，而有一定的地域分布规律。只有将含中、微量元素的磷复肥正好用在缺乏这些元素的地区，才能发挥作用。同时，根据中国科学院南京土壤研究所的分析，国产磷矿含镉量都较低，长期施用这种矿生产的磷肥，不会引起土壤中镉的积累，因此，也不会对人体健康产生不良影响。

**2. 磷酸一铵（MAP）与磷酸二铵（DAP）。**在国外磷酸铵大多作为原料肥，进行二次加工，而我国大部分磷酸铵均直接施用。国产磷酸铵中 MAP 的数量较大，由于该肥料为酸性（饱和水溶液 pH3.5），与肥料为碱性（pH8.0）的 DAP 比较，在北方偏碱性的土壤上施用，有减少氨挥发和磷被土壤固定的作用，因而有较好的效果。在生产复混肥时用 MAP 为原料，也可减少与之混配的氮肥中的挥发损失。

**3. 通用型与专用型。**进口三元复（混）合肥以通用型（如 15—15—15）为主，而国产三元复（混）合肥可根据作物、土壤条件，生产专用型肥料，养分配比更为合理。仍以 15—15—15 为例，它适用范围广，但针对性差：用在南方水稻上磷的比例过高，用在北方小麦上钾的比例过高，用在薯类上则氮、磷过高而钾不足。因此，应根据不同地区、不同作物的需要生产针对性强的专用型复（混）合肥，是国产磷复肥的一大优势。总养分含量相同，但氮磷钾搭配合理，可明显提高肥效。

**4. 价格。**目前市场销售价格，进口产品高于国内产品。进口磷酸二铵每吨高 200 元左右，进口的氮磷钾三元肥每吨要高 500～600 元。在肥效相似的情况下，施用国产磷复肥成本低、效益高。但价格是一个比较复杂的问题。随着我国加入 WTO 和化肥市场的逐步放开，进口磷复肥的价格会有变化。国内产品有无竞争力，最主要的是看质量和价格。

### （三）值得探讨的问题

**1. 氮、磷养分的形态问题。**"等量等效"是大量试验结果的平均值。在具体的作物、土壤条件下，不同的养分形态会对肥效产生影响。铵态氮和硝态氮都是作物可以直接吸收的形态，尿素态（酰胺态）氮须水解成铵态氮后作物才能大量吸收。各种作物因其特性不同，对铵态氮和硝态氮的反应有差异。例如蔬菜是喜硝态氮作物，施用的氮肥中有 50% 以上的硝态氮生长良好，产量高。烟草也以施用硝态氮的效果较好，尤其是中后期迫施硝氮肥，烟叶落黄快，质量好。尿素水解要有一定的条件，在冷凉的气候条件下施用尿素，水解慢，肥效较为退缓。水溶磷和枸溶磷都是作物可以吸收的有效态磷，水溶磷必须有较高的比例，而不宜强调枸溶磷的优点。在生产高浓度复（混）肥料时，各种形态的氮、磷养分的合理搭配，是一个值得探讨的问题。

**2. 硫基和氯基复（混）合肥问题。**生产氮磷钾三元肥时，因加入钾肥种类不同生产的硫基复混肥和氯基复混肥的农化性质和生产成本均有差异。如烟草等不宜施用氯基复混肥，已经取得共识。国内的试验研究，已将作物划分为强耐氯化物、中等耐氯化物和弱耐氯作物三大类。田间试验证实，施用含氯化肥对水稻、小麦、玉米、棉花等作物的产量和品质（蛋白质、淀粉含量和纤维长度等）均无不良影响，而降低了苹果、柑橘、西瓜等的产量。由于这方的试验研究工作还做得不够充分，选用硫基或氯基复（混）合肥的条件不是十分确切。

**3. 散装掺混肥（BB肥）问题。** 散装掺混肥因其配方灵活，成本较低，在北美（主要在美国和加拿大）的平衡施肥中广泛采用，而磷酸二铵、尿素、氯化钾等均作为掺混的原料肥。在我国今后发展氮磷钾三元复混肥时，国外BB肥的经验也值得借鉴，而不应强调每个颗粒中必须有均匀的氮磷钾含量。我国在"七五"期间已经做过试验，团粒型的复混肥（即每个颗粒中均匀含有氮磷钾）和散装掺混肥的肥效也是基本一样的。

**4. 普通过磷酸钙和钙镁磷肥问题。** 在我们强调发展高浓度复肥的时候，不应忽视低浓度的普通过磷酸钙和钙镁磷肥。它们不是应当淘汰的品种，而是应当保留的品种。这不仅是它们的生产工艺比较简单，对磷矿的要求不高，生产出的磷肥以养分计算价格比较低廉。而且从农学的观点看，它们还为作物提供了硫、钙、镁等中量营养元素。以硫元素为例，农田硫的投入途径很多，但施用普通过磷酸钙是农田硫的一个主要来源。我们收集化工、环保、农业等部门的资料计算，1998年我国农田硫的投入量为564万吨（S），而过磷酸钙中的硫就有323万吨，占57%。如果我们淘汰了过磷酸钙，只用高浓度磷肥，回头来我们还要向农田施用大量硫肥，这就是某些国家经历过的教训。

# 低浓度磷肥在我国存在必要性的农用视角

林 葆

（中国农业科学院土壤肥料研究所 北京 100081）

**摘要** 本文首先提出我国的平衡施肥已经由大量元素（N，P，K）的平衡，进入到大量元素和中、微量元素平衡的阶段。并从国内外资料，重点讨论了 SSP 在我国农田硫素营养平衡中的作用。继而分析了 FMP 在石灰性土壤上肥效提高的原因，认为 FMP 在我国有广阔的应用前景。最后对改善这两种低浓度磷肥的理化性状提出了要求。

**关键词** 低浓度磷肥；农用视角；存在必要性

在我国，低浓度磷肥主要是指普通过磷酸钙（以下以 SSP 代表）和钙镁磷肥（以下以 FMP 代表）。

生产 SSP 和 FMP 可以利用我国数量大、选矿比较困难的中低品位磷矿，并且生产工艺比较简单，与高浓度磷肥（TSP，DAP/MAP）以等养分比较，价格较低。这些问题搞化学矿山和化肥工艺的科技人员已有众多论述。在应用上，低浓度磷肥和高浓度磷肥在等磷量施用的情况下肥效一致，而低浓度磷肥在补充中量元素（S，Ca，Mg，Si）和微量元素方面的作用也得到了充分的肯定。就目前的情况，从应用角度再谈谈以下三个问题。

**（一）我国平衡施肥已进入到大量元素（N，P，N）和中量、微量元素平衡施用的阶段，农田中、微量元素的施用，以及与其他营养元素之间的平衡，日益显出其重要性**

**1.** 在 20 世纪 60 年代以前，我国主要施用有机肥料，农田中钾、磷的"归还"多，氮的"归还"少，损失大，土壤缺氮的问题突出，只要施用氮肥就有很好的增产作用。进入 20 世纪 70 年代以后，由于氮肥工业的大发展，磷、钾肥未能相应跟上，化肥施用中磷、钾的比例偏低，影响了氮肥肥效的发挥，提高磷、钾肥的比例成为平衡施肥的关键。到了 90 年代后期，我国化肥施用的 $N：P_2O_5：K_2O$ 达到了 1：0.45：0.20，磷的比例已基本合理，钾的比例还应进一步提高[1]。由于近年发展的氮、磷肥主要是高浓度肥料（尿素、重钙、磷酸铵）。同时，有机肥用量减少并随着种植业结构的调整向经济作物和蔬菜、果树集中，以北京为例，粮食作物已很少施用有机肥料。因此，土壤的中、微量元素含量减少，从我国肥料长期定位试验中对土壤中微量元素的测定可以看出这一趋势（表 1、表 2）。

---

注：本文发表于《磷肥与复肥》，2006 年第 5 期。

**表 1　施用化肥和有机肥对土壤锌含量的影响**

(陕西杨陵)　　　　　　　　　　　　　　　(单位：毫克/千克)

| 处理* | 全 Zn | | 速效 Zn | |
| :---: | :---: | :---: | :---: | :---: |
| | 1985 | 1992 | 1985 | 1992 |
| CK | 70.0 | 63.0 | 0.39 | 0.20 |
| N8P4 | 65.6 | 62.0 | 0.42 | 0.20 |
| M1+N8P4 | 69.6 | 62.0 | 0.80 | 0.60 |
| M2+N8P4 | 70.3 | 59.0 | 1.10 | 1.12 |

注：CK：不施肥；$N_8P_4$：每 $667m^2$ 施 N 8 千克，$P_2O_5$ 4 千克；$M_1$：有机肥常量；$M_2$：有机肥倍量。

(资料引自刘杏兰等，1996。)

表 1 的试验开始于 1980 年，从 1985 年和 1992 年两次测定土壤锌的结果看，土壤速效锌因只施化肥而明显下降，施有机肥明显高于施化肥，施倍量有机肥有上升趋势。土壤全锌含量变化不大。

**表 2　施 SSP 和 DAP 对土壤速效硫含量的影响**

(甘肃张掖，1993 年)　　　　　　　　　　(单位：毫克/千克)

| 土层（厘米） | 对照（不施肥） | 尿素+SSP | 尿素+DAP | 硝酸磷肥 |
| :---: | :---: | :---: | :---: | :---: |
| 0~20 | 20 | 30 | 12 | 15 |
| 20~40 | 22 | 38 | 20 | 22 |
| 40~60 | 18 | 27 | 20 | 17 |
| 60~100 | 18 | 28 | 15 | 16 |

注：①试验开始于 1988 年。春小麦—春玉米轮作，春小麦施 N，$P_2O_5$ 各 150 千克/公顷，春玉米各施 300 千克/公顷。

②引自索东让，1998。

从表 2 看，不施肥或施用不含硫的高浓度肥料，6 年后土壤速效硫明显比施用含硫的 SSP 低。

因此，我们在调整氮磷钾养分平衡的同时，要注意到中、微量元素的缺乏，在某些地区和某些作物上，可能成为或已经成为养分新的限制因素，氮磷钾大量元素和它们之间的平衡，是已经提上日程的问题。

**2. 我们以中量元素硫为例，根据国内外资料做进一步探讨。**植物的吸硫量大致与磷 (P) 相当，它和氮、磷一道，是构成植物的生命物质蛋白质和核酸必不可少的营养元素。在国外，继肥料的氮磷钾比例之后，又提出了氮硫比的问题。下面是有人列举出 1985 年世界和一些地区和国家肥料中氮硫比的资料（表 3）。从表中可以看出，不同地区和国家消费的肥料 N∶S 相差很大，但是，没有提出适宜的比例[4]。可以肯定的是近 20 年中，随着高浓度不含硫肥料的发展，N∶S 不是缩小，而是进一步扩大了。

**表 3　世界和一些国家和地区消费肥料的氮硫比（N∶S）**

| 国家和地区 | N∶S |
| :---: | :---: |
| 世界 | 6.4 |

（续）

| 国家和地区 | N：S |
|---|---|
| 非洲 | 4.8 |
| 亚洲 | 9.5 |
| 孟加拉 | 80.0 |
| 中国 | 10.4 |
| 印度 | 13.5 |
| 印尼 | 11.3 |
| 泰国 | 0.8 |
| 拉丁美洲 | 3.0 |
| 北美洲 | 7.5 |
| 大洋洲 | 0.7 |
| 苏联 | 0.7 |
| 西欧 | 7.0 |

自 20 世纪 80 年代以来，不论是发展中国家还是发达国家，作物缺硫现象频繁出现，有的国家还相当严重，其中相当一部分就在我国周边地区，为此，先后在达卡（1986）、曼谷（1987）、新德里（1988）、汉城（1988）、开罗（1990）召开了一系列农业中的硫和硫肥会议。这里固然有一定的商业背景，但土壤和作物的缺硫问题日益明显，也是存在的事实。以孟加拉为例，由于施用不含硫或低硫的肥料，作物缺硫现象发展迅速。据该国 1981—1983 年在水稻、小麦、芥菜上做的 4504 个示范对比，有 97％的示范点缺硫，施硫（NPKS－NPK）在小麦上增产 21％，水稻上增产 31％～40％，芥菜上增产 45％，每千克 S 增产稻谷 18～22 千克，产投比（VCR）高达 12～14。S 的肥效仅次于 N，成为第二位的养分限制因子。这种情况是人为造成的，是少用或不用 SSP，而改用国产或进口 TSP 和 DAP 的结果。值得注意的是施用的硫肥又恰恰是 TSP 工厂排出的磷石膏。因此，1986 年在孟加拉的达卡召开的国际会议上，又提出了将 TSP 工厂转变为 SSP 工厂，以及建立新的 SSP 工厂的必要性和可行性的研究项目[5]。国外专家也提醒我们，不要重蹈孟加拉国的覆辙[6]。

在印度、巴基斯坦等国近年土壤缺硫的发展也比较迅速，因而提出了把硫作为 NPK 之后的第四个主要营养元素（The 4th Maior Plant Natrient)[4]。另据报道，美国 1983 年有 35 个州施用硫肥有效，而 20 年前只有 13 个州。到 1983 年全世界已经有 124 个国家有作物缺硫的报道[7]。

**3. 我国将硫磺作为肥料施用可以追溯到数百年前。**研究土壤硫素和硫肥较早的是中国科学院南京土壤研究所，始于 20 世纪 70 年代[8]。90 年代以来，在我国曾举行过多次硫资源和农业中硫问题的国际研讨会。大量的土壤测试结果证明，我国农田土壤大约有 30％缺硫，南方比北方严重。大量的田间试验结果，在施用硫肥（S）30～45 千克/公顷的情况下，粮食作物（水稻、小麦和玉米）增产 5％～10％，油料作物（油菜、花生）和蔬菜可增产 10％～15％，并可改善产品质量[9]。根据近年来作者与同事们从事我国土壤硫素状况、作物硫营养和硫肥施用的研究和示范推广的情况分析，我国氮磷钾化肥用量和作物产量增加很快，但是并没有形成全国土壤严重缺硫，主要有以下三方面的原因

（农田硫的三个主要来源）：

①SSP 和其他含硫化肥中的硫，是我国农田硫的一个重要来源。在国产磷肥中 SSP 一直是一个主要品种，在相当长的一个时期，产量占国产磷肥的 70% 左右。近年因高浓度磷肥的发展，SSP 在国产磷肥中的比例虽有明显下降，但其年产量仍在 400 万吨（$P_2O_5$）左右。按照化工部门 1990—1994 年的 5 年统计资料，共生产 SSP 10969.5 万吨（实物），其中含 $P_2O_5$ 1510.5 万吨。平均每生产 1 吨 $P_2O_5$，耗硫酸（100% 计）2.47 吨。5 年中用于生产 SSP 的硫酸共 3731 万吨。由此可计算出这 5 年 SSP 的 $P_2O_5$ 平均含量为 13.77%，S 的平均含量为 11.1%[10]。1996—2000 年我国共生产 SSP 1966.4 万吨（$P_2O_5$），按以上参数计算，每年生产的 SSP 含硫 317 万吨，这些磷肥基本在我国施用，很少出口。此外，我国每年还施用部分含硫的硫酸钾（SOP）、硫酸铵（AS）、重过磷酸钙（TSP）和含硫的复合肥，每年施入农田的硫约为 25 万～30 万吨。可见通过化肥施入农田的硫，主要来自 SSP[11]。如果，在我国压缩 SSP 的产量，减少其用量，将对农田硫的投入产生重大的影响。

②我国是一个有施用有机肥料传统的国家，有机肥中的硫是农田硫素的另一个重要来源。我国的有机肥按所含养分计算，主要是猪粪尿、大牲口粪尿和作物秸秆。根据国内的一些分析资料，猪粪尿和大牲口粪尿中的硫含量与磷相当[12]，而秸秆中的硫含量略高于磷。其他有机肥中硫含量的分析资料较少，我们暂定其含量与磷（P，而不是 $P_2O_5$）相当，则 1995 年的用量约为 150 万吨[13]。近年随着种植业结构的调整，有机肥有明显向经济作物、果树、蔬菜集中的趋势。

③降水中的硫。我国能源有 75% 以上来自煤炭，雨水中的酸根以硫酸根为主，称为煤烟型酸雨。酸雨中的 $SO_4^{2-}/NO_3^-$ 一般为 5～10。我国环保部门在 1991 年就建立了全国的酸雨监测网。根据中国环境科学研究院的资料，我国每年硫的沉降总量为 651.06 万吨（1992，1993，1995 年平均）[14]。由于耕地面积只占国土总面积的 9.98%，因此，沉降在耕地上的硫为 64.39 万吨，平均每公顷 6.78 千克。加上果园、茶园等的面积，硫的农业用耕地总沉降量为 72.07 万吨。由雨水沉降的硫分布极不均匀，在边远的省分<5 千克/（公顷·年），而上海、天津、北京在 40 千克/（公顷·年）以上。

农田硫的其他来源，如种子中的硫数量不大，灌溉水中的硫没有系统的资料。

④我国农田硫的平衡概况。我国农田硫的产出主要是收获物中的硫。其他损失途径如淋失、挥发等缺少资料。我们把它与灌溉水中的硫相抵消，暂不计算。按 1995 年的各项作物产量计算，农田硫的产出量为 428.78 万吨。以上三项硫的投入 1995 年合计为 564.24 万吨，在没有计算损失和利用率的情况下，投入大于产出 135.46 万吨[9]。按国内其他单位的计算，盈余量更大，盈余在 400 万吨左右[15]。而国际硫研究所（TSI）在计算硫的需要量，把硫的产出量除以 35% 的利用率，则需要量明显增加，我国硫的平衡成为亏缺[16]。可见在这方面还没有比较一致的计算方法。

随着农业结构的调整，经济作物和果树、蔬菜面积扩大，并成了有机肥的主要施用对象，而大田粮食作物施用有机肥减少。"大气污染防治法"的实施，控制 $SO_2$ 的排放是一个重点。在这种情况下，低浓度含硫肥料 SSP 的生产和施用，作为农田硫的一个主要来源，在平衡施肥中就显得尤为重要。

**（二）FMP 在石灰性土壤上的肥效有了提高，其施用地域更为广阔**

FMP 除了为作物提供磷素营养外，还可以供给钙、镁和硅等中微量元素，但是，其中的磷为枸溶性磷，肥料呈碱性（pH8.0～8.5）。20 世纪 60～70 年代，大量的田间试验证实，FMP 在南方酸性土壤上施用，其肥效与 SSP 相当，后效明显，并且可提高土壤的 pH 值。在北方石灰性土壤上施用，当季的肥效只有 SSP 的 60%～80%，尤其在幼苗期效果明显比 SSP 差，所以有"FMP 不过黄河"的说法。也有些试验结果认为：FMP 可以在石灰性土壤上施用，应添加部分（总用量的 25%～50%）水溶性磷（如 SSP、TSP），以改善苗期长势，可达到全部施用水溶性磷肥同样的效果[17]。但是，进入 80 年代以后，北方一些地方反映 FMP 与 SSP 同样有效，而且销售看好。为此，一些科研单位又做了一批试验，证明农民的反映是符合实际的。例如 20 世纪 80 年代中国农业科学院土壤肥料研究所在山东、河北、河南的潮土和四川的钙质紫色土（pH7.2～9.7，碳酸钙含量 5.28%～7.80%）上做的试验看出，在小麦、玉米、水稻上 FMP 的当季肥效与 SSP 基本一致（表 4），在不同的种植方式（一年两熟）中连续施用 FMP 或 SSP 1～3 年，两者肥效基本相同（表 5），FMP 与 SSP 的残效也没有明显差别[18]。中国科学院南京土壤所的盆栽试验也证实，在酸性土壤（pH5.44）上，小麦的吸磷量、对磷的利用率和干物质产量均以 FMP 高于 SSP，而在中性（pH6.62）和石灰性（pH8.44）的土壤上施用 FMP 和 SSP，小麦的以上指标并无明显差别[19]。其原因主要可归结为以下两点：

**1. SSP 和 FMP 施入石灰性土壤后，土壤速效磷的变化不同。** SSP 入土后土壤速效磷上升很快，随后逐渐下降，是一个明显的"固定过程"；FMP 入土后，土壤速效磷也有所上升，但幅度不大，随着时间的延长，速效磷明显增加，是一个"释放过程"（表 6）。到 30 天两者接近，以后施 FMP 的土壤速效磷反而稍高。因此，如农事季节许可，只要把 FMP 作基肥尽早施入土壤，就可避免作物前期因缺磷而生长不良的情况。

**表 4　石灰性土壤上 SSP 与 FMP 的当季肥效**

（单位：千克/亩）

| 作物 | 土壤 | 地区（省） | 试验数 | CK（N） | N＋SSP | N＋FMP | FMP 为 SSP 的% | 试验年份 |
|------|------|-----------|--------|---------|--------|--------|----------------|----------|
| 小麦 | 潮土 | 山东 | 10 | 163.6 | 256.3 | 266.8 | 104.1 | 1985—1988 |
|      |      | 河北 | 6 | 348.7 | 388.3 | 415.8 | 107.2 | 1999 |
|      |      | 河南 | 2 | 139.5 | 302.0 | 303.5 | 100.5 | 1984 |
|      | 钙质紫色土 | 四川 | 2 | 194.0 | 227.0 | 219.0 | 96.5 | 1988 |
| 玉米 | 潮土 | 山东 | 8 | 415.1 | 432.7 | 425.7 | 98.4 | 1987—1988 |
|      | 钙质紫色土 | 四川 | 3 | 360.0 | 404.0 | 406.0 | 100.6 | 1988 |
| 水稻 | 钙质紫色 | 四川 | 5 | 500.0 | 521.0 | 526.0 | 101.0 | 1988—1990 |

（引自王少仁，夏培桢，1991。）

**表 5　SSP 与 FMP 在不同轮作方式中的肥效**

（单位：千克/亩，总产）

| 轮作方式 | 土壤 | 轮作周期 | CK（N） | N＋SSP | N＋FMP | FMP 为 SSP 的% |
|----------|------|----------|---------|--------|--------|----------------|
| 小麦—玉米 | 潮土 | 3 | 1184 | 1799 | 1799 | 100.0 |
| 小麦—大豆 | （山东） | 2 | 343 | 485 | 534 | 110.1 |

（续）

| 轮作方式 | 土壤 | 轮作周期 | CK（N） | N+SSP | N+FMP | FMP 为 SSP 的% |
|---|---|---|---|---|---|---|
| 水稻—油菜 | 钙质紫色土 | 1 | 695 | 755 | 745 | 98.7 |
| 玉米—小麦 | （四川） | 1 | 589 | 652 | 675 | 103.5 |

注：试验年份：山东为 1984—1986 年，四川为 1988—1989 年。

（引自王少仁，夏培桢，1991。）

表6　SSP 与 FMP 施入石灰性土壤后速效磷的变化

（单位：毫克 $P_2O_5$/千克）

| 天数 | CK | | SSP | | FMP | |
|---|---|---|---|---|---|---|
| | 旱 | 水 | 旱 | 水 | 旱 | 水 |
| 当天 | 34.4 | 35.0 | 679 | 734 | 77.6 | 79.7 |
| 1 天 | 32.8 | 28.7 | 626 | 475 | 104 | 104 |
| 3 天 | 23.2 | 23.2 | 574 | 488 | 136 | 137 |
| 5 天 | 21.5 | 23.5 | 516 | 467 | 150 | 185 |
| 10 天 | 23.6 | 24.2 | 479 | 488 | 228 | 271 |
| 15 天 | 23.3 | 18.3 | 370 | 442 | 290 | 322 |
| 30 天 | 26.6 | 26.6 | 375 | 410 | 391 | 380 |
| 45 天 | 26.7 | 23.9 | 310 | 303 | 390 | 384 |
| 90 天 | 26.0 | 24.3 | 230 | 150 | 397 | 420 |
| 100 天 | 20.5 | — | 164 | — | 236 | — |

（引自吕美林，鲁如坤，1985 年。）

**2. 土壤速效磷较 60～70 年代有了明显提高。**自 20 世纪 70 年中期以后，我国农田磷的投入大于产出，土壤磷素有积累，土壤缺磷和严重缺磷状况有改善。根据农田磷肥收支的计算：投入的磷肥（以 P 计算）每千克土盈余 16 毫克，可提高 1 毫克速效磷。我国土壤速效磷（P）从 1959—1999 年的 45 年中，增长了 6.5 毫克/千克（$P_2O_5$ 14.9 毫克/千克）。耕地缺磷（速效 P＜10 毫克/千克＝已由 70％降到 50％左右[20]。此外，施用 FMP 的细度与肥效的关系，也早已引起人们的注意。

综上所述，FMP 的施用地区和土壤已有突破，施用方法也比以往更为清楚了，因此，在我国的应用前景更为广阔。

### （三）低浓度磷肥理化性质的进一步改进问题

低浓度磷肥有众多存在的理由，也为某些地区农民所接受。与高浓度磷肥比较，除了运输、贮存、管理上的弱点外，应当说它们在理化性质上还存在一些比较明显的问题。SSP 由于游离酸的存在，对贮、运的包装和容器腐蚀严重，同时常有结块现象，给施用造成不便。FMP 虽然不吸潮、不结块，对包装和容器也无腐蚀作用，但其超过 80 目的细粒，也给运输、施用和管理造成许多不便。

化工方面的专家对提高 SSP 和 FMP 的质量早就提出过许多宝贵的意见。例如防止结块的问题，进行造粒的问题，以及由 SSP 和 FMP 生产复混肥料的问题，等。解决这些问题在技术上已经有许多成功的经验，如果加以改进和提高，并使之在经济上可行，这对改变 SSP

和 FMP 的面貌，使之在我国磷肥生产和使用中占有稳定的份额和市场，无疑是十分必要的。

# 参 考 文 献

[1] 林葆，李家康．我国磷肥用量与氮磷比例问题．见"中国磷肥应用研究现状与展望学术讨论会"论文集．北京：中国农业出版社，2005：78-85.

[2] 刘杏兰，高宗，司立征，刘存寿．有一无机肥配施的增产效应及对土壤肥力影响的定位研究．见：林葆，林继雄，李家康主编．长期施肥的作物产量和土壤肥力变化．北京：中国农业科学技术出版社，1996：160-165.

[3] 索东让．低浓度复混肥基础肥料定位连施研究．磷肥与复肥，1998，13（4）：65-66.

[4] TST-FAI. Suphur in Indian Agriculture. 1988.

[5] BARC-TSL. Sulphur in Agricultural Soils. Proceedings of The International Symposium，Dhaka April 20-22，1986.

[6] Sam Portch，M. S. Islam. 孟加拉农业中硫的问题与中国应采取的策略．见：中国硫资源和硫肥需求的现状和展望（国际学术讨论会论文集）．北京，1993：208-215.

[7] 刘立新．过磷酸钙的农化作用．磷肥与复肥，1995，（10）4：73-74.

[8] Liu Chong-qun，Chen Guo-an，Cao Shu-ging. Suphur Content and Distribution on Paddy Soils of South China. Proceedirngs of Symposium on Paddy Soils. 1980：628-634.

[9] SFI，CAAS-Sulfer Works Inc. Canada. 新型硫肥 SulFer95 的肥效评价和中国植物硫素营养状况（国际学术讨论会论文集）．北京，2000，10.

[10] 吴西成，武希彦，尹德胜，许秀成．必须重视过磷酸钙的生产与技术进步．磷肥与复肥，1995，（10）2：1-4.

[11] 林葆，李书田，周卫．中国农业中使用硫肥的契机．中国硫磷工业发展国际研讨会论文集，2000年6月，北京，25-34.

[12] 慕成功，赵梦霞．河南省有机肥资源．北京：中国农业科学技术出版社，1996.

[13] 林葆．我国肥料结构和肥效的演变、存在问题及对策．见：李庆逵，朱兆良，于天仁主编．中国农业持续发展中的肥料问题．南昌：江西科学技术出版社，1998：12-27.

[14] 杨新兴，高庆先，姜振远，任阵海，陈复，柴发合，薛志刚．我国硫输送和沉降量规律的研究．环境科学研究，1998，（11）4：27-34.

[15] 许秀成．再论"人口·粮食·环境·肥料"（续完）．磷肥与复肥．2005，（20）2：9-13.

[16] 国际硫研究所．硫肥对中国农业持续发展的重要作用——关于中国农业硫肥研究和使用的综合报告．2001，14.

[17] 谭文兰．钙镁磷肥在石灰性土壤上的肥效与施用技术．土壤肥料，1992，4：21-24.

[18] 王少仁，夏培桢．钙镁磷肥在石灰性土壤上的肥效变化及原因探讨．土壤肥料，1991，6：11-14.

[19] 吕美林，鲁如坤．钙镁磷肥肥效的再探讨．土壤通报，1985，（16）1：35-38.

[20] 鲁如坤．中国农业中的磷肥．见"中国磷肥应用研究现状与展望学术讨论会"论文集．中国农业出版社，2005：19-30.

# 国产磷肥自给有余后的合理施用问题 *

林 葆

（中国农业科学院农业资源与农业区划研究所 北京 100081）

改革开放 30 年来，我国磷肥实现了由进口到出口，由品种单一到多样，由低浓为主到高浓为主的重大跨越，为农业生产和国民经济发展做出了重大贡献。但是，由于磷肥的产能严重过剩和产量自给有余，市场疲软，价格下滑，又困扰着我国的磷肥工业的发展。

近期我重温了国内沈善敏、鲁如坤等人先前发表有关我国磷肥需求和对策的文章，回顾了我们自己以往的部分工作，参阅了近期的部分文献，对目前我国磷肥产量过剩和农业中合理施用磷肥问题提出以下几点看法，与大家讨论。

## （一）目前我国土壤的磷素状况

决定土壤磷素供应能力和施用磷肥效果的指标是土壤速效磷。根据第二次全国土壤普查的资料，我国耕地土壤严重缺磷（速效磷<5 毫克/千克）的面积在 50％左右，缺磷（5～10毫克/千克）的面积在 30％左右，其中尤以华北地区为严重，缺磷曾经是我国农田土壤的一个重要障碍因素，因缺磷而造成的低产田占相当大的比重[1]（表 1）。

表 1　20 世纪 80 年代初我国耕地土壤速效磷水平

| 土壤速效磷分级（毫克/千克） | | 面积（万公顷） | 占总面积的％ |
| --- | --- | --- | --- |
| 极高（磷极丰富） | >40 | 196.6 | 1.9 |
| 高（磷丰富） | 20～40 | 375.3 | 3.77 |
| 中（基本不缺磷） | 10～20 | 1278.1 | 12.83 |
| 低（缺磷） | 5～10 | 3083.6 | 30.95 |
| 极低（严重缺磷） | <5 | 5030.9 | 50.49 |

土壤缺磷严重影响了作物产量的提高，也减低了氮肥和其他肥料的效果。20 世纪 70 年代我们下放在山东时，有的耕地由于严重缺磷，施用氮肥基本不增产，氮肥都白白浪费了。这可能是我国耕地土壤速效磷最低的时期。因为从 20 世纪 70 年代后期开始，我国农田磷的投入（包括有机肥和化肥）逐渐增加，投入、产出由平衡转为盈余[2]，耕地土壤缺磷的严重程度减轻，缺磷的面积减少。从农业生产中可以清楚看出，华北地区小麦因严重缺磷引起的"小老苗"少见了。东北地区磷肥还是有效，但也不像以往那么"灵"了。应当说，最近的二三十年，我国耕地土壤的磷营养状况有很大改善，但是，目前没有全国或大区的土壤测定的统计资料，可与第二次全国土壤调查的结果相比较。从宏观上考虑我国磷肥的需求和施用，必须对我国农田土壤磷素状况有一个比较接近实际的估计。

---

注：本文发表于《中国农资》，2009 年第 12 期。

2000 年前后国内有人从磷肥施用量、土壤中残留肥料磷量和土壤磷收支盈余额等方面，估计了我国土壤速效磷增长的情况：有的认为我国土壤速效磷水平可达到丰富或更高[3]；有的认为在这 20 年左右我国土壤速效磷提高了一个等级，即由原来的"极低"上升到"低"，少部分上升到"中"；由原来的"低"上升到"中"，少部分上升到"高"。土壤缺磷面积由原来的 2/3 下降到 1/2[4]。这些估计和推测相互间差异较大。为了对我国第二次土壤普查以来的土壤速效磷变化有一个大致的认识，我们查阅了 2005 年以后发表的资料。这些资料或者在一个省或若干县（市）取了大量土样，把分析结果与二次普查结果相比较；或者根据一个省在二次普查后设立的土壤肥力监测点的养分变化结果，前后进行比较。从这些资料可看出以下几点：

**1. 东北和黄淮海平原的耕地土壤速效磷上升幅度较大。** 黑龙江省 2004 年在 34 个县 102 个地块取样监测，缺磷（<10 毫克/千克）面积占 19.6%，磷素含量中等（10～20 毫克/千克）占 24.5%，磷素含量丰富（>20 毫克/千克）占 55.9%，土壤速效磷平均含量属中上水平[5]。吉林省梨树县从 1986—2004 年在 26 个乡（镇）的连续监测，土壤速效磷平均从 12.7 毫克/千克上升到 32.26 毫克/千克，增加了 19.56 毫克/千克，上升较快，但仍有 20% 左右的耕地在中下水平[6]。根据国家 973 项目《中国土壤质量研究》的资料，从嫩江到公主岭的黑土区 6 个县（市），从 1980—2000 年，土壤速效磷平均上升了 9.82 毫克/千克，二级以上面积增加，几乎不再存在五级水平的耕地，是该地区作物产量不断提高的关键之一[7]。黄淮海平原的河南、河北和北京一些监测点的结果见表 2。

表 2　黄淮海平原土壤速效磷变化

（单位：毫克/千克）

| 河南（45 个点） | | 河北（10 个点） | | 北京等地（6 个县、区） | |
|---|---|---|---|---|---|
| 1986 年 | 2004 年 | 1989 年 | 2004 年 | 1980 年 | 2000 年 |
| 5.91 | 17.37 | 7.24 | 17.1 | 5.06 | 21.80 |
| 增加 11.46 | | 增加 9.86 | | 增加 16.74 | |

河南、河北土壤速效磷增长量低于北京等地是由于监测点建立的时间较短，施用磷肥的量也可能低于北京[7~9]。但从总体上看，这一地区的土壤速效磷原来较低，但上升较快，目前严重缺磷的耕地土壤已经不多，大部分已达到中等程度，但缺磷（5～10 毫克/千克）的面积可能还有 30% 左右。

表 3　山西和西北的土壤速效磷变化

（单位：毫克/千克）

| 山西（960 个点） | | 甘肃（5064 个土样） | | 新疆 | | 宁夏灌区 | |
|---|---|---|---|---|---|---|---|
| 1997 年 | 2005 年 | 1983 年 | 1998 年 | 80 年代初 | 2000 年 | 1985 年 | 2005 年 |
| 10.03 | 12.50 | 7.36 | 11.19 | 5.7 | 16.65 | 12.80 | 34.86 |
| 增加 2.47 | | 增加 3.83 | | 增加 10.85 | | 增加 22.06 | |

**2. 山西、甘肃和新疆的耕地土壤速效磷上升幅度较小，但宁夏灌区的速效磷上升明显。** 山西和甘肃两省的土壤速效磷上升较慢，可能和当地灌溉面积较小，施肥量较低，部分耕地尚未施用磷肥有关[10~11]。而宁夏的引黄灌区，由于耕作较为精细，施肥量和产量较高，土壤速效磷上升就比较快[12]。而新疆的土壤速效磷上升幅度大于山西和甘肃，低于东北和黄

淮海平原[13]。因此，山西和甘肃耕地严重缺磷和缺磷的面积还是相当大的。尽管耕地土壤缺磷和极缺磷的面积有明显缩小，但仍占50%以上（表3、表4）。

表4　山西、甘肃耕地土壤不同等级的速效磷所占比例（%）的变化

（单位:%）

| 级别 | 山西 | | 甘肃 | |
| --- | --- | --- | --- | --- |
| | 二次普查 | 2000 年 | 1983 年 | 1998 年 |
| >40 | 0.11 | 1.76 | | |
| 20～40 | 2.38 | 9.22 | 3.08 | 5.74 |
| 10～20 | 14.96 | 29.99 | 15.23 | 25.97 |
| 5～10 | 43.05 | 35.26 | 33.24 | 39.45 |
| <5 | 39.93 | 23.77 | 51.15 | 28.84 |

**3. 四川省的耕地土壤速效磷含量中等，仍有较大面积缺磷。**根据2005年18个国家测土配方施肥试点县的3183个土样的分析结果，速效磷平均含量为15.1毫克/千克，属中等水平。其中>40毫克/千克的占4.83%，20～40毫克/千克的占18.98%，10～20毫克/千克的占26.83%，而<10毫克/千克的缺磷和极缺磷土壤占了49.36%[14]。号称"天府之国"的成都平原，1982年二次普查的173个样点与2002年117个样点的结果比较，土壤速效磷由7.1毫克/千克上升到14.3毫克/千克，仅增长了7.2毫克/千克，占24.1%的面积土壤速效磷仍呈下降趋势[15]。

**4. 东南部分省份的耕地土壤速效磷变化情况。**江西省宜春市2005年结合测土配方施肥取土样130的化验结果与第二次普查比较，土壤速效磷<10毫克/千克的面积由75.2%下降到37.7%，<5毫克/千克的土壤已未检测到。土壤速效磷>10毫克/千克的面积由24.28%上升到62.3%[16]。福建省在1998年建了16个土壤肥力监测点，到2004年测定：水田土壤速效磷由37.8毫克/千克上升到48.0毫克/千克，升幅为27.0%；旱地由36.6毫克/千克上升到53.1毫克/千克，升幅为45.1%[17]。广西在2000年以后在36个县（市）取土样1743个，化验结果与二次普查进行了对比，土壤速效磷上升了一个等级，但水田仍有37.0%，旱地仍有47.05%缺磷[18]。从高产区的土壤测定结果看，土壤速效磷增长并不大：太湖流域2000年的测定结果与1980年二次普查比较，有下降趋势[7]。洞庭湖区（湘阴县）在9个有代表性稻田监测点2003年取样与1980年二次普查对比，土壤速效磷由7.9毫克/千克上升到13.1毫克/千克[18]。

综合以上的情况，说明自20世纪80年代以来，我国土壤磷素状况有明显改善，但改善的状况很不平衡。土壤磷素状况总体属于中等（10～20毫克/千克）或中等偏上（20～30毫克/千克）为主，缺磷<10毫克/千克）的耕地面积仍然有1/3左右。初步建立起来的土壤有效磷库底子还很薄。土壤磷素大量积累的，主要是蔬菜大棚[19]和城镇周边和交通沿线的部分地区。

**（二）磷肥在农田生态系统中循环利用的特点和高产稳产作用**

磷肥施入土壤中的去向和氮肥有很大的不同，有一些新的认识是通过肥料的长期定位试验得出来的。

1. 磷肥施用后在土壤中的移动性很小，没有挥发损失，也基本没有淋溶损失，没有被

作物吸收的磷，全部被保留在土壤中，成为土壤积累态磷，长期施用适量磷肥，可形成一个土壤有效磷库。

2. 磷肥在土壤中容易被固定，但是被固定的磷在以后的年代里仍然可以缓慢释放出来，供作物利用，对作物仍然是有效的。因此，磷肥有很长的后效（残效）。过去把磷的"固定"看得过于严重，认为磷一旦被土壤固定，就成了无效磷[20]。

3. 磷肥的当季利用率不高，一般只有 10%～20% 或更低，由于后效长，其积累利用率并不低，往往超过氮肥。如果观察磷肥后效的试验一直进行下去，所有施入土壤中的肥料磷都可能被作物吸收利用。我们曾经在河北省辛集市的潮土上做过一个试验，在小麦、玉米一年两熟制中，一次施用较高量的磷肥，在 12 年 24 季作物上仍可观察到后效，其积累利用率达到 50% 左右[21]，见表 5。

**表 5　磷肥后效和利用率定位试验**

（河北辛集，1979—1991）

| 处理 | 每千克 $P_2O_5$ 增产（千克） | | 磷肥利用率（%） | |
| --- | --- | --- | --- | --- |
| | 第一季小麦 | 12 年累计 | 第一季小麦 | 12 年累计 |
| 每年施磷肥*60 千克/公顷，连施 6 年 | 11.5 | 42.3 | 11.2 | 66.4 |
| 每年施磷肥*120 千克/公顷，连施 6 年 | 6.8 | 31.1 | 8.2 | 43.5 |
| 一次施磷肥*360 千克/公顷 | 2.6 | 28.8 | 3.6 | 46.8 |
| 一次施磷肥*720 千克/公顷 | 1.2 | 16.3 | 2.1 | 26.7 |

\*　磷肥指 $P_2O_5$。

一般认为磷肥在红壤上的积累利用率低于潮土，但是中国科学院南京土壤研究所在江西鹰潭也观测到 6 季作物累计利用率高达 68% 的纪录[22]。有人估计在我国土壤条件下，一次施用低量磷肥，在 5～10 年内，在红壤上的利用率可达到 35%，在黄壤、白浆土等酸性土壤可达到 40%，在石灰性土壤可达到 45%，在中性土壤可达到 50%[20]。

4. 磷肥与氮肥配合施用有明显的交互作用，相互促进，尤其在氮、磷俱缺的土壤上，两者缺一不可。

5. 磷肥不仅是高产所必需，而且可以明显增加作物抗寒、抗旱、抗病虫害等抗逆性，从而起到稳产的作用。河北省土壤肥料研究所曾经在保定市做过一个试验，在土壤速效磷较高（30 毫克/千克）的地块，在当时的小麦产量水平下施用磷肥无效，但在 1976—1977 年冬季严寒、雨雪稀少的情况下，单施氮肥小麦越冬死苗严重，成穗率低，而增施磷肥就没有出现上述情况，保持了高产[23]（表 6）。

**表 6　氮磷钾化肥定位试验的小麦产量**

（河北保定）

（单位：千克/公顷）

| 处理 | 1975 | 1976 | 1977 | 1978 | 1979 |
| --- | --- | --- | --- | --- | --- |
| N | 5520 | 5445 | 3045 | 5760 | 4935 |
| NP | 5850 | 5400 | 3975 | 5640 | 4965 |
| NK | 5925 | 5325 | 3105 | 5535 | 4845 |
| NPK | 6045 | 5370 | 4455 | 5745 | 4995 |

### （三）在磷肥施用上必须根据我国农业的特点而不能盲目学习西方

西方在植物营养的基础研究和肥料应用的实践上，尤其是一些长达一个世纪以上的肥料定位试验结果，为我们合理施肥提供了宝贵的资料，但是，西方（以英国和欧盟某些国家为代表）的农业和肥料应用和我国走过的是不同的路子。我国农民长期以来以栽培粮食作物和施用有机肥料为主，在这种有机农业的条件下，在农业生态系统中磷、钾损失较少，容易在土壤中积累，而氮素比较容易损失。因此，土壤中最为缺乏的是氮素。早在 20 世纪 30～40 年代的"地力测定"中，就已经得出"我国耕地土壤主要缺氮，其次缺磷，再次缺钾"的结论。施用氮肥普遍有较好的效果。因此，我国化肥发展的顺序是氮→磷→钾[24]。由于施用氮肥的效果好，单一施用又耗竭了土壤中不太丰富的磷。而西欧各国农业中畜牧业的比重较大，在轮作中种植豆科牧草，有生物固氮和丰富土壤氮素的作用，在 19 世纪中叶开始施用磷肥有很好的效果，后来又生产和施用钾肥，直到 20 世纪才开始生产和施用氮肥。所以西欧发展化肥的顺序是磷→钾→氮，这也是完全符合他们的国情的。所以，英国施用磷肥已经有一个半世纪的历史，其他国家大量施用磷肥也有 60 年以上。在这种种植和施肥制度下，土壤缺磷的现象已经少见，而磷素过量积累的现象却在逐渐增加。在英国的耕地土壤中全磷的 1/3～1/2 是施入的磷肥[25]。而且这些残留在土壤中的磷对作物是有效的，这也是在开始施用磷肥初期没有意识到的。

另外，我们还应当对比一下国内外农业的总体情况，欧盟各国用于种植粮食作物的耕地只有四分之一，而用于畜牧业的耕地占三分之一，还有大约 15％的耕地在休闲，后两种利用方式可以不用或少用肥料，有利于恢复和提高土壤肥力。而我国人口众多，强调充分利用耕地，提高复种指数。欧盟鼓励农民降低家畜放养密度，增加闲置可耕地和绿色农业（或称有机农业），对由此造成的农民收入下降给予补贴，这在我国现阶段也是不现实的。同时，发达的畜牧业，尤其是养禽业，也是促使土壤磷素积累的一个原因。而我国从 20 世纪 50 年代才开始施用磷肥，80 年代开始大量和较普遍施用磷肥，我国耕地土壤的磷素虽然开始有所积累，但和这些发达国家还不能相比。目前一些欧美国家在减施化肥，一是环保政策、法规的限制，二是土壤中的养分积累为减肥创造了条件，三是他们追求的不是最高产量，而是经济产量。根据欧盟化肥工业协会（EFMA）的资料，自 20 世纪 80 年代以来，化肥消费量大幅度下降，与消费最高峰年份比较，2003 年氮、磷、钾化肥分别下降了 17.9％、45.9％和 38.2％，其中下降幅度最大的是磷肥，最小的是氮肥。预测今后 10 年，磷、钾肥消费量将继续下降，而氮肥略有回升[26～27]。

### （四）增加磷肥的投入，提高土壤速效磷含量，建设我国耕地土壤的有效磷库，为农业高产稳产和新增 1 000 亿斤粮食的生产能力提供物质保证

根据以上各种情况，当前应当如何对待我国目前的磷肥剩余和施用问题？我认为首先应当扩大内需。第一、将不可再生的磷矿宝贵资源，以磷肥施在我国广袤的农田之中。应当紧密结合测土配方施肥，适当增施磷肥，在土壤磷素较低的地区多施，尽可能地缩小缺磷的耕地面积，既可以促进当前作物增产，又可以为今后作物高产、稳产打下坚实的基础，这是"藏肥于土"，也是"藏粮于土"的一个很好方法，应当作为一项农田基本建设工作来抓，在我国国民经济发展的现阶段是可以做到的。用 10～15 年左右的时间，把我国农田土壤的有效磷提高到一个既可满足高产、稳产需要，又不引起环境问题的水平。此后磷肥可以根据作物的吸收量施用，下降在一个比较稳定的水平。第二、应当扩大化肥在非耕地上的施用。例

如，我国有大面积的苗圃、人工速生林、经济林和毛竹，根据林业部门的试验结果，有些速生林木，如杉木、湿地松、马尾松和桉树等，对化肥的需求量并不很高，但对磷养分反应敏感，施用氮、磷肥有很好的效益[28]。目前我国正在实行集体林权制度改革，承包到户，70年不变，是推广林木施肥的一个大好时机。一些人工草地和草场，只要有适当的雨水或水源，也可以增施化肥。另外，国家给予政策优惠，适当扩大出口，也是解决当前问题的办法。

为确保我国耕地土壤磷素状况的进一步改善，应注意以下几点：第一、不应当在土壤速效磷刚达到中等水平，或当季施磷未见增产效果的情况下，就停止施用磷肥。第二、不宜推广氮钾两元复混肥作基肥施用。这在土壤磷素状况稍有改善的情况下，可能并不减产，看来节省了施肥成本，其实是消耗了土壤中的速效磷，挖了土壤的有效磷库。第三、不宜大量出口磷肥。虽然根据近年的资料和我国在低品位磷矿选矿和制酸方面的进展，我国已经不再是磷资源短缺的国家，但是，磷矿是不可再生和不可替代的宝贵资源，从我国农业长远发展考虑，以适量出口或不出口为好。

### （五）关于我国磷肥需求的展望

我国农业当前需要多少磷肥？国内外的预测是1000万～1200万吨。国外预测在1000万吨左右[29]，我国的预测多在1200万吨或稍高[30]。这是从农业的养分投入、产出为基础计算得出来的，也基本符合近年的情况。近年我国磷肥的产量和消费量见表7。

**表7　近年我国磷肥的产量和消费量**

（单位：万吨）

| 生产和消费 | 2005 | 2006 | 2007 | 2008 |
|---|---|---|---|---|
| 生产量 | 1125.0 | 1210.5 | 1301.8 | 1258.9 |
| 表观消费量* | 1167 | 1213 | 1142 | 1179 |
| 农业施用量** | 1124.0 | 1173.7 | 1211.4 | 1249.3 |

* 表观消费量＝生产量＋进口量－出口量。

** 农业施用量为农业部统计数，其中复合肥（包括磷酸铵等二元复合肥）的氮、磷、钾按1∶0.7∶0.7计算。

从上表看，国内目前磷肥的生产和消费是基本平衡的，市场的起伏和多种因素有关。产能过剩应当进行调整，不应再盲目发展。

我认为在近期的10～15年内，掌握磷肥的投入大于产出是必要的，这将有助于"消灭"缺磷的耕地，建立一个较为丰厚的土壤有效磷库，每年消费1200万吨磷肥是必要的。如果考虑到林业、草业等的施肥，还应高于此数。经过10～15年，耕地的土壤速效磷含量将逐步跨上"高"和"极高"的台阶，届时我国也会像西方一样，进入"补偿"施磷的阶段，开始减施磷肥。

关于施用磷肥与环境污染的问题，将另外讨论。

# 参 考 文 献

[1] 全国土壤普查办公室．中国土壤普查数据．北京：中国农业出版社，1997：113-117.

[2] 林葆．充分发挥我国肥料的增产效果．见：中国土壤科学的现状与展望．南京：江苏科学技术出版社，1991：29-36.

[3] 沈善敏.中国土壤肥力.北京:中国农业出版社,1998:248-249.

[4] 鲁如坤.中国农业中的磷.见:中国磷肥应用研究现状与展望学术讨论会论文集.北京:中国农业出版社,2005:19-30.

[5] 韩俊杰,姜丽霞,温彦春,等.黑龙江省农田土壤养分监测及变化评价.黑龙江气象,2005(4):16-17.

[6] 于晓丽,李春梅,周丹,等.梨树县土壤养分变化趋势的分析与施肥对策.吉林农业科学,2006.31(4):59-60.

[7] 曹志洪,周健民.中国土壤质量.北京:科学出版社,2008:136-139.

[8] 慕兰,郑义,申眺,等.河南省主要耕地土壤肥力监测报告.土壤肥料,2007(2):17-22.

[9] 刘克桐.河北省主要农田土壤肥力变化趋势.河北农业科学,2005,9(3):29-35.

[10] 陈明昌,张强,程滨,等.山西省主要农田施肥状况及典型县域农田养分平衡研究.水土保持学报,2005,19(4):1-5,26.

[11] 张树清,孙小凤.甘肃农田土壤氮磷钾养分变化特征.土壤通报,2006,37(1):14-18.

[12] 郭秉晨,马玉兰,冯静,等.宁夏引黄灌区耕地土壤有机质及养分质量分数变化趋势.农业科学研究,2006,27(3):1-5.

[13] 张炎,史军辉,罗广华,等.新疆农田养分与化肥施用现状与评价.新疆农业科学,2006,43(5):375-379.

[14] 许宗林,苟曦,李昆,等.四川省耕地土壤养分分布特征与动态变化趋势探讨.西南农业学报,2008,21(3):718-723.

[15] 肖鹏飞,张世熔,黄丽琴,等.成都平原土壤速效磷时空变化特征.水土保持学报,19(4):89-92,99.

[16] 黄自文,苏桂琴,夏甘雨,等.江西土壤肥力变化及改良措施.现代园艺,2008(9):17-18.

[17] 周琼华.福建省土壤定位监测点养分变化规律与平衡分析.福建农业科学,2006,21(1):66-71.

[18] 任可爱,肖和艾,李玲,等.洞庭湖区稻田土壤有机质和氮磷钾含量的变化.农业现代化研究,2005,26(2):150-153.

[19] 刘兆辉,江丽华,张文君,等.山东省设施蔬菜施肥量演变及土壤养分变化规律.土壤学报,2008,45(2):296-303.

[20] 沈善敏.论我国磷肥生产与应用对策(一)(二).土壤通报,1985,16(3),(4):97-103,145-151.

[21] 林继雄,林葆,艾卫.磷肥后效与利用率的定位试验.土壤肥料,1995(6):1-5.

[22] 鲁如坤,时正元,顾益初.土壤积累态磷研究.2.磷肥的表观积累利用率.土壤,1995,27(6):286-289.

[23] 刘宗衡,罗亦云.氮磷钾化肥长期定位试验初报.土壤肥料,1981(2):20-22.

[24] 张乃凤.我国五千年农业生产中的营养元素循环总结及今后指导施肥的途径.土壤肥料,2002(4):3-4,10.

[25] G. W. 库克.高产施肥.北京:科学出版社,1978:21-24.

[26] 卓懋白,胡云才,Urs Schmidhalter.欧盟农业和环境政策对化肥消费和生产的影响.磷肥与复肥,2004,19(2):11-14.

[27] 胡云才,Urs Schmidhalter 欧盟磷肥需求持续下降的原因分析.磷肥与复肥,2007,22(6):74-76.

[28] 中国林业科学研究所.林木施肥与营养专刊.林业科学研究,1996年第9卷.

[29] 王江平.经济危机背景下中国磷肥工业面临的问题与机遇.磷肥与复肥,2009,4(4):6-11.

[30] 李家康,林葆,梁国庆.化肥需求预测.见:中国磷肥应用研究现状与展望学术讨论会论文集.北京:中国农业出版社,2005:45-59.

# 含硝态氮的国产化肥少了

林 葆

（中国农业科学院农业资源与农业区划研究所　北京　100081）

**摘要**　我国生产的氮肥数量巨大，但含硝态氮的化肥所占比例很小，这不利于化肥的合理施用。铵态氮和硝态氮作为植物的氮源，两者基本上是等效的，要根据作物和土壤条件合理施用。我国应当适当增加含硝态氮化肥的生产。第一，要对硝酸铵进行改性，使之不能再制造炸药；第二，要消除认为用了硝态氮肥就不能生产绿色食品的错误认识。

**关键词**　含硝态氮化肥；铵态氮；硝态氮；硝酸铵；合理施用

我国耕地土壤中最缺乏的是氮素，因此，最需要施用氮肥，这是我国化肥试验网的奠基人和组织者张乃凤先生在 20 世纪 30～40 年代的"地力测定"中就已经明确了的。20 世纪 60 年后他在回顾这一工作时认为"有幸地用科学试验总结出五千年来我国农业生产中植物营养元素循环的划时代的结论"——"氮素最为需要，磷素次之，钾素又次之"[1]。在农业生产中不需要施用氮肥的作物和地块是很少的。长期以来我国化肥中氮肥的用量一直在磷、钾肥之上。根据国际化肥工业协会（IFA）的资料，2005/2006 肥料年度全世界共消费化肥 1.54 亿吨，其中氮肥 9 939 万吨 N，磷肥 4 179 万吨 $P_2O_5$，钾肥 3 071 万吨 $K_2O$，氮磷钾比例为 1：0.42：0.31[2]。看来不仅是在中国，在世界范围内，耕地土壤中最为缺乏的也是氮素。预计在未来较长的一段时间，氮、磷、钾化肥的用量将继续保持这一格局。

**1. 我国氮肥产能过剩，但品种结构不尽合理，含硝态氮化肥的比例偏低。**近年来我国氮肥不仅数量有了迅猛增加，产品的结构也有了很大变化。20 世纪 80 年代当家的品种碳酸氢铵产量下降，高浓度的尿素迅速增加，但是，含硝态氮的化肥所占比例始终不大。例如 2001 年我国氮肥总产量 2526.7 万吨（折纯，下同），其中尿素 1454.8 万吨，占 57.76%；碳酸氢铵 510.0 万吨，占 20.1%；硝酸铵 80.0 万吨，占 3.17%，加上氮磷复合肥（硝酸磷肥）中的氮 22.4 万吨，总共只占氮肥的 4.05%[3]，这里面硝态氮仅占了 1/2 左右，也就是硝态氮肥仅占氮肥总产量的 2.0%。2006 年我国氮肥总产达到 3869.0 万吨，其中尿素达到 2232.6 万吨，仍占 57.7%；硝酸铵达到 112 万吨，占 2.9%（注：根据氮肥工业协会统计，2006 年氮肥总产量 3440 万吨，其中硝酸铵 112 万吨，占 3.3%），含硝态氮的复合肥——硝酸磷肥也没有新的发展。简单地说，我国氮肥的生产已自给有余，但含硝态氮的化肥比例偏低。这对科学施用氮肥，充分发挥氮肥的作用是不利的。

---

注：本文发表于《磷肥与复肥》，2008 年 5 月，第 23 卷第 3 期，11～14。

这里我们用了"含硝态氮化肥"这个词，而不用"硝态氮肥"。因为从肥料的含义来说，真正的硝态氮肥只有硝酸钠、硝酸钙等少数品种，硝酸钾是氮钾二元复合肥，硝酸铵是硝、铵态氮肥，国产硝酸磷肥是氮磷二元复合肥，其中的氮，只有约1/2是硝态氮。我们这里讲"含硝态氮化肥"把它们都包括在内了，但主要品种是硝酸铵，以及为了消除其易燃、易爆性的改性硝酸铵。

在欧洲各国，硝酸铵是一种生产量比较大，施用比较广泛的氮肥。在美国和加拿大，液氨使用比较普遍，硝酸铵是液体氮肥（氮溶液）的主要原料。根据有关资料，1950年世界的硝酸铵产量为190万吨，占氮肥总量的47%，以后产量逐渐增加，但在氮肥中的比重因其他氮肥的迅速发展而下降：1970年产量为1010万吨，占氮肥总供应量的33%；1990年产量为1400万吨，占氮肥总供应量的18%[4]。2000/2001肥料年度一些国家的氮肥产量以及硝酸铵所占的比例见表1[5]。

表1 2000/2001年度一些国家生产硝酸铵占氮肥总产的比例

| 国家 | 氮肥总<br>（产量/万吨） | 硝酸铵<br>（产量/万吨） | 硝酸铵<br>（%） | 国家 | 氮肥总<br>（产量/万吨） | 硝酸铵<br>（产量/万吨） | 硝酸铵<br>（%） |
|---|---|---|---|---|---|---|---|
| 加拿大 | 359.0 | 40.2 | 11.2 | 乌克兰 | 225.0 | 56.9 | 25.3 |
| 美国 | 840.0 | 106.5 | 12.6 | 俄罗斯 | 546.4 | 217.1 | 39.7 |
| 巴西 | 77.2 | 12.4 | 16.1 | 白俄罗斯 | 58.8 | 8.6 | 14.6 |
| 中国 | 2526.7 | 80.0 | 3.2 | 波兰 | 149.3 | 46.1 | 30.9 |
| 法国 | 98.3 | 27.0 | 27.5 | 罗马尼亚 | 86.9 | 24.5 | 28.2 |
| 英国 | 39.9 | 4.0 | 10.0 | | | | |

资料来源：FAO肥料年鉴（2001），我国数据引自参考文献[3]。

从表1可以看出，硝酸铵，在美洲一些国家占氮肥总量的10%以上，欧洲一些国家可占氮肥总量的30%左右，而我国只有3.2%。生产硝酸磷肥是世界上生产复合肥的一种重要工艺。根据联合国工业发展组织（UNIDO）的资料，1975年世界硝酸磷肥的产量就达到2300万吨（实物）[6]。硝酸磷肥中的氮，有1/2左右是硝态氮，用它生产的氮、磷、钾三元复混肥，其中也有相当部分是硝态氮。2002年我们从市场上取得欧洲一些国家的产品，委托国家化肥质量监督检验中心（北京）测定的结果见表2。而我国只有山西天脊一家生产硝酸磷肥，近年主要是大量发展磷酸铵复合肥。

表2 3种进口复混肥中硝态氮和铵态氮含量

（单位：%）

| 生产公司 | 牌号 | $v(NO_3^- - N)$ | $v(NH_4^+ - N)$ | 硝态氮占 |
|---|---|---|---|---|
| 挪威海德鲁 | 船牌 | 6.52 | 8.89 | 42.31 |
| 芬兰凯米拉 | 天王星 | 6.98 | 7.06 | 49.72 |
| 德国巴斯夫 | 狮马 | 6.48 | 8.16 | 44.26 |

在我国含硝态氮肥没有发展，禁止单独作为农用的时候（下面另行讨论），却在我国市场上见到销售进口的含硝态氮肥料，如俄罗斯的硝磷酸铵（含N33%，硝态氮、铵态氮各半，含$P_2O_5$3%），德国的硝酸铵钙（含N27%，硝态氮、铵态氮各半，含Ca12%），德国

的硫硝酸铵（含硝态氮 7％，铵态氮 19％）等等。很明显，其中有的就是硝酸铵的改性产品。有人说，国外的含硝态氮肥涌入了我国化肥市场认识的盲区。笔者认为，更确切地说，是我国化肥认识的误区，导致了国外含硝态氮肥的涌入。

**2. 土壤和植物中的铵态氮和硝态氮。**土壤中的含氮化合物主要以有机态存在。植物虽然也能少量利用水溶性的简单有机氮化物，如氨基酸、酰胺和尿素等，但其主要氮源是无机的铵态氮（$NH_4^+-N$）和硝态氮（$NO_3^--N$）。土壤中的有机态氮化合物，经过微生物分解，转变成铵态氮（释放出氨），才能供植物利用，这一过程称为氨化作用。铵和氨同源异态，不断进行着相互转化。铵是存在于溶液中或吸附在土壤胶体上的离子，而氨是铵离子脱质子后形成的气体。在液相中，$NH_4^+$ 和 $NH_3$ 处在动态平衡之中，平衡的趋向主要取决于土壤 pH。pH7～9，每增加 1 个 pH 单位，氨的挥发增加 10 倍。因此，石灰性土壤氨的挥发损失比非石灰性土壤严重。铵态氮在土壤中大都被吸附在土壤胶体表面，可以被溶液中的其他阳离子交换下来，称为交换性铵。交换性铵和溶液中的铵之和即通常所称的土壤铵态氮，对植物是有效的。土壤溶液中的铵也可以进入黏土矿物的晶层中，成为固定态铵，对植物的有效性就会降低。有部分铵会被微生物利用，成为有机氮化物，只有在重新矿化后才能释放出来，成为植物的有效氮源[7]。

土壤中的铵态氮在适宜的温度（10～30℃）和水分（田间持水量的 50％～70％）下，经微生物的作用，氧化成硝酸的过程称为硝化作用，铵盐转变成硝酸盐。由于铵态氮带正电荷，能被土壤胶体吸附，在土壤溶液中较少；硝态氮带负电荷，不被土壤胶体吸附，主要存在于土壤溶液中。因此，硝态氮容易随土壤溶液移动，容易被植物根系吸收，也容易流失。在土壤通气不良，并有可溶性有机物质存在时，硝态氮被厌氧微生物还原成分子态氮的过程，称为反硝化作用[8]，引起土壤中氮素的损失。

铵态氮和硝态氮作为植物的氮源，其营养生理性质，主要可归纳为以下几点：第一，铵态氮进入植物细胞后必须尽快与有机酸结合，形成氨基酸或酰胺。铵在植物体内的积累对植物本身是有毒的。硝态氮在进入植物体后，一部分还原成铵态氮，并在细胞质中进行代谢；其余部分可积累在细胞的液泡中，有时可达到较高的浓度，也不会对植物产生不良影响。其实硝态氮在植物体内的积累是氮素的"贮备"，这是植物营养生长期的一种特性。第二，植物吸收铵离子时分泌 $H^+$，而吸收硝酸根时释放 $OH^-$ 和 $HCO_3^-$，因而影响根系周围的 pH 值，这在溶液培养时更为明显；但植物吸收铵态氮使溶液酸化的作用，要大于吸收硝态氮的碱化作用。这也是溶液培养常用硝态氮作氮源的原因。第三，不同植物对两种氮源的"爱好"不同。适应在 pH 较高的石灰性土壤上的喜钙植物优先利用硝态氮，如玉米和多数蔬菜；适应酸性土壤生长的嫌钙植物和适应低氧化还原势土壤条件下生长的植物"嗜好"铵态氮，如茶树、水稻[9]。深入的研究还表明，同一种植物的不同生育阶段，对两种氮素营养的"爱好"也会改变，例如水稻后期施用一些硝态氮肥可获得更高的产量[7]。

**3. 铵态氮肥和硝态氮肥的施用和肥效。**植物营养学家多年的研究证明，铵态氮和硝态氮在生理上有同等价值，只要施用得当，两者是等效的，而且两者配合施用，在多数情况下比单独施用有更好的效果。例如美国的液体氮肥（氮溶液）一般由尿素和硝酸铵混配而成[10]。但是在某些作物上和某些条件下施用含硝态氮肥料，有更好的效果。首先就作物种类来说，例如我国种植面积很大、施肥量较高的蔬菜，施用含硝态氮肥的增产效果比施用铵态氮肥更加明显。在硝态氮和铵态氮配合施用时，在洋葱上铵态氮超过 50％，番茄上超过

30％，产量显著下降。菠菜上以施用100％的硝态氮肥产量最高，随着铵态氮肥比例的增加，产量明显下降[11]。在烟草上有不少施用硝态氮肥与铵态氮肥的对比试验，认为施用硝态氮肥见效快，叶面积大，虽然肥效持续时间较短，但有利烟叶后期落黄，成熟度好，烟叶的 m（糖）/m（碱）协调，香气足，中、上等烟叶的比例大，均价高。在大多数生产烟叶的国家，推荐基肥至少有50％、追肥80％以上用硝态氮肥[12]。但是在灌溉稻田施用硝态氮肥的效果不好，在等氮量对比的情况下，肥效不如硫酸铵等铵态氮肥[13]。这与灌溉稻田硝态氮易随水流失和天气条件下的反硝化作用有关。灌溉稻田一般建议不用含硝态氮化肥。其次就施用条件和方法来看，在旱地、冷凉季节（如早春或高寒地区）和土壤水分含量较低的情况下，施用硝态氮肥都比铵态氮肥或酰胺态氮肥效果好，另外，硝酸铵是生理中性的，也没有氨的挥发，作种肥比氯化铵或尿素安全[14]。

**4. 影响含硝态氮化肥发展的原因及建议。** 目前在我国影响含硝态氮化肥发展的原因主要有两条：第一，由于硝酸铵具有易燃、易爆性，用它可以生产炸药，往往为不法分子利用。因此，国务院于2002年明令将硝酸铵列入"民用爆炸物品"管理（国务院办公厅文件，国发〔2002〕52号）。农用硝酸铵要作改性处理，使之失去爆炸性并且不可还原，方可作为化肥销售。为了社会的稳定和人民生命、财产的安全，这完全是必要的。但由于当时我国的一些农用硝酸铵的生产厂家在改性方面的工作未能及时跟上，反而使国外厂商的产品涌入了我国市场。第二，由于国内部分人对硝态氮肥的误解和误导，认为蔬菜等农产品中含有的硝酸盐是由于施用了硝态氮肥引起的，而人们食用了含硝态氮的食物（主要是蔬菜），是引起癌症的原因之一。因此，在农业行业标准"绿色食品肥料使用准则"中明确提出生产A级绿色食品可以使用某些化肥（如尿素、磷酸二铵），但"禁止使用硝态氮肥"[15]。此外，可能还有含硝态氮肥生产、销售等方面的原因，由于没有一一进行调研，就不能在此讨论了。

鉴于以上情况，提出以下建议：

第一，积极进行硝酸铵的改性工作，适当增加农用硝酸铵和含硝态氮化肥的生产和使用，调整我国的氮肥和复合肥的结构，使之在资源利用和化肥的施用上更为合理。国外在硝酸铵的改性上有成熟的经验，添加石灰石、白云石等制成的硝酸铵钙，就是一个硝酸铵改性的主要品种，在我国也有销售。它不仅消除了硝酸铵的易爆性，还改善了原来易吸潮、结块的缺点。另外，俄罗斯的硝磷酸铵只含有少量的磷，也是硝酸铵的改性品种，笔者认为应叫做硝酸铵磷更为确切。在生产复混肥时添加部分硝态氮，这不仅是生产蔬菜专用肥所必须，对提高其他粮食和经济作物施用复混肥的肥效也是有利的。所以，硝酸铵也是制造复混肥很好的原料。

这里笔者还想单独提出硝酸磷肥的问题。早在1987—1989年正当山西化肥厂建设的时候，受国家计委和农业部的委托，我们在北方9省就进行过硝酸磷肥的肥效试验。在小麦、玉米等作物上，增产效果稍高于等氮、磷量的尿素＋磷酸二铵或尿素＋重钙，但在统计上没有达到显著水平[16]。山西化肥厂的天脊牌硝酸磷肥和硝磷钾复合肥投放市场后，多年来受到农民的欢迎，更加表明这种复合肥在我国是可以发展的。而我国近年发展复合肥，走的只是发展磷酸铵的一条路子，不仅品种单一，在资源利用上也存在明显的问题。笔者从资料上看到，2000年我国进口硫磺273.3万吨，2005年进口830万吨，每年净增100万吨以上，年均递增24.9％；2000年我国进口硫酸36.8万吨，2005年进口193万吨，年均递增39.7％。以全国硫酸表观消费量计算耗硫总量，我国硫资源对外依存度已超过50％，成为最大的硫磺进口国。同时，生产磷酸铵还产生了大量的副产品磷石膏难于处理。我国进口硫磺几乎全部用于制酸，而我国硫酸的70％用于生产化肥。因此，硫磺短缺和价格上涨，磷复肥的生产首先受到影响。在这种情况下，为什么我国磷复肥的发展，一定要走离不开硫酸的磷酸铵的路子呢？当年欧洲发展磷复肥主要走硝酸磷肥的路子，除了当地气候、土壤条件下农民普遍喜欢将硝酸铵作为氮源，同时对肥料养分浓度和产品中水溶磷的浓度要求不是很高外，一个主要原因就是生产用硫酸缺乏国产原料[6]。近来国内主产磷酸铵的企业也开始看到，"对硫酸法萃取磷矿工艺的过分依赖，使我国磷复肥产品成本受制于硫磺垄断寡头"。"如果用硝酸法萃取磷矿工艺生产硝酸磷肥，使用硫酸铵固钙，可获得优质的硝态氮二元复合肥，综合效益好于传统的磷酸二铵，缓解对硫酸的过分依赖"[17]，是否这里还有什么工艺上的障碍？否则何乐而不为呢？

第二，必须纠正对硝态氮肥的误解和误导。作为土壤、植物营养和肥料中的铵态氮和硝态氮，它们两者是相互联系，各有特点，在对植物营养上是等效的。我们的任务是要充分发挥它们的长处，将两者配合起来施用，把两者对立起来的观点是完全错误的。至于食物（这里主要指蔬菜）中的硝酸盐是否对人类健康产生不良影响，这是个医学问题，不是笔者所能说清楚的。但是，据我们所知，目前世界上对这个问题有两种截然不同的认识，而在我国，主要在宣传硝酸盐对人类的危害。在21世纪初，一个偶然的机会，看到了法国两位医生写的一本书：《硝酸盐与人类健康》。在这本书里，父子两代人，以其亲身的实践和收集的大量资料，阐述了硝酸盐对人是无毒、无害的[18]。这本书在天脊集团的赞助下，我们已经翻译出版。

第三，经过国家正式登记，或在我国农田长期施用，并有国家或行业标准的肥料，市（县）级政府不能随意禁止使用。如果发现有了严重问题而必须禁用时，应当像肥料登记一样，经过权威单位的检验，并由国家有关部门发布禁令，以免造成肥料生产、流通和施用的混乱。这一点我们寄希望于今后国家颁布的肥料管理条例和肥料法规。

# 参 考 文 献

[1] 张乃凤. 我国五千年农业生产中的营养元素循环总结以及今后指导施肥的途径 [J]. 土壤肥料，2002（4）：3-4，10.

[2] 高永峰. 国内外化肥工业的发展及展望 [C] //汤建伟. 首届全国磷复肥技术创新（新宏大）论坛论文集. 郑州：全国磷肥与复肥信息站，2007：20-32.

[3] 高恩元. 我国化肥现状及市场预测 [C] //第七届化肥市场研讨会论文集. 合肥，2002：14-24.

[4] UNIDO，IFDC. Fertilizer Manurer [M]. Kluwer Academic Publishers，1998：209.

[5] FAO. Yearbook：Fetilizerl [M]. 2001，Vol51. Rome：Food and Agriculture Organization of The United Nations，2002.

[6] 联合国工业发展组织. 化肥手册 [M]. 北京：中国对外翻译出版公司，1984：290-302.

[7] 李生秀，王朝辉. 土壤和植物中的铵、硝态氮 [C] //林葆. 化肥与无公害农业. 北京：中国农业出版社，2003：101-140.

[8] 李阜棣. 土壤微生物学 [M]. 北京：中国农业出版社，1996：146-150.

[9] Marschner H. 高等植物的矿质营养 [M]. 李春俭译，北京：中国农业大学，2001：172-174.

[10] 蒂斯代尔 SL，纳尔逊 WL，毕滕 JD. 土壤肥力与肥料 [M]. 金继运，刘荣乐译. 北京：中国农业

科学技术出版社，1998：135-137.

[11] 中国农业科学院蔬菜研究所．中国蔬菜栽培学［M］．北京：农业出版社，1993：183-185.

[12] 曹志洪．优质烤烟生产的土壤与施肥［M］．南京：江苏科学技术出版社，1991：101-122.

[13] 鲁如坤．土壤植物营养学原理和施肥［M］．北京：化学工业出版社，1998：129-131.

[14] 黑龙江省农科院土壤肥料研究所化肥室．化肥施用技术问答［M］．2 版．北京：化学工业出版社，1994：13-14.

[15] 中华人民共和国农业部．NY/T394—2000．绿色食品　肥料使用准则［S］．北京：中国标准出版社，2000.

[16] 农业部农业司，中国农业科学院土壤肥料研究所，北京农业大学植物营养系．硝酸磷肥肥效和施用技术［C］//国际硝酸磷肥学术讨论会论文集．北京：中国农业科学技术出版社，1994：4-15.

[17] 王江平．循环经济对磷化工业的价值与陷阱［C］//汤建伟．首届全国磷复肥技术创新（新宏大）论坛论文集．郑州：全国磷肥与复肥信息站，2007：15-19.

[18] hirondel J L'，hirondel J-LL'．硝酸盐与人类健康［M］．梁国庆，李书田译．北京：中国农业出版社，2005.

# 含硝态氮化肥在我国的使用前景看好（初稿）

林 葆

（中国农业科学院土壤肥料研究所 北京 100081）

由于农用硝酸铵（简称硝铵）可做炸药，2002 年 9 月 30 日国务院办公厅（国办发〔2002〕52 号）已将其列入民用爆炸品管理，禁止作为化肥销售和使用，并停止进口[1]。在此之前，农业行业标准"绿色食品 肥料使用准则"（NY/T394—2000）规定，生产 AA 级绿色食品禁止使用任何化肥，生产 A 级绿色食品可使用某些化肥，如尿素、磷酸二铵，但禁止使用硝态氮肥[2]。前者是为了治安和社会稳定，是完全必要的。只是禁令来得快，硝酸铵改性的各项准备工作尚未就绪，突如其来的"急刹车"使多数生产硝酸铵的厂家措手不及[3]。后者认为施用硝态氮肥引起农产品（主要是蔬菜）中的硝酸盐积累。有资料表明，人体摄入硝酸盐的 80％ 以上来自蔬菜。生产绿色食品肥料使用准则的"编制说明"中写道："因为硝酸盐是亚硝胺的前体，而亚硝胺则是一种公认的致癌物质。"这样，就把硝态氮肥和致癌挂上了钩，一时搞得"谈硝色变"，硝态氮肥料也成了"过街老鼠，人人喊打"。一些地方政府部门相继仿效，行文禁止使用硝酸铵和其他含硝态氮的肥料例如硝酸磷肥、硝酸磷钾肥等。总之带"硝"字的都要禁止，也不管是用在什么作物，如小麦、向日葵等也禁止使用带"硝"的肥料，否则就不是绿色食品。其实含硝态氮肥料，是一类很好的氮肥和复合肥料，从农用的角度对含硝态氮肥料发出各种禁令是完全不正确的，在我国化肥发展史中，对含硝态氮肥料的否定，终将被证明是历史的误解。

## （一）我国生产了多少含硝态肥料

将氮肥按其中所含氮素养分的形态，分为铵态氮肥（如硫酸铵、氯化铵）、硝态氮肥（如硝酸钠、硝酸钙）、酰胺态氮肥（如尿素）和氰氨态氮肥（如石灰氮）。硝酸铵含有硝态氮和铵态氮各半，称为硝酸铵态氮肥。还有硝酸磷肥和硝酸磷钾肥等复（混）肥料，其中的氮素养分也有硝态氮和铵态氮，连同硝酸铵在内，可通称为含硝态氮肥料。2001 年我国生产各种含氮化肥的数量列于表 1。

表 1　2001 年我国氮肥构成

| 产品 | 产量（万吨 N） | 所占比例 |
| --- | --- | --- |
| 氮肥合计 | 2526.7 | 100.00 |
| 尿素 | 1454.8 | 58.58 |
| 碳酸氢铵 | 510.0 | 20.18 |
| 氯化铵 | 92.5 | 3.66 |
| 硫酸铵 | 13.5 | 0.54 |
| 硝酸铵 | 80.0 | 3.17 |

（续）

| 产品 | 产量（万吨 N） | 所占比例 |
|---|---|---|
| 磷复肥 | | |
| 其中：DAP | 38.4 | 1.52 |
| MAP | 21.9 | 0.87 |
| NPK | 63.0 | 4.99 |
| NP | 22.4 | 0.89 |
| 其他 | 230.0 | 9.10 |

（引自高恩元，我国化肥现状及市场预测。磷复肥与硫酸信息，2002 年第 18、19 期。）

从表 1 看，我国氮肥的产量很大，主要是含酰胺态氮的尿素占 57.76%，其次是以碳酸氢铵为主的各类铵态氮肥占 24.38%。磷复肥中 DAP 和 MAP 所含的均为铵态氮。NPK 三元复混肥中的氮主要也是铵态氮。其他含氮肥料主要是二次加工的复混肥，根据其原料，其中的氮应是酰胺态氮和铵态氮为主。只有 NP 两元复合肥是硝酸磷肥，含铵态氮和硝态氮约各半。因此，国产硝酸铵加硝酸磷肥所含氮素之和约 102.4 万吨，占氮肥总量的 4.05%。其中只有一半是硝态氮，占氮肥总量的 2%。在 1997 年 4 月由李庆逵、朱兆良、于天仁三位中国科学院院士牵头，组织了国内各有关单位的 13 位专家向国务院提出的"我国化肥面临的突出问题及建议"中，就主张提高尿素比例，降低碳酸氢铵比例，"适当发展硝酸铵，开发适宜的氮肥新品种"[4] 而目前在我国居然把矛头对准了占氮肥总产量 2% 的硝态氮肥，认为它是造成农产品中硝酸盐积累的"罪魁祸首"，要禁止使用。因此，还得从硝态氮和铵态氮的性质及其农用的优缺点说起。

## （二）农业化学和植物生理中的硝态氮和铵态氮

土壤中能够被植物直接吸收利用的氮素主要是硝态氮和铵态氮。水溶性的含氮有机物，如酰胺、氨基酸等也可被植物吸收利用，但吸收数量很少，不经过进一步分解，不能成为植物营养的主要氮源。硝态氮（$NO_3^-$）是阴离子，为氧化态氮源；铵态氮（$NH_4^+$）是阳离子，为还原态氮源。它们施入土壤后的行为，以及进入植物体中的代谢是有不同的。它们作为植物营养的氮源，也各有利弊，这方面有许多资料进行了综述和评价（5、6、7、8、9）。这里只从农业上氮肥应用的角度和若干大家关心的问题进行简要叙述。

**1. 硝态氮和铵态氮的农业化学性质。**这两种氮素形态与不同的阴、阳离子相结合形成的无机盐，即各种氮肥，有它们的物理、化学性质，如成分、养分含量、色泽、比重、pH、溶解度、临界相对湿度等。这些性质与化肥的贮存、运输和施用有直接的关系。但从农业应用上更为关心的是把它们作为肥料施入土壤后，与土壤、植物相互作用的性质，以及由此而产生的与施用有关的问题，这些性质常被称为农化性质。首先，硝酸根带负电荷，不易被带负电荷为主的土壤胶体吸附；而铵离子带正电荷，容易被土壤吸附，不仅吸附在土壤胶体表面，还可进入一些黏土矿物的晶格中，成为固定态铵离子。因此，硝态氮主要存在于土壤溶液中，移动性大，容易被植物吸收利用，也容易随水流失。而铵态氮主要被吸附和固定在土壤胶体表面和胶体晶格中（也有少量在土壤溶液中），移动性较小，比较容易被土壤"保存"。第二，不同形成的氮肥施入土壤后会相互转化。一般是由尿素水解为铵态氮，由铵态氮氧化为硝态氮。这些转化是在土壤微生物和酶的作用下进行的。因此，需要有适宜的温度、水分和通气的条件。在早春低温季节，尿素和铵态氮的转化比较慢，在夏季高温季节转化快。在旱地土壤中硝态氮往往多于铵态氮，而在水田土壤中硝态氮很少。第三，在土壤湿度过大，通气不良和有新鲜有机物存在的情况下，硝态氮在微生物作用下可还原成氧化亚氮（$N_2O$）、氧化氮（NO）和氮气（$N_2$），称反硝化作用，是硝态氮损失的主要途径之一。铵态氮从土壤中损失的主要途径是氨挥发。在施用尿素或铵态氮肥时常造成局部范围内氨的积累，pH上升，氨挥发加大，在碱性土壤尤为明显。综合以上农化性质，含硝态氮肥料适宜于气候比较冷凉的地区和季节，在旱地分次施用，肥效快而明显，但不宜在高温、多雨的水田地区施用。铵态氮肥适宜于水田，也适宜于旱地施用，但施用于土壤表面或撒施于水田，氨挥发的损失较大。

**2. 硝态氮和铵态氮的植物营养生理性质。**这两种无机氮都是植物良好的氮源，但在吸收、代谢上存在一些不同点。首先，铵态氮在进入植物细胞后，必须尽快与有机酸结合，形成氨基酸或酰胺，铵在植物体内的积累对植物本身是有毒的。硝态氮在进入植物体后一部分还原成铵态氮，并在细胞质中进行代谢。其余部分可积累在细胞的液泡中，有时可达到较高的浓度，也不会对植物产生不良影响。可见硝态氮在植物体内的积累，实际上是氮素营养在植物体内的"贮备"，可供生长后期氮素供应不足之需。这不仅是蔬菜上有这一现象，而是一些作物营养生长期间的共性[6]。第二，植物吸收铵离子时分泌质子（$H^+$），而吸收硝酸根时会释放出 $OH^-$ 和 $HCO_3^-$，因而对根系周围环境的 pH 产生影响，这在溶液培养时更为明显。当用铵态氮作氮源种植作物时，溶液变酸，而用硝态氮作氮源时溶液变碱。但后者变化小于前者，是溶液培养时常用硝态氮作氮源的原因。第三，不同植物对硝态氮和铵态氮有不同的"爱好"，这已是公认的事实。适应在 pH 较高的石灰性土壤上生长的喜钙植物优先利用硝态氮，如果铵态氮的比例大会影响钙、镁的吸收。玉米和多数蔬菜都偏爱硝态氮[10]。与此相反，适性酸性土壤生长的嫌钙植物，和适应低氧化还原势土壤条件下生长的植物嗜好铵态氮，如茶树、水稻。综合以上多方面的原因，"一般说，同时施用两种氮肥，往往能获得作物较高的生长速率和产量。""同时施用两种形态氮，植物更易调节细胞内 pH 和通过消耗少量能量来贮存一部分氮"。两者合适的比例生产要取决于施用的总浓度：浓度低时，两者的不同比例对植物生长影响不大，浓度高时，硝态氮作为主要氮源显示出优越性[5]。

**3. 关于蔬菜中的硝酸盐积累问题。**这是目前大家关心的问题，也是有人反对在蔬菜上施用硝态氮肥的根据。蔬菜是一类非常偏爱硝态氮的作物，同时又是很容易积累硝酸盐的作物。蔬菜中硝酸盐的积累是否主要是施用了含硝态氮的化肥引起？近年来由于许多科技人员的辛勤劳动，应该说，对这个问题已经搞得比较清楚了。蔬菜中积累硝酸盐首先由蔬菜本身特性决定，同时，受外界许多因素的影响，施肥，尤其是施用含氮量高的肥料，有重要的影响。

决定蔬菜中硝酸盐含量的内因是蔬菜本身。在相同或相近的栽培条件下，因蔬菜种类和品种不同，植株体内的硝酸盐含量相差很大。已有的大量测试结果说明，蔬菜中的硝酸盐含量以叶菜类＞根、茎类＞瓜类＞豆类＞茄果类＞葱蒜类的总趋势[11~12]。例如小油菜、菠菜、芹菜等叶菜类蔬菜的硝酸盐含量的上限常在2000～4000毫克/千克之间。萝卜、小萝卜、莴苣等根菜和茎菜中的硝酸盐含量的上限常在1000～3000毫克/千克，这是含硝酸盐较高的两类蔬菜，是我们应当注意的重点。西葫芦、冬瓜、黄瓜、苦瓜等瓜类的硝酸盐含量一般在500毫克/千克左右。芸豆、豇豆等豆荚类蔬菜的硝酸盐含量一般在 500 毫克/千克以下，而茄子、青椒等茄果类的含量只有100～200毫克/千克或更低。蒜苔、大蒜、大葱、洋葱（葱头）等的硝酸盐含量常在100毫克/千克以下[13]。所以，"农产品安全质量无公害蔬菜安全要求"（GB18406.1—2001）中对硝酸盐的限量定为：叶菜类≤3000，根茎类≤1200，瓜果类≤600毫克/千克是符合蔬菜本身情况的。概括来说，以营养器官供食用的蔬菜含硝酸盐高，以繁殖器官供食用的蔬菜含硝酸盐低。其原因我们已在上面硝态氮的植物营养生理性质中提到了。所以说蔬菜积累硝酸盐，不是所有蔬菜，只有叶菜和根、茎菜。另外，还有资料指出[11]，即使是同一种蔬菜的不同品种，其硝酸盐含量也较大差异，有时可差几倍到十几倍。这是由不同品种同化硝态氮能力的差异造成的，可能和其中的硝酸还原酶的数量和活性有关，还有待进一步研究。

决定蔬菜中硝酸盐含量的外因很多，有光照、温度、水分、养分、各种栽培措施等。其中施肥，尤其是施用氮肥对蔬菜中硝酸盐含量有重要的影响。

光照的强弱和温度的高低主要从还原剂和碳架两方面影响硝态氮的还原：光照和温度直接影响硝酸还原酶的活性，同时，也影响碳水化合物的合成，硝酸盐的还原，需要大量的碳水化合物。在正常的光照下，硝酸盐的还原有明显的昼夜节律。而在低光照的条件下（如冬天的塑料棚中）蔬菜中硝酸盐的积累往往比高光照条件下（如夏季田间）高出数倍[5]。土壤肥力的高低，尤其是土壤供应氮素的能力是影响蔬菜中硝酸盐积累的另一个因素。2002年我们在河南新乡市一块很肥的菜地上做试验，无肥区的蔬菜中硝酸盐的积累也超过了国标限量。

在施肥措施中，首先是氮肥的用量对蔬菜中硝酸盐积累有明显的影响。由于蔬菜上超量施用氮肥的现象比较普遍，往往是引起硝酸盐积累的主要原因。这方面资料较多，不一一罗列。第二是施肥的不平衡，偏施氮肥，没有适量的磷、钾肥和微量元素肥料相配合。例如单施氮肥与施用等量氮肥，配合施用磷、钾肥的蔬菜比较，前者的硝酸盐含量明显高于后者，尤其是增施钾肥有明显降低硝酸盐的效果[15~16]。配合施用微量元素肥料，如钼肥和锰肥，也能降低蔬菜中的硝的盐含量[8]，因为钼是硝酸还原酶的组分，供钼不足会影响硝酸还原酶的活性。第三，从施用氮肥到蔬菜收获所间隔时间（天数）。蔬菜吸收硝态氮后，在体内有一个同化的过程。一般说施用氮肥后植株内硝态氮先上升，达到一个高峰后，逐渐下降。所以追施氮肥后要间隔一定天数才能收获、上市是有一定道理的。第四，在等氮量的情况下，施硝态氮肥的蔬菜积累的硝酸盐是否一定比施铵态氮肥的蔬菜多？有些测定结果是以施用含硝态氮肥的蔬菜积累的硝酸盐比施尿素或铵态氮肥的多[17]。但是，也有的试验测定结果并明显差异[18]。应当说这些结果也是可信的。我们前面已经说过，在土壤中这几种氮素形态是相互转化的。施入的尿素态氮或铵态氮，在适宜的条件下可以很快转化成硝态氮。由上述试验结果分析，在土壤硝化作用比较弱的条件下，施用硝态氮肥植株中积累的硝酸盐可能比施铵态氮肥高；在硝化作用适宜的条件下，两者可能不会有大的差异。而施用的氮肥种类只是上述众多影响因素中的一个，而且在蔬菜上施用硝态氮肥还有许多有利因素，不能因此而否定在蔬菜上可以施用含硝态氮肥。甚至还有一些地方明令禁止在小麦、向日葵等作物上施用含硝态氮肥料，就更没有什么依据了。因为在小麦、向日葵等作物种子成熟的时候，其中的硝态氮和铵态氮已经转化为含氮的有机化合物，在种子中是不会积累硝酸盐的。第五，关于施用有机肥对蔬菜中硝酸盐含量的影响比较复杂，主要取决于有机肥的种类和数量。如果施用腐熟的、含氮量较高的有机肥，用量大了也会引起蔬菜中硝酸盐超标[19]。施用碳氮比宽的有机肥，也可能使蔬菜中的硝酸盐含量下降，但在菜地较少施用这类有机肥料。

## （三）国外生产和使用含硝态氮肥料的概况

国内生产含硝态氮肥料的数量，在本文第一部分已经提及，根据联合国粮农组织（FAO）2001 年的《肥料年鉴》[20]，世界上若干化肥主产国的氮肥总产中的硝酸铵的产量和所占比例列于表 2。

### 表 2　2000/2001 年一些国家氮肥总产量及硝酸铵产量

（单位：万吨 N）

| 国家 | 加拿大 | 美国 | 巴西 | 法国 | 英国 |
|---|---|---|---|---|---|
| 氮肥总产 | 395.0 | 840.4 | 77.2 | 98.3 | 39.9 |
| 硝酸铵产量 | 40.2 | 106.5 | 12.4 | 27.0 | 4.0 |
| 硝酸铵占（%） | 11.2 | 12.7 | 16.1 | 27.5 | 10.0 |
| 国家 | 乌克兰 | 俄罗斯 | 白俄罗斯 | 波兰 | 罗马尼亚 |
| 氮肥总产 | 225.0 | 546.4 | 58.8 | 149.3 | 86.9 |
| 硝酸铵产量 | 56.9 | 217.1 | 8.6 | 46.1 | 24.5 |
| 硝酸铵占（%） | 25.3 | 52.5 | 14.6 | 30.8 | 28.2 |

从上表可以看出，一些美洲国家，硝酸铵产量约占氮肥总产的 10%，而一些欧洲国家可占氮肥总产的 30% 左右，俄罗斯的氮肥总产中，硝酸铵占了一半以上。这里还没有包括含硝态氮的硝酸磷肥。根据有关资料[21~22]，国外硝酸磷肥的总产量在 2000 万吨（实物）以上，其中也含有相当数量的硝态氮。此外，还有硝酸钠、硝酸钙和硝酸钾等硝态氮肥和含硝态氮肥料，数量不大。但是印度和印尼不生产硝酸铵，印度建有硝酸磷肥工厂，具体产量不详。这可能和这些国家的高温、多雨和水田占有较大面积有关。

在国外，常常在硝酸磷肥中加入钾肥，制成硝酸磷钾肥。这种三元复混肥是我国进口的主要复混肥品种。2002 年我们曾在市场取了 3 个欧洲知名品牌的三元复混肥样品，委托国家化肥质检中心（北京）化验，其结果如表 3。

### 表 3　三种进口复混肥中硝态氮和铵态氮含量

（单位：%）

| 生产公司 | 品牌 | 硝态氮 | 铵态氮 | 其中硝态氮占（%） |
|---|---|---|---|---|
| 挪威海德鲁 | 船牌 | 6.52 | 8.89 | 43.1 |
| 芬兰凯米拉 | 星王 | 6.98 | 7.06 | 49.1 |
| 德国巴斯夫 | 狮马 | 6.48 | 8.16 | 44.3 |

表 3 说明，其中氮素约有一半是硝态氮。这些知名品牌的三元复混肥在我国南方市场的售价一般高出国产 15—15—15 的三元复混肥 200～300 元，有的高出 400～500 元，但农民仍旧愿意购买。2001 年冬我们在海南亲自问江西省去哪里种反季节蔬菜的农民，为什么要买这种贵的肥料。他们说："我们在这里种一冬蔬菜，害怕失败。这种进口肥料虽然贵些，但溶解好（当地一般先把化肥溶在水中，用杓泼施），施后见效快，菜长得好。"我们认为其中的"秘密"之一就是含有硝态氮。而我们自己却在禁止国产的含硝态氮肥料。

再看施用液体氮肥使用较多的美国，早在 20 世纪 70 年代氮肥中约有 58％是液体肥料，包括液氨、氨水、各种氮溶液和复混液体肥料中的氮[23]。其中不含游离氨的溶液称"无压氮溶液"。含有游离氨的溶液有一定的氨分压，称"有压氮溶液"。这两类氮溶液中，有单一的氮溶液，如尿素溶液或氨水，但是，有相当一部分是混合的水溶液，硝酸铵其中有，如下表（表 4、表 5）。

**表 4　用来直接施用的有压氮溶液的成分**

| 溶液名称* | 氮的形态 | | | |
|---|---|---|---|---|
| | 氨 | | 硝酸盐（％N） | 尿素（％N） |
| | 经中和的（％N） | 结合态（％N） | | |
| 201（24-0-0） | 20.1 | — | — | — |
| 247（30-0-0） | 24.7 | — | — | — |
| 370（17-67-0） | 13.7 | 11.7 | 11.7 | — |
| 410（19-58-11） | 15.6 | 10.2 | 10.2 | 5.1 |
| 410（22-65-0） | 18.3 | 11.4 | 11.4 | — |
| 410（26-56-0） | 21.6 | 7.9 | 7.9 | — |
| 411（50-0-0） | 41.1 | — | — | — |

\* 肥料工业普遍采用的一种表示氮溶液特点的方法：在表示总氮量的百分数时，省略了小数点。括号中为氨、硝酸铵、尿素的百分组成。如 410（19-58-11）的氮溶液指含全氮 41.0％，含氨 19％，硝酸铵 58％，尿素 11％。

**表 5　无压氮溶液的成分**

| 溶液名称 | 结合态氨（％N） | 硝酸盐（％N） | 尿素（％N） |
|---|---|---|---|
| 280（0-39-31） | 6.9 | 6.9 | 14.3 |
| 280（0-40-30） | 7.0 | 7.0 | 14.0 |
| 280（0-80-0） | 14.0 | 14.0 | — |
| 290（0-83-0） | 14.5 | 14.5 | — |
| 300（0-42-33） | 7.4 | 7.4 | 15.3 |
| 315（0-0-68） | — | — | 31.3 |
| 320（0-44-35） | 7.8 | 7.8 | 16.5 |
| 320（0-45-35） | 7.9 | 7.9 | 16.3 |
| 338（0-0-72） | — | — | 33.8 |
| 376（0-0-80） | — | — | 37.6 |

这些氮溶液的成分中，大多有硝态氮，同时有铵态氮或/和尿素。这里有加工工艺的问题，如无压氮溶液常采用尿素硝酸铵溶液（UAN），水溶性好，又可达到较高的氮含量。同时，从植物营养和农艺方面看，硝态氮和铵态氮配合，可使作物获得较高的生产量，我们在前面已经提到了，在这里我们看到了实际的应用。

**（四）讨论**

1. 与世界化肥主产国比较，我国生产的含硝酸态氮化肥的比例很小。在倡导绿色食品而引发的"禁硝"运动和国务院办公厅下达对硝酸铵直接做化肥的禁令之前，含硝酸氮化肥在我国生产、销售和使用良好。直到今天进口的含硝态氮的三元复混肥依旧受到农民欢迎。这些事实都说明含硝态氮化肥在我国是有市场的，它的数量不是太多，而是不够。

2. 硝态氮和氨态氮作为植物的两种主要氮素营养，从农业化学和植物营养坐理上各有其优缺点，在单独使用时应当扬长避短。在一般情况下，两者的相互配合更有利于促进植物的生长和产量的提高。

3. 叶菜类和根菜类蔬菜的硝酸盐含量超标是多种因素造成的，不能归咎于施用含硝态氮肥料。根据试验结果，在等氮量情况下，施用含硝态氮化肥的蔬菜中硝酸盐含量不一定高于其他氮肥。蔬菜是典型的喜硝态氮作物，在蔬菜专用肥中有适当比例的硝态氮是必要的。为了生产绿色产品，把禁止使用硝态氮肥扩大到收获籽粒的小麦、向日葵等作物，更是毫无根据。

4. 硝酸铵的改性刻不容缓。改性是使其不能再作为炸药，而其中的硝态氮依然存在，仍旧可发挥其植物营养的作用。根据化工专家的意见，认为目前比较可行的方法用团粒法将硝酸铵作为原料之一，生产硝基高浓度 NPK 复混肥[3]。目前有用硝酸铵、磷酸铵和氯化钾（或硫酸钾）生产高浓度 NPK 复混肥的工艺[23~24]，产品可执行现有复混肥料（复合肥料）的国家标准，产品出来后便可上市。我们认为这是一个较好的主意。这类含硝态氮的三元复混肥主要可用于棉花、烟草、果树、蔬菜等偏好硝态氮的经济作物，既可充分发挥其肥效，又有较高的经济效益，只要因作物、因地区（土壤）制宜，合理配方，市场前景十分广阔。国产硝酸磷肥以往主要在北方销售，如果今后向南发展，并由粮食作物扩大到经济作物，必须考虑加钾盐制成三元复混肥。目前在市场上销售的"中化"牌硝磷酸铵是从俄罗斯进口的产品，含氮磷 36%（33-3-0），硝态氮和氨态氮约各占一半，易溶速效，是硝酸铵的改性品种。也可在硝酸铵浓溶液与磷酸铵料浆造粒过程中加入钾盐，生产硝磷酸铵钾三元复混肥[24]。国外还有一些硝酸铵改性的品种，例如石灰硝酸铵（CAN），这是一种在浓缩的硝酸铵溶液中加入石灰石或白云石粉末，造粒而成。含氮 21%～26%。在我国没有做过这种氮肥的比较试验，也没有这种产品，是一种待开发的改良性硝酸铵品种。

5. 人体摄入硝酸盐与致癌的关系是一个医学上的问题。

用"硝酸盐是致癌物质亚硝胺的前体"把两者挂钩，是否过于简单？但是人们存在"宁可信其有，不可信其无"的思想。这只有仰仗国内外的医学专家对此进行进一步的研究和剖析了。

# 参 考 文 献

[1] 国务院办公厅. 关于进一步加强民用爆炸物品安全管理的通知. 国办发 [2002] 52 号，2002 年 9 月 30 日.

[2] NY/T394-2000. 绿色食品肥料使用准则（及其编制说明）[S].

[3] 张琴. 硝酸铵改性企业进退两难 [N]. 中华合作时报农资专利，2003-6-26 [1].

[4] 李庆逵，朱兆良，于天仁. 中国农业持续发展中的肥料问题 [M]. 南昌：江西科学技术出版社，1998：3-5.

[5] H. Marschner. 高等植物的矿质营养 [M]. 中国农业大学，2001：160-177.

[6] 李生秀，王朝辉. 化肥与无公害农业 [M]. 北京：中国农业出版社，2003：101-140.

[7] 奚振邦. 化学肥料学 [M]. 北京：科学出版社，1994.

［8］陆景陵．植物营养学（上册）［M］．北京：北京农业大学出版社，1994：17-26.

［9］A. LAUCHLI, R. L. BIELESKI. 植物的无机营养［M］．北京：农业出版社，1992：112-114.

［10］中国农业科学院蔬菜研究所．中国蔬菜栽培学［M］．北京：农业出版社，1993：183-185.

［11］周泽义．中国蔬菜硝酸盐和亚硝酸盐污染及控制［M］//平衡施肥与可持续优质蔬菜生产．北京：中国农业大学出版社，2000：8-21.

［12］刘杏认，刘建玲，任建强．影响蔬菜体内硝酸盐累积的因素及调控研究［J］．土壤肥料，2003（4）：3-6.

［13］中国农业大学植物营养系，过量施用氮肥对北京市蔬菜硝酸盐含量影响的综合评估（未刊稿）.1999.

［14］吴建繁，王运华．无公害蔬菜营养与施肥研究进展［J］．植物学通报，2000，17（6）：492-503.

［15］何天秀，何成辉，吴德意．蔬菜中的硝酸盐含量及其与钾含量的关系［J］．农业环境保护，1992，11（5）：209-211.

［16］张淑茗，江丽华，闫华．济南市售蔬菜的硝酸含盐量与施肥［M］//谢建昌，陈际型．菜园土壤肥力与蔬菜合理施肥．南京：河海大学出版社，1997：207-210.

［17］庄舜尧，孙秀廷．氮肥对蔬菜品质的影响［M］//谢建昌，陈际型．菜园土肥力与合理施肥．南京：河海大学出版社，1997：211-216.

［18］汪雅谷，张四荣．无污染蔬菜生产的理论与实践［M］．北京：中国农业出版社，2001：140-144.

［19］白瑛，张祖锡，钱传范．绿色食品农产品（果蔬）基地条件与生产技术［M］．北京：中国农业科学技术出版社，1995，9.

［20］FAO. 肥料年鉴，2001［R］．罗马：联合国粮食及农业组织，2002.

［21］联合国工业发展组织．化肥手册［M］．北京：中国对外翻译出版公司，1984：290-297.

［22］范可正，冯元琦，曾宪坤．中国肥料手册［M］．北京：中国化工信息中心，2001：287-291，296-308.

［23］S. L. 蒂斯代尔，W. L. 纳尔逊．土壤肥力与肥料［M］.1998.

［24］徐静安，潘振玉．复混肥和功能性肥料生产新工艺及应用技术丛书：生产工艺技术［M］．北京：化学工业出版社，2000：41-47.

# 施肥是补充食物中微量营养元素的一种重要方法

林葆　李家康

（中国农业科学院农业资源与农业区划研究所　北京　100081）

## （一）施肥的新热点

近年来通过施肥来补充和改善食物的营养，特别是补充人体必需的微量营养元素，受到普遍重视。2005 年 9 月在第 15 届国际植物营养学大会的"信息技术与土壤养分管理学术讨论会"上，钾磷研究所（PPI）的 Dibb 等人做了"从数量到质量—肥料在人类营养上的重要性"的主题报告，阐述了施肥不仅仅在增加产量，而且在改善作物品质，增加人类营养中的重要作用[1]。

2006 年 2 月 27 日至 3 月 2 日国际化肥工业协会（IFA）和中国化工建设总公司（CNCCC）在云南昆明召开的"2006 世界化肥农业大会"上，第一天举行了微量营养元素的研讨会。土耳其 Sabanci 大学的 Cakmak 做了题为"丰富粮食中的微量营养元素—对作物和人类健康的益处"的报告，他认为粮食作物（小麦、水稻、玉米）中的锌、硒、铁等微量营养元素含量较低，尤其是生长在缺乏这些微量元素的土壤上的粮食作物更是如此。同时，作物籽粒中的植酸（主要的含磷化合物）与锌结合，降低其溶解性，进一步影响锌在人体肠道中的吸收。因此，在以粮食为主要热量、蛋白质和矿物质来源的发展中国家，人们容易患微量营养元素缺乏的疾病。选育含某些微量营养元素丰富的作物品种虽然是投入少效益高的办法，但需要较长的时间进行此类品种的选育，而且有了这样的品种后，还是要受到外界条件的限制，如土壤 pH 值高、干旱等，而难以发挥品种的作用。因此，他主张施用富含某些微量营养元素的肥料，作为一种既增加作物产量，又提高粮食中微量元素含量的见效快的办法。他在土耳其做了大量试验和示范，尤其是在给作物补锌方面取得了明显成效，因而获得2006 年 IFA 的植物营养学大奖[2]。

2007 年 5 月 24～26 日在土耳其伊斯坦布尔召开的"锌与作物国际会议"的通知中更醒目地提出：

①世界将近一半的谷物种植在土壤潜在缺锌的地区；

②土壤缺锌的地区常常是人类缺锌极为广泛的地区，世界人口的 1/3 有缺锌的危险；

③缺锌在发展中国家是引起疾病的第五个重要因素，等等。

由此可见，食物中的微量营养元素问题引起了世界的广泛兴趣和重视，并把施肥作为补充食物中微量营养元素的一种重要手段。

## （二）人体必需的微量营养元素锌、硒的生理功能及我国锌、硒缺乏的状况

根据有关资料，人体必需的微量营养元素有 14 种，它们是铁、锰、铜、锌、钼、铬、

---

注：本文发表于《中国农资》，2008 年第 2 期。

镍、钴、钒、锡、碘、氟、硒、硅[3]。与动物不同的是植物必需硼，而没有证实硼是动物和人所必需的微量营养元素。另外，氯对植物是必需的微量元素，而对动物和人是必需的大量元素。在这些微量元素中，目前比较引起广泛重视的是锌和硒，在我国也是如此。究其原因是人们比较容易缺乏这些元素，从而引起相应的疾病。

锌是多种酶和辅酶的必需元素，参与这些酶的组成和激活，对人体的新陈代谢、生长发育和组织修复等起极为重要的作用，是儿童脑发育不可缺少的物质，对促进骨骼和牙齿生长，保护皮肤和毛发，维持性激素水平也具有重要作用。中国人以素食为主，容易缺锌。缺锌会导致上述生理功能障碍，严重时消化不良，食欲下降，生长发育迟缓，脱发，伤口不易愈合，不育。但补锌过量可引起中毒，产生恶心、呕吐、腹痛、腹泻等[4,5]。

硒是谷胱甘肽过氧化物酶的组分，它与维生素 E 可共同防止过氧化作用，称为"抗氧化剂"。硒是重要的抗癌元素，还可防止心血管病的发展，改善免疫系统功能和甲状腺激素的代谢。我国的克山病和大骨节病也和缺硒有关。但硒摄入过量会引起脱发，指甲变脆、胃肠功能紊乱、浮肿等中毒症状[6~7]。

我国土壤缺锌的面积比较大。根据全国第二次土壤普查（1979—1994）的 129，265 个土样的测定结果，其中缺锌（DTPA 浸提，≤0.5 毫克/千克）的占 45.7%，缺锌的土壤主要分布在黄土高原、华北、西北等区域的石灰性土壤上。例如位于黄土高原的山西、陕西、甘肃 3 省，缺锌的土样占 75.1%，华北的京、津、冀、鲁、豫 5 省、市，缺锌的土样占 73.4%，西北的内蒙古、宁夏、新疆，缺锌的土样占 67.6%[8]。根据中国农业科学院与加拿大钾磷研究所合作项目在 31 个省（市、自治区）所取的 28，258 个土样分析的结果，与第二次土壤普查基本一致，以西北、华北和东北缺锌比较严重，"三北"地区的土样有 71.1%缺锌（用 ASI 方法测定，≤2 微克/毫升）。缺锌土样超过 80%的省分有：陕西、河南、北京、内蒙古、宁夏、新疆、江苏、安徽和湖北，超过 70%的省份有黑龙江、山东、河北、甘肃、青海、和上海[9]。根据中国儿童中心从 2003 年 5 月起主持开展的"中国十城市 0~6 岁儿童健康状况调查"的结果，缺锌婴幼儿的比例高达 39%，并由此导致儿童缺锌症[10]。

我国缺硒的面积也很大，自东北向西南有一条缺硒带。根据元素生物地球化学营养链的基本原理，采用植物含硒量作为衡量某一地区硒水平的依据，有人对我国 25 个省（自治区）的1094个县的环境硒水平进行了划分，结果表明，有 311 个县属于严重缺硒区（植物硒含量≤0.02 毫克/千克，居民食用当地产食品，极易发生缺硒病症），474 个县属于缺硒区（≤0.06 毫克/千克植物硒含量>0.02 毫克/千克，居民食用当地产食品摄取的硒不能满足人体需要，必需补硒），207 个县属于变动区（0.06 毫克/千克植物硒含量≤0.1 毫克/千克，居民食用当地产食品，若搭配不当，往往达不到正常需硒量，要添加一定量的硒），只有 102 个县属于正常区（植物锌含量>0.1 毫克/千克，食用当地产食品可满足人体硒的需要量）。可见全国约有 2/3 的地区属于国际上公认的缺硒区，其中近 1/3 为严重缺硒区[6]。局部地区出现了缺硒的地方病[11]。

由以上简要资料可以看出，在人体必需的微量营养元素中，锌和硒在我国是应当特别予以重视的。

**（三）给食物中补充微量营养元素的途径**

从目前情况看，有 3 种方法可供选择：

1. 食物中添加某种微量营养元素或富含某种微量元素的物质，生产所谓的"强化食品",这是一种直接而简便的方法。但是,添加微量营养元素只能强化于摄入量有限的食品中,不适合添加于可多吃少吃的食品中。加碘食盐就是一个成功的例子。因为人每天吃的食盐量是比较固定的,碘的摄入量也不会有较大变化[12]。如果把碘强化于饼干或饮料中,就很难把握摄入的量了。

2. 培育能够富集微量营养元素的作物品种,尤其是水稻、小麦等主要粮食作物。我国已经开始了这方面的工作,如中国农业科学院作物科学研究所将 1997—1998 年在同一地点种植的 240 个冬小麦品种和高代品系的籽粒进行了分析:籽粒中的微量元素(Fe、Mn、Cu、Zn)和常量元素(P、K、S)均存在明显差异,其中铁、锌等含量高的品种间存在明显的亲缘关系,为利用这些翰本材料培育含高锌、高铁的小麦品种展示了一定前景[13]。同时还要减少籽粒中能降低微量营养元素有效性的抑制物质,如植酸、单宁和其他多酚类化合物[14]。这是一条经济有效的途径,但是还要做很多的工作。

3. 施用富含某些微量营养元素的肥料,并与作物品种相结合,生产所谓"功能性食品",是目前比较可行的办法,在国内外已经有一些成功的经验。土耳其在其土壤严重缺锌的安纳多利亚中部地区,施用富锌的肥料已有十年以上,含锌复混肥料的用量达到 30 万吨以上,从而提高了小麦的产量及子粒中的含锌量(表1)[2]。

**表 1 不同施锌方法对小麦锌浓度的影响**

| 施锌方法 | 锌浓度(毫克/千克) | | 产量中锌增加的% | |
| --- | --- | --- | --- | --- |
| | 全株 | 子粒 | 全株 | 子粒 |
| ①对照 | 10 | 10 | | |
| ②土施 | 19 | 18 | 109 | 265 |
| ③浸种 | 12 | 10 | 79 | 204 |
| ④叶面喷施 | 60 | 27 | 40 | 124 |
| ⑤土施+喷施 | 69 | 35 | 92 | 250 |
| ⑥浸种+喷施 | 73 | 29 | 83 | 268 |

芬兰在全国范围内施用富硒的肥料已经有 20 年(1984—2004)历史,他们在每千克肥料中添加的硒经几次调整,自 2000 年后,每千克肥料加硒 10 毫克,使粮食作物籽粒中含硒 170 微克/千克左右,人体每日摄入的硒在 70～80 微克左右。并提出了"健康农业"(Farming for Health)的概念和专著[2]。

在我国,中国农业科学院土壤肥料研究所的微量元素组曾经对小麦、芹菜等施锌增加籽粒和植株中锌的作用进行过研究。随着锌肥用量的增加小麦地上部不同部位的锌含量都是增加的,小麦各部位对施锌的敏感程度(随着锌肥用量增加,不同部位含锌量增加的幅度)为:籽粒>拔节期地上部>颖壳>成熟期茎叶(表2)。因此,可以把拔节期地上部作为小麦是否缺锌的最佳诊断时期和部位[15]。

**表 2 不同施锌量对土壤、小麦地上部含锌量的影响**

| 施入锌量 | | 土壤锌** | 植株锌(毫克/千克) | | 颖壳 | 籽粒 |
| --- | --- | --- | --- | --- | --- | --- |
| 毫克/千克 | 千克/公顷* | (毫克/千克)** | 拔节期 | 成熟期 | (毫克/千克) | (毫克/千克) |
| 0 | 0 | 0.433 | 22.16 | 13.32 | 19.26 | 36.84 |
| 1.53 | 15 | 1.004 | 25.86 | 12.90 | 28.70 | 46.40 |

（续）

| 施入锌量 | | 土壤锌** | 植株锌（毫克/千克） | | 颖壳 | 籽粒 |
|---|---|---|---|---|---|---|
| 毫克/千克 | 千克/公顷* | （毫克/千克）** | 拔节期 | 成熟期 | （毫克/千克） | （毫克/千克） |
| 3.07 | 30 | 1.424 | 28.42 | 15.60 | 37.44 | 47.16 |
| 4.60 | 45 | 1.685 | 32.40 | 20.46 | 37.50 | 51.20 |
| 6.13 | 60 | 2.444 | 40.34 | 20.96 | 47.06 | 54.64 |
| 12.27 | 120 | 4.068 | 50.18 | 31.16 | 61.18 | 66.88 |
| 24.53 | 240 | 8.556 | 69.76 | 50.30 | 109.38 | 83.14 |
| 49.07 | 480 | 14.660 | 105.10 | 100.16 | 162.34 | 94.46 |

\*　相当于每公顷施七水硫酸锌的千克数。

\*\*　DTPA 浸提。

　　芹菜在我国南北方均可种植，可以露地栽培也可以保护地栽培，且耐贮存、运输，可常年供应市场。试验证实，施用锌肥可增加芹菜中的锌含量（表3），因此，富锌芹菜可作为营养配餐的成分之一，以缓解人体缺锌。试验还证明，地下部（根）富集的锌比地上部多，在地上部叶柄（通常食用的部分）富集的锌又比叶片多[16]。

**表3　锌肥对芹菜产量和含锌量的影响**

| 施锌量*（千克/公顷） | | 0 | 15 | 30 | 60 |
|---|---|---|---|---|---|
| 平均产量（千克/米²） | | 9.23 | 9.76 | 9.98 | 10.10 |
| 增产 | 千克/米² | — | 0.44 | 0.75 | 0.87 |
| | ％ | — | 4.77 | 8.13 | 9.43 |
| 叶柄中含锌量（毫克/千克） | | 14.53 | 18.73 | 20.30 | 23.40 |
| 增加（％） | | — | 28.9 | 39.7 | 61.1 |

\*　施用七水硫酸锌的量。

　　近年我国在富硒、富锌和富铁大米和小麦方面已经做了一些工作，有的已在生产上较大规模地应用。例如四川有人配制了水稻专用的营养液，在生长中后期施用 2～3 次，可使精米含硒量稳定在 0.12～0.27 毫克/千克，高于对照 3.6～8.2 倍；富锌米锌含量较对照提高 30.35％～96.43％；富铁米铁含量较对照提高 137.78％～260.69％[10]。河南农业大学国家小麦工程技术中心与内蒙古巴盟恒绿新术开发研究所合作，应用他们开发的“富硒增产素”在小麦拔节期、灌浆初期和灌浆中期喷施，可使小麦籽粒中硒含量高于对照 3 倍左右。1999年在内蒙古建立富硒小麦生产基地3666.7公顷，生产富硒小麦1500万千克，经3921份样品的分析，平均含硒量达到 0.20 毫克/千克[17]。

**（四）生产功能性食品存在的问题**

　　1. 人体必需的营养元素适量补充有益，过量有害。近年宣传上也有偏差，不管是食品或药物，只要宣传含有多种微量元素，就身价百倍。因此有人提出要给微量元素“热”降温[12]。

　　2. 微量营养元素的吸收、利用以及对人体有无毒害，与该元素的形态密切有关。以硒为例，目前已证明食物中含有硒的化合物有 20 多种，其中硒酸盐和亚硒酸盐等无机硒化合物会导致生物体病变，而硒蛋氨酸（SeMet）和硒半胱氨酸（SeCys）等有机硒化合物是人类摄取硒元素的主要来源。目前用高效液相色谱与电感耦合等离子质谱（HPLC-ICP-MS）

联用技术，完全可已对食物中硒、砷等微量元素的形态进行分析[18]。尤其在用叶面喷施方法补充微量元素的时候，在食物中微量元素的形态是特别值得注意的。

3. 通过施肥来补充微量营养元素要达到稳定的效果，施肥技术还有待仔细研究。有些微量营养元素通过施肥难以补充到需要的部位。下面是中国农业科学院油料作物研究所在油菜上做的一个施锌试验结果（表4），随着锌肥用量的增加，油菜营养器官中的锌增加明显，而繁殖器官（种子）中的锌比较稳定[19]。

**表4 油菜收获期各器官的锌含量**

（单位：微克/克）

| 锌处理（微克/克） | 根 | 茎枝 | 果壳 | 种子 | 全株 |
| --- | --- | --- | --- | --- | --- |
| 1（CK） | 38.1 | 27.0 | 23.0 | 58.3 | 35.5 |
| 2 | 42.2 | 27.5 | 26.7 | 59.7 | 36.7 |
| 3 | 46.2 | 28.5 | 27.9 | 60.1 | 37.3 |
| 6 | 48.6 | 30.5 | 30.1 | 61.1 | 40.0 |
| 10 | 49.5 | 34.3 | 37.1 | 62.3 | 44.6 |
| 20 | 50.2 | 52.5 | 50.5 | 64.2 | 54.7 |
| 50 | 52.1 | 81.9 | 59.5 | 65.3 | 68.1 |
| 100 | 78.1 | 120.9 | 83.7 | 65.8 | 87.1 |
| 150 | 81.9 | 133.9 | 87.4 | 66.7 | 98.1 |

# 参 考 文 献

[1] DibbD. W., Robertsr T. L., Welch R. M.. 从数量到质量——肥料在人类营养上的重要性［M］// 金继运. 信息技术与土壤养分管理国际学术讨论会论文集. 中国农业出版社，2007：9-15.

[2] Cakmak. Enriching Grain with Micronutrients: Benefits for Crop Plantsand Human Health［C］. 国际化肥工业协会，中国化工建设总公司. 2006世界化肥农业大会论文集. 2006：1-13.

[3] 单振芬. 微量元素与人体健康［J］. 微量元素与健康研究，2006，23（3）：66-67.

[4] 王丽涛，微量元素锌、铜与人体健康［J］. 微量元素与健康研究，2007，24（4）：66.

[5] 王丕玉，刘海潮. 锌失衡与人体健康［J］. 中国食物与营养，2007（7）：50-51.

[6] 张瑞华. 人体需要经常补硒［J］. 辽宁城乡环境科技，2004，24（5）：16-18.

[7] 吴茂江. 硒与人体健康［J］. 微量元素与健康研究，2007，24（1）：63-64.

[8] 全国土壤普查办公室. 中国土壤普查数据［M］. 北京：中国农业出版社，1997：20-21.

[9] Jin Jiyun, He Ping, Tu Shihua. Micronutrient Deficiencies Occurrence, Detection and Correction: The China Example［C］. 国际化肥工业协会，中国化工建设总公司. 2006世界化肥农业大会论文集. 2006：48-57.

[10] 吴忠坤. 营养功能稻米及其开发前景［J］. 中国食物与营养，2007（4）：16-18.

[11] 李日邦，谭见安，王五一，等. 提高食物链硒通量防治大骨节病和克山病示范研究［J］. 地理学报，1999，54（2）：158-163.

[12] 孙雪松. 给微量元素"热"降温［J］. 保健医苑，2006（8）.

[13] 张勇，王德森，张艳，等. 北方冬麦区小麦品种籽粒主要矿物质元素含量分布及其相关性分析［J］.

中国农业科学，2007，40（9）：1871-1876.

[14] 石荣丽，邹春琴，张福锁．籽粒铁、锌营养与人体健康研究进展［J］．广东微量元素科学，2006，13（7）：1-8.

[15] 刘新保，褚天铎，杨清，等．不同施锌水平对冬小麦含锌量及其他营养元素的影响［M］//胡思农，等．硫、镁和微量元素在作物营养平衡中的作用国际学术讨论会论文集．成都：成都科技大学出版社，1993：300-304.

[16] 褚天铎，李春花，刘新保，等．锌对芹菜影响的研究［M］//胡思农，等．硫、镁和微量元素在作物营养平衡中的作用国际学术讨论会论文集．成都：成都科技大学出版社，1993：311-315.

[17] 宋家永，张万业，王永华，等．小麦富硒生产技术研究［J］．中国农学通报，2005，21（5）：197-199.

[18] 周瑛，叶丽，竹鑫平．HPLC-ICP-MS在食品中硒和砷形态分析及其生物有效性研究中的应用［J］．化学进展，2007，19（6）：982-995.

[19] 刘昌智，袁光咏，陈仲西，等．锌对油菜含锌量、产量和某些品质的影响［M］//胡思农，等．硫、镁和微量元素在作物营养平衡中的作用国际学术讨论会论文集．成都：成都科技大学出版社，1993：295-299.

# 对发展新型肥料的几点认识

林葆　李家康

（中国农业科学院农业资源与农业区划研究所）

我国肥料，尤其是化肥的用量逐年增加，在农业生产中发挥了十分重要的作用。但是，近年来也出现了一些新的问题，如中、微量营养元素失调，土壤酸化，某些农产品质量变劣，肥效下降，污染环境等等。这些问题对肥料的生产和施用提出了新的要求，新型肥料应运而生，发展迅速。

目前国内新型肥料的发展主要有两个方向：一个是对传统肥料（常规肥料）的再加工，使之具有某些新的特性和功能；另一个是利用我国的原材料，生产出一些新的肥料品种。前者种类较多，大致可归纳为四类，即缓控释肥料、功能性（多功能）肥料、全水溶性肥料和微生物肥料（菌剂）。也有把生物有机肥列为一类的。这些新型肥料很难和传统肥料之间划一条明确的界线。而且这些新型肥料也已经有多年的发展历程。例如目前公认的新型肥料之一的缓控释肥在世界上已经有 60 多年的历史，在我国早在 20 世纪 70 年代已经开始研发包膜碳酸氢铵，只是至今在世界肥料总产中还不是一类主要产品。又如全水溶性肥料作为叶面肥施用已有多年的历史，近年因灌溉施肥的推广，全水溶性肥料又引起了重视。而微生物肥料从根瘤菌剂成功应用算起，已经有一个世纪。在我国从 20 世纪 50 年代开始，微生物肥料也经历了几起几落的发展过程。因此，很难说它们新在哪里。目前在新型肥料与传统肥料的界线难以划分，类型相互交叉的情况下，凡是对传统肥料进行物理、化学或生物的加工改性，使其营养功效得到加强或具有新的功效的肥料，都可列入新型肥料之中，但必须说明其创新点、功效和施用条件和方法。至于用国产原材料加工的新型肥料，目前也有一些研究，例如用难溶的钾长石类，或中、低品位磷矿石，加工生产一些作物可以吸收利用其中营养成分的钾钙肥、钾硅钙肥、钙镁磷钾肥等。若干年前已有人进行过研究，但认为有效养分含量低、成本不过关等问题，已予以否定。近年随着技术的进步，又有了新的进展。这在我国水溶性钾盐矿资源缺乏，磷矿以中低品位为主的情况下，有现实意义。

新型肥料的开发要目标明确。开发新型肥料和提高施肥技术的总体目标是高产、优质、高效、改土和环保。但在具体开发一种新型肥料时，必须有更具体的目标，否则，就会走向开发一种"万能型"肥料的误区。新型肥料一般是为了解决传统肥料施用中出现的问题而研究开发的，往往有较强的针对性和适用条件。应当结合当地施用传统肥料产生的问题，来进行分析：肥料首先讲的是养分，通过土壤供肥、作物需肥来分析，肥料的养分补给是否平衡，养分的形态是否适宜；对土壤酸碱度的影响如何；对注重品质的瓜果、经济作物的品质

---

注：本文发表于《中国农资》，2011 年第 6 期。

有何影响：如何减少施肥次数，节省用工，有的地方缺水灌溉，有的作物拔节以后，追肥是困难的。例如，近年含大量元素复混肥料的应用，一些地方出现了中、微量元素不平衡的问题，在复混肥中添加微量元素，成为一个亮点。但是，土壤微量元素的缺乏，有明显的地区分布规律。以锌为例，有效态锌是土壤锌供给能力的较为可靠指标，据研究我国土壤有效态锌含量受土壤 pH 的影响，总的趋势是南方酸性土壤较高，北方石灰性土壤较低，缺锌土壤主要分布在北方，所以，在南方施用的复混肥是不需要加锌的。又如蔬菜有需钾、需硼量高，喜硝基氮的特点，根据这些特点来配制蔬菜专用的复混肥有提高产量，改善品质的明显作用。仅仅从这两个例子就可看出，因土壤、作物的不同，想开发一种新型肥料，就解决所有问题是行不通的。

推广新型肥料要因地制宜，"良肥良法"相结合（即新型肥料与施肥技术相结合）。施用传统氮肥，尤其是过量和不平衡施用氮肥，容易引起土壤酸化（pH 下降），施用含有钙、镁等养分的肥料，有防止酸化的作用，但是，这只有在土壤原来 pH 较低的情况下，才有好的效果。例如近年赣南种植脐橙的红壤，胶东种植苹果的棕壤，明显酸化，影响了果品的质量和产量，在这些地区施用防止土壤酸化的肥料，会有好的效果。而在陕西由黄土母质发育的土壤是碱性的，种植苹果应当没有土壤酸化的问题，也没有施用防止酸化肥料的必要。另外，新型肥料还必须与施肥方法相结合。最近 5 年我们在国内 10 个省（自治区）组织了硫磺加树脂双层包膜的缓控释肥料的试验和示范，在增产、节肥、省工方面都有较好的作用。但是，在华北夏玉米上就遇到一个问题：近年相当一部分夏玉米是在小麦行间套种，或麦收后不犁地直接播种的，有的地方农民把缓控释肥料象普通氮肥一样作追肥施在地表，明显降低了肥效，因此，必须开发与肥料相匹配的深施肥机具。一种好的新型肥料要得到推广应用，还必须多年多点地进行试验和示范，把样板做到农民家门口，让农民看到新型肥料的好处，这是十分有效的宣传方法。

目前我国的新型肥料虽然有一些较好的产品，但存在"价位高、规模小"的问题，同时，对其作用有夸大的宣传。要进一步发挥其作用，必须在生产上降低成本，在使用上加强针对性，才能更好发挥其作用。

# 田间肥效试验是检验新型肥料
# 施用效果的最重要方法

## ——对做好试验的一些认识

林葆　李家康

（中国农业科学院农业资源与农业区划研究所）

　　我国化肥（氮、磷肥）产能和产量过剩，用量不断增加，肥效下降，不仅增加了农产品的生产成本，还引起了土壤酸化和环境污染等问题。研究发展新型肥料，提高化肥质量，改进施肥技术，从而提高化肥利用率和肥效，减少化肥用量，是化肥发展的方向和必由之路。近年来各种新型肥料发展很快，种类繁多，各种宣传如天花乱坠，不仅农民难以识别，业内人士也对其真假难辨。虽有各种方法对其作用进行鉴别，例如对其作用的推理，成分的分析，盆钵栽培试验等等，但笔者认为进行科学的田间试验，是检验新型肥料施用效果的最重要方法。

　　我们从 2006 年至今，在南北方 10 个省、自治区的大田作物上，组织了 200 多个包膜缓释肥料的田间试验，对如何做好这类试验得到了一些启发，现总结如下，与大家讨论。

## （一）关于试验设计

　　要显示新型肥料的优点，当然是与普通肥料相比较。如何比法，我们认为有几点是要严格把关的：

　　**1. 等养分比较。**这是最重要的一种比较方法，例如缓释氮肥与普通氮肥比较，单位面积的施氮量必须一致。至于磷、钾肥的用量应根据土壤测试结果和丰缺状况，确定用量，与两种氮肥配合施用的磷、钾肥用量应当一致，即磷、钾肥作为肥底应当一致，两个处理之间的差异是单一的缓释氮肥与普通氮肥之间形态的差异。其他如等肥料质量（过去习惯上称为重量）对比，或等肥料价格对比均不可取。因为两种肥料的养分含量不同，等肥料质量对比实际上是不等肥料养分对比。等价比较也不科学，因为影响肥料价格的因素太多，而且肥料价格随时都有波动。

　　至于两种复合肥料比较，情况就比较复杂，要求两者 N、P、K 养分都相等较难做到，要求两者 N、P、K 之和相等比较实际。但因 N、P、K 比例不同对产量有影响，即对产量影响的因素不是单一的。

　　**2. 减肥试验。**这也是人们比较喜欢采用的一种比较方法，例如缓释氮肥减量 20％～30％（假设每亩施用 7～8 千克 N），与普通氮肥 100％（假设每亩施用 10 千克 N）比较。如果减肥不减产，甚至还比普通氮肥 100％增产，就证明了前者的优越性。但是做这样的减

---

　　注：本文发表于《中国农资》。

肥试验试验时，要注意以下两点：第一，缓释氮肥减量 30％的同时，要相应设一个普通氮肥减量 30％的处理。也许有人会问，不是有一个普通氮肥 100％的处理了，何必还要设普通氮肥减量 30％的处理呢？因为在氮肥 100％为过量施肥时，普通氮肥减量也不会减产。另外，在土壤氮素肥力高的地块，哪一种氮肥减量都不会减产。如果没有普通氮肥减量的处理，在上述情况下，会产生误判。第二，最好能设不止一个减量处理，如减量 20％、减量 40％等。这样可以更加清楚看出新型肥料的优越性，和可以减施的确切量。一般说减量 20％～30％不减产就很不错了。

**3. 应当设一个无肥的对照区。** 例如比较缓释氮肥与普通氮肥时，应当设一个不施氮肥的对照区。没有这一个无氮的对照区，就无法用差值法计算不同施氮处理的氮肥利用率，也无法计算施用氮肥的肥效（也有称"农学效率"的，即施用 1 千克的肥料氮，可增产多少千克的农产品）。近年来我们还发现，有的试验地土壤比较肥沃，当季施用氮肥看不出增产效果，如果没有这个无肥区对照，就可能对施用不同氮肥的效果产生误判（即：本来两种氮肥效果是不同的，但在这样的地块上表现一致）。

**4. 关于施肥方法。** 为了减少试验的误差，按理说不同处理施肥方法应当一致。实际上施肥方法往往是与不同的肥料密切不可分割的。例如普通氮肥，我们大多采用所谓"习惯施肥法"，即一部分氮肥做底肥，留一部分在作物生长季节作追肥。这是由普通氮肥的肥效迅速而短暂决定的，只有采用这种方法才有较好的施用效果。而缓释氮肥，特别是他的氮素释放与作物吸收基本一致的控释氮肥，一次施用即可供给作物整个生长季节的氮素营养，一次深施是其优点和特点。在这种情况下不必强调施用方法的一致。如强调施用方法的一致，反而不能发挥两种肥料各自的优势。

### （二）试验地的选择

应当选择土壤肥力中等的地块，不要选择高肥力的地块。除了一般要求，如试验地要平整，肥力要均匀一致，不要靠近道路、水渠、林木等条件外，我们这几年还有一点比较深刻的认识是，试验地不要选在试验场、村庄附近的高肥力地块，因为在这样的地块上施肥当季看不出肥料的效果。例如我们比较缓释氮肥和普通氮肥，除了这两个处理外还有一个不施氮肥的空白对照。在高肥力地块如果这个不施氮肥的空白对照作物长得和施肥的处理都差不多，那么施用不同氮肥的两个处理肯定不会有什么差别了。在这样的地块上试验做得再仔细、认真，也得不出结果。在过去几年中我们约有五分之一的试验选在了这样的地块上，结果报废了。

### （三）应进行多年、多点的试验，必要时还应进行定位试验，才能得出正确、完整的结论

田间试验的条件复杂、多变：即使在同一地区、同一种土壤上，不同地块的土壤肥力状况既有相同（如土壤质地、pH、有机质变化较小），也会有较大差异（如土壤氮、磷、钾等有效养分差异较大），而后者对施肥的效果明显影响。因此，做一两个试验不能全面反映某一地区、某种土壤上的肥效结果。所以在同一年份、同一种作物上应当有多个（一般应当有 5 个或 5 个以上）的试验，才能大致正确地了解某种新型肥料的肥效在空间（地域）上的分布情况。同时，在同一地点，年度间天气状况也有变化，对某种新型肥料的肥效会产生影响。所以相同的试验，在相同的地区和相同的作物上，应进行多年（至少 2 年或 2 年以上）的试验，才能得出某种新型肥料的肥效在时间上（年度间）的变化。

试验如果没有年度间的重复，有时还会有这种情况：例如肥料的减量试验，由于试验地土壤肥力的影响，在第一年不要说减肥，有时不施肥也不一定减产，这是由于土壤肥力较高，足以供给当季作物的需要。如果在同一地点连续第二季、第三季减肥，产量也许就降下来了。所以能不能减肥，要进行定位试验，连续观察，并进行土壤、植株的养分分析，才能把问题搞清楚。

还有果树等多年生作物，当年的开花、结果情况不仅受当年施肥、管理等措施和天气等条件的影响，还和前几年的措施和条件有关。另外，果树个体间差异大，结果又有大小年等问题。所以，果树的肥料试验必须进行多年（3 年以上）。

### （四）试验与示范相结合

试验是指正规的田间小区试验，小区随机区组排列，3 次以上重复，既可以进行仔细对比、观察，发现问题，又可以取得系统的试验数据。在看出某种新型肥料有一定的效果后，即可与试验继续进行的同时，开展多点的田间示范。示范一般不设重复，进行新型肥料与普通肥料的大田对比。这样既是对新型肥料的肥效验证，也是示范推广，向农民、经销商和当地农业行政领导展示新型肥料的效果和优越性。示范是多点的，根据生产厂家的条件，给示范户提供一定的优惠，使新型肥料得以尽快推广应用。

# 8 研究生部分论文
## ——指导篇

# 土壤中植物有效硫的评价

李书田　　林葆

（中国农业科学院土壤肥料研究所　　北京　　100081）

**摘要**　　本文综述了土壤硫素形态及有效性、土壤有效硫的测定方法以及不同方法测定的土壤有效硫与植物生长的相关性。土壤有效硫的测定主要考虑表层土壤可溶性和部分吸附态硫酸盐，但土壤有机质含量、有机硫含量和组成、土壤机械组成、pH值以及下层土壤硫素状况也是不可忽略的重要因素。目前还没有一种行之有效的统一方法能够合理评价土壤有效硫状况。今后应进一步研究不同土壤的供硫特性，并对不同有效硫评价方法进行筛选，找出适合我国土壤和气候条件下的土壤有效硫评价方法和指标，以期为合理施用含硫肥料提供依据。

**关键词**　　土壤；植物有效硫；测定方法

硫是继氮、磷、钾之后第四位植物生长必需的营养元素[1]。它在植物生长发育及代谢过程中参与重要的生理功能[2]。近年来，随着人口增长对粮食需求的增加，单位面积产量和复种指数不断提高，少硫和无硫高浓度肥料（DAP、MAP、尿素等）的发展和应用，工业排放 $SO_2$ 量的减少，使用含硫农药的减少以及有限的秸秆还田数量等，使得土壤中储备的硫降低[3]。目前，世界范围缺硫现象十分普遍，全世界已有 72 个国家和地区出现缺硫现象，其中包括中国[4]。据报道，我国南方许多省施用硫肥都具有不同程度的增产作用[5]；中国东部地区水稻和小麦出现缺硫现象[6]；安徽省黄潮土、灰潮土、紫色土、红壤、砂浆黑土及水稻土也都表现出不同程度的缺硫现象[7]；江西水稻、花生、油菜施硫有增产作用[8]。1991年在成都举行的"国际硫、镁及微量元素．平衡施肥"讨论会上，也报道了中国东部地区水稻施硫的增产效果。估计在不远的将采北方地区缺硫面积将会不断扩大。目前高产栽培条件下需要施用大量的高浓度 N、P、K 肥料，这就更加需要补充硫素才能保持养分平衡，提高养分利用率[9]。所以，了解土壤硫的供应状况对于指导合理施用硫肥是必要的。

## 1　土壤中硫素形态及有效性

土壤中的硫可分为无机硫和有机硫两大部分，它们之间的比例关系随土壤类型、pH、排水状况、有机质含量、矿物组成和剖面深度变化很大[10]。在表层土壤中，大部分硫以有机形态存在。多数湿润和半湿润地区的非石灰性表层土壤中，有机硫可占全硫的 95% 以

---

注：本文发表于《植物营养与肥料学报》，1998 年，4（1）：75～83。

上[10~11]；但在石灰性土壤和下层土壤中则硫酸盐含量很高[12]。我国湿润地区的表层土壤有机硫占 85%～94%，无机硫占全硫的 6%～15%，而北部和西部石灰性土壤无机硫占全硫的39.4%～61.8%[5]。无机硫酸盐在土壤中以水溶态、吸附态和不溶态（如 $CaSO_4$、$FeS_2$、$Al-SO_4$ 或元素硫）存在。植物有效硫取决于土壤溶液中硫酸盐的浓度，而土壤溶液中硫酸盐与吸附态硫酸盐和有机硫之间存在着平衡关系。虽然可溶性硫酸盐易被作物吸收利用，但其在一年中变化较大，而且有时数量有限，难以满足植物的需要。所以，可溶件硫酸盐一般不能作为植物有效硫的指标[13~14]。吸附态硫酸盐中，一部分对植物有效。石灰性土壤中与碳酸钙结合的硫酸盐有效性很低，而土壤黏粒吸附的硫酸盐则是有效的[14]。Fe、Al 化合物以及 Fe、Al 腐殖质复合体也吸附部分硫酸盐[15]，但这两部分吸附态硫酸盐的有效性还不清楚。

　　土壤中有机硫的特性是通过用某些还原剂提取来实现的[10]。氢碘酸还原的有机硫部分是不与碳原子直接相连的，主要包括酯键硫（C-O-S）和部分氨基磺酸硫以及 S-磺酸半胱氨酸。这部分硫占土壤有机硫的 30%～70%，受土壤利用状况、有机物投入以及气候因素的影响[16~17]。这部分硫易于转化为无机硫[18]。不被氢碘酸还原的有机硫部分是碳键硫，这部分硫平均占土壤有机硫的 54%[19]。碳键硫又分为镍铝（raney nickel）还原硫和非还原硫两部分，前者主要包括蛋氨酸、胱氨酸、硫醇（R-C-SH）、亚砜（R-C-SO-CH$_3$）、亚磺酸（R-C-SO-OH）和与芳香核相连的磺酸。碳键硫比较稳定，对当季作物来说，其有效性低于酯键硫[20]。但在长期耕作条件下，碳键硫可以通过酯键硫转化为无机硫而供作物吸收利用[21]。土壤有机硫是植物有效硫的重要来源，这一点在许多试验中得到证实[13,22]。盆栽试验表明，植物所需硫的 45% 以上来源于土壤有机硫[22]。如果植物生长周期较长时，土壤有机硫的贡献会更加重要。土壤有机硫的有效性受土壤有机质本身特性、土壤微生物活性以及环境条件的影响[23]，这些环境条件的变化影响整个生长季节中土壤无机硫水平[24]，所以，对土壤有效硫状况影响很大。

　　由此可见，土壤中各种形态硫的有效性不同，水溶态硫酸盐是作物易于吸收的部分，吸附态和有机态硫是土壤溶液中硫酸盐的补充。所以，评价土壤有效硫状况时，应该考虑土壤中不同形态硫的贡献。

# 2　土壤有效硫的评价方法

　　评价土壤供硫能力通常用土壤测试和植物诊断。植物诊断是缺硫诊断中一项可靠手段，但即使诊断出缺硫也可能为时已晚，不能及时纠正缺硫状况。由此提出了一系列评价土壤中植物有效硫的方法，以便提前对土壤有效硫状况进行全面了解，从而指导合理施用硫肥。土壤中各种形态的硫是随时间而不断变化的，有些是对植物直接有效的，有些是对植物生长中期或长期有效的。所以，合理评价土壤有效硫状况是很困难的[25]，主要是由于许多测定方法不能评价与植物吸收比例相同的各个库的供应状况。一方面由于有些测定方法不能评价可矿化的有机硫部分，导致低估土壤的供硫能力[26]；另一方面，一些测定方法过多地评价植物不能利用的有机硫部分，导致过高地估计土壤硫的供应能力[13]。土壤中大部分硫是有机形态，而且要转化为无机态才能被作物吸收利用。所以，只有同时估计土壤中无机硫和部分对植物有效的有机硫，才能够合理评价在作物生长期间有效硫的供应状况。土壤有效硫的评价方法很多，主要包括化学测试和生物测试方法以及考虑土壤性质如 pH 值、黏粒含量以及下层土壤硫素状况的一些方法。化学测试方法是目前测土施肥工作所需要的，本文重点对土壤有效硫的化学提取技术和提取液中硫酸盐的测定方法以及与植物的产量和吸收硫量的相关性进行分析。

## 2.1 土壤有效硫的化学测试方法

**2.1.1 土壤有效硫的提取** 除某些沼泽植物能利用硫化物外[27]，植物对土壤中的硫是以 $SO_4^{2-}$ 形态吸收的。所以，评价土壤供硫能力必须包括土壤中 $SO_4^{2-}$ 形态以及易于转化为 $SO_4^{2-}$ 的形态。这些形态包括水溶态和吸附态 $SO_4^{2-}$，还有部分有机硫。一些研究比较了许多有效硫的化学提取方法，这些方法包括：$H_2O-25℃$，$0.15\%CaCl_2$，1 摩尔/升 $NH_4OAc$，0.01 摩尔/升 $Ca（H_2PO_4）_2$（pH4.0），0.01 摩尔/升 $Ca（H_2PO_4）_2-2$ 摩尔/升 HOAc，0.016 摩尔/升 $KH_2PO_4-$ 土壤 pH，0.25 摩尔/升 KCl－40℃，0.5 摩尔/升 $NaHCO_3$（pH8.5）以及"热溶性硫"（用 1 摩尔/升 NaCl，提取前，把土壤用水蒸干，而后加热到 100℃）等方法[11,13,28]。用这些方法提取时，水土比一般为 5:1，振荡时间为 1 小时。对吸附阴离子能力强的土壤，磷酸盐溶液比 $H_2O$ 和 $CaCl_2$ 溶液能提取更多的硫酸盐；但对吸附阴离子能力弱的土壤来说，这种差异不明显。对可变电荷黏粒含量较高的土壤来说，当提取液 pH 调到土壤 pH 时，会提高硫酸盐的提取量；盐溶液如 $CaCl_2$ 溶液比水好，因为前者有利于土壤溶液絮凝，易于过滤得到清亮溶液；提取液中的有机质影响随后硫酸盐的测定[28]。$H_2O$ 主要提取水溶态和部分有机态硫；$CaCl_2$ 溶液主要提取水溶态和少量有机态硫；而含磷酸盐溶液则能够提取水溶态、吸附态和部分有机态硫[11]。由于水对有机质具有分散作用，所以比其他各种盐溶液能提取更多的有机硫，而且不易过滤得到清亮溶液，影响之后的测定[29]。不同提取剂提取有机硫的数量差异很大，0.01 摩尔/升 $Ca（H_2PO_4）_2$ 溶液提取的硫中，大约有 21%～50% 是有机硫，而且与土壤有机硫总量密切相关[28]。$CaCl_2$ 溶液提取的硫中，大约有 17.7% 是有机硫[30]。不施硫土壤上，0.25 摩尔/升 KCl－40℃可以把土壤中 5.9% 的酯硫提取出来[31]。各种提取剂提取有机硫的数量大致为：$NaHCO_3$＞磷酸盐溶液＞$H_2O$＞0.25 摩尔/升 KCl－40℃＞$CaCl_2$ 溶液[22]。

目前，还没有统一的土壤有效硫提取方法，还需进行大量的相关和校验研究，以找出适合我国不同气候和土壤条件下适宜的有效硫提取方法。石灰性土壤和中性土壤条件下，一般用 $CaCl_2$ 溶液提取有效硫；在酸性土壤条件下，由于对硫酸根吸附能力较强，$CaCl_2$ 溶液提取会低估植物的有效硫[32]，一般用 0.1 摩尔/升 $Ca（H_2PO_4）_2$ 提取。澳大利亚和新西兰等国多采用 0.25 摩尔/升 KCl－40℃来提取土壤有效硫，其结果与植物生长的相关性较好[31]。

**2.1.2 提取液中硫的分析方法** 通常使用的分析方法有还原法、比浊法、阴离子交换层析（IC）法和等离子体发射光谱法（ICP-AES）。还原法是用氢碘酸、次亚磷酸和甲酸混合物把含硫化合物还原为硫化氢，用醋酸锌-醋酸钠溶液吸收后，亚甲基兰法比色测定[33]。此法的优点是灵敏度高（S，0.1 微克/毫升）、准确度和精确度高，但测定速度较慢，且氢碘酸混合物具有较强的腐蚀性。比浊法是用 $Ba^{2+}$ 沉淀 $SO_4^{2-}$，而后用分光度计测定悬浊液[34]，但提取液中的有机质影响 $BaSO_4$ 的形成，这种情况下通常用活性碳处理或用 $FeCl_3$ 在碱性条件下沉淀有机质等方法除去有机质后，分析溶液中无机 $SO_4^{2-}$ 的含量[35]，还可用 $H_2O_2$ 消化提取液使其中有机质分解后，测定消化液中的含硫量[36]，这种方法分析速度较快，但受操作条件和溶液处理影响，很难准确测定。用原子吸收分光度计测定 $Ba^{2+}$ 沉淀 $SO_4^{2-}$ 后剩余 $Ba^{2+}$ 的间接方法计算提取液中硫酸盐的含量，特别是在硫酸盐含量低的情况下，这种方法较为快速准确的[37]。阴离子交换层析法（IC）可同时测定多种阴离子，如 $SO_4^{2-}$、$F^-$、

$CI^-$、$NO_3^-$、$NO_2^-$、$PO_4^{3-}$ 等。在测定 $SO_4^{2-}$ 方面，IC 法与还原法测定结果相似，这种方法的灵敏度也较高（S，0.25 微克/毫升），但溶液中磷酸盐浓度较高时影响分析结果，而且只能测定溶液中的 $SO_4^{2-}$，溶液中的有机部分要消化后测定[88~89]。等离子体发射光谱（ICP-AES）是在高温下进行的，可以同时测定提取液中的有机和无机硫[40,80]，从而能够了解不同提取剂提取的有机硫数量，在研究有机硫对植物的贡献方面优于其他方法。但此法受 Al、Ca、Mn、Fe 等离子的影响[41]，而且分析费用较高，一般实验室不具备这种条件。

目前，比浊法是比较普遍被采用的方法，简便易行，尤其在分析量大，又要求准确度不太高的情况下，一般采用此法。但比浊法受溶液中有机质的影响，测定前要消除其干扰。另外为使形成的硫酸钡沉淀均匀，通常在沉淀前加入阿拉伯树胶或聚乙烯醇（PVA）水溶液等分散剂，以利比浊分析[42,84]。在要求比较准确的情况下，如研究有机硫的矿化时，多采用还原法，这种方法可以测定提取液中的无机和有机硫。

**表 1　用化学方法提取的土壤有效硫与作物产量和吸硫量的关系（$r^2$）**

| 作物 | 提取剂 | 测定方法 | 产量 | 吸硫量 | 临界值（毫克/千克） | 资料来源 |
|---|---|---|---|---|---|---|
| 牧草 | $H_2O$ | ICP-AES | 0.45 | — | 8.4 | [31] |
| | $Ca（H_2PO_4）_2$ | ICP-AES | 0.47 | — | 7.1 | |
| | $KCl-40℃$ | ICP-AES | 0.73 | — | 6.5 | |
| | $NaHCO_3$ | ICP-AES | 0.04 | — | | |
| 草芦 | $H_2O$ | 氢碘酸还原法 | 0.73 | 0.62 | — | [50] |
| | $Ca（H_2PO_4）_2$ | | 0.75 | 0.82 | — | |
| | $NH_4OAc$ | | 0.60 | 0.69 | — | |
| | 热溶态硫（Heat soluble S） | | 0.47 | 0.41 | — | |
| | 热水溶硫（Hot water S） | | 0.73 | 0.68 | — | |
| 苜蓿 | $CaCl_2$ | 活性碳去除有机质后比浊测定 | — | 0.94 | | [64] |
| | $KH_2PO_4$ | | — | 0.94 | | |
| | $Ca（H_2PO_4）_2$ | | — | 0.95 | | |
| | 热溶态硫（Heat soluble S） | | — | 0.84 | | |
| 燕麦 | $CaCl_2$ | 活性碳去除有机质后比浊测定 | 0.63 | 0.82 | — | [53] |
| | $KH_2PO_4$ | | 0.63 | 0.91 | 8~10 | |
| | 热溶态硫（Heat soluble S） | | 0.60 | 0.90 | — | |
| | $NaHCO_3$ | | 0.60 | 0.90 | 28~31 | |
| 玉米 | $CaCl_2$ | 活性碳去除有机质后比浊测定 | 0.56 | 0.73 | — | [44] |
| | $KH_2PO_4$ | | 0.71 | 0.79 | — | |
| | $Ca（H_2PO_4）_2$ | | 0.75 | 0.76 | — | |
| | $NH_4OAc$ | | 0.64 | 0.73 | — | |
| | 热溶态硫（Heat soluble S） | | 0.79 | 0.75 | — | |
| 春小麦 | $H_2O$ | ICP-AES | 0.84 | 0.84 | 10~12 | [22] |
| | $KH_2PO_4$ | | 0.86 | 0.85 | | |
| | $CaCl_2$ | | 0.81 | 0.82 | | |
| | $Ca（H_2PO_4）_2$ | | 0.77 | 0.81 | | |
| | $KCl-40℃$ | | 0.79 | 0.90 | | |
| | $NaHCO_3$ | | 0.40 | 0.30 | | |

（续）

| 作物 | 提取剂 | 测定方法 | 产量 | 吸硫量 | 临界值（毫克/千克） | 资料来源 |
|------|--------|----------|------|--------|-------------------|----------|
| 燕麦 | $CaCl_2$<br>$KH_2PO_4$<br>热溶态硫（Heat soluble S）<br>$NaHCO_3$ | 氢碘酸还原法 | —<br>—<br>—<br>— | ns<br>0.24<br>0.53<br>0.52 | | [14] |

**2.1.3 与植物生长的相关性** 在田间和温室条件下研究一些土壤有效硫的测定方法或指标与植物产量和吸硫量之间的关系（表1）。在田间条件下，不同研究所得结果很不一致。一些人认为，土壤中可提取的无机硫与牧草产量相关性很差[26,43]；而有人则指出，土壤可提取的无机硫可以有效地预测玉米对硫肥的需求[44~45]，这可能与不同土壤的性质有关。有研究发现，$H_2O$、$CaCl_2$ 和 $KH_2PO_4$ 提取的硫（包括有机硫和无机硫）与豆科牧草产量具有相关性[46~47]，而有的则认为，用 $H_2O$ 和 $Ca（H_2PO_4）_2$ 提取的硫与牧草产量相关性很差（$r^2$ 分别为 0.46 和 0.47）[13,48]。用 0.25 摩尔/升 KCl 在 40℃ 下提取 3 小时，而后用 ICP-AES 测定的有效硫能够较好地反应土壤中植物有效硫状况，与牧草产量高度相关（$r^2=0.73$）[31]，这种方法可以同时估计土壤溶液和吸附态硫酸盐以及部分有效的有机硫。用这种方法评价土壤有效硫状况时，作物对施硫反应的临界值为 6.5 毫克/千克[49]。

温室试验结果也很不一致。用几种化学提取剂评价澳大利亚土壤（pH5.4～8.9）的有效硫状况表明，0.01 摩尔/升 $KH_2PO_4$ 溶液提取的水溶态和吸附态硫酸盐以及部分有机硫能够反应土壤供硫能力[50]。研究指出，0.01 摩尔/升 $Ca（H_2PO_4）_2$，pH 4.0 溶液提取的硫更能反应土壤的供硫状况，临界指标为 8～10 毫克/千克土[51]。当用 0.01 摩尔/升 $Ca（H_2PO_4）_2$，pH4.0 溶液作提取剂，水土比 5：1 在 24 小时内可以提取全部水溶态和吸附态硫酸盐，而且与植物吸收相关性很好[52]。对明尼苏达州 79 个土壤（pH5.5～7.8）的供硫特性研究结果表明，在缺硫土壤上，用 0.01 摩尔/升 $Ca（H_2PO_4）_2$、0.5 摩尔/升 $NaHCO_3$（pH 8.5）和 1 摩尔/升 $NH_4OAc$ 提取的硫酸盐与高粱吸硫量相关很好，在不缺硫土壤上则无相关性[45]，在研究苏格兰 10 种土壤（pH5.9～6.7）有效硫状况表明，$CaCl_2$、$KH_2PO_4$ 和 $NaHCO_3$ 提取的硫酸盐与燕麦产量和吸硫量相关很好[53]。土壤有机质也是有效硫的重要来源，所以，许多研究在评价土壤有效硫状况时，也考虑有机硫的贡献。有研究指出，"热溶态硫"与燕麦吸硫量高度相关（$r^2=0.9$）[36]。温室试验表明，土壤可提取的硫加上部分可矿化硫与苜蓿产量高度相关[54]；土壤培养后测定的硫酸盐含量与黑麦草施硫效果相关很好[55]。由此看来，评价土壤有效硫状况很复杂，不同研究的结果很不一致，没有统一的方法可以合理评价土壤有效硫状况。在此情况下，有人用同位素[35]S 技术探讨土壤供硫状况。结果表明，0.01 摩尔/升 $Ca（H_2PO_4）_2$ 提取的硫与植物吸收的硫来源相似，而 $NaHCO_3$ 提取的硫中，有些不能被植物吸收利用[56]。用同位素[35]S 标记土壤后进行水稻试验，用收获后植株体内的[35]S 的特殊活性（SA）与土壤中用不同提取剂提取的[35]S 的特殊活性（SA）之比即特殊活性比（SAR）来评价不同提取剂提取的硫与植物生长的相关性，若 SAR 接近于 1，则说明提取的硫与吸收的硫来源相似。表明，0.25 摩尔/升 KCl-40℃ 提取的硫可以用来评价土壤的供硫状况，而 $NaHCO_3$ 从土壤中提取很大数量的氢碘酸还原硫，有些不能被作物吸收利用[31,49]；有研究指出，$NaHCO_3$ 提取的硫，只有 6%～55% 被牧草吸收[25]。

## 2.2 评价土壤有效硫状况的其他方法

土壤有效硫的供应很复杂，土壤溶液中的硫酸盐和部分吸附态硫酸盐是对植物直接有效的，同时还受土壤有机质、pH、黏粒含量以及下层土壤供硫状况的影响。所以，评价土壤有效硫供应状况应该同时考虑这些因素的综合作用。有研究表明，用密闭好气培养4周和12周来促进有机质矿化，而后用0.15%$CaCl_2$提取，结果提高了提取的无机硫与玉米产量之间的相关性。但是在有机质含量低的土壤上，表层土壤中的硫酸盐不能预测玉米对硫的需求[57]。所以，部分活性有机质和有机质矿化是不可忽略的因素。刘崇群[58]（1993）建议用美国Wisconsin大学土壤系推荐的土壤有效硫指数（SAI），可同时考虑土壤中无机硫酸盐和有机质两部分因素，因此能较好地反映土壤的供硫能力。SAI的计算方法为：

$$SAI=0.2（SO_4^{2-}-S，千克/公顷）+0.1（有机质，吨/公顷）$$

用SAI对我国南方土壤进行评价，当SAI<7时，土壤供硫能力差，所有作物施用硫肥有效；SAI在7~14之间时，对一般作物不需施用硫肥；SAI>14时，土壤供硫能力强，所有作物不需施用硫肥。但这些数据还需在不同土壤条件下进一步验证和完善。土壤机械组成也影响土壤供硫特性。一些研究指出，豇豆最高产量所需的土壤溶液$SO_4^{2-}$浓度在0.06~0.22毫摩尔/升范围内[59]。对热带作物来说，土壤溶液中$SO_4^{2-}$为0.16毫摩尔/升是充足的[60]，而在砂质土壤上的小麦达到最高产量所需$SO_4^{2-}$的最低浓度为0.25毫摩尔/升[61]。这些差异主要是由于土壤缓冲能力不同造成的。含Fe、Al氧化物多的土壤，保持$SO_4^{2-}$能力较强，所以临界浓度较高。另一方面，$SO_4^{2-}$的吸持作用随土壤pH增加和黏粒含量下降而下降[62]。所以，评价土壤有效硫状况，不仅要了解化学提取的硫酸盐，而且要考虑土壤有机质、pH和黏粒含量。在田间条件下研究了威斯康星49种土壤对苜蓿的供硫状况表明，0.01摩尔/升Ca（$H_2PO_4$）$_2$-2摩尔/升HOAc是最佳提取剂，所提取的无机硫和土壤pH一起，显著提高对作物需硫的预测能力。其关系方程为：

$$增产量（吨/公顷）=50.81-7.22pH-8.19S+1.171（pH×S）+0.167S^2$$
$$-0.00341（pH×S）^{2[43]}$$

此外，下层土壤含硫量及其有效性也是需要考虑的重要因素。在玉米和大豆上的试验结果表明，早期缺硫不一定造成最终产量的下降，这表明随着植物的生长，根系接触并吸收下层土壤硫的结果[63~64]；在温室和田间条件下进行试验表明，作物所需硫的40%以上是从下层土壤吸收的[65]。在土壤剖面中，不同层次的土壤硫对作物的相对贡献率（W）可以用以下数学方程表示：

$$W=EXP（-CZ_1）-EXP（-CZ_2）（用以描述根系分布的模型）$$

其中$Z_1$和$Z_2$分别代表某一土壤层次的上表面和下表面深度（厘米），C是一常数，是剖面中有机碳含量与不同土层深度之间关系方程的斜率。在整个剖面中，0.01摩尔/升Ca（$H_2PO_4$）$_2$提取的无机硫加权平均值低于13.8毫克/千克，土壤溶液$SO_4^{2-}$低于0.25毫摩尔/升时，作物产量会下降。

# 参 考 文 献

[1] Singh MV et al. A review of the sulphur research activities of the ICAR-AICRP micro and secondary nutrients project. Sulphur in Agriculture. ，1995，19：35-46.

［2］ 邹邦基，等. 植物的营养. 农业出版社，1985：94-150.

［3］ Ceccotti SP and Messick DL. The growing need for sulphur fertilizers in Asia. Present and future raw materialls and fertilizer sulphur requimxnents for China. 1993：25-44.

［4］ Portch et al. Sulphur in Bangladesh agriculture-A strategic lesson for China. Proc. of the international symposium on present and future raw materials and fertilizer sulphur requirements for China. , 1993：106-107.

［5］ 刘崇群，等. 中国南方农业中的硫. 土壤学报，1990，27（4）：309-404.

［6］ Li shiye and Wang yuzhen. Sulphur research to winter crops in East China. Sulphur in Agriculture. 1985，9：18-19.

［7］ 张继榛，等. 安徽省土壤有效硫现状研究. 土壤通报，1996，27（5）：222-225.

［8］ 范业成，等. 江西硫肥肥效及其影响因素研究. 土壤通报，1994，25（3）：135-137.

［9］ Beaton JD and Wagner RE. Sulphur-a vital, component of maximum economic yield systems. Sulphur in Agriculture，1985，9：2-7.

［10］ Freney JR. Forms reactions of organic sulfur compounds in soils. In：Tabatabai MA（ed. ），Sulfur in Agriculture. Agronomy series，No. 27. ASA，CSSA. SSSA，Madison，Wisconsin，USA，1986a：207-232.

［11］ Tabatabai MA. Sulfur. In Payne AL. Freney JR and Miller RH（eds. ），Methods of Soil analysis. Part 2：Chemical and microbiological properties. 2nd Edit. Agronomy Series Number 9. ASA，SSSA. Publ. Madison，Wisconsin，USA，1982：501-538.

［12］ Williams CH and Steinbergs A. The evaluation of plant available sulphur in soils I. The chemical nature of sulphate in some Australian soils. Plant and Soil，1962，17：279-294.

［13］ Blair GJ，Chinoim N，Lefroy RB，Anderson GC and Crocker GJ. A soil sulfur test for pasture and crops. Aust. J. Soil Res. ，1991，29：691-626.

［14］ Williams CH and Steinbergs A. The evaluation of plant-available sulphur in soils II. The availability of adsorbed and insoluble sulphates. Plant Soil，1964，21：50-62.

［15］ Bloom PR. Phosphorus adsorption by aluminum-peat complex. Soil Sci. Soc. Amer. J. ，1981，45：267-272.

［16］ Bettany JR，Stewart JWB and Halstead EH. Sulfur fractions and carbn, nitrogen and sulfur relationships in grassland forest and associated transitioual Soil. Soil. Sci. Soc. Amer. Proc. ，1973，37：915-918.

［17］ Biederbeck VO. Soil organic sulfur and fertility. In：Schnitzer M ＆ Khan SU（eds. ），Soil organic matter. Developments in Soil Sciences. 8. Elsevier Scientific Publishing Co. ，Amsterdam. ，1978：273-310.

［18］ Blair GJ. Lefroy RDB，Chaitep W，Santoso D，et al. Matching sulfur fertilizers to plant production systems. Proceedings of International symposium on the role of sulphur，magnesium and micronutrients in balanced plant nutrition. The Potash and Phosphate Institute，1992：156-175.

［19］ Williams CH. The chemical nature of sulfur compounds in soils. In Mclachlan KD（ed. ），Sulfur in Anstrasian agriculture. Sydney Unive. Press，Sydney. ，1975：21-30.

［20］ Freney JR，Melville GE and Williams CH. Soil organic matter fractions as sources of plant available sulphur. soil Biol. Biochem. ，1975，7：217-221.

［21］ Mdaren RG and Swift RS. Changes in soil organic sulphur fractions due to long-term cultivation of soils. Journal of Soil Sci. 1977，28：445-453.

［22］ Zhao F and McGrath SP. Extractable sulphate and organic sulphur in soils and their availability to plants. Plant and Soil，1994，164：243-250.

［23］ Ladd JW，Amato M and Oades JM. Decomposition of plant materials in Australian soils III. Residual organic and microbial mass C and N from isotope-labelled legume material and soil organic matter, decomposing under field conditions. Aust. J. Soil Res. , 1985, 23: 603-611.

[24] Ghani A, McLaren RG and Swift RS. Sulphur mineralization in some New Zealand soils. Biol. Fert. Soils, 1991, 11: 68-71.

[25] Jones MB. Sulfur availability index. In: Tabatabai MA (ed. ), Sulfur in agriculture. Agronomy Series, No. 27. ASA, CSSA. SSSA, Madison, Wisconsin, USA. 1986: 549-566.

[26] Hoque S, Heath SB and Killham K. Evaluation of methods to assess adequacy of potential soil sulphur supply to crops. Plant and Soill, 1987, 101: 3-8.

[27] Carlson PR and Forrest J. Uptake of. dissolved sulfide by *Spartina atterriflara*: evidence from natural sulfur isotope abundance ratios. Sci. , 1982, 216: 633-635.

[28] Anderson GC, Lefroy R, Chinoim N and Blair G. Soil sulphur testing. Sulphur in Agricultural. , 1992, 6-14.

[29] Maynard DC, Kalra YP and Radford FG. Extraction and determination of sulfur in organic horizons of forest soils. Soil Sci. Soc. , Amer, J. , 1987, 51: 801-805.

[30] Holmberg M. Analysis of sulphur in cultivated soils by inductively coupled plasma atomic emission spectometry. Acta Agric. Scand. , 1991, 41: 221-225.

[31] Blair GJ, Lefroy RDB et al. Sulfur soil testing. Plant and Soil, 1993, 155/56: 383-386.

[32] Curtin D and Syers JK. Extractability and adsorption of sulphate in soils. J. Soil Sci. , 1990, 41: 305-312.

[33] Johnson CM and Nishita H. Microestimation of sulfur in plant materials, soils and irrigation waters. Anal. Chem. , 1952, 24: 736-742.

[34] Chesnin L and Yien CH. Turbidmetric determination of available sulfates. Soil Sci. Soc. Amer. Proc. , 1950, 18: 149-151.

[35] Hesse PR. The effect of colloidal organic matter on the predpitation of barium sulphate and a modified method determining soluble sulphate in soils. Analyst, 1957, 82: 710-720.

[36] Williams CH and Steinbergs A. Soil sulphur fractions as chemical indices of available sulphur in some Australian soils. Aust. J. Agric. Res. , 1959, 10: 340-352.

[37] Hue NV and Adams F. Indirect determination of micrograms of sulfate by barium absorption spectroscopy. Commun. In Soil Science and Plant Analysis, 1979, 10 (5): 841-851.

[38] Small RCG, Stevens TS and Bauman WC. Novel ion exchange chromatographic method using conductimetric detection. Anal. chem. , 1975, 47: 1801-1809.

[39] Dick WA and Tababai MA. Ion chromatographic detwmination of sulfate and nitrate in soils. Soil Sci. Soc. Am. J. , 1979, 43: 899-904.

[40] Lee R and Pritchard MW. Spectral interference on the emission of sulfur at 180. 73nm in an inductivdy coupled plasma. Spectrochim. Acta, 1981, 36: 591-594.

[41] KirkbrLght GF, Ward AE and West TS: The determination of sulphur and phosphorus by atomic emission spectrometry with and induction-coupled high-frequency plasma source. Anal. Cem. Acta, 1972, 62: 241-251.

[42] Lisle L, Lefroy R, Anderson G and Blair G. Methods for the measurement of sulphur in plants and soil. Plant and Soil, 1994, 164: 243-250.

[43] Hoeft RG, Walsh LM and Keeney DR. Evaluation of various extractants for available soil sulfur. Soil Sci. Soc. Am. Proc. , 1973, 37: 401-404.

[44] Kang BT, Okoro E, Acquaye D and Osiname OA. Sulfur status of soil some Nigerian soils from the savanna and forest zones. Soil Sci. , 1981, 132: 220-227.

[45] Rehm GW and Caldwell AC. Sulfur supplying capacity of soils and the relationship to soil type. Soil

Sci. , 1968，105：355-361.

[46] Walker DR and Doornenbal G. Soil Sulfate II. As an index of the sulfur available to legumes. Can. J. Soil Sci. , 1972，52：261-266.

[47] Westermann DT. Indexes of sulfur deficiency in alfalfa I. Extractable soil sulphate. Agron. J. , 1974，66：578-580.

[48] Spencer K and Glendinning , IS. Critical soil test values for predicting the phosphorus and sulfur status of subhumid temperate pastures. Aust. J. Soil Res. , 1980，18：435-445.

[49] Anderson GC, Lefroy RDB et al. The development of a soil test for sulphur. Norwegian Journal of Agricultural Sciences. Supplement，1994，15：83-95.

[50] Spencer K and Freney JR. A comparison of several procedures for estimating the sulfur status of soils. Aust. J. Agril. Res. , 1960. 11：948-959.

[51] Ensminger LE and Freney JR. Diagnostic techniques for determining sulfur deficiences in crops and soils. Soil Sci. , 1966，101：283-290.

[52] Barrow NJ. Studies on extraction and on availability to plants of adsorbed plus soluble sulfate. Soil Sci. , 1967，104：242-249.

[53] Scott NM. Evaluation of sulphate status of soils by plant and soil test. J. Sci. Food. Agric. , 1981，32：193-199.

[54] Harward ME, Chao TT and Fang SC. The sulfur status and sulfur-supplying power of Oregon soils. Agron. J. , 1962，54：101-106.

[55] Haque and Walmsley. Incubation studies on mineralization of organic sulphur and organic nitrogen. Plant and Soil. , 1972，37：255-264.

[56] Probert ME Studies on available and isotopically exchangeable sulphur in some North Queensland soils. Plant Soil, 1976，45：461-475.

[57] O'Leary MJ and Rehm GW. Evaluation of some soil and plant analysis procedures as predictors of the need for sulfur for corn production. Commun. Soil Scl. Plant Anal. , 1991，22：87-98.

[58] 刘崇群，等，中国农业中硫的概述．中国硫资源和硫肥需求的现状和展望学术讨论会论文集，1993：154-162.

[59] Fox RL, King BT and Rhuades HF. Sulfur requirements of cowpea and implications for production in the tropics，Agron. J. , 1977，69：201-205.

[60] Fox RL. Reponses to sulfur by crops growing in highly weathered soils. Sulfur Agric. , 1980，4：16-22.

[61] Hue NV, Adams F and Evans CE. Plant available sulphur as measured by soil solution sulphate and phosphate-extractable sulphate in an Ultisol. Agron. J. , 1984，76：726-730.

[62] Hue NV, Adams F and Evans CE. Sulfate retention by an acid BE horizon of an Ultisol. Soil. Sci. soc Am. J. , 1985，49：1196-1200.

[63] Probert ME & Jones RK. The use of Soil analysis for predicfing the response to sulphur of pasture legumes in the Australian tropics. Aust. J. soil Res. , 1977，15：137-146.

[64] Fox RL, Atesalph HM, Kampbell DH and Rhoades HF. Factors influencing the availability of sulfur fertilizers to alfalfa and corn. Soil Sci. Soc. Amer. Proc. , 1964，28：406-408.

[65] Hue NV and Cope JT Jr. Use of soil-profile sulfate data for predicting crop reponse to sulfur. Soil Sci. Soc. Am. J. , 1987，51：658-664.

# The Status and Evaluation of Plant Available Sulphur in Soils

Li Shutian   Lin Bao

(Soil and Fertilizer Institute, CAAS, Beijing   100081)

**Abstract**   The forms of sulphur in soils and their availability to . plant, the methods for determination of available S in soil and the corelationship between available sulphur and plant growth were reviewed in this paper. At present, there haven't been a single effective chemical analytical method to evaluate the status of soil available sulphur. The general chemical extract method to determine the available S In acid soils is $0.01mol/L$ Ca $(H_2PO_4)_2$ and the method to determine available S in calcareous soils is $0.01mol/L$ $CaCl_2$. In Australia or some other countries $0.25mol/L$ $KCl-40℃$ has been recommended. Among the methods to determine the S concentration in the soil extraetant. turbidimetrle method is easier to operate, less expensive and capable of analyzing more samples per hour than the reduction methods, however, this method is influenced by the operating condition and the pre-treatment of the solutions derived from soil extractions. The reduction method is sensitive, accurate but it Is slow, labor intensive. ICP-AES is the best method to determine the S in the soil extractant because it can determine the inorganic S as well as organic S in the solution and it is very raptd. Soil organtc sulphur is the main source and supplement of soil available sulphur and need to be considered in evaluati on of plant available S in soils. Ester sulphate is more available to plant than carbon bonded sulphur in short-term growing. period. Other soil properties such as soil pH. clay . content, organic matter content and the sulphate in the profile are also need to be considered. In the future, we need to further research the following aspects. First, select appropriate testing method of plant available S In Chinese soils and integrated with soil organic matter content, clay content and soil pH etc. to determine the critical level of soil available sulphur. Second. evaluation of bioavatlability of different S fractions including soluble sulphate, adsorbed sulphate, ester sulphate and carbon bonded sulphur. The third, study on the dynamics of soil organic sulphur mineralization and the effects of environment factors such as temperature, moisture, liming, organic carbon added and plant growth on the mineralization.

**Key words**   Soil; Plant available sulphur; Testing methods

# 土壤中不同形态硫的生物有效性研究

李书田　林葆　周卫　汪洪　荣向农

（中国农业科学院土壤肥料研究所　北京　100081）

**摘要**　在温室条件下连续种植 4 茬玉米和水稻幼苗，分别研究好气和淹水条件下土壤无机硫（MCP-S）和有机硫包括酯键硫（C-O-S）、碳键硫（C-S）和未知态有机硫（UO-S）的转化及生物有效性。结果表明，植物吸硫总量和植株含硫量从第一茬至第四茬逐渐下降，这与土壤 MCP-S 含量下降有关，而与土壤有机硫各组分的变化无关。种植期间土壤 MCP-S 的含量也是逐渐下降，种植水稻时下降的幅度小于种植玉米；土壤有机硫组分如 C-O-S、C-S 和 UO-S 从第一茬到第四茬逐渐下降，种植 4 茬后，玉米和水稻的吸硫总量远大于土壤 MCP-S 的下降量，其高出部分来源于土壤有机硫的矿化。C-O-S、C-S 和 UO-S 对植物都是有效的，各组分有机硫对玉米和水稻幼苗吸硫的表观贡献为：C-O-S＞C-S＞UO-S。淹水条件下有机硫对水稻的贡献大于好气条件下对玉米的贡献。

**关键词**　土壤；硫素；有效性

大多数土壤中的硫以有机硫形态存在，无机硫只占很少的一部分，而多数有机硫必须矿化为 $SO_4^{2-}$ 的形态才能被作物吸收利用。在目前硫的投入（肥料、大气沉降和秸秆还田等）减少的情况下，土壤有机硫的矿化为植物提供的硫素，尤其在无机硫含量低的土壤上更加重要。虽然对有机硫的形态有些了解，但很少研究在作物不断吸收的情况下其转化过程及有效性。已有的研究也只是在温室的短期培养试验[1~2]，测定很小部分的有机硫转化，而且有机硫的分级不明确，一般只分为酯键硫和碳键硫两部分，后者只是有机硫总量与酯键硫的差值。而按现有的有机硫分级方法，本试验土壤有机硫可分为三部分，即：氢碘酸（HI）还原的有机硫部分为酯键硫（C-O-S），Ni-Al 可还原的硫作为碳键硫（C-S），不能被 HI 和 Ni-Al 还原的部分为未知态有机硫（UO-S）[3~5]。这几部分硫的转化及有效性不明确。另外，淹水条件下种植水稻对土壤有机硫的转化及其有效性的研究未见报道。我国水稻种植面积很大，有必要了解这种还原状态下的硫素转化。本试验是在连续种植的条件下，研究好气和淹水条件下土壤无机硫（MCP-S）和有机硫包括酯键硫、碳键硫以及未知态有机硫的转化及其生物有效性。

# 1　材料与方法

## 1.1　供试土壤

注：本文发表于《植物营养与肥料学报》，2000，6（1）：48～57。

从江西、湖北、河南、北京和黑龙江共采取 9 个耕层土壤，其中土类包括红壤、黄棕壤、潮土、褐土、褐潮土、黑土、草甸黑土、草甸土。风干后过 2 毫米筛，一部分土壤用作盆栽试验及速效养分测定，另取一部分土壤过 0.25 毫米筛用于全量养分的测定。供试土壤理化性状见表1。

表 1 供试土壤的理化性状

| 编号 | 土类 | 质地 | 有机碳（克/千克） | 无机硫（毫克/千克） | 酯键硫（毫克/千克） | 碳键硫（毫克/千克） | 未知态硫（毫克/千克） | pH |
|---|---|---|---|---|---|---|---|---|
| 1 | 黑土 | 壤土 | 15.31 | 21.19 | 126.48 | 107.40 | 477.93 | 6.6 |
| 2 | 草甸黑土 | 壤土 | 21.69 | 14.81 | 148.52 | 101.53 | 703.14 | 7.1 |
| 3 | 草甸土 | 黏质壤土 | 21.11 | 14.30 | 129.46 | 91.93 | 846.3 | 6.7 |
| 4 | 褐潮土 | 壤土 | 8.24 | 37.31 | 93.62 | 88.40 | 202.67 | 8.6 |
| 5 | 褐土 | 壤土 | 9.69 | 24.92 | 104.75 | 91.13 | 204.20 | 8.2 |
| 6 | 潮土 | 壤土 | 10.09 | 14.84 | 108.29 | 89.50 | 106.37 | 8.1 |
| 7 | 黄棕壤 | 壤质砂土 | 12.30 | 25.15 | 90.45 | 114.3 | 171.10 | 5.7 |
| 8 | 黄棕壤 | 黏质壤土 | 12.53 | 24.88 | 128.72 | 85.20 | 194.20 | 7.0 |
| 9 | 红壤 | 黏土 | 10.90 | 29.74 | 136.79 | 96.27 | 478.20 | 4.7 |

## 1.2 盆栽耗竭试验

将上述 9 种土壤按每盆装干土 600 克装入塑料盆中。施用除硫外的其他营养元素[6]。每盆施 N120 毫克（$NH_4NO_3$）、P 60 毫克（$KH_2PO_4$）、K 120 毫克（$KH_2PO_4$ 和 KCl）、Mg 30 毫克（$MgCl_2 \cdot 6H_2O$）、Mn 6 毫克（$MnCl_2$）、B 0.6 毫克（$H_3BO_3$）、Cu 0.6 毫克（$CuCl_2 \cdot 2H_2O$）和 Zn 1.2 毫克（$ZnCl_2$），以上各种养分都以溶液的形式施入，混均。供试作物为玉米（掖单 14）和水稻（中花 7 号）。对玉米，使土壤湿度达田间持水量的 60%；对水稻，使土壤处于淹水状态，水层达 2 厘米。玉米发芽后播种，出苗后每盆定植 5 株；水稻在无硫石英砂上育苗 30 天后移栽，每盆 3 蔸，每蔸 2 株。重复 3 次，随机排列。试验在温室条件下进行，整个生长期间用去离子水保持适宜的水分，同时进行必要的病虫害控制。生长 40 天后分地上和地下部分收获，用去离子水洗净后放入 80℃ 的烘箱中烘 48 小时，称重后粉碎，测定其全硫含量。同时把土壤取出，风干后过 2 毫米筛，取约 50 克土壤样品，用于测定硫组分。其他土壤再装盆，按以上试验连续种植 4 次。同时用无硫石英砂培养植株以了解从种子和大气中吸收的硫量。

## 1.3 测定方法

土壤无机硫：用 0.01 摩尔/升 Ca（$H_2PO_4$）$_2$ 提取，比浊法测定（MCP-S）；土壤全硫：用 3∶3∶7 的 $HClO_4$∶$HNO_3$∶$H_3PO_4$ 消化，比浊法测定[7]；氢碘酸还原硫（HI-S）：用 Johnson and Nishita 的方法，即用氢碘酸、次亚磷酸和甲酸混合物还原，用 NaOAc-Zn（OAc）$_2$ 吸收形成的 $H_2S$，亚甲基蓝比色法测定[8]；酯键硫（C-O-S）：由 HI-S 减去 MCP-S 的差值而计算；碳键硫（C-S）即 Ni-Al（Reney-Nickle）还原硫：用 0.3 克 Ni-Al 合金还原 0.3 克土壤，用 NaOAc-Zn（OAc）$_2$ 吸收形成的 $H_2S$，用亚甲基蓝比色法测定[9]；未知态有机硫（UO-S）：用全硫减去 HI-S 和 C-S。

植株全硫：采用硝酸和高氯酸（2∶1）消化，比浊法测定[10]。

## 2 结果与分析

### 2.1 植物吸硫量和植株含硫量的动态变化

**2.1.1 植株吸硫量的变化** 由于在连续种植期间，每次收获后都取一部分土壤（约50克）用于分析硫组分，所以，每次种植作物所用的干土重不同，从第一茬至第四茬依次为600、550、500和450克。因此，为了便于不同茬间以及与土壤不同形态的硫含量变化进行比较，采用的吸硫量是指作物从每千克干土中吸收的硫量（S毫克/千克）[11]。计算方法为：

吸硫量＝［（地上部干物重×含硫量＋根系干物重×含硫量）－种子/幼苗中的硫量）］/干土重

表2可以看出，从第一茬到第四茬植物吸硫量逐渐下降，以第一茬吸硫量最多，玉米和水稻分别占四茬吸硫总量的34.5%～59.3%（平均46.9%）和54.4%～69.7%（平均62.8%）。每茬植株吸硫量与每茬种植时初始土壤MCP-S含量呈显著的正相关关系，土壤MCP-S含量越高，则吸硫量越多。所以，连续种植的条件下，吸硫量降低主要与土壤无机硫（MCP-S）含量下降有关，而与土壤有机硫组分的含量和变化无关（图1）。

**表2 连续种植条件下玉米和水稻的吸硫量**

（单位：S毫克/千克）

| 土壤号 | 玉米 | | | | 水稻 | | | |
|---|---|---|---|---|---|---|---|---|
| | 第一茬 | 第二茬 | 第三茬 | 第四茬 | 第一茬 | 第二茬 | 第三茬 | 第四茬 |
| 1 | 24.43±3.63 | 11.58±0.93 | 5.48±0.26 | 5.29±0.61 | 48.98±3.69 | 20.51±5.92 | 5.25±0.25 | 4.74±0.75 |
| 2 | 13.45±0.69 | 13.11±1.18 | 6.86±0.50 | 3.16±1.14 | 26.82±0.87 | 11.92±1.69 | 1.75±0.85 | 1.57±0.19 |
| 3 | 11.78±1.57 | 11.00±0.39 | 6.18±1.08 | 5.14±1.46 | 23.16±2.02 | 9.33±1.14 | 3.53±1.13 | 2.94±0.57 |
| 4 | 33.52±1.69 | 15.65±4.62 | 12.12±3.94 | 6.78±0.91 | 34.32±1.07 | 18.49±1.61 | 4.05±0.22 | 1.54±0.50 |
| 5 | 23.45±5.29 | 12.40±4.19 | 8.93±3.13 | 5.31±2.37 | 34.86±2.40 | 10.87±1.20 | 3.68±1.66 | 2.29±0.42 |
| 6 | 15.48±1.78 | 9.20±1.04 | 6.61±1.94 | 4.02±0.61 | 22.99±1.36 | 6.51±2.04 | 4.90±2.17 | 3.11±0.72 |
| 7 | 33.62±2.55 | 18.13±2.93 | 8.64±1.40 | 7.49±0.58 | 62.86±3.11 | 17.16±4.00 | 7.45±0.89 | 3.83±0.25 |
| 8 | 30.35±1.04 | 10.73±0.63 | 7.40±2.17 | 2.73±0.36 | 33.80±0.65 | 7.80±0.66 | 3.78±0.38 | 3.11±1.16 |
| 9 | 39.15±7.36 | 17.02±6.69 | 16.84±1.24 | 4.93±2.51 | 59.06±5.52 | 22.84±0.90 | 16.63±3.54 | 10.37±0.40 |

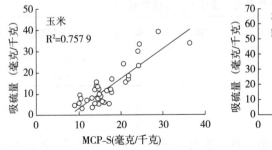 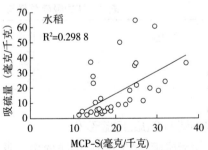

图1 每茬植物吸硫量与每茬种植时初始土壤无机硫含量（MCP-S）的关系

**2.1.2 植株含硫量的变化** 植株含硫量是指每千克干物质中的含硫克数（S克/千克）。表3表明，连续种植玉米和水稻时，植株体内的含硫量逐渐下降。这种变化与土壤无机硫（MCP-S）含量变化相一致（图2），与有机硫各组分的含量无关。每茬水稻植株的含硫量都大于相应的玉米植株含硫量。

**表 3  玉米和水稻地上部含硫量变化**（S克/千克）

| 土壤号 | 玉米 | | | | 水稻 | | | |
|---|---|---|---|---|---|---|---|---|
| | 第一茬 | 第二茬 | 第三茬 | 第四茬 | 第一茬 | 第二茬 | 第三茬 | 第四茬 |
| 1 | 1.07±0.08 | 0.98±0.27 | 0.78±0.17 | 0.64±0.02 | 2.60±0.21 | 2.44±0.86 | 1.07±0.19 | 1.05±0.01 |
| 2 | 1.07±0.09 | 0.95±0.06 | 0.78±0.02 | 0.68±0.02 | 1.71±0.13 | 1.52±0.02 | 0.72±0.15 | 0.71±0.23 |
| 3 | 1.01±0.11 | 1.04±0.04 | 0.98±0.04 | 0.60±0.06 | 2.07±0.09 | 1.35±0.15 | 0.86±0.18 | 0.85±0.02 |
| 4 | 1.42±0.04 | 0.98±0.03 | 0.98±0.01 | 0.74±0.12 | 2.55±0.11 | 2.04±0.11 | 0.99±0.15 | 0.79±0.03 |
| 5 | 1.49±0.39 | 1.12±0.08 | 1.05±0.05 | 0.67±0.01 | 2.61±0.07 | 1.35±0.15 | 0.89±0.26 | 0.81±0.10 |
| 6 | 0.95±0.10 | 0.99±0.10 | 0.98±0.06 | 0.70±0.04 | 2.37±0.09 | 1.58±0.29 | 1.35±0.52 | 1.20±0.12 |
| 7 | 1.42±0.10 | 1.04±0.10 | 1.24±0.10 | 0.40±0.06 | 2.82±0.13 | 1.96±0.60 | 1.25±0.18 | 1.19±0.08 |
| 8 | 1.29±0.07 | 0.98±0.06 | 1.02±0.05 | 0.35±0.06 | 2.62±0.06 | 1.17±0.08 | 1.12±0.17 | 1.08±0.05 |
| 9 | 1.74±0.26 | 1.43±0.09 | 1.12±0.18 | 0.48±0.15 | 2.87±0.14 | 2.31±0.13 | 2.06±0.46 | 1.02±0.10 |

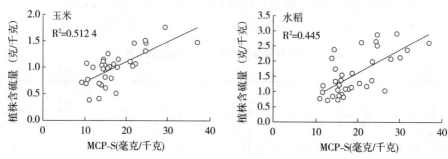

图2  每茬植株含硫量与每茬种植时初始土壤无机硫含量（MCP-S）的关系

种植4茬后，玉米和水稻从土壤中吸硫总量和植株含硫量与土壤类型无关。如黑土、草甸黑土和草甸土，虽然有机碳和全硫含量较高，但植物吸硫总量和含硫量并不高于有机质和全硫含量低的石灰性土壤和酸性土壤。从表4可以看出，不施硫处理玉米和水稻4茬吸硫总量除与土壤初始MCP-S含量相关性较高外，与土壤有机碳、全硫及不同有机硫组分相关性很差。说明土壤初始的无机硫含量决定于植物对硫的吸收量。

**表 4  植物吸硫总量与土壤性质的直线关系**（R²）

| | 有机碳 | 全硫 | 有机硫 | 酯键硫 | 碳键硫 | 未知态有机硫 | 无机硫 |
|---|---|---|---|---|---|---|---|
| 玉米 | 0.364 | 0.119 | 0.132 | 0.118 | 0.034 | 0.135 | 0.762 |
| 水稻 | 0.096 | 0.004 | 0.006 | 0.007 | 0.320 | 0.010 | 0.269 |

$P < 0.05$，$R^2 = 0.444$；$P < 0.01$，$R^2 = 0.637$

## 2.2  土壤不同形态硫的动态变化

### 2.2.1  土壤无机硫（MCP-S）的净变化

表5表明，种植玉米的情况下，连续种植4茬幼苗致使所有土壤MCP-S含量逐渐下降，4茬收获后MCP-S含量在10毫克/千克左右。但不同土壤下降的幅度不同，MCP-S含量高的土壤下降幅度也大，反之亦然。由此可见，当种植玉米时，土壤中MCP-S变化的多少与土壤中初始MCP-S含量有关。MCP-S含量越高，虽然有机硫矿化可能补充部分硫到MCP-S库中，但种植后下降幅度较大。MCP-S含量较低时，即使作物不断吸收，土壤MCP-S含量下降的幅度较小。

### 表5　连续种植玉米土壤硫组分的净变化

（单位：S 毫克/千克）

| 土壤号 | 硫组分 | 玉米 | | | | 水稻 | | | |
|---|---|---|---|---|---|---|---|---|---|
| | | 第一茬 | 第二茬 | 第三茬 | 第四茬 | 第一茬 | 第二茬 | 第三茬 | 第四茬 |
| 1 | MCP-S | −8.94 | −10.45 | −12.83 | −14.35 | −1.99 | −9.08 | −11.52 | −12.34 |
| | C-O-S | −3.11 | −3.64 | −4.42 | −5.94 | −24.19 | −38.06 | −43.05 | −44.29 |
| | C-S | −5.80 | −11.70 | −15.13 | −15.23 | −16.13 | −20.67 | −25.00 | −28.17 |
| | UO-S | −7.38 | −9.22 | −12.17 | −13.78 | −1.76 | −1.69 | −2.18 | −3.89 |
| 2 | MCP-S | −1.52 | −1.54 | −2.97 | −3.26 | −0.19 | −1.18 | −3.53 | −3.79 |
| | C-O-S | −6.76 | −9.47 | −9.70 | −10.85 | −24.14 | −30.54 | −33.90 | −36.22 |
| | C-S | −1.30 | −1.53 | −4.20 | −9.83 | −2.30 | −2.16 | −2.50 | −5.23 |
| | UO-S | −4.78 | −14.02 | −15.55 | −15.92 | −3.19 | −3.87 | −4.03 | −4.38 |
| 3 | MCP-S | −1.35 | −1.40 | −2.29 | −3.16 | −0.56 | −0.05 | −1.50 | −1.97 |
| | C-O-S | −4.73 | −7.92 | −9.15 | −12.55 | −16.48 | −22.93 | −24.02 | −25.64 |
| | C-S | −6.73 | −11.16 | −15.03 | −18.00 | −4.03 | −6.53 | −6.90 | −9.13 |
| | UO-S | −1.03 | −2.20 | −3.94 | −3.89 | −3.81 | −5.69 | −7.09 | −8.23 |
| 4 | MCP-S | −19.36 | −25.84 | −30.31 | −31.04 | −12.96 | −29.31 | −30.01 | −30.50 |
| | C-O-S | −6.47 | −9.02 | −11.96 | −14.19 | −9.81 | −11.24 | −17.44 | −18.22 |
| | C-S | −6.37 | −9.43 | −14.07 | −15.87 | −7.73 | −14.80 | −15.87 | −18.21 |
| | UO-S | −2.32 | −5.88 | −6.95 | −10.79 | −1.28 | −2.54 | −6.45 | −2.23 |
| 5 | MCP-S | −14.94 | −19.14 | −19.21 | −19.26 | −6.37 | −13.44 | −13.13 | −14.21 |
| | C-O-S | −6.29 | −15.53 | −20.47 | −22.72 | −20.46 | −29.13 | −31.21 | −32.70 |
| | C-S | −6.96 | −7.46 | −9.90 | −11.63 | −0.46 | −1.00 | −5.43 | −11.00 |
| | UO-S | −0.74 | −1.02 | −1.49 | −1.97 | −1.57 | −3.17 | −1.36 | −1.27 |
| 6 | MCP-S | −3.71 | −6.91 | −9.86 | −13.01 | −0.55 | −3.24 | −3.32 | −4.20 |
| | C-O-S | −6.61 | −9.73 | −11.13 | −13.13 | −16.59 | −22.06 | −24.58 | −26.39 |
| | C-S | −1.03 | −4.43 | −4.93 | −6.43 | −2.92 | −4.32 | −5.27 | −6.21 |
| | UO-S | −3.13 | −4.61 | −6.37 | −4.86 | −3.87 | −4.22 | −5.23 | −6.17 |
| 7 | MCP-S | −5.54 | −12.07 | −14.19 | −18.98 | −4.46 | −7.30 | −15.88 | −17.24 |
| | C-O-S | −15.17 | −18.01 | −19.78 | −23.23 | −30.26 | −37.71 | −39.45 | −40.95 |
| | C-S | −1.20 | −2.10 | −9.27 | −14.53 | −14.45 | −16.38 | −17.17 | −18.12 |
| | UO-S | −12.17 | −20.57 | −18.15 | −14.38 | −13.77 | −18.63 | −16.97 | −18.83 |
| 8 | MCP-S | −8.03 | −11.26 | −15.17 | −19.87 | −3.95 | −7.65 | −9.07 | −11.12 |
| | C-O-S | −3.84 | −5.19 | −5.19 | −7.77 | −13.92 | −15.79 | −16.32 | −17.92 |
| | C-S | −2.50 | −3.30 | −4.93 | −8.27 | −4.77 | −11.63 | −13.00 | −14.85 |
| | UO-S | −15.98 | −20.33 | −22.59 | −18.41 | −10.61 | −8.35 | −11.99 | −14.76 |
| 9 | MCP-S | −10.77 | −14.77 | −15.38 | −19.59 | −1.27 | −3.01 | −6.61 | −12.76 |
| | C-O-S | −17.79 | −20.80 | −23.94 | −32.75 | −56.66 | −60.62 | −66.42 | −69.61 |
| | C-S | −2.80 | −4.97 | −6.67 | −13.50 | −0.34 | −5.84 | −6.37 | −8.62 |
| | UO-S | −7.97 | −17.63 | −25.20 | −15.62 | −5.79 | −14.45 | −20.31 | −25.65 |

　　连续种植水稻幼苗使土壤无机硫的变化与种植玉米有所不同（表5）。连续种植4茬过程中，土壤 MCP-S 含量也逐渐下降，但下降的幅度较种植玉米小，尤其是种植第一茬后；种植第二茬后，土壤 MCP-S 才逐渐减少。第四茬收获后，土壤仍比种植玉米具有较高的 MCP-S 水平。这并不是水稻吸收的硫量较少的原因，因为与同茬玉米相比，水稻的吸硫量和植株含硫量都高于玉米。

**2.2.2　土壤有机硫组分的净变化**　从表5中不同形态硫的净变化可以看出，连续种植4茬玉米和水稻，酯键硫、碳键硫和未知态有机硫含量都逐渐下降，每茬种植后都产生净矿化。种植水稻情况下每茬种植后多数土壤酯键硫和碳键硫的下降量大于种植玉米的情况，这与水稻的吸硫量较大，而 MCP-S 的下降很少，从而促进土壤有机硫的矿化有关。每茬种植后多数土壤酯键硫的下降量大于碳键硫和未知态有机硫的下降量，说明酯键硫的有效性高于碳键硫和未知态有机硫。

## 2.3　不同形态的硫对植物吸收硫的贡献

　　连续种植4茬玉米或水稻后，植物吸硫总量比土壤 MCP-S 下降量高很多。对玉米来说，MCP-S 下降量为 S 3.16～31.04毫克/千克，占吸硫总量的 8.9%～45.6%（平均29.1%），草甸土和草甸黑土最低，与土壤初始 MCP-S 含量有显著的正相关（R＝0.933）。对水稻来说，MCP-S 下降量为 S 1.97～30.50毫克/千克，占吸硫总量的 5.1%～52.2%（平均19.3%），也是草甸土和草甸黑土最低，与土壤初始 MCP-S 含量呈正相关（R＝0.935）；种植玉米的情况下，土壤 MCP-S 的下降量与 4 茬植物吸硫总量有显著的直线关系（R＝0.765），而水稻的4茬吸硫总量与 MCP-S 的下降量关系不显著（表5）。

　　从以上分析表明，作物吸收的硫远大于 MCP-S 的下降量。由于作物吸收的硫已经去除了种子及从大气中吸收的硫，所以，这些额外的硫来源于土壤有机硫。用现行的土壤有机硫分级方法对土壤有机硫进行分组，有机硫可分为氢碘酸（HI）可还原硫即酯键硫（C-O-S）；Ni-Al（Reney-Nickle）可还原硫即碳键硫（C-S），主要为氨基酸态硫；既不能被 HI 也不能被 Ni-Al 还原的有机硫为未知态有机硫（UO-S），是用土壤全硫减去 MCP-S、C-O-S 和 C-S 的总和而得[3]。表5可以看出，连续种植4茬玉米和4茬水稻幼苗使土壤不同组分的有机硫含量下降，导致土壤有机硫的净矿化。

　　从表6看出，种植4茬玉米幼苗后，土壤酯键硫、碳键硫和未知态有机硫分别下降了 S5.94～32.75、6.43～18.00 和 1.97～18.41毫克/千克，分别占玉米吸硫总量的12.7%～45.4%、16.1%～52.8%和3.9%～43.5%。这说明酯键硫、碳键硫和未知态有机硫对玉米的有效性很高，特别当土壤 MCP-S 含量低时，这三部分有机硫是玉米吸硫的主要来源。

　　对水稻来说，种植4茬幼苗后土壤酯键硫、碳键硫和未知态有机硫的下降量分别为 S 17.92～69.61、5.23～28.17 和 1.27～25.65毫克/千克，分别占吸硫总量的 31.2%～86.1%、7.9%～35.4%和2.4%～30.4%。说明种植水稻酯键硫的有效性比碳键硫和未知态有机硫高。与种植玉米不同的是，无论土壤 MCP-S 含量高低，酯键硫和碳键硫的矿化量都很大。

　　有机硫对植物的有效性也被其他一些研究所证实[3,6,12～13]，但他们的研究没有测定土壤各组分硫的变化，只是从作物吸收硫和土壤无机硫的变化来计算有机硫的净矿化量。本研究表明，酯键硫、碳键硫和未知态有机硫对植物都是有效的。有研究指出，碳键硫可以通过转化为酯键硫而后矿化[14]。

表 6　连续种植四茬玉米和水稻时不同土壤硫组分对作物吸硫总量的表观贡献率（％）

| 土壤号 | 玉米 | | | | 水稻 | | | |
|---|---|---|---|---|---|---|---|---|
| | 无机硫 | 有机硫 | | | 无机硫 | 有机硫 | | |
| | MCP-S | C-O-S | C-S | UO-S | MCP-S | C-O-S | C-S | UO-S |
| 1 | 30.7 | 12.7 | 32.6 | 29.5 | 15.5 | 55.7 | 35.4 | 4.9 |
| 2 | 8.9 | 29.7 | 26.9 | 43.5 | 9.0 | 86.1 | 12.4 | 10.4 |
| 3 | 9.3 | 36.8 | 52.8 | 11.4 | 5.1 | 65.8 | 23.4 | 21.1 |
| 4 | 45.6 | 20.8 | 23.3 | 15.9 | 52.2 | 31.2 | 31.2 | 3.8 |
| 5 | 38.5 | 45.4 | 23.2 | 3.9 | 27.5 | 63.2 | 21.3 | 2.4 |
| 6 | 36.8 | 37.2 | 18.2 | 13.8 | 11.2 | 70.4 | 16.6 | 16.4 |
| 7 | 28.0 | 34.2 | 21.4 | 21.2 | 18.9 | 44.9 | 19.8 | 20.6 |
| 8 | 38.8 | 15.2 | 16.1 | 36.0 | 22.9 | 37.0 | 30.6 | 30.4 |
| 9 | 25.1 | 42.0 | 17.3 | 20.0 | 11.8 | 64.1 | 7.9 | 23.6 |
| 平均 | 29.1 | 30.4 | 25.8 | 21.7 | 19.3 | 57.6 | 22.1 | 14.8 |

从种植 4 茬玉米或水稻幼苗后土壤各组分硫对植物吸硫的表观贡献总和来看（表 6），贡献率超过 100％，说明土壤各组分硫的下降量总和高于作物吸收的硫总量。这一方面是测定期间造成的损失（包括对植株和根系的收集不完全、土壤和植物的处理损失和全硫的消化与测定误差）；另一方面是作物生长期间部分硫被微生物还原成挥发性硫化物而损失[15~17]。在种植玉米和水稻的情况下，分别有 4.3％～9.9％和 4.0％～17.3％的硫以不同形式损失。淹水条件下比好气条件下损失大。

# 3　讨论

在不施硫的情况下，连续种植玉米或水稻都使土壤 MCP-S 含量逐渐下降。这种在温室密闭系统条件下种植作物与田间的开放系统不同。有研究指出，在田间条件下，由于大气 $SO_2$ 沉降、施肥、灌溉、有机物的投入、植物吸收以及淋溶作用等，使土壤无机硫含量在一年中变化很大[18]。而温室条件下，没有额外的硫进入土壤，只有作物吸收带走的硫，所以 MCP-S 是逐渐下降的。为此，有必要研究田间条件下，长期种植作物和施用硫肥对土壤无机硫的影响。

连续种植 4 茬玉米或水稻幼苗，植物吸收的硫远大于 MCP-S 的下降量。一般认为硫素是以 $SO_4^{2-}$-S 的形式被植物吸收的[14,19]，所以，按现有的土壤硫素分级方法，这些额外的硫是植物生长期间有机硫的矿化部分。研究结果表明，酯键硫、碳键硫以及不能被还原的未知态有机硫都可以矿化而为植物生长提供有效硫，而且有机硫的矿化量与土壤全硫含量、酯键硫、碳键硫和未知态有机硫的含量没有直接的关系，这一点与 Freney 和 Maynard 等的研究结果一致[4,20]。但一般认为酯键硫性质不稳定，在短期矿化更重要；而碳键硫在长期矿化过程中更重要，而且通过转化为酯键硫然后转化为无机硫酸盐[14]。所以，虽然酯键硫、碳键硫和未知态有机硫对作物都有效，但并不能说明植物直接从这几部分中吸收硫，因为微生物活动可以矿化这些有机硫，同时也不能排除一种形态向另一种形态转化的可能性[21]。把土壤有机硫分为酯键硫、碳键硫和未知态有机硫可以了解硫在土壤中的化学形态，但并不能提供易矿化有机硫的多少和特性的任何信息。

研究表明，土壤无机硫含量低的土壤上如草甸黑土和草甸土，植物吸收的硫大部分来源于土壤有机硫。这种土壤无机硫含量低，促进有机硫矿化的原因是：植物吸收硫而使土壤中 $SO_4^{2-}$ 的浓度下降，一般认为磺基水解酶对酯键硫的矿化起主要作用[22~23]，而且较低的硫酸盐浓度可以通过根系[24]和根际微生物[12,25]而使磺基水解酶增加，有利于酯键硫的水解，同时酯键硫的水解促进碳键硫的矿化释放[26]。

有机硫矿化量在水分低于或高于田间持水量的情况下降低[27]，但在淹水条件下种植水稻则有所不同。本研究表明，水稻吸硫量很高，远大于土壤 MCP-S 的下降量，从而使土壤有机硫矿化供水稻吸收利用。这一方面可能是土壤处于还原条件，土壤 $SO_4^{2-}$ 的有效性较低，不利于作物吸收；另一方面，虽处于淹水状态下，水稻发达的通气组织可使根际范围内保持较高的氧化还原电位，有利于根际微生物活动及硫酸酯酶活性提高[28~29]，使有机硫矿化，被水稻吸收利用。另外，在淹水条件下，硫酸盐更容易转化为有机硫，特别是转化为碳键硫（C-S），因为半胱氨酸和蛋氨酸的形成是还原过程，$SO_4^{2-}$ 先还原为低价态的硫化物如 $S_2O_3^{2-}$ 和 $S^{2-}$，再与丝氨酸作用形成半胱氨酸和蛋氨酸[28]，这些小分子的有机硫可以被作物直接吸收利用[30]。淹水条件下种植水稻使大量的有机硫矿化，还可能与种植期间土壤的干湿交替有关。因为每次收获后，土壤都进行干燥和重新通过 2 毫米筛，然后重新湿润再种植水稻，这些过程都可促进有机硫的矿化[27,31~32]。这种淹水条件下土壤硫素的复杂转化过程还有待进一步研究。

# 参 考 文 献

［1］Freney JR，Melville GE，and Williams CH. Organic sulphur fractions labeled by addition of [35] S-sulphate to soil. Soil Biol. Biochem. ，1971，3：133-141.

［2］Bettany JR，Stewart JWB and Halstead EH. Assessment of available soil sulphur in an [35] S growth chamber experiment. Can. J. Soil Sci. ，1974，54：309-315.

［3］Freney JR，Melville GE and Williams CH. Soil organic matter fractions as sources of plant available sulphur. Soil Biol. Biochem. ，1975b，7：217-221.

［4］Freney JR. . Forms reactions of organic sulfur compounds in soils. In：Tabatabai MA. （ed. ）. Sulfur in Agriculture. Agron-omy Series，No. 27. ASA，CSSA. SSSA，Madison，Wisconsin，USA. 1986：207-232.

［5］Neptune AML，Tabatabai MA and Hanway JJ. Sulfur factions and carbon-nitrogen-phosphorus-sulfur relationships in some Brazilian and Iowa soils. Soil Sci. Soc. Am. Proc. ，1975，39：51-55.

［6］Zhao FJ and McGrath SP. Extractable sulphate and organic sulphur in soils and their availability to plants. Plant and Soil，1994，164：243-250.

［7］佩奇 AL，米勒 RH 著. 闵九康等译. 土壤分析法. 北京：中国农业出版社，1991：353.

［8］Johnson CM，Nishita H. Microestimation of sulfur in plant materials，soils and irrigation waters. Anal. Chem. ，1952，24：736-742.

［9］Freney JR，Melville GE and Williams GH. The determination of carbon bonded sulfur in soil Sci. ，1970，109（5）：310-318.

［10］ Lisle L，Lefroy R，Anderson G and. Blair G. Methods for the measurement of sulphur in plant and soil. Plant and Soil，1994，164：243-250.

［11］ Lee R and Speir TW. Sulphur uptake by ryegrass and its relationship to inorganic and organic levels and sulphatase activity in soil. Plant and Soil，1979，53：407-425.

［12］ Freney JR. and Spencer K. Soil Sulfate changes in the presence and absence of growing plants. Australian J. Agri. Res. ，1960，11：339-345.

［13］ Nicolson AT. Soil sulphur balance studies in the presence and absence of growing plants. Soil Sci. ，1970，109：345-350.

［14］ McLaren RG and Swift RS. Changes in soil organic sulphur fractions due to the long term cultivation of soil. J. Soil Sci. ，1977，28：445-453.

［15］ Adams DF，Farwell SO，Pack MR and Bawesberger WL. Preliminary measurement of biogenic sulfur-containing gas emis-sions from soils. J. Air Pollut. Control Assoc. ，1979，29：380-383.

［16］ Minami K. Volatilization of sulfur from paddy soils. JARQ. ，1982，15：167-171.

［17］ Staubes R，Georgii HW and Ockelmann G. Flux of COS，DMS and $CS_2$ from various soils in Germany. Tellus，1989，41：305-313.

［18］ Ghani A，McLaren RG and Swift RS. Seasonal fluctuations of sulfur and soil microbial biomass-S in the surface of a Wakanui soil. N. Z. J. Agric. Res. ，1990，33：467-472.

［19］ Ensminger LE and Freney JR. Diagnostic techniques for determining sulfur deficiencies in crops and soils. Soil Sci. ，1966，101：283-290.

［20］ Maynard DG，Stewart JWB and Bettany JR. Sulfur and nitrogen mineralization in soils compared using two incubation techniques. Soil Biol. Biochem. ，1983，15：251-256.

［21］ Freney JR. and Swaby RJ. Sulfur transformations in soils. In：McLachlan KD（ed. ）. Sulfur in Australian Agriculture. Sydney University Press，Sydney，1975a：31-39.

［22］ Fitzgerald JW. Naturally occurring organic sulfur compounds in soils. In：Nriagu JO（ed. ）. Sulfur in the Environment，Part II：Ecological Impacts. Wiley，New York，1978：391-443.

［23］ Speir TW. Studies on a climosequence of soil in tussock grassland. 2. Urease，phosphatase and sulphatase activities of topsoils and their relationship with other properties including plant available sulfur. N. Z. J. Soil Sci. ，1977，20：159-166.

［24］ Speir TW，Lee R，Panser EA and Cairns A. A comparison of sulphatase，urease and protease activities on planted and fallow soils. Soil Biol. Biochem. ，1980. 12：281-291.

［25］ Tsuji T and Goh KM. Evaluation of soil sulphur fractions as sources of plant available sulphur using radioactive sulphur. N. Z. J. Agr. Res. ，1979，22：595-602.

［26］ McGill WB and Cole CV. Comparative aspects of cycling of organic C，N，S and P through soil organic matter. Geoderma，1981，26：267-286.

［27］ Williams CH. Some factors affecting the mineralization of organic sulphur in soils. Plant and Soil，1967，26：205-223.

［28］ Freney JR. and Stevenson FJ. Organic sulfur transformations in soils. Soil Sci. ，1966，101：307-316.

［29］ Rogers HT，Pearson RW and Pierre WH. Adsorption of organic phosphorus by corn and tomato plants and the mineralizing action of exo-enzyme systems of growing roots. Soil Sci. Soc. Am. Proc. ，1940，5：285-291.

［30］ Bardsley CE. Adsorption of sulfur from organic and inorganic sources by bush beans. Agron. J. 1960，52：485-486.

［31］ Barrow NJ. Studies on mineralization of sulphur from soil organic matter. Aust. J. Agric. Res. ，1961，

12: 306-319.

[32] Williams CH and Steinbergs A. Soil sulphur fractions as chemical indices of available sulphur in some Australian soils. Aust. J. Agric. Res. , 1959, 10: 340-352.

# Study on Bioavailability of Sulfur Fractions in Soils

Li Shutian　　Lin Bao　　Zhou Wei
Wang Hong　　Rong Xiangnong

(Soil and Fertilizer Institute, CAAS, Beijing　100081)

**Abstract**　　Soil S depletion study was conducted in a pot experiment with successive planting of corn or rice for 4 harvests. Changes of soil available S (MCP-S), ester sulfate (C-O-S), carbonbonded S (C-S) and unidentified organic sulfur (UO-S) were investigated. Results showed that total S uptake by plant and sulfur concentration in plant shoot were gradually decrease from first harvest to forth harvest, which were related to soil MCP extractable S. During cropping soil MCP extractable S decreased gradually and the amount of MCP extractable S decreased was greater when planting corn than planting rice. Ester sulfate (C-O-S), carbon-bonded S (C-S) and unidentified organic sulfur (UO-S) could be mineralized for plant uptake. The total amounts of S uptake by corn or rice of 4 harvests altogether were greater than the amounts of MCP-S decreased, and the additional S came from organic S mineralization. The percentage of total S uptake came from different organic S fractions was C-O-S > C-S > UO-S. Also, the percentage of total S uptake came from organic S was greater with planting rice in waterlogged condition than that with planting corn in aerbic condition.

**Key words**　　Soil; Sulfur; Bioavailability

# 土壤有效硫评价方法和临界指标的研究

林葆　李书田　周卫

（中国农业科学院土壤肥料研究所　北京　100081）

**摘要**　从江西、湖北、河南、北京和黑龙江共采取 18 种耕层土壤，用玉米和水稻分别进行盆栽试验。选用 6 种化学提取剂提取土壤有效硫，所提取的硫采用比浊法（T）和电感耦合高频等离子体原子发射光谱法（ICP-AES）测定。另外采用阴离子交换树脂膜法和与土壤有机质有关的土壤有效硫评价方法。结果表明，各种提取剂不仅能提取土壤无机硫，还能把部分有机硫提取出来。$NaHCO_3$ 提取的有机硫最多，其次为 KCl$-$40℃，而 $CaCl_2$、Ca（$H_2PO_4$）$_2$、$KH_2PO_4$ 和 Kelowna 试剂提取的有机硫相当。在酸性土壤上，磷酸盐比氯化物提取出更多的有效硫。不同土壤有效硫指标与植物吸硫量和相对产量相关分析表明，Ca（$H_2PO_4$）$_2^{-T}$ 是目前最理想和实用的方法。田间试验表明，施用硫肥对小麦、玉米、大豆、油菜和水稻都具有不同程度的增产作用。在相对产量为 90％时，用 Ca（$H_2PO_4$）$_2^{-T}$ 测定的旱地和水田土壤有效硫临界指标分别为 21.1 毫克/千克和 23.8 毫克/千克。

**关键词**　土壤；有效硫；测定方法；临界指标

和 N、P、K 一样，硫也是植物生长发育必需的营养元素。最近几年，由于复种指数提高以及不含硫或少硫高浓度肥料的施用增加，我国缺硫土壤面积也逐渐增加[1]，在许多省份的土壤上出现缺硫现象，施用硫肥都具有不同程度的增产效果[2~4]。缺硫面积的增加需要合理的诊断方法来确定土壤是否缺硫。由此提出了一系列土壤诊断方法对土壤有效硫状况进行评价。迄今，许多研究者提出了许多土壤有效硫化学测定方法[5~6]。这些化学方法主要包括氯盐溶液如 0.01 摩尔/升 $CaCl_2$ 和 0.25 摩尔/升 KCl$-$40℃，磷酸盐溶液如 0.01 摩尔/升 Ca（$H_2PO_4$）$_2$ 和 0.016 摩尔/升 $KH_2PO_4$ 以及碱性或酸性溶液如 $NaHCO_3$ 和 Kelowna 试剂（0.25 摩尔/升 HOAc$+$0.015 摩尔/升 $NH_4F$）。除 KCl$-$40℃在 40℃烘箱中以液土比 5∶1 浸提 3 小时外，其他方法都采用液土比 5∶1 在振荡机上振荡提取 1 小时。所提取的硫采用比浊法[7]、亚甲基蓝比色法[8]和电感耦合高频等离子体原子发射光谱法（ICP-AES）[9]测定。另外还有许多研究者考虑土壤有机质的矿化作用采用硫有效性指数（SAI）[2]和有效硫修正值（ASC）[10]作为供硫指标。对这些方法进行评价并筛选出适合我国国情的土壤有效硫测定方法和相应的临界值指标是合理施用硫肥的关键。为此，本试验采用温室相关和田间校验，研究筛选适宜的土壤有效硫评价方法和临界指标以指导合理施用硫肥。

注：本文发表于《植物营养与肥料学报》，2000，6（4）：436～445。

# 1　材料与方法

## 1.1　盆栽试验

从江西、湖北、河南、北京和黑龙江共采取 18 种耕层土壤，其中土类包括：红壤、黄棕壤、潮土、褐土、砂姜黑土、黑土、草甸黑土、草甸土。土样经风干后过 2 毫米筛，一些土样用作盆栽试验及速效养分测定，另取一部分土样过 0.25 毫米筛用于全量养分的测定。理化性状列于表 1。

将上述 18 种土壤按每盆干土 600 克装入塑料盆中。每种土壤设不施硫（$S_0$）和施硫（$S_{50}$）2 个处理，硫用 $K_2SO_4$，用量为 S 50 毫克/千克，重复 4 次。所有处理都施用除硫外的其他营养元素[11]。每盆施 N 120 毫克（$NH_4NO_3$）、P 60 毫克（$KH_2PO_4$）、K 120 毫克（$K_2SO_4$、$KH_2PO_4$ 和 KCl）、Mg 30 毫克（$MgCl_2 \cdot 6H_2O$）、Mn 6 毫克（$MnCl_2$）、B 0.6 毫克（$H_3BO_3$）、Cu 0.6 毫克（$CuCl_2 \cdot 2H_2O$）和 Zn 1.2 毫克（$ZnCl_2$），以上各种养分都以溶液的形式施入混匀。供试作物为玉米（掖单 14）和水稻（中花 7 号）。玉米土壤湿度达田间持水量的 60%；水稻土壤处于淹水状态，水层 2 厘米。玉米发芽后播种，出苗后每盆定植 5 株；水稻在无硫石英砂上育苗 30 天后移栽，每盆 3 兜，每兜 2 株。试验在温室条件下进行，随机排列。整个生长期间用去离子水保持适宜的水分，同时进行必要的病虫害控制。生长 40 天后分地上和地下部分收获，用去离子水洗净后放入 80℃ 的烘箱中烘 48 小时，称重后粉碎，测定其含硫量。

**表 1　供试土壤的理化性状**

| 土号 | 地点 | 土壤类型 | 质地 | pH | 有机碳<br>（克/千克） | 全氮<br>（克/千克） | 全硫<br>（克/千克） | C∶N∶S |
|---|---|---|---|---|---|---|---|---|
| 1 | 黑龙江 | 黑土 | 壤土 | 6.6 | 15.31 | 1.71 | 0.733 | 20.9∶2.3∶1 |
| 2 | 黑龙江 | 黑土（水田） | 壤土 | 6.3 | 16.47 | 1.51 | 0.847 | 19.5∶1.8∶1 |
| 3 | 黑龙江 | 草甸黑土 | 壤土 | 7.1 | 21.69 | 2.22 | 0.968 | 22.4∶2.3∶1 |
| 4 | 黑龙江 | 草甸黑土（水田） | 壤土 | 6.8 | 24.30 | 2.53 | 1.155 | 21.0∶2.2∶1 |
| 5 | 黑龙江 | 草甸土 | 黏质壤土 | 6.7 | 21.11 | 2.13 | 1.082 | 19.5∶2.0∶1 |
| 6 | 黑龙江 | 草甸土（水田） | 黏质壤土 | 6.8 | 23.84 | 2.29 | 1.236 | 19.3∶1.9∶1 |
| 7 | 北京 | 褐潮土 | 壤土 | 8.6 | 8,24 | 0.94 | 0.422 | 19.5∶2.2∶1 |
| 8 | 河南 | 褐土 | 壤土 | 8.2 | 9.69 | 1.07 | 0.425 | 22.8∶2.5∶1 |
| 9 | 河南 | 潮土 | 壤土 | 8.1 | 10.09 | 2.65 | 0.319 | 31.6∶8.3∶1 |
| 10 | 河南 | 砂姜黑土 | 壤质黏土 | 6.2 | 8.47 | 1.23 | 0.571 | 14.8∶2.2∶1 |
| 11 | 湖北 | 黄棕壤 | 砂质壤土 | 5.8 | 13.98 | 1.98 | 0.303 | 46.1∶6.5∶1 |
| 12 | 湖北 | 黄棕壤 | 壤质砂土 | 5.7 | 12.30 | 1.52 | 0.401 | 30.8∶3.8∶1 |
| 13 | 湖北 | 黄棕壤 | 黏质壤土 | 7.0 | 12.53 | 1.45 | 0.433 | 28.9∶3.3∶1 |
| 14 | 江西 | 红壤 | 黏土 | 4.7 | 10.90 | 1.44 | 0.741 | 14.7∶1.9∶1 |
| 15 | 江西 | 红壤水田 | 黏质壤土 | 4.5 | 12.53 | 1.89 | 0.684 | 18.3∶2.8∶1 |
| 16 | 江西 | 红壤水田 | 砂壤土 | 4.7 | 21.40 | 2.17 | 0.765 | 28.0∶2.8∶1 |
| 17 | 江西 | 红壤 | 黏土 | 4.3 | 7.08 | 0.77 | 0.401 | 17.7∶1.9∶1 |
| 18 | 江西 | 红壤水田 | 壤质砂土 | 4.4 | 13.28 | 1.31 | 0.578 | 22.9∶2.3∶1 |

## 1.2　田间试验

1996—1998 年，在江西（水稻）、湖北（油菜）、河南（玉米、大豆和小麦）、北京（小麦和玉米）、吉林（水稻）、黑龙江（水稻、大豆和玉米）进行硫肥田间试验与示范。土壤类型包括不同肥力水平的红壤、黄棕壤、潮土、褐土、砂姜黑土、黑钙土、黑土、草甸黑土、草甸土。试验前采集耕层混合土壤进行有效硫及其他必要的理化分析。用相对产量（不施硫处理产量/施硫处理最高产量×100％）与土壤有效硫指标进行相关分析，并找出相应的临界指标。田间试验由中国农业科学院土壤肥料研究所和以上有关省的农业科学院土壤肥料研究所以及中国农业科学院油料作物研究所合作完成。

### 1.3 测定方法

**1.3.1 土壤有效硫的化学提取和测定方法** 采用以下浸提剂提取土壤有效硫，即 0.01 摩尔/升 $CaCl_2$、0.25 摩尔/升 $KCl-40℃$、0.01 摩尔/升 $Ca(H_2PO_4)_2$（MCP）、0.016 摩尔/升 $KH_2PO_4$、0.5 摩尔/升 $NaHCO_3$（pH 8.5）和 0.25 摩尔/升 $HOAc+0.015$ 摩尔/升 $NH_4F$（Kelowna 试剂）。除 $KCl-40℃$ 在 40℃ 烘箱中以液土比 5:1 浸提 3 小时外，其他方法都采用液土比 5:1 在振荡机上振荡提取 1 小时。所提取的硫分别采用比浊法（T）和电感耦合高频等离子体原子发射光谱法（ICP-AES）测定。

**1.3.2 阴离子交换树脂膜法-植物根系模拟探针（PRS Probe）[11]** 在实验室，把 200 克过 2 毫米筛的风干土放入塑料杯中，压实土壤后插入植物根系模拟探针并压实其周围的土壤。加入去离子水接近田间持水量。埋藏 24 小时或 2 周后，取出探针，用去离子水洗去附着的土壤后，浸泡在装有 20 毫升 0.5 摩尔/升 HCl 的能够封闭的塑料袋中解吸 4 小时，然后用 ICP-AES 测定提取的硫。这种方法测定的土壤有效硫（S）单位为：S 微克/10 平方厘米/24 小时和 S 微克/10 平方厘米/2 周。

**1.3.3 硫有效性指数（SAI）** 等于 $0.2×0.01$ 摩尔/升 $Ca(H_2PO_4)_2$ 提取无机硫（磅/英亩）$+0.1×$ 有机质（吨/英亩）[12]。

**1.3.4 有效硫修正值（ASV）** 等于 0.01 摩尔/升 $Ca(H_2PO_4)_2$ 提取无机硫（磅/英亩）$+0.175×$ 有机质（吨/英亩）[10]。

**1.3.5 其他测定方法** 植株全硫采用硝酸和高氯酸（2:1）消化，比浊法测定[13]；土壤速效及全量 N、P、K 及有机质和 pH 采用常规测试法；土壤全硫采用硝酸、高氯酸和磷酸（3:3:7）消化，比浊法测定[14]。

## 2 结果与分析

### 2.1 土壤可提取的硫

各种化学浸提剂提取的有效硫含量见表 2。用 ICP-AES 法测定的土壤有效硫含量高于用比浊法测定的结果。说明各种浸提剂可提取部分有机硫，而以 0.25 摩尔/升 $KCl-40℃$ 和 0.5 摩尔/升 $NaHCO_3$（pH 8.5）提取的有机硫较多。0.5 摩尔/升 $NaHCO_3$（pH8.5）提取的有机硫最多，平均约占可提取硫的 31.6％；0.25 摩尔/升 $KCl-40℃$ 提取的有机硫平均约占可提取硫的 20.5％；0.01 摩尔/升 $CaCl_2$、0.01 摩尔/升 $Ca(H_2PO_4)_2$、0.016 摩尔/升 $KH_2PO_4$ 和 0.25 摩尔/升 $HOAc+0.015$ 摩尔/升 $NH_4F$（Kelowna 试剂）提取的有机硫量相应较少，平均约占可提取硫的 10％～17％。Vendretl 等发现，$Ca(H_2PO_4)_2$ 提取的有效硫中有机硫占 21％[15]；而 Watkinson 等认为 $Ca(H_2PO_4)_2$ 提取的硫中 50％ 为有机硫[16]。Holmberg 研究发现，$CaCl_2$ 提取的硫含 17.7％ 的有机硫[9]。Zhao 等指出，各种浸提剂提取有机硫的数量多少顺序为：$NaHCO_3>KH_2PO_4>Ca(H_2PO_4)_2>KCl-40℃>CaCl_2$，0.016 摩尔/升 $KH_2PO_4$ 提取的硫有

30%～60%为有机硫[17]。不同浸提剂提取有效硫的数量与土壤类型有关。对于红壤或黄棕壤来说，0.01摩尔/升 CaCl$_2$ 和 0.25摩尔/升－40℃提取的硫无论用 ICP-AES 法还是用比浊法测定，均低于用 0.01摩尔/升 Ca（H$_2$PO$_4$）$_2$ 和 0.016摩尔/升 KH$_2$PO$_4$ 提取的硫；而对于石灰性及中性土壤来说，氯化物和磷酸盐提取的硫相当。这是因为酸性土壤吸附 SO$_4^{2-}$ 离子的能力较强，被吸附的 SO$_4^{2-}$ 不易被 CaCl$_2$ 和 KCl 等氯化物解离，而磷酸盐的解吸能力较强，原因是其中的 Cl$^-$ 在吸附位上的竞争弱[18]，而磷酸盐能很好地估计吸附态硫状况[19~20]。有研究指出，CaCl$_2$ 主要提取水溶性硫酸盐和少量吸附态硫酸盐，而磷酸盐溶液［Ca（H$_2$PO$_4$）$_2$、KH$_2$PO$_4$］能提取这两部分硫[21]。所以，酸性土壤用 CaCl$_2$ 提取的硫会低估土壤中植物有效硫。Kelowna试剂含有醋酸，所以在石灰性土壤上比其他提取剂提取更多的硫；而在酸性土壤上提取的硫与0.01摩尔/升 CaCl$_2$ 提取的硫相似或略高。无论石灰性土壤还是酸性土壤，0.5 摩尔/升NaHCO$_3$（pH 8.5）提取的有效硫比其他提取剂提取的高。

**表 2　不同方法测定的土壤有效硫指标**

| No | 0.01摩尔/升 CaCl$_2$（毫克/千克） | | 0.01摩尔/升 Ca(H$_2$PO$_4$)$_2$（毫克/千克） | | 0.016摩尔/升 KH$_2$PO$_4$（毫克/千克） | | 0.25摩尔/升 KCl－40℃（毫克/千克） | | 0.5摩尔/升 NaHCO$_3$（毫克/千克） | | Kelowna（毫克/千克） | | PRS Probe［微克/（10厘米$^2$·24小时）] | SAI | ASV |
|---|---|---|---|---|---|---|---|---|---|---|---|---|---|---|---|
| | A | B | A | B | A | B | A | B | A | B | A | B | | | |
| 1 | 19.73 | 25.38 | 21.19 | 27.14 | 20.43 | 23.76 | 21.19 | 29.57 | 17.75 | 39.50 | 20.96 | 28.47 | 49.34 (51.65) | 10.91 | 46.58 |
| 2 | 27.57 | 35.26 | 32.10 | 35.40 | 22.57 | 29.28 | 24.30 | 39.04 | 14.54 | 34.34 | 15.08 | 32.10 | 51.91 (63.82) | 15.48 | 68.72 |
| 3 | 17.05 | 18.47 | 14.81 | 16.69 | 12.00 | 13.66 | 23.68 | 27.68 | 16.15 | 16.99 | 16.15 | 23.37 | 17.78 (32.59) | 9.35 | 35.57 |
| 4 | 21.35 | 28.99 | 23.67 | 26.18 | 24.17 | 26.16 | 23.06 | 37.31 | 23.64 | 31.12 | 28.99 | 34.14 | 42.53 (61.67) | 13.32 | 54.00 |
| 5 | 16.66 | 17.54 | 14.30 | 15.72 | 11.87 | 12.12 | 20.57 | 21.29 | 17.22 | 24.65 | 15.07 | 15.33 | 22.69 (47.20) | 9.05 | 34.39 |
| 6 | 17.25 | 22.57 | 19.73 | 22.17 | 13.47 | 19.39 | 17.46 | 28.18 | 22.57 | 29.27 | 18.29 | 21.24 | 40.04 (57.55) | 11.51 | 45.20 |
| 7 | 33.21 | 42.84 | 37.31 | 41.28 | 32.90 | 37.06 | 35.48 | 40.36 | 30.56 | 32.51 | 38.62 | 37.34 | 57.92 (134.54) | 16.28 | 76.88 |
| 8 | 25.98 | 32.10 | 24.92 | 29.90 | 23.43 | 26.57 | 26.16 | 32.93 | 23.27 | 29.15 | 27.38 | 52.64 | 55.20 (82.91) | 11.53 | 52.50 |
| 9 | 18.67 | 19.43 | 14.84 | 19.38 | 12.40 | 11.85 | 13.75 | 14.86 | 10.26 | 13.74 | 28.45 | 34.63 | 16.50 (86.28) | 8.35 | 36.45 |
| 10 | 14.30 | 19.31 | 14.89 | 20.21 | 10.26 | 14.32 | 19.79 | 26.52 | 15.08 | 21.74 | 12.94 | 13.49 | 29.09 (54.14) | 7.31 | 32.10 |
| 11 | 25.54 | 31.83 | 31.10 | 36.86 | 32.20 | 33.19 | 25.24 | 33.37 | 14.01 | 42.05 | 25.24 | 25.82 | 72.02 (72.44) | 14.58 | 66.03 |
| 12 | 21.33 | 25.41 | 25.15 | 28.00 | 22.57 | 22.69 | 18.09 | 23.23 | 21.50 | 31.04 | 19.36 | 19.72 | 54.01 (100.18) | 12.03 | 53.67 |
| 13 | 19.89 | 28.00 | 24.88 | 26.35 | 21.83 | 21.85 | 19.33 | 29.18 | 14.01 | 22.40 | 20.22 | 21.51 | 46.84 (119.18) | 11.96 | 53.19 |
| 14 | 20.96 | 24.94 | 29.74 | 33.37 | 20.02 | 25.15 | 21.46 | 29.27 | 16.68 | 38.48 | 21.83 | 23.18 | 66.79 (68.46) | 13.66 | 62.47 |

（续）

| No | 0.01摩尔/升 CaCl$_2$（毫克/千克） | | 0.01摩尔/升 Ca(H$_2$PO$_4$)$_2$（毫克/千克） | | 0.016摩尔/升 KH$_2$PO$_4$（毫克/千克） | | 0.25摩尔/升 KCl－40℃（毫克/千克） | | 0.5摩尔/升 NaHCO$_3$（毫克/千克） | | Kelowna（毫克/千克） | | PRS Probe［微克/（10厘米$^2$·24小时）］ | SAI | ASV |
|---|---|---|---|---|---|---|---|---|---|---|---|---|---|---|---|
| | A | B | A | B | A | B | A | B | A | B | A | B | | | |
| 15 | 21.32 | 21.37 | 33.79 | 38.98 | 32.10 | 32.81 | 21.54 | 27.51 | 29.25 | 53.21 | 24.77 | 24.90 | 63.31 (115.01) | 15.54 | 71.01 |
| 16 | 29.89 | 36.38 | 45.41 | 48.54 | 40.76 | 40.95 | 35.41 | 39.50 | 48.25 | 55.54 | 38.08 | 47.09 | 140.03 (292.41) | 21.60 | 96.69 |
| 17 | 23.68 | 28.42 | 32.18 | 39.68 | 32.20 | 32.36 | 23.78 | 24.66 | 37.55 | 40.66 | 32.20 | 33.34 | 66.48 (159.88) | 14.03 | 66.30 |
| 18 | 24.92 | 29.98 | 33.80 | 44.65 | 34.33 | 39.60 | 25.78 | 28.86 | 35.94 | 48.58 | 30.22 | 33.02 | 155.95 (285.25) | 15.66 | 71.24 |

注：A、B分别表示比浊法、ICP-AES法。SAI为硫有效性指数；ASV为有效硫修正值。

## 2.2 土壤有效硫指标与植物吸硫量和干物质相对产量的关系

不施硫处理的植株吸硫量与最初土壤有效硫含量的关系可用直线方程来描述（表3）。可以看出，除0.25摩尔/升 KCl－40℃和Kelowna试剂提取的硫与吸硫量的相关性不显著外，其他几种浸提剂都达到显著水平。用0.01摩尔/升 Ca(H$_2$PO$_4$)$_2$－ICP-AES提取的硫量与玉米和水稻吸硫量的决定系数（$R^2$）最高，分别为0.741和0.791，其次是 Ca(H$_2$PO$_4$)$_2$－T、KH$_2$PO$_4$－ICP-AES 和 KH$_2$PO$_4$－T。NaHCO$_3$－ICP-AES 方法与吸硫量相关性较高，而NaHCO$_3$－T法则相关性较差。不同浸提剂提取的硫用ICP-AFS法测定不仅包括无机硫同时还包括提取的有机硫，用ICP-AES法测定的硫与吸硫量的相关性达到显著水平，说明作物不仅吸收无机硫还可利用部分有机硫。阴离子交换树脂膜法（植物根系摸拟探针－PRS Probe）测定的有效硫与吸硫量也具有很好的相关性，以埋藏提取时间为24小时比2周的相关性好。考虑土壤有机硫矿化的指标即土壤硫有效性指数（SAI）和有效硫修正值（ASV）也与吸硫量达到显著相关，这进一步说明有机质矿化对植物有效硫的贡献。

**表3 不同土壤有效硫指标（$X$）与玉米和水稻在不施硫处理吸硫量（$Y$）的回归系数及决定系数（$R^2$）（$Y＝A＋BX$）**

| 测定方法 | 玉 米 | | | 水 稻 | | |
|---|---|---|---|---|---|---|
| | A | B | $R^2$ | A | B | $R^2$ |
| CaCl$_2$－ICP-AES | 2.155 | 0.496 | 0.302* | 9.681 | 0.281 | 0.252* |
| Ca(H$_2$PO$_4$)$_2$－ICP-AES | 1.153 | 0.548 | 0.741** | 6.569 | 0.351 | 0.791** |
| KH$_2$PO$_4$－ICP-AES | 1.136 | 0.563 | 0.689** | 7.898 | 0.365 | 0.757** |
| KCl－40℃－ICP-AES | 4.940 | 0.360 | 0.149 | 9.982 | 0.247 | 0.182 |
| NaHCO$_3$－ICP-AES | 1.157 | 0.430 | 0.654** | 7.321 | 0.297 | 0.812** |
| Kelowna－ICP-AES | 11.072 | 0.157 | 0.063 | 14.477 | 0.097 | 0.066 |
| PRS pgobe（24h）－ICP-AlES | 7.990 | 0.131 | 0.594** | 11.905 | 0.093 | 0.773** |
| PRS probe（2wceks）－ICP-AES | 10.073 | 0.053 | 0.401** | 13.29 | 0.038 | 0.546** |
| CaCl$_2$－T | －1.594 | 0.776 | 0.378** | 7.517 | 0.441 | 0.319* |
| Ca(H$_2$PO$_4$)$_2$－T | －0.267 | 0.604 | 0.735** | 7.397 | 0.376 | 0.742** |

（续）

| 测定方法 | 玉 米 | | | 水 稻 | | |
|---|---|---|---|---|---|---|
| | A | B | R² | A | B | R² |
| $KH_2PO_4-T$ | 2.179 | 0.577 | 0.715** | 8.791 | 0.365 | 0.746** |
| $KCl-40-T$ | 2.923 | 0.549 | 0.234* | 9.039 | 0.357 | 0.258* |
| $NaHCO_3-T$ | 8.214 | 0.326 | 0.277* | 11.486 | 0.256 | 0.444** |
| Kelowna$-T$ | 4.999 | 0.440 | 0.293* | 11.315 | 0.248 | 0.243* |
| SAI | $-2.867$ | 1.432 | 0.627** | 5.014 | 0.952 | 0.723** |
| ASV | 0.907 | 0.248 | 0.658** | 7.215 | 0.170 | 0.806** |

注：$P<0.05 R^2=0.219$；$P<0.01 R^2=0.348$。

植物地上部干物质相对产量（不施硫 $S_0$ 产量/施硫 $S_{50}$ 产量×100）与最初的土壤有效硫指标的关系用二次多项式表示（表4）。从决定系数来看，用 ICP-AES 法测定时，除 $NaHCO_3$ 和 Kelowna 试剂与相对产量相关性较差外，其他几种浸提剂都达到显著水平，而以 $CaCl_2$、$Ca(H_2PO_4)_2$、$KH_2PO_4$ 相关性较好，其次是 $KCl-40℃$。用比浊法测定时，以 $Ca(H_2PO_4)_2$ 为最佳，其次依次为 $KH_2PO_4$、$CaCl_2$、$KCl-40℃$，$NaHCO_3$ 和 Kelowna 试剂测定的有效硫与相对产量相关性较差。阴离子交换树脂膜法以埋藏提取时间为24小时的相关性较好，达极显著水平，而埋藏提取时间为2周时则相关性较差。考虑土壤有机质的指标即土壤硫有效性指数（SAI）和有效硫修正值（ASV）与相对产量间也显著相关。

**表4 不同土壤有效硫指标（$X$）与玉米和水稻的相对产量（%）（$Y$）的回归系数及决定系数（$R^2$）（$Y=A+BX+CX^2$）**

| 测定方法 | 玉 米 | | | | 水 稻 | | | |
|---|---|---|---|---|---|---|---|---|
| | A | B | C | R² | A | B | C | R² |
| $CaCl_2-$ICP-AES | 19.059 | 3.866 | $-0.0420$ | 0.690** | 5.976 | 6.217 | $-0.0900$ | 0.665** |
| $Ca(H_2PO_4)_2-$ICP-AES | 11.936 | 4.606 | $-0.0600$ | 0.644** | 26.120 | 4.706 | $-0.0640$ | 0.711** |
| $KH_2PO_4-$ICP-AES | 38.245 | 3.447 | $-0.0480$ | 0.619** | 39.449 | 4.703 | $-0.0760$ | 0.812** |
| $KCl-40-$ICP-AES | 77.212 | $-0.437$ | 0.0300 | 0.489** | 22.701 | 4.662 | $-0.0620$ | 0.567** |
| $NaHCO_3-$ICP-AES | 50.466 | 2.040 | $-0.0220$ | 0.297* | 48.722 | 3.003 | $-0.0360$ | 0.552** |
| Kelowna$-$ICP-AES | 38.704 | 3.136 | $-0.0410$ | 0.348** | 72.307 | 1.851 | $-0.0230$ | 0.197 |
| PRS probe (24h)$-$ICP | 60.239 | 0.875 | $-0.0040$ | 0.494** | 72.851 | 0.889 | $-0.0044$ | 0.687** |
| PRSprobe (2weeks)$-$ICP | 71.291 | 0.316 | $-0.0008$ | 0.214 | 88.897 | 0.241 | $-0.0006$ | 0.171 |
| $CaCl_2-T$ | 24.301 | 4.141 | $-0.0480$ | 0.566** | 2.629 | 7.847 | $-0.1410$ | 0.474** |
| $Ca(H_2PO_4)_2-T$ | 35.275 | 3.436 | $-0.0450$ | 0.579** | 35.449 | 4.664 | $-0.0700$ | 0.781** |
| $KH_2PO_4-T$ | 41.934 | 3.614 | $-0.0560$ | 0.581** | 49.387 | 4.402 | $-0.0770$ | 0.697** |
| $KCl-40-T$ | 79.752 | $-0.085$ | 0.0240 | 0.263* | 25.901 | 5.682 | $-0.0940$ | 0.331* |
| $NaHCO_3-T$ | 80.835 | 0.602 | $-0.0050$ | 0.069 | 74.789 | 2.173 | $-0.0325$ | 0.227* |
| Kelowna$-T$ | 66.643 | 1.236 | $-0.0079$ | 0.262* | 65.394 | 2.772 | $-0.0440$ | 0.203 |
| SAl | 24.239 | 8.032 | $-0.2050$ | 0.499** | 15.122 | 11.847 | $-0.3590$ | 0.720** |
| ASV | 22.374 | 2.007 | $-0.0128$ | 0.542** | 30.709 | 2.209 | $-0.0150$ | 0.735** |

$P<0.05 R^2=0.219$；$P<0.01 R^2=0.348$。

从不同土壤有效硫指标与吸硫量和相对产量的相关性综合分析，$Ca(H_2PO_4)_2$ 是比较理想的方法，用这种方法提取有效硫简单易行，无论用 ICP-AES 法还是用比浊法测定都能很好地预测土壤的供硫能力；虽然其他方法如阴离子交换树脂膜法也能够模拟植物根系吸收硫。土壤硫有效性指数（SAI）和有效硫修正值（ASC），考虑到土壤有机质矿化对植物的有效性，也可作为土壤供硫指标，但这些指标测定和计算繁琐，需要的时间较长，不适合进行快速诊断。ICP-AES测定方法虽然测定准确并能克服比浊法测定不稳定的缺点，从而得到理想的结果，但一般实验室不具备条件且测试费用较高。比浊法测试方便、费用较低，适于一般的实验室条件。$Ca(H_2PO_4)_2$作为浸提剂较为理想的原因不仅在于其可提取水溶态和吸附态硫酸盐以及部分有机硫外，而且还可利用$Ca^{2+}$的凝聚作用，使有机质的提取量很少且易以得到澄清的提取液，减少用比浊法测定时的干扰[16,22]。基于以上考虑，0.01摩尔/升$Ca(H_2PO_4)_2$浸提、比浊法测定可作为我国土壤有效硫的测定方法，指导合理施用硫肥。这种方法也是英国和美国普遍用于评价土壤有效硫状况的方法[23~24]，便于各国的测定结果相互比较。

## 2.3 田间试验及土壤有效硫临界值的确定

1996—1998年3年的田间硫肥试验结果表明，施用硫肥可不同程度地提高作物如油菜、大豆、玉米、小麦和水稻的产量，比不施硫对照处理增产率达2.4%～27.1%（表5、表6）。

表5 施用硫肥与某些旱地作物增产率的关系

| 省分 | 年份 | 土类 | 地点 | 有机碳 | pH | 有效硫*（毫克/千克） | 作物 | 增产率（%） |
|---|---|---|---|---|---|---|---|---|
| 湖北 | 1997 | 黄棕壤 | 浠水 | 13.98 | 5，7 | 21.8 | 油菜 | 11.9** |
| | | | 浠水 | 12.3 | 5.8 | 18.7 | 油菜 | 14.3** |
| | | | 宜昌 | 12.59 | 7.0 | 20.3 | 油菜 | 15.8** |
| | | | 咸宁 | 14.88 | 5.5 | 48.3 | 油菜 | 4.3 |
| | 1998 | 黄棕壤 | 浠水 | 11.72 | 5.6 | 18.8 | 油菜 | 10.9** |
| | | | 宜昌 | 12.30 | 5.8 | 31.1 | 油菜 | 5.5 |
| | | | 宜昌 | 11.48 | 5.8 | 19.2 | 油菜 | 13.0 |
| 河南 | 1997 | 褐土 | 洛阳 | 11.02 | 8.6 | 24.9 | 玉米 | 9.0 |
| | | | 洛阳 | 10.73 | 8.7 | 26.2 | 玉米 | 11.6* |
| | | 潮土 | 商丘 | 10.50 | 8.2 | 18.7 | 大豆 | 13.4** |
| | | | 商丘 | 11.14 | 8.6 | 19.4 | 大豆 | 10.8** |
| | 1998 | 褐土 | 洛阳 | 9.69 | 8.2 | 20.9 | 小麦 | 13.38** |
| | | | 洛阳 | 9.69 | 8.2 | 20.9 | 玉米 | 11.79** |
| | | 砂姜黑土 | 遂平 | 8.47 | 8.5 | 29.2 | 小麦 | 5.54 |
| | | 潮土 | 驻马店 | 5.80 | 8.3 | 18.5 | 玉米 | 8.78** |
| 北京 | 1997 | 褐潮土 | 昌平 | 7.77 | 8.6 | 17.6 | 玉米 | 11.9 |
| | | 褐潮土 | 昌平 | 8.24 | 8.6 | 41.8 | 小麦 | 2.7 |
| 黑龙江 | 1997 | 黑土 | 哈尔滨 | 15.31 | 7.3 | 21.19 | 玉米 | 9.5* |
| | | | 哈尔滨 | 15.31 | 7.3 | 21.19 | 大豆 | 9.1 |
| | | 草甸黑土 | 绥化 | 21.69 | 7.3 | 20.69 | 玉米 | 7.8 |
| | | | 绥化 | 21.69 | 7.3 | 16.69 | 大豆 | 13.3** |
| | 1998 | 黑土 | 哈尔滨 | 18.21 | 6.5 | 29.50 | 玉米 | 8.2 |
| | | | 哈尔滨 | 18.21 | 6.5 | 29.50 | 大豆 | 11.5 |
| | | 草甸黑土 | 绥化 | 23.20 | 7.6 | 18.40 | 玉米 | 7.9 |
| | | | 绥化 | 23.20 | 7.6 | 18.40 | 大豆 | 13.2 |

\* 0.01摩尔/升$Ca(H_2PO_4)_2$提取，比浊法测定，下同。

**表 6　施用硫肥对某些地区水稻增产率的影响**

| 省分 | 年份 | 土类 | 地点 | 有机碳 | pH | 有效硫（毫克/千克） | 作物 | 增产率（%） |
|------|------|------|------|--------|----|--------------------|------|------------|
| 江西 | 1996 | 红壤 | 峡江 | 14.62 | 5.1 | 23.63 | 晚稻 | 15.4** |
| | | | 峡江 | 13.28 | 4.5 | 24.31 | 晚稻 | 5.0** |
| | | | 峡江 | 16.18 | 4.7 | 27.03 | 晚稻 | 2.4 |
| | 1997 | 红壤 | 峡江 | 14.62 | 5.1 | 23.63 | 早稻 | 13.8** |
| | | | 峡江 | 13.28 | 4.5 | 24.31 | 早稻 | 13.2** |
| | | | 峡江 | 22.56 | 4.7 | 22.27 | 早稻 | 11.0** |
| | | | 芦州 | 13.34 | 5.2 | 21.20 | 早稻 | 27.1** |
| | | | 芦州 | 13.34 | 7.9 | 21.20 | 晚稻 | 6.8** |
| | | | 汗堂 | 15.95 | 5.2 | 10.60 | 早稻 | 20.6** |
| | | | 汗堂 | 15.95 | 7.9 | 10.60 | 晚稻 | 20.9** |
| | 1998 | 红壤 | 野市 | 16.24 | 5.2 | 24.40 | 早稻 | 6.7* |
| | | | 野市 | 16.24 | 5.2 | 24.40 | 晚稻 | 6.5** |
| | | | 汗堂 | 22.04 | 7.3 | 15.10 | 早稻 | 13.8** |
| | | | 汗堂 | 22.04 | 7.3 | 15.10 | 晚稻 | 26.7** |
| 吉林 | 1998 | 盐化草甸土 | 前郭 | 12.18 | 7.6 | 94.30 | 单季稻 | 12.6* |
| | | | 前郭 | 12.18 | 7.6 | 94.30 | 单季稻 | 6.9 |
| | | 淡黑钙土 | 白城 | 10.44 | 7.1 | 49.60 | 单季稻 | 10.7 |
| | | | 白城 | 10.44 | 7.1 | 49.60 | 单季稻 | 1.8 |
| | | 黑土 | 公主岭 | 7.54 | 6.1 | 29.50 | 单季稻 | 6.1 |
| 黑龙江 | 1997 | 黑土 | 哈尔滨 | 16.47 | 7.7 | 34.80 | 单季稻 | 14.2* |
| | | 草甸黑土 | 绥化 | 24.30 | 7.2 | 17.60 | 单季稻 | 10.2** |
| | | 草甸土 | 庆安 | 23.84 | 7.3 | 21.60 | 单季稻 | 12.5** |
| | 1998 | 草甸黑土 | 绥化 | 22.10 | 6.5 | 20.80 | 单季稻 | 8.8 |
| | | 草甸土 | 庆安 | 22.68 | 6.5 | 23.10 | 单季稻 | 7.5 |
| | | 白浆化黑土 | 五常 | 15.08 | 5.9 | 31.30 | 单季稻 | 9.1* |

　　其中油菜、大豆、玉米、小麦平均增产率分别为 10.8%、11.9%、9.6%、7.2%，水稻平均增产率为 11.6%。对旱地作物来说，增产达显著水平的占试验个数的 48%，而水稻增产达显著水平的占试验个数的 72%。用 0.01 摩尔/升 Ca$(H_2PO_4)_2$ 浸剂、比浊法测定的土壤有效硫与作物相对产量进行相关分析，它们之间的关系可用一元二次多项式表示（图 1）。对有效硫临界值的确定，许多研究人员多采用田间校验研究，用 90% 相对产量时的土壤有效硫测定值作为相应的临界值，低于此值则作物施硫有效。因为在所作的试验中，使用硫肥大多增产 10% 左右，相对产量大都在 90% 左右，而相对产量为 70% 的试验几乎没有。所以，参照其他研究人员的研究结果[4~5,25~27]，为便于比较，用 90% 相对产量时的土壤有效硫含量作为临界值指标。本试验结果表明，相对产量为 90% 时，旱地作物土壤有效硫缺乏的临界值为 21.1 毫克/千克；而水稻土壤有效硫缺乏的临界值为 23.8 毫克/千克。水田的土壤有效硫临界值高于旱地土壤，说明在相同有效硫水平下，水稻上施用硫肥的增产效果大于旱地作物，这可能与淹水条件下土壤处于还原状态，土壤中硫酸根离子的有效性较低有关。

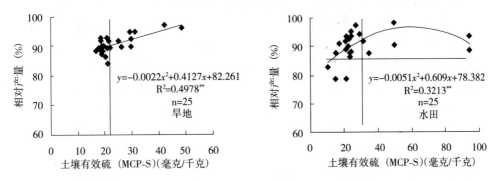

图1　土壤有效硫指标与旱地作物和水稻相对产量的关系及其临界值

## 3　讨论

迄今，许多研究者提出了许多土壤有效硫的化学测定方法[5~6]，和考虑土壤有机质的矿化作用的有效硫指标[2,10,12]。因为土壤有效硫临界值的确定决定于所用的浸提剂和测定方法以及所用的指标。所以，有必要筛选一种较为理想的土壤有效硫评价方法和指标加以统一，以指导我国合理施用硫肥。

许多研究人员在温室和田间条件下研究不同土壤有效硫测定方法与植物生长的相关性，但结果各异。Spencer 指出，0.016 摩尔/升 $KH_2PO_4$ 溶液提取的水溶态和吸附态以及部分有机硫能够反映土壤（pH5.4~8.9）的供硫能力[28]，Zhao 等同样指出，0.016 摩尔/升 $KH_2PO_4$ 是最佳浸提剂[17]；而有的研究指出，0.01 摩尔/升 $CaCl_2$、0.01 摩尔/升 Ca$(H_2PO_4)_2$、1 摩尔/升 $NH_4OAc$ 和 0.5 摩尔/升 $NaHCO_3$（pH8.5）提取的硫酸盐与作物吸硫量相关性很好[25,29~30]。多数研究指出，0.5 摩尔/升 $NaHCO_3$（pH8.5）提取的硫中含有许多作物不能利用的有机硫，与作物生长的相关性很差[26~27]。但 $NaHCO_3$ 提取的硫其中很大部分有机硫可以很好地表示土壤潜在矿化的硫，尤其适用于澳大利亚土壤和印度土壤[31]。而 Blair 等指出，用 0.25 摩尔/升 KCl—40℃浸提、用 ICP-AES 测定的有效硫能够很好地反映澳大利亚土壤中植物有效硫状况，与牧草产量高度相关（$R^2=0.73$）[26]。

从田间校验及相关分析表明，0.01 摩尔/升 Ca$(H_2PO_4)_2$ 浸提、比浊法测定与作物的相对产量关系显著。相对产量为90％时，旱地和水田的临界值分别为21.1和23.8毫克/千克。Zhang 等研究安徽省作物有效硫指标表明，对旱地作物如油菜、大豆和小麦来说，用0.01 摩尔/升 Ca$(H_2PO_4)_2$—T 测定的土壤有效硫临界指标为20毫克/千克[4]。但土壤有效硫含量大于20甚至大于30毫克/千克时，施用硫肥仍具有不同程度增产作用[4,32]。本试验中土壤有效硫含量大于40甚至在94毫克/千克时，施用硫肥对作物仍具有增产作用。但国外许多研究人员研究不同作物和土壤上施用硫肥的效果而提出的土壤有效硫临界值较低。Donahue 等认为，对禾谷类和豆科等作物来说，表层土壤有效硫（0.01 摩尔/升 Ca$(H_2PO_4)_2$—T 法）临界值一般为12毫克/千克[12]；Fox 等指出，用 $KH_2PO_4$ 和 Ca$(H_2PO_4)_2$ 提取的 $SO_4^{2-}$ 大于7.5毫克/千克时，多年生苜蓿对施硫无效[20]。Blair 等用牧草研究有效硫提取方法与产量的相关性表明，0.25 摩尔/升 KCl—40℃—ICP-AES 和 0.01

摩尔/升 Ca（$H_2PO_4$）$_2$－ICP-AES 测定的土壤有效硫临界值分别为 6.5 和 7.1 毫克/千克[26]；Scott 用燕麦研究浸提方法时指出，0.016 摩尔/升 $KH_2PO_4$－T 测定的土壤有效硫临界值为8～10 毫克/千克，而用 $NaHCO_3$ 测定的土壤有效硫临界值为 28～31 毫克/千克[25]。Zhao 等用春小麦研究表明，0.016 摩尔/升 $KH_2PO_4$－ICP-AES 是较理想的评价土壤有效硫方法，其临界指标为 10～12 毫克/千克[17]。由此可见，国外确定的有效硫临界值较低，其原因是多数研究所用的植物是牧草，其吸硫量和干物质产量较低。而我国大田作物单位面积产量和复种指数很高，同时在氮、磷、钾等大量元素施用量较高的情况下，作物对硫的需求较多，以达到养分平衡。由本试验可以看出，多数作物使用硫肥的增产效果均在 10％左右，因此，用90％相对产量时土壤有效硫含量作为临界值适合目前高产栽培条件。

# 参 考 文 献

[1] Ceccotti S P and Messick D L. The growing need for sulphur fertilizers in Asia [A]. In: The Sulphur Institute, Chinese sulphur Acid Industry Association and Chinese Soil and Fertilizer Institute (eds.). Proceedings of the International Symposium on Present and Future Matterial and Fertilizer Sulphur Requirements for China [C]. Printed by XinHua printing House, Beijing, 1993: 25-44.

[2] 刘崇群，等. 中国农业中硫的概述 [M]. 中国硫资源和硫肥需求的现状和展望学术讨论会论文集. 北京：农业出版社，1993: 154-62.

[3] Li S Y and Wang Y Z. Sulphur research to winter crops in East China [J]. Sulphur in Agrie., 1985, 9: 18-19.

[4] Zhang J Z, Zhu W M, Hu Z Y, Ma Y H, ZhangL Gand Wang J. Soil S status and crop responses to S application in Anhui province, China [J]. Sulphur in Agric., 1997, 20: 80-84.

[5] Anderson G C, Lefroy R, Chinoim N and Blair G. Soil Sulphur Testing [J]. Sulphur in Agric., 1992, 16: 6-14.

[6] Kumar V. An evaluation of the sulfur status and crop response in the major soils of Haryana [J]. Sulfur in Agrichure, 1994, 18: 23-26.

[7] Chesnin L and Yien C H. Turbidimetric determination of available sulfates [J]. Soil Sci. Soc. Amer. Proc., 1950, 18: 149-151.

[8] Johnson C M and Nishita H. Mieroestimation of sulfur in plant materials, soils and irrigation waters [J]. Anal. Chem., 1952, 24: 736-742.

[9] Hulmberg M. Analysis of sulphur in cultivated soils by inductively coupled plssma atomic emission spectrometry [J]. Acta Agric. Scand., 1991, 41: 221-225.

[10] Donahue R L, Miller R W and Shickluns J C. Soils—An introduction to soils and plant growth (Fifth edition) [M]. USA, 1983. 305-330.

[11] Schoenau J, Qian P, Huang W Z. Assessing sulphur availability in soil using ion exchange membranes [J]. Sulphur in Agric., 1993, 17: 13-17.

[12] Donahue R L, Miller R W and Shickluna J C. Soil—An introduction to soils and plant growth (Fourth edition). Prentice Hall, 1977. 208-209.

[13] Lisle L, Lefroy R, Anderson G and Blair G. Methods for the measurement of sulphur in plants and soil [J]. Plant and Soil, 1994, 164: 243-250.

[14] 佩奇 AL，米勒 RH 著. 闵九康等译. 土壤分析法 [M]. 北京：中国农业出版社，1991: 353.

[15] Vendrell P F, Frank K and Denning J. Determination of soil sulphur by inductively coupled plasma spectroscopy [J]. Commun. Soil Sci. Plant Anal., 1980, 21: 1695-1703.

［16］ Watkinson J H, Perrott K W and Thorrold B S. Relationship between the MAF pasture development index of soil and extractable organic sulfur ［A］. *In*: White R E and Gurrie L D (eds.). Soil and Plant Testing for Nutrient Deficiency and Toxicity ［M］.1991: 66-71.

［17］ Zhao F J and McGrath S P. Extractable sulphate and organic sulphur in soils and their availability to plants ［J］. Plant and Soil, 1994, 164: 243-250.

［18］ Chao T T, Howard M E and Fang S C. Adsorption and desorption phenomena of sulfate ions in soils ［J］. Soil Sci. Soc. Am. Proc., 1962, 26: 234-237.

［19］ Fox R L, Olson R A and Rhoades H F. Evahiating the suifur status of soils by plant and soil tests ［J］. Soil Sci. Soc. Am. Proc., 1964, 28, 243-246.

［20］ Barrow N J. Studies on extraction and on availability to plants of adsorbed plus soluble sulfate ［J］. Soil Sci., 1967, 104: 242-249.

［21］ Tabatahai M A. Sulfur ［A］. In: Payne A L, Freney J R and Miller R H (ads.). Methods of Soil Analysis. Part2: Chemical and Microbiological properties (2nd Edit) ［M］. Agronomy Series Number 9. ASA, SSSA. Publ. Madiscm, Wisconsin, USA, 1982: 501-538.

［22］ Maynard D C, Kaita Y P and Radford F G. Extraction and determination of sulfur in organic horizons of forest soils ［J］. Soil Sci. Soc. Amer. J., 1987, 51: 801-805.

［23］ Jones L H P, Cowling D W and Lockyer D R. Plant available and extractable sulfur in some soils of England and Wales ［J］. Soil Sci., 1972: 104-114.

［24］ Hoeft R G, Walsb L M and Keeney D R. Evaluation of various extracmats for available soil sulfur ［J］. Soil Sci. Soc. Am. Proc., 1973, 37: 401-404.

［25］ Scott N M. Evaluation of sulphate status of soils by plant and soil test ［J］. J. Sci. Food. Agric., 1981, 32: 193-199.

［26］ Blair G J, Lefmy R D B *et al*. Sulfur soil testing ［J］. Plant and Soil, 1993, 155/156: 383-386.

［27］ Anderson G C, Lefroy R D B *et al*. The development of a soil test for sulphur ［J］. Norwegian J. of Agric. Sci., 1994, 15 (Supplement): 83-95.

［28］ Spencer K and Freney J R. A comparison of several procedures for estimating the sulfur status of soils ［J］. Aust. J. Agric. Res., 1960, 11: 948-959.

［29］ Ensminger L E and Freney J R. Diagnostic techniques for determining sulfur deficiencies in crops and soils ［J］. Soil Sci., 1966, 101: 283-290.

［30］ Rehm G W and Caldwell A C. Sulfur supplying capacity of soils and the relationship to soil type ［J］. Soil Sci., 1968, 105: 355-361.

［31］ Proben M E. Studies on available and isotopically exchangeable sulphur in some North Queensland soils ［J］. Plant Soil, 1976, 45: 461-475.

［32］ 尹迪信, 等. 贵州省土壤硫素状况及施肥效果 ［M］. 中国农业中的硫第三次国际研讨会论文集.1997.

# Study on Test Methods for Soil Available S and Critical Levels of S Deficiency

Lin Bao    Li Shutian    Zhou Wei

(Soil and Fertilizer Institute, CAAS, Beijing 100081)

**Abstract**    The methods and critical levels for assessing soil available S were investigated using correlation studies by pot experiments and calibration studies by field trials. In pot experiments, 6 chemical extractants were selected to extract soil available S and determine S in the solution by ICP-AES and terbidimetric methods (T), respectively, for evaluation of soil available S with 18 soils by comparing the relationship between soil S test value and the total S uptake or relative dry matter yield of corn and rice. Results indicated that all extractants could extracted organic S and 0. 5mol/L $NaHCO_3$ extracted the most. Phosphate solution could extracted more available S than chloride solution in acid soils. Soil available sulfur extracted by 0. 01mol/L Ca $(H_2PO_4)_2$ solution and determined by terbidimetric method was found to be correlated well with corn and rice responses, and confirmed the superiority to other indices. In field trials, sulfur fertilizers could increase crops yield, such as winter wheat, corn, soybean, oil-seed rape and rice. The critical levels of 90% relative grain yield by 0. 01mol/L Ca $(H_2PO_4)_2 - T$ were 21. 1mg/kg and 23. 8mg/kg for upland soils and paddy fields, respectively.

**Key words**    Soil; Available sulphur; Test method; Critical level

# 硫胁迫对油菜超微结构及超细胞水平硫分布的影响

王庆仁[1]　林葆[2]

([1] 中国科学院生态环境研究中心　北京　100081;
[2] 中国农业科学院土壤肥料研究所　北京　100081)

**摘要**　利用温室砂培盆栽试验，结合油菜缺硫症状的形态表现特征，进行了硫胁迫条件下油菜营养与生殖器官超微结构及超细胞水平硫素分布的电子探针分析。结果表明，硫胁迫导致油菜叶片皱缩，叶脉聚集、扭曲、隆起，气孔张开、变形，叶肉细胞叶绿体基粒片层松弛、肿胀、淀粉积累；花瓣细胞质发育不良，细胞内含物颗粒呈聚集状；柱头细胞器排列不规则，质膜呈断续状，细胞壁松弛、增厚；花粉粒发育不全，形状不规则，多呈扁瘪、畸形，纹饰不整齐，条脊不规则，穿孔大小不均，花粉壁发育不完善，淀粉粒出现积累并呈复合状。缺硫还显著降低油菜超细胞水平的硫素分布，尤其对叶绿体、生物膜及线粒体等的影响更严重。

**关键词**　油菜；硫胁迫；超微结构；硫素分布

硫不仅是植物含硫氨基酸（胱氨酸、半胱氨酸、蛋氨酸）与蛋白质的结构组分，而且还是许多辅酶或辅基的重要成分，参与细胞内许多化合物的合成、代谢及生理生化反应。缺硫势必导致作物生理失调、代谢紊乱，并严重影响产量[1~2]。然而，限于目前对植物硫营养的认识水平以及研究手段的制约，对于硫素的营养功能及缺硫症状的表现等仍停留在宏观研究基础上。但随着边缘学科的相互渗透，生物学技术在植物营养学领域的应用与发展以及研究手段的不断提高，如电镜技术的应用等，促进了植物矿质营养学与生物化学的结合，近年来使这一领域得到了拓展。如利用这一技术，Hecht-Buchhoolz 曾观察到 Ca 营养状况对马铃薯芽超微结构的影响，认为 $Ca^{2+}$ 对膜的稳定性及细胞结构完整性的维持具有重要作用，严重缺 Ca 时表现出质膜结构解体与细胞的分隔化消失[3]；饶立华曾描述了植物缺 S 叶绿体基粒减少，片层结构肿胀、外膜破裂的现象[4]；徐汉卿等[5]与 Wang Yunhua 等[6]分别报道过缺 B 对油菜、棉花超微结构的影响；周卫等也曾研究过 Ca 胁迫条件下对花生超微结构的影响[7]。其他如锌对小麦、苹果，磷、钾对青菜叶片超微结构的影响等近年来报道也逐渐增多[8~10]，但关于硫对植物超微结构的影响目前尚未见系统报道。

为此，应用扫描电镜（SEM）和透射电镜（TEM）并结合 X-射线显微探针分析（X-ray microanalyzer 即 XMA）技术[11~12]，进行了硫胁迫对油菜营养与生殖器官超微结构及超

---

注：本文发表于《植物营养与肥料学报》，1999，5（1）：46~49。

细胞水平硫素分布特征的研究。这对进一步认识硫对植物的营养功能，揭示硫素缺乏对细胞超微结构的影响等，将具有重要意义。

# 1 材料与方法

## 1.1 试验设计

供试品种为澳大利亚培育的甘蓝型双低冬油菜（Canola-Hyola，*B. Napus cv.* Hyola）。试验采用温室磁砂培，共设 2 个供 S 水平：0.75 与 0.075 毫摩尔/升。9 月 20 日播种，温室温度 10～28℃，定期浇灌 Hewitt 完全营养液，于盛花期同时采集叶片与花器样品，其中花粉取花冠露黄的待开放花的花药。

## 1.2 样品制备及测定

扫描电镜与电子探针分析样品的制备 采样后稍经冲洗立即投入液氮（－196℃）中冷冻，然后在－20℃下真空脱水干燥，干燥后的样品用导电胶固定于样品台上再进行真空喷镀法的镀膜（喷金）处理。

透射电镜样品的制备 采样后立即用戊二醛-锇酸双固定，再经脱水（丙酮、乙醇）、包埋，切片（约为 0.05 微米的超薄切片）后，用醋酸双氧铀及柠檬酸铅染色，用于 TEM 的观察。对 TEM 电子探针分析样品采用冷冻制样，并用不进行染色处理的超薄切片。

对 SEM 样品先用日立-450 型 SEM 进行观察拍照，然后转入 Philips SEM＋EDAX-9100 型 XMA 进行样品定位与 S、P、K、Ca、Cl 的能谱分析；对 TEM 样品则用日立-500 型 TEM 观察拍照，电压 60 千伏。然后对未染切片样品用 Philips TEM＋EDAX-9100 型 XMA 在 80 千伏下进行超细胞水平的电子探针能谱分析，记录拍照能谱图并计算所测元素的相对重量%。

# 2 结果与分析

## 2.1 叶片及叶肉细胞

与对照相比，缺硫叶片表现为皱缩、叶脉扭曲，聚集、隆起，排列无序；气孔多呈张开状且因叶片皱缩、挤压而导致扭曲变形。电子探针微区多点分析相对平均含硫重量仅 1.24，而对照为 7.16。

缺硫造成叶肉细胞质膜发育不全，叶绿体基粒松弛、膨胀，甚至解体，无明显的片层结构；基粒与外膜分离且外膜残缺不全，淀粉颗粒大，形成"淀粉泡"积累；细胞质发育不完善，细胞内含物少、小，细胞充实度差，且结构不完整。电子探针分析结果表明，叶绿体内的相对含 S 重量对照（40.83）为硫胁迫（6.47）的 6.3 倍，而含磷（P）相对重量缺硫为对照的 4.1 倍。这除了说明正常情况下叶绿体本身含硫丰富外，在某种意义上很可能与细胞器内的离子（或电荷）平衡有关。$SO_4^{2-}$ 的缺乏导致同电荷离子 $H_2PO_4^-$/$HPO_4^{2-}$ 的相应增加。

硫脂是生物膜的结构成分，硫胁迫导致膜结构的破坏。对残存叶绿体外膜的电子探针分析结果表明，相对含 S 重量正常为硫胁迫的 4.4 倍。细胞壁虽含硫差异不大，但 Si 和 Ca 的相对比例，硫胁迫分别为对照的 2.5 及 1.4 倍，这可能是油菜缺硫外形表现为叶片僵硬、直立、厚而脆[2]的主要原因。

## 2.2 柱头细胞

缺硫柱头细胞表现为分隔化消失，质膜结构解体，细胞器排列松散不规则，线粒体少、小，叶绿体萎缩，细胞壁明显松弛、增厚，内质网发达但不完整；对照表现为细胞结构完整，内含物充实、均匀，膜发育完善，细胞器排列规整有序，叶绿体发育良好，液泡形状规则。电子探针分析结果表明，硫胁迫与对照细胞壁硫素含量虽无明显差异，但硫胁迫却导致 Ca、K 的累积（Ca 为对照的 3.5 倍，K 为对照的 4.4 倍）。缺硫也引起柱头细胞原生质与质膜硫素分配比例的明显减少，如对照分别为缺硫的 1.3 及 3.5 倍。

## 2.3 花粉及花粉粒细胞

扫描电镜观察发现，在高倍镜下，油菜缺硫花粉粒发育不全，形状不规则，多呈扁瘪、畸形，而正常花粉粒则浑圆、饱满；缺硫花粉粒表面纹饰整齐度差，穿孔大小不均，条脊不规则，而正常花粉粒条脊规整清晰，表面纹饰均匀，穿孔大小均一整齐。

透射电镜观察结果表明，缺硫导致花粉壁发育不全，淀粉粒出现积累且呈复合状，但内质网发达。对花粉粒细胞线粒体的电子探针分析结果为，相对含 S 重量正常（32.56）为硫胁迫（10.06）的 3.2 倍。线粒体比例下降，可能是导致其生理功能受阻，酶活性削弱，从而影响脂肪酸合成代谢，导致淀粉积累的主要原因。

# 3 讨论

硫是蛋白质的必需成分，而在绿叶中大部分蛋白质存在于叶绿体中。因此，缺硫条件下，蛋白质合成受阻，叶绿素含量明显下降[3]，并且使存在于叶绿体及膜中含有磺酸基（$\equiv C-SO_3^-$）的脑硫脂（硫酸脑苷脂）减少，光合膜的正常生理功能受阻，严重时导致基粒囊体肿胀，片层结构破坏，叶绿体分解。叶绿体片层结构消失时，光系统 Ⅱ 就受到阻碍，没有能力实现光合反应，反过来更加剧了叶绿体的分解，膜结构破坏，并且因代谢功能削弱而导致淀粉的积累。Marschner 也曾注意到缺硫条件下，植物蛋白质合成受阻，因生产位（源）上碳水化合物代谢削弱或库位上的需求变小（生长受阻），可能出现淀粉积累的现象[13]。

硫是许多辅酶或辅基的结构成分，如铁氧还蛋白、生物素（维生素 H）和焦磷酸硫胺素（维生素 B₁）以及辅酶 A 等，缺硫会导致这些化合物的减少及生理功能的严重削弱或丧失。高度水溶性的谷胱甘肽在细胞液及叶绿体中构成了主要的氧化还原体系，而且硫脂是所有生物膜的结构组分。因此，缺硫时必然导致细胞内代谢紊乱、生理失调，不仅导致叶绿体正常的光合功能削弱或丧失；而且使同化产物在细胞液与线粒体中正常的氧化还原反应受到阻碍，从而影响细胞的能量转换以及细胞正常结构与功能的有效维持。

对超细胞水平矿质元素的电子探针分析结果表明，在叶绿体及线粒体内正常条件下硫素含量相对较高，S∶P 比值通常大于或接近于 1，其次为生物膜及细胞质。这可能与特有含硫化合物含量以及特定的生理代谢功能密切相关。然而，在现有的生理学基础上，限于对硫素营养、生理功能的认识，本文只能揭示硫素营养对油菜细胞正常结构维持的重要性以及硫胁迫导致细胞结构、生理功能的异常现象，对硫素营养机理的某些推断仍缺乏充足的依据，尚待进一步探讨。

# 参 考 文 献

［1］Haneklaus S and Schung E. Macroscopic symptomatology of sulphur deficiency：Symptoms in *Brassica napus*. Phyton（Horn Austris），Special Issue：Sulphur-metabolism，1992，32：55-58.

［2］王庆仁．双低油菜（Canola）硫营养临界期与最大效率期的研究．植物营养与肥料学报，1997，3：13-146.

［3］Hecht-Buchlolz In：Marschner H（eds.）. Mineral nutrition of higher plants. Academic press，London，1986：80-350.

［4］饶立华．植物矿质营养及其诊断．农业出版社，1993：4-86.

［5］徐汉卿，黄清渊，沈康，等．硼对油菜雄蕊、雌蕊发育影响的解剖学研究．植物学报，1993，35（6）：453-457.

［6］Wang Yunhua and Zhou Xiaofeng. The effects of boron on the antomical structured of cotton petioles. Proceeding of Inter. Symp. on the Role of Sulfur，Magnisium and Micronutrients in Balanced Plant Nutrition，1991：78-80.

［7］周卫，林葆．花生缺钙症状与超微结构特征的研究．中国农业科学，1996，29（4）：53-57.

［8］王振林，沈成国，余松烈．小麦供锌状况对叶片结构及叶绿体超结构的影响．作物学报，1993，19（6）：553-557.

［9］曲桂敏，黄天栋，顾曼如，等．锌与苹果叶片的显微结构及其超微分布．园艺学报，1993，20（4）339-400.

［10］陈慧选，韩雪梅，吴树彪，等．磷、钾营养平衡对青菜解剖结构的影响．植物营养与肥料学报，1996，2（4）：343-346.

［11］刘芷宇，等．应用电子探针技术对植物根际和根内营养元素微区分布的探讨．植物生理学报，1988，14（1）：23-28.

［12］施卫明，刘芷宇．电子探针在土壤-植物研究上的应用．土壤学进展，1987，5：50-55.

［13］Marschner H. Mineral nutrition of higher plants. Academic，London，1986：80-350.

# 氮肥用量对春玉米叶片衰老的
# 影响及其机理研究

何萍　金继运　林葆

（中国农业科学院土壤肥料研究所　北京　100081）

**摘要**　采用田间试验、植株分析及电镜检测方法研究了氮肥用量对玉米叶片衰老的影响及其机制。结果表明，氮肥用量不足或过量均加速了生长后期叶面积系数及穗叶绿素含量的下降进程，使叶片提早衰老，但二者作用机制不同。氮肥用量不足导致穗叶叶肉细胞叶绿体结构性差，维管束鞘细胞碳水化合物累积减少，营养体氮素再分配率大而引起叶片早衰；而过量供氮则导致生长后期硝酸还原酶活性过高，氮素代谢过旺，消耗了大量碳水化合物，以致下位叶不能得到充足的碳水化合物供应而提早脱落，同时叶肉细胞叶绿体片层结构膨胀，呈"肉汁化"特征，维管束鞘细胞淀粉粒大量消耗，无核淀粉粒出现，从而叶片叶绿素含量下降，光合能力降低而出现早衰。

**关键词**　氮肥用量；春玉米；叶片衰老；机理

玉米是一种高光效作物，有较大的丰产潜力。其叶片衰老过程与源叶同化物供应及源的大小（叶面积）有关，并直接影响到产量形成。研究表明，要取得玉米高产，在成熟阶段应维持叶片高的 $CO_2$ 同化能力及根系吸收养分能力[8]，但过量施氮则会导致玉米贪青徒长。氮作为影响根和叶活力最为重要的营养元素，其作用模式被假定为增加了根系细胞分裂素（CYT）的输出，促进幼嫩部分生长（合成赤霉素 GA 的场所）及延缓衰老（降低脱落酸 ABA 水平)[6]。目前有关施氮对玉米吸收养分的影响虽有许多研究，但迄今为止，在农艺措施上对玉米生长后期是促进叶片衰老以加速营养物质向籽粒转运，还是在籽粒充实期间保持较好的源供应，目前尚有争论，这涉及到氮肥用量对玉米叶片衰老的影响等问题，有关这方面的研究尚未见报道。本研究即探索氮肥用量对玉米叶片衰老的影响及其机理，以从叶片衰老调控的角度为氮肥合理施用提供理论依据。

# 1　材料与方法

## 1.1　供试土壤

试验设置在吉林省公主岭市刘房子乡的黑土上，其基本农化性状为：有机质 1.95%，

---

注：本文发表于《中国农业科学》，1998，31（3）：66～71。

全氮（N）0.120%，速效氮（N）94.7毫克/千克，有效磷（P）11.5毫克/千克，速效钾（K）98.6毫克/千克，pH5.2。

## 1.2 试验材料

供试品种为丹旱208。试验设4个不同氮肥用量，分别为$N_0$（0千克/公顷）、$N_1$（150千克/公顷）、$N_2$（263千克/公顷）和$N_3$（375千克/公顷）。$P_2O_5$和$K_2O$用量各处理均为115千克/公顷和200千克/公顷。氮肥分次施用，考虑到玉米生育后期需氮量多的特点，按常规法1/5作基肥，4/5作追肥。磷钾肥全部作基肥一次性施入。小区面积30米$^2$，随机排列，重复3次。4月10日施基肥，4月28日播种，5月18日出苗，6月25日追肥，9月23日收获，全生育期127天。

在玉米不同生育期，即苗期（5月29日）、拔节期（6月18日）、大喇叭口期（7月4日）、抽雄期（7月24日）、吐丝期（8月5日）、灌浆期（8月19日）、乳熟期（9月2日）、蜡熟期（9月12日）和成熟期（9月23日）（其分别为出苗后10、30、46、66、78、92、106、116、127天），从各处理小区选取有代表性的玉米5～10株（苗期30株）进行以下项目的测定。

## 1.3 测定项目与方法

（1）调查各生育期叶面积动态。

（2）测定抽雄期、灌浆期及成熟期穗叶叶绿素含量及硝酸还原酶活性，常规法[2]。

（3）测定抽雄期与成熟期营养体和籽粒等部分干重及含氮量，于80℃下烘干至恒重，半微量凯氏法定氮。

（4）玉米生长后期穗叶叶肉细胞与维管束鞘细胞叶绿体超微结构的观察。选取灌浆期穗叶含维管束鞘的部位，经戊二醛-锇酸双固定，丙酮系列脱水，Epon 812包埋，切成厚度为50纳米超薄切片，再经醋酸铀和柠檬酸铅双染色后，用日立H-500型透射电子显微镜观察和摄影，电压60千伏。

# 2 结果与分析

## 2.1 产量

不同氮肥用量下，玉米籽粒产量和收获指数均以$N_2$处理最高，其次为$N_1$、$N_3$和$N_0$（表1），显示施氮量以$N_2$较为适宜，而$N_1$或$N_3$则不足或过量。进一步考察其产量构成，穗粒数表现为$N_3>N_2>N_1>N_0$，而千粒重为$N_2>N_1>N_3>N_0$，表明氮肥用量已直接影响到光合产物向籽粒的运输。施氮量偏低，则库容量受限，穗粒数减少；过量施氮，则影响到库强度，千粒重下降。

表1 施氮量对春玉米产量及其组成的影响

| 处理 | 穗粒数 | 千粒重 | 籽粒产量（克/株） | 收获指数 |
| --- | --- | --- | --- | --- |
| $N_0$ | 406.8 | 297 | 121.0c | 0.48 |
| $N_1$ | 464.2 | 363 | 168.5b | 0.53 |
| $N_2$ | 478.8 | 399 | 191.2a | 0.55 |
| $N_3$ | 493.4 | 328 | 150.5b | 0.45 |

$LSD_{0.05}=21.1$，n=3。

## 2.2 叶面积系数动态

由图中可见，从出苗到抽雄期玉米叶面积系数（LAI）一直呈上升趋势，表现为 $N_2 > N_3 > N_1 > N_0$；抽雄后即逐渐下降，但下降速度 $N_0$、$N_1$ 和 $N_3$ 处理快于 $N_2$，表明供氮不足或过量加剧了生育后期玉米叶面积系数的下降进程。

## 2.3 叶片生长与光合势

施氮量对玉米叶片生长有一定影响（表2），比较各处理所取 5 株玉米全部叶片的平均长度和宽度，可见抽雄期与成熟期平均叶长均表现为 $N_2 \approx N_3 > N_1 \approx N_0$，平均叶宽均为 $N_2 > N_1 > N_3 > N_0$；光合势抽雄期为 $N_2 > N_3 > N_1 > N_0$；成熟期则为 $N_2 > N_1 \approx N_3 > N_0$，成熟期最低叶位 $N_3$ 处理为第 13 叶，而 $N_2$、$N_1$ 和 $N_0$ 均为第 11 叶，表明与供氮不足的处理不同，过量施氮引起下部叶片提早脱落，从而 LAI 下降加剧（图1）；但供氮不足或过量均引起叶片光合能力下降。

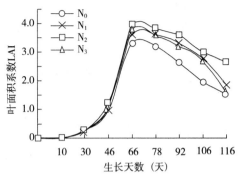

图 1 施氮量对玉米叶面积系数动态的影响

### 表 2 施氮量对春玉米叶片生长及其光合势的影响

| 生长期 | 处理 | 平均叶长（厘米） | 平均叶宽（厘米） | 最低叶位 | 叶面积系数 | 光合势[×10⁴米²/（天·公顷）] |
|---|---|---|---|---|---|---|
| 抽雄期 | $N_0$ | $60.4 \pm 1.28$ | $7.6 \pm 0.21$ | 4 | 3.32 | 40.1 |
|  | $N_1$ | $60.5 \pm 1.81$ | $8.1 \pm 0.29$ | 4 | 3.65 | 44.7 |
|  | $N_2$ | $64.5 \pm 1.11$ | $8.4 \pm 0.22$ | 4 | 3.97 | 51.9 |
|  | $N_3$ | $64.3 \pm 1.42$ | $8.0 \pm 0.26$ | 4 | 3.81 | 50.3 |
| 成熟期 | $N_0$ | $60.6 \pm 1.46$ | $7.6 \pm 0.25$ | 11 | 1.53 | 18.0 |
|  | $N_1$ | $62.5 \pm 1.24$ | $9.1 \pm 0.23$ | 11 | 1.86 | 22.9 |
|  | $N_2$ | $71.2 \pm 1.21$ | $9.3 \pm 0.20$ | 11 | 2.31 | 26.6 |
|  | $N_3$ | $65.9 \pm 1.58$ | $8.6 \pm 0.30$ | 13 | 1.65 | 22.8 |

## 2.4 穗叶叶绿素含量与硝酸还原酶活性

玉米一生中穗叶对籽粒碳水化合物的供应最为重要。经测定，其叶绿素含量以抽雄期最高，其次为灌浆期，成熟期最低（表3）。与抽雄期比较，$N_2$ 处理叶绿素含量灌浆期与之较为接近，而施氮量不足的 $N_1$ 及过量施氮的 $N_3$ 处理在灌浆期则显著减少。

硝酸还原酶活性为抽雄期 > 灌浆期 > 成熟期，与抽雄期比较，$N_1$ 及 $N_2$ 处理灌浆期明显下降，$N_3$ 处理虽有下降，但仍具有较高活性，表明过量施氮可能导致籽粒充实期氮素代谢过旺。

### 表 3 施氮量对春玉米叶绿素含量及硝酸还原酶（NR）活性的影响

| 处理 | 叶绿素含量（毫克/分米²） | | | 硝酸还原酶活性[微克/（克·小时）] | | |
|---|---|---|---|---|---|---|
|  | 抽雄期 | 灌浆期 | 成熟期 | 抽雄期 | 灌浆期 | 成熟期 |
| $N_0$ | 2.75 | 1.80 | 0.74 | 89.3 | 38.0 | 11.6 |
| $N_1$ | 2.93 | 2.58 | 1.23 | 115.8 | 45.8 | 13.7 |
| $N_2$ | 3.14 | 3.10 | 1.32 | 148.0 | 64.1 | 16.3 |
| $N_3$ | 3.40 | 2.78 | 1.21 | 165.0 | 106.0 | 18.2 |

## 2.5 植株各部分干重及含氮量

与抽雄期比较，成熟期 $N_2$ 处理营养体干重仅增加 5.0%，而 $N_3$ 处理则增加 48.9%；籽粒产量 $N_2$ 比 $N_3$ 增加 21.3%（表4），表明过量施氮除引起叶面积减少外，还导致后期营养体生长过旺，这直接影响到碳水化合物向籽粒的运输。

无论灌浆期还是成熟期，营养体氮含量均表现为：$N_3 > N_2 > N_1 > N_0$，而籽粒则为：$N_2 > N_3 > N_1 > N_0$，表明过量施氮还导致营养体氮素积累过多，而向籽粒转运减少。

**表4 施氮量对春玉米各部分干重及含氮量的影响**

| 生长期[1] | 处理 | 干重（克/株） | | 含氮量（克/千克） | |
| --- | --- | --- | --- | --- | --- |
| | | 营养体 | 籽粒 | 营养体 | 籽粒 |
| 抽雄期 | $N_0$ | 110.1c | — | 8.8 | — |
| | $N_1$ | 130.3b | — | 9.8 | — |
| | $N_2$ | 150.0a | — | 10.3 | — |
| | $N_3$ | 122.5bc | — | 10.6 | — |
| 成熟期 | $N_0$ | 130.0c | 121.0c | 3.5 | 11.6 |
| | $N_1$ | 150.7b | 168.5b | 3.7 | 12.1 |
| | $N_2$ | 157.5b | 191.2a | 4.2 | 12.5 |
| | $N_3$ | 182.4a | 150.5b | 4.4 | 12.3 |

[1] 抽雄期：营养体干重 $LSD_{0.05}=18.6$，n=3；成熟期：营养体干重 $LSD_{0.05}=23.4$，籽粒干重 $LSD_{0.05}=21.1$，n=3。

## 2.6 营养体氮素再分配及其对籽粒氮的贡献

玉米生长后期叶片衰老过程中，茎、叶蛋白质分解，其氮素转运量及其对籽粒氮的贡献受施氮量影响十分显著（表5）。营养体氮素再分配率表现为：$N_0 \approx N_1 > N_2 > N_3$，对籽粒氮的贡献率则表现为：$N_2 > N_1 > N_0 > N_3$。表明供氮不足可能导致营养体氮素外运过多而引起叶片提早衰老；而过量供氮则由于营养体氮素代谢过旺，导致运往籽粒的氮素减少。

**表5 施氮量对春玉米氮素再分配的影响**

| 处理 | 氮素再分配率[1]（%） | 对籽粒氮贡献率[2]（%） |
| --- | --- | --- |
| $N_0$ | 53.0 | 42.9 |
| $N_1$ | 56.3 | 51.8 |
| $N_2$ | 48.2 | 57.8 |
| $N_3$ | 38.2 | 40.4 |

[1] 氮素再分配率 =（抽雄期营养体 N 积累量 − 成熟期营养体 N 积累量）/抽雄期营养体 N 积累量 ×100%。

[2] 对籽粒氮贡献率 =（抽雄期营养体 N 积累量 − 成熟期营养体 N 积累量）/收获期籽粒 N 积累量 ×100%。

## 2.7 叶绿体超微结构

玉米光合作用是由维管束鞘细胞和叶肉细胞共同完成的。用透射电镜观察了灌浆期穗叶叶肉细胞超微结构，结果表明，$N_2$ 处理叶绿体基粒多而发达，基质片层排列紧密，$N_0$ 处理基粒及基质已完全消失，嗜锇粒大量出现，$N_1$ 处理基粒已出现，但数量不多，基质片层结构性差；而 $N_3$ 处理基粒及基质片层膨胀，呈肉汁化特征。表明施氮量不足或过高已明显影响到玉米生长后期叶肉细胞的正常结构，由此加剧了生长后期穗叶叶绿素含量下降速度，表现出早衰特征。

维管束鞘细胞叶绿体超微结构观察显示，$N_2$ 处理基质片层排列紧密并出现大量有核淀粉粒，显示光合作用已正常进行。与 $N_2$ 比较，$N_0$ 和 $N_1$ 处理仅有少量核淀粉粒出现，表明碳水化合物合成减少，光合能力降低；$N_3$ 处理则出现大量无核淀粉粒，表明其氮代谢旺盛，大量碳水化合物被消耗，由此可导致下位叶不能得到充足的碳水化合物供应而提早脱落。

# 3 讨论与结论

Molisch 第一个提出了叶片衰老理论[7]，认为花和果实对营养物的竞争是叶片衰老的原因，Guitman 指出叶片氮输出对叶片衰老及籽粒氮积累有重要作用[4]。多数研究认为，叶片衰老受到细胞分裂素（CTK）及脱落酸（ABA）调控，外源 CTK 具有抑制器官衰老及改变物质流向的作用[3,5]。氮素供应可促进根系 CTK 向地上部转运[1]。但迄今为止，氮肥用量对叶片衰老的影响尚未见深入研究。本项研究对这一问题进行了探索，结果揭示氮肥用量不足或过量均加速了生长后期叶面积系数及穗叶叶绿素含量的下降进程，使叶片提早衰老。但二者作用机制不同。氮肥用量不足将导致穗叶叶肉细胞叶绿体结构性差，维管束鞘细胞碳水化合物累积减少，同时，营养体氮素再分配及其向籽粒运输过多而引起叶片早衰；而过量供氮则导致生长后期硝酸还原酶活性过高，氮素代谢过旺，消耗了大量碳水化合物，以致下位叶不能得到充足的碳水化合物供应而提早脱落，同时叶肉细胞叶绿体片层结构膨胀，呈"肉汁化"特征，维管束鞘细胞淀粉粒大量消耗，无核淀粉粒出现，从而叶片叶绿素含量下降，光合能力降低而提早出现衰老。这一结论初步阐明氮肥用量对叶片衰老的影响及其机理，有关氮肥施用与激素作用及衰老相联系的过程还有待进一步研究。

## 参 考 文 献

[1] 史瑞和. 植物营养原理. 南京：江苏科学技术出版社，1989.

[2] 华东师范大学生物系植物生理教研组. 植物生理学实验指导. 上海：人民教育出版社，1981.

[3] Gepstein S，K V Thimann. Changes in the abscisic acid content of oat leaves during senescence. Proc. Natl. Acad. Sci. USA. 1980，77（4）：2050-2093.

[4] Guitman M R，Arnozis R A，Barneix A J. Effect of source-sink relations and nitrogen nutrition on senescence and N remobilization in the flag leaf of wheat. Physiol. Plant. 1991，82：275.

[5] Kuiper D，Schuit J，Kuiper P J C. Effect of internal and external cytokinin concentration on root growth and shoot to root ratio of *Plantago major* L. ssp. *pleiosperma* at different nutrient conditions. Plant Soil. 1988，111：231.

[6] Marschner H. Mineral nutrition of higher plant. Academic Press，1986：243-276.

[7] Molisch H. Die lebersdauer der pflanzen. Eng. Tansl.（H. Fulling）1938. Lancaster：Science Press，1928.

[8] Osika M. Comparison of productivity between tropical and temperate maize. Soil Sci. Plant Nutr. 1995，41（3）：439-450.

# 植物钙素营养机理研究进展

周卫　林葆

（中国农业科学院土壤肥料研究所）

**摘要**　本文综述了近三十年来植物钙素营养机理的研究进展。内容包括细胞中钙的定位及其与超微结构的关系；细胞水平上钙的吸收与运输机制；钙对酶活性的调控机制；钙与植物激素的作用机理；植物个体水平上钙的吸收运输和分配；钙与其他营养元素的相互作用；植物钙营养遗传特性等。文中评述了当前有关钙营养的机理或假说，并提出了今后加强研究的问题。

早在 19 世纪，钙已被列为植物必需营养元素，但由于其在土壤中含量丰富，故不为人们充分重视。近些年来，钙营养已激起广大植物营养和植物生理学家的极大兴趣，这主要是由于在基础理论和生产实践中出现了一些新的问题。这些问题主要包括：（1）集约农业中与缺钙有关的生理性病害发生增多，如莴苣焦叶病，芹菜黑心病，番茄或西瓜脐腐病，大白菜干烧心病及苹果苦痘病等[1~2]；（2）钙直接参与代谢过程的现象及机制的揭示。一般认为，钙是除硼外唯一在质外体起作用的元素[2]，现已证明，钙在植物细胞的原生质中可与钙调蛋白结合调节代谢过程；（3）钙作为必需营养元素其作用机制很不明确[3]，如钙的确切功能难以确定，不同植物组织间含钙量变化很大，难以找出适宜的含量范围；其在细胞中的功能亦仅一般性地概括为缺钙导致机能障碍和结构紊乱，缺乏深入研究[3]；此外，无论是植株个体水平还是细胞水平，有关 $Ca^{2+}$ 的吸收运转分配机制尚不明确[3]，这些问题为进行钙营养研究提供了契机。随着人们认识的深化，研究手段的改进，钙营养研究进展迅速。鉴于钙的营养功能已有许多评述[3~6]，本文不复涉及。现就近 30 年来有关钙营养作用机理研究现状与进展作一综述，并提出今后应着重研究的问题。

## 1　钙在细胞中的定位及其与超微结构的关系

二价钙离子水化半径为 0.412 纳米，水合能大，约为 1.577 焦/摩尔。其可与 $O^{2-}$ 配位体结合，$Ca^{2+}$ 活性大都与其配位能力有关。钙组分可分为水溶性钙、果胶钙、磷酸钙、草酸钙及残余的硅酸钙等五种[7]，细胞壁上 $Ca^{2+}$ 结合位点多，与果胶 $R \cdot COO^-$ 结合可增加细胞壁的稳定性，据我们测定，正常供钙的花生叶片成熟期含水溶性钙 30%，草酸钙和磷酸钙占 20%，果胶钙和硅酸钙占 50%，可见细胞壁是主要的积累钙部位，而草酸钙和大部分

注：本文发表于《土壤学进展》，1995 年 4 月，第 23 卷第 2 期，12~17。

磷酸钙则沉淀在液泡中[2,6~7]。

钙在细胞中的定位技术直观地揭示了细胞中的钙行为。当前所采用的钙定位方法主要有焦锑酸钾沉淀技术，离子显微镜技术和[45]Ca 示踪，并结合微区分析进行．结果表明，钙离子在细胞壁、胞间联丝、质膜、细胞质、内质网、线粒体及液泡上均有分布[8~9]。我们的观察结果还表明，花生叶肉细胞叶绿体上含钙丰富，基质类囊体含钙尤为密集；花生根细胞的核膜和核质中钙呈均匀分布。缺钙导致叶肉细胞液膜破裂，类囊体片层结构破坏，钙分布较少，说明缺钙直接影响到光合作用。根细胞缺钙导致核质中钙含量减少且分布不均，核膜破裂，从而影响到细胞的代谢过程。

## 2　细胞水平上钙的吸收与运输机制

钙除了通过根部维管束作长距离运输外，另一途径即钙在细胞水平的转运亦十分重要[10~12]，如花生果、针幼果和马铃薯块茎直接从土壤中吸钙的非维束吸收机制[12]及豆科植物中钙从荚壳到种子的再分配等[13]，但这种运输途径研究甚少。目前既存在非共质体途径的推测，也不排除某些组织共质体运输的可能性[10]。Marme.D. 用 2，4-二硝基酚作主动吸收的抑制剂，发现其减少 $Ca^{2+}$ 进入原生质不显著，却完全抑制 $K^+$ 和 $H_2PO_4^-$ 的吸收，说明 $Ca^{2+}$ 进入细胞是被动的；将 $Ca^{2+}$ 栽体 $A_{23187}$ 加入介质，细胞对 $Ca^{2+}$ 吸收大为增加，因而提出一原生质膜的主动排出机制来维持胞质中低钙浓度[11]。进入原生质中的钙也可由细胞内的细胞器和某些"区域"来调节[1]。当然，以上推断是在离体培养中得出，植株的整个代谢过程对 $Ca^{2+}$ 吸收运转的影响及某些组织的复杂性应从多种角度研究才能确定[15]。

钙进入胞质后除被主动泵出外，细胞器亦可参与调节[1]。当玉米幼苗在远红外光条件下，由于远红光是由光敏素吸收，不参与光合作用，线粒体对 $Ca^{2+}$ 净吸收能力出现明显下降。据研究[3]在未受到光刺激（光、激素等）的细胞内，$Ca^{2+}$ 含量主要决定于质膜泵的活性，而在受到刺激的细胞内，细胞质中 $Ca^{2+}$ 浓度大为增加，此时，胞质中 $Ca^{2+}$ 浓度主要决定于线粒体 $Ca^{2+}$ 运输系统的活性。钙调蛋白对胞质中 $Ca^{2+}$ 浓度亦具调节作用，后文将予以说明。

## 3　钙对酶活性的调节控制

在植物细胞内，钙离子作为"第二信使"通过钙调蛋白（CalmoduLin 简称 CaM）调节酶的活性，这是近阶段揭示钙营养机理的重大发现，其作用机理[14]是：在未受到刺激的细胞内，胞质中游离 $Ca^{2+}$ 浓度太低，不足以激活 CaM，$Ca^{2+}$ 与 CaM 的结合反应处于"关闭"状态；外界刺激下，细胞质中 $Ca^{2+}$ 大量增加，超过 $Ca^{2+}$ 与 CaM 相结合的 Kd 值，反应"开启"，此时 $Ca^{2+}$ 与 CaM 以某种专性结合为 Ca·CaM，Ca·CaM 起到一活性构象体的作用，某些仅依赖于钙调蛋白的酶与 Ca·CaM 结合后，构象发生变化而形成另一构象的酶来表达生化功能。当用 EGTA 从胞质中除去 $Ca^{2+}$ 时，反应又停止进行。NAD 激酶是第一个被发现在 $Ca^{2+}$ 和 CaM 控制下的酶[16]，该酶利用 ATD 使 NAD 磷酸化变为 NADP。现已发现 $NAD^+$ 氧化还原酶和 $Ca^{2+}$ 运转 ATP 酶亦是由 $Ca^{2+}$ 和 CaM 调控，其中前者可催化喹唑啉为脱水喹唑啉[17]，这是莽草酸途径的中间产物，后者则存在于质膜上，以控制胞质中 $Ca^{2+}$ 的浓度[17]。此外，丙酮酸激酶，蛋白激酶[18~19]，及 α-淀粉酶亦需 $Ca^{2+}$ 激活或抑制，缺钙引起生理失调是否由这些酶所引起现在还不清楚[10]。

## 4　钙与植物激素的作用机理

许多文章报道，钙与生长素的作用模型有某种直接联系[1,19]。用 EGTA 洗涤向日葵茎段时，生长素 IAA 的运输受抑制，此时加入 $Ca^{2+}$ 后，生长素运输又得以恢复；另一方面 IAA 可加强 $Ca^{2+}$ 从玉米胚芽鞘片断外流[3]，这说明 IAA 与 $Ca^{2+}$ 逆向运输有关。向地性刺激使向日葵下胚轴上侧 $Ca^{2+}$ 浓度升高，当进行单侧向光性刺激后，凸出一侧 $Ca^{2+}$ 浓度更高，而通过单侧施用 IAA 时，引起了相同的效应，$Ca^{2+}$ 与 IAA 间作用机制是否与 CaM 有关值得探讨；花粉管中存在 $Ca^{2+}$ 梯度，最高浓度存在于花粉管端部，其是否与 IAA 分布与合成有关也需进一步研究。

对于高浓度 $Ca^{2+}$ 抑制由生长素诱导引起的细胞伸长问题，Benhet-Clark[20]认为，细胞壁刚性取决于交叉联系的果胶分子通过 $Ca^{2+}$ 将果胶羧基间结合在一起，生长素通过移去钙而使结合点松弛，伸展性增加，Hearth 和 Clark[21]在此基础上认为 IAA 有螯合功能；Cohen[22]证明 IAA 并不干扰钙与细胞质的结合，并且认为 IAA 与 RNA 结合后可夺取细胞壁上的钙，但无论是细胞壁失去钙或是 IAA-RNA-Ca 复合物的形成都没有被证实。

生长素类对 $Ca^{2+}$ 运转的影响已广泛用于生产实践[23~24]。安志信[23]用 0.7％氯化钙加上 50 毫克/千克萘乙酸进心"心叶补钙"，对大白菜干烧心病的防治效果达 80％以上，结合 $^{45}Ca$ 示踪，确证了萘乙酸对钙素吸收运转有明显促进作用。生长素还可以促进钙向果实内转移，原因是生长素具有向基运输特性，钙与其发生逆向运输，这种运输发生在木质部还是韧皮部，质外体还是共质体中目前尚不明确[19]。

其他植物激素与钙关系密切。如苹果喷施激动素可促使 $^{45}Ca$ 向成熟叶片中移动[25~26]。其作用机制有人认为可能是延迟了叶片衰老（因幼嫩叶片是强大钙库），或提高了叶片的蒸腾强度[25]；果实成熟也受到植物激素控制，缺钙可促进乙烯进入细胞，对此 Mattoo 认为受钙调节的膜透性与乙烯产量有直接关系[27]。赤霉素与钙吸收运输的关系现在还不清楚。

## 5　植株个体水平上钙的吸收运输与分配

一般认为钙主要通过质外体进入植物体，其吸收部位主要是根尖尚未形成凯氏带伸长区。Clarkson 和 Drew[28]指出，豆科植物中钙可以通过内皮层通道细胞进入中柱，这类植物内皮层细胞次生壁内外向发育不均等，细胞出现裂隙有利于钙的进入。刘芷宇[30]也观察到大豆根组织中内皮层无钙的积累，而玉米则存在钙为内皮层阻滞所留下的钙峰，这意味着豆科与禾本科植物结构不同，其吸钙能力和部位亦不同。

钙的吸收是否是一个主动耗能过程尚未肯定，已发现呼吸抑制剂和低温能够降低钙的吸收[31~32]。但目前比较多的看法认为钙以被动吸收为主，其主要是在蒸腾作用下以质流方式进入植物体，此外导管壁上的阳离子吸附及组织水势的变化影响到钙的运输和分配。水分供应不足和低蒸腾作用常导致苹果苦痘病和番茄脐腐病[33]。钙在韧皮部浓度极低，很难通过韧皮部运输常常是生理性病害发生的原因之一，如花生果针幼果介质含钙量低常导致空壳，主要是由于果针入土后蒸腾作用消失，90％的钙需由苹果从土壤中直接吸收，仅 10％的钙由地上部通过子房柄向下运到苹果中[34~35]，目前有关花生苹果对钙的非维管束吸收机制尚不明确，需深入研究。

## 6 钙与其他营养元素的相互作用

酸性土壤中发生的 $Al^{3+}$ 和 $Mn^{2+}$ 毒害可由施石灰得到和矫治。部分原因是由于 $Ca^{2+}$ 可与 $Al^{3+}$ 和 $Mn^{2+}$ 竞争吸收部位，并促进根系生长[19]，此外，土壤中的 $Fe^{2+}$、$Al^{3+}$ 和 $Mn^{2+}$ 溶解度完全取决于 $H^+$ 浓度，pH 低于 6 时，溶解度迅速增加[19]，$Ca^{2+}$ 对土壤 pH 可起矫正作用。石灰性土壤中嫌钙植物的缺绿病是由于缺铁所致，可由在土壤中施入螯合剂来防治[36]，说明铁在土壤中的溶解度是缺绿病发生的原因之一。Rorison[38] 进一步发现除铁的溶解度外，高浓度 $Ca^{2+}$ 可与 $Fe^{2+}$ 发生竞争吸收，此外单纯高钙水平本身就抑制植物生长[39]。较多研究表明[40~41]，铁的亏缺不全是从土壤中吸收减少所造成，缺绿植株可以含正常数量的铁，而是由于铁在叶片中以磷酸铁形态沉淀了[42]，至于铁沉淀的原因尚不很清楚。

盐渍土中施钙有明显效果[43~44]，研究表明，小麦根在含 NaCl 的培养液中吸收大量的 $Na^+$ $Cl^-$ 和，$K^+$ 和 $Ca^{2+}$ 的吸收减少，质膜透性增加，$K^+$，$Na^+$ 及 $Cl^-$ 相对外渗百分率增加；在补充 $CaCl_2$ 后，细胞内 $Cl^-$ 和 $Na^+$ 含量明显减少，质膜相对透性下降[45]。其机制可能是由于 $Ca^{2+}$ 激活了膜上与离子运输有关的酶，改变了质膜对不同离子的通透性[41]，促进了膜上 $K^+$ 的渗透[47] 及激活了膜上 $Ca^{2+}$-ATP 酶活性[48]。这一事实在实验中均得以证明[49~50]。

研究表明，施钙还促进了番茄对氮磷钾的吸收，减少了镁的吸收[64]。Jakobson 得出施用水溶性磷肥增加了植物对钙的吸收，并指出当营养液中 Ca/S 为 20~25 毫克/千克时，滨豆产量最高[65]。应指出的是花生中钙镁表现出的协助作用，是否是由于 $Ca^{2+}$ 促进了土壤中镁的释放，并有利于导管壁上 $Mg^{2+}$ 释出及 $Ca^{2+}$ 不与 $Mg^{2+}$ 竞争吸收部位所致机制尚不清楚。

钙与硼之间的关系一直不明确，缺钙与缺硼症状有惊人的相似之处。这可能是由于钙硼均为质外体吸收，且都与细胞壁大量结合增加其稳定性。硼与钙的关系报道不多，Oyewole 曾得出钙硼间存在正互作效应，当土壤中施入 2 毫克/千克 B、160 毫克/千克 Ca 时，番茄产量最高[52]，但二者间有无直接的作用需进一步研究。

## 7 植物钙营养遗传特性及其调控

根据植物对土壤中不同钙含量的生态适应性可分喜钙植物（Caleicoles）和嫌钙植物（Calcifugeo）[19]。即使是同种植物中，不同品种对钙的需求量也差别较大，如大粒型花生需钙量大，珍珠豆型则对钙较不敏感[35]。

喜钙植物生长在含钙量高的土壤中，尤喜高碳酸盐的石灰性土壤，这受遗传因素控制[53]。其特点是植株具有高含量的可溶性钙，且在低钙环境中生长不良。在碳酸盐土壤中，土壤根际界面存在 $CO_2 + H_2O \rightleftharpoons HCO_3^- + H^+$ 的平衡，$HCO_3^-$ 被根吸入后形成苹果酸[54~55]，苹果酸的生成与钙积累有关。在酸性土壤中，植物生长则因 $Al^{3+}$ 和 $Mn^{2+}$ 毒害而受到抑制。

嫌钙植物需钙量少，植株中可溶钙含量低。这是因为植物中含较高浓度的草酸。由于缺铁该种植物在石灰性土壤中易发生缺绿病，缺铁的原因可能是：（1）高 pH 导致土壤中活性铁含量低；（2）土壤和植物中铁被磷酸钝化形成磷酸铁沉淀[55]；（3）植物体内 $HCO^{-3}$ 和苹果酸的生成有某种特殊作用[19]。但后二者尚无实验依据。

有关栽培品种对钙的敏感性不同已在番茄[57]、莴苣[56]、花生[35]、甘蓝[58]及几种果树中[59~60]报道。运用遗传变异培育耐缺钙品种是有希望的[10]。Bell 等[61]指出，不同植物器官获得的钙与其说是取决于蒸腾作用，不如说是出于生理需要。但迄今为止并未发现选择性的主动运输机理[60]。对此，植物中钙行为的调控方法为：（1）充分供钙；（2）激素应用；（3）供给根系呼吸基质控制根系生长[10]。Marschner[63]则提出了防止钙过剩的假说，因为正在迅速生长的贮藏器官中，高浓度钙会阻挡同化产物的流入。

# 8　问题与展望

非维管束对钙的吸收机制目前仅停留在离体水平，其是否与耗能偶联，专性抑制的效果如何及在整株植物中的机制是否与离体水平接近亟须深入研究；目前仅发现几种酶与 $Ca^{2+}$ 和 CaM 有关，但钙可与植物体内七十多种蛋白质结合[10]，其作用及其机制很不明确；钙与激素的作用机制目前仅停留在各种假说阶段，其真正的原初反应需进一步探讨；进一步揭示植株喜钙嫌钙机制，培育生态适应性品种是今后对钙营养深入研究的又一重要问题。

## 参 考 文 献

[1] Läuchli A. ，等著．张礼忠等译．植物的无机营养．北京：农业出版社，1992：16-21，331-344.

[2] Marschner，U. 著．曹一平等译．高等植物的矿质营养．北京：北京农业大学出版社，1991：148-154.

[3] Tinker，P. B. et al. ，Advances in plant nutrition，New York：Praeger Publishers. 1984：151-208.

[4] Marme，D. ，encycl. Plant Physiol. ，1983：599-625.

[5] Hnager，B. C. ，Soil Sci Plant Anal. ，1979，10：171-193.

[6] Gallaher，R. N. ，Commun. Soil Sci. Plant Anal. ，1975，6（3）：315-330.

[7] 小西茂毅・葛西善三郎，土肥志，1963：34，67-70.

[8] Marinos，N. G. ，Am. J. Bot. ，1962，49：834-841.

[9] Wich，S. M. ，J. Cell Biol. ，1980，86（1）：19-27.

[10] Bangerth，F. ，Ann. Rev. Phytopath. ，1979，17（1）：123-147.

[11] Beringer，H. et al. ，Exp. Agric. ，1976，12（1）：1-7.

[12] Kraus，A. ，Z. ，Pflanzenernaeh Bodenkd，1973：136，229-240.

[13] Mix，G. P. ，Z. Pfianzenphysil. ，1976，80：354-365.

[14] David，W. ，Models in plant Physiology and Biochemistry，Vol. 3，Florida：CRC Press，1988：11-14.

[15] BowLing，D. J. F，著．邱译生等译．植物根系的离子吸收．北京：科学出版社，1981：42-45.

[16] Anderson，J. M. ，Biochcm. Biophys. Res. Commun. ，1978：84，595.

[17] Dieter，Plant Cell Environ. ，1984，7：371.

[18] Marme，D. ，Calcium and Cell Function，1983，4：263.

[19] Burstron，Biol. Rev. ，1968，43：287-316.

[20] Bennet-clark T. A. ，The chemistry and Model of action of plant growth substances，1956：284-291.

[21] Heath，J. ，Exp. Bot. ，1960，11：167-187.

[22] Cohen，J. D. ，Plant Physiol. ，1976，57（3）：347-350.

［23］安志信，等．华北农学报．1990，5（1）：78-84.

［24］陈文孝，等，园艺学报．1976，45：362-368.

［25］Poovalah，B. W. ，Plant Physiol. ，1973，52（3）：236-239.

［26］Sheer，C. B. ，Plant Physiol. ，1970，35（6）：670-674.

［27］Matto，A. K. ，Plant Physiol. ，1977，60（5）：794-799.

［28］Clarkson，D. T. ct al. ，Planta，1971，96（3）：292-305.

［29］Drew M. c. et al. ，J. Exp. Bot. ，1986，37，823-831.

［30］刘芷宇，等．植物生理学报．1988，14（1）：23-28.

［31］Isermann，K. ，Z. Pflanzenernaehr Bodenkd，1970：126，191-203.

［32］Läuchli，A. ，Apoplasmic transport in tissues，1976：3-31.

［33］Bangerth，F. et al. ，Der Ermerosobstban，1969，11：101-104.

［34］王在序，等，花生科技．1983，第2期：6-12.

［35］Bringer，H. et al. ，Expl. Agric. ，1976，12（1）：1-7.

［36］Holmes et al. ，Soil Sci. ，1955，80（1）：167-179.

［37］Forison. I. H. ，J. Ecol. ，1960，48：679-688.

［38］Faust，M. ，J. Am. Soc. Hortic. Sci. ，1972，97：437-439.

［39］Jefferies，R. L. et al. ，J. Ecol. ，1964，52：691-707.

［40］Woolhouse，H. W. ，New Phytol，1966，65（1）：22-31.

［41］Wadleigh，C. H. ，Bot. Gaz. ，1952，113：373-392.

［42］Olsen，C. ，Physiol. Pi. ，1958，11：889-905.

［43］Akhaven et al. ，Arid Soil Res. Rehabili. ，1991，5（1）：9-19.

［44］Francois，L. E. et al. ，Hortscience，1991，26：549-553.

［45］吕芝香，等，植物生理学报．1993，19（4）：325-332.

［46］Oka，K. ，Plant Cell Physiol. ，1987，28（4）：581.

［47］Lew. R. R. et al. ，Plant Physiol. ，1990，92（3）：822.

［48］Rasi-Caldogno，F. ，Plant Physiol. 1989，90（4）：1429.

［49］Lahaye，P. a. et al. ，Science，1969：166，395.

［50］Lynch，l. ，Plant Physiol. ，1988，87（2）：351.

［51］Keerati-Kasikorn，P. ，Plant and Soil，1991，138（1）：61-66.

［52］Oyewole，O. I. ，J. Plant Nutr. ，1992，15（2）：199-209.

［53］Horak，O. et al. ，Z. BoL，1971，119，475-495.

［54］Rohads and wallase，Soil Sci. ，1960，89（5）：248-256.

［55］Ellenberg，H. ，Enoyclopedia of Plant Physiol，1958：647-676.

［56］Collier，G. Commun. Soil Sci. Plant Anal. 1979，10：161-170.

［57］Fuknda，H. ，Agric. Hortic. ，1976，51：1221-1224.

［58］Nienwhof，M. ，Enphytica. ，1960，9：203-208.

［59］Epstein，Ec. ，Mineral nutrition of plants priciples and perspectives，1972，412.

［60］Mostafa. M. A. E. ，Soil Sci. ，1973，116（6）：432-436.

［61］Bell. C. W，Plant Physiol. ，1963，38（5）：610-614.

［62］Mix，G. P. ，Z. Pfianxenzernaehr bodenkd，1976，139：551-563.

［63］Marschner. H. ，I. Agric. Sci. ，1974，22：275-282.

［64］杨竹青．土壤肥料．1994，2：14-18.

［65］Jakobson S. T. ，Soil and Plant，1993，43（1）：6-10.

# 花生荚果钙素吸收机制研究

周卫[1]　　林葆[1]　　李京淑[2]

([1] 中国农业科学院土壤肥料研究所；[2] 中国农业科学院原子能利用研究所)

**摘要**　采用 $^{45}Ca$ 微观放射自显影、电子探针及特异性抑制剂研究花生荚果钙素吸收机制，结果表明，$Ca^{2+}$ 是通过主动吸收由外界进入细胞质中，并以共质体途径在组织和细胞间运输，外果皮的周皮层和中果皮的纤维细胞层对 $Ca^{2+}$ 质外体运输有一定阻碍作用。

钙通道抑制剂与 ATP 酶特异性抑制剂处理，中果皮和内果皮的薄壁细胞内未见 $^{45}Ca$ 显影，大量 $^{45}Ca$ 出现在周皮层，仅微量的 $^{45}Ca$ 到达中果皮细胞间隙和纤维细胞层质外体空间。电子探针的结果也可看出高钙峰出现在周皮层，而对照处理荚果整个组织的共质体和质外体均有 $^{45}Ca$ 的显影，且由外果皮向内，组织中的钙呈逆浓度梯度分布。2,4-二硝基酚可抑制荚果钙素吸收速率，其抑制率达 $70\% \sim 92\%$。荚果钙素吸收动力学的结果表明，当 $Ca^{2+}$ 浓度为 $0 \sim 0.5$ 毫摩尔/升时，其吸收速率符合 Michaelis Menten 酶动力学模型，Km 值为 0.0135 毫摩尔/升，Fmax 为 $132 \times 10^{-4}$ 微摩尔/（厘米$^2$·小时）；而当 $Ca^{2+}$ 浓度为 $1 \sim 5$ 毫摩尔/升范围时，其表现出复杂的吸收特征，此时 Km 和 Fmax 均无法得出明确的数值；供钙浓度为 $0.5 \sim 2.0$ 毫摩尔/升时，荚果干重及果仁干重与吸钙量均可达到最大并趋于稳定。

**关键词**　花生荚果；钙；吸收机制；动力学；特异抑制剂

植物根系对钙的吸收机制已取得较大进展，并已证明钙素吸收与蒸腾作用关系密切[1]。但钙在植物组织或细胞中的运转和吸收机制尚不明确[2]。其原因是所用抑制剂有其局限性[3]，而且缺乏反映 $Ca^{2+}$ 在植物组织不同层段及细胞质膜内外分布的直观证据，因而所得结论难以十分肯定[4]。花生是需钙量大的重要经济作物，缺钙导致花生空壳。钙在花生体内再分配能力差，且果针入土后蒸腾作用消失，所需钙素 90% 以上靠荚果从土壤中直接吸收[5]。荚果组织也明显不同于根系维管束的结构，其果皮组织的分化可以调节钙素的吸收和运输，而大量的薄壁细胞又可作为强大的钙库，但迄今其钙素吸收机制仍缺乏直接的证明。本文采用 $^{45}Ca$ 微观放射自显影技术并结合电子探针和溶液培养的方法研究组织和细胞中钙的动态、荚果吸钙速率的动力学特征以及供钙浓度与荚果生长的关系，以期揭示花生荚果的钙素吸收机制。

---

注：本文发表于《植物营养与肥料学报》，1995 年 3 月，第 1 卷第 1 期，44～51。

# 1 材料与方法

## 1.1 供试品种

大粒型花生，鲁花 10 号。

## 1.2 试验方法

试验所用钙营养液均由阿农微量元素营养液和 $CaCl_2$ 配制而成。

**1.2.1 荚果吸钙的可逆性抑制试验** 取入土后 9 天不脱离母体荚果分成三组，每组设置 3 个处理：①对照（CK）：0.2 毫摩尔/升钙营养液；②阻断钙通道（NI）：0.2 毫摩尔/升钙营养液＋0.5 毫摩尔/升尼群地平（Nitrendipine）；③$Ca^{2+}$－ATP 酶特异性抑制（SV），0.2 毫摩尔/升钙营养液＋0.05 毫摩尔/升原钒酸钠（$Na_3VO_4 \cdot 12H_2O$）。将荚果埋入盛有酸洗石英砂的塑料杯中，每杯 4 个荚果，分别用上述各处理的溶液培养，3 次重复共 36 个塑料杯。7 天后取出第一组荚果摘下直接称鲜重；第二组荚果不摘下，洗净后在无离子水中浸泡 24 小时，以去除各处理的试剂，然后再埋在根区所在土壤中继续生长，40 天后取出称鲜重；第三组荚果摘下后用于"电子探针分析"。

**1.2.2 电子探针分析** 将上述试验所得材料切成适当大小，迅速冷冻（－160℃），经真空干燥并喷镀碳层后，用 EDAX-9100 型 X-射线能谱仪检测荚果组织各层的钙分布状况。

**1.2.3 $^{45}Ca$ 微观放射自显影** 取入土后 16 天的荚果，洗净后浸泡在盛有不同处理溶液的烧杯中作非离体培养。设置 3 个处理：①对照（CK）：0.2 毫摩尔/升 $^{45}Ca$ 营养液（剂量为 20$\mu$ci/50 毫升，下同）；②阻断钙通道（NI）：0.2 毫摩尔/升$^{45}Ca$ 营养液＋0.5 毫摩尔/升尼群地平；③$Ca^{2+}$－ATP 酶特异性抑制（SV）：0.2 毫摩尔/升营养液＋0.05 毫摩尔/升原钒酸钠。荚果区保持黑暗，4 小时后取出，置于－170℃的异戊烷中冷冻 5 分钟，再于－30～－17℃下包埋切片，厚度为 10 微米。然后经抽气干燥、涂核乳胶、显定影、脱水及封片等过程后观察并拍照。

**1.2.4 代谢抑制剂对荚果钙素吸收的影响** 取入土后 16 天的荚果，洗净并在无离子水中饥饿 24 小时后进行如下处理：①0.025 毫摩尔/升钙营养液；②0.025 毫摩尔/升钙营养液＋1 毫摩尔/升 2，4DNP（2，4-二硝基酚）；③0.250 毫摩尔/升钙营养液；④0.250 毫摩尔/升钙营养液＋1 毫摩尔/升 2，4-DNP；⑤2.5 毫摩尔/升钙营养液；⑥2.5 毫摩尔/升钙营养液＋1 毫摩尔/升 2，4DNP。用塑料杯分别盛上述处理液 100 毫升，每杯培养 3 个荚果，3 次重复。荚果区保持黑暗，温度为 20±1℃，每升溶液加入 0.1 毫升 3‰$H_2O_2$ 提供 $O_2$、24 小时后取出荚果，测定吸收前后溶液中 $Ca^{2+}$，浓度和体积的变化。

**1.2.5 荚果钙素吸收的动力学特征** 将入土后 16 天的荚果取出，在无离子水中饥饿 24 小时后在 $Ca^{2+}$ 初始浓度范围为 0～5 毫摩尔/升的系列浓度溶液中作吸收试验。设置 0，0.005，0.01，0.02，0.05，0，1……5 毫摩尔/升共 17 种浓度，在盛有 100 毫升处理液的塑料杯中分别浸入 3 个荚果，各处理重复 3 次。荚果区用双层黑纸遮光保持黑暗。为补充 $O_2$，每升溶液加入 0.1 毫升 3‰$H_2O_2$，吸收期间温度为 20±1℃。24 小时后取出荚果称鲜重，用排水法测体积，按双球状约测表面积，并立即测定吸收前后 $Ca^{2+}$ 浓度和体积的变化。

$Ca^{2+}$ 吸收速率 F 用每小时每平方厘米荚果吸收 $Ca^{2+}$ 的微摩尔数表示。

$$F = \frac{V_0 C_0 - V_1 C_1}{At}$$

$V_0$ 和 $V_1$ 分别为吸收前后溶液体积；$C_0$ 和 $C_1$ 分别为吸收前后溶液浓度；$A$ 为表面积；$t$ 为时间。

将浓度和吸收速率拟合成 F－C 曲线，求出 Fmax 和 Km 值。

**1.2.6 供钙浓度对荚果生长和钙素吸收的影响** 取入土 1～2 天的果汁放入酸洗石英砂中培养。培养液分 4 个处理：①0.025 毫摩尔/升钙营养液；②0.50 毫摩尔/升钙营养液；③2.00 毫摩尔/升钙营养液；④4.00 毫摩尔/升钙营养液。3 次重复。50 天后取出荚果，测定含钙量和干重。

### 1.3 测定方法

上述试验的荚果钙含量与溶液浓度均用原子吸收分光光度计测定。

## 2 结果与分析

### 2.1 荚果吸钙的可逆性抑制试验

尼群地平（NI）是一种质膜通道阻断剂，已成功地应用于阻断外界 $Ca^{2+}$ 进入胡萝卜愈伤组织细胞内[6]，但对正常的植株细胞是否具有伤害性尚不清楚。试验结果表明，尼群地平对荚果增重的抑制率为 58.1%，去除抑制剂后，荚果生长又恢复正常，恢复率达 98.1%（图1），说明该试剂对花生荚果为非伤害性抑制。

原钒酸钠为内质网上 $Ca^{2+}$ 主动运输的特异性抑制剂[7]，并发现其可抑制膜系统受 $Mg^{2+}$－ATP 酶控制的 $Ca^{2+}$ 吸收[8]。图 1 表明其对荚果增重的抑制率达 67.4%，荚果转入土壤中后其生长恢复率达 91.5%，说明该试剂对花生荚果亦为非伤害性抑制。

基于上述结果，尼群地平和原钒酸钠均可用于本试验。

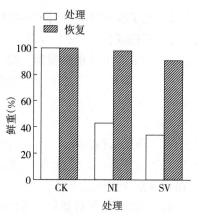

图 1 抑制剂对荚果生长的影响

### 2.2 花生荚果钙素吸收机制

养分吸收机制包括两个方面即：共质体与质外体途径和细胞间的跨质膜运动。

**2.2.1 共质体与质外体途径** $^{45}$Ca 微观放射自显影结果表明，对照处理荚果外果皮、中果皮和内果皮的细胞内和细胞间隙均存在 $^{45}$Ca 显影（黑点），而尼群地平作用下 $Ca^{2+}$ 由胞外进入胞内的通道被阻断，不能由共质体向组织内运输，此时荚果外果皮周皮层有大量 $^{45}$Ca 显影银粒，仅少量 $^{45}$Ca 通过周皮层间隙到达中果皮，而在薄壁细胞间隙和纤维细胞层间隙留下显影，内果皮细胞内外未见 $^{45}$Ca 存在。这说明 $Ca^{2+}$ 主要通过共质体途径在荚果组织间运输，外果皮周皮层和中果皮的纤维细胞层对 $Ca^{2+}$ 由质外体向内运输起一定阻碍作用。

电子探针结果表明，从外果皮向内对照的 Ca 峰逐渐升高，呈逆浓度梯度分布（图 2-CK），而尼群地平和原钒酸钠处理仅周皮层出现高钙峰（图 2-N1，SV），说明供钙浓度为

0.2毫摩尔/升时，荚果组织 Ca 分布呈主动吸收迹象。当供钙浓度为 $0.025 \sim 2.50$ 毫摩尔/升时，2，4-DNP 对荚果 $Ca^{2+}$ 吸收的抑制率为 $91.9\% \sim 73.4\%$（表1）。这进一步证明花生荚果钙素吸收与能量代谢偶联，属主动吸收。

表1　2，4-二硝基酚对花生荚果钙素吸收速率的影响

| 浓度（毫摩尔/升） | 吸钙速率 [$\times 10^{-4}$微摩尔/（厘米$^2$·小时）] | | 抑制率（%） |
| --- | --- | --- | --- |
| | CK | 2，4-DNP | |
| 0.025 | 62 | 9 | 91.9 |
| 0.25 | 108 | 12 | 88.9 |
| 2.50 | 881 | 234 | 73.4 |

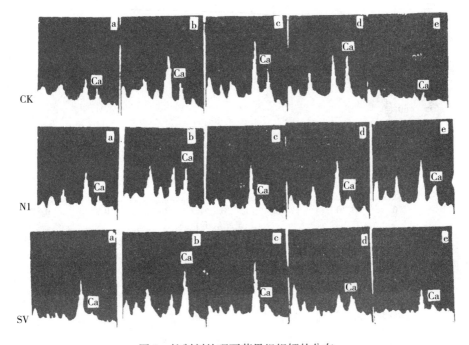

图2　抑制剂处理下荚果组织钙的分布

a. 外果皮表皮层　b. 外果皮周皮层　c. 中果皮层　d. 内果皮层　e. 种皮层

CK. 对照　N1. 尼群地平　SV. 原钒酸钠

**2.2.2　钙在细胞间的跨膜运动**　对照处理中$^{45}$Ca 可跨质膜进入荚果各层薄壁细胞内，而 $Ca^{2+}$－ATP 酶特异性抑制下，荚果各层薄壁细胞质内均未见$^{45}$Ca 存在，这说明 $Ca^{2+}$－ATP 酶不仅存在于内质网膜上，荚果这一非维管束吸收器官细胞膜外侧也存在 $Ca^{2+}$－ATP 酶，$Ca^{2+}$ 跨膜运动完全受该酶控制。

尼群地平处理中$^{45}$Ca 亦未能进入胞质，说明 $Ca^{2+}$ 在质膜上并非通过简单的离子交换进入细胞，而是质膜上存在 $Ca^{2+}$ 专性结合点。尼群地平可能是使其构象变化，从而改变 $Ca^{2+}$ 与之的亲和力而抑制 $Ca^{2+}$ 的吸收。从上述分析可以看出，荚果细胞 $Ca^{2+}$ 跨膜运动既存在专性结合点，又受 $Ca^{2+}$－ATP 酶控制，因而为一主动吸收过程。

## 2.3 花生荚果钙素吸收的动力学特征

**2.3.1 Ca²⁺ 浓度对花生荚果 Ca²⁺ 吸收速率影响** 在供试浓度范围内，荚果对 $Ca^{2+}$ 吸收速率表现出两条不同特征的曲线。$Ca^{2+}$ 浓度在 0～0.5 毫摩尔/升范围内，其符合 Michaelis-Menten 酶动力学模型（图 3），当浓度为 0～0.1 毫摩尔/升时，曲线近似直线上升，吸收速率随浓度增加而迅速提高；当 $Ca^{2+}$ 浓度为 0.1～0.25 毫摩尔/升时，吸收速率的上升随浓度的增加而减慢，从 0.25 毫摩尔/升后曲线趋于平缓；但 $Ca^{2+}$ 浓度大于 1 毫摩尔/升后，吸收速率随 $Ca^{2+}$ 浓度的增加而急剧上升（图 4），在 1～5 毫摩尔/升范围内不再符合 Michaelis-Menten 酶动力学方程。

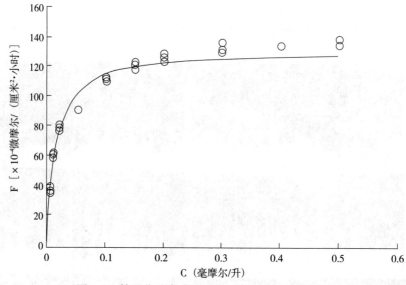

图 3 $Ca^{2+}$ 吸收速率（F）与 $Ca^{2+}$ 浓度（C）的关系

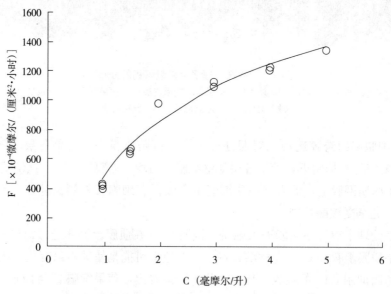

图 4 $Ca^{2+}$ 吸收速率（F）与 $Ca^{2+}$ 浓度（C）的关系

**表2 花生荚果 Ca²⁺ 吸收动力学参数**

| Ca²⁺浓度<br>（毫摩尔/升） | 以荚果表面积计 | | 以荚果体积计 | | 以荚果鲜重计 | |
| --- | --- | --- | --- | --- | --- | --- |
| | $K_m$<br>（毫摩尔/升） | $F_{max}$<br>[×10⁻⁴微摩尔/<br>（厘米²·小时）] | $K_m$<br>（毫摩尔/升） | $S_{max}$<br>[×10⁻⁴微摩尔/<br>（厘米³·小时）] | $K_m$<br>（毫摩尔/升） | $I_{max}$<br>[×10⁻⁴微摩尔/<br>（厘米²·小时）] |
| 0～0.5 | 0.0135 | 132 | 0.0136 | 352 | 0.0105 | 437 |
| 1.0～5.0 | 不明确 | 不明确 | — | — | — | — |

**2.3.2** 在 Ca²⁺ 浓度分别为 0～0.5 毫摩尔/升和 1～5 毫摩尔/升范围内，其吸收动力学参数显著不同，前者 Km 值为 0.0135，最大吸收速度为 132×10⁻⁴ 微摩尔/（厘米²·小时），而后者的 Km 和 Fmax 均无法得出明确的数值。通常动力学参数的求得是以表面积为基础计算的。以荚果体积计算，其结果与之相近，而以荚果重量计算差异较大（表2）。因此动力学参数可用荚果体积计算较为简便。

### 2.4 供钙浓度对荚果钙素积累与干重的影响

不同 Ca²⁺ 浓度下果壳的钙素积累特点明显不同于果仁。当钙浓度由 0.025 毫摩尔/升增加到 0.5 毫摩尔/升时，果仁的钙含量与吸钙量增加显著，而果壳则增加较少，未达到显著水平；当供钙浓度由 0.5 毫摩尔/升增加到 4 毫摩尔/升时，果仁钙含量与吸钙量几乎不增加或增加甚少，而果壳中则增加显著（图5）。

果壳和果仁的干重在供钙浓度为 2 毫摩尔/升时即可达到最大，当供钙浓度由 0.025 毫摩尔/升增加到 0.5 毫摩尔/升时，果壳干重增加不显著，果仁与荚果总重增加迅速，均达到显著水平；而当供钙浓度由 0.5 毫摩尔/升上升到 2.0 毫摩尔/升时，果壳干重增加显著，果仁与荚果总重虽有增加，但未达显著水准（图5）。

由上述结果可以看出，供钙浓度较低时，果仁含钙量与干重受到严重影响。

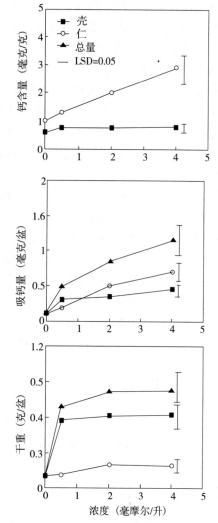

图5 荚果区供钙浓度对荚果干重和吸钙量的影响

## 3 讨论

①采用抑制剂研究细胞养分吸收机制的前提是抑制剂必须直接影响运输过程，但迄今大多数抑制剂的具体作用并不明确。因为这些抑制剂不是专性抑制剂，可能不是直接抑制主动

运输过程，而是影响其他代谢过程[3]。对于 2，4-DNP 不显著抑制外界 $Ca^{2+}$ 进入烟草原生质体[4]的现象主要是 2，4-DNP 并非 $Ca^{2+}$－ATP 酶特异抑制剂，且质膜上可能存在不止一套 $Ca^{2+}$ 结合系统。后者在本试验中已初步证明，即低浓度范围（系统 1）符合主动吸收特征曲线，高浓度范围（系统 2）呈现复杂吸收现象。可见荚果 $Ca^{2+}$ 吸收至少在这两个系统共同作用下所致。因此认为 $Ca^{2+}$ 由荚果单纯被动吸收的看法[13]有进一步商榷的必要。

②放射自显影技术已在植物养分的运转与分配研究中广泛应用，但用于养分吸收机制研究尚未见报道。采用该技术研究养分吸收机制既是养分吸收机制研究方法上新的尝试，也是对该技术在新的领域应用的探索。试验结果表明，采用放射自显影技术，并借助于特异抑制剂可有效探明荚果组织和细胞水平上 $Ca^{2+}$ 的吸收机制，可望进一步应用于根系及其他非维管束器官的养分吸收机制研究中。

③本研究发现荚果细胞 $Ca^{2+}$ 吸收存在两个不同的系统，这在根系 $K^+$ 吸收动力学研究中也出现过类似现象[9~11]。对此 Nye 认为系统 2 可能为被动吸收[11]，Epstein 则认为系统 2 是存在于质膜上与系统 1 平行运转的 $K^+$ 吸收系统[9]，Torri 则发现了系统 2 存在于液泡膜上的证据[10]。对于本研究的系统 2 若继续扩大供试浓度范围，其是否再表现出主动吸收特征以及系统 2 的作用机制尚有待于进一步探讨。

④将荚果埋于石英砂中培养得出供钙浓度为 0.5～2 毫摩尔/升时，花生果仁的干重与含钙量均达到最大，并趋于稳定；供钙浓度高于 0.5 毫摩尔/升之后，其主要表现出果壳含钙量和干重的迅速增加。土壤是一复杂体系，其含水量、离子组成及其他因素必然影响到荚果对钙的吸收[12,14]，而且部分旱地土壤饱和浸提液的含钙量也难以达到 0.5～2.0 毫摩尔/升范围。此外荚果的高钙含量也有利于提高荚果的耐胁迫（如病虫害和干旱）能力。因此施用钙肥仍是确保花生高产稳产的有效措施之一。外界条件对荚果生长和钙素吸收的影响仍是今后应注意研究的问题。

## 参 考 文 献

[1] Marschner, H. 著．曹一平等译．1991. 高等植物的矿质营养．北京农业大学出版社，43。

[2] Tinker, P. B. et al. 1984；Advances in Plant nutrition, Praeger Publishers, 158-208。

[3] Bowling, D. F. 著．邱译生等译．1981. 植物根系的离子吸收。科学出版社．42-74。

[4] Lauchli, A, et al. 著．张礼忠等译．1992；植物的无机营养．农业出版社，332。

[5] Beringer, H. et al. 1976. $^{45}Ca$ absorption by two cultivars of groundnut（Archis hypagea）. Exprimental Agriculture, 12（1）：1-7.

[6] 余芳等．1991. 愈伤组织形成过程中钙离子与激素诱导效应的关系．实验生物学报，24（4）：385-389.

[7] Karen, S. et al. 1985. A $Ca^{2+}/H^+$ Antiport System Driven by the Proton electrochemical Gradiet of a tonoplast $H^+$-ATpase from Oat Roots. Plant Physiology, 79：1111-1117.

[8] Franca, R. et al. 1987. the $Ca^{2+}$-Transport ATPase of plant plasma membrane catalyzes a $nH+/Ca^{2+}$ excbange. Plant Physiology, 83：994-1000.

[9] Epstein, E., 1966. Dual pattern of ion sbeorption by plant cells and by plants. Nature, 212：1324-1327.

[10] Torii, K. et al. 1966. Dual mechanisms of ion uptake in relation to vacuolation in corn roots. Acta Botanica Neerlandica, 11：147-192.

[11] Nye, P. H. et al. 1977. solute movement in the soil-root system. Blackwell Scientific Publication, 100-120.

[12] Mclean, E. O. 1975. Calcium levels and availabilities in soils. Communication in Soli science and Plant Analysis, 6 (3): 219-232.

[13] Mclean, S. et al. 1989. Solution Calcium concentration and application date on pod calcium uptake and distribation in Flounner and tifton-8peanut. Journal of Plant Nutrition, 12 (1): 37-52.

[14] Jakobsen, S. T. 1993. Interaction between plant nutrients. M antagonism between potassium, magesim and cslcium. Acta Agriculturae Scandinvica section B, Soil and Plant, 43 (1): 1-5.

# Study on Mechanism of Calcium Absorption of Peanut Pods

Zhou Wei　Lin Bao

(Soil and Fertilizer Institute, CAAS, 100081)

Li Jingshu

(Institute for Application of Atomic Energy, CAAS, 100094)

**Summary**　The results from the experiment where special inhibitors were used to study the calcium absorption of peanut pods by $^{45}$Ca micro-autoradiography and electron X-ray microanalysis showed that calcium was actively absorbped by plasmalemma and entered cytoplasm through ptasmodesmate. Periderm in exocarp and ftbroblast layer in mesocarp were the barriers of calcium diffusion in entire tissue, which was concluded from the following two facts: First, in the treatments of . Nitrendiplne and Sodium Vanadate, $^{45}$Ca was absent in cytoplasm of exocarp, mesocarp and endocarp, and deposited mainly in periderm of exocarp where the highest peak of calcium was observed through electron X-ray mtcroanalysis, only a little of $^{45}$Ca was distributed in external space of cytoplasmof ftbroblast layer in mesocarp. While in the control (CK) . $^{45}$Ca was found everywhere Intissue and cytoplasm of pods. and the height of peak of Ca decreased from exocarp to testa. Secondly, Ca absorption could be inhibited by 2. 4-DNP with an inhibition rate ofabout $70\% \sim 90\%$. The results from study on dynamics of calcium absorption indicated that when Ca concentration ranged from $0 \sim 0.5$mmol/L, the relationship between $Ca^{2+}$ absorption rate and Ca concentration in solution could be described by Michaelis-Menten dynamics Model, where Km was 0. 0135mmol/L and Fmax was $132 \times 10^{-4}$ $\mu$mol/$(cm^2 \cdot h)$ but the feature of Ca absorption was too complex to simulate by above Model. From the study on the effect of Ca concentration on dry weight and Ca uptake of peanut pods. The results indicated that dry weight of pods and seeds, and Ca uptake of seeds reached the highest when Ca concentration ranged from 0. 5 to 2. 0mmoi/L and maintained stable even with higher Ca concentration.

**Key words**　Peanut pods; Calcium; Mechanism of absorption; Dynamics Special inhibitor

# 花生根系钙素吸收特性研究

周卫　林葆

（中国农业科学院土壤肥料研究所　北京　100081）

**摘要**　运用电子探针、$^{45}$Ca 示踪及水培方法研究花生根系钙素吸收特性，结果表明花生根伸长区与成熟区均可吸钙，二者吸钙量分别占吸钙总量的 28.9％～34.7％和 71.1％～65.3％。在供钙浓度为 0～0.5 毫摩尔/升范围，根系钙素吸收符合 Michaelis-Menten 酶动力学模型。此时其完全受代谢控制，完整根 Km 值为 0.0549 毫摩尔/升、Fmax 为 3.81 纳摩尔/（厘米·小时）；断离根 Km 为 0.0534 毫摩尔/升、Fmax 为 3.79 纳摩尔/（厘米·小时）。此后随供钙浓度增加，其受非代谢因素影响越大。供钙浓度为 2.0 毫摩尔/升时，代谢因素对吸钙总量的贡献为 63.2％，而非代谢因素的贡献为 36.8％。

**关键词**　花生根系；钙；吸收特性

钙主要通过根尖尚未形成凯氏带的质外体吸收，已为人们所承认[5]。但众多研究表明内皮层凯氏带并不完全阻碍钙的径向运输[1,7]，并且发现根系钙素吸收特性与供钙浓度有关。低浓度下钙的吸收受代谢控制；而高浓度下则与蒸腾速率呈线性关系[6,11]。也有的试验认为，钙素上运与代谢有关，但根系吸钙与之无关[8]。试验结果因方法和作物不同而异．花生以其需钙量大而引起人们的关注，但迄今对其根系吸钙特性并不十分了解。本研究旨在探讨花生各根段的吸钙能力，钙素吸收受代谢和蒸腾作用控制的程度以及比较断离根与完整根的钙素吸收特点和动力学过程等，以期从根系吸钙特性方面探明花生的钙素营养机制。

# 1　材料与方法

## 1.1　供试品种

大粒型花生鲁 10 号。

## 1.2　试验设计

### 1.2.1　实验材料与营养液的准备
将花生种子催芽后播种到石英砂盆中，到五叶期选取生长基本一致的植株进行试验。全部试验所用营养液均由缺钙霍格兰营养液和阿农微量元素营养液配制；各处理均采用 Ca（NO₃）₂（或 $^{45}$CaCl₂）设置供钙浓度，并用 NaNO₃ 补充至霍格兰液的氮含量，除砂培外，每升培养液均加入 0.1 毫升 3％ H₂O₂ 提供氧。

---

注：本文发表于《植物营养与肥料学报》，1996 年 9 月，第 2 卷第 3 期，226～232。

**1.2.2 花生不同根段组织钙的分布** 取上述材料进行砂培，设 2 个处理：（1）低钙：含 Ca 0.2 毫摩尔/升营养液；（2）高钙；含 Ca2.0 毫摩尔/升营养液。营养液由底部淹灌。于 40℃ 下培养 5 天后取出植株，两处理各截取伸长区（距侧根尖 0.1～0.2 厘米）和成熟区（距侧根尖 4.1～4.2 厘米）两处根段，迅速冷冻（－196℃）后，经真空干燥并喷镀碳层，用 EDAX-9100 型 X-射线能谱仪检测组织 Ca、K 峰。

**1.2.3 花生不同根段对[45]Ca 的吸收** 采用溶液培养对上述材料作[45]Ca 示踪。设置 2 种浓度：（1）低钙，含[45]Ca 0.2 毫摩尔/升营养液；（2）高钙：含[45]Ca 2.0 毫摩尔/升营养液（剂量均为 0.4 摩尔/升）。每种浓度下设置 3 个处理：（1）伸长区进入营养液：将若干支侧根用透明胶粘扎使距根尖 0～2 厘米根段排列整齐并以适当角度进入营养液；（2）成熟区进入营养液；切除距根尖 0～2 厘米根段，在 60℃ 下用蜡封闭切口，使成熟区总长度为 40 厘米；（3）整个根进入营养液。各处理 3 次重复，营养液体积均为 100 毫升，于 25℃ 下吸收 4 小时后取出，70℃ 下烘干后磨碎，称 50 毫克样品在低本底探侧仪上作放射性测量。

**1.2.4 抑制剂对花生根系钙素吸收的影响** 取上述材料在无离子水中饥饿 24 小时后进行溶液培养，分完整植株根（完整根）和断离植株根（断离根）两部分进行。设置 4 个处理：（1）0.2 毫摩尔/升钙营养液；（2）0.2 毫摩尔/升钙营养液＋1 毫摩尔/升 2，4-DNP（2，4-二硝基酚）；（3）2.0 毫摩尔/升钙营养液；（4）2.0 毫摩尔/升钙营养液＋1 毫摩尔/升 2，4-DNP。在 100 毫升处理液中培养 2 株（含钙 0.2 毫摩尔/升）或 5 株（含钙 2.0 毫摩尔/升）植株，3 次重复。于 25℃ 下培养 4 小时后取出，测定吸收前后溶液中 $Ca^{2+}$ 浓度和体积的变化。

**1.2.5 花生根系钙素吸收的动力学** 将上述材料在无离子水中饥饿 24 小时后作吸收实验，分断离根和完整根两组进行，$Ca^{2+}$ 初始浓度范围为 0～5 毫摩尔/升，设置 0，0.0125，0.025，……5.0 毫摩尔/升等 14 个处理，在 100 毫升处理液中培养 1～6 株植株（以保证供钙浓度在一定范围内相对稳定，并使吸收量达到可检测水平），3 次重复。25℃ 下培养 4 小时后取出，立即测定吸收前后 $Ca^{2+}$ 浓度和体积的变化。$Ca^{2+}$ 吸收速率用下式计算，以每小时每厘米根吸钙的纳摩尔数表示纳摩尔/（厘米·小时）：

$$F=\frac{V_0C_0-V_1C_1}{tl}$$

$F$ 为吸钙速率，$V_0$ 和 $V_1$ 分别为吸收前后溶液体积，$C_0$ 和 $C_1$ 分别为吸收前后溶液浓度，$t$ 为时间，$l$ 为根长。将浓度和吸收速率拟合 F－C 曲线，求出 Fmax 和 Km。

## 1.3 测定方法

溶液 $Ca^{2+}$ 浓度用原子吸收分光光度计测定。

# 2 结果与分析

## 2.1 花生根组织钙素吸收特点

电子探针分析结果表明，供钙浓度较低（0.1 毫摩尔/升）时，从根际至中柱花生根伸长区和成熟区 Ca、K 峰均逐渐增加，呈逆浓度梯度分布（图 1-A，B），而高浓度（2.0 毫摩尔/升）下，上述部位由外而内 Ca 峰逐渐下降，K 峰则与在低浓度中的分布趋势相似（图 1-C，D）。目前 K 的主动吸收机制及 K 峰在根组织中呈逆浓度梯度分布已为实验证明（刘芷宇，1988），与之比较可以得出供钙浓度较低时，根组织吸钙可能为主动过程，而高浓度下则出现被动吸收迹象。

**表 1　抑制剂对根系钙素吸收速率的影响**

| 供钙浓度（毫摩尔/升） | 完整根 | | | 断离根 | | |
|---|---|---|---|---|---|---|
| | 吸钙速率[纳摩尔/（厘米·小时）] | | 抑制率（%） | 吸钙速率[纳摩尔/（厘米·小时）] | | 抑制率（%） |
| | CK | 2，4-DNP | | CK | 2，4-DNP | |
| 0.2 | 2.81 | 0.15 | 94.6 | 2.81 | 0.11 | 96.1 |
| 2.0 | 6.00 | 0.85 | 85.8 | 3.90 | 0.48 | 87.7 |

进一步研究表明，无论是断离根还是完整根，Ca 素吸收均为代谢抑制剂 2，4-DNP 所抑制，低浓度下抑制率分别为 96.1% 和 94.6%，高浓度下则抑制率下降（表1）。结合电子探针分析（图 1）可以看出，根系钙素吸收受到代谢控制和外界条件影响，其中低浓度下以代谢控制为主；高浓度下除代谢作用外还明显受到外界因子如供钙浓度、凯氏带间隙及蒸腾作用的影响而出现被动吸收现象。

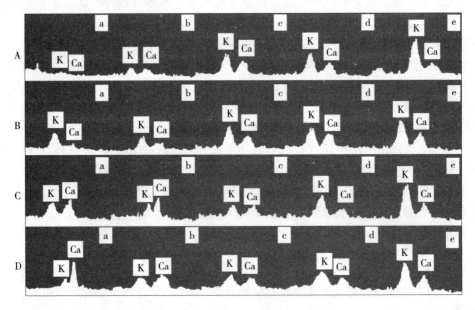

图 1　供钙浓度对花生根段各层钙分布的影响

A：伸长区（0.2 毫摩尔/升）　　B：成熟区（0.2 毫摩尔/升）

C：伸长区（2.0 毫摩尔/升）　　D：成熟区（2.0 毫摩尔/升）

a：根际　b：表皮层　c：皮层　d：内皮层　e：中柱

## 2.2　花生不同根段的钙素吸收能力

从图 1B，D 可见，花生根成熟区内皮层没有出现明显钙峰；[45]Ca 示踪得出该根段吸钙速率为 2.85～5.10 纳摩尔/（厘米·小时）。这表明花生根成熟区并不阻碍钙的径向运输。比较伸长和成熟区的吸钙速率可见，低浓度下成熟区大于伸长，而高浓度下则反之（表 2）。这可能是由于低浓度下以代谢吸收为主，单位根长的表面积成熟区大于伸长区；高浓度下存在凯氏带的部分阻滞作用，使其吸钙速率低于伸长区。

由 [45]Ca 示踪结果还可看出，在供钙浓度为 0.2～2.0 毫摩尔/升范围内，五叶期的花生伸长区吸钙量占总量 28.9%～34.7%，成熟区吸钙量占 71.1%～65.3%（表 2）。可见成熟区在花生钙素吸收中占重要地位。

**表 2　花生不同根段钙素吸收速率及吸钙量**

| 部位 | [Ca²⁺] 0.2 毫摩尔/升 | | | [Ca²⁺] 2.0 毫摩尔/升 | | |
|---|---|---|---|---|---|---|
| | 吸 Ca 速率 [纳摩尔/ (厘米·小时)] | 吸 Ca 量 | | 吸 Ca 速率 [纳摩尔/ (厘米·小时)] | 吸 Ca 量 | |
| | | 毫克/（株·小时） | % | | 毫克/（株·小时） | % |
| 伸长区 | 2.60 | 4.16 | 28.9 | 6.10 | 7.94 | 34.7 |
| 成熟区 | 2.85 | 10.24 | 71.1 | 5.10 | 18.32 | 65.3 |
| 整个根 | 2.80 | 14.40 | 100 | 6.00 | 28.60 | 100 |

## 2.3　花生根系钙素吸收的动力学特征

**2.3.1　$Ca^{2+}$ 浓度对花生根系 $Ca^{2+}$ 吸收速率的影响**　在供试浓度范围内，完整根和断离根二者的吸钙速率均表现出两条不同特征的曲线。供钙浓度在 0～0.5 毫摩尔/升范围内，二者均符合 Michalis-Menten 酶动力学模型；当供钙浓度由 0.5 增至 5.0 毫摩尔/升时，完整根和断离根吸钙速率呈线性上升（相关系数 r 分别为 0.9879 和 0.9940），其中前者上升速度明显高于后者（图 2）。这说明供钙浓度低于 0.5 毫摩尔/升时，$Ca^{2+}$ 吸收受代谢控制，供钙浓度大于 0.5 毫摩尔/升则受到非代谢作用影响。

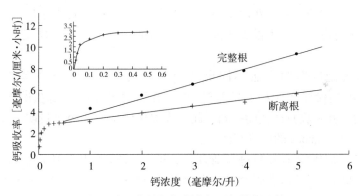

图 2　花生完整根与断离根吸钙特征比较

**2.3.2　$Ca^{2+}$ 吸收动力学参数**　由图 2 可见，供钙浓度为 0～0.5 毫摩尔/升时，断离根与完整根吸收曲线几乎重合，其中完整根 Fmax 为 3.81 纳摩尔/（厘米·小时），Km 为 0.0549 毫摩尔/升；断离根 Fmax 为 3.79 纳摩尔/（厘米·小时），Km 为 0.0534 毫摩尔/升（表 3），二者数据十分接近。这也说明在该浓度范围内 $Ca^{2+}$ 吸收主要与代谢有关。

**表 3　花生根系钙素吸收动力学参数**

| 项目 | Km（毫摩尔/升） | Fmax［纳摩尔/（厘米·小时）］ | Cmin（毫摩尔/升） | R²（Michaelis-Menten） |
|---|---|---|---|---|
| 完整根 | 0.0549 | 3.81 | 0.005 | 0.9878** |
| 断离根 | 0.0534 | 3.79 | 0.005 | 0.9940** |

**2.3.3 影响花生钙素吸收的因子及贡献率** 基于上述结果可把根系钙素吸收分为代谢控制与非代谢控制。比较供钙浓度分别为 0.2 和 2.0 毫摩尔/升处的吸钙量可见，低浓度（0.2毫摩尔/升）下代谢控制吸钙量对吸钙总量的贡献为 100%，即根系对钙的吸收几乎完全由代谢控制（表 4）；而高浓度（2.0 毫摩尔/升）下，非代谢控制的吸钙量增加，其对吸钙总量的贡献率为 36.8%。说明供钙浓度越大，$Ca^{2+}$ 吸收受外界条件的影响越大。

**表 4 代谢与非代谢因子对根系钙素吸收的贡献率**

| 供钙浓度（毫摩尔/升） | 吸钙总量 | | 代谢控制量 | | 非代谢控制量 | |
|---|---|---|---|---|---|---|
| | 纳克/（株·小时） | 贡献率（%） | 纳克/（株·小时） | 贡献率（%） | 纳克/（株·小时） | 贡献率（%） |
| 0.2 | 302 | 100 | 302 | 100 | 0 | 0 |
| 2.0 | 660 | 100 | 417 | 63.2 | 243 | 36.8 |

吸钙总量＝完整根的吸钙速率（F）×根长；

代谢控制量＝断离根 $F_{max}$×根长；

非代谢控制量＝吸钙总量－代谢控制量。

# 3 讨论

①内皮层凯氏带的形成对钙素吸收有阻碍作用[7]，但不同植物种类内皮层发育状况不同。Clarkson 证明钙可以通过内皮层的通道细胞进人中柱[7]。刘芷宇指出，豆科植物内皮层细胞的次生壁内外向发育不均等，细胞间出现裂隙有利于 Ca 的进入；大豆根各层未见 Ca 的局部聚集，而玉米根则钙聚集在内皮层[1]。现已发现 Ca 可以自由通过皮层气生组织残存的细胞壁[9]。本研究表明，花生根成熟区具有较大的吸钙能力，这可能正是花生需钙量大的原因之一。

②根系吸钙机制因实验方法不同出现较大争议，既有吸收过程受代谢影响的结果[1,12~13]，又有不受代谢因子控制的报道[4,8]。我们的研究结果是在供钙浓度为 0~0.5 毫摩尔/升范围内，其吸收只由代谢控制，此后增加供钙浓度，吸钙量明显受到非代谢因子的影响，这一结果与 Barber 的推测相似[6]。

③采用断离根和完整根作比较进行动力学研究，可较好地排除蒸腾作用的影响。但由于断离根地上部无钙库，根系吸钙强度随液泡钙积累的增加而迅速降低，这就要求一个较短的吸收期限。但时间太短，根系又难以达以稳定的吸钙状态[3]。因此本文将吸钙因子分为代谢控制和非代谢控制，计算结果并非实际贡献率而只能是表观贡献率。

# 参 考 文 献

[1] 刘芷宇等. 1988. 应用电子探针技术对植物根际和根内营养元素微区分布的探讨. 植物生理学报，14（1）：23-28.

[2] 周卫，林葆等. 1995. 花生荚果钙素吸收机制. 植物营养与肥料学报，1（1）：44-51.

[3] 夏荣基译. Nye, D. H. 著. 1985. 溶质在土壤—根系统中的运动. 科学出版社，109-152.

[4] 张礼忠等译. Lauchli, A. 著. 1992. 植物的无机营养. 农业出版社，80-86.

[5] 曹一平等译. Marschner, H. 著. 1991. 高等植物的矿质营养. 北京农业大学出版社，35-36.

[6] Barber S A. 1984. Soil nutrient bioavailability. New York，Wiley，259-274.

[7] Charkson D T et al. 1971. The tertiary endodexmis in barley roots: Fine structure in relation to radial transport of ions and water, Plant. 96: 292-305.

[8] Drew M C et al. 1971. Effect of metabalic inhibitcrs and temperature on uptake and translocation of $^{45}$Ca and $^{42}$K by intact bean plants. Plant Physid. , 48: 426-432.

[9] Drew M C et al. 1986. Radial movement of cation across aerenchymatous roots of *Zea mays* measured by electron robe Xray analysis. J. Exp. Bot. 37: 823-831.

[10] Ferguson I B et al. 1975. Ion transport and endoderminals suterization in the roots of *Zen mays*. New Phytol. , 75: 69-79.

[11] Lazaroff N et al. 1966. Calcium and magnesium uptake by barley seedlings. Aust. J, Biol. Sci. , 19: 991-1005

[12] Mass E V. 1969. Calcium uptake by excised maize roots and interaction with alkali. cations. Plant Physiol. 44: 985-989.

[13] Rasi F. 1989. Identification and characterization of the $Ca^{2+}$-ATPase which drives active transport of $Ca^{2+}$ at plasma membrane of radish seedlings. Plant Physiol. , 90: 1429.

# Study on Characteristics of Calcium Absorption by Peanut Roots

Zhou Wei    Lin Bao

(Soil and Fertiltzer Institute, CAAS, Beijing 100081)

**Summary**    The characteristics of calcium absorption by peanut roots was Inverstigated by using $^{45}$Ca trace technology, electron X-ray microanalysis and solution culture. It was found that calcium can be absorbed in either elongation zone or mature zone of peanut roots. of the total Ca uptake, 28. 9%～37. 4% was attributed to elongation zone, and other (65. 3%～71. 1%) to mature zone. When solution Ca concentration ranged from 0～0. 5mmol/L, Ca uptake could completely mediated by metabolism, and the relationship between $Ca^{2+}$ absorption rate and its concentration could be described by Mlchaells-Menten dynamics model, where Km was 0. 0549mmol/L and Fmax was 3. 81nmol/ (cm · h) Nonmetabolic effect of Ca absorption appeared or increased with the increase of $Ca^{2+}$ concentration. When solution Ca concentration was 2. 0mmol/L, 63. 2% of Ca uptake waa metabolically medlated, and 36. 8% was mediated by nonmetabolic factors.

**Key words**    Peanut roots; Calcium; Characteristics of absorption

# 受钙影响的花生生殖生长及种子素质研究

周卫　林葆

（中国农业科学院土壤肥料研究　北京　100081）

**摘要**　采用砂培试验结合电子探针等分析方法研究受钙影响的花生生殖生长及种子素质。结果表明，低钙导致花生花粉外观变形，花粉壁松弛，淀粉粒小而稀少；电子探针下花生壁 K 峰升高，Ca、P、S 和 Si 峰降低，从而影响花粉活力。在一定供钙范围，花生总花数、可育花数及产量随供钙增加而增加，影响总花数临界供钙水平为 0.6 厘摩尔（＋）/千克；影响可育花数及产量的临界供钙水平平均为 1.2 厘摩尔（＋）/千克。花生种子钙含量与供钙水平呈显著直线相关，其直接影响种子发芽率和出苗率。95％以上的花生发芽率和出苗率分别要求种子钙含量不低于 235 和 278 毫克/千克。

**关键词**　钙；花生；生殖生长；种子素质

花生荚果所需钙素 90％以上来自果针（或荚果）从介质中直接吸收[1~2]，土壤供钙不足对营养生长影响较小，主要是导致花生空壳[3]。缺钙在影响到地下部荚果形成之前，是否已直接影响到地上部花粉发育，其程度及机理如何，迄今尚未见报道；供钙对花生种子钙含量与素质的影响，尤其是二者的关系亦少见系统的研究信息。上述问题的深入研究，对于理论上深化对钙素营养生理功能及其行为的认识，实践上为全面提供花生钙素营养，提高种子素质有重要意义。

# 1　材料与方法

## 1.1　砂培试验

将黄砂过 1.0 毫米筛，经洗去泥土，3％盐酸浸泡并洗净后用于试验。分另设置 0.05、0.1、0.2、0.4、0.8、1.0、1.2、1.6 和 2.0 厘摩尔（＋）/千克等 10 种施钙水平（完全缺钙时花生不能进入生殖生长，故未设置该处理），模拟土壤供钙。以硝酸钙作钙源。

瓦氏盆装砂 9 千克，各处理均施 N 0.28 克/千克，P 0.1 克/千克，K 0.2 克/千克，氮素不足部分由 $NH_4NO_3$ 补充，每千克砂还加入 $MgSO_4$ 0.4 克及阿农微量元素混合液 1.5 毫升。

5 月初，选取生长相对一致的花生（大粒型、鲁花 10 号）幼苗进行移栽，每盆 4 株，重复 4 次，无离子水浇灌。花生开花期间取花粉作电镜观察及电子探针分析，调查花可育状

注：本文发表于《植物营养与肥料学报》，2001，7（2）：205~210。

况。9 月下旬收获后考察产量及种子钙含量，部分种子用于发芽出苗试验。

## 1.2 扫描电镜观察及电子探针分析

将施钙水平 2.0 和 0.05 厘摩尔（＋）/千克分别作为高钙和低钙处理，于花生幼蕾膨大，萼片微裂时（即开花前的傍晚，此时，花粉已成熟，但未受粉）取二者花粉样品，风干，经高真空蒸发仪喷金后，作扫描电镜观察，并在 EDAX-9100 型 X-射线能谱仪上记录花粉壁 Ca，K，S 及 P 峰值。

## 1.3 透射电镜观察

按扫描电镜样品采取方法取样。用 0.1 摩尔/升 $K_2HPO_4$ 配制的 2％乙醛，2％焦锑酸钾和 0.1％单宁酸初固定 16 小时后，再用 0.1 摩尔/升 $K_2HPO_4$ 配制的 2％的锇酸后固定 3 小时，丙酮系列脱水，Epon812 包埋，切成厚度为 50 纳米超薄切片。用日立-500 型电子显微镜观察和摄影，电压 60 千伏。

## 1.4 花生总花数与可育花数调查

自始花期始，每盆随机选取 2 株，即每处理 8 株花生，用于考察花生单株总花数及可育花数。以可形成子房柄的花属可育花，计算可育花占总花数的百分率。

## 1.5 花生收获考种与种子钙含量测定

各处理以盆为单位考察花生产量，并考察各处理出仁率及相对产量。各处理任取部分种子，烘干、碾碎，经 $NHO_3$-$HClO_4$-$H_2SO_4$ 混合消化后，原于吸收分光光度计测定钙含量。

## 1.6 不同钙含量种子的发芽与出苗试验

取上述各处理花生种子，每处理一般 50 粒，40℃水中浸泡 3 小时后用于发芽和出苗试验。将种子整齐排列在湿润的滤纸上，在温度 25℃，相对湿度在 100％条件下培养，5 天后统计发芽数[4]。随后，将已进行发芽试验各处理种子移入石英砂盆，置于温室培养，3 周后统计出苗数[4]。

# 2 结果与分析

## 2.1 钙对花粉发育的影响

扫描电镜下，高钙处理花生花粉外观呈均匀椭球状（图 1A），透射电镜下，其横切面呈圆形，内含物丰富，淀粉粒大（图 1E），表明花粉发育完好；与之比较，低钙处理花粉外观略有变形，呈不规则圆柱状（图 1B），其横切面松弛，以至呈椭圆形，内含物稀少，淀粉粒少而小（图 1F）。表明低钙可引起花粉壁松弛，内含物减少，这将直接影响到花粉的萌发乃至受精过程及其生命活力。

为探讨花粉畸变及内含物变化机理，对花粉壁进行电子探针分析。结果显示，与高钙处理比较，花粉壁 K 峰较高，而 Ca，S，P 及 Si 峰较弱。表明低钙已导致花粉壁营养元素失调，由于 Ca，Si 对细胞壁具有稳定作用，该 2 种元素含量的下降及 K 峰的增加是导致花粉壁变形松弛的主要原因。低钙可进一步引起代谢改变，其导致含 P，S 等有机物组成变化，花粉壁 P 及 S 元素的下降似乎对花粉内含物含量的减少是某种预示。

## 2.2 供钙水平对花生总花数及可育花数的影响

供钙水平对花生总花数有一定影响。由表 1 可见，供钙 0.05 厘摩尔（＋）/千克，单株总花数最低，仅为 28，随供钙增加，总花数增加；供钙 0.6 厘摩尔（＋）/千克，总花数达 68，此后再增加供钙，单株总花数增加不显著。若以相对最大总花数的 80％作为临界供钙

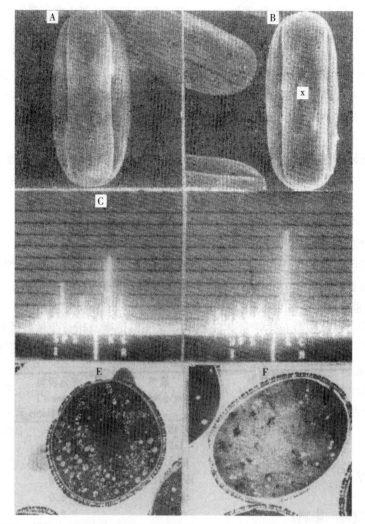

图 1　供钙水平对花生花粉发育的影响（A，B：×1000，E，F：×1600）
　　A：高钙供应下花粉外观正常，呈椭球状；B：低钙供应下花粉变形，呈圆柱
状；C：离钙供应下花粉壁 Ca、K、S、P 和 Si 峰较高；D：低钙供应下 K 峰较高，
Ca、P、S 及 Si 峰较低；E：高钙供应下花粉壁正常，淀粉粒较大而多；F：低钙供
应下花粉壁松弛，淀粉粒小而稀少（x 为电子探针检测点）。

水平，可见影响花生总花数的临界供钙水平为 0.6 厘摩尔（＋）/千克。

　　单株可育花数及可育花率受供钙影响尤为明显。表 1 显示，供钙 0.05 厘摩尔（＋）/千
克，单株可育花数最少，仅为 3，可育花率为 10.7％。随着供钙水平增加，可育花数及可育
花率增加十分明显，供钙水平为 1.0 厘摩尔（＋）/千克时，单株可育花数达 44，可育花率
达 55％，此后随供钙浓度增加而趋于稳定。若以相对最高可育花数的 80％作为供钙临界值，
则影响花生可育花数的临界供钙水平为 1.2 厘摩尔（＋）/千克。该临界值远大于影响单株
总花数的临界值 0.6 厘摩尔（＋）/千克，说明花的育性较总花数对供钙水平高得多。

## 2.3　供钙水平对花生结实及种子钙含量的影响

　　在供试施钙水平范围，花生产量随供钙量增加而增加，供钙 0.05 厘摩尔（＋）/千克，
产量仅为 12.8 克/盆，而供钙 2.0 厘摩尔（＋）/千克，花生产量可达 77.6 克/盆。若以相对

产量80％作为临界点，则影响花生产量的临界供钙浓度为1.2厘摩尔（＋）/千克（表2）。

由表2还可看出，花生出仁率明显受供钙影响，在0.05～1.0厘摩尔（＋）/千克范围，花生出仁率随供钙增加而增加。供钙浓度为0.05厘摩尔（＋）/千克时，出仁率仅为20％，供钙1.0厘摩尔（＋）/千克，出仁率为64％，此后增加供钙，出仁率趋于稳定。由于花生荚果可主动从介质吸钙[5]，外界供钙状况明显影响到荚果钙素利用，因而缺钙导致出仁率下降，甚至发生空壳。供钙增加使出仁率增加是花生产量增加的重要原因之一。

供试供钙范围，种子钙含量（$y$，毫克/千克）随供钙水平［$x$，厘摩尔（＋）/千克］增加而增加，二者呈极显著直线相关，其回归方程为：

$$y = 118.2 + 113.3x$$

$$r = 0.9634***$$

表明增加供钙是提高种子钙含量的有效措施。

**表1  供钙水平对花生总花数及可育花数的影响**

| 供钙水平 ［厘摩尔（＋）/千克］ | 单株总花数* | | 单株可育花数** | | 可育花率*** |
|---|---|---|---|---|---|
| | 绝对值 | 相对值 | 绝对值 | 相对值 | |
| 0.05 | 28e | 34 | 3f | 5 | 10.7e |
| 0.1 | 40de | 49 | 5el | 9 | 12.5e |
| 0.2 | 55ed | 67 | 8ef | 14 | 14.5e |
| 0.4 | 59bed | 72 | 18de | 32 | 30.5d |
| 0.6 | 68abc | 83 | 28cd | 50 | 41.2ed |
| 0.8 | 74abc | 90 | 36bc | 64 | 48.6bc |
| 1.0 | 80a | 98 | 44ab | 78 | 55.0abc |
| 1.2 | 78ab | 95 | 54a | 96 | 69.2a |
| 1.6 | 82a | 100 | 56a | 100 | 68.3a |
| 2.0 | 76ab | 93 | 52a | 93 | 68.4a |

\*  n＝8，$LSD_{0.05}$＝20.5；\*\*  n＝8，$LSD_{0.05}$＝14.6；\*\*\*  n＝8，$LSD_{0.05}$＝15.6。

**表2  供钙水平对花生结实及种子钙含量的影响**

| 供钙水平 ［厘摩尔（＋）/千克］ | 产量* （克/盆） | 相对产量 （％） | 出仁率 （％） | 种子钙含量 （毫克/千克） |
|---|---|---|---|---|
| 0.05 | 12.8f | 16.5 | 20 | 80 |
| 0.1 | 19.2ef | 24.7 | 38 | 120 |
| 0.2 | 26.0def | 33.5 | 45 | 158 |
| 0.4 | 31.2cedf | 40.2 | 49 | 176 |
| 0.6 | 34.0cde | 43.8 | 57 | 190 |
| 0.8 | 38.4cd | 49.5 | 58 | 228 |
| 1.0 | 48.0bc | 61.9 | 64 | 246 |
| 1.2 | 62.8ab | 81.1 | 67 | 269 |
| 1.6 | 76.8a | 99.0 | 66 | 295 |
| 2.0 | 77.6a | 100.0 | 68 | 321 |

\*  n＝4，$LSD_{0.05}$＝20.4。

## 2.4  受钙影响的花生种子素质

种子素质主要包括爱芽率和成苗率两项指标[6]。利用不同供钙水平得到不同钙含量的种子进行发芽和出苗试验。结果表明，花生发芽率及成苗率随种子钙含量的增加而增加，二者之间可用二次方程拟合，其中发芽率（$y_1$）与钙含量（$x$）间的回归方程为：$y_1 = -0.0038x^2 + 2.069x - 174.53$，$R^2 = 0.8895$；出苗率（$y_2$）与钙含量间加归方程为：$y_2 = -0.002x^2 + 1.4075x - 144.63$，$R^2 = 0.9496$。95％以上的花生发芽率和成苗率分别要求种子钙含量不低于235毫克/千克和278毫克/千克。该结果与Adams结果相接近[6]。

# 3  讨论

由于钙在荚果形成中的重要地位及荚果形成时绝大部分钙素从介质直接吸收，故研究者将主要精力集中在荚果钙营养的研究，而对地上部花粉发育、花的数量及育性的研究较少。早有研究者指出，花粉萌发和生长取决于基质内的$Ca^{2+}$。采用$Ca^{2+}$专性载体A23187对花粉管胞外空间和胞内分室之间进行干扰发现，生长区域成带现象被扰乱，分泌囊在细胞质中分布极为混乱，花粉关端部生长受抑制，进而推知$Ca^{2+}$作用主要是形成胞内外$Ca^{2+}$梯度，以满足极性转移和具有质膜的分泌囊融合[7]。本研究结果则显示，早在花生受粉之前，低钙下花粉素质已受到损害，花粉壁松弛，供萌发用的贮备物淀粉粒稀少且变小。可见，严重缺钙条件下，早在荚果受到伤害之前，花粉已严重受损。

表征土壤钙有效性的指标众多，既有采用土壤交换钙和水溶钙，又有利用酸溶钙含量诊断[8]；还有的研究认为钙与其他离子的平衡状况比土壤交换钙含量能更好地表征土壤钙有效性[9]，从而提出土壤饱和浸提液钙离子阳离子总量之比（Ca/TC）可用于钙素营养诊断[10]。我们曾用相关与校验研究得出，花生钙营养的土壤诊断指标是土壤饱和浸提液Ca/TC，临界值为0.25[11]。本研究模拟土壤供钙结果发现，供钙0.6厘摩尔（＋）/千克可影响花生总花数，供钙1.2厘摩尔（＋）/千克则影响可育花数。联系以前的研究可以得出，当土壤钙含量低于1.2厘摩尔（＋）/千克时，钙主要通过影响总花数或可育花数控制花生产量；当仁壤钙含量高于1.2厘摩尔（＋）/千克时，土壤饱和浸提液Ca/TC可能成为产量的限制因子。

# 参 考 文 献

[1] 王在序. 花生对钙素营养物质吸收运输分配特点的研究初报 [J]. 花生科技，1983（2）：6-12.

[2] Beringer H et al. ⁴⁵Caleium absorption by wo cultivars of groundnut[J]. Expl. Agric. ,1976, 12: 1-7.

[3] 孙彦浩. 花生钙营养特点和钙肥施用的研究概况 [J]. 中国油料，1991（3）：81-82.

[4] Copeland L O. Rules for testing seed [J]. J. Seed Tech. ，1981，6：30-113.

[5] 周卫，林葆. 花生荚果钙素吸收机制研究 [J]. 植物营养与肥料学报，1995，1（1）：44-51.

[6] Adams J F. Seed quality of Runner Peanuts as affected by gypsum and soil calcium [J]. J. Plant Nutri. ，1991，14（8）：841-851.

[7] Lauchli A et al. Encyclopedia of Plant Physiogy [M]. Springer-Veriag, Berlin and New York, 1983. 15B.

[8] 袁可能. 檀物营养元素的土壤化学 [M]. 北京：科学出版杜，1983：222-260.

[9] Barber S A. Soil Nutrient Bioavailability [M]. New York, Wiley, 1984：259-274.

[10] Carter M R. Use of the calcium to total cation ratio in soil saturation extracts as an index of plant available calcium [J]. Soil Sci. ，1990，149（4）：212-217.

[11] 林葆，周卫. 棕壤花生钙素营养诊断与施肥量问题的探讨 [J]. 土壤通报，1997，28（3）：127-131.

# Study on Reproductive Growth and Seed Quality of Peanut as Affected by Calcium Supply

Zhou Wei　Lin Bao

(Soil and Fertilizer Institute，CAAS，Beijing，100081，China)

**Abstract**　Sandy culture experiment，combined with X-ray microanalysis，was used to invesugate reproductive growth and seed quality of peanut as influenced by calcium supply. Results indicated that low Ca supply led to abnormal shape of peanut pollen，flaccid and expensive pollen wall ，smaller and sparse starch particles. Higher K peak and lower Ca，S and Si peaks were found in pollen wall with low Ca supply under X-ray microanalysis，thus in turn make vigor of pollen reduced. Total numbers of flowers，the fertile flowers and yield increased with the increase of calcium supply. The critical Ca level of influencing total number of flowers was 0.6cmol （ + ）/kg，while both of those influencing fertile flowers and yield were 1.2cmol （ + ）/kg. The significant linear correlation existed between seed Ca content and Ca supply，and the germination and seedling survival of peanut seeds were influenced directly by seed Ca content，235 mg/kg and 278mg/kg of seed Ca contents were requested for 95 % of germination and seedling survival，respectively.

**Key words**　Peanut；Calcium supply；Reproductive growth；Seed quality

# 钙肥品种及施用方法对花生肥效的影响

林葆　周卫　谢晓红

（中国农业科学院土壤肥料研究所　北京　100081）

**摘要**　盆栽及田间试验结果表明，在土壤饱和浸提液 Ca/TC 小于 0.25 的土壤中，施钙可显著增加花生产量，其中硝酸钙优于磷石膏或硫酸钙，分次施优于基施。花生对肥料钙的利用率为 4.8%～12.7%。砂培或水培试验得出，供钙浓度为 4 毫摩尔/升时，花生生长量最大。在供钙浓度 0～2 毫摩尔/升范围内，钙钾间有协助作用，大于 4 毫摩尔/升后则表现出明显的颉颃效应。

**关键词**　钙素营养；花生；镁；钾

花生钙肥效果取决于土壤条件，肥料性质与之密切相关。研究表明，石膏在钙素供应上优于石灰[5~6]；中性棕壤上施用石灰和硅钙肥导致土壤 pH 过高，其肥效并不明显[1]，而石膏在我国南方或北方缺钙花生田中施用均有显著增产效果[1]。近年来水溶性钙肥硝酸钙（Ca19%，N15.5%）正在试用之中，其溶解度、伴随离子性质及对离子对形成的影响均有别于其他难溶或微溶性钙肥。比较及合理评价硝酸钙肥效是本文研究内容之一。

花生对钙营养反应敏感，最佳钙营养条件对花生生长十分重要。钙素吸收对其他养分的累积亦有直接或间接的作用。因为这方面的研究报道甚少，故探讨花生最佳钙营养条件及其与钾镁吸收的关系也是本文研究的另一目的。

# 1　材料与方法

## 1.1　供试土壤

1994 年从山东莱阳采取土样（1 号）作盆栽试验，并在当地设置四个田间试验（2，3，4 和 5 号土）。供试土壤农化性质如表 1 所示。

## 1.2　供试品种

大粒型花生"鲁花 10 号"。

## 1.3　试验设计

**1.3.1　盆栽试验**　分钙肥全部基施及分次施用两部分进行。两个试验均设下列 4 个处理：（1）PK（只施 $K_2HPO_4$）；（2）NPK（$NH_4NO_3 + K_2HPO_4$）；（3）NPKCa[$Ca(NO_3)_2 + K_2HPO_4$]；（4）NPKSCa（$NH_4NO_3 + CaSO_4 + K_2HPO_4$）。基肥试验中各处理全部肥料均作基肥，分次施用试

注：本文发表于《土壤通报》，1997，28（4）：172～174。

验中 P、K 肥基施，Ca、N 肥基追各半，追肥于盛花期施入 0～2 厘米土层。

以上盆栽试验采用塑料盆装土 5 千克，施肥水平 N0.08 克/千克土，P0.065 克/千克土，K0.166 克/千克土及 Ca0.2 克/千克土。各处理等 N 量，处理（2）、（3）和（4）为等 P、K 量，处理（3）、（4）为等 Ca 量。生育期间用无离子水浇灌。每盆定植 3 株，收获时考察荚果产量，测定植株钙含量，计算肥料钙利用率。

**1.3.2　田间试验**　分钙肥全部基施及分次施用两部分进行。各处理先普遍基施磷酸二铵和氯化钾各 150 千克/公顷作基肥。两部分试验的处理均为：（1）对照（不再另施肥）；（2）硝酸铵（再施 $NH_4NO_3$ 280 千克/公顷）；（3）硝酸钙 [再施 $Ca(NO_3)_2$ 600 千克/公顷]；（4）磷石膏（$NH_4NO_3$ 280 千克/公顷＋磷石膏 531 千克/公顷）。

**表 1　供试土壤的农化性质**

| 土号 | 质地 | CEC [厘摩尔(+)/千克] | 有机质（克/千克） | 全氮（克/千克） | 有效 P（毫克/千克） | 有效 K（毫克/千克） | 全 Ca（克/千克） | 交换 Ca [厘摩尔(+)/千克] | 饱和浸提液 Ca/TC | pH |
|---|---|---|---|---|---|---|---|---|---|---|
| 1 | 黏　土 | 27.0 | 2.9 | 0.22 | 5.0 | 90 | 5.4 | 8.8 | 0.14 | 6.5 |
| 2 | 壤　土 | 10.7 | 9.9 | 0.77 | 8.8 | 80 | 3.2 | 6.5 | 0.20 | 6.8 |
| 3 | 壤黏土 | 17.9 | 10.4 | 0.65 | 7.9 | 80 | 3.6 | 7.1 | 0.40 | 6.5 |
| 4 | 砂　土 | 6.5 | 9.1 | 0.73 | 6.0 | 75 | 2.4 | 7.9 | 0.42 | 6.4 |
| 5 | 壤　土 | 14.0 | 10.8 | 0.83 | 6.1 | 80 | 7.4 | 5.5 | 0.49 | 7.3 |

处理（2）、（3）、（4）等 N 量，处理（3）、（4）等 Ca 量。

基肥试验中全部肥料作底肥一次施入，并覆盖地膜；分次施用试验中 N、Ca 肥基追各半，追肥于盛花期开沟施入并覆土，不覆地膜。小区面积为 30 米²，4 次重复，随机排列。收获时考察花生荚果产量及生物量，取样测定植株钙含量。

**1.3.3　砂培试验**　将花生种子催芽后播种于石英砂盘中，5 叶期选取生长基本一致的植株进行砂培和水培。砂培和水培试验所用营养液均由缺钙的霍格兰营养液（I）和阿农微量元素营养液配制，采用 $Ca(NO_3)_2$ 供钙，用 $NH_4NO_3$ 补充氮素使各处理氮浓度相等。

用酸洗石英砂作砂培基质，设置供钙浓度分别为 0、0.05、0.25、0.5、1.0、2.0、4.0 和 8.0 毫摩尔/升等 8 个处理。每盘装石英砂 400 克，移栽 2 株花生幼苗，3 次重复。营养液由底部淹灌，每隔 3 天从砂面浇无离子水淋洗一次，以免过量盐类析出。于 20±1℃ 下培养 20 天后取出，观察记载并测定其 Ca、Mg、K 含量。

**1.3.4　水培试验**　将上述五叶期幼苗洗净并在无离子水中饥饿 24 小时后作离体根钙吸收试验。设置供钙浓度分别为 0、0.05、0.25、0.5、1.0、2.0、3.0 和 5.0 毫摩尔/升等 8 个处理，在 100 毫升处理液中培养 1～6 株花生断离根（以确保供钙浓度在一定范围内相对稳定，并达到可检测水平），3 次重复。于 25℃ 下吸收 4 小时后，立即测定吸收前后溶液中 $Ca^{2+}$、$Mg^{2+}$ 和 $K^+$ 浓度及体积的变化。

养分吸收速率用每小时每厘米根吸收养分的纳摩尔数 [毫摩尔/（小时·厘米）] 表示。

$$F = \frac{V_0 C_0 - V_1 C_1}{tl}$$

式中，$V_0$ 和 $V_1$ 分别为吸收前后溶液的体积（毫升）；$C_0$ 和 $C_1$ 分别为吸收前后溶液的浓度（毫摩尔/升）；$l$ 为根长（厘米）；$t$ 为时间（小时）。

## 1.4 测定方法

植株样品经 $HNO_3 - HCLO_4 - H_2SO_4$ 混合消化后用原子吸收分光光度计测定 Ca、Mg、K 含量，溶液中 $Ca^{2+}$、$Mg^{2+}$ 及 $K^+$ 由原子吸收分光光度计直接测定。

# 2 结果与讨论

## 2.1 钙肥品种及施用方法对花生产量及钙素利用率的影响

**2.1.1 对花生产量的影响** 施钙可显著增加花生产量，盆栽试验增产 10.4%～23.7%，大田试验增产 2.6%～7.0%（表2、表3）。早期研究认为花生缺钙的临界值是土壤交换性钙含量 1.4 厘摩尔（＋）/千克。近年来发现土壤中 $Ca^{2+}$ 与其他离子的平衡状况比交换钙含量能更好地表征土壤钙的有效性[7]，并提出土壤饱和浸提液中 $Ca^{2+}$ 与阳离子总量（$Ca^{2+}$＋$Mg^{2+}$＋$K^+$＋$Na^+$）当量之比 Ca/TC 可用于小麦植株钙营养诊断[8]。我们的研究结果表明，棕壤中花生缺钙的 Ca/TC 临界值是 0.25。本试验中 2 号及 1 号土的交换性钙含量均大于 1.4 厘摩尔（＋）/千克，但 Ca/TC 值均小于 0.25，其钙肥效果显著。而对于 Ca/TC 值大于 0.25 的 3 号、4 号和 5 号土壤无论硝酸钙还是磷石膏均无显著增产作用（表4）。

**表2 钙肥对花生产量及肥料钙利用率的影响（盆栽）**

| 处理 | 基施 | | 分次施 | | |
|---|---|---|---|---|---|
| | 产量（克/盆） | 肥料钙利用率（%） | 产量（克/盆） | 肥料钙利用率（%） | 与基施产量比较 |
| PK | 23.9  c | — | 23.9  d | — | — |
| NPK | 26.0  b | — | 26.2  c | — | — |
| NPKCa | 29.6  a | 10.0 | 32.4  a | 12.7 | ** |
| NPKSCa | 28.7  a | 8.7 | 30.4  b | 10.2 | ** |
| LSD$_{0.05}$ | 1.82 克/盆（n=4） | | 1.95 克/盆（n=4） | | |

**表3 钙肥品种对花生产量及肥料钙利用率的影响（田间）**

| 处理 | 基施 | | 分次施 | |
|---|---|---|---|---|
| | 产量（千克/公顷） | 肥料钙利用率（%） | 产量（千克/公顷） | 肥料钙利用率（%） |
| 对照 | 4500  b | — | 3540  c | — |
| 硝酸铵 | 4590  b | — | 4305  b | — |
| 硝酸钙 | 4755  a | 6.2 | 4605  a | 6.8 |
| 磷石膏 | 4710  ab | 4.8 | 4500  a | 5.4 |
| LSD$_{0.05}$ | 150 千克/公顷（n=4） | | 178 千克/公顷（n=4） | |

**表4 施用钙肥对大田花生产量的影响**

| 处理 | 3 号土产量（千克/公顷） | 4 号土产量（千克/公顷） | 5 号土产量（千克/公顷） |
|---|---|---|---|
| 对 照 | 3655  b | 4219  a | 5281  a |
| 硝酸铵 | 4263  a | 4593  a | 5325  a |
| 硝酸钙 | 4101  a | 4330  a | 5218  a |
| 磷石膏 | 4056  a | 4033  a | 5172  a |
| LSD$_{0.05}$ | 368 千克/公顷 | 570 千克/公顷 | 421 千克/公顷 |

由表2、表3还可看出，无论是基施或分次施，硝酸钙处理荚果产量均高于磷石膏（或硫酸钙），其中盆栽试验中二者差异达显著水平（表2）。有关研究指出，不同伴随离子下钙

吸收速率为 $NO_3^- > Cl^- = Br^- > SO_4^{2-}$ [9]，并认为石膏作为钙肥有利于 $CaSO_4$ 离子对形成，而使溶液中 $Ca^{2+}$ 活度显著下降[7]。此外，硝酸钙的溶解度远大于硫酸钙，供钙强度大，因而其肥效优于磷石膏。

盆栽试验中，无论是 $Ca(NO_3)_2$ 还是 $CaSO_4$，分次施肥的花生荚果产量均显著优于一次基施（表2）。报道指出，花生荚果所需钙素 90%以上由荚果直接从介质中吸收[3]。盛花期追施钙肥可确保花生结实区得到足够的钙素供应。而大田试验中基施试验采用了覆膜增温技术，因而各处理产量均高于分次施用处理（表3）。

**2.1.2 对肥料钙利用率的影响** 从表2、表3可见，花生对肥料钙的利用率为 4.8%～12.7%，其中硝酸钙利用率又高于磷石膏（或硫酸钙），分次施高于基施，盆栽高于田间试验。事实上，影响花生对肥料钙利用的因子很多，除肥料种类和施用方法外，土壤钙素营养状况及施钙水平也与其密切相关。

## 2.2 供钙浓度对花生钙镁钾吸收的影响

**2.2.1 供钙浓度对花生生长的影响** 供钙浓度与花生生长关系密切。在 $[Ca^{2+}]$ 0～4 毫摩尔/升范围内，随供钙浓度提高，花生植株生长量明显增加，在 4.0 毫摩尔/升时达到最大，此时植株干重、叶面积及总根长分别为 $[Ca^{2+}]$ 为零时的 2.86、2.23 和 7.6 倍。供钙浓度提高到 8 毫摩尔/升，花生生长量下降（表5），说明该浓度起抑制作用。

表 5　供钙浓度对花生植株生长状况的影响（砂培）

| 供钙浓度 （$Ca^{2+}$ 毫摩尔/升） | 干重 （克/株） | 株高 （厘米） | 叶面积 （厘米²/株） | 根鲜重 （克/株） | 根总长 （厘米/株） |
|---|---|---|---|---|---|
| 0 | 0.70 | 12.8 | 17 | 0.70 | 50 |
| 0.05 | 0.95 | 14.9 | 22 | 0.95 | 87 |
| 0.25 | 1.10 | 18.0 | 24 | 1.10 | 142 |
| 0.50 | 1.40 | 24.4 | 30 | 1.40 | 178 |
| 1.00 | 1.70 | 28.1 | 33 | 1.71 | 250 |
| 2.00 | 1.85 | 29.7 | 36 | 1.85 | 342 |
| 4.00 | 2.00 | 32.0 | 38 | 2.06 | 380 |
| 8.00 | 1.40 | 29.2 | 29 | 1.40 | 267 |

**2.2.2 供钙浓度对花生吸收钙镁钾的影响** 由表6可见，系列供钙浓度下，植株钙镁钾的累积呈现不同的特点，随供钙浓度增加，花生钙含量及累积量均明显增加；而植株镁含量则基本保持稳定，累积量在 $[Ca^{2+}]$ 4 毫摩尔/升时达到最大，至 8 毫摩尔/升时又出现下降；钾含量及累积量随供钙浓度提高而增加，至 $[Ca^{2+}]$ 2.0 毫摩尔/升时达到最高，此后则急剧下降。

为进一步探讨 $Ca^{2+}$ 与 $Mg^{2+}$ 和 $K^+$ 吸收的关系，本文采用离体根作吸收试验。结果表明，在供钙浓度范围内 $Ca^{2+}$ 并不与 $Mg^{2+}$ 颉颃或协助，$Mg^{2+}$ 吸收速率在不同供钙浓度下几乎十分稳定（图1）。说明镁累积量的增加并非由于 $Ca^{2+}$ 促进了 $Mg^{2+}$ 吸收，可能是由于其增加了总根长和叶面积所致。

表 6　供钙浓度对花生钙镁钾吸收的影响（砂培）

| 供钙浓度 （$Ca^{2+}$ 毫摩尔/升） | Ca | | Mg | | K | |
|---|---|---|---|---|---|---|
| | 含量 （克/千克） | 累积量 （毫克/株） | 含量 （克/千克） | 累积量 （毫克/株） | 含量 （克/千克） | 累积量 （毫克/株） |
| 0 | 7.8 | 5.5 | 6.1 | 4.3 | 31.6 | 22.1 |
| 0.05 | 8.7 | 8.3 | 6.9 | 6.5 | 32.6 | 31.0 |

（续）

| 供钙浓度<br>（Ca²⁺<br>毫摩尔/升） | Ca | | Mg | | K | |
|---|---|---|---|---|---|---|
| | 含量<br>（克/千克） | 累积量<br>（毫克/株） | 含量<br>（克/千克） | 累积量<br>（毫克/株） | 含量<br>（克/千克） | 累积量<br>（毫克/株） |
| 0.25 | 10.0 | 11.0 | 6.9 | 7.5 | 33.1 | 36.4 |
| 0.5 | 12.8 | 17.7 | 6.5 | 9.1 | 34.5 | 48.3 |
| 1.0 | 15.5 | 26.3 | 5.8 | 9.9 | 36.5 | 60.1 |
| 2.0 | 16.3 | 30.1 | 5.9 | 10.9 | 36.5 | 67.5 |
| 4.0 | 18.4 | 36.8 | 6.5 | 13.0 | 29.1 | 58.2 |
| 8.0 | 28.8 | 40.3 | 6.5 | 9.1 | 28.5 | 39.9 |

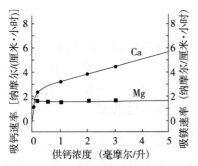

图 1　供钙浓度对离体根 Mg²⁺ 吸收的影响
　　　　［Mg²⁺］＝2 毫摩尔/升

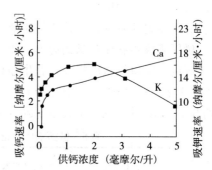

图 2　供钙浓度对花生离体根 K⁺ 吸收的影响
　　　　［K⁺］＝6 毫摩尔/升

供钙浓度对离体根 K⁺ 吸收速率有明显的影响。供钙浓度在 0～2 毫摩尔/升，随供钙浓度提高，根系吸收 K⁺ 的速率增加，二者出现明显的协助作用，此后则急剧下降，表现为颉颃作用（图2）。由此初步可以认为，钙钾关系较为复杂，低钙浓度下其表现为协助作用，高钙浓度下则出现颉颃作用。造成该种现象的可能原因是一方面钙有利于维持细胞膜的完整性[9]，另一方面又可与 K⁺ 竞争质膜上的吸收部位[10]。关于施钙后花生利用 Mg²⁺、K⁺ 的关系，有必要进行深入研究。

# 参 考 文 献

[1] 孙彦浩. 中国油料. 1991 (3)：81-82.

[2] 袁可能. 植物营养元素的土壤化学. 北京：科学出版社，1983.

[3] 王在序，等. 花生科技. 1983 (2)：622.

[4] Lauchli A et al. 著. 张礼忠等译. 植物的无机营养. 北京：农业出版社，1992.

[5] Clowell W E. Agron. J. 1945；37；792-805.

[6] Robertson W K et al. Soil and Crop Sci. Soc of Fla. proc. 1965，25；335-343.

[7] Barber S A. Soil Nutrient Bioavailability. New York. Wiley. 1984.

[8] Carter M R. Soil Sci. 1990，149 (4)：212-217.

[9] Mass E V. Plant physiol. 1969，44；985-989.

[10] Fenn L B. Plant roots and their environment. proc. of an IS-SRR-Symposium. 1988.

# 苹果（*Malus pumila*）幼果钙素
# 吸收特性与激素调控

## 周卫　汪洪　赵林萍　林葆

（中国农业科学院土壤肥料研究所，农业部植物营养学重点
开放实验室　北京　100081）

**摘要**　采用田间试验并结合[45]Ca 示踪及植株分析等方法研究苹果幼果钙素吸收特性及激素对其过程的调控方式。结果表明，施于叶片的钙极少向果实转移，钙应有针对性直接施至幼果上，适宜的施钙时期为幼果形成 1 个月内，$CaCl_2$ 喷施的适宜浓度为 0.5％。果面施钙显著增加了苹果单果重，改善了果实品质。IAA、GA 和 NAA 均可促进果面钙运往果实内，并导致 2％HOAc 提取钙与 5％HCl 提取钙组分增加，IAA 虽可促进大量的树体钙向果实转移，却会导致果实钙含量过高，品质变差；GA 和 NAA 则不能夺取树体内的钙，对果实品质无不良影响。

**关键词**　苹果；钙素营养；植物激素

　　在由缺钙引起的果树生理性病害中，苹果苦痘病已受到极大重视，其为果实贮藏期间一常见重要病害，我国北方苹果产区均有发生[1,14]。研究表明，土壤施钙及叶面喷钙对其有一定的防治效果，但并不能完全控制[2]，其原因可能是果实仍不能得到充分的钙素供应；对柑橘进行[45]Ca 示踪显示，叶片中的钙仅少量转移到果实，外源植物生长调节剂及内源激素对钙素运输也具有调控作用[3~4]。事实上，苹果果实直接吸钙已为许多试验所证实[4,16]，但由于成熟果实的角质层对外源钙进入果肉组织具有阻碍作用[12]，因而对正在生长的幼果喷钙防治苹果苦痘病已受到重视[1,7]，但目前叶片与果实吸钙对果实钙营养的相对重要性尚不清楚，有关施钙的适宜时期及激素对果实钙吸收的调控方式需进一步研究。为此，本文拟采用田间试验并结合[45]Ca 示踪研究苹果幼果钙素吸收特性及激素对该过程的调控，以期为有效防治苹果乃至其他果树由缺钙引起的果实生理性病害提供理论依据。

# 1　材料与方法

　　试验包括[45]Ca 示踪盆栽和田间试验两部分，[45]Ca 示踪盆栽试验于 1997 年进行，采用 2 年树龄果树。田间试验包括 1997 和 1998 年两年试验，在北京市农林科学院林业果树研究所同

注：本文发表于《中国农业科学》，1999，32（3）：52~58。

一果园进行，分别采用 6 年和 7 年树龄果树。供试品种均为元帅系列早亮。土壤类型均为黏质褐潮土，供试土壤的理化性质列于表 1。

## 1.1 $^{45}$Ca 示踪试验

在施用部位试验中，设置 8 个处理：(1)$^{45}$CaCl$_2$ 涂果；(2)$^{45}$CaCl$_2$ 涂叶；(3) IAA＋$^{45}$CaCl$_2$ 涂果；(4) IAA＋$^{45}$CaCl$_2$ 涂叶；(5) GA＋$^{45}$CaCl$_2$ 涂果；(6) GA＋$^{45}$CaCl$_2$ 涂叶；(7) NAA＋$^{45}$CaCl$_2$ 涂果；(8) NAA＋$^{45}$CaCl$_2$ 涂叶。将$^{45}$CaCl$_2$ 加分析纯 CaCl$_2$ 配成 0.5％的水溶液，$^{45}$Ca 活度为 20μci/50 毫升，吲哚乙酸（IAA），赤霉素（GA，本文各试验均采用 GA$_3$）和萘乙酸（NAA）的浓度均为 20 毫克/升，与氯化钙溶液混配施用。选取大小一致的果实或果位叶片（一般为 10 片）进行处理，每个果实或每个果位的叶片（9～10 片）均涂处理液 0.5 毫升，重复 3 次。于幼果形成后 3 周（1997 年 5 月 24 日）处理。

**表 1　供试土壤的理化性质**

| 供试土壤 | 有机质（％） | 全 N（％） | 速效 P（毫克/千克） | 速效 K（毫克/千克） | 全 Ca（％） | 交换 Ca（％） | pH（H$_2$O） |
|---|---|---|---|---|---|---|---|
| $^{45}$Ca 示踪试验 | 1.62 | 0.151 | 37.6 | 172 | 0.92 | 0.14 | 7.80 |
| 田间试验 | 1.44 | 0.120 | 38.2 | 160 | 0.91 | 0.16 | 7.80 |

在施用时期与施用浓度试验中，均设置 4 个处理：(1)$^{45}$CaCl$_2$ 涂果；(2) IAA＋$^{45}$CaCl$_2$ 涂果；(3) GA＋$^{45}$CaCl$_2$ 涂果；(4) NAA＋$^{45}$CaCl$_2$ 涂果。施用时期试验分别于幼果形成后 1、3 和 6 周（分别为 5 月 10 日，5 月 24 日和 6 月 14 日）处理，施用浓度试验氯化钙溶液浓度分别为 0.2％、0.5％和 1％。上述试验除要求施用时期或浓度变化外，其余均同施用部位试验。

以上各试验均于处理后 20 天采收果实样品（施用部位试验另采收果位叶片），用自来水边冲边用毛刷刷洗，以去除未被吸收的$^{45}$Ca[3]，于 105℃杀青 10 分钟，80℃烘干，用于$^{45}$Ca 放射性总强度及各钙组分中$^{45}$Ca 放射性强度的测定。

## 1.2 田间试验

1997 年试验设置 8 个处理：(1) CK：去离子水涂果；(2) CaCl$_2$ 涂果；(3) IAA 涂果；(4) IAA＋CaCl$_2$ 涂果；(5) GA 涂果；(6) GA＋CaCl$_2$ 涂果；(7) NAA 涂果；(8) NAA＋CaCl$_2$ 涂果。1998 年试验设置 3 个处理：(1) CK：去离子水涂果；(2) CaCl$_2$ 涂果；(3) NAA＋CaCl$_2$ 涂果。以上两个试验每个处理分别处理 15 个果实，重复 6 次。CaCl$_2$ 的浓度为 0.5％，IAA、GA 和 NAA 浓度均为 20 毫克/升，与 CaCl$_2$ 溶液混配使用，于幼果形成后 3 周（5 月 23 日）第 1 次涂果，每周涂果 1 次，连续处理 3 次。每次每个果实处理 0.5 毫升。成熟后采取果实鲜样，测定单果重、密度、维生素 C、可溶糖和可滴定酸含量，并测定其钙组分。

## 1.3 测定方法

**1.3.1 $^{45}$Ca 放射性总强度测定** 称取 30 毫克干材料，用 G-M 计数管测定。

**1.3.2 各钙组分中$^{45}$Ca 放射性强度测定** 按陈文孝法[10]，分别采用 H$_2$O、1 摩尔/升 NaCl、2％HOAc 和 5％HCl 逐级提取，液体闪烁技术测定。残渣中的钙用 G-M 计数管测定。

**1.3.3 果实鲜样钙组分测定** 按小西茂毅法，分别采用 H$_2$O、1 摩尔/升 NaCl、2％HOAc 和 5％HCl 逐级提取，残渣中的钙经硝酸-高氯酸-浓硫酸混合消化，原子吸收分光光度计测定[9]。

# 2 结果与分析

## 2.1 叶面施钙与果面施钙对果实钙营养的相对重要性

[45]Ca 示踪试验显示,果面施钙的果实放射性比活度显著高于施于叶片处理,前者 10.8% 可为果实吸收,而施于叶片的钙仅 0.6% 转运至果实(表 2)。这是由于钙主要依赖于蒸腾作用在木质部运输,难以在韧皮部运输,因而,果实这一低蒸腾器官易于缺钙[6]。本研究表明,钙施到叶片几乎无效,只有施到果实表面方能奏效。该结果与 Perterson[7] 和毛节锜[3] 等的报道是一致的。

表 2 苹果幼果和叶片对施入钙的吸收([45]Ca 示踪试验)

| 处理 | 果位叶片 | | | 果实 | | |
|---|---|---|---|---|---|---|
| | 放射性比活<br>(cpm/克鲜重) | 吸钙量<br>(毫克/叶片) | 吸收率<br>(%) | 放射性比活<br>(cpm/克鲜重) | 吸钙量<br>(毫克/果实) | 吸收率<br>(%) |
| [45]CaCl$_2$ (F)[1] | 2156ef[3] | 0.022ef | 1.1 | 11434b | 0.215b | 10.8 |
| [45]CaCl$_2$ (L)[2] | 21959c | 0.223c | 11.2 | 669b | 0.013d | 0.6 |
| IAA+[45]CaCl$_2$ (F) | 14421e | 0.058e | 7.9 | 14915a | 0.323a | 16.2 |
| IAA+[45]CaCl$_2$ (L) | 32665ab | 0.364ab | 18.2 | 3196c | 0.064c | 3.2 |
| GA+[45]CaCl$_2$ (F) | 1671f | 0.017f | 0.9 | 14581a | 0.314a | 15.7 |
| GA+[45]CaCl$_2$ (L) | 28712b | 0.320b | 16.0 | 953cd | 0.018d | 0.9 |
| NAA+[45]CaCl$_2$ (F) | 14056d | 0.133d | 7.7 | 15699a | 0.344a | 17.2 |
| NAA+[45]CaCl$_2$ (L) | 33151a | 0.382a | 19.1 | 1425cd | 0.028d | 1.4 |
| LSD$_{0.05}$ | 3276 | 0.040 | | 2406 | 0.042 | |

[1]F:涂果;[2]L:涂叶;[3]数字后字母相同表示不显著,不同者表示显著($P<5\%$)。下同。

配合施用 IAA、GA 和 NAA 的处理,果实钙素吸收量分别占施入量的 16.2%、15.7% 和 17.2%,比单用[45]CaCl$_2$ 涂果吸钙量分别增加 50.0%、45.4% 和 59.3%(表 2)。表明此 3 种激素对果面钙向果实内运输具有促进作用。对此,有关资料认为 GA$_3$ 的作用是由于其生理生化作用使得果肉细胞钙离子传递机制改变,由此减少苦痘病的发生[8]。而我们的研究结果证实,IAA 与 NAA 对钙离子运输的促进作用似乎与其激活质膜上存在的 Ca$^{2+}$-ATP 有关。

## 2.2 施钙时期对果实钙吸收的影响

研究结果表明,幼果形成后 1 周涂钙,果实[45]Ca 吸收量占施钙总量的 12%,而幼果形成后 3 周涂钙果实[45]Ca 吸收率略有下降,而幼果形成后 6 周涂钙该吸收率急剧下降至 3.8%(表 3),这可能是由于该时期苹果果实已形成一定厚度的皮层,尤其是蜡质层,这对果面钙吸收具有阻碍作用。可见,苹果喷钙适宜时期应为幼果形成后 1 个月内。

虽然各施用时期 IAA、GA 和 NAA 对果面钙向果实内的运输具有促进作用,但幼果形成后 6 周配施激素其促进作用也大大低于前期(表 3)。

本试验还得出,与施用 0.2%CaCl$_2$ 比较,施用 0.5%CaCl$_2$ 果实吸钙量显著增加,而当 CaCl$_2$ 浓度增加至 1.0% 时,果实吸钙量则增加不大。因而,CaCl$_2$ 的浓度以 0.5% 较为适宜。各 CaCl$_2$ 浓度下激素对果实钙吸收均具有促进作用(数据未列出)。

**表3 不同施钙时期果实对施入钙的吸收率**（占施钙总量%）（$^{45}Ca$ 示踪试验）

| 处理 | 幼果形成后1周 | 幼果形成后3周 | 幼果形成后6周 |
|---|---|---|---|
| $^{45}CaCl_2$ （F） | 12.0 | 10.8 | 3.8 |
| IAA+$^{45}CaCl_2$ （F） | 17.1 | 16.2 | 5.6 |
| GA+$^{45}CaCl_2$ （F） | 16.6 | 15.7 | 5.0 |
| NAA+$^{45}CaCl_2$ （F） | 17.5 | 17.2 | 5.6 |

## 2.3 幼果施钙对果实性状与品质的影响

田间试验样品测定结果显示，果面涂钙显著增加了单果重，改善了果品质（表4）。与对照比较，单施 $CaCl_2$ 处理1997和1998年单果重分别增加17.7%和18.3%，NAA+$CaCl_2$ 处理分别增加19.6%和21.2%，维生素C和可溶性糖含量均显著增加；单施IAA处理单果重显著增加，但单施GA和NAA则单果重增加不显著。而在施用激素的基础上同时补钙，单果重、果实密度、维生素C和可溶糖含量及糖酸比均比单施激素得到改善。但值得注意的是，施用含IAA的处理，以上各项品质指标均明显低于对照，表明IAA处理对果实品质并无良好的作用。

**表4 幼果涂钙对苹果果实性状与品质的影响**（田间试验）

| 处理 | 单果重 | 密度<br>（克/厘米$^3$） | 维生素C<br>（毫克/100克） | 可溶糖（%） | 糖酸比 |
|---|---|---|---|---|---|
| 1997年 | | | | | |
| CK | 180.8b | 0.78ab | 2.0c | 9.86b | 18.6abc |
| $CaCl_2$ | 212.8a | 0.79a | 2.4b | 10.79a | 22.0a |
| IAA | 210.6a | 0.74b | 1.8c | 8.22c | 11.6e |
| IAA+$CaCl_2$ | 214.5a | 0.77ab | 2.0c | 9.61b | 13.7cde |
| GA | 188.1b | 0.76ab | 1.8c | 9.70b | 17.0bcd |
| GA+$CaCl_2$ | 223.7a | 0.80a | 2.8a | 10.17ab | 20.7ab |
| NAA | 190.2b | 0.77ab | 2.0c | 8.79c | 13.1de |
| NAA+$CaCl_2$ | 216.3a | 0.79a | 2.8a | 9.88b | 21.9ab |
| $LSD_{0.05}$ | 15.4 | 0.045 | 0.38 | 0.76 | 5.3 |
| 1998年 | | | | | |
| CK | 170.6c | 0.78a | 2.1c | 12.6b | 26.4b |
| $CaCl_2$ | 201.8b | 0.79a | 2.4b | 13.8a | 29.6a |
| NAA+$CaCl_2$ | 216.8a | 0.79a | 2.8a | 13.7a | 29.4a |
| $LSD_{0.05}$ | 13.6 | 0.05 | 0.17 | 0.70 | 2.6 |

## 2.4 幼果施钙对果实钙组分的影响

果实水提取钙属水溶性钙组分，1摩尔/升 NaCl 主要提取钙组分果胶钙和碳酸钙，2% HOAc 提取钙为磷酸钙，而5% HCl 提取钙主要为草酸钙，残渣中则为硅酸钙[10]。田间试验结果显示，果面涂钙明显改变了果实钙组分，与对照不施钙比较，单施 GA 和 NAA 处理各钙组分变化不大，而单施 IAA 处理果实水提取钙组分大为增加。这可能是由于施于果面的 IAA 具有向基运输的特性，而钙可与 IAA 逆向运输，从而促进树体的钙向果实内转移[6]；单施 $CaCl_2$

处理果实水提取钙和1摩尔/升NaCl提取钙比对照显著增加；与单施CaCl$_2$比较，CaCl$_2$配合施用激素处理2%HOAc提取磷酸钙及5%HCl提取草酸钙组分显著增加（表5）。

$^{45}$Ca示踪结果显示，单施$^{45}$CaCl$_2$处理，果面钙进入果实后相当一部分转化为水提取态，占吸钙总量的41.7%，其次为1摩尔/升NaCl提取态，再次为5%HCl提取态，2%HOAc提取态及残余态最少（表6）。与之比较，配施IAA、GA和NAA，施入的$^{45}$Ca转化为水提取态的比例下降，仅占吸钙总量的25%～26%，1摩尔/升NaCl提取态的比例与不配施激素接近，5%HCl提取态，尤其是2%HOAc提取态的比例显著增加（表6）。根据Poovaiah研究，磷酸钙的形成是一种解毒作用。但形成的磷酸钙过多，将使磷酸基的能量代谢受阻[17]，正常情况下，细胞内钙库与细胞外钙库处于动态平衡状态[5]。而Steemkamp认为，组织内局部草酸与柠檬酸过多可导致中胶层消失，诱发苦痘病，钙的作用是与这些酸形成沉淀，从而消除酸的破坏作用[19]。本研究$^{45}$Ca示踪和田间试验均显示，IAA、GA和NAA等激素作用下，磷酸钙和草酸钙组分显著增加，因而认为磷酸钙与草酸钙的形成似乎是果面钙向果实内转运的一种机制。

**表5　幼果涂钙对苹果果实钙组分的影响**

（田间试验，1997年）　　　　　　　　　　　　　　（Ca，毫克/千克鲜重）

| 处理 | H$_2$O提取钙 | 1摩尔/升NaCl提取钙 | 2%HOAc提取钙 | 5%HCl提取钙 | 残余钙 |
|---|---|---|---|---|---|
| CK | 30.8e | 49.0b | 11.0e | 12.0cd | 16.2a |
| CaCl$_2$ | 110.0d | 69.0a | 12.0e | 19.4ab | 17.4a |
| IAA | 160.8b | 31.2c | 19.4cd | 15.6bc | 16.0a |
| IAA+CaCl$_2$ | 225.2a | 75.2a | 21.0c | 23.2a | 17.1a |
| GA | 29.2e | 33.8c | 13.2de | 14.0cd | 17.1a |
| GA+CaCl$_2$ | 124.6cd | 71.2a | 17.6cde | 22.8a | 17.0a |
| NAA | 34.8e | 25.8c | 40.4b | 11.0d | 16.5a |
| NAA+CaCl$_2$ | 135.8c | 73.8a | 49.4a | 19.6ab | 16.2a |
| LSD$_{0.05}$ | 14.2 | 8.6 | 7.0 | 4.1 | 3.0 |

**表6　$^{45}$Ca在果实钙各组分中的分布**（占施钙总量%）（$^{45}$Ca示踪试验）

| 处理 | H$_2$O提取钙 | 1摩尔/升NaCl提取钙 | 2%HOAc提取钙 | 5%HCl提取钙 | 残余钙 | 总钙 |
|---|---|---|---|---|---|---|
| $^{45}$CaCl$_2$（F） | 41.7a | 24.3a | 10.7b | 13.3b | 10.0a | 100 |
| IAA+$^{45}$CaCl$_2$（F） | 26.0b | 24.5a | 22.8a | 17.0a | 9.7a | 100 |
| GA+$^{45}$CaCl$_2$（F） | 25.0b | 26.4a | 22.2a | 16.7a | 9.7a | 100 |
| NAA+$^{45}$CaCl$_2$（F） | 25.0b | 22.8a | 23.0a | 19.1a | 10.1a | 100 |
| LSD$_{0.05}$ | 7.9 | 2.8 | 3.6 | 3.2 | 1.6 | |

# 3　讨论与结论

①幼果直接吸钙是改善果实钙营养的有效方法。通常认为，植物体内钙的运输主要是依赖蒸腾作用通过木质部导管及导管壁交换点位进行的，难以通过韧皮部向新生长区转运；钙可与生长素逆向运输，生长素产生多的部位，对钙的竞争力强，果实营养梢生长过旺时，生

长素产生远多于果实，引起新生茎叶与果实争钙。因而，在蒸腾量过大或木质部钙含量低或氮素营养过剩条件下，低蒸腾的果实常常不能得到充足的钙素供应，甚至发生果实钙向茎叶转移[1,13]，从而引起果树生理性病害如苹果苦痘病等。Wilkinson 观察到苹果果实钙积累分为两个阶段：第一阶段主要为细胞分裂期，时间短，果实中钙含量迅速增加；第二阶段为细胞膨大期，此时吸钙以较慢速度进行[20]。Quinlan 发现苹果果实在生长最初 6 周内可积累全钙的 90%[18]。不少研究认为生长后期钙不再或很少进入果实[7~8]。何为华等研究表明，幼果期喷钙苹果产量与果实钙含量显著高于生长后期喷钙[7]。本研究结果显示，幼果时期施钙，并有针对性将钙施至果实表面是改善果实钙营养的有效方法，因而实践中应特别注意苹果补钙时期与位置的针对性。

②基于激素与钙可逆向运输，向苹果树喷施生长素向基运输的抑制剂 2，3，5-三碘苯甲酸（TIBA），发现果实钙含量下降[15]。一些植物幼枝施用 $GA_3$ 降低了地上部钙含量[11]，但采用 $GA_3$ 处理果实则减少了苦痘病的发生[8]。毛节锜等研究表明，IAA 与 GA 促进了桔果果实对钙的吸收[3]。本研究进一步得出，IAA、GA 和 NAA 虽均可将果实表面的钙运往果肉，但前者还可将树体内的钙运入果实，由此导致含 IAA 的处理果实水溶钙含量过高，引起果实贪青，难以成熟，且果实膨大，疏松，品质明显下降，因而 IAA 虽可调控钙素运输，但不宜在生产中使用。而后二者则不能夺取树体中的钙，仅促进了果实表面的钙进入果实内，因而，果实含钙量虽有所增加，但不会过高，对果实品质无不良影响，显示出良好的应用前景。值得注意的是：NAA（$10 \times 10^{-6} \sim 15 \times 10^{-6}$）于盛花后两周施用有疏果效应，低温高湿条件下施用 NAA 会导致疏除过量[4]，因而实践中应严格掌握施用浓度和用药时期。

# 参 考 文 献

[1] 龙兴桂. 苹果病虫害防治技术. 北京：农业出版社，1990：72-74.

[2] 李增凤，刘育昌，殷志强. 钙素引起的苹果生理病害及其防治途径. 甘肃农业科技，1989，（2）：29-30.

[3] 毛节锜. 桔果对采前施用 $^{45}Ca^{2+}$ 的吸收与运转. 核农学报，1994，8（1）：33-40.

[4] 花蕾. 苹果药肥使用技术. 西安：陕西科学技术出版社，1993：174-180.

[5] 龚云池，徐季娥，吕瑞江. 梨果实中不同形态钙的含量及其变化的研究. 园艺学报，1992，19（2）：129-134.

[6] 周卫，林葆. 植物钙素营养机理研究进展. 土壤学进展，1995，23（2）：12-17.

[7] 何为华，黄显淦，王瑞云，等. 苹果施用硝酸钙的效果. 果树科学，1998，15（1）：20-25.

[8] 白昌华，田世平. 果树钙素营养研究. 果树科学，1989，6（2）：121-124.

[9] 小西茂毅，力葛西善三郎. 日本土壤肥料学杂志. 1963，34（3）：67-70.

[10] 陈文孝. 关于蔬菜钙吸收的研究（第 1 报）. 园艺学会杂志（日本），1976，45：36-45.

[11] Bangerth F. Investigations upon Ca related physiological disorders. Phytopathol. Z. 1973，77：20-37.

[12] Betts H A. Uptake of calcium by apples from postharvest dips in calcium chloride solutions. Journal of the American Society for Horticultural Science. 1997，102（6）：785-788.

[13] Cutting J G M. The relationship between basipetal auxin transport and calcium allocation in vegetative and reproductive flush in avacado. Scientia Horticulture. 1989，41：27-34.

[14] Haynes R J. Nutrient status of apple orchards in canterbury, New Zealand. I. Levels in leaves and fruit and the prevalence of storage disorder. Communications in Soil Science and Plant Analysis. 1990，21

(11~12): 903-920.

[15] Oberly G H. Effect of 2, 3, 5-triiodobeazoic acid on bitter pit and calcium accumulation in "Northero spy" apples. J. Am. Soc. Hortic. Sci. 1973, 98: 269-271.

[16] Peryea F J. Preharvest calcium sprays and apple firmnass. Good Fruit Grower. 1991, 42 (13): 12-15.

[17] Poovaiah B W. Molecular and cellular aspects of calcium action in plants. Hortscience. 1988, 23 (2): 267-271.

[18] Quinlan J D. Chemical composition of developing and shed fruits of 'Laxtons Fortune' apple. J. Hort. Sci. 1969, 44: 97-106.

[19] Steemkamp J and Villiers O T. The role of organic acids and nutrient elements in relation to bitter pit in Golden Delicious apples. Acta Horticulturae. 1983, 138: 35-42.

[20] Wilkinson B G. Mineral composition of apples. IX: Uptake of calcium by fruit. J. Sci. Food Agri. 1968, 19: 646-647.

# Study on Characteristics of Calcium Uptake by Young Fruit of Apple (*Malus pumila*) and Its Regulation by Hormone

Zhou Wei   Wang Hong   Zhao Linpling   Lin Bao

(Soil and Fertilizer Institute, CAAS, Key Laboratory of
Plant Nutrition Research , MOA, Beijing 100081)

**Abstract**   Field trial, pot experiment with $^{45}$Ca tracer, and plant analysis were used to investigate the characteristics of calcium uptake by young fruit of apple and its regulation by IAA, G A and N AA. The results indicated that calcium should be applied directly on the surface of young fruits because calcium applied on leaves could be hardly translated to fruits. The proper Ca applying period was the first month of young fruits formation, and the proper concentration of $CaCl_2$ applied was 0.5%. The weight and quality of fruits could be improved by applying Ca directly on the surface, of young fruits. The process of translocating $Ca^{2-}$ from fruit surface into pulp tissue could be accelerated by IAA, G A or N AA, which also ed to an increment on 2% HOAc extractable Ca. Meanwhile, the Ca existed in the stalk and leaves coukl be exctssively transported into fruits by applying IAA on the fruit surface, resulting in too much accumulation of Ca in fruit and bad quality of fruit, while, no surf effects were observed in those with G A or NAA.

**Key words**   Apples; Calcium nutrition; Phytohormone

# 桃果实缝合线部位软化发生与防治研究

林葆[1]　周卫[1]　张文才[2]

([1] 中国农业科学院土壤肥料研究所　北京　100081；
[2] 北京市平谷县农科所　北京　101205)

**摘要**　通过组织营养诊断，田间试验和室内测定，结果表明，发生缝合线部位软化的桃果实，其水溶钙和果胶钙含量极低，幼果期喷钙有利于增加果实水溶钙和果胶钙组分，提高果实硬度，防止果实缝合线部位软化。

**关键词**　桃果实缝合线部位；软化；钙

桃是北京市重要经济果树，近年来，某些栽培种果实缝合线部位软化现象，严重影响到产量、品质和经济效益。资料认为，这一现象与缺钙有关[1]，对此，我们从1993年起陆续在平谷等地果园作实地考察，进行组织营养诊断，并采用喷钙矫治果实缝合线部位软化问题，现将主要结果报告如下。

# 1　材料与方法

## 1.1　供试土壤

在平谷县刘家店乡胡店村果园黏质淋溶褐土上进行试验，其主要农化性状见表1。

**表1　供试土壤主要农化性状**

| 采样深度（厘米） | 有机质（%） | 全N（%） | 速效P（毫克/千克） | 速效K（毫克/千克） | 全Ca（%） | 交换Ca（%） | pH |
|---|---|---|---|---|---|---|---|
| 0～25 | 1.36 | 0.114 | 27.2 | 175 | 0.82 | 0.19 | 7.90 |
| 25～35 | 0.60 | 0.067 | 14.4 | 114 | 0.80 | 0.17 | 8.29 |

## 1.2　供试品种

大久保。

## 1.3　组织营养诊断

待田间出现发病症状后，分别采取发病桃与正常桃果实及果位下三叶，烘干，测定全氮含量及钙组分。

## 1.4　幼果期喷钙试验

于幼果期，采用0.5%的硝酸钙在病桃区进行叶面果面喷施，并设置喷清水作为对照，

---

注：本文发表于《土壤肥料》，1996年第6期，19～21。

每周喷施一次，共处理三次。采前调查病果率，采取桃叶片和果实，测定其全氮、全钙含量及钙组分，并分析果实品质。

## 1.5 测定方法

钙组分采用陈文孝法[2]，其余项目为常规方法。

# 2 结果与分析

## 2.1 果实缝合线部位软化发生概况

桃果实缝合线部位软化表现为新梢生长旺盛部位，果实成熟前缝合线部位着色暗淡，果肉易变软，不耐贮藏。该症状与有关桃缺钙症状的描述较为相似。病害在北京市郊区和郊县果园均有发生，甚至十分严重。1993 年，平谷县刘家店乡胡店村桃果实缝合线部位软化发病率平均为 30%，严重者高达 50%。

病害发生品种间差异很大，早、中熟品种如北京 1 号，北京 26 号，北京 27 号和大久保等发生严重，晚熟品种则不易发生。

过量施用氮肥，桃贪青晚熟，果实缝合线部位软化严重。

## 2.2 桃果实缝合线部位软化与缺钙的关系

为弄清桃果实缝合线部位软化与缺钙的关系，我们于 1995 年 8 月 8 日在刘家店乡胡店村采取同一果园的发病桃与正常桃叶片和果实进行分析。

**2.2.1 果实缝合线部位软化与桃叶片钙组分** 同一果园，正常桃叶片全钙含量明显高于发病桃，其水溶钙和果胶钙两种组分差异更大。正常桃叶片该两种组分分别为 0.32% 和 0.36%，而发病桃仅为 0.04% 和 0.07%（表 2）。叶片水溶钙组分与果实钙积累直接有关，发病桃叶片水溶钙含量如此之低，以至果实不能得到充足的钙素供应。

表 2　正常桃与发病桃叶片和果实钙组分及 N/Ca

| 部位 | 处理 | 水溶 Ca（%） | 果胶 Ca（%） | 全 Ca（%） | 全 N（%） | N/Ca |
|------|------|------|------|------|------|------|
| 叶 | 正常桃 | 0.28 | 0.29 | 4.60 | 1.30 | 0.29 |
|   | 发病桃 | 0.06 | 0.07 | 3.78 | 1.67 | 0.44 |
| 果皮 | 正常桃 | 0.42 | 0.36 | 1.65 | 1.18 | 0.74 |
|   | 发病桃 | 0.05 | 0.12 | 0.18 | 1.48 | 8.33 |
| 果肉 | 正常桃 | 0.05 | 0.03 | 0.10 | 3.22 | 32.56 |
|   | 发病桃 | 0.02 | 0.02 | 0.06 | 3.24 | 58.82 |

**2.2.2 果实缝合线部位软化与果实钙组分** 研究结果表明，果皮全钙含量正常桃高于发病桃，其水溶钙和果胶钙差异更为明显，正常桃分别为 0.42% 和 0.36%，而发病桃仅为 0.05% 和 0.12%（表 2）。由于钙与细胞壁中胶层果胶质结合可形成果胶钙，以维持细胞壁的韧性，发病桃果皮果胶钙含量过低可能是导致果实缝合线部位软化的直接原因。

正常桃与发病桃果肉组织全钙含量及钙组分差异趋势与果皮是一致的（表 2），表明果实缝合线部位软化也与果肉组织缺钙有直接关系。

**2.2.3 果实缝合线部位软化与叶片和果实 N/Ca** 表 2 表明，无论叶片还是果皮或果肉，发病桃 N/Ca 均远高于正常桃，其中又以果皮组织差异最大，正常桃为 0.74，而发病桃达 8.33，表明果实养分已严重失衡。果实 N/Ca 过高，呼吸强度增大，呼吸跃变期提前，促进果实衰老和内部组织崩解，可导致果实缝合线部位软化。

### 2.3 喷钙对果实缝合线部位软化的防治效果

**2.3.1 喷钙对桃果实性状及病果率的影响** 喷钙大大改善了桃结实性状，病果率减少 20%，一级果率增加 15%，单果重增加 7.1 克，果实硬度增加 0.23 千克/厘米² （表 3），从而经济效益大为提高。

**表 3 喷钙对桃果实性状及病果率的影响**
（1995 年 8 月，平谷县胡店）

| 处理 | 病果率（%） | 一级果率（%） | 单果重（克） | 容重（克/毫升） | 硬度（千克/厘米²） |
| --- | --- | --- | --- | --- | --- |
| 对照 | 30 | 60 | 145.5 | 0.89 | 5.63 |
| 喷钙 | 10 | 75 | 152.6 | 0.94 | 5.86 |

**2.3.2 喷钙对叶片和果实钙组分与 N/Ca 的影响** 由表 4 可见，无论叶片，还是果皮或果肉中，喷钙增加了全钙含量，水溶钙和果胶钙组分也大为增加（表 4），显然这有利于叶片钙向果实转运，增加果实细胞壁稳定性及果实硬度，防止果实缝合线部位软化。

研究表明，喷钙还减少了叶片、果皮和果肉的 N/Ca（表 4），这对于维持植株养分平衡，降低果实呼吸强度，防止果实缝合线部位软化也有重要意义。

**表 4 喷钙对桃叶片和果实钙组分及 N/Ca 的影响**
（1995 年 8 月，平谷县胡店）

| 部位 | 处理 | 水溶 Ca（%） | 果胶 Ca（%） | 全 Ca（%） | 全 N（%） | N/Ca |
| --- | --- | --- | --- | --- | --- | --- |
| 叶 | 对照 | 0.04 | 0.07 | 3.87 | 1.51 | 0.39 |
| | 喷钙 | 0.32 | 0.36 | 4.22 | 1.19 | 0.27 |
| 果皮 | 对照 | 0.04 | 0.15 | 0.25 | 1.53 | 6.25 |
| | 喷钙 | 0.39 | 0.32 | 1.71 | 1.15 | 0.67 |
| 果肉 | 对照 | 0.03 | 0.02 | 0.06 | 3.11 | 50 |
| | 喷钙 | 0.05 | 0.04 | 0.12 | 2.98 | 25 |

**2.3.3 喷钙对桃果实品质的影响** 叶面果面喷钙以后，桃果实维生素 C 含量由 5.85 毫克/千克增加到 8.31 毫克/千克，可溶性糖含量明显增加，糖/酸比由 20.4 上升到 33.8（表 5），表明喷钙不仅有利于防止果实缝合线部位软化，而且也显著改善了果实品质。

**表 5 喷钙对桃果实品质的影响**
（1995 年 8 月，平谷县胡店）

| 处理 | 维生素 C（毫克/千克） | 可溶性糖（%） | 酸度（%） | 糖/酸 |
| --- | --- | --- | --- | --- |
| 对照 | 5.85 | 7.36 | 0.36 | 20.4 |
| 喷钙 | 8.31 | 8.46 | 0.25 | 33.8 |

## 3 讨论与结论

通常认为植物体内钙的运输主要是依赖蒸腾作用通过木质部导管及导管壁交换点位进行

的，难以通过韧皮部向新生长区转运；钙可与生长素逆向运输，生长素产生多的部位，对钙的竞争力强。果树营养梢生长过旺时，生长素产生远多于果实，引起新生茎叶与果实争钙。因而，在蒸腾量过大或木质部钙含量低或氮素营养过剩或重剪促进树体营养生长条件下，低蒸腾的果实常常不能得到充足的钙素供应，甚至发生果实钙向茎叶转移，从而引起果实生理性病害。本项研究证实，桃果实缝合线部位软化是由果实缺钙所致。果实供钙不足，水溶钙和果胶钙组分下降极为明显，从而果实硬度下降，N/Ca 增加，呼吸增强，以致发生果实软化。

从土壤含钙水平看，供试褐土含钙丰富，完全可以排除土壤缺钙的可能性，桃果实缝合线部位软化主要是果树体内钙的吸收和运输受阻碍出现生理失调所致，因而，土壤施钙并不重要；同位素示踪结果揭示，叶片中的钙仅少量转移到果实[3]，有的研究甚至认为，由于叶片钙向外转运甚微，叶面喷钙几乎无效，钙只有施到果实方能奏效[5]。事实上，桃果实具有直接吸钙能力[4]，在桃树开花 4～5 周内，果实吸钙量已达总量的 80%，因而，幼果期将钙直接补充到果实上十分重要，对此，钙肥施用中应特别注意施用时期与位置的针对性。

# 参 考 文 献

[1] 冯学文. 桃树高效益栽培. 科学普及出版社，1993.

[2] 陈文孝. 关于蔬菜钙吸收的研究（第一报）. 日本园艺学会杂志，1976，45：36-45.

[3] 毛节绮. 桔果对采前施用$^{45}Ca^{2+}$的吸收与运转. 核农学报，1995，8（1）：33-40.

[4] 谬颖. 采前钙处理对水蜜桃果实软化过程中蛋白质代谢的影响. 浙江农业大学学报，1992，18（4）：35-39.

[5] Petersen, O. V. Calcium nutrition of apple trees：a review. Scietia Hortic.，1980，1-9.

# 硝酸钙对蔬菜产量与品质的影响

林葆　朱海舟　周卫

（中国农业科学院土壤肥料研究所　北京　100081）

**摘要**　本文总结了 1992—1994 年在蔬菜上进行的 37 个土施硝酸钙和 14 个喷施硝酸钙的田间试验结果。结果显示，无论土施还是喷施硝酸钙，均可显著增加蔬菜产量。其中，土施平均增产 9.1％～24.1％，喷施平均增产 4.2％～27.7％，土施的增产效果优于喷施；蔬菜喷施硝酸钙的适宜浓度一般为 0.25％～0.5％；土施硝酸钙可增加大白菜维生素 C 含量，但也增加各试验蔬菜的 $NO_3$-N 含量；土施或喷施硝酸钙均可增加大白菜、生菜、芹菜和甘蓝 Ca、Mg 和 Fe 含量，还可明显降低大白菜干烧心病和番茄脐腐病的发病率。

**关键词**　硝酸钙；蔬菜；产量；品质

蔬菜对钙素的需要量多于其他作物，缺钙可引起大白菜干烧心病，番茄脐腐病，甘蓝、莴苣顶枯病，芹菜、菠菜黑心病等生理性病害[1]。当前，矫治蔬菜缺钙的主要方法是喷施氯化钙或配合施用萘乙酸[2~4]。而以硝酸钙为钙源，采用土施或喷施等方法矫治蔬菜缺钙则研究较少。为此，中国农业科学院土壤肥料研究所于 1992—1994 年，先后在河北、北京、天津和山东等地开展蔬菜土施和喷施硝酸钙的田间试验研究。

## 1　试验设置概况

1992—1994 年在河北、北京、天津和山东等地开展蔬菜土施和喷施硝酸钙的田间试验研究。试验分布、土壤条件及处理设置列于表 1。

表 1　试验设置概况

| 施用方法 | 供试蔬菜 | 试验个数 | 试验分布 | 供试土壤农化性状 |
|---|---|---|---|---|
| 土施 | 大白菜，番茄，芹菜，黄瓜，青椒，生菜，辣椒，甘蓝，韭菜，大葱 | 37 | 山东、天津、河北、北京 | 潮土或潮褐土，有机质5～10克/千克，pH 7.6～8.6，$CaCO_3$，4.0～6.0克/千克，有效 Ca 7~20厘摩尔（＋）/100克，丰富 |
| 喷施 | 大白菜，番茄，芹菜，菠菜，青椒 | 14 | 天津、河北 | 同上 |

注：本文发表于《土壤肥料》，2000（2）：20～22。

在土施试验中，设置两个基本处理：①Ca：硝酸钙；②CK：以与硝酸钙等氮量的硝酸铵、尿素或碳酸氢铵作对照。硝酸钙施用量因蔬菜施氮量而异，范围是 N 150～330 千克/公顷，基追约各半。小区面积 25～40 米²，重复 3～4 次。

在喷施试验中，设置两个基本处理：①Ca：硝酸钙；②CK：以与硝酸钙等氮量的硝酸铵、尿素或清水作对照。硝酸钙喷施浓度 0.1％，0.25％，0.5 或 1.0％，用液量因蔬菜而异，范围 450～750 千克/公顷。果菜类幼果形成后喷，叶菜类旺长期喷，每周 1 次，共 2～4 次。小区面积 25～40 米²，重复 3～4 次。

收获时考察产量及大白菜干烧心病和番茄脐腐病的发病率，用常规法测定维生素 C、$NO_3^- - N$、全 Ca、全 Mg、全 Fe、全 Zn 和全 B 含量。

## 2　施用硝酸钙对蔬菜产量的影响

蔬菜属于喜钙作物，对钙的需要量较大，同时蔬菜对硝态氮也特别偏爱[5]。本项研究表明，施用硝酸钙可显著增加蔬菜产量。其中，土施平均增产 9.1％～24.1％，喷施平均增产 4.2％～27.7％。土施的增产效果优于喷施（表 2），大白菜、番茄和芹菜土施硝酸钙平均增产率分别为 14.0％、21.1％和 16.2％，喷施硝酸钙平均增产率则分别为 11.0％、10.4％和 13.4％，这可能与蔬菜苗期对氮、钙等养分要求较高的营养特性有关[5]。就产投比而言，土施分别为 20、23 和 18，而喷施分别为 38、36 和 29（表 2）。这主要是由于喷施成本较低之故。

表 2　施用硝酸钙对蔬菜产量的影响

| 施用方法 | 供试蔬菜 | 试验数 | 平均增产率（％） | 增产幅度（％） | 平均产投比 |
|---|---|---|---|---|---|
| 土施 | 大白菜 | 10（7） | 14.0 | 3.5～29.8 | 20 |
| | 番茄 | 7（7） | 21.1 | 13.1～30.8 | 23 |
| | 芹菜 | 8（7） | 16.2 | 7.9～36.7 | 18 |
| | 黄瓜 | 2（2） | 24.1 | 10.6～37.6 | — |
| | 青椒 | 1（1） | 14.4 | | |
| | 生菜 | 4（4） | 9.1 | 3.3～22.1 | |
| | 辣椒 | 1（1） | 15.2 | | |
| | 甘蓝 | 2（2） | 9.1 | 8.0～10.2 | |
| | 韭菜 | 1（1） | 23.2 | | |
| | 大葱 | 1（1） | 23.0 | | |
| 喷施 | 大白菜 | 6（4） | 11.0 | 7.1～16.4 | 38 |
| | 番茄 | 3（3） | 10.4 | 6.8～14.5 | 36 |
| | 芹菜 | 3（3） | 13.4 | 10.1～17.5 | 29 |
| | 菠菜 | 1（1） | 27.7 | 24.0～31.4 | — |
| | 青椒 | 1（0） | 4.2 | | — |

注：（）中的数字为增产显著的试验数。

表 3 表明，喷施 0.5％硝酸钙大白菜产量显著高于 0.1％硝酸钙处理；0.25％和 0.5％硝酸钙处理对番茄产量的影响效果接近，1％硝酸钙则有不利影响。可见蔬菜喷施硝酸钙的适宜浓度一般应为 0.25％～0.5％。

表 3　硝酸钙喷施浓度对蔬菜产量的影响

| 蔬菜 | 试验年度 | 试验地点 | 喷施浓度 | 产量（吨/公顷） | 增产率（%） |
|------|----------|----------|----------|----------------|-------------|
| 大白菜 | 1993 | 天津市 | 0.1% | 101.8 b | — |
|  |  |  | 0.5% | 115.4 a | 13.4 |
| 番茄 | 1993 | 天津市 | 0.25% | 68.1 a | — |
|  |  |  | 0.5% | 66.6 a | −2.2 |
|  | 1994 | 天津市 | 0.5% | 27.2 a | — |
|  |  |  | 1.0% | 25.0 b | −7.8 |

# 3　土施硝酸钙对蔬菜品质和养分含量的影响

维生素 C 含量是蔬菜的重要食用品质指标之一。由表 4 可见，土施硝酸钙可增加大白菜维生素 C 含量，有利于改善蔬菜品质，但在生菜、芹菜、甘蓝上土施硝酸钙的维生素 C 含量则略有下降，其原因尚不清楚。但同时也发现土施硝酸钙增加了各试验蔬菜的 $NO_3^-$ − N 含量，这可能与本试验采用完全硝态氮源有关。

钙是蔬菜的一种结构元素，可拮抗植物体内过剩和有害离子的毒害[6]；而镁和铁则是叶绿素的组成分，又是蔬菜体内多种酶的活化剂[5]；表 4 大多数试验表明，施用硝酸钙可增加大白菜、生菜、芹菜和甘蓝 Ca、Mg 和 Fe 含量，而其他营养元素含量则没有明显增加，这一结果与有关报道是一致的[1]。

表 4　硝酸钙土施对蔬菜品质与养分含量的影响

（单位：毫克/千克鲜重）

| 供试蔬菜 | 时间 | 地点 | 处理 | 维生素 C | $NO_3^-$ − N | 全 Ca | 全 Mg | 全 Fe | 全 Zn | 全 B |
|----------|------|------|------|----------|--------------|-------|-------|-------|-------|------|
| 大白菜 | 1992 | 北京 | Ca | — | 3400 | 609 | 95 | 6.0 | 3.4 | — |
|  |  |  | CK | — | 3000 | 550 | 87 | 4.0 | 2.9 | — |
|  | 1992 | 河北 | Ca | — | 2715 | 925 | 94 | 5.0 | 4.2 | — |
|  |  |  | CK | — | 2585 | 586 | 84 | 4.0 | 3.9 | — |
|  | 1993 | 北京 | Ca | — | 800 | 566 | 96 | 14.0 | 5.1 | 1.3 |
|  |  |  | CK | — | 640 | 500 | 82 | 8.0 | 2.5 | 0.8 |
|  | 1994 | 北京 | Ca | 141 | 400 | 645 | 88 | 31.0 | 2.4 | 1.6 |
|  |  |  | CK | 127 | 200 | 490 | 77 | 31.0 | 2.8 | 1.5 |
| 生菜 | 1992 | 北京 | Ca | — | 120 | 490 | 140 | 9.0 | 13.0 | — |
|  |  |  | CK | — | 90 | 321 | 86 | 4.0 | 10.9 | — |
|  | 1993 | 北京 | Ca | — | 481 | 461 | 110 | 27.0 | 3.9 | 0.9 |
|  |  |  | CK | — | 481 | 335 | 92 | 20.0 | 7.7 | 1.1 |
|  | 1994 | 北京 | Ca | 59 | 150 | 485 | 126 | 10.5 | 2.7 | 0.8 |
|  |  |  | CK | 68 | 100 | 505 | 144 | 9.6 | 2.1 | 0.9 |
| 芹菜 | 1992 | 北京 | Ca | — | 1400 | 735 | 91 | 11.0 | 3.4 | — |
|  |  |  | CK | — | 440 | 750 | 106 | 8.0 | 1.8 | — |
|  | 1993 | 北京 | Ca | — | 2200 | 1118 | 133 | 14.0 | 19.1 | 1.3 |
|  |  |  | CK | — | 700 | 1027 | 114 | 16.0 | 5.9 | 1.3 |
|  | 1994 | 北京 | Ca | 181 | 1350 | 1694 | 174 | 9.9 | 2.7 | 2.2 |
|  |  |  | CK | 217 | 600 | 1287 | 152 | 11.8 | 3.8 | 1.5 |

（续）

| 供试蔬菜 | 时间 | 地点 | 处理 | 维生素 C | $NO_3^- - N$ | 全 Ca | 全 Mg | 全 Fe | 全 Zn | 全 B |
|---|---|---|---|---|---|---|---|---|---|---|
| 甘蓝 | 1993 | 北京 | Ca | — | 200 | 477 | 133 | 9.0 | 5.0 | 1.0 |
| | | | CK | — | 150 | 435 | 114 | 8.0 | 2.8 | 0.6 |
| | 1994 | 北京 | Ca | 478 | 200 | 433 | 102 | 6.5 | 1.7 | 2.4 |
| | | | CK | 522 | 63 | 374 | 86 | 1.7 | 1.5 | 2.2 |

注：表中数据为 3～4 次重复的平均值。

# 4 施用硝酸钙对大白菜和番茄发病率的影响

钙是蔬菜的重要品质元素，由缺钙引起的蔬菜生理性病害多达 15 种[6]。水培试验显示，当营养液钙离子浓度大于 6 毫摩尔/升时，番茄脐腐病的发病率很低，小于 5 毫摩尔/升时，则发病率迅速增加[5]。采用 0.7％的氯化钙并配合施用萘乙酸，可使大白菜干烧心病的防治效果高达 80％，增加了耐贮性[4]。我们的研究结果显示，施用硝酸钙可明显降低大白菜干烧心病和番茄脐腐病的发病率。其中大白菜干烧心病的发病率土施低于喷施，而番茄脐腐病的发病率土施高于喷施，或与喷施相当（表 5）。

表 5 施用硝酸钙对大白菜和番茄发病率的影响

| 施用方法 | 时间 | 地点 | 处理 | 大白菜干烧心病相对发病率（％） | 番茄脐腐病相对发病率（％） |
|---|---|---|---|---|---|
| 土施 | 1993 | 天津 | Ca | — | 37.5 |
| | | | CK | — | 100.0 |
| | 1993 | 天津 | Ca | 45.9 | 51.4 |
| | | | CK | 100.0 | 100.0 |
| | 1994 | 河北 | Ca | — | 18.0 |
| | | | CK | — | 100.0 |
| 喷施 | 1993 | 天津 | Ca | 75.0 | — |
| | | | CK | 100.0 | — |
| | 1994 | 天津 | Ca | 70.0 | 20.0 |
| | | | CK | 100.0 | 100.0 |

注：表中数据为 3～4 次重复测定的平均值。

# 5 讨论与结论

一般认为，蔬菜缺钙的原因主要包括：（1）化肥大量施用导致植物体内氮钙不平衡[3]；（2）大白菜包心后的内叶及番茄膨大后的果实蒸腾作用微弱，钙难以随蒸腾水流进入这些部位是导致缺钙的主要原因[4]；（3）北方一些地区秋季天气干旱，土壤返盐，阻碍了钙的吸收[2]；（4）偏施铵态氮肥（尿素、硫酸铵、碳酸氢铵等），拮抗钙吸收[1]。由于钙的吸收为一被动过程，其在植物体内运输的主要动力是蒸腾作用，因而研究者多采用叶面喷施氯化钙进行补钙，但对于包头型品种，在结球中后期球叶之间相互抱合，叶面喷钙不易到达心叶[4]，为此本文开展蔬菜土施硝酸钙的田间试验研究，同时以喷施作对比，结果显示，土施硝酸钙的效果明显优于喷施。无论土施还是喷施硝酸钙，均可显著增加蔬菜产量；土施或喷施硝酸钙均可增加大白菜、生菜、芹菜和甘蓝 Ca、Mg 和 Fe 含量，还可明显降低大白菜干烧心病和番茄脐腐病的发病率。

　　有关研究指出，就大白菜干烧心病发生而言，改进肥水管理的防效为 56.7%，品种间抗性差异为 52.4%～67.9%，叶面补钙相对防效为 80% 以上[4]。本项研究发现，从大白菜干烧心病和番茄脐腐病的防治效果看，不同试验间差异很大，可见引起蔬菜缺钙的因素较为复杂。作者认为，应将上述三方面有机结合起来全面防治，其中土施硝酸钙可能是较为有效的措施之一，但应注意硝酸钙用量及其与酰胺态和铵态氮之间的搭配使用。

## 参 考 文 献

[1] 赵素娥，刑金铭，李得众．大白菜"干心"病的发生与缺钙的关系．园艺学报，1982，9（1）：33-39.

[2] 安志信，孙德岭，闻凤英．大白菜干烧心病发生和防治的研究．华北农学报，1990，5（1）：78-84.

[3] 高祖明，张耀栋，张英．氮钙与番茄脐腐病的关系．上海农业学报，1992，8（4）：48-52.

[4] 闻凤英，孙德岭．萘乙酸对大白菜钙素吸收运转及防治干烧心病的研究．园艺学报，1991，18（2）：148-152.

[5] 孙羲．作物营养与施肥．农业出版社，1990：323-347.

[6] Shear CB. Calcium-related discorders of fruits and vegetables. Hort. Sci., 1975，10（4）：261-365.

# 长期施肥对石灰性潮土氮素形态的影响

梁国庆　　林葆　　林继雄　　荣向农

（中国农业科学院土壤肥料研究所　　北京　　100081）

**摘要**　采用 Bremner1965 年提出的土壤氮素分级方法，对 16 年肥料长期定位试验中的耕层以及剖面各层次土壤的氮素形态进行了分级。结果表明，施用化肥不能提高耕层土壤各形态氮的含量，对土壤氮索的组成也无明显的影响；有机肥和化肥配合施用，耕层土壤各形态氮的含量都有不同程度的提高，其中氨基酸态氮的增加最为明显。有机无机肥配合施用，可提高土壤氮素的储量和质量，不仅对耕层土壤氮素的含量和组成有影响，而且对耕层以下土壤各形态氮的含量也有一定的影响。一般随着有机肥用量的增加，下层土壤各形态氮含量的增加幅度也越大，而且影响深度也更深。在本试验条件下，施肥对氮素形态的最大影响深度为 30 厘米左右。

**关键词**　氮素形态；施肥；长期施肥定位试验；土壤剖面

20 世纪 50 年代开始，人们对土壤氮素的形态、转化及耕作施肥的影响等方面进行了大量的研究，但所取得的结果很不一致。一些研究认为，耕作施肥虽然对土壤各形态氮的绝对含量有很大影响，但土壤氮素的组成（各形态氮占土壤全氮的比例）却变化不大[1~3]；另一些研究结果则表明，施肥不但对土壤各形态氮的含量，而且对土壤氮素组成有很大影响[4~5]。我国关于土壤氮素形态方面的研究报道较少，且多集中在不同地区、不同土壤氮素的组成[6~8]、各形态氮与作物产量的相关性[9~10]以及开垦种植后土壤氮素形态的变化[11~12]等方面。很少涉及施肥对土壤氮素形态的影响。而且，土壤氮素无论是分解还是积累，都是十分缓慢的，短期的试验往往很难看出其差异。为此，我们利用已有的肥料长期定位试验，研究在不同施肥条件下土壤氮素的分布和转化规律。

# 1　材料与方法

供试土壤为肥料长期定位试验不同施肥处理的土壤，该长期定位试验始于 1978 年，到 1994 年取样时，试验已进行了 16 年。试验选取其中的 8 个处理，即：CK，N，P，NP，$M_1NP$，$M_2NP$，$M_3NP$，$M_4NP$。化肥用量为：氮肥（N）180 千克/公顷，磷肥（$P_2O_5$）150 千克/公顷，磷肥隔年施用 1 次。$M_1$、$M_2$、$M_3$、$M_4$ 分别代表 4 个水平的有机肥用量分别为 37.5、75.0、112.5 和 150.0 吨/公顷。该有机肥为牛马粪、麦秸与猪厩肥混合堆沤而

注：本文发表于《植物营养与肥料学报》，2000，6（1）：3~10。

成，含水量为 50％左右，风干后有机质的含量为 1.205％、全氮为 0.50％。

试验地作物轮作方式为小麦—玉米轮作，一年两熟。小麦施肥按以上设计进行。玉米种植时，各处理均追施一次氮肥，用量为 N 120 千克/公顷，此外不再施任何肥料。

供试土壤为轻壤质潮上，每一处理的土壤剖面在 30 厘米以下，几乎都有黏土层分布，但黏土层的位置及厚度并不一致。表 1 是供试土壤的基本农化性状及剖面中黏土层的分布情况。

在土壤剖面层次的划分上，重点考察了耕层和 15～30 厘米土层土壤氮素形态的变化情况。为此，对这一范围内的土壤层次作了更细的划分，具体的取样层次是 0～15、15～20、20～25、25～30、30～50、50～70 和 70～100 厘米。

土壤氮素形态分级采用 Bremner 法[13]，其他项目测定均按常规方法进行（表 1）。

**表 1　供试土壤的基本农化性状（1994）**

| 处理 | 有机质<br>（克/千克） | 全氮<br>（克/千克） | 全磷<br>（克/千克） | 碱解氮<br>（毫克/千克） | 速效磷<br>（毫克/千克） | pH | 黏土层分布<br>（厘米） |
|---|---|---|---|---|---|---|---|
| CK | 12.27 | 0.808 | 0.549 | 65.4 | 2.1 | 8.2 | 40～58 |
| N | 12.37 | 0.800 | 0.499 | 57.4 | 1.9 | 8.4 | 56～86 |
| P | 12.65 | 0.816 | 0.663 | 57.4 | 15.5 | 8.5 | 40～60 |
| NP | 12.60 | 0.822 | 0.599 | 60.4 | 6.8 | 8.3 | — |
| $M_1NP$ | 18.52 | 1.126 | 0.702 | 96.7 | 32.5 | 8.0 | 30～40，56～70，90～100 |
| $M_2NP$ | 25.45 | 1.537 | 0.792 | 143.2 | 58.0 | 8.3 | 58～64，78～86 |
| $M_3NP$ | 30.96 | 2.114 | 0.915 | 150.4 | 84.2 | 8.5 | 58～64 |
| $M_4NP$ | 35.43 | 2.353 | 1.017 | 179.4 | 123.7 | 8.3 | 78～86 |

# 2　结果与讨论

## 2.1　长期施肥对耕层土壤氮素形态含量及分布的影响

**2.1.1　对耕层土壤氮素形态含量的影响**　从表 2 可以看出，不施肥处理和单施化肥的处理，16 年后，土壤全氮及各形态氮的含量都有所减少，说明土壤各形态氮都能矿化分解，为植物提供氮素营养，但氨基酸态的减少幅度最大，平均为 26.4％。说明这一形态氮的植物有效性相对较高，其次是铵态氮、氨基糖态氮和未知态氮，分别减少了 15.3％、14.5％和 13.8％，非水解氮的减少幅度最少，仅为 9.6％，因而它是植物有效性相对较低的一种土壤氮素形态。从表 2 还可以看出，在本试验条件下，单施氮肥或氮磷配施均不能维持土壤氮素的平衡，特别是单施氮肥的处理，该处理的作物产量在试验的 5 年后，和不施肥的作物产量水平相当或更低。说明所施的氮肥已大大超过作物所能吸收利用的量，但是，这部分多余的氮并不能在土壤中积累，和不施肥的对照相比，单施氮处理耕层土壤的全氮及各形态氮的含量均无明显的差别。

有机肥与化肥配合施用，土壤全氮以及各形态氮的含量都有较明显的提高，并且随着有机肥用量的增加，全氮及各形态氮含量的增加幅度也越大。说明有机肥与化肥配合施用，是提高土壤氮素肥力的重要措施。

**2.1.2　对耕层土壤氮素组成的影响**　施肥不仅对土壤各形态氮的含量有影响，同时土壤氮素的组成也发生了变化。从表 3 可以看出，在不施肥或只施用化肥的情况下，土壤氮素处于消耗状态，此时，氨基酸态氮的相对含量有所减少，从处理前的 36.4% 减少到 31.5%～33.7%，而非水解氮的相对含量则有所增加，从处理前的 21.3% 增加到 22.5%～23.8%，其他形态氮的相对含量变化不大。有机肥与化肥配合施用，土壤氮素处于积累状态。此时，氨基酸态氮的相对含量明显提高，且随有机肥用量的增加，其相对含量增加的幅度也越大。铵态氮的相对含量则明显减少，且施肥水平越高，铵态氮相对含量减少的幅度也越大。氨基糖态氮，未知态氮及非水解氮的相对含量则基本不变。

**表 2　施肥 16 年后不同处理耕层土壤各种形态氮的含量**

（单位：毫克/千克）

| 处理 | 铵态氮 | 氨基酸态氮 | 氨基糖态氮 | 未知态氮[1] | 非水解氮 | 全氮 |
|---|---|---|---|---|---|---|
| 原土 | 237 | 360 | 31 | 150 | 210 | 988 |
| CK | 201 | 265 | 26 | 125 | 191 | 808 |
| P | 195 | 266 | 27 | 134 | 194 | 816 |
| N | 201 | 252 | 27 | 131 | 189 | 800 |
| NP | 206 | 277 | 26 | 128 | 185 | 822 |
| $M_1NP$ | 252 | 423 | 37 | 171 | 243 | 1126 |
| $M_2NP$ | 290 | 601 | 53 | 222 | 341 | 1537 |
| $M_3NP$ | 381 | 869 | 91 | 310 | 464 | 2114 |
| $M_4NP$ | 389 | 978 | 109 | 349 | 528 | 2353 |

1）HVN：未知态氮。

**表 3　施肥 16 年后各处理耕层土壤的氮素组成（占全 N%）**

| 处理 | 铵态氮 | 氨基酸态氮 | 氨基糖态氮 | 未知态氮 | 非水解氮 |
|---|---|---|---|---|---|
| 原土 | 24.0 | 36.4 | 3.1 | 15.2 | 21.3 |
| CK | 24.9 | 22.8 | 3.2 | 15.5 | 23.6 |
| P | 23.9 | 32.6 | 3.3 | 16.4 | 23.8 |
| N | 25.1 | 31.5 | 3.4 | 16.4 | 23.6 |
| NP | 25.1 | 33.7 | 3.2 | 15.6 | 22.5 |
| $M_1NP$ | 22.4 | 37.6 | 3.3 | 15.2 | 21.6 |
| $M_2NP$ | 18.9 | 39.1 | 3.4 | 14.4 | 22.2 |
| $M_3NP$ | 18.0 | 41.1 | 4.3 | 14.7 | 21.9 |
| $M_4NP$ | 16.5 | 41.6 | 4.6 | 14.8 | 22.4 |

**2.1.3　各形态氮对植物氮素营养的贡献**　在本试验条件下，不施肥以及单施化肥的各个处理，土壤氮素均不能维持平衡。和处理前相比，土壤全氮及各形态氮的含量均有减少，但各形态氮的减少量占土壤全氮减少总量的比例，即各形态氮对植物氮素营养的贡献率却有很大的差别。表 4 表明，植物吸收的氮主要来自氨基酸态氮，约占土壤氮素损失总量的 53.7%，其次是铵态氮，约占氮素损失总量的 20.6%，未知态氮和非水解氮的贡献率差不多，约为 11% 左右，氨基糖态氮的贡献率最低，仅为 2.6% 左右。由此可见，氨基酸态氮无论是从其含量或对植物营养的贡献来说，都是土壤中最重要的氮素形态。有研究表明[14]，在 120℃ 水

解 12 小时的条件下，某些氨基酸（如色氨酸）将完全分解，某些氨基酸（丝氨酸、苏氨酸和胱氨酸）也会部分分解，而碱性氨基酸（组氨酸、赖氨酸、鸟氨酸和精氨酸）中的非 $\alpha$-氨基氮以及脯氨酸中的氨基氮均不能用茚三酮-氨法测得[15~17]。这些氨基酸态氮要么被归入铵态氮，要么被归入水解未知态氮。如果把以上的因素考虑在内，氨基酸态氮对植物营养的贡献可能还会更大。

表 4　土壤各形态氮对植物氮素营养的贡献率

（单位：%）

| 处理 | 铵态氮 | 氨基酸态氮 | 氨基糖态氮 | 未知态氮 | 非水解氮 |
|---|---|---|---|---|---|
| CK | 20.0 | 52.8 | 2.8 | 13.9 | 10.6 |
| P | 24.4 | 54.7 | 2.3 | 9.3 | 9.3 |
| N | 19.1 | 57.4 | 2.1 | 10.1 | 11.1 |
| NP | 18.7 | 50.0 | 3.0 | 13.3 | 15.1 |
| 平均 | 20.6 | 53.7 | 2.6 | 11.7 | 11.5 |

**2.1.4　积累氮在土壤中的转化**　有机肥与化肥配合施用，土壤氮素有所积累，但积累的土壤氮素不会平均地分配于各形态的氮素中。积累的土壤氮素主要转化成氨基酸态氮，约占积累氮的 45% 左右，其次是非水解氮，其转化率约为 23.4%；转变成未知态氮和铵态氮分别占积累总氮的 14.3% 和 11.1%，转变成氨基糖态氮的比例最低，仅占积累氮的 4.8%。另外，各形态氮的转化率基本保持稳定，不会因为施肥量的不同而有很大的改变（表 5）。

表 5　积累氮向各形态氮转化的转化率

（单位：%）

| 处理 | 铵态氮 | 氨基酸态氮 | 氨基糖态氮 | 未知态氮 | 非水解氮 |
|---|---|---|---|---|---|
| $M_1NP$ | 10.9 | 45.7 | 4.3 | 15.2 | 23.9 |
| $M_2NP$ | 9.7 | 43.9 | 4.0 | 13.1 | 23.9 |
| $M_3NP$ | 12.8 | 45.2 | 5.3 | 14.2 | 22.6 |
| $M_4NP$ | 11.1 | 45.3 | 5.7 | 14.6 | 23.3 |
| 平均 | 11.1 | 45.0 | 4.8 | 14.3 | 23.4 |

自从 Bremner 土壤氮素形态分级的方法发表以后，围绕着施肥对耕层土壤氮素形态的影响，曾有过不少研究。Smith 等指出[2]，不管是施用化肥还是有机肥，也无论土壤全氮是亏是盈，土壤各形态氮的相对含量都保持相对稳定。Khan 则认为[5]，施用化肥对土壤氮素组成无明显影响，但施用有机肥，则可明显提高土壤氨基糖态氮的相对含量。Camppell 的研究结果也支持 Khan 的观点[18]，但他同时认为，长期施用有机肥还可以明显提高氨基酸态氮的相对含量，而未知态氮的相对含量则有所降低。我们的研究结果则表明，长期施用化肥，对土壤各形态氮的含量及组成均无明显影响，但有机肥与化肥配合施用，各形态氮均有明显积累，并导致土壤氮素的组成发生变化，主要是氨基酸态氮的相对含量明显提高，而铵态氮的相对含量则明显降低。

## 2.2　长期施肥对土壤剖面氮素形态含量及分布的影响

**2.2.1　对土壤剖面全氮含量分布的影响**　表 6 看出，土壤全氮含量的剖面分布都遵循以表层土壤含量最高，随着土层深度增加而逐渐减少的分布规律；同时可以看出，在有黏土层的土层，土壤全氮含量都较高，即土壤氮素有在黏粒富集的现象。和对照相比，施用化肥对耕层土壤全氮的含量没有明显的影响。施用化肥的 3 个处理（P、N、NP），耕层以下各层次土壤全氮的含量也没有明显的差异，即施用化肥对整个土壤剖面土壤全氮的含量均无明显影响。有机肥与化肥配合施用，不仅表层土壤全氮含量有较大幅度的提高，而且表层以下的土壤全氮含量也有不同程度的提高，一般随着有机肥用量的增加，下层土壤全氮含量的增加幅度也越大，而且影响的深度也越深。中低量有机肥（37.5～75.0 吨/公顷）和化肥配合施用，只有耕层以下 15～20 厘米土层土壤全氮含量有较明显的增加，中高量有机肥（112.5～150.0 吨/公顷）与化肥配合施用，深达 30 厘米土层土壤全氮的含量也有明显的提高。

表 6 不同施肥处理土壤全氮含量的剖面分布

（单位：N，毫克/千克）

| 深度（厘米） | CK | P | N | NP | $M_1NP$ | $M_2NP$ | $M_3NP$ | $M_4NP$ |
|---|---|---|---|---|---|---|---|---|
| 0～15 | 808 | 816 | 800 | 822 | 1126 | 1537 | 2114 | 2353 |
| 15～20 | 699 | 664 | 591 | 720 | 847 | 855 | 1430 | 1233 |
| 20～25 | 578 | 583 | 490 | 668 | 597 | 782 | 1187 | 1063 |
| 25～30 | 513 | 539 | 415 | 615 | 614 | 552 | 906 | 959 |
| 30～50 | 730 | 751 | 420 | 572 | 637 | 511 | 552 | 578 |
| 50～70 | 552 | 690 | 493 | 591 | 831 | 559 | 538 | 482 |
| 70～100 | 295 | 353 | 552 | 524 | 538 | 448 | 480 | 365 |

**2.2.2 对土壤剖面各形态氮含量分布的影响** 表 7 为不同施肥处理土壤剖面不同层次土壤铵态氮、氨基酸态氮、氨基糖态氮、未知态氮和非水解氮的含量变化。从表中可以看出，各形态氮的含量都有以耕层土壤含量最高，随着剖面深度的增加而逐渐减少的剖面分布特征。另外各形态氮都有在黏土层中积聚的现象，其中尤以非水解氮最为明显。

目前人们虽然对非水解氮的物质组成尚存在着很多争议[16,19～20]，但普遍认为，土壤中固定态铵是非水解氮的重要组分。研究表明[21]，土壤中固定态铵占非水解氮的份额受土壤黏土矿物类型的影响很大，一般变动在 1.8%～47.0%。本研究中的土壤是由流经黄土高原和变质岩地区的河流冲积物发育而成，并由于分选作用，砂黏成层，质地黏重的土层中以 2∶1 型的蒙脱石和蛭石为主，固定态铵的含量较高，这些原先固定的固定态铵在水解过程中很难释出，从而使黏土层中非水解氮的含量较高。另外，在水解过程中，黏土较易发生喷溅现象，部分土被喷溅到瓶壁上，影响到土壤的水解，这可能也是造成黏土中非水解氮测定值较高的原因之一。

表 7 不同施肥处理不同形态氮在土壤剖面的分布

（单位：N，毫克/千克）

| 深度（厘米） | CK | P | N | NP | $M_1NP$ | $M_2NP$ | $M_3NP$ | $M_4NP$ |
|---|---|---|---|---|---|---|---|---|
| | | | | 铵态氮 | | | | |
| 0～15 | 201 | 195 | 201 | 206 | 252 | 290 | 381 | 389 |
| 15～20 | 185 | 184 | 163 | 176 | 188 | 190 | 264 | 249 |
| 20～25 | 154 | 180 | 144 | 181 | 167 | 190 | 250 | 233 |
| 25～30 | 154 | 160 | 136 | 164 | 167 | 141 | 177 | 219 |
| 30～50 | 159 | 161 | 136 | 161 | 155 | 122 | 149 | 154 |
| 50～70 | 155 | 163 | 151 | 179 | 166 | 145 | 140 | 124 |
| 70～100 | 106 | 109 | 156 | 161 | 155 | 117 | 127 | 109 |

（续）

| 深度（厘米） | CK | P | N | NP | $M_1NP$ | $M_2NP$ | $M_3NP$ | $M_4NP$ |
|---|---|---|---|---|---|---|---|---|
| 氨基酸态氮 | | | | | | | | |
| 0～15 | 265 | 266 | 252 | 277 | 423 | 601 | 869 | 978 |
| 15～20 | 241 | 225 | 179 | 242 | 342 | 341 | 494 | 472 |
| 20～25 | 188 | 210 | 144 | 211 | 218 | 309 | 404 | 399 |
| 25～30 | 155 | 187 | 120 | 179 | 207 | 185 | 277 | 326 |
| 30～50 | 182 | 213 | 118 | 171 | 202 | 159 | 163 | 172 |
| 50～70 | 151 | 196 | 137 | 180 | 199 | 149 | 126 | 135 |
| 70～100 | 70 | 100 | 160 | 182 | 157 | 126 | 87 | 99 |
| 氨基糖态氮 | | | | | | | | |
| 0～15 | 26 | 27 | 27 | 26 | 37 | 53 | 91 | 109 |
| 15～20 | 25 | 8 | 16 | 25 | 38 | 59 | 71 | 60 |
| 20～25 | 22 | 8 | 12 | 17 | 17 | 43 | 54 | 50 |
| 25～30 | 14 | 11 | 9 | 16 | 16 | 38 | 26 | 37 |
| 30～50 | 23 | 33 | 9 | 13 | 16 | 45 | 24 | 28 |
| 50～70 | 11 | 22 | 10 | 14 | 15 | 26 | 27 | 28 |
| 70～100 | 11 | 8 | 12 | 7 | 17 | 31 | 18 | 13 |
| 未知态氮 | | | | | | | | |
| 0～15 | 125 | 134 | 131 | 128 | 171 | 222 | 310 | 349 |
| 15～20 | 116 | 96 | 96 | 85 | 61 | 117 | 176 | 175 |
| 20～25 | 71 | 65 | 73 | 85 | 49 | 63 | 212 | 157 |
| 25～30 | 51 | 40 | 69 | 92 | 45 | 48 | 104 | 190 |
| 30～50 | 65 | 70 | 68 | 64 | 23 | 39 | 68 | 142 |
| 50～70 | 64 | 63 | 81 | 33 | 43 | 22 | 77 | 91 |
| 70～100 | 41 | 52 | 45 | 47 | 27 | 14 | 82 | 67 |
| 非水解氮 | | | | | | | | |
| 0～15 | 191 | 194 | 189 | 185 | 243 | 341 | 464 | 528 |
| 15～20 | 132 | 151 | 137 | 192 | 218 | 148 | 425 | 279 |
| 20～25 | 142 | 120 | 117 | 174 | 146 | 177 | 267 | 224 |
| 25～30 | 139 | 135 | 81 | 164 | 179 | 140 | 322 | 187 |
| 30～50 | 301 | 274 | 89 | 163 | 241 | 146 | 148 | 81 |
| 50～70 | 171 | 246 | 114 | 185 | 408 | 217 | 168 | 104 |
| 70～100 | 67 | 84 | 179 | 128 | 182 | 160 | 166 | 77 |

施用化肥的处理，和不施肥的对照相比，剖面各层次土壤各形态氮的含量没有明显的差异。有机肥与化肥配合施用，不仅表层土壤各形态氮的含量有明显的提高，而且表层以下土壤各形态氮的含量也有一定程度的提高，一般随着有机肥用量的增加，下层土壤各形态氮含量的增加幅度也越大，而且影响的深度也越深。有机肥用量在 37.5～75.0 吨/公顷范围内，

其影响的深度只有 20 厘米左右，但有机肥用量在 112.5～150.0 吨/公顷水平下，影响深度可达 30 厘米左右，即 30 厘米深度范围内，各形态氮的含量都有较明显的提高。

综上所述，单施化肥，对土壤氮素的含量和组成没有明显的影响，多余的氮不会在土壤中积累；有机肥与化肥配合施用，耕层土壤氮素的含量有明显提高，且积累于土壤中的氮有近一半转化成氨基酸态氮，下层土壤各形态氮也有不同程度的提高。但在本试验条下，施肥的影响深度一般不会超过 30 厘米的深度。

# 参 考 文 献

［1］王岩，蔡大同，史瑞和. 肥料残留氮的有效性及其与形态分布的关系. 土壤学报，1993，30（1）：19-24.

［2］Smith SJ，Young LB. Distribution of nitrogen forms in virgin and cultivated soils. Soil Sci.，1975，120（5）：354-360.

［3］Stevenson FJ. Dynamics of soil nitrogen transformation. In：Stevenson FJ（ed.）. Humus Chemistry，Vienna，1982：93-119.

［4］Keeny DR et al. Effect of cultivation on the nitrogen distribution in soils. Soil Sci. Soc. Am. Proc.，1964，28：653-656.

［5］Keeny DR et al. Effect of cultivation on the nitrogen distribution in Soil Sci. Soc. Am. Proc.，1964，28：653-656.

［6］宋琦. 我国几种土壤的有机氮构成和性质的研究. 土壤学报，1988，25（1）：95-110.

［7］周克瑜，施书莲. 我国几种主要土壤中氮素形态分布及其氨基酸组成. 土壤，1992，24（6）：285-288.

［8］张晓华，杜丽娟，文启孝. 几种水稻土不同粒级中有机质含量和组成. 土壤学报，1984，21：418-425.

［9］沈其荣，史瑞和. 不同土壤有机氮的化学组成及其有效性的研究. 土壤通报，1990，21：54-57.

［10］施书莲，文启孝，廖海秋，周克瑜. 耕垦对土壤氮素形态分布和氨基酸组成的影响. 土壤，1992，24（1）：14-18.

［11］施书莲，周克瑜. 施肥对土壤含氮组分的影响. 土壤，1995，27（3）：138-140.

［12］许春霞，吴守仁. 土壤有机氮构成及其在施肥条件下的变化. 土壤通报，1991，22（2）：54-56.

［13］Bremner JM. Organic forms of nitrogen. Black CA（ed.）. Methods of soil analysis，Madiso Wisconsin，1965：1148-1178.

［14］叶炜，程励励，文启孝. 胡敏酸的氮素形态分布及其未知氮的部分鉴定. 土壤，1991，23（5）：272.

［15］Gob KM and Edmeades DC. Distribution and partial characterization of hydrolyzable organic nitrogen in six Newzealand soils. Soil Biol. Biochem.，1979，11：127-132.

［16］Griffiths SM，Sowden FJ and Schnitzer M. The alkaline hydrolysis of acid-resistant soil and humic residues. Soil Biol. Biochem.，1976，8：529-531.

［17］Sowden FJ，Griffiths SM and Schnitzer M. The distribution of nitrogen in some highly organic tropical soil. Soil Biol. Biochem.，1976，8：55-60.

［18］Camppell CA Schnitzer M and Stewart JWB et al.. Effect of manure and P fertilizer on properties of a Black Chernozem in South Saskatchewan. Can. J. Soil Sci.，1986，66：601-613.

［19］Asami T and Hara M. On the fractionation of soil organic nitrogen after the hydrolysis using HCl. Soil Sci. Plant Nutr.，1971，17：222.

［20］Ladd LN and Bulfer JHA. Comparison of Some properties of soil humic acids and synthetic phenolic polymeers incorporating amino derivatives. Aust. J. Soil Res., 1966，4：41-54.

[21] 文启孝等. 中国土壤氮素. 南京：江苏科学技术出版社，1992：13.

# Effect of Long-term Fertilization on
# The Forms of Nitrogen in Calcareous
# Fluvo-Aquic Soil

Liang Guoqing　Lin Bao　Lin Jixiong　Rong Xiangnong

（Soils and Fertilizers Institute，CAAS，Beijing 100081）

**Abstract**　In this research, method for soil nitrogen fractionation proposed by Bremner (1965) was adopted to study the transformation of nitrogen in the soil of long-term fertilization experiment which has lasted for 16 years. The main results are as follows：When only chemical fertilizer was applied, the content of forms of nitrogen was slightly decreased. Even in the N treatment that the amount of nitrogen application had largely exceeded that the plant could used, but the extra N couldn't accumulated in the soil. Neither chemical fertilizer application had the effect on the content of soil nitrogen, nor had the effect on the nitrogen composition. Application of manure with chemical fertilizer significantly increased the contents of all forms of nitrogen, especially the content of amino-acid N. The composition of nitrogen was also affected. Furthermore, application of manure with chemical fertilizer also affected the contents of forms of nitrogen in soil profile, as the amount of manure application increased, the contents of nitrogen forms increased, and the deeper layer of soil profile was affected. In the condition of our experiment, the deepest depth that fertilization affect was about 30 cm.

**Key words**　Nitrogen forms；Fertilizer application；Manure application；Long-term fertilizer experiment；Soil profile

# 长期施肥对石灰性潮土无机磷形态的影响

梁国庆　　林葆　　林继雄　　荣向农

（中国农业科学院土壤肥料研究所　北京　100081）

**摘要**　在河北省辛集市马兰农场的肥料长期定位试验点上，进行了石灰性土壤在无机磷耗竭和积累状况下，无机磷形态的转化及其在土壤剖面中的分布规律和施肥的影响。结果表明，在土壤磷处于耗竭的情况下，植物主要吸收利用了土壤的 $Ca_8$-P、Al-P、Fe-P 和 $Ca_2$-P，只有在极度缺磷的情况下，植物才利用土壤中的 $Ca_{10}$-P，而 O-P 是土壤中极稳定的无机磷形态，植物一般不能利用。长期单施无机磷肥，土壤无机磷含量有所提高，积累的无机磷约 60% 转化成 $Ca_{10}$-P 和 O-P。有机肥与化肥配合施用，积累的无机磷约有占积累无机磷的 2/3 转化成 $Ca_2$-P 和 $Ca_8$-P，而且各形态无机磷的含量在土壤表层和下层均有所提高，一般随有机肥用量的增加，下层土壤无机磷的增加幅度也大，且影响的深度也较深。但在本试验条件下，施肥深度的影响不会超过 50 厘米。

**关键词**　石灰性潮土；无机磷形态；长期施肥

对于土壤无机磷形态的研究，以往大都采用张守敬－Jackson 提出的土壤无机磷分级系统[1]，后来不少学者也提出过一些改良的分级方法[2~3]，但由于石灰性土壤的无机磷大部分以钙结合形态存在，且 Al-P 和 Fe-P 的含量都很低，采用这些方法研究石灰性土壤无机磷存在着一定的局限性。1989 年，蒋柏藩－顾益初针对石灰性土壤的特点，在张守敬－Jackson 土壤无机磷分级系统的基础上，对 Ca-P 作了进一步的划分，并对石灰性土壤 Fe-P 的浸提作了重要改进，提出了一套新的土壤无机磷分级方法[4~5]，为进一步深入研究石灰性土壤无机磷的转化规律提供了重要的手段。之后，人们对石灰性土壤各形态无机磷的植物有效性、施用磷肥在土壤中的形态转化等作了较为深入的研究[6~10]。这些研究充分肯定了石灰性土壤 Ca-P，特别是 $Ca_2$-P 和 $Ca_8$-P 在作物营养和磷素形态转化的作用。石灰性潮土是我国华北地区主要的土壤类型，为进一步探讨长期施肥对石灰性潮土各形态无机磷与作物磷素营养的关系及土壤无机磷的转化规律，我们利用设在河北省辛集市的肥料长期定位试验开展了本项研究，为磷肥合理施用提供依据。

## 1　材料与方法

供试土样取自河北省辛集市马兰农场的长期定位试验点所设的 12 个处理上，其处理分别

注：本文发表于《植物营养与肥料学报》，2001，7（3）：241～248。

为：CK、N、NP、P、$M_1P$、$M_1NP$、$M_2P$、$M_2NP$、$M_3P$、$M_3NP$、$M_4P$、$M_4NP$。该试验始于1979年，到1994年取样时，试验已进行了16年。试验每小区面积为133.3平方米，不设重复，顺序排列。作物轮作方式为小麦-玉米轮作，一年两熟。每季小麦施氮肥（N）180千克/公顷，2/3作基肥，1/3作追肥在小麦返青期时施用；磷肥（$P_2O_5$）150千克/公顷（隔年）和有机肥（每年）均作基肥施用。有机肥为牛马粪、麦秸与家禽粪混合堆沤而成，含水量约为50％，风干后有机质含量为120克/千克，全氮（N）为5.0克/千克，全磷（$P_2O_5$）为2.2克/千克。其用量：$M_1$，$M_2$、$M_3$、$M_4$分别是37.5、75、112.5和150吨/公顷。小麦10月上旬播种，次年6月上旬收获。小麦收获后种植玉米（6月中旬）时，各处理施氮肥（N）120千克/公顷，分别在小苗期和大喇叭期追施，不再施用任何肥料。小麦生育期内一般灌水5次，玉米灌水3次。

供试土壤为轻壤质潮土，且土壤剖面几乎都有黏土层分布。供试土壤的基本农化性状及剖面中黏土层的分布情况见表1。

由于磷在土壤中的移动性较小，故重点考察了15～30厘米土层磷素形态的变化情况，具体的取样层次分为0～15、15～20、20～25、25～30、30～50、50～70和70～100厘米。

土壤无机磷形态的分级采用蒋柏藩、顾益初（1990）提出的方法。其他项目的测定均按常规方法进行。

**表1　供试土壤0～15厘米的基本农化性状**

（1994）

| 处理 | 有机质（克/千克） | 全氮（克/千克） | 全磷（克/千克） | 碱解氮（毫克/千克） | 速效磷（毫克/千克） | pH | 黏土层分布（厘米） |
|---|---|---|---|---|---|---|---|
| CK | 12.27 | 0.808 | 0.549 | 65.4 | 2.1 | 8.2 | 40～58 |
| N | 12.37 | 0.800 | 0.499 | 57.4 | 1.9 | 8.4 | 56～86 |
| P | 12.65 | 0.816 | 0.663 | 57.4 | 15.5 | 8.5 | 40～60 |
| NP | 12.60 | 0.822 | 0.599 | 60.4 | 6.8 | 8.3 | |
| $M_1P$ | 18.16 | 1.117 | 0.690 | 84.6 | 27.1 | 8.1 | 30～40，50～65，90～100 |
| $M_1NP$ | 18.52 | 1.126 | 0.702 | 96.7 | 32.5 | 8.0 | 30～40，56～70，90～100 |
| $M_2P$ | 23.26 | 1.518 | 0.718 | 101.5 | 54.5 | 8.2 | 50～60，76～80 |
| $M_2NP$ | 25.45 | 1.537 | 0.792 | 143.2 | 58.0 | 8.3 | 58～64，78～86 |
| $M_3P$ | 28.48 | 1.860 | 0.878 | 136.5 | 78.5 | 8.1 | 50～55 |
| $M_3NP$ | 30.96 | 2.114 | 0.915 | 150.4 | 84.2 | 8.5 | 58～64 |
| $M_4P$ | 36.67 | 2.338 | 0.975 | 176.4 | 115.5 | 8.2 | 70～80 |
| $M_4NP$ | 35.43 | 2.353 | 1.017 | 179.4 | 123.7 | 8.3 | 78～86 |

## 2　结果与分析

### 2.1　长期施肥对耕层土壤无机磷形态含量的影响

从表2可以看出，经过16年的不同的施肥处理，土壤中各形态无机磷的含量都发生了很大的变化。长期不施肥的CK和长期单施N处理以及低量磷肥与氮肥配施的NP处理，土壤无机磷含量都有所减少。单施N处理减少幅度最大。这主要是单施N处理，植物生长主要的养分限制因子是磷，土壤氮素供应充足，促进作物对磷的吸收利用，使土壤磷素严重耗竭。CK处理，由于土壤氮素供应不足，作物的生长受阻，影响了植物对土壤磷素的利用。

NP 处理由于养分供应较为协调，作物生长良好，对土壤磷的利用能力较强，但由于施磷量较低（隔年施 $P_2O_5$ 150 千克/公顷），土壤磷素仍不能维持平衡。

表 2 还看出，经过 16 年种植作物，CK 和 N 处理中，作物较易利用的 $Ca_2$-P 几乎消耗怠尽，$Ca_8$-P、A1-P 和 Fe-P 也有明显的减少；而 $Ca_{10}$-P 只有在无机磷处在严重耗竭的 N 处理中较明显的减少。O-P 的含量 16 年采则没有明显的变化，它们一般很难被作物所利用。

**表 2　施肥 16 年后不同处理 0～15 厘米土层各形态无机磷的含量**

（单位：P，毫克/千克）

| 处理 | $Ca_2$-P | $Ca_8$-P | Al-P | Fe-P | O-P | $Ca_{10}$-P |
|---|---|---|---|---|---|---|
| 试验前土壤 | 9.5 | 65.0 | 32.0 | 32.5 | 75.0 | 320.0 |
| CK | 2.0 | 45.0 | 22.0 | 23.0 | 75.0 | 317.8 |
| N | 0.5 | 29.0 | 15.2 | 23.5 | 75.0 | 301.0 |
| NP | 5.5 | 61.0 | 31.2 | 32.0 | 75.0 | 320.0 |
| P | 14.0 | 75.0 | 33.0 | 34.8 | 83.0 | 337.5 |
| $M_1$P | 25.0 | 88.0 | 35.0 | 37.5 | 82.0 | 328.8 |
| $M_1$NP | 30.5 | 93.0 | 37.0 | 39.0 | 82.0 | 328.8 |
| $M_2$P | 49.0 | 118.0 | 43.0 | 44.0 | 91.0 | 330.0 |
| $M_2$NP | 54.0 | 124.0 | 45.5 | 46.5 | 91.0 | 331.3 |
| $M_3$P | 72.5 | 148.5 | 50.0 | 51.5 | 99.0 | 335.0 |
| $M_3$NP | 83.5 | 162.5 | 55.5 | 52.5 | 104.0 | 337.5 |
| $M_4$P | 98.5 | 181.0 | 59.0 | 54.5 | 110.0 | 340.0 |
| $M_4$NP | 110.0 | 197.5 | 62.5 | 58.5 | 115.0 | 342.5 |

单施化学磷肥，$Ca_2$-P、$Ca_8$-P、O-P 和 $Ca_{10}$-P 的增加较为明显，Al-P 和 Fe-P 的含量则变化不大。有机肥和磷肥或氮磷肥配合施用，$Ca_2$-P 和 $Ca_8$-P 的增加显著，其他 4 种形态的无机磷含量也有提高，且随着有机肥用量的增加，各形态无机磷的增加幅度也有提高。

## 2.2　长期施肥对耕层土壤磷组成的影响

表 3 表明，土壤无机磷处于耗竭状态的 CK、N 和 NP 处理，活性较强的 $Ca_2$-P、$Ca_8$-P、Al-P 和 Fe-P 的相对含量都有所降低，而较稳定形态的 $Ca_{10}$-P 和 O-P 的相对含量则有较明显的提高。而在磷处于积累状态下的单施磷处理以及有机肥和化肥配施的各个处理中，$Ca_2$-P 和 $Ca_8$-P 的相对含量有明显的提高，且随着施肥量的增加，其相对含量的增加幅度也有提高。相反，$Ca_{10}$-P 则随着施肥量的增大，其相对含量降低；Al-P、Fe-P 和 O-P 的相对含量无明显变化。

## 2.3　耕层土壤各形态磷对植物磷营养的贡献

在长期不施磷的 CK 和 N 处理，植物吸收的磷几乎全部依赖于土壤本身的供给。此时植物利用的无机磷主要来自 $Ca_8$-P，约占土壤无机磷减少总量的 40%。$Ca_2$-P 的植物有效性虽然最高，但其含量相对较低，对植物磷营养的贡献远不如 $Ca_8$-P。16 年来 $Ca_2$-P 的贡献率只有 10%～15%（表 4）。石灰性土壤的 Al-P 和 Fe-P 含量虽然较低，但其活性相对较高，其植物磷营养中的贡献约占无机磷总量的 10%～20%。CK 处理，$Ca_{10}$-P 减少量只占无机磷减少总量的 4.5%；而长期单施氮肥处理，由于土壤处于严重的缺磷状态，植物吸收利用的磷中采自 $Ca_{10}$-P 约占 20%。土壤中最稳定的 O-P，16 年来其含量基本无变化。NP 处理缺磷状况并不严重，植物只是利用土壤中 $Ca_2$-P 和 $Ca_8$-P，其减少量约占该处理无机磷总量的 86%；Al-P 和 Fe-P 减少量分别仅为 8.6% 和 5.4%，而 $Ca_{10}$-P 和 O-P 基本不被利用。

**表 3　施肥 16 年后各处理 0～15 厘米土层无机磷相对含量**

（单位：%）

| 处理 | $Ca_2$-P | $Ca_8$-P | Al-p | Fe-P | O-P | $Ca_{10}$-P |
|---|---|---|---|---|---|---|
| 试验前土壤 | 1.8 | 12.2 | 6.0 | 6.1 | 14.0 | 59.9 |
| CK（无肥） | 0.4 | 9.3 | 4.5 | 4.7 | 15.5 | 65.6 |
| N | 0.1 | 6.5 | 3.4 | 5.3 | 16.9 | 67.8 |
| NP | 1.1 | 11.6 | 5.9 | 6.1 | 14.3 | 61.0 |
| P | 2.4 | 13.0 | 5.7 | 6.0 | 14.4 | 58.5 |
| $M_1$P | 4.2 | 14.8 | 5.9 | 6.3 | 13.8 | 55.1 |
| $M_1$NP | 5.0 | 15.2 | 6.1 | 6.4 | 13.4 | 53.9 |
| $M_2$P | 7.3 | 17.5 | 6.4 | 6.5 | 13.5 | 48.9 |
| $M_2$NP | 7.8 | 17.9 | 6.6 | 6.7 | 13.1 | 47.9 |
| $M_3$P | 9.6 | 19.6 | 6.6 | 6.8 | 13.1 | 44.3 |
| $M_3$NP | 10.5 | 20.4 | 7.0 | 6.6 | 13.1 | 42.4 |
| $M_4$P | 11.7 | 21.5 | 7.0 | 6.5 | 13.0 | 40.3 |
| $M_4$NP | 12.4 | 22.3 | 7.1 | 6.6 | 13.0 | 38.7 |

注：相对含量为各形态无机磷占无机磷总量的百分数。

**表 4　耗竭状况下各形态无机磷对植物磷营养的贡献率**

（单位：%）

| 处理 | $Ca_2$-P | $Ca_8$-P | Al-P | Fe-P | O-P | $Ca_{10}$-P |
|---|---|---|---|---|---|---|
| CK | 15.2 | 40.7 | 20.3 | 19.3 | 0.0 | 4.5 |
| N | 10.0 | 40.1 | 18.1 | 10.0 | 0.0 | 21.2 |
| NP | 43.0 | 43.0 | 8.6 | 5.4 | 0.0 | 0.0 |

注：贡献率%＝16 年某形态无机磷的减少量/无机磷总减少量×100%。

## 2.4　耕层土壤积累无机磷在土壤中的转化

在单施化学磷肥的情况下，积累的无机磷大部分转化成 $Ca_{10}$-P 和 O-P，约占无机磷积累总量的 60%，而转化成 $Ca_2$-P、$Ca_8$-P、Al-P 和 Fe-P 分别只占无机磷积累总量的 10.4%、23.1%、2.3% 和 5.3%。说明单施磷肥土壤对磷的固定较为严重。有机肥与化肥配合施用，积累的无机磷主要转化成 $Ca_2$-P 和 $Ca_8$-P，分别占积累无机磷总量的 24.9%～28.8% 和 36.7%～37.7%；转化成 $Ca_{10}$-P 和 O-P，分别占积累无机磷总量的 6.4%～14.1% 和 9.2%～11.4%（表 5）。上述结果表明，石灰性土壤的 $Ca^{2+}$ 能和磷酸根形成难溶的磷酸盐。同时，由于磷酸一钙进行异成分溶解，使肥料颗粒附近的土壤溶液具有很强的酸性，溶解出铁和铝离子与扩散出来的饱和磷溶液形成磷酸铁、磷酸铝沉淀，这些铁铝磷酸盐随着时间的延长逐渐结晶老化，或被氧化铁铝包蔽，降低其有效性[11]。在施用有机肥的情况下，有机物质与土壤无机颗粒通过铁、铝和钙桥键复合，相应地降低了土壤中铁、铝和钙离子的浓度，减少了这些离子对磷的固定[12]。另外，有机物腐解产生的有机酸，可以掩蔽土壤胶体或铁铝氧化物的吸附位点，从而减少土壤对磷的吸附固定[13]。从表 5 还可以看出，在有机肥与化肥配合施用的情况下，各形态无机磷的转化率基本保持稳定，不会因为有机肥施用量或与化肥配合施用方式的改变而改变。

**表 5　施肥 16 年后积累的无机磷在土壤中的转化（%）**

| 处理 | $Ca_2$-P | $Ca_8$-P | Al-P | Fe-P | O-P | $Ca_{10}$-P |
|---|---|---|---|---|---|---|
| P | 10.4 | 23.1 | 2.3 | 5.3 | 18.5 | 40.4 |
| $M_1$P | 24.9 | 36.9 | 4.8 | 8.0 | 11.2 | 14.1 |
| $M_1$NP | 27.5 | 36.7 | 6.6 | 8.5 | 9.2 | 11.5 |
| $M_2$P | 28.3 | 37.5 | 7.8 | 8.1 | 11.3 | 7.1 |
| $M_2$NP | 28.1 | 37.3 | 8.5 | 8.8 | 10.1 | 7.1 |
| $M_3$P | 28.3 | 37.5 | 8.1 | 8.5 | 10.8 | 6.7 |
| $M_3$NP | 28.3 | 37.3 | 9.0 | 7.6 | 11.1 | 6.7 |
| $M_4$P | 28.8 | 37.5 | 8.7 | 7.1 | 11.3 | 6.5 |
| $M_4$NP | 28.6 | 37.7 | 8.7 | 7.4 | 11.4 | 6.4 |

注：转化率%＝某形态无机磷的增加量/无机磷总增加量×100%。

## 2.5　长期施肥对土壤剖面无机磷形态含量分布的影响

表 6 为施肥 16 年后各形态无机磷在土壤剖面中的含量分布。从表中可以看出，$Ca_2$-P、$Ca_8$-P、Al-P 和 Fe-P 都以耕层土壤含量最高，随着土层深度的增加其含量逐渐减少的特点；$Ca_{10}$-P 和 O-P 的含量则无明显一致的剖面分布规律。而且，O-P 和 Fe-P 都有在黏粒中富集的现象，相反，$Ca_{10}$-P 在黏粒中的含量则明显较低。

施肥对土壤剖面无机磷的含量也有很大的影响。N 和 NP 和 CK 处理相比，作物可以利用深达 30～50 厘米土层的 $Ca_2$-P、$Ca_8$-P、Al-P、Fe-P 和 $Ca_{10}$-P。值得注意的是，NP 处理表层土壤的磷的亏缺程度远比 N 处理低，而且 NP 处理下层土壤这 5 种形态无机磷的减少幅度最为严重。这主要是因为 NP 处理土壤养分供应较为协调，作物生长旺盛，扎根较深，从而对下层土壤磷的利用能力较强。

有机肥和化肥配合施用，耕层以下的 $Ca_2$-P、$Ca_8$-P、Al-P 和 Fe-P 的含量都有一定程度的提高，随着有机肥施用量的增加，这 4 种形态无机磷含量的增加幅度也大，且影响的深度也深。在本试验条件下，中低量有机肥（37.5～75 吨/公顷）和化肥配施，$Ca_2$-P、$Ca_8$-P、Al-P 和 Fe-P 含量只有 20 厘米以上土层有所提高；中高量有机肥（12.5～150 吨/公顷）与化肥配合施用，影响的深度可以达到 30～50 厘米。O-P 和 $Ca_{10}$-P 受施肥的影响很小。

**表 6　施肥 16 年后各处理无机磷含量在土壤剖面的分布**

| 深度（厘米） | CK | N | NP | P | $M_1$P | $M_1$NP | $M_2$P | $M_2$NP | $M_3$P | $M_3$NP | $M_4$P | $M_4$NP |
|---|---|---|---|---|---|---|---|---|---|---|---|---|
| | | | | | $Ca_2$-P | | | | | | | |
| 0～15 | 2.0 | 0.5 | 5.5 | 14.0 | 25.0 | 30.5 | 49.5 | 54.0 | 72.5 | 82.3 | 98.5 | 110.0 |
| 15～20 | 1.6 | 0.5 | 0.5 | 1.9 | 5.0 | 6.8 | 8.4 | 10.3 | 24.9 | 29.4 | 35.8 | 40.5 |
| 20～25 | 1.4 | 0.5 | 0.5 | 0.8 | 1.4 | 2.0 | 2.0 | 2.3 | 12.0 | 16.9 | 24.5 | 26.0 |
| 25～30 | 1.1 | 0.5 | 0.4 | 0.8 | 1.3 | 1.6 | 1.9 | 2.1 | 7.9 | 8.6 | 9.3 | 17.4 |
| 30～50 | 1.1 | 0.5 | 0.5 | 0.5 | 1.6 | 1.5 | 1.9 | 2.1 | 1.8 | 1.9 | 1.9 | 2.0 |
| 50～70 | 1.5 | 0.6 | 0.5 | 0.4 | 1.4 | 1.6 | 1.9 | 1.9 | 1.8 | 1.8 | 1.8 | 1.9 |
| 70～100 | 1.9 | 0.6 | 1.0 | 1.1 | 1.5 | 1.6 | 1.9 | 1.8 | 1.8 | 1.8 | 1.8 | 1.8 |

（续）

| 深度（厘米） | CK | N | NP | P | $M_1P$ | $M_1NP$ | $M_2P$ | $M_2NP$ | $M_3P$ | $M_3NP$ | $M_4P$ | $M_4NP$ |
|---|---|---|---|---|---|---|---|---|---|---|---|---|
| | | | | | | $Ca_8$-P | | | | | | |
| 0～15 | 45.0 | 29.0 | 61.0 | 75.0 | 88.0 | 93.0 | 118.0 | 124.0 | 148.5 | 162.5 | 181.0 | 197.5 |
| 15～20 | 44.5 | 26.0 | 23.5 | 54.5 | 54.0 | 69.0 | 68.0 | 68.0 | 93.0 | 103.5 | 113.0 | 138.5 |
| 20～25 | 43.5 | 32.9 | 20.5 | 45.5 | 43.5 | 45.0 | 59.5 | 61.5 | 73.0 | 75.0 | 95.0 | 102.5 |
| 25～30 | 33.0 | 33.5 | 14.5 | 33.5 | 34.0 | 35.0 | 54.0 | 51.5 | 60.5 | 65.0 | 8.5 | 85.0 |
| 30～50 | 12.0 | 12.0 | 11.5 | 11.5 | 11.5 | 12.0 | 33.5 | 32.5 | 33.0 | 34.0 | 33.5 | 34.0 |
| 50～70 | 10.5 | 10.5 | 11.0 | 11.0 | 11.5 | 11.0 | 12.0 | 11.5 | 12.0 | 12.5 | 11.5 | 12.0 |
| 70～100 | 12.0 | 11.0 | 11.5 | 11.5 | 12.0 | 11.5 | 12.0 | 12.0 | 12.0 | 12.0 | 12.0 | 12.0 |
| | | | | | | Al-P | | | | | | |
| 0～15 | 22.0 | 15.2 | 31.2 | 33.0 | 35.0 | 37.0 | 43.0 | 45.5 | 50.0 | 55.5 | 59.0 | 62.5 |
| 15～20 | 20.8 | 17.0 | 19.0 | 27.5 | 26.8 | 26.0 | 27.3 | 28.3 | 39.3 | 42.8 | 49.0 | 55.0 |
| 20～25 | 19.8 | 14.0 | 16.2 | 21.0 | 19.0 | 19.5 | 20.5 | 21.5 | 29.0 | 36.5 | 42.3 | 47.5 |
| 25～30 | 18.0 | 14.5 | 12.7 | 18.0 | 18.5 | 18.8 | 19.0 | 19.0 | 27.8 | 30.8 | 35.5 | 38.3 |
| 30～50 | 17.5 | 13.2 | 12.8 | 18.4 | 18.0 | 17.3 | 17.5 | 17.0 | 17.3 | 18.0 | 18.0 | 18.3 |
| 50～70 | 13.5 | 14.0 | 14.2 | 14.5 | 14.0 | 14.5 | 14.5 | 14.1 | 13.5 | 14.0 | 14.5 | 14.5 |
| 70～100 | 8.3 | 8.5 | 8.5 | 7.8 | 8.0 | 8.5 | 7.5 | 7.3 | 7.8 | 7.5 | 8.0 | 7.8 |
| | | | | | | Fe-P | | | | | | |
| 0～15 | 23.0 | 23.5 | 32.0 | 34.8 | 37.5 | 39.0 | 44.0 | 46.5 | 51.5 | 52.5 | 54.5 | 58.5 |
| 15～20 | 22.8 | 22.2 | 24.5 | 33.0 | 33.8 | 33.8 | 34.0 | 34.0 | 47.5 | 50.0 | 53.8 | 53.5 |
| 20～25 | 24.0 | 20.0 | 23.2 | 23.7 | 24.0 | 24.0 | 24.5 | 24.5 | 36.5 | 48.8 | 50.5 | 47.5 |
| 25～30 | 22.8 | 18.3 | 20.5 | 25.3 | 31.5 | 31.5 | 24.0 | 24.0 | 32.8 | 33.8 | 32.5 | 42.5 |
| 30～50 | 33.0 | 17.5 | 18.8 | 35.1 | 31.3 | 31.3 | 24.8 | 24.8 | 22.8 | 23.5 | 22.5 | 27.5 |
| 50～70 | 25.7 | 22.5 | 26.5 | 32.3 | 34.5 | 34.5 | 33.8 | 33.8 | 23.3 | 20.0 | 18.3 | 17.8 |
| 70～100 | 15.3 | 26.5 | 26.0 | 16.0 | 21.5 | 21.5 | 23.8 | 23.8 | 14.30 | 18.3 | 16.5 | 15.0 |
| | | | | | | O-P | | | | | | |
| 0～15 | 75.0 | 75.0 | 75.0 | 83.0 | 82.0 | 82.0 | 91.0 | 91.0 | 99.0 | 104.0 | 110.0 | 115.0 |
| 15～20 | 72.5 | 69.8 | 76.7 | 74.7 | 76.7 | 68.3 | 66.2 | 74.2 | 73.0 | 81.7 | 83.2 | 85.8 |
| 20～25 | 61.7 | 74.2 | 73.3 | 72.2 | 80.8 | 66.7 | 60.2 | 80.0 | 75.8 | 80.0 | 83.2 | 88.8 |
| 25～30 | 67.5 | 64.2 | 65.8 | 76.3 | 85.8 | 85.8 | 59.3 | 71.7 | 80.5 | 80.8 | 84.5 | 74.5 |
| 30～50 | 79.2 | 70.0 | 75.0 | 88.3 | 80.0 | 84.2 | 66.2 | 76.7 | 67，5 | 74.2 | 74.5 | 75.0 |
| 50～70 | 76.7 | 77.5 | 80.8 | 84.2 | 83.3 | 82.5 | 76.5 | 82.5 | 74.0 | 75.0 | 75.0 | 80.8 |
| 70～100 | 69.2 | 81.5 | 76.7 | 68.8 | 85.5 | 74.5 | 74.5 | 80.0 | 64.2 | 74.5 | 74.5 | 65.2 |
| | | | | | | $Ca_{10}$-P | | | | | | |
| 0～15 | 317.8 | 301.0 | 320.0 | 337.5 | 328.8 | 328.8 | 330.0 | 331.3 | 335.0 | 337.5 | 340.0 | 342.5 |
| 15～20 | 317.8 | 309.7 | 305.0 | 325.0 | 321.3 | 325.5 | 325.8 | 328.8 | 325.0 | 335.0 | 338.8 | 336.3 |
| 20～25 | 303.8 | 326.7 | 284.7 | 323.8 | 239.8 | 320.3 | 323.8 | 325.0 | 333.5 | 328.8 | 330.0 | 332.5 |
| 25～30 | 293.8 | 331.3 | 283.2 | 323.5 | 216.3 | 283.8 | 315.0 | 323.5 | 312.8 | 312.8 | 328.8 | 328.8 |
| 30～50 | 211.3 | 332.2 | 276.3 | 216.1 | 211.3 | 253.8 | 300.0 | 291.3 | 293.8 | 293.8 | 325.0 | 328.3 |
| 50～70 | 248.8 | 298.5 | 267.2 | 212.5 | 200.0 | 187.5 | 223.8 | 268.8 | 268.8 | 268.8 | 323.8 | 320.0 |
| 70～100 | 325.0 | 272.2 | 287.9 | 312.8 | 296.3 | 276.0 | 296.3 | 313.8 | 328.8 | 328.8 | 326.9 | 320.0 |

# 3 讨论

施肥对土壤磷素状况及形态转化的影响方面的研究，一直受到人们广泛的重视。自从蒋柏藩-顾益初提出石灰性土壤无机磷分级方法以来，国内许多报道[10,14~16]认为，施肥对土壤各形态无机磷的含量影响很大，长期施肥而积累于土壤的无机磷主要以 $Ca_2$-P 和 $Ca_8$-P 形态存在；施肥对 $Ca_{10}$-P 和 O-P 的影响很小或没有明显的规律，这些结果和本试验的研究结果基本一致。但本试验结果还进一步明确了有机无机配合施用的情况下积累的无机磷以相对稳定的比例转化成不同形态的无机磷，并且大部分积累的无机磷都以活性较大的 $Ca_2$-P 和 $Ca_8$-P 的形态存在。而在单施化肥的情况下，土壤对磷的固定情况严重，积累的无机磷大部分转化成作物很难利用的 $Ca_{10}$-P 和 O-P。

土壤无机磷形态的剖面分布及施肥对深层土壤无机磷形态的影响方面的研究报道很少。周广业等[9]研究施肥对 0~20 和 20~50 厘米土层无机磷形态的影响表明，施肥特别是有机肥与化肥配合施用，下层 20~50 厘米土层的 $Ca_2$-P、$Ca_8$-P、Al-P 和 Fe-P 有不同程度的积累。考虑到磷在土壤中的移动性很小，本试验把耕层以下 15~30 厘米土层按每 5 厘米划分为一层，以更深入地研究施肥对下层土壤无机磷形态含量的影响以及各形态无机磷在土壤中的移动情况。结果表明，施肥可以提高下层土壤 $Ca_2$-P、$Ca_8$-P、Al-P 和 Fe-P 的含量，但不会改变这些形态无机磷在土壤剖面中自上而下逐渐减少的分布规律，即这些无机磷形态并不会在剖面中某一层（如犁底层）中淀积；施肥对下层土壤上述 4 种形态无机磷的影响程度及深度因施肥量不同而不同，一般随着有机肥施肥量的增加，下层土壤无机磷含量增加幅度也随之提高，影响的深度也较深。在本试验条件下，施肥的影响深度不会超过 50 厘米。

近期一些研究发现，随着磷肥的施用在我国越来越普遍，耕层土壤的速效磷 （Olsen-P） 含量大有改善，但耕层以下土壤速效磷含量仍很低，并据此提出需深施磷肥，以满足作物中后期对磷素营养的需要[17~19]。但我们的研究结果看出，作物对下层土壤的 $Ca_8$-P、Al-P 和 Fe-P 甚至 $Ca_{10}$-P 都有较强的利用能力，只要耕层土壤速效磷保持一定的水平，就能满足作物早期生长的需要，中后期生长则可通过利用缓效态磷来满足作物对磷营养的需要。

应用张守敬—Jackson 无机磷分级方法对土壤不同粒级无机磷形态分布的研究[3,20]指出，风化程度较高的土壤如砖红壤、红壤等，其酸钙盐、磷酸铁盐和闭蓄态磷酸盐明显在黏粒（<0.005 毫米）中富集，而磷酸铝盐则相对集中在砂粒（0.02~0.1 毫米）；风化程度弱的土壤如黄淮冲积物发育的潮土和黄土母质发育的黑垆土，其磷酸铁盐和闭蓄态磷酸盐仍在黏粒中富集，但磷酸钙盐则主要集中在砂粒。我们采用蒋柏藩—顾益初的方法研究发现，在风化程度弱的潮土中也存在着磷酸铁盐以及闭蓄态磷酸盐在黏粒中富集，$Ca_{10}$-P 明显在砂粒中富集的规律，但 $Ca_2$-P 和 $Ca_8$-P 则没有在砂粒中富集的现象。

# 参 考 文 献

[1] Chang S C, Jackson M L. Fractionation of soil phosphorus [J]. Soil Sci., 1957，84：133-144.

[2] Hietjes A H M et al. Fractionation of inorganic phosphorus in calcareous sediments [J]. J. of Envir. Qual., 1980，9：405-407.

［3］Syers J K，Shah R，Walker TW. Fractionation of phosphorus in alluvial soils and particle-size seperates ［J］. Soil Sci.，1969，74：141-148.

［4］蒋柏藩，顾益初. 石灰性土壤无机磷分级体系的研究 ［J］. 中国农业科学，1989，22（3）：48-56.

［5］蒋柏藩，顾益初. 灰性土壤无机磷分级的测定方法 ［J］. 土壤，1990，22（2）：101-102.

［6］蒋柏藩. 石灰性土壤无机磷有效性的研究 ［J］. 土壤，1992，24（2）：61-64.

［7］李昌纬，华天茂，赵伯善，等. 堘土中无机磷的形态、转化及其植物有效性 ［J］. 土壤，1992，24（2）：65-67.

［8］张漱茗，于淑芳，刘毅志. 施肥对石灰性土壤磷磷素形态的影响 ［J］. 土壤，1992，24（2）：68-70.

［9］周广业，等. 长期施肥不同肥料对土壤磷与形态转化的影响 ［J］. 土壤学报，1993，30（47）：443-446.

［10］陈欣，等. 磷肥低量施用制度下土壤磷库的发展变化. Ⅱ. 土壤有效磷及土壤无机磷组成 ［J］. 土壤学报，1997，34（1）：81-87.

［11］鲁如坤，土壤磷素（一）［J］. 土壤通报，1980，（1）：43-47.

［12］熊毅. 土壤胶体的组成及复合 ［J］. 土壤通报，（5）：1-8.

［13］赵晓齐，鲁如坤. 有机肥对土壤磷素吸附的影响 ［J］，土壤通报，28（1）：7-13.

［14］顾益初，欣绳武. 长期施用磷肥条件下潮土磷素的积累、形态转化和有效性 ［J］. 土壤，1997，（1）：13-17.

［15］郭智芬，等. 石灰性土壤不同形态无机磷对作物磷营养的贡献 ［J］. 中国农业科学，1997，30（1）：26-32.

［16］林治安，谢承陶，等. 旱作农田石灰性土壤磷素形态、转化与施肥 ［J］. 土壤肥料，1996，（6）：26-28.

［17］周建斌，李昌纬，赵伯善，等. 长期施肥对堘土底土养分含量的影响 ［J］. 土壤通报，1993，24（1）：21-23.

［18］玉宝洪，李桂山，蒙宝球. 深耕和增施有机肥对土壤肥力及水稻产量的影响 ［J］. 土壤肥料，1997，（6）：32-34.

［19］张喜成，韩润娥，袁小良. 局部施磷对小麦根系生长和分布的影响 ［J］. 土壤肥料，1993，（5）：38.

［20］顾益初，蒋柏藩，鲁如坤. 风化对土壤粒级中磷素形态转化及其有效性的影响 ［J］. 土壤学报，1984，21（2）：134-143.

# Effect of Long-term Fertilization on the Forms of Inorganic Phosphorus in Calcareous Fluvo-aquic Soil

Liang Guoqing　Lin Bao　Lin Jixiong　Rong Xiangnong

(Soil and Fertilizer Institute，CAAS，Beijing 100081)

**Abstract**　A new soil inorganic phosphorus fraetionation method proposed by

Jiang Bofan-GuYiehu (1989) was adopted to study the effect of long-term fertilization on transformation of inorganic phosphorus in surface soil, distribution of inorganic phosphorus in soil profile. The result indicated that plant mainly used inorganic phosphorus in forms of $Ca_8$-P, Al-P, Fe-P and $Ca_2$-P in surface soil and subsoil within $30\sim50cm$ when soil phosphorus was depleted. Only in excessive P depletion could plant use $Ca_{10}$-P. O-P was the most stable form of inorganic phosphorus that plant could not use. When soil phosphorus accumulated by application of phosphorus fertilizer, the accumulated phosphorus mainly transformed into the forms of $Ca_{10}$-P and O-P that plant can hardly use. While combine use of chemical fertilizer and organic manure, the accumulated phosphorus mainly transformed into readily available forms of $Ca_2$-P and $Ca_8$-P. Not only the inorganic phosphorus pool of $Ca_8$-P, Al-P, Fe-P and $Ca_2$-P were enlarged by combine use of chemical fertilizer and organic manure, but also the contents of these forms of inorganic phosphorus increased in the soil below surface, and as the application of organic manure increased, the deeper depth of soil profile was affected. In our study condition, the effect of fertilization on the contents of inorganic phosphorus forms wouldn't exceed 50cm below the surface soil. The contents of O-P and $Ca_{10}$-P in the subsoil were little affected by fertilization, their contents were mainly affected by soil texture. O-P (and Fe-P also) generally accumulated in clay layer in the soil profile, on the contrary, $Ca_{10}$-P accumulated in sandy soil. But the other two forms of Ca-P were not found accumulating in Sandy soil in the soil profile.

**Key words** Calcareous fluvo-aquic soil; Forms of inorganic phosphorus; Long-term fertilization

# 长期施肥对潮土硫、钙和镁组分与平衡的影响

林葆[1]　周卫[1]　李书田[1]　荣向农[1]　林继雄[1]

谢志霄[2]　赵彦卿[2]　艾卫[2]　温庆活[2]

([1] 中国农业科学院土壤肥料研究所　北京　100081；
[2] 河北省辛集市农业技术推广中心　河北　052360)

**摘要**　本文以在潮土进行的 20 年的长期肥料试验为例进行研究。结果显示，单施化肥处理土壤有效硫出现耗竭趋势，而施用有机肥的处理则保持较高有效硫水平和由于所含钙磷肥和有机肥以及灌溉水中含有数量可观的钙，土壤水溶态钙和交换态钙含量除对照外，各处理间十分接近，各处理的钙均有盈余；由于有机肥对土壤镁素的补充作用，水溶态镁、交换态镁、酸溶态镁和全镁含量均表现为原始土＞单施有机肥＞对照＞化肥与有机肥配施＞单施化肥，即使在施用有机肥条件下，土壤镁素仍然亏缺。

**关键词**　长期施肥；潮土；硫；钙；镁

国外的肥料长期试验肯定了长期使用化肥的作用及某些作物长期单一种植的可能性，而国内的长期试验弄清了我国耕地不同利用方式下，作物产量的变化、氮、磷、钾化肥肥效与土壤肥力演变、有机肥与化肥施用的适宜用量和比例等[1]。迄今有关长期施肥对土壤有机质组成、大量元素平衡和作物产量的影响已有许多报道[1~2]，但现有试验较少或完全没有涉及到添加中量元素的处理以及土壤中这些元素的转化和平衡，对长期施用有机肥在土壤养分尤其是中量元素平衡中的作用也缺乏实例分析和证据支撑。为此，本文以在潮土进行了 20 年的长期试验为例，研究长期施肥对土壤硫、钙和镁组分与平衡的影响。

# 1　材料与方法

## 1.1　供试土壤与试验处理

试验于 1979 年秋设置在河北省辛集市马兰农场，供试土壤为潮土，质地为壤土，基础土壤的农化性状为：有机质 11.2 克/千克，全 N 0.72 克/千克，有效 P 4 毫克/千克，有效 K 87 毫克/千克，CEC 15.4 厘摩尔（＋）/千克，pH 8.0。

试验采用冬小麦—夏玉米轮作制。共设置了 8 个处理，本研究只选以下四个处理进行研究：（1）CK：对照，小麦不施肥，玉米只施氮肥；（2）NPK：小麦施氮、磷、钾化肥，玉米

注：本文发表于《土壤通报》，2001 年 6 月，第 32 卷第 3 期，126～128。

只施氮肥；（3）M：小麦单施有机肥，玉米只施氮肥；（4）NPKM：小麦在氮、磷、钾化肥基础上配合施用有机肥，玉米只施氮肥。小区面积 80 平方米；3 次重复。氮、磷、钾化肥品种分别为尿素、普钙（含 S 12%，Ca 16 4%，1979—1994 年施用）或三料过磷酸钙（含 Ca14.3%，不含 S，1995—1999 年施用）和氯化钾，小麦各处理（CK 和 M 处理除外）化肥用量为 N 150 千克/公顷，P 65.5 千克/公顷，K 124.5 千克/公顷，有机肥用量为 37.5 吨/公顷；（含 S 34.5 千克/公顷，Ca 55.4 千克/公顷，Mg 22.2 千克/公顷），磷、钾肥和有机肥均基施，氮肥基追肥结合。夏玉米各处理（含 CK 和 M 处理）均施 N 120 千克/公顷，基追肥结合。

于 1999 年玉米收获后采取土壤样品，进行土壤硫、钙和镁形态分级；采用 1999 年收获的小麦和玉米子粒和秸秆样品，测定硫、钙和镁含量；采取小麦和玉米生长期间的灌溉水样和降雨水样，测定硫、钙和镁含量。

### 1.2 测定方法

土壤硫形态分级：按 Freney 所采用的方法[3]；土壤钙和镁形态分级：按 Page 所采用的方法[4]；植物硫、钙和镁含量：硝酸—高氯酸消化，ICP 测定[5]；灌溉水样和降雨水样硫、钙和镁含量：ICP 直接测定。

## 2 结果与分析

### 2.1 长期施肥对土壤硫组分与硫素平衡的影响

1979—1994 年随着普钙进入土壤的 S 年均为 112.6 千克/公顷，远超过作物对硫的需求。尽管如此，1995—1999 年磷肥品种更新为不含 S 的三料过磷酸钙时，土壤硫即出现耗竭趋势，以磷酸—钙提取 S（有效 S）的含量，CK 和 NPK 处理较原始土明显下降，分别为41.0 和 47.3 毫克/千克，而施用有机肥的 M 和 NPKM 两个处理均保持较高水平（表 1），表明施用行机肥对土壤保持较高的有效硫水平具有重要意义。

表 1 显示，与原始土、CK 和 M 处理比较，NPK 和 NPKM 处理具有较高的难溶性无机硫含量，这可能与 1979—1994 年随普钙进入土壤的硫与碳酸钙发生共沉淀，转化为难溶性无机硫有关。

酯键硫、碳键硫和惰性硫均表现为：M＞NPKM＞原始土＞CK、NPK（表 1），表明施用有机肥对于增加土壤有机硫库十分关键。本试验条件下，土壤全硫表现为：NPKM＞M＞NPK、原始土＞CK，NPK 和 NPKM 处理具有较高的全硫含量，显然也与 1979—1994 年的普钙施用关系密切。

#### 表 1 长期施肥对土壤硫组分的影响

（单位：S 毫克/千克）

| 处理 | 磷酸—钙提取硫 | 难溶性无机硫 | 酯键硫 | 碳键硫 | 惰性硫 | 全硫 |
|---|---|---|---|---|---|---|
| 原始土 | 56.3 | 51.0 | 69.0 | 88.7 | 228.5 | 493.5 |
| CK | 41.0 | 49.2 | 54.8 | 86.0 | 224.5 | 455.8 |
| NPK | 47.3 | 149.9 | 64.4 | 90.6 | 220.5 | 582.7 |
| M | 62.5 | 51.6 | 100.2 | 101.0 | 234.7 | 550.0 |
| NPKM | 58.5 | 104.9 | 93.4 | 95.7 | 233.7 | 586.2 |

表 2、表 3 显示，长期施肥对作物产量影响显著。1999 年小麦和玉米产量均表现为

NPKM、NPK>M>CK，而小麦和玉米的子粒和秸秆硫含量均以 M 处理最高，其他三个处理则较为接近。

计算 1999 年当年的土壤硫素平衡，结果显示，M 和 NPKM 处理 S 分别盈余 4.1 和 0.5 千克/公顷，而 NPK 和 CK 处理分别亏缺 33.9 和 11.5 千克/公顷（表4），表明有机肥对保持土壤硫素平衡具有施用不含硫化肥不可替代的作用。

#### 表2　长期施肥对小麦产量及 S、Ca 和 Mg 含量的影响
（1999）

| 处理 | 产量（千克/公顷） | 经济系数 | S（克/千克） | | Ca（克/千克） | | Mg（克/千克） | |
|---|---|---|---|---|---|---|---|---|
| | | | 子粒 | 秸秆 | 子粒 | 秸秆 | 子粒 | 秸秆 |
| CK | 2160c | 0.415 | 1.5 | 1.5 | 0.6 | 2.0 | 1.2 | 1.5 |
| NPK | 7110a | 0.470 | 1.5 | 1.3 | 0.7 | 2.1 | 1.6 | 1.4 |
| M | 4380b | 0.472 | 1.7 | 1.7 | 0.9 | 2.3 | 2.0 | 1.8 |
| NPKM | 7350a | 0.474 | 1.5 | 1.5 | 0.8 | 2.3 | 2.0 | 1.8 |

#### 表3　长期施肥对玉米产量及 S、Ca 和 Mg 含量的影响
（1999）

| 处理 | 产量（千克/公顷） | 经济系数 | S（克/千克） | | Ca（克/千克） | | Mg（克/千克） | |
|---|---|---|---|---|---|---|---|---|
| | | | 子粒 | 秸秆 | 子粒 | 秸秆 | 子粒 | 秸秆 |
| CK | 4380c | 0.468 | 1.4 | 1.8 | 0.6 | 2.5 | 1.6 | 2.0 |
| NPK | 6240a | 0.408 | 1.2 | 1.7 | 0.5 | 2.6 | 1.4 | 1.8 |
| M | 5520b | 0.404 | 1.5 | 1.8 | 0.8 | 2.8 | 1.8 | 2.4 |
| NPKM | 6045a | 0.451 | 1.4 | 1.7 | 0.7 | 2.9 | 1.8 | 2.3 |

#### 表4　长期施肥对土壤 S 平衡的影响
（1999）　　　　　　　　（单位：千克/公顷）

| 处理 | 投入 | | | 产出 | | 盈亏 |
|---|---|---|---|---|---|---|
| | 肥料 | 降水 | 灌溉水 | 小麦 | 玉米 | |
| CK | 0.0 | 1.0 | 9.0 | 6.4 | 15.1 | −11.5 |
| NPK | 0.0 | 1.0 | 9.0 | 21.1 | 22.9 | −34.0 |
| M | 34.5 | 1.0 | 9.0 | 15.8 | 24.6 | +4.1 |
| NPKM | 34.5 | 1.0 | 9.0 | 23.2 | 20.8 | +0.5 |

### 2.2　长期施肥对土壤钙组分与钙素平衡的影响

表5 显示，供试土壤酸溶态钙>交换态钙>残余态钙>水溶态钙，其中交换态 Ca 达 4481毫克/千克，有效钙极为丰富。由于土壤全钙含量极高，加之 1979—1994 年随普钙进入土壤的 Ca 年均为 153.0 千克/公顷，远超过每年作物对钙的需求，1995—1999 年随三料过磷酸钙进入土壤的钙年均为 47.6 千克/公顷，这也相当于 NPK 处理小麦—玉米对钙的年吸收量，但水溶态钙利交换态钙含量 NPK，M 和 NPKM 三处理间十分接近，均高于原始土和 CK；酸溶态钙则表现为 NPKM、NPK>CK、M，这可能与随普钙和三料过

磷酸钙进入土壤的钙转化为酸溶态 Ca 有直接关系；土壤残余态钙各处理间十分接近；全钙含量则表现为 NPK＞NPK＞M＞原始土＞CK，显然这也与每年实际进入土壤中钙的量相吻合（表5）。

**表 5　长期施肥对土壤钙组分的影响**

（单位：Ca，毫克/千克）

| 处理 | 水溶态钙 | 交换态钙 | 酸溶态钙 | 残余态钙 | 全钙 |
|---|---|---|---|---|---|
| 原始土 | 59 | 4481 | 16127 | 2122 | 22789 |
| CK | 51 | 4459 | 16148 | 2125 | 22783 |
| NPK | 60 | 4490 | 16102 | 2110 | 22852 |
| M | 65 | 4487 | 16080 | 2114 | 22746 |
| NPKM | 71 | 4496 | 16190 | 2116 | 22863 |

表2、表3显示，小麦和玉米的子粒和秸秆钙含量均以 M 和 NPKM 处理最高，显示施用有机肥促进了作物钙的吸收。由于施肥及灌溉水中均含有数量可观的钙，尤其是有机肥提供了极为丰富的钙，实际上，除 CK 外，其余各处理均有钙的盈余（表6）。

**表 6　长期施肥对土壤 Ca 平衡的影响**

（1999）　　　　　　　　（单位：千克/公顷）

| 处理 | 投入 | | | 产出 | | 盈亏 |
|---|---|---|---|---|---|---|
| | 肥料 | 降水 | 灌溉水 | 小麦 | 玉米 | |
| CK | 0.0 | 0.6 | 7.5 | 6.2 | 14.8 | −12.9 |
| NPK | 47.6 | 0.6 | 7.5 | 21.8 | 26.7 | +7.2 |
| M | 55.4 | 0.6 | 7.5 | 15.2 | 27.2 | +21.1 |
| NPKM | 103.0 | 0.6 | 7.5 | 24.6 | 25.6 | +60.9 |

## 2.3　长期施肥对土壤镁组分与镁素平衡的影响

供试土壤酸溶态镁＞交换态镁＞残余态镁＞水溶态镁，交换态 Mg 含量极高，达235毫克/千克（表7），与钙、硫不同，本试验施入的养分除含 M 的处理含有 Mg 外，其余处理均不含镁（表8），经 20 年试验处理，水溶态镁、交换态镁、酸溶态镁和全镁含量均表现为：原始土＞M＞CK＞NPKM＞NPK（表7），这可能与 M 处理随同有机肥带入了土壤一定数量的镁有关。

**表 7　长期施肥对土壤镁组分的影响**

（单位：毫克/千克）

| 处理 | 水溶态镁 | 交换态镁 | 酸溶态镁 | 残余态镁 | 全镁 |
|---|---|---|---|---|---|
| 原始土 | 38 | 235 | 879 | 188 | 1340 |
| CK | 28 | 214 | 868 | 186 | 1296 |
| NPK | 20 | 206 | 852 | 187 | 1265 |
| M | 33 | 218 | 864 | 191 | 1306 |
| NPKM | 25 | 208 | 860 | 187 | 1280 |

#### 表 8　长期施肥对土壤 Mg 平衡的影响

（1999）　　　　　　　　　　　　　　　　　　（单位：千克/公顷）

| 处理 | 投入 | | | 产出 | | 盈亏 |
|------|------|------|--------|------|------|------|
| | 肥料 | 降水 | 灌溉水 | 小麦 | 玉米 | |
| CK | 0.0 | 0.0 | 1.5 | 5.5 | 16.9 | −20.9 |
| NPK | 0.0 | 0.0 | 1.5 | 22.6 | 25.0 | −46.1 |
| M | 22.2 | 0.0 | 1.5 | 17.6 | 29.5 | −23.4 |
| NPKM | 22.2 | 0.0 | 1.5 | 29.4 | 27.8 | −33.5 |

　　计算土壤 Mg 平衡，结果显示，虽然有机肥对土壤 Mg 有一定补充作用，但仍然出现亏缺，1999 年 NPKM 和 M 处理分别亏缺 Mg 23.4 和 33.5 千克/公顷，NPK 处理亏缺更大，达 46.1 千克/公顷（表 8）。虽然在此石灰性潮土上含镁丰富，短期内不会构成营养问题，但对于其他非石灰性的缺镁土壤则应注意镁的补充。

## 3　讨论与结论

　　研究表明，长期施用过磷酸钙能显著提高土壤中的含钙量[6]，主要是增加土壤中的 EUFCa[7]。长期施用氮肥和钾肥减少土壤中的钙含量，尤其是交换性钙，但施用硝酸铵则可增加土壤中交换性钙含量，因其增加了土壤的 pH；硫酸铵则显著降低土壤 pH，用量越大，施用时间越长，土壤交换性钙含量下降越多，这与施肥导致土壤 pH 下降有关，因 pH 下降使钙和镁的淋溶加强[8]。郭鹏程在棕壤上的实验表明，常年施用氯化钾对土壤交换性钙和镁的含量影响不大[9]。本试验发现，在石灰性潮土上施用含钙、硫的无机肥料，除去部分向下淋洗外，还有相当部分转化为酸溶态钙和难溶性无机硫。

　　研究表明，长期施用农家厩肥或猪粪液，可降低土壤耕层的钙、镁含量，但心土层的钙、镁含量增加，这可能是施用有机肥活化了土壤中的钙和镁，使其向下层淋溶加强[6]。本试验显示，有机肥中的钙、镁含量虽然不如普钙和三料过磷酸钙高，但其用量较大，因而每年通过有机肥带入土壤中的钙、硫比化学磷肥还多，且这部分钙、硫可通过矿化作用转化，有效性较高，且长期施用有机肥还可增加土壤有机硫库，其虽不能完全满足作物镁的需求，但可以满足作物钙、硫需求。可见有机肥对于保持土壤钙、硫平衡具有十分重要的作用。

### 参 考 文 献

[1] 林葆，林继雄，李家康. 长期施肥的作物产量和土壤肥力变化 [J]. 植物营养与肥料学报，1994，（1）：6-18.

[2] 林葆，林继雄，李家康. 长期施肥的作物产量和土壤肥力变化 [M]. 北京：中国农业科学技术出版社，1996.

[3] Freney J R, Melville G E, Williams C H. Soil organic matter fractions as sources of plant available sulfur [J]. Soil Biol Biochem. 1975，7：217-221.

[4] Page A L, Miller R H, Keeney D R. Methods of soil analysis Part 2：Chemical and microbiological properties [C]，2nd ed. ASA, SSSA. Madison, Wisconsin USA. 1982.

［5］Lisle L，Lefroy R，Anderson G，Blair G. Methods for the measurement of sulfur in plants and soil ［J］. Sulphur in Agriculture. 1994，18：45-54.

［6］Krishnamoorthy K K. Review of soil Research in India ［M］. Part I，1982：453-464.

［7］Mercik S，Nemeth K. Effects of 60-year N，P，K and Ca. fertilization on EUF-nutrient fractions in the soil and on yields of rye and potato crops ［J］. Plant and Soil，1985，83（1）：151-159.

［8］Schwab A P，Ranson M D，Owensby C E. Exchange properties of an argiustoll：Effects of Longterm ammonium nitrate fertilization ［J］. Soil Sci. Soc. Am. J. 1989，53（5）：1412-1417.

［9］郭鹏程，王德清，董翔云，金圣爱. 长期施用含氮化肥对土壤性质和作物产量品质的影响 ［M］//胡思农. 硫、镁和微量元素在作物营养平衡中的作用国际学术讨论会论文集. 成都：成都科技大学出版社，1993：494-499.

# 长期定位施肥对土壤腐殖质理化性质的影响

史吉平[1]　张夫道[2]　林葆[2]

([1] 上海交通大学农学院　上海　201101；
[2] 中国农业科学院土壤肥料研究所　北京　100081)

**摘要**　以潮土，旱地红壤和红壤性水稻土为研究对象，探讨了长期施肥对土壤腐殖质含量与性质的影响。结果表明，长期施肥不仅影响土壤腐殖质的含量与组成，还影响腐殖质的理化性质。施有机肥或有机无机肥配施降低潮土和旱地红壤胡敏酸的 $E_4$ 和 $E_6$ 值，提高红壤性水稻土胡敏酸的 $E_4$ 和 $E_6$ 值。单施化肥也能提高红壤性水稻土胡敏酸的 $E_4$ 和 $E_6$ 值，但对潮土和旱地红壤胡敏酸 $E_4$ 和 $E_6$ 值影响不大，长期施肥对土壤耕层富里酸可见光谱的影响与胡敏酸不同，施有机肥或有机无机肥配施均能提高 3 种土壤富里酸的 $E_4$ 和 $E_6$ 值，单施化肥对 3 种土壤富里酸的 $E_4$ 和 $E_6$ 值基本上没有影响。长期施肥也影响腐殖质的紫外吸收光谱，长期施用有机肥或有机无机肥配施均能提高 3 种土壤胡敏酸和富里酸的紫外吸收光谱值，但这种作用只在短波长方向明显，随着波长的增加影响减小。单施化肥也可以提高富里酸的紫外吸收值，但只能提高潮土胡敏酸的紫外吸收值。长期施用有机肥或有机无机肥配施均能提高 3 种土壤胡敏酸和富里酸的总酸性基、羧基和酚羟基含量，单施化肥对胡敏酸和富里酸含氧功能团含量的影响不大。

**关键词**　长期定位施肥；土壤腐殖质；潮土；旱地红壤；红壤性水稻土

# Effects of Long-term Located Fertilization on the Physico-chemical Property of Soil Humus

Shi Jiping[1]　Zhang Fudao[2]　Lin Bao[2]

([1] Shanghai Jiaotong University. Shanghai　201101；
[2] Soil and Fertilizer Institute，CAAS，Beijing　100081 )

**Abstract**　A systematic study concerning the effects of a long-term stationary

---

注：本文发表于《中国农业科学》，2002，35（2）：174～180。

fertilization on content and property of soil humus in Fluvo-aquic soil sampled from Malan Farm, Xinji City, Hebei, and Arid red soil and Paddy red soil sampled from the Institute of Red Soil, Jinxian County, Jiangxi was conducted. The results showed that long-term fertilization affected not only the content and composition of soil humus, but also the physico-chemical property of the soil humus. With applying organic manure or applying both organic manure and chemical fertilizer, $E_4$ and $E_6$ values of humic acid decreased in the Fluvo-aquic soil and the Arid red soil, but increased in the Paddy red soil. $E_4$ and $E_6$ values of humic acid increased with single application of chemical fertilizer. In the Paddy red soil but they changed a little in Fluvo-aquic soil and Arid red soil. The effects of long-term fertilization on the visible spectroscopic property of fulvic acid were different from that of humic acid. Long-term application of organic manure or application of both organic manure and chemical fertilizer could increase $E_4$ and $E_6$ values of fulvic acid in all the three types of soil. Single application of chemical fertilizer had little effect on the $E_4$ and $E_6$. Long-term fertilization could also influence the ultraviolet spectroscopic property of humus. With single application of organic manure or application of both organic manure and chemical fertilizer, the ultraviolet absorbance of humic acid and fulvic acid increased in all the three types of soil. But this effect was obvious only in short wave length and decreased as the wave length increased. With single application of chemical fertilizer the ultraviolet absorbance of fulvic acid increased in all the three tvves of soil, but that of humic acid increased only in Fluvo-aquic soil. Long-term application of organic manure or application of both organic manure and chemical fertilizer increased the contents of total acidic groups, carboxyl groups and phenolic hydroxyl groups of humic acid and fuvic acid in the three types of soil. Single application of chemical fertilizer had little effects on the content of total acidic groups, carboxyl groups and phenolic hydroxyl groups of humic acid and fuvic acid in the three types of soil.

**Key words** Long-term located fertilization; Soil humus; Fluvo-aquic soil; Arid red soil Paddy red soil

土壤腐殖质是土壤有机质在土壤中形成的一类特殊的高分子化合物，土壤腐殖质的积累，在很大程度上影响着土壤肥力。腐殖质的作用，在很大程度上取决于腐殖酸表面大量功能团的含量。胡敏酸中较活泼的功能团大部分属于含氧功能团，如羧基、酚羟基和醇羟基等。这些功能团可与土壤中的金属离子、黏土矿物、水合氧化物发生相互作用，对土壤营养元素的保持与释放，以及对土壤中所进行的物理化学和生物化学反应都有着重要影响。胡敏酸甲氧基功能团的含量多寡是衡量土壤腐殖质化的重要指标，胡敏酸甲氧基含量增加，说明土壤有机质腐殖质化程度加剧。

土壤腐殖质的 $E_4$ 值和 $E_4/E_6$ 比值可作为判断土壤腐殖质复杂程度的指标，特别是 $E_4$ 值和腐殖质的芳化度呈显著正相关[1]。胡敏酸的光密度愈大，则分子的复杂程度愈高，芳香核原子团多，缩合度较高；相反，较为简单的胡敏酸则芳化度小，脂肪侧键多，其光密度也较小。

虽然土壤腐殖质含氧功能团和光学特性等理化性质的研究已有报道，但多是关于自然土壤条件下或短期施肥条件下的研究[1~3]，长期施肥对土壤腐殖质含氧功能团和光学特性的影响研究较少[4~6]。本文以河北省辛集市马兰农场的潮土、江西省进贤县江西省红壤研究所的旱地红壤和红壤性水稻土为研究对象，探讨长期施肥对不同土壤腐殖质理化性质的影响，为科学施肥提供理论依据。

# 1 材料与方法

## 1.1 供试土壤

供试土壤分别采自河北省辛集市马兰农场和江西省进贤县江西省红壤研究所的长期定位试验基地，每年施肥情况见表1。

**表1 供试土壤每年施肥情况**

（单位：千克/公顷）

| 土壤类型 | 不施肥 CK | NPK | | | 有机肥 | NPK＋有机肥 |
| --- | --- | --- | --- | --- | --- | --- |
| | | N | $P_2O_5$ | $K_2O$ | | |
| 潮土 | 0 | 150＋172.5 | 150 | 150 | 37500 | 622.5＋37500 |
| 旱地红壤 | 0 | 60×2 | 30×2 | 60×2 | 15000×2 | 300＋30000 |
| 红壤性水稻土 | 0 | 90×2 | 45×2 | 75×2 | 22500×2 | 420＋45000 |

**1.1.1 潮土** 试验从 1980 年开始在河北省辛集市马兰农场进行，供试土壤为潮土，质地为轻壤，有机质 1.1%，pH 7.8，碱解氮、速效磷和速效钾分别为 41.0、5.0 和 87.0 毫克/千克，阴离子交换量为 15.24 厘摩尔/千克。试验设 CK（不施肥）、NPK、OM（有机肥）、NPK＋OM 4 个处理。小区面积 80.0 平方米，3 次重复，顺序排列。试验采用冬小麦—夏玉米轮作制。1996 年小麦品种为冀麦 38，玉米品种为 7505。肥料品种为尿素、普通过磷酸钙、氯化钾及农家肥。氮肥 40% 作底肥，60% 在小麦起身期追施，其他肥料均一次性基施，玉米生长期再追施 375 千克/公顷尿素。

**1.1.2 旱地红壤** 试验从 1986 年开始在江西省进贤县江西省红壤研究所进行，供试土壤为旱地红壤，质地为黏土，有机质 1.6%，pH6.0，碱解氮、速效磷和速效钾分别为 60.3、12.9 和 102.0 毫克/千克，阴离子交换量为 7.34 厘摩尔/千克。试验设 CK（不施肥）、NPK、OM（有机肥）、NPK＋OM 4 个处理。小区面积 22.22 平方米，3 次重复，随机排列。试验采用早玉米—晚玉米—休闲制。1996 年早玉米品种为湘玉 7 号，晚玉米品种为郑三 3 号。肥料品种为尿素、钙镁磷肥、氯化钾及猪粪。

**1.1.3 红壤性水稻土** 试验从 1981 年开始在江西省进贤县江西省红壤研究所进行，供试土壤为红壤性水稻土，质地为黏土，有机质 2.8%，pH6，碱解氮、速效磷、速效钾分别为 150、9.5 和 97.8 毫克/千克，阴离子交换量为 11.9 厘摩尔/千克。试验设 CK（不施肥）、NPK、NPK＋OM 3 个处理。小区面积 46.6 平方米，3 次重复，随机排列。试验采用早稻—晚稻—冬闲制。早晚稻品种组合 5 年一换，1996 年早稻品种为 2106，晚稻品种为汕优 64。肥料品种为尿素、钙镁磷肥、氯化钾、紫云英（早稻）和猪粪（晚稻）。

**1.1.4 采样时间与方法** 潮土采样时间为 1996 年 6 月 12 日，旱地红壤采样时间为 1996 年 7 月 20 日，红壤性水稻土采样时间为 1996 年 7 月 24 日。采样时只采 0～20 厘米耕层土壤，每个处理随机取 6 个点，取完后混合制样。样品风干后过 1 毫米和 0.25 毫米筛备用。

## 1.2 测试项目

**1.2.1 土壤腐殖质含量测定** 根据曹恭 (1986)[7] 的修改法，将腐殖质分为胡敏酸和富里酸两组。

**1.2.2 腐殖质含氧功能团测定** 总酸性基用氢氧化钡法测定[8]；羧基用醋酸钡法测定[8]，酚羟基用差减法测定，即酚羟基含量＝总酸性基－羧基含量。

**1.2.3 腐殖质紫外吸收光谱特征测定** 将纯化好的胡敏酸和富里酸用 0.05 摩尔/升 $NaHCO_3$ 分别稀释至含碳量为 0.625 毫克/毫升和 0.678 毫克/毫升，然后分别在 200、250、300、350、400 纳米波长下测定光密度，并绘制光谱图[2]。

**1.2.4 腐殖质可见光谱特征测定** 将纯化好的胡敏酸和富里酸用 0.05 摩尔/升 $NaHCO_3$ 分别稀释至含碳量为 0.136 毫克/毫升，测定其在 465 纳米和 665 纳米波长下的光密度[2]。

# 2 结果与分析

## 2.1 对土壤腐殖质组成与含量的影响

长期施用化肥、有机肥，或有机无机肥配施，均可提高潮土和旱地红壤的腐殖质含量（表2），其中胡敏酸和富里酸含量均相应地增加，但以有机无机肥配施的效果最好。长期施用化肥对红壤性水稻土腐殖质含量影响不大，但有机无机肥配施可以提高红壤性水稻土的胡敏酸含量，从而提高总腐殖质含量。3 种土壤腐殖质的胡/富比值，施肥的比不施肥的土壤中胡/富比值高，且潮土腐殖质的胡/富比值远高于旱地红壤和红壤性水稻土。这是因为北方土壤中的腐殖质以胡敏酸为主，而南方土壤中的腐殖质则以富里酸为主。红壤性水稻土的胡/富比值较旱地红壤略高一些，说明土壤类型、利用方式和培肥条件不同，其腐殖质的组成也不相同。

## 2.2 对腐殖质光谱特征的影响

**2.2.1 对腐殖质可见光谱特征的影响** 土壤腐殖质的 $E_4$ 值和 $E_4/E_6$ 比值可作为判断土壤腐殖质复杂程度的指标，特别是 $E_4$ 值和腐殖质的芳化度呈显著正相关[6]。胡敏酸的光密度愈大，则分子的复杂程度愈高，芳香核原子团多，缩合度较高；相反，较为简单的胡敏酸则芳化度小，脂肪侧键多，其光密度也较小。长期施肥对土壤耕层胡敏酸可见光谱特征的影响见表 3，从表中数据可以看出，潮土的 $E_4$ 和 $E_6$ 值均显著高于旱地红壤和红壤性水稻土，而 $E_4/E_6$ 比值却明显低于旱地红壤和红壤性水稻土，表明潮土胡敏酸分子的复杂程度远比旱地红壤和红壤性水稻土高。施有机肥或有机无机肥配施降低潮土和旱地红壤的 $E_4$ 和 $E_6$ 值，提高其 $E_4/E_6$ 比值，单施化肥对潮土和旱地红壤胡敏酸 $E_4$ 和 $E_6$ 值及 $E_4/E_6$ 比值影响不大。施肥虽然可以提高红壤性水稻土胡敏酸的 $E_4$ 和 $E_6$ 值，但对其 $E_4/E_6$ 比值没有影响。施肥使潮土和旱地红壤胡敏酸分子的复杂程度趋于降低，而使红壤性水稻土胡敏酸分子的复杂程度趋于增高，但施肥对胡敏酸光学性质的影响不如水热条件的影响大。从旱地红壤和红壤性水稻土不施肥处理来看，旱地红壤的 $E_4$ 值比红壤性水稻土要高一些，说明旱地红壤的胡敏酸比红壤性水稻土缩合度高。

长期施肥对土壤耕层富里酸可见光谱的影响与胡敏酸不同，施有机肥或有机无机肥配施均能提高 3 种土壤富里酸的 $E_4$ 和 $E_6$ 值及 $E_4/E_6$ 比值,且二者的效果相近,单施化肥对 3 种土壤富里酸的光学性质基本上没有影响。潮土的 $E_4$ 和 $E_6$ 值及 $E_4/E_6$ 比值与旱地红壤接近,且远高于红壤性水稻土,说明潮土和旱地红壤富里酸分子的复杂程度比红壤性水稻土高。从表 3 还可看出,富里酸的 $E_4$ 和 $E_6$ 值非常低,几乎不到胡敏酸 $E_4$ 和 $E_6$ 的 1/10。

**2.2.2 对腐殖质紫外光谱特征的影响** 土壤腐殖质是一类比较复杂的大分子有机化合物,其分子中含有大量的发色团(如 C=C 和 C=O 基团)和助色团(如 C—OH 和 C—NH_2),它们都在紫外光区出现吸收。测定土壤腐殖质的紫外光谱特征,可以了解它们的结构特征及其与土壤肥力的关系。长期施肥对胡敏酸紫外吸收光谱的影响见图 1,从图中曲线可以看出,除潮土 250 纳米波长处的吸光值接近甚至略高于 200 纳米处外,3 种土壤胡敏酸的紫外吸收光谱的共同特征都是吸收值随波长增加而减少。从图 1 还可看出,潮土胡敏酸的紫外吸收光谱曲线明显高于旱地红壤和红壤性水稻土,旱地红壤 200 纳米处的吸收值略低于红壤性水稻土,其余波长处的吸收值与红壤性水稻土接近。长期施用化肥可以提高潮土胡敏酸的紫外吸收值,降低旱地红壤的紫外吸收值,对红壤性水稻土的紫外吸收值影响不大。长期施用有机肥或有机无机肥配施只能提高 3 种土壤胡敏酸在 200 纳米处的紫外吸收值,但却降低 250 纳米以上波长的紫外吸收值(表 2、表 3)。

**表 2　各施肥处理土壤耕层腐殖质含量**

(单位:%)

| 土壤类别 | 项目 | 施肥处理[1] | | | |
| --- | --- | --- | --- | --- | --- |
| | | CK | NPK | OM | NPK+OM |
| 潮土 | 总腐殖质 | 0.205cB | 0.233bB | 0.220bB | 0.300aA |
| | 胡敏酸 | 0.140cB | 0.160bB | 0.151 bcB | 0.210aA |
| | 富里酸 | 0.065 cB | 0.073bB | 0.069bcB | 0.090aA |
| | 胡/富比值 | 2.15b | 2.19b | 2.19b | 2.33a |
| 旱地红壤 | 总腐殖质 | 0.296cB | 0.359bB | 0.313cB | 0.393aA |
| | 胡敏酸 | 0.087cB | 0.110bA | 0.104bA | 0.133aA |
| | 富里酸 | 0.209cB | 0.248bA | 0.210cB | 0.260aA |
| | 胡/富比值 | 0.42bB | 0.44bB | 0.50aA | 0.51aA |
| 红壤性水稻土 | 总腐殖质 | 0.525b | 0.520b | | 0.542a |
| | 胡敏酸 | 0.173b | 0.178b | | 0.205a |
| | 富里酸 | 0.352a | 0.342a | | 0.337a |
| | 胡/富比值 | 0.49bB | 0.52bB | | 0.61aA |

1) 小写英文字母表示 0.05 水平差异显著性,大写英文字母表示 0.01 水平差异显著性,下同。

**表 3　长期施肥对土壤耕层胡敏酸和富里酸可见光谱的影响(消光值)**

| 土壤类型 | 波长 | 施肥处理 | | | | | | | |
| --- | --- | --- | --- | --- | --- | --- | --- | --- | --- |
| | | 胡敏酸 | | | | 富里酸 | | | |
| | | CK | NPK | OM | NPK+OM | CK | NPK | OM | NPK+OM |
| 潮土 | 465 | 1.107aA | 1.103aA | 1.071 bB | 1.071bB | 0.136dB | 0.161 cB | 0.233 aA | 0.196bA |
| | 665 | 0.235 a | 0.231 a | 0.220b | 0.219b | 0.011 cB | 0.014 bAB | 0.017 aA | 0.015 abAB |
| | $E_4/E_6$ | 4.71 b | 4.77b | 4.87 a | 4.90a | 12.32cB | 11.91 cB | 13.71 aA | 13.03 bAB |

（续）

| 土壤类型 | 波长 | 施肥处理 | | | | | | | |
|---|---|---|---|---|---|---|---|---|---|
| | | 胡敏酸 | | | | 富里酸 | | | |
| | | CK | NPK | OM | NPK+OM | CK | NPK | OM | NPK+OM |
| 旱地红壤 | 465 | 0.567aA | 0.475cB | 0.501 bB | 0.490bcB | 0.166bB | 0.189bAB | 0.206 aA | 0.196abA |
| | 665 | 0.082aA | 0.069bB | 0.069bB | 0.064bB | 0.010 a | 0.012 a | 0.012 a | 0.011 a |
| | $E_4/E_6$ | 6.96cB | 6.94cB | 7.31 bA | 7.65 aA | 16.60b | 16.73b | 17.90a | 17.82a |
| 红壤性水稻土 | 465 | 0.507c | 0.527b | | 0.587 a | 0.091 b | 0.087b | | 0.108a |
| | 665 | 0.083b | 0.086b | | 0.096a | 0.053b | 0.052 b | | 0.058a |
| | $E_4/E_6$ | 6.11 a | 6.12a | | 6.12a | 1.72b | 1.68b | | 1.86a |

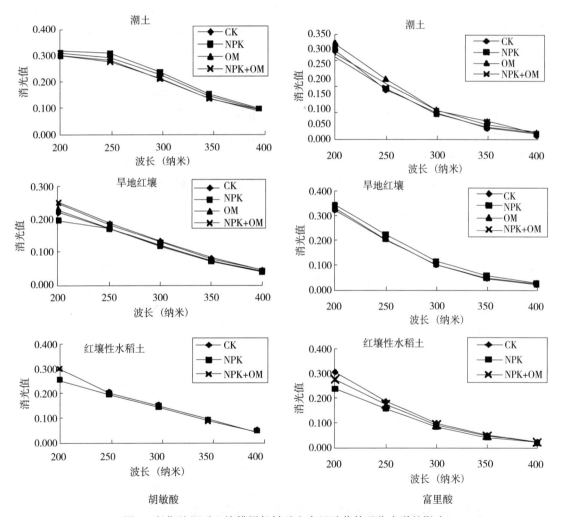

胡敏酸 　　　　　　　　　　　　　富里酸

图1　长期施肥对土壤耕层胡敏酸和富里酸紫外吸收光谱的影响

　　长期施肥对富里酸紫外吸收光谱的影响与胡敏酸不同，3 种土壤富里酸的紫外吸收值比较接近。长期施用化肥、有机肥或有机无机肥配施均能提高潮土和旱地红壤富里酸的紫外吸收值，但降低红壤性水稻土富里酸的紫外吸收值。从图1还可看出，富里酸的紫外吸收值也随波长的增加而减少,但其递减速率比胡敏酸高。富里酸在 200~250 纳米处的紫外吸收值与胡敏酸接近,但随着波长的增加,富里酸的紫外吸收值显著低于胡敏酸,这种现象在潮土中尤为明显。

从胡敏酸和富里酸的紫外吸收光谱图中可以看出,无论是胡敏酸还是富里酸,施肥对其的影响只在短波长区明显,随着波长的增加影响减小。同时说明,土壤腐殖质虽然是一类分子结构比较复杂的有机化合物,但其在土壤中的结构特性还是比较稳定的,施肥等耕作措施对其含量虽然影响较大,但对其结构特性影响较小。

## 2.3 对腐殖质含氧功能团的影响

胡敏酸结合态较活泼的功能团大部分属于含氧功能团,如羧基、酚羟基和醇羟基等。这些功能团可与土壤中的金属离子、黏土矿物、水合氧化物发生相互作用,对土壤营养元素的保持与释放,以及对土壤中所进行的物理化学和生物化学反应都有着重要影响。长期施肥对胡敏酸含氧功能团的影响见表4。从表中数据可以看出,潮土胡敏酸的总酸性基和羧基含量均明显高于旱地红壤和红壤性水稻土,酚羟基含量介于旱地红壤和红壤性水稻土之间,且相差不大。旱地红壤和红壤性水稻土的总酸性基含量然相差不大,但二者的羧基和酚羟基含量相差较大,旱地红壤的羧基含量高于红壤性水稻土,而酚羟含量却低于红壤性水稻土。单施化肥对3种土壤胡敏酸的含氧功能团的影响不大,但施有机肥或有无机肥配施可以提高3种土壤胡敏酸的含氧功能团含量。从表4中还可看出,胡敏酸的羧基含量显高于酚羟基,羧基与酚羟基之比约为1~2。

表4 长期施肥对土壤耕层胡敏酸和富里酸含氧功能团含量的影响

[单位:毫摩尔/(克·度)]

| 土壤类型 | 含氧功能团 | 施肥处理 | | | | | | | |
|---|---|---|---|---|---|---|---|---|---|
| | | 胡敏酸 | | | | 富里酸 | | | |
| | | CK | NPK | OM | NPK＋OM | CK | NPK | OM | NPK＋OM |
| 潮土 | 总酸性基 | 14.64cB | 15.46bcB | 16.46bAB | 17.80aA | 27.65dB | 29.12cB | 31.08bAB | 33.09aA |
| | 羧篆 | 9.84cB | 10.44bcB | 10.88bB | 12.10aA | 23.95cB | 25.25bAB | 26.95bAB | 28.68aA |
| | 酚羟基 | 4.80bB | 5.02bAB | 5.58aA | 5.70aA | 3.70c | 3.87c | 4.13b | 4.41a |
| 旱地红壤 | 总酸性基 | 11.80cB | 11.20cB | 13.20bA | 14.40aA | 21.73cB | 22.53bcAB | 25.23aA | 24.72abA |
| | 羧丛 | 7.34cB | 7.01cB | 8.11bAB | 8.86aA | 18.87bB | 19.58bB | 22.16aA | 21.54aA |
| | 酚羟基 | 4.46cB | 4.22cB | 5.09bA | 5.54aA | 2.86c | 2.95bc | 3.07ab | 3.18a |
| 红壤性水稻土 | 总酸性基 | 10.54cB | 11.87bAB | | 13.28aA | 20.05bB | 21.31bB | | 24.82aA |
| | 羧基 | 5.33b | 5.30b | | 6.12a | 17.72bB | 18.76bB | | 21.85aA |
| | 酚羟基 | 5.68cB | 6.57bAB | | 7.16aA | 2.33cB | 2.55bB | | 2.97aA |

长期施肥对富里酸含氧功能团的影响与胡敏酸相似。潮土的总酸性基、羧基和酚羟基含量均明显高于旱地红壤和红壤性水稻土,后两者的含氧功能团含量相差不大。长期施用有机肥或有机无机肥配施均能提高3种土壤富里酸的含氧功能团含量,单施化肥对富里酸含氧功能团含量的影响不大。富里酸的羧基含量也远远高于酚羟基,且羧基与酚羟基之比约为6~10,远高于胡敏酸的羧基与酚羟基之比。从表4还可看出,富里酸的总酸性基和羧基含量高于胡敏酸1倍左右,而酚羟基含量却比胡敏酸低近1倍。由于酚羟基在总酸性基中所占比例

较低，故富里酸有较高的代换量和移动性。

# 3 讨论

土壤中有机物质的种类很多，但对土壤肥力影响最大的是腐殖质。土壤腐殖质是土壤有机质在土壤中形成的一类特殊的高分子化合物，土壤腐殖质的积累，在很大程度上影响着土壤肥力。本研究表明，长期施用化肥、有机肥，或有机无机肥配施，均能提高潮土、旱地红壤和红壤性水稻土的腐殖质含量，其中胡敏酸和富里酸含量均相应地增加，但以有机肥配施的效果最好。这与前人的研究结果相似[4,6,9~11]。施有机肥或有机无机肥配施还能增加腐殖质中胡敏酸的比例，降低富里酸的比例，即提高土壤腐殖质的胡/富比值。单施化肥对土壤胡/富比值的影响因土而异，单施化肥可以提高旱地红壤的胡/富比值，降低红壤性水稻土的胡/富比值，对潮土的胡/富比值影响不大。

腐殖质的作用在很大程度上取决于腐殖酸表面大量功能团的含量。胡敏酸中较活泼的功能团大部分属于含氧功能团，如羧基、酚羟基和醇羟基等。这些功能团可与土壤中的金属离子、黏土矿物、水合氧化物发生相互作用，对土壤营养元素的保持与释放，以及对土壤中所进行的物理化学和生物化学反应都有着重要影响。胡敏酸甲氧基功能团的含量多寡是衡量土壤腐殖质化的重要指标，胡敏酸甲氧基含量增加，说明土壤有机质腐殖质化程度加剧。本研究表明，长期施用有机肥或有机无机肥配施均能提高 3 种土壤胡敏酸和富里酸的总酸性基、羧基和酚羟基含量，单施化肥对胡敏酸和富里酸含氧功能团含量的影响不大。但张夫道 (1995)[4]和 Шевкцова 等 (1989)[6]的研究表明，有机肥或化肥均可提高胡敏酸的酚羟基和甲氧基含量，降低羧基含量。这可能与土壤类型、定位试验的时间长短、肥料种类以及施肥量的多少有关。本研究还表明，富里酸的总酸性基和羧基含量高于胡敏酸 1 倍左右，而酚羟基含量却比胡敏酸低近 1 倍。这与彭福泉等 (1985)[1] 和 Schnitzer (1977)[3] 的研究结果相似。由于酚羟基在总酸性基中所占比例较低，故富里酸有较高的代换量和移动性。

长期施肥也影响土壤腐殖质的光学性质。施有机肥或有机无机肥配施降低潮土和旱地红壤的 $E_4$ 和 $E_6$ 值，提高红壤性水稻土胡敏酸的 $E_4$ 和 $E_6$ 值。单施化肥也能提高红壤性水稻土胡敏酸的 $E_4$ 和 $E_6$ 值，但对潮土和旱地红壤胡敏酸 $E_4$ 和 $E_6$ 值影响不大。长期施肥对土壤耕层富里酸可见光谱的影响与胡敏酸不同，施有机肥或有机无机肥配施均能提高 3 种土壤富里酸的 $E_4$ 和 $E_6$ 值，单施化肥对 3 种土壤富里酸的 $E_4$ 和 $E_6$ 值基本上没有影响。Ndayeyamiye 等 (1989)[5]的研究表明，长期施用农家肥和猪粪液的土壤腐殖质的相对数量虽然无显著差异，但农家肥处理的土壤胡敏酸中的有机碳含量和 $E_4/E_6$ 比值均高于猪粪液处理。

长期施用有机肥或有机无机肥配施均能提高 3 种土壤胡敏酸和富里酸的紫外吸收光谱值，但这种作用只在短波长方向明显，随着波长的增加影响减小。单施化肥也可以提高富里酸的紫外吸收值，但只能提高潮土胡敏酸的紫外吸收值。

施肥虽然影响土壤腐殖质的含氧功能团含量和光学性质，但施肥的影响不如土壤类型的影响显著。说明土壤腐殖质虽然是一类分子结构比较复杂的有机化合物，但其在土壤中的结构特性还是比较稳定的，施肥等耕作措施对其含量虽然影响较大，但对其结构特性影响较小，土壤腐殖质的结构和特性主要与土壤的水热状况有关[2]。

# 参 考 文 献

[1] 彭福泉，等．我国几种土壤中腐殖质性质的研究．土壤学报，1985，22（1）：64-74.

[2] 严昶升．土壤肥力研究方法．北京：农业出版社，1988.

[3] Schnitzer M，et a1. Determination of acidity in soil organic matter，Soil Sci. Amer. Prec. 1965，29：274-277.

[4] 张夫道．长期施肥条件下土壤养分的动态和平衡．I. 对土壤腐殖质积累及其品质的影响．植物营养与肥料学报，1995，1（3-4）：10-21.

[5] Ndayeyamiye A. et al. Effect of long-term pig slurry and solid cattle manure application on soill chemical and biological properties. Canadian Journal of soil science，1989，69（1）：39-47.

[6] Шевцова. Гумусное состояние черноземных почв придлительном прменении удобрений. Агрохимия，1989，（12）：41-47.

[7] 曹恭．对土壤腐殖质分析方法的改进意见．土壤肥料，1986，（2）：46-47.

[8] Schnitzer M，Recent findings on the characterization of humic substances extracted from soil from widely differing climatic zones，in proc. symposium on soil organic matter studies. braunschweig，International Atomic Energy Agence，Vienna，1977：117-131.

[9] 周广业，等．旱塬黑垆土肥料长期定位研究．土壤肥料，1991，（1）：10-13.

[10] 赖庆旺，等．无机肥连施对红壤性水稻土有机质消长的影响．土壤肥料，1991，（1）：4-7.

[11] Черников. Изменение качественно D состава гумуса дерновоподзолистой почвы при длительном прменении у добрений. Известия TCX A，1988，（4）：52-57.

# 北京市农田土壤硝态氮的分布与累积特征

刘宏斌　李志宏　张云贵　张维理　林葆

（中国农业科学院土壤肥料研究所，农业部植物营养学
重点开放实验室　北京　100081）

**摘要**　采用 GPS 定位、深层土钻取样的方法，研究北京市 254 个深层土壤剖面硝态氮的空间分布特征与累积状况。0～400 厘米土壤剖面硝态氮累积总量保护地菜田最高，115 个塑料大棚和日光温室平均达 1230 千克/公顷；果园土壤仅次于保护地菜田，16 个取样点平均为 1148 千克/公顷；相比之下，露地菜田硝态氮累积量较低，15 个点平均为 697 千克/公顷；粮田最低，93 个冬小麦—夏玉米轮作地块平均为 459 千克/公顷，8 个春玉米地块平均为 420 千克/公顷，水稻田 7 个点平均仅为 69 千克/公顷。同一利用类型、不同地块之间硝态氮累积量相差可达几倍到几十倍。硝态氮累积量超过 800 千克/公顷的地块，保护地菜田有 70.4%，果园 50.0%，露地菜田 33.3%，而冬小麦—夏玉米轮作地块和春玉米地块仅有 8.6% 和 12.5%。从剖面分布来看，旱地农田土壤剖面硝态氮含量自上向下逐渐降低，水田土壤变化不大，通体较低；利用类型不同农田 200～400 厘米土层硝态氮累积量所占比例在 32%～40%，但绝对量相差极大。保护地菜田和果园分别高达 434 和 424 千克/公顷，露地菜田为 284 千克/公顷，冬小麦—夏玉米轮作地块与春玉米地块较低，分别为 148 和 135 千克/公顷。综合来看，北京市保护地菜田和果园土壤剖面硝态氮过量累积问题突出，严重威胁地下水安全；粮田总体状况较好，但个别地区仍有一定污染潜力。

**关键词**　硝态氮累积；土壤剖面；农田利用类型；北京

注：本文发表于《中国农业科学》，2004，37（5）：692～698。

# Characteristics of Nitrate Distribution and Accumulation in Soil Profiles Under Main Agro-land Use Types in Beijing

Liu Hongbin   Li Zhihong   Zhang Yungui
Zhang Weili   Lin Bao

(Soil and Fertilizer Institute, Chinese Academy of Agricultural Sciences/Key Laboratory of Plant Nutrition, Ministry of Agriculture, Beijing 100081)

**Abstract**   The potential of nitrate pollution of groundwater can be forecasted to a great extent by the soil nitrate accumulation. By means of GPS and deep soil core sampling, nitrate content in 254 soil profiles under different land use types was studied in Beijing. $NO_3^- - N$ accumulation in $0 - 400$ cm soil profiles in 115 protected vegetable fields was the highest, averaged as 1230 kg/ha, and in 16 orchards and 15 open vegetable fields was 1148 and 697 kg/ha, in 93 winter wheat and summer maize rotation fields and 8 spring corn fields was 459 and 420 kg/ha respectively, the lowest was paddy fields, only 69 kg/ha averaged by 7 fields. Even for the same land use types, $NO_3^- - N$ accumulation among sampling fields exists great difference. The percent of soil profiles with $NO_3^- - N$ accumulation more than 800 kg/ha was 70.4 in protected vegetable fields, 50.0 in orchards, 33.3 in open vegetable fields, while only 8.6 and 12.5 in winter wheat-summer maize rotation fields and spring corn fields. $NO_3^- - N$ content reduced sharply with the depth of soil profile in dryland fields. Although there was no remarkable difference in the ratio of $NO_3^- - N$ content in $200 \sim 400$ cm soil layer to the whole profile among various land use types, which was about 32 to 40 percent, $NO_3^- - N$ accumulation rates differs distinctly. The highest was protected vegetable fields and orchards, which was 434 and 424 kg/ha, respectively. The second was open vegetable fields which was 284 kg/ha, while that in cereal fields was much lower, only 148 and 135 kg/ha in winter wheat-summer maize rotation fields and spring corn fields, respectively. In the whole, over accumulation of soil $NO_3^- - N$ in protected vegetable fields will give a serious menace to the quality of groundwater, while in cereal fields the menace is much lower.

**Key words**   Nitrate accumulation; Soil profile; Land use type; Beijing

20 世纪 60 年代以来，硝酸盐污染地下水的问题日益引起国际社会关注[1~3]，中国北方部分地区地下水硝酸盐污染问题已十分严重[4~5]。研究表明，不合理施肥尤其是过量施用氮肥是地下水硝酸盐污染的主要原因[3~4]。不合理施肥首先导致农田土壤硝态氮过量累积[6,7]，在水分管理不当的情况下向下淋溶进而污染地下水。Jarbo 等人应用示踪法研究了硝态氮的淋溶规律，结果表明，土壤硝态氮最先从表层土壤淋溶到深层土壤，土壤剖面硝态氮的分布与累积特征可以在一定程度上表征地下水硝态氮污染的潜力[8]。中国在农田土壤硝态氮分布与累积方面的工作基础尚较薄弱，以往的研究多局限于保护地菜田，缺乏露地菜田、粮田、果园等不同农田利用类型的综合比较，而且由于深层土壤剖面采样困难，采样深度大多不超过 200 厘米，样本数量也较少[9~10]。为此，笔者以北京市平原地区菜田、粮田和果园等主要农田利用类型为研究对象，采集了 254 个 400 厘米深层土壤剖面的土样，试图全面、客观地分析北京市主要农田利用类型下土壤硝态氮的分布特征与累积现状及其对地下水硝酸盐污染的潜力，为今后采取针对性措施控制地下水硝酸盐污染提供参考。

# 1　材料与方法

## 1.1　农田土壤调查点的选区原则与分布

2000 年年末北京市耕地面积为275513公顷，其中粮田191431公顷（冬小麦—夏玉米轮作面积占 60％，春玉米占 24％），占耕地面积的 69.5％；菜田56 444公顷（保护地19717公顷，露地36727公顷），其他 10.0％，另有果园面积85339公顷。虽然菜田面积仅占耕地总面积的 20.5％，但由于过量施肥，最容易形成硝态氮累积。因此，本次调查的重点是冬小麦—夏玉米轮作粮田和保护地菜田，调查区域集中在北京市平原地区。

依据各县区粮田、菜田和果园的种植面积、种植历史及在全市种植业中的地位确定重点区域和各区县样本的数量。近郊重点是海淀和朝阳，远郊重点是顺义、大兴、通州、昌平等区县。土壤调查点共计 254 个，其中粮田 108 个，包括稻田 7 个（一年一熟），春玉米 8 个，冬小麦—夏玉米轮作 93 个；菜田 130 个，其中保护地菜田 115 个（塑料大棚 37 个，日光温室 78 个），露地菜田 15 个；果园 16 个，其中桃园 8 个，苹果园 4 个，梨园、葡萄园、杏园、李园各 1 个。

每个土壤采样点经纬度均采用 GPS（美国 GARMIN 公司产品，GARMIN 12）定位。具体分布参见图1。

254 个调查点土壤取样深度全部超过 400 厘米。其中有 119 个土壤取样深度达到 500 厘米，包括粮田 36 个点（23 个冬小麦—夏玉米轮作地块、7 个春玉米地块、6 个水稻地块）、菜田 79 个点（9 个露地菜田、70 个保护地菜田）、果

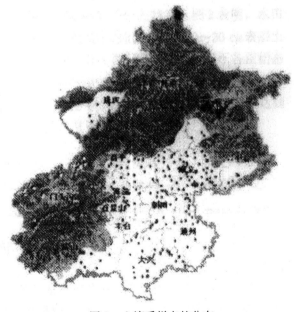

图 1　土壤采样点的分布

园 4 个点。此外，还有 30 个保护地菜田土壤取样深度达到 600 厘米。取样层次均为：0～30、30～60、60～90、90～120、120～160、160～200、200～250、250～300、300～350、350～400、400～450、450～500、500～550 和 550～600 厘米。

## 1.2 取样方法与取样时间

**1.2.1 取样方法** 采用荷兰 Eijkelkamp 公司的产品，取样深度达 400 厘米以上。

**1.2.2 取样时间** 从 1999 年 11 月至 2000 年 10 月，均选择在作物收获前后进行。冬小麦—夏玉米轮作地块的取样时间为冬小麦灌浆期后（2000 年 5 月下旬和 6 月中旬）、夏玉米收获后（2000 年 9 月下旬至 10 月上旬）；春玉米、水稻均在作物收获后（2000 年 10 月）进行；菜田在前茬作物收获后茬作物尚未种植、施肥之前（1999 年 11 月至 2000 年 4 月）；果园在果实采摘前后（2000 年 8～10 月）。

## 1.3 测定方法

称取 12.00 克过 2 毫米筛的新鲜土壤样品于 180 毫升的塑料瓶中，加入 100 毫升 0.01 摩尔/升的 $CaCl_2$ 溶液，振荡 1 小时，过滤，滤液冷冻保存。测定前解冻，采用连续流动分析仪法（TRACCS-2000 continuous flow analytical，CFA）测定滤液中的硝态氮（$NO_3^- -N$）和铵态氮（$NO_4^+ -N$）含量。

计算土壤硝态氮累积量时，土壤容重采用北京市第二次土壤普查结果和近几年北京市土壤测试结果的平均值，其中 0～30 厘米土层土壤容重为 1.40 克/立方厘米，30～60 厘米为 1.52 克/立方厘米，60 厘米以下土层为 1.46 克/立方厘米。

# 2 结果与分析

## 2.1 不同利用类型农田土壤剖面无机氮分布特征

**2.1.1 水田和旱地土壤剖面无机氮的分布特征** 北京市水稻和春玉米种植面积较小，本次调查的样本也较少，水稻 7 个点，春玉米 8 个点。由于两者均为一年一熟制粮田，笔者以两者为例比较水田和旱地土壤剖面无机氮的分布特征。图 2 表明，水田土壤剖面无机氮以铵态氮为主，除 0～30 厘米表层土壤硝态氮与铵态氮含量基本相当外，以下各层硝态氮所占比例均不超过 20%。铵态氮含量在土壤剖面中较为稳定，均在 4～8 毫克/千克；硝态氮除表层达到 3 毫克/千克外，其余各层均不超过 1.2 毫克/千克。

与水田不同，旱地土壤无机氮形态以硝态氮为主。其中，0～90 厘米根区土壤中，硝态氮所占比例高达 70% 以上（图 2）。硝态氮含量随土壤剖面深度增加而降低，0～90 厘米根区土壤硝态氮含量 11～13 毫克/千克，90～200 厘米土层在 7～8 毫克/千克，400～500 厘米土壤硝态氮含量仅 2 毫克/千克左右。铵态氮在旱地土壤剖面中的分布较为均匀，各土层均在 3～5 毫克/千克之间。

一般来说，土壤铵态氮含量受矿物组成影响较大，其含量水平较为稳定，受施肥影响较小，在氮肥推荐或评价氮肥污染时往往可以忽略，因此在以下旱地土壤中不再讨论土壤剖面中铵态氮的分布。

**2.1.2 旱地农田土壤剖面硝态氮的分布特征** 从图 3 可以看出，随剖面深度增加，旱地农田土壤硝态氮含量明显降低，不同农田利用类型之间的土壤剖面硝态氮含量与分布特征差异极为明显。

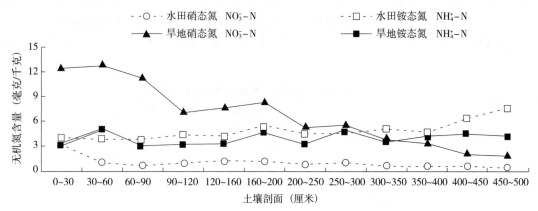

图 2 水田和旱地土壤剖面无机氮的分布比较（以春玉米和水稻田为例）

保护地菜田和果园土壤剖面中的硝态氮含量最高，0～500 厘米土层土壤剖面硝态氮含量均超过 10 毫克/千克，其中 0～90 厘米根区土壤硝态氮含量为 25～50 毫克/千克，90～200 厘米土层在 20 毫克/千克左右，200 厘米以下各层仍高达 10～17 毫克/千克，接近甚至略高于旱地粮田（小麦—夏玉米、春玉米）的根区土壤。2 种旱地粮田土壤剖面的硝态氮含量较为接近，各个土层最大相差不超过 3 毫克/千克。其中，0～90 厘米根区土壤硝态氮含量为 10～15 毫克/千克，90～200 厘米土层为 6～10 毫克/千克，200 厘米以下各层在 2～6 毫克/千克之间。露地菜田土壤剖面硝态氮的分布介于旱地粮田和保护地菜田之间。除 0～30 厘米表层土壤含量较高（24 毫克/千克）外，其余各土层态氮含量均在 10 毫克/千克左右。

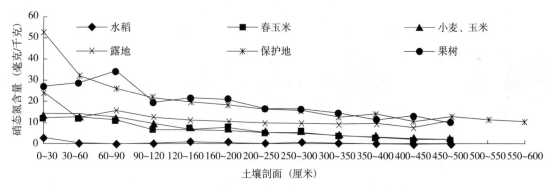

图 3 北京市不同利用类型农田土壤剖面硝态氮的分布规律（n＝254）

## 2.2 不同利用类型农田 0～400 厘米土壤剖面硝态氮累积现状分析

**2.2.1 0～400 厘米土壤剖面硝态氮累积现状分析** 水稻田土壤硝态氮累积量很低，0～400 厘米土壤剖面累积量仅 69 千克/公顷（表 1），而且 65.4％集中在 0～200 厘米土层。7 个采样点中，最高的顺义前鲁也仅为 112 千克/公顷，最低的海淀区永丰乡土井仅 20 千克/公顷。

2 种旱地粮田土壤的硝态氮累积量明显高于水稻田，冬小麦—夏玉米轮作地块又略高于春玉米地块（表 1）。93 个冬小麦—夏玉米轮作地块 0～400 厘米土壤硝态氮累积量平均为 459 千克/公顷。其中，0～90 厘米根区土壤为 188 千克/公顷，占 0～400 厘米土壤剖面累积总量的 40.9％；0～200 厘米土层为 311 千克/公顷，占 67.7％；200～400 厘米土层达 148

千克/公顷，接近冬小麦—夏玉米轮作周期内作物吸氮量的一半，占全剖面累积量的32.3%。不同地块之间土壤硝态氮累积量相差很大，最低值和最高值分别在昌平区百善镇东沙屯村（81千克/公顷）和顺义区龙湾屯镇七连庄村（1 880千克/公顷），两者相差达22倍。

**表1 不同农田利用类型土壤剖面硝态氮的累积量**

| 农田利用类型与样本数 | | 土壤剖面硝态氮累积量（千克/公顷） | | | | | | |
|---|---|---|---|---|---|---|---|---|
| | | 0～90 厘米 | 90～200 厘米 | 200～300 厘米 | 300～400 厘米 | 0～200 厘米 | 200～400 厘米 | 0～400 厘米 |
| 水稻田 n=7 | 最高值 | 42.7 | 65.0 | 30.2 | 19.0 | 81.7 | 39.2 | 112.1 |
| | 最低值 | 4.1 | 7.3 | 1.6 | 0.8 | 14.2 | 2.4 | 20.1 |
| | 平均 | 21.9 | 23.3 | 14.5 | 9.44 | 5.3 | 23.8 | 69.1 |
| | 标准差 | 15.3 | 19.8 | 9.0 | 6.42 | 6.5 | 12.8 | 37.9 |
| 春玉米 n=8 | 最高值 | 261.0 | 368.5 | 223.7 | 166.9 | 447.9 | 390.6 | 825.1 |
| | 最低值 | 76.1 | 12.4 | 1.8 | 5.9 | 109.3 | 7.7 | 135.7 |
| | 平均 | 161.2 | 123.8 | 80.6 | 54.1 | 284.9 | 134.7 | 419.6 |
| | 标准差 | 64.9 | 112.8 | 89.9 | 53.7 | 116.2 | 138.6 | 242.4 |
| 小麦—夏玉米轮作 n=93 | 最高值 | 906.8 | 505.7 | 453.3 | 345.9 | 1263.7 | 616.4 | 1880.1 |
| | 最低值 | 13.6 | 4.1 | 3.5 | 1.1 | 54.1 | 5.2 | 80.6 |
| | 平均 | 187.7 | 122.8 | 83.4 | 64.9 | 310.5 | 148.3 | 458.8 |
| | 标准差 | 149.4 | 89.8 | 66.1 | 57.8 | 207.9 | 112.7 | 279.6 |
| 保护地菜田 n=115 | 最高值 | 194.0 | 1652.0 | 834.9 | 1676.6 | 5683.7 | 2120.5 | 6872.9 |
| | 最低值 | 26.8 | 40.5 | 24.0 | 16.9 | 118.3 | 51.7 | 248.4 |
| | 平均 | 479.8 | 315.4 | 235.2 | 199.2 | 795.2 | 434.4 | 1229.7 |
| | 标准差 | 512.4 | 243.6 | 167.0 | 197.6 | 696.1 | 313.5 | 874.7 |
| 露地菜田 n=15 | 最高值 | 517.2 | 376.6 | 436.6 | 318.0 | 682.1 | 754.6 | 1426.2 |
| | 最低值 | 78.2 | 71.5 | 21.8 | 27.9 | 176.1 | 49.7 | 225.8 |
| | 平均 | 225.6 | 187.1 | 145.2 | 138.6 | 412.7 | 283.8 | 696.5 |
| | 标准差 | 128.2 | 90.2 | 115.8 | 91.5 | 179.9 | 194.1 | 337.5 |
| 果园土壤 n=16 | 最高值 | 1733.8 | 1406.5 | 865.5 | 970.3 | 3140.3 | 1823.7 | 4963.9 |
| | 最低值 | 26.2 | 8.8 | 4.7 | 3.8 | 47.8 | 16.1 | 63.9 |
| | 平均 | 391.7 | 332.4 | 237.9 | 186.4 | 724.0 | 424.3 | 1148.3 |
| | 标准差 | 424.5 | 418.0 | 288.1 | 255.7 | 795.5 | 509.9 | 1276.0 |

春玉米地块 0～400 厘米土壤硝态氮累积量为 420 千克/公顷，比冬小麦—夏玉米轮作粮田低 39 千克/公顷（表 1）。其中 0～90 厘米根区土壤累积量为 161 千克/公顷，占 38.4%；0～200 厘米土层为 285 千克/公顷，占 67.9%；200～400 厘米土层为 135 千克/公顷，占 0～400 厘米剖面累积总量的 32.1%。8 个春玉米地块中，延庆县永宁镇西关最低，为 136 千克/公顷；延庆县大榆树乡大榆树村最高，为 825 千克/公顷。

露地菜田 0～400 厘米土壤剖面硝态氮累积量平均为 697 千克/公顷，分别相当于小麦—夏玉米和春玉米田的 1.52 和 1.66 倍。其中，0～90、0～200、200～400 厘米土层土壤硝态氮累积量平均分别为 226、413.1 和 284 千克/公顷，占 0～400 厘米土层累积总量的 32.4%、59.3% 和 40.7%。15 个露地菜田样本中，最低点位于朝阳区东坝乡东崔家村，为 226 千克/公顷；最高点位于顺义区李桥镇永清村，为 1 426 千克/公顷。

在不同利用类型农田中，保护地菜田土壤硝态氮累积量最高（表 1），不同地块间的差异也极为显著。平均来看，0～400 厘米土层硝态氮累积量高达 1230 千克/公顷，相当于冬小麦—夏玉米粮田的 2.68 倍，露地菜田的 1.77 倍。从剖面分布来看，0～30 厘米表层土壤硝态氮累积量高达 220 千克/公顷，而一般蔬菜作物氮素吸收量仅 100～200 千克/公顷；0～90 厘米根区土壤累积量为 480 千克/公顷，超过保护地蔬菜全年作物氮素吸收量（一般为 300～500 千克/公顷，平均 388 千克/公顷），且仅占 0～400 厘米土层硝态氮累积总量的 39.0%。考虑到土壤有机氮的矿化及有机肥的大量施用，保护地菜田仅需施用少量氮肥即可达到促进矿化、满足作物吸收的需求，过量施用的氮肥很容易随水向深层土壤淋溶。分析也证实了这一点，保护地菜田 90～200 厘米土层硝态氮累积量已达 315 千克/公顷，相当于 0～90 厘米根区土壤的 2/3，占全剖面累积量的 1/4；200～400 厘米土壤硝态氮累积量仍高达 434 千克/公顷，占全剖面累积量的 35.3%。115 个保护地菜田样本中，最低的 2 个点位于朝阳区金盏乡金盏村西大队和朝阳区东坝乡康各庄村，分别为 248 和 285 千克/公顷；最高的 2 个点分别位于大兴区礼贤镇西段村和大兴区西红门乡二村，分别高达 4642 和 6873 千克/公顷。

果园土壤硝态氮累积量仅次于保护地菜田（表 1），0～400 厘米土壤硝态氮累积量达 1148 千克/公顷。其中，0～90、0～200 和 200～400 厘米土层累积量平均分别为 392、724 和 424 千克/公顷，占 0～400 厘米土层硝态氮累积量的 34.1%、63.1% 和 36.9%。16 个果园样本中，土壤剖面硝态氮累积量高低相差可达 77.6 倍。海淀区苏家坨乡苏一二村最低，仅为 64 千克/公顷，平谷区乐政务乡东杏园村最高，达 4964 千克/公顷。

频率分析可以更清楚地反映出不同类型农田 4 米土体硝态氮累积量之间的差异（表 2）。硝态氮累积量超过 800 千克/公顷的样本数保护地菜田所占比例最高，达 70.4%；果园次之，为 50.0%；露地菜田为 33.3%；冬小麦—夏玉米粮田仅为 8.6%；春玉米粮田为 12.5%。4 米土体硝态氮累积量不足 400 千克/公顷的保护地菜田调查点仅占 3.5%，果园为 31.3%，露地菜田为 20.0%，冬小麦—夏玉米粮田却高达 47.3%。

**表 2　不同利用类型农田 0～400 厘米土层硝态氮累积量的频率分布**

| 农田类型 | 样本数 | 频率分布（%） | | | | |
|---|---|---|---|---|---|---|
| | | <200<br>（千克/公顷） | 200～400<br>（千克/公顷） | 400～600<br>（千克/公顷） | 600～800<br>（千克/公顷） | ≥800<br>（千克/公顷） |
| 水稻 | 7 | 85.7 | 14.3 | 0.0 | 0.0 | 0.0 |
| 春玉米 | 8 | 12.5 | 50.0 | 12.5 | 12.5 | 12.5 |

（续）

| 农田类型 | 样本数 | 频率分布（%） | | | | |
|---|---|---|---|---|---|---|
| | | <200<br>（千克/公顷） | 200～400<br>（千克/公顷） | 400～600<br>（千克/公顷） | 600～800<br>（千克/公顷） | ≥800<br>（千克/公顷） |
| 小麦—玉米 | 93 | 17.2 | 30.1 | 24.7 | 19.4 | 8.6 |
| 保护地菜田 | 115 | 0.0 | 3.5 | 13.9 | 12.2 | 70.4 |
| 露地菜田 | 15 | 0.0 | 20.0 | 33.3 | 13.3 | 33.3 |
| 果园 | 16 | 18.8 | 12.5 | 12.5 | 6.3 | 50.0 |

**2.2.2　400～600 厘米土壤剖面硝态氮累积现状分析**　254 个农田样本中，有 119 个取样深度达到 500 厘米。分析表明，保护地菜田 400～500 厘米土层硝态氮累积量最高（表 3），70个样本平均达到 176 千克/公顷，几乎等于粮田 0～90 厘米根区土壤硝态氮累积量（表 1），最高的 2 个点分别位于顺义北务和密云河南寨，均超过 600 千克/公顷；果园略低于保护地菜田，4 个样本平均为 169 千克/公顷；9 个露地菜田样本平均为 141 千克/公顷，相当于保护地菜田的 80%，通州胡各庄古城最高，为 417 千克/公顷；粮田远远低于保护地菜田，23个冬小麦—夏玉米地块平均仅为 40 千克/公顷，相当于保护地菜田的 22%，最高点位于顺义龙湾屯镇丁甲庄，为 123 千克/公顷；7 个春玉米地块平均仅为 30 千克/公顷，最高的延庆大榆树也不过 60 千克/公顷；6 个水稻地块平均仅为 8 千克/公顷。

从频率分布上也可看出（表 4），70 个保护地菜田调查点中，有 62.8% 的样本 400～500 厘米土层硝态氮累积量超过 100 千克/公顷，35.7% 的样本超过 200 千克/公顷，14.3% 的样本超过 300 千克/公顷；而 23 个冬小麦—夏玉米轮作粮田中，95.7% 的样本都在 100 千克/公顷以内，仅有 4.3% 的样本超过 100 千克/公顷，且没有一个样本超过200 千克/公顷。

此外，有 30 个保护地菜田的土壤取样深度达到 600 厘米。500～600 厘米土层硝态氮累积量平均达 160 千克/公顷（表 3、表 4）。其中，有 18 个样本超过 100 千克/公顷，占总样本数的 60%；有 9 个样本超过 200 千克/公顷，占 30%；有 5 个样本超过 300 千克/公顷，占 16.7%。最高的通州区甘棠乡东刘庄村高达 717 千克/公顷，表明保护地菜田硝态氮向下淋溶问题十分严重。

**表 3　不同利用类型农田 400 厘米以下土层的硝态氮累积量**

| 农田类型 | 土层（厘米） | 样本数 | 平均值<br>（千克/公顷） | 标准差<br>（千克/公顷） | 最高值<br>（千克/公顷） | 最低值<br>（千克/公顷） |
|---|---|---|---|---|---|---|
| 水稻 | 400～500 | 6 | 8.3 | 7.7 | 18.8 | 0.8 |
| 春玉米 | 400～500 | 7 | 29.9 | 20.5 | 60.5 | 4.8 |
| 小麦—玉米 | 400～500 | 23 | 39.5 | 32.8 | 123.2 | 2.7 |
| 保护地菜田 | 400～500 | 70 | 175.7 | 143.0 | 671.0 | 5.1 |
| | 500～600 | 30 | 160.4 | 166.8 | 717.0 | 1.9 |
| 露地菜田 | 400～500 | 9 | 140.6 | 124.0 | 416.5 | 20.2 |
| 果园 | 400～500 | 4 | 169.1 | 163.7 | 393.8 | 41.3 |

**表4 不同利用类型农田400厘米以下土层硝态氮累积量的频率分布**

| 农田类型 | 土壤剖面（厘米） | 样本数 | 频率分布（%） | | | | |
|---|---|---|---|---|---|---|---|
| | | | <50 千克/公顷 | 50~100 千克/公顷 | 100~200 千克/公顷 | 200~300 千克/公顷 | ≥300 千克/公顷 |
| 水稻 | 400~500 | 6 | 100.0 | 0.0 | 0.0 | 0.0 | 0.0 |
| 春玉米 | 400~500 | 7 | 85.7 | 14.3 | 0.0 | 0.0 | 0.0 |
| 小麦—玉米 | 400~500 | 23 | 65.2 | 30.5 | 4.3 | 0.0 | 0.0 |
| 保护地菜 | 400~500 | 70 | 24.3 | 12.9 | 27.1 | 21.4 | 14.3 |
| | 500~600 | 30 | 30.0 | 10.0 | 30.0 | 13.3 | 16.7 |
| 露地菜田 | 400~500 | 9 | 11.1 | 33.3 | 33.1 | 1.1 | 11.1 |
| 果园 | 400~500 | 4 | 25.0 | 25.0 | 25.0 | 0.0 | 25.0 |

# 3 讨论

铵态氮是稻田土壤无机氮存在的主要形态，尤其是表层30厘米以下各个土层中，铵态氮含量占无机氮的80%以上，这与稻田长期处于淹水缺氧状态有关。硝态氮是旱地农田土壤无机氮存在的主要形态，在土壤剖面中硝态氮含量呈现自上而下逐渐降低的分布规律。保护地菜田0~200厘米各个土层中的硝态氮含量几乎均在20毫克/千克以上，200~400厘米土层硝态氮含量仍达15毫克/千克左右，400厘米以下土层仍可超过10毫克/千克；而旱地粮田土壤200厘米以上各个土层中的硝态氮含量最高尚不足15毫克/千克，200~400厘米土层中仅为4~6毫克/千克，400厘米以下土层中仅2~3毫克/千克。

不同利用类型农田0~400厘米土壤剖面硝态氮累积量差异极为显著。保护地菜田高达1230千克/公顷，相当于冬小麦—夏玉米轮作地块的2.68倍，且有70.4%的保护地菜田硝态氮累积量超过800千克/公顷，冬小麦—夏玉米轮作地块仅为8.6%。一般来讲，200厘米以下土层中的养分很难被作物吸收利用，在过量灌水的情况下，这部分硝态氮将继续向下淋溶，对地下水质量安全带来极大威胁。保护地菜田200~400厘米土层累积量仍高达434千克/公顷，相当于冬小麦—夏玉米轮作地块的2.93倍，接近于其0~400厘米土壤剖面的累积总量。总的来看，北京市保护地菜田硝态氮过量累积问题十分普遍，向下淋溶问题突出，将严重威胁到北京市地下水的安全。果园土壤的硝态氮累积和分布与保护地菜田十分相似，表明果园土壤硝态氮淋溶潜力也很强。相对来说，旱地粮田硝态氮淋溶较轻，仅个别地块较为严重，稻田土壤基本不存在硝态氮的淋失。

保护地菜田土壤硝态氮过量累积的现象在我国许多地区都有发现[9~10]。袁新民等[10]曾对陕西关中地区菜田土壤硝态氮累积状况进行了调查。结果表明，35块菜田0~400厘米土层平均累积硝态氮781千克/公顷，其中200~400厘米土层硝态氮累积量为400千克/公顷，与北京市保护地菜田200~400厘米累积量基本相当。

硝态氮过量累积与氮肥施用有关。只有在过量施用氮肥或不合理施用氮肥的情况下才会导致硝态氮在土壤中大量累积[7,11]。蔬菜和果树经济价值高，种植历史短，平衡施肥技术的应用相对滞后，过量施肥问题更为突出。研究表明[12]，北京市保护地菜田全年氮肥用量高达 1732 千克/公顷，相当于蔬菜氮素吸收量的 4.47 倍；素有全国"大桃之乡"的平谷桃园施氮量超过 1200 千克/公顷（未发表）。相比之下，粮食作物种植历史悠久，平衡施肥技术已基本普及，加之自 20 世纪 90 年代中期以来，粮价长期偏低，过量施肥现象已不突出，因此粮田土壤的硝态氮累积量较低。

硝态氮在土壤中过量累积除了直接威胁到地下水安全以外，也是土壤次生盐渍化的主要原因。保护地蔬菜生产是我国入世后最具竞争能力的产业。因此，如何通过合理施肥，科学调控，最大限度地减轻土壤硝态氮的累积与淋溶，已成为今后我国迫切需要解决的问题。

# 参 考 文 献

[1] Power J F, Schepers J S. Nitrate contamination of groundwater in north America. Agriculture Ecosystem and Environment，1989，26（3/4）：165-187.

[2] Costa J L, Massone H, Martinez D, Suero E E, Vidal C M, Bedmar F. Nitrate contamination of a rural aquifer and accumulation in the unsaturated zone. Agricultural Water Management，2002，57（1）：33-47.

[3] Strebel O, Duynisveld W H M, Bottcher J. Nitrate pollution of groundwater in western Europe. Agriculture Ecosystem and Environment，1989，26（3/4）：189-214.

[4] 张维理，田哲旭，张宁，李晓齐. 我国北方农用氮肥造成地下水硝酸盐污染的调查. 植物营养与肥料学报，1995，1（2）：80-87.

[5] 刘宏斌，雷宝坤，张云贵，张维理，林葆. 北京市顺义区地下水硝态氮污染的现状与评价. 植物营养与肥料学报，2001，7（4）：385-390.

[6] Guillard K, Griffin G F, Allinson D W, Yamartino W R, Rafey M M, Pietrzyk S W. Nitrogen utilization of selected cropping system in the US northeast. II. Soil profile nitrate distribution and accumulation. Agronomy Journal，1995，87（2）：199-207.

[7] 李志宏，刘宏斌，张树兰，张福锁. 小麦—玉米轮作条件下土壤作物系统对氮肥的缓冲能力. 中国农业科学，2001，34（6）：637-643.

[8] Jabro J D, Lotse E G, Simmons K E, Baker D E. A field study of macropore flow under saturated conditions using a bromide tracer. Journal of Soil and Water Conservation，1991，46（5）：376-380.

[9] 王朝辉，宗志强，李生秀，陈宝明. 蔬菜的硝态氮累积及菜地土壤的硝态氮残留. 环境科学，2002，23（3）：79-83.

[10] 袁新民，李晓林，张福锁. 蔬菜地土壤的硝态氮累积及影响因素. 见：李晓林，张福锁，米国华主编. 平衡施肥与可持续优质蔬菜生产. 北京：中国农业大学出版社，2000：288-292.

[11] Zebarth B J, Freyman S, Kowalenko C G. Influence of nitrogen fertilization on cabbage yield, head nitrogen content and extractable soil inorganic nitrogen at harvest. Canadian Journal of Plant Science，1991，71（4）：1275-1280.

[12] 刘宏斌. 施肥对北京市农田土壤硝态氮累积与地下水污染的影响. 北京：中国农业科学院博士学位论文，2002.

# 北京平原农区地下水硝态氮污染状况及其影响因素研究[*]

刘宏斌[1,2] 李志宏[1,2] 张云贵[1,2] 张维理[1] 林葆[1]

(¹ 中国农业科学院农业资源与农业区划研究所 北京 100081；
² 农业部植物营养学重点开放实验室 北京 100081)

**摘要** 研究了北京市平原农区4种埋深地下水的硝态氮污染状况及影响因素。结果表明，北京市平原农区深层地下水硝态氮污染已不容乐观，浅层地下水污染尤为严重。145眼深度在120～200米的饮用井硝态氮含量最低，平均为5.16毫克/升，超标率（$NO_3^- - N \geqslant 10$毫克/升）和严重超标率（$NO_3^- - N \geqslant 20$毫克/升）分别为13.8%和6.9%；336眼深度在70～100米的农灌井硝态氮平均含量为5.98毫克/升，超标率和严重超标率分别为24.1%和8.6%；而41眼深度在6～20米的手压井硝态氮平均含量达14.01毫克/升，超标率和严重超标率分别高达46.3%和31.7%；77眼深度在3～6米的浅层地下水质量最差，硝态氮含量平均为47.53毫克/升，超标率和严重超标率分别达80.5%和66.2%。远郊地下水质量明显优于近郊，其中饮用水超标率近郊为38.7%，远郊为3.0%；农灌水超标率近郊为52.6%，远郊为15.3%。地下水硝态氮污染在很大程度上受机井所处周边环境的影响，菜区特别是老菜区的地下水污染程度远远重于其他地区。140眼粮田农灌井硝态氮平均含量为2.45毫克/升，超标率仅为8.5%；而189眼菜田农灌井平均含量为8.66毫克/升，超标率高达36.0%；26个冬小麦夏玉米轮作粮田浅层地下水平均含量为18.02毫克/升，超标率为55.4%，43个保护地菜田浅层地下水样本平均含量为72.42毫克/升，超标率达100%。综合本研究结果，北京市平原农区地下水中的硝态氮主要来源于地表淋溶,过量施用氮肥是地下水硝态氮污染的主要原因。

**关键词** 地下水；硝态氮；污染；平原农区；北京

硝态氮污染地下水已成为近三十年来国际上普遍关注的问题。硝态氮本身对人体虽无直接危害，但被还原为亚硝态氮后却可诱发高铁血红蛋白症、消化系统癌症等疾病而威胁人体健康。对于以地下水作为主要水源的国家和地区来说，硝态氮污染的威胁更为严峻。据估算，法国、英国和德国分别有800000、850000和2500000人受到饮用水硝态氮污染的威胁[1]。为此，许多国家[2~5]先后于20世纪80至90年代开展了地下水硝态氮污染、影响因素及控制对策方面的研究，为有效控制地下水污染提供了解决途径。Overgaard 综合分析了丹麦

注：本文发表于《土壤学报》，2006年5月，第46卷第3期，405～413。

11000 眼水井和 2800 个饮用水监测站的硝态氮污染状况，结果表明，饮用水硝态氮含量超标机井所占比例为 8%，地下水硝态氮平均含量在过去的 20～30 年中增加了 3 倍，而且还在以 3.3 毫克/（升·年）的速度在增加[4]。Spalding 和 Exner 总结了全美 200000 个监测数据，结果表明，地下水硝态氮含量与所处环境有着密切关系，灌溉、排水良好的集约化农区，地下水硝态氮污染风险较高，浅层地下水更容易受到污染[6]。

　　我国许多地区地下水质量也在不同程度上受到了硝态氮污染的威胁[7~8]，且呈现出日趋严重的发展态势。以兰州市马滩地区为例[8]，1965 年地下水硝态氮含量平均仅 3.8 毫克/升，1988 年增加到 69.4 毫克/升，年平均增加 2.85 毫克/升。但总的来看，我国在地下水硝态氮污染方面的工作基础尚较薄弱，全国尚无省级行政单元的系统研究，环境部门大多以城区为监测重点，对更易受到面源污染的农村地区缺乏足够重视，在采样布点、数量、监测内容方面也还不尽完善，对农区地下水硝态氮污染的影响因素及其来源也不明了。

　　地下水是北京市最主要的饮用水源，担负着全市 70% 的供水任务①，京郊平原农村地区地下水不仅是城市居民用水的主要来源，也是农村生活用水的直接来源，地下水硝态氮污染将直接危害到全市人民的健康。为此，本研究以北京市平原农村地区为研究区域，在大量调查、取样、分析的基础上，试图摸清北京市平原农区地下水硝态氮污染现状，阐明农田利用类型和地下水埋藏深度对地下水硝态氮污染的影响，明确地下水硝态氮的来源，为在北京市乃至全国其他类似地区有效控制地下水硝态氮污染提供依据。

# 1　材料与方法

## 1.1　研究区域概述

　　本次调查以北京市平原农村地区为研究区域。平原约占北京市面积的 41.5%，其含水层岩性由砂卵、砾石、砂组成，地下水蕴藏较丰富，水文地质条件主要受河流冲积扇控制。其中，潜水分布在山前冲积洪积扇的顶部及广大平原区的浅层，主要接受大气降雨入渗补给；承压水分布于平原浅水层以下，由潜水侧向径流及垂直越流补给，近年来由于过量开采，地下水位逐年下降，形成大面积漏斗区[9]。北京市属暖温带半湿润气候区，年平均降雨量 550～700 毫米，年蒸发量 1800～2000 毫米。平原农区灌水条件好，粮田年灌水量一般为200～300 毫米；菜田灌水量较高，一般在 1000 毫米以上。

　　根据北京市农调队的统计数据②，截至 1999 年年末，北京市耕地面积总计为 338384 公顷，其中粮田和菜田面积分别为 240510 公顷和 43158 公顷，分别占全市耕地面积的 71.1% 和12.8%。冬小麦夏玉米 2 季轮作一直是北京市粮田主要种植制度，占全市耕地面积的 48%；春玉米其次，占 16%；水稻仅占 6%；露地菜田占菜田面积的 74.3%，保护地菜田占26.7%，日光温室和塑料大棚是北京市保护地菜田的主要类型。

　　在根据统计数据和卫星遥感影像摸清全市平原农村作物总体布局的基础上，选择北京市平原农村地区代表性较强的居民和粮食、蔬菜种植区为主要调查区域，采用均匀布点、局部加密的原则随机取样。调查区域覆盖京郊 13 个平原区县，近郊重点为朝阳、海淀，远郊

---

　　① 北京市水利局，北京市水资源公报，1997。
　　② 北京市农调队，北京市农村社会经济统计资料，1980，2000。

重点为大兴、顺义、通州、昌平等，如图1所示。

## 1.2 地下水类型的划分

本研究依据地下水利用类型和地下水深度将其划分为饮用水、农灌水、手压水和浅层地下水四类。从4种地下水深度来看，饮用水井最深，一般在120～200米；农灌水井其次，一般在70～100米；手压水井较浅，多在6～20米；浅层地下水最浅，仅3～6米。对于北京平原农村地区来说，饮用水基本不经化学手段处理而经管道输送后直接或过滤后使用，饮用井大多位于村镇之中；农灌水做农田灌溉用，位于农田之中；手压水井多为1980年至1990年之间建造，一部分位于菜地，用于灌溉，另一部分位于农户家中，除停电停水外，目前已不作生活

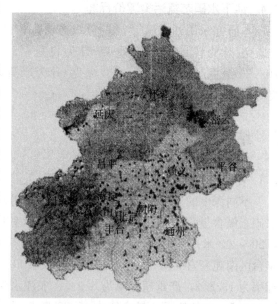

图1　北京市平原农区地下水采样点位图

用水；浅层地下水是在深层土壤剖面（采样深度为0～600厘米或0～400厘米）采样过程中[10]，一些调查点地下水位较浅（300～600厘米），深层土钻可直接触及地下水，土壤采样后，待地下水扩散平衡后，用玻璃瓶采集20～30毫升地下水样，记录地下水位深度，浅层地下水采样后立即过滤。

## 1.3 采样与测试方法

调查时间为1999年11月至2000年10月。饮用水取自农村居民自来水管，农灌水直接取自田间灌溉水，手压水取自农户家中或田间压水机，浅层地下水直接取自农田。每一个采样井均采用GPS（Garmin 12）定位，记录机井位置、深度、周边环境如农田利用方式等信息。所有水样经滤清后均置于冰柜冷冻保存，统一测定。本研究共计各类地下水样599个，其中饮用水145个，农灌水336个，手压水41个，浅层地下水77个，见图1和表1。地下水硝态氮（$NO_3^- - N$）含量采用连续流动分析仪法（TRACCS-2000Continuous Flow Analytical，CFA）测定。

表1　地下水采样点分布情况

| 地区 | 饮用水（DW） | 农灌水（IW） | 手压水（HW） | 浅层地下水（SG） |
| --- | --- | --- | --- | --- |
| 大兴 | 25 | 54 | 7 | 6 |
| 顺义 | 32 | 94 | 19 | 32 |
| 通州 | 20 | 53 | 3 | 5 |
| 昌平 | 1 | 18 | — | 10 |
| 朝阳 | 16 | 28 | 3 | 11 |
| 海淀 | 19 | 34 | — | 5 |
| 丰台 | 9 | 18 | — | — |
| 其他 | 23 | 37 | 9 | 8 |
| 全市 | 145 | 336 | 41 | 77 |

## 1.4 地下水硝态氮污染评价标准

本研究采用刘宏斌等[11]的分级方法，依硝态氮含量将地下水质量分为 5 个等级：0～2 毫克/升为优良；2～5 毫克/升为良好；5～10 毫克/升为达标，但已处于警戒状态；10～20 毫克/升为超标；≥20 毫克/升为严重超标。其中，硝态氮低于 5 毫克/升统称为良好。

# 2 结果与分析

## 2.1 不同深度的地下水硝态氮含量比较

不同深度的地下水硝态氮含量差异十分明显。总的来看，随着地下水埋深的增加，地下水硝态氮含量急剧降低，超标率和严重超标率明显下降（表2）。4 种地下水中，饮用水最深（120～200 米），硝态氮含量最低，平均仅为 5.16 毫克/升，最高值为 38.15 毫克/升，位于丰台区南苑新宫北队；145 个样本中，仅有 20 个超过国际安全允许上限（10 毫克/升），超标率为 13.8%，严重超标率为 6.9%。农灌水深度 70～100 米，硝态氮含量略高于饮用水，平均为 5.98 毫克/升，最高值为 45.82 毫克/升，位于通州区宋庄镇大兴庄村；336 个样本中有 81 个超过 10 毫克/升，超标率为 24.1%，严重超标率为 8.6%；手压水深度仅为 6～20 米，硝态氮含量大大高于饮用水和农灌水，平均含量达 14.01 毫克/升，最高值达 85.42 毫克/升，位于平谷县门楼乡崔家村的一个日光温室内；41 个手压水样本中有 19 个超过 10 毫克/升，超标率达 46.3%，严重超标率达 31.7%。而浅层地下水埋深最浅，仅为 3～6 米，硝态氮含量最高，77 个样本平均高达 47.53 毫克/升，最高值达 181.9 毫克/升，位于昌平区马池口镇北小营村的日光温室内；77 个样本中有 62 个超过 10 毫克/升，超标率达 80.5%，严重超标率达 66.2%。

即便在一个相对较小、条件较为一致的区域内，也表现出类似特征。以顺义区（几乎完全是平原）为例（表3），饮用水、农灌水、手压水和浅层地下水 4 种埋深的地下水硝态氮含量平均分别为 2.54、2.06、8.39 和 51.11 毫克/升，超标率分别为 0、7.4%、36.9% 和73.7%。这表明，井深对地下水硝态氮污染有着显著影响。

手压井硝态氮含量与井深的关系也进一步证实，井深越浅，硝态氮含量越高，越容易被污染。18 眼菜田手压井中，井深小于 10 米的 6 眼手压水井硝态氮平均含量为 35.42毫克/升，超标率达 100%，严重超标率为 66.7%；井深超过 10 米的 121 眼手压井硝态氮含量平均为 12.56 毫克/升，超标率为 41.6%，严重超标者占 33.3%。

表 2 北京市平原农区 4 种埋深地下水硝态氮含量

| 地下水类别 | 深度（米） | 样本数 | 平均（毫克/升） | 标准差 | 最高值（毫克/升） | 硝态氮含量频率分布（%） | | | | |
|---|---|---|---|---|---|---|---|---|---|---|
| | | | | | | <2 毫克/升 | 2～5 毫克/升 | 5～10 毫克/升 | 10～20 毫克/升 | ≥20 毫克/升 |
| 饮用水 | 120～200 | 145 | 5.16 | 7.78 | 38.15 | 50.3 | 20.7 | 15.2 | 6.9 | 6.9 |
| 农灌水 | 70～100 | 336 | 5.98 | 8.55 | 45.82 | 51.5 | 14.6 | 9.8 | 15.5 | 8.6 |
| 手压水 | 6～20 | 41 | 14.01 | 17.59 | 85.42 | 39.0 | 9.8 | 2.4 | 17.1 | 31.7 |
| 浅层地下水 | 3～6 | 77 | 47.53 | 40.49 | 181.9 | 10.4 | 7.8 | 1.3 | 14.3 | 66.2 |

**表3 北京市顺义区4种地下水硝态氮含量**

| 地下水类别 | 深度（米） | 样本数 | 平均（毫克/升） | 标准差 | 最高值（毫克/升） | 硝态氮含量频率分布（%） | | | | |
|---|---|---|---|---|---|---|---|---|---|---|
| | | | | | | <2毫克/升 | 2～5毫克/升 | 5～10毫克/升 | 10～20毫克/升 | ≥20毫克/升 |
| 饮用水 | 120～200 | 32 | 2.54 | 3.02 | 9.98 | 71.9 | 12.5 | 15.6 | 0 | 0 |
| 农灌水 | 70～100 | 94 | 2.06 | 3.55 | 15.40 | 73.4 | 12.8 | 6.4 | 7.4 | 0 |
| 手压水 | 6～20 | 19 | 8.39 | 11.08 | 29.59 | 52.6 | 10.5 | 0 | 15.8 | 21.1 |
| 浅层地下水 | 3～6 | 38 | 51.11 | 40.98 | 155.5 | 18.4 | 2.6 | 5 3 | 10.5 | 63.2 |

## 2.2 深层地下水超标区域的分布特征

远郊深层地下水质量优于近郊（表4），无论是饮用水还是农灌水均表现出相同规律。101眼远郊饮用井硝态氮含量平均为2.92毫克/升，超标率仅3.0%，而且无一严重超标；而近郊44眼饮用水井的硝态氮含量平均为10.31毫克/升，超标率达38.7%，严重超标率达20.5%。256眼远郊农灌井硝态氮含量平均为4.31毫克/升，超标率为15.3%，严重超标者占5.5%；而80眼近郊农灌水井硝态氮含量平均为11.33毫克/升，超标率高达52.6%，严重超标率达18.8%。

**表4 北京市平原农区深层地下水硝态氮污染的区域状况**

| 地下水类别 | 区域 | 样本数 | 平均（毫克/升） | 标准差 | 硝态氮含量频率分布（%） | | | | |
|---|---|---|---|---|---|---|---|---|---|
| | | | | | <2毫克/升 | 2～5毫克/升 | 5～10毫克/升 | 10～20毫克/升 | ≥20毫克/升 |
| 饮用水 | 近郊 | 44 | 10.31 | 11.51 | 29.5 | 20.5 | 11.4 | 18.2 | 20.5 |
| | 远郊 | 101 | 2.92 | 3.68 | 59.4 | 20.8 | 16.8 | 2.0 | 1.0 |
| 农灌水 | 近郊 | 80 | 11.33 | 10.25 | 30.0 | 7.5 | 10.0 | 33.8 | 18.8 |
| | 远郊 | 256 | 4.31 | 7.20 | 58.2 | 16.8 | 9.8 | 9.8 | 5.5 |

需要特别注意的是，不论饮用水还是农灌水，也不论远郊还是近郊，深层地下水硝态氮超标区域均主要集中在蔬菜种植区，而且多为历史悠久的老菜区，如海淀区四季青、肖家河、温泉，丰台花乡、南苑，朝阳区十八里店、小红门，通州区宋庄、胡各庄，大兴区西红门、芦城、青云店、长子营，昌平南邵等等，这些地区蔬菜种植历史至少在20年以上，一些地方甚至在100年以上。

## 2.3 农田利用类型对农灌水硝态氮含量的影响

考虑到农灌水超标区域多为菜田这一特点，依据机井周边的农田类型将农灌水划分为菜田农灌水、粮田农灌水和果园农灌水三类，分别统计分析农田利用类型对地下水硝态氮含量的影响。结果表明（图2、图3），粮田农灌水硝态氮含量明显低于菜田。140眼粮田机井硝态氮含量平均为2.45毫克/升，仅有12眼粮田农灌井超标，超标率为8.5%，其中有2眼严重超标，占1.7%，且无一超过30毫克/升，良好率（$NO_3^- - N < 5$毫克/升）达84.2%。而189个菜田机井硝态氮含量平均为8.66毫克/升，是粮田的3.5倍，有68眼超过10毫克/升，超标率高达36.0%，严重超标的机井有27眼，占11.7%；而且有7眼硝态氮含量超过30毫克/升，占3.7%，良好率仅占52.6%。果园农灌水硝态氮含量介于粮田和菜田之间。

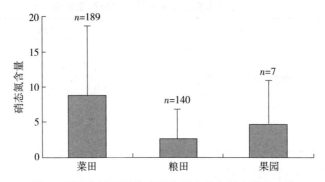

图 2　不同农田利用类型下农灌水硝态氮含量的比较

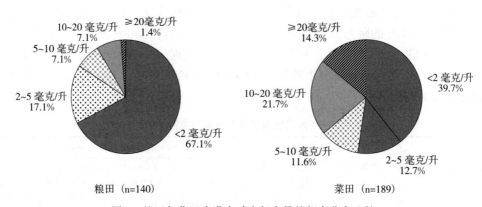

图 3　粮田与菜田农灌水硝态氮含量的频率分布比较

## 2.4　周围环境对手压水硝态氮含量的影响

41 眼手压井中，有 23 眼位于农户家中，18 眼位于菜田中作灌水使用。分析表明，手压水硝态氮含量在很大程度上受其周围环境的影响（图 4）。农户家中的手压水硝态氮含量及超标率均明显低于菜田中的手压水井。23 眼位于农户家中的手压井的硝态氮含量平均为 9.19 毫克/升，超标率为 39.1%，严重超标率为 21.7%；而 18 眼位于菜田中的手压井中的硝态氮含量平均为 20.18 毫克/升，超标率高达 61.1%，严重超标率达 44.4%。这表明，菜田对地下水的污染能力强于农村生活排污。朝阳区东八间房村的 3 眼手压井彼此相距仅 200～400 米，深度均在 14 米左右，但位于菜田中的手压井硝态氮含量高达 43.9 毫克/升，农户家中的仅为 0.95 毫克/升和 3.64 毫克/升。由图 4 还可看出，菜田手压水井硝态氮含量呈现出两极分布的特点，除超标样点以外，其余 38.9% 的手压井硝态氮含量均在 2 毫克/升以下。这表明，地下水硝态氮含量很可能受到土体结构的影响。对于一些渗漏条件好、无隔水层的地区，硝态氮很容易向下淋失污染地下水，这些地区可能不适宜种植蔬菜等施肥较多的作物；而对于一些隔水层厚、防护条件好的地区，地下水在短期内不易受到硝态氮污染，这些地区可能更适合种植蔬菜。

## 2.5　农田利用类型对浅层地下水硝态氮含量的影响

本次研究共计采集到 77 个浅层地下水样品，也即有 77 个土壤采样点取土深度达到了地下水。分析表明，农田利用类型是影响浅层地下水硝态氮含量的主要因素（图 5）。水稻田浅层地下水硝态氮含量最低，平均仅为 2.07 毫克/升；春玉米其次，平均为 4.88 毫克/升；

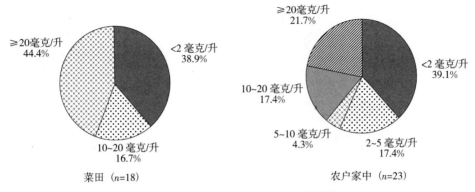

图 4  周围环境对手压水硝态氮含量的影响

冬小麦夏玉米较高，26 个点平均达 18.02 毫克/升；果园平均为 28.26 毫克/升；保护地菜田最高，43 个样本平均达 72.42 毫克/升，相当于冬小麦夏玉米轮作的 4 倍，达到了陕西"较高肥水"的标准（根据陕西肥水井的分级标准[12]，硝态氮含量超过 15～30 毫克/升为低肥水，30～50 毫克/升为中肥水，50～100 毫克/升为较高肥水，超过 100 毫克/升为高肥水）。

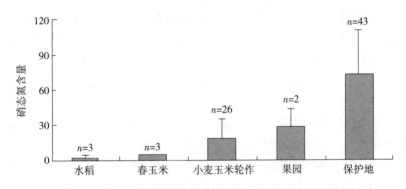

图 5  不同农田利用类型下浅层地下水硝态氮含量的比较

从各采样点浅层地下水硝态氮含量的分布来看（图 6），26 个冬小麦夏玉米轮作体系下的浅层地下水样本中，有 6 个样本硝态氮含量在 0～2 毫克/升，2 个在 2～5 毫克/升，1 个在 5～10 毫克/升，7 个在 10～20 毫克/升，10 个在 20 毫克/升以上，分别占样本总数的 23.1％、7.7％、3.8％、26.9％和 38.5％，超标率为 55.4％。最高的 2 个样本分别位于昌平区大东流镇小赴任庄和通州区于家务乡神仙村，硝态氮含量分别为 51.39 毫克/升和 62.01 毫克/升。

43 个保护地菜田浅层地下水样本硝态氮含量全部超过 10 毫克/升（图 6），而且仅有 3 个样本硝态氮含量在 10～20 毫克/升，占 7.0％；其余 40 个样本均超过 20 毫克/升，占 93.0％。有 28 个样本超过 50 毫克/升，占保护地菜田浅层地下水样本总数的 65.1％；7 个样本超过 100 毫克/升，占 16.3％，最高的 3 个样本分别位于：顺义区北务镇林上村 155.5 毫克/升，平谷县门楼乡崔家村 142.4 毫克/升，昌平区马池口镇北小营村 181.9 毫克/升。

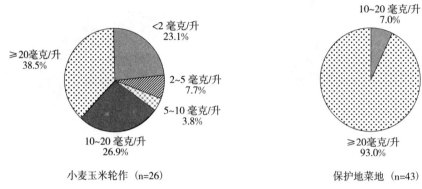

图6  2种农田利用类型下浅层地下水硝态氮含量的频率分布比较

# 3  讨论

地下水硝态氮污染已成为一个全球性的问题。加拿大安大略省饮用水井硝态氮超标率达14％[2]；美国北卡州9000眼家庭水井中，硝态氮超标率为3.2％[3]；丹麦地下水硝态氮超标率为8％[4]，澳大利亚东北部沿海地区超标率为3％[5]，日本中部地区超标率达30％[13]。从本研究结果来看，北京市平原农区饮用水和农灌水2种深层地下水质量总体尚可，硝态氮超标率分别为13.8％和24.1％，污染程度已超过欧美发达国家和地区，与日本中部地区较为接近。但与以往结果[7]相比，本次调查地下水硝态氮超标率相对较低，主要原因可能在于以往研究中将不同深度的地下水混在一起分析，没有按地下水深度分类研究。

影响地下水硝态氮污染的因素较为复杂，影响机制目前还不十分清楚[6]。从本研究结果来看，地下水埋深越浅，硝态氮含量越高，污染越为严重。4种不同深度的地下水中，饮用水深度最深（120～200米），硝态氮污染相对最轻，超标率和严重超标率分别仅为13.8％和6.9％；而浅层地下水深度最浅（3～6米），硝态氮污染最为严重，超标率和严重超标率分别高达80.5％和66.2％。国外一些研究也得到了类似结果[6,14]。地下水硝态氮污染与地下水埋深的负相关关系意味着地下水中的硝态氮主要源于地表淋溶。由于硝态氮在土壤中不易被吸附，很容易随水从上层土壤向下淋溶，因此浅层地下水最先受到污染，深层地下水污染相对滞后，这也警示，不能因为深层地下水如饮用水和农灌水质量尚可而放松警惕。一般认为，地下水硝态氮含量的本底值为2～3毫克/升，超过这一数值即表明地下水已受到人为因素干扰[15]，以此为标准，北京市饮用水和农灌水分别有49.7％和48.5％受到施肥、畜禽养殖、生活排污等因素的影响，这一比例已相当惊人。

农田利用类型是影响地下水硝态氮污染程度的另一个重要因素。北京市平原农区地下水硝态氮污染主要集中在蔬菜种植区，尤其是种植历史在十几年甚至几十年以上的老菜区，如海淀区的四季青、温泉、东北旺，朝阳区的十八里店、小红门，大兴区的长子营、西红门、黄村，通州区的宋庄、胡各庄等。不论是深层地下水（农灌水和饮用水）还是浅层地下水（手压水和浅层地下水），蔬菜种植区污染程度均明显高于粮食种植区。菜区农灌水硝态氮平均含量达8.66毫克/升，相当于粮区的3.53倍，菜区农灌水超标率和严重超标率分别达

36.0％和14.3％，而粮区分别仅为8.5％和1.4％。保护地菜田浅层地下水硝态氮的平均含量达72.42毫克/升，相当于冬小麦夏玉米粮田的4.02倍，超标率和严重超标率分别达100％和93％，远远超过粮田浅层地下水污染程度（超标率和严重超标率分别为55.4％和38.5％）。国外许多研究也表明，农区特别是土壤排水性好、氮肥用量高、农田所占比例高、水浇地面积大的地区，地下水硝态氮污染风险较高[16～17]。美国加州 Tulare 县地下水硝态氮高污染地区主要集中在种植柑橘、坚果、葡萄的粗质土壤地区[18]，日本中部地区地下水硝态氮污染与菜田的分布密切相关，菜田地下水硝态氮含量显著高于稻田或城市用地，大多数地下水硝态氮超标区域位于菜地[13]。

菜区地下水硝态氮污染严重与蔬菜特别是保护地蔬菜种植过程中不合理、过量施用氮肥有着密切关系。北京市保护地菜田全年氮肥用量高达1732千克/公顷，相当于蔬菜氮素吸收量的4.47倍；而占粮田主导地位的冬小麦夏玉米轮作体系全年氮肥平均用量仅461千克/公顷，相当于冬小麦夏玉米2季作物氮素吸收量的1.45倍①。过量施用氮肥直接导致了硝态氮在土壤剖面中的大量累积，保护地菜田0～400厘米土壤硝态氮累积量平均达1230千克/公顷，相当于冬小麦夏玉米轮作地块的2.68倍[10]。在不合理灌水的情况下，土壤剖面中累积的硝态氮将不断向下淋溶，对地下水质量安全带来极大威胁。土壤和地下水中硝态氮的来源不外乎农田施用的氮肥（包括化肥和有机肥）、土壤自然矿化、城市工业与生活排污等几个方面。根据有关资料与实地勘测，北京市农田很少受到工业与城市生活污染。而且位于农户家中的手压井硝态氮含量和超标率远低于菜田手压水井，表明农村生活排污对地下水的污染潜力也弱于菜田。因此，北京市平原农区地下水中的硝态氮应主要来源于农田氮肥投入。

综合本研究结果，当前北京市平原农区深层地下水硝态氮污染程度已接近甚至超过欧美国家，浅层地下水更为严重，过量施用氮肥和过量灌水是地下水硝态氮污染的主要原因。地下水硝态氮污染的自然修复极为缓慢，人为修复代价高昂。据估测，即使在降低肥料用量的条件下，荷兰、比利时、丹麦、德国等欧洲国家还要经过25～50年的自然修复，其浅层地下水的硝酸盐含量水平才会降到安全范围[1]。我国菜田氮素负荷远远超过粮田，更大大超过国外农田，在蔬菜种植日益扩大以及缺乏相关水肥优化配套管理技术的情况下，预期北京乃至全国其他类似地区地下水硝态氮污染将进一步加剧。在充分考虑水文地质环境特征的基础上，调整种植结构，合理安排作物布局，控制氮肥用量，削减农业面源污染将是控制地下水硝态氮污染的有效途径。

## 参 考 文 献

[1] Kraus H H. The European Parliament and EC Envionment Policy，Working Paper W-2 Luxembourg；European Parliament，1993. 12.

[2] Goss M J，Barry D A J，Rudolph D L. Contamination in Ontario farmstead demestic wells and its association with agriculture：1. Results from drinking water wells. Journal of Contaminant Hydrology，1998，32（3/4）：267-293.

[3] Jennings G D，Sneed R E，Huffman R H，et al. Nitrate and pesticide occurance in North Carolina Wells.

———————————

① 刘宏武 . 施肥对北京市农田土壤硝态氮累积与地下水污染的影响 . 中国农业科学院博士学位论文，2002。

*In*：Joseph S. ed. International Summer Meeting of the American Society of Agricultural Engi-neers. Michigan，Frankfort，1991.

[4] Overgaard K. Trends in nitrate pollution of groundwater in Denmark. Nordic Hydroogy，1989，15（4/5）：177-184.

[5] Thorbum P J，Biggs J S，Weier K L，*et al*. Nitrate in groundwaters of intensive agricultural areas in coastal Northeastem Australia. Agricultue，Ecasystems and Enviornment，2003，94：49-58.

[6] Spalding R F，Exner M E. Occurrence of nitrate in groundwater-Areview. Journal of Environmental Quality，1993，22（3）：392-402.

[7] 张维理，田哲旭，张宁，等. 我国北方农用氮肥造成地下水硝态氮污染的调查. 植物营养与肥料学报，1995，1（2）：80-87.

[8] 张明泉，高洪宣，吴克俭. 兰州马滩水源地 $NO_3^-$ 污染环境条件分析. 环境科学，1990，11（5）：79-82.

[9] 北京市计划委员会，北京市测绘院编制. 北京市国土资源地图集. 北京：测绘出版社，1990.

[10] 刘宏斌，李志宏，张云贵，等. 北京市农田土壤硝态氮的分布与累积特征. 中国农业科学，2004，37（5）：692-698.

[11] 刘宏斌，雷宝坤，张云贵，等. 北京市顺义区地下水硝态氮污染的现状与评价. 植物营养与肥料学报，2001，7（4）：385-390.

[12] 中国科学院西北水保所. 肥水. 北京：科学出版社，1973.

[13] Babiker I S，Kato K，Ohta K，*et al*. Assessment of groundwater contamination by nitrate leaching from intensive vegetable cultivation using geographical information system. Environment International，2004，29（8）：1009-1017.

[14] Hudak P F. Regional trends in nitrate content of Texas groundwater. Journal of Hydrology，2000，228（1/2）：37-47.

[15] Madison R J，Brunett J. Overview of the occurrence of nirate in groundwater of the U. S. *In*：U S Geological Survey. ed. National Water Summary，Water Supply Paper 2275. Washington D C，1984. 93-104.

[16] Nolan BT，Ruddy B C，Hitt K J，*et al*. Risk of nitrate in ground-waters of the United States- A national perspective. Environmental Science and Technology，1997，31（8）：2229-2236.

[17] Burkart M R，Stoner J D. Nitrate in aquifers beneath agricultural systems. Water Science and Technology，2002，45（9）：19-28.

[18] Zhang M，Geng S，Smallwood K S. Assessing groundwater nitrate contamination for resource and landscape management. Ambio，1998，27（3）：170-174.

# Nitrate Contamination of Groundwater and its Affecting Factors in Rural Areas of Beijing Plain

Liu Hongbin[1,2]　Li Zhihong[1,2]　Zhang Yungui[1,2]
Zhang Weili[1]　Lin Bao[1]

([1] Institute of Agricultural Resources and Regional Planning,

ChineseAcademy of Agricultural Sciences, Beijing 100081 China;

[2] Key Lab of Plant Nutrition, Ministry of Agriculture, Beijing 100081 China)

**Abstract**　Nitrate content of groundwater was surveyed in rural areas of the Beijing Plain from 1999 to 2000. The wells covered in the survey were grouped into four types according to depth and use, i. e. drinking wells (DW) about 120 to 200 m in depth, irrigation wells (IW) about 70 to 100 m in depth, hand-pumping wells (HW) about 6 to 20 m in depth and shallow groundwater (SG) about 3 to 6 m in depth. Findings of the survey show that nitrate content of groundwater is inversely related to depth of the wells. The deeper the well, the lower the nitrate content of the groundwater. $NO_3^- - N$ contents of the groundwaters from 145 DWs, 336 IWs, 41 HWs and 77 SGs averaged out at 5. 16 mg/L, 5. 98 mg/L, 14. 01 mg/L and 47. 53 mg/L, respectively, and 13. 8%, 24. 1%, 46. 3% and 80. 5% of the four types of waters exceeded 10 mg/L $NO_3^- - N$, the internation maximum permissible limit for drinking water. Nitrate contamination of groundwater from deep wells was somewhat acceptable, while that of shallow grounwater was terrible. The situation in the suburbs of Beijing, such as Haidian, Fengtai and Chaoyang Districts, was much worse than in the exurbs of Beijing, such as shunyi, Tongzhou, Changping, Daxing Districts. In the suburbs, 38. 7% of the DWs and 52. 6% of the IWs had $NO_3^- - N$ content above 10 mg/L, but in the exburbs, only 3. 0% of DWs and 15. 3% of IWs did. Nitrate content of Groundwater from wells was remarkably affected by surrounding conditions of the wells, In wells located in vegetable fields, especially old vegetable fields it was more serious than in cereal fields or farmyard. The mean value of 140 IWs located in cereal fields was 2. 45 mg/L, and only 8. 5% of the wells exceeded the limit in $NO_3^- - N$ content, while that of 189 IWs in vegetable fields was as high as 8. 66 mg/L, and 36. 0% of the wells did, And also the mean value of 26 SGs located in fields of winter wheat in rotation with summer maize was 18. 02 mg/L, and 55. 4% of the SGs went above the limit, while that of

43 SGs under greenhouses reached as high as 72. 42 mg/L，and 100％ did. Nitrate leaching as a result of overfertilization in vegetable production is the major cause of nitrate contamination of groundwaer in rural areas of the Beijing Plain.

**Key words**  Groundwater；Nitrate；Contamination；Rural areas；Beijing Plain

# 9 外文文章(论文)

# ВЛИЯНИЕ ОТВАЛЬНОЙ И БЕЗОТВАЛЬНОЙ ОБРАБОТКИ ЧЕРНОЗЕМОВ НА ЗАСОРЕННОСТЬ И УРОЖАЙ СЕЛЬСКОХОЗЯЙ СТВЕННЫХ КУЛЬТУР

Аспирант ЛИНЬ БАО

Всесоюзное совешание, проведенное в колхозе «Заветы Ленина» Курганской области в1954 г., рекомендовало для широкой производственной проверки и внедрения в других зонах Советского Союза систему обработки почвы, предложенную почетным академиком ВАСХНИЛ Т. С. Мальцевым.

В этих целях пол руковолством профессора М. Г. Чижевского мы провели в учхозе им. М. И. Калинина Мичуринского района Тамбовской области в течение з лет (1957, 1958 и1959гг.) серию опытов по сравнительному изучению способов и глубины зяблевой обработкн почвы под зерновые ипропашные культуры.

Полевые опыты были заложены в системе обработки зяби в звеньях полевого севооборота: 1) яровые зерновые — яровые зерновые ; 2) пропашные (кукурза) — яровые зерновые; 3) яровые зерновые—пропашные (кукуруза) и 4) яровые зерновые—черный пар—озимые.

Отвальная и безотвальная обработки почвы сравнивались при одинаковых глубинах их выполнения. Кроме прямого действия различных способов обработки почвы на засоренность и урожай сельскохозяйственных культур нами изучалось и их последействие в течение двух лет по схеме, которая приводится ниже.

Размер делянок от 600 до 1800м², повторность трех — пяти—кратная. Уборка и учет урожая зерновых культур проводились самоходным комбайном.

Почвенный покров в учхозе представлен мошным слабовышелоченным тяжелосуглинистым черноземом. Перегнойный горизонт колеблется от 60 до 93см. Содержание перегноя (по Тюрину) в пахотном горизонте около 7%.

Среднегодвое количество осадков, по данным метеорологической станции г. Мичуринска, равно 509, 5мм, из которых падает 228, 5мм, или 44, 8% годовой нормы осадков. Но в отделвные годы количество выпадающих осадков сильно изменяется . Так, в годы проведения опытов за те же 4 месяца вегетационного периода выпало дождевых осадков: в1957г. -252, 2мм, в1958г. -248, 9, ав 1959г. —лишь123, 7мм.

Способы обработки почвы наиболее сильное влияние оказывают на агрофизические свойства почвы—строение, объемный вес, аэрацию, что сушественно отражается на водном и пишевом режиме растений.

Данные (среднее за 3 года) по засоренности посевов кукурузы показывают, что по безотвальной обработке развивается сорняков больше и более крупных размеров, чем по отвальной обработке (табл. 1). Это в первую очередь относится к таким многолетним сорнякам, как осот желтый.

**Таблица1**

**Засоренность посевов кукурузы (в шт. на 1м2) перед первой междурядной обработкой в зависимости от способов и глубины зяблевой обработки почвы (Среднее за 3 года)**

| Варианты опыта | Малолетние сорняки | | Многолетние сорняки | |
|---|---|---|---|---|
| | шт. | воздушносухой вес, г | шт. | воздушносухой вес, г |
| Отвальная вспашка на 25см | 133 | 1, 8 | 47 | 13, 2 |
| Рыхление безотвальным плугом на 25см | 135 | 3, 6 | 67 | 53, 6 |
| Отвальная вспашка 25см + почвоуглубление на 15см | 122 | 1, 9 | 38 | 17, 2 |
| Рыхление безотвальным плугом на 40см | 230 | 3, 1 | 84 | 51, 7 |

Необходимо отметить, что если на делянках с отвалвной обработкой почвы после междурядной культивации ручная полка посевов не требовалась, то на делянках с безотвальной обработкой почвы она была необходима.

Засоренность посевов, особенно многолетними сорняками, очень быстро возрастает, если в течение ряда лет систематически проводить основную обработку почвы безотвальными орудиями. Об этом свидетельствуют данные табл. 2, где представлены результаты учета засоренности овса и ячменя, размешенные после кукурузы.

**таблица 2**

**действие и последействие разлибных способов зяблевой обработки почвы на засоренность овса и ячменя многолетними сорняками (на1м$^2$)**

| Способы зяблевой обработки почвы под овес, 1957г. | Способы зяблевой обработки почвы под ячмень, 1958г. | Многолетние сорняки в посевах | | | |
|---|---|---|---|---|---|
| | | овса | | ячменя | |
| | | шт. | воздушно-сухой вес, г | шт. | воздушно-сухойвес, г |
| Отвальная вспашка на 20см | Отвальная вспашка на 20см Лущение 8—10см | 20 | 37, 5 | $\frac{30}{38}$ | $\frac{26, 4}{39, 5}$ |
| Рыхление без-отвальнымплугом 20см | Рыхление безотвальным плугом на 20см Лущение 8—10см | 17 | 24, 8 | $\frac{42}{59}$ | $\frac{40, 0}{61, 4}$ |
| лушение 8—10 | Отвальная вспашка на20см Лущение 8—10см | 20 | 44, 7 | $\frac{42}{66}$ | $\frac{36.2}{63, 0}$ |

Несколько иные результаты по засоренности получены при обработке черного пара. При систематической неоднократной поверхностной обработке почвы на поле, свободном от культурных растений, каким является черный пар, безотвальные способы основной обработкн в этом случае позволяют более эффективно бороться с малолетними сорными растениями. Так, запас семян сорных растений в пчве в слое 0—40см при отвальной основной обработке пара уменьшился на 30, 4% от исходного, а по безотвальной—на 40, 7% за счет

**Таблица3**

**Урожай зеленой массы кукурузы (Ц/га) в зависимости от способов зяблевой обработки почвы после яровых зерновых культур**

| Способы зяблевой обработки почвы | 1957г. | | | 1958г. | | | 1959г. | | | Среднее за 3 года | |
|---|---|---|---|---|---|---|---|---|---|---|---|
| | ц/га | % | ошибка среднего | ц/га | % | ошибка среднего | ц/га | % | ошибка среднего | ц/га | % |
| Отвальная вспашка на 25см.. | 154,2 | 100,0 | ±7,7 | 220,1 | 100,0 | ±8,5 | 186,6 | 100,0 | ±12,0 | 187,0 | 100,0 |
| Рыхление безотвальным плугом на 25см | — | — | — | 192,2 | 87,3 | ±2,6 | 182,7 | 97,9 | ±7,4 | — | — |
| Отвальная вспашка 25см + почвоуглубление 15см | 171,2 | 111,0 | ±6,6 | 206,0 | 93,6 | ±10,0 | 209,7 | 112,4 | ±7,7 | 195,6 | 104,6 |
| Рыхление безотвальным плугом на 40см | 141,5 | 91,8 | ±11,8 | 189,1 | 85,9 | ±10,4 | 192,3 | 103,1 | ±15,8 | 174,3 | 93,2 |

большего уменьшения их в верхнем 10-сантиметровом слое почвы. Безотвальное рыхление почвы черного пара с последующей поверхностной обработкой его дисковыми лушильниками способствует лучшему уничтожению подземных вегетативных органов размножения многолетних сорняков, у которых корни залегают неглубоко (осот желтый).

Данные об урожае кукурузы при различных способах зяблевой обработки почвы приведены в табл. 3.

В1957г. на делянках с отвальной вспашкой при почвоуглублении на 40см урожай зеленой массы кукурузы был выше на 29, 7ц/га, или 17, 3%, чем на делянках рыхления безотвальным плугом на такую же глубину. В 1958г. отвальная вспашка имела также преимушество перед безотвальным рыхлением. В засушливом 1959г. на делянках с рыхлением и вспашкой почвы на 25см не было различий в урожае, а отвальная вспашка на 25см с почвоуглублением до 40см повысила урожай зеленой массы кукурузы на 17, 4ц/га по сравнению с рыхлением безотвальным плугом на 40см.

Яровая пшеница, высеваемая по яровым зерновым (овсу и ячменю), также показала некоторую тенденцию к увеличению урожая по отвальной вспашке в сравнении с безотв альным рыхлением. По лушевке в увлажненный 1958г. мы получили неплохой урожай в сравнении с контролем, а в засушлнвый 1959г. урожай резко снизился. Углубление пахотного слоя от 20до 35см не дало прибавки урожая (табл. 4).

**Таблица4**

**Урожай зерна яровой пшеницы (ц/га) в зависимости от способов**

**зяблевой обработки почвы после зерновых культур**

| Варианты опыта | 1958г. | | | 1959г. | | | Среднееза2года | |
|---|---|---|---|---|---|---|---|---|
| | ц/га | % | ошибка среднего | ц/га | % | шибка среднего | ц/га | % |
| Отвальная вспашка на 20см | 16,5 | 100, 0 | — | 15,2 | 100, 0 | ±0, 7 | 15, 9 | 100, 0 |
| рыхление безот вапвным плугом на 20см | 14,8 | 89, 7 | ±0, 6 | 14,7 | 96, 7 | ±0, 7 | 14, 8 | 93, 1 |
| Отвальная вспашка 25см+почвоуглубление10см | 15,5 | 93, 9 | ±0, 8 | 15,1 | 99, 3 | ±0, 9 | 15, 3 | 96, 2 |
| Рыхление безотвальным плугом на 35см | 14,4 | 87, 3 | ±0, 7 | 14,7 | 96, 7 | ±0, 4 | 14, 6 | 91, 8 |
| Лушение 8~10см | 15,4 | 93, 3 | ±0, 8 | 12,0 | 78, 9 | ±0, 6 | 13, 7 | 86, 2 |

Примечание. Математическая обработка урожайных данных 1958 года проводилась по разностному методу.

После таких пропашных культур, как кукуруза, отвальная и безотвальная обработки дали почти одинаковый урожай овса. Лушение за 2года снизило урожай в среднем на 1, 5ц/ га, или на8%, что видно из табл. 5. Для изучения последействия различных способов зяблевой обработки почвы мы разбили делянки на две равные части: одну часть обработали по прежнему способу, чтобы накопить признак одной и той же обработки, другую обработали дисковым лушильником, как это делает Т. С. Мальцев.

**Таблица 5**

**урожай зерна овса（ц/га）в зависимости от способов зяблевой обработки почвы после кукурузы**

| Варианты опыта | 1958г. | | | 1959г. | | | Среднее за2 года | |
|---|---|---|---|---|---|---|---|---|
| | ц/га | % | шибка средн его | ц/га | % | ошибка среднего | ц/га | % |
| Отвальная вспашка на 20см | 23,5 | 100, 0 | ±0, 3 | 13, 9 | 100, 0 | ±0, 6 | 18, 7 | 100, 0 |
| Рыхление безотвальным плугом на 20см | 22,8 | 97, 0 | ±0, 5 | 13, 4 | 96, 4 | ±1, 0 | 18, 1 | 96, 8 |
| Лущение 8—10см | 21, 8 | 92, 8 | ±0, 4 | 12, 6 | 90, 6 | ±1, 1 | 17, 2 | 92, 0 |

**Таблица6**

**Влияние последействия разлибных способов зяблевой обработки почвы на урожай зерна овса（ц/га）после кукурузы**

| Варианты зяблевой обаботки в 1957г. | 1958г. | Варианты зяблевой обработки в 1958г. | 1959г. | | |
|---|---|---|---|---|---|
| | | | ц/га | % | ошибка среднего |
| Отвальная вспашка на 25см | Урожай зеленой массы кукурузы（табл. 3） | Отвальная вспашка на 20см | 13, 9 | 100, 0 | ±0, 6 |
| | | Лущение 8—10см | 12, 6 | 90, 6 | ±1, 1 |
| Рыхление безотвальным плугом на 25см | | Рыхление безотвальным плугом на 20см | 12, 6 | 90, 6 | ±0, 5 |
| | | Лущение 8—10см | 11, 3 | 81, 3 | ±0, 8 |
| Отвальная вспашка на 25см +почвоуглуб. 15см | | Отвальная вспашка на 20см | 14, 4 | 103, 6 | ±0, 2 |
| | | Лущение 8—10см | 12, 4 | 89, 2 | ±0, 5 |
| Рыхление безотвальным плугом на 40см | | Рыхление безотвальным плугом на 20см | 12, 6 | 90, 6 | ±0, 3 |
| | | Лущение 8—10см | 11, 7 | 84, 2 | ±0, 7 |

Из табл. 6 видно，что повторное рыхление безотвальным плугом даже после кукурузы снизило урожай овса на10％～13％по сравнению с повторной отвальной вспашкой. Лушение на фоне отвальной вспашки по сравнению с таким же лушением на фоне безотвального рыхления дало прибавку в урожае от 5до10％.

**Таблица7**

**Влияние последействия различных способов зяблевой обработки почвы на урожай зерна ячменя（ц/га）после овса**

| Варианты зяблевой обработки в 1957г. | 1958г. | Варианты зяблевой обработки в1958г. | 1959г. | | |
|---|---|---|---|---|---|
| | | | ц/га | % | ошибка среднего |
| Отвальная вспашка на 20см | Урожай зерна овса（табл. 5） | Отвальная вспашка на 20см | 17, 2 | 100, 0 | ±1, 6 |

（续）

| Варианты зяблевой обработки в 1957г. | 1958г. | Варианты зяблевой обработки в1958г. | 1959г. ц/га | % | ошибка среднего |
|---|---|---|---|---|---|
| Рыхление безотвальным плугом на 20см | Урожай зерна овса (табл，5) | Лушение 8—10см | 17，1 | 99，4 | +1，1 |
| | | Рыхление безотвальным плугом на 20см． ． | 15，6 | 90，7 | ±1，7 |
| | | Лушение 8—10см | 13，8 | 80，2 | ±1，0 |
| Лушение 8—10см | | Отвальная вспашка на 20см | 14，0 | 81，4 | +1，3 |
| | | Лушение 8—10см | 12，6 | 73，3 | ±1，5 |

По этим данным также нльзя судить о каком-либо положительном последействии глубокой обработки почвы на урожай овса1959г.

Урожай ячменя после овса, идущего по кукурузе, на делянках с повторным безотвальным рыхлением снизился на $10\%$ по сравнению с контролем, за который мы принимаем отвальную вспашку на 20см. При лушевке по фону отвальной вспашки был получен такой же урожай, как и на контрольных делянках, а в то же время при лушевке по фону безотвального рыхления урожай снизился на $20\%$. Урожай на делянках с повторным лушением был ниже, чем во всех остальных вариантах. Снижение урожая по всем вариантам повторной обработки без оборота пласта имеет прямую связь с увеличением засоренности посевов.

**Таблица8**

**Урожай зерна озимой цшеницы （ц/га） при различных способах основной обработки черного пара**

| Варианты опыта | Урожай зерна ц/га | % | Ошибка среднего |
|---|---|---|---|
| | 1958г. | | |
| Отвальная вспашка 25 см+почвоуглубление 15см | 19，4 | 100，0 | ±0，7 |
| Рыхление безотвальным плугом на 40см | 18，1 | 93，3 | ±1，1 |
| | 1959г. | | |
| Отвальная вспашка на 20см | 32，2 | 100，0 | ±1，2 |
| Рыхление безотвальным плугом на 20см | 31，6 | 98，1 | ±0，6 |
| Отвальная вспашка на 30см | 31，4 | 97，5 | ±0，2 |
| Рыхление безотвальным плугом на 30 | 31，2 | 96，9 | ±0，5 |
| Отвальная вспашка 30см+почвоуглубление 10см | 31，2 | 96，9 | ±0，6 |
| Рыхление безотвальным плугом на 40см | 30，4 | 94，4 | ±0，5 |

Урожай озимой пшеницы по различным способам основной обработки черного пара был почти одинаковым.

# Выводы

1. Безотвальные способы обработки стерневых предшественников способствуют значительному увеличению засоренности посевов как одно-, двулетними, так и многолетними сорными растениями. Разница в засоренности посевов по различным способам обработки после пропашных культур не сушественная. Однако в дальнейшем при повторном применении обработки без оборта пласта засоренность резко возрастает.

2. Применение безотвального рыхления в качестве основной обработки черного пара с полелующими поверхностными обработками дисковыми лушильниками способствует лучшему очищению полей от семян сорняков, а также от подземных вегетативных органов размножения таких корнеотпрысковых сорняков, как осот желтый, чем обычная обработка пара.

3. Урожаи яровой пшенипы и кукурузы по безотвальной обработке стерневых предшественников нескодько меньше, чем по зяблевой вспашке плугом с предплужником. Урожаи овса после кукурузы по отвальной и безотвальной зяблевой обработкам, а также урожаи озимой пшенипы по вариантам различных основных обработок черного пара не имеют сушественных различий.

Урожаи яровых зерновых культур при повторении безотвальной обработки на следующий год, а также по поверхностной обработке дисковыми лушильниками как после зерновых, так и после пропашных（кукурузы）снижаются на $10\% \sim 25\%$ в сравнении с повторной отвальной вспашкой. Снижение урожаев при повторной безотвальной обработке имеет прямую связь с увеличением засоренности посевов.

4. Применение ежегодной вспашки под зерновые культуры глубже 20см не дает прибавки урожая и потому не оправдано. Урожаи пропашных культур увеличнваются при углублении зяблевой обработки до 40см.

# Effect and Management of Potassium Fertilizer on Wetland Rice in China

## Lin Bao

According to the program of the National Network on Fertilizer Experiments (NNFE) since the late 1950s, a great number of field experiments had been conducted in different provinces in the rice-growing regions of southern China. To investigate the soil K status influencing fertilizer response, many representative soil samples from experimental sites were analyzed for K content. In the past 20 years, the role and response of K fertilization and techniques for using it efficiently have been recognized. This paper presents data on the proper use of K fertilizer in the wetland rice regions of China.

The results of NNFE field trials in 1958 and 1982 show the changing trend of fertilizer effects in China (Table 1)[2].

**Table 1　Effect of NPK fertilizers on wetland rice in China**

| Year | Trials (no.) | Trials showing marked response (%) | | | K response (yield in proportion to wt of each element applied) | | |
| --- | --- | --- | --- | --- | --- | --- | --- |
| | | N | P | K | N | P | K |
| 1958 | 62 | 82 | 50 | 29 | 16.5 | 5.5 | 3.8 |
| 1982 | 260 | 95 | 50 | 63 | 10.1 | 3.5 | 5.8 |

In the 1950s response to K was very limited. For example, in 62 field trials on the effect of NPK in wetland rice conducted in 1958, the highest response was to N, the next highest to P and the iowest to K. Twenty years later, the response to NPK fertilizers evidently changed because of the improvement of productive conditions and changes in soil fertility, as shown by the incremental increase in rice grain yield. The results of 260 trials in 1982 showed that the response to N fertilization obviously decreased. In those areas where P fertilization has continued for many years, response to P decreased also, but the response to K increased gradually.

In the mid-1960s, symptoms of K deficiency in rice appeared in a large area of China. Recently, there have been indications that the K-deficient area is expanding[3]. The reasons are the rapid increase in the rate of N and P fertilizers used on wetland rice, the limited use of K fertilizer, the wide adoption of high yielding rice varieties and hybrids, and the significant rise in the multiple cropping index and yield. A large amount of K' is taken up

Director, Chemical Fertilizer Laboratory, Soll and Fertilizer Research Institute, Chinese Academy of Agricultural Sciences, Beijing, China.

from the soil. The K supplied by organic manures cannot meet the needs of high yielding rice, and soil K is gradually depleted[4].

The effect of K fertilization is very significant in K-deficient soils. First, K promotes the growth of the root system of rice. Investigations of the Soil and Fertilizer Research Institute of Zhejiang Province showed that 6 days after transplanting there were twice as many roots per hill and 62% more new roots in the treatment with K fertilizer than in that without. Decayed roots were 79% fewer than in the control. Potassium fertilization also accelerates the growth of stems and leaves. With K application, tillering is earlier, rice shoots are vigorous and stronger, and premature plant senescence does not occur. Potassium fertilization in Zhejiang, Hunan, and Guangdong Provinces increased the number of panicles per hectare by 150000~300000 increased filled grains by 5%~15%, filled grains per panicle by 5~20 grains, and 1000- grain weight by 0.5~4.0 g. It also increased the percentage of milled rice by 1%~3%.

Also, K fertilization can prevent and reduce the occurrence and extent of some physiological disorders and parasitic diseases such as brown spot, sheath blight, and rice blast (3).

# Factors Influencing Response to K and Efficient Use of K Fertilizer

Many factors — mainly the K-supplying power of soils, application rate of N and P fertilizers, the type and amount of organic manures, the type and variety of rice and its K requiremert — influence the effect of K. To achieve the high response and economic returns of K fertilization, K must be supplied reasonably and used according to the factors that influence the crop's response to K.

## Soil K-supplying power

Soil K can be divided into three fractions: available K, slowly available K, and mineral K. The K response of growing crops depends mainly on the availability of soluble and exchangeable K, and to a lesser extent on the content and release rate of slowly available soil K. In successive rice cropping without supplemental K, a greater portion of K is afforded by slowly available K. In the short term, mineral K makes little contribution to the crop (9).

The contents of soil-available and slowly avail able K vary with the type and fertility of soils. The relation between soil K content and K response in rice-growing regions of South China is shown in Table 2. Four grades of soil K-supplying power can be classified according to the content of available K and slowly available K.

The K-supplying power of the soil is the main factor that determines whether K fertilization gives a significant response. In South China the temperature and rainfall are high. The weathering and leaching process of soil is comparatively strong. In addition, tillage and cropping are intensive, and K loss and exhaustion are high. Therefore the soil K content of southern provinces is generally lower than in other regions in the country.

According to a survey of the Institute of Soil Science, Academia Sinica, the status of soil K in rice-growing regions is generally as follows[1].

The lateritic soils ( latosol ) derived from basalt and marine deposits, and the lateritic red earth derived from granite and gneiss in Guangdong and Fujian provinces and in the Guangxi Zhuang Au tonomous Region of South China contain <4% K-bearing minerals, 0.2%~0.4% total K, and 40~100 ppm slowly available K. These soils have the lowest K content in China, and paddy soils developed on them are highly deficient in K. Red earth derived from limestone in Guangxi and Yunan containing about 0.3% K and 30~170 ppm slowly available K is another highly K-deficient soil.

**Table 2  Relation between soil K content and response to K fertilization**

| Available K[①] (ppm) | Slowly available[b] (ppm) | Soil K-supplying power | Incremental yield response to K (%) |
|---|---|---|---|
| <50 | <200 | Very low | Increment of yield very significant |
| 50~100 | 200~300 | Low | Increment of yield significant |
| 100~150 | 300~400 | Medium | Increment of yield observable but not steady |
| >150 | >400 | High | No response |

①By 1 N NH₄Ac extraction, [b]By boiling in 1 N HNO₃ for 10 min from which the content of exchangeable and water-soluble K is subtracted.

Red earths derived from Tertiary red sandstone and Quaternary red clay are widely distributed on the hilly land of Central China ( Hunan, Hubei, Jiangxi, and other provinces) . They contain about 10% K-bearing minerals, 21% total K, and about 200 ppm slowly available K. Red earths occurring on the lower slopes of gentle hill land are mostly terraced and used for rice and other crops. There are various types of cold , muddy paddy soils with excess water in this region. They have Sandy texture and are strongly reduced. Rice response to K fertilizer in these low-ylelding fields is especially high.

There are large areas of alluvial soils in the region of the middle and lower reaches of the Yangtse River in Central China. The K content of these lacustrine soils is medium: around 2% total K and 300~500 ppm slowly available K. These soils are used mainly for rice . The sandy soil derived form the river deposits is deficient in K. Because of the intensive cropping system and the large amount of manure applied over time, no response to fertilizer was observed in the past , but in recent years response to K fertilizer has begun to show.

Purplish soils derived from purplish sandstone and shale are distributed mainly in Southwest china. They contain a total of about 2.5% K and 500~700 ppm slowly available K. They have the higheat K content among soils of south China.

## Effect of NP fertilizers on N-P-K ratio

Field trials conducted in Guangdong and Zhejiang provinces showed that response to N fertilizer is highest when NPK fertilizers are applied. Increasing the rate of N without a corresponding increase in K reduces the effect of N fertilizer. The effect of K fertilizer increases with increasing rate of N fertilization(Table 3). At higher levels of N fertilizer, the effect of K fertilizer is raised by $11\% \sim 50\%$ in Guangdong and by $35\% \sim 39\%$ in Zhejiang.

**Table 3  Influence of N fertilizer rate on effect of K fertilizer**

| Province | Treatment | N : K | Rice yield (t/ha) | Incremental yield increase (%) | Incremental yield increase (t/ha) | Effect of K at different rates of N (%) |
|---|---|---|---|---|---|---|
| Guangdong | $N_{30}K_0$ | 1 : 0 | 4.0 | — | — | |
| | $N_{60}K_0$ | 1 : 0 | 4.5 | — | — | |
| | $N_{90}K_0$ | 1 : 0 | 4.5 | — | — | |
| | $N_{30}K_{56}$ | 1 : 1.9 | 4.7 | 15.2 | 0.6 | 100 |
| | $N_{60}K_{56}$ | 1 : 0.9 | 5.2 | 16.1 | 0.7 | 116 |
| | $N_{90}K_{56}$ | 1 : 0.6 | 5.2 | 15.2 | 0.7 | 111 |
| | $N_{30}K_{112}$ | 1 : 3.8 | 4.7 | 14.7 | 0.6 | 100 |
| | $N_{60}K_{112}$ | 1 : 1.8 | 5.2 | 16.1 | 0.7 | 120 |
| | $N_{90}K_{112}$ | 1 : 1.2 | 6.5 | 19.8 | 0.9 | 150 |
| Zhejiang | $N_{60}K_0$ | 1 : 0 | 3.37 | — | — | |
| | $N_{120}K_0$ | 1 : 0 | 3.02 | — | — | |
| | $N_{60}K_{56}$ | 1 : 0.9 | 4.83 | 43.3 | 1.46 | 100 |
| | $N_{120}K_{56}$ | 1 : 0.5 | 4.99 | 65.2 | 1.97 | 135 |
| | $N_{60}K_{112}$ | 1 : 1.8 | 5.23 | 55.2 | 1.86 | 100 |
| | $N_{120}K_{112}$ | 1 : 0.9 | 5.60 | 85.4 | 2.58 | 139 |

Crop response to K fertilizer is higher when K is combined with N and P than when it is combined with N alone (Table 4).

**Table 4  Effect of K fertilizer combined with N and P fertilizers**

| Province | Treatment | Rice yield (t/ha) | Incremental yield increase with K fertilization (t/ha) | Incremental yield increase with K fertilization (%) |
|---|---|---|---|---|
| Hunan | N | 5.0 | — | — |
| | NK | 5.3 | 0.28 | 5.6 |
| | NP | 5.2 | — | — |
| | NPK | 5.7 | 0.46 | 8.8 |
| Guangdong | N | 3.7 | — | — |
| | NK | 4.2 | 0.42 | 11.1 |
| | NP | 3.9 | — | — |
| | NPK | 4.6 | 0.71 | 18.4 |
| Zhejiang | N | 4.2 | — | — |
| | NK | 4.6 | 0.33 | 7.7 |
| | NP | 4.4 | — | — |
| | NPK | 5.0 | 0.65 | 14.7 |

In the rice regions of South China, the suitable ratao of NPK without manure is
1 : 0. 5 : 0. 4, and 1 : 0. 3 : 0. 3 with manure . In Guangdong and Guangxi, the proportion
of K should be higher . The suitable N-K ratio should be adjusted to 1 : 0. 4~0. 5. Presently
it is 1 : 0. 13-0. 2. In the region of the middle and lower reaches of the Yangtse River,
the proportion of K to N could be a little lower, about 1 : 0. 2~0. 3. At these ratios, NPK
fertilizers could be more effective in increasing rice yields.

Also, K fertilizer should be used early and in amounts that give maximum
returns. Trials in China show that the approximate K uptake at different stages of rice plant
growth is 0. 4% of total K uptake at the seedling stage, 17%~29% at tillering, 50%~60%
at booting, and 10%~20% from heading to ripening. Inasmuch as the rice plant begins to
take up more and more K from tillering to booting, it is better to apply K fertilizer basally or
topdressed before maximum tillering.

In view of the present K content in soil and of the rice yields in South China, the
maximum economic the rice yields in South China, the maximum economic returns from K
application can be obtained at the rate of 29~62 kg K/ha. When K fertilizer is insufficient,
topdressing the rice seedling bed can notably improve the quality of seedlings, which turn
green faster after transplanting. Moreover, a yield increase of 3%~5% may be obtained
with no further K added[3] .

## Relation between the use of organic manure and K fertilizer

The use of organic manmre is traditional with Chinese farmers. Organic manure also
influences the effect of K fertilization on rice. The use of organic manure and straw can
decrease the need for K fertilizer to some extent and ameliorate soil K deficiency. Most
organic manures for rice are applied basally. Leguminous green manure is rich in N;
compost and barnyard mnanure are rich in K. In experiments in Zhejiang Province, K
fertilization combined with N and P fertilizers gave the highest incremental rice grain yield
of 16. 9% . The effect of K fertilizer combined with green manure is a little less, an
incremental increase of 11. 4% . The incremental yield increase of K fertilizer used in
combination with good-quality manure as a basal treat ment is comparatively low, 5. 5% .
The response of rice to K fertilization decreases with increasing manure application.

The K content of rice straw is high, and K-defi ciency symptoms of rice can be decreased
and the yield increased by returning the rice straw to the soil[8].

## K responses of various rice types and varieties

Modern varieties and sinica rice generally take up more K than the indica rice commonly
cultivated. There fore, they are rather sensitive to K application and their response to K
fertilizer is relatively high. Moreover, hybrid rice takes up much more K than the common
sinica rice and is even more sensitive to K application, responding to K addition with even
higher incremental yields[6] . This has been verified by the trials in Huangjin People's
Commune, Wangcheng County, Hunan provice, during the late 1970s and the early 1980s
(Table 5 ) .

**Table 5　Effect of K application upon the yield increase for different rice types and varieties**

| Rice type | Trials (no.) | Yield (t/ha) | | Incremental yield increase | | Response to K (kg) |
|---|---|---|---|---|---|---|
| | | Without K | With K | t/ha | % | |
| Indica | 48 | 4. 2 | 4. 7 | 0. 5 | 11 | 5. 25 |
| Sinica | 2 | 4. 6 | 5. 4 | 0. 8 | 17 | 8. 00 |
| Hybrid rice | 5 | 4. 7 | 5. 6 | 0. 9 | 19 | 9. 50 |

Under the common conditions of cultivation, tall-stemmed indica rice straw contains 1% K, short-stemmed indica rice straw about 2%, and hybrid rice straw about 2.8%[7]. There is no significant variation of K content in the grains, about 0.5% in all the three rice types. To produce 1 t rough rice, a straight-line rice variety takes 21 kg K, but hybrid rice requires 33~43kg K Hybrid rice Nanyou-2 took in 308kg K when 9.86 trough rice/ha was produced. It continued to take up rafter full heading. The K uptake after heading amounted to 19.2% of total K uptake.

## The effect of K in relation to the multiple cropping index and cropping system

A triple cropping system such as early rice-late rice-winter crop depletes soil fertility rapidly. Shanghai Municipal Bureau of Agriculture statistics for 1975~1979 showed that the yield of a triple cropping system was 4 t/ha more than that of a double cropping system of late rice-winter crop. The uptake of NPK obviously increased, and K uptake was especially high, 110 kg K/ha per year. Therefore the effect of adding K fertilizer under conditions of intense cropping would be outstanding[4].

A rice-rice-green manure cropping system has been practiced for a long time in up to 60% of the rice fields in some southern provinces of China. In these rice fields in which green manure is used as a basal dressing, only a small amount of other organic manure is added. Consequently there is no appropriate K supplement added. The fields with green manure are not plowed up in winter, and the subsoil is not exposed to the open air. In these cases, the potential K cannot be realized fully. The reduced condition of the soil after incorporation of green manure hinders the rice roots from taking up K. In those fields where a rice green manure rotation has been practiced for a long time, K fertilizer shows a marked effect on yield increase[5].

The effect of K fertilizer shows most in the season during which it is applied. When K fertilizer is sufficient, yields are higher if it is applied to each crop in the triple cropping system. When K deficiency exists, applying K to late rice gives a better effect than applying it to early rice in the double cropping system. The main reason for this is that less organic manure is applied to late rice. In a cropping system, including rice - rice - green manure, K fertilizer should be applied to legumes to facilitate their growth. Then the leguminous green manure is plowed under as a basal fertilizer for early rice[3].

# References

[1] Academia Sinica, Institute of Soil Science. 1978. Soils of China: the potassium in soils [In Chinese]. Science Press, Beijing. 392-404.

[2] Chinese Academy of Agricultural Sciences, Soil and Fertilizer Research Institute. 1958-1982. Reports of National Network on Fertilizer experiments [in Chinese].

[3] Guangdong, Zhejiang, and Hunan Provincial Academies of Agricultural Sciences. 1982. The role of potas-sium fertilizer in development of agriculture in South China [in Chinese].

[4] Lin Bao. 1983. The importance of potassium fertil ization on high-yield rice in China. In Proceedings of the INSFFER workshop in Indonesia 23-24, Feb. 1983.

[5] Liu Geng-lin, Chen Yong-an, and Chen Fu-xin. 1981. The changes of soil K-content and response of K-fertilizer in two-crop rice and green manure fields in hilly land of Hunan Province [in Chinese]. Hunan Agric. Sci. 4.

[6] Liu Mu-sheng. 1982. The effect of K-fertilizer on paddy rice and technique of its use [manuscript in Chinese].

[7] Luo Chen-xiu. 1982. On the role of K nutrient in the high yield rice cultivation [in Chinese]. Soil Fert. 4: 8-11.

[8] Soil and Fertilizer Station of Shun-chang County, Fujian Province. 1984. Broadening resources of potassium and reducing its consumption [in Chinese]. Soil Fert. 1: 30-31.

[9] Xie Jian-chang, Ma Mao-tong, and others. 1981. On the potential of K-nutrition and the requirement of K-fertilizer in important paddy soils of China. 617-620 in Proceedings of symposium on paddy soils. Institute of Soil Science. Science Press, Beijing.

# The Performance of Traditional and HYV Rice in Relation to Their Response to Potash

Liang Deyin    Lin Bao

(Soils and Fertilizer Institute, Chinese Academy of
Agricultural Sciences, Beijing 100081 China* )

**Summary**  The introduction of high yielding varieties (HYV) has made an important contribution to increasing production of rice and other crops. Because of their high potential yield, lodging resistance and other desirable characteristics, the growing of HYVs and Hybrids has spread very quickly and for the past ten years improved varieties have occupied from 30 to 50% of the rice growing areas in some provinces. Their yields are 20~40 per cent higher than the local varieties but the new varieties are only able to show their full capabilities with good soil and water management and with adequ-ate supplies of balanced NPK fertilizer. Over the past 15 years NP fertilizer has been increasingly used and has given yield increases but the higher yields taken off the field have resulted in a run-down of soil K reserves. Recent experiments show that response by rice to K fertilizer is now very much higher than it was ten years ago. The importance of balancing NP with adequate K for main-taining high yields cannot be overstated.

## 1  Potassium requirement of HYV rice

An outstanding feature of the new HYV rice is its high potassium requirement. *Xiao* [1982] found that for the production of 1 t grain, K removal from the field was 25.8 and 33.2 kg $K_2O$ respectively for local (Guang Xiang 3) and hybrid (Nan You 2) varieties. *Luo* [1983] obtained similar results in Hunan: 25~26.6 kg and 35~43.1 kg $K_2O$ per ton grain for local (Dong Ting and Xiang Ai) and hybrid (Wei You 6 and Nan You 2) varieties. Hybrid rice took up 20%~75 % more potassium than local varieties. The K content of rice plants at various growth stages has been investigated by *Luo* [1983] in Hunan and *Zhu* [1980] in Guangdong and their results are given in Tables 1 and 2. K content of the straw, in particular, was much higher in HYVs.

---

* Prof. *Liang De-Yin* and Prof. *Lin Bao*, Soils and Fertilizer Institute, Chinese Academy of Agricultural Sciences, 30 Baishiqiao Lu, 100 081 Beijing/P. R. China

The rate of K uptake and the percentage taken up during different growth stages differ greatly between HYV and local varieties (Table 3). In both cases maximum uptake was in the period from late tillering to full heading. At this stage the local variety ceased taking up K but the HYV continued to do so until ripening; 8.7% of total uptake was over this period. This behaviour seems typical of the HYV.

In the HYV, a high leaf K content is needed for maximum photosynthesis, spikelet, pollen and grain formation. Ear number and grain/ear were increased by K fertilizer.

**Table 1    NPK content of two rice varieties in different growing stages (% in DM)**

| Growth stage | N% | | $P_2O_5$ % | | $K_2O$ % | |
|---|---|---|---|---|---|---|
| | Hybrid | Local | Hybrid | Local | Hybrid | Local |
| Transplanting | 1.97 | 2.05 | 0.71 | 0.71 | 2.96 | 2.50 |
| Tillering initiation | 3.19 | 3.41 | 0.69 | 0.64 | 3.89 | 3.46 |
| Maximum tillering | 3.35 | 3.68 | 0.82 | 0.66 | 4.37 | 4.46 |
| Panicle initiation | 2.26 | 2.55 | 0.71 | 0.66 | 3.41 | 3.58 |
| Heading | 1.67 | 1.86 | 0.57 | 0.50 | 2.60 | 2.64 |
| Ripening straw | 1.30 | 0.90 | 0.66 | 0.32 | 2.17 | 2.32 |
| grain | 1.40 | 1.58 | 0.90 | 1.00 | 0.32 | 0.32 |

Hybrid late rice: Wei You 6, Local late rice: Dong Ting, Soil: Red earth paddy.

**Table 2    K content of two rice varieties in different parts and growth stages**

| Parts of rice | Growth stages | HYV (Gui Zhao, 2) | Local (Ke Shi) |
|---|---|---|---|
| | | $K_2O$ % (in DM) | |
| Leaves | Tillering | 3.66 | 3.43 |
| | Panicle initiation | 3.14 | 4.36 |
| | Heading | 2.80 | 2.34 |
| Sheath | Tillering | 6.56 | 5.28 |
| | Panicle initiation | 5.95 | 6.01 |
| | Heading | 2.72 | 2.20 |
| Straw | Ripening | 3.80 | 2.16 |

Soil: Alluvial paddy.

**Table 3    Amount and percentage of K uptake during different growing stages of two rice varieties**

| Growth Stages | Amount of $K_2O$ removed (kg/ha) | | % of total $K_2O$ uptake | |
|---|---|---|---|---|
| | Hybrid | Local | Hybrid | Local |
| Sowing- transplanting | 23.92 | 8.0 | 8.10 | 4.50 |
| Transplanting- tillering initiation | 27.0 | 11.9 | 9.16 | 6.70 |
| Tillering initiation late tillering | 80.9 | 37.7 | 27.4 | 21.2 |
| Late tillering- heading | 138.0 | 120.2 | 46.7 | 67.6 |
| Heading- ripening | 25.5 | 0.0 | 8.83 | 0.0 |

Hybrid rice: You Wei, 9.　　Yield: 8010 kg/ha

Local rice: Dong Ting.　　Yield: 6675 kg/ha

# 2 Yield response to potassium in HYV and local varieties

HYVs are more K responsive than the traditional varieties and this is clearly seen in results from Guangdong Province (Table 4). Percentage response to K fertilizer by HYV is approximately double that of the traditional rice.

Applying K fertilizer increases plant K content and the K/N ratio. The latter is an indicator of N∶K balance. A high ratio shows the crop is high in K and this is beneficial to N metabolism (Table 6). The effect of fertilizer on K/N ratio is much greater in the HYV than in traditional varieties (Table 5).

**Table 4  Response to potash of different rice varieties**

| Location | Variety | | Yield (kg/ha) | | Yield increase | |
|---|---|---|---|---|---|---|
| | | | NP | NPK | kg/ha | % |
| Guangdong | Hybrid | (Xian You, 2) | 5107.5 | 6735.0 | 1627.5 | 31.9 |
| | | (Ai You, 2) | 4878.0 | 6600.0 | 1722.0 | 35.3 |
| | Local | (Zao Guang, 2) | 3960.0 | 4725.0 | 765.0 | 19.3 |
| | | (Hu Qiu, 4) | 4402.5 | 5212.5 | 810.0 | 18.4 |
| Kaiping, Guangdong | HYV | (Ke Qing, 3) | 3838.5 | 5273.3 | 1434.8 | 37.4 |
| | Local | (Xi Nan Ai) | 2805.0 | 3352.5 | 547.5 | 19.5 |
| | | (Ping Bai, 1) | 2394.8 | 2883.8 | 489.0 | 20.4 |
| Guangxi | Dwarf rice | (Guang Qiu) | 2872.5 | 3397.5 | 525.0 | 18.2 |
| | Tall rice | (Ma Ke Hong) | 2550.0 | 2745.0 | 195.0 | 7.6 |
| Guangdong | Hybrid | (Xian You, 6) | 3090.0 | 3517.0 | 427.0 | 13.8 |
| | HYV | (Gui Zhao, 2) | 2047.5 | 2962.5 | 915.0 | 44.7 |
| | Local | (Guang Ai, 2) | 3345.0 | 3427.5 | 82.5 | 2.5 |

**Table 5  Effect of potassium on the ratio of $K_2O/N$ of rice tissues of different varieties**

| Variety | Treatment | Maximum tillering | | | Panicle initiation | | | Ripening | | |
|---|---|---|---|---|---|---|---|---|---|---|
| | | $K_2O$ | N | $K_2O/N$ | $K_2O$ | N | $K_2O/N$ | $K_2O$ | N | $K_2O/N$ |
| Hybrid | NP | 1.45 | 3.48 | 0.42 | 0.84 | 1.98 | 0.42 | 1.75 | 1.09 | 1.61 |
| (Xin You) | NPK | 2.02 | 2.75 | 0.73 | 3.80 | 1.94 | 1.96 | 2.02 | 0.93 | 2.16 |
| HYV | NP | 1.28 | 2.85 | 0.43 | 0.82 | 2.13 | 0.38 | 1.20 | 1.05 | 1.14 |
| (Gui Zhao) | NPK | 2.38 | 2.70 | 0.88 | 1.95 | 1.75 | 1.11 | 2.08 | 0.98 | 2.12 |
| Local | NP | 1.08 | 2.80 | 0.39 | 0.70 | 1.91 | 0.35 | 1.02 | 1.08 | 0.94 |
| (Guang Ai) | NPK | 2.18 | 2.86 | 0.76 | 1.71 | 1.75 | 0.98 | 1.10 | 0.79 | 1.39 |

**Table 6　Effect of K applied on the amino acid content of different rice varieties**

| Amino Acid | Hybrid (Xin Zhao) % | | | HYV (Gui Zhao, 2) % | | | Local (Guang Ai, 2) % | | |
|---|---|---|---|---|---|---|---|---|---|
| | NP | NPK | increase or decrease by K | NP | NPK | increase or decrease by K | NP | NPK | increase or decrease by K |
| Lysine | 0.44 | 0.44 | 0.00 | 0.49 | 0.50 | 0.01 | 0.55 | 0.53 | −0.02 |
| Histidine | 0.33 | 0.35 | 0.02 | 0.36 | 0.35 | −0.01 | 0.41 | 0.40 | −0.01 |
| Arginine | 1.00 | 1.09 | 0.09 | 0.97 | 1.01 | 0.04 | 1.14 | 1.16 | 0.02 |
| Aspartic acid | 0.92 | 1.01 | 0.09 | 0.79 | 0.87 | 0.08 | 1.07 | 0.88 | −0.19 |
| Serine | 0.44 | 0.48 | 0.04 | 0.51 | 0.53 | 0.02 | 0.39 | 0.38 | −0.01 |
| Glutamic acid | 2.35 | 2.46 | 0.11 | 2.26 | 2.37 | 0.11 | 2.45 | 2.45 | 0.00 |
| Proline | 0.36 | 0.32 | −0.04 | 0.42 | 0.41 | −0.01 | 0.42 | 0.34 | −0.08 |
| Glycine | 0.44 | 0.50 | 0.06 | 0.50 | 0.48 | −0.02 | 0.52 | 0.51 | −0.01 |
| Alanine | 0.61 | 0.62 | 0.01 | 0.59 | 0.61 | 0.02 | 0.61 | 0.60 | −0.01 |
| Valine | 0.62 | 0.64 | 0.02 | 0.71 | 0.62 | −0.09 | 0.72 | 0.71 | −0.01 |
| Methionine | 0.27 | 0.26 | −0.01 | 0.14 | 0.14 | 0.01 | 0.27 | 0.27 | 0.00 |
| Isoleucine | 0.39 | 0.40 | −0.01 | 0.42 | 0.39 | −0.03 | 0.44 | 0.45 | 0.01 |
| Leucine | 0.87 | 0.94 | 0.07 | 0.87 | 0.86 | −0.01 | 0.94 | 0.97 | 0.03 |
| Tyrisine | 0.49 | 0.49 | 0.00 | 0.36 | 0.38 | 0.02 | 0.43 | 0.48 | 0.05 |
| Phenylalanine | 0.55 | 0.57 | 0.02 | 0.54 | 0.55 | 0.01 | 0.58 | 0.67 | 0.09 |
| Total | 10.08 | 10.57 | 0.49 | 9.92 | 10.07 | 0.15 | 10.94 | 10.80 | −0.14 |

# References

[1] Xiao Shu xian *et al*. Studies on nutrient requirements of hybrid early rice and fertilizer saving dressing technique to achieve high yields. Journal of Soil Science No. 6 (1982).

[2] Luo Chengxiu. Investigation of the mineral nutrition of hybrid rice and the technique of fertilization. Selected Topic of Soil Science Symposium, 1983.

[3] Zhu Wei ho *et al*. The distribution of potassium in rice plant. Selected Topic of Soil and Fertilizer Research Work, 1980.

[4] Mai Hong kui *et al*. Effect of K on the amino acid content of different rice varieties, Manuscript, 1983.

# Organic Manuring in China

Lin Bao[1]   Liu Zhongzhu[2]

([1]Soil and Fertilizer Institute , China Academy of Agricultural
Sciences;[2]Fujian Academy of Agricultural Sciences)

There has been a long history in using organic manure in China. As early as Xizhou
Dynasty (B. C. 1100-800), there was a poet "Crops flourishing following weeds rotting" .
The time we began applying organic manure and paying much attention to the methods of its
application in agriculture was in the period around Zhanguo and Qin-Han Dynasties (B. C.
770-A. D. 220) . Green manure was first planted in rice field seventeen hundred years ago in
Xi-Jin Dynasty[1] . The application of large amount of organic manures has become to a
characteristic of fertilization as well as a main integral part of traditional agriculture in
China. Chinese peasants have accumulated abundant experience in collecting, processing,
conserving and using organic manures. The long-term application of organic manures plays
an important role in supplying soil with various nutrients, improving and keeping soil
fertility. However, the application of organic manures is only a basic closed cycle of
nutrients in soil-plant system. In order to increase yields greatly, there must be an addition
of nutrient elements to the cycle, we should develop leguminous crops for green manure and
apply various chemical fertilizers.

## 1   Kinds and Amount of Organic Manures

The six kinds of organic manures, night soil, barnyard manure, compost and water-
logged compost, sludge manure, oil cake and green manure, are existed and frequently used
on a large scale in China. There are also poultry manure, city waste and sewage. Marine
manure, peat etc. are used in limitted area. Each kind can be subdivided into many species,
for example, barnyard manure is composed of horse manure, cattle manure, pig manure,
sheep manure etc. Organic manures applied in China are over one hundred species. [2]

Some organic manures such as barnyard manure, compost and sludge manure are
composed of various kinds of organic wastes, so, it is very difficult to estimate the amount of
organic manures. According to Jin Weixiu and Chen Lizhi (Soil and Fertilizer Institute,

Paper presented at the INSFFER Workshop. September 22~24, 1986. Hangzhou, China.

Chinese Academy of Agricultural Sciences), the amount and nutrient contents of various kinds of organic wastes and green manure calculated in our country are approximatly as follows: [3~4] (Table 1 )

**Table 1   Amount of Biological Waste Material and Green Manure and Their Nutritive Content**

(1980)

| Waste material | Amount (10^6 t) | Content of Nutrient (10^6 t) | | | | |
|---|---|---|---|---|---|---|
| | | N | $P_2O_5$ | $K_2O$ | $N+P_2O_5+K_2O$ | % |
| Night soil | 150 | 0. 90 | 0. 30 | 0. 45 | 1. 65 | 6. 5 |
| Cattle excreta | 504 | 2. 02 | 1. 51 | 2. 50 | 6. 03 | 23. 6 |
| Pig excreta | 720 | 2. 88 | 2. 16 | 3. 47 | 8. 51 | 33. 4 |
| Excreta of sheep/goat | 50 | 0. 35 | 0. 30 | 0. 60 | 1. 25 | 4. 9 |
| Excreta of poultry | 12 | 0. 18 | 0. 18 | 0. 10 | 0. 46 | 1. 8 |
| Straw | 468 | 0. 94 | 0. 94 | 2. 80 | 4. 68 | 18. 4 |
| Green manure | 200 | 1. 00 | 0. 20 | 0. 60 | 1. 80 | 7. 1 |
| City waste | 12 | 0. 24 | 0. 16 | 0. 40 | 0. 80 | 3. 1 |
| Oil cake manure | 2 | 0. 21 | 0. 03 | 0. 06 | 0. 30 | 1. 2 |
| Total | 2118 | 8. 72 | 5. 78 | 10. 98 | 25. 5 | 100. 0 |

Among organic wastes, the amount of animal excreta ranks first and covers 60% of the total, the waste of straw makes up around 20% of the total. Amony animal excreta the amount of pig dung is the largest because there are over 300 million pigs in China. Green manure is an important resource of organic manures in China, but its proportion in the total amount of organic matter is not large. Only a part of these organic wastes (about 50% ~ 60%) can be collected and processed into organic manure.

## 2   Content of Organic Matter and Nutrients in Organic Manures

Organic manures generally contain about 20% of organic matter, 60% ~ 70% of water. N, P and K contents in organic manure are low except for cake manures. Several major kinds of nutrient contents of organic manures in China are shown in Table 2.

**Table 2   Nutrient Content of Some Main Organic Manures (%)**

| Manures | Moisture | O. M. | N | $P_2O_5$ | $K_2O$ |
|---|---|---|---|---|---|
| Cattle manure | 77. 5 | 20. 3 | 0. 34 | 0. 1 6 | 0. 40 |
| Horse manure | 71. 3 | 25. 4 | 0. 58 | 0. 28 | 0. 53 |
| Sheep manure | 64. 6 | 31. 8 | 0.83 | 0. 23 | 0.67 |
| Pig manure | 72. 4 | 25. 0 | 0.45 | 0. 19 | 0. 60 |
| Green manure | 80. 0 | 20. 0 | 0.50 | 0. 10 | 0. 30 |
| Nightsoil | | 50~77 | 0. 5~0. 8 | 0. 2~0. 4 | 0. 2~0. 3 |
| Poultry manure | 50~77 | 23~30 | 0. 6~1. 8 | 0. 5~1. 8 | 0. 6~1. 0 |
| Compost | 60~75 | 15~25 | 0. 4~0. 5 | 0. 2~0. 21 | 0. 5~0. 7 |
| Sludge | | 2. 5~9. 4 | 0. 2~0. 4 | 0. 2~0. 6 | 0. 6~1. 8 |
| Oil cake | | | 3. 4~7. 0 | 1. 2~3. 0 | 1. 0~2. 1 |

Decomposed night soil is usually used as top-dressing for its high N content. Among animal manures, water content of sheep and horse manure are low, their nutrient contents are relatively high. When organic wastes are loosely piled up, its temperature will reach as high as 50℃ to 70℃ during fermentation, thus horse and sheep manures are named as "Hot manure" which is usually used in seed bed and green house as a ferment material. The cattle manure contains high water but low in nutrient contents. When the organic wastes are piled up, it is not easy to reach a high temperature during fermentation, thus, it is referred to as "Cold manure". Nutrient contents of poultry manure are apparently higher than that of barnyard manure, especially in the amount of nitrogen and phosphorus, it is usually used in the vegetable garden and orchard for its good quality. The nutrient contents of compost vary greatly with the variation of composed materials and the method of composting. Bean cake and peanut cake are generally used as the feed, but cotton-seed cake and rape-seed cake are used as manure.

# 3 Proportion of Organic Manure in the Total Fertilizers Applied

Before the People's Republic of China was founded (in 1949). A small amount of native produced and imported nitrogen fertilizers was used, and organic manures became to be mainly relied on to supply nutrients. The fertilizer structure of our country has been changed greatly since 1949. The data shown in Table 3 is the calculation made by the author and his colleagues[5].

**Table 3   The Proportion of Organic Manure in the Total Amount of Fertilizers applied**

(1949—1983)

| Year | Total nutrients in fertilizers $10^3$ t | Proportion of Organic Manure (%) | | | |
|------|------|------|------|------|------|
| | | Total | N | $P_2O_5$ | $K_2O$ |
| 1949 | 4285 | 99.9 | 99.6 | 100.0 | 100.0 |
| 1957 | 6948 | 91.0 | 88.7 | 96.0 | 100.0 |
| 1975 | 16033 | 66.4 | 53.0 | 54.6 | 97.3 |
| 1980 | 24003 | 47.1 | 30.6 | 41.8 | 92.8 |
| 1983 | 28617 | 42.0 | 26.2 | 35.5 | 88.5 |

The total amount of organic manure applied (nutrient) had increased from $4.28 \times 10^6$ to $12.02 \times 10^6$ tons over the period of the thirty-four years ( from 1949 to 1983 ), at the same time the amount of total nutrient in chemical fertilizers applied had increased from $6 \times 10^3$ to $16.6 \times 10^6$ tons. Since the increase in amount of organic manures was much slower than that of chemical fertilizers, the proportion of organic manures in total fertilizers applied gradually dropped. The nutrients added in the form of organic manures were lower than that of chemical fertilizers in 1980. Nitrogen added in organic manures only accounted for one fourth of the total nitrogen fertilizers applied in 1983, phosphorus was only a little more than one third of the total amount of phosphorus applied, about 90% of potassium applied, however, was still come from organic manures.

# 4  Preperation and Application of Organic Manure

## 4.1  The process of barnyard manure

The amount of barnyard manure is the largest in organic manure of China. Generally, by means of bedding down the livestock, pig, sheep, cattle and horse manure are all used. Two kinds of materials are mainly used in bedding, one is straw, the other is earth. Peat, weeds etc. are also used. The main purposes of putting straw and earth in the sty are:

* to create a dry, soft, warm living condition for animals.
* to absorb and conserve animal urine in order to decrease the loss of nutrients and to get the good quality of barnyard manure.
* to improve the properties of manure for the easy to transport and pile up.

The barnyard manure should be dug out once the sty is filled with it, and generally it still requires to be decomposed in out of the sty. Premature manure still needs to be turn over once or twice during the decomposition. The function of decomposition and turning over is as follows:

* to mix animal manure with the straw and earth completely.
* to decrease the weight and bulk of barnyard manure for the convenience of transportation and application.
* to destroy a part of pathogenetic bacteria, insect eggs and weed seeds.
* to increase the contents of efficient nutrients in barnyard manure (especially for available N).

## 4.2  The process of Compost

Compost is a widely adopted way of making manures in our countryside (rural area). The raw materiala are straw, leaves, weeds, green manures, river mud, pond sludge, garbage, etc. Inorder to speed up decomposition and increase its available nutrients, night soil and animal manure, occasionally a small amount of nitrogen fertilizer, are often added during composting. The compost refers to the decomposition under the condition of keeping the manure pile moist, whereas the waterlogged compost undergoes its anaerobic decomposition by immersing various raw materials in the pit. The latter is widely adopted in ricegrowing area, Southern China. As the waterlogged compost decomposes under the immersed condition, the changes of its temperature and pH are relatively moderate. The period of decomposition is long, but the loss of nutrients is less.

According to our chinese peasants' experience, the good quality of either compost or barnyard manure is characterized by their dark color, decay and unpleasant odor. It contains high available nutrients and it is convenient to apply. Nevertheless, the longer they are processed, the more they lose their organic matter and nutrients.

## 4.3  The Application of Organic Manures

The application of organic manure is rather simple, organic manures are generally applied before plowing the field as basal manure, and then incorporated into the soil. In some regions, there exists a habit that the organic manures are spread over winter crops (such as wheat or barley). It is folkly called "covering manure". This method which has been investigated favours the winter crops to hibernate, but it has no much effect on increasing yields. Being unable apply basal fertilizers, we sometimes top-dress the inter-crops with such organic manures as fermented cake and night soil.

# 5 The Role, Effectiveness and Nutrient Efficiency of Organic Manure

## 5.1 The Main roles of Organic Manure

The role organic manure plays:

- Supply the plant with nutrient;
- Improve the physical, chemical and;
- biological properties of soils;
- Increase the efficiency of chemical fertilizers;
- Reduce the concentrations of some heavy metals in plant;
- Improve the qualities of farm products.

According to the data obtained in China in recent years, we emphasize here only several points.

①The nitrogen fertilizer production in China developed rapidly, but phosphorus and potassium fertilizers are short of supplies. Organic manure has an important role in providing plants with phosphorus and potassium nutrients.

In 1950's the field trials conducted by soil and Fertilizer Institute, CAAS, in Lutai Farm, Hebei Province proved that the effect of phosphate fertilizer on wheat decreased gradually with increasing the rate of organic manures. [6] (Table 4)

**Table 4  Effect of Organic Manure on the Efficiency of Phosphate Fertilizer in Lutai Farm, Hebei, 1957**

| Rate of fertilizers (kg/ha) | | Yield of wheat (kg/ha) | Yield increase (kg/ha) | |
| --- | --- | --- | --- | --- |
| Organic manure | super phosphate | | | |
| 0 | 0 | 1301 | | |
| 0 | 75 | 1729 | 428 | |
| 0 | 150 | 1834 | 533 | 105 |
| 3 750 | 0 | 1585 | | |
| 3 750 | 75 | 1799 | 214 | |
| 3 750 | 150 | 1841 | 256 | 42 |
| 11 250 | 0 | 1879 | | |
| 11 250 | 75 | 1970 | 91 | |
| 11 250 | 150 | 1937 | 58 | −33 |

\* Decomposed cattle manure, it contains: N: 0.97%, $P_2O_5$, 0.75% and $K_2O$: 0.19%.

The results of experiments, carried out by Soil and Fertilizer Institute, Hubei Provincial Academy of Agricultural Sciences, shown that the effect of applying rice straw and its ash was similar to that of using potassium chloride. [7] (Table. 5 ).

**Table 5   Effect of Straw, Ash and KCl on the Rice Yield Hubei Province, 1982—1984**

| Treatment | Field trial | | | Pot experiment | | |
|---|---|---|---|---|---|---|
| | Number of trials | Yield Kg/ha | Yield increase | Number of trials | Yield Kg/ha | Yield increase |
| (1) CE (N, P)* | 6 | 4733 | — | 6 | 32. 5 | — |
| CK+KCl** | 6 | 5588 | 18. 1% | 6 | 42. 9 | 32. 0% |
| CK+Straw@ | 5 | 5333 | 12. 7% | 6 | 41. 3 | 27. 1% |
| CK+Ash# | 6 | 5573 | 17. 7% | 5 | 43. 4 | 33. 5% |

*N 75 kg/ha, $P_2O_5$ kg/ha   ** 45 kg $K_2O$/ha as KCl+ (1)
@37. 5 kg $K_2O$/ha as straw++ (1) . #45kg $K_2O$/ha as Ash+ (1) .

As the acreage of potassium diffieient paddy field is increasing, the K-high content plants, such as water peanut (Alternanthera Philoxeroides Mart), sunflower, rice straw and so on, used as organic manure for potash attracted the interest of some researchers.

At present the rate of nitrogen fertilizer in some rice growing region is quite high, it causes the increase of diseases and pests and decrease of nitrogen efficiency. According to the results of Wang Dongmei, who studied integrated use of organic (sun hemp as green manure) and inorganic (ammonium sulfate) fertilizers labled with N-15, chemical N enhanced the mineralization of organic N, at the same time organic N increasedbiological fixation of chemical N. The advantages of integrated use of organic and inorganic fertilizers provide a stable and continuous supply of nitrogen nutrient, the loss of nitrogen from fertilizers is reduced and the nitrogen accumulation in soil is increased[8] . Under such a nutritional condition diseases and pests are reduced and rice grows well.

The proper use of organic manure or organic manure combined with chemical fertilizer improves the quality of agricultural products. According to the data of Jin Weixu, the content of protein and gluten in wheat grain is higher with integrated nutrients of organic and inorganic forms. Organic manure also increases the content of vitamin C and decreases the nitrate content in vegetables (tomato, cauliflower, cabbage, spinach etc. ) . The storage property of vegetables applied with organic manure is better than that with N fertilizer alone. [9]

Barnyard manure can reduce the content of heavy metals in plants. It seems to be a unique function of munure, when corn, wheat and cabbage are grown in the soil seriously polluted by slx-valence cadmium, the content of chromiun and cadmiun in plant is rather high, they are 29. 7 ppm and 16. 0∼17. 7 ppm respectively. When barnyard manure is applied, the content of chromium in plant is decreased to 0. 1∼0. 3 ppm, and cadmium is dropped to 7. 7∼10. 3 ppm.

## 5.2  Efficiency of organic manure

The efficiency of organic manure varies greatly with its quality, method of application, soil fertility, different plant and field management. The quality of manure is a main factor, which determins its efficiency. In China the nitrogen defficiency soil is widely distributed over the whole country, there- for, the nitrogen content is an improtant quality index of organic manure. The results based of field trials in different sites in China show 1000 kg organic manure contained 0.5% nitrogen probably will increase 40～60 kg rice grain. 1000 kg green manure (milk vetch) contained 0.5 % nitrogen also increase 50～75 kg rice grain. It means green manure has higher efficiency than organic manure on first crop. [2,6]

## 5.3  Recovery of nutrients from organic manure

According to the data summarized by Xi Zhenbang the nitrogen recovery by rice from barnyard manure and compost is about 15 %, from green manure- about 25%. [10]

**Table 6  N UPTAKEN BY RICE FROM ORGANIC MANURE**

| Orgainc manure | Number of trials | N recovery % |
|---|---|---|
| Leguminous green manure | 10 | 25.3±5.0 |
| Azolla | 6 | 27.3±15.8 |
| Barnyard manure | 9 | 16.7±9.0 |
| Compost and waterlogged compost | 10 | 16.6±5.6 |

About half of the phosphate in manure is available, most of the potassium is water-soluble. Generally speaking, recovery of P and K from manure is higher than that of N.

# 6  Trend of Organic Manure in the Future

With the developing of agriculture and animal husbandry the total amount of organic manure in China will increase continiously. Some new trends in its development are as follows:

## 6.1  The process of organic manure is simplied.

Straw and stalks after threshing are placed in field and plow under without any processing. One reason for this is to save labor. Another reason is that the plant nutrient, especially nitrogen is mainly supplied by chemical fertilizer. The principal role of organic manure is to improve soil properties. Therefor, dark in colour, completely decay and bad odour are nolonger to be the only three main characters of organic manure being considered for applying.

## 6.2  Repeated use of organic manure is developed further.

oil cakes, green manure are used as feedstaff for animal and poultry. Even extreta of silk worm and some poultry droppings are used as feed of fish. Then the animal excreta is applied as manure. The fertile silt and mud are collected as manure from the ponds or lakes where fish lives.

Straw and other organic matters are first used as raw material for growing mushrooms or for producing biogas, decomposed straw, effluents and slurry from methane-generating pit are used as manure.

## 6.3 How to use the organic waste in cities, such as garbage, sewage and waste liquid, residue from factories is a complicated and important problem worthly of paying more attention.

Production of chemical fertilizers in China developed fast, but our farmers have not discarded organic manure. Organic manure is needed not only for increasing organic matter and plant nutrient in soil, but also for an imortant link in the circulation in material and nutrition in agriculture. It is the best way to utilize biological waste of agricultural production. China is now developing its system of integrated application of organic manure and chemical fertilizers.

# References

[1] Guo Jinru, Lin Bao. Hisoric Materials of Study on Fertilizers in China. Journal of Soil Sciences No. 5, 1985.

[2] Fertilizers and Their Use in China. Edited by Soil and Fertilizer Research Institute, CAAS Shanghai Science and Technique Press, 1962.

[3] Jin Weixu. Repeated Use of Organic Materials as a Resource—Prospects for Organic Manure. Manuscript, 1983.

[4] Chen Lizhi. A Forecast of the Development of Green Manure. Manuscript . 1983

[5] Zhang Naifeng Lin Bao Li Jiakong etc. Divisions for the Proper Use of Chemical Fertilizers. Manuscript, 1985 .

[6] Ma Fuxiang . Barnyard Manure. Agrlculture Press, 1963.

[7] Soil and Fertilizer Institute, Hubei Academy of Agriculture Sciences. Biological Potash and its Role in the Plant Nutrition and K Blance. Journal of Hubei Agriculture, Sciences No. 4, 1985.

[8] Huang Dongmai, Gao Jiahua, Zhu Peili. Transformation and Distribution of Organic and Inorganic Fertilizer Nitrogen in Rice and Soil System. (in English) Proceedings of Symposium on paddy Soils. Science Press, 1981: 570-577.

[9] Jin Weixu. Effect of Integrated Use of Manure and Nitrogen Fertilizer on Quality o f Vegetables. The Chinese Agricultural Sciences No. 3, 1985.

[10] Xi Zhenbang. General Characteristics of Fertilizer Used in the Paddy Field of China. Manuscript in English, 1982.

# The Effective Use of Fertilizers on Major Rice-based Cropping Systems in China

Lin Bao[1]   Liu Zhongzhu[2]   Li Jiakang[1]

([1] Soil and Fertilizer Institute, China Academy of Agricultural Sciense;
[2] Fujian Academy of Agricultural Sciense)

**Abstract:** This paper consists of five parts, 1) sum up the basic patterns of rice cropping systems in China; 2) effective use of green manure and organic manure on major rice-based cropping systems; 3) and 4) to give a general idea about the effect of N, P and K fertilizers on different crops, and the effective use of N, P and K fertilizers on the major rice-based cropping systems; 5) conclusions.

## 1  Major Rice-Based Cropping Systems (MRCS) in China

Rice growing is widely distributed over our country, from the southern tip of Hainan Island (N18. 9) to northern part of Heilongjiang Province (more than N50 ), from Taiwan Province in the east to Xinjiang Uygur Autonomous Region, from Yun Gui Plateau with an elevation of about 2600 m to south-east seashore. But, over 90% out of the total rice area is distributed in the south of Huaihe River and Qinling Mountains. Rice in China mainly is wetland rice with good water control. The acreage of rainfed and upland rice is very limited. Rice growing region in our country had been divided into six growing belts in light of Chinese researchers,[1] and the MRCS could be grouped into three types:

Double Rice Triple Cropping Systems (DRTCS)

Single Rice Double Cropping Systems (SRDCS)

Single Rice Single Cropping Systems (SRSCS)

**1. 1**  DRTCS are widely distributed in Southern China and middle-lower reaches of Yangtze River, its typical planting patterns are as follows:

Rce- rice - wheat (or barley)

Rice - rice - rapeseed

---

Note: Paper presented at the INSFFER Planning Meeting/Workshop, September 28-October 1, 1987, New Delhi India.

· 527 ·

Rice - rice - green manure

Usually, the first crop is early rice (from April to July), the second is late rice (from July to October, in some areas to November). Generally, two rice crops are planted almost year after year, only winter crop s changed every year. In the 60's and 70's, wheat, rapeseed and green manure, of each covers one-third of double rice areas in winter. Green manure areas droped apparently in recent years, it is made up only one-fourth or one-fifth of winter crops. On the contrary, wheat and rapeseed are becoming more popular, In some places, because of lacking of water resources, double cropping rice may be changed into one early rice and one dry land crop such as corn, soybean and sweet potato ect. , then the system becomes one rice and two dry land crops. With the development of livestock and animal husbandry, feed crops are often grown on the MRCS. Vegetables are also planted in paddy fields, especially in suburbs around cities and towns.

**1. 2** The SRDCS are very popular along Yangtze River and in Yunnan, Sichuan and Guizhou Provinces, with typical patterns as follows:

Rice - wheat

Rice rapeseed

Rice - broadbean

Rice crops are grown in every Summer, kind of winter crops is always changing, instead of growing a winter crop the field, may be put in fallow.

**1. 3** The SRSCS are distributed in North China, where growing period is short and rainfall is often limited. After one crop (rice) harvested, the fields lie fallow during winter instead of growing a winter crop. After several years of rice growing, dry land crops such as corn, sorghum or soybean will be rotated for two or three years. In North China there is also a small area where grow rice and wheat in one year.

These three systems discussed above can not be sharply divided. Two cropping systems may also occured in a same region. Three crops and two crops a year may be occured in succession, this cropping systems is called "five crops in two years" . In other areas one crop a year is succeeded by two crops a year, thus the cropping system of three crops in two years is adopted.

# 2 Effect of Green Manure and Organic Manure

Total area of green manure reached 10 million ha in the late 70's, 90% of which was grown in rice field. Milk vetch is one of main winter green manures, the others are commom vetch and azolla. [2]

Leguminous green manures are rich in N nutrient, 40~80 kg of paddy was increased by adding one ton of green manure containing 4~6 kg N. Green manure N and N fertilizer were on a par at the same N level applied to rice. [3]

Winter green manure is generally turned into ground by plough in Spring, as basal manure for early rice, its rate was approximately 30~40 tons of fresh matter per ha, at this rate green manure gave a good result, more than this rate the number of ineffective tillering increased and the rice is easy to lodge. In the 60's, sesbania seedlings (grown in another field in advance) were transplanted in between early rice rows in the area having a long growing period such as Guangdong Province and Guangxi Autonomous Region. Sesbania was turned into field about one week after the harvest of early rice as basal manure for late rice. A slight decrease of early rice yield occured with this method, but late rice yield increased by 10%～13%[2]. With increasing of high population and high yield of early rice, this kind of labour consuming method is rarely adopted at present.

Green manures are no longer directly turned into field or composted in recent years. They are used as feed for livestock, poultry and fish first, and then, the excreta of these animals were collected and used to fertilize soil.

The effect of organic manure on rice yield are varied with its quality. It was found that one ton of organic manure (com post or barnyard manure) containing 0.5% of N could increase rice grain about 40～60kg. It was clear that organic manure was, for the first crop right after its application, inferior to greenmanure in the respect of increasing yield. Organic manure, however, contains abundant P and K nutrients, so in this case, less P and K could be applied. [4]

Organic manure is mainly used as basal manure for winter crops and early rice because there is not enough time to apply organic manure between the rush-harvesting of early rice and the rush-planting of late rice.

# 3 Effect of N Fertilizer

The effect of N fertilizers on yields can be found in almost all crops on all kinds of soils. Even leguminous green manure will respond remarkably by addition of N fertilizer at the rate of less than 60 kg N per ha during stalk shooting stage. But N fertilizers are rarely added to leguminous green manure and leguminous crops under the MRCS.

Amount of N fertilizer applied in our country increases sharply. Calculated according to cultivated area, N fertilizer application per year has been more than 250 kg of N per ha in Jiangsu, Fujian and Guangdong Provinces, and it has reached 300 kg N per ha or more in Shanghai and Zhejiang Province. The effect of N fertilizer on yield has decreased with increment of N application. 15～20 kg of rice grain were increased by adding one kg of N at 60 kg N/ha in the 50's and 60's. The data from 896 trials in the early 80's showed that one kg of N (at 125 kg N/ha) increased 9.1 kg rice grain.

For different cropping systems, the efficiency of N fertilizer (at 125 kg N/ha) on single cropping rice (11.7～11.8 kg of grain increased by one kg of N) was just a little better than on double cropping rice (8.2～11.4 kg of grain increased by one kg of N). This is probably due to single cropping rice has an advantage of longer growing period, high yield and high uptake of N fertilizer. [5]

The data obtained from long-term trials at 5 locations conducted in Guangxi Autonomous Region for 5 years are presented in Table 1, the results show that the grain yields of early rice and late rice at the same N rates (60 kg N/ha and 120 kg N/ha) has increased by 27.2% and 37.8%, 17.9% and 27.7%, respectively, as compared with control (none N applied). The former was 10% higher than the later. 11.4~16.4 kg of early rice and 7.8~10.1 kg of late rice grain yield have been increased by application of one kg N, respectively. Climatic factors may help explain why the effect of N fertilizer on early rice is higher than on late rice which may, in some years, encounter low tempreture at the stage of heading and flowering time, therefore, both grain yield of late rice and N efficiency were lowered. [6]

**Table 1　N Fertilizer Use Efficiency on Early and Late Rice 1981—1985**

( Guangxi, average of 5 sites)

| | CK | | N(1) | | N(2) | | Efficiency of N application (kg grain/kg N) | |
|---|---|---|---|---|---|---|---|---|
| | kg/ha | % | kg/ha | % | kg/ha | % | N₁ | N₂ |
| Early rice | 3608 | 100.0 | 4590 | 127.2 | 4973 | 137.8 | 16.4 | 11.4 |
| Late rice | 3390 | 100.0 | 3998 | 117.9 | 4328 | 127.7 | 10.0 | 7.8 |

(1) 60 kg of N/ha; (2) 120 kg of N/ha.

# 4　Effect of P and K Fertilizers

The effect of P fertilizer on rice grain in South China has been decreased greatly since the 50′s ~ 60′s, based on information from National Network on Chemical Fertilizer Efficiency, 8~12 kg grain were increased by applying one kg of $P_2O_5$ at 45~60 kg $P_2O_5$/ha in the 60's, the data derived from 921 field trials in 1981-1983 showed that average increase of grain by applying one Kg $P_2O_5$ at 60 kg $P_2O_5$/ha was 4.7 kg. P in paddy soil of South China has been gradually accumulated since P was added crop by crop and year by year from the beginning of the 60's, the efficiency of P on rice, therefore, decreased significantly. But K fertilizer has been a opposite trend towards P fertilizer. One kg of $K_2O$ at 60 kg $K_2O$/ha could increase 2~4 kg rice grain in the 50′s~60′s. Nevertheless, the average of 875 field experiment results from 1981-1983 showed that one kg of $K_2O$ at 87 kg $K_2O$/ha could increase 4.9 kg rice grain. With increasing use of N and P fertilizer, extension of hybrid rice or short stem rice both characterizing as a high demand for K nutrient, and increase in multiple crop index, K deficiency in rice soils has become a frequent occurance, so, K applied through organic manure can not meet the crop needs, thus K has become an important nutrient element second to N in Guangxi Autonomous Region and Guangdong Province[5].

In the rice-based cropping system different crop response to P fertilizer varies greatly. Based on several year's trials conducted in various sites, the crop response to P on same area is in the order of

winter dry land crops＞paddy rice;

among winter crops:

green manure and leguminous crops＞
rapeseed＞wheat and barley;

between paddy rice:

early rice＞late rice

Results from trials carried out in Zhejiang, Jiangsu, Hunan, Jiangxi Provinces suggested that winter green manure had a significant response to P and K (Table 2), 347 kg of fresh green manure could be increased by adding one kg of $P_2O_5$. Since number of root nodules and activity of N-fixation enzymes in nodules both were improved by P fertilization, 1.2 kg of N in green manure was fixed by applying one kg of $P_2O_5$ and P content of green manure was also increased. According to field experiments, two thirds of P in green manure could be used by next crop (rice)[7], therefore P fertilizer should be applied to green manure, which was more effective than applied to rice. Jiangsu's trials shown that only 1.5 kg grain could be increased by one kg of superphosphate applied directly to rice while 5 kg grain was increased by one kg of superphosphate applied in such conditions as: applying P to common vetch first, transplanting rice after plough under common vetch, compared with none-P applied to common vetch. Data from Jiangxi Province showed that 2.6 kg and 3.2 kg of grain were increased by one kg of fused-Ca-Mg phosphate applied to rice and milk vetch, respectively. Data from 132 trials conducted in South China indicated 132 kg of fresh green manure was increased by one kg of $K_2O$ at 60 kg $K_2O$/ha. [7]

**Table 2   P and K Fertilizer Use Efficiency on Green Manure Crops**

| Data from | Species of green manure | Rate of fertilizer applied (kg/ha) | Efficiency of P and K application kg fresh matter/ kg $P_2O_5$ or $K_2O$ | % |
|---|---|---|---|---|
| Average of 311 trials in Zhejiang, Hunan, Jiangsu and Jiangxi Prov. | Milk vetch | 25～45 ($P_2O_5$) | 347 | |
| Average of 132 trials in the South of China | Milk vetch, Common vetch etc. | 60 ($K_2O$) | 132 | +28.8 |

P and K fertilizers should, therefore, be applied to winter leguminous green manure first on MRCS.

Winter rapeseed and wheat also well responded to P fertilizer. The results from long-term trials carried out in Sichuan Province in 1982-1986 showed that grain of rice, wheat and rapeseed increased by 5.7%, 38.5% and 41.3%, respectively, st the rates of 120 kg N+60 kg $P_2O_5$/ha. (Table 3).

Since winter crops gave a significant response to P, Sichuan Province has made following conclusions:

under SRDCS:

**Table 3  P Fertilizer Use Efficiency on Rice, Wheat and Rapeseed 1982—1986**

Sichuan (average of 7 sites)

| | Rice | | Wheat | | Rapeseed | |
|---|---|---|---|---|---|---|
| | kg/ha | % | kg/ha | % | kg/ha | % |
| N (120kg) | 5769 | 100. 0 | 2150 | 100. 0 | 926 | 100. 0 |
| N (120kg) P$_2$O$_5$ (60Kg) | 6098 | 105. 7 | 2978 | 138. 5 | 1308 | 141 . 3 |
| kg grain/kg P$_2$O$_5$ | 5. 5 | | 13. 8 | | 6. 4 | |

Yield of rice with applying 120 kg of P$_2$O$_5$ to winter crop or winter crop and rice sharing half of that was higher than only applying 120 kg P$_2$O$_5$ to rice. (Table 4)[10].

**Table 4  Distribution of P Fertilizer in Rice-based Cropping Systems**

(1981—1984, Sichuan)

| Patterns of distri-bution of P Ferti. | Rice kg/ha | Wheat kg/ha | Total | |
|---|---|---|---|---|
| | | | Kg/ha | % |
| Rice 6 kg, Wheat 60kg | 7035 | 3810 | 10845 | 100. 0 |
| Rice 120 kg, Wheat 0. 0 kg | 7005 | 3375 | 10380 | 95. 7 |
| Rice 0. 0 kg, Wheat 120 kg | 6960 | 3945 | 10905 | 100. 6 |

Average of 11 trials.

under the cropping systems of rotating rice with dry land crops:

P fertilizer should have priority to be used on dry land crops. In regard to paddy rice, P should not be applied or should be applied less according to P sources and soil conditions.

Applying P to early rice is more effective than to late rice on double cropping systems. 58 field experiments were conducted on early rice in Hunan Province from 1978 to 1983, 50 of which ( 86. 2% of the total) at 67. 5 kg P$_2$O$_5$/ha had significant increasement in production, average increasing of yield was 5. 3 kg grain/one kg P$_2$O$_5$; 29 out of 38 late rice trials had a slight response to P fertilizer (Table 5), one kg P$_2$O$_5$ only increased 1. 2 kg grain. Similar conclusions were obtained on the trials of the effect of P rates on early rice and late rice in 1983 (Table 6)[11].

**Table 5  P Fertilizer Use Efficiency on Early Rice and Late Rice, 1978—1983**

(Hunan)

| | Number of trials | No. of trials with significant increasement in production | % of trials with significantic-reasement in production | Rate of P$_2$O$_5$ applied ( kg/ha ) | Fertilizer efficiency (kg grain/kg P$_2$O$_5$) |
|---|---|---|---|---|---|
| Early rice | 58 | 50 | 86. 2 | 67. 5 | 5. 3 |
| Late rice | 38 | 29 | 76. 3 | 67. 5 | 1. 2 |

P applied to winter crops was more effective than to paddy rice; among early rice and late rice P fertilizer was more effective on early rice. The reasons were as follows:

**Table 6    Effect of the Rates of P Fertilizer on Early Rice and Late Rice, 1983**

(Hunan)

| Rice | Rate of $P_2O_5$ applied kg/ha | Fertilizer efficiency kg grain/kg $P_2O_5$ |
|------|------|------|
| Early rice (n=11) | 45 | 4. 4 |
|  | 75 | 4. 2 |
|  | 150 | 2. 3 |
| Late rice ( n=10) | 45 | 2. 2 |
|  | 75 | 2. 1 |
|  | 150 | 0. 9 |

1) Soil pH rises under flooding, hydrolysis of iron phosphates take place, and 2) low oxidation-reduction potential (Eh) of soil was also caused during flooding time. Three valence Fe-ion was reduced under this condition. In both cases, P was, therefore, released to soil, and available to plants. The reduction was enhanced by the decomposition of organic materials such as organic manure and green manure. of above reasons, the later was more important. [8]

K is usually applied to late rice because there is no time left for the application of organic manure in between two crops. More over, K was also effective on fields where little or none organic manure was added, especially under double rice—one green manure systems for many years continually. [9]

# 5    Conclusions

**5. 1**    Planting leguminous crops or green manure and applying organic manure, under MRCR, have played a very important role in increasing crop yields and maintaining soil fertility.

**5. 2**    In order to get better yields, every crop should be supply with N fertilizers except leguminous crops and leguminous green manure. N fertilizer was more effective on single cropping rice and early rice than on double cropping rice and late rice.

**5. 3**    It should be emphasized that P fertilizer should be put on green manure and winter dry land crops, on early rice rather than on late rice for double cropping rice system.

**5. 4**    K fertilizer should be mainly applied on winter green manure, or on the field where little organic manure was received.

# References

[1] Chinese Academy of Agri. Sci. (Chief Editor) (1986) . Rice Growing in China (in Chinese) Agriculture Press, 85-158.

[2] Chen Lizhi (1987) . Green Manure: Its Cultivation and Utilization in Rice in China, Paper presented at Green Manure Symposium, held in May, 1987, IRRI.

[3] Soil and Fertilizer Institute, CAAS (1963) . The proceedings of The Symposium of China National Network on Chemical Fertilizer Efficiency, 2-3 (in Chinese) .

[4] Lin Bao Liu Zhongzhu ( 1986), Organic Manuring in China , Proceedings of The INSFFER Site Visit Tour and Planning Meeting/Workshop in China.

[5] Soil and Fertilizer Institute, CAAS (1986) . The Changes of N, P and K Fertilizer Use Efficiency in China and The Main Approaches to Raise the Effect of Increasing Yield (in Chinese) . Soil and Fertilizer J, No 1, 2.

[6] Guangxi Soil and Fertilizer Research Institute (1986) . Results of Long-term Trials on the Rates and Proportion of N, P and K Fertilizers. Manuscript (in Chinese) .

[7] Jiao Bin (Chief Editor) ( 1986) . Green Manure in China (in Chinese) . Agriculture Press , 145-148.

[8] Nanjing Soil Research Institute, Academia Sinica (1978) . Soil in China (in Chinese) . Science Press , 380-386.

[9] Qiyang Red Soil Experiment Station, CAAS (1983) . Systems of Fertilizer Application on Rice in the Hilly Land Region of the Southern Part of Hunan Province. Manuscript (in Chinese) .

[10] Soil and Fertilizer Institute, Sichuan Academy of Agri. Sci. (1987) . Summary Report on the Long-term Trials on Fertilizers Manuscript (in Chinese) .

[11] Soil and Fertilizer Institute of Hunan Province (1984) , Regional Division of Chemical Fertilizer Use in Hunan Province (in Chinese), 8-9.

# Some Results of Long-term Fertility Trials in Sustainable Rice Farming in China

Lin Bao   Li Jiakang

(Soil and Fertilizer Institute, Chinese Academy of
Agricultural Sciences, Beijing 10081 China)

Long-term fertility trial (LFT) is a main network of the International Network on Soil Fertility and Sustainable Rice Farming (INSURF), which is organized by the International Rice Research Institute (IRRI) and supported by the Swiss Development Cooperation (SDC) . The main objectives of LFT are: (1) To monitor soil fertility changes under intensive rice cropping and continuous fertilizer application; and (2) to study the long-term effects of different fertilizer management on the stability and sustainability of continuous irrigated lowland rice production.

## 1   Materials and Methods

The long-term fertility trials in China have been conducted in 4 locations: (1) Nangong, Qingpu County, Shanghai, (2) Guanshanping, Qiyang County, Hunan Province, (3) Shipai, Guangzhou City, Guangdong Province, and (4) Jiangxi Red Soil Institute (Jinxlan County, Jiangxi Province) . The trials in Nangong and Shipai were initiated in 1983, and that in Guanshanping was laid out in 1986. The trial in Jiangxi Red Soil Institute was set up for China National Network on Evaluation of Chemical Fertilizer Efficiency in 1981, and has become a part of INSURF project now. The soil characteristics of these experimental sites are given in Table 1.

**Tabte 1   Description of experimentat soils of the long-term fertitity trials in China**

| Location | Soil type | Parent Material | Soil texture | pH | CEC (me/100g) | OM (%) | Total (%) | N Avai. P (mg/kg) | Exch. K (mg/kg) |
|---|---|---|---|---|---|---|---|---|---|
| Nangong Shanghai | Paddy soil | River alluvium | Clay loam | 7. 5 | 21. 8 | 3. 50 | 0. 200 | 16. 0 | 128 |
| Shipai Guangdong | Paddy soil | Arenace- ous rock | Clay loam | 5. 5 | 6. 6 | 1. 85 | 0. 085 | 8. 6 | 60 |
| Red Soil Inst- itute Jiangxi | Paddy soil | Quaternary Red Soil | Clay | 6. 9 | 11. 9 | 2. 81 | 0. 148 | 9. 5 | 98 |

Eight treatments, check (without fertilizers), N, P, K, NP, PK, NK and NPK were designed for all the sites. Additional treatments of organic manure (OM) and NPK+OM were included in some experimental sites.

Plot size 4m X 4m, and randomized arrangement with 3~4 replications were used in the experiments. In Nangong, Guanshanping and Shipai sites, the rates of N, $P_2O_5$ and $K_2O$ were 120 40 and 40 kg/ha for each crop, respectively (INSURF's design). In Shipai site, OM was pig manure (11 t/ha, containing about N 50 kg, $P_2O_5$ 60 kg, $K_2O$ 40 kg/ha). On Jiangxi Red Soil Institute site, N 90, $P_2O_5$ 45, $K_2O$ 75 kg/ha were used for each crop. OM on early rice was green manual, on late mice was pig manual, and in both cases, 90 kg N/ha was applied as OM. All of the OM, P and K fertilizers and 2/3 of N fertilizer were applied as basal. The remainder of 1/3 N was topdressed at 5~7 days before panicle initiation.

## 2 Results

### 2.1 Yield Response to Successive Use of NPK and OM

The experimental results are presented in Table 2, 3, 4. and 5. It was found that NPK+OM gave the highest yield response, the treatments of NPK, NP, NK and N Performed very similarly. The paddy yields from P, K or PK treatments were relatively lower. In yield response, N fertilizer was superior to P fertilizer, and P fertilizer to K fertilizer. No accumulative effectiveness was obtained, whether chemical fertilizer applied in single form or in combination. The trend of decreasing fertilizer efficiency has not been found by successive use of chemical fertilizers.

**Table 2  Yield (t/ha) of the long-term fertility trial in irrigated lowland rice ( 1983—1990) Nangong Shanghai**

| Trial year | CK | N | P | K | NP | PK | NK | NPK | LSD (5%) |
|---|---|---|---|---|---|---|---|---|---|
| 1983 | 5.54 | 6.15 | 5.42 | 5.44 | 5.95 | 5.78 | 6.50 | 6.24 | 0.30 |
| 1984 | 5.28 | 6.61 | 5.59 | 5.42 | 6.67 | 5.74 | 6.18 | 6.89 | 0.37 |
| 1985 | 4.43 | 5.44 | 4.25 | 4.26 | 4.84 | 4.44 | 5.28 | 4.92 | 0.77 |
| 1986 | 3.86 | 5.27 | 3.55 | 3.45 | 5.06 | 3.52 | 5.69 | 5.58 | 0.88 |
| 1987 | 3.66 | 6.08 | 5.25 | 5.43 | 7.98 | 5.47 | 7.30 | 7.60 | 1.89 |
| 1988 | 4.68 | 7.19 | 5.78 | 5.08 | 7.07 | 5.51 | 7.74 | 7.75 | 0.70 |
| 1989 | 4.09 | 7.21 | 5.71 | 6.47 | 7.57 | 5.71 | 6.63 | 7.14 | 2.08 |
| 1990 | 5.04 | 6.48 | 4.71 | 5.49 | 6.73 | 5.21 | 6.01 | 6.25 | 0.09 |
| Average | 4.57 | 6.39 | 5.04 | 5.13 | 6.48 | 5.17 | 6.42 | 6.55 | 0.53 |

**Table 3  Yield (t/ha) of the long-term fertility trial in irrigated lowland rice ( 1986—1990) Guanshanping, Hunan**

| Year Season | | CK | N | P | K | NP | PK | NK | NPK | LSD (5%) |
|---|---|---|---|---|---|---|---|---|---|---|
| 1986, | Early | 4. 57 | 5. 85 | 4. 95 | 4. 74 | 5. 73 | 4. 85 | 5. 47 | 5. 60 | 0. 98 |
| | Late | 3. 93 | 4. 85 | 4. 45 | 3. 80 | 5. 16 | 4. 22 | 5. 41 | 5. 52 | 0. 73 |
| 1987, | Early | 4. 79 | 5. 71 | 5. 00 | 4. 75 | 5. 75 | 4. 96 | 5. 54 | 5. 75 | 0. 69 |
| 1988, | Early | 4. 11 | 5. 41 | 4. 28 | 3. 96 | 5. 38 | 4. 64 | 5. 63 | 5. 34 | 0. 66 |
| 1989, | Early | 3. 76 | 5. 05 | 4. 09 | 3. 90 | 5. 13 | 4. 44 | 4. 90 | 5. 26 | 0. 43 |
| | late | 3. 51 | 4. 22 | 3. 88 | 3. 68 | 4. 32 | 4. 16 | 4. 64 | 4. 52 | 0. 68 |
| 1990, | Early | 1. 78 | 2. 81 | 1. 75 | 1. 85 | 2. 94 | 2. 22 | 2. 99 | 3. 07 | 0. 27 |
| Average | | 3. 77 | 4. 86 | 4. 06 | 3. 81 | 4. 92 | 4. 21 | 4. 94 | 5. 01 | — |

\* As in 1987, 1988, 1990 it was droughty in autumn, the field was in fallow.

**Table 4  Yield (t/ha) of the long-term fertility trial in irrigated lowland rice ( 1983—1990) Shi pai, Guangdong**

| Year, season | | CK | N | P | K | NP | PK | NK | NPK | PG * | NPK +PG | LSD (5%) |
|---|---|---|---|---|---|---|---|---|---|---|---|---|
| 1983, | Early | 3. 01 | 5. 32 | 3. 08 | 3. 28 | 5. 33 | 3. 23 | 5. 20 | 5. 48 | 3. 86 | 5. 93 | 0. 55 |
| | Late | 2. 63 | 3. 91 | 2. 73 | 2. 90 | 3. 61 | 3. 06 | 3. 98 | 4. 23 | 3. 72 | 4. 65 | 0. 41 |
| 1984, | Early | 5. 02 | 5. 49 | 5. 23 | 5. 35 | 5. 59 | 5. 18 | 5. 67 | 5. 92 | 5. 97 | 6. 64 | 0. 49 |
| | Late | 3. 64 | 5. 38 | 3. 89 | 3. 76 | 5. 61 | 3. 71 | 5. 38 | 5. 75 | 4. 42 | 6. 31 | 0. 34 |
| 1985, | Early | 3. 50 | 4. 57 | 3. 82 | 3. 69 | 5. 45 | 3. 69 | 4. 99 | 5. 38 | 4. 94 | 6. 58 | 0. 46 |
| | Late | 2. 58 | 4. 50 | 2. 99 | 2. 76 | 4. 79 | 3. 23 | 4. 69 | 5. 18 | 4. 04 | 5. 83 | 0. 23 |
| 1986, | Early | 4. 18 | 4. 61 | 4. 63 | 4. 39 | 5. 27 | 4. 60 | 4. 80 | 5. 25 | 5. 16 | 5. 94 | 0. 27 |
| | Late | 4. 17 | 5. 73 | 4. 50 | 4. 56 | 6. 32 | 4. 69 | 5. 97 | 6. 28 | 6. 36 | 7. 37 | 0. 50 |
| 1987, | Early | 4. 40 | 4. 97 | 4. 56 | 4. 36 | 5. 57 | 4. 75 | 5. 21 | 5. 70 | 5. 70 | 6. 84 | 0. 39 |
| | Late | 2. 84 | 3. 80 | 3. 14 | 2. 92 | 3. 92 | 3. 18 | 4. 04 | 4. 25 | 3. 70 | 5. 04 | 0. 37 |
| 1988, | Early | 4. 43 | 4. 66 | 4. 56 | 4. 66 | 4. 63 | 4. 66 | 4. 60 | 4. 50 | 5. 21 | 4. 17 | 0. 30 |
| | Late | 2. 32 | 3. 75 | 2. 78 | 2. 61 | 4. 34 | 2. 97 | 4. 11 | 4. 66 | 4. 66 | 5. 82 | 0. 37 |
| 1989, | Early | 3. 48 | 4. 12 | 3. 83 | 3. 54 | 4. 34 | 3. 44 | 4. 44 | 4. 63 | 4. 95 | 5. 22 | 0. 37 |
| | Late | 3. 83 | 5. 21 | 4. 62 | 4. 09 | 6. 04 | 4. 54 | 5. 56 | 6. 25 | 6. 35 | 7. 24 | 0. 47 |
| 1990, | Early | 2. 74 | 3. 77 | 3. 22 | 2. 87 | 4. 63 | 3. 33 | 3. 80 | 4. 78 | 4. 74 | 5. 30 | 0. 30 |
| | Late | 2. 71 | 4. 22 | 3. 45 | 2. 93 | 5. 02 | 3. 09 | 4. 79 | 5. 40 | 4. 99 | 6. 33 | 0. 60 |
| Average | | 3. 47 | 4. 63 | 3. 81 | 3. 67 | 5. 03 | 3. 83 | 4. 83 | 5. 23 | 4. 92 | 5. 94 | 0. 29 |

\* PG: Fresh pig manure 11t/ha, containing about N 50kg, $P_2O_5$ 60kg, $K_2O$ 40kg.

**Table 5  Yield (t/ha) of the long-term fertility trial in irrigated lowland rice (1981—1990) Red Soil Institute, Jiangxi**

| Year. Season | | CK | N | PK | NP | NK | NPK | NPK+M** | LSD (5%) |
|---|---|---|---|---|---|---|---|---|---|
| 1981, | Early | 4.61 | 5.27 | 4.86 | 5.22 | 5.53 | 5.59 | 5.76 | 0.29 |
| | Late | 2.58 | 3.36 | 2.76 | 3.68 | 3.85 | 3.95 | 4.24 | 0.22 |
| 1982, | Early | 3.04 | 4.57 | 3.06 | 4.57 | 4.88 | 4.89 | 5.73 | 0.21 |
| | Late | 3.30 | 4.18 | 3.45 | 4.42 | 4.76 | 4.88 | 5.66 | 0.34 |
| 1983, | Early | 3.10 | 3.52 | 3.34 | 3.55 | 4.06 | 4.13 | 4.83 | 0.19 |
| | Late | 3.36 | 3.98 | 3.75 | 4.16 | 4.37 | 4.60 | 5.39 | 0.11 |
| 1984, | Early | 1.91 | 3.99 | 3.72 | 4.54 | 4.66 | 4.75 | 5.70 | 0.05 |
| | Late | 2.53 | 3.24 | 2.76 | 3.58 | 3.53 | 3.56 | 3.83 | 0.08 |
| 1985, | Early | 2.64 | 3.62 | 2.79 | 4.06 | 4.04 | 4.44 | 5.37 | 0.54 |
| | Late | 3.24 | 4.16 | 3.47 | 4.40 | 4.37 | 4.45 | 5.35 | 0.31 |
| 1986, | Early | 3.23 | 4.06 | 4.12 | 4.38 | 4.69 | 4.99 | 5.36 | 0.32 |
| | Late | 3.50 | 4.63 | 3.92 | 4.64 | 5.30 | 5.77 | 7.25 | 0.48 |
| 1987, | Early | 3.58 | 4.23 | 3.72 | 4.59 | 4.64 | 5.38 | 6.72 | 0.71 |
| | Late | 1.97 | 2.88 | 2.31 | 2.91 | 3.30 | 3.72 | 4.86 | 0.39 |
| 1988, | Early | 2.86 | 3.15 | 2.90 | 3.80 | 3.62 | 4.27 | 5.00 | 0.53 |
| | Late | 2.53 | 3.18 | 3.08 | 3.24 | 3.74 | 4.34 | 5.58 | 0.66 |
| 1989, | Early | 2.56 | 3.06 | 2.74 | 3.70 | 3.46 | 4.23 | 5.17 | 0.32 |
| | Late | 3.18 | 3.61 | 3.41 | 3.84 | 4.30 | 4.84 | 5.86 | 0.52 |
| 1990, | Early | 2.37 | 2.99 | 2.96 | 3.41 | 2.86 | 3.92 | 4.83 | 0.39 |
| | Late | 2.94 | 3.70 | 3.21 | 4.48 | 4.06 | 4.81 | 6.67 | 0.81 |
| Average | | 2.95 | 3.78 | 3.32 | 4.06 | 4.20 | 4.58 | 5.64 | 0.21 |

**M: Green manure for early rice, pig manure for late rice, both containing N 90kg/ha.

## 2.1.1  Nitrogen fertilizer efficiency

Paddy rice has a good response to N fertilizers. Application of N fertilizer alone at a rate of 120 kg N/ha, on average, increased yields by 1.82 t/ha, (that is, 15.2 kg grain/ kg N) at Nangong site, by 1.09t/ha, (about 9.1kg/kg N) at Guanshanping site. by 1.16t/ha, (9.7 kg/ kg N) at Shipai Site, and , by 0.83 t/ha, (9.2 kg grain/ kg N) at Red Soil Institute, If 120 kg N applied with 40 kg $P_2O_5$ and 40 kg $K_2O$/ha, 11.5, 6.7, 11.7 and 14.0 kg rice grain were increased by adding one kg N (NPK-PK) at Nangong, Guanshanping, Shipai and Red Soil Institute, respectively.

## 2.1.2  Phosphate fertilizer efficiency

Phosphate fertilizer had a significant effect on increasing rice yield. But it was somewhat inferior to N fertilizer since available P content in experimental soils was $9 \sim 16$ mg/kg, at moderate level (Table 1). The average yield increment by P fertilization alone (40 kg $P_2O_5$/ha) was 0.47t, 0.29t, and 0.34t, equal to 11.8 kg, 7.3 kg and 8.5 kg grain/kg $P_2O_5$ at Nangong, Guanshanplng, and Shipai sites, respectively. When P fertilizer applied with N and K, its effectiveness (NPK-NK) was lower than when applied alone. Adding one kg $P_2O_5$ only had 3.3, 1.8 and 10 kg rice grain in return at the 'above 3 sites, respectively.

### 2.1.3  Potassium fertilizer efficiencv

The effect of K fertilizer on rice yield was related with exchangeable K content in soils. Rice had no yield responses to K fertilizer applied alone in the first 4 years at Nangong site with soil exchangeable K 128 mg/kg, but had significant yield responses from the 5th to 8th year. However, rice showed yield response to K fertilizer at Shipai site at the beginning of the trial, where the soil exchangeable K was 60 mg/kg. On average, application of 40 kg $K_2O$/ha alone increased rice grain yield by 0.2 t/ha. The application of 1 kg $K_2O$ at this site increased rice grain by 5 kg. No apparent differences were obtained between K-CK, NK-N and NPK-NP.

### 2.1.4  Organic manure efficiency

Organic manure contains N, P, K and other effective nutrients. Therefiore, it has a stable effect on increasing crop yield. The mean yield increment brought about by pig manure application (11 t/ha, containing 50 kg N, 60 kg $P_2O_5$ and 40 kg $K_2O$) was 1.45 t over control at Shipai site. The yield response to OM was lower than N fertilizer alone in the first and second crops, but equal to or greater than N fertilizer from the third crop on. Combined use of OM with NPK improved rice yield. 2.47 and 2.51 t/ha more rice grain were obtained over the control at Shipai and Red Soil Institute, or 0.71 and 0.88 t/ha more over NPK.

### 2.1.5  Variation of fertilizer efficiency in different years

Results from the long-term trials in Nangong, Shipai and Red Soil Institute showed that the yield of paddy rice varied greatly with climate changes from year to year. But the trend of variation with different treatments was very similar. It seems that yield with N, NP, NK and NPK was relatively high and yield variation was relatively small among the treatments (Table 2~5)

## 2.2  The Effects of Fertilization on Soil Fertility

The data in Table 6 and 7 represent changes of soil organic matter, total N, available P, exchangeable K in the long-term fertility trial. The data in 1987 from Nangong site were compared with those in 1983, and the data in 1990 from Shipai and Red Soil Institute were compared with those in 1983 and 1981.

### 2.2.1  Organic matter and total N

The data in Table 6 showed that the organic matter and total N content in the soils were relatively stable. Organic matter and total N in all the treatments, even the control in most cases, were increased after application 4 to 9 years in row. They were obviously improved by combined use NPK with OM, 32% and 52% higher at Shipai site, and 29% and 50% higher at Red Soil Institute site.

Table 6    Soil fertility changes in the long-term fertility trial

| Treatment (1987) | Organic matter (%) | | | Total N (%) | | |
|---|---|---|---|---|---|---|
| | Nangong (1990) | Shipai (1990) | Red Soil Institute (1987) | Nangong (1990) | Shipai (1990) | Red Soil Institute |
| CK | 3.75 | 1.99 | 2.81 | 0.185 | 0.108 | 0.182 |
| N | 3.46 | 2.13 | 2.62 | 0.183 | 0.105 | 0.173 |
| P | 3.67 | 2.02 | — | 0.183 | 0.103 | — |
| K | 3.71 | 1.99 | — | 0.195 | 0.103 | — |
| NP | 4.29 | 2.10 | 2.63 | 0.215 | 0.112 | 0.181 |
| PK | 3.67 | 2.10 | 2.59 | 0.184 | 0.104 | 0.174 |
| NK | 3.63 | 1.94 | 2.92 | 0.194 | 0.101 | 0.189 |
| NPK | 3.73 | 2.09 | 2.83 | 0.186 | 0.104 | 0.183 |
| NPK+OM | — | 2.45 | 3.62 | — | 0.124 | 0.222 |
| Original | 3.50 | 1.85 | 2.81 | 0.200 | 0.085 | 0.148 |
| | (1983) | (1983) | (1981) | (1983) | (1983) | (1981) |

## 2.2.2　Available phosphorus content

The data in Table 7 showed that available P in soil varied greatly with plots. Available P in plots without P declined. On the contrary, available P increased in plots with P application. P accumulation was greater in P and PK plots than in NPK plot. Probably due to lower yield in P or PK plots, about 40 kg of $P_2O_5$/ha for one crop at the current yield level can be considered enough to maintain P balance in the soils. Organic manure increased soil available P considerablely.

Table 7    Soil fertility changes in the long-term fertility trial

| Treatment | Available P (mg/kg) | | | Exchangeable K (mg/kg) | | |
|---|---|---|---|---|---|---|
| | Nangong (1987) | Shipai (1990) | Red Soil Institute (1990) | Nangong (1987) | Shipai (1990) | Red soil Institute (1990) |
| CK | 9 | 6 | 6 | 68 | 47 | 44 |
| N | 14 | 4 | 3 | 65 | 45 | 39 |
| P | 29 | 13 | — | 69 | 47 | — |
| K | 11 | 5 | — | 71 | 62 | — |
| NP | 15 | 10 | 14 | 72 | 47 | 43 |
| PK | 14 | 16 | 14 | 73 | 62 | 83 |
| NK | 10 | 4 | 5 | 77 | 57 | 78 |
| NPK | 20 | 10 | 13 | 83 | 47 | 55 |
| NPK+OM | — | 42 | 42 | — | 60 | 88 |
| Original | 16 | 9 | 10 | 128 | 56 | 98 |
| | (1983) | (1983) | (1981) | (1983) | (1983) | (1981) |

### 2.2.3　Exchangeable potassium

The data in Table 7 showed that exchangeable K in experimental soils decreased, and it was concluded that 40 kg $K_2O$/ha at Nangong and Shipai sites and 75 kg $K_2O$/ha at Red Soil Institute for one crop were not enough to maintain K balance in the soils. With application of OM, K depletion in soil would be alleviated.

## 2.3　Discussion and conclusion

The main objective of the LFT is to monitor fertility changes of soils under intensive cropping and continuous application of fertilizers. According to the results of LFT conducted in China for a period of 8~10 years with 16~20 crops, the changes of soil properties and productivity are small. It is difficult to observe variation in effect of treatments in the period. Theretbre, it is necessary to continue LFT of INSURF program in China.

Calculation of the N, P and K balance in LFT is important. The data of LFT carried out in Jiangxi Red Soil Institute are more complete. The balance of N, P and K in a period of 9 years (19 crops) with a rate of N 90, $P_2O_5$ 45 and $K_2O$ 75 kg/ha for each crop is calculated and listed in Table 8.

**Table 8　Balance of N, P and K in the long-term fertility trial**
**(1981—1989) Jiangxi Red Soil Institute**

(Unit : kg/ha)

| Plant nutrient | | CK | N | NP | NK | NPK | NPK+OM |
|---|---|---|---|---|---|---|---|
| N | apply | 0 | 1710 | 1710 | 1710 | 1710 | 3420 |
| | uptake | 822 | 1369 | 1482 | 1468 | 1752 | 2139 |
| | balance | −822 | +341 | +228 | +242 | −42 | +1281 |
| $P_2O_5$ | apply | 0 | 0 | 855 | 0 | 855 | 1710 |
| | uptake | 393 | 427 | 593 | 494 | 692 | 955 |
| | balance | −393 | −427 | +262 | −494 | +163 | +755 |
| $K_2O$ | apply | 0 | 0 | 0 | 1425 | 1425 | 3030 |
| | uptake | 881 | 925 | 841 | 1908 | 1947 | 2497 |
| | balance | −881 | −925 | −841 | −483 | −522 | +533 |

Table 7 showed that in most cases, the amounts of N and P fertilizers used were sufficient (The N loss is not taken into account), but K was not. Only under the integrated use of adequate amount of K fertilizer with organic manure, was there some residual K in soil.

At present, in most paddy fields, the most yield-limiting nutrient element is nitrogen. Rice has a good response to N fertilizer. Having applied fertilizer alone for a period of 8~10 years, the yield of rice grain has not declined. However, it can be foreseen that in the plot with N fertilizer alone, rice yield will decrease in the future due to depletion of P, K and other nutrient elements.

The effectiveness of P and K fertilizers is closely related with the content of soil available P and K. Application of $40\sim45$ kg $P_2O_5$/ha for one crop could maintain and even improve available P level in soils. But application of $40\sim75$ kg $K_2O$/ha could not keep the balance of soil K. Under successive use of K fertilizer at the above-mentioned rates, the yield response to K increased gradually. It is getting apparent at Nangong site.

# References

INSURF. Progress Report. Internationat Rice Research Institute and Swiss Development Cooperation, 1991.

# Indices of Sulfur-supplying Capacities of Upland Soils in North China

Lin Bao   Zhou Wei   Li Shutian   Wang Hong

(Institute of Soil and Fertilizer, Chinese Academy of Agricultural Sciences, Beijing 100081 China)

**Abstract**   Fifteen upland soils collected from the major arable areas in North China were used to assess the availability of soil sulfur (S) to plants in a pot experiment. Soils were extracted with various reagents and the extractable S was determined using turbidimetric method or inductively coupled plasma atomic emission spectrometry (ICP-AES), respectively. In addition, mineralizable organic S, organic S, N/S ratio, sulfur availability index (SAI) and available sulfur correction value (ASC) in soils were also determined. The S amount extracted by 1.5 g/L $CaCl_2$ was nearly equivalent to that by 0.25 mol/L KCl (40℃), and both of them were slightly smaller than that by 0.01 mol/L Ca $(H_2PO_4)_2$ solution, as measured by turbidimetric method or ICP-AES. The extractable S measured by turbidimetric method was consistently smaller than that by ICP-AES. All methods tested except that for organic S and N/S ratio produced satisfactory results in the regression analyses of the relationships between the amounts of S extracted and plant dry matter weight and S uptake in the pot experiment. In general, 0.01 mol/L Ca $(H_2PO_4)_2$-extracted S determined by ICP-AES or turbidimetric method and 0.25 mol/L KCl (40℃)-extracted S determined by ICP-AES appeared to be the best indicators for evaluation of soil available S.

**Key words**   Soil available sulfur; Testing methods; Upland soils

## 1   INTRODUCTION

Sulfur deficiency has become increasingly widespread in arable soils in North China (Wu *et al.*, 1995) and other countries. Increased S deficiency has led to a greater need for soil

Note: Project supported by The Sulphur Institute (TSI), Fernz Sulphur Works Inc. (Canada), and the International Foundation for Science (IFS, Sweden).

*Pedosphere* 9 (1): 25~34, 1999

ISSN 1002-0160/CN 32-1315/P

testing to diagnose whether application of fertilizer S is necessary. Up to now, numerous methods have been proposed to evaluate the amounts of soil S available for plant uptake (Anderson et al., 1992; Kumar, 1994; Chen, 1983). These methods mainly concern about chemical extraction with different weak salt solutions such as 1.5 g/L $CaCl_2$ for soluble sulphate (Li and Lin, 1998), 0.01 mol/L Ca $(H_2PO_4)_2$ and heated 0.25 mol/L KCl for sum of inorganic sulphate and labile organic sulfur (Blair and Lefroy, 1993; Li and Lin, 1998), and the extracted S is then determined by a turbidimetric method, by reduction-colorimetric procedure (Anderson et al., 1992), or by ICP-AES (Zhao and Macgrath, 1994). Other indicators are also involved, such as sum of inorganic sulphate and mineralizable organic sulfur at a certain interval (Ghani, 1994), organic S (Liao, 1991), sulfur availability index (Liu et al., 1993), and soil availale sulfur correction value (Donahe, 1983) under consideration of mineralization of soil organic matter. In addition, N/S ratio, based on soil nutrient balance, was also served as an indicator to evaluate soil sulfur fertility (Liao, 1991). How to use these indicators for scientific evaluation of soil available sulfur is the key to effective use of sulfur fertilizers. However, these methods, especially instrumental method such as ICP-AES, have not been fully examined and systematically evaluated.

In this work an attempt was was made to examine these soil sulphur testing methods and to screen on one or several optimum methods based on investigation of relationship between available S in upland soils of North China on the one hand and plant growth and S uptake on the other, in order to determine soil S fertility and provide theoretical basis for effective application of S fertilizers in upland soils.

# 2 Materials and Methods

## 2.1 Soils

Fifteen soils (0～20 cm), 3 fiuvisols, 3 cinnamon soils, 3 loessial soils, 3 chestnut soils and 3 black soils, as representatives of the cultivated upland soils in North China, used in this experiment (Table I) were taken from Hebei, Beijing, Shaanxi, Qinghai and Jilin, respectively. Bulk samples were air-dried (20℃), sieved (<2 mm), and divided into two portions. One portion was used for the determination of soil pH and extractable sulphate and for the incubation procedure and pot culture experiment. The other portion was ground to pass a 100-mesh screen for the determination of organic C, total N and total S.

**Table 1　Some properties of the tested soils**

| Soils | Sample No. | Location | Texture | pH | Total S | Organic C | Total N |
|---|---|---|---|---|---|---|---|
| Fluvisol | 1 | Anguo, Hebei | Sandy loam | 8.02 | 0.234 | 6.15 | 0.57 |
| | 2 | Anguo, Hebei | Loam | 7.80 | 0.281 | 6.21 | 0.59 |
| | 3 | Shenze, Hebei | Loam | 8.01 | 0.380 | 7.60 | 0.75 |
| Cinnamon soil | 4 | Changping, Beijing | Loam | 7.20 | 0.639 | 8.99 | 0.86 |

（续）

| Soils | Sample No. | Location | Texture | pH | Total S | Organic C | Total N |
|---|---|---|---|---|---|---|---|
| | 5 | Shunyi，Beijing | Clay | 7.79 | 0.460 | 8.23 | 0.81 |
| | 6 | Chaoyang，Beijing | Sand | 7.98 | 0.351 | 6.90 | 0.64 |
| Loessial soil | 7 | Jinyang，Shaanxi | Loam | 8.19 | 0.522 | 8.41 | 0.88 |
| | 8 | Jinyang，Shaanxi | Clay | 8.05 | 0.476 | 8.00 | 0.78 |
| | 9 | Wugong，Shaanxi | Clay | 8.02 | 0.444 | 7.48 | 0.73 |
| Chestnut soil | 10 | Huangzhong，Qinghai | Sand | 8.12 | 0.499 | 6.96 | 0.66 |
| | 11 | Huangzhong，Qinghai | Loamy clay | 7.82 | 0.499 | 6.73 | 0.63 |
| | 12 | Minghe，Qinghai | Loamy clay | 7.79 | 0.634 | 8.58 | 0.79 |
| Black soil | 13 | Gongzhuling，Jilin | Loam | 6.00 | 0.538 | 13.75 | 1.44 |
| | 14 | Gongzhuling，Jilin | Loam | 6.00 | 0.437 | 11.11 | 1.36 |
| | 15 | Shuangyushu，Jilin | Loam | 6.10 | 0.399 | 15.20 | 1.45 |

## 2.2  Pot culture experiments

In the experiments，triplicate samples of the above 15 soils were potted in plastic pots，each with 1 kg of dry sieved (<2 mm) soil. Before potting，each soil was treated with macro and micro-nutrients，except S，at rates equivalent to those used by Cantarella and Tabatabai (1983) . After potting，sulfur was applied as $Na_2SO_4$ at rates of 0 and 50 mg S per pot (denoted as $S_0$ and $S_{50}$ treatments) .

The experiments involved S uptake by maize (*Zea May* L. ) and ryegrass (*Lolium multi-fiorum* L. ) . In the experiment with maize，10 seeds were germinated in each pot and thinned to 7 per pot. In the experiment with ryegrass，1 g seeds were planted in each pot. Sufficient deionized water was added daily to keep the soil moisture at 2/3 field capacity，and the temperature in greenhouse fluctuated between 15～28℃. After growing for 4 weeks，the symptom of S deficiency appeared on $S_0$ treatment of some soils in the experiment with maize，and the chlorophyll content of leaves was determined. Both maize and ryegrass plants were harvested 40 days after planting，and the roots were carefully removed by hand and washed with deionized water. Plant materials，including shoots and roots，were dried at 70℃ before weighting and grinding for analysis.

## 2.3  Incubation procedure

An open system (Ghani *et al.*，1991) was used to determine the sum of inorganic sulphate and mineralized organic sulfur at an interval of 4 weeks. Incubation was carried out in polypropylene columns which were packed at the bottom with a plug of glass wool covered by a layer of coarse-textured antibumping granules. Samples of soil (equivalent to 25 g air-dried soil)，mixed with 15 g of inert glass beads (2.5～2.8 mm diameter)，were placed in the columns on top of the layer of antibumping granules and the surface of the samples was protected with a thin layer of glass wool. The soil was mixed with glass beads in order to avoid compaction of the soils during leaching，maintain aeration，and enhance leaching. The rate of leaching was controlled by a valve attached to the base of the column.

In order to stabilize the soil microbial population and avoid the sudden flush of S mineralization which can occur when dried soils are rewetted (Williams, 1967), soils were preincubated for 2 weeks at 75% field capacity and 20℃, then placed in the columns and leached with 100 mL $KH_2PO_4$ solution (500 $\mu g$ P/mL) to remove inorganic sulphate, followed by 100 mL distilled water to remove any phosphate solution remaining in the columns. Before placing the columns in an incubator at 30℃, excess moisture was removed from the columns by applying a suction of 89. 3 kPa using a vacuum pump.

Mineralized sulphate was removed from the columns after 2-week incubation. The columns were leached with 100 mL 0. 01 mol/L $CaCl_2$ solution at a rate of approximately 1mL/min. The leachates were analyzed for sulphate S to calculate the sum of soil initial sulphate and cumulative mineralized sulphate.

## 2.4 Analytical techniques

Total soil S. Total soil S was determined by oxidation with sodium hypobromite followed by reduction to $H_2S$ and subsequent methylene blue colorimetric procedures (Maynard *et al.*, 1985).

*Soil extractable S.* The extractants, 1. 5 g/L $CaCl_2$, 0. 01 mol/L Ca ($H_2PO_4$)$_2$ and 0. 25 mol/L KCl, were chosen for the extraction of soil S. All extractions, except that with 0. 25 mol/L KCl, were carried out under the same conditions, *i. e.*, 1 : 5 soil to solution ratio, shaking for 1 h at room temperature (20±2℃), and filtering. The extraction with 0. 25 mol/L KCl was carried out at 40 ℃ for 3 h (Blair, 1991). All extracted S was determined by both turbidimetry after treating for 16 hours with $H_2O_2$ at 80℃ (Lisle, 1994) and ICP-AES.

*Soil inorganic S.* Acid soils were extracted with 0. 03 mol/L $NaH_2PO_4$ 2 mol/L HOAc (Fox *et al.*, 1964), and calcareous soils were extracted with I mol/L HCl (Donahue *et al.*, 1977; Hu *et al.*, 1996). The sulphate contents of the extracts were determined by turbidimetry.

*Soil organic S.* Organic S was calculated by subtracting inorganic S from the total soil S (Neptune *et al.*, 1975).

*Sulphate S in leachates.* The leachates were analyzed for sulphate by the method of Johnson and Nishita (1952).

*Total plant S.* The dried plant materials were digested with an acid mixture of $HNO_3$, $HClO_4$ and HCl, and the sulphate content of the digests was determined by turbidimetry (Lisle, 1994).

*Others.* pH was determined with a glass electrode (soil: water ratio, 1 : 2. 5), organic matter by the method of Mebius (1960), and chlorophyll content of leaves by chlorophyll meter (Hydro-N-tester) (Zhao and Macgrath, 1994).

## 2.5 Equations used to calculate N/S, sulfur availability index (SAI) and available sulfur correction value (ASC)

N/S was the ratio of total nitrogen to total sulfur. SAI was calculated by $0.224 \times$ soil available sulfur extracted with $0.01$ mol/L Ca $(H_2PO_4)_2$ （kg S/ha） $+ 0.247 \times$ organic matter （tons/ha） (Liu *et al.*, 1993)，and ASC was calculated by $1.12 \times$ soil available sulfur extracted with $0.01$ mol/L Ca $(H_2PO_4)_2$ （kg S/ha） $+ 0.432 \times$ organic matter （tons/ha） (Liao，1991)．

# 3　Results and Discussion

## 3.1　Relationship between soil S and S uptake by plants

The amounts of sulfur uptake by plants and measured values by different methods are shown in Tables II and III，respectively. Correlation coefficients between sulfur uptake by plants and the soil S values measured by different methods are shown in Table IV.

*Soil extractable S.* As we know，$CaCl_2$ solution is mainly used for extracting soil soluble sulphate ($CaCl_2$-S)，while Ca $(H_2PO_4)_2$ and heated KCl solution for both labile organic S and inorganic sulphate (Ca $(H_2PO_4)_2$-S and KCl-S，respectively)．Unlike extraction procedure with $CaCl_2$ or Ca $(H_2PO_4)_2$ solution，S extraction with $0.25$ mol/L KCl at 40℃ for 3h (KCl-40) is not obtained by shaking the soils with the extractant，rather，it relies mainly on the diffusion of organic S into the extracting solution through a high-temperature (40℃) treatments (Blair and Lefroy，1993)．Ghani (1994.) showed that both sulphate and labile organic S extracted with $0.25$ mol/L KCl-40 were significantly less than those with $0.02$ mol/L $KH_2PO_4$ solution. While in this study，the S amount extracted by $1.5$ g/L $CaCl_2$ was nearly equivalent to that by $0.25$ mol/L KCl-40，and both of them were slightly lower than that by $0.01$ mol/L Ca $(H_2PO_4)_2$ solution，as measured by turbidimetric method or ICP-AES. While the extractable S measured by turbidimetric method was consistently smaller than that by ICP-AES (Table III)．

Table 2　Amounts of S uptake by plants for So treatment

| Sample No | S uptake | |
|---|---|---|
| | Ryegrass | Maize |
| 1 | 3.81 | 3.26 |
| 2 | 3.05 | 2.58 |
| 3 | 5.12 | 5.16 |
| 4 | 7.61 | 5.96 |
| 5 | 3.40 | 2.82 |
| 6 | 3.16 | 2.66 |
| 7 | 3.59 | 2.99 |
| 8 | 3.86 | 3.50 |
| 9 | 3.10 | 2.71 |
| 10 | 3.47 | 2.86 |
| 11 | 6.92 | 5.50 |

(continue)

| Sample No. | S uptake | |
|---|---|---|
| | Ryegrass | Maize |
| 12 | 3. 50 | 2. 80 |
| 13 | 4. 19 | 4. 00 |
| 14 | 2. 06 | 2. 00 |
| 15 | 2. 86 | 2. 28 |

**Table 3　Soil S values measured by different methods**

| Sample No. | Turbidimetry | | | ICP-AES | | | Initial sulphate +mineralized sulphate | Organic S | N/C | SAI | ASC |
|---|---|---|---|---|---|---|---|---|---|---|---|
| | $CaCl_2-$ S | Ca $(H_2PO_4)_{2-}$ S | KCl– S | $CaCl_2-$ S | Ca $(H_2PO_4)_{2-}$ S | KCl– S | | | | | |
| 1 | 10. 0 | 15. 4 | 12. 8 | 12. 1 | 19. 9 | 13. 6 | 18. 5 | 218. 6 | 2. 44 | 7. 12 | 32. 5 |
| 2 | 7. 6 | 9. 3 | 9. 9 | 9. 1 | 11. 8 | 10. 3 | 13. 6 | 271. 7 | 2. 10 | 4. 69 | 20. 3 |
| 3 | 17. 4 | 29. 1 | 23. 2 | 21. 0 | 35. 4 | 26. 3 | 34. 6 | 350. 9 | 1. 97 | 12. 8 | 60. 3 |
| 4 | 70. 6 | 96. 7 | 69. 2 | 78. 4 | 109. 6 | 72. 8 | 107. 0 | 542. 3 | 1. 35 | 39. 9 | 196. 1 |
| 5 | 8. 1 | 11. 9 | 13. 6 | 10. 7 | 15. 3 | 13. 8 | 17. 3 | 448. 1 | 1. 76 | 6. 1 | 26. 1 |
| 6 | 5. 8 | 9. 5 | 9. 0 | 7. 4 | 12. 6 | 9. 8 | 14. 0 | 341. 5 | 1. 82 | 4. 9 | 20. 9 |
| 7 | 11. 3 | 13. 1 | 15. 7 | 13. 0 | 16. 1 | 15. 9 | 18. 3 | 508. 9 | 1. 69 | 6. 6 | 28. 5 |
| 8 | 10. 6 | 15. 5 | 17. 1 | 15. 5 | 19. 1 | 16. 0 | 19. 5 | 460. 5 | 1. 64 | 7. 5 | 33. 2 |
| 9 | 8. 2 | 9. 5 | 8. 8 | 9. 0 | 12. 4 | 8. 8 | 14. 0 | 434. 5 | 1. 64 | 5. 0 | 21. 1 |
| 10 | 10. 0 | 12. 1 | 13. 2 | 10. 4 | 15. 8 | 13. 2 | 17. 0 | 486. 9 | 1. 32 | 6. 0 | 26. 1 |
| 11 | 14. 7 | 37. 0 | 15. 1 | 17. 1 | 48. 6 | 15. 7 | 41. 3 | 462. 0 | 1. 26 | 15. 9 | 75. 9 |
| 12 | 9. 0 | 10. 4 | 9. 8 | 9. 8 | 14. 0 | 10. 2 | 16. 4 | 623. 6 | 1. 25 | 5. 5 | 23. 2 |
| 13 | 15. 2 | 17. 1 | 15. 0 | 16. 8 | 21. 5 | 15. 4 | 21. 8 | 520. 9 | 2. 68 | 9. 0 | 38. 0 |
| 14 | 6. 4 | 5. 1 | 6. 0 | 6. 4 | 8. 0 | 6. 1 | 10. 4 | 431. 9 | 3. 11 | 3. 8 | 13. 3 |
| 15 | 8. 9 | 7. 6 | 7. 9 | 9. 0 | 10. 0 | 7. 9 | 12. 0 | 391. 4 | 3. 63 | 5. 4 | 19. 4 |

**Table 4　Correlation coefficients between S uptake by plants and S in soils determined by different methods[a]**

| Extraction and determination | Maize | Ryegrass |
|---|---|---|
| $CaCl_2$-S，turbidimetry | 0. 777** | 0. 721** |
| Ca $(H_2PO_4)_2$-S，turbidimetry | 0. 890** | 0. 834** |
| KCl-S，turbidimetry | 0. 785** | 0. 743** |
| $CaCl_2$-S，ICP-AES | 0. 790** | 0. 738** |
| Ca $(H_2PO_4)_2$-S，ICP-AES | 0. 909** | 0. 834** |
| KCl-S，ICP-AES | 0. 879** | 0. 851** |
| Initial sulphate + mineralized sulphate | 0. 878** | 0. 822** |

（continue）

| Extraction and determination | Maize | Ryegrass |
| --- | --- | --- |
| Organic S | 0. 252 | 0. 194 |
| N/S | −0. 481 | −0. 414 |
| SAI | 0. 884** | 0. 830** |
| ASC | 0. 887** | 0. 833** |

[a] $n=15$; $r_{0.05}=0.514$; $r_{0.01}=0.641$.

Judging from the correlation coefficients between soil S and S uptake by plants, 0. 01 mol/L Ca （$H_2PO_4$）$_2$-extracted S determined by ICP-AES or turbidimetric method and 0. 25 mol/L KCl （40℃）-extracted S determined by ICP-AES produced the best results, although other extraction and determination methods are preferred （Table IV）. This result indicated that S uptake by plant depended not only on inorganic sulphate but also on soil labile organic S extracted with Ca （$H_2PO_4$）$_2$ and KCl solution.

*Sum of initial inorganic sulphate and sulphate from mineralization of organic S.* Ghani （1994） reported that the amounts of mineralized S in 18 soils range from 3 to 26 mg $kg^{-1}$ soil in a 10-week incubation at 30℃. While in this experiment it was also observed that sum of initial inorganic sulphate and sulphate from mineralization of organic S after 4-week incubation was obviously higher than extractable sulphate by each of the above three chemical extraction methods, with an increment of about 5~10 mg S/kg （Table III）, and that sum of initial inorganic sulphate and sulphate from mineralization of organic S was significantly correlated to S uptake by plants （Table IV）.

*Organic S, SAI and ASC.* Besides soil inorganic sulphate, SAI and ASC also involved contribution of mineralization of soil organic sulfur to plant sulfur requirement （Ghani, 1994; Liu *et al.*, 1993）. In this research, SAI or ASC was found significantly related to sulfur uptake by maize or ryegrass, while poor correlation existed between organic S and S uptake （Table IV）. According to Till and May （1971）, soil organic matter provides an important source of plant-available S, but only a fraction of the total organic S pool is involved in the cycling of S in soil-plant-animal system. This research indicated that mineralization of soil organic matter might contribute to sulfur requirement to some extent, but not enough to meet the demand by plants.

*N/S ratio in soil.* Some studies showed that crop yield was well correlated to N/S ratio in 0~20 cm soil layer （Liao, 1991）. In our study, a negative correlation, but not significant, was found between S uptake by plants and N/S ratio in soil （Table IV）, indicating that soil N/S did not seem to be linearly related to soil sulfur supplying strength and capacity, although the balance between nitrogen and sulfur in soil would affect soil sulfur availability.

## 3. 2　Relationship between soil S and plant growth

After growing for 4 weeks, S deficiency symptoms of young leaves showing chlorosis appeared in $S_0$ treatment of some soils with maize. Zhao and Macgrath （1994） and Burke *et al*. (1986) believed that the decreases in the chlorophyll content in the plants, due to S deficiency in soils, may be the major reason for the reduced plant growth. In this experiment, a close linear relationship between the chlorophyll content of maize leaves and plant dry matter weight at the end of the experiment was observed (Fig. 1) .

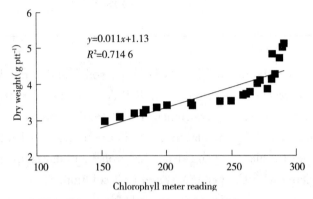

Fig. 1　Relationship between chlorophyll content in maize leaves and plant dry weight for both $S_0$ and $S_{50}$ treatments.

Since organic S and N/S ratio were poorly related to S uptake by plants, these two indicators were not included in the discussion on the relationship between soil S and plant growth. Table V showed that relative dry matter (DM) yields of maize ( (DM of $S_0$ treatment / DM of $S_{50}$ treatment) ×100) were related significantly to soil S determined by different methods, using an exponential regression model. Judging from the correlation coefficients by the model, Ca ($H_2PO_4$)$_2$-S determined by turbidimetric method or ICP-AES, initial S + mineralized S, SAI and ASC appeared to have satisfactory results in determining S fertility.

The results could be further confirmed by a linear model for the relationship between plant S uptake in the absence of fertilizer S addition and soil S determined by different methods (Table VI) . The best method was Ca ($H_2PO_4$)$_2$-ICP-AES or turbidimetry, followed by initial S + mineralized S or SAI or ASC, although all other methods also produced satisfactory results.

Although mineralizable organic S, SAI and SAC were highly related to plant growth and S uptake, the tedious operations for determination of these indicators make them less attractive. Turbidimetric method is susceptible to suffering from chemical interferences and resulting in poor precision and lack of accuracy (Pasricha and Fox, 1993), but it can give a preferred result if digesting the extracts with $H_2O_2$ and operating carefully in this experiment. While instrumental method ICP-AES can overcome many of the drawbacks of the traditional chemical methods, such as lack of precision and accuracy and the uncertainty about the chemical forms of S measured (Anderson *et al*., 1992; Zhao and Macgrath, 1994), and the best results were also observed in this study.

**Table 5** Parameters for the regressions between the amounts of soil S ($X$) and relative dry matter yields of maize ($Y$) using an exponential model: $Y=A+BCX^{a)}$

| Extraction and determination | $A$ | $B$ | $C$ | $r$ |
|---|---|---|---|---|
| CaCl$_2$-S, turbidimetry | 103.3 | −83.7 | 0.826 | 0.731** |
| Ca (H$_2$PO$_4$)$_2$-S, turbidimetry | 104.8 | −60.0 | 0.894 | 0.877** |
| KCl-S, turbidimetry | 101.2 | −88.2 | 0.836 | 0.773** |
| CaCl$_2$-S, ICP-AES | 102.8 | −96.1 | 0.832 | 0.797** |
| Ca (H$_2$PO$_4$)$_2$-S, ICP-AES | 104.7 | −74.0 | 0.903 | 0.887** |
| KCl-S, ICP-AES | 101.6 | −85.6 | 0.845 | 0.783** |
| Initial sulphate + mineralized sulphate | 104.2 | −109.9 | 0.887 | 0.852** |
| SAI | 104.2 | −108.3 | 0.725 | 0.864** |
| ASC | 104.6 | −74.7 | 0.942 | 0.877** |

[a)] $n=15$; $r_{0.05}=0.514$; $r_{0.01}=0.641$.

**Table 6** Parameters for the regressions between the amounts of soil S ($X$) and plant S uptake ($Y$) in the S$_0$ treatment using a linear model: $Y=A 4−BX^{a)}$

| Extraction and determination | $A$ | $B$ | $r$ |
|---|---|---|---|
| CaCl$_2$-S, turbidimetry | 3.22 | 0.028 | 0.768** |
| Ca (H$_2$PO$_4$)$_2$-S, turbidimetry | 3.18 | 0.022 | 0.865** |
| KCl-S, turbidimetry | 3.15 | 0.028 | 0.745** |
| CaCl$_2$-S, ICP-AES | 3.20 | 0.025 | 0.771** |
| Ca (H$_2$PO$_4$)$_2$-S, ICP-AES | 3.13 | 0.020 | 0.885** |
| KCl-S, ICP-AES | 3.16 | 0.027 | 0.752** |
| Initial sulphate + mineralized sulphate | 3.10 | 0.020 | 0.853** |
| SAI | 3.10 | 0.055 | 0.862** |
| ASC | 3.15 | 0.011 | 0.864** |

[a)] $n=15$; $r_{0.05}=0.514$; $r_{0.01}=0.641$.

Based on investigation of relationship between available S in upland soil of North China on the one hand and plant growth and S uptake on the other, it could be believed that, in general, 0.01 mol/L Ca (H$_2$PO$_4$)$_2$-extracted S determined by ICP-AES or turbidimetric method and 0.25 mol/L KCl (40℃) -extracted S determined by ICP-AES appeared to be the best indicators for evaluation of soil available S. This result needs to be evaluated further in field trials.

# Acknowledgement

This research project was conducted in the Key Laboratory of Plant Nutrition Research, Ministry of Agriculture of China.

# References

Anderson, G. , Lefroy, R. , Chinoim, N. and Blair, G. 1992. Soil sulfur testing. Sulfur in Agriculture. 16: 6-12.

Blair, G. J. and Lefroy, R. D. B. 1993. Soil sulfur testing. Plant and Soil. 155/156: 383-386.

Burke, J. J. , Holloway, P. and Dalling, M. J. 1986. The effect of sulfur deficiency on the organic and photosynthetic capacity of wheat leaves. *J. Plant. Physiol.* 125: 371-375.

Cantarella, H. and Tabatabai, M. A. 1983. Amides as sources of nitrogen for plants. *Soil Sci. Soc. Am. J.* 47: 599-603.

Chen, G. 1983. Diagnosis of sulfur deficiency in soil and plants. *Progress in Soil Science* (in Chinese) . 11 (3): 11-16.

Donahue, R. L. 1983. Soils: An Introduction to Soils and Plant Growth. Fifth Edition. Prentice Hall, New Jersey, USA. pp. 305-330.

Donahue, R. L. , Miller, R. W. and Shickluna, J. C. 1977. Soils: An Introduction to Soils and Plant Growth. Fourth Edition. Prentice Hall, New Jersey, USA. p. 209.

Fox, R. L. , Olson, R. A. and Rhoades, H. F. 1964. Evaluating the sulfur status of soils by plant and soil tests. *Soil Sci. Soc. Am. Proc.* 28 (2): 243-246.

Ghani, A. , Mclaren, R. G. and Swift, R. S. 1991. Sulfur mineralisation in some New Zealand soils. *Biol. Fertil. Soils.* 11: 68-74.

Ghani, A. 1994. An overview of organic sulfur levels in New Zealand pastoral soils and methods for measuring the mineralizable pool of organic sulfur. *Sulfur in Agriculture.* 18: 13-18.

Hu, Z. Y. , Zhang, J. Z. and Zhu, W. M. 1996. Composition of sulphur forms in major farmland soils of Anhui Province. *Soils* (in Chinese) . 3: 119-122.

Johnson, C. M. and Nishita, H. 1952. Micro-estimation of sulfur in plant materials, soils and irrigation waters. *Anal Chem.* 24: 736-742.

Kumar, V. 1994. An evaluation of the sulfur status and crop response in the major soils of Haryana. *Sulfur in Agriculture.* 18: 23-26.

Li, S. and Lin, B. 1998. The status and evaluation of plant available sulfur in soils. *Plant Nutrition and Fertilizer Science* (in Chinese) . 4 (1): 75-83.

Liao, X. 1991. Diagnosis of sulfur nutrition in crops and sulfur fertilization. *Chinese Journal of Soil Science* (in Chinese) . 22 (6): 274-276.

Lisle, L. 1994. Methods for the measurement of sulfur in plants and soil. *Sulfur in Agriculture.* 18: 45-54.

Liu, C. Q. , Cao, S. Q. and Wu, X. J. 1993. Outline of sulfur status in agricultural of China. *In* The Sulphur Institute (TSI), the China Sulphuric Acid Industry Association (CSAIA) and the China Soil and Fertilizer Institute (CSFI) (eds. ) Proceedings of the International Symposium on Present and Future Raw Material and Fertilizer Sulfur Requirements for China. TSI, CSAIA and CSFI, Beijing. pp. 41-50.

Maynard, D. G. , Stewart, J. W. B. and Bettany, J. R. 1985. The effects of plants on soil sulphur transformation. *Soil Biol. Biochem.* 17: 127-134.

Mebius, L. J. 1960. A rapid method for the determination of organic carbon in soil. *Anal. Chime. Act.* 22: 120-124.

Neptune, A. M. L. , Tabatabai, M. A. and Handy, J. J. 1975. Sulfur factions and carbon-nitrogen-phosphorus-sulfur relationship in some Brazilian and Iowa soils. *Soil Sci. Soc. Amer. Proc.* 39: 51-55.

Pasricha，N. S. and Fox，R. L. 1993. Plant nutrient sulfur in the tropics and subtropics. *Adv. Agron.* 50：209-269.

Probert，M. E. 1976. Studies on available and isotopically exchangeable sulfur in some North Queensland soils. *Plant and Soil.* 45：461-475.

Till，A. R. and May，P. F. 1971. Nutrient cycling in grazed pastures. IV. The fate of sulfur-35 following its application to a small area in a grazed pasture. *Aust. J. Agric. Res.* 22：391-400.

Williams，C. H. 1967. Some factors affecting the mineralization of plant-available sulfur in soils. I. The chemical nature of sulphate in some Australian soils. *Plant and Soil.* 17：279-294.

Wu，R. G. ，Jin，J. Y. and Liang，M. Z. 1995. Summary of the international symposium on present and future raw material and fertilizer sulphur requirements for china and recent findings from sulphur research in north China. *In* The Sulphur Institute（TSI），the Chinese Sulphuric Acid Association（CSAA）and the Chinese Society of Plant Nutrition and Fertilizer Sciences（CSPNFS）（eds.）Current and Future Plant Nutrient Sulphur Requirements，Availability，and Commercial Issues for China. TSI，CSAA and CSPNFS，Beijing. pp. 14-28.

Zhao，F. and Mcgrath，S. P. 1994. Extractable sulphate and organic S in soils and their availability to plants. *Plant and Soil.* 164：243-250.

# Composition of Sulphur Pool in Selected Upland Soils in North China

Zhou Wei    Lin Bao    Wang Hong
Li Shutian    He Ping

(Institute of Soil and Fertilizer, Chinese Academy of
Agricultural Sciences, Beijing 100081 China)

**Abstract**    Soil sulfur fractions, including monocalcium phosphate-extractable S, slowly soluble inorganic S, C-O-S, C-bonded S and unidentified organic S, were analyzed for 48 soils, as representatives of 6 major groups of upland soils, fiuvisol, cinnamon soil, loessial soil, chestnut soil, black soil and brown soil, in North China. The contents of total S and monocalcium phosphate-extractable S in the above 48 soils ranged from 234 to 860 and 5.1 to 220.3 mg/kg, respectively, and each of 6 soil groups contained the samples with a low level of phosphate-extractable S. Great differences in the average contents of each fraction of S were observed among the above 6 soil groups. Expressed as average percentage of the total S in soils, fiuvisols, cinnamon soils, loessial soils, chestnut soils, black soils and brown soils contained 6.1%, 9.5%, 5.7%, 13.2%, 3.5% and 6.8% monocalcium phosphate-extractable S, 5.7%, 3.0%, 9.3%, 10.4%, 3.2% and 3.1% slowly soluble inorganic S, 51.6%, 26.7%, 17.4%, 31.2%, 28.9% and 22.7% C-O-S, 11.0%, 9.1%, 6.6%, 6.8%, 9.7% and 9.4% in C-bonded S, and 25.6%, 51.7%, 60.8%, 38.4%, 54.7% and 53.0% unidentified organic S, respectively. For the above 6 groups of soils, the mean C/N ratios were remarkably similar, ranging from 9.7 to 10.7, while the mean N/S ratios ranged from 1.16 to 3.12. The highest ratios of C/N, C/C-O-S and C/C-bonded S were found in black soils, averaging 30.4, 104.9 and 314.7, respectively, while the lowest ratios arose in chestnut soil, averaging 12.4, 39.7 and 183.3, respectively.

**Key words**    C-bonded S; C-O-S; Sulphate; Upland soil

Note: Project (grant No. C/2534-1) supported by the International Foundation for Science.

Pedosphere 9 (2): 123~130, 1999. ISSN 1002-0160/CN 32-1315/P. © 1999 SCIENCE PRESS, BEIJING · NEW YORK.

# 1 Introduction

In order to fully understand soil sulphur-supplying capacity and potentiality, it is essential to know about the composition of sulphur pool and the nature of the sulphur compounds in soils. Current knowledge concerning the forms of S in soils is derived largely from investigations of Canadian soils (Lowe and Delong, 1963), Australian soils (Williams and Steinbergs, 1958), American soils (Tabatabai and Bremner, 1972), Brazilian soils (Neptune et al., 1975) and soils in South China (Liu et al., 1993; Hu et al., 1996). These data indicated that soil inorganic S in acid soils is chiefly soluble S and adsorbed S, which could be extracted with 0.03 mol/L $NaH_2PO_4$-2 mol/L HOAc (Fox et al., 1964), whereas in the calcareous soils it is mostly readily soluble S and slowly soluble S, which is usually extracted with 1mol/L HCl (Liu et al., 1993; Hu et al., 1996). For well-drained soils of humid regions, a minor part of S in soils exists in sulphate-S, and most of that is organically combined, and this organic S is present in three forms, i.e., ester sulphate S (C-O-S), C-bonded S and unidentified organic S (Hu et al., 1996). The ester sulphate S is believed to consist largely, if not entirely, of organic sulphate containing ester linkages (e.g., choline sulphate, phenolic sulphates and sulphated polysuccharides). This fraction of S in soils can be reduced to $H_2S$ by HI (Tabatabai and Bremner, 1972). The C-bonded S is believed to consist largely of S in the form of S-containing amino acids (e.g., methionine and cysteine). This fraction of S can be reduced to inorganic sulfide by Raney Ni in an alkaline medium (Neptune et al., 1975). The unidentified S fraction, which is also assumed to consist of S attached to C atoms (Freney, 1967), could not be reduced by HI or Raney Ni (Hu et al., 1996).

Although it has been shown that many of the agricultural soils in North China contain low levels of plant-available S (Wu et al., 1995), there is little information on the nature of the S compounds in these soils located in arid-semiarid region, temperate zone and cool temperate zone. Therefore, the objectives of this work were to characterize the S in selected representative upland soils of North China and to investigate the relationships between the selected S fractions and the carbon and nitrogen.

# 2 Materials and Methods

Forty-eight upland soils (0～20 cm) were used in this experiment (Table 1). Bulk samples were air-dried (20℃) and ground to pass a 100-mesh screen for the determination of organic C, total N, total S, C-O-S, and C-bonded S, and the other analyses were performed on <2 mm soil.

## Table 1　Some properties of the soils tested

| Soil | Sample Location No | | Texture | pH | CaCO₃ | Organic C | Total N | Total S |
|---|---|---|---|---|---|---|---|---|
| Fluvisol | 1 | Anguo, Hebei | Sandy loam | 8.02 | 4.2 | 6.15 | 0.57 | 234 |
| | 2 | Anguo, Hebei | Loam | 7.80 | 4.4 | 6.21 | 0.59 | 281 |
| | 3 | Shenze, Hebei | Loam | 8.01 | 6.4 | 7.60 | 0.75 | 380 |
| | 4 | Shenze, Hebei | Loamy clay | 7.90 | 6.4 | 6.96 | 0.72 | 358 |
| | 5 | Xinji, Hebei | Loamy clay | 7.95 | 4.6 | 8.41 | 0.83 | 421 |
| | 6 | Xinji, Hebei | Loam | 8.01 | 5.2 | 7.77 | 0.82 | 398 |
| | 7 | Baoding, Hebei | Loam | 8.05 | 7.6 | 6.73 | 0.60 | 351 |
| | 8 | Baoding, Hebei | Clay | 8.20 | 6.8 | 8.87 | 0.85 | 476 |
| | Mean | | | 7.80 | 5.7 | 7.34 | 0.72 | 362.4 |
| Cinnamon Soil | 9 | Changping, Beijing | Sandy loam | 7.68 | 12.9 | 7.48 | 0.76 | 405 |
| | 10 | Changping, Beijing | Loam | 7.20 | 15.5 | 8.99 | 0.86 | 639 |
| | 11 | Shunyi, Beijing | Clay | 7.79 | 14.2 | 8.23 | 0.81 | 460 |
| | 12 | Shunyi, Beijing | Loamy clay | 7.51 | 14.7 | 8.52 | 0.85 | 460 |
| | 13 | Huairou, Beijing | Sand | 7.71 | 11.7 | 6.79 | 0.63 | 328 |
| | 14 | Huairou, Beijing | Loam | 7.90 | 12.2 | 7.08 | 0.73 | 358 |
| | 15 | Chaoyang, Beijing | Sand | 7.98 | 11.9 | 6.90 | 0.64 | 351 |
| | 16 | Chaoyang, Beijing | Loam | 7.70 | 13.6 | 7.89 | 0.79 | 452 |
| | Mean | | | 7.68 | 12.6 | 7.74 | 0.76 | 432.0 |
| Loessail Soil | 17 | Jinyang, Shaanxi | Loam | 8.19 | 12.8 | 8.41 | 0.88 | 522 |
| | 18 | Jinyang, Shaanxi | Clay | 8.05 | 13.8 | 8.00 | 0.78 | 476 |
| | 19 | Fufeng, Shaanxi | Loam | 8.02 | 13.2 | 5.92 | 0.58 | 398 |
| | 20 | Fufeng, Shaanxi | Sandy loam | 8.05 | 9.8 | 7.83 | 0.74 | 468 |
| | 21 | Wugong, Shaanxi | Clay | 8.02 | 2.4 | 7.48 | 0.73 | 444 |
| | 22 | Wugong, Shaanxi | Loam | 7.96 | 12.6 | 7.25 | 0.65 | 437 |
| | 23 | Xingping, Shaanxi | Clay | 8.15 | 11.0 | 8.58 | 0.89 | 538 |
| | 24 | Xingping, Shaanxi | Loam | 8.15 | 10.0 | 9.28 | 0.87 | 616 |
| | Mean | | | 8.07 | 11.5 | 7.84 | 0.70 | 487.3 |
| Chestnut soil | 25 | Huangzhong, Qinghai | Sand | 8.12 | 15.2 | 6.96 | 0.66 | 499 |
| | 26 | Huangzhong, Qinghai | Loamy clay | 7.82 | 12.6 | 6.73 | 0.63 | 499 |
| | 27 | Minghe, Qinghai | Loamy clay | 7.79 | 13.6 | 8.58 | 0.79 | 634 |
| | 28 | Minghe, Qinghai | Clay | 5.71 | 12.8 | 8.23 | 0.78 | 655 |
| | 29 | Huzhu, Qinghai | Loam | 7.85 | 13.0 | 5.97 | 0.56 | 429 |
| | 30 | Huzhu, Qinghai | Sandy loam | 7.85 | 13.0 | 9.28 | 0.87 | 859 |
| | 31 | Luodu, Qinghai | Sand | 7.79 | 9.8 | 7.54 | 0.74 | 592 |

(continue)

| Soil | | Sample Location No | Texture | pH | CaCO₃ | Organic C | Total N | Total S |
|------|------|--------------------|---------|-----|-------|-----------|---------|---------|
| | 32 | Luodu，Qinghai | Sandy loam | 7.70 | 11.6 | 9.05 | 0.83. | 860 |
| | Mean | | | 7.80 | 12.7 | 7.79 | 0.70 | 628.4 |
| Black soil | 33 | Gongzhuling，Jilin | Loam | 6.00 | — | 13.75 | 1.44 | 538 |
| | 34 | Gongzhuling，Jilin | Loam | 6.00 | — | 11.11 | 1.36 | 437 |
| | 35 | Shuangyushu，Jilin | Loam | 6.10 | — | 15.20 | 1.45 | 399 |
| | 36 | Shuangyushu，Jilin | Clay | 6.80 | — | 13.28 | 1.37 | 499 |
| | 37 | Taojia，Jilin | Clay | 5.90 | — | 12.12 | 1.24 | 429 |
| | 38 | Taojia，Jilin | Loam | 7.25 | — | 12.30 | 1.28 | 429 |
| | 39 | Nongan，Jilin | Loamy clay | 6.71 | — | 9.98 | 1.08 | 280 |
| | 40 | Nongan，Jilin | Sandy loam | 7.45 | — | 11.43 | 1.19 | 320 |
| | Mean | | | 6.65 | — | 12.65 | 1.30 | 416.4 |
| Brown soil | 41 | Yantai，Shandong | Loamy clay | 6.95 | — | 7.25 | 0.75 | 359 |
| | 42 | Yantai，Shandong | Clay | 7.01 | — | 8.47 | 0.81 | 413 |
| | 43 | Xixia，Shandong | Sandy loam | 6.51 | — | 7.83 | 0.77 | 374 |
| | 44 | Xixia，Shandong | Sandy loam | 7.15 | — | 6.38 | 0.66 | 328 |
| | 45 | Penglai，Shandong | Sand | 6.20 | — | 6.50 | 0.67 | 351 |
| | 46 | Penglai，Shandong | Loam | 5.81 | — | 7.54 | 0.75 | 389 |
| | 47 | Mouping，Shandong | Sand | 6.51 | — | 7.66 | 0.75 | 374 |
| | 48 | Mouping，Shandong | Sandy loam | 7.15 | — | 6.21 | 0.61 | 328 |
| | Mean | | | 6.66 | — | 7.23 | 0.70 | 364.5 |

Total soil S was determined by oxidatmn with sodium hypobrormte followed by reduction to $H_2S$ and subsequent methylene blue colonmetnc procedures (Maynard $et\ al.$, 1985). For the measurement of inorganic S, acid soils were extracted with 0.03 mol/L $NaH_2PO_4$-2 mol/L HOAc (Fox $et\ al.$, 1964) and calcareous soils with 1 mol/L HCl (Hu $et\ al.$, 1996), and then the sulfate content of the extracts was determined by turbidimetry. Monocalcium phosphate-extractable S (designated MCP-S) was determined by turbidimetry after the samples of soils were extracted with 0.01 mol/L Ca $(H_2PO_4)_2$ (Lisle $et\ al.$, 1994). Slowly soluble inorganic S (designated SSI-S) was calculated by subtracting MCP-S from the total inorganic S (Liu $et\ al.$, 1993; Hu $et\ al.$, 1996). Organic S was calculated by subtracting inorganic S from the total soil S (Neptune $et\ al.$, 1975). HI-reducible S was measured colorimetrically by reacting 0.1 g of soil with 4 mL HI-reducing mixture (Maynard $et\ al.$, 1985). C-O-S (ester sulfate) was calculated by subtracting inorganic S from HI-reducible S. C-bonded S was determined by methylene blue colorimetric procedure after reduction with Raney Ni (Neptune $et\ al.$, 1075). Unidentified organic S (designated UO-S) was calculated by subtracting C-O-S and C-bonded S from total S. pH was determined with a glass electrode (soil：water ratio of 1 ：2.5), organic C by the method of Mebius (1960), total N by a semimicro-Kjeldahl procedure (Bremner, 1965), and CaCOs by the method of Lao (1088).

# 3　Results and Discussion

## 3.1　Forms of sulphur in the soils

Table I showed that total S contents of the 48 upland soils collected from North China ranged from 234 to 860 mg/kg, which were much higher than those of Iowa soils (Tabatabai and Bremner, 1972), Brazilian soils (Neptune *et al.*, 1975) and the soils in South China (Liu *et al.*, 1993; Hu *et al.*, 1996). The average contents of total S differed greatly in the 6 major soil groups, decreasing in the order of chestnut soil (628.4 mg/kg) > loessial soil (487.3 mg/kg) > cinnamon soil (432.0mg/kg ) >black soil (416.4mg/kg ) >brown soil (364.5mg/kg) and fluvisol (362.4mg/kg ).

**Table 2　Composition of sulphur pool in the soils** (mg/kg)

| Soil | Sample No | MCP-S | SSI-S | Inorganic S | C-O-S | C-bonded S | UO-S | Organic S |
|------|-----------|-------|-------|-------------|-------|-----------|------|-----------|
| Fluvisol | 1 | 15.4 | 13.9 | 29.3 | 125.5 | 23.8 | 55.4 | 204.7 |
|  | 2 | 9.3 | 14.9 | 24.2 | 134.1 | 36.8 | 85.9 | 256.8 |
|  | 3 | 29.1 | 21.0 | 50.1 | 189.0 | 42.3 | 98.6 | 330.0 |
|  | 4 | 15.9 | 20.7 | 36.6 | 187.1 | 40.3 | 94.0 | 321.4 |
|  | 5 | 27.0 | 24.3 | 51.3 | 219.2 | 45.2 | 105.4 | 369.7 |
|  | 6 | 19.4 | 23.0 | 42.4 | 207.6 | 44.4 | 103.6 | 355.6 |
|  | 7 | 23.3 | 20.5 | 43.8 | 184.0 | 37.0 | 86.2 | 307.2 |
|  | 8 | 36.8 | 27.6 | 64.4 | 248.8 | 48.8 | 114.0 | 411.6 |
|  | Mean | 22.0 | 20.8 | 42.8 | 186.9 | 39.8 | 92.9 | 319.6 |
|  | 9 | 12.8 | 12.0 | 24.8 | 108.0 | 40.8 | 231.4 | 380.2 |
|  | 10 | 96.7 | 24.0 | 120.7 | 216.0 | 45.3 | 257.0 | 518.3 |
|  | 11 | 11.9 | 15.5 | 27.4 | 139.3 | 44.0 | 249.3 | 432.6 |
| Cinnamon soil | 12 | 57.4 | 12.6 | 70.0 | 113.5 | 41.5 | 235.0 | 390.0 |
|  | 13 | 48.8 | 8.3 | 57.1 | 74.3 | 29.5 | 167.1 | 270.9 |
|  | 14 | 16.9 | 9.1 | 26.0 | 81.8 | 37.7 | 213.5 | 333.0 |
|  | 15 | 9.5 | 9.0 | 18.5 | 80.9 | 37.7 | 213.9 | 332.5 |
|  | 16 | 73.7 | 12.2 | 85.9 | 109.8 | 38.4 | 217.9 | 366.1 |
|  | Mean | 41.0 | 12.8 | 53.8 | 115.5 | 39.4 | 223.1 | 378.0 |
| Loessial soil | 17 | 13.1 | 52.2 | 65.3 | 97.0 | 36.0 | 323.7 | 456.7 |
|  | 18 | 15.5 | 48.2 | 63.7 | 89.6 | 32.3 | 290.4 | 412.3 |
|  | 19 | 35.8 | 34.6 | 70.4 | 94.4 | 26.3 | 236.9 | 327.6 |
|  | 20 | 22.3 | 46.7 | 69.0 | 86.8 | 31.2 | 281.0 | 399.0 |
|  | 21 | 9.5 | 43.5 | 53.0 | 80.9 | 31.0 | 279.1 | 391.0 |

（continue）

| Soil | Sample No | MCP-S | SSI-S | Inorganic S | C-O-S | C-bonded S | UO-S | Organic S |
|------|-----------|-------|-------|-------------|-------|------------|------|-----------|
| | 22 | 16.5 | 40.8 | 57.3 | 75.9 | 30.4 | 273.4 | 379.7 |
| | 23 | 58.3 | 52.2 | 110.5 | 96.9 | 36.1 | 324.6 | 427.5 |
| | 24 | 50.1 | 56.7 | 106.8 | 105.3 | 40.4 | 363.5 | 509.2 |
| | Mean | 27.7 | 45.5 | 73.2 | 84.6 | 32.9 | 296.6 | 414.1 |
| Chestnut soil | 25 | 12.1 | 57.8 | 69.9 | 173.6 | 38.3 | 217.1 | 429.1 |
| | 26 | 37.0 | 55.0 | 62.0 | 165.0 | 36.3 | 205.7 | 407.0 |
| | 27 | 10.4 | 72.7 | 83.1 | 218.1 | 49.9 | 282.9 | 550.9 |
| | 28 | 63.3 | 69.4 | 132.7 | 208.1 | 37.4 | 211.9 | 522.3 |
| | 29 | 14.4 | 54.0 | 68.4 | 162.1 | 29.8 | 168.7 | 360.6 |
| | 30 | 201.1 | 78.1 | 279.2 | 234.4 | 51.8 | 293.6 | 579.8 |
| | 31 | 105.8 | 59.6 | 165.4 | 179.0 | 37.1 | 210.5 | 426.2 |
| | 32 | 220.3 | 76.7 | 297.0 | 230.1 | 49.9 | 283.0 | 419.4 |
| | Mean | 83.1 | 65.4 | 148.5 | 196.3 | 42.5 | 241.1 | 480.0 |
| Black soil | 33 | 17.1 | 16.9 | 34.0 | 152.0 | 52.8 | 299.2 | 504.0 |
| | 34 | 5.1 | 14.2 | 19.3 | 128.1 | 43.4 | 246.2 | 417.7 |
| | 35 | 7.6 | 13.1 | 20.7 | 118.3 | 39.0 | 221.0 | 378.3 |
| | 36 | 14.9 | 16.2 | 31.1 | 145.8 | 48.3 | 273.8 | 471.0 |
| | 37 | 23.9 | 13.9 | 37.8 | 124.9 | 39.9 | 226.4 | 388.9 |
| | 38 | 17.1 | 14.1 | 31.2 | 127.1 | 40.6 | 230.1 | 398.0 |
| | 39 | 16.2 | 7.8 | 24.0 | 70.4 | 27.9 | 157.9 | 256.0 |
| | 40 | 15.3 | 10.8 | 26.1 | 97.5 | 29.5 | 166.9 | 293.9 |
| | Mean | 14.6 | 13.4 | 28.0 | 120.6 | 40.2 | 227.7 | 388.3 |
| Brown soil | 41 | 20.1 | 11.3 | 31.4 | 102.1 | 33.8 | 191.7 | 327.6 |
| | 42 | 12.6 | 12.0 | 24.6 | 107.5 | 40.6 | 230.2 | 388.4 |
| | 43 | 22.3 | 11.8 | 34.1 | 105.8 | 35.1 | 199.0 | 339.9 |
| | 44 | 24.2 | 9.6 | 33.8 | 86.6 | 31.1 | 176.5 | 294.2 |
| | 45 | 17.9 | 11.2 | 29.1 | 100.8 | 33.2 | 187.9 | 321.9 |
| | 46 | 42.8 | 11.7 | 54.5 | 105.0 | 34.4 | 195.1 | 334.5 |
| | 47 | 23.3 | 11.7 | 35.0 | 105.1 | 35.1 | 198.8 | 339.0 |
| | 48 | 34.2 | 9.4 | 43.6 | 84.9 | 29.9 | 169.6 | 284.4 |
| | Mean | 24.7 | 11.2 | 35.9 | 100.9 | 34.2 | 193.5 | 328.6 |

Inorganic S in the 48 soils ranged from 18.5 to 297.0 mg/kg , and the MCP-S from 5.1 to 220.3 mg/kg . The levels of MCP-S in the 6 soil groups were low and showed a tendency of chestnut soil（83.1 mg/kg）＞cinnamon soil（41.0 mg/kg）＞loessial soil（27.7 mg/kg）

>brown soil (24. 7mg/kg) >fiuvisol (22. 0 mg/kg) >black soil (14. 6 mg/kg) (Table Ⅱ), accounting for 13. 2%, 9. 5%, 5. 7%, 6. 8%, 6. 1% and 3. 5% of the total S, separateiy (Table Ⅲ). While SSI-S of the above 48 soils ranged from 7. 8 to 78. 1 mg/kg, with a tendency of chestnut soil (65. 4 mg/kg) >loessial soil (45. 5mg/kg) >fiuvisol (20. 8 mg/kg) >black soil (13. 4 mg/kg) >cinnamon soil (12. 8mg/kg) >brown soil (11. 2mg/kg) (Table Ⅱ), accounting for 10. 4%, 9. 3%, 5. 7%, 3. 2%, 3. 0% and 3. 1% of the total S, res-pectively (Table Ⅲ). So high amounts of MCP-S and SSI-S in chestnut soil and loessial soil are probably due to a considerable accumulation of $CaSO_4$ in these two soil groups under arid climate (Liu $et\ al.$, 1993). The large amount of the extractable S in cinnamon soil and fiuvisol might be partly derived from the application of superphosphate as phosphorus fertilizer.

Table 3　The S fractions in soils expressed as mean percentage of the total S (%)

| Soil | Inorganic S | MCP-S | SSI-S | Organic S | C-O-S | C-bonded S | UO-S |
|---|---|---|---|---|---|---|---|
| Fluvisol (8[a]) | 11. 8 | 6. 1 | 5. 7 | 88. 2 | 51. 6 | 11. 0 | 25. 6 |
| Cinnamon soil (8) | 12. 5 | 9. 5 | 3. 0 | 87. 5 | 26. 7 | 9. 1 | 51. 7 |
| Loessial soil (8) | 15. 0 | 5. 7 | 9. 3 | 85. 0 | 17. 4 | 6. 8 | 60. 8 |
| Chestnut soil (8) | 23. 6 | 13. 2 | 10. 4 | 76. 4 | 31. 2 | 6. 8 | 38. 4 |
| Black soil (8) | 6. 7 | 3. 5 | 3. 2 | 93. 3 | 28. 9 | 9. 7 | 54. 7 |
| Brown soil (8) | 9. 9 | 6. 8 | 3. 1 | 90. 1 | 27. 7 | 9. 4 | 53. 0 |

a) Number of the samples.

Total organic S contents in the soils, ranging from 204. 7 to 579. 8 mg/kg, were much higher than those in soils of South China (Liu et al. , 1993; Hu $et\ al.$, 1996), with a tendency of chestnut soil (480. 0 mg/kg) >loessial soil (414. 1 mg/kg) >black soil (388. 3 mg/kg) >cinnamon soil (378. 0mg/kg) >brown soil (328. 6 mg/kg) and fiuvisol (319. 6 mg/kg) (Table Ⅱ), accounting for 76. 4%, 85. 0%, 93. 3%, 87. 2%, 90. 1% and 88. 2% of the total S, respectively (Table Ⅲ).

C-O-S contents in the soils ranged from 70. 4 to 248. 8 mg/kg, which were much higher than those in the soils of Anhui Province (HU $et\ al.$, 1996) and Iowa soils (Neptune $et\ al.$, 1975), and the average percentages in the total S as C-O-S were 51. 6%, 26. 7%, 17. 4%, 31. 2%, 28. 9% and 27. 7% for fiuvisol, cinnamon soil, loessial soil, chestnut soil, black soil and brown soil, respectively.

C-bonded S cotents in the soils ranged from 23. 8 to 52. 8mg/kg (Table Ⅱ), which were also much higher than those reported by Hu $et\ al.$ (1996) for the soils in Anhui. The average percentages in the total S as C-bonded S were 11. 0%, 9. 1%, 6. 8%, 6. 8%, 9. 7% and 9. 4% for fiuvisol, cinnamon soil, loessial soil, chestnut soil, black soil and brown soil, respectively, which were similar to those reported by Neptune $et\ al.$ (1975) for 6 Iowa soils and those in the soils of Anhui Province (Hu $et\ al.$, 1996).

UO-S in the soils ranged from 55. 4 to 363. 5 mg/kg (Table Ⅱ), and the average percentages in the total S as UO-S were 25.6%, 51.7%, 60.8%, 38.4%, 54.7% and 53.0% for fiuvisol, cinnamon soil, loessial soil, chestnut soil, black soil and brown soil, respectively. Both the UO-S contents and their average percentages in the total S were markedly higher than those reported by Hu *et al.* (1996) for the soils of Anhui Province and those reported by Neptune *et al.* (1975) for 6 Iowa soils.

Above results indicated that soil organic S in the soils of North China were abundant, which may lead to a higher potentiality of sulphur supply.

The coefficients of correlations between the selected S fractions and the total S, total N and organic C in each group of the upland soils studied are listed in Table IV. It was found that there were significant or highly significant correlations among organic S, C-O-S, C-bonded S, organic C, total S and total N, with a few exceptions. This result was consistent to that of Tabatabai and Bremner (1972) and Neptune *et al.* (1975). The poor correlations between MCP-S, and total S, total N and organic C were observed, except for fiuvisol, indicating that the extractable S was susceptible to be influenced by agricultural practices.

**Table 4** **Correlation coefficients for relationships between the S fractions, and the total S total N and total organic C** ($n=8$, $r_{0.05}=0.707$, $r_{0.01}=0.834$)

| Relationship | Fluvisol | Cinnamon soil | Loessial soil | Chestnut soil | Black soil | Brown soil |
|---|---|---|---|---|---|---|
| Total S *vs.* organic C | 0.947** | 0.932** | 0.940** | 0.949** | 0.664 | 0.948** |
| MCP-S *vs.* organic C | 0.852** | 0.616 | 0.326 | 0.722* | −0.432 | −0.296 |
| C-O-S *vs.* organic C | 0.951** | 0.877** | 0.989** | 0.977** | 0.826* | 0.923** |
| C-bonded S *vs.* organic C | 0.863** | 0.823* | 0.964** | 0.916** | 0.815* | 0.931** |
| Organic S *vs.* organic C | 0.941** | 0.905** | 0.957** | 0.742* | 0.997** | 0.956** |
| Total S *vs.* total N | 0.916** | 0.848** | 0.937** | 0.935** | 0.796* | 0.945** |
| MCP-S *vs.* total N | 0.699 | 0.946** | 0.400 | 0.728* | −0.432 | −0.421 |
| C-O-S *vs.* total N | 0.905** | 0.760* | 0.963** | 0.944** | 0.826* | 0.942** |
| C-bonded S *vs.* total N | 0.875** | 0.842** | 0.915* | 0.874** | 0.820* | 0.898** |
| Organic S *vs.* total N | 0.918** | 0.840** | 0.881** | 0.727* | 0.830* | o.919** |
| MCP-S *vs.* total S | 0.823* | 0.702 | 0.543 | 0.895** | 0.034 | −0.199 |
| C-O-S *vs.* total S | 0.991** | 0.977** | 0.949** | 0.939** | 0.983** | 0.955** |
| C-bonded S *vs.* total S | 0.942** | 0.784* | 0.987** | 0.859** | 0.992** | 0.941** |
| Organic S *vs.* total S | 0.999** | 0.950** | 0.965** | 0.592 | 0.998** | 0.940** |

*,** Significant at the 0.05 and 0.01 levels, respectively.

## 3.2 Carbon, nitrogen and sulfur relationships

Although the mean C/N ratios were remarkably similar for the 6 different soil groups, considerable variations in the ratios of N/S and C/N/S, especially C/C-O-S and C/C-bonded

S, could be observed (Table V) .

**Table 5 Relationships among carbon, nitrogen and sulfur in the soils**

| Soil | Organic C/ total N | Total N/ total S | Organic C/ total S | Organic C/ C-O-S | Organic C/ C-bonded S | Organic C/ total N/total S |
|------|------|------|------|------|------|------|
| Flu visol ( 8[a] ) | 10. 2 | 1. 99 | 20. 3 | 39. 3 | 184. 4 | 102: 10: 5. 3 |
| Cinnamon soil (8) | 10. 2 | 1. 76 | 17. 9 | 67. 0 | 196. 4 | 102: 10: 5. 7 |
| Loessial soil (8) | 10. 2 | 1. 58 | 16. 1 | 92. 7 | 238. 3 | 102: 10: 6. 3 |
| Chestnut soil (8) | 10. 7 | 1. 16 | 12. 4 | 39. 7 | 183. 3 | 107: 10: 8. 6 |
| Black soil (8) | 9. 7 | 3. 12 | 30. 4 | 104. 9 | 314. 7 | 97: 10: 3. 2 |
| Brown soil (8) | 9. 9 | 2. 00 | 19. 8 | 71. 7 | 211. 4 | 99: 10: 5. 0 |

[a] Number of the samples.

For fluvisols, cinnamon soils, loessial soils, chestnut soils, black soils and brown soils, the average N/S ratios were 1. 99, 1. 76, 1. 58, 1. 16, 3. 10 and 2. 0, respectively, which were much lower than those of Scottish soils (Williams *et al.*, 1960), Brazilian soils (Neptune *et al.*, 1975) and Iowa soils (Tabatabai and Bremner, 1972), indicating that the N/S ratio might not be the factor limiting sulfur supply in upland soils of North China.

The highest ratios of C/S, C/C-O-S and C/C-bonded S were found in the black soils located in frigid-temperate regions of Northeast China, averaging 30. 4, 104. 9 and 314. 7, respectively, and the lowest of those arose in the chestnut soils located in arid region of Northwest China, averaging 12. 4, 39. 7 and 183. 3, respectively (Table V) . These differences in the ratios of C/S, C/C-O-S and C/C-bonded S demonstrated that the composition of S pool, the nature of S compounds and their relationships might be affected greatly by soil and climate conditions.

The average C/N/S ratios were 102: 10: 5. 3, 102: 10: 5. 7, 102: 10: 6. 3, 107: 10: 8. 6, 97: 10: 3. 2 and 99: 10: 5 for the above 6 soil groups, respectively, which differed accordingly from those reported for other groups of surface soils (Whitehead, 1964; Williams *et al.*, 1960; Tabatabai and Bremner, 1972) .

# References

Bremner, J. M. 1960. Determination of nitrogen in soil by the Kjeldahl method. *J. Agric. Sci.* 55: 11-33.

Fox, R. L. , Olson, R. A. and Rhoades, H. F. 1964. Evaluating the sulfur status of soils by plant and soil tests. *Proceedings of the Soil Science Society of America.* 28: 243-246.

Freney, J. R. 1967. Sulphur containing organics. *In* McLaren, A. D. and Peterson, G. H. ( eds. ) Soil Biochemistry. Marcel Dekker, Inc. , New York. 220-259.

Hu, Z. Y. , Zhang, J. Z. and Zhu, W. M. 1996. Composition of sulphur forms in major farmland soils of Anhui Province. *Soils* (in Chinese) . (3): 119-122.

Lao, J. S. 1988. Handbook for Soil and Plant Analysis ( in Chinese ) . Agriculture Press, Beijing. 386 pp. Lisle, L. , Lefroy, R. , Anderson, G. and Blair, G. 1994. Methods for the measurement of sulphur in plants and soils. *Sulphur in Agriculture*. 14：45-54.

Liu, C. Q., Cao, S. Q. and Wu, X. J. 1993. Outline of sulfur status in agricultural of China. *In* The Sulphur Institute (TSI), the China Sulphuric Acid Industry Association (CSAIA) and the China Soil and Fertilizer Institute (CSFI) (eds.) Proceedings of the International Symposium on Present and Future Raw Material and Fertilizer Sulfur Requirements for China. TSI, CSAIA and CSFI, Beijing. 41-50.

Lowe, L. E. and Delong, W. A. 1963. Carbon bonded sulphur in selected Quebec soils. *Can. J. Soil Sci.* 43：151-155.

Maynard, D. G., Stewart, J. W. B. and Bettany, J. R. 1985. The effects of plants on soil sulphur transformations. *Soil Biol. Biochem.* 17 (2)：127-134.

Mebius, L. J. 1960. A rapid method for the determination of organic carbon in soil. *Anal. Chime. Act.* 22：120-124.

Neptune, A. M. L., Tabatabai, M. A. and Handy, J. J. 1975. Sulfur factions and carbon-nitrogen-phosphorus-sulfur relationship in some Brazilian and Iowa soils. *Soil Sci. Soc. Amer. Proc.* 39：51-55.

Tabatabai, M. A. and Bremner, J. M. 1972. Forms of sulfur, and carbon, nitrogen and sulfur relationships, in Iowa soils. *Soil Science.* 114 (5)：380-386.

Whitehead, D. C. 1964. Soil and plant-nutrition aspects of the sulphur cycle. *Soils and Fertilizers.* 27：1-8.

Williams, C. H. and Steinbergs, A. 1958. Sulphur and phosphorus in some eastern Australian soils. *Aust. J. Agric. Res.* 9：483-491.

Williams, C. H., Williams, E. G. and Scott, N. M. 1960. Carbon, nitrogen, sulphur, and phosphorus in some Scottish soils. *J. Soil Sci.* 11：334-346.

Wu, R. G., Jin, J. Y. and Liang, M. Z. 1995. Summary of the international symposium on present and future raw material and fertilizer sulphur requirements for china and recent findings from sulphur research in north China. *In* The Sulphur Institute (TSI), the Chinese Sulphuric Acid Association (CSAA) and the Chinese Society of Plant Nutrition and Fertilizer Sciences (OSPNFS) (eds.) Current and Future Plant Nutrient Sulphur Requirements, Availability, and Commercial Issues for China. TSI, CSAA and CSPNFS, Beijing. 14-28.

# Soil Organic Sulfur Mineralization in the Presence of Growing Plants under Aerobic or Waterlogged Conditions

Shutian Li    Bao Lin    Wei Zhou

(Soil and Fertilizer Institute, Chinese Academy of
Agricultural Sciences, Beijing 100081 China)

**Abstract**   Pot culture experiments are described which attempt to identify soil organic S mineralization and availability to plants under aerobic or waterlogged conditions. Several organic S fractions were determined using existing fractionation techniques before and after the growth of corn (*Zea mays* L. ) or rice (*Oryza sativa* L. ) seedlings for four successive harvests. Net mineralization occurred in organic S fractions including hydriodic acid-reducible S, Raney-nickel reducible S and non-reducible S and all fractions decreased gradually during plant growth and decreased more in the first two harvests. The amount of S mineralized from organic S during rice growth under waterlogged conditions was more than that during corn growth under aerobic conditions and this contributed to the greater amount of S taken up by rice seedlings. On average for the four soils tested, 70% and 82% of S taken up by four harvests of corn and rice seedlings, respectively, was derived from organic S calculated by the difference between the S uptake by plant and the decreased amount of inorganic sulfate in soils. All of the S fractions investigated contributed available S for plant uptake under either aerobic or waterlogged conditions. © 2001 Elsevier Science Ltd. All rights reserved.

**Key words**   Soil; Organic S; S-mineralization; Bioavailability; Rice; Corn

## 1   Introduction

The potential for the occurrence of sulfur deficiency in Chinese agricultural soils has increased with increasing use of high analysis fertilizers with a low S content, with decreasing use of S-containing pesticides and more recently anti-pollution measures. It is necessary to devise methods for the diagnosis of S deficiency in soils and for the prediction of

Note: Soil Biology & Biochemistry 33 (2001), 721~727.

S fertilizer requirements of soils. Many methods have been proposed but these only measured the available S using some chemical extractants at a particular time (Blair et al., 1991, 1993; Andersen et al., 1992, 1994). Although the extracted soil available S determined by inductively coupled plasma-atomic emission spectrometry (ICP-AES) contained a part of organic S, and such extractable organic S was an important indicator of S availability, it is probably not the source for S uptake from organic S by plants during the longer growing period (Zhao and McGrath, 1994). Soil organic matter is an important source of plant available S and such a method should estimate its likely contribution to the available S supply to plants. Bettany and Steward (1983) showed that the availability of S to plants in many western Canadian soils was dependent on the release of this element from soil organic matter. Incubation studies have shown net mineralization of soil S is affected by plant growth (Freney et al., 1975; Tsuji and Goh, 1979). However, the interpretation of S incubation data must be made with caution as the type of incubation method used has been found to affect the amount of S mineralized (Swift, 1985). Many of the studies on S mineralization have focused mainly on S mineralized in open incubation systems under aerobic conditions in the presence or absence of plants (Tabatabai and A1-Khafaji, 1980; Maynard et al., 1983, 1985; Haynes and Williams, 1992; Zhou et al., 1999). Little is known about the mineralization of soil organic S and its availability to plants under water-logged conditions. We describe pot experiments in which changes of organic S fractions and their availability to plants under aerobic and waterlogged conditions were compared using existing fractionafion techniques.

# 2 Materials and methods

## 2.1 Soils

The 0~20cm layer of surface soils was collected from a Black soil, a Cinnamon soil, a Yellow brown earth and a Red soil, which were located in Heilongjiang, Henan, Hubei and Jiangxi provinces of China, respectively, and represent the main soil type of each province. These four soils had never received S fertilizer application. Soils were air dried, sieved (2 mm) and carefully mixed before use. Some properties of the soils are given in Table 1.

**Table 1  Description of soils**

| Soil type | Texture | Organic C (g/kg) | Inorganic S (mg/kg) | Organic S (mg/kg) | | | pH |
|---|---|---|---|---|---|---|---|
| | | | | HI-reducible S | Raney-Ni reducible S | Non reducible S | |
| Black soil | Loam | 15.3 | 21.2 | 126.5 | 107.4 | 477.9 | 6.6 |
| Cinnamon soil | Loam | 9.7 | 24.9 | 104.8 | 91.1 | 204.2 | 8.2 |
| Yellow brown earth | Loamy sand | 12.3 | 25.2 | 90.5 | 114.3 | 171.1 | 5.7 |
| Red soil | Clay | 10.9 | 29.7 | 136.8 | 96.3 | 478.2 | 4.7 |

## 2.2 Pot culture experiment

Samples of oven-dried soils (500 g) were placed into plastic pots (10cm dia and 12cm height). The density of packing was near field density. Prior to potting, the soils were mixed with a basal dressing of the following nutrients: 100 mg N ($NH_4NO_3$), 50mg P ($KH_2PO_4$), 100 mg K ($KH_2PO_4$ and KCl), 25 mg Mg ($MgCl_2 \cdot 6H_2O$), 5 mg Mn ($MnCl_2$), 0.5 mg B ($H_3BO_3$), 0.5 mg Cu ($CuCl_2 \cdot 2H_2O$) and 1.0 mg Zn ($ZnCl_2$). Half of. the pots were sown with hybrid corn (*Zea mays* L.) and thinned to give five uniform seedlings per pot. The remaining pots were planted with rice (*Oryza sativa* L.) at six uniform seedlings per pot. The rice seedlings were cultured in S-free sand for 30 days before transplanting. For rice and corn there were three replicates for each Soil. The soil moisture content for corn was maintained at 60% field capacity by weighing the pot periodi cally and for rice the water was maintained 2 mm above the soil surface during the growing period. All the water used was deionized water.

The pots were then randomly placed in a temperature controlled glasshouse operated at 30℃ ± 3 by day and 20℃±2 by night and the pot position was changed weekly. Seven days before harvest, no water was added to allow the soil to dry naturally. The tops of corn or rice were cut at the soil surface 40 days after planting and the roots were removed from the soil by carefully sieving and were then washed free of adhering soil with deionized water. The soil from all pots was air dried at 20℃ and ground (2 mm). Then 50 g of soil sample on an oven-dried basis was collected for S analysis. The remaining soil was replaced into the pots and plants were grown as before. A total of four harvests were collected. Plant materials were dried at 70℃ before weighing and grinding for analysis.

To estimate S uptake from seed, the chemical reagents or nutrients used, deionized water and $SO_2$ from the atmosphere, we also cultivated corn or rice in S-free sand. The amount of S taken up from the soil was calculated by the difference of total S uptake by plant cultivated in soil and that in S-free sand.

## 2.3 Analytical procedures

### 2.3.1 Total Soil S

By acid oxidation with $HNO_3$, $HClO_4$, $H_3PO_4$ and HCl (Page et al., 1982), followed by ICP-AES to determine sulfate in the digests.

### 2.3.2 HI-reducible S

By reacting 0.1 g soil sample with 4 ml of the hydriodic acid reducing mixture and measuring the reduced S color-imetrically as methylene blue (Johnson and Nishita, 1952).

### 2.3.3 Raney NJ-reducible S

By the procedures of Freney et al. (1970) by reacting a 0.5 g soil sample with 1.0 g Raney-nickel mixture and measuring the reducible S colorimetrically as described above.

### 2.3.4 Inorganic sulfate

Extracted by shaking a 5 g soil sample with 20 ml monocalcium phosphate (MCP) solution containing 500 mg P/kg for 1 h, and then filtered through a slow filter paper. The sulfate in the phosphate solution was determined by turbidimetry (Lisle et al. , 1994) .

### 2.3.5　Non-reducible S

Estimated by subtracting HI-reducible S and Raney Nireducible S from total S.

### 2.3.6　Plant S

Total S in the plant materials was determined by the procedure of Lisle et al. （1994）in which 0. 5 g of plant materials was digested using a wet oxidation technique involving an acid mixture of $HNO_3$, $HClO_4$ and HCl and sulfate in the digests was determined by ICP-AES.

## 2.4　Statistical analysis

Means and standard deviations were calculated by Microsoft Excel 97. Analysis of variance for dry matter yield，the S taken up by plant and changes of different S fractions were performed using SAS statistical software.

**Table 2　Total dry matter yield and uptake of S by corn and rice seedlings of four harvests （data represent mean±SD $n=3$）**

| | | Black soil | Cinnamon soil | Yellow brown earth | Red soil |
|---|---|---|---|---|---|
| Dry matter yield | Corn | 29. 4±1. 2 | 24. 2±1. 6 | 31. 2±1. 8 | 33. 3±0. 5 |
| g pot$^{-1}$ | Rice | 18. 6±0. 8 | 13. 1±1. 3 | 18. 2±0. 7 | 18. 1±0. 5 |
| Sulfur uptake | Corn | 26. 2±2. 0 | 27. 6±3. 7 | 38. 2±4. 0 | 43. 8±9. 2 |
| mg S pot$^{-1}$ | Rice | 38. 3±4. 7 | 24. 0±2. 0 | 45. 0±1. 3 | 48. 1±2. 5 |
| Sulfur uptake | Corn | 46. 8±3. 2 | 50. 1±7. 3 | 67. 9±6. 9 | 77. 9±16. 7 |
| mg S kg$^{-1}$ in oven dried soil | Rice | 79. 5±3. 7 | 51. 7±1. 8 | 91. 3±0. 9 | 108. 5±1. 9 |
| Decrease in soil sulfur | Corn | 49. 3±5. 4 | 55. 6±2. 4 | 71. 1±2. 1 | 81. 5±2. 7 |
| mg S kg$^{-1}$ in oven dried soil | Rice | 88. 7±10. 3 | 59. 2±4. 1 | 95. 1±3. 8 | 116. 6±7. 1 |

Significance of F-value[a]

| Dry matter yield | | | Sulfur uptake[b] | | | Sulfur uptake[c] | | | Decrease in soil sulfur | | |
|---|---|---|---|---|---|---|---|---|---|---|---|
| Soil | Plant | S×P | Soil | Plant | S×P | Soil | Plant | S×P | Soil | Plant | S×P |
| *** | *** | * | *** | * | * | *** | *** | ** | *** | *** | *** |

[a] Significant at $^*P<0. 05,^{**}P<0. 01,^{***}P<0. 001$.

[b] Sulfur uptake as mg S/pot.

[c] Sulfur uptake as mg S/kg in oven dried soil.

# 3　Results

## 3.1　Dry matter yield and S uptake

Total dry matter yield and total S uptake included the root and stubble materials as well as tops. The decrease in total soil S was consistent with S taken up by the plants. Although the dry matter yield of rice was less than corn，the amount of S taken up by unit dry matter weight of rice seedlings was even more than the amount of S taken up by unit dry matter weight of corn seedlings over four harvests （Table 2）.

Table 2 also shows that the amount of S in oven dried soil taken up by plants was less than the total decrease of S in the soil at the end of the trial after the fourth harvest. There was a net loss of S from the soil-plant system and S losses were greater when planting rice than when planting corn.

## 3.2 Apparent plant uptake of organic S

Knowing the sulfate contents of the soils at the beginning and the end of the trials, as well as the amount of S taken up by corn or rice seedlings, the amount of S taken up that cannot be accounted for by the decrease of inorganic sulfate but can be calculated as the plant uptake from organic S (Table 3). In Black soil, Cinnamon soil, Yellow brown earth and Red soil, 69, 62, 72 and 75% of S taken up by corn seedlings and 84, 73, 81 and 88% of S taken up by rice seedlings of four harvests were derived from organic S, respectively. Although plants took up great amounts of S, more than the total initial inorganic sulfate content, some still remained in the soil at the end of the trial (Table 3).

There was some reduction in the inorganic sulfate concentration in the soils at the end of the pot trials of corn and rice planting treatments. The decrease in concentration was greater for soils planted with com than planted with rice, although the rice took up more S than corn.

**Table 3   Inorganic sulfate content of soils after pot trials and calculated plant uptake of S from organic sources (data represent mean±SD, $n=3$)**

| Soil | Crop | Plant uptake (mg S/kg soil) | Inorganic S (mg S/kg soil) | | | Calculated organic S taken up by plant (mg S/kg soil) |
|------|------|------|------|------|------|------|
| | | | Initial | Final | Decrease | |
| Black soil | Corn | 46.8±3.2 | 21.2±1.3 | 6.8±1.1 | 14.4±1.1 | 32.4±3.4 |
| | Rice | 79.5±3.7 | 21.2±1.3 | 8.9±0.9 | 12.3±0.9 | 67.2±1.7 |
| Cinnamon soil | Corn | 50.1±7.3 | 24.9±1.0 | 5.6±0.3 | 19.3±0.3 | 30.8±7.6 |
| | Rice | 51.7±1.8 | 24.9±1.0 | 10.7±4.0 | 14.2±4.0 | 37.5±4.5 |
| Yellow brown earth | Corn | 67.9±6.9 | 25.2±0.8 | 6.2±1.0 | 19.0±1.0 | 48.9±6.8 |
| | Rice | 91.3±0.9 | 25.2±0.8 | 7.9±1.2 | 17.2±1.2 | 74.1±1.2 |
| Red soil | Corn | 77.9±16.7 | 29.7±1.2 | 10.2±1.3 | 19.5±1.3 | 58.4±17.5 |
| | Rice | 108.5±1.9 | 29.7±1.2 | 17.0±4.1 | 12.7±4.1 | 95.8±2.3 |

Significance of F-value[a]

| Plant uptake | | | Final inorganic S | | | Inorganic S decrease | | | Calculated organic S | | |
|------|------|------|------|------|------|------|------|------|------|------|------|
| Soil | Plant | S×P | Soil | Plant | S×P | Soil | Plant | S×P | Soil | Plant | S×P |
| *** | *** | ** | *** | *** | NS | * | *** | NS | *** | *** | ** |

[a] Significant at $^*P < 0.05$, $^{**}P < 0.01$, $^{***}P < 0.001$, NS: not significant.

## 3.3 Changes in soil S fractions and bioavailability

### 3.3.1 Inorganic S

MCP-extractable S showed a considerable decrease in both of the first two harvests. Some minor decreases occurred with time after the second harvest and reached a minimum amount at the end of the fourth harvest. Soil MCP-extractable S decreased more for corn than for rice (Fig. 1).

Among the four soils tested, the slow and stable decrease of MCP-extractable S in Yellow brown earth and Red soil was probably due to their low pH and high $SO_4^{2-}$ retentive capacity compared to the Black soil and Cinnamon soil. Net changes showed that 29, 34, 27 and 24% of total S decrease after four harvests of corn were due to a decrease of MCP-extractable S for Black soil, Cinnamon soil, Yellow brown earth and Red soil, respectively. The 14, 24, 18 and 11% of total S decrease after four harvests of rice were due to a decrease of MCP-extractable S for the four soils, respectively (Tables 4 and 5).

### 3.3.2  Organic S

The dynamic changes of organic S fractions showed that all fractions decreased during plant growth and decreased more in the first two harvests and decreased less afterwards. HI-reducible S of each soil decreased rapidly when planting rice than corn in each harvest, which may be responsible for the greater amounts of MCP-extractable S that remained after rice growth. The decrease of Raney-Ni reducible S and non-reducible S during plant growth was similar for corn and rice.

The net changes after the fourth harvest indicated that in all soils tested the HI-reducible S decreased more than the Raney-Ni reducible S, especially after rice growth, except Black soil with corn. Thus for corn 12, 41, 33 and 40% of the total S decrease was derived from HI-redu-cible S, 31, 21, 20 and 17% from Raney-Ni reducible S, and 28, 4, 20 and 19% from non-reducible S in Black soil, Cinnamon soil, Yellow brown earth and Red soil, respectively, after four harvests of corn seedlings (Table 4). In the case of rice 50, 55, 43 and 60% of the total S decrease were derived from HI-reducible S, 32, 19, 19 and 7% from Raney-Ni reducible S, and 4, 2, 20 and 22% from non-reducible S in Black soil, Cinnamon soil, Yellow brown earth and Red soil, respectively, after four harvests of rice seedlings (Table 5). According to the existing fractionation technique, C-bonded S was the sum of Raney-Ni reducible S and non-reducible S. Therefore, 59, 25, 40 and 36% of total S decrease were due to mineralization of C-bonded S in Black soil, Cinnamon soil, Yellow brown earth and Red soil, respectively, after corn growth. In sum, 36, 21, 39 and 29% of the total S decrease contributed to the decrease of C-bonded S for the above four soils, respectively, after rice growth.

## 4  Discussion

The total amount of S taken up by corn or rice seedlings after four harvests was not equal to the total S decrease (Table 2). The most interesting result was the losses of some quantities of S from the soil-plant systems. On the one hand, these losses were probably due to analytical errors including incomplete collecting of plant and root stubble and losses of volatile S during the drying of plant materials. On the other hand, volatile S compound emissions from the plant-soil systems might have been responsible for these S losses. Nicolson (1970) and Frederick et al. (1957) observed the emission of volatile S compounds including methyl mercaptan ($CH_3SH$) and dimethyldisulfide (DMDS) from soil under aerobic conditions. Under waterlogged conditmns the reduced volatile S compounds including hydrogen sulfide ($H_2S$), carbonyl sulfide (COS), carbon disulfide ($CS_2$), dimethyl sulfide (DMS), $CH_3SH$ and DMDS are known to be emitted from the soil (Adams et al., 1981; Yang et al, 1998). The amount of S lost was more under waterlogged conditions than under aerobic conditions because of reducing conditions favorable for the production of volatile S compounds. The emissions of S gases directly from plants have also been recorded (Kanda et al., 1992; Kanda and Tsuruta, 1995).

Although plants took up more S than the initial amounts of inorganic S in soils, some still was present at the end of the fourth harvest (Table 3). By inference, this suggests that the inorganic sulfate remaining at the end of the trial was relatively unavailable adsorbed sulfate (Lee and Speir, 1979). It has been also suggested that in some instances this could be organic sulfate that was mineralized during plant growth and would contribute to the sulfate measured in the soil, and yet not be taken up by plants.

As S mineralization is predominantly a biological process brought about by soil microorganisms, it will obviously be affected by soil moisture content. The sulfate production from organic S was low as the soil become saturated (Williams, 1967). However, organic S mineralization was enhanced by rice growth under waterlogged conditions (Tables 4 and 5). This probably was because the rice plants had developed aeration tissues from the tops to the roots. This ensures the rice rhizosphere remains in an oxidizing state, and beneficial to the activities of microbes and sulfatase (Freney and Stevenson, 1966). In addition, rice plants grown in the small pots had well-developed root systems.

After four harvests of corn or rice seedlings all organic S fractions decreased. These decreases of organic S fractions were mainly responsible for plant uptake. These results were inconsistent with those of other studies that found that C-bonded S decreased more than HI-reducible S, and contributed more to plant S requirements (Freney et al., 1975; Mclachlan and DeMarco, 1975; Mclaren and Swift, 1977; Haynes and Williams, 1992). Our results showed that plants utilized S from all organic S fractions and that no single fraction is a major source of available S (Tables 4 and 5). Although all organic S fractions became mineralized after planting crops, this does not necessarily indicate direct uptake of S from these fractions. Because microbial processes were most probably involved in releasing them to the plants, it does not exclude the possibility that one fraction was converted to another during the course of these processes.

It is not surprising that large amounts of organic S were mineralized during corn and rice growth. Because there was an increased demand for available S by both crops and organisms the concentration of sulfate in the soil solution decreased. Sulfohydrolases may be responsible for the mineralization of HI-reducible S in soil (Fitzgerald, 1978) and low sulfate concentrations increase the production of sulfohydrolases by plant roots (Speir et al., 1980) and by rhizosphere microorganisms (Tsuji and Goh, 1979). So, in cropped soils the rate of hydrolysis of ester sulfate would increase and this supplements the release of S from Cbonded forms including Raney-nickel reducible S and non-reducible S (McGill and Cole，1981) .

**Tsble 4　Changes of soil S fractions after four harvests of corn seedlings**

**(changes significant at $^*P < 0.05, ^{**}P < 0.01$, NS：not significant.**

**Figures in parentheses indicate the percentage of total S changes)**

| Sulfur fraction (mg S/kg soil) | Black soil (mg S/kg soil) | Cinnamon soil (mg S/kg soil) | Yellow brown earth (mg S/kg soil) | Red soil (mg S/kg soil) |
|---|---|---|---|---|
| Inorganic sulfate | −14. 4** (29%) | −19. 3** (34%) | −19. 0** (27%) | −19. 6** (24%) |
| Organic S | | | | |
| HI-reducible S | −5. 9* (12%) | −22. 7** (41%) | −23. 2** (33%) | −32. 8** (40%) |
| Raney-Ni-reducible S | −15. 2** (31%) | −11. 6** (21%) | −14. 5** (20%) | −13. 5** (17%) |
| Non-reducible S | − 13. 8** (28%) | −2. 0NS (4%) | −14. 4** (20%) | −15. 6** (19%) |
| Total S | −49. 3** | −55. 6** | −71. 1** | −81. 5** |
| Plant uptake S | 46. 8 | 50. 1 | 67. 9 | 77. 9 |

**Table 5　Changes of soil S fractions after four harvests of rice seedlings**

**(changes significant at $^*P < 0.05, ^{**}P < 0.01$, NS：not significant.**

**Figures in parentheses indicate the percentage of total S changes)**

| Sulfur fraction (mg S/kg soil) | Black soil (mg S/kg soil) | Cinnamon soil (mg S/kg soil) | Yellow brown earth (mg S/kg soil) | Red soil (mg S/kg soil) |
|---|---|---|---|---|
| Inorganic sulfate | −12. 3** (14%) | −14. 2** (24%) | −17. 2** (18%) | −12. 8** (11%) |
| Organic S | | | | |
| HI-reducible S | −44. 3** (50%) | −32. 7** (55%) | −41. 0** (43%) | −69. 6** (60%) |
| Raney-Ni-reducible S | −28. 2** (32%) | −11. 0** (19%) | −18. 1** (19%) | −8. 6* (7%) |
| Non-reducible S | −3. 9* (4%) | −1. 3NS (2%) | −18. 8** (20%) | −25. 7** (22%) |
| Total S | −88. 7** | −59. 2** | −95. 1** | −116. 6** |
| Plant uptake S | 79. 5 | 51. 7 | 91. 3 | 108. 5 |

Although the Black soil had higher organic S fractions，the contributions of different organic S fractions to plant uptake were no more than from the other soils with lower organic S content. This result was probably due to the poor correlation of the amount of S mineralized with total organic S (Tabatabai and Al-Khafaji，1980; Pirela and Tabatabai，1988) . The amount of organic S mineralized was governed by the amount of S taken up by plants. In this study，the uptake of S was greater by rice plants than by corn plants，so net mineralization of organic S fractions after planting rice was also greater. Another reason for more organic S mineralization during cultivation of rice was probably due to the drying-wetting cycles and also oxidation-reduction cycles before and after transplanting as well as the drying and grinding processes after each harvest. These drying processes can improve organic S mineralization (Williams and Steinbergs，1959; Williams，1967; Biederbeck，1978) . This indicated that a non-biological process is taking place and this sulfate production is probable due to the lysing of microbial tissue or the breakdown of very labile sulfate esters.

# Acknowledgements

The financial support of The Sulphur Institute (TSI) and SulFer Works Inc. of Canada are greatly acknowledged.

# References

Adams, D. F. , Farwell, S. O. , Pack, M. R. , Robinson, E. , 1981. Biogenic sulfur gas emissions from soils in Eastern and southeastern United States. Journal of Air Pollution Control Association 31, 1083-1089.

Anderson, G. C. , Lefroy, R. D. B. , Chinoim, N. , Blair, G. J. , 1992. Soil sulphur testing. Sulphur in Agriculture 16, 6-14.

Anderson, G. C. , Lefroy, R. D. B. , Chinoim, N. , Blair, G. J. , 1994. The development of a soil test for sulphur. Norwegian Journal of Agricultural Sciences Supplement No. 15, 83-95.

Bettany, J. R. , Stewart, J. W. B. , 1983. Sulphur cycling in soils. In: More, A. I. (Ed. ) . Proceedings of Sulphur'82 Conference, vol. 2. British Sulphur Corporation, London, pp. 747-785.

Biederbeck, V. O. , 1978. Soil organic sulfur and fertility. In: Scnitzer, M. , Khan, S. U. (Eds. ) . Soil Organic Matter. Developments in Soil Sciences. Elsevier Scientific, Amsterdam, pp. 273-310.

Blair, G. J. , Chinoim, N. , Lefroy, R. D. B. , Anderson, G. C. , Crocker, G. J. , 1991. A soil sulfur test for pasture and crops. Australian Journal of Soil Research 29, 619-626.

Blair, G. J. , Lefroy, R. D. B. , Chinoim, N. , Anderson, G. C. , 1993. Sulfur soil testing. Plant and Soil 155/156, 383-386.

Fitzgerald, J. W. , 1978. Naturally occurring organic sulfur compounds in soils. In: Nriagu, J. O. (Ed. ). Sulfur in the Environment, Part II: Ecological Impacts. Wiley, New York, pp. 391-443.

Frederick, L. R. , Starkey, R. L. , Segal, W. , 1957. Decomposability of some organic sulfur compounds in soils. Soil Science Society of America Proceeding 21, 287-292.

Freney, J. R. , Stevenson, F. J. , 1966. Organic sulfur transformations in soils. Soil Science 101, 307-316.

Freney, J. R. , Melville, G. E. , Williams, G. H. , 1970. The determination of carbon bonded sulfur in soil. Soil Science 109, 310-318.

Freney, J. R. , Melville, G. E. , Williams, C. H. , 1975. Soil organic matter fractions as sources of plant available sulphur. Soil Biology & Biochemistry 7, 217-221.

Haynes, R. J. , Williams, P. H. , 1992. Accumulation of soil organic matter and the forms, mineralization potentials and plant availability of accumulated organic sulphur: effect of pasture experiment and intensive cultivation. Soil Biology & Biochemistry 24, 209-217.

Johnson, C. M. , Nishita, H. , 1952. Microestimation of sulfur in plant materials, soils and irrigation waters. Analytical Chemistry 24, 736-742.

Kanda, K. , Tsuruta, H. , Minami, K. , 1992. Emission of dimethyl sulfide, carbonyl sulfide, and carbon disulfide from paddy fields. Soil Science and Plant Nutrition 38, 709-716.

Kanda, K. , Tsumta, H. , 1995. Emissions of sulfur gases from various types of terrestrial higher plants. Soil Science and Plant Nutrition 41, 321-328.

Lee, R. , Speir, T. W. , 1979. Sulphur uptake by ryegrass and its relationship to inorganic and organic levels and sulphatase activity in soil. Plant and Soil 53, 407-425.

Lisle, L. , Lefroy, R. D. B. , Anderson, G. C. , Blair, G. J. , 1994. Methods for the measurement of sulphur in plant and soil. Plant and Soil 164, 243-250.

Maynard, D. G. , Stewart, J. W. B. , Bettany, J. R. , 1983. Sulfur and nitrogen mineralization in soils compared using two incubation techniques. Soil Biology & Biochemistry 15, 251-256.

Maynard, D. G. , Stewart, J. W. B. , Bettany, J. R. , 1985. The effects of plants on soil sulphur transformation. Soil Biology & Biochemistry 17, 127-134.

McGill, W. B. , Cole, C. V. , 1981. Comparative aspects of cycling of organic C N, S and P through soil organic matter. Geoderma 26, 267-286.

McLachlan, K. D. , DeMarco, D. G. , 1975. Changes in soil sulfur fractions with fertilizer additions and cropping treatments. Australian Journal of Soil Research 13, 169-176.

McLaren, R. G. , Swift, R. S. , 1977. Changes in soil organic sulphur fractions due to the long-term cultivation of soil. Journal of Soil Science 28, 445-453.

Nicolson, A. T. , 1970. Soil sulphur balance studies in the presence and absence of growing plants. Soil Science 109, 345-350.

Page, A. L. , Miller, R. H. , Keeney, D. R. , 1982. Methods of Soil Analysis, Part 2: Chemical and Microbiological Properties. 2nd ed. Soil Science Society of America, Madison, pp. 506-509.

Pirela, H. J. , Tabatabai, M. A. , 1988. Sulphur mineralization and potential of soils. Biology and Fertility of Soils 6, 26-32.

Speir, T. W. , Lee, R. , Panser, E. A. , Cairns, A. , 1980. A comparison of sulphatase, urease and protease activities on planted and fallow soils. Soil Biology & Biochemistry 12, 281-291.

Swift, R. S. , 1985. Mineralization and immobilization of sulphur in soil. Sulphur in Agriculture 9, 1-5.

Tabatabai, M. A. , Al-Khafaji, A. A. , 1980. Comparison of nitrogen and sulfur mineralization in soils. Soil Science Society of American Journal 44, 1000-1006.

Tsuji, T. , Goh, K. M. , 1979. Evaluation of soil sulphur fractions as sources of plant available sulphur using radioactive sulphur. New Zealand Journal of Agricultural Research 22, 595-602.

Williams, C. H. , Steinbergs, A. , 1959. Soil sulphur fractions as chemical indices of available sulphur in some Australian soils. Australian Journal of Agricultural Resarch 10, 340-352.

Williams, C. H. , 1967. Some factors affecting the mineralization of organic sulphur in soils. Plant and Soil 26, 205-223.

Yang, Z. , Kong, L. , Zhang, J. , Wang, L. , Xi, S. , 1998. Emission of Biogenic sulfur gases from Chinese rice paddies. The Science of Total Environment 224, 1-8.

Zhao, F. J. , McGrath, S. P. , 1994. Extractable sulphate and organic sulphur in soils and their availability to plants. Plant and Soil 164, 243-250.

Zhou, W. , Li, S. T. , Wang, H. , Lin, B. , 1999. Mineralization of organic sulfur and its importance as a reservoir of plant-available in upland soils of north China. Biology & Fertility of Soils 30, 245-250.

# 附件一　林葆发表论文、著作目录

## 论文（中文）：

1. 谭超夏，黄不凡，贺微仙，林葆等，1962：北京顺义平川地区以小麦玉米为主轮作换茬制度的调查报告。土壤肥料专刊，第二号：1～12。

2. 高惠民，林葆，杨雨富，1963：小麦不同前茬对土壤肥力及后作的影响，Ⅱ高碑店试验农场部分。土壤肥料专刊，第三号：1～8。

3. 高惠民，林葆，张绍丽，周玉荣等，1964：不同茬口对土壤肥力和后作小麦的影响。耕作与肥料，1：43～49。

4. 林葆，王涌清，李廷轩，1966：栽培"早熟豌豆"在河北省中部形成了一种新的两年四熟制。耕作与肥料，1：31～33。

5. 梁德印，林葆，李家康，1980：建议解决农作物氮磷钾比例失调问题。人民日报，3月31日。

6. 梁德印，林葆，李家康，1981：第三节一、化学肥料。中国综合农业区划。农业出版社，169～173。

7. 山东省农业厅，中国农业科学院土壤肥料研究所，山东省农业科学院土壤肥料研究所，1982：山东省化肥区划。土壤肥料，1：1～8。

8. 李家康，林葆，林继雄，沈育芝，1982：关于开展化肥区划研究的几点认识。土壤肥料，1：9～10。

9. 陈尚谨，林葆，1982：调整氮磷钾比例合理分配和施用化肥。土壤肥料，2：20。

10. 林葆，1982：关于提高我国化肥增产效果的一些粗浅看法。农业技术经济，6。

11. 郭金如，林葆，1983：我国化肥问题探讨。土壤通报，2：25-270（日文译文刊：加里研究，1984，36：35～41）。

12. 中国农业科学院土壤肥料研究所化肥网组，1983：复（混）合肥料肥效及施用技术的研究。中国农业科学，6：11～16。

13. 中国农业科学院土壤肥料研究所化肥网组，1983：我国氮磷钾化肥的增产效果、适宜用量和配合比例。土壤肥料，6：13～17。

14. 林葆，林继雄，1983：大力发展复合肥料。发展农业靠科学技术（续编），62～65。

15. 林葆，1983：有机肥要与化肥配合施用。中国农民报，5月3日，4版。

16. 黄不凡，陈尚谨，林葆，1983：走有机农业与无机农业相结合的道路。农业现代化探讨，20：1～8。

17. 林葆 1984：我国磷肥肥效的演变及调整氮磷钾养分比例。化肥工业，1。

18. 郭金如，林葆，1985：中国化肥研究史料。农史研究第六辑，农业出版社。

19. 郭金如，林葆，1985：我国肥料研究史话。土壤通报，(16) 5：237～239。

20. 林葆，林继雄，艾卫，张景安，1985：有机肥与化肥配合施用的定位试验研究。土壤肥料，5：22～27。

21. 郭金如，林葆，1986：我国海洋水产养殖的施肥问题。土壤通报，(17) 5：219～220。

22. 中国农业科学院土壤肥料研究所化肥网组，1986：我国氮磷钾化肥的肥效演变和提高增产效益的主要途径。土壤肥料，1：1-8，2：1～8。

23. 林葆，1987：我国化肥肥效和提高增产效益的途径。土壤肥料，安徽科学技术出版社，146～155。

24. 林葆，李家康，1987：发展高浓复合肥料，把我国化肥的产、销、用提高到一个新水平。土壤肥料，4：6～8。

25. 林葆，林继雄，1988：磷肥不同分配方式与后效。土壤肥料，2：6～10。

26. 林葆，刘立新，林继雄，陈培森等，1988：旱作土壤机深施碳酸氢铵提高肥效的研究。土壤肥料，4：1～4。

27. 林葆，1988：土壤肥料科学技术在我国农业发展战略中的作用和任务。农业科学发展战略问题，学术期刊出版社，466～475。

28. 林葆，李家康，1989：我国化肥的肥效及其提高的途径—我国化肥试验网的主要结果。土壤学报，(26)3：273～279。

29. 郭金如，林葆，1989：肥料。中国农业科技工作四十年。中国科学技术出版社，412～419。

30. 林葆，1989：要更好发挥土壤肥料在农业增产中的作用。农业经济问题，9。

31. 林葆，李家康，林继雄，吴祖坤，1989：全国化肥试验网协作研究三十二年。土壤肥料，5：7～11。

32. 李家康，林葆，吴祖坤，林继雄，1989：我国复（混）肥料应用研究的进展概况。土壤肥料，5：22～29。

33. 林葆，李家康，1989：五十年来中国化肥肥效的演变和平衡施肥。国际平衡施肥学术讨论会论文集。农业出版社，43～51。

34. 李家康，林葆，1989：中国全国化肥试验网的发展及其成就。(同上)，52～56。

35. 吴祖坤，李家康，林继雄，林葆，1989：华北平原氮磷钾化肥的增产效应。中国化肥使用研究，北京科学技术出版社，16～20。

36. 林葆，张宁，林继雄，杨南昌等，1989：小麦测土配方施肥技术及应用。(同上)，21～24。

37. 郭金如，林葆，金维续，1990：肥料。中国农业科学技术四十年，农业出版社，59～69。

38. 林葆，1990：中国的钾肥肥效演变。钾的研究动态，2：1～2。

39. 吴荣贵，林葆，1990：硝酸磷肥的农业评价。土壤学进展，(18)2：7～14。

40. 奚振邦，林葆，李家康，1991：试验我国现阶段作物施肥标准的制定与实施。土壤肥料，3：2～6。

41. 林葆，1991：充分发挥我国肥料的增产作用。中国土壤科学的现状与展望，江苏科学技术出版社，29～36。

42. 林葆，金继运，1991：肥料在发展中国粮食生产中的作用——历史的回顾与展望。中国平衡施肥报告会论文集，35～51。(中英对照)

43. 林葆，李家康，林继雄，1992：关于合理施用磷肥的几个问题。土壤，2：57～60。

44. 林葆，1993：我国磷肥的需求现状及磷酸一铵磷酸二铵的农化性质。磷肥与复肥，3：73～75。

45. 林葆，1993：作物营养与施肥。农学基础学科发展战略，中国农业科学技术出版社，102～119。

46. 林葆，李家康，林继雄，1994：张乃凤先生与全国化肥试验网。张乃凤先生九十寿辰纪念文集，中国农业科学技术出版社，69～74。

47. 吴荣贵，林葆，李家康，荣向农，1994：不同水溶磷含量的硝酸磷肥肥效研究。土壤肥料，1：22～25。

48. 林葆，林继雄，李家康，1994：长期施肥的作物产量和土壤肥力变化。植物营养与肥料学报，1：6～18。

49. 林继雄，林葆，1994：硝酸磷肥肥效和施肥技术。国际硝酸磷肥学术讨论会文集，中国农业科学技术出版社，4～15。

50. 吴荣贵，林葆，李家康，荣向农，1994：粉状与粒状硝酸磷肥的肥效比较。(同上)，95～97。

51. 李家康，林继雄，林葆，1994：复（混）肥料品种定位试验总结。(同上)，98～108。

52. 周卫，林葆，李京淑，1995：花生荚果钙素吸收机制的研究。植物营养与肥料学报 1：44～51。

53. 周卫，林葆，1995：植物钙营养机理研究进展。土壤学进展，(23)2：12～17。

54. 左余宝，李书田，谢晓红，林葆，1995：夏玉米施用钾肥的增产效果及氮、钾、锌配合施用技术。土壤肥料，2：125～127。

55. 程明芳，金继运，林葆，1995：土壤对施入钾的固定能力研究。土壤通报，（26）3：125～127。

56. 周卫，林葆，朱海舟，1995：硝酸钙对花生生长和钙素吸收的影响。土壤通报，（26）5：225～227。

57. 周卫，林葆，1995：硝酸钙对花生养分吸收和土壤养分状况的影响。土壤通报，（26）6：279～282。

58. 林继雄，林葆，1995：磷肥后效与利用率的定位试验。土壤肥料，6：1～4。

59. 林葆，1996：中国化肥试验网。中国农业百科全书—农业化学卷，农业出版社，468～469。

60. 林葆，中国化肥区划。（同上），466～467。

61. 周卫，林葆，1996：棕壤中肥料钙的迁移与转化模拟。土壤肥料，1：17～22。

62. 周卫，林葆，1996：花生根系钙素吸收特性研究。植物营养与肥料学报，（2）3：226～232。

63. 林葆，李家康，1996：关于化肥生产和施用中的若干技术政策问题。农资科技，4：3～7。

64. 周卫，林葆，1996：花生缺钙症状与超微结构特征的研究。中国农业科学，（29）4：53～57，图版 Ⅰ-Ⅲ。

65. 周卫，林葆，1996：土壤中钙的化学行为与生物有效性研究进展。土壤肥料，5：19～22，44。

66. 王庆仁，林葆，1996：植物硫营养研究的现状与展望。土壤肥料，3：16～19。

67. 林葆，周卫，张文才，1996：桃果实缝合线部位软化发生与防治研究。土壤肥料，6：19～21。

68. 林葆，林继雄，李家康，1996：从肥料长期试验看平衡施肥的重要性。中国平衡施肥计划会议Ⅱ论文集，41～74。（中英对照）

69. 林葆，李家康，1997：当前我国化肥的若干问题和对策。磷肥与复肥，2：1～5，23。

70. 林葆，周卫，1997：花生荚果钙素吸收调控及其与钙素营养效率的关系。核农学报，3：168～173。

71. 林葆，周卫，1997：棕壤中花生钙素营养的化学诊断与施钙量问题的探讨。土壤通报（28）3：127～131。

72. 林葆，周卫，1997：钙肥品种及施用方法对花生肥效的影响。土壤通报（28）4：172～175。

73. 周卫，林葆，1997：土壤与植物中硫行为研究进展。土壤肥料，5：8～11。

74. 林葆，林继雄，李家康，1995：我国北方连续施用钾肥的作物产量和土壤钾素变化。北方土壤钾素肥力及其管理，中国农业科学技术出版社，25～30。

75. 李家康，林葆，1995：我国肥料资源状况及肥料施用研究的进展。中国土壤学在前进，中国农业科学技术出版社，29～36。

76. 林继雄，林葆，艾卫，1996：氮磷钾化肥定位试验结果。长期施肥的作物产量和土壤肥力变化，中国农业科学技术出版社，166～171。

77. 林继雄，林葆，艾卫，1996：有机肥与化肥配合施用的定位试验研究。（同上）172～179。

78. 林葆，李家康，1997：关于化肥生产和施用中的若干技术政策问题。中国农业科学技术政策（背景资料），中国农业出版社，12～15。

79. 毛达如，林葆（执笔），张福锁，尹德胜，颜平进，1997：第五章　化肥生产与使用。中国农业科学技术政策，中国农业出版社，45～48。

80. 李书田，林葆，1998：土壤中植物有效硫的评价。植物营养与肥料学报，（4）1：75～83。

81. 何萍，金继运，林葆，王秀芳，张宽，1998：不同氮钾用量下春玉米生产量及其组分动态与养分吸收模式研究。植物营养与肥料学报，（4）2：123～130。

82. 何萍，金继运，林葆，1998：氮肥用量对春玉米叶片衰老的影响及其机理研究。中国农业科学，（31）3：66～71.

83. 史吉平，张夫道，林葆，1998：长期施用氮磷钾化肥和有机肥对土壤氮磷钾养分的影响。土壤肥料，1：7～10。

84. 史吉平，张夫道，林葆，1998：长期施肥对土壤有机质及生物学特性的影响。土壤肥料，3：7～11。

85. 王庆仁，林葆，1998：作物缺硫诊断的研究进展与展望。土壤肥料，3：12～16。

86. 张维理，林葆，李家康，1998：西欧发达国家提高施肥利用率的途径。土壤肥料，5：3～9。

87. 林葆，李家康，1998：化肥的贡献——持续提高作物的产量。科学的丰碑——20世纪重大科技成就纵览，山东科学技术出版社，178～181。

88. 伍宏业，曾宪坤，黄景梁，林葆，李家康，金继运，1999：论提高我国化肥利用率。磷肥与复肥。(14) 1：6～12；2：9～11。

89. 周卫，汪洪，赵素萍，林葆，1999：苹果（Malus pumila）幼果钙素吸收特性与激素调控。中国农业科学，32 (3)：52～58。

90. 王庆仁，林葆，李继云，1999：含硫、硒化合物在油菜中的积累及其对硫甙水平的影响。生态学报，(4) 546～550。

91. 王庆仁，林葆，1999，硫胁迫对油菜超微结构及超细胞水平硫分布的影响。植物营养与肥料学报，(5) 1：46～49。

92. 周卫，汪洪，林葆，1999：镉胁迫下钙对镉在玉米细胞中的分布及对叶绿体结构与酶活性的影响。(5) 4：335～340。

93. 史吉平，张夫道，林葆，1999：长期定位施肥对土壤中、微量营养元素的影响。土壤肥料，1：3～6。

94. 张新生，熊学林，周卫，林葆，1999：苹果钙营养研究进展。土壤肥料，4：3～6。

95. 梁国庆，林葆，林继雄，荣向农，2000：长期施肥对石灰性潮土氮素形态的影响。植物营养与肥料学报，(6) 1：1～10。

96. 李书田，林葆，周卫，汪洪，荣向农，2000：土壤中不同形态硫的生物有效性研究。植物营养与肥料学报，(6) 1：48～57。

97. 关义新，林葆，凌碧云，2000：光氮互作对玉米叶片光合色素及其萤光特性与能量转换的影响。植物营养与肥料学报，(6) 2：152～158。

98. 关义新，林葆，凌碧云，2000：光、氮及其互作对玉米幼苗叶片光合和碳氮代谢的影响。作物学报，26 (6)：806～812。

99. 周卫，林葆，2000：苹果幼果组织钙运输途径与激素调控。植物营养与肥料学报，(6) 2：214～219。

100. 林葆，李书田，周卫，2000：土壤有效硫评价方法和临界指标的研究。植物营养与肥料学报，(6) 4：436～445，475。

101. 林葆，朱海舟，周卫，2000：硝酸钙对蔬菜产量和品质的影响。土壤肥料，2：20～22，26。

102. 林葆，李书田，周卫，2000：影响硫在土壤中氧化的因素。土壤肥料，5：3～8。

103. 周卫，李书田，林葆，张新生，林继雄，谢志霄，赵彦卿，艾卫，乔国梅，2000：喷钙对苹果生理特性的影响。土壤肥料，6：25～28。

104. 林乐，林葆，2001：国产磷复肥与进口的一样好。磷肥与复肥，(16) 1：5～7。

105. 李家康，林葆，梁国庆，沈桂芹，2001：对我国化肥使用前景的剖析。磷肥与复肥，(16) 2：1～5；3：4～8。

106. 周卫，汪洪，李春花，林葆，2001：漆加碳酸钙对土壤和植物镉形态分布的影响。土壤学报，38 (2)：219～225。

107. 汪洪，周卫，林葆，2001：添加碳酸钙对土壤镉吸附的影响。生态学报，21 (6)：932～937。

108. 汪洪，周卫，林葆，2001：钙对玉米根和叶细胞的亚细胞分布的影响。植物营养与肥料学报，7 (1)：78～87。

109. 周卫，林葆，2001：受钙影响的花生生殖生长及种子素质研究。植物营养与肥料学报，(7) 2：205～209。

110. 梁国庆，林葆，林继雄，荣向农，2001：长期施肥对石灰性潮土无机磷形态的影响。植物营养与肥料学报，(7) 3：241～248。

111. 高质，林葆，周卫，2001：锌素营养对春玉米内源激素与氧自由基代谢的影响。植物营养与肥料学报，(7) 4：424～428。

112. 林葆 2001：国产磷复肥与进口产品的肥效对比试验结果及其剖析。农资科技，6：11～14。

113. 林葆，周卫，李书田，荣向农，林继雄，谢志霄，赵彦卿，艾卫，温庆活，2001：长期施肥对潮土磷、钙和镁组分与平衡的影响。土壤通报，（32）3：126～128。

114. 李书田，林葆，周卫，2001：土壤硫形态及其转化研究进展。土壤通报，（32）3：132～135。

115. 林葆，2001：我国平衡施肥中的中量和微量营养元素问题。中国平衡施肥报告会Ⅲ论文集，281～292。（中英对照）

116. 史吉平，张夫道，林葆，2002：长期定位施肥对土壤腐殖质含量的影响。土壤肥料，1：15～19；22。

117. 林葆，李家康，金继运，2002：化肥与无公害食品。磷肥与复肥。175：6～10。

118. 史吉平，张夫道，林葆，2001：长期施肥对土壤有机无机复合状况的影响。植物营养与肥料学报，（8）2：131～136。

119. 史吉平，张夫道，林葆，2002：长期施肥对土壤腐殖质理化性质的影响。中国农业科学，（35）2：174～180。

120. 林葆，李家康，2002：中国磷肥施用量与氮磷比例问题。农资科技，3：13～16。

121. 林葆，2003：化肥与无公害食品。中国食物与营养，4：9～11。

122. 吴荣贵，林葆，H. Tiessen，2003：农牧交错带土壤磷素动态研究。植物营养与肥料学报，（9）2：131～138。

123. 万敏，周卫，林葆，2003：不同镉积累类型小麦根际土壤低分子量有机酸与镉的生物积累。植物营养与肥料学报，（9）3：331～336。

124. 万敏，周卫，林葆，2003：不同镉积累型小麦镉的亚细胞与分子分布。中国农业科学，36（6）：671～675。

125. 中国农业科学院土壤肥料研究所，山东省寿光市、山西省长治市、河南省新乡市、河北省秦皇岛市土壤肥料工作站，2004：硝酸磷肥和硝酸铵对蔬菜品质和产量的影响。2002—2004 年试验总结报告。（未刊稿）

126. 刘宏斌，李志宏，张云贵，张维理，林葆，2004：北京市农田土壤硝态氮的分布与累积特征。中国农业科学，（37）5：692～698。

127. 刘宏斌，李志宏，张云贵，张维理，林葆，2006：北京平原农区地下水硝态氮污染状况及其影响因素研究。土壤学报，（43）3：405～413。

128. 李家康，林葆，梁国庆，2005，化肥需求预测。中国磷肥应用研究现状与展望学术讨论会论文集。中国农业出版社。45～77（中英对照）。

129. 林葆，李家康，2005：我国磷肥用量与氮磷比例问题。（同上）。78～93（中英对照）。

130. 林葆，2006：低浓度磷肥在我国存在必要性的农用视角。磷肥与复肥，（21）5：5～8。

131. 林葆，2008：含硝态氮的国产化肥少了。磷肥与复肥，（23）3：11～14。

132. 林葆，2008：含硝态氮化肥在我国的使用前景看好。（未刊稿）

133. 林葆，李家康：施肥是补充食物中微量营养元素的一种重要方法。中国农资，2008 年 2 期。

134. 林葆，李家康：包膜控释肥的应用效果和肥效试验的几点体会。中国农资，2008 年 7 期。

135. 林葆，李家康：对发展新型肥料的几点认识。中国农资，2011 年 6 期。

136. 林葆，李家康，2013：我国化肥施用的现状和展望。在 YARA（原 HYDRO）进入中国市场百年庆典上的发言。（未刊稿）

## 论文（外文）：

1. Линь Бао，1960：Влияние отвальной и безотвальной обработки чернозёмов на засорёнсть и урожай с/х куртур. доклады ТСХА，выпуск 53：75～83.

2. (1) Lin Bao, 1983: Potassium Fertilization Important for High-Yield Rice in China. Proceedings of The

INSFFER Workshop in Indonesia，23～24 Feb.，1983.

(2) Lin Bao，1985：(The same paper)，Better Crops International，June，6～9.

3. Lin Bao，1984：The Effect of Potassium Fertilizer on Wetland Rice in China. Potash Review，Subject 9，No. 10.

4. Lin Bao，1985：Effect and Management of Potassium Fertilizer on Wetland Rice in China. Wetland Soils：Characterization，Classification and Utilization，IRRI，285～292.

5. Lin Bao，Liang Deying and Wu Ronggui，1985：Response to Potash Fertilizers of Main Crops in China. Potassium in Agricultural systems of The Humid Tropics，323～328.

6. Liang Deying and Lin Bao，1985：Performance of Traditional and HYV Rice in Relation to Their Response To Potash. (in the same book as above)，329～333.

7. Lin Bao and Liu Zhongzhu，1986：Organic Manuring in China. Proceedings of The INSFFER Site Visit Tour and Planning Meeting-Workshop in China. Sept，11～26.

8. Lin Bao，1987：Country Reports：China，Efficiency of Nitrogen Fertilizers for Rice. IRRI，227～233.

9. Zhang Shixian and Lin Bao，1988：Agricultural Development and Advances in Organic Fertilizer Utilization in China. Agro-Chemicals News in Brief，1～3.

10. Lin Bao，Jin Jiyun and S. F. mowdle，1989：Soil Fertility and The Transition From Low-Input to High-Input Agriculture. Better Crops International，June，18～23.

11. Lin Bao，1990：Primary Report on Long-Term Fertilizer Trials in Chins. Transaction of 14th International Congress of soil science，Kyoto，Japan，August，VollV，363～364.

12. Wu Ronggui and Lin Bao，1990：Evaluation of the prospects of ODDA-Nitrophosphate in China's Agriculture. (As above)，603～604.

13. Lin Bao and P. N. Takker，1990：Phosphorus Requirement of Fiber Crops-Cotton，Jute and Kenaf. Phosphorous Requirements for sustainable Agriculture in Asia and Oceania. IRRI，445～452.

14. Lin Bao and Jin Jiyun，1991：The Role of Fertilizers in Increasing Food Production in China-A Historical Review and prospects. Balanced Fertilizer Situation Report-China. 43～51.

15. Lin Bao and Wu Ronggui，1992：Practices and Prospects for High Yield Crops in China. Proceedings of The 3rd Intern. Symposium on MYR. 111～118.

16. Lin Bao，Lin Jixiong and Ai Wei，1994：Role of Balanced Fertilization in steady increase of Grain Production. Pedosphere，Nanjing Univ，Press，204～211.

17. Lin Bao and Li Jiakang 1992：Some Results of Long-Term Fertility Trials in Sustainable Rice Farming of China. Proceedings of The Intern，Symposium on Paddy Soils，Nanjing，China，Sept. 275～280.

18. Lin Bao and Li Jiakang，1991：Research Report on The Response of Urea Super Granule (USG) on Rice in China (1981-1990). Proceedings Seminar on Usage and Technology of LGU，USG and CN. Beijing，China，October.

19. Lin Bao，Lin Jixiong，Li Jiakang，1997：Variations of Crop Yield and Soil Fertility with Long-Term Fertilizer Application. Chinese Agricultural Scieneces：129～138.

20. Lin Bao，1997：Crop requirement for nutrients and the efficient use of fertilizers. Chemical Fertilizer Research on Low Cost &. High Efficiency. Chemical Industry Press. 44～62.

21. He Ping，Jin Jiyun，Lin Bao，1999：Effect of Nitrogen Application Rates on Leaf Senescence and Its Mechanism. Chinese Agricultural Sciences：89～95.

22. Lin Bao，Zhou Wei，Li Shutian，Wang Hong，1999：Indices of sulfur supply in upland soils of north China. Pedosphere，9 (1)：25～34.

23. Zhou Wei，Lin Bao，Wang Hong，Li shutian，He Pin，1999：Composition of sulfur pool in upland soils

of north China. Pedosphere，9（2）：123～130.

24. W. Zhou，S. T. Li，H. Wang，P，He，B. Lin，1999：Mineralization of organic sulfur and its importance as a reservoir of plant-available sulfur in upland soils of north China. Biology and Fertility of soils，30：245～250.

25. D. Dawe，A. Dobermann，P. Moya，S. Abdulrachman，Bijay Singn，P. Lal，S. Y. Li，B. Lin，G. Panaullah，O. Sariam，A. Swarup，P. S. Tan，Q. -X. Zhen，2000：How widespread are yield declines in long-term rice experiments in Asia? Field Crops Research，66：175～193.

26. Li Shutian，Lin Bao，Zhou Wei，Liu Qingcheng，Xu Yulan，2000：Oxidation of elemental S in some soils in China. Pedosphere，10（1）：69～76.

27. Shutian Li，Bao Lin，Wei Zhou，2001：Soil organic sulfur mineralization in the presence of growing plants under aerobic or waterlogged conditions. Soil Biology and Biochemistry，33（6）：721～727.

28. Shutian Li，Bao Lin，Wei Zhou，2001：Sulfur assessment using anion exchange resin strip-plant root simulator probe. Communication in Soil Science and Plant Analysis. 5&6：711～721.

29. Wei Zhou，Min Wan，Ping He，shutian Li，Bao Lin，2002：Oxidation of elemental sulfur in paddy soils as influenced by flooded condition and plant growth in pot experiment. Biology and Fertility of Soils. 36：384～389.

30. Wei zhou，Ping He，Shutian Li，Bao Lin，2005：Mineralization of organic sulfur in paddy soils under flooded condition and its availability to plants. Geoderma，125：85～93.

31. Shutian Li，Bao Lin，Wei Zhou，2005：Effects of previous elemental sulfur application on oxidation of additional applied elemental sulfur in soils. Biology and Fertility of Soils. 42：146～152.

## 著作：

1. 中国农业科学院土壤肥料研究所编，化肥实用指南。农业出版社，1983 年 11 月。
2. 中国农业科学院土壤肥料研究所编，中国化肥区划。中国农业科学技术出版社，1986 年 11 月。
3. 林葆主编，中国化肥使用研究。北京科学技术出版社，1989 年 2 月。
4. 中国农业科学院土壤肥料研究所主编，中国肥料。上海科学技术出版社，1994 年 11 月。
5. 林葆，第二章 我国肥料结构和肥效的演变、存在问题及对策。李庆逵，朱兆良，于天仁主编，中国农业持续发展中的肥料问题。江西科学技术出版社，1998 年 5 月。12～27。
6. 林葆、林继雄、李家康主编，长期施肥的作物产量和土壤肥力变化。中国农业科学技术出版社，1996 年 4 月。
7. 林葆主编，化肥与无公害农业。中国农业出版社，2003 年 3 月。
8. 林葆、沈兵主编，撒可富农化服务手册。中国农业出版社，2004 年 6 月。
9. Bao Lin，Jianchang Xie，Ronggui Wu，Guangxi Xing，Zhihong Li，Chapter 8 Integrated Nutrient Management：Experience from China. Milkha S. Aulakh，Cynthia A. Grant，Integrated Nutrient Management for Sustainable Crop Production. The Haworth Press. Taylor Francis Group，2008. 327～368.

## 译著：

1. ［法］JL' herondel, J-L L' herondel 著；梁国庆、李书田译；林葆、丁宗一校，硝酸盐与人类健康。中国农业出版社，2005 年 1 月。
2. 林葆（译），1984：微量营养元素的地理分布。农业中的微量营养元素。农业出版社，420～443。

# 附件二  林葆获奖成果及荣誉称号

## 成果（省、部级以上获奖成果）：

1. 1982 年   山东省化肥区划   农业部科技改进二等奖（第二完成人）。
2. 1985 年   我国氮磷钾化肥的肥效演变和提高增产效益的主要途径   农牧渔业部科技进步一等奖。

   1987 年   （同上）   国家科技进步二等奖（第二完成人）。
3. 1987 年   小麦测土配方施肥技术及应用   河北省科技进步二等奖（第二完成人）。
4. 1987 年   中国化肥区划   农牧渔业部科技进步二等奖（第二完成人）。
5. 1987 年   旱作碳酸氢铵深施机具及提高肥效技术措施的研究   化工部科技进步一等奖；

   1987 年   （同上）国家科技进步三等奖（第一完成人）。
6. 1996 年   全国长期施肥的作物产量和土壤肥力变化规律   农业部科技进步三等奖（第三完成人）。
7. 1996 年   土壤养分综合分析评价与平衡施肥技术   农业部科技进步二等奖；

   1999 年   土壤养分综合系统评价与平衡施肥   国家科技进步二等奖（第五完成人）。
8. 1998 年   含氯化肥科学施肥和机理研究   国家科技进步二等奖（第十六完成人）。
9. 2005 年   作物硫钙营养研究与应用   北京市科学技术一等奖。

   2005 年   主要作物硫钙营养特性、机制与肥料高效施用技术研究   国家科技进步二等奖（第三完成人）。

## 国际奖：

1. 1996   Potash&Phosphate Institute，Robert E. Wagener Award.
2. 1997   IFA（International Fertilizer Industry Association）International Fertilizer Award.

## 荣誉称号及特贴：

1. 1986 年   国家级有特出贡献的中青年专家。
2. 1991 年   政府特殊津贴。

图书在版编目（CIP）数据

林葆论文选/中国植物营养与肥料学会主编 . —北
京：中国农业出版社，2015.12
（中国植物营养与肥料学会思想库建设丛书）
ISBN 978-7-109-21103-2

Ⅰ.①林… Ⅱ.①中… Ⅲ.①肥料学—文集 Ⅳ.
①S14-53

中国版本图书馆 CIP 数据核字（2015）第 264193 号

中国农业出版社出版
（北京市朝阳区麦子店街 18 号楼）
（邮政编码 100125）
责任编辑 贺志清

中国农业出版社印刷厂印刷 新华书店北京发行所发行
2015 年 12 月第 1 版 2015 年 12 月北京第 1 次印刷

开本：787mm×1092mm 1/16 印张：36.5 插页：16
字数：910 千字 印数：1～2 000 册
定价：168.00 元
（凡本版图书出现印刷、装订错误，请向出版社发行部调换）